SEGUNDA EDIÇÃO

Os Invertebrados

Uma Síntese

R. S. K. Barnes
Department of Zoology,
University of Cambridge, UK

P. Calow
Department of Animal and Plant Sciences,
University of Sheffield, UK

P. J. W. Olive
Department of Marine Sciences and Coastal Management,
University of Newcastle, UK

D. W. Golding
Department of Marine Sciences and Coastal Management,
University of Newcastle, UK

J. I. Spicer
Department of Biological Sciences,
University of Plymouth, UK

Atheneu
Editora São Paulo

Esta edição é publicada por acordo com Blackwell PublishingLtd, Oxford.
Traduzida da 3ª edição de R. S. K. Barnes, P. Calow, P.J.W. Olive, D. W. Golding & J. I. Spicer: The Invertebrates – a synthesis.

Diagramação: Know-How Editorial

Dados Internacionais de Catalogação na Publicação (CIP)
(Câmara Brasileira do Livro, SP, Brasil)

Os invertebrados : uma nova síntese / R. S. K.
Barnes ... [et al.] ; com a contribuição de um capítulo por D. W. Golding, J. I. Spicer. – 2. ed. – São Paulo : Atheneu Editora, 2008.

Outros autores: P. Calow, P.J.W. Olive, D. W. Golding, J. I. Spicer Título original : The invertebrates : a new synthesis
Vários tradutores.
Bibliografia.

Invertebrados I. Barnes, R. S. K. II. Calow, P. III. Olive, P. J. W. IV. Golding, D. W. V. Spicer, J. I.

07-3835 CDD-592

Índices para catálogo sistemático:
Invertebrados : Biologia : Ciências zoológica 592

ISBN 978-85-7454-105-1

Conteúdo

Prefácio

Da Terceira Edição (Segunda Edição Brasileira)

O período desde que a segunda edição de Os Invertebrados foi publicada tem assistido ao grande crescimento do nosso conhecimento em muitas áreas, mais espetacularmente como consequência dos dados de sequenciamento molecular, para a nossa compreensão das relações entre os invertebrados. Novos tipos de animais continuam a ser descobertos e descritos. Assim sendo, aproveitamos a oportunidade oferecida por essa terceira edição para incorporar tal conhecimento novo e para reescrever, completamente, muitos dos capítulos sob sua luz, mesmo que mantendo sua estrutura geral, estilo e abordagem das edições anteriores, as quais cremos de fato continuar a preencher um nicho. RSKB e PJWO são muito gratos para com DWG por continuar a contribuir para seu Capítulo 16, tão apreciado, e para JIS por revisar a contribuição nas edições anteriores do PC para esta nova.

Da Segunda Edição

Nós ficamos muito gratificados com a reação à primeira edição e julgamos ter boas razões para crer que ela preencheu um nicho significativo. A experiência com aquela edição, contudo, nos levou a uma nova apresentação para o formato desta edição. Aproveitamos também a oportunidade para atualizar os seus conteúdos onde era apropriado, e para acrescentar uma seção ampliada aos vários grupos de protistas, anteriormente considerados como constituindo os "Protozoa".

Da Primeira Edição

Há disponíveis muitos livros de texto sobre "Os Invertebrados" e, assim sendo, a redação de mais um requer algumas palavras de explicação e de justificativa. Os livros já disponíveis no mercado tendem a se enquadrar em uma ou outra de duas categorias: eles podem ser tratamentos de sistemática que abrangem cada grupo dos animais, filo a filo (p. ex., "Zoologia dos Invertebrados" de R. D. Barnes, Saunders, 1987), ou são abordagens funcionais que revisam os vários "sistemas" anatômicos e fisiológicos dos invertebrados (respiração, deslocamento, coordenação etc.) principalmente com referência aos grupos melhor conhecidos (p. ex., "Estrutura e Função dos Invertebrados" de E.J.W Barrington, Nelson, 1979). Assim sendo, os cursos sobre invertebrados requerem um de cada categoria como textos associados.

Contudo, de maneira geral, ao longo dos últimos 25 anos houve uma grande redução do tempo despendido para se ensinar de modo específico sobre os vários grupos, em parte para abrir espaço para novas e expandidas áreas de estudos em cursos de duração definida e, em parte, porque revisões sistemáticas da amplitude e da diversidade dos organismos têm declinado em popularidade desde os dias da zoologia clássica. O produto final tem sido que qualquer reunião dos textos existentes e, na verdade, entre muitos trabalhos individuais, contém mais informação do que é necessário em cursos que foram diminuídos, e os estudantes, afogados com os detalhes, são mal sucedidos para obter uma visão integrada.

Desse modo, nós nos dispusemos a apresentar sob uma mesma capa a informação básica, tanto sobre a amplitude quanto à diversidade dos invertebrados, e sobre seus diferentes sistemas funcionais que julgamos ser realmente necessários na maioria dos cursos universitários. Assim sendo, nosso problema principal foi o que deveríamos excluir, ao contrário do que incluir, e aqui tentamos criteriosamente avaliar os aspectos essenciais de cada grupo ou sistema e balizar nossos tratamentos sobre estes. Além do mais, nós acreditamos firmemente, que o processo da evolução é fundamental para a compreensão de todos os aspectos da biologia, e que existem poucos textos que apresentam os animais não mais como entidades estáticas e mecanicistas. Assim sendo, sempre que possível, nós adotamos uma abordagem evolucionária que objetiva retratar a diversidade e o funcionamento dos invertebrados em um contexto de pressões seletivas e de vantagens seletivas, agora e no passado. Essa também influenciou nossa seleção e o tratamento do material. Portanto, o livro não é um resumo dos textos existentes, mas apresenta, assim o cremos, uma visão nova e crítica dos aspectos essenciais da biologia dos invertebrados.

Desde que, como mencionado acima, os cursos de zoologia apresentam uma cobertura sempre menor dos tipos individuais de animais a cada década que passa, talvez não seja impróprio aqui defender o espaço para um amplo conhecimento dos invertebrados na educação zoológica. A maior parte da nossa compreensão atual dos processos biológicos em geral derivou da pesquisa dos invertebrados; para ficar claro basta lembrar da mosca-das-frutas na genética e da lula no que tange à neurofisiologia. Contudo, mesmo assim, o número de filos dos animais que foram estudados, deixando de lado as espécies, é muito pequeno e, com certeza, não reflete a verdadeira diversidade de padrões e de processos que são os invertebrados. Nós acreditamos que muitas generalizações far-se-ão no futuro a partir dos estudos destes grupos até aqui negligenciados, e que sem uma apreciação da diversidade, assim como da unidade da vida, é impossível se obter uma perspectiva válida, tanto da biologia em geral e da extensão pela qual o conhecimento atual está baseado em uma amostra pequena e tendenciosa.

Com exceção do Capítulo 16, este livro reflete um esforço de colaboração dos seus três autores. Na prática, contudo, os primeiros esboços dos vários capítulos, ou partes dos capítulos, foram preparados, cada um por um único autor, quando todos foram remodelados sob a ótica da crítica e discussão em comum: assim sendo, todos nós aceitamos a responsabilidade pelos Capítulos 1-15 inclusive e pelo Capítulo 17. Não obstante, nenhum livro é um produto somente dos seus autores, e nós somos muito gratos para com as diversas pessoas que nos auxiliaram ou que nos toleraram durante a sua preparação. Em particular, nós gostaríamos de registrar nossa gratidão para com David Golding por ter se incumbido de preparar o Capítulo 16, e a nossa consideração pelos esforços de Helen Creighton, conjuntamente com Bob Foster-Smith e Peter Kingston, que prepararam todas as figuras finais do texto. Muitos dos nossos colegas fizeram a gentileza de ler os esboços dos materiais: Henry Bennet-Clark leu todo o trabalho, e Brian Bayne, Jack Cohen, Simon Conway Morris, Peter Croghan, Mustafa Djamgoz, David George, Peter Gibbs, Roger Hughes, Peter Miller, Todd Newberry, David Nichols, John Ryland, Ray Seed, Seth Tylor e Pat Wilmer leram várias partes. Muitos outros apresentaram partes individuais de informações e de opiniões. Seus esforços nos salvaram de erros de informação e de infelicidades no texto. É demais desejar que não tenha permanecido nenhum tipo de imprecisão ou heterodoxia, muitas vezes porque em alguns momentos nós fomos intransigentes diante de uma crítica justa. Robert Campbell e Simon Rallison da Blackwell Scientific Publications prestaram muito auxílio, orientação, e assistência administrativa e lisonjeira: nós devemos muito aos seus punhos de ferro e luvas de pelica. As dívidas que temos para com as nossas famílias podem ser apenas apreciadas por aqueles que devotaram a maior parte do seu "tempo livre" para trabalhos deste tipo.

A maioria das nossas ilustrações está baseada naquelas que já apareceram na literatura científica, apesar de que todas foram redesenhadas. Citações das fontes originais são apresentadas nas legendas de figuras relevantes e uma lista destas fontes, além daquelas listadas na seção de leituras adicionais, é apresentada nas páginas 478-481.

R.S.K.B.
P.C.
P.J.W.O

Prefácio da Segunda Edição Brasileira

A publicação da segunda edição brasileira de Os Invertebrados uma síntese, tradução da terceira edição original, vem novamente preencher uma lacuna, pois nenhum outro livro-texto de Zoologia aborda os invertebrados de maneira tão sucinta, porém suficiente, para que os alunos dos cursos de Ciências Biológicas consigam compreender esses animais tão interessantes.

A estrutura do livro permanece a mesma, tendo sido acrescentados inúmeros dados resultantes de pesquisas recentes sobre diversos aspectos da caracterização e biologia dos diversos grupos de invertebrados.

Na Parte 1, são discutidas as prováveis relações de parentesco entre filos ou grupos de filos, além de serem apresentadas várias hipóteses recentes sobre a filogenia dos invertebrados.

Na Parte 2, os filos de invertebrados são apresentados de forma bem concisa, contudo mais do que suficiente para a caracterização morfológica de cada um deles. Foram incluídos alguns táxons novos e as ilustrações são claras e adequadas ao âmbito do conhecimento exigido para a compreensão dos assuntos tratados na parte seguinte.

Na Parte 3, são abordados aspectos da biologia funcional baseados em dados tradicionais, mas também discutidos à luz de resultados obtidos por meio de pesquisas realizadas com Biologia Molecular e Genética.

O livro termina com um glossário que abrange termos morfológicos, fisiológicos e evolutivos, cujo significado pode auxiliar na compreensão dos diversos capítulos e do livro como um todo.

Os tradutores tentaram, ao máximo, uniformizar a terminologia científica para que o livro seja realmente uma unidade, tornando sua leitura mais fácil e agradável. Além disso, foi atualizada a grafia de alguns nomes científicos de gêneros e de certos táxons superiores ao de gênero.

Todos os tradutores são docentes do Departamento de Zoologia do Instituto de Biociências da Universidade de São Paulo, exceto o Prof. Dr. André Carrara Morandini, que é docente do Núcleo em Ecologia e Desenvolvimento Socioambienntal de Macaé, da Universidade Federal do Rio de Janeiro.

A seguir, será apresentada a lista de tradutores, em ordem alfabética, acompanhada da citação das partes pelas quais se responsabilizaram na tradução.

André Carrara Morandini (Professor Adjunto) – Capítulos 14 (parte) e 17 (parte).

Carlos Eduardo Falavigna da Rocha (Professor Titular) – Capítulos 6 e 7 (parte).

Elizabeth Höfling (Professora Titular) – Capítulo 7 (parte).

Erika Schlenz (Professora Doutora) – Capítulos 3 (parte), 9, 11, 12,15 e 16, Glossário e Índice.

Fábio Lang da Silveira (Professor Doutor) – Prefácio, Capítulos 1, 2, 14 (parte) e 17 (parte).

Fernando Portella de Luna Marques (Professor Doutor) – Capítulos 3 (parte) e 4 (parte).

João Miguel de Matos Nogueira (Professor Doutor) – Capítulos 4 (parte) e 10.

Osmar Domaneschi (Professor Doutor) – Capítulo 5 (auxiliado pelo doutorando Daniel José Galafasse Lahr).

Pedro Gnaspini Netto (Livre – Docente) – Capítulos 8 e 13.

A coordenação-geral da tradução coube à **Profa. Dra. Erika Schlenz.**

Os tradutores

PARTE 1

Introdução Evolutiva

A principal tendência que permeia o nosso estudo da diversidade dos invertebrados (Parte 2) e da biologia funcional (Parte 3) é aquela das pressões e das vantagens evolucionárias que influíram sobre estes animais no passado e que continuam a moldar a biologia dos invertebrados no presente. Nesta seção introdutória nós descrevemos rapidamente este penetrante caráter evolutivo.

A palavra 'evolução' significa simplesmente 'modificação' e a modificação pode ser analisada por duas abordagens diferentes, as quais geralmente são relacionadas entre si, como a causa está para o efeito ou o mecanismo para a demonstração: (a) há os processos realmente responsáveis por tais modificações assim como são observados; e (b) há o padrão geral ou sequência de modificações que ocorreram através do tempo. Na verdade, se bem que popularmente é creditada a Charles Darwin a demonstração da existência da evolução, o que ele fez foi propor um mecanismo viável – seleção natural – que poderia responder pelas mudanças evolucionárias as quais outros, antes dele, já sugeriram ter ocorrido. Como indicado acima, uma árvore evolutiva (ou 'filogenética') dos filos dos invertebrados e o processo de seleção natural estão relacionados entre si, mas na prática existe uma grande distância e uma grande quantidade de controvérsia entre, por um lado, os geneticistas que estudam os processos de seleção nos organismos vivos e, por outro lado, os sistematas que classificam os padrões filogenéticos para dar a razão da origem de novos táxons acima do nível de espécie.

Aqui nós tratamos estas duas áreas de estudo muito separadamente, de sorte que no Capítulo 1, além de servir como uma introdução ao livro como um todo, considera-se seleção como um mecanismo de modificação (este aspecto é, algumas vezes, denominado 'Teoria Especial da Evolução'), enquanto o Capítulo 2 trata das inter-relações dos grupos de invertebrados (ou 'Teoria Geral da Evolução') e dos padrões de diversidade e de diversificação através do tempo. Contudo, dentro de cada um destes capítulos, nós julgamos apropriado introduzir elementos do conteúdo tratado no outro, por exemplo, comentando assunto tão controverso quanto o modo de origem das classes e dos filos dos invertebrados.

CAPÍTULO 1

Introdução: Abordagem e Princípios Básicos

1.1 Por que invertebrados?

Este livro é sobre os invertebrados – animais sem vértebras. Uma definição como esta, baseada na ausência ao invés da presença de uma característica específica, é inusitada e significa um desvio a partir de um tipo padrão que apresenta a característica. Se não houvesse padrão ou norma, então tal definição dificilmente faria qualquer sentido.

Assim, quando Aristóteles classificou os animais em sanguíneos e não-sanguíneos, a implicação foi de que a presença de sangue era a norma para os animais. No que ele acreditara foi que a vida, por sua evolução, fora direcionada para uma forma animal perfeita que necessitava de sangue. Ele incorporou esta idéia em uma classificação hierárquica dos seres vivos denominada de 'escala da natureza' (Scala naturae) na qual havia progressão de um estágio não-sanguíneo para um fim sanguíneo (Tabela 1.1).

Do mesmo modo, quando Lamarck (conhecido pelos caracteres adquiridos) pela primeira vez separou os animais invertebrados dos vertebrados (em seu Système desAnimaux sans Vertèbres, Paris, 1801), ficou implícito que os últimos representavam a norma. E novamente esse esquema, provavelmente, se sucedeu a partir da teoria da evolução peculiar de Lamarck de que os caracteres eram incorporados para transmissão hereditária de acordo com os princípios que não só envolviam critérios de sobrevivência, mas progresso na direção de uma forma mais elevada, da qual os vertebrados e o Homem eram representantes muito próximos.

A zoologia moderna abandonou conceitos de evolução com fim determinado (teleologia) e, mesmo assim, tem persistido a distinção entre vertebrados e invertebrados e que tem influenciado várias gerações de estudantes. Isso é surpreendente uma vez que a distinção é pouco natural ou mesmo bem definida; ou seja, ela separa um grupo que reúne muitos filos (os invertebrados) de um grupo que apresenta parte de um filo (alguns membros do filo Chordata não apresentam verdadeiras colunas vertebrais).

Contudo, há outras duas razões principais para que se faça uma distinção permanente entre zoologia dos invertebrados e vertebrados. Em primeiro lugar, uma razão histórica – Lamarck criou um precedente do qual, uma vez estabelecido como um método de abordagem em zoologia, foi difícil escapar. Em segundo lugar, e provavelmente mais importante, ainda há o sentimento de que, como nós mesmos possuímos espinha dorsal, os animais vertebrados merecem mais atenção do que lhes cabe pelo seu status taxonômico.

Tabela 1.1 "Escala da vida" de Aristóteles ou *Scala naturae*

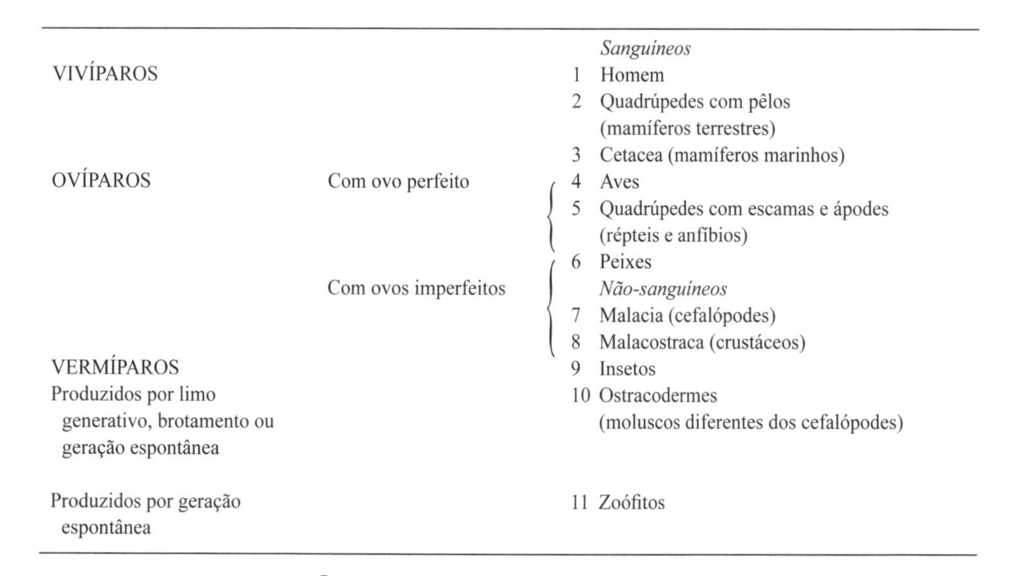

		Sanguíneos
VIVÍPAROS		1 Homem
		2 Quadrúpedes com pêlos (mamíferos terrestres)
		3 Cetacea (mamíferos marinhos)
OVÍPAROS	Com ovo perfeito	4 Aves
		5 Quadrúpedes com escamas e ápodes (répteis e anfíbios)
		6 Peixes
	Com ovos imperfeitos	*Não-sanguíneos*
		7 Malacia (cefalópodes)
		8 Malacostraca (crustáceos)
VERMÍPAROS		9 Insetos
Produzidos por limo generativo, brotamento ou geração espontânea		10 Ostracodermes (moluscos diferentes dos cefalópodes)
Produzidos por geração espontânea		11 Zoófitos

Pela concentração sobre a biologia dos animais invertebrados, nós aqui perpetuamos essa distinção, mas não porque estejamos filosoficamente engajados em evolução com fim determinado ou pela perspectiva de que há distinções biológicas fundamentais entre invertebrados e vertebrados. Ao contrário, nossa posição é pragmática. Nós queremos demonstrar que:

1 Todos os seres vivos compartilham um número de aspectos básicos de estrutura e função.

2 Variações principais ocorrem nesses temas, e grupos de táxons que as compartilham são denominados filos.

3 Essas variações têm evoluído e por isso deveriam ser relacionadas pela descendência comum.

4 Nos limites de cada tema principal, os animais se tornaram adaptados às circunstâncias ecológicas nas quais ocorrem pela seleção natural. (A extensão pela qual esses processos de microevolução podem explicar modificações macroevolutivas, observadas nos itens 2 e 3, é um assunto para alguns debates e deveremos voltar a isso mais tarde.)

Examinando estes assuntos é oportuno restringir o material de alguma forma. Nós o fazemos com base no precedente histórico. Além do mais, os invertebrados nos oferecem uma diversidade máxima para examinar os pontos levantados nos itens 2-4. Contudo, antes de fazê-lo, precisamos ter uma apreciação dos aspectos básicos comuns para todos os seres vivos (item 1), como diferem das coisas inanimadas e de que modo surgiram. Este é o objetivo dos próximos tópicos.

1.2 Propriedades dos seres vivos

1.2.1 Introdução

Em um nível químico básico, dos 92 elementos que ocorrem naturalmente na Terra, menos do que um terço deles são encontrados nos seres vivos (Tabela 1.2). Somente 11 elementos são encontrados em quantidades maiores do que traços. Com exceção do oxigênio (O_2), os elementos mais comuns nos seres vivos não são aqueles mais abundantes na crosta da Terra. Cerca 75% da maioria dos animais são água e 50% do peso seco remanescente são carbono com pouco silício, se presente. A crosta da terra, ao contrário, consiste de mais de 27,7% de silício e cerca de 0,03% de carbono.

Tabela 1.2 Os elementos encontrados nos seres vivos

Elementos	Símbolo	Peso atômico aproximado (dáltons)	Proporção aproximada da crosta da Terra (% do peso)
Elementos mais abundantes (>90%) nos seres vivos			
Hidrogênio	H	1	0,14
Carbono	C	12	0,03
Nitrogênio	N	14	<0,01
Oxigênio	O	16	46,6
Próximos elementos mais abundantes nos seres vivos			
Sódio	Na	23	2,8
Magnésio	Mg	24	2,1
Fósforo	P	31	0,07
Enxofre	S	32	0,03
Cloro	Cl	35	0,01
Potássio	K	39	2,6
Cálcio	Ca	40	3,6
Elementos presentes mas, normalmente, em quantidades de traço (no total <0,01%)			
Ferro	Fe	56	5,0
Flúor	F	19	0,07
Silício	Si	28	27,7
Vanádio	V	51	0,01
Cromo	Cr	52	0,01
Manganês	Mn	55	0,1
Cobalto	Co	59	<0,01
Níquel	Ni	59	<0,01
Cobre	Cu	64	0,01
Arsênico	As	75	<0,01
Zinco	Zn	65	<0,01
Selênio	Se	79	<0,01
Molibdênio	Mo	96	<0,01
Estanho	Sn	119	<0,01
Iodo	I	127	<0,01

A despeito do número restrito de elementos químicos encontrados nos organismos vivos, as suas moléculas são muito diversas estruturalmente e funcionalmente. Isto ocorre porque o carbono é singular entre todos os elementos, sendo só seguido pelo silício, por ser capaz de formar diversas cadeias e anéis moleculares. Estes materiais de construção, baseados no carbono, são: açúcares, aminoácidos, ácidos graxos e nucleotídeos que se associam como macromoléculas para formar, por sua vez, polissacarídeos, proteínas, lipídios e ácidos nucléicos. Compostos químicos orgânicos isolados, dessa complexidade, se formam muito raramente em sistemas não-vivos (p. 7).

Uma distinção ainda mais profunda, contudo, entre animado e inanimado é o modo como os compostos químicos orgânicos se organizam. Nos sistemas vivos, as macromoléculas se associam em membranas que se juntam ainda mais, coleções não casuais de macromoléculas que reagem em conjunto no metabolismo ordenado. Esses pacotes são as células. Muitas células compõem um organismo multicelular e, nesse contexto, são reunidas umas com as outras como uma unidade estrutural e funcional muito ordenada e organizada. A exata existência e persistência dessa ordem, organização e complexidade foram consideradas por um longo período como algo especial, até mesmo misterioso, aspectos dos organismos, criados e mantidos por forças vitais misteriosas; isso porque a norma do mundo inanimado, resumida na física pela Segunda Lei da Termodinâmica, é a de que ordem e organização são instáveis. Entropia, ou desordem, deveria aumentar gradativamente em todas as reações e processos.

Contudo, agora nós sabemos que a ordem e organização dos sistemas biológicos sur-gem a partir de dois aspectos não-misteriosos e comuns a todos eles. Estes são cruciais para que se compreendam os princípios básicos da biologia e nós deveremos fazer alusão a eles no que se segue:

1 Os organismos são programados.

2 Estes programas especificam sistemas operantes e subsistemas que são abertos para entrada de material e energia.

1.2.2 O programa

Ao nível mais fundamental, o programa genético controla as propriedades das proteínas pela especificação dos tipos e sequências de aminoácidos a partir dos quais elas são elaboradas. Somente 20 diferentes aminoácidos ocorrem com frequência nos animais, mas com uma cadeia de apenas 100 (o que é curto para uma proteína) poderia, em princípio, haver 20^{100} possíveis configurações! Isto explica a grande diversidade das proteínas. Algumas são enzimas que controlam todos os processos metabólicos nos organismos e outras representam o material constituinte da célula ou do organismo.

O programa por si mesmo é codificado como sequências de nucleotídeos no DNA. Há quatro diferentes tipos de nucleotídeos (adenina, timina, guanina e citosina), mas 20 aminoácidos, de tal sorte que não poderia haver uma especificação de um para um dos últimos pelos primeiros. Somente combinações de três (ou mais) nucleotídeos poderiam resultar em combinações alternativas suficientes ($4^3 = 64$) e esse código tríplice já se mostrou universal, com o número excessivo de alternativas (c. 40) sendo explicado por redundância (mais do que uma trinca codificando um aminoácido em particular) e pontuação. Contudo, não há uma tradução direta do DNA em proteínas. Ao contrário, a informação é primeiro transcrita em RNA (como o DNA, mas uracila substitui a timina) em um processo denominado transcrição. Esse RNA atua como mensageiro (referido como RNAm ou mensageiro). Ele transporta a informação codificada através da membrana nuclear para um sítio, o ribossomo (composto de RNAr ou ribossômico), onde pode ser traduzida como uma sequência de aminoácidos para formar uma proteína. Ainda assim, outro conjunto de RNAs (os RNAt de transferência) é responsável por transportar os aminoácidos para os ribossomos e os posicionando nos locais corretos na nova proteína. O processo que ocorre nos ribossomos é chamado tradução. As complexidades para construir moléculas protéicas a partir de informação codificada no DNA são representados esquematicamente na Figura 1.1.

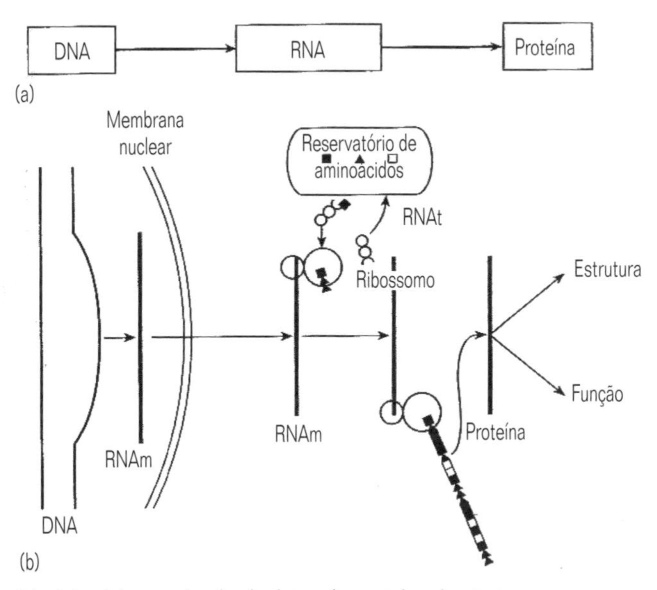

Fig. 1.1 A base molecular da síntese das proteínas (ver texto para explicações).

1.2.3 Abertura

Os sistemas ordenados dos organismos, até mesmo ao nível das macromoléculas, estão continuamente sujeitos aos 'insultos entrópicos', mas sistemas avariados podem ser substituídos pelas especificações embutidas no programa genético. Contudo, isto somente é possível se há uma importação contínua de matérias brutas especificadas e exportação de materiais não ordenados (excretas) e energia (na maior parte calor). Assim sendo, os organismos e as células que eles contêm devem ser sistemas abertos. Mesmo nos animais que não estão crescendo deve ocorrer uma contínua reposição de células e/ou de moléculas – o que Schoenheimer descreveu como o dinâmico estado-contínuo do corpo no seu livro, The Dynamic State of Body Constituents (1946).

1.2.4 Evolução pela seleção natural é uma consequência inevitável de sistemas que persistem por replicação.

Organismos inteiros podem também ser substituídos – reproduzidos – pela replicação através do programa genético. Isto significa separar propágulos multicelulares ou unicelulares que carregam todo ou parte do programa genético (genoma) dos seus pais. Propágulos multicelulares, invariavelmente, contêm réplicas mais ou menos completas do genoma parental e os processos de reprodução que os envolvem são denominados vegetativos ou assexuados. Propágulos unicelulares (gametas) frequentemente contêm uma réplica-parcial do genoma parental e precisam se fundir com outros gametas para restabelecer o genoma completo (fecundação) antes que o desenvolvimento possa prosseguir. Isto é reprodução sexual.

Nós temos, assim, sistemas que replicam um genoma para reproduzir um organismo. Contudo, o genoma não é sempre replicado perfeitamente; mesmo na reprodução assexuada as mutações introduzem variação e, adicionalmente, na reprodução sexual o processo de 'embaralhamento', associado com a meiose e a mixia associada com a fecundação, introduzem diferenças consideráveis entre os pais e a prole. Variações do programa genético levam à variação da forma e função do fenótipo e isto, por sua vez, influencia o modo como ele interage com o seu ambiente e, por consequência, suas chances de sobrevivência e sua taxa de reprodução. Se segue que aqueles programas que melhor promovem a sobrevivência e fecundidade no ambiente em que ocorrem, isto é, estão mais bem adaptados a ele, vão se tornar mais comuns. Além disso, dado que o mundo é finito e que os suprimentos necessários para os processos vitais são limitantes, estes programas tenderão a repor outros menos bem adaptados. Isto resume, de forma simples, o processo de evolução por seleção natural que foi tornado explícito pela primeira vez por Charles Darwin na sua Origem das Espécies (1859). Parafraseando Herbert Spencer, ele usava uma frase de efeito, 'sobrevivência do mais apto', para descrever este processo. Contudo, a descrição acima torna claro que adaptação é a habilidade de *uma linhagem gene-determinada se propagar* em uma população em comparação com outras, o que envolve tanto sobrevivência quanto *fecundidade*.

1.3 Origens da vida

O aspecto mais fundamental dos sistemas vivos é o de que eles podem persistir em estado ordenado e organizado por um processo de replicação e de reprodução programados. Evolução por seleção natural se segue como uma consequência automática desta organização. Mas como tal sistema se originou? Descobrindo como as moléculas orgânicas, que constituem os próprios organismos (p. 4), tiveram origem é somente uma resposta parcial para esta questão. Nós precisamos imaginar modos plausíveis através dos quais elas se tornaram organizadas em sistemas autoreplicantes.

As moléculas baseadas no carbono, que constituem os organismos vivos, foram uma vez consideradas como sendo tão especiais e únicas que poderiam ser sintetizadas apenas pelos seres vivos. Assim sendo, se fez uma distinção entre elementos químicos orgânicos (= relativos à vida) e inorgânicos. A primeira violação nesta demarcação ocorreu quando Wöhler sintetizou uma molécula orgânica muito simples (uréia) do cianato de amônio (uma molécula inorgânica) simplesmente através da aplicação de calor (em 1832). E isso iniciou o tratamento racional e científico da química da vida, e que formou o fundamento da bioquímica e da biologia molecular moderna. Mesmo assim, a síntese controlada da uréia está muito distante da origem espontânea dos polissacarídeos, lipídios, proteínas e ácidos nucléicos que se fizeram necessários para a origem dos sistemas vivos.

1.3.1 Síntese pré-biótica dos polímeros orgânicos

Pouco se sabe com certeza acerca da atmosfera inicial da Terra, mas provavelmente esta foi formada pela mudança dos seus gases, de tal sorte que teria surgido uma forte semelhança com a mistura de gases que escapa dos vulcões. Nestas condições, certamente estava destituída de O_2 (veja Capítulo 11). Agora experimentos demonstraram que, sob essas condições, praticamente qualquer fonte de energia, raios, ondas de choque, radiação ultravioleta (porque não havia O_2 não existia o ozônio que filtra este comprimento de onda da irradiação solar) ou cinzas vulcânicas quentes, teria levado à síntese pré-biótica de uma variedade de monômeros 'orgânicos': açúcares, aminoácidos, ácidos graxos e mesmo nucleotídeos. Sob condições apropriadas, por exemplo, diante de alta concentração de polifosfatos inorgânicos, seria possível que esses monômeros se juntassem em longas cadeias para formar, por exemplo, polipeptídeos e polinucleotídeos. É tido como amplamente aceito que todas estas substâncias concentraram-se no oceano primitivo formando a famosa 'sopa primordial'.

Deve ter ocorrido um tipo de seleção nesse mundo pré-biótico uma vez que as moléculas que poderiam polimerizar-se mais rapidamente, e/ou eram mais estáveis, seriam mais comuns. Mas o ritmo destas mudanças não era muito rápido e não poderia ser muito 'aventureiro', uma vez que a formação de cada polímero foi um evento independente; não havia construção a partir de uma memória genética. Uma vez formados determinados polímeros, estes podem influir na formação de outros polímeros. Em particular, os polinucleotídeos têm a capacidade para especificar a sequência de nucleotídeos atuando como moldes para a polimerização. Se um polinucleotídeo funciona como molde para o seu complemento que, por sua vez, então funciona como molde para a sequência original, nós temos linhagens ligadas por uma espécie de memória genética. Aqueles polinucleotídeos, que procedem dessa forma mais eficientemente aumentam, efetivamente, em abundância em relação aos outros, isto é, sendo favorecidos seletivamente.

Os sistemas de moldes teriam sido passíveis de erros e novos polinucleotídeos teriam se formado por 'mutação', e teriam competido com outros por possíveis unidades limitadas de construção. Uma vez que os desoxirribonucleosídeos (precursores dos nucleotídeos) são mais difíceis de serem sintetizados do que os ribonucleosídeos e, uma vez que o RNA desempenha um papel central na síntese moderna de proteínas, a hipótese mais favorecida (mas não universal) é a de que estes polímeros primitivos e auto-replicantes foram RNAs. Tem sido sugerido que estas primeiras moléculas de RNA teriam atuado tanto como genes e catalíticos semelhantes a enzimas. Contudo, aqueles que crêem nesse cenário de 'mundo de RNA' para a evolução inicial da vida ainda têm algumas questões cruciais para resolver, por exemplo, como foram formadas as primeiras moléculas de RNA e como exatamente elas atuaram como catalíticos até mesmo nos mais simples dos sistemas metabólicos?

Nos últimos anos tem havido uma mudança se afastando da teoria de que as moléculas biológicas surgiram abioticamente e de que elas, interagindo umas com as outras na sopa primordial, formaram 'protocélulas'. Por exemplo, há alguns que pensam que estas protocélulas evoluíram a partir de complexos bioquímicos mais simples originalmente ligados à superfície de minerais (p. ex., piritas).

1.3.2 Origem e evolução das células

Os próximos passos na direção do sistema resumido na Figura 1.1 são mais difíceis de serem imaginados. Sob temperaturas normais, a replicação espontânea descrita acima seria lenta e a taxa de erros elevada. Associação com uma replicase, uma proteína capaz de catalisar a replicação, teria tornado o processo mais rápido. Como isto possa ter se originado não está claro, mas uma vez que se fez presente, teria sido favorecido. Além disso, haveria alguma vantagem em envolver o molde e a replicase, porque então as vantagens derivadas dessa união não seriam benéficas para outros moldes competidores e levemente diferentes. Assim surgiu a célula e nós começamos a ver uma distinção entre genótipo e fenótipo. A seleção atuaria sobre essas células primitivas, de tal modo que aquelas nas quais a cooperação entre genótipo e fenótipo aumentasse a taxa de replicação e a constância, espalharam-se mais rapidamente do que outras. Se bem que seja difícil para se especificar precisamente, foi nesse contexto de 'cooperação' e seleção que o sistema complexo envolvendo o DNA, assim como diversas formas de RNA, se originou e foi refinado.

As células originais eram pequenas e apresentavam uma estrutura interna simples, algo semelhante com as bactérias atuais, os assim chamados procariontes. Em algumas células se originou outra membrana para envolver a informação genética, e este aspecto deve ter sido favorecido porque, provavelmente, conferiu maior proteção contra danos genéticos. Estas células, as assim chamadas proto-eucariontes, também, provavelmente mais tarde, adquiriram organelas citoplasmáticas e, entre estas, se destacaram as mitocôndrias. Essas últimas mostram muitas similaridades com procariontes de vida-livre – por se assemelharem com elas em tamanho e forma, contendo o seu próprio DNA, e se reproduzindo por fissão binária – e agora se acredita que tenham surgido através de associações simbiônticas entre pequenos procariontes semelhantes com Paracoccus ainda existentes e com grandes formas nucleadas de proto-eucariontes. Decompondo-se a célula eucarionte, é possível demonstrar que toda a maquinaria para o metabolismo aeróbico está localizada nas mitocôndrias, de tal modo que esta suposta associação evoluiu juntamente com o acúmulo de O_2 na atmosfera da Terra devido à atividade fotossintética das primitivas cianobactérias.

1.3.3 Por que a geração espontânea não ocorre o tempo todo?

Se há grandes moléculas biológicas e, na verdade, as células se originaram algum dia, é razoável se considerar porque isto não ocorre continuamente. A resposta é a de que os próprios seres vivos, uma vez formados, criaram condições desfavoráveis para tal. Por exemplo, o O_2, um produto da vida, uma vez formado destruiria os compostos orgânicos fundamentais que compõem as coisas animadas. Na presença do O_2, os polímeros orgânicos solitários são quebrados em constituintes inorgânicos simples pela oxidação. Assim sendo, desde que o O_2 livre se tornou abundante, 'a sopa primordial' de moléculas orgânicas não podia mais ser mantida. Além disso, as moléculas orgânicas mais complexas da 'sopa' eram, provavelmente, excelentes fontes de nutrientes para os primeiros organismos, e acabaram sendo ingeridas ou desagregadas mais rapidamente do que se formavam.

1.4 Níveis de organização dos organismos

É pouco provável que a totalidade dos processos fisiológicos, quando reunida no interior de uma única célula (como ocorre nos protistas; Seção 3.1), poderia ser tão eficiente quanto quando esta é dividida entre muitas células, no caso dos organismos multicelulares. A condição multicelular apresenta mais espaço para as reações, e a divisão de trabalho entre células, pela compartimentalização das funções, significa que, ao menos no interior dos compartimentos, os conflitos fisiológicos podem ser atenuados. Assim, haveria mais pressão seletiva para a evolução da multicelularidade, por exemplo, para a origem dos Animalia.

O próximo capítulo resume os principais aspectos dos filos dos invertebrados e especula sobre suas relações e evolução. Ele ilustra vários padrões possíveis de organização que foram, progressivamente, revelando as potencialidades fisiológicas dos animais multicelulares. Por exemplo:

1 A evolução da diferenciação celular.

2 A localização espacial das células de um mesmo tipo em tecidos e, então, a organização destas em órgãos (coleções de células que contribuem para uma função comum).

3 A evolução de um intestino verdadeiro que permitiu uma maior especialização de diferentes regiões.

4 O desenvolvimento de cavidades corpóreas preenchidas com líquido que permitiram ao intestino e a outros órgãos (p. ex., o coração) funcionarem independentemente da musculatura da parede do corpo, facilidade da distribuição dos nutrientes por difusão, e por criar um esqueleto hidrostático (Seção 10.4), uma locomoção mais efetiva.

5 A evolução de sistemas específicos para a distribuição dos nutrientes e dos gases respiratórios entre os tecidos. Isto permitiu fugir das restrições de tamanho impostas pela distribuição desses produtos por difusão (veja Capítulo 11).

6 A evolução de pernas, o que determinou consideráveis potenciais para a locomoção, especialmente na terra e no ar.

É bastante fácil verificar como a seleção natural pode ter melhorado o funcionamento em níveis de organização. Mas, teria sido responsável pelos principais câmbios entre níveis? Esses câmbios ocorreram gradualmente por uma sequência contínua de pequenas mudanças que melhoraram o funcionamento fisiológico e aumentaram a adaptação, ou por saltos 'quânticos' entre níveis, que estiveram mais relacionados com o acaso e com oportunidades de desenvolvimento do que com a seleção natural? Essas alternativas são denominadas, por seu turno, como as hipóteses do Equilíbrio Pontuado e Gradualista. Certamente há algumas evidências para a ocorrência de um processo pontuado na evolução dos invertebrados (Capítulo 2). Mas, uma vez que os pontos são medidos em tempo geológico, por exemplo, representando muitos milhões de anos, eles ainda poderiam ser alterados sob a influência da seleção natural. É provável que pressões seletivas mudassem consideravelmente de tempos em tempos e determinassem diferenças significativas no ritmo da evolução. Assim, um padrão pontuado de evolução não exclui um mecanismo darwinista. Essa tem sido uma área de debates acalorados da biologia evolutiva (veja Ridley, 1996 ou Futuyma, 1998 para detalhes do debate e para uma excelente introdução geral para a evolução) e nós deveremos retornar a ela mais tarde nesse texto.

1.5 Perspectivas

Esse capítulo destacou, de modo muito rápido, o que nós consideramos como sendo os aspectos básicos dos sistemas vivos:

Eles são sistemas organizados que dependem de programas, replicação e de abertura para persistência.

Os aspectos dos sistemas animais que se seguem, quase que logicamente, a partir deles são:

Eles adquirem recursos, tais como alimentos, a partir do seu ambiente e os utilizam de maneira a promover a sobrevivência e a reprodução.

Vários níveis de organização da vida animal evoluíram, e a seleção natural aconteceu entre essas restrições filéticas para determinar a adaptação nos processos de aquisição e de utilização. Após um esboço preliminar destes níveis de organização no próximo capítulo, nós os descreveremos em mais detalhes na Parte 2. Isso prepara o cenário para uma consideração mais profunda dos padrões fisiológicos e de comportamento dos invertebrados na Parte 3, onde nós nos concentramos em aspectos individuais dos seus funcionamentos. Assim, a Parte 2 adota uma abordagem de filo a filo e a Parte 3 adota uma abordagem funcional dos invertebrados, filo a filo. O leitor, assim sendo, poderá escolher por se concentrar na abordagem dos filos na Parte 2 e usar a Parte 3 como uma fonte de informações adicionais ou, de modo alternativo, se concentrar na biologia funcional dos invertebrados na Parte 3 e utilizar a Parte 2 como um 'índice' para os táxons sobre os quais são feitas referências. Contudo, as duas partes são integradas e objetivam fazer uma apreciação completa e holista dos organismos invertebrados.

1.6 Leitura adicional

Cox, T. 1990. Origin of the chemical elements. New Sci., Feb 3, 1-4.

Des Marais, D.J. & Walter, M.R 1999. Astrobiology: Exploring the origins, evolution and distribution of life in the universe. Annu. Rev. Ecol. Syst., 30, 397-420.

Edwards, M.R 1998. From a soup or a seed? Pyritic metabolic complexes in the origin of life. Trends Ecol. Evol., 13, 178-181.

Garland, T. & Carter, P.A. 1994. Evolutionary physiology. Annu. Rev. Physiol., 56, 579-621.

Gibbs, A.G. 1999. Laboratory selection for the comparative physiologist. J. exp. Biol., 202, 2709-2718.

Lewin, B. 1998. Genes VI. Oxford University Press, Oxford.

Futuyma, D.J. 1998. Evolutionary Biology, 3rd edn. Sinauer Associates Inc., Sunderland Massachusetts.

Kirchner, M. & Gerhart, J. 1998. Evolvability. Proc. Natl. Acad. Sci. USA, 95, 8420-8427.

Maynard Smith, J. 1986. The Problems of Biology. Oxford University Press, Oxford.

Morris, S.C. 1998. Early metazoan evolution. Reconciling paleontology and molecular biology. Am. Zool., 38, 867-877.

Pigliucci, M. 1996. How organisms respond to environmental changes: from phenotypes to molecules (and vice versa). Trends Ecol. Evol., 11, 168-173.

Ridley, M. 1996. Evolution, 2nd edn. Blackwell Science, Massachusetts.

Schmitt, J. 1999. Introduction: Experimental approaches to testing adaptation. Am. Nat. (suppl.) 154: S1-S3.

Schopf, J.W. (Ed.) 1992. Major Events in the History of Life. Jones & Bartlett, Boston.

Schopf, J.W. 1994. The early evolution of life – solution to Darwin's dilemma. Trends Ecol. Evol., 9, 375-377.

Sibley, RM. & Calow, P. 1986. Physiological Ecology of Animals: An Evolutionary Approach. Blackwell Science, Oxford.

Smith, D.C. & Douglas, A.E. 1987. The Biology of Symbiosis. Edward Arnold, London.

CAPÍTULO 2

A História Evolutiva e Filogenia dos Invertebrados

Os animais atuais são os produtos do seu passado evolutivo, e não é possível que se compreenda integralmente a biologia moderna a não ser que se faça uma apreciação desse passado e das restrições que foram colocadas sobre a estrutura animal, ecologia e estilos de vida. Nesse capítulo, nós descrevemos os principais aspectos da história evolutiva e diversificação do Reino Animal, incluindo aqueles da sua origem.

O nosso conhecimento das relações dos principais grupos de animais sofreu uma revolução nos últimos 10-15 anos, à medida que estudos moleculares ou de sequências gênicas e análises cladísticas têm investigado uma maior gama de espécies. Certamente ainda há lacunas e incertezas, mas uma figura mais ampla está emergindo. Colocamos isto contra um fundo das pressões seletivas que devem ter operado no passado e as respostas possíveis dos organismos então existentes para essas pressões. Também enfatizamos o que o registro dos fósseis tem para nos contar sobre a natureza da diversificação e extinção.

Os leitores deveriam perceber que, inevitavelmente, este capítulo se fundamenta em alguns dos aspectos anatômicos que são descritos na Parte 2 do livro. Sentimos ser mais apropriado apresentar uma visão geral antes de uma consideração detalhada dos grupos individuais, mesmo que isto possa significar que estruturas e conceitos possam requerer referências para material a ser considerado mais tarde. Contudo, isso foi mantido ao mínimo. Nós deveríamos também enfatizar que esse não é um livro texto de evolução, de cladística ou de análise de sequência molecular. Apresentamos uma síntese baseada nas conclusões destes estudos que nos parecem ser os mais completos e informativos, e que devem permitir com que o leitor procure informações detalhadas entre procedimentos e razões a partir dos trabalhos citados na seção "Leitura adicional':

2.1 Introdução

É certo que os animais multicelulares, assim como os outros dois reinos de multicelulares, os Fungi e Plantae, são os descendentes de linhagens dos protistas eucariontes uni celulares e está parecendo mais e mais provável que os fungos e os animais são mais próximos entre si quanto à origem. Mas o que foi o primeiro animal, ou foram os primeiros animais, é bem menos claro. A maioria dos grupos de animais que se fazem representar nos registros fósseis aparece pela primeira vez no Cambriano, 'inteiramente formados' e reconhecidos em seus filas, há cerca de 550 milhões de anos. Esses incluem tipos avançados, anatomicamente complexos como os trilobitas, equinodermos, braquiópodes, moluscos e cordados. Fósseis de animais mais antigos, do Pré-Cambriano, não são muito numerosos, mas é possível que os cnidários e os vermes segmentados estejam representados, mesmo que a semelhança de muitos fósseis de Ediacara (Fig. 2.1) com grupos de animais atuais seja somente superficial. Algumas ou mesmo todas essas formas do Pré-Cambriano, tem se argumentado, nem mesmo são animais como geralmente se compreende pelo termo.

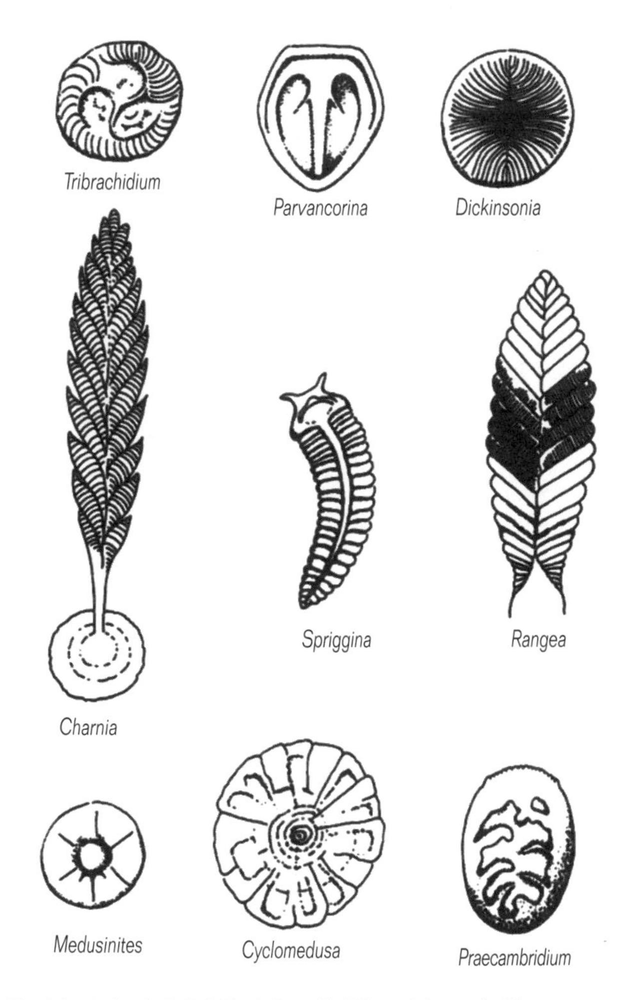

Fig. 2.1 Animais do Pré-Cambriano (de Ediacara) (segundo Glaessner e Wade, 1966).

O registro fóssil, desse modo, não auxilia no que diz respeito com a compreensão da origem e diversificação inicial dos vários filos de animais, exceto até o ponto de indicar que esses eventos ancestrais devem ter ocorrido no Pré-Cambriano, provavelmente ao menos em cerca de 1.000 milhões de anos antes do presente – a data provável da origem é correntemente muito debatida. A própria vida remonta a cerca de 3.500 milhões de anos atrás.

Os primeiros animais multicelulares teriam, presumivelmente, sido (a) pequenos, (b) compostos de relativamente poucas células de uma variedade muito limitada de tipos diferenciados e (c) sem quaisquer partes duras. Uma vez que o registro fóssil é predominantemente dos organismos com carapaças endurecidas, conchas, placas ou esqueletos, seria irreal de se esperar que este registro alguma vez contribuirá para revelar a ancestralidade dos animais: tais formas ancestrais dificilmente teriam sido preservadas. Assim sendo, os zoólogos foram forçados a argumentar, só com base na comparação da estrutura e da função dos membros vivos dos diferentes filós de animais e de protistas. Aqui deve se lembrar que os representantes atuais de todos os grupos de organismos estão separados por cerca de 1.000 milhões de anos e, em alguns casos, consideravelmente até mais, da origem do seu grupo, com todas as possíveis mudanças na bioquímica, fisiologia, embriologia, anatomia etc. que podem ter ocorrido durante este intervalo.

Alguns animais sobreviventes são, claramente, extremamente simples nas suas estruturas: eles podem ter muito poucas células no total e/ou estas células podem ser de poucos tipos (assim como as presumíveis formas multicelulares ancestrais); e eles podem carecer de muitos sistemas de órgãos encontrados na maioria dos animais (p. ex., sistema circulatório e/ou cavidades no corpo). Estes animais podem ser considerados como os descendentes sem modificações de grupos ancestrais que mantiveram seu plano corpóreo sem modificações ao longo de milhões de anos. Algumas espécies sobreviventes – frequentemente denominadas de 'fósseis vivos' – realmente parecem para todos os intentos e propósitos serem idênticas com aquelas que viveram até 500 milhões de anos atrás, ao menos no aspecto mais geral e, assim, algumas podem ter permanecido sem modificação por até mais tempo. Se essa fosse a única interpretação possível, a procura pela condição ancestral poderia ser mais simples, mas há outra visão alternativa para tais grupos. Durante os seus desenvolvimentos individuais, os animais naturalmente passam do relativamente simples para o mais complexo, e os juvenis e/ou os estágios larvais frequentemente possuem um plano corpóreo simples. No curso normal dos eventos, a maturidade sexual não é atingida até o estágio adulto (relativamente complexo), mas o início da maturidade sexual enquanto ainda um juvenil na estrutura do corpo (pedomorfose) é um fenômeno bem conhecido e, sob várias circunstâncias ecológicas, seletivamente vantajoso. Pode ser visto ocorrendo hoje, pois um número de larvas marinhas que apresentam gônadas em desenvolvimento, e em alguns casos funcionais, foram capturadas em redes de plâncton (ver Seção 2.5). Muitos grupos de animais realmente apresentam uma semelhança notável com os estágios larvais de outros tipos de animais e são tidos como surgindo pedomorficamente. Assim sendo, a simplicidade corporal pode ser primária, mas também pode ser secundária. Animais simples podem ter evoluído de outros mais complexos. A leitura da polaridade das relações do ancestral para o descendente, assim, está longe de ser direta e tem se provado como passível de debate cansativo em casos individuais.

As inter-relações animais, classicamente, foram postuladas com base nos aspectos anatômicos compartilhados. O processo de classificação operou ao colocarmos todos os organismos com uma estrutura muito semelhante no mesmo grupo (táxon) e tendo um tal táxon para cada conjunto de espécies essencialmente similares; organismos com diferentes morfologias eram então colocados em táxons diferentes. Os táxons eram então reunidos em conjuntos de grupos sempre mais inclusivos, novamente com base na similaridade anatômica, e isto era assumido como refletindo afinidade evolucionária uma vez que similaridade fundamental deveria ser proporcional ao parentesco. Dois problemas eram inerentes nesta abordagem. Primeiro, é claro que a magnitude de mudança morfológica ao longo do tempo evolucionário não é proporcional ao tempo gasto para evoluir essa mudança (Seção 2.5). Dois grupos podem ter divergido um do outro muito tempo atrás, mas muitos mantiveram desde então suas anatomias ancestrais quase inalteradas, como nos fósseis vivos acima. Por outro lado, um grupo que se separou, relativamente recentemente, pode ter adquirido rapidamente uma estrutura corpórea adulta muito diferente, por exemplo, através da ocorrência da pedomorfose. Segundo, a similaridade anatômica pode ser ilusória. Ela poderia realmente refletir o fato de que suas estruturas foram herdadas de um ancestral comum recente. Ou poderia ter sido consequência de convergência: a evolução de respostas anatômicas semelhantes para pressões seletivas comuns em organismos não relacionados, especialmente onde há um número limitado de respostas adaptativas possíveis para as circunstâncias em questão. Ou poderia ter surgido em paralelo onde os organismos herdaram a habilidade genética para responderem do mesmo modo em circunstâncias semelhantes sem herdarem a estrutura atual do seu ancestral comum: animais tão diversos quanto platelmintos, insetos e vertebrados têm mostrado, por exemplo, possuírem conjuntos de genes muito similares que especificam o arranjo linear de estruturas ao longo do seu eixo anterior-posterior. Portanto, similaridade não é também necessariamente proporcional ao parentesco.

Duas técnicas modernas têm sido amplamente utilizadas para evitar esses problemas. Uma é a metodologia cladística que procura identificar a sequência de ramificação evolutiva em linhagens de organismos, independente da extensão de suas similaridades e dissimilaridades anatômicas gerais. Em essência, isto ela faz ao tentar estabelecer os estados, ancestral e derivado, do caráter de determinados aspectos anatômicos (ou outros), e por identificar os estados derivados dos caracteres que são compartilhados por determinados grupos de organismos. Uma coleção de tais caracteres derivados compartilhados pode, então, ser reunida para representar o padrão de ramificação evolutiva (permitindo, é claro, reversões de estados). Outra é a construção de filogenias moleculares baseadas no grau de semelhança na sequência das unidades componentes, por exemplo, nucleotídeos, ao longo de certas moléculas tais como nas subunidades do RNA ribossômico, com a premissa de que mutações em um ponto qualquer ocorrem em uma taxa relativamente constante e, assim sendo, existe uma relação entre divergência em uma estrutura molecular determinada e a duração do tempo desde a ramificação evolutiva. Nenhum método é perfeito. Aquisição múltipla do mesmo aspecto por evolução paralela, por exemplo, pode levar a uma análise cladística errada e o 'relógio molecular' (a noção de que a taxa de acumulação de mudanças em uma molécula em questão é constante dentro e entre grupos) pode não ser constante como algumas filogenias moleculares podem implicar. Além disso, a exata metodologia de muitas análises cladísticas não está livre de crítica (Jenner e Schram, 1999), e dados de sequenciamento de moléculas diferentes podem dar resultados divergentes. Não obstante, ambas as técnicas têm se demonstrado importantes para distinguir entre graus de organização (níveis equivalentes de estrutura corpórea) e clados (linhas filo genéticas individuais), e em identificar aspectos que evoluíram convergentemente ao invés de serem herdados a partir de ancestrais comuns. Revoluções originadas por tais análises incluem apreciação que os vermes segmentados e os artrópodes segmentados não são, em verdade, estreitamente relacionados pelo motivo dessa segmentação compartilhada, mas a afinidade real dos artrópodes com os animais que apresentam lofóforos. O restante deste capítulo se apóia muito nestas abordagens, se bem que deve ser notado que a análise cladística e as comparações moleculares nem sempre concordam e aí permanecem muitas áreas de incerteza; nem todos os grupos animais também já passaram por análises moleculares.

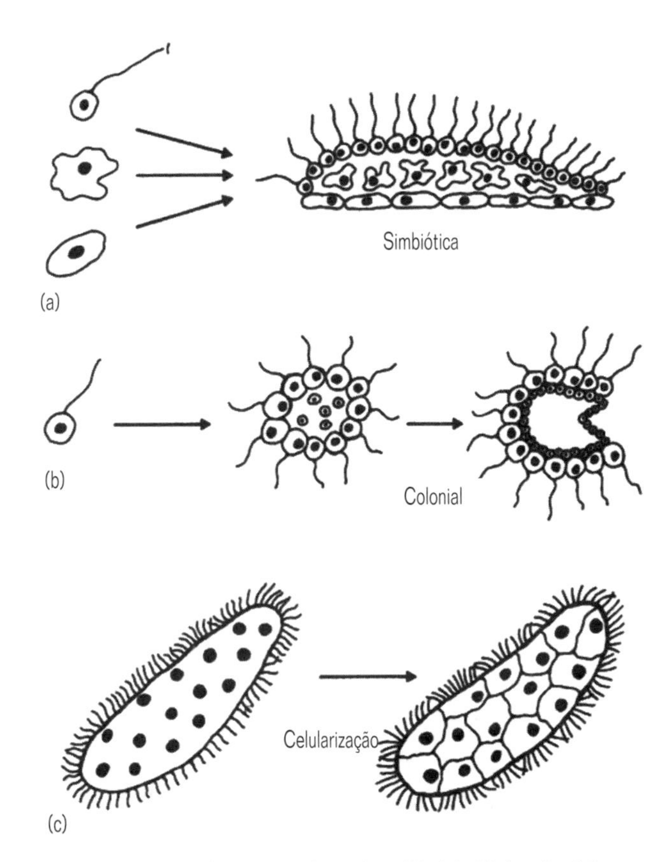

Fig. 2.2 Rotas prováveis para a evolução da multicelularidade animal dentro dos Protista (ver texto para explicação).

2.2 Os animais mais simples

2.2.1 A evolução da multicelularidade

Teoricamente há três modos através dos quais um organismo multicelular ou outro organismo possa ter evoluído a partir de um protista. Primeiro, diferentes tipos de protistas poderiam, em conjunto, simbioticamente, formar um organismo composto, de maneira semelhante ao modo sugerido para a origem da célula eucarionte a partir de procariontes distintos, e dos líquenes pela complementaridade entre algas e fungos (Fig. 2.2a). Segundo, os produtos da divisão assexuada de um único indivíduo protista poderiam permanecer justapostos após a fissão e, através de um estágio colonial, surgiria a condição multicelular (Fig. 2.2b). Aqui cada indivíduo protista seria equivalente a uma célula de um organismo multicelular e os protistas poderiam ser considerados como verdadeiramente 'unicelulares'. Terceiro, um protista multinucleado poderia evoluir partições de membranas internas ao redor de cada núcleo, o que confinava a atividade de cada núcleo para certas regiões do seu corpo e, assim, tornar-se internamente compartimentado (Fig. 2.2c). Se a multicelularidade surgiu através dessa rota, qualquer organismo multicelular derivado seria mais bem reconhecido como sendo 'celular' (isto é, dividido em células) e o protista ancestral como sendo 'acelular' (não dividido em células), ao invés de unicelular.

O primeiro destes três mecanismos em potencial (Fig. 2.2a) apresenta sérios problemas genéticos. Como protistas fundadores, geneticamente distintos, se integram em um único organismo multicelular e capaz de se reproduzir? Mesmo os dois ou três simbiontes distintos que formam um líquen composto devem reproduzir-se separadamente e, então, se associar de novo para formar novas colônias. Há evidência de que alguns poucos protistas eucariontes surgiram pela união de duas entidades que eram elas mesmas eucariontes, mas isso parece ter ocorrido muito raramente. Com respeito ao terceiro mecanismo em potencial (Fig. 2.2c), não há indicações de compartimentalização interna entre os protistas atuais, e assim não há evidência comparável para sugerir que isso tenha ocorrido no passado. Contudo, se deve dizer que se tal protista sofreu compartimentalização total ou parcial ele, provavelmente, seria considerado como um organismo multinucleado e não como um protista, de modo que evidência comparativa estaria faltando por definição. Muitos protistas, contudo, se sabe poderem formar colônias por divisão assexuada (Fig. 2.3), como realmente fazem muitas bactérias procariontes, e em algumas colônias há diferenciação em tipos distintos de células. O segundo mecanismo (Fig. 2.2b) é, portanto, o mais favorecido pela maioria dos biólogos e há uma grande quantidade de indicações de como que os protistas unicelulares poderiam ter formado organismos multicelulares através da colonialidade. O estado multicelular é, a despeito de tudo, formado pela divisão mitótica (assexuada) repetida do zigoto fundador e pelos seus produtos da fissão.

Na verdade, é difícil distinguir entre um protista colonial e um organismo multicelular. Nem todos os organismos reconhecidos tradicionalmente como multicelulares apresentam muita coordenação entre suas células componentes e, como já vimos, a diferenciação celular não está restrita aos multicelulares. Frequentemente, é apenas uma questão de tradição e conveniência. Dos 27 filos de protistas reconhecidos em uma classificação, 16 incluem espécies formadoras de colônias e em três o nível de

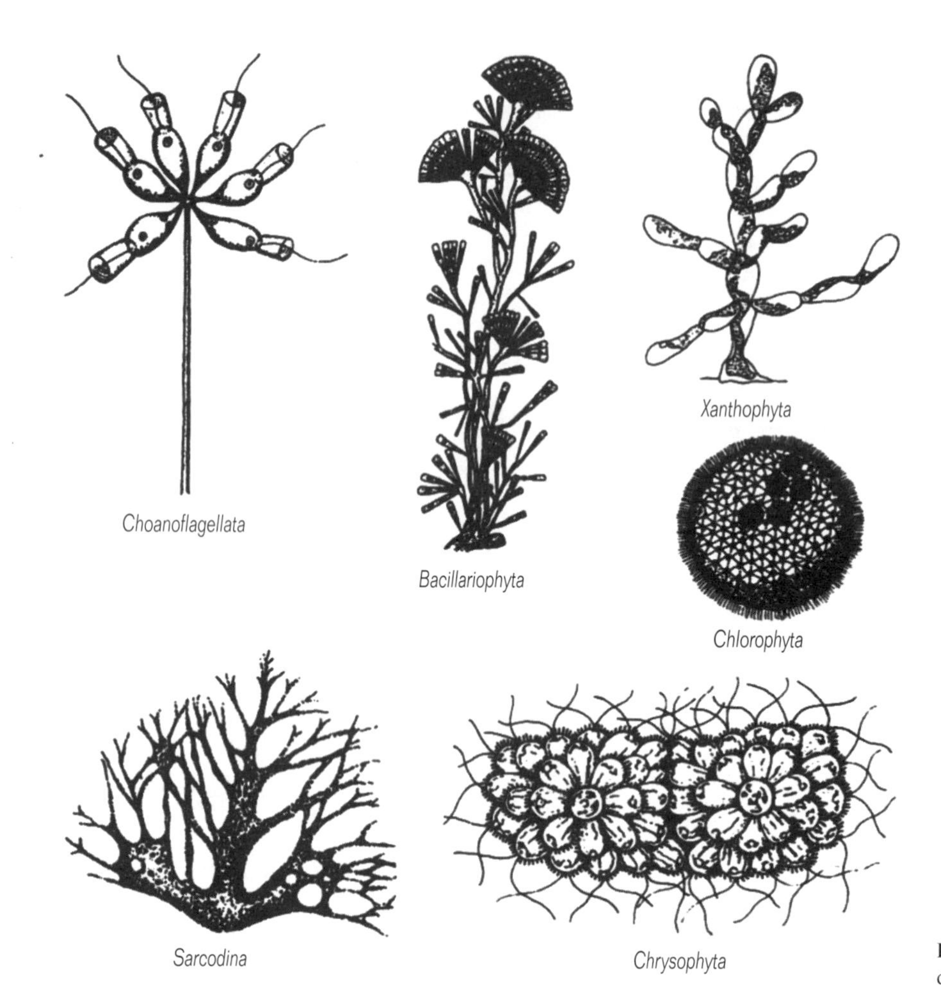

Fig. 2.3 Protistas coloniais de uma variedade de filas (segundo várias fontes).

organização de algumas, ou de todas, espécies é dito como tendo cruzado a barreira da multicelularidade. Excluindo-se os animais, a multicelularidade dos eucariontes pode ter surgido mais do que 15 vezes a partir da base dos protistas e, realmente, não há razão para se assumir que todos os animais multicelulares surgiram de um organismo que fosse ele mesmo multicelular.

Contudo, todos os animais realmente compartilham um número de aspectos citológicos e bioquímicos (p. ex., a habilidade para sintetizar o colágeno, certa matriz extracelular e moléculas para a adesão das células; presença de junções celulares oclusivas ou 'tight') e que todos se desenvolvem através de um estágio embriológico de blástula a partir de um zigoto diplóide (exceto em determinados mecanismos secundários de reprodução gamética assexuada – veja Capítulo 14). Além disso, todos compartilham aspectos com um grupo de protistas solitários ou coloniais, os coanoflagelados (veja Quadro 3.1), e muitos assim consideram muito provável que a ancestralidade dos animais resida entre estes protistas aquáticos heterotróficos. Se a multicelularidade animal surgiu mais de uma vez a partir de tais coanoflagelados aquáticos, contudo, é um assunto diferente e amplamente não resolvido. Com o conhecimento atual, é possível que eles assim o fizessem. Assim, permitindo esta possibilidade ao invés de agrupar todos os animais como descendentes de um organismo que teria siso ele mesmo um animal (isto é, ser um grupo monofilético), muitos zoólogos incluem os coanoflagelados no reino Animalia, o que determina que isto tenha o efeito de fazer com que os animais não sejam mais um grupo de organismos multicelulares. Uma leitura alternativa desse cenário geral, contudo, coloca os coanoflagelados como derivados, secundariamente, das esponjas (Seção 2.2.2) e, enquanto isso pode explicar os aspectos animais destes protistas, se verdadeiro, colocaria a natureza do grupo ancestral protista em aberto (novamente).

Muitos grupos de animais se separaram na ou muito próximo da base da árvore filo genética dos animais, e por esse motivo são candidatos em potencial para a evolução independente de seu estado multicelular a partir de linhas diferentes de coanoflagelados coloniais, especialmente pois eles apresentam padrões radicalmente diferentes de arquitetura corpórea. Nós vamos considerar isto, por sua vez, no remanescente dessa seção.

2.2.2 Esponjas

As esponjas, são as que se aproximam mais de todos os animais, para serem consideradas uma colônia de protistas, ao invés de organismo multicelular. Na verdade o tipo celular mais característico das esponjas, o coanócito, é virtualmente idêntico aos coanoflagelados ancestrais de vida livre e se alimenta essencialmente do mesmo modo (Fig. 2.4). Que a célula individual das

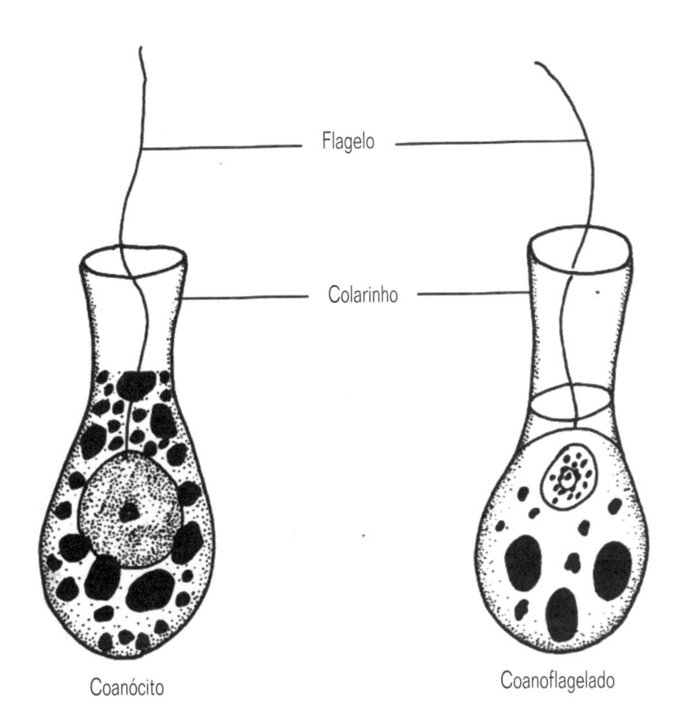

Fig. 2.4 A similaridade morfológica entre um coanócito de uma esponja e um protista coanoflagelado.

esponjas é a única subunidade essencial dos seus corpos é visto pela habilidade de algumas esponjas de se reconstruírem após desagregação completa. Elas têm sido descritas como animais do grau celular de organização, em contraste com o grau tecidual apresentado pelos radiados (veja Seção 2.2.3) e o grau do sistema de órgãos dos grupos bilaterais (seções 2.2.4 e 2.3). Contudo, elas realmente se desenvolvem de uma blástula e possuem a bioquímica celular animal.

As peculiaridades da construção das esponjas são:

- não há um sistema fundamental de simetria
- seus corpos são formados por, em essência, uma única camada de células que envolvem uma matriz secretada; no conjunto, formando um tubo com diferenciação de células que revestem as paredes interna e externa do tubo
- não há um sistema nervoso
- as células reunidas não formam tecidos bem definidos (o que dizer de órgãos).

Esta estrutura é tão individual que é impossível derivar qualquer outro grupo animal atual a partir do seu plano corpóreo. Isso levou a que algumas pessoas considerassem as esponjas como sendo uma 'tentativa' inicial, mal sucedida, da multicelularidade. Isto não lhes faz justiça. As esponjas são um grupo animal marinho extremamente bem sucedido, com mais espécies atuais do que os equinodermos, por exemplo, e quase tantas quantas dos anelídeos, e elas também têm sido uma parte significativa da fauna marinha desde o Cambriano. Sua simplicidade inconteste não deve ser encarada como o resultado de alguma suposta inabilidade para evoluir a simetria, coordenação e complexidade corporal de outros animais, mas como uma adaptação para seu admitido estilo de vida não-animal.

Elas são fixas, sésseis e, exceto nos orifícios exalantes do seu sistema de condutos tubulares, completamente imóveis e comedoras de suspensões. Na verdade, o funcionamento do seu sistema esquelético localizado dentro da matriz secretada é uma antítese real para isso em todos os animais: ele serve para evitar o deslocamento e para prover rigidez ao corpo. A água do ambiente é induzida a correr através de condutos, que é a massa do corpo, pelo batimento (não organizado) dos flagelos dos coanócitos; não fossem os tubos rígidos, reduções localizadas na pressão da água poderiam lhes determinar a constrição ao invés de servir para que mais água passe. Uma vez que o corpo é incapaz de se deslocar, por exemplo, um sistema nervoso seria sem função e certamente sem vantagens adaptativas. A proteção dos predadores não é conferida pela detecção e fuga, mas por substâncias químicas desagradáveis ou pela natureza espicular ou fibrosa do esqueleto. Considerando sob esta mesma óptica, é difícil imaginar como qualquer dos outros sistemas de órgãos presentes nos animais mais organizados poderia de qualquer modo aumentar a eficiência ou a sobrevivência de uma esponja. Nem é necessariamente o caso de que as esponjas foram, comparativamente, animais mais primordiais. O seu aparecimento, e certamente o seu aparecimento abundante, no registro fóssil, se deu depois, por exemplo, dos animais segmentados e é possível que elas evoluíram de coanoflagelados coloniais que elas tanto lembram (se a relação evolutiva for encarada neste sentido) após muitos outros grupos animais.

Logo, a esponja é um animal alternativo, não um rejeito evolutivo.

2.2.3 Os radiados

Como as esponjas, os radiados ou celenterados como são frequentemente chamados (os Cnidaria e Ctenophora) são genericamente, mesmo não sendo universalmente, reconhecidos como grupos muito individualizados e terminais. A suposição de que eles não deram origem a quaisquer outros filos é – de novo a semelhança com as esponjas – só outra forma de se afirmar que o plano geral dos seus corpos é tão bem sucedido que nenhuma mudança básica seria capaz de determinar maior sucesso. Este plano corporal geral mostra:

- simetria radial fundamental
- seus corpos são formados por, em essência, uma única camada de células que envolvem uma matriz secretada; no conjunto formando um tubo com diferenciação de células que revestem as paredes interna e externa do tubo
- um sistema nervoso de células nuas organizadas em uma rede nervosa ou redes envolvendo completamente a luz do tubo
- células individuais, em parte musculares, cada uma contendo fibras contráteis e arranjadas para funcionarem coletivamente como músculos circulares e longitudinais
- as células em conjunto formam tecidos bem definidos, mas não órgãos. Em adição, os Cnidaria são caracterizados pela sua característica derivada e compartilhada com a ocorrência dos cnidócitos, cada um contendo uma organela intracelular, o nematocisto (Fig. 2.5) e as células coloblastos de algum modo parecidas, nos Ctenophora. Tais células e organelas são, por outro lado, conhecidas somente em uns poucos grupos de Protistas (Fig. 2.5), e um deles – os Myxospora (veja Quadro 3.1) – pode ser, quanto à origem, formado por cnidários parasiticamente degenerados.

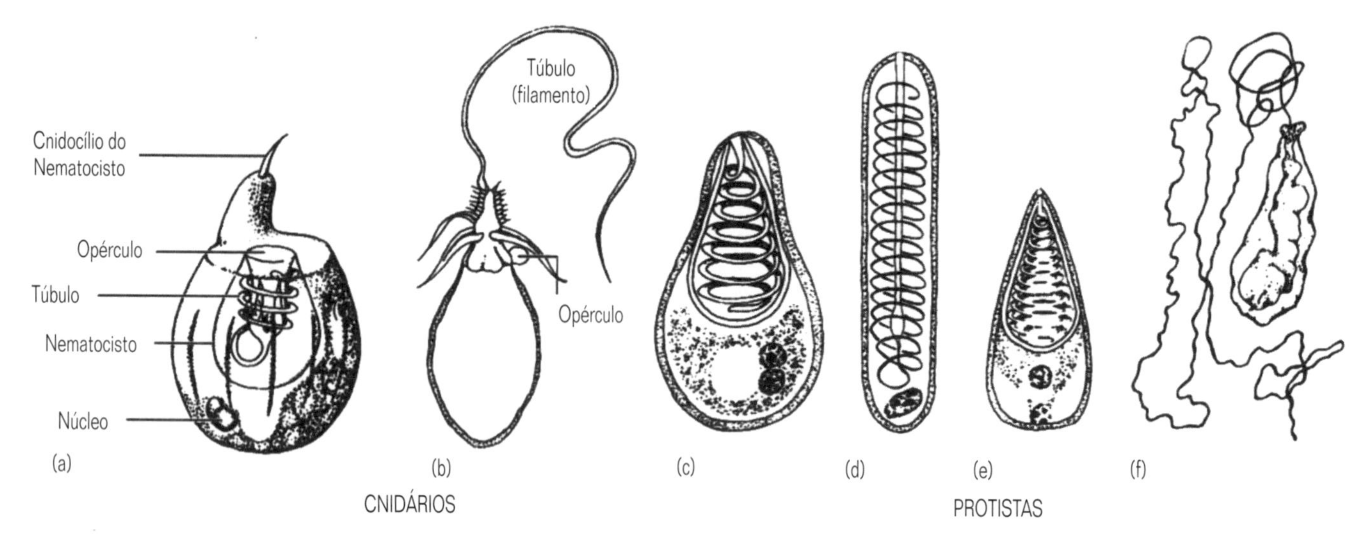

Fig. 2.5 Organelas do tipo nematocisto nos cnidários radiados e nos protistas mixósporos e micrósporos. Nematocistos dos cnidários: (a) cnidócito com nematocisto não explodido; (b) nematocisto explodido. (c) Esporo de um protista mixósporo com uma organela não explodida. (d, e) Esporos dos protistas micrósporos com organelas não explodidas e (f) explodidas. (Segundo Hyman, 1940; Calkins, 1926; Wenyon 1926 e outros.)

A forma do corpo, mas não a simetria, dos radiados é, claramente, de semelhança básica com as esponjas, isto é de um vaso simples ou tubo, muitas vezes achatado ou alongado, que encerra uma cavidade simples que se comunica com o meio externo através de uma única abertura e contendo água do ambiente, sendo o tubo virtualmente uma única camada de células que envolvem uma matriz secretada, com uma diferenciação externa e do revestimento de células. Em contraste marcante com as esponjas, contudo, os radiados são móveis e se alimentam de partículas grandes – pequenos animais – que eles capturam na coluna de água usando, nos cnidários, os cnidócitos localizados em extensões tubulares da parede do corpo que circundam a abertura da cavidade central, os seus tentáculos característicos.

O corpo em forma de saco ou de tubo e sua condição de duas camadas celulares (as camadas celulares, externa e interna) foram considerados pelos primeiros filogeneticistas, que apontaram que essa condição diploblástica é a mesma que a observada no estágio de gástrula da embriologia dos animais. Uma vez que, no desenvolvimento embrionário da maioria dos animais, a gástrula diploblástica se transforma em triploblástica pela formação de um terceiro folheto germinativo, a mesoderme, os radiados eram vistos como formas relictas ancestrais, permanentemente diploblásticas, que originaram todos os filos de animais com simetria bilateral, os triploblásticos. Os três estágios evolutivos dos animais foram supostos como sendo de: (i) uma bola oca de células (equivalente ao estágio embrionário de blástula), uma forma que ocorre entre alguns tipos de flagelados coloniais; (ii) esta, por alguma razão, se transformava no vaso de dupla parede (= a gástrula = os radiados); e (iii) quando evoluiu a mesoderme, foram formados os animais triploblásticos. Esse argumento, por analogia embrionária, pode ter sido inventivo, e ainda em parte permanece como a teoria da blastéia – gastréia – troquéia (veja Fig. 21.8), mas não há nenhuma evidência que sustente a noção de que os folhetos embrionários possam, de algum modo, ser equacionados através das células dos organismos atuais superficialmente semelhantes. Termos embriológicos tais como 'diplo-' e 'triploblásticos' não deveriam ser aplicados na morfologia do adulto, nem – como é frequentemente feito – denominar de 'ectoderme' e 'endoderme' as camadas de células interna e externa dos radiados.

Os cnidários podem ocorrer tanto em uma como em ambas de duas formas. O tubo do corpo pode ser alongado e preso ao substrato de modo que a abertura única e os tentáculos circundantes se projetam na coluna de água (o pólipo), ou pode ser achatado até a forma de um pires (a medusa). Muitos cnidários são colônias modulares. Pólipos são produzidos assexuadamente e, algumas vezes, medusas brotam, mas permanecem em contato pelos tecidos com outros módulos. Como todos os módulos são geneticamente iguais, é possível o polimorfismo dos módulos: alguns podem se especializar para alimentação e/ou defesa; outros para reprodução; e assin1 por diante. Através da especialização de pólipos individuais e de medusas não liberadas da colônia, alguns cnidários evoluíram o equivalente aos sistemas de órgãos possuídos pela maioria dos animais, apesar de que através de uma rota diferente.

Na maioria das filogenias modernas, os cnidários se ramificam na base da árvore evolutiva animal e, exceto no nível dos coanoflagelados, eles podem não estar relacionados diretamente tanto com as esponjas ou com os animais bilateralmente simétricos. Contudo, alguns zoólogos realmente consideram o estágio de dispersão da plânula de muitos cnidários – uma blástula livrenatante, que não se alimenta, sólida e que, apesar de ser radialmente simétrica, é alongada segundo o seu eixo longitudinal – como sendo o ancestral dos platelmintos e dos animais assemelhados a platelmintos. Outros consideram que os vermes relativamente grandes, com amplas cavidades celomáticas no corpo, evoluíram dos cnidários antozoários e que os platelmintos e, potencialmente, os grupos relacionados foram derivados pedomorficamente de tais animais celomados (veja Seção 2.4). É notável nesse aspecto que os cnidários sobreviventes são quase todos carnívoros e nenhum pode digerir algas, apesar de que alguns são, parcialmente até totalmente, dependentes dos simbiontes fotossintetizantes para sua nutrição. O florescimento dos cnidários até a proeminência nos mares do Pré-Cambriano Superior foi, provavelmente, consequência da evolução do zooplâncton, e novamente o seu sucesso, se não sua origem, é possível que tenha ocorrido mais tarde que o aparecimento de outros grupos de animais.

Os ctenóforos são mais obscuros, e eles podem ou não estar relacionados aos cnidários. Nas filogenias mais recentes, eles também se separam bem na base, mas as afinidades com uma ampla gama de outros grupos têm sido questionadas.

2.2.4 Platelmintos

Embora o filo sobrevivente dos Platyhelminthes contenha muitas espécies relativamente complexas, há algumas formas marinhas de vida livre que simplesmente são os animais bilateralmente simétricos mais simples conhecidos. O plano corporal básico dos platelmintos apresenta:

- simetria bilateral, com uma cabeça distinta e uma cauda, e superfícies dorsal e ventral
- corpos sólidos formados por mais do que duas camadas de células (e frequentemente muito mais)
- um sistema nervoso com cordões nervosos longitudinais embainhados
- a presença de tecidos e órgãos

Este é o mesmo plano básico de quase todos os outros animais (Seção 2.3). Em comparação com os grupos que devem ser considerados na Seção 2.3, contudo, todos os platelmintos carecem de um intestino completo, de um sistema circulatório, e de qualquer cavidade do corpo, exceto pelo intestino. A possessão pela maioria dos tipos de platelmintos do aspecto derivado compartilhado de espermatozóides biflagelados contendo 9 + 1 axonemas os coloca fora da linha evolutiva principal dos bilaterais, mas muitos acelomorfos (Fig. 2.6) possuem espermatozóides monoflagelados com axonemas com padrão animal 9 + 2. Os acelos também são consideravelmente menos complexos do que os outros platelmintos, por exemplo, carecendo de uma boca e intestino permanentes, e possuindo sistemas de tecidos e de órgãos pouco diferenciados. As suas estruturas estão mais próximas do ancestral de um animal bilateral, como se pode imaginar. Como observado acima, contudo, alguns vêem essa simplicidade como uma consequência secundária da pedomorfose e consideram todos os platelmintos como descendentes de vermes relativamente complexos.

Esponjas individuais e radiados individuais ou coloniais podem atingir tamanho muito grande. Isso é pelo fato de que, independentemente do tamanho do corpo, cada célula está em contato direto com o ambiente externo – aquelas na camada externa com a água circundante ao redor do animal e aquelas da camada interna com a água contida na luz do tubo – e assim a difusão dos produtos da excreção, dos gases respiratórios, e do alimento não é influenciado pelo tamanho geral. Tal não é o caso de animais de corpo sólido, como os platelmintos. Carecendo de um sistema circulatório, os platelmintos precisam manter pelo menos uma dimensão do corpo pequena para permitir que a difusão continue a serviço das necessidades de sua massa corpórea. As espécies menores também se arrastam sobre superfícies sob a força dos seus cílios epidérmicos, e nem a propulsão ciliar será efetiva em animais acima de um determinado (pequeno) tamanho. A evolu-

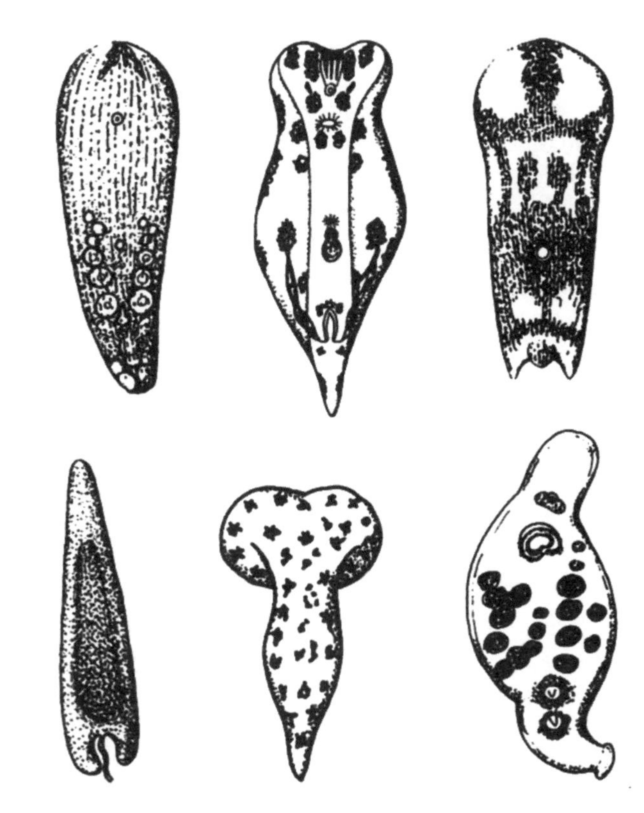

Fig. 2.6 A forma do corpo de um turbelário acelo (segundo Hyman, 1951).

ção de sistemas de órgãos adicionais permitirá tamanho maior e métodos alternativos de locomoção para serem adotados, contudo, e se um animal que se aproxima de um Acoela foi o ancestral dos Bilateria, as vantagens seletivas de tamanho maior do corpo poderiam ter apresentado a pressão para evoluir os sistemas de órgãos que os platelmintos carecem por definição, mas que outros potenciais descendentes dos platelmintos apresentam.

Como os radiados, os platelmintos maiores são quase que exclusivamente carnívoros, ao passo que as espécies menores são consumidoras de bactérias e de protistas heterotróficos. Isso pode parecer muito paradoxal: e dois candidatos primários para os animais atuais que mais de perto lembram a forma ancestral são eles mesmos tipicamente consumidores de outros animais ou, mais genericamente, de organismos não fotossintetizantes (exceto pela simbiose intracelular)! Na verdade, o paradoxo é uma ilusão. Em parte resulta da noção antiga de que todos os organismos são ou plantas ou animais, de modo que as plantas produtoras primárias devem preceder aos animais no surgimento, ao passo que agora se considera que as bactérias, os protistas e os fungos não são nem animais nem plantas. E, em parte deriva da noção de que a forma básica das cadeias alimentares ecológicas é o que aparentemente vemos ao nosso redor, constituindo de planta → herbívoro → carnívoro. Apesar de que a maior parte da fotossíntese do planeta é claramente a última fonte da maior parte de energia fixada, pois poucos invertebrados terrestres e, mesmo ainda, de vertebrados podem realmente digerir material de plantas. A maioria pode se beneficiar dele após ter sido processado por bactérias, por protistas heterotróficos ou por fungos, tanto através da cadeia alimentar dos decompositores ou através de possuírem uma cultura de microrganismos nos seus intestinos (veja Capítulo 9). Bactérias e protistas foram presumivelmente a dieta animal ancestral, e os descendentes maiores ou mantiveram essa dieta ancestral ou passaram a se alimentar de itens alimentares maiores, de outros animais. A digestão de plantas sem a ajuda de bactérias ou de protistas permanece um raro feito animal, e está largamente baseada em estruturas tais como os frutos produzidos pelas plantas para o consumo dos animais.

2.2.5 Placozoários

A única espécie de placozoários parece e se comporta como uma ameba grande (até 3 mm de diâmetro), achatada, flagelada. O seu corpo é:

- sem simetria
- formado por uma camada única de células que envolvem uma matriz secretada; o conjunto, na verdade, formando uma placa com diferenciação de células nas superfícies superior e inferior
- sem um sistema nervoso
- sem tecidos e órgãos.

Placozoários podem se mover em qualquer direção, podem mudar de forma (em parte como um resultado da presença de células fibrosas na matriz, e deslizar ao longo de superfícies se alimentando de protistas). Eles possuem menos DNA do que qualquer outro animal.

A origem mais provável destes animais enigmáticos e pouco conhecidos é de que eles são larvas pedomórficas de esponjas ou de cnidários, mas pouco se sabe a seu respeito e uma ancestralidade independente de coanoflagelados é possível.

2.2.6 Rombozoários

Rombozoários são endoparasitas vermiformes diminutos dos órgãos excretores dos moluscos cefalópodes. Seus corpos são:

- de simetria helicoidal
- formados por uma única camada de células que recobrem uma única célula axial alongada
- sem um sistema nervoso
- sem tecidos ou órgãos.

A camada externa de células ciliadas que circunda a única célula axial reprodutiva é formada por até 30 – assim os rombozoários contêm menos células em comparação com qualquer outro animal. Com base no seu RNA ribossômico, eles são os mais primitivos de todos os animais. Suas células ciliadas e corpos vermiformes têm sugerido para alguns que eles se originaram entre os platelmintos e que a sua extrema simplicidade corporal é consequência da sua natureza parasítica ou comensal. Muitos platelmintos são, na verdade, parasitas e todos estes são, exceto pelos seus sistemas reprodutivos e ciclos de vida, simplificados secundariamente na anatomia – por exemplo, carecendo de uma cabeça com órgãos dos sentidos. Mas nenhum é assim tão simplificado como são os rombozoários, que somente compartilham com os platelmintos seus cílios e aspecto de verme, caracteres comuns para muitos animais. Sua simetria, constituição celular peculiar – incluindo o desenvolvimento de propágulos reprodutivos intracelularmente, dentro da célula axial – e ciclo de vida muito individual são tem paralelo nos platelmintos, ou outros animais, e uma ancestralidade a partir dos platelmintos não se parece mais do que qualquer outro cenário possível. Se eles não são relacionados com outros vermes, então uma origem deve ser presumivelmente procurada entre os protistas que apresentam cílios, mas pouca informação relevante está ainda disponível sobre esse pequeno e enigmático grupo. Dados dos genes "hox", contudo, sugerem afinidade com os platelmintos.

Com certeza, o fato de que eles estão confinados aos moluscos cefalópodes sugere, fortemente, que eles surgiram bem mais tarde na evolução dos animais, e nenhum outro tipo de animal deve ter descendido deles.

2.2.7 Conclusões

Os cinco grupos de animais considerados acima são todos de construção simples, mas estão organizados ao redor de simetrias diferentes e formas de arquitetura básica. Todos poderiam reivindicar ancestralidade entre os protistas, se bem que simplificação secundária seja possível para três deles (platelmintos, placozoários e rombozoários). Seja isto posto, somente os platelmintos compartilham a mesma forma de arquitetura do corpo como os outros animais e, se um animal semelhante com platelmintos não foi o ancestral, os platelmintos são, contudo relacionados com outros grupos de animais bilaterais. Segundo as evidências atuais, parece provável que algo como um platelminto Acoela foi o ancestral, mas uma origem de cnidário não pode ser descartada. É relevante para discussões mais tarde notar aqui alguns poucos aspectos do desenvolvimento dos platelmintos. Os platelmintos são hermafroditas e a maioria mostra clivagem espiral que formará a blástula (o plano de clivagem sendo oblíquo com o eixo polar da blástula), o desenvolvimento é determinado (o destino das células é determinado em um estágio muito precoce de blástula, usualmente, quando só foram formadas quatro células por divisão assexuada do zigoto), e a mesoderme é formada a partir da célula 4d da blástula (veja Capítulo 15). Os acelos, por outro lado, exibem clivagem birradial (veja p. 471), desenvolvimento indeterminado (o destino das células é fixado relativamente tarde no desenvolvimento), e a mesoderme é formada a partir da endoderme embrionária.

2.3 Os animais com simetria bilateral

Cerca de sete linhagens evolutivas principais são, geralmente, reconhecidas como existindo, juntamente com um filo e cuja posição não pode ser determinada segundo o conhecimento atual. Estas podem ser consideradas como representando 'superfilos'. De acordo com o que foi dito na Seção 2.1, se segue que esses sete grupos principais podem ser difíceis de serem definidos em termos de suas anatomias. Suas identidades podem ter sido reveladas por sequências moleculares ou por possuírem aspectos derivados compartilhados, únicos ou alguns poucos. Na Parte 2 deste livro nós adotaremos uma abordagem morfológica clássica e trataremos em conjunto todos os animais que apresentam uma estrutura similar, contudo, nesta seção introduziremos os mesmos animais nos seus contextos filogenéticos e, então, discutiremos na Seção 2.4 como estes sete grupos podem estar relacionados.

Seis dos sete grupos contêm animais que poderiam ser descritos como vermes, onde um verme pode ser qualquer animal sem pernas e de corpo mole, com um comprimento maior do que duas ou três vezes a sua largura. Assim, os vermes não formam um grupo natural, como pode se esperar de um grupo amplamente definido por uma base negativa. Eles são animais sem pernas, sem exoesqueleto, sem concha etc. Se o animal ancestral foi vermiforme, como postulam muitos esquemas filogenéticos, se seguiria naturalmente que uma variedade de vermes poderia evoluir a partir daquele ancestral vermiforme e, que, finalmente, alguns destes vermes podem originar não-vermes. Mas como foi notado acima, há aqueles que leriam a seqüência na direção oposta e derivam ao menos alguns vermes de não-vermes.

2.3.1 Os vermes acelomados

Os Gnathostomula e, discutivelmente, os Gastrotricha são, basicamente, similares na sua forma do corpo com os platelmintos, mas evoluíram especializações que os excluem de serem incluídos nos Platyhelminthes. Os gnatostomúlidos compartilham os aspectos derivados de células epidérmicas monociliadas (um aspecto também visto em alguns gastrótricos e nos lofoforados e deuterostômios) e a presença de mandíbulas na faringe. Os gastrótricos evoluíram um tubo digestivo completo e uma cutícula peculiar de duas camadas que não sofre muda, onde a camada mais externa recobre cada cílio com um fino envoltório. As afinidades dos gastrótricos são discutíveis e há poucas informações disponíveis sobre os gnatostomúlidos.

2.3.2 Os Trochata ou Syndermata

Os Rotifera e Acanthocephala compartilham os aspectos derivados de uma cutícula intracelular localizada dentro da epiderme. É bastante claro que os acantocéfalos são, provavelmente, derivados dos rotíferos uma vez que eles e os rotíferos bdelóides também compartilham a presença de invaginações da epiderme, chamadas de lemniscos, e uma probóscide de tipo particular. Únicos entre os animais, os rotíferos não parecem ter a habilidade de sintetizar colágeno.

Ambos têm espaços cheios de líquido no interior de seus corpos, um aspecto apresentado por todos os animais bilaterais remanescentes. Tais cavidades são de muitas diferentes formas e de origens embrionárias, e elas provavelmente evoluíram independentemente a partir de muitas linhagens distintas de animais vermiformes. Contudo, de um modo geral, podem ser distinguidos três tipos gerais de desenvolvimento (Fig. 2.7): (i) 'pseudoceles', frequentemente formadas a partir de uma blastocele persistente (a cavidade dentro da blástula e que é, usualmente, obliterada durante a gastrulação) e, algumas vezes, formando o sistema sanguíneo, nestes casos em regiões dilatadas e chamadas de 'hemoceles'; (ii) 'esquizoceles', formadas no interior de blocos de células mesodérmicas por cavitação; e (iii) 'enteroceles', formadas por evaginações do arquêntero ou do intestino embrionário. Tais espaços dentro do corpo podem ser amplos e formam esqueletos hidrostáticos, ou eles são pequenos e restritos a cavidades dentro de certos órgãos ou a cavidades dentro das quais certos órgãos, como o coração, estão localizados. Em alguns, elas somente aparecem transitoriamente durante o desenvolvimento. Esquizocelia e enterocelia são métodos alternativos pelos quais um 'celoma' pode ser formado, onde um celoma é uma cavidade dentro dos tecidos mesodérmicos e que é, caracteristicamente, envolta por uma membrana mesodérmica, o peritônio, apesar de que esse revestimento esteja ausente em muitas linhagens que são, não obstante, celomadas (p. ex.; muitos anelídeos, lofoforados e equinodermos). Nos Trochata, a cavidade do corpo é um pseudoceloma.

Mesmo que eles tenham uma cutícula extracelular e não tenham uma intracelular, os gastrótricos podem representar uma ligação entre os vermes acelomados e esses Trochata, mesmo que outros sistemas de afinidades tenham sido propostos.

2.3.3 Os vermes nematelmintos ou asquelmintos

Os filos Priapula, Kinorhyncha, Loricifera, Nematoda e Nematomorpha, geralmente, compartilham um grande número de aspectos: (i) a ocorrência de uma cutícula que muda e correspondente ausência de cílios epidérmicos; (ii) possuir uma única cavidade de pseudoceloma, que entre alguns pode estar reduzida ao sistema de espaços intersticiais; (iii) tipos distintos de construção da parede da faringe ou do corpo; (iv) um tubo digestivo completo com um ânus terminal ou subterminal; (v) a ausência de multiplicação assexuada e de qualquer habilidade para regenerar regiões do corpo perdidas; (vi) ausência, no ciclo de vida, de um estágio larval (mesmo que o jovem seja diferente do adulto em morfologia); (vii) ausência de um sistema circulatório (mesmo que a cavidade do corpo desempenhe esta função); (viii) desenvolvimento determinado, com uma diferenciação muito cedo das futuras células germinativas e a formação da mesoderme a partir das margens do blastóporo; (ix) sexos separados; (x) uma forma assimétrica de clivagem que não é nem radial nem espiral; (xi) fecundação interna através de cópula; (xii) a presença de um sistema excretor/osmorregulador protonefridial; (xiii) órgãos dos sentidos salientes que terminam em pequenas papilas ('flósculos'); (xiv) tamanho pequeno (exceto em algumas formas parasíticas; (xv) um cérebro na forma de um anel circum-esofágico; e (xvi), em algum estágio do seu ciclo de vida, e ao menos em algumas espécies, uma região anterior do corpo especializada para ser evertida com força, pelo aumento da pressão no pseudoceloma, contraído pela retração de músculos longitudinais. Com a eversão, este 'introverte' apresenta séries de processos cuticulares e epidérmicos com simetria radiada ('escálides') que apresentam uma variedade de formas – espinhos, clavas, ganchos, escamas ou até penas – que têm funções sensoriais, penetrantes ou para captura de alimento. Alguns também compartilham (xvi) um cone bucal terminal com estiletes.

As opiniões diferem sobre os membros basais deste grupo, havendo dois possíveis candidatos. Os gastrótricos realmente compartilham algumas similaridades com os nematódeos e eles podem ser um elo para aqueles vermes sem cutícula que muda, ou cavidades do corpo. Por outro lado, os priapúlidos são incomuns entre os nematelmintos por serem relativamente grandes e apresentando fecundação externa; suas cavidades corpóreas podem até ser celomáticas como aquelas dos vermes maiores. Se segue que, uma vez que a fecundação externa é geralmente acreditada como sendo a condição animal ancestral, os priapú-

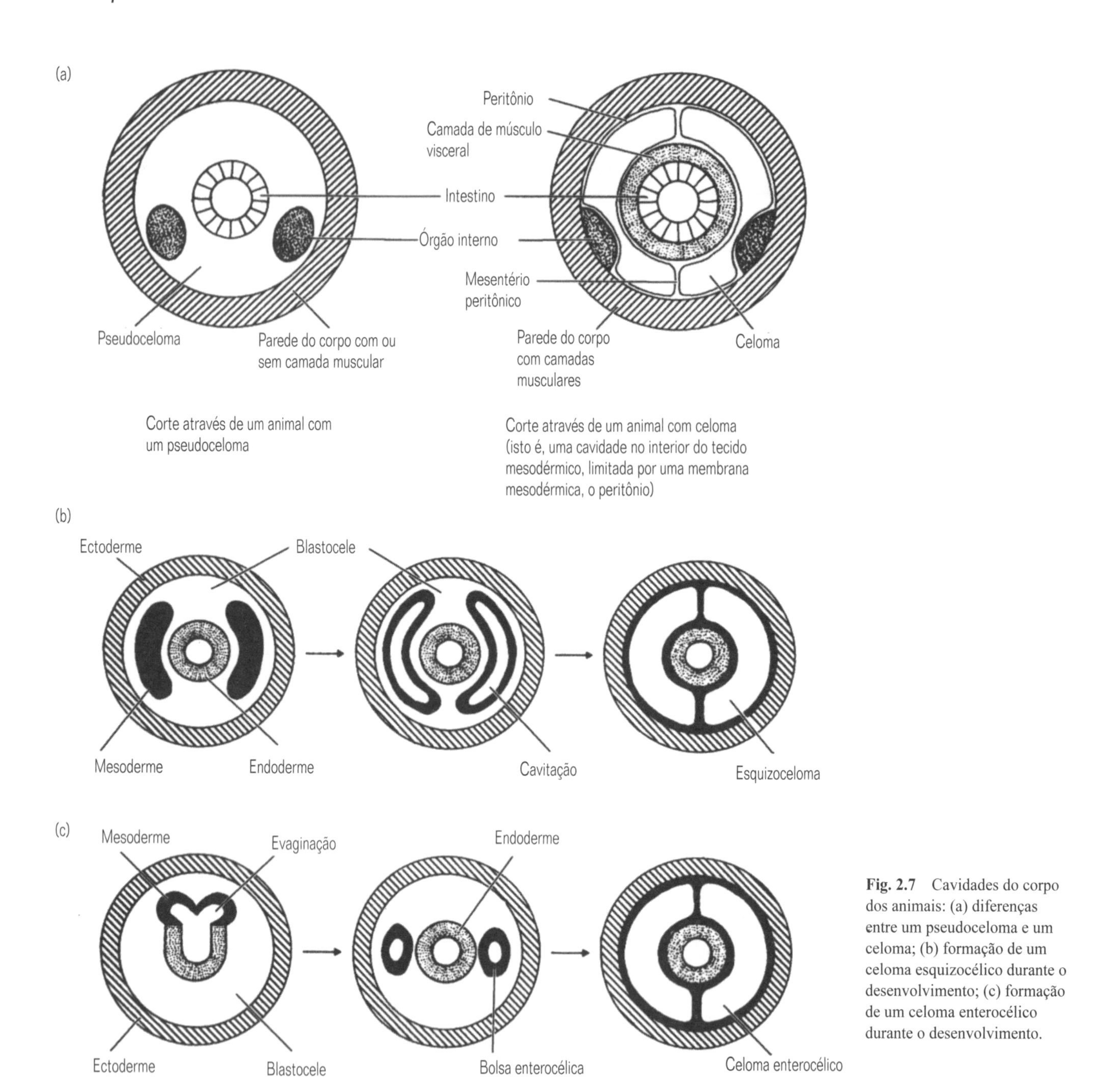

Fig. 2.7 Cavidades do corpo dos animais: (a) diferenças entre um pseudoceloma e um celoma; (b) formação de um celoma esquizocélico durante o desenvolvimento; (c) formação de um celoma enterocélico durante o desenvolvimento.

lidos são vistos por muitos como sendo próximos da condição ancestral e eles teriam derivado os outros nematelmintos a partir de vermes celomados maiores através de pedomorfose.

Muitos dos nematelmintos são espécies pequenas que habitam espaços intersticiais nos sedimentos aquáticos e nos corpos de outros organismos. Na companhia com os Trochata igualmente pequenos, estas espécies com frequência apresentam eutelia – a condição na qual não há aumento no número de células após o desenvolvimento, de modo a atingir um nível finito e fixo espécie-determinado. O desenvolvimento subsequente é, então, somente pelo aumento do tamanho das células. Na verdade, muitos dos aspectos dos nematelmintos são aqueles típicos das espécies pequenas, intersticiais, e têm sido vistos mais como adaptações convergentes ou paralelas ao modo de vida do que indicativos de afinidades. A condição pseudocelomada, por si mesma, é uma delas. O introverte, contudo, é realmente uma característica derivada compartilhada.

Carecendo dos cílios ancestrais e estando recobertos por cutícula, o movimento é alcançado de novos modos. Espécies com introvertes podem everter esta região anterior do corpo, as escálides com as quais se ancoram na forma evertida, e a contração dos músculos longitudinais puxará o resto do corpo sobre o seu introverte. Quase todos os nematódeos e todos os nematomorfos adultos carecem de um introverte e também carecem de músculos circulares (que estão principalmente associados para gerar a pressão de eversão do introverte). O movimento, então, ocorre por contração associada dos músculos longitudinais contra um corpo que não pode ser encurtado – efetivamente o mesmo sistema daqueles cordados sem patas. Isto resulta em uma série de dobramentos em forma de C ou S no plano dorsoventral (nos cordados isto ocorre no plano lateral). Os Kinorryncha são notáveis pois toda a parede dos seus corpos, incluindo a cutícula, é segmentada, havendo 13 ou 14 segmentos, se bem que a locomoção deles parece depender apenas do uso do introverte.

2.3.4 Os vermes Eutrochozoa e os moluscos

A unidade dos filos díspares dos Eutrochozoa (Nemertea, Mollusca, Sipuncula, Echiura, Annelida, Pogonophora, Entoprocta e Cycliophora) depende amplamente em dados de sequências moleculares. Contudo, eles realmente compartilham quatro aspectos de desenvolvimento, dois dos quais também são vistos na maioria dos platelmintos (isto é, não-acelos): as células em divisão, que formarão a blástula, se dividem de modo espiral, e o destino destas células é fixo no estágio de 16 células, com a futura mesoderme derivando da célula 4d. Em adição, o seu estágio larval é uma trocófora, e as cavidades do corpo, amplas ou restritas – formando os espaços dentro dos quais certos órgãos estão abrigados através de um amplo sistema esquelético – são, com poucas exceções, produzidos por esquizocelia. Além disso, os sistemas circulatórios estão tipicamente presentes, assim como tubos digestivos completos, órgãos excretores metanefridiais, tratos de cílios pelo menos ao longo de algumas regiões da superfície do corpo, e os sexos são separados, se bem que o hermafroditismo secundário seja muito difundido. A similaridade dos Platyhelminthes não-acelomorfos (com a possível exceção dos Catenulida) com os Eutrochozoa tem sido confirmada por dados de sequências moleculares.

Assim sendo, se bem que um número de aspectos seja compartilhado, a morfologia dos adultos varia muito. Alguns (os moluscos e os nemertinos) são, essencialmente, acelomados e têm cavidades do esquizoceloma preenchidas com líquido em associação com um órgão único, aquela dos nemertinos abrigando uma longa 'probóscide' como um arpão e que se abre próximo da boca e que, como o introverte dos nematelmintos, pode ser lançada hidraulicamente e retraída por músculos longitudinais. Entre os vermes, este órgão derivado, compartilhado, para captura de presas, não é usual por não fazer parte do tubo digestivo ou como uma parte especializada anterior do corpo. Outros (equiúros, sipúnculos, anelídeos e pogonóforos) possuem amplos esqueletos hidrostáticos esquizocelômicos. A cavidade corporal dos ectoproctos é uma pseudocele. A maioria (incluindo os nemertinos, moluscos, entoproctos, equiúros e sipúnculos) é monomérica e sem traços de segmentação, enquanto outros (p. ex., os anelídeos e pogonóforos) são metamericamente segmentados. Os ectoproctos, provavelmennte, estão na periferia desse agrupamento e os ciclióforos só são incluídos pelo fato de que as suas únicas duvidosas afinidades são com os entoproctos.

A maior parte do corpo dos pogonóforos compreende somente três segmentos metaméricos, mesmo que a região de fixação posterior contenha até 30. Essa região, nos anelídeos, por outro lado, forma uma cadeia linear de segmentos de tamanho mais ou menos igual entre o prostômio pré-segmentar e o pigídio pós-segmentar, na frente do qual brotam os segmentos. Cada segmento forma uma unidade funcional separada, sendo primitivamente, ao menos, isolada daquela na frente e daquela atrás por um septo, e contendo um par separado de cavidades do corpo juntamente com um complemento completo de órgãos corporais, incluindo os metanefrídios excretores (ver Fig. 2.8). Esse arranjo permite grandes mudanças localizadas na forma do corpo e a adoção de enterramento vigoroso. A contração de músculos longitudinais em alguns segmentos (e o relaxamento dos circulares) faz com que esses segmentos aumentem em diâmetro, ancorando o verme nos lados da toca, enquanto em outro local ao longo do corpo a contração dos circulares (e relaxamento dos longitudinais) pode estender a região envolvida, assim, por exemplo, para a mover para frente. O ancoramento é auxiliado pela presença de cerdas quitinosas que se projetam da parede do corpo, estruturas também presentes nos pogonóforos e nos equiúros não segmentados, sugerindo que esses três filos são, particularmente, muito relacionados. Na verdade, evidências moleculares sugerem, fortemente, que os pogonóforos são realmente anelídeos poliquetas muito modificados.

Todos, exceto um grupo dos Eutrochozoa permaneceram vermes ou são semelhantes a vermes. Contudo, os moluscos não são apenas caracterizados pelo aspecto derivado, compartilhado, de uma espécie de fita na forma de língua quitinosa, com dentes, a rádula, na cavidade bucal (permitindo que algas e outros alimentos sejam raspados de superfícies duras), mas pela deposição de carbonato de cálcio sobre a maior parte da superfície do corpo. Muitos animais podem depositar tal material protetor endurecido, mas, com exceção dos moluscos, todos têm pareado tal proteção com um estilo de vida séssil ou sedentário: eles têm se encerrado no interior de um tubo ou caixa. Os moluscos, por outro lado, conseguiram tanto proteção como mobilidade ao mesmo tempo: eles são os encouraçados rastejadores (ou alguns nadadores). Eles podem ser considerados como animais semelhantes aos platelmintos, que recobriram sua superfície dorsal – a única superfície exposta aos predadores – com espículas ou placas de carbonato de cálcio, enquanto mantiveram o amplo pé locomotor ventral. Essa superfície dorsal, contudo, foi também a única exposta para a água do ambiente e, assim sendo, o local, por exemplo, para as trocas gasosas com o ambiente. Assim, par em par com o desenvolvimento da cobertura dorsal protetora deve ter ocorrido a elaboração de alguma região do tegumento em um sistema muito ampliado quanto à superfície, juntamente com um sistema circulatório para distribuir e coletar os gases respiratórios a partir e para os tecidos. As brânquias pares dos moluscos são de um tipo individual e distinto ('ctenídios'), e elas ficam abrigadas sob a proteção da concha, na cavidade do manto. Vários grupos extintos, os Hyolitha, Wiwaxiida e Halkierida (ver Fig. 2.21), parecem ter reagido às pressões seletivas favorecendo uma proteção corporal, na mesma maneira que os moluscos (ver Fig. 2.21). A combinação de uma rádula raspadora, uma concha (que pode ser usada para resistir à desidratação), e uma cavidade do manto (a parede da qual pode ser vascularizada para formar um pulmão) pré-adaptou os moluscos para a vida na terra, e eles são o grupo mais bem sucedido dos Eutrochozoa. Os anelídeos também colonizaram os continentes, mas os seus esqueletos hidrostáticos e tegumentos permeáveis, os restringiram a habitats úmidos, se não molhados.

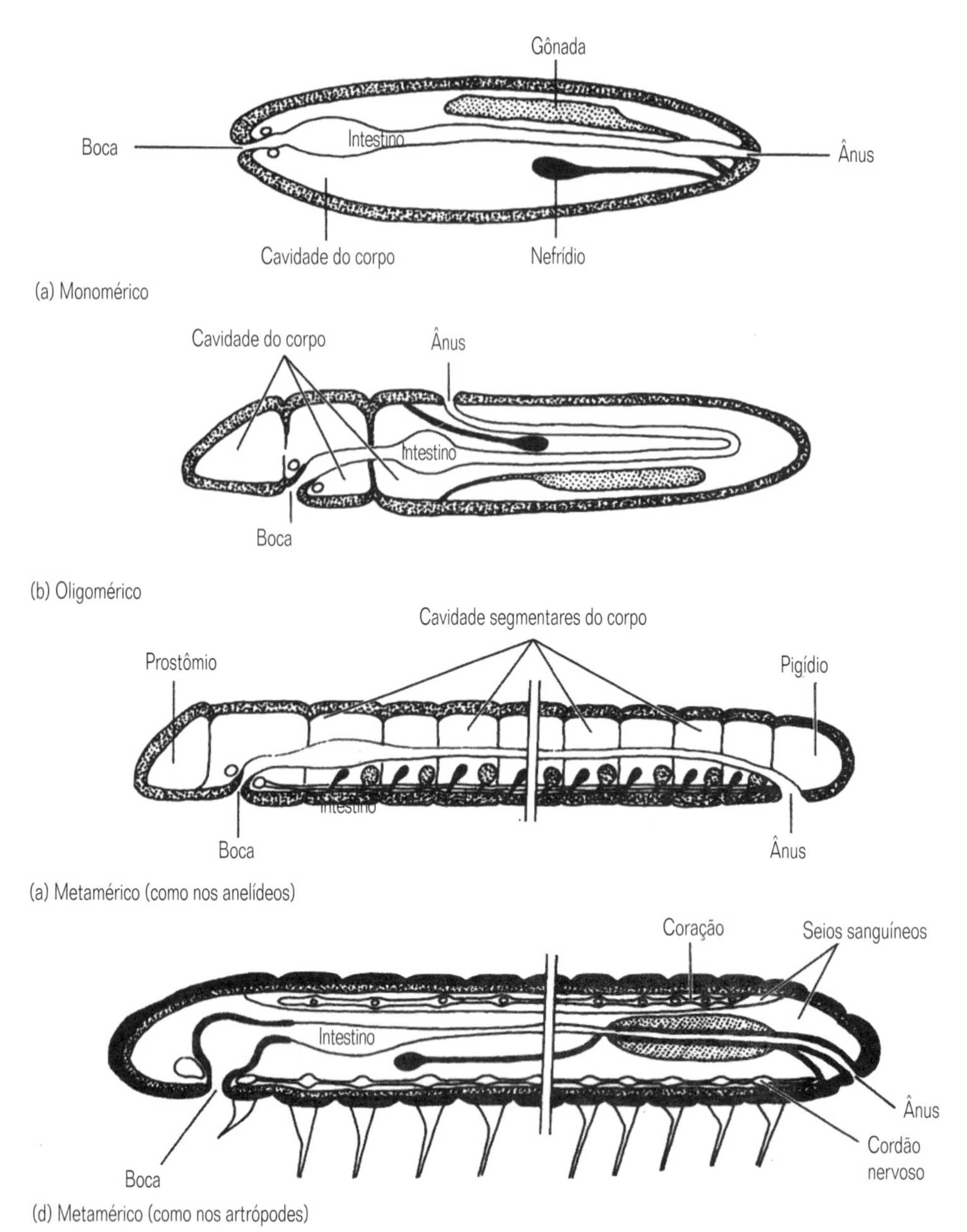

Fig. 2.8 Planos corpóreos vermiformes fundamentalmente diferentes, em corte diagramático longitudinal

O grupo irmão dos moluscos parece ser o dos vermes sipúnculos, e dois grupos de moluscos sem conchas (os quetodermomorfos e os neomeniomorfos) são alongados e muito vermiformes, com musculatura da parede do corpo bem desenvolvida e uma cobertura de espículas individuais embebidas em uma cutícula quitinosa. Esses têm sido considerados como sendo próximos dos ancestrais vermiformes dos moluscos (também – quase desnecessário dizer – como formas secundariamente simplificadas de derivados pedomórficos de encouraçados e de não-vermiformes).

2.3.5 Os panartrópodes: artrópodes e lobópodes

Os artrópodes e lobópodes, que podem ser reunidos como 'panartrópodes', são os invertebrados com pernas e eles compreendem cerca de 75% de todas as espécies já descritas dos animais. Todos, também compartilham a presença de uma cutícula que muda e de uma ampla cavidade corporal hemocélica. As diferenças essenciais entre um verme monomérico com um celoma hemal e um artrópode são de que o último tem pernas repetidas serialmente e está recoberto por um exoesqueleto endurecido e articulado. Essas diferenças não são tão grandes como podem parecer à primeira vista. Das duas, é provável que as penas evoluíram antes do exoesqueleto. Alguns animais viventes, isto é, os Onycophora e Tardigarada lobópodes, são animais bastante vermiformes, de corpo mole com pernas articuladas ventrais, ou quase ventrais, e um esqueleto hidrostático pseudocelomático/hemocélico. Os onicóforos são recobertos por uma cutícula quitinosa flexível, enquanto que os tardígrados têm placas cuticulares externas. Assim sendo, é relativamente fácil visualizar como regiões endurecidas da cutícula pré-existente poderiam se estender para cobrir completamente o corpo, necessariamente com juntas articulares entre os vários conjuntos de placas repetidas serialmente (como visto, por exemplo, quinorrincos nematelmintos) e entre os diferentes artículos dos apêndices, e então serem utilizados como um esqueleto rígido no lugar do hidrostático original. A extensão dos apêndices dos artrópodes ainda pode ser obtida hidraulicamente e, somente a flexão de perna ser por meio do sistema exoesqueleto/musculatura.

A natureza da segmentação dos lobópodes e artrópodes assim é, essencialmente, diferente daquela dos anelídeos (veja acima), mas da mesma forma como aquela dos quinorrincos e vertebrados. Está baseada na repetição seriada de pares de apêndices e nos elementos esqueletais, musculares, nervosos e vasculares associados com os apêndices ao longo de um corpo monomérico, não compartimentado (ver Fig. 2.8) (no que se refere aos vertebrados, para 'apêndices' leia-se os 'blocos de musculatura que permitem a natação'). Em ambos, anelídeos e artrópodes, contudo, estes segmentos formam uma cadeia linear entre a região pré-segmentar anterior (o ácron nos artrópodes) e uma porção posterior pós-segmentar (télson), na frente da qual são produzidos durante o desenvolvimento ou através da vida. Os apêndices de novos segmentos produzidos levam algum tempo para atingirem o tamanho total, de modo que a região posterior do corpo pode ter apenas apêndices parcialmente desenvolvidos ou brotos de apêndices.

Os lobópodes são conhecidos como tendo sido tanto abundantes como diversificados no Cambriano (ver, por exemplo, Fig. 2.21g, e,i), e os próprios artrópodes parecem ter se irradiado rapidamente (Fig. 2.9) em inúmeros tipos (Fig. 2.10), muitos deles extremamente bizarros. Contudo, poucos dos muitos artrópodes do Cambriano sobreviveram ao período e, somente cinco grupos sobreviveram além do Devoniano. Um destes, os trilobitas, tendo sobrevivido por no mínimo 300 milhões de anos, se tornaram extintos no final do Permiano, deixando hoje apenas quatro grupos viventes: os Chelicerata, Crustácea, miriápodes e hexápodes Uniramia. Mesmo que os quatro grupos sejam claramente de artrópodes, uma vez que têm um exoesqueleto cuticular e apêndices articulados, eles apresentam um número de diferenças, particularmente, na natureza e forma dos seus apêndices (presença ou ausência de antenas, mandíbulas etc.), nos seus órgãos respiratórios e excretores, e nas suas embriologias. Assim, os desenvolvimentos dos sistemas traqueais pareceriam ter evoluído de modo convergente, e assim se tem discutido a evolução dos olhos compostos e dos túbulos de Malpighi. Contudo, muitos os uniriam em um único filo, Arthropoda, e não há duvida que, em algum nível, eles são um agrupamento de aparentados. Se eles são todos descendentes de um animal que seria ele mesmo um artrópode, isso é, contudo, uma outra questão. É um assunto não diferente das possíveis relações entre os coanoflagelados e os animais ancestrais (Seção 2.1.1). Os filos de artrópodes surgiram, presumivelmente, a partir dos lobópodes que se reúnem com eles pelas análises moleculares, mas não necessariamente a partir do mesmo lobópode. Até os panartrópodes podem não ser um grupo natural, uma vez que os dados de sequenciamento indicam que inclusos neste grupo estão também alguns vermes nematelmintos (veja, por exemplo, Fig. 2.13), e assim a inclusão dos lobópodes entre os Arthropoda não seria um procedimento admissível, também para criar um grupo monofilético. O cenário tem sido mais complicado recentemente por dados moleculares de sequenciamento de genes, que mostram que dois componentes principais dos até agora unitários Uniramia, os Myriapoda e Hexapoda, podem cada um estar mais relacionados com outros grupos de artrópodes do que eles estão entre si, a despeito de suas grandes similaridades morfológicas. Com essas bases, os miriápodes são relacionados com os quelicerados, enquanto os insetos hexápodes são com os crustáceos (mesmo que em algumas análises não mais próximos do que eles seriam dos nematódeos), e os miriápodes + quelicerados são, relativamente, relacionados de modo distante aos outros artrópodes. Esses resultados moleculares parecem ser antagônicos com análises cladísticas. Pela cladística, os artrópodes – incluindo a grande diversificação das formas do Cambriano – são um grupo monofilético. Infelizmente, com muita frequência, essa conclusão é uma consequência automática dos dados utilizados, pelo fato de tanto só os artrópodes serem incluídos no conjunto de dados, juntamente com um grupo externo inapropriado (p. ex., os anelídeos) ou então somente uns poucos

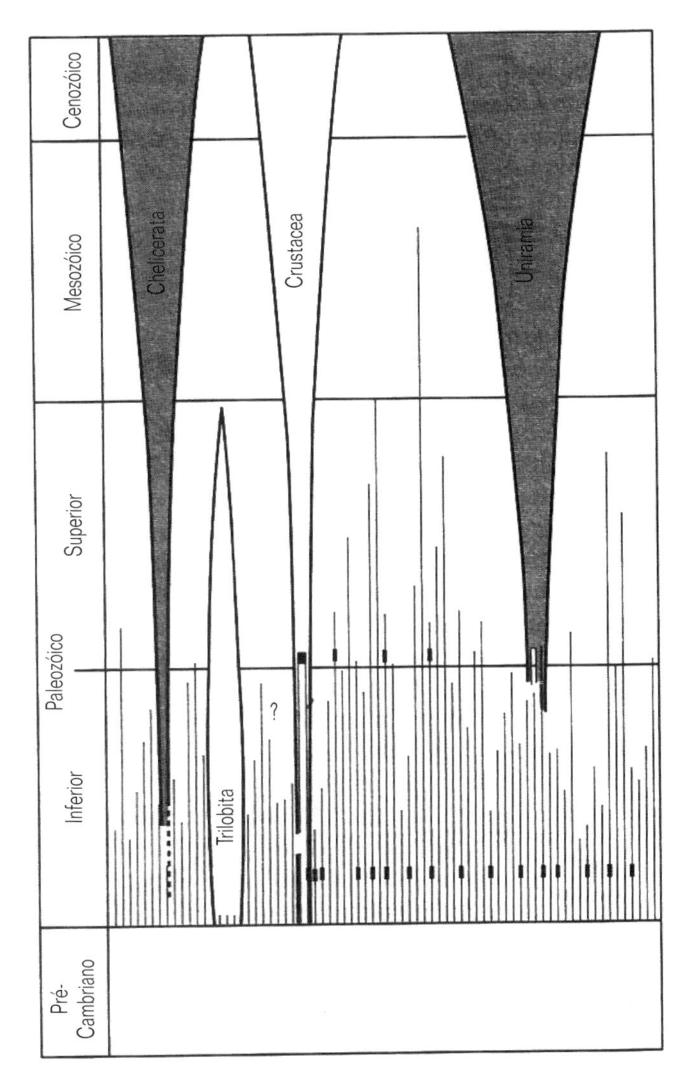

Fig. 2.9 A irradiação dos animais assemelhados com os artrópodes no Pré-Cambriano/Cambriano (segundo Whittington, 1979).

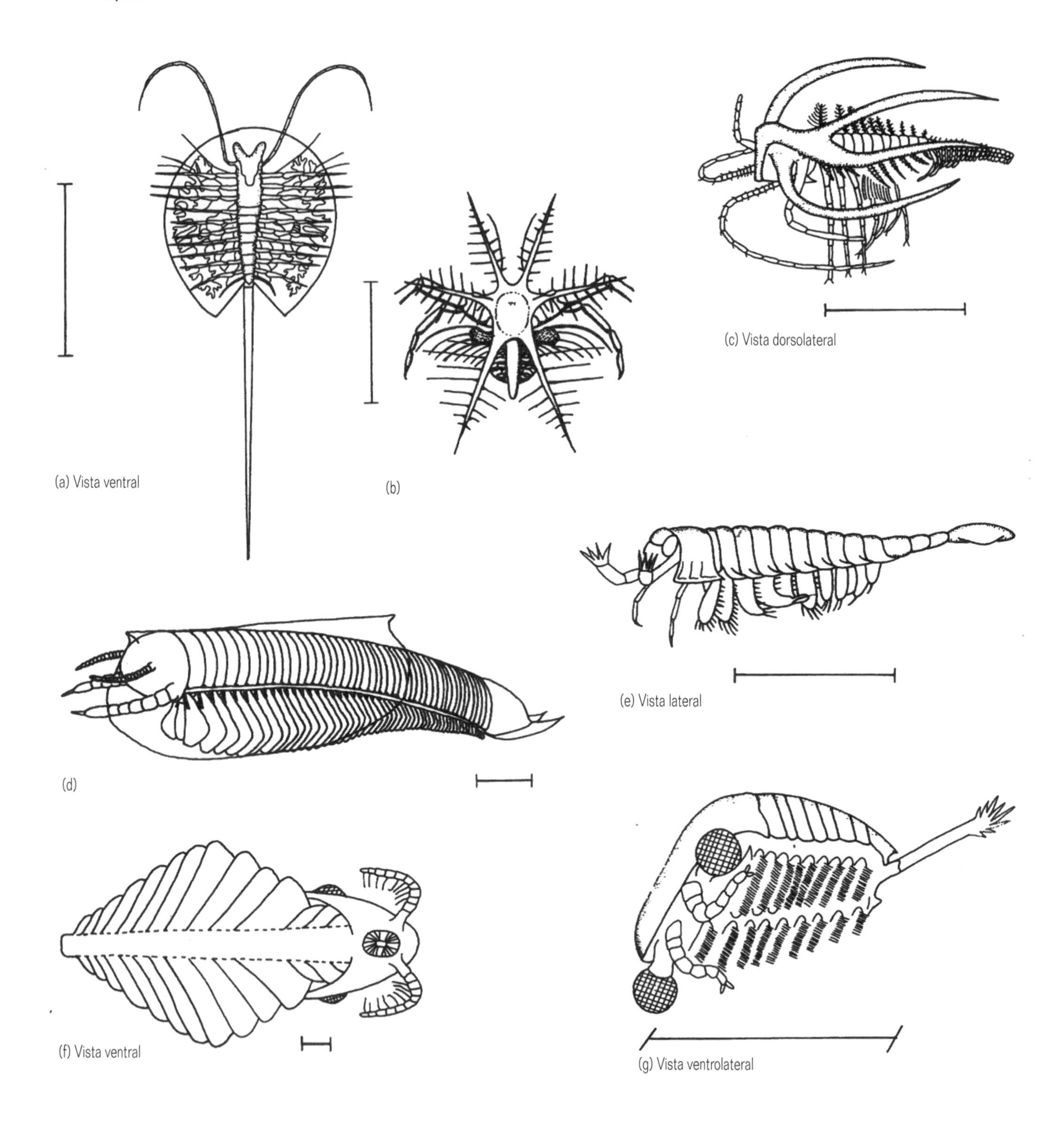

Fig. 2.10 Animais assemelhados com artrópodes, pertencentes a linhagens filogenéticas diferentes dos Trilobita, Chelicerata, Crustacea ou Uniramia: (a) Burgesia (Cambriano); (b) Mimetaster (Devoniano); (c) Marrella (Cambriano); (d) Branchiocaris (Cambriano); (e) Yohoia (Cambriano); (f) Anomalocaris (Cambriano); (g) Sarotrocercus (Cambriano). (segundo Manton e Anderson, 1979 e Whittington, 1985.) Escalas: 1 cm.

grupos de lobópodes e nenhum dos nematelmintos são também incluídos. Os Pentastoma – parasitas com aspecto vermiforme – foram unidos durante muito tempo com os filos de lobópodes, e isso não reflete adequadamente suas anatomias, mas isso agora parece mais ser secundário e que eles são, realmente, crustáceos braquiúros degenerados.

Sejam quais forem as suas origens, contudo, as formas ancestrais de todas as linhagens sobreviventes de artrópodes, provavelmente, foram animais que habitavam o fundo com muitos segmentos, cada um com um par de apêndices, sendo de hábitat marinho os quelicerados e crustáceos e sendo terrestres os insetos, se não também os miriápodes. Muitos membros de todos os dados de artrópodes mantiveram suas formas ancestrais alongadas, com vários graus de diferenciação das regiões dos seus corpos e de seus apêndices associados para formar uma cabeça e tronco, uma cabeça, tórax e abdome, um prossoma e opistossoma, ou outros arranjos. Muitas linhagens descendentes, contudo, diminuíram muito o número de segmentos, por perda ou fusão, e até em uma extensão maior o número de pares de apêndices (os segmentos terminais dos artrópodes juvenis possuindo apêndices incompletamente desenvolvidos – ver acima). A origem desses clados de descendentes, por exemplo, aqueles dos crustáceos maxilópodes planctônicos e intersticiais marinhos e de água doce, e dos insetos unirrâmios, tem sido sugerida como ocorrendo por pedomorfose, de modo que os copépodes, por exemplo, são as larvas pedomórficas de grandes crustáceos alongados, bentônicos quanto ao ancestral.

2.3.6 Os lofoforados

Tradicionalmente, os três filos dos lofoforados (os Phorona, Brachiopda e Bryozoa) não têm sido apenas considerados como bastante relacionados – a tal ponto que alguns os reuniram no filo único Lophophorata – mas têm sido considerados como uma ligação entre os grupos discutidos anteriormente nas Seções 2.3.1-2.3.5 e os deuterostômios que serão tratados a seguir na Seção 2.3.7. Os Phorona e Brachiopoda ainda são considerados como bastante relacionados, mas as afinidades dos Bryozoa, que sempre foram discutíveis, assim como as relações com os deuterostômios têm sido discutidas pelos dados de sequenciamento e, em menor grau, pelas análises dadísticas.

Todos os grupos de animais considerados até aqui são de protostômios, isto é, o blastóporo embrionário forma suas bocas, e isso acontece nos lofoforados, e também como a quitina dos protostômios é comum na forma de tubos ou de espinhos secretados. Estes mesmos grupos de protostômios tendem a apresentar o seguinte conjunto de aspectos embrionários que são compartilhados com os platelmintos não-acelos: clivagem espiral das células da blástula (ou algo que poderia ser considerado como uma versão muito modificada da clivagem espiral); desenvolvimento determinado, e desenvolvimento de uma cavidade celomática, se uma ocorrer, por esquizocelia. Os foronídeos e braquiópodes, contudo, como os deuterostômios, exibem clivagem radial, desenvolvimento indeterminado, e desenvolvem cavidades celomáticas por enterocelia (veja Fig. 2.7). Além disso, como os pterobrânquios deuterostômios, eles têm corpos oligoméricos tripartidos (Fig. 2.8) compreendendo um prossoma pequeno anterior (ausente nos braquiópodes), um mesossoma maior, as cavidades enterocélicas que sustentam hidrostaticamente o lofóforo, e um metassoma posterior maior que contém, virtualmente, todos os órgãos do corpo, sendo que todos os três compartimentos estão separados por septos. O lofóforo característico é uma série de projeções ocas, ciliadas, da parede do corpo ao redor da boca, na forma de tentáculos, que é utilizado para suspensivoria. As cavidades enterocélicas dos três (ou dois) segmentos do corpo são interconectadas por poros atravessando os septos. Outros aspectos em comum incluem: larvas com um sistema coletor de alimento, em contracorrente, através de tratos de células monociliadas que circundam a boca, que, durante a metamorfose, são transformados nos igualmente monociliadas células dos braços do lofóforo; um cérebro mesossômico; e a mesoderme derivada da endoderme embrionária. Se esses lofoforados e os deuterostômios são, de fato, não relacionados, isso é uma lista impressionante de aspectos convergentes, para se dizer o mínimo.

Parte da razão pela qual a posição dos braquiópodes tem sido discutida é que não há continuidade entre as suas estruturas embrionárias e aquelas do adulto. Os tecidos larvais se desfazem durante a metamorfose e as cavidades do corpo adulto, por exemplo, são formadas de novo. Os briozoários, contudo, têm um corpo bi- ou tripartido com um lofóforo sustentado pela cavidade do compartimento mesossômico, assim como os foronídeos e braquiópodes.

Os foronídeos são vermes pequenos, tubícolas, com um lofóforo funcional terminal, enquanto que os braquiópodes estão recobertos por uma ampla concha bivalve, calcaria ou fosfática, equivalente àquela dos moluscos bivalves, se bem que nesse grupo as duas valvas são dorsal e ventral, não laterais. Com base em uma progressão evolutiva geral de vermes para não-vermes, sempre foi, genericamente, considerado que os foronídeos originaram os braquiópodes, possivelmente de modo polifilético (Fig. 2.11). O cenário contrário, que os foronídeos são braquiópodes pedomórficos tem sido, recentemente, discutido. Alguns foronídeos viventes podem multiplicar-se assexuadamente pelo brotamento e isso é a norma entre os briozoários. Nos últimos, colônias muitas vezes contendo milhares de módulos interconectados ('zoóides') são formadas por brotamento assexuado repetitivo da ancéstrula fundadora e dos seus descendentes. Esses zoóides são, frequentemente, polimórficos. Normalmente é o caso que módulos coloniais individuais são muito menores do que os animais unitários individuais nos grupos com os quais eles estão relacionados mais proximamente (cf. pólipos de corais e de anêmonas-do-mar ou zoóides coloniais de tunicados e tunicados solitários), e essa é a situação nos grupos de lofoforados também. Os zoóides dos briozoários, que estão, cada um, envolto por uma caixa ou tubo calcário ou por uma matriz gelatinosa, exceto pela abertura por onde o lofóforo pode ser distendido, são muito menores do que os foronídeos ou braquiópodes individuais (se os grupos são realmente relacionados).

2.3.7 Os deuterostômios

Foi observado acima que, em contraste com os filos de protostômios, os deuterostômios apresentam clivagem radial, desenvolvimento indeterminado, e formação enterocélica das cavidades celomáticas. E, claro, eles são deuterostomiados, isto é, o blastóporo não forma a boca, que é um orifício secundário, se bem que possa formar o ânus. Em adição, eles diferem da maioria dos protostômios por terem fotorreceptores ciliares, por usarem a creatina fosfato como reserva de fosfato e ausência de quitina. Grupos que podem ser considerados como apresentando o tipo basal de anatomia também têm um plano corpóreo tripartido, oligomérico, com um par de enteroceles em cada um dos três compartimentos do corpo, gônadas formadas por agregados temporários de células que revestem as cavidades do corpo, um sistema nervoso difuso subepidérmico, uma epiderme monociliada e capacidade de multiplicação assexuada por brotamento ou fissão.

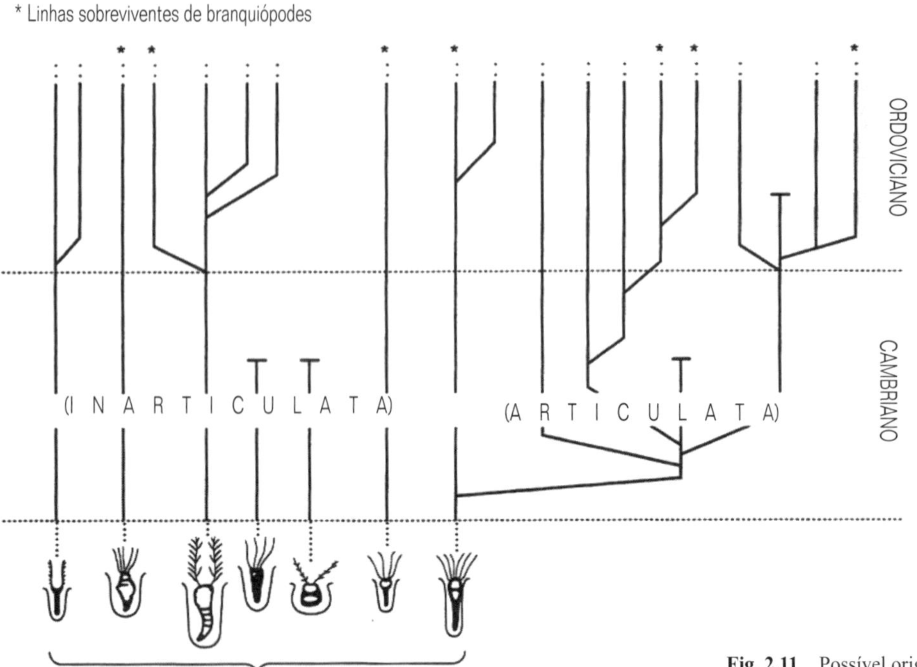

Fig. 2.11 Possível origem polifilética dos braquiópodes, como uma onda de "braquiopodização" de vários vermes semelhantes aos Phorona no Pré-Cambriano/Cambriano (segundo Wright, 1979).

Assim, sendo, os três filos que englobam (os Hemichordata, Echinodermata e Chordata) formam um grupo coeso, compartilhando um grande número de aspectos, mas paradoxalmente pouco se sabe sobre suas inter-relações. Quando alguns ou todos os lofoforados eram, geralmente, considerados como aparentados com os deuterostômios, a origem dos grupos como um todo parecia claro pelo fato de que os hemicordados pterobrânquios portadores de lofóforo são muito semelhantes aos foronídeos na estrutura básica. As únicas diferenças entre os dois são que o lofóforo dos pterobrânquios se afasta da boca, ao invés de a circundar, os seus blastóporo embrionário não forma a boca, e seu compartimento corporal do prossoma é grande e usado na locomoção. Mesmo se eles não são muito relacionados com os filos dos lofoforados, como se pensou certa vez, os pterobrânquios podem ainda prover um modelo de como o estoque basal dos deuterostômios deve ter se apresentado. Alguns pterobrânquios também mostram um aspecto que tem desempenhado papel importante em muitas linhagens de deuterostômios: dois poros atravessando a parede do corpo conectam o lúmen da sua faringe com o ambiente externo. A corrente de água que entra pela boca, com alimento capturado pelos tentáculos do lofóforo, pode então sair por esses poros, enquanto que as partículas de alimento prosseguem pelo tubo digestivo, assim criando um fluxo unidirecional eficiente. Esse sistema de poros foi elaborado nos hemicordados enteropneustos sem lofóforo, nos cordados invertebrados e nos vertebrados como um filtro interno para suspensivoria ou para abrigar as brânquias internas para trocas gasosas; eles podem, inclusive, estar presentes em alguns equinodermos (Fig. 2.12). A suspensivoria parece ser a marca de todos os clados de deuterostômios. (Alguns gastrótricos evoluíram de modo convergente poros faríngeos equivalentes).

Mesmo parecendo muito diferentes, em grande parte como resultado da adoção, muito cedo, de um corpo esférico, com uma forma de simetria quase radial (em associação a seus estilos de vida sésseis), os equinodermos mantêm em suas cavidades corpóreas indicações claras da organização básica do corpo tripartido dos hemicordados. Uma das cavidades prossômicas forma o seio axial; a outra, em conjunto com uma das cavidades mesossômicas, forma o sistema vascular aquífero; e as duas enteroceles metassômicas formam a principal cavidade do corpo. Os equinodermos são um dos muitos filos de animais a aparecerem pela primeira vez, claramente reconhecíveis, no Cambriano, apesar de que as primeiras formas não apresentavam, uniformemente, a simetria quíntupla (pentarradial) que caracteriza os grupos atuais. O plano corpóreo ancestral é, unicamente, um assunto de conjeturas. Um dos cenários mais plausíveis os deriva a partir de um assemelhado com pterobrânquio suspensívoro séssil, no qual os braços do lofóforo e as suas cavidades mesossômicas de sustentação hidráulica se desenvolveram no sistema de canais radiais e pódios alimentares (convertidos no sistema de pés ambulacrais nos clados de vida livre, mais tarde).

Além dos aspectos comuns apresentados por todos os deuterostômios, os equinodermos compartilham com os cordados a posse de um sistema de placas rígidas, protetoras, calcárias na derme. Assim sendo, de modo pouco surpreendente, algumas tentativas de derivar os cordados a partir de outro grupo deuterostômio têm considerado os equinodermos como sendo próximos do ponto de origem (Fig. 2.12). Mas, como na transição hemicordados/equinodermos, todos os esquemas sugeridos têm se defrontado com uma falta de estágios intermediários potenciais; nenhuma espécie atual pode servir para analogias apropriadas; e o registro fóssil não auxilia uma vez que os cordados aparecem pela primeira vez mais ou menos ao mesmo tempo que os equi-

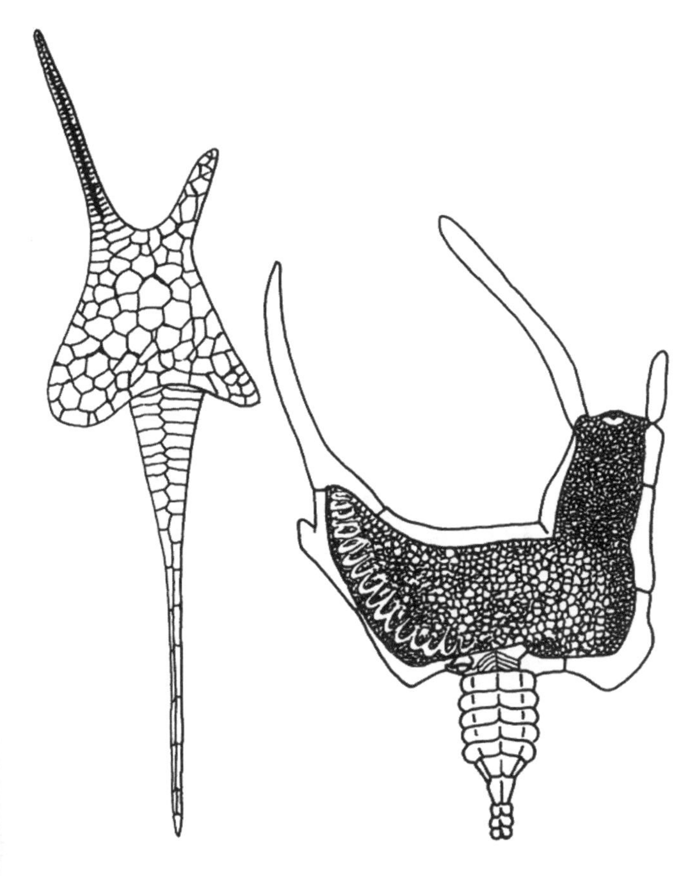

Fig. 2.12 Echinodermata Homalozoa (segundo Clarkson, 1986): os ancestrais dos cordados?

nodermos. A despeito de suas claras afinidades com os hemicordados e equinodermos, os cordados são um grupo muito distinto e isolado e sua ancestralidade é desconhecida. Dados de sequenciamento molecular sugerem de modo bastante uniforme que os dois grupos de hemicordados são relacionados entre si (a despeito de muitas visões cladísticas em contrário) e que os hemicordados atuais são o grupo irmão dos equidermos. Os dois filos juntos, então, constituem o grupo irmão dos cordados.

2.3.8 Os quetognatos

Os quetognatos são um enigma. O desenvolvimento inicial desses vermes planctônicos transparentes, de corpo mole, é tipicamente deuterostômio, e eles apresentam o plano corpóreo padrão de três regiões, na forma de uma cabeça, tronco e cauda locomotora pós-anal, cada uma separada da outra por um septo. Algumas de suas cavidades corporais são originadas enterocelicamente, se bem que as duas cavidades da cauda são derivados secundários das bolsas pares do tronco, e nos adultos as cavidades carecem de revestimento mesodérmico. Além disso, o corpo é recoberto por uma cutícula, os espinhos ao redor da boca contêm quitina, e as células germinativas são diferenciadas muito cedo no desenvolvimento – todos aspectos não-deuterostômios. Isso não é corroborado por evidências cladísticas moleculares, mas até hoje essas mesmas evidências não indicam afinidades com nenhum agrupamento maior, exceto, possivelmente, o dos nematelmintos.

2.4 Inter-relações dos superfilos

Se – o que nem todos aceitam – cada um dos acelomados, Trocatha, nematelmintos, Eutrochozoa, panartrópodes, lofoforados e deuterostômios representam um grupo relacionado, de animais bilateralmente simétricos, com os quetognatos como incertae sedis, a questão permanece de como eles deverão ser relacionados entre si. Os Trocatha e nematelmintos, tradicionalmente, têm sido considerados como relacionados com base na sua condição compartilhada de pseudocelomados, eutelia etc., como têm sido os Eutrochozoa e panartrópodes, por conta da ocorrência, em ambos os grupos, de segmentação e cavidades do esquizoceloma, e o argumento para o parentesco dos lofoforados e deuterostômios foi descrito acima.

Estudos moleculares e cladísticos recentes e aqueles relacionados com os genes "hox", nem sempre chegando a esquemas idênticos, têm apontado na direção de quatro conclusões que contrastam com essas visões tradicionais. Primeiro, que os deuterostômios são um grupo muito isolado, distinto de todos os protostômios, e que sua clivagem radial, desenvolvimento indeterminado e formação da mesoderme a partir da endoderme pode também ser a condição ancestral bilateral, herdada diretamente dos ancestrais semelhantes aos acelos. Foi notado acima que os platelmintos acelos também compartilham algo que se aproxima das três últimas condições. Segundo, que os dois grupos que possuem cutícula que sofre muda pelo menos uma vez durante a vida, os vermes nematelmintos e os panartrópodes são relacionados entre si e podem ser reunidos no mesmo clado, os Ecdysozoa, de modo que os anelídeos e os artrópodes, por exemplo, são somente relacionados de modo distante. Terceiro, que os Eutrochozoa e os lofoforados são semelhantes entre si e podem ser reunidos como o clado Lophotrochozoa. Quarto, que os platelmintos compreendem três clados muito distintos, os Catenulida, os Acoela e os restantes (os Rhabditophora), entre os quais os Acoela podem bem ser o grupo irmão de todos os outros clados, e os Catenulida podem ser o grupo irmão dos protostômios. Os platelmintos Rhabditophora, por contraste, são reunidos como uma parte integral dos Eutrochozoa. Os Trochata têm, raramente, sido incluídos em estudos moleculares, mas alguns têm mostrado que os rotíferos podem ser agrupados entre os Lophotrochozoa. Quatro filogenias moleculares e cladísticas recentes são apresentadas nas Figuras 2.13-2.16, e uma síntese é apresentada na Figura 2.17.

Essas filogenias compartilham o aspecto de que esponjas, cnidários, ctenóforos, placozoários e (?) mesozoários estão apenas distantemente relacionados aos grupos bilaterais, mas permanece o debate sobre a natureza e o hábitat destes estoques de animais basais. Três hipóteses bem abrangentes permanecem. Uma, que basicamente é apresentada aqui, é a de que o animal ancestral bilateral foi uma pequena espécie semelhante a um platelminto vivendo sobre o fundo do mar; de tal ancestral bentônico, então, derivaram os outros protostômios e os deuterostômios. A segunda, a 'teoria da blastéia-gastréia-troquéia', remontando a Haeckel (1874) e a partir da qual uma versão moderna compõe a Figura 2.18, é a de que o animal ancestral foi uma colônia planctônica de coanoflagelados, radialmente simétrica, e que os vários grupos bilateralmente simétricos se originaram relativamente mais tarde na evolução, todos de ancestrais planctônicos. A terceira, que enfatiza a pedomorfose, também tem uma origem igualmente antiga, nesse caso remontando a Lankester (1875) e Sedgwick

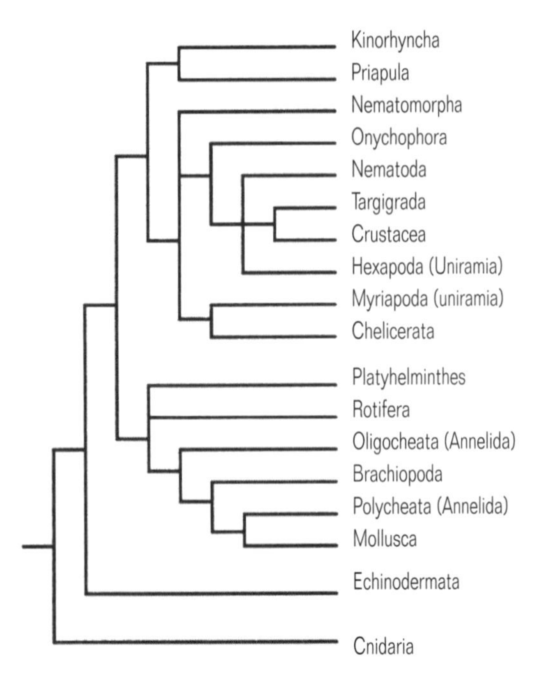

Fig. 2.13 Algumas relações filogenéticas sugeridas por Aguinaldo et al. (1997) com base no sequenciamento do DNA ribossômico 18S. Notar (a) que, entre os Ecdysozoa, alguns vermes nematelmintos aparecem no clado dos panartrópodes, (b) que os miriápodes e artrópodes quelicerados são menos estreitamente relacionados com os artrópodes hexápodes e crustáceos, do que os últimos dois o são com os nematódeos e tardígrados, e que os crustáceos são, eles mesmos, mais estreitamente relacionados com os tardígrados lobópodes do que com os quelicerados, (c) que os rotíferos Trocatha se reúnem com os Lophotrochozoa, e (d) que os anelídeos poliquetas são mais estreitamente relacionados com os moluscos e braquiópodes do que com os anelídeos oligoquetas (Segundo Aguinaldo et al., 1997, Figs. 2 e 3.)

(1884). Nessa 'teoria dos arqueocelomados' (Fig. 2.19), a forma ancestral era semelhante à dos cnidários antozoários modernos, coloniais e bentônicos. De um tal animal surgiram, diretamente, grupos coloniais, bentônicos, oligoméricos e enterocélicos, até certo ponto equivalentes aos atuais hemicordados pterobrânquios, que tiveram larvas acelomadas ou pseudocelomadas. Assim, o animal bilateral ancestral foi relativamente complexo, segmentado e com cavidades celomáticas do corpo, e a partir destes grupos surgiram, por pedomorfose, os platelmintos, nematelmintos e moluscos. Todos os três cenários podem ser acomodados, com pequenas modificações, na ampla figura filogenética que está emergindo e o esquema preferido é ainda, amplamente, um assunto de preferência pessoal.

A despeito dessa ampla medida de consenso, muitas áreas de incerteza permanecem. São os rotíferos (e através deles os acantocéfalos) larvas pedomórficas de alguns grupos de Eutrochozoa? É a semelhança dos miriápodes com os hexápodes unirrâmios inteiramente por convergência? Do mesmo modo, por que os deuterostâmios pterobrânquios lembram tão de perto os filos de lofoforados, tanto no nível estrutural grosseiro como fino? Quais são os parentes mais próximos dos quetognatos, e onde residem as afinidades com os rombozoários? Os filos dos artrópodes descenderam de diferentes lobópodes? E qual é a origem dos Lophotrochozoa? Tem sido defendido, por exemplo (ver Conway Morris, 1998), que os Halkieriida (ver

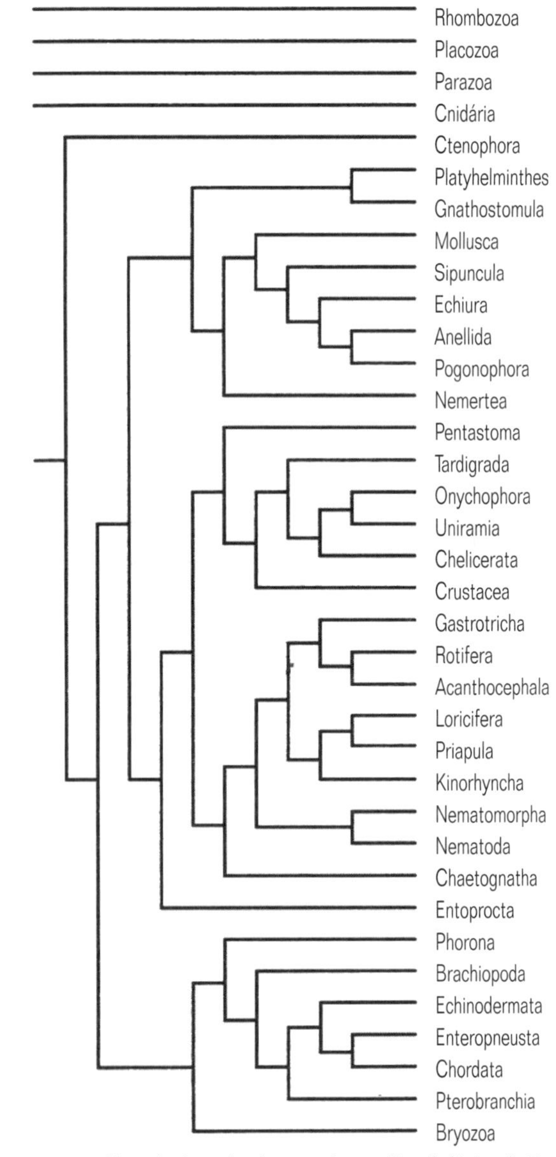

Fig. 2.14 A filogenia dos animais segundo a análise dadística de Eernisse et al. (1992) de um conjunto de dados de caracteres morfológicos e embriológicos independentes (segundo Eernisse et al., 1992, Figs. 2b e 4). Notar que o dado dos Ecdysozoa também aprece nessa análise. Os enteropneustos e pterobrânquios são grupos de Hemichordata.

Fig. 2.21h) são próximos dos ancestrais dos anelídeos, moluscos e braquiópodes que, realmente, parecem ser um grupo de filos estreitamente relacionados, mas a transição dos Halkieriida para braquiópodes nos parece hoje estar baseada em algumas formas intermediárias bastante improváveis: poderia o lofóforo ser um derivado de um pé rastejador ou foi uma pura adaptação larval?

2.5 A origem, radiação e extinção de grupos animais

Os animais atuais podem ser assinalados a um total de 30-40 filos; um filo sendo definido tanto pragmaticamente, como um grupo de organismos que parecem ser relacionados uns com os outros, mas cujas relações com tais outros grupos são discutíveis ou como um clado principal de origem incerta exceto no

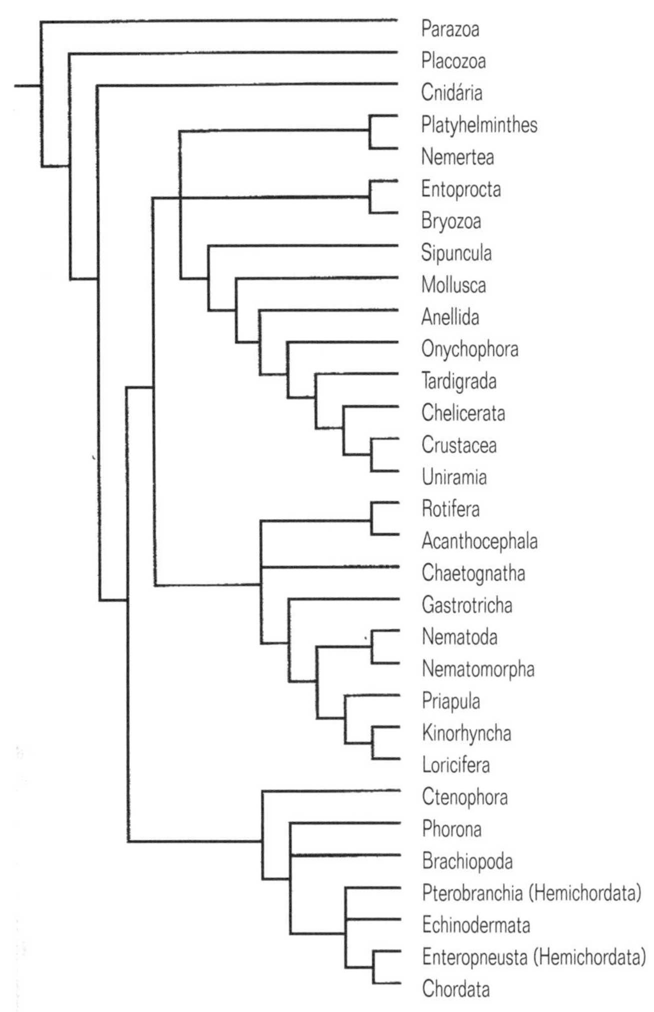

Fig. 2.15 As relações filogenéticas dos animais segundo a análise cladística de Nielsen (1995). Nesse esquema os pogonóforos, equiúros e gnatostomulídeos estão incluídos entre os Annelida, e os pentastômidos são incluídos entre os Crsutacea.

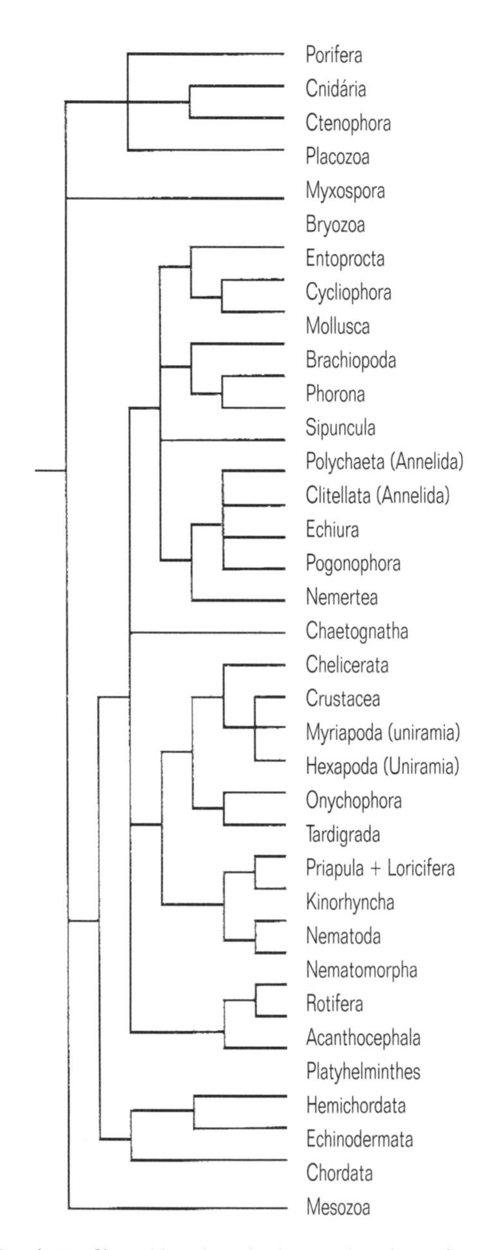

Fig. 2.16 As relações filogenéticas dos animais segundo a síntese de Cavalier-Smith (1998).

contexto de afinidades gerais, como é mostrado pelas análises cladísticas ou moleculares. Em essência, assim sendo, o status de filo é uma admissão da nossa ignorância, se bem que nas seções anteriores foram traçados padrões possíveis de afinidades gerais, mencionados como acima. (Em alguns poucos casos, por exemplo, os Pentastoma e Pogonophora, um filo pode ser usado para abrigar espécies com morfologia muito distinta e individual, apesar de que as suas ancestralidades são bastante certas). Essas três dúzias, ou mais ou menos, de filos conhecidos não são o produto de um longo, lento processo de divergência evolutiva que tenha culminado na diversidade que observamos hoje. Como observamos na Seção 2.1, parece provável que, com muito poucas exceções, todos os animais atuais já existiam durante o Cambriano, e que a radiação dos dados animais ocorreu no Pré-Cambriano. Isto representa uma espécie de quebra-cabeça.

O registro dos fósseis documenta que, com o passar do tempo, os animais mudam lentamente. Há muitas sequências nas quais as formas presentes no início e no final de uma dada sequência mudaram na anatomia para serem consideradas como pertencentes a espécies diferentes (denominadas diferentes 'espécies cronológicas'). O tempo médio requerido para mudanças anatômicas desta magnitude, abrangendo uma vasta gama de invertebrados, é da ordem de 10 milhões de anos. Deixe-nos assumir agora que, digamos, diferentes gêneros são dez tão distintos uns dos outros, como o são duas espécies de um mesmo gênero, que animais de diferentes famílias são dez vezes tão distintos uns dos outros, e assim por diante através da hierarquia taxonômica, por ordem, classe e filo. Então, com base na taxa média de modificação requerida para converter uma espécie cronológica em uma descendente, por multiplicação, podemos calcular que seria necessário um excesso de 10^{12} anos para dois organismos aparentados divergirem um do outro a tal ponto que

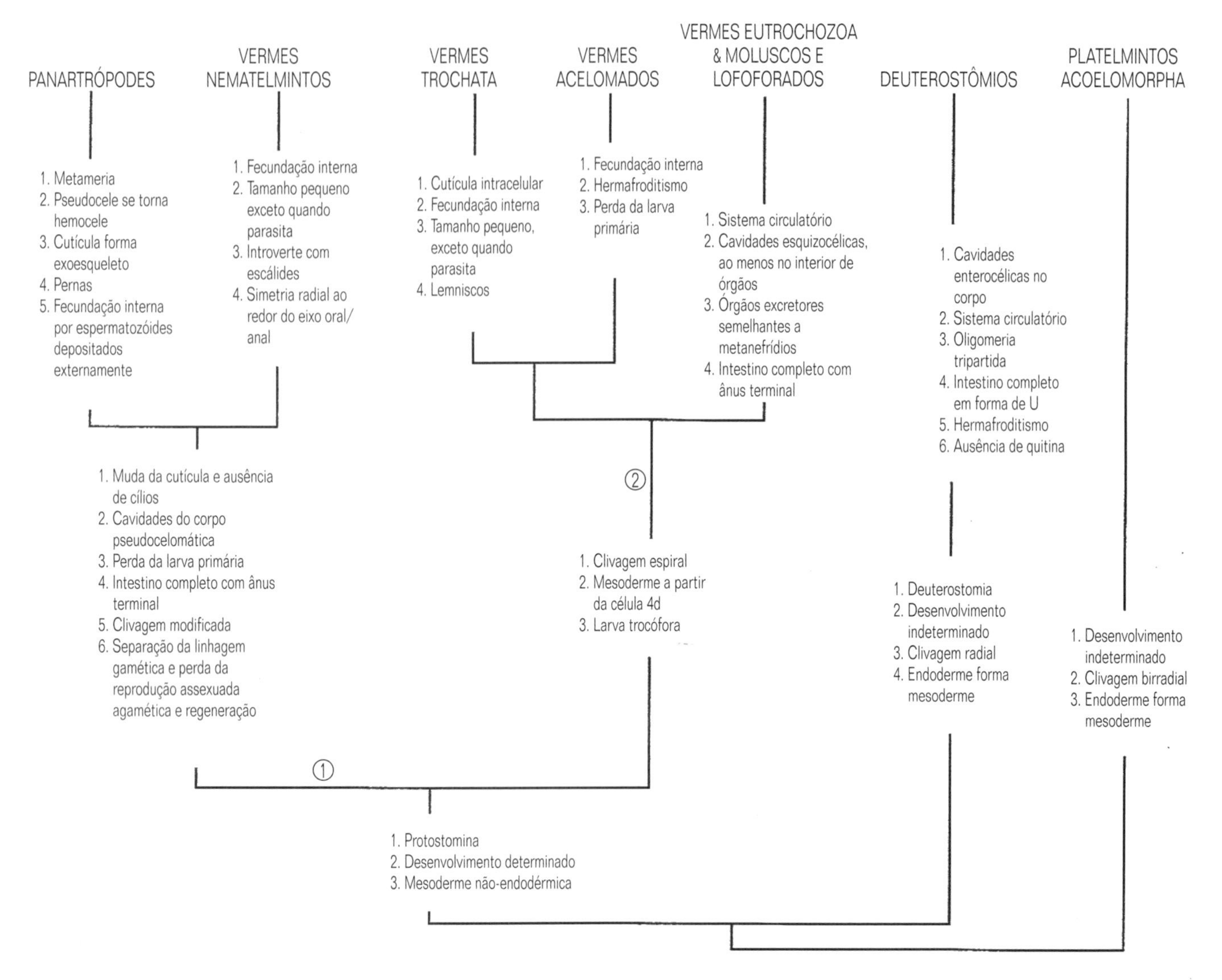

Fig. 2.17 Resumo do padrão geral das relações entre animais bilateralmente simétricos apresentados aqui, mostrando as especializações secundárias principais, características dos vários dados (ao menos primitivamente). Os Chaetognatha enigmáticos foram omitidos. A posição de alguns dos vermes acelomados, especialmente dos platelmintos Catenulida e dos Gastrotricha, nesse momento é incerta; esses podem divergir na base dos dados, respectivamente, dos Protostomia e Lophotrochozoa. O nodo 1 é de Ecdysozoa e nodo 2 de Lophotrochozoa. As formas ancestrais nesse esquema são bentônicas, parecendo platelmintos, animais de corpos sólidos, com um tubo digestivo em fundo cego e sexos separados, fecundação ocorrendo externamente. Comparar com Figs. 2.18 e 2.19.

fossem colocados em filos diferentes. Se for provável que o(s) primeiro(s) animal(ais) tenha(m) evoluído a partir do(s) seu(s) ancestral(ais) coanoflagelado(s) há cerca de 1.000 milhões de anos, e com base no que está acima eles deveriam ter divergido em filos diferentes somente em bilhões de anos no futuro! Hoje, seus descendentes deveriam ser tão diferentes uns dos outros, por exemplo, como são as várias famílias dos besouros. Sem precisão, os números admitidamente arbitrários não ajudam em nada nos cálculos. Nós poderíamos reduzir, tanto o tempo necessário para evoluir uma nova espécie, como os 'fatores de diferenciação', pela metade e ainda calcular que novos filos não deveriam surgir em um período de até milhares de milhões de anos. Mesmo assim, isso ocorreu de fato em um tempo máximo da ordem de 500 milhões de anos e, provavelmente, em muito menos, e no final desse período os filos estavam já tão distintos entre si como o são hoje.

Algo está decididamente errado com o cenário apresentado acima, e esse algo é que nem toda mudança evolutiva é tão lenta como aquela testemunhada no registro fóssil para uma espécie cronológica individual de invertebrado. Períodos de mudança rápida na morfologia têm ocorrido, e eles aconteceram tão rapidamente que os estágios intermediários escaparam da fossilização. Pode ser, também, que alguns destes eventos tenham ocorrido em populações relativamente pequenas (a taxa de mudança evolucionária é, grosseiramente, inversamente proporcional ao tamanho da população), diminuindo ainda mais a possibilidade de preservação. Pedomorfose (ver acima) é outra geradora rápida, em potencial, de mudança na forma do corpo do adulto e poderia, teoricamente, ser alcançada entre uma geração e a seguinte. Assim, produzindo, em uns poucos anos, uma mudança de tal magnitude para resultar em descendente permanentemente larval, sendo colocado em uma ordem ou classe diferente da-

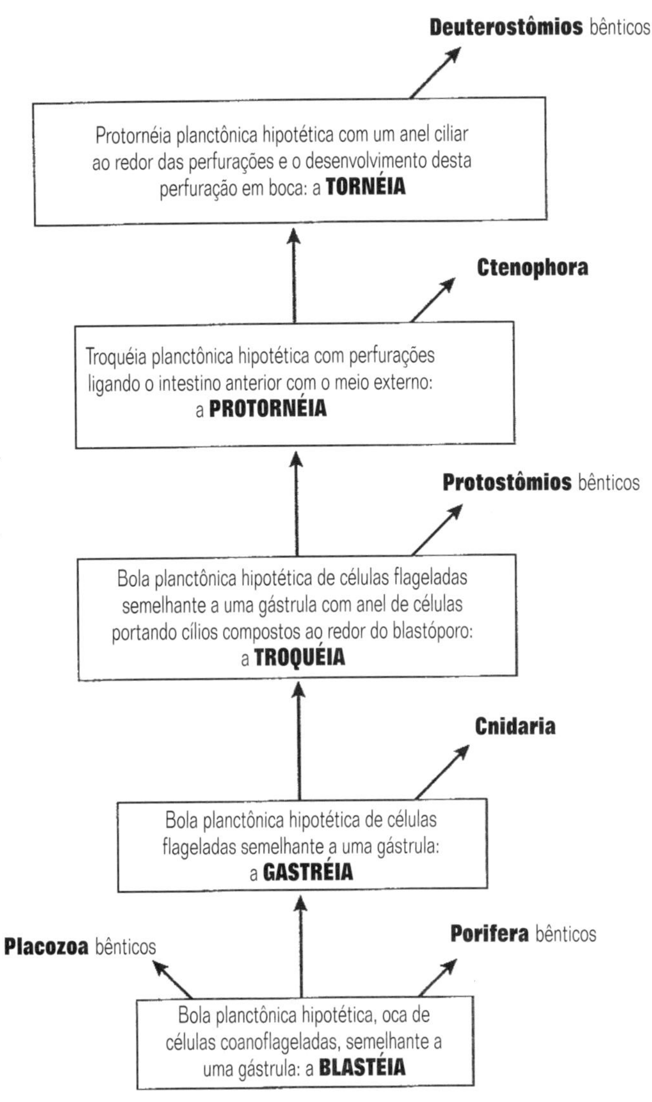

Fig. 2.18 A teoria da blastéia-gastréia-troquéia, como explicada, por exemplo, por Nielsen (1985, 1995).

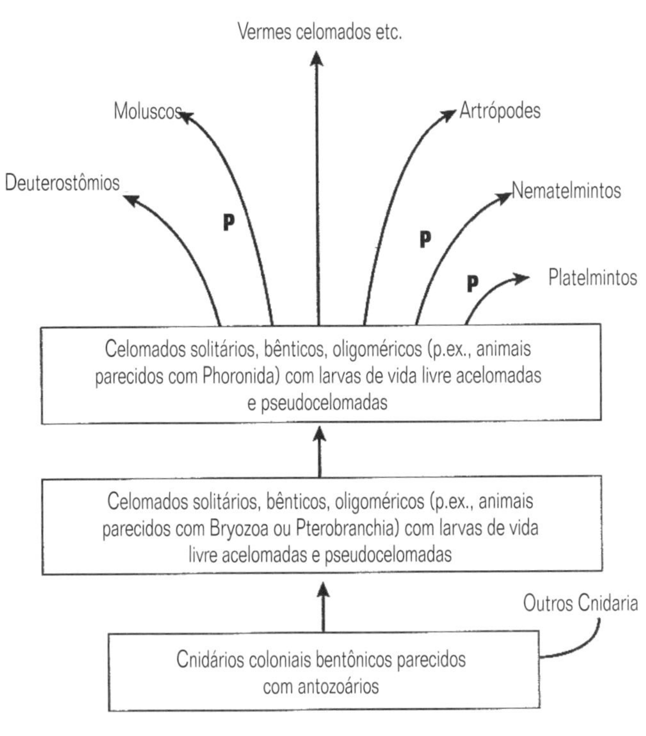

Fig. 2.19 Uma hipótese arquicelomada, como discutida, por exemplo, por Rieger (1986).

quelas dos membros do estoque parental, tendo esse continuado sem mudanças na história da vida ancestral. Em outras palavras, as categorias taxonômicas ainda no uso zoológico diário são baseadas em distinções morfológicas, não pela retenção de ancestralidade comum. Essa é uma situação que a cladística (veja Seção 2.1) procura corrigir, mas é importante notar que não podemos ter ambas as situações. Ou um sistema taxonômico tem a qualidade de colocar organismos semelhantes, e somente semelhantes, em cada táxon, de modo que a estrutura seja deduzida pela indicação taxonômica, ou tem a qualidade de determinar apenas grupos monofiléticos em cada unidade de classificação. Nesses casos, animais semelhantes podem aparecer em táxons diferentes e animais diferentes no mesmo agrupamento. Uma nova análise cladística determinaria muito poucos dos filos, classes etc. existentes, em uso e permanecendo como válidos (veja Fig. 2.20).

Estes pulsos de mudança rápida têm sido frequentemente associados com a geração de muita diversidade no nível de espécie, gênero, família ou mesmo de ordem a partir de um único tipo fundador. Tais 'irradiações adaptativas' também parecem ocorrer em curtos intervalos do tempo geológico, e o modo através do qual podem evoluir muitos novos tipos de animais, relativamente de modo rápido a partir de um único tronco, dando origem a: (a) noções de que os processos que controlam a mudança dentro de uma mesma população (microevolução) são, qualitativamente, diferentes daqueles que resultam na formação de novidades e de variações taxonômicas (macroevolução); e (b) teorias de que as taxas pelas quais os eventos de micro – e de macroevolução ocorrem são, qualitativamente, diferentes (veja os modelos de 'equilíbrio gradualista' e 'pontuado', Capítulo 17).

Nem todos os clados que foram produzidos nas grandes irradiações do Pré-Cambriano e do Cambriano são representados entre os invertebrados atuais. Alguns são conhecidos somente do registro fóssil; aqueles dos arqueociatos e dos trilobitas, por exemplo, e os vinte e tantos grupos que compreendem a irradiação dos artrópodes representada na Figura 2.10. Surpreendentemente, contudo há poucos filos conhecidos apenas como fósseis e a maioria deles é caracterizada por possuir partes duras – aspectos que provavelmente apareceram relativamente tarde em muitas linhagens. Logo, o registro dos fósseis pode dar uma falsa impressão da diversidade animal no passado. Isto é, dramaticamente enfatizado pela abundância e diversidade de novos tipos de animais de corpo mole, presentes naqueles poucos depósitos conhecidos nos quais esta categoria de organismos foi preservada, por exemplo os jazimentos de Ediacara do Pré-

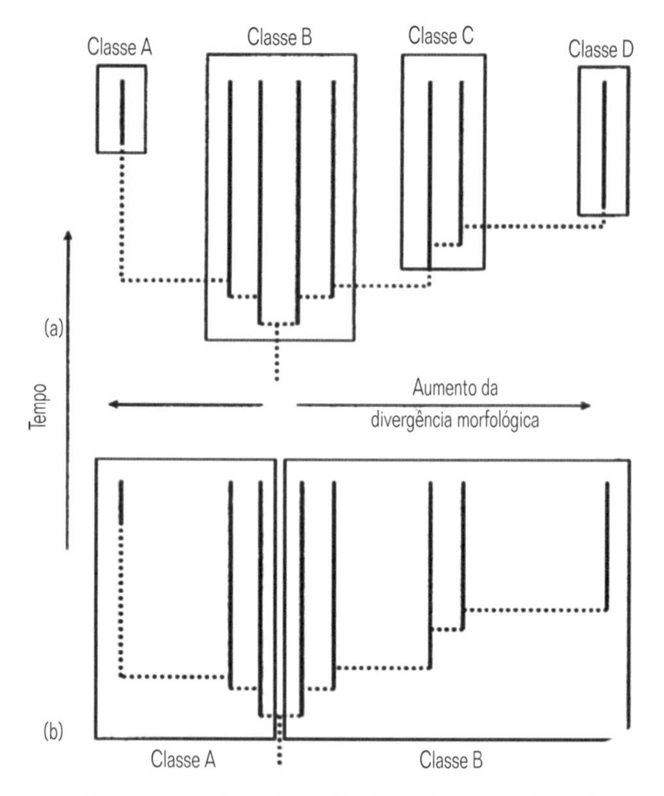

Fig. 2.20 A mesma árvore filogenética hipotética apresentada em duas formas diferentes: (a) classificação segundo linhas tradicionais favorecendo semelhanças e diferenças morfológicas; (b) classificação de acordo com os princípios da cladística.

-Cambriano (Fig. 2.1) e do Folhelho de Burgess do Cambriano e outros de mesma idade na Groelândia e China (Fig. 2.21).

Cerca de vinte filos com representantes atuais, frequentemente denominados 'os filos menores', contêm poucas espécies (menos do que 500 cada) e, com uma exceção que 'prova a regra,' sendo de corpo mole deixaram pouco ou nenhum registro fóssil. As exceções são os Brachiopoda com somente cerca de 350 espécies atuais, mas com mais de 25.000 formas fósseis conhecidas através de suas conchas externas duras. Tentativas para justificar o fato de que estes pequenos filos conseguiram persistir por tanto tempo, enquanto reunindo tão poucas espécies, têm também sugerido que isto é estatisticamente provável se muito mais filos semelhantes (isto é, de corpo mole) existiram, mas desde então se tornaram extintos. Os filos extintos conhecidos podem, desse modo, representar uma amostra pequena e atípica, graças ao fato de possuírem partes duras. O que conhecemos da fauna do Pré-Cambriano e Cambriano é, talvez, somente a ponta do iceberg de dados extintos.

Logo, então o quadro é de irradiação em grande escala de animais de corpos moles e, provavelmente, vermiformes antes do Cambriano Médio que, talvez, produziu centenas de dados separados (não obstante, veja Conway Morris, 1998, para uma visão contrária). A maioria destes possuía poucas espécies componentes, e a maioria, provavelmente, se tornou extinta sem deixar traços e sem deixar descendentes vivos (mas possivelmente incluindo os ancestrais dos Chaetognatha; veja Seção 2.3.8). Algumas linhagens evoluíram partes duras de proteção ou esqueléticas e destas nós temos um conhecimento considerável: tem-se estimado que cerca de 12% de tais espécies agora já foram encontradas e descritas. Uns poucos clados irradiaram para dar origem ao grande número de espécies e muita diversidade intrafilo. Hoje, dez filos são, cada um, representado por mais do que 10.000 espécies atuais, enquanto, em adição, os braquiópodes e equinodermos uma vez alcançaram este nível de riqueza de espécies, mas hoje declinaram abaixo deste total. Estes formam os assim chamados 'filos principais'.

Apesar de que alguns clados têm mantido elevados níveis de riqueza de espécies, por longos períodos do tempo geológico, usualmente isto não é alcançado pelos mesmos tipos de grupos de espécies dentro de qualquer filo. Diferentes componentes de ordens ou classes têm dominado períodos de tempo em sequência, e muitos subgrupos, então dominantes, agora são extintos, tendo sido substituídos por outros. Por sua vez, vários subgrupos têm irradiado. Isso pode ser ilustrado pelos agora extintos moluscos amonites (Fig. 2.22), mas o mesmo quadro é observado entre os braquiópodes, equinodermos, moluscos não-cefalópodes, vertebrados e, de fato, em qualquer grupo onde há bom registro através dos fósseis. Embora contrário à intuição, com a possível exceção das interações entre os moluscos bivalves e os braquiópodes, a substituição de um grupo de animais por outro não parece ter ocorrido por exclusão competitiva. Ao contrário, um tipo de animal teria primeiro que ser extinto, e somente mais tarde, presumivelmente sob condições de um vácuo ecológico, que o seu substituto irradiou para preencher os nichos ecológicos criados pelo desaparecimento do, até este ponto, grupo ou subgrupo dominante (examinar Fig. 2.22). Parece que, se irradiação rápida em numerosas espécies é então seguida por um período mais longo de estase evolucionária, até que aquele grupo, por sua vez, sofra redução drástica no número de espécies ou extinção, eventualmente para ser substituído por outro.

Talvez, de modo equivalente, há pouca evidência, através de estudos ecológicos modernos, que animais anatomicamente complexos estão removendo outros morfologicamente simples em hábitats compartilhados: artrópodes e anelídeos segmentados, por exemplo, ainda coexistem nos mesmos pedaços de sedimentos marinhos com sipúnculos e priapúlidos, sem nenhum sinal de exclusão competitiva. Não obstante, assim sendo, o conceito popular de evolução é, por exemplo, manifesto na novela Borderliners de 1994 por Peter Hoeeg – 'A elevação de organismos simples e primitivos para os complexos e muito desenvolvidos' – essa tentação de considerar animais simples, como esponjas, águas-vivas e platelmintos de algum modo inferiores aos insetos ou mamíferos, mais complicados estruturalmente, deve ser evitado. O grande número de clados de animais produzidos do Pré-Cambriano em diante é todo, mais ou menos, igualmente de planos corpóreos antigos, alternativos; eles não formam uma série crescente de adequação ou de adaptação (claro que com nós mesmos colocados no pináculo). Para colocar o assunto de outro modo, todos os eucariontes se originaram a partir de bactérias procariontes e alguns dos descendentes desses procariontes do Pré-Cambriano agora são carvalhos, humanos e lulas gigantes, mas estes de modo algum 'suplantaram' os procariontes: as bactérias ainda dominam com sucesso a maio-

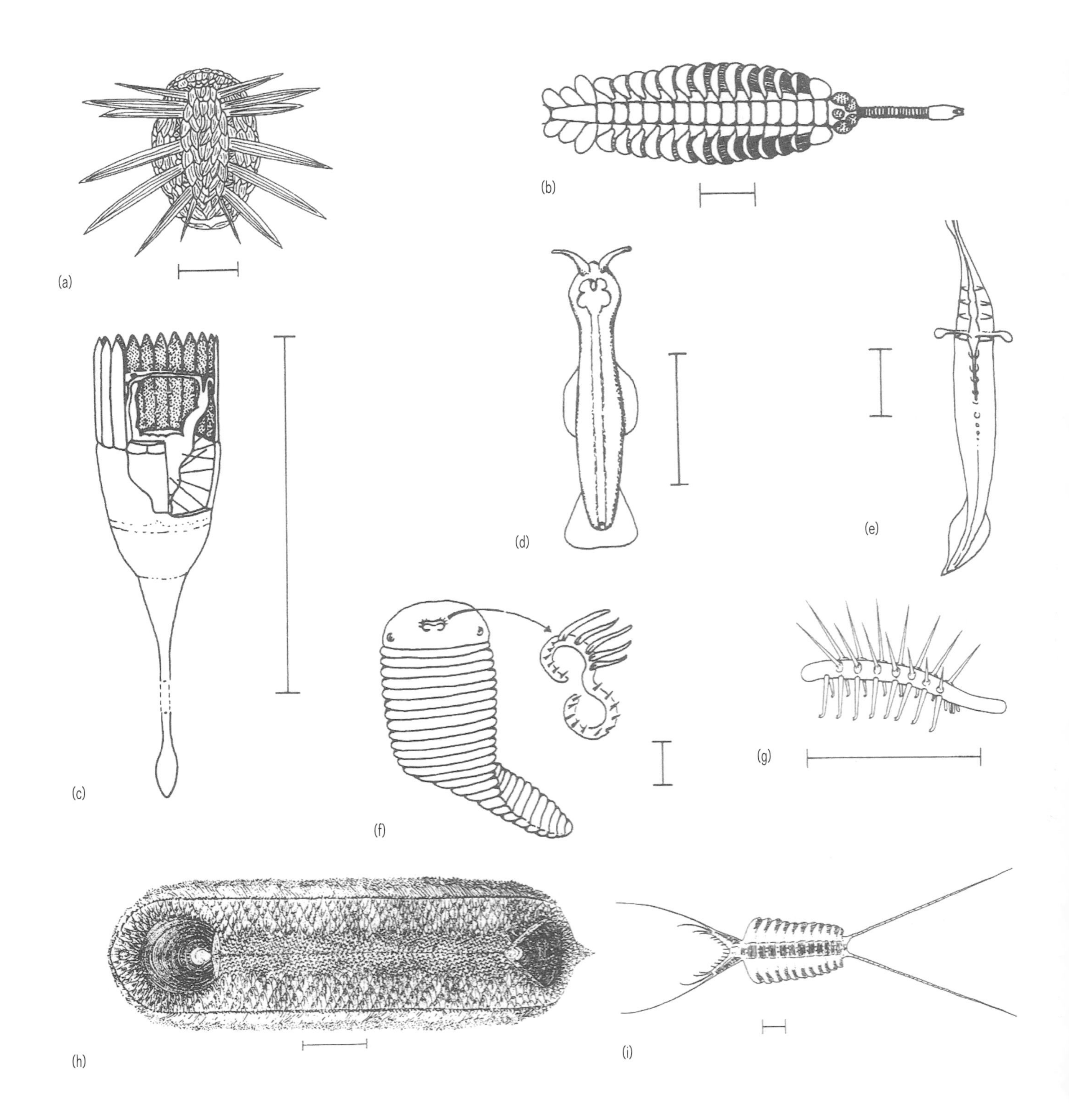

Fig. 2.21 Animais extintos e, na maioria, de corpos moles, muitos dos quais só podem ser colocados com dificuldades em filos conhecidos: (a) *Wiwaxia* (Cambriano); (b) *Opabinia* (Cambriano); (c) *Dinomischus* (Cambriano); (d) *Amiskwia* (Cambriano); (e) *Tullimonstrum* (Carbonífero); (f) *Odontogriphus* (Cambriano); (g) *Hallucigenia* (Cambriano); (h) *Halkieria* (Cambriano); (i) *Kerygmachela* (Cambriano). (Segundo várias fontes) Escalas: 1 cm.

ria de tipos de hábitats, e nós precisamos mais delas do que elas precisam de nós!

A extensão na qual diferentes tipos de animais, caracterizando uma ampla faixa de tipos de nichos e hábitats, se tornaram extintos mais ou menos em um mesmo tempo é de certo modo controvertida, se bem que parece que extinções em massa tenham ocorrido várias vezes no passado, especialmente no final do período Ordoviciano,

Devoniano, Permiano, Triásico e Cretáceo (Fig. 2.23), e se tem afirmado, a cada 26 milhões de anos ou algo próximo.

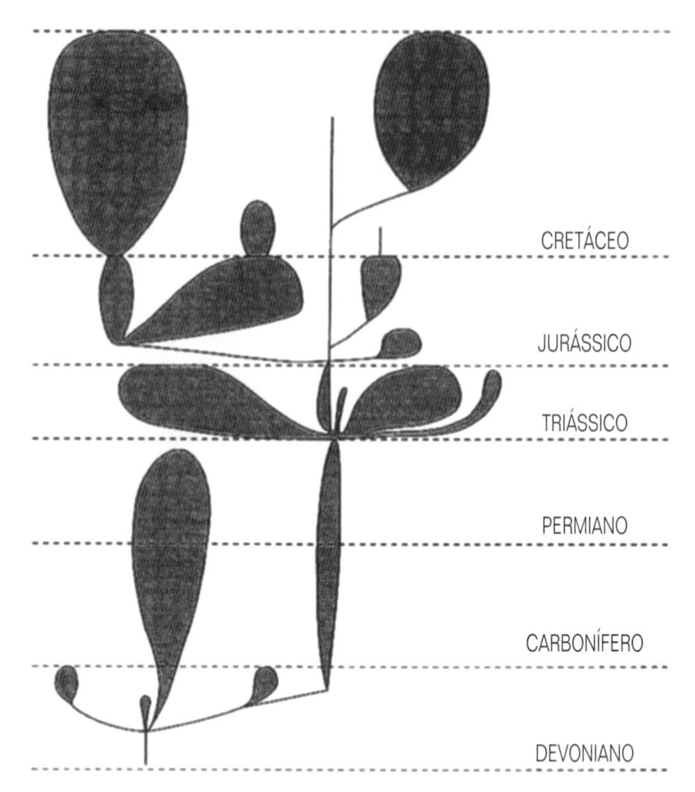

Fig. 2.22 Árvore filogenética dos amonites, que mostra a irradiação, a extinção e a substituição de um subgrupo por outro, desde o Devoniano até o final do Cretáceo, quando todo o grupo se tornou extinto (segundo dados de Moore, 1957).

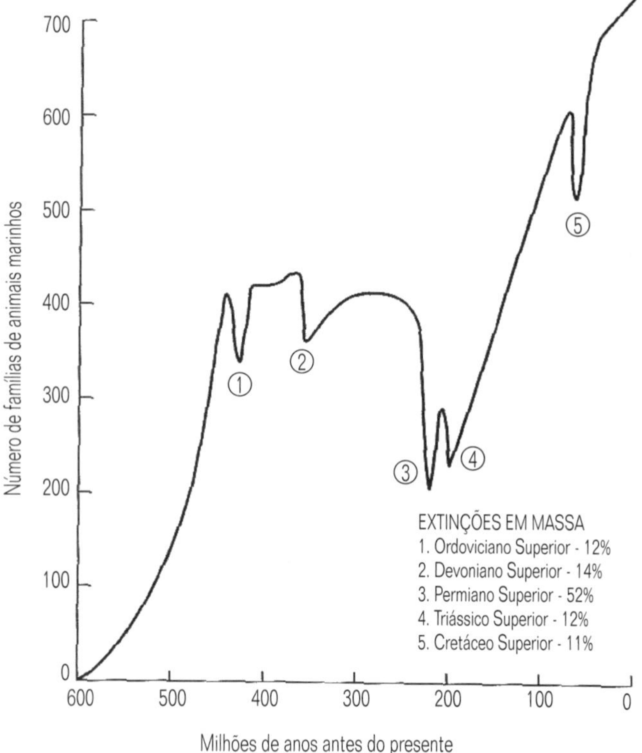

Fig. 2.23 Os números de famílias de animais marinhos em diferentes períodos no passado, mostrando uma série de extinções em massa (segundo Valentine e Moore, 1974 e outros).

O evento que ocorreu há cerca de 225 milhões de anos, no final do Permiano, por exemplo, envolveu a extinção de mais da metade das famílias de animais marinhos então existentes, e talvez 80-95% das espécies então existentes. Grupos dominantes até esse ponto, incluindo os quelicerados euripterídeos e os trilobitas, desapareceram integralmente. O resultado das extinções do Permiano e Ordoviciano Inferior determinou três faunas contrastantes nos oceanos do mundo com o passar do tempo. A do Cambriano-Ordoviciano foi dominada pelos trilobitas e por outros clados de artrópodes extintos, pelos braquiópodes inarticulados e pelos moluscos monoplacóforos; isso ocorreu até o final do Permiano sendo os cefalópodes com concha, equinodermos crinóides, braquiópodes articulados e briozoários Stenolaemata as formas mais abundantes fossilizáveis. Desde o início do Mesozóico, contudo, os mares tiveram, essencialmente, uma aparência moderna, caracterizada pela importância relativa dos gastrópodes, bivalves e moluscos cefalópodes Coleoidea, crustáceos Malacostraca, equinodermos Echinoidea, briozoários Gymnolaemata e vertebrados.

As causas dessas extinções em massa são desconhecidas, se bem que elas se correlacionam bem com mudanças principais no nível do mar, que podem ter sido ocasionadas por fases glaciais ou movimentos dos continentes, e/ou com episódios de atividade vulcânica intensa que teria liberado poeira e gases potencialmente letais na atmosfera. Tem havido, contudo, numerosas propostas especulativas, tanto populares como científicas, para imputar várias forças e eventos cósmicos. Pelas evidências agora disponíveis, parece que cada uma das três grandes faunas marinhas em substituição, primeiro se tornou estabelecida em águas rasas de plataformas após as transgressões dos mares sobre as plataformas continentais, somente para sucumbirem – exceto em águas relativamente profundas – durante uma regressão, mais tarde, para fora das plataformas. A extinção dos principais dados parece ter apresentado um importante elemento estocástico, como realmente foi a identidade dos tipos substitutivos de organismos. Os dados não desapareceram porque eram, de algum modo, inferiores em termos do plano corpóreo, mas por causa das mudanças drásticas nos seus ambientes. Membros dos poucos grupos que conseguiram sobreviver uma extinção majoritária teriam, inicialmente, experimentado hábitats relativamente desocupados nos quais algumas das pressões de seleção, ao menos, devem ter sido reduzidas e muitos nichos estavam disponíveis para serem preenchidos. Sob estas condições ocorreram irradiações adaptativas a partir de um único estoque básico. Estas podem ser descritas como ocorrendo rapidamente até que o hábitat estava novamente atingindo a saturação. Pressões de seleção, então, teriam sido impostas cada vez com mais força, e a seleção limitaria a quantidade de diversidade formada durante cada irradiação, a qual pudesse passar da própria fase da expansão. Então, estas linhas sobreviventes selecionadas, dentro de cada clado, que dominaram o intervalo de tempo até que a próxima fase de extinção em massa, induzida pelo ambiente, iniciou de novo todo o ciclo em maior ou menor grau.

A história da vida animal pode, assim sendo, ter sido distintamente episódica; cada episódio, incluindo aquele no qual agora vivemos, tipificado por uma mistura de clados de animais em expansão e em declínio. Como resultado do acaso, alguns destes grupos conseguirão persistir por um longo tempo, mesmo que com muito poucas espécies. Outros, contudo, se bem que talvez insignificantes agora, terão uma oportunidade para aumentar e diversificar após a próxima fase de extinções, induzidas pelo homem ou sob outras circunstâncias. O acaso, assim sendo, determina a peça representada, provê o elenco inicial em potencial e fecha a cortina, com audições de seleção para preencher os papéis vagos e supervisiona os ajustes contínuos feitos no roteiro e nas personagens.

2.6 Biodiversidade

Com a passagem do tempo tem ocorrido um empobrecimento do número de clados originalmente estabelecidos no Pré-Cambriano/Cambriano, porque alguns – e possivelmente muitos – se tornaram extintos, apesar de que o número das linhagens de clados sobreviventes e, especificamente, das espécies animais atuais é, provavelmente, maior do que jamais foi. Atualmente os mares do mundo são relativamente fragmentados, sendo abundantes mares costeiros rasos, tanto geograficamente como em área, e o oceano é oxigenado até o seu leito abissal – circunstâncias que nem sempre prevaleceram; no Cretáceo, por exemplo, grandes volumes dos oceanos abaixo de 100m podem ter sido anóxicos. Assim sendo, não há razão para se acreditar que as espécies marinhas não sejam tão diversas agora como em qualquer outro tempo no passado, e realmente a maioria das estimativas faria da fauna marinha corrente a mais rica em qualquer tempo.

Não sendo isso suficiente, o enorme número de espécies atuais é quase que inteiramente um reflexo da conquista da terra que começou no Siluriano-Devoniano e foi consolidada no Carbonífero. De certo modo surpreendentemente, a rota através da qual esta colonização aconteceu parece ter sido largamente subindo pela zona do estirâncio e, então, para a terra, e não aquela mais óbvia para um animal aquático de mar → estuário → rio (→ lago) → terra, pelo fato de que a maioria dos animais terrestre tem líquidos com concentrações elevadas e considerável resistência à dessecação, não vice-versa. (Os vertebrados e alguns moluscos são os principais grupos que teriam utilizado a rota aquática.) A invasão dos corpos de água doce foi, então, amplamente conseguida por uma série de animais já adaptados às condições terrestres. Os pequenos animais intersticiais (nematódeos, tardígrados, rotíferos etc.) nunca abandonaram os filmes de água que envolvem as partículas do solo ou orgânicas, e eles são terrestres somente no senso de que seus hábitats aquáticos também ocorrem em terra. A não-permanência de qualquer filme de água individual determinou a necessidade da habilidade de entrar em animação suspensa durante a evaporação periódica dos seus ambientes.

Há muito mais barreiras para dispersão sobre a terra do que há nos mares, e isso resultou em especiação de larga escala entre poucos clados, os quais se tornaram terrestres com sucesso (pela mesma razão, há muito mais espécies marinhas bentônicas do que pelágicas). Muitas espécies terrestres são versões substitutivas, geograficamente, de um tipo animal básico.

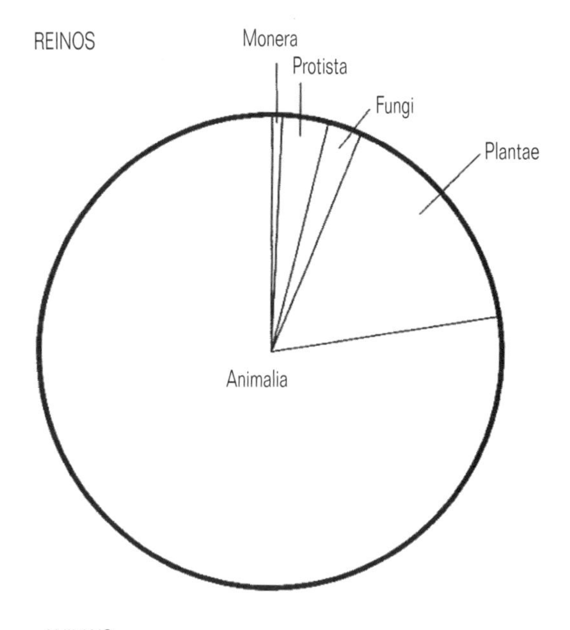

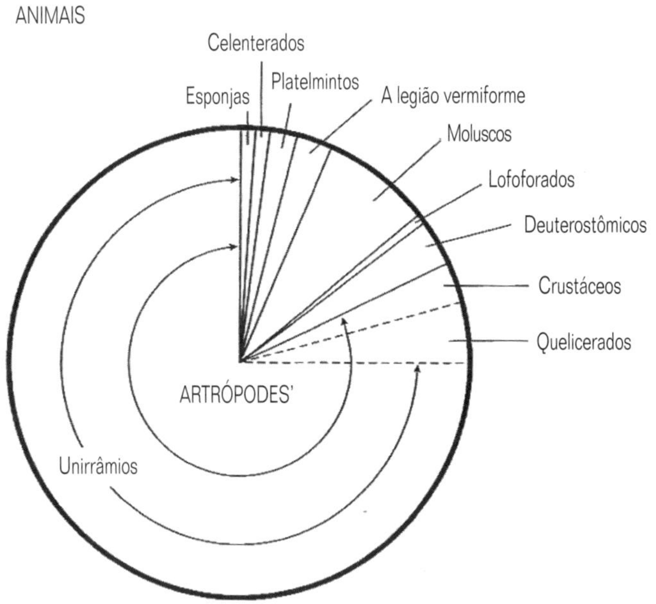

Fig. 2.24 Os números de espécies atuais nos vários reinos e nos filos animais (de dados em Barnes, 1998).

Os quelicerados e unirâmios terrestres, especialmente os insetos hexápodes, agora são os invertebrados dominantes no planeta em termos do número de espécies (Fig. 2.24). Nos últimos 350 milhões de anos, o foco da diversidade dos organismos, aos níveis genérico e específico, se afastou do mar ancestral adentrando a terra.

Diagramas tais como os da Figura 2.24 refletem o conhecimento corrente, mas nós, provavelmente, somos muito ignorantes quanto à verdadeira diversidade dos animais atuais mesmo – ou talvez especialmente – em terra. O número de espécies animais descritas é da ordem de um milhão, mas isso pode representar uma proporção muito pequena do total. Baseado em: (i) número de espécies de besouros no dossel de um tipo de árvore da floresta tropical úmida em uma área, (ii) a média de especificidade dos besouros em relação ao hospedeiro, (iii) o número de espécies de árvores da floresta tropical, (iv) a proporção de besouros do total de artrópodes vivendo no dossel, e (v) a proporção do total de artrópodes das florestas que vivem nos dosséis, um cálculo estima em 30 milhões o número total de espécies de artrópodes em florestas tropicais. Admite-se que essa é uma extrapolação das 1.200 espécies de besouros obtidas de 19 árvores de Luehea amostradas, mas outras estimativas da riqueza das espécies também sugerem totais de até 50 milhões. É devastador refletir que a taxa corrente de destruição das florestas tropicais significa que muito mais espécies desconhecidas de animais foram extintas pela atividade humana, nas últimas décadas, do que já se identificou até agora. E muitas 'espécies conhecidas' de fato o são através da descrição original por alguns poucos exemplares preservados. Nós também temos que rever nossas estimativas da riqueza das espécies marinhas, particularmente daquelas intersticiais nos sedimentos dos oceanos. Extrapolações semelhantes, como as acima, mas aqui baseadas em riqueza de espécies de nematódeos em umas poucas amostras de áreas limitadas do leito marinho, sugerem que o número de espécies de nematódeos pode estar entre uma e uma centena de milhões. Nós certamente temos conhecimento razoável da biologia de, consideravelmente, menos do que 0,001% dos animais vivos um século atrás, e uma boa compreensão de bem menos do que isso. Por fim, isso deveria nos ensinar a tratar cautelosamente as generalizações a respeito da biologia dos invertebrados marinhos.

2.7 Leitura adicional

Aguinaldo, AM.A, Turbeville, J.M., Linford, L.S., Rivera, M.C, Garey, J.R, Raff, RA & Lake, J.A 1997. Evidence for a clade of nematodes, arthropods and other moulting animals. Nature (Lond), 387, 489-493.

Barnes, RS.K. (Ed.) 1998. The Diversity of Living Organisms. Blackwell Science, Oxford.

Bergström, J. 1989. The origin of animal phyla and the new phylurn Procoelomata. Lethaia, 22, 259-269.

Bryce, D. 1986. Evolution and the New Phylogeny. Llanerch, Dyfed.

Cavalier-Smith, T. 1998. A revised six-kingdom system of life. Biol. Rev., 73, 203-266.

Clarkson, E.N.K, 1986. Invertebrate Palaeontology and Evolutíon, 2nd edn. Allen & Unwin, London.

Cohen, J. & Massey, B.D. 1983. Larvae and the origins of major phyla. Biol. J. Linn. Soc., Lond., 19, 321-328.

Conway Morris, S. 1998. The Crucible of Creation. The Burgess Shale and the Rise of Animals. Oxford University Press, Oxford.

Conway Morris, S., George, J.D., Gibson, R & Platt, H.M. (Eds) 1985. The Origins and Relationships of Lower Invertebrates. Clarendon Press, Oxford.

Eernisse, D.J., Albert, J.S. & Anderson, F.E. 1992. Annelida and Arthropoda are not sister taxa: a phylogenetic analysis of Spiralian Metazoan morphology. System. Biol., 41, 305-330.

Glaessner, M.F. 1984. The Dawn of Animal Life. Cambridge University Press, Cambridge.

Goldsmith, D. 1985. Nemesis. The Death Star and Other Theories of Mass Extinction. Walker, New York.

Haeckel, E. 1874. The gastraea theory, the phylogenetic classification of the Animal Kingdom and the homology of the germ-lamellae. Quart. J. Microsc. Sci., 14, 142-165; 223-247.

Halanych, K.M., Bacheller, J.D., Aguinaldo, A.M.A, Liva, S.M., Hillis, D.M. & Lake, J.A. 1995. Evidence from 18S ribosomal DNA that the lophophorates are protostome animals. Science, New York, 267, 1641-1643.

Hanson, E.D. 1977. The Origin and Early Evolution of Animals. Wesley University Press, Middleton, Connecticut.

House, M.R (Ed.) 1979. The Origin of Major Invertebrate Groups. Academic Press, London.

Jenner, RA & Schram, F.R 1999. The grand game of metazoan phylogeny: rules and strategies. Biol. Rev., 74, 121-142.

Lankester, E.R 1875. On the invaginate planula, a diploblastic phase of Paludina vivipara. Quart. J. Microsc. Sci., 15, 159-166.

Manton, S.M. & Anderson, D.T. 1979. Polyphyly and the evolution of arthropods. In: M.R House (Ed.) The Origin of Major Invertebrate Groups, pp. 269-321. Academic Press, London. McKerrow, W.S. (Ed.) 1978. The Ecology of Fossils. Duckworth, London.

Moore, J. & Willmer, P. 1997. Convergent evolution in invertebrates. Biol. Rev., 72, 1-60.

Nielsen, C 1985. Animal phylogeny in the light of the trochaea theory. Biol. J. Linn. Soc., Lond., 25, 243-299.

Nielsen, C. 1995. Animal Evolution. Interrelationships of the Living Phyla. Oxford University Press, Oxford.

Raff, R.A 1996. The Shape of Life. Genes, Development, and the Evolution of Animal Form. University of Chicago Press, Chicago & London.

Rieger, RM. 1986. Über den Ursprung der Bilateria: die Bedeutung der Ultrastrukturforschung für ein neues Verstehen der Metazoenevolution. Verh. Deutsch. Zool. Ges., 79, 31-50.

Rosa, R. de, Grenier, J.K., Andreeva, T., Cook, CE., Adoutte, A, Akam, M., Carroll, S.B. & Balavoine, G. 1999. Hox genes in brachiopods and priapulids and protostome evolution. Nature (Lond), 399, 772-776.

Ruiz-Trillo, I., Riutort, M., Littlewood, D.T.J., Herniou, E.A. & Baguna, J. 1999. Acoel flatworms: earliest extant bilateral metazoans, not members of the Platyhelminthes. Science, New York, 283,1919-1923.

Salvini-Plawen, L. von 1988. Annelida and Mollusca – a prospectus. Microfauna Marina, 4, 383-396.

Scientific American 1982. The Fossil Record and Evolution. Freeman, San Francisco.

Sedgwick, A. 1884. On the nature of metameric segmentation and some other morphological questions. Quart. J. Microsc. Sci., 24, 43-82.

Sleigh, M.A. 1979. Radiation of the eukaryote Protista. In: M.R House (Ed.) The Origin of Major Invertebrate Groups, pp. 23-53. Academic Press, London.

Thomson, K.S. 1988. Morphogenesis and Evolution. Oxford University Press, New York.

Trueman, E.R. & Clarke, M.R (Ed.) 1985. The Mollusca (Vol. 10). Evolution. Academic Press, Orlando.

Valentine, J.W. (Ed.) 1985. Phanerozoic Diversity Patterns. Princeton University Press, Princeton, New Jersey.

Valentine, J.W. 1989. Bilaterians of the Precambrian-cambrian transition and the annelid-arthropod relationship. Proc. Nat. Acad. Sci., U.S.A., 86, 2272-2275.

Whittington, H.B. 1985. The Burgess Shale. Yale University Press, New Haven.

Willmer, P. 1990. Invertebrate Relationships. Cambridge University Press, Cambridge.

PARTE 2

Os Filos dos Invertebrados

Nos capítulos desta Parte ilustramos e descrevemos brevemente todos os filos conhecidos de invertebrados com representantes viventes, juntamente com as classes que os compõem.

Você poderá achar que nossa visão geral da sistemática é muito menos detalhada do que a de muitos livros-texto de zoologia dos invertebrados uma vez que, em vez de descrever todos os diversos aspectos econômicos dos diferentes tipos de animais, nos esforçamos em destilar apenas aquelas características essenciais de cada grupo e com as quais o estudante deveria familiarizar-se, isto é, aquelas responsáveis pela peculiaridade do filo ou da classe e por seu sucesso evolutivo ou significado ecológico. Também fornecemos listas de características diagnósticas para permitir comparações entre os filos individuais.

Além disso, nessa Parte, nossa ênfase recai na diversidade dos planos do corpo dos invertebrados, refletida nos principais táxons animais; por isso tratamos igualmente todos os grupos garantindo o mesmo grau de abordagem para todas as classes de invertebrados, não importando o número de espécies que possam conter. Os capítulos baseados em sistemas, da Parte 3, entretanto, restabelecem essa linha delineando largamente seu material a partir de grupos maiores, melhor conhecidos e, discutivelmente, mais importantes.

Para cada filo, fornecemos um esquema de classificação até o nível de ordem e cada filo (ou, quando apropriado, cada classe) é ilustrado por uma figura mostrando a variabilidade e a diversidade da forma do corpo de representantes de todas ou da maioria dessas ordens.

Os filos, classes etc., reconhecidos nesta Parte, são basicamente aqueles de Barnes (1998) The Diversity of Living Organisms, Blackwell Science, Oxford. Você poderá notar que novos tipos de animais ainda estão sendo encontrados – nos últimos 20 anos, foram descritos dois novos filos (os Loricifera e os Cycliophora) e duas novas classes em filos supostamente bem conhecidos (os Remipedia no filo Crustacea e os Concentricycloidea no filo Echinodermata). Por esse motivo, embora nossa cobertura das classes animais esteja completa até 1999, não há razão para acreditar que agora o homem tenha descoberto todos os principais grupos de animais que sobrevivem no planeta; é possível que habitats pouco conhecidos, como os mares profundos e as zonas intersticiais, sejam investigados mais detalhadamente e, assim, poderão ser vistos, pela primeira vez, novos tipos de animais às vezes radicalmente diferentes. A última palavra sobre a variabilidade e a diversidade dos animais ainda não será dita por um longo tempo! [De fato, enquanto as provas deste livro estavam sendo lidas, foi descrito um novo grupo de animais – os micrognatozoos.]

CAPÍTULO 3

Abordagens Paralelas à Multicelularidade Animal

'Os Protozoa'
Parazoa: Porifera e Symplasma
Phagocytellozoa: Placozoa
Radiata: Cnidaria e Ctenophora
Mesozoa:Rhombozoa
Bilateria: Platyhelminthes

Os grupos de animais considerados neste capítulo são principalmente aqueles que foram sugeridos no Capítulo 2 como podendo reivindicar de serem diretamente derivados do reino Protista, possuindo formas de organização, construção e simetria do corpo fundamentalmente diferentes. Eles podem ser considerados, portanto, como uma série de linhas evolutivas paralelas que adquiriram, independentemente, a condição de multicelularidade animal, embora provavelmente a partir do mesmo tipo ancestral de protista, dos coanoflagelados. Aqui, cinco destas linhas são denominadas superfilos diferentes e, a uma única delas, representada pelos vermes achatados, bilateralmente simétricos, os animais descritos no Capítulo 4 estão relacionados.

3.1 'Os Protozoa'

Até o início da década de 1970, era costume alocar todos os organismos vivos em um ou outro de dois reinos. Se um organismo era fotossintetizante, ou se crescia no substrato, era uma 'planta'; se não era fotossintetizante e livremente móvel, era um 'animal'. Independentemente, o fato de um organismo ser procariótico ou eucariótico, ou de ser uni ou multicelular, não era considerado relevante para essa divisão fundamental da vida. Dentro dessa classificação, as plantas multicelulares formavam um grupo, o dos Metaphyta, enquanto que os fotossintetizadores unicelulares eram denominados Protophyta ou Algae (uma categoria que incluía vários procariontes). Comparavelmente, os animais multicelulares compreendiam os Metazoa, e os animais uni celulares os Protozoa.

Tal sistema de dois reinos sofre claramente de certo número de desvantagens, das quais duas são mais importantes. Primeiro, ele não reflete qualquer dicotomia filogenética real: não existem evidências que sugiram que as cianobactérias, as diatomáceas, as algas vermelhas, os cogumelos e as coníferas, por exemplo, pertençam todos a um grupo natural, em contraste às amebas, aos flagelados intestinais, às esponjas e aos equinodermos, que pertencem todos a um segundo. Tal artificialidade não precisa ser um problema significante, no entanto, se a finalidade da classificação for puramente pragmática – os dois reinos ainda poderiam constituir um par não ambíguo, conveniente, porém arbitrário, de divisões mutuamente exclusivas dos organismos viventes. A segunda desvantagem é que as duas categorias, plantas e animais, realmente não são distinguíveis. Dentro de um grupo de organismos aparentemente bastante relacionados (os flagelados euglenóides, por exemplo), algumas espécies de um determinado gênero aparentemente são plantas, outras podem ser consideradas animais e, ainda outras espécies podem ser ambos ao mesmo tempo. Alguns dinoflagelados também obtêm 5% de seus suprimentos por meio da fotossíntese e 95% por meio de digestão heterotrófica de materiais consumidos. Além disso, certos flagelados poderiam, até mesmo, transferir-se do reino ao qual pertencem se permanecessem durante 24 horas no escuro! O sistema de dois reinos, portanto, não reflete as relações filogenéticas nem é um esquema prático de trabalho, em grande parte porque, embora muitos organismos sejam 'animais' e muitos sejam 'plantas', alguns não são um nem outro.

Durante cerca dos últimos 30 anos, uma classificação básica alternativa, que procura refletir mais acuradamente a filogenia e não ser ambígua, gradualmente tem adquirido adeptos e agora está em uso bastante difundido. Este esquema também postula uma dicotomia básica dos organismos viventes, embora neste caso entre os super-reinos dos procariontes e dos eucariontes, sendo os eucariontes subdivididos em quatro reinos: os grupos unicelulares (os Protista), as plantas multicelulares e os reinos dos fungos e dos animais (Fig. 3.1) Os Protista, portanto, incluem as antigas algas e os protozoários, nenhum dos quais ainda mantém um status biológico formal, exceto como um termo geral equivalente a 'conchas' ou 'vermes'; há pouco tempo, os 'Protozoa' deixaram de ser considerados um conjunto válido ou útil para agrupar organismos. Classificações modernas dos Protistas reconhecem entre 27 a 45 filos, juntamente com um adicional descrito somente em 1988, e três a seis grupos de parentesco incerto, que podem muito bem pertencer ao nível de filo (Corliss, 1984; Sleigh, 1989 etc.). Um esquema relativamente não controvertido consta da Tabela 3.1. Mais da metade dos 42 grupos listados aí são obrigatoriamente não-fotossintetizantes e 17 deles antigamente eram considerados grupos de

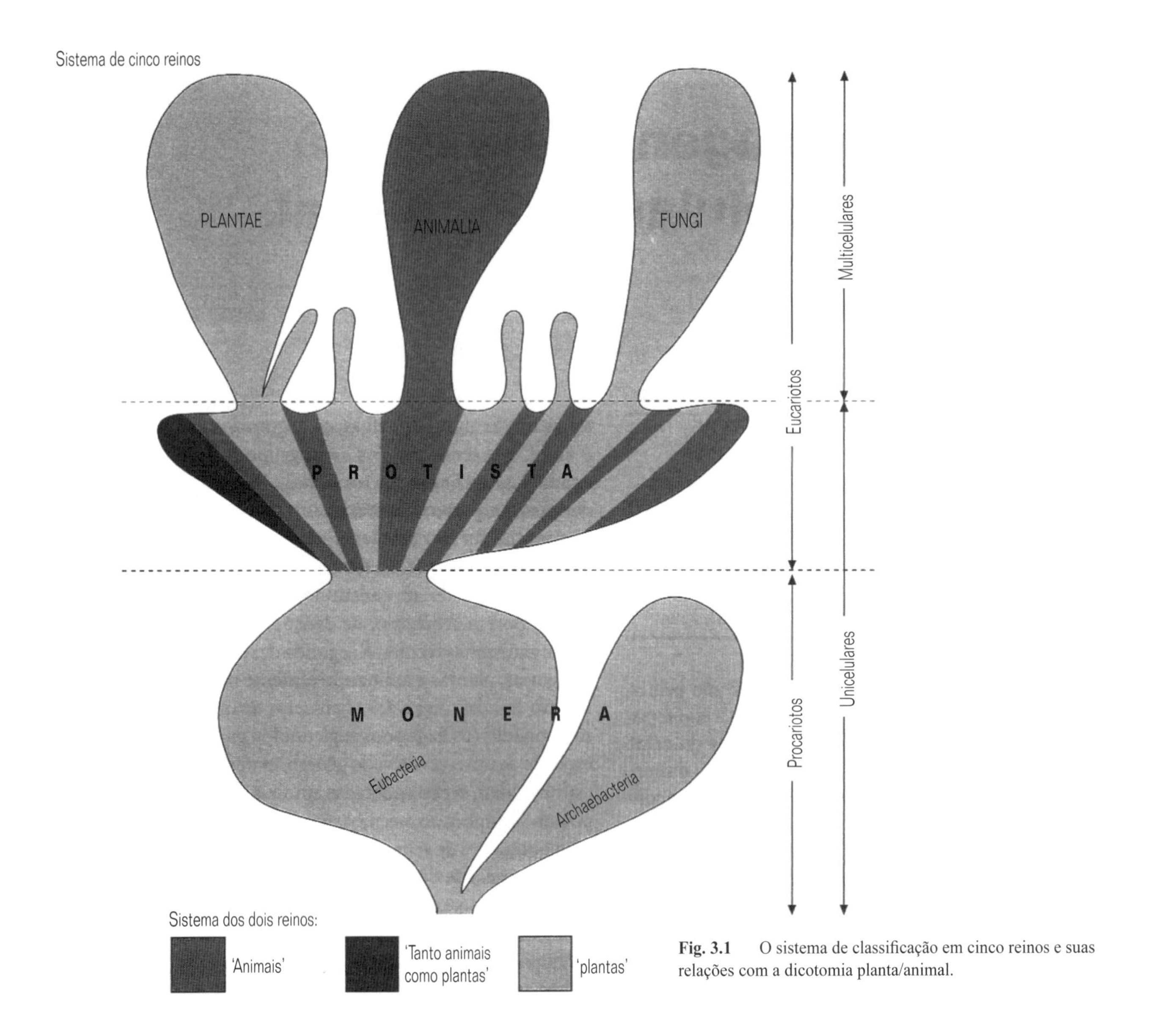

Fig. 3.1 O sistema de classificação em cinco reinos e suas relações com a dicotomia planta/animal.

animais. Outros 14 dos filos listados eram reivindicados tanto por botânicos como por zoólogos e recebiam nomes diferentes por esses dois tipos de biólogos (Tabela 3.2), constando duas vezes em algumas classificações de organismos (p. ex., em Parker, 1982)! O Quadro 3.1 fornece outros detalhes destes grupos de protistas, antigamente incluídos nos 'Protozoa'.

A maioria destes 'protistas protozoários' está filogeneticamente muito longe dos invertebrados e não compartilha características peculiares com os animais multicelulares. Caracteres negativos compartilhados, tais como a ausência de plastos, também são mantidos em comum com os 'protistas semelhantes a fungos' e com os próprios fungos. Aspectos positivos compartilhados são apenas aqueles comuns a todos os eucariontes, incluindo todos os grupos fotossintetizantes. Por definição, em verdade, a diferença entre protistas, incluindo as formas não-fotossintetizantes, e os outros reinos de eucariontes, incluindo os animais, é que os últimos são multicelulares enquanto que os protistas são organismos unicelulares solitários ou coloniais. A célula individual dos protistas, portanto, é capaz de realizar todas as funções necessárias para a sobrevivência e multiplicação – ao mesmo tempo, ela é capaz de ser o agente efetuador da locomoção, digestão, osmorregulação, reprodução etc. – enquanto que nos animais celularmente diferenciados, estas e outras funções são desempenhadas por diferentes grupos especializados de células geralmente dispostas em tecidos ou órgãos distintos. Esta distinção, no entanto, é puramente fenotípica. Todas as muitas células que compõem um animal multicelular descendem de uma única célula normalmente diplóide e, por isso, são geneticamente tão totipotentes como um indivíduo protista. Algumas células individuais, os amebócitos de esponjas, por exemplo, podem até mesmo permanecer indiferenciadas, persistindo como um reservatório a partir do qual podem ser diferenciadas células especializadas, quando necessário, durante toda a vida.

Não é surpresa que o corpo dos protistas geralmente seja muito menor do que aquele de um animal, embora nem sempre isso ocorra. Um considerável número de animais formados por milhares de células e com a complexidade do corpo dos lofofo-

Tabela 3.1 Os filos dos protistas viventes.

Karyoblastea † (= Pelobiontea), 1 sp.
Amoebozoa † (= Rhizopoda), 5000 spp.
Heterolobosa, † 40 spp.
Eumycetozoa, † 600 spp.
Granuloreticulosa (= Foraminifera), 6000 spp.
Xenophyophora, † 40 spp.
Plasmodiophora, † 40 spp.
Oomycota, 800 spp.
Hyphochytridiomycota, 25 spp.
Chytridiomycota, 900 spp.
Chlorophyta, 3000 spp.
Prasinophyta, 250 spp.
Charophyta, 100 spp.
Conjugatophyta (= Gamophyta, = Zygnematophyta), 5000 spp.
Glaucophyta, 10 spp.
Euglenophyta, † 1000 spp.
Kinetoplasta, † 600 spp.
Stephanopogonomorpha † (= Pseudociliata), 5 spp.
Rhodophyta, 4250 spp.
Hemimastigophora, † 2 spp.
Cryptophyta, 200 spp.
Choanoflagellata, † 150 spp.
Chrysophyta, 650 spp.
Haptophyta (= Prymnesiophyta), 450 spp.
Bacillariophyta, 10.000 spp.
Xanthophyta, 650 spp.
Eustigmatophyta, 12 spp.
Phaeophyta, 1600 spp.
Proteromonada, † 50 spp.
Bicosoecidea, † 40 spp.
Raphidiophyta, 30 spp.
Labyrinthomorpha, † 35 spp.
Metamonada, † 200 spp.
Parabasalia, † 1750 spp.
Opalinata, † 300 spp.
Actinopoda, † 4200 spp.
Dinophyta, † 2000 spp.
Ciliophora, † 6000 spp.
Sporozoa † (= Apicomplexa), 5000 spp.
Microspora, † 800 spp.
Ascetospora † (= Haplospora), 25 spp.
Myxospora † (= Myxozoa), 1200 spp.

† veja o Quadro 3.1

Tabela 3.2 Nomenclatura botânica e zoológica contrastante para os mesmos grupos de protistas.

Botânica	Zoológica
Myxomycetes	Mycetozoa
Volvocales	Phytomonada
Cryptophyta	Cryptomonadina
Chrysophyta	Chrysomonadina
Dictyochales	Silicoflagellata
Haptophyta	Haptomonadina
Coccosphaerales	Coccolithophorida
Xanthophyta	Heterochlorida
Raphidiophyta	Chloromonadina
Dinophyta	Dinoflagellata
Prasinophyta	Prasinomonadina
Craspedophyta	Choanoflagellata

Quadro 3.1 Os filos dos protistas mais semelhantes aos animais

Os vários filos dos protistas frequentemente são diagnosticados por complexos aspectos citológicos que estão além do escopo deste livro. As descrições abaixo, portanto, deveriam ser consideradas como sendo de traços gerais aplicáveis à maioria dos membros dos respectivos grupos, não como diagnoses formais.

Karyoblastea Amebas multinucleadas gigantes (até 5 mm de comprimento) que não possuem organelas celulares, como mitocôndrias, vacúolos contráteis, retículo endoplasmático e complexo golgiense, e que parecem dividir-se amitoticamente – não existem centríolos nem cromossomos. Bactérias endossimbióticas, incluindo metanógenas, estão presentes em seu citoplasma. Vivem em sedimentos de lagoas de água doce, sob condições de baixa tensão de oxigênio, onde se alimentam de bactérias e de protistas fotossintetizantes. Uma ameba de vida livre, sem mitocôndrias e sem complexo golgiense, com um único flagelo, também pode pertencer a este grupo.

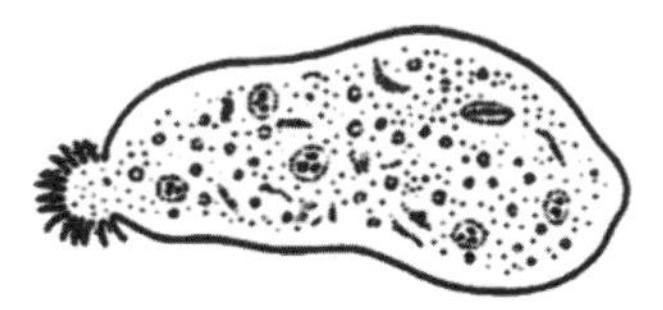

Amoebozoa Um grande grupo de amebas unicelulares assexuadas que não possuem flagelos e organelas associadas e que se movem por meio de pseudópodes ativos, cuja forma varia desde largos (lobosos) a finos (filamentosos); os pseudópodes podem ramificar-se, mas não anastomosar-se, nem conter sistemas esqueléticos microtubulares. Diversas espécies constroem tecas de quitina ou de material particulado disponível em seu ambiente. Ocorrem na maioria dos hábitats – mar, água doce, solo e, simbiótica e parasiticamente, em outros organismos.

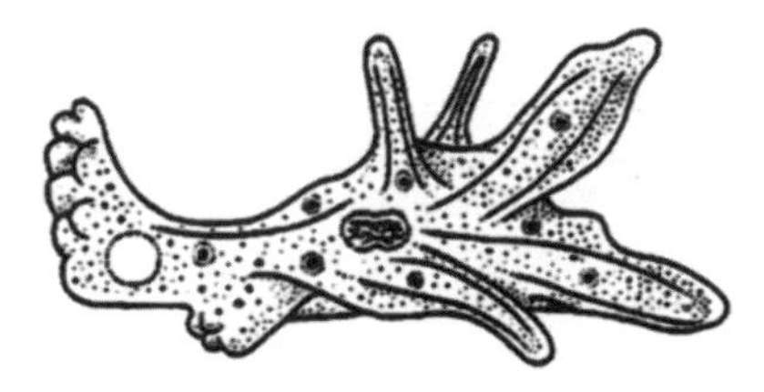

Heterolobosa Um pequeno grupo de amebas uninucleadas assexuadas, com pseudópodes lobosos, que ocorrem na água doce e em solo úmido, em esterco e vegetação em decomposição. Os indivíduos de um dos subgrupos componentes, 'o dos mixomicetos acrasídeos celulares', podem agregar-se em pequenos grupos para formar um aglomerado do qual são emitidos corpos de frutificação na extremidade de pedúnculos formados por células vivas, contendo amebas individuais encistadas. Estas saem e assumem vida independente em condições apropriadas. Aos acrasídeos associa-se um grupo de ameboflagelados ou 'mastigamebas' uninucleadas, solitárias e um tanto semelhantes que, ao contrário, podem desenvolver um par de flagelos. Pelo menos uma espécie pode parasitar o homem, provocando meningoencefalite amebiana.

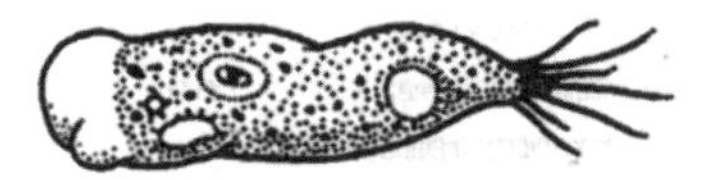

Eumycetozoa Estes, os verdadeiros 'mixomicetos', são protistas amebóides com um complexo ciclo de vida no qual as amebas solitárias (a) podem

Quadro 3.1 (*continuação*)

desenvolver (e perder) um par de flagelos e duas tais amebas podem se fundir e, depois, formar mitoticamente uma grande massa plasmodial, séssil e multinucleada, de diversos metros de comprimento ou, alternativamente, (b) podem agregar-se e fluir conjuntamente como uma 'lesma' celular pseudoplasmodial. A partir do plasmódio ou do pseudoplasmódio, formam-se corpos de frutificação contendo muitos esporos uninucleados haplóides sobre pedúnculos largamente acelulares ou diretamente a partir da superfície plasmodial. Estes esporas germinam originando o estágio amebóide solitário, que se alimenta com seus pseudópodes filamentosos ou com flagelos. Os verdadeiros mixomicetos são predadores de bactérias, de outros protistas (incluindo outros mixomicetos) e fungos, ocorrendo em uma ampla variedade de hábitats, mas especialmente no solo e em matéria vegetal morta.

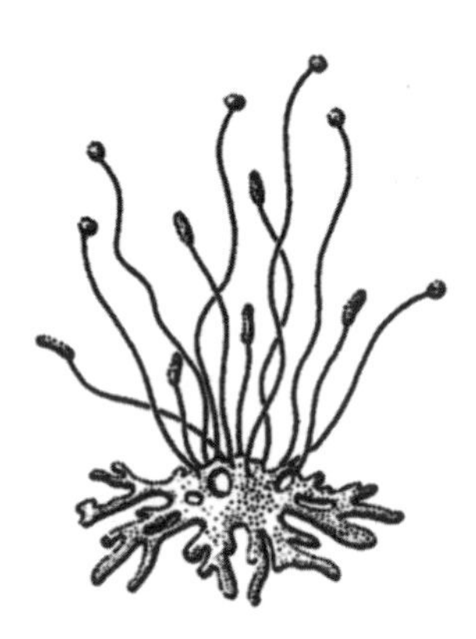

Granuloreticulosa Protistas amebóides que secretam uma teca orgânica com uma a muitas câmaras, na qual pode ser depositado carbonato de cálcio ou podem ser afixados materiais do ambiente, como grãos de areia. Através de poros desta teca estendem-se longos e finos pseudópodes, de função alimentar ou locomotora, que se anastomosam para formar complicadas redes. As tecas de 'foraminíferos' podem medir mais de 1 mm de diâmetro e suas redes de pseudópodes podem estender-se por muitos centímetros. Diversas espécies contêm simbiontes fotossintetizantes; outras são inteiramente carnívoras, capturando organismos que variam em tamanho até o de nematódeos e pequenos crustáceos. Em muitas espécies, uma geração haplóide, uninucleada, produzida assexuadamente, alterna-se com uma geração diplóide, multinucleada, produzida sexuadamente. Quase todas as espécies são marinhas, tanto planctônicas como bentônicas.

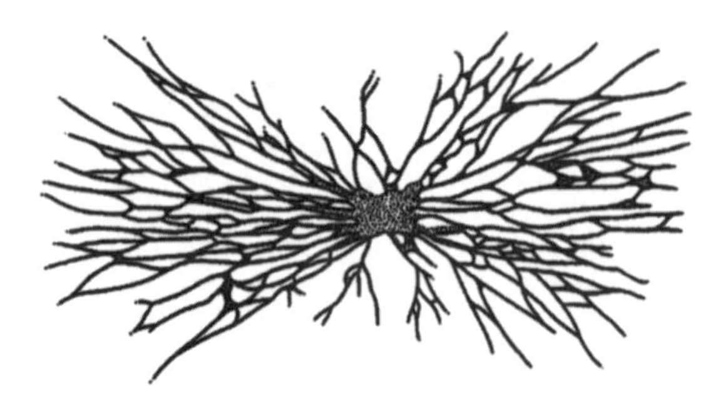

Xenophyophora Amebas marinhas gigantes, bentônicas, conhecidas – pelo pouco que se sabe a seu respeito – principalmente de mares profundos. Seu corpo tem a forma de um plasmódio multinucleado contendo cristais de sulfato de bário, encerrado dentro de uma teca orgânica impregnada com partículas estranhas (espículas de esponjas, tecas de foraminíferos, suas próprias bolinhas fecais etc.). Embora geralmente menores do que 10 cm em sua dimensão máxima, alguns alcançam 0,25 m. Acredita-se que a alimentação ocorra principalmente por meio de pseudópodes.

Plasmodiophora Parasitas intracelulares obrigatórios de fungos e plantas, que ocorrem na forma de um plasmódio que se alimenta e do qual se originam esporos flagelados que se fundem aos pares e reinfestam a espécie hospedeira. Podem formar-se cistos que sobrevivem dormentes por longos períodos. Provocam, entre outras, moléstias em repolhos e batatinhas-inglesas.

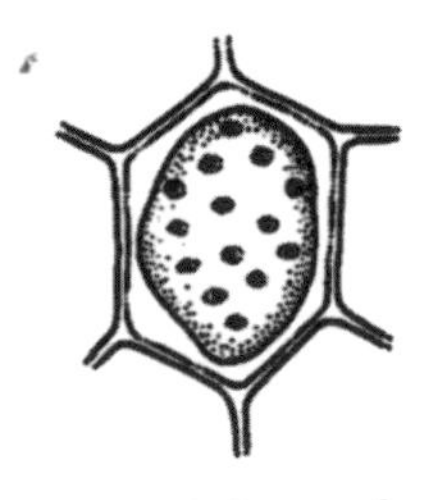

Euglenophyta Protistas de vida livre, solitários e assexuados, que podem ou não conter cloroplastos verdes (de um tipo incomum, com três membranas circundantes). Locomovem-se por meio de um grande flagelo dirigido para frente; um segundo flagelo também ocorre; ambos estão inseridos numa depressão anterior. Em alguns, os dois flagelos não são do mesmo tamanho; em outros, existem mais do que dois. A superfície da célula é recoberta com uma película resistente, porém não é uma parede celular celulósica. Ocorrem principalmente no hábitat de água doce, mas alguns são marinhos e uns poucos são parasitas; diversos formam colônias e alguns estão afixados ao substrato.

Kinetoplasta Pequenos protistas solitários e assexuados, com um ou dois flagelos inseridos, como nos Euglenophyta, numa depressão anterior, e com a superfície da célula nua. Uma única mitocôndria muito longa estende-se através de quase toda a célula como uma alça ou uma rede de filamentos ramificados. Embora diversas espécies sejam de vida livre em hábitats aquáticos, muitas são parasitas de plantas e/ou de animais, sendo responsáveis, por exemplo, pelo calazar, pela moléstia de Chagas e pela doença do sono na espécie humana; algumas espécies são coloniais e outras vivem afixadas ao substrato.

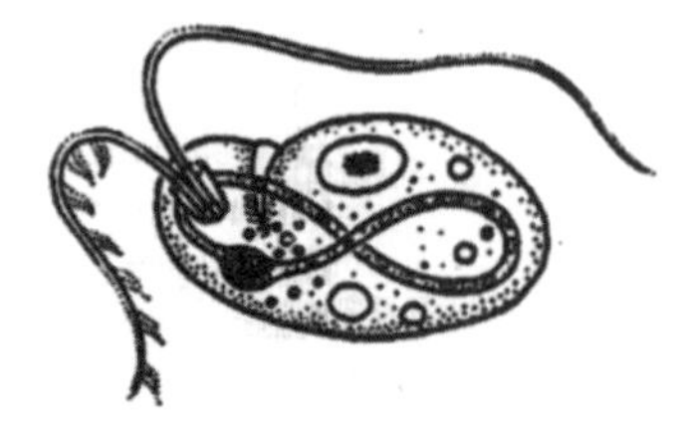

Quadro 3.1 (*continuação*)

Stephanopogonomorpha Protistas assexuados, intersticiais marinhos, de vida livre, com numerosos flagelos curtos esparsamente distribuídos, dispostos em cerca de 12 fileiras na superfície do corpo. Assemelham-se a ciliados, mas diferem destes mais obviamente pelo fato de seus dois a 16 núcleos serem todos similares entre si. Parecem alimentar-se de protistas fotossintetizantes.

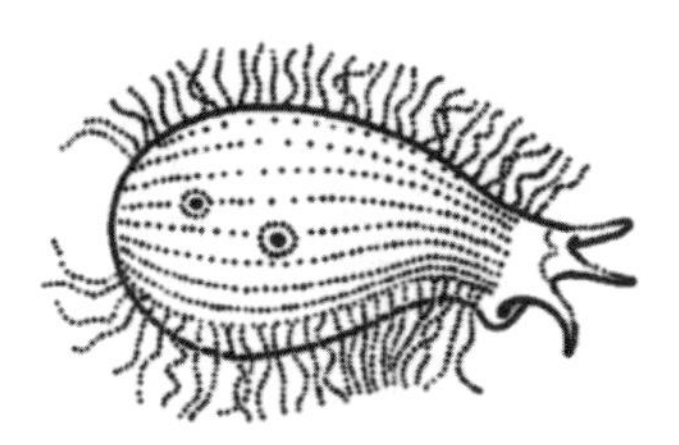

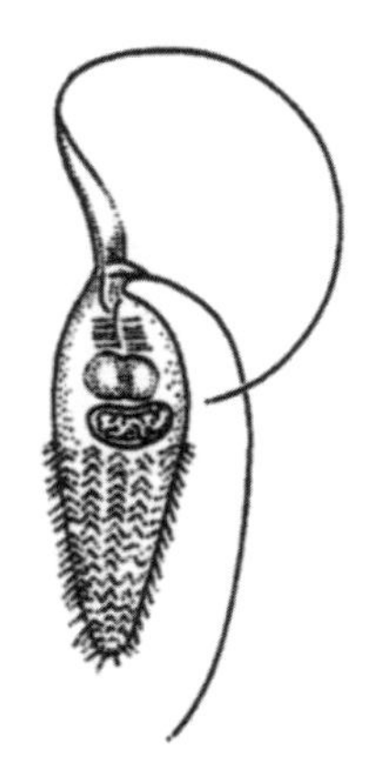

Hemimastigophora Um grupo pouco conhecido, somente descrito em 1988, principalmente com base em uma única espécie descoberta no solo da Austrália e do Chile. É um pequeno flagelado uninucleado, com duas fileiras opostas e ligeiramente espiraladas, cada uma com cerca 12 flagelos semelhantes a cílios.

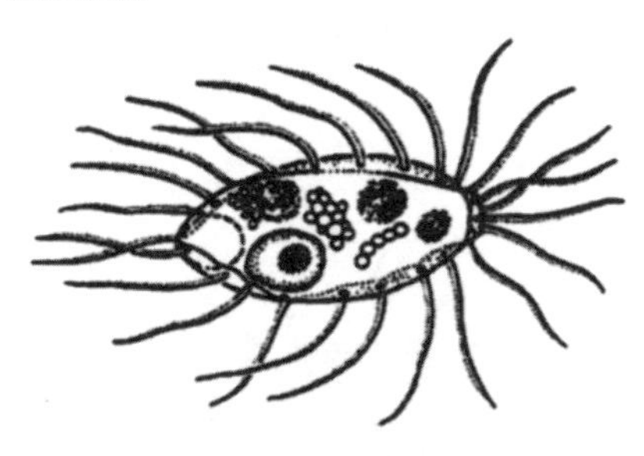

Bicosoecidea Pequenos flagelados aquáticos de vida-livre, com dois flagelos surgindo de uma depressão anterior. Secretam uma lórica em forma de taça no interior da qual se afixam por meio do flagelo posterior, enquanto o anterior coleta substâncias alimentares. A maioria das espécies é solitária, embora algumas sejam coloniais.

Choanoflagellata Flagelados livre-natantes ou sésseis, solitários ou coloniais, com forte semelhança com os coanócitos de esponjas (veja as Seções 2.2.2 e 3.2.2), isto é, apresentam um único flagelo retrátil circundado por um anel de diminutos filópodes ou microvilosidades que constituem um sistema de alimentação por filtração, capturando bactérias. Os coanoflagelados geralmente vivem no interior de uma bainha membranosa ou gelatinosa secretada ou de uma lórica de costelas silicosas. Ocorrem em todos os hábitats aquáticos e têm sido descritos como sendo 'tão comuns no plâncton a ponto de serem os fagotrofos mais numerosos da Terra'.

Labyrinthomorpha Protistas coloniais fusiformes (ou, em um grupo, ovais), não-amebóides que se locomovem no interior de uma trilha de muco anastomosado, secretado por organelas características, os sagenetossomos, e contendo citoplasma extracorpóreo. Este último inclui fibras de actina que podem ser parcialmente responsáveis pelo movimento de escorregamento das células. Seu ciclo de vida inclui um estágio de esporo haplóide flagelado. As 'redes de muco' são principalmente saprotrofos marinhos, crescendo sobre gramíneas e algas.

Proteromonada Flagelados pequenos, pouco compreendidos, com um ou dois pares de flagelos surgindo diretamente da superfície da célula. Enquanto algumas espécies são de vida-livre em ambientes aquáticos, algumas vezes formando colônias, outras parasitam o intestino de vertebrados, sendo sua tomada de alimento por meio de pinocitose.

Metamonada Fagotrofos, comensais solitários, simbiontes ou parasitas do intestino de animais, especialmente de insetos, que não possuem mitocôndrias nem complexo golgiense. Possuem um ou diversos 'cariomastigontes' – complexos conjuntos de fibras, com um núcleo e um ou dois pares de flagelos – que podem estar associados a uma camada curva de

Quadro 3.1 (*continuação*)

microtúbulos, também encerrando o núcleo associado, e estendendo-se até a extremidade da célula, o 'axóstilo'. Poucas espécies são de vida-livre (mesmo assim não possuem mitocôndrias).

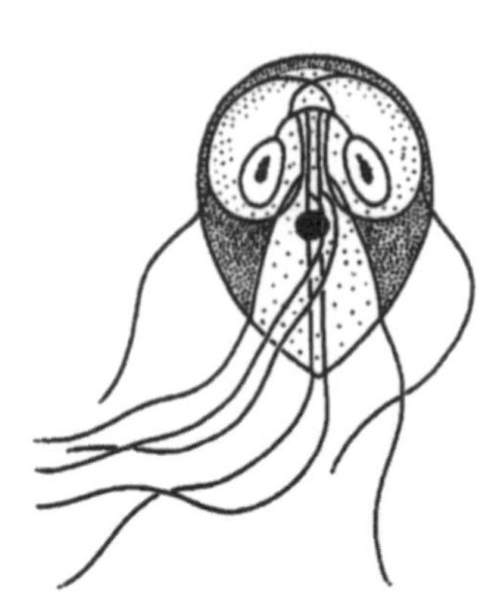

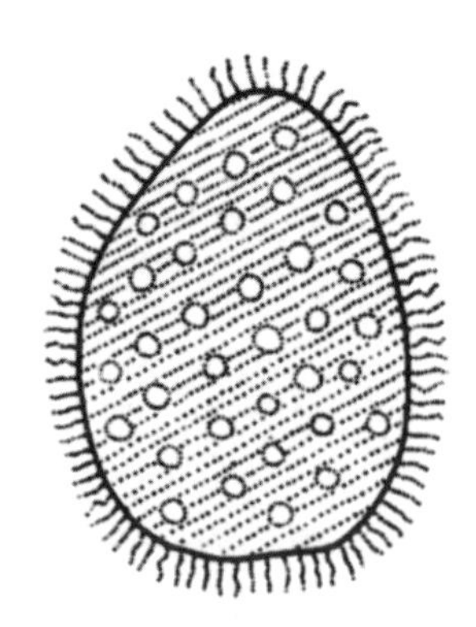

Actinopoda Um grande grupo quase certamente polifilético de amebas esfericamente simétricas caracterizadas por numerosos pseudópodes finos e adesivos, cada um sustentado por um esqueleto interno, o 'axonema' microtubular irradiando em padrões geométricos a partir da massa celular central. Muitos são grandes e possuem um sistema endoesquelético inorgânico; espículas radiais de sulfato de estrôncio; uma cápsula central de sílica, com ou sem elementos radiais etc. Estes 'radiolários', 'heliozoários' e 'acantários' são principalmente predadores planctônicos, embora muitos também contenham simbiontes fotossintetizantes; alguns vivem afixados ao substrato.

Parabasalia Um grupo algo similar aos metamonadas por possuir até várias centenas de cariomastigontes e não apresentar mitocôndrias; os Parabasalia também são simbiontes ou parasitas do intestino de animais, especialmente de insetos consumidores de madeira. Diferem, no entanto, quanto à forma de sua mitose e dos fusos mitóticos, e pela posse de complexo golgiense o qual, aqui, está associado a corpúsculos basais de alguns de seus flagelos para formar os 'corpúsculos parabasais' que dão o nome a esses flagelados. Existem quatro a milhares de flagelos (dois a 16 por cariomastigonte) na região anterior. Muitas espécies contêm bactérias espiroquetas simbiontes.

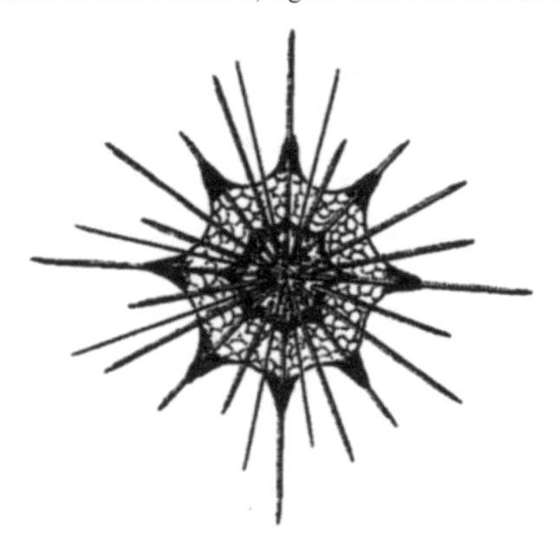

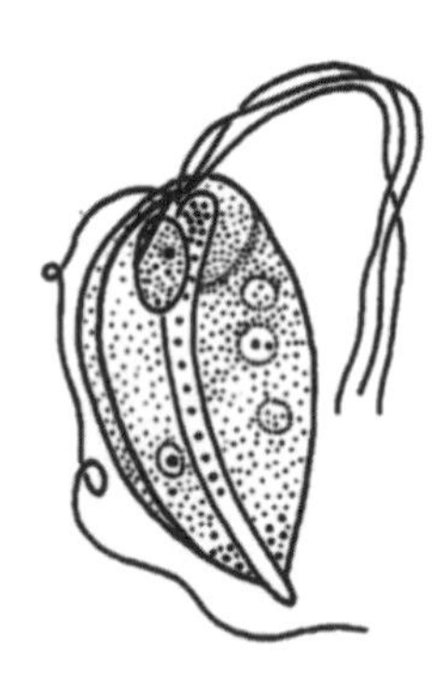

Dinophyta Protistas móveis ou não, tecados ou atecados, na maioria solitários e fotossintetizantes que apresentam cromossomos permanentemente condensados e dois flagelos, um geralmente num sulco ao redor do corpo celular, o outro livre. Diversas espécies, no entanto, não possuem os característicos cloroplastos castanhos e se alimentam ingerindo saprofitica ou fagotroficamente materiais alimentares; alguns são parasitas (de outros protistas ou de animais), uma espécie forma 'zooxantelas' (veja a Seção 9.2.7). Outros contêm organelas semelhantes a nematocistos (veja a Secção 2.2.3). A maioria das espécies é haplóide, marinha e planctônica; alguns vivem afixados ao substrato e poucos são coloniais.

Opalinata Flagelados solitários, achatados, superficialmente semelhantes a ciliados, que habitam o intestino de vertebrados aquáticos ectotérmicos, especialmente anfíbios, absorvendo substâncias alimentares de seus hospedeiros através de sua película. Possuem dois a centenas de núcleos similares entre si e muitas fileiras diagonais de numerosos flagelos curtos ao longo do corpo; novas fileiras são acrescentadas durante o crescimento a partir de um local especial de proliferação. A reprodução sexuada é conhecida, sendo os gametas uninucleados e multiflagelados.

Quadro 3.1 (*continuação*)

Ciliophora Os 'ciliados' locomovem-se por meio de cílios que ocorrem em fileiras altamente organizadas ao longo de seu corpo (o número de tais fileiras permanece constante durante o crescimento). Frequentemente, a alimentação também é desempenhada por meio de cílios que podem estar agregados formando organelas compostas, semelhantes a tentáculos ou membranas. Cada célula contém núcleos de dois tipos: um 'micronúcleo' diplóide capaz de realizar meiose, e um 'macronúcleo' poliplóide, somático, incapaz disso e geralmente dividindo-se amitoticamente. A reprodução sexuada envolve troca recíproca de núcleos haplóides, produzidos meioticamente durante a conjugação. Um grande grupo diversificado, contendo formas de vida-livre e afixadas, solitárias e coloniais, predadoras, parasitas, filtradoras e simbiontes.

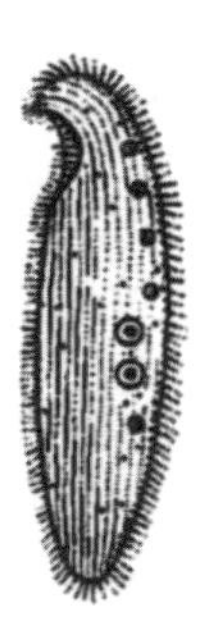

Sporozoa Protistas parasitas com um complexo ciclo de vida no qual gerações haplóide e diplóide se alternam e no qual pelo menos um estágio possui um complexo apical de organelas usadas na fixação ou penetração na célula hospedeira, e no qual também pelo menos um estágio possui microporos especializados na parede celular, através dos quais é efetuada a tomada de materiais alimentares. Episódios de fissão múltipla ocorrem durante o ciclo. As mitocôndrias podem estar ausentes; não ocorrem flagelos, exceto no gameta masculino de algumas espécies. Os esporozoários parasitam outros protistas e muitos grupos de animais de todos os tipos de hábitats: são responsáveis por moléstias como a malária e várias formas de disenteria no homem.

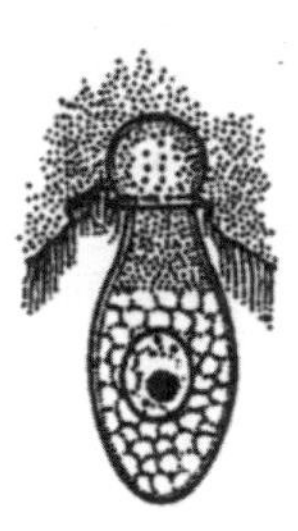

Microspora Parasitas intracelulares sem mitocôndrias e flagelos, que produzem diminutos esporos unicelulares resistentes e quitinosos, cada um contendo um único filamento eversível e semelhante ao nematocisto dos cnidários (veja as Seções 2.2.3 e 3.4.2). Quando o filamento é evertido, o plasma do esporo sai através desse tubo e é injetado na célula hospedeira. Depois, geralmente desenvolve-se num plasmódio no qual, por sua vez, são formados grandes números de tais esporos no interior de vacúolos. Os Microspora infestam principalmente outros protistas, invertebrados e peixes.

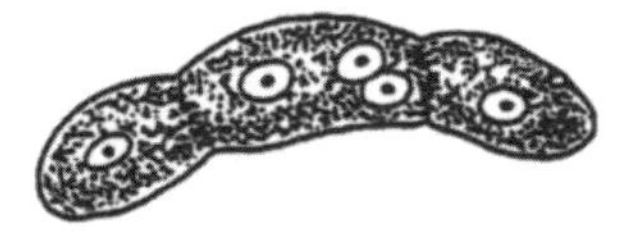

Ascetospora Um pequeno grupo de parasitas, principalmente de invertebrados marinhos, particularmente de anelídeos e moluscos, que não possuem flagelos e que produzem complexos esporos uni ou multicelulares que não contêm filamentos enrolados e eversíveis, semelhantes a nematocistos. O plasma do esporo uninucleado dos Ascetospora sai do esporo resistente através de um poro apical, que pode ser fechado por um diafragma ou opérculo. Depois ele se desenvolve em um plasmódio extracelular.

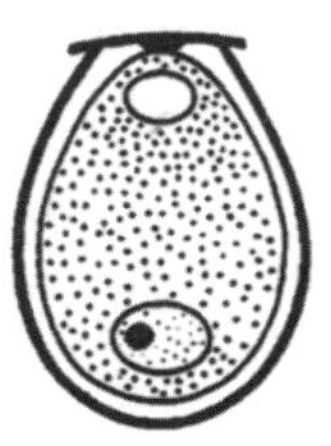

Myxospora Um grande grupo de parasitas plasmodiais, geralmente considerados diplóides, que não possuem flagelos e que produzem esporos multicelulares contendo uma a diversas cápsulas, cada uma com um filamento enrolado e eversível. Este filamento é usado para ancorar a cápsula ao tecido do hospedeiro, enquanto que o plasma do esporo sai da cápsula entre suas valvas, não através do filamento. Os esporos são formados no interior do plasmódio por partes que se isolam por meio de membranas e depois se diferenciam; algumas células formam-se no interior de outras células por meio de divisões internas (veja também a Seção 3.5). Como as células dos esporos são diferenciadas em vários tipos, e devido à forte semelhança das cápsulas dos esporos com nematocistos de cnidários (veja as Seções 2.2.3 e 3.4.2), incluindo o modo de sua formação, alguns acreditam que os Myxospora evoluíram a partir de cnidários (multicelulares) (Seção 3.4).

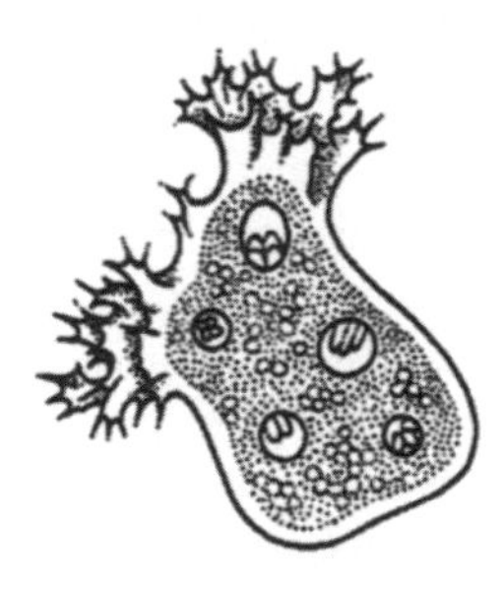

rados, artrópodes e cordados, mede menos do que 1 mm em sua dimensão maior; a maioria dos membros dos grupos pseudocelomados é menor do que 2 mm. Por outro lado, alguns protistas ciliados (filo Ciliophora) atingem um comprimento de 5 cm, e os pseudópodes de alguns xenofiofóreos (filo Xenophyophorea) podem alcançar uma envergadura de 25 cm. Os únicos meios pelos quais um protista não-colonial pode responder a qualquer pressão seletiva que favoreça tamanho grande (veja, por exemplo, a Seção 9.l) é pelo aumento do tamanho da própria célula, frequentemente acompanhado por núcleos poliplóides ou múlti-

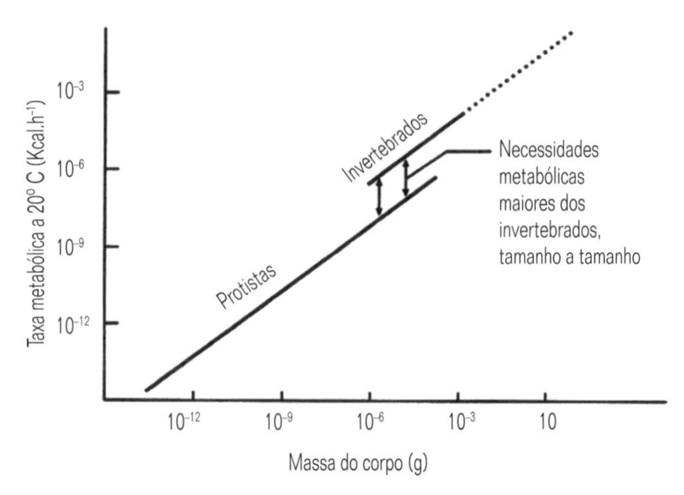

Fig. 3.2 As relações entre a taxa metabólica em repouso e o tamanho do corpo em protistas e invertebrados, mostrando as necessidades maiores dos organismos multicelulares, tamanho a tamanho (segundo Schmidt-Nielsen, 1984) (NB 1 kcal = 4,2 kJ).

plos, e o fluxo citoplasmático formando um sistema circulatório intracelular. Em certo sentido, um tamanho grande é facilmente adquirido por um protista, uma vez que, peso a peso, as necessidades metabólicas basais de um organismo unicelular são menores do que aquelas de um organismo multicelular (Fig. 3.2).

Os organismos antigamente considerados como constituindo o filo ou sub-reino Protozoa formam, portanto, um conjunto diversificado de protistas, cada um, em alguns aspectos, individualmente equivalente a uma das células componentes de um animal e, em outros aspectos, a um animal inteiro. O uso da palavra 'equivalente' na frase acima, no entanto, é crucial; os protistas viventes tiveram uma história evolutiva até mesmo mais longa do que a de vários organismos multicelulares e somente o filo Choanoflagellata reteve elementos estruturais que indicam que ele poderia ser considerado diretamente aparentado com qualquer grupo específico de animais (Capítulo 2).

3.2 Superfilo PARAZOA (esponjas)

3.2.1 Introdução

As esponjas são os animais mais inanimados, diferindo das formas típicas pelo fato de que seu corpo (i) não apresenta um sistema de simetria, não existindo superfícies dorsal ou ventral, nem polaridade antero-posterior ou oral/aboral, (ii) não possuem quaisquer células nervosas e musculares (embora, veja abaixo) e (iii) não são formadas por tecidos e órgãos, mas são constituídas por células individuais, em um grupo organizadas em camadas sinciciais. Podem ser – e têm sido – consideradas como sendo animais com o nível de organização celular.

Em essência, o corpo de uma esponja tem a forma de um cilindro ou de uma bolsa fechada em uma extremidade e aberta na outra (Fig. 3.3). Este cilindro é sustentado por colágeno fibrilar disperso, na maioria das espécies, por um sistema esquelético de espículas de carbonato de cálcio ou de sílica, frequentemente com arranjo difuso, ou por fibras resistentes de espongina colágena, ou pela combinação destes três tipos, localizados numa matriz interna, gelatinosa e protéica, o meso-hilo. Em redor da superfície interna e, em extensão variável, da superfície externa do cilindro, a maioria da substância viva está na forma de uma camada de células. Algumas células, especialmente os amebócitos totipotentes ('arqueócitos'), também são encontradas no meso-hilo. A água é induzida a fluir através da parede deste cilindro, pelo princípio de Bernouille e/ou pelo batimento do flagelo de cada uma de uma série de células especializadas, dos coanócitos ou de elementos sinciciais equivalentes que compreendem a camada interna de células, e depois passa para a cavidade central ('espongiocele' ou átrio) e sai do corpo através da extremidade aberta do cilindro, do ósculo. Circundando o flagelo do coanócito, existe um colarinho de microvilosidades (veja a Fig. 2.4) e este colarinho serve para filtrar partículas alimentares da corrente de água. As esponjas, com uma exceção recentemente descoberta (veja abaixo), alimentam-se de suspensões.

Descrever esponjas como estando ao nível celular de construção pode ser considerado uma afirmação demissível, implicando que elas nunca conseguiram desenvolver órgãos, nervos e simetria dos 'animais propriamente ditos'. Como foi salientado no Capítulo 2, entretanto, sua simplicidade do corpo não é indicativa de alguma falha na evolução da verdadeira multicelularidade animal, mas está diretamente adaptada ao seu estilo de vida altamente individual. O aspecto dominante da arquitetura das esponjas é que, exceto ao nível de células individuais, elas não podem se mover, embora possam fechar seus ósculos. Algumas das células – miócitos – que circundam cada ósculo, possuem actina e miosina e podem contrair-se diminuindo, assim, a abertura do ósculo para impedir, por exemplo, a entrada de substâncias indesejadas. Assim, as esponjas são o equivalente biológico de um sistema de bomba tubular plástica ou metálica, no qual a diminuição da pressão em uma região faz com que a água flua através dos tubos. É um tubo de filtração baseado nos coanócitos. Numa esponja, o ambiente é movido em relação ao animal estático e não o contrário, mais comum entre os animais. As espículas e fibras esqueléticas são secretadas por esclerócitos e espongiócitos, respectivamente, que se diferenciam a partir do tipo básico de células das esponjas, dos arqueócitos.

A quantidade de alimento que pode ser filtrada da suspensão depende da área superficial da camada interna de coanóciitos e a maneira óbvia de aumentar esta superfície é dobrá-la. As esponjas mais simples permaneceram como simples cilindros, semelhantes a tubos de ensaio (a forma asconóide na Fig. 3.4), mas muitas espécies possuem paredes dobradas de maneira complexa, de forma que a camada de coanócitos ocorre ao longo de canais ou no interior de bolsas (as formas siconóide e leuconóide na Fig. 3.4) em vez de revestir o átrio. Correlacionado com o aumento do dobramento das paredes do cilindro, o volume do átrio é reduzido, sendo que nas formas leuconóides ele é representado somente por uma série de canais e câmaras no interior de um corpo sólido. À medida que o tamanho aumenta, também aumenta o número de ósculos.

Muitas esponjas não possuem uma forma definida do corpo. Em vez disso, o tamanho e a forma dependem das correntes externas de água, da presença de outros organismos sésseis etc. Quanto a este aspecto, assemelham-se a diversos outros

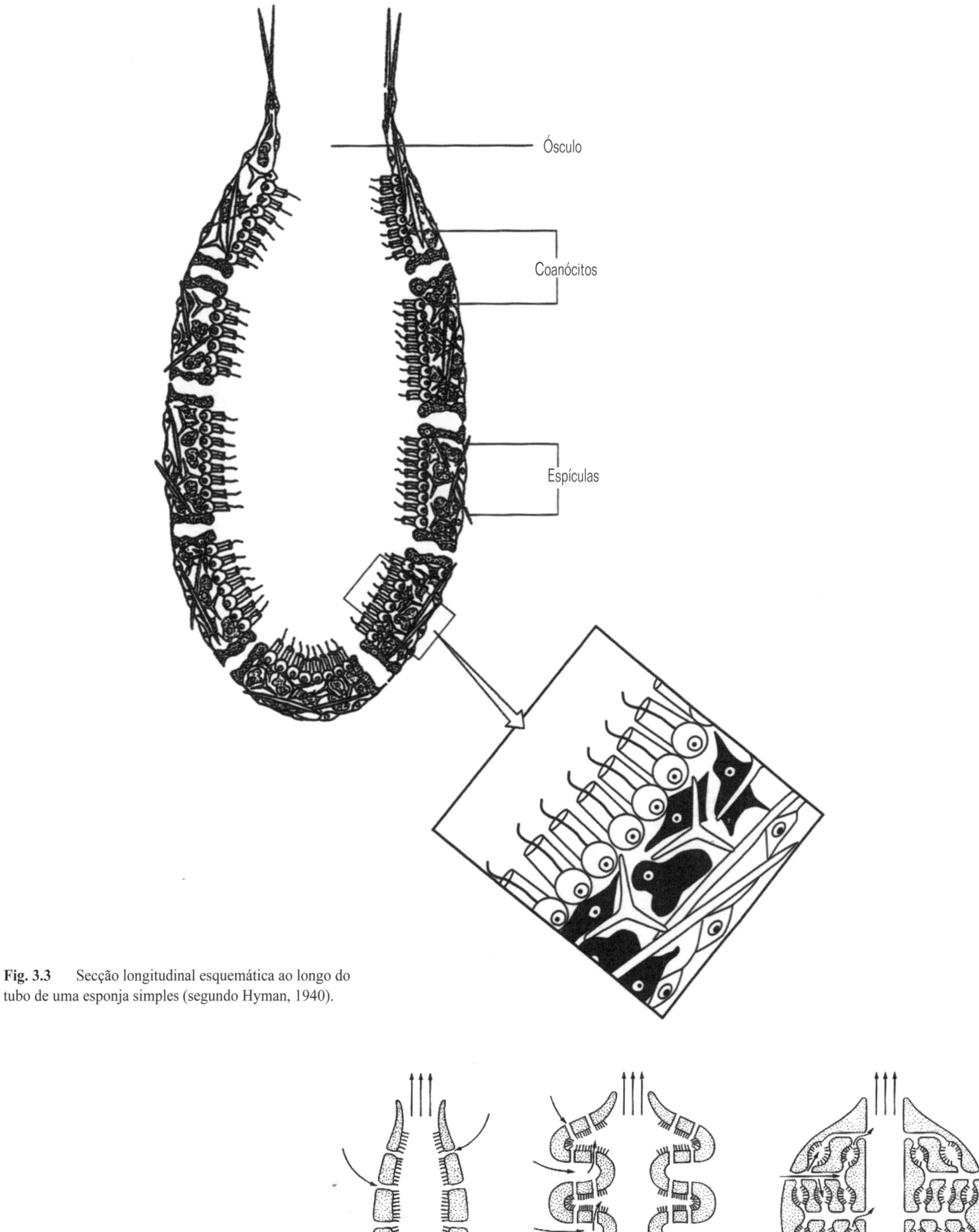

Fig. 3.3 Secção longitudinal esquemática ao longo do tubo de uma esponja simples (segundo Hyman, 1940).

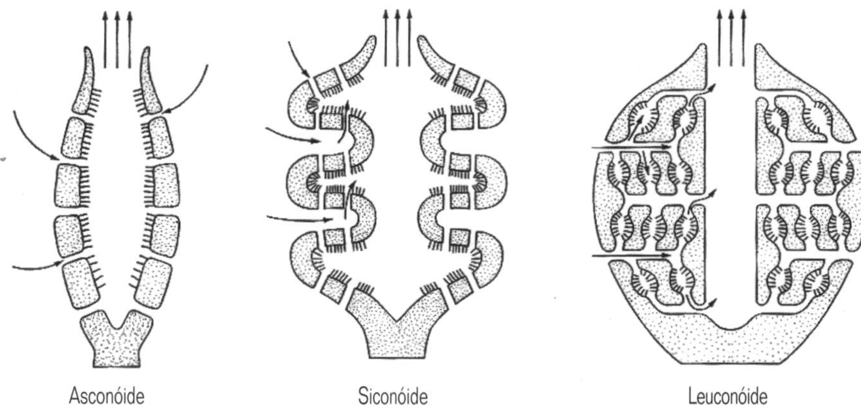

Fig. 3.4 Os três tipos de complexidade do corpo das esponjas, criados essencialmente por dobramento da parede do tubo. Na forma asconóide, os coanócitos revestem a parede interna do átrio; nas duas outras formas, revestem cavidades no interior da parede, canais no caso das siconóides e câmaras no caso das leuconóides.

animais coloniais modulares e, embora sua modularidade não seja visualmente óbvia, de fato são colônias de células-filhas de uma variedade muito limitada de tipos. O tipo celular é notavelmente plástico, células individuais que se diferenciam em formas amebóides, e se rediferenciam em outros tipos de células: coanócitos, por exemplo, podem rediferenciar-se em oócitos e espermatozóides. Usando esta capacidade, algumas esponjas podem regenerar colônias completas a partir de umas poucas células individuais e (na água doce) podem produzir pequenos corpos de resistência que permanecem vivos durante a época desfavorável.

Sendo completamente sésseis, as esponjas podem parecer alvos imóveis para predadores. São relativamente imunes a ataques casuais, entretanto, sendo – como muitas plantas terrestres – protegidas por substâncias químicas desagradáveis ao paladar ou tóxicas e, geralmente, por apresentar a maior parte de sua biomassa na forma de seu esqueleto espicular elástico ou afiado, que desencoraja o consumo, não apenas devido ao fato da proporção de material digerível por bocado ingerido ser baixa (e, por isso, os custos de obtê-las pode exceder os ganhos), mas também devido ao processo real de ingestão poder ser semelhante ao de tentar comer fibra de vidro ou uma bola de borracha.

Investigações citológicas recentes sobre esponjas revelaram que ocorrem dois tipos radicalmente diferentes, as esponjas celulares e as formas sinciciais que aqui são tratadas como filos distintos, os Porifera e os Symplasma, respectivamente.

3.2.2 Filo PORIFERA (esponjas celulares)

3.2.2.1 Etimologia

Latim: porus, poro; ferre, possuir.

3.2.2.2 Características diagnósticas e especiais

1 Corpo sem nenhuma simetria, embora as 'colônias' frequentemente apresentem formas características.

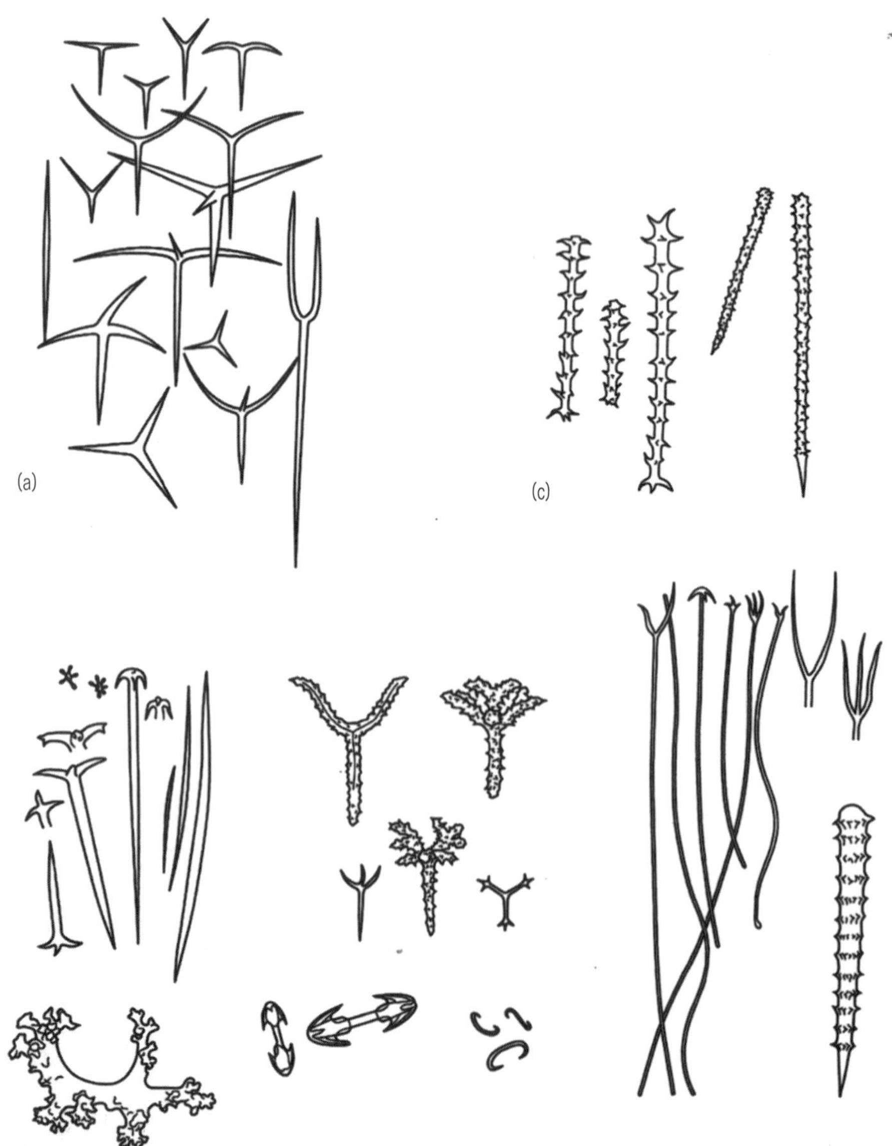

Fig. 3.5 Variedade de espículas esqueléticas de esponjas: (a) de esponjas Calcarea, (b) de Demospongiae silicosas e (c) de uma Sclerospongiae (segundo várias fontes).

2 Corpo essencialmente com duas camadas de células, uma em cada lado de um meso-hilo gelatinoso e protéico que contém células livres, incluindo amebócitos totipotentes; sem órgãos ou tecidos distintos.

3 Sem trato digestivo, porém a camada interna de células (dos coanócitos) captura e digere partículas alimentares.

4 Corpo na forma de uma massa sólida encerrando um átrio central ou um sistema de canais e câmaras, no interior do qual entra água através de uma série de finos poros, os 'óstios', por células especializadas, os porócitos, e é expelida através de uma ou de algumas aberturas maiores, os 'ósculos', que podem ser fechados pela contração de miócitos.

5 Coanócitos com flagelos, cujo batimento descoordenado fornece a força para conduzir a água através do sistema, e com um colarinho de microvilosidades, que coleta partículas alimentares.

6 Espécies de água doce com vacúolos contráteis semelhantes aos dos protistas.

7 Sem células musculares e nervosas.

8 A maioria é hermafrodita; os espermatozóides são aprisionados de maneira similar à do alimento; com estágio larval; multiplicação assexuada frequente.

9 Com poucos tipos de células.

10 Animais sésseis, imóveis, com esqueleto interno fibrilar colágeno, geralmente reforçado por espículas inorgânicas ou por fibras orgânicas de espongina, as quais servem para impedir movimentos e para prevenir o seu consumo.

11 Filtradores bentônicos em hábitats aquáticos, principalmente o mar.

Os Porifera contêm aquelas esponjas nas quais as células individuais não estão organizadas em um sincício e nas quais a margem externa da esponja é revestida por uma camada de células, os pinacócitos. Além do colágeno fibrilar disperso, seu sistema esquelético geralmente é formado por espículas calcárias ou silicosas (Fig. 3.5) e/ou por fibras de espongina. A forma do corpo varia desde espécies pequenas, individuais, em forma de um tubo, até grandes massas irregulares com muitos canais e câmaras internos e ósculos. Em todas as formas, a água entra na esponja através de pequenos poros na parede, formados por células características, os porócitos.

3.2.2.3 Classificação

As 10.000 espécies distribuem-se em duas ou três classes e em 20 a 22 ordens.

3.2.2.3.1 Classe Calcarea As espículas esqueléticas com duas a quatro pontas dos Calcarea inteiramente marinhos (veja a Fig. 3.5a) são compostas por calcita ou aragonita: são as esponjas calcárias. Em uma ordem (Sphinctozoida), com apenas uma única espécie vivente, a forma do corpo é a de uma série linear de câmaras, sendo a mais velha preenchida com um depósito sólido de aragonita; grandes placas ou escamas calcárias também ocorrem em outros grupos. As outras ordens, no entanto, têm a forma típica dos poríferos, são relativamente pequenas (<10 cm de altura) e ocorrem principalmente em águas rasas (veja a Fig. 3.6). Ocorrem as formas asconóide, siconóide e leuconóide.

Classe	Ordem
Calcarea	Clathrinida Leucettida Leucosoleniida Sycettida Inozoida Sphinctozoida
Demospongiae	Homosclerophorida Choristida Spirophorida Lithistida Hadromerida Axinellida Agelasida Halichondrida Poecilosclerida Petrosiida Haplosclerida Verongiida Dictyoceratida Dendroceratida
Sclerospongiae	Ceratoporellida Tabulospongida

3.2.2.3.2 Classe Demospongiae Esta classe contém aproximadamente 95% das espécies de esponjas viventes (veja a Fig. 3.7), caracterizadas por um sistema esquelético não calcário, mas de outro tipo, formado por fibrilas de colágeno dispersas, geralmente reforçadas por fibras protéicas córneas (espongina) e, às vezes, por espículas silicosas (Fig. 3.5b) total ou parcialmente no interior das fibras (as espículas silicosas, quando presentes, diferem daquelas dos Symplasma, Seção 3.2.3, por não possuírem seis raios). Todas, exceto uma, possuem um complexo sistema de canais e câmaras e algumas alcançam um tamanho grande (>1m de altura e/ou largura). São principalmente marinhas, embora cerca de 150 espécies ocorram na água doce, as únicas esponjas a fazê-lo. Uma espécie recentemente (1995) descrita não possui coanócitos e o característico sistema de canais das esponjas parece-se superficialmente com um cnidário hidróide (Seção 3.4.2.3.1), capturando pequenos crustáceos por meio de extensões filamentosas do corpo, que são adesivas por apresentarem espículas em forma de ganchos. Os animais capturados são envolvidos por células migratórias e digeridas.

3.2.2.3.3 Classe Sclerospongiae Estas esponjas leuconóides possuem massas coloniais em duas regiões distintas (Fig. 3.8): a fina camada superior viva apresenta uma estrutura equivalente àquela de uma Demospongiae, mas a região basal, separada do tecido vivo, tem a forma de um volumoso depósito de carbonato de cálcio, de calcita em uma ordem (Tabulospongida) e de aragonita na outra (Ceratoporellida). Ocorrem associadas a recifes de coral, em cavernas e túneis submersos, e podem ser facilmente confundidas com corais. Diversos auto-

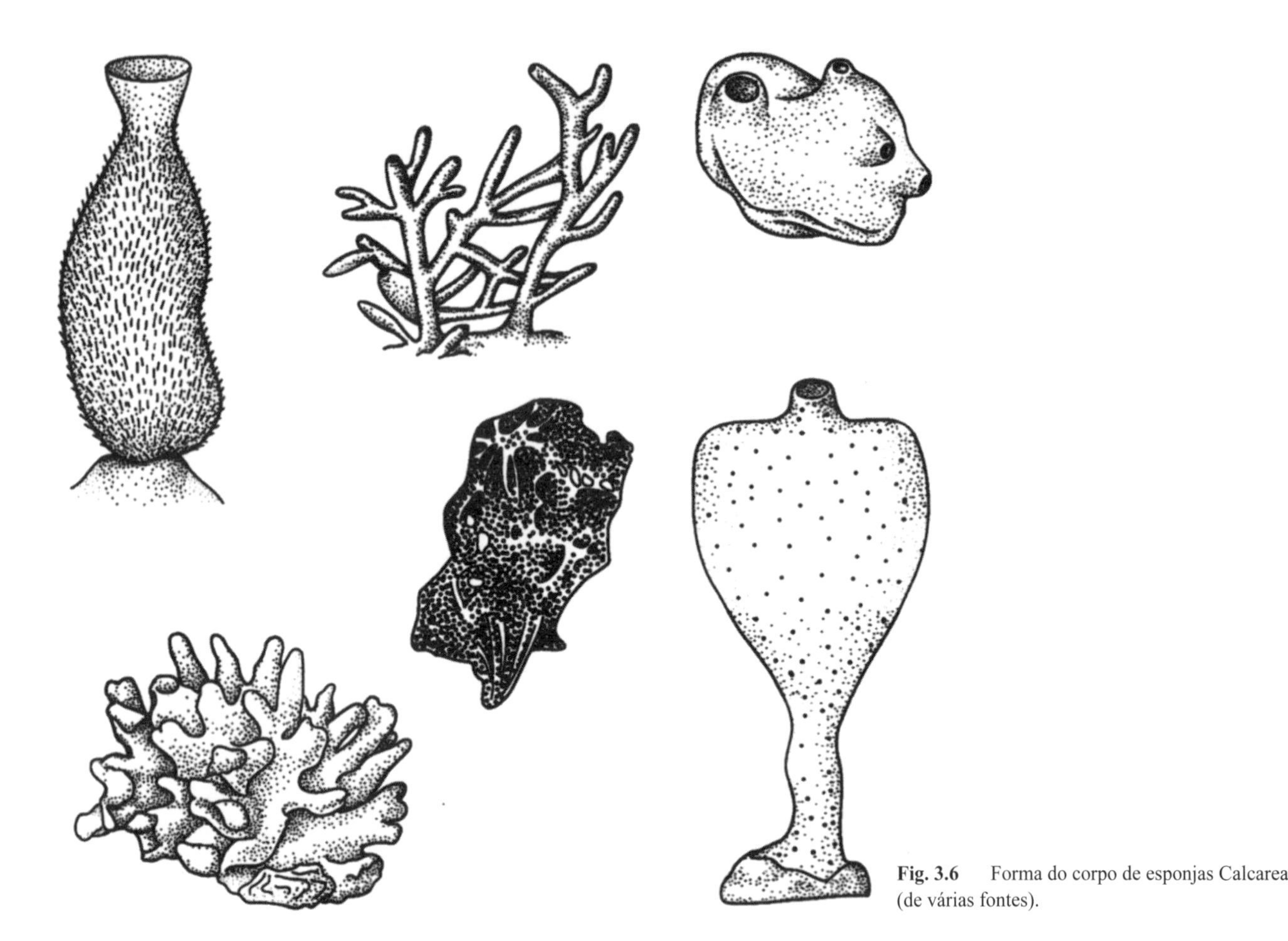

Fig. 3.6 Forma do corpo de esponjas Calcarea (de várias fontes).

res consideram estas esponjas como membros polifiléticos das Demospongiae, e recentes evidências moleculares sugerem que os Tabulospongida deveriam, de fato, ser incluídas na ordem Hadromerida das Demospongiae e que pelo menos algumas esponjas Ceratoporellida, da mesma maneira, também deveriam ser incluídas na ordem Hadromerida.

3.2.3 Filo SYMPLASMA (esponjas sinciciais)

3.2.3.1 Etimologia

Grego: syn, com; plasma, forma.

3.2.3.2 Características diagnósticas e especiais

1 Corpo sem simetria, embora as 'colônias' geralmente tenham forma superficialmente radial simétrica.

2 Corpo essencialmente com duas camadas celulares sinciciais, uma a cada lado de um meso-hilo fino, gelatinoso e protéico que contém células livres, incluindo amebócitos totipotentes, embora a camada externa forme apenas cordões; sem órgãos e tecidos distintos.

3 Sem trato digestivo, porém a camada coano-sincicial interna captura e ingere alimento.

4 Corpo siconóide ou leuconóide na forma de uma única camada de câmaras em forma de dedal, circundando um átrio central para o qual a água é conduzida através de uma série de espaços irregulares na camada sincicial externa, sendo expelida por meio de um único ósculo.

5 Elementos coano-sinciciais sem núcleos; com flagelos, cujo batimento coordenado fornece a força para conduzir a água através do sistema, e colarinhos de microvilosidades que coletam partículas alimentares.

6 Sem células musculares e nervosas.

7 A maioria é hermafrodita; os espermatozóides são aprisionados de modo similar ao do alimento; com estágio larval; mulltiplicação assexuada frequente.

8 Com poucos tipos de células.

9 Animais sésseis, imóveis, com matriz esquelética interna de colágeno fibrilar reforçada por espículas de dióxido de silício, as quais impedem o movimento e detém o consumo da esponja.

10 Filtradores bentônicos no mar.

As esponjas-de-vidro ou silicosas diferem quanto a diversos aspectos importantes das esponjas celulares tratadas acima, mais notavelmente pelo fato de suas células assumirem a forma de camadas sinciciais (até mesmo os amebócitos do fino mesohilo estão intimamente associados aos sincícios), seus colarinhos coano-sinciciais não possuem núcleos, o batimento de seus flagelos coano-sinciciais é coordenado e a superfície externa do corpo somente é revestida com cordões sinciciais formando um tipo de rede. A maioria apresenta forma regular, geralmente

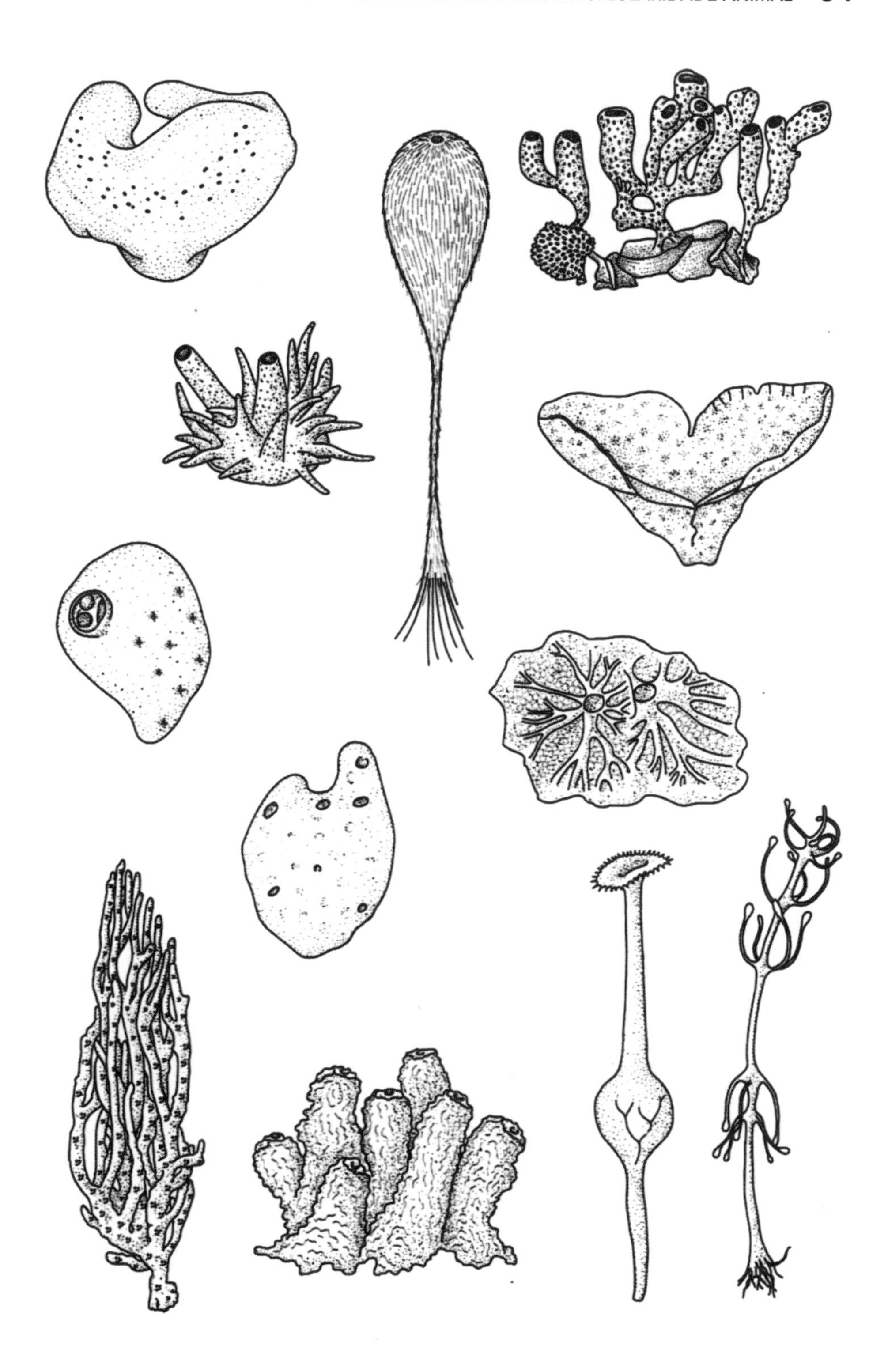

Fig. 3.7 Formas do corpo de esponjas Demospongiae (segundo várias fontes).

semelhante a um vaso. O sistema esquelético é principalmente constituído por espículas de dióxido de silício com seis pontas, frequentemente fundidas formando uma massa esquelética rígida (Fig. 3.9); o único ósculo também pode ser recoberto por uma rede fundida de tais espículas, e as espículas perto da base de algumas espécies formam uma série de radículas, semelhantes a tufos, que ancoram a esponja em sedimentos não consolidados. A água não entra através de porócitos, como nos Porifera (Seção 3.2.2), mas passando por espaços irregulares na rede do sincício externo. Depois ela penetra numa única camada de câmaras em forma de dedal, que contêm os coanosincícios. Todas as espécies são marinhas e a maioria ocorre em águas profundas (>500 m).

3.2.3.3 Classificação

As aproximadamente 500 espécies conhecidas estão incluídas numa única classe, os Hexactinellida, com quatro ordens (Amphidiscosida, Hexactinosida, Lychniscosida e Lyssacinosida).

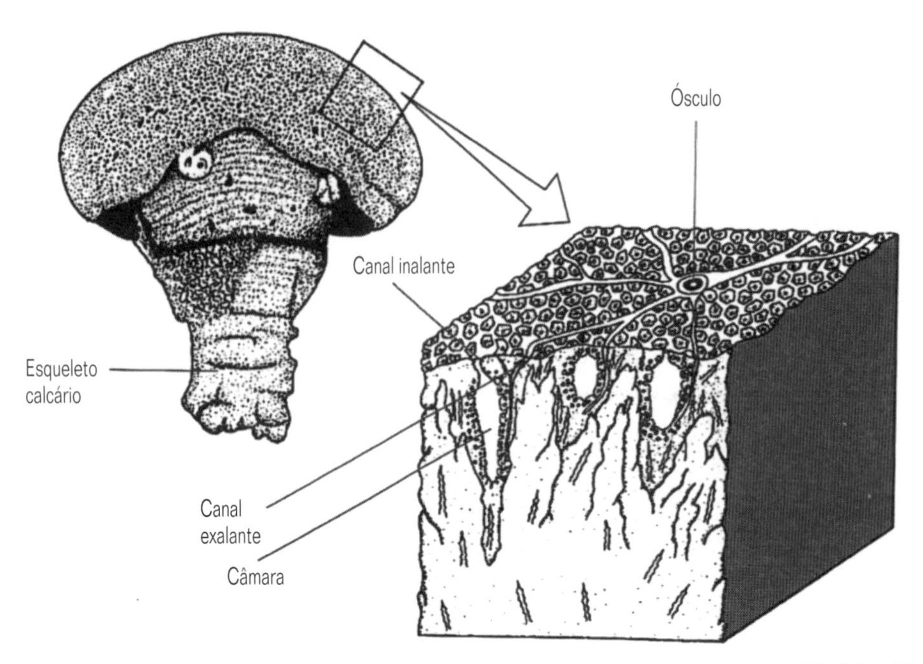

Fig. 3.8 Uma esclerosponja (segundo Bergquist, 1978).

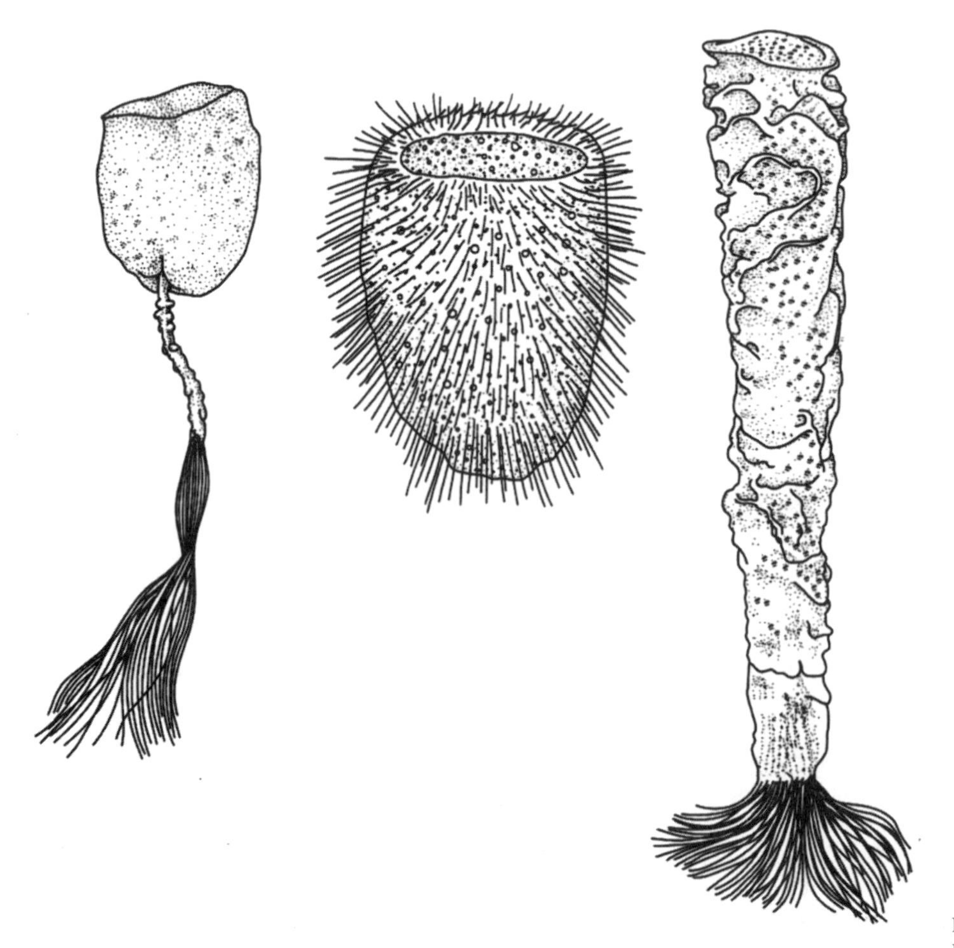

Fig. 3.9 Formas do corpo de esponjas Hexactinellida (segundo Barnes, 1998).

3.3 Superfilo PHAGOCYTELLOZOA

3.3.1 Introdução

Os Phagocytellozoa contêm somente um filo e uma espécie conhecidos. Sua construção do corpo é essencialmente similar àquela das esponjas (e àquela dos Radiata) pelo fato de possuir simplesmente duas camadas de células, uma a cada lado de uma matriz gelatinosa. Também assim como as esponjas, não possuem qualquer simetria, tecidos, órgãos e células musculares e nervosas. No entanto, neste grupo o corpo não é um tubo séssil, mas é achatado e sólido, tomando a forma de uma ameba gigante e, como nas amebas, pode variar em seu contorno pela produção de extensões semelhantes a pseudópodes e mover-se em qualquer direção.

3.3.2 Filo PLACOZOA

3.3.2.1 Etimologia

Grego: plakos, achatado; zoon, animal.

3.3.2.2 Características diagnósticas e especiais (Figs. 3.10 e 3.11)

1 Sem qualquer sistema de simetria e capazes de mudar a forma de maneira amebóide.

2 Sem tecidos e órgãos distintos.

3 Sem qualquer cavidade do corpo e sem cavidade digestiva.

4 Sem qualquer sistema de coordenação nervosa.

5 Corpo na forma de uma placa achatada que pode mover-se em qualquer direção no plano do corpo.

6 Uma única camada externa de células flageladas encerrando um meso-hilo preenchido por fluido e contendo uma rede de células fibrosas radiadas.

7 Marinhos.

A superfície superior do disco achatado do corpo é formada por uma fina camada de células escamosas, muitas das quais com um flagelo, enquanto que a camada inferior mais espessa é composta por dois tipos de células, células colunares flageladas espalhadas entre células glandulares não flageladas (Fig. 3.11).

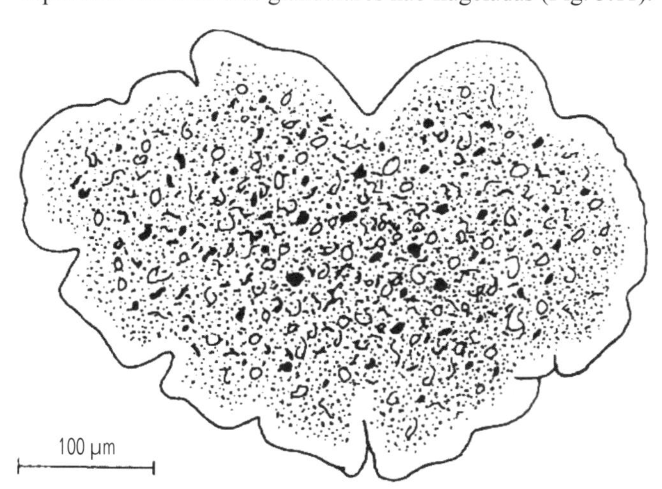

Fig. 3.10 Aspecto geral de um Placozoa (segundo Barnes, 1980).

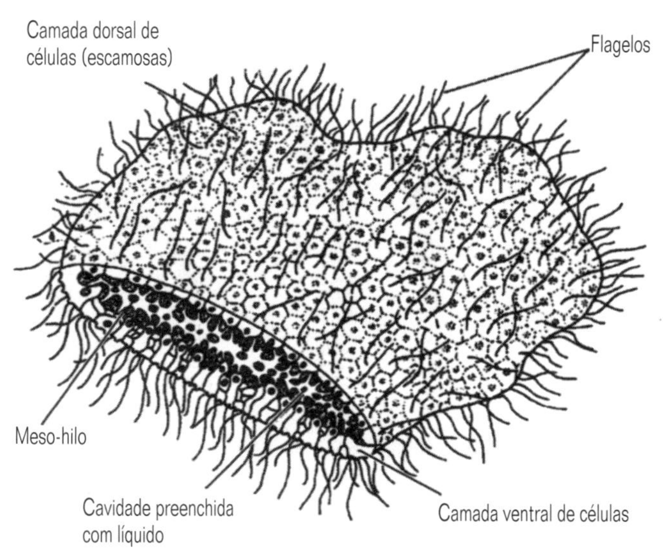

Fig. 3.11 Secção esquemática através de um Placozoa (segundo Margulis & Schwartz, 1982).

Estas células glandulares secretam enzimas sobre sua presa (diversos protistas) que, assim, é parcialmente digerida fora do corpo, sendo os produtos da digestão absorvidos pelas mesmas células secretoras. As células flageladas ventrais são responsáveis por uma forma de locomoção deslizante originada pela contração coordenada e relaxamento das fibras no meso-hilo, que faz com que os Placozoa pareçam grandes amebas.

Multiplicação assexuada, tanto por fissão como por brotamento, ocorre comumente e, embora ocorra reprodução sexuada, esta e o desenvolvimento subsequente do embrião são muito pouco conhecidos. Óvulos, provavelmente derivados da camada inferior de células, podem estar presentes no mesohilo e espermatozóides foram registrados na água na qual os Placozoa estavam sendo mantidos, mas a produção de espermatozóides e a fecundação ainda não foram observadas.

O corpo contém alguns milhares de células e pode atingir um diâmetro de 3 mm, embora os Placozoa contenham apenas quatro tipos de células e, assim, constituem os mais simples organismos multicelulares. Suas células também contêm menos DNA do que as de qualquer outro animal (da mesma ordem de magnitude como em muitas bactérias) e seus cromossomos são diminutos, menores do que 1 µm em comprimento. Durante praticamente um século, foram considerados como larvas planulóides de algum tipo de esponja ou cnidário, até que no final da década de 1960 descobriu-se que podiam atingir maturidade sexual e em 1971 foi criado um novo filo para eles.

Os Placozoa têm sido registrados em aquários marinhos e, na natureza, são conhecidos na zona intermareal. Provavelmente têm ampla distribuição no mar, embora não sejam facilmente percebidos.

3.3.2.3 Classificação

Somente uma (ou possivelmente duas) espécie tem sido descrita. O filo às vezes é colocado num subreino distinto, Phagocytellozoa (um nome infeliz uma vez que a tomada de alimento geralmente não ocorre por fagocitose).

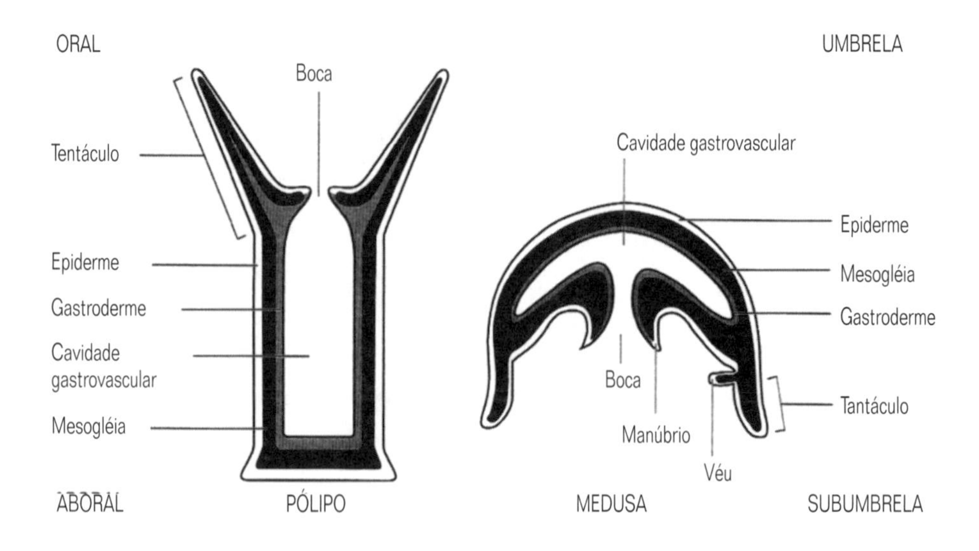

Fig. 3.12 As duas formas do corpo dos cnidários (segundo Fingerman, 1976).

3.4 Superfilo RADIATA

3.4.1 Introdução

Como nos Parazoa e nos Phagocytellozoa acima, os Radiata (ou celenterados, como frequentemente são conhecidos) possuem uma organização do corpo de justamente duas camadas de células, uma a cada lado de uma matriz gelatinosa denominada, neste superfilo, 'mesogléia'. Assim como nas esponjas, esta construção em sanduíche também forma a parede de um cilindro fechado ou quase fechado em uma das extremidades. Entretanto, diferentemente das esponjas e dos placozoários, certamente também de outros animais, (i) o corpo dos Radiata é radialmente (talvez originalmente tetra-radialmente) simétrico, (ii) possui tecidos verdadeiros, embora não sistemas de órgãos, assim como células musculares individuais e (iii) células nervosas individuais nuas, sem bainha, presentes na forma de uma rede em torno de todo o tubo, embora não sejam encontrados cordões nervosos. Foram considerados animais ao nível de organização tecidual. Os Radiata são organismos capazes de realizar movimentos, que caracteristicamente capturam e consomem presas animais, o lúmen de seu corpo tubular (o celênteron) funcionando como tubo digestivo para este propósito, sendo a captura de presas, bem como a defesa realizadas pela descarga de organelas celulares especializadas.

Assim como aqui, frequentemente são incluídos dois filos no superfilo, um deles, o dos Cnidaria, sem contestação. A inclusão dos Ctenophora é questionável, no entanto, e seu tratamento sob este título ocorre grandemente por conveniência porque, se não são Radiata, é igualmente questionável em qual superfilo deveriam ser colocados – foi argumentada sua afinidade tanto com vermes acelomados como com deuterostômios.

3.4.2 Filo CNIDARIA (hidróides, medusas, anêmonas, corais)

3.4.2.1 Etimologia

Grego: *knide*, cnida.

3.4.2.2 Características diagnósticas e especiais (Fig. 3.12)

1 Corpo radialmente simétrico.

2 Corpo essencialmente com duas camadas de células, uma a cada lado de uma mesogléia gelatinosa que pode, ou não, conter células.

3 Corpo na forma de um tubo alongado ou achatado, aberto em uma das extremidades e fechado na outra, encerrando uma cavidade central (celênteron ou cavidade gastrovascular); a extremidade aberta do tubo é prolongada por séries de tentáculos circundando a boca/ânus única; com tecidos, porém sem órgãos distintos.

4 Com células individuais, parcialmente musculares e uma rede de células nervosas nuas na base de cada camada de células.

5 Corpo com duas formas – a de 'pólipo', presa aboralmente ao substrato e com a boca e os tentáculos mantidos em posição mais superior, e a de 'medusa', em forma de disco ou sino, achatado e natante, com a boca posicionada no meio da superfície inferior. Em muitos cnidários, as duas formas se alternam durante o ciclo de vida, multiplicando-se assexuadamente o pólipo e a medusa sexuadamente, em outras, uma das duas formas é reduzida ou suprimida.

6 Pólipos frequentemente interconectados formando colônias modulares; numa única colônia, podem ocorrer pólipos monomórficos ou polimórficos.

7 Com características organelas intracelulares, os nematocistos ou organelas semelhantes a nematocistos, no interior de cnidócitos, cada nematocisto possuindo um tubo enrolado, muitas vezes com espinhos, capaz de uma eversão formidável para ataque ou defesa ou, mais raramente, para a locomoção ou construção de um tubo.

8 Frequentemente com suporte ou proteção externa de quitina ou de carbonato de cálcio.

9 Gonocorísticos ou hermafroditas, geralmente com fecundação externa e desenvolvimento via larva plânula.

10 As medusas nadam por pulsação, atuando as células musculares contra a mesogléia elástica; os pólipos geralmente são sés-

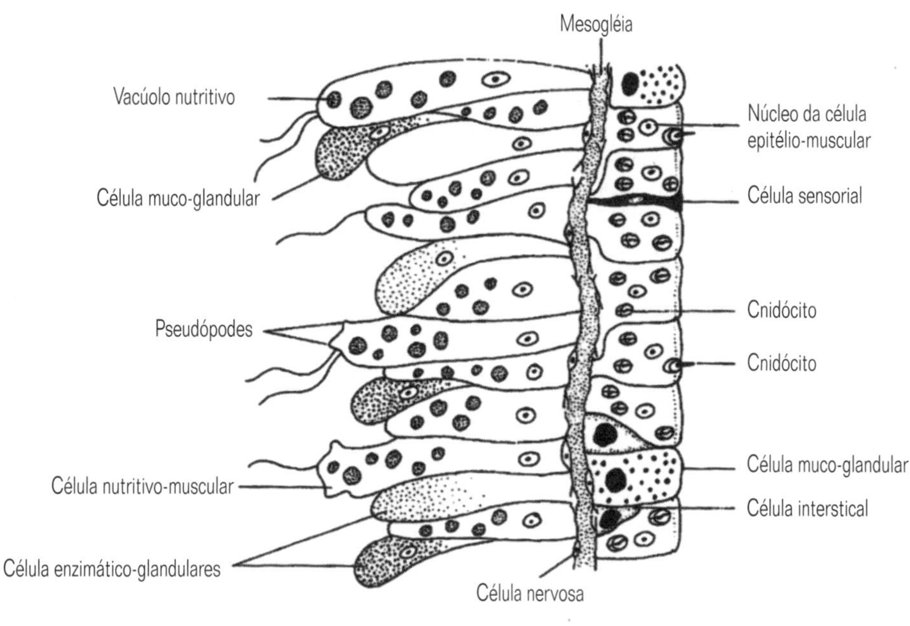

Fig. 3.13 Secção longitudinal através da parede do corpo de um hidrozoário; veja o Quadro 3.2 (segundo Barnes, 1980).

seis, mas podem usar a água do celênteron como um esqueleto hidrostático durante movimentos limitados.

11 Quase exclusivamente carnívoros, embora alguns dependam parcial ou totalmente de simbiontes intracelulares fotossintetizantes.

12 Aquáticos, principalmente marinhos, pelágicos e bentônicos.

Os cnidários constituem um grupo diversificado dos Radiata, que podem alcançar um elevado nível de complexidade apesar de sua forma do corpo muito simples. Isto resulta da produção assexuada e repetida de unidades modulares interconectadas, às vezes acoplada a um considerável polimorfismo modular. Uma colônia individual formada desta maneira pode conter unidades modulares para a alimentação, reprodução, propulsão, defesa e outras funções: estas são, em certo sentido, equivalentes aos órgãos da maioria dos outros animais. As colônias e, às vezes, as unidades individuais podem secretar um revestimento externo calcário ou quitinoso, de função protetora ou de suporte, o cálice; aqueles com um cálice calcário, geralmente conhecidos como corais, criaram recifes de grande importância ecológica e geológica. O verdadeiro sistema esquelético dos cnidários, contudo, é a mesogléia e/ou a água contida no celênteron.

Sua estrutura básica ao nível tecidual, com justamente duas camadas de células, uma epiderme externa e uma gastroderme interna, uma a cada lado da mesogléia gelatinosa (Fig. 3.13 e Quadro 3.2), não é radicalmente diferente daquela de uma esponja. Assim como naquele grupo, as três camadas formam, em conjunto, a parede de um tubo fechado em uma de suas extremidades. Entretanto, nos cnidários ocorrem células musculares coordenadas por redes nervosas e, juntamente com a forma de seu sistema esquelético, permitem movimentos. Isto possibilita um estilo de vida radicalmente diferente. Como a parede do corpo na região em torno da única abertura do tubo é estendida por uma ou mais voltas de tentáculos móveis e sólidos, estes podem ser utilizados para capturar presas que são, então, levadas à luz do tubo para a digestão. Itens individuais de presas são subjugados pela ação de células específicas do filo, os cnidócitos, cada um contendo uma organela intracelular, mais comumente um nematocisto na forma de um tubo enrolado (Fig. 3.14). Uma vez acionados, os nematocistos evertem forçosamente este tubo (como resultado do aumento de pressão associado à entrada de água o cnidócito com alta pressão osmótica) e geralmente injetam uma toxina na presa, embora algumas organelas dos cnidócitos descarreguem uma substância adesiva e outras se enrolem nos itens alimentares em potencial. Uma vez que uma destas organelas seja descarregada, o cnidócito é reabsorvido e um novo é diferenciado.

Os cnidários ocorrem em uma ou em ambas das duas formas do corpo que se alternam tipicamente durante a história da vida e, freqüentemente, estão associadas a uma alternância nos meios de multiplicação. A reprodução sexuada origina uma pequena larva plânula, ciliada e de corpo sólido, a qual finalmente se desenvolve numa fase bentônica de pólipo. Este é tubular, preso aboralmente ao substrato e apresenta os tentáculos e a boca dirigidos para cima na água sobrejacente. Ele multiplica-se assexuadamente para produzir outros pólipos, os quais podem levar uma vida independente ou formar unidades de uma colônia modular, mas também o estágio planetônico medusóide, em forma de sino ou prato. As medusas nadam por meio de contrações rítmicas do sino ou prato e a maioria vive com a boca e os tentáculos dirigidos para baixo. O estágio medusóide, por sua vez, desenvolve gônadas e se reproduz sexuadamente (Fig. 3.15), completando o ciclo. Uma dessas duas fases pode ser perdida durante a história da vida e, se o estágio de medusa for ausente, o pólipo desenvolve gônadas além de multiplicar-se assexuadamente. Contudo, as variações desta história básica da vida são numerosas.

3.4.2.3 Classificação

Reconhecem-se geralmente dois subfilos: os Medusozoa, nos quais a medusa ocorre durante a história da vida (e, frequente-

Quadro 3.2 *Hydra*, o hidróide comum, mas atípico

Devido à sua ampla disponibilidade, tanto em termos de frequência de ocorrência como abundância local, o pequeno pólipo de 'hidra' (Hydra, Chlorohydra e Pelmatohydra) muitas vezes é usado no ensino como exemplo de um cnidário hidróide. De alguma forma, isto é infeliz porque hidra é um pólipo diferente em muitos aspectos: é de água doce e não marinho; é solitário, não colonial; não possui qualquer cálice externo secretado; o estágio de medusa é completamente ausente em seu ciclo de vida; o estágio de pólipo não é polimórfico; e não existe um estágio larval na forma de plânula.
Devido à sua familiaridade e porque, pelo menos, sua estrutura ao nível celular é típica dos hidrozoários, hidra servirá como exemplo conveniente da natureza dos tipos básicos de células dos cnidários (veja a Fig. 3.13).

Epiderme
A epiderme contém:
1 Células epitélio-musculares. Estas são células de revestimento colunares, ocasionalmente escamosas, que também possuem duas ou mais extensões basais, cada uma com uma miofibrila contrátil orientada ao longo do eixo oral-aboral do animal. Funcionam como músculos longitudinais e como um epitélio externo.

2 Células intersticiais. Estas são reconhecíveis por seu grande núcleo e pequena quantidade de citoplasma: podem diferenciar-se em outros tipos de células, quando necessário, sendo a taxa de renovação sempre elevada.

3 Cnidócitos (veja a Fig. 3.14 e o texto). Em hidra, como geralmente nos hidrozoários, bem como nos cifozoários, estes apresentam uma estrutura rígida semelhante a um cílio – o cnidocílio – que funciona como gatilho. A descarga é efetuada por meio de uma tomada de água muito rápida, que resulta de uma modificação na permeabilidade da membrana, forçando o tubo do nematocisto para fora da organela e da célula. Todos os nematocistos de hidra são do tipo que injeta toxinas e são fechados por um opérculo. Entretanto, alguns cnidócitos de antozoários possuem outros tipos de organelas e os cnidócitos caracteristicamente não possuem opérculo e cnidocílio, embora, funcionalmente, abas tripartidas equivalentes e cones ciliares possam, respectivamente, substituí-los. Esses outros tipos são os 'espirocistos' dos zoantários, que formam uma rede adesiva quando descarregados para a captura de uma presa e/ou para prender-se ao substrato; e os 'pticocistos' adesivos dos ceriantários, usados na construção do tubo onde vivem esses animais.

4 Células muco-glandulares. O muco secretado por estas células auxilia na adesão, captura de presas e na proteção.

5 Células nervosas. Estas são equivalentes aos neurônios multipolares descritos no Capítulo 16, embora geralmente sejam direcionalmente não-polares. Formam sinapses com outras tais células para constituir uma rede irregular em torno do pólipo, na base da epiderme, e também com células receptoras alongadas, formando um ângulo reto com a superfície da epiderme e que se projetam através dela como finos 'cílios'. Em alguns hidrozoários, existem duas redes nervosas epidérmicas; na maioria dos cnidários existem tanto rede epidérmica como gastrodérmica – quando existem duas redes, uma delas geralmente é uma via de condução rápida.

6 Oócitos e espermatozóides. Na estação reprodutiva, algumas das células intersticiais epidérmicas diferenciam-se em oócitos e espermatozóides. A massa epidérmica de espermatozóides – o 'testículo' – abre-se para o exterior para permitir a saída dos espermatozóides, enquanto cada ovário contém um único oócito juntamente com células nutritivas associadas. O oócito é fecundado in situ e, em alguns espécimes, pode-se observar o embrião encerrado por uma cápsula quitinosa. Este sistema é bastante incomum nos cnidários, embora as 'gônadas' epidérmicas sejam típicas dos hidrozoários. Fecundação externa é a norma entre os cnidários; a maioria dos pólipos de hidrozoários só se multiplica assexuadamente; e as 'gônadas' dos antozoários e cifozoários estão localizadas na gastroderme.

Mesogléia
Em hidra, a mesogléia é muito fina e não possui células, mas em vários outros cnidários, (especialmente nas formas medusóides e nos antozoários) ela é mais espessa e mais fibrosa, contendo amebócitos nos antozoários.

Gastroderme
Em hidra, a gastroderme forma um revestimento tubular, relativamente simples, da cavidade gastrovascular, porém nos cnidários não-hidrozoários ela se estende para o interior da cavidade formando uma série de dobras no plano oral-aboral, sendo que cada dobra é sustentada por mesogléia; estas dobras são denominadas 'septos' ou 'mesentérios'. Ocorrem os seguintes tipos de células:
1 Células nutritivo-musculares. Estas englobam partículas alimentares e realizam digestão intracelular, sendo que seus flagelos movem o alimento através da luz da cavidade gastrovascular, misturando seus conteúdos. Também possuem extensões basais contendo miofibrilas contráteis orientadas perpendicularmente ao eixo oral-laboral do animal e funcionando como músculos circulares.

2 Células enzimático-glandulares. Estas secretam enzimas proteolíticas que realizam alguma digestão extracelular.

3 Células muco-glandulares. Estas ocorrem principalmente perto da boca, sendo similares àquelas da epiderme.

4 Células nervosas. As células nervosas gastrodérmicas são similares àquelas da epiderme e estão da mesma forma, localizadas adjacentes à mesogléia. São pouco frequentes em hidra, sendo mais abundantes em outros cnidários.

5 Cnidócitos. Cnidócitos gastrodérmicos ocorrem em muitos cnidários (veja acima), embora não em hidra.

6 Algas simbióticas. Chlorohydra e muitos outros pólipos de cnidários, além de algumas medusas, possuem simbiontes unicelulares fotossintetizantes no interior de suas células gastrodérmicas: as 'zooclorelas', clorófitas no caso das hidras de água doce e as 'zooxantelas', dinoflagelados nos cnidários marinhos (veja o Capítulo 9). Em algumas espécies, elas ocorrem também nas células epidérmicas e, até mesmo, extracelularmente na mesogléia.

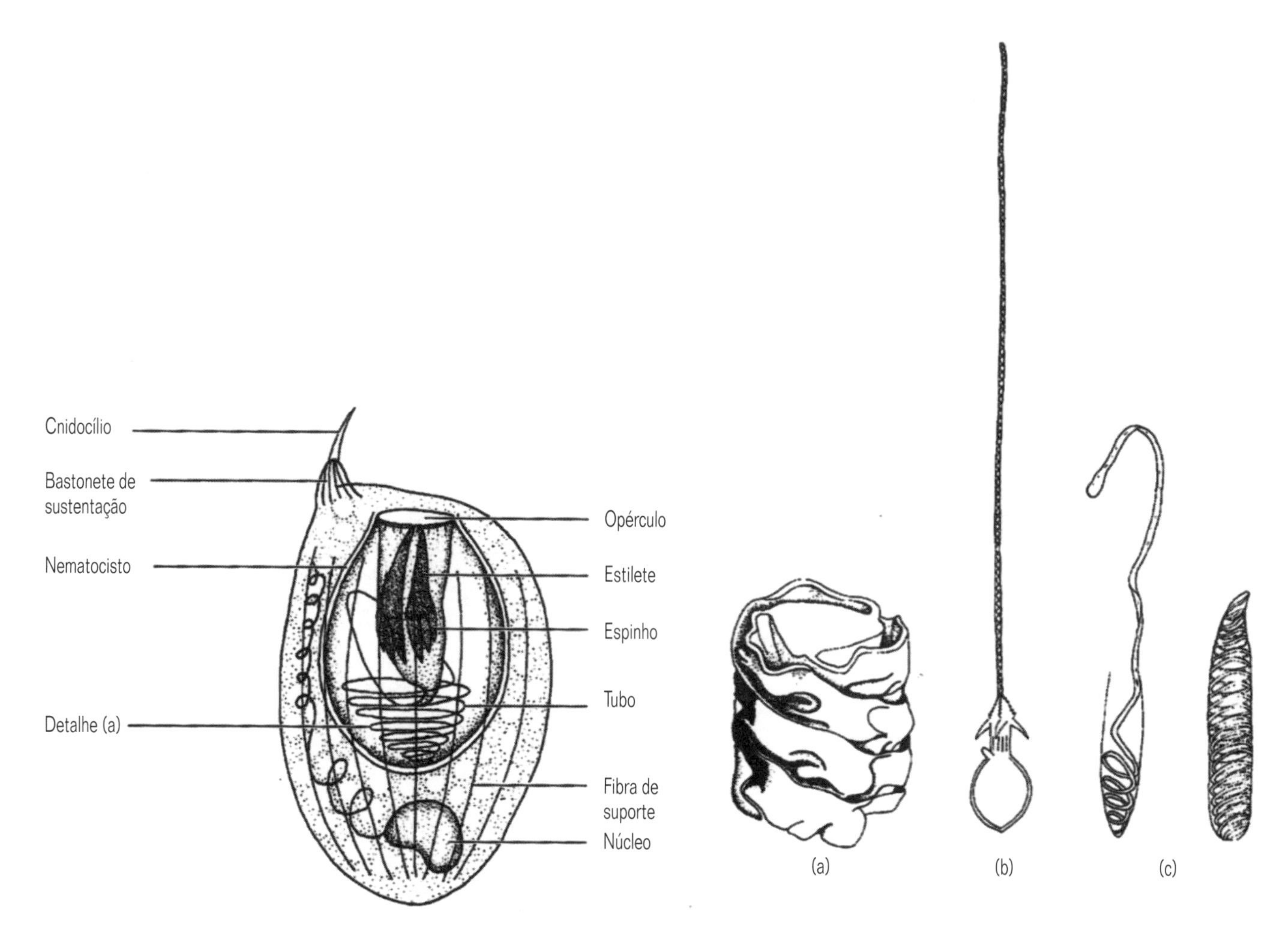

Fig. 3.14 Forma do cnidócito e do nematocisto; (a) o tubo não descarregado é pregueado; (b) o tubo descarregado; (c) o espirocisto de uma anêmona. (Segundo várias fontes.) (Veja também a Fig. 2.5.)

mente, é a principal forma do corpo) e os Anthozoa nos quais a medusa está ausente e os pólipos podem ser grandes (até 1 m de diâmetro) e relativamente complexos. De fato, embora os antozoários pareçam ser pólipos, é possível que, em verdade, sejam medusas sésseis quanto à sua origem. Existem cinco classes, 28 ordens e cerca de 10.000 espécies de cnidários.

3.4.2.3.1 Classe Hydrozoa Os hidrozoários marinhos e de água doce compreendem os hidróides e as hidromedusas (Fig. 3.16); ambos os estágios alternam-se caracteristicamente durante a história da vida, embora qualquer um possa ser reduzido ou ausente. Os hidrozoários são caracterizados por apresentarem gônadas epidérmicas, mesogléia acelular e pela presença de cnidócitos somente na epiderme. O pólipo dos hidróides é relativamente simples, com um celênteron não dividido por dobras da gastroderme e, geralmente, são modularmente coloniais e polimórficos (as hidras familiares sendo incomuns quanto a este aspecto, veja o Quadro 3.2). Em formas, toda a colônia está encerrada em um cálice quitinoso que pode ser reforçado com carbonato de cálcio. Frequentemente as medusas permanecem presas ao estágio de pólipo e aí podem originar um estágio larval mais avançado do que a plânula, a larva actínula (Fig. 3.17), a qual, apesar de semelhante a um pólipo, é planctônica. As 'medusas' de algumas ordens e os 'pólipos' da ordem Actinulida originam-se como larvas actínulas de vida-livre ou sésseis, respectivamente. As medusas verdadeiras geralmente são pequenas e possuem uma dobra de tecido que se estende para dentro a partir da margem da umbrela, o véu. As colônias pelágicas de sifonóforos são as mais polimórficas de todos os hidrozoários, com diversos tipos de pólipos e medusas em uma única entidade que poderia reivindicar de ser um organismo 'individual' em vez de uma colônia modular (veja a Fig. 3.18).

3.4.2.3.2 Classe Scyphozoa Nas 200 espécies de cifozoários ou 'águas-vivas', todas marinhas, a medusa é a fase dominante do ciclo de vida (Fig. 3.19a), sendo a fase do pólipo ou 'cifístoma' pequena, de vida curta ou ausente. Quando presente, o pólipo possui o celênteron dividido por quatro septos. Ele divide-se transversalmente ao longo do eixo oral-aboral ('estrobiliza') para produzir medusas jovens chamadas 'éfiras' (Fig. 3.19b), sendo que um único pólipo origina muitas medusas. A medusa adulta, que pode ser muito grande (>2 m em diâmetro e com tentáculos de até 70 cm de comprimento), difere do estágio equivalente dos hidrozoários por apresentar mesogléia

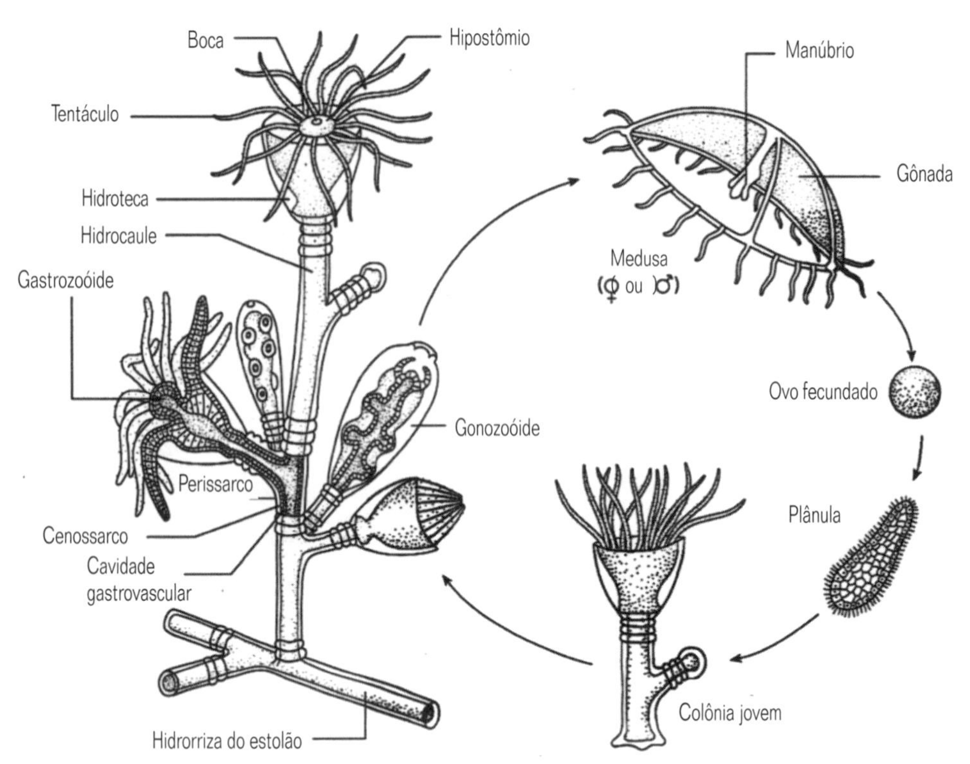

Fig. 3.15 Ciclo de vida de Obelia (segundo Barnes, 1980).

Subfilo	Classe	Ordem
Medusozoa	Hydrozoa	Limnomedusae Laingiomedusae Narcomedusae Trachymedusae Actinulida Anthoathecata Leptothecata Siphonophora
	Scyphozoa	Stauromedusae Coronatae Semaeostomeae Rhizostomeae
	Cubozoa	Cubomedusae
Anthozoa	Alcyonaria	Protoalcyonaria Stolonifera Telestacea Gastraxonacea Gorgonacea Coenothecalia Alcyonacea Penatulacea
	Zoantharia	Actiniaria Zoanthinaria Scleractinia Corallimorpharia Ptychodactiaria Antipatharia Ceriantharia

celular, bem desenvolvida, gônadas na gastroderme, boca frequentemente formando lobos e sem ·véu. Cnidócitos também ocorrem em ambas as camadas celulares. Embora a maioria das águas-vivas seja principalmente predadora de organismos planctônicos, algumas alimentam-se por filtração ou dependem de simbiontes fotossintetizantes para sua nutrição.

Variações incluem medusas presas aboralmente ao substrato (as Stauromedusae), comportando-se como pólipos e, até mesmo, espécies nas quais a medusa está ausente do ciclo de vida e o cifístoma reproduz-se sexuadamente.

3.4.2.3.3 Classe Cubozoa As 15 espécies dos cubozoários marinhos, principalmente tropicais, também são águas-vivas, porém sua medusa é um tanto intermediária entre aquelas dos hidrozoários e os cifozoários por possuir um véu (como os hidrozoários) e nematocistos semelhantes aos dos hidrozoários, mas apresenta uma espessa mesogléia celular e gônadas gastrodérmicas (como os cifozoários). A fase de pólipo é semelhante à larva actínula de alguns hidrozoários e, tanto quanto se sabe, transforma-se diretamente em uma pequena medusa (isto é, não estrobiliza). Este estágio é semelhante a uma caixa (quadrada em secção e com lados achatados) com um tentáculo ou tentáculos em cada um dos cantos inferiores da caixa (Fig. 3.20). Além dos tentáculos, a margem da medusa também pode apresentar até 24 bem desenvolvidos olhos, completos, com córnea, cristalino e retina em multicamadas. Algumas espécies, pelo menos, parecem efetivamente copular. São notáveis porque seus nematocistos causam muita dor e morte aos humanos que resvalam nelas ao nadar.

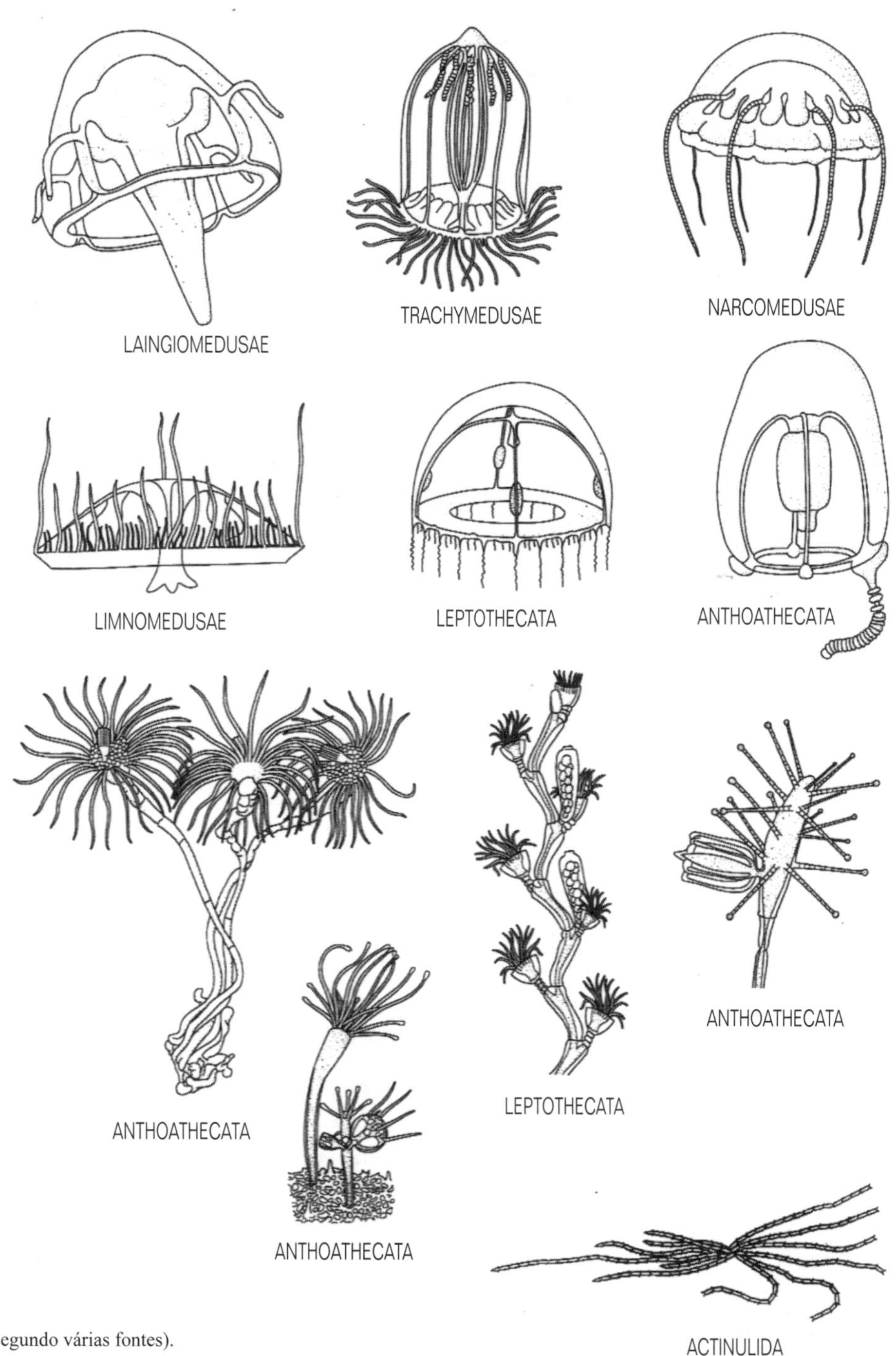

Fig. 3.16 Medusas e pólipos de hidrozoários (segundo várias fontes).

3.4.2.3.4 Classe Alcyonaria Os alcionários são antozoários marinhos que formam colônias modulares, mas geralmente não polimórficas, que possuem um sistema de suporte interno de material córneo ou de espículas de carbonato de cálcio fundidas ou distintas, secretadas por amebócitos no interior da mesogléia. Os pólipos, que estão presos uns aos outros e possuem intercomunicações, apresentam oito tentáculos pinados e possuem um celênteron dividido por oito septos longitudinais (daí o nome alternativo de 'octocorais'), sendo cada septo uma extensão da parede interna do corpo (gastroderme + mesogléia). Assim como os outros antozoários, sua mesogléia é espessa e celular, ocorrendo cnidócitos em ambas as camadas celulares, as gônadas são gastrodérmicas e a faringe, semelhante a uma manga, estende-se da boca até mais do que a metade da altura do celênteron. Nos alcionários, a faringe possui um único sulco ciliado, a sifonoglife, que cria uma corrente de água para o interior ou através do celênteron. O coral-órgão, o coral azul, o coral de joalheria, as penas-do-mar, as gorgônias e corais moles são alcionários (Fig. 3.21).

Embora anatomicamente adaptados para serem os predadores padrões dos cnidários, muitos alcionários de águas rasas têm nematocistos relativamente pouco desenvolvidos e de-

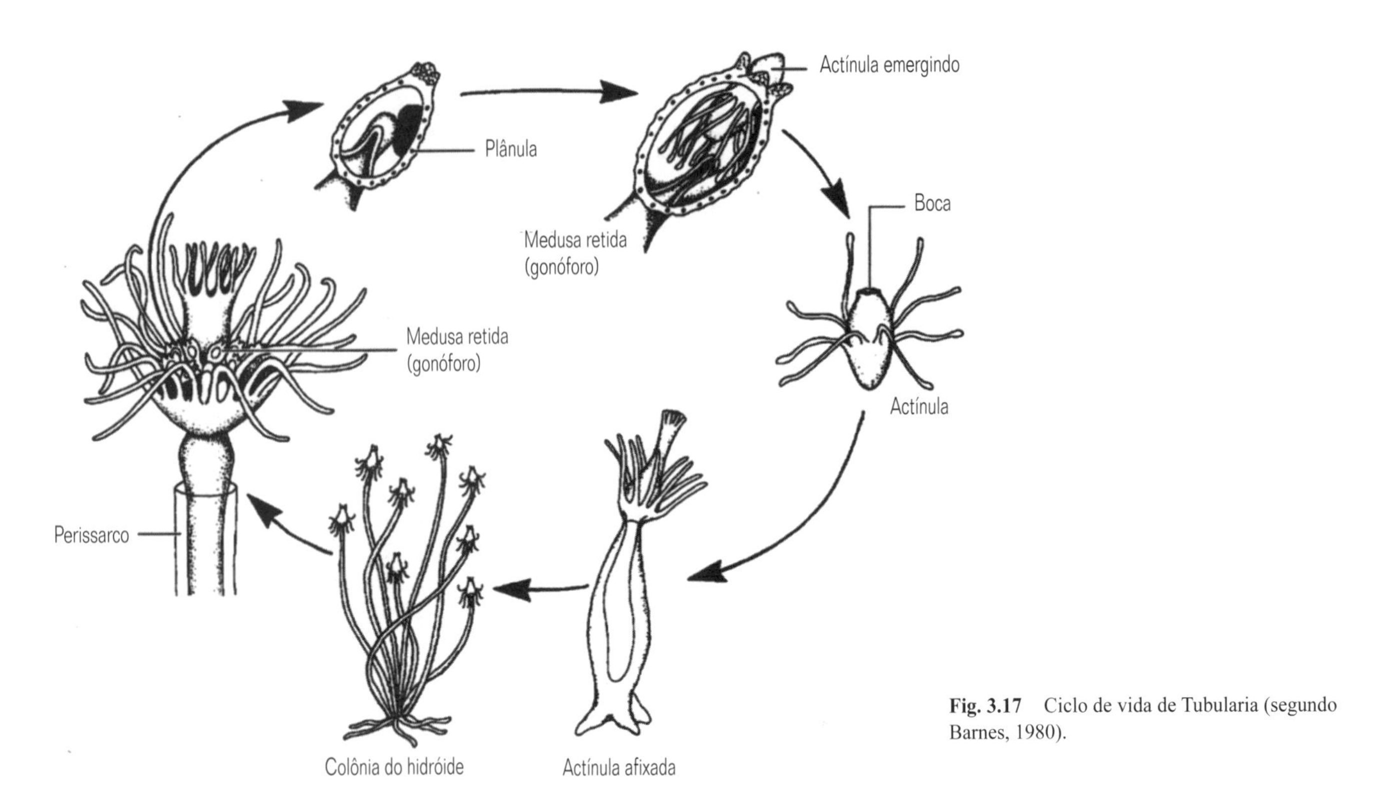

Fig. 3.17 Ciclo de vida de Tubularia (segundo Barnes, 1980).

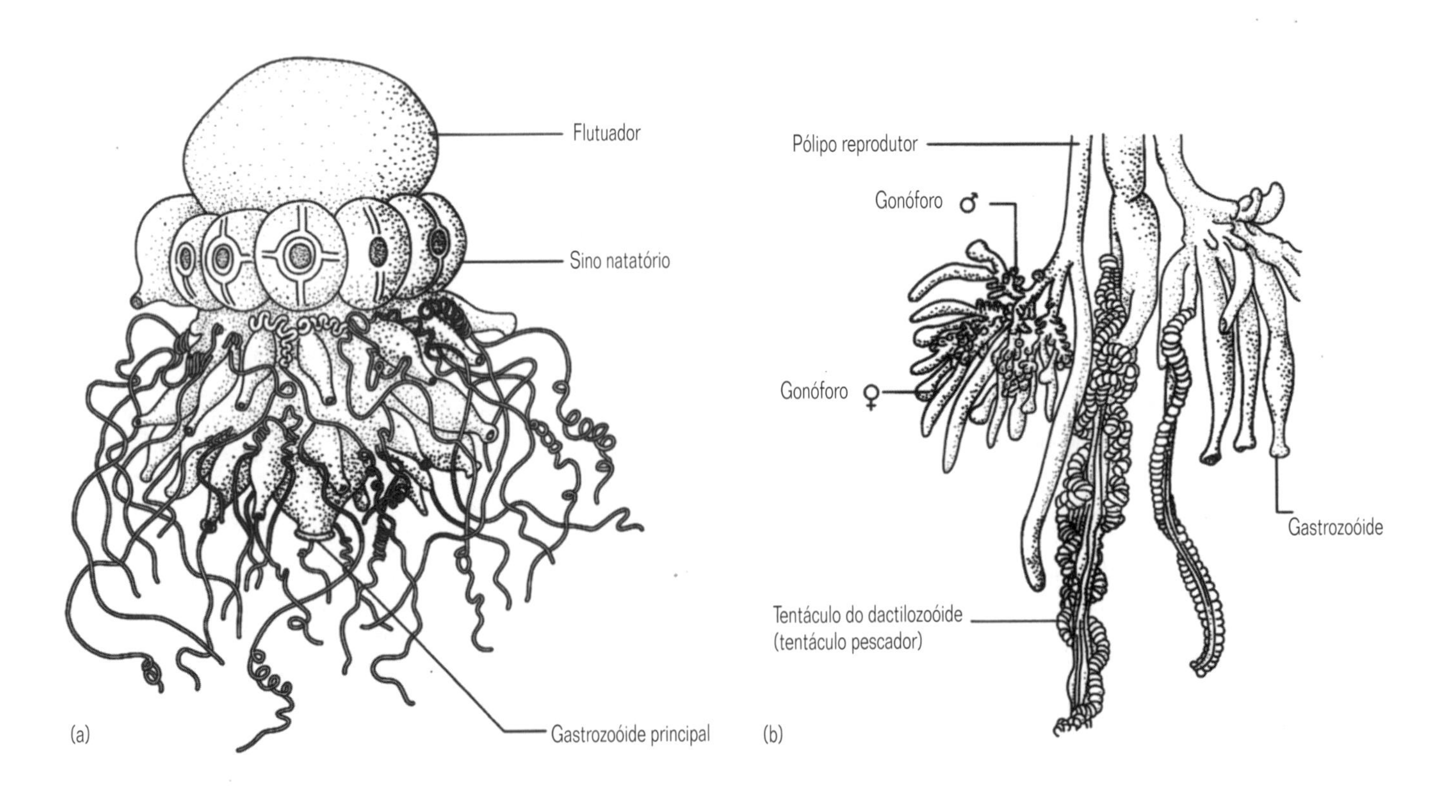

Fig. 3.18 Um sifonóforo modularmente colonial: (a) a colônia toda; (b) detalhe de alguns dos módulos polimórficos (segundo Barnes, 1998).

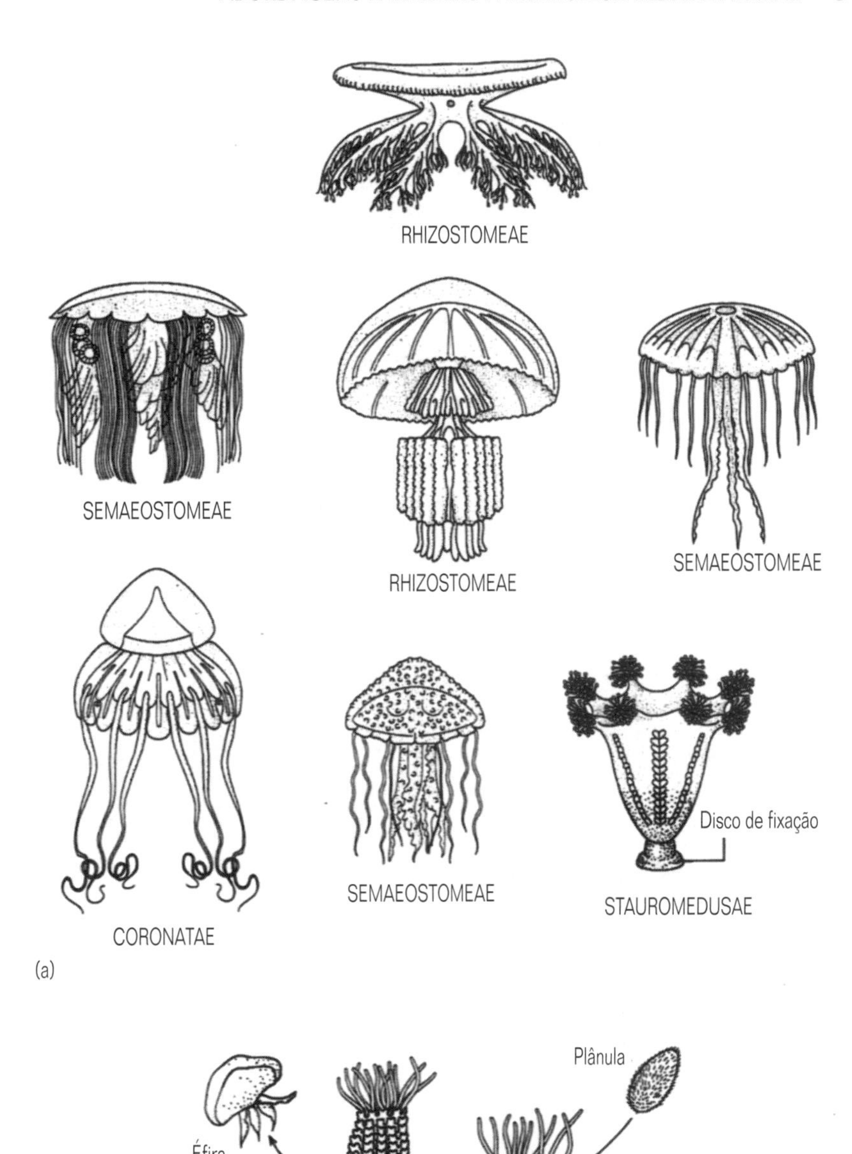

Fig. 3.19 Os Scyphozoa: (a) Forma do corpo adulto dos cifozoários; (b) ciclo de vida típico dos clozoários (segundo várias fontes).

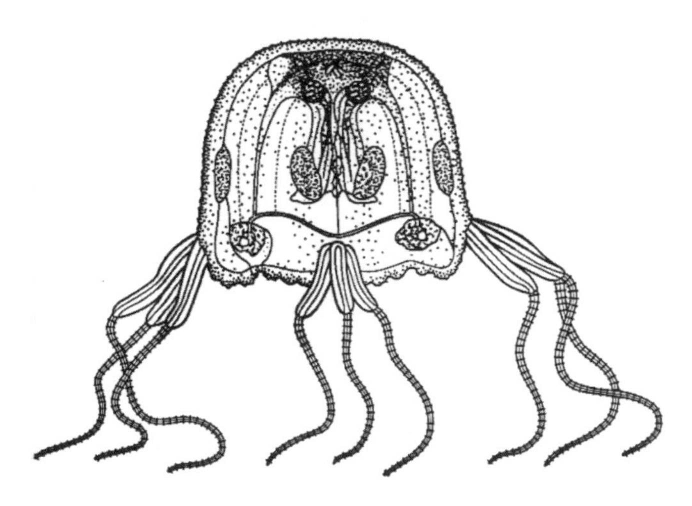

Fig. 3.20 Um Cubozoa (segundo Barnes, 1998).

pendem, em grande parte (alguns inteiramente) de 'ordenhar' populações intracelulares do dinoflagelado fotossintetizante simbiótico Symmbiodinium ('zooxantelas'). Eles também podem alimentar-se de matéria orgânica dissolvida e de bactérias planctônicas.

3.4.2.3.5 Classe Zoantharia Os zoantários (Fig. 3.22) são antozoários solitários ou modularmente coloniais, não polimórficos e marinhos que podem (como nos corais pétreos, por exemplo) ou não (como nas anêmonas-do-mar) secretar um cálice de suporte externo de carbonato de cálcio, no interior do qual se localizam (Fig. 3.23). As formas solitárias, apesar disso, frequentemente são clonais por apresentarem multiplicação assexuada comum. Ao contrário dos alcionários, seus tentáculos

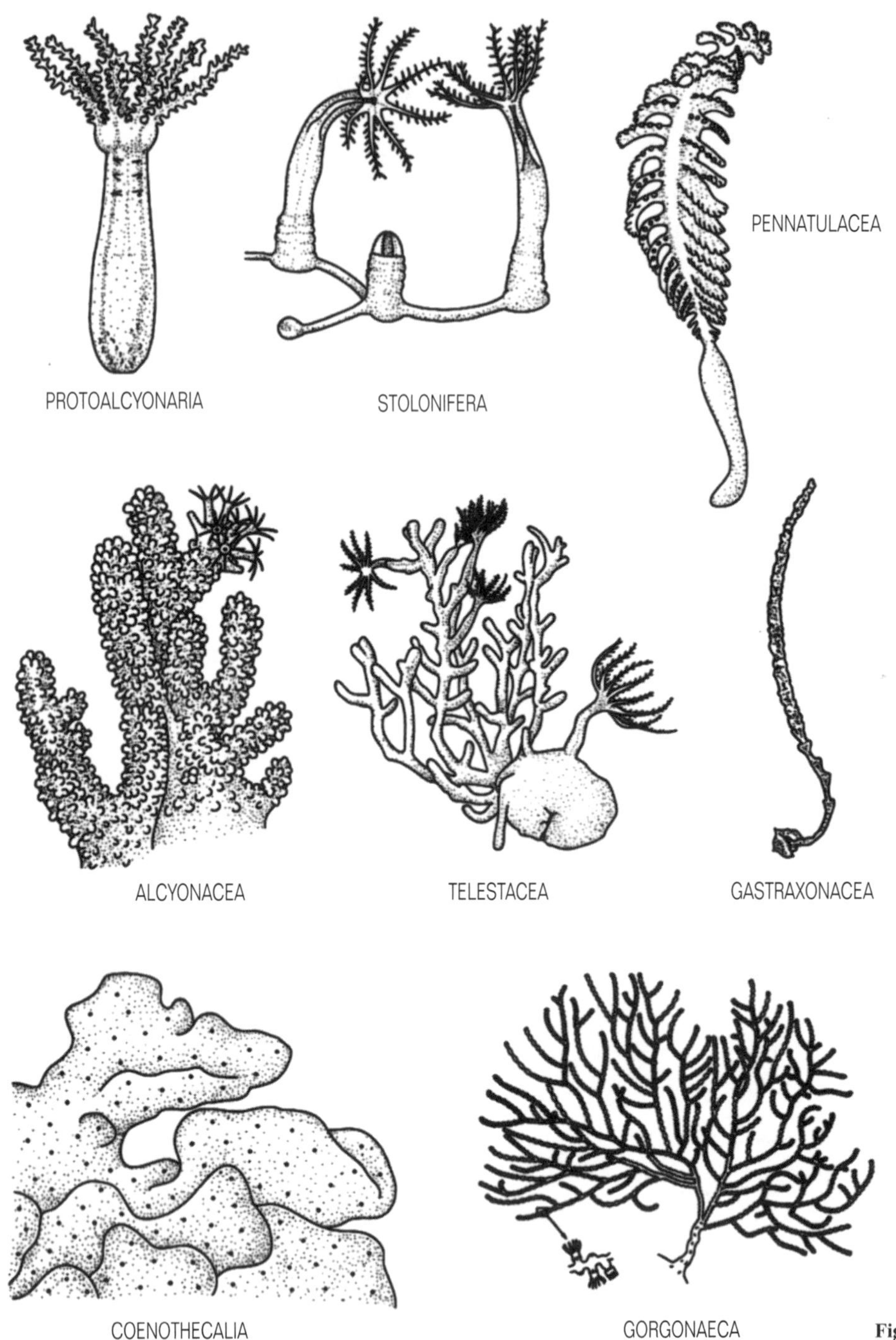

Fig. 3.21 Forma do corpo dos alcionários (segundo várias fontes).

numerosos, simples (não pinados) ocorrem em múltiplos de seis e possuem um c.elênteron dividido por septos longitudinais pares, também em múltiplos de seis (daí o nome alternativo de 'hexacorais'), sendo cada septo uma extensão da parede interna do corpo (gastroderme + mesogléia). Assim como em outros antozoários, sua mesogléia é espessa e celular, os cnidócitos ocorrem em ambas as camadas de células, as gônadas são gastrodérmicas e uma faringe tubular estende-se da boca até a metade do celênteron. Nos zoantários, este tubo possui dois sulcos ciliados, as sifonoglifes, que criam uma corrente de água para o interior ou através do celênteron. As duas sifonoglifes que são a norma, a faringe tubular e o arranjo dos septos contribuem consideravelmente para a simetria bilateral do grupo.

Um coral sem tentáculos, de águas profundas, tem um celênteron perfurado até o exterior por meio de poros de 1-2 / µm de diâmetro; devido a eles, este coral possui um tubo digestivo usado para a filtração, exatamente análogo às esponjas (embora aqui a água entre através da abertura maior e saia via numerosas aberturas pequenas). Por outro lado, e de maneira similar à dos alcionários (veja acima e o Capítulo 9), muitos zo-

Fig. 3.22 Forma do corpo dos zoantários (segundo várias fontes).

antários de águas rasas alimentam-se grandemente 'ordenhando' populações intracelulares de zooxantelas. Também podem consumir matéria orgânica dissolvida (MOD) e bactérias planctônicas, embora a predação de zooplâncton seja relativamente importante; estes modos de obtenção de nutrientes constituem a norma em espécies que vivem em maiores profundidades, bem como em alguns tipos de águas rasas, por exemplo, em diversas anêmonas-do-mar. Os corais de recifes, entretanto, podem obter uma média de aproximadamente 70% de suas necessidades a partir de suas zooxantelas, deixando 20% para a predação e 10% para MOD e bactérias.

Duas ordens às vezes são separadas numa classe distinta, os Ceriantipatharia, distinguidos por um arranjo relativamente simples de músculos, septos e tentáculos: os ceriantários solitários, semelhantes a anêmonas-do-mar, que secretam um tubo a partir dos tubos de pticocistos descarregados (veja o Quadro 3.2) e muco; e os antipatários coloniais (os corais negros) que possuem um esqueleto axial quitinoso algo parecido com aquele de alguns alcionários, embora secretado pela epiderme como em todos os zoantários. Diferentemente de outros zoantários, não contêm zooxantelas e são somente predadores.

3.4.3 Filo CTENOPHORA (ctenóforos)

3.4.3.1 Etimologia

Grego: ktenos, pente; phoros, apresentando.

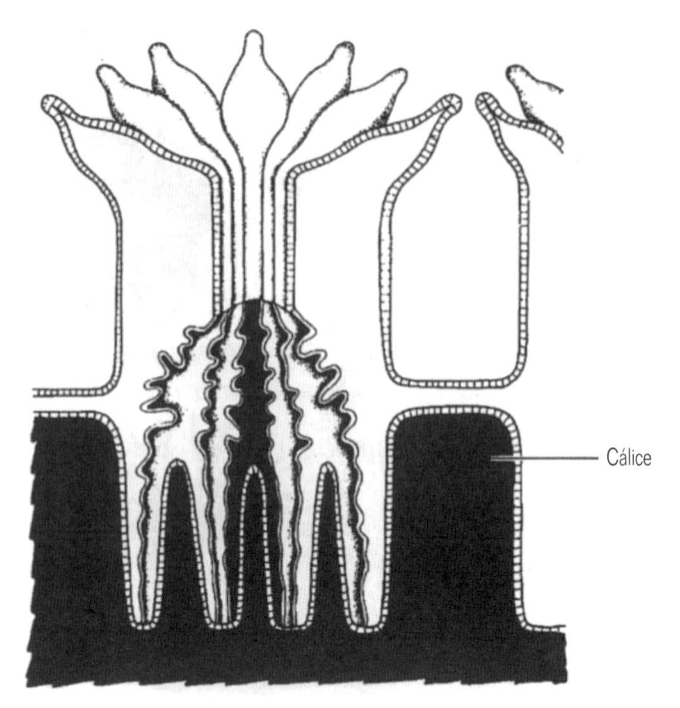

Fig. 3.23 Secção esquemática através de um coral escleractínio no interior de seu cálice externo (segundo Hyman, 1940).

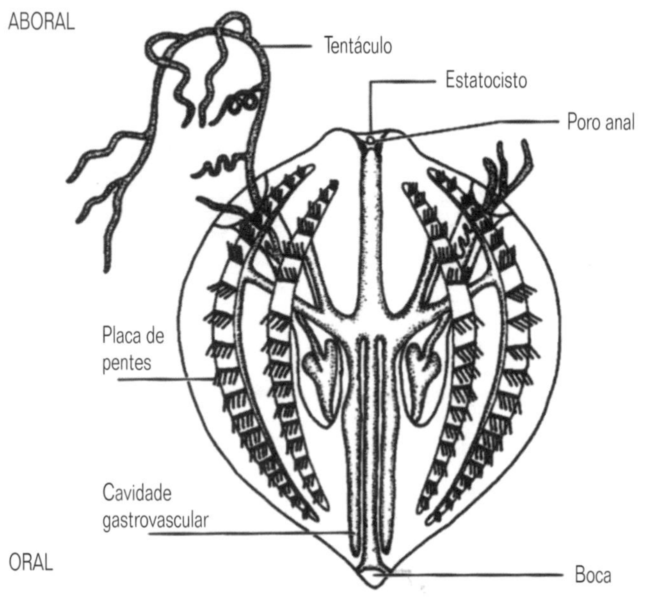

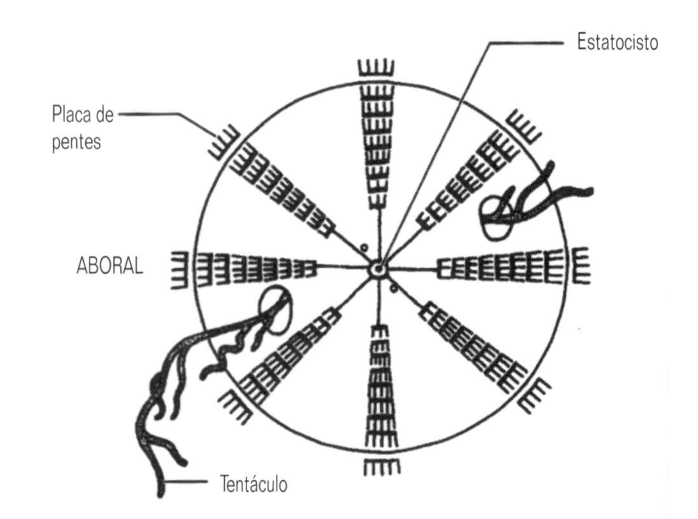

Fig. 3.24 Um ctenóforo típico, visto pelas superfícies lateral e aboral (segundo Buchsbaum, 1951).

3.4.3.2 Características diagnósticas e especiais (Fig.3.24)

1 Corpo radial ou birradialmente simétrico, às vezes notavelmente achatado.

2 Corpo com duas camadas de células, uma a cada lado da espessa mesogléia gelatinosa celular.

3 Corpo geralmente esférico ou ovóide, às vezes achatado em uma variedade de planos, inclusive em forma de fita; parede do corpo encerrando uma cavidade central (cavidade gastrovascular) que se comunica com o exterior pela boca e por diversos poros 'anais'; com tecidos, porém sem órgãos distintos.

4 Com células musculares e uma rede de células nervosas nuas.

5 Corpo semelhante ao de uma medusa, frequentemente com dois tentáculos altamente extensíveis localizados em bainhas, não associados à boca, e oito fileiras oral-aborais de placas de cílios fundidos (placas de pentes); em vida, a boca está em posição mais superior.

6 Tentáculos, quando presentes, com células chamadas coloblastos, que descarregam filamentos adesivos quando disparados; sem nematocistos.

7 Hermafroditas com fecundação externa; desenvolvimento determinado após clivagem birradial e via estágio larval; multiplicação assexuada somente em uma ordem (Platyctida).

8 Movimento geralmente por meio do batimento coordenado das placas de pentes.

9 Predadores; marinhos pelágicos, às vezes bentônicos.

A maioria dos ctenóforos é formada por membros transparentes, bioluminescentes e frágeis do plâncton marinho; alguns são bentônicos e uma espécie um pouco coriácea é séssil. Pelo menos superficialmente, parecem ser equivalentes às medusas dos cnidários (não existe equivalente ao estágio de pólipo nos ctenóforos). A maioria é oval, mas existe uma grande variedade de formas; diversos têm forma de folha ou de fita (veja a Fig. 3.26), ocorrendo o achatamento em qualquer um dos três planos (oral/aboral; lateral, naquele dos tentáculos; e em ângulo reto ao plano tentacular). Tais espécies com formato de fita podem ter um comprimento de até 2 metros.

Seu aspecto característico mais óbvio, no qual diferem de todos os cnidários, é a presença das oito fileiras de curtas placas transversais de longos cílios fundidos ('placas de pentes') que se estendem em torno do corpo do pólo oral até o aboral, constituindo o principal meio de propulsão. As placas batem em ondas sincrônicas metacrônicas que se iniciam no pólo aboral e geralmente o movimento é com a boca na frente, sendo a coordenação das placas de pentes efetuada por concentrações locais da rede nervosa e por um órgão sensorial apical.

O corpo apresenta uma construção radial padrão de duas camadas de células, uma a cada lado da mesogléia gelatinosa, e da presença de um sistema nervoso difuso, semelhante a uma rede, mas os ctenóforos apresentam diversas características avançadas, quando comparados aos Cnidaria. O tubo digestivo ramificado também se comunica com o ambiente externo via uma série de poros 'anais' em vez de terminar em fundo cego (embora poros que liguem o tubo digestivo ao ambiente externo possam ser encontrados em pelo menos um cnidário, veja a Seção 3.4.2.3.5). Apesar de seu nome, estes poros não têm função anal; provavelmente, somente atuam como pontos de saída de água gastrovascular quando o alimento está sendo ingerido. Outro contraste com os Cnidaria é a espessa mesogléia que contém fibras musculares e células mesenquimáticas, e uma camada subepidérmica de células musculares que pode estar presente. Foi aventado que estas células musculares e a mesogléia celular tenham realmente uma origem mesodérmica e, por esta razão, foram efetuadas tentativas de unir o grupo com vários dos filos de Bilateria referidos acima. Também diferentemente dos cnidários, não existe um sistema de cnidócitos/nematocistos (uma espécie os possui, mas são derivados de sua presa que é um cnidário).

3.4.3.3 Classificação

Os ctenóforos quebram-se facilmente ao serem coletados e, assim, o conhecimento do grupo é, indubitavelmente, incompleto. Atualmente existem cerca de 100 espécies conhecidas, classificadas em duas classes e sete ordens.

Classe	Ordem
Tentaculata	Cydippida Platyctida Lobata Ganeshida Thalassocalycida Cestida
Nuda	Beroida

3.4.3.3.1 Classe Tentaculata Esta classe contém a grande maioria dos ctenóforos e distingue-se pela posse de um par de grandes tentáculos extensíveis e contráteis, cilíndricos e pinados, alojados em profundas bainhas tentaculares ciliadas, responsáveis pela simetria birradial. Estes tentáculos que, quando estendidos, podem ter dezenas de vezes o tamanho do corpo, possuem células especializadas, os coloblastos (Fig. 3.25), que aprisionam a presa em uma secreção adesiva quando descarregados. As presas também podem ser capturadas por abas musculares do corpo revestidas com muco. Às vezes, no entanto, os tentáculos são secundariamente reduzidos ou, até mesmo, ausentes. A forma do corpo varia bastante (Fig. 3.26) e esta, juntamente com a forma e o desenvolvimento dos tentáculos, é usada como base para a classificação até ordem. Formas bentônicas também ocorrem e estas rastejam pelo fundo do mar usando os cílios de uma região oral permanente ou temporariamente evertida. Espécies com forma de fita podem nadar por meio de ondulações do corpo.

3.4.3.3.2 Classe Nuda Os membros da classe Nuda não possuem tentáculos em qualquer estágio de seu ciclo de vida (Fig. 3.27) e capturam seu alimento – principalmente outros ctenóforos – engolfando-o com sua ampla e flexível região bucal e o volumoso tubo digestivo. No interior da boca localizam-se 'macrocílios' (cada um compreendendo milhares de axonemas contidos no interior de uma única membrana) que funcionam como dentes.

3.5 Superfilo MESOZOA

3.5.1 Introdução

Os mesozoários constituem um grupo enigmático e bastante peculiar de vermes comensais ou parasitas que medem menos de 8mm de comprimento, apresentam uma estrutura bizarra e ciclos de vida sem paralelo com os de outros animais. Possuem menos células do que qualquer outro animal, compreendendo seu corpo sólido justamente uma camada externa de cerca 20-

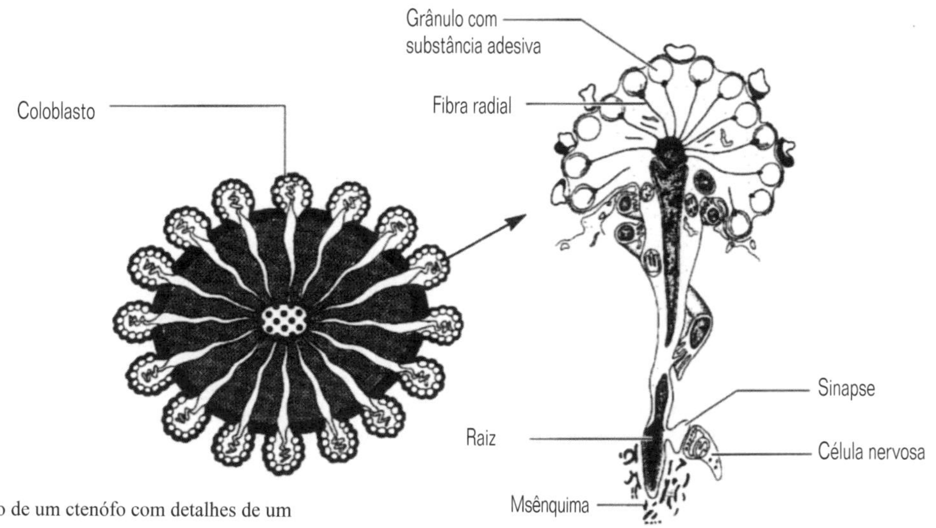

Fig. 3.25 Secção através de um tentáculo de um ctenófo com detalhes de um coloblasto (segundo várias fontes).

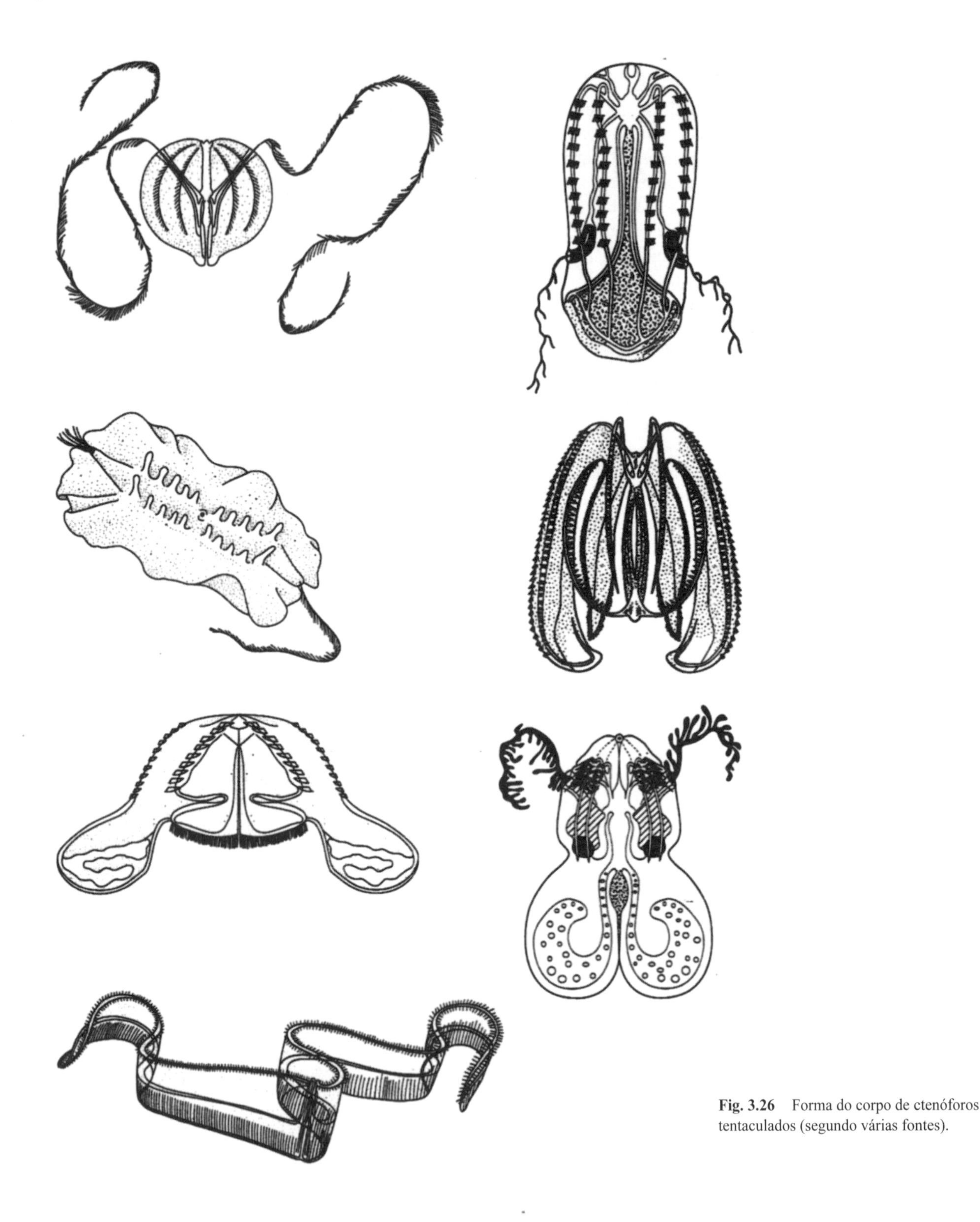

Fig. 3.26 Forma do corpo de ctenóforos tentaculados (segundo várias fontes).

30 células somáticas circundando uma única e alongada célula axial cilíndrica. As células somáticas, quando separadas, mostram uma simetria helicoidal e a célula axial contém até 100 'células axoblásticas' intracelulares reprodutivas. Não há tecidos, material esquelético, órgãos e nenhum nervo e células musculares. Assim como com todos os endoparasitas, existem dúvidas se esta extrema simplicidade é resultado de degeneração parasítica de algum ancestral mais complicado ou se ela indica que talvez represente uma linha de protistas que somente adquiriu um pequeno grau de multicelularidade. Entretanto, se forem um caso de degeneração parasítica, não permanece qualquer traço da complexidade ancestral.

O ciclo de vida é tão complexo quanto sua anatomia é simples (Fig. 3.28). Tipicamente, as células axoblásticas desenvolvem-se intracelularmente (isto é, ainda no interior da célula axial em 'nematógenos' que se multiplicam assexuadamente, via 'larvas vermiformes'. Em certos momentos, estes nematógenos

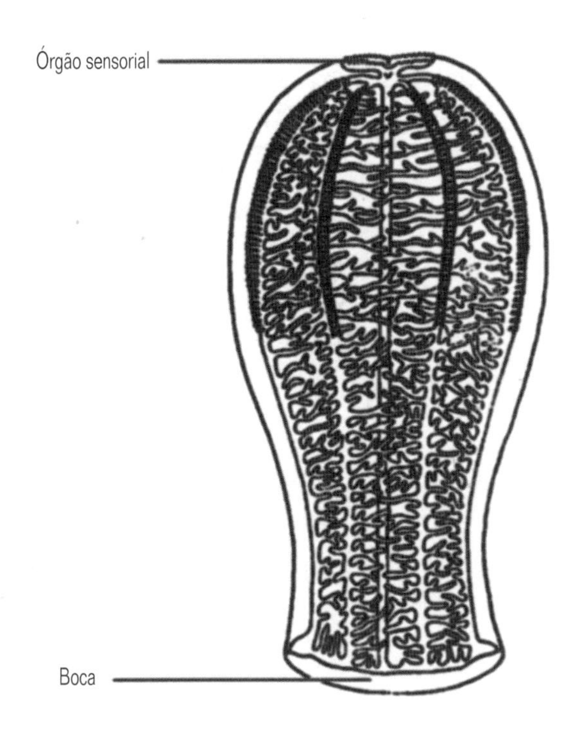

Fig. 3.27 Um ctenóforo nudo (segundo Hyman, 1940).

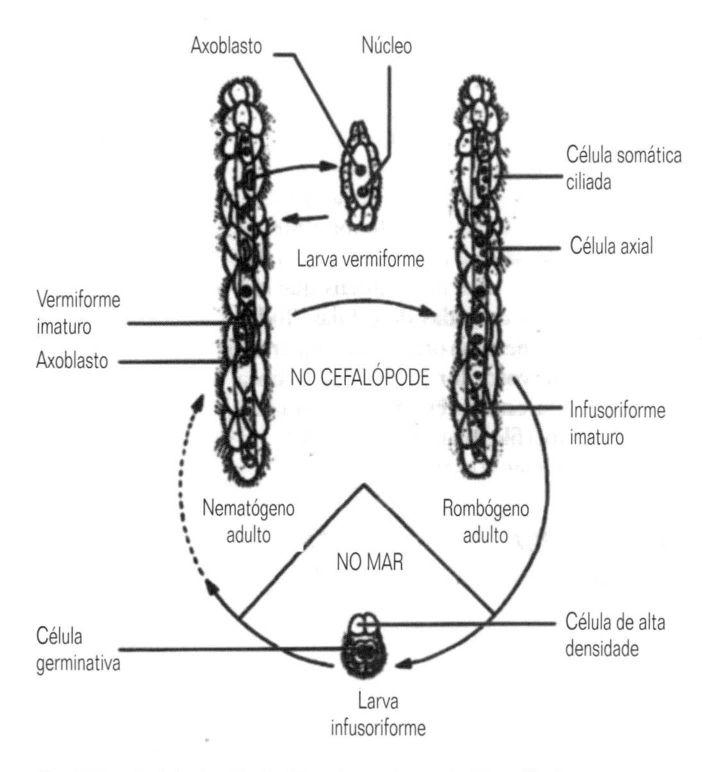

Fig. 3.28 O ciclo de vida dos Rhombozoa (segundo Margulis & Schwartz,1982).

produzem 'rombógenos' que, por sua vez, produzem gametas. A fecundação ocorre no interior da célula axial do rombógeno, resultando uma 'larva infusoriforme' que sai do rombógeno e do hospedeiro para uma existência de vida-livre. De alguma forma, as larvas infusoriformes encontram novos hospedeiros e aí se desenvolvem no estágio adulto completo, com axoblastos no interior da célula axial.

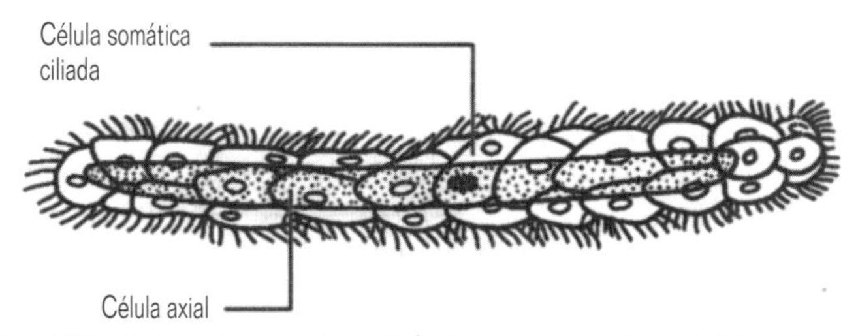

Fig. 3.29 O plano do corpo de um Rhombozoa (segundo Lapan & Morowitz, 1972).

Um único filo, Rhombozoa, está incluído; os ortonéctidos (Seção 4.15.4), antigamente agrupados com eles, agora não são mais considerados aparentados aos primeiros.

3.5.2 Filo RHOMBOZOA

3.5.2.1 Etimologia

Grego: rhombos, aquele que revolve; zoon, animal.

3.5.2.2 Características diagnósticas e especiais (Fig.3.29)

1 Vermes helicoidalmente simétricos, com polaridade Antero-posterior; 0,5-7mm de comprimento.

2 Corpo com muito poucas células (30 ou menos): uma única célula axial interna circundada por uma camada simples de (geralmente) células somáticas ciliadas.

3 Sem quaisquer tecidos e órgãos.

4 Sem células nervosas e musculares.

5 Sem tubo digestivo, cavidade do corpo e sistema esquelético.

6 As células reprodutivas e seus produtos desenvolvem-se no interior da célula axial.

7 Com uma complexa história da vida, envolvendo tanto reprodução sexuada como assexuada e estágios larvais.

8 Endoparasitas de moluscos cefalópodes.

9 Marinhos.

Os Rhombozoa ocorrem no interior de dutos dos órgãos excretores de certos moluscos cefalópodes, subsistindo pela absorção de substâncias da urina. Parecem causar poucos danos, exceto quando em elevadas densidades. A maioria dos polvos e sibas sustentam numerosos indivíduos.

Sua anatomia geral e a história da vida foram descritas acima.

3.5.2.3 Classificação

Reconhecem-se duas classes, cada uma com uma única ordem; contêm um total de cerca 75 espécies.

3.5.2.3.1 Classe Dicyemida As células somáticas dos Rhombozoa Dicyemida são ciliadas e distintas, cada espécie possuindo um número característico (e constante) delas. As oito ou nove células mais anteriores formam uma capa polar, seguem-se duas células parapolares, 10-15 células do tronco e duas células

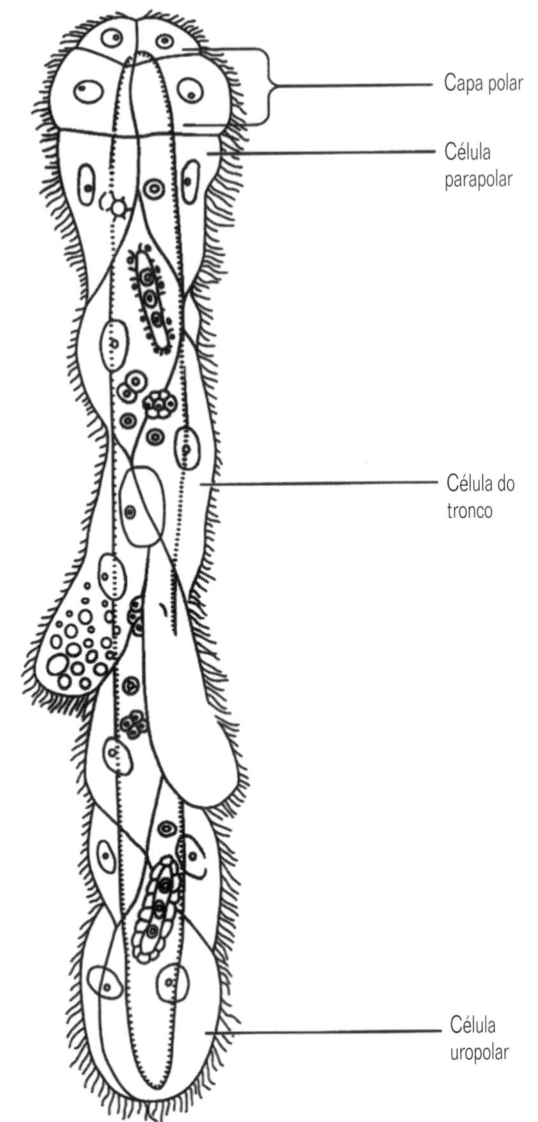

Fig. 3.30 Um diciemídeo (segundo Grassé, 1961).

uropolares terminais (Fig. 3.30). A capa polar é usada para fixação ao epitélio que reveste os dutos renais do hospedeiro. Altas densidades populacionais podem surgir no rim e isto parece ser o gatilho para a produção dos rombógenos sexuados.

3.5.2.3.2 Classe Heterocyemida As células somáticas dos únicos dois rombozoários heterociemídeos conhecidos não possuem cílios (embora as larvas sejam ciliadas) e formam uma camada externa muito fina. Em uma das duas espécies ocorre uma capa polar com quatro células muito grandes, enquanto algumas células achatadas recobrem o restante do corpo (Fig. 3.31); na outra espécie, as células somáticas são sinciciais e uma capa polar está ausente. Os heterociemídeos são muito pouco conhecidos.

3.6 Superfilo BILATERIA

3.6.1 Introdução

Todos os outros animais, isto é, exceto aqueles discutidos nas Seções 3.2-3.5 acima, compartilham mais um conjunto de características, diferente das encontradas em parazoários, fagocitelozoários, radiados e mesozoários, mais obviamente em seu padrão de simetria e por não possuírem uma construção básica formada por duas camadas de células. Eles (i) são bilateralmente simétricos, com superfícies dorsal e ventral, com extremidades anterior e posterior e (ii) possuem o corpo construído com mais de duas (e geralmente com muito mais que duas) camadas de células, a maioria de seus tecidos desenvolvendo-se de uma camada germinativa embrionária, a mesoderme, encontrada somente neste superfilo. Adicionalmente, nestas espécies a mesoderme dá origem aos (iii) sistemas de órgãos, um nível de complexidade ausente nos animais que são basicamente compostos por duas camadas de células. Todos também possuem (iv) um sistema nervoso organizado em um cérebro e um número de cordões nervosos longitudinais, embora uma rede nervosa possa também estar presente. Estas quatro características distinguem o superfilo Bilateria, dos quais os membros mais simples e questionavelmente os mais primitivos são os vermes achatados.

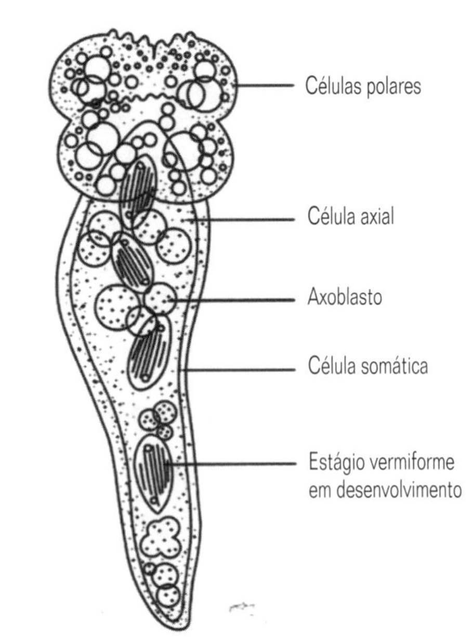

Fig. 3.31 Um rombozoário heterocicmídeo (segundo Hyman, 1940).

3.6.2 Filo PLATYHELMINTHES (planárias, trematódeos e solitárias)

3.6.2.1 Etimologia

Grego: platy, chato; helminthes, vermes.

3.6.2.2 Características diagnósticas e especiais (Fig.3.32)

1 Vermes achatados dorso-ventralmente, bilateralmente simétricos, <1mm a >5-m de comprimento.

2 Corpo com espessura de mais de duas camadas de células, com tecidos e órgãos.

3 Com trato digestivo em fundo cego, em forma de saco ou algumas vezes ramificado, ausente em algumas espécies parasitas; boca na superfície ventral, frequentemente médio-ventral

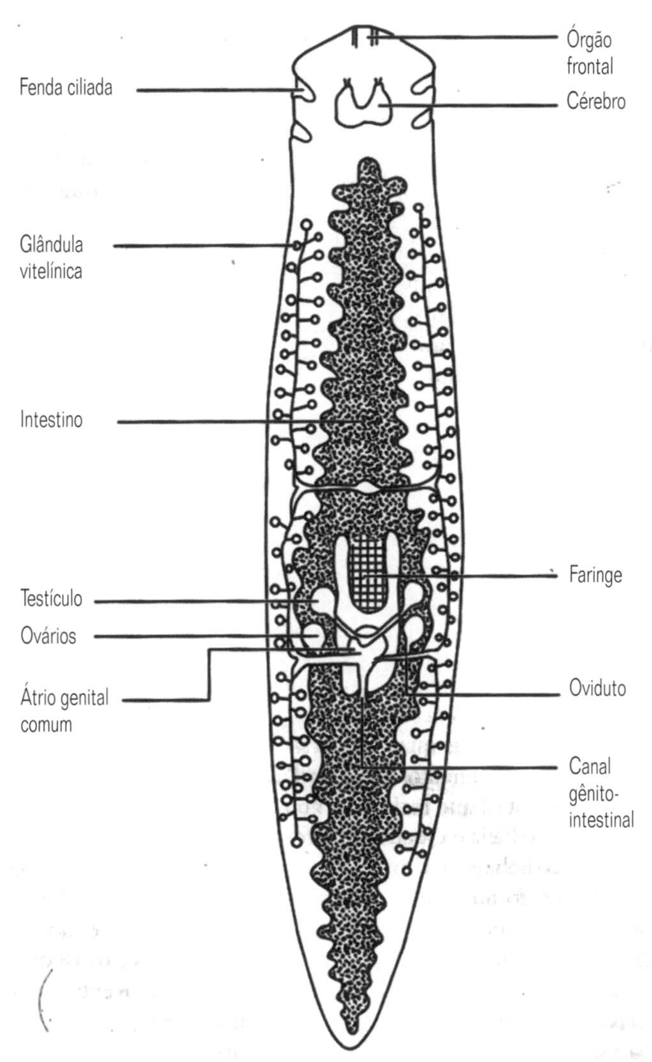

Fig. 3.32 Anatomia de um verme achatado, visto como se fosse transparente (segundo Meglitsch, 1972).

em espécies de vida livre e, quando presente em formas parasitas, é terminal.

4 Corpo monomérico, embora um grupo possa brotar unidades na forma de segmentos da zona de proliferação anterior; espécies de vida livre, com cabeça diferenciada e geralmente com olhos.

5 Sem cavidade corpórea; o esqueleto é um tecido parenquimático.

6 Parede do corpo com camadas de musculatura circular, longitudinal e outros músculos sobrepostos, em espécies parasitas com cutícula resistente e epiderme sincicial não ciliada, em espécies de vida-livre com epiderme ciliada.

7 Sem sistema circulatório.

8 Protonefrídios como órgãos excretores/osmorreguladores.

9 Sistema nervoso simples, mas geralmente organizado em um cérebro, de um a muitos pares de cordões longitudinais distintos ligados por conectivos transversais, e uma rede sub-epitelial.

10 Maioria hermafrodita, com fertilização interna e sistema reprodutivo complexo; espermatozóides geralmente biflagelados; desenvolvimento geralmente direto, exceto em espécies parasitas nas quais podem ocorrer numerosos estágios larvais secundários, alguns se multiplicam assexuadamente; multiplicação assexual difundida; clivagem espiral.

11 Movem-se por deslizamento ciliar ou ondas de contração muscular passando ao longo da superfície ventral ou por todo o corpo.

12 Alimentam-se exclusivamente de tecidos animais, como predadores, sapróvoros ou parasitas.

13 Espécies bentônicas de vida-livre, principalmente marinhas, mas também de água doce e terrestres; maioria das espécies ecto- ou endoparasitas.

Dos animais considerados neste capítulo, os parazoários e radiados possuem 'trato digestivo' no sentido de que seu corpo em forma de tubo circunda uma cavidade central igualmente em forma de tubo, enquanto que o corpo sólido dos placozoários e mesozoários não possui trato digestivo. Os vermes achatados, ao contrário, são animais bilateralmente simétricos, de corpo sólido e com trato digestivo verdadeiro, embora este seja apenas um de fundo cego e a boca também servindo como ânus. Assim, eles são principalmente distintos de membros de muitos outros filos de animais bilatérios pelo que eles não possuem, e não pela presença de alguma característica especial, o que talvez seja apropriado para um grupo que pode ser considerado como portador da forma ancestral do corpo. Isto é, eles são os Bilateria que não possuem cavidade corpórea, não possuem um sistema sanguíneo, não possuem um trato digestivo verdadeiro e não possuem nenhuma característica distinta especial. A ausência de um sistema de fluido capaz de circular gases respiratórios forçou os platelmintos, ou pelo menos as formas maiores, a adotar uma característica positiva: o achatamento. A espessura do corpo deve ser mantida pequena em pelo menos um plano (o plano dorso-ventral) para permitir que a difusão supra as necessidades de oxigênio de todas as células em seu corpo sólido e para remover o dióxido de carbono. Tamanhos relativamente grandes devem, desta forma, ser acompanhados por uma forma de folha ou fita. Da mesma forma, os produtos da digestão devem também se difundir a partir do trato digestivo para todas as células do corpo e, consequentemente, tamanhos relativamente grandes devem ser igualmente acompanhados por um trato digestivo ramificado com divertículos se estendendo por todo o volume do corpo (Fig. 3.33). A maioria dos platelmintos possui 'órgãos excretores' na forma de protonefrídios para eliminar produtos residuais, embora mesmo aqui a difusão provavelmente seja o processo principal pelos quais eles deixam o corpo, e a função principal dos protonefrídios é osmorreguladora: eles são especialmente bem desenvolvidos em espécies de água doce. Mesmo adquiridas essas adaptações para o tamanho do corpo macroscópico, ainda há limites para a habilidade da difusão em possibilitar o crescimento da massa corpórea, e a maioria dos platelmintos permaneceu microscópica. [Na maioria dos animais com duas camadas de células, ambas as camadas celulares estão em contato com o ambiente externo, mas a camada externa está mais diretamente em contato e a camada interna com a água (geralmente do mar) do celênteron dos radiados ou do sistema de canais das esponjas. As distâncias de difusão são sempre muito pequenas e indivíduos de grande porte não possuem problemas. Os platelmintos são bem menores, em média, do que esponjas, águas-vivas e antozoários solitários – sem mencionar os coloniais.

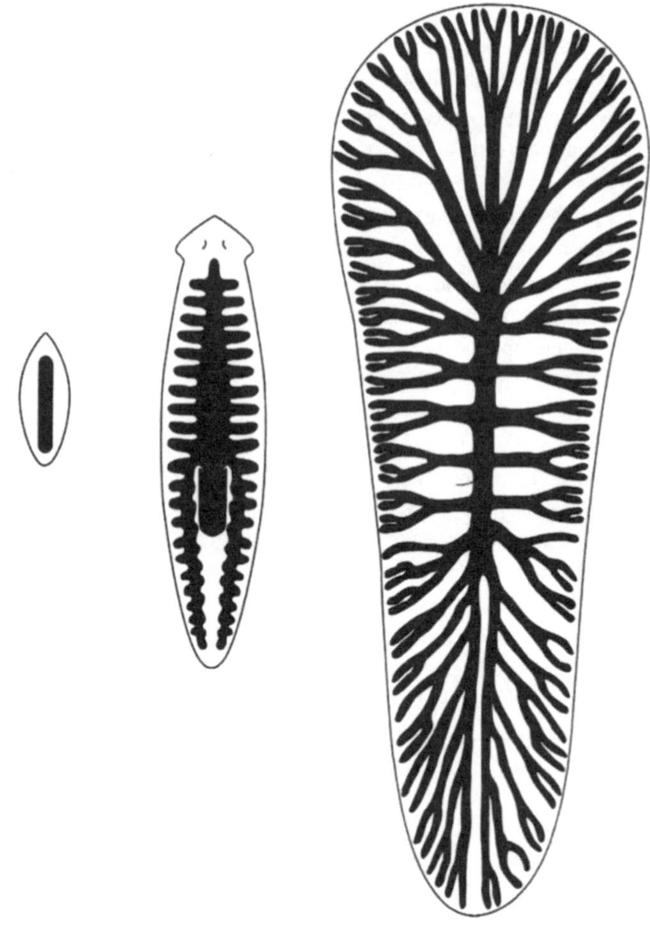

Fig. 3.33 O aumento da ramificação do trato digestivo com o aumento do tamanho do corpo em platelmintos.

Embora a maioria dos Bilateria possua uma ou mais cavidades corpóreas com várias formas e origens, os platelmintos possuem corpo sólido (acelomado) (Fig. 3.34). Isto é geralmente (como aqui) interpretado como sendo um caráter primitivo, embora alguns zoólogos argumentem que estes são secundários e que os platelmintos são descendentes de animais que possuíam espaços celômicos. Seja como for, não existe traço de uma cavidade celômica em nenhum platelminto sobrevivente e, ao contrário, o espaço entre a parede do corpo e vários órgãos está preenchido por células de forma irregular formando um 'parênquima'. Entre estas células estão os pequenos 'neoblastos' que são importantes na regeneração e multiplicação assexual, ambas altamente desenvolvidas nos platelmintos. Nas espécies de vida livre, outras células glandulares dentro do parênquima, juntamente com células da epiderme, secretam estruturas na forma de bastão denominadas rabdóides. Estas estruturas muito misteriosas são liberadas para o ambiente externo (aquelas produzidas no parênquima passam por espaços na epiderme para fazer isso), no qual elas produzem muco e possivelmente substâncias químicas de defesa. Eles não ocorrem em grupos parasitas, presumivelmente correlacionado com sua cobertura externa especializada. Como um fato praticamente incomum entre os animais, a quitina é aparentemente desconhecida em platelmintos.

3.6.2.3 Classificação

Com relação à forma geral do corpo e estilo de vida existem quatro tipos principais de platelmintos: os turbelários de vida livre; os vermes monogenóideos que são geralmente ectoparasitas de peixes; os trematódeos endoparasitas; e as solitárias sem trato digestivo e endoparasitas. Estes formam as quatro classes tradicionais de platelmintos e eles formam as divisões mais comuns reconhecidas por parasitologistas. Análises moleculares e cladísticas, no entanto, têm revelado que as principais linhagens de evolução dos platelmintos não são essas quatro, mas são, ao contrário, outros cinco grupos, todos dominados por turbelários. As três classes de platelmintos parasitas, que incluem a grande maioria das espécies viventes do filo (veja o Quadro 3.3), formam somente parte de uma dessas cinco linhagens. Um efeito disto é que, no passado, as espécies de vida livre foram 'subclassificadas' enquanto os parasitas foram 'superclassificados'. Estes dados filogenéticos estão refletidos na classificação dada abaixo, na qual as 25.000 espécies e os 18 diferentes grupos principais de platelmintos estão divididos entre cinco 'classes' cladísticas. Apesar da importância dos platelmintos parasitas, no entanto, no texto descrevemos a diversidade dos platelmintos ao longo das linhas mais tradicionais.

3.6.2.3.1 Os platelmintas turbelários Os turbelários são platelmintos principalmente de vida livre (Fig. 3.35) que rastejam pelas superfícies por meio de cílios epidérmicos ou, em espécies grandes, por ondas de contração muscular passando

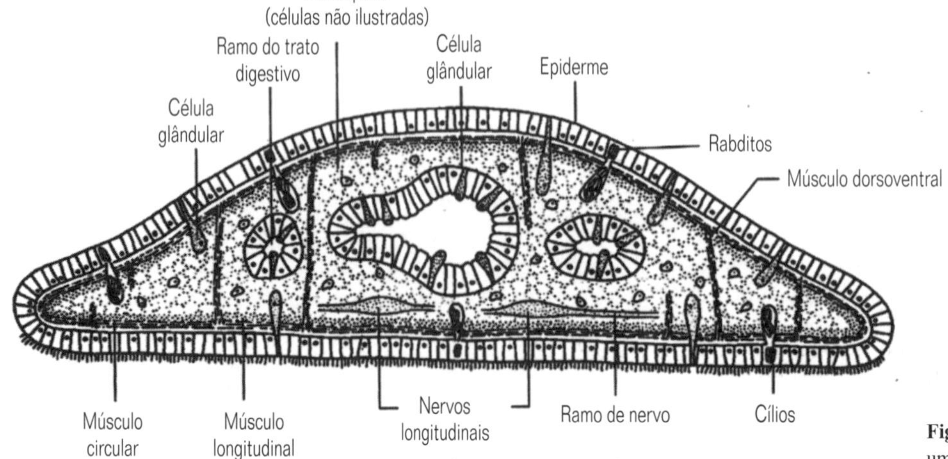

Fig. 3.34 Uma secção transversal através de um platelminto (segundo Kozloff, 1990).

Quadro 3.3 Parasitismo e Platyhelminthes

Como salientado no texto, a maioria dos platelmintos existentes é parasita de outros animais estando, quando adultos, especialmente associados com vertebrados como endoparasitas, e eles se modificaram marcadamente em anatomia e ciclo de vida de seus ancestrais turbelários neoóforos. Neste Quadro, discutimos brevemente a biologia do parasitismo com ênfase particular nos trematódeos endoparasitas e nas solitárias que frequentemente impingem diretamente sobre a biologia humana (o trematódeo Schistosoma, por exemplo, infecta aproximadamente 200 milhões de pessoas, a solitária Taenia, aproximadamente 70 milhões).

Todos pensam que sabem o que é um parasita, no entanto este é um conceito surpreendentemente difícil de definir e de separar de outros conceitos relacionados, tais como predador e simbionte. A noção cotidiana de um parasita é de alguma coisa que usa os recursos ganhos por alguma outra coisa com o menor custo para si próprio, mas a grande custo de quem provê os recursos. Alguns animais frequentemente atribuídos como parasitas, no entanto, são realmente predadores comuns (buscadores e consumidores de tecidos de outros animais etc.) que, por ventura, são muito menores do que suas presas e incapazes de matá-las. Uma sanguessuga que se alimente, digamos, de um animal grande é um parasita, enquanto o mesmo animal que se alimenta de um caracol é um predador, um mosquito bebendo o fluido do corpo de um mamífero é um parasita, enquanto um inseto notonectídeo fazendo a mesma coisa que um mosquito é um predador. Os exemplos acima envolvem um animal de vida livre se fixando em outro pelo lado de fora, por exemplo, penetrando em sua pele com peças bucais perfuradoras e sugadoras, mas o mesmo se aplica a animais que se alimentam de outros pelo lado de fora. Um animal pequeno se alimentando de outro grande, enquanto vivendo dentro do mesmo, é convencionalmente um parasita (como, por exemplo, no caso de trematódeos), no entanto, não se comporta diferentemente, em essência, de qualquer outro carnívoro. Este é relativamente pequeno demais para ser capaz de comer totalmente sua presa. Algumas larvas de inseto que são (afinal) tão grandes para atingir isto são frequentemente referidas como 'parasitóides'. Os animais, no entanto, que habitam o trato digestivo de um hospedeiro e lá se alimentam ('roubam') de parte do alimento adquirido e digerido por aquele hospedeiro, tal como as solitárias, realmente estão se comportando parasiticamente, no uso normal da palavra. A natureza fornece contínuos e não categorias distintas em quase todos os níveis, e há pouca necessidade de argumentar aqui os méritos de qualquer definição em particular. Nossa consideração sobre platelmintos parasitas neste Quadro irá seguir simplesmente o uso geral de trematódeos e solitárias como igualmente endoparasitas, mesmo que um seja um micropredador e o outro um ladrão de alimentos obtidos por outros animais. São as necessidades e as consequências da vida dentro do outro animal que interessam aqui, não os termos precisos para serem aplicados a cada espécie (veja também a Seção 9.2.3).

O ambiente interno de outros animais é, de forma geral, um ambiente relativamente uniforme com uma série precisa de problemas a serem resolvidos pelos animais que os invadem. Desta forma, todas as espécies parasitas estão expostas às mesmas pressões evolutivas e, não surpreendentemente, muitos têm respondido com um conjunto comum de soluções. As dificuldades de transmissão de um hospedeiro para outro também precisam ser enfrentadas por todos os parasitas e, novamente, as soluções cruzam as barreiras taxonômicas.

Mudanças anatômicas

Turbelários são caracterizados por uma cabeça portadora de órgãos sensoriais e epiderme ciliada. Estes foram perdidos em grupos parasitas, ou totalmente ou as perdas ocorrem após o primeiro estágio larval. A perda da cabeça é decorrente de razões muito evidentes: eles estão rodeados por alimento e ameaças externas não vêm de origens direcionais no interior do hospedeiro; a energia tem sido canalizada na direção oposta da cabeça que não é mais seletiva para outras atividades. A perda da epiderme ciliada é consequência do desenvolvimento de uma cobertura resistente, o tegumento, compartilhado por todas as espécies (veja Figs. 3.38 e 3.43). (Esta característica é uma das razões pelas quais os trematódeos e as solitárias são considerados como sendo estreitamente relacionados e sua presença dá origem ao nome, Neodermata, do grupo ao qual todas as três 'classes' pertencem). De uma forma incomum, os platelmintos parasitas não possuem uma cutícula (embora trabalhos antigos descrevam o tegumento como tal); ao contrário, eles estão cobertos por um sincício citoplasmático vivo, formado por células localizadas dentro do parênquima. O tegumento proporciona proteção contra os anticorpos do hospedeiro, as enzimas para espécies que habitam o trato digestivo, e possibilita a tomada de substâncias orgânicas solúveis do hospedeiro através da parede do corpo. Este processo é particularmente desenvolvido nas solitárias sem trato digestivo, que absorvem todos os seus nutrientes diretamente do hospedeiro.

Como muitos parasitas, todos os platelmintos parasitas possuem um órgão de fixação a seus hospedeiros na forma de ganchos e uma variedade de tipos de ventosas, separadamente ou em combinação; eles também possuem ou um trato digestivo bem desenvolvido (isto é, os trematódeos) para processar o suprimento de alimento constantemente disponível ou, se eles mesmo habitam o canal alimentar de seu hospedeiro, perderam seu trato digestivo e absorvem o alimento pré-digerido através da superfície de seu corpo. Este é o caso das solitárias, nas quais o tegumento rico em mitocôndrias possui uma superfície altamente incrementada para facilitar a tomada, via a presença de microtríquios semelhantes a microvilosidades (Fig. 3.43).

Ciclos de vida e multiplicação assexuada

Que a transmissão de um hospedeiro definitivo (no qual o trematódeo ou a solitária é adulto) para outro é arriscada e associada com um grande número de perdas pode ser inferido pelo grande número de jovens produzidos, um processo que se tornou possível pela grande abundância de alimento que rodeia o parasita, pelo mínimo de outras demandas na energia obtida, e pelo sistema reprodutor bem desenvolvido e geralmente hermafrodita protândrico dos platelmintos parasitas. A maioria das solitárias produz centenas de milhares de ovos todos os dias, em um sistema de correia. Uma série linear de proglótides semelhantes a segmentos brota da zona de proliferação anterior, logo atrás do órgão de fixação (escólex), cada proglótide sendo um pouco maior que um conjunto de órgãos reprodutivos. Após a fertilização (fertilização cruzada é a norma, mas auto-fecundação é possível), as proglótides tornam-se cheias de ovos em desenvolvimento e, finalmente, desprendem-se do final da cadeia e são eliminadas junto com as fezes. Nas solitárias humanas, Taenia saginata, 3-10 proglótides, cada uma contendo 200.000 ovos, são eliminadas por dia. Trematódeos, com seus corpos unitários, podem apenas produzir algumas centenas de ovos por dia ou no máximo milhares, mas cada ovo origina até um milhão de larvas infectantes decorrentes da multiplicação assexuada. Isto ocorre em um ou mais hospedeiros intermediários, que podem também servir como veículo pelo qual o parasita finalmente atinge o hospedeiro definitivo. Algumas solitárias também podem

Quadro 3.3 (*continuação*)

produzir muitos vermes adultos a partir de um único ovo, de uma forma comparável. Esta multiplicação assexual por poliembrionia ou brotamento é incomum entre os invertebrados parasitas. Os nematódeos, acantocéfalos e pentastomídeos, muitos ou todos os quais são endoparasitas, podem reproduzir-se apenas sexuadamente.

Em um trematódeo típico, os ovos passam para fora do hospedeiro definitivo pelas fezes, urina ou muco. Sendo molhado, cada ovo se desenvolve em uma larva miracídio de vida curta. Esta é uma larva livre-natante, em virtude de uma epiderme ciliada, e contém um número de 'células germinativas' das quais as gerações subsequentes de larvas produzidas assexuadamente serão derivadas. Se um molusco (geralmente um gastrópode) for encontrado, as células glandulares possibilitam que o miracídio penetre através da sua pele ou, alternativamente, possa ser comido. Em qualquer caso, uma vez dentro do caramujo, o miracídio perde sua epiderme ciliada, desenvolve o tegumento, e forma um esporocisto quase irregular. Este é essencialmente um saco contendo células germinativas que se dividem mitoticamente para produzir esporocistos, ou muitas gerações de esporocistos adicionais, ou mais gerações adicionais de um estagio larval similar – a rédia – que difere do anterior por possuir um trato digestivo. Eventualmente, após extensivas multiplicações assexuadas, as células germinativas dos esporocistos ou das rédias se desenvolvem em um estágio larval de cercária. Em efeito, as cercárias são trematódeos pequenos com uma cauda de propulsão que deixa o hospedeiro intermediário e então encista para formar um estágio de metacercária na vegetação ou na pele do animal etc., e lá esperar para ser consumida pelo hospedeiro definitivo, ou então elas penetram diretamente a pele do hospedeiro (ou para dentro de um segundo hospedeiro intermediário). Emergindo do cisto, o trematódeo jovem se move para seu destino final no hospedeiro.

Variações comuns a este ciclo de vida estão ilustradas abaixo:

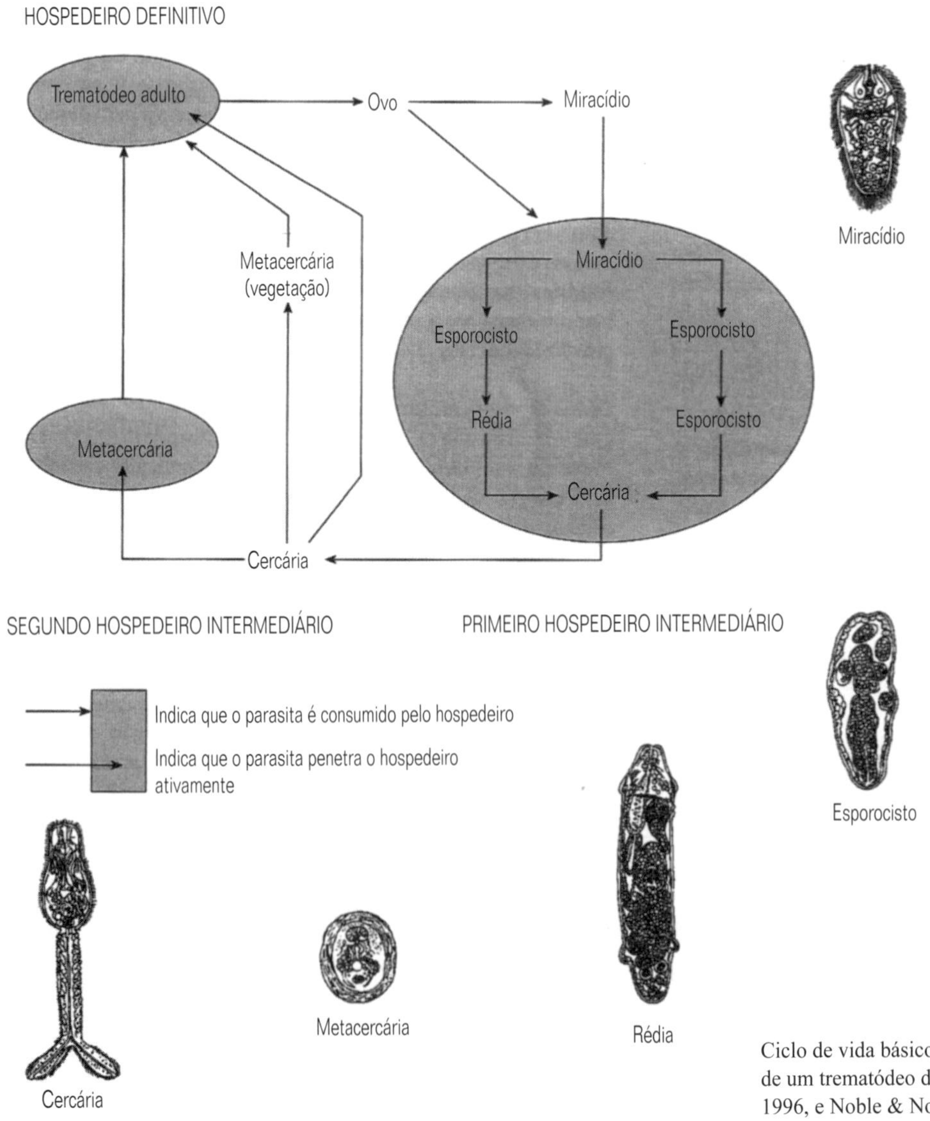

HOSPEDEIRO DEFINITIVO

Trematódeo adulto → Ovo → Miracídio

Metacercária (vegetação)

Miracídio

Esporocisto

Esporocisto

Rédia

Esporocisto

Metacercária

Cercária

Cercária

SEGUNDO HOSPEDEIRO INTERMEDIÁRIO

PRIMEIRO HOSPEDEIRO INTERMEDIÁRIO

Indica que o parasita é consumido pelo hospedeiro

Indica que o parasita penetra o hospedeiro ativamente

Miracídio

Esporocisto

Rédia

Metacercária

Cercária

Ciclo de vida básico e estágios do ciclo de vida de um trematódeo digenético (segundo McArthur, 1996, e Noble & Noble, 1976).

Quadro 3.3 *(continuação)*

O ciclo de vida típico das solitárias difere daquele dos trematódeos, pois nas solitárias a larva oncosfera infectante precisa ser ingerida pelo hospedeiro, mesmo quando ela está coberta por uma membrana ciliada e é livre-natante (então denominada larva coracídio). Embora a maioria das larvas de solitárias não seja capaz de multiplicação assexual, isto é possível naquelas onde o cisto hidático ocorre: os hospedeiros intermediários são, no entanto, principalmente veículos para garantir a transmissão de um hospedeiro definitivo a outro.

Variações no ciclo de vida são mostradas abaixo.

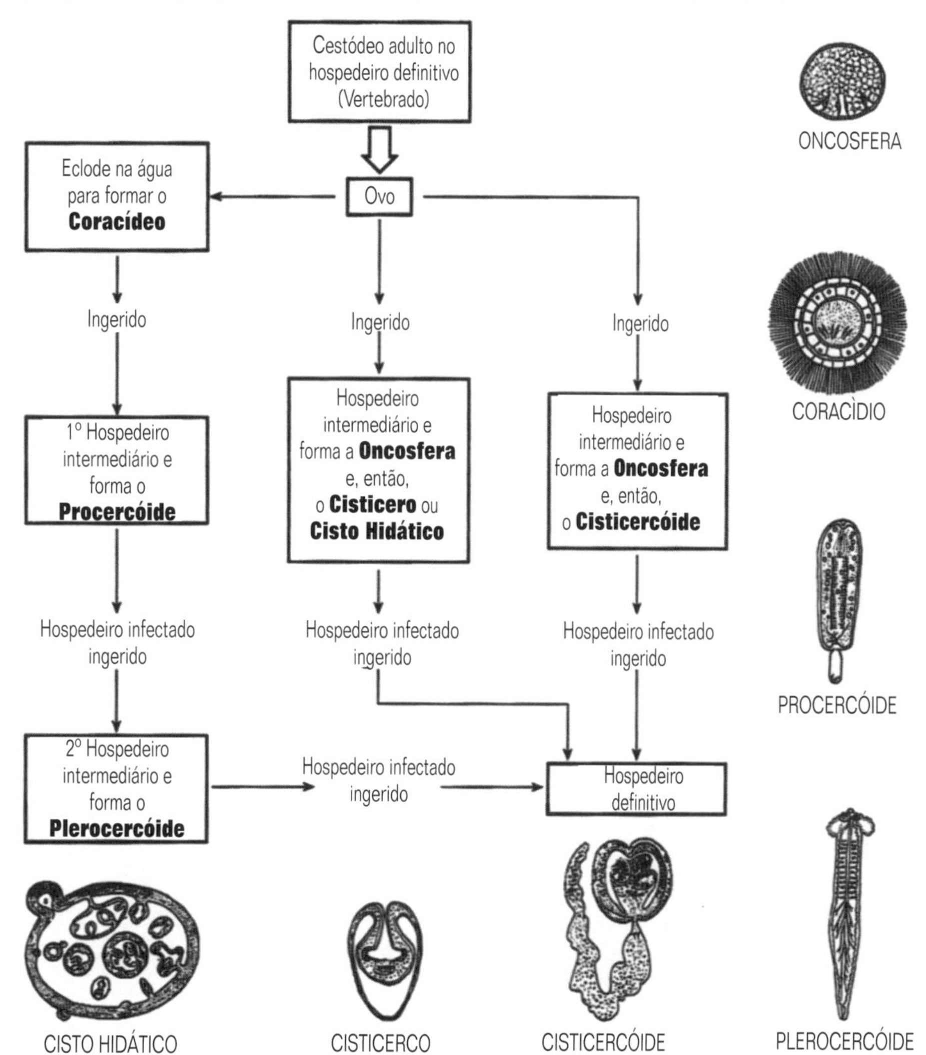

Ciclo de vida básico e estágios do ciclo de vida em cestódeos (segundo Crompton & Joyner, 1980, e outros).

A larva procercóide é pequena e fusiforme, com um corpo sólido e com os ganchos da oncosfera retidos posteriormente; o plerocercóide dentro do qual este se desenvolve não possui os ganchos da oncosfera, mas apresenta um escólex desenvolvido. A larva cisticercóide também retém os ganchos da oncosfera posteriormente, mas possui um corpo no qual a secção mediana cresce ao redor do escólex em desenvolvimento, encerrando-o dentro de uma cavidade enquanto a extremidade posterior permanece livre. O cisticerco é uma vesícula encerrando um único escólex invaginado. Outros tipos nominais de larvas são também conhecidos, mas são variações relativamente pequenas destas quatro; algumas vesículas semelhantes a cisticercos, por exemplo, podem ser grandes e conter um número de escóleces resutado de brotamento assexual – estas são denominadas cistos hidáticos, referidos acima. Uma vez atingindo o trato digestivo do hospedeiro definitivo, o escólex de um plerocercóide, cisticercóide ou da larva cisticerco se fixa à parede do trato digestivo, e a proliferação de proglótides começa. A pedomorfose é bastante comum em solitárias e espécies pedomórficas incluindo algumas que são plerocercóides (ou em um gênero, procercóides) como adultos.

O hospedeiro não é necessariamente um parceiro passivo na relação. Em insetos, por exemplo, hemócitos podem se afixar à superfície do parasita e encapsulá-lo, não permitindo que ele faça trocas com o ambiente externo. Equivalentemente, em vertebrados ele pode ser revestido por tecido conjuntivo e/ou carbonato de cálcio. Isto parece ser mais comum, no entanto, se o platelminto parasita invade um hospedeiro incomum, e dentro de uma espécie de hospedeiro no qual ele se torna adaptado, a maioria das larvas ou adultos parece escapar do encapsulamento. Alguns, pelo menos, também invadem o sistema imune de vertebrados incorporando antígenos do hospedeiro sobre sua superfície corpórea para enganá-los e evitar serem detectados e atacados.

Classe	Ordem
Acoelomorpha	Nemertodermatida Acoela
Catenulidea	Catenulida
Macrostomomorpha	Macrostomida Haplopharyngida
Polycladidea	Polycladida
Neoophora	Lecithoepitheliata Prolecithophora Proseriata Tricladida Kalyptorhynchida Typhloplanida Temnocephalida Dalyelliida Aspidogastrea Digenea Monogenea Cestoda

ao longo de sua superfície ventral achatada: a parede do corpo geralmente contém ambos músculos circulares e longitudinais e também músculos oblíquos que giram o corpo. Eles predam organismos que variam de tamanho de bactérias a pequenos animais que podem localizar com seus órgãos sensoriais cefálicos; uns poucos são comensais e/ou parasitas, principalmente de outros invertebrados. A maioria é marinha, embora muitos sejam de água doce e alguns são terrestres em micro-habitats úmidos ou molhados. A maioria das espécies possui 0,5-5 mm de comprimento, mas algumas das espécies terrestres podem atingir 50cm, e uma espécie de água doce do Lago Baikal pode exceder 60 em de comprimento. A boca, que ocorre na superfície ventral, está frequentemente localizada na extremidade de uma faringe eversível e conduz a um intestino na forma de um saco, lobado ou ramificado, dependendo do tamanho do platelminto. Na maioria dos casos o desenvolvimento é direto, mas em alguns ocorre uma larva ciliada de vida livre.

As várias linhas de evolução dos turbelários distinguem-se principalmente por detalhes citológicos quase esotéricos de seus cílios, espermatozóides e ovócitos. Características particularmente notáveis são que, enquanto a maioria dos platelmintos possui espermatozóides biflagelados (com, infrequentemente, um axonema 9+1 ou, em alguns acelos, 9+0), aqueles dos macrostomomorfos e catenulídeos não possuem flagelo, e somente os

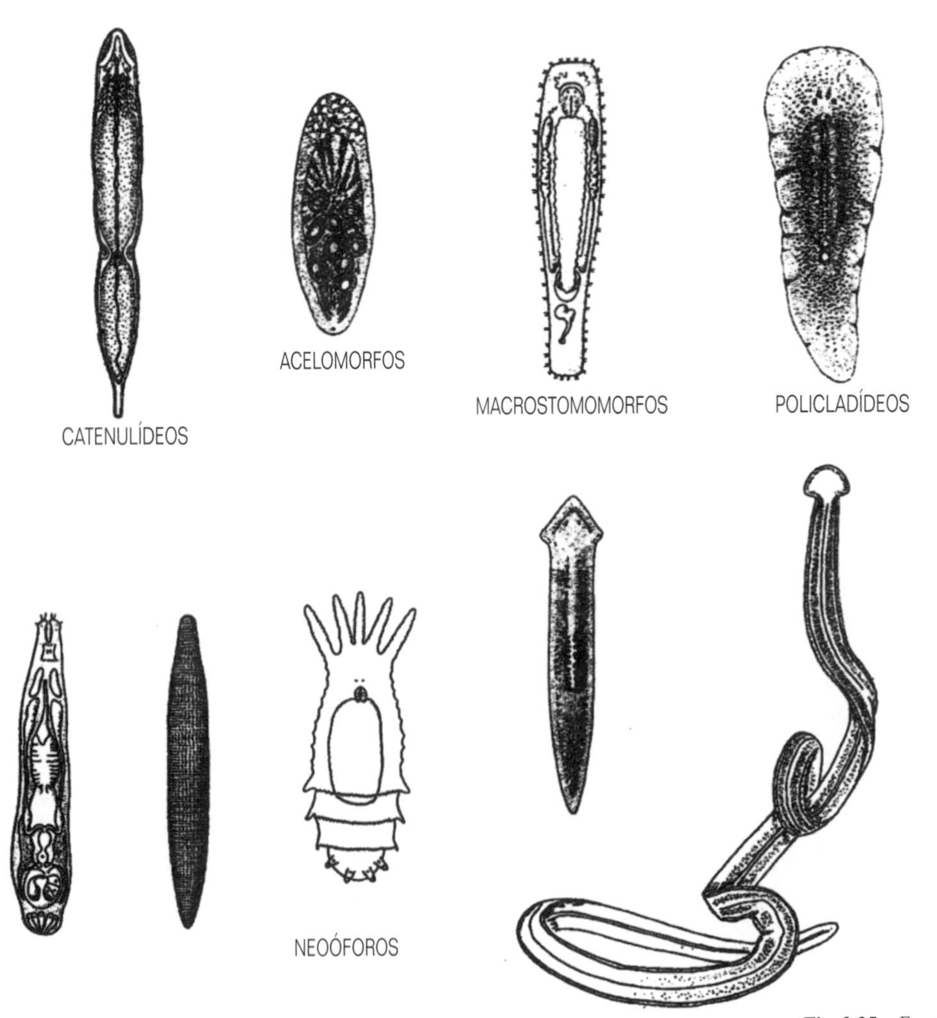

Fig. 3.35 Forma do corpo em platelmintos turbelários (segundo vários autores).

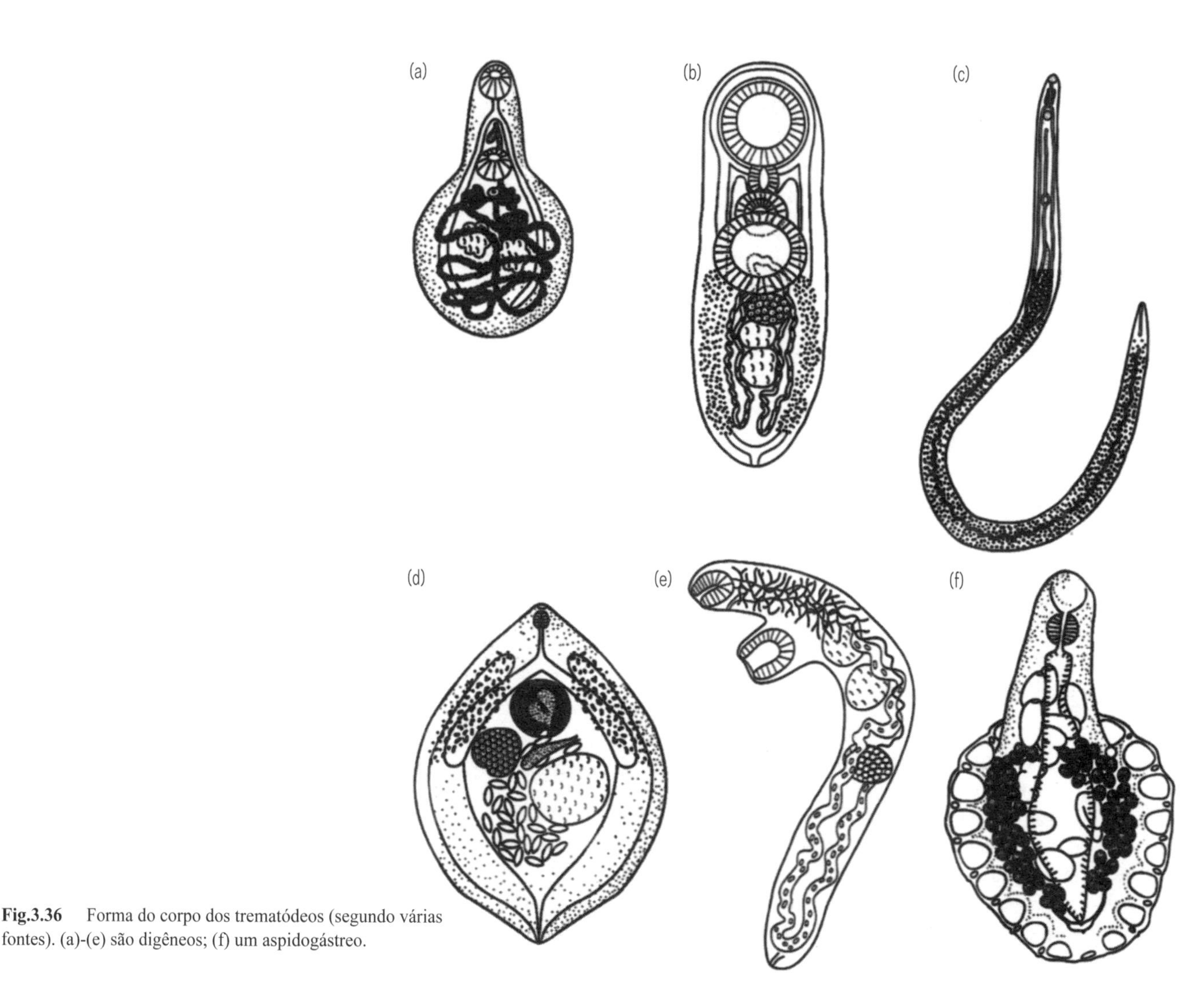

Fig.3.36 Forma do corpo dos trematódeos (segundo várias fontes). (a)-(e) são digêneos; (f) um aspidogástreo.

espermatozóides dos nemertodermatídeos e os de vários outros acelos possuem um único flagelo (com axonema 9+2); e, enquanto todos os grupos, exceto os Neoophora, depositam vitelo no citoplasma do ovo, o sistema reprodutivo deste último grupo contém 'vitelários' distintos, que adicionam muitas células vitelínicas ricas em vitelo ao óvulo fertilizado para dar origem a um ovo complexo (Seção 14.4). Existe também uma tendência de aumentar a complexidade corpórea de catenulídeos e acelomorfos até neoóforos. Assim, os acelomorfos podem não possuir uma boca permanente, faringe e/ou trato digestivo, formando-se um trato digestivo temporário ao redor das bactérias e protistas ingeridos; os catenulídeos possuem um tecido parenquimatoso muito pobremente diferenciado e são efetivamente pseudocelomados (veja Capítulo 4); e membros de ambos os grupos possuem alguns de seus 'tecidos' sem membrana basal. O grau de organização de tecidos e órgãos destas formas é, desta maneira, o menor de qualquer Bilateria. Os acelos diferem mais de outros platelmintos por possuírem clivagem birradial (ao invés de espiral), por possuírem desenvolvimento indeterminado (ao invés de determinado) e por não formarem sua mesoderme a partir da cédula 4d.

3.6.2.3.2 Os trematódeos Os trematódeos (os digêneos e aspidogástreos) são vermes endoparasitas cilíndricos ou em forma de folha, geralmente com 0,5-10mm (mas excepcionalmente até 6m) de comprimento (Fig. 3.36), ocorrendo especialmente em vertebrados (e, particularmente, em peixes), que consomem tecidos do hospedeiro e, consequentemente, mantiveram seu trato digestivo bem desenvolvido (Fig. 3.37). Adaptações para sua vida parasitária (veja o Quadro 3.3) incluem um 'tegumento' protetor, sincicial, não ciliado, no lugar da epiderme ciliada dos turbelários (Fig. 3.38); órgãos de fixação ao hospedeiro na forma de ventosas oral ou médio-ventral; e geralmente com ciclo de vida complicado, envolvendo dois ou mais (até quatro) hospedeiros, dos quais o primeiro é normalmente um molusco (Fig. 3.39). Vários estágios larvais secundários, incluindo miracídios, rédias e cercárias, servem para a função de dispersão, multiplicação assexuada e invasão de novos hospedeiros. Pouco comum entre platelmintos, os sexos são separados em alguns trematódeos. Os digêneos formam a maioria dos trematódeos; os aspidogástreos constituem um grupo relacionado que possui toda a sua superfície ventral convertida em uma ventosa, ou fileiras longitudinais de ventosas e ciclo de vida relativamente simples, envolvendo um único (molusco) ou, no máximo, dois hospedeiros.

3.6.2.3.3 Os monogenóides Como a maioria dos digêneos, os monogenóides são pequenos (até 3cm de comprimento) vermes em forma de folha ou alongados, com trato digestivo

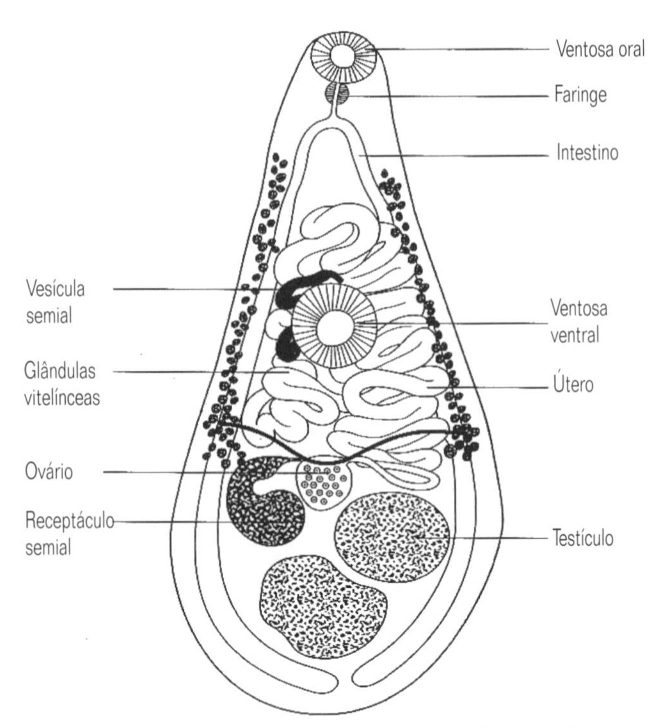

Fig. 3.37 Anatomia de um trematódeo (segundo Baer & Joyeux, 1961).

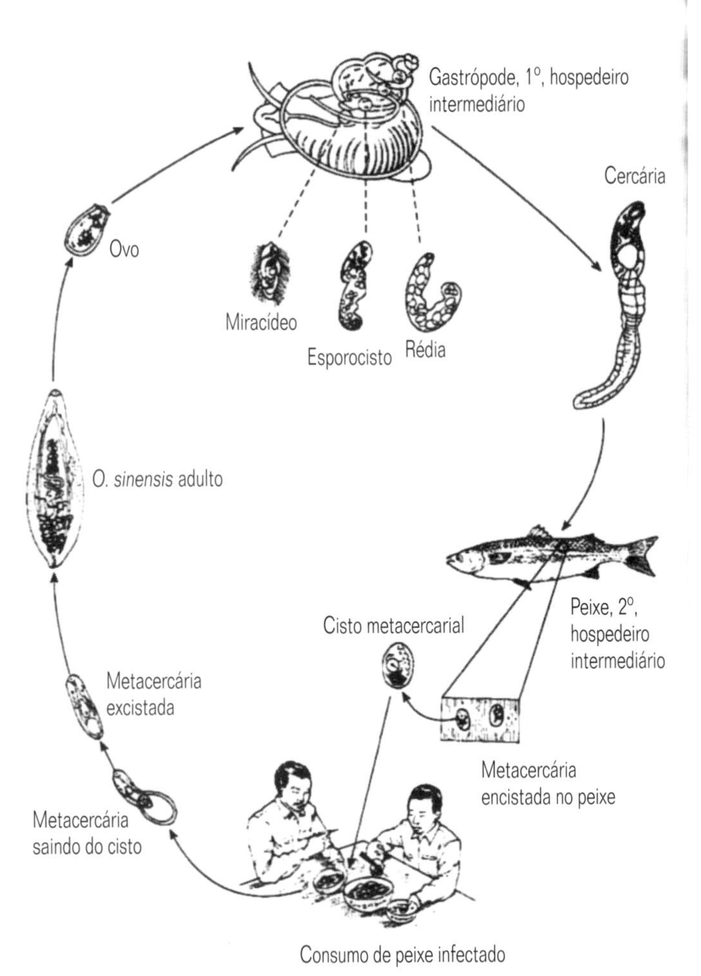

Fig. 3.39 O ciclo de vida do trematódeo de fígado Chinês (segundo Ruppert & Barnes, 1994).

bem desenvolvido (Fig. 3.40), mas em contraste com aquela classe eles são principalmente ectoparasitas, principalmente de peixes, e eles são considerados mais proximamente aparentados com as solitárias do que com outros vermes. Um tegumento similar àquele dos digêneos está presente (veja Fig. 3.38), assim como órgãos de fixação, incluindo múltiplas ventosas, ganchos e garras em 'haptors' localizados anterior e posteriormente sobre o corpo (Fig. 3.41), o posterior, o 'opistáptor: em forma de disco ou lobado, geralmente é maior. O ciclo de vida é relativamente simples e sem fases de multiplicação assexual. Os ovos eclodem em uma larva oncomiracídio que encontra e se fixa a seu peixe hospedeiro (ou outro vertebrado ou molusco cefalópode) e gradualmente se transforma em um verme adulto.

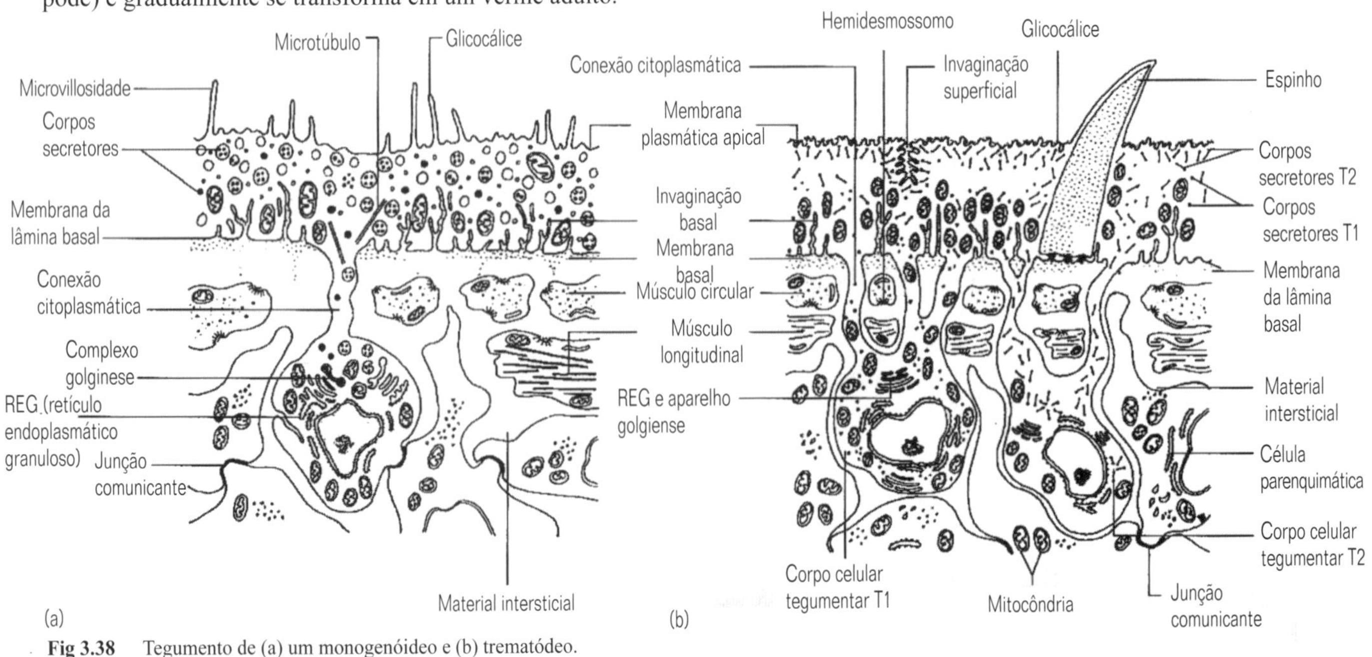

Fig 3.38 Tegumento de (a) um monogenóideo e (b) trematódeo.

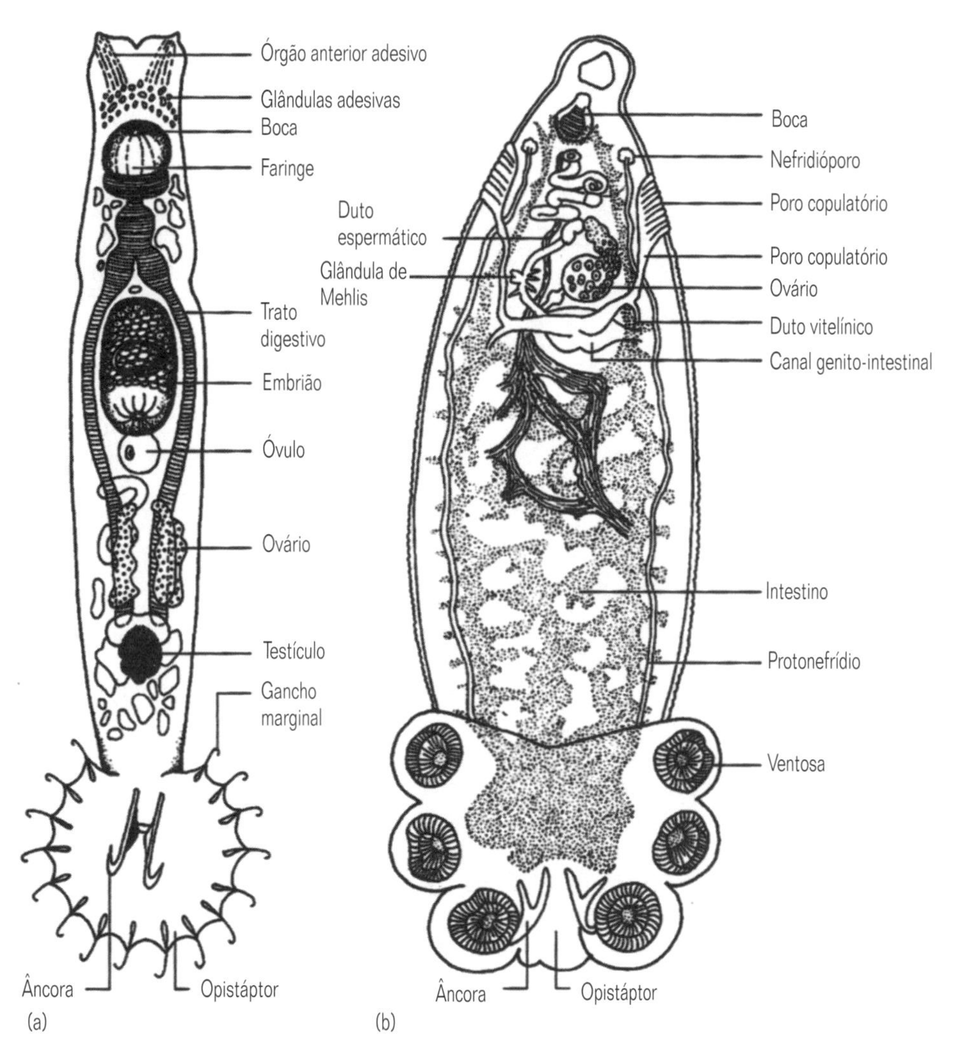

Fig. 3.40 Anatomia de monogenóideos: (a) uma espécie com um único opistáptor portando ganchos; (b) uma com o opistáptor contendo múltiplas ventosas (segundo Barnes, Calow & Olive, 1993).

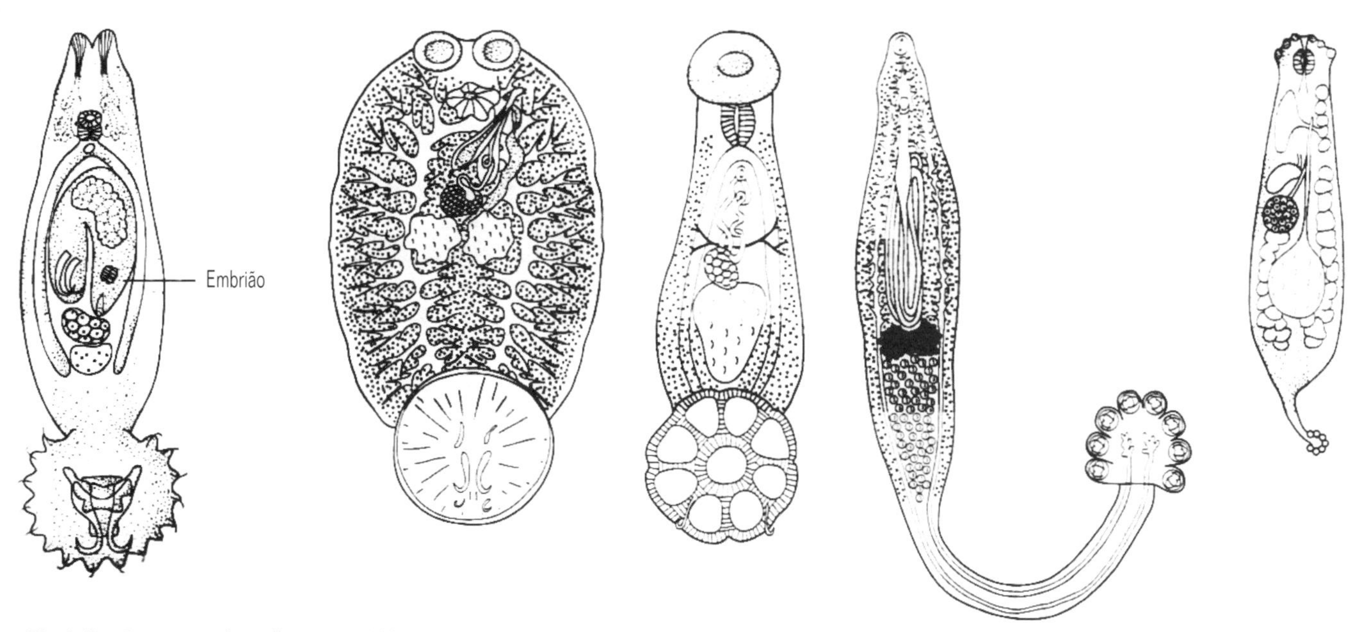

Fig. 3.41 Formas corpóreas de monogenóideos (segundo Barnes, 1998).

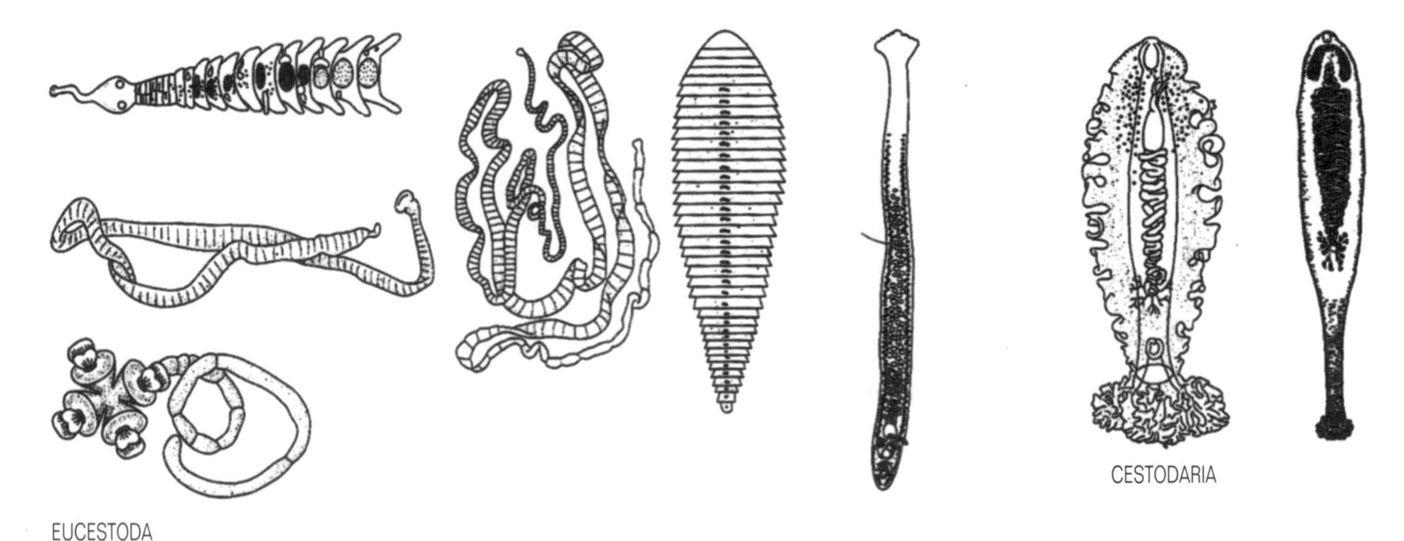

Fig. 3.42 Formas corpóreas de solitárias (segundo várias fontes).

3.6.2.3.4 As solitárias Cestódeos ou solitárias (Fig. 3.42) são, quando adultos, endoparasitas, sem trato digestivo, do canal alimentar (ou mais raramente das cavidades corpóreas) de vertebrados, especialmente peixes cartilaginosos, os quais, como os outros platelmintos parasitas, são revestidos por um tegumento resistente, sincicial e, no caso das solitárias, absortivo, portando projeções superficiais na forma de microvilosidades (microtríquios) (Fig. 3.43). A maioria das solitárias possui um órgão de fixação anterior, o escólex, que possui ventosas, ganchos ou estruturas equivalentes, e possui o corpo ou 'estróbilo' dividido em uma cadeia linear de proglótides semelhantes a segmentos que são brotadas assexuadamente de uma zona anterior de proliferação (Fig. 3.44). À medida que cada proglótide envelhece, seu único ou múltiplos conjuntos de órgãos reprodutivos amadurecem até que, finalmente, se torne cheia de ovos e se destaque da região posterior e saia do hospedeiro pelas fezes. Solitárias grandes podem atingir 5m de comprimento e possuir 4.500 proglótides; comprimentos superiores a 30m já foram registrados. Dos ovos eclode uma larva oncosfera, geralmente com seis ganchos ('larva hexacanta'), e o desenvolvimento procede via larvas adicionais, procercóide, plerocercóide, cisticercóide, em uma variedade de hospedeiros intermediários. (Fig. 3.45 e Quadro 3.3). Alguns são pedomórficos e, nestes, o corpo pode compreender uma única proglótide com um único conjunto de gônadas. A fixação no hospedeiro não é permanente, o escólex pode se desprender e o verme se locomove por contração muscular pelo trato digestivo do hospedeiro; pelo menos alguns o fazem em ritmos regulares. Dois dos 14 maiores grupos de solitárias, separados como os Cestodaria, têm forma particularmente semelhante à de trematódeos, diferindo das solitárias verdadeiras (os Eucestoda) por não possuírem escólex, a fixação no hospedeiro ocorre por uma única ventosa anterior, como em monogenóideos, e também por não apresentarem o corpo dividido em séries de proglótides e por possuírem uma larva oncosfera com 10 ganchos (ou 'decacanta'). O ciclo de vida dos cestodários é pouco conhecido, principalmente porque eles não são comuns e não possuem interesse econômico ou médico.

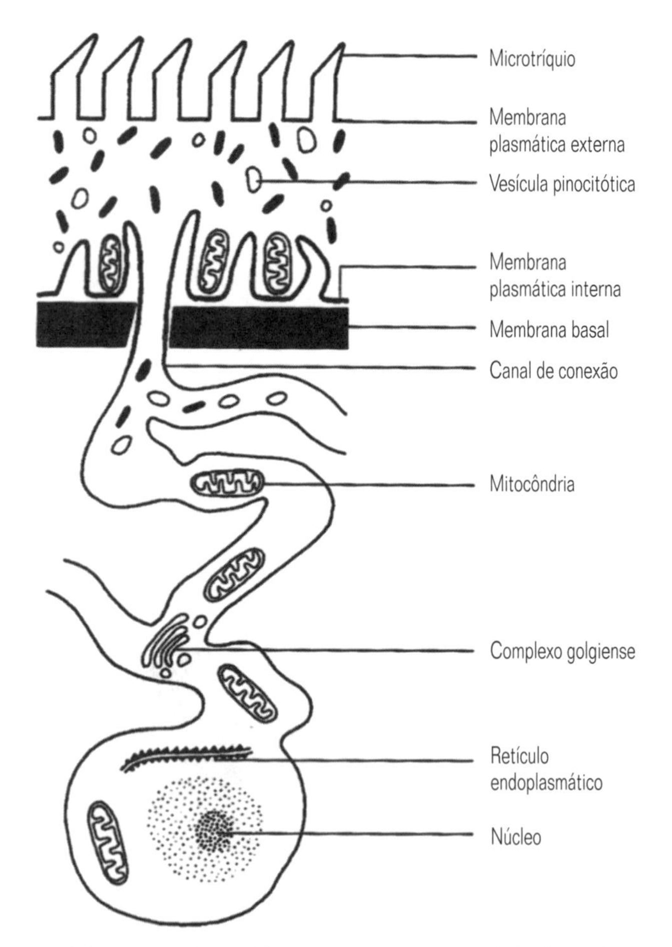

Fig. 3.43 Secção diagramática do tegumento de um cestódeo (segundo Meglitsch, 1972).

3.7 Leitura adicional

Barnes, R.S.K. 1998. Kingdom Animalia. In: Barnes, R.S.K. (Ed.), The Diversity of Living Organisms. Blackwell Science, Oxford.

Bergquist, P.R. 1978. Sponges. Hutchinson, London [Porifera].

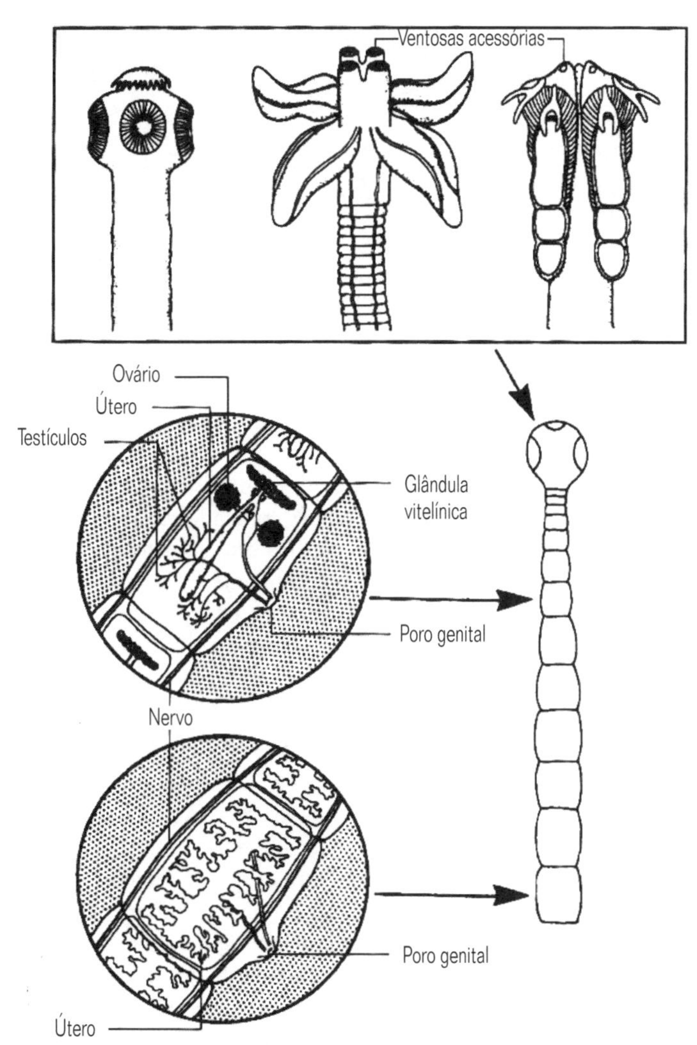

Fig. 3.44 Formas do corpo de solitárias mostrando detalhes de várias regiões – três exemplos de escóleces são apresentados (segundo várias fontes).

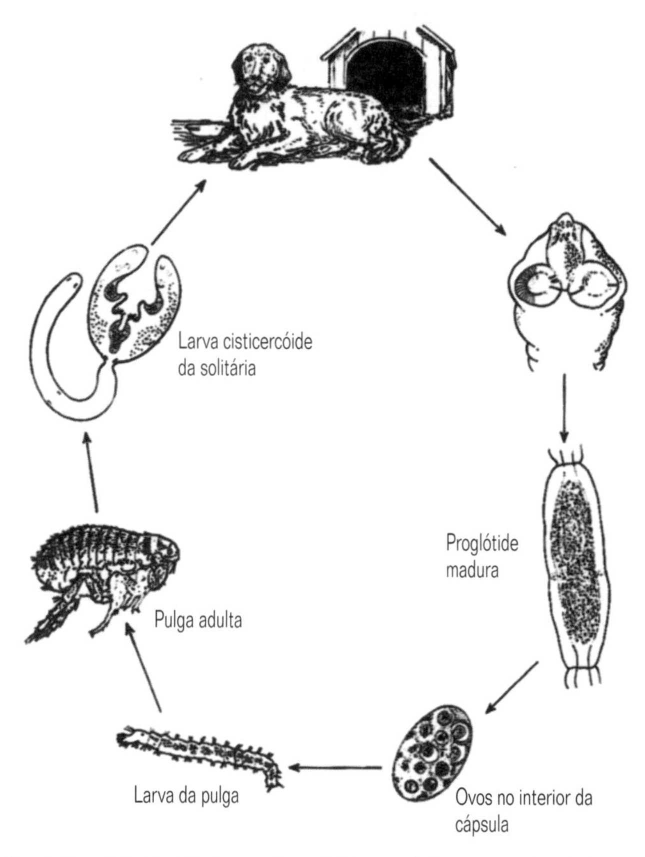

Fig. 3.45 Ciclo de vida de uma das solitárias que infectam cães domésticos (segundo Joyeux & Baer, 1961).

Corliss, J.O. 1984. The kingdom Protista and its 45 phyla. Biosystems, 17, 87-126 [Protozoa].

Crompton, D.W.T. & Joyner, S.M. 1980. Parasitic Worms. Wykeham, London.

Fry, W.G, (Ed.) 1970. The Biology of Porifera. Academic Press, New York [Porifera].

Grell, K.G. 1982. Placozoa. In: Parker, S.P. (Ed.) Synopsis and Classification of Living Organisms, Vol. 1, p. 639. McGraw-Hill, New York [Placozoa].

Hochberg, F.G. 1982. The 'kidneys' of cephalopods: a unique habitat for parasites. Malacologia, 23, 121-134 [Mesozoa].

Hughes, R.N. 1989. A Functional Biology of Clonal Animals. Chapmann & Hall, London.

Hyman, L. H. 1940. The Invertebrates, Vol. 1. Protozoa through Ctenophora. McGraw-Hill, New York [Porifera, Cnidaria, Ctenophora, Mesozoa].

Hyman, L.H. 1951. The Invertebrates, Vol. 2. Platyhelminthes and Rhynchocoela. McGraw-Hill, New York [Platyhelminthes].

Kaestner, A. 1967. Invertebrate Zoology, Vol. 1. Wiley, NewYork [Polifera, Cnidaria, Ctenophora, Platyhelminthes, Mesozoa].

Lapan, E.A. & Morowitz, H. 1972. The Mesozoa. Sci. Am., 2~7, 94-101 [Mesozoal.

Mackie, G.O. (Ed.) 1976. Nutritional Ecology and Behavior. Plenum, New York [Cnidaria].

Miller, RL. 1971. Trichoplax adhaerens Schulze 1883: Return of an Enigma. Biol. Bull. mar. Biol. Lab., Woods Hole, 141, 374 [Placozoa].

Morris, S.C, George, J.D., Gibson, R. & Platt, H.M. 1985. The Origins and Relationships of Lower Invertebrates. The Systematics Association, Special Volume No. 28. Clarendon Press, Oxford.

Parker, S.P. (Ed.) 1982. Synopsis and Classification of Living Organisms (2 Vols). McGraw-Hill, New York.

Reeve, M.R & Walker, M.A. 1978. Nutritional ecology of ctenophores – a review of past research. Adv. mar. Biol. 15, 246-287 [Ctenophora].

Schmidt, H. 1972. Die Nesselkapseln der Anthozoen und ihre Bedeutung für die phylogenetische Systematik. Helgoländer Wiss. Meeresunters., 23, 422-458 [Platyhelminthes].

Schockaert, E.R. & Ball, LR 1981. The Biology of the Turbellaria. Junk, The Hague [Platyhelminthes].

Sleigh, M.A. 1989. Protozoa and other Protists. Arnold, London [Protozoa].

Smyth, T.D. 1977. Introduction to Animal Parasitology, 2nd edn. Wiley, New York [Platyhelminthes].

Sorokin, Y.I. 1993. Coral Reef Ecology. Springer, Berlin.

Nemertea
Gnathostomula
Gastrotricha
Nematoda
Nematomorpha
Kinorhyncha
Loricifera
Priapula
Rotifera
Acanhocephala
Sipuncula
Echiura
Pogonophora
Annelida
Vermes de filo incerto

Os 14 filos incluídos neste capítulo são todos protostômios derivados de platelmintos embora, por outro lado, eles não compartilhem nenhuma característica particular e não constituam um grupo natural de animais aparentados (veja Capítulo 2). Como tem sido usado, o nome 'verme' é um termo indefinido, embora sugestivo, popularmente aplicado a qualquer animal que não é obviamente qualquer outra coisa! Eles formam um grupo de 'conveniência', reconhecido principalmente por compartilhar a ausência de vários atributos que caracterizam outros grupos de filos do que por qualquer outra coisa, não obstante a sua forma vermiforme. Isso quer dizer que os vermes discutidos aqui são animais que não possuem pernas, não são cobertos por uma concha protetora, não são deuterostômios e não apresentam um lofóforo. Os foronídeos, igualmente vermiformes, possuem um lofóforo e estão, desta forma, incluídos no Capítulo 6; os hemicordados (Enteropneusta) são deuterostômios e estão, por esta razão, incluídos no Capítulo 7, assim como os quetognatos; enquanto os pentastomídeos são considerados, juntamente com seus afins artrópodes, no Capítulo 8. Na prática, então, estes 14 grupos de vermes são simplesmente animais que retiveram a condição vermiforme de seus ancestrais mais ou menos não modificada, possuindo um corpo de 2-3 a 15.000 vezes mais longo que largo e achatado ou arredondado em secção transversal.

Embora os sistemas de relações entre esses vermes não sejam universalmente aceitos, está se tornando cada vez mais claro que quatro agrupamentos de filos são amplamente reconhecidos. O primeiro destes (Gnathostomula e Gastrotricha) é similar, na essência do plano do corpo, ao suposto animal ancestral vermiforme achatado e apresenta relativamente pouca diversidade dentro do grupo. Ambos os filos são caracterizados por especializações altamente individualizadas que impedem que os mesmos sejam acomodados dentro de Platyhelminthes.

Os gastrótricos podem, possivelmente, fornecer uma ligação morfológica com o segundo grupo de filos, muito maior e mais diversificado, geralmente conhecido como nematelminntos ou asquelmintos. É a estes vários vermes que se postula que os artrópodes sejam relacionados. O grupo compreende cinco filos, todos com cutícula que sofre mudas. Kinorhyncha, Loricifera e Nematomorpha compartilham, em algum estágio de suas vidas, um introverte eversível distinto, possuindo um cone bucal rodeado de estiletes e espirais de escálides. Os Priapula possuem um introverte similar, com escálides, embora sem estiletes orais; e os Nematoda também parecem estar ligados a este grupo, pois uma espécie brasileira possui um introverte equivalente, com escálides espiniformes, e os nematódeos e nematomorfos compartilham o mesmo sistema muscular/locomotor altamente especializado. Com exceção de seu intorverte com escálides, os priapúlidos são, por outro lado, nematelmintos muito atípicos e poderiam ser considerados próximos da forma ancestral e ao tipo reprodutivo do grupo.

O terceiro grupo, os Rotifera e Acanthocephala, não possuem introverte nem cutícula externa, mas compartilham da presença de uma cutícula intracelular, dentro da epiderme e também de uma probóscide locomotora e/ou adesiva e dos sacos epidérmicos, lemniscos, que podem estar associados à sua operação (os últimos dois atributos ocorrem somente em rotíferos bdelóides). As relações deste grupo são atualmente um pouco obscuras, embora uma afinidade com os Eutrochozoa pareça muito provável.

O quarto grupo também contém uma série diversificada de tipos de vermes. Os Annelida, Pogonophora e Echiura, no entanto, compartilham atributos como cavidades do corpo de origem esquizocélica, cerdas quitinosas, sistema sanguíneo fechado e órgãos parecidos com metanefrídios, embora os dois primeiros filos sejam metaméricos enquanto os Echiura são claramente monoméricos. Os Sipuncula também são monoméricos, nos quais os 'metanefrídios' e a esquizocele são frequentemente tidos como indicadores de afinidades com este quarto grupo de filos, embora eles não possuam cerdas e nenhum sistema circulatório. Somente os sipúnculos possuem um introverte, mas, em contraste ao órgão cheio de espinhos, curto e em forma de barril dos nematelmintos, o introverte dos sipúnculos é um tubo longo e estreito, terminando em lobos ou tentáculos coletores de detritos. Os Nemertea também pertencem a este grupo. Eles são monoméricos e não segmentados, mas possuem uma grande cavidade esquizocélica na qual está alojado um arpão para captura de presas, bastante especializado. Por outro lado, seu plano corpóreo é muito similar ao dos platelmintos, embora eles possuam um sistema circulatório e um trato digestivo completo. Quando presente, o estágio larval de todos esses filos (e os relacionados moluscos) é uma trocófora.

Assim como a posição de Priapula é aberrante dentro dos nematelmintos – em relação a algumas características peculiares de nematelmintos – eles são radicalmente diferentes de todos os outros filos – o mesmo é verdade para Sipuncula em relação a outros vermes esquizocelomados. Em ambos estes grandes grupos de vermes, argumentos baseados em algumas características anatômicas podem ser utilizados para indicar a aquisição paralela do grau comum de organização, enquanto outros caracteres podem sugerir suporte para afinidade filogenética. O que é uma glândula e seu duto para um autor, podem ser a faringe e o canal bucal para outro (este exemplo é citado segundo duas idéias sobre a estrutura da larva de nematomorfos). Mesmo com relação a alguns filos particulares, por exemplo, Nematomorpha entre os nematelmintos e os Pogonophora entre os esquizocelomados, pode ser argumentado convincentemente que cada um consiste de dois grupos de vermes com origens completamente diferentes: um subgrupo de nematomorfos pode ter derivado de nematódeos mermitóides, enquanto que o outro está relacionado aos quinorrincos e loricíferos; uma classe (ou subfilo) de pogonóforos está proximamente relacionada aos anelídeos, a outra classe (ou subfilo) pode ter surgido independentemente e adquirido sua esquizocele por paralelismo!

Claramente, seria prematuro agrupar qualquer um desses vários grupos de vermes em um número menor de filos maiores, com exceção da união entre Annelida e Pogonophora, por razões filogenéticas e com a possível exclusão de nematelmintos. Aqui, nós trataremos todos os 14 grupos em blocos separados de mesmo nível taxonômico.

Também estão incluídas aqui (Seção 4.15) quatro famílias de vermes de afinidades mais controversas, que ainda não podem ser classificados em nenhum filo existente. A uma delas é frequentemente atribuído um filo próprio e pode ser argumentado que novos filos terão de ser criados para acomodá-las.

4.1 Filo NEMERTEA (nemertinos)

4.1.1 Etimologia

Grego: Nemertes, uma ninfa marinha do Mediterrâneo, filha de Nereus e Doris.

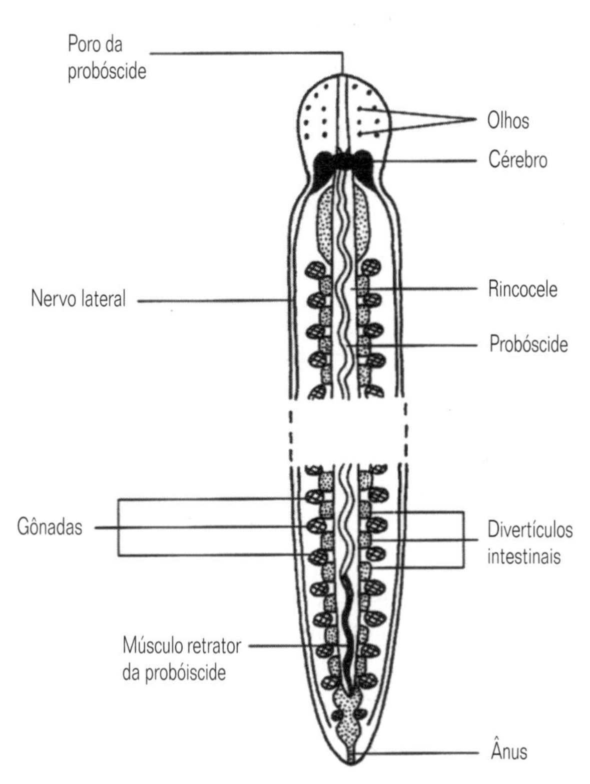

Fig. 4.1 Vista dorsal diagramática de um nemertino, visto como se fosse transparente (modificado de várias fontes, especialmente de Pennak, 1978).

4.1.2 Características diagnósticas e especiais (Fig.4.1)

1 Simetria bilateral, vermiformes.

2 Corpo com espessura de mais de duas camadas de células, com tecidos e órgãos.

3 Trato digestivo completo e ânus terminal.

4 Sem cavidade corpórea, esqueleto fornecido pelo parênquima.

5 Epiderme ciliada externamente, sem cutícula.

6 Corpo achatado dorsoventralmente, frequentemente com órgãos repetidos serialmente (p. ex., bolsas digestivas, órgãos protonefridiais, gônadas).

7 Sem sistema de troca de gases, mas com sistema circulatório.

8 Sistema nervoso com um cérebro e, geralmente, três cordões longitudinais.

9 Uma probóscide ectodérmica eversível e retrátil, alojada em uma cavidade dorsal longitudinal, a rincocele, que se abre para o exterior perto da boca.

10 Ovos com clivagem espiral.

Os nemertinos possuem comprimento variando de <0,5 mm a >30 cm e podem ser descritos como 'super-platelmintos', sendo as características básicas de sua organização corpórea basicamente aquelas encontradas em platelmintos turbelários maiores (veja a Seção 3.6.2.3.1). Eles diferem daquele grupo, no entanto, em três características importantes. Primeiro, eles possuem um trato digestivo completo, mais eficiente; segundo, eles possuem um sistema circulatório fechado, com fluxo sanguíneo (que é irregular) dirigido tanto por contração da pare-

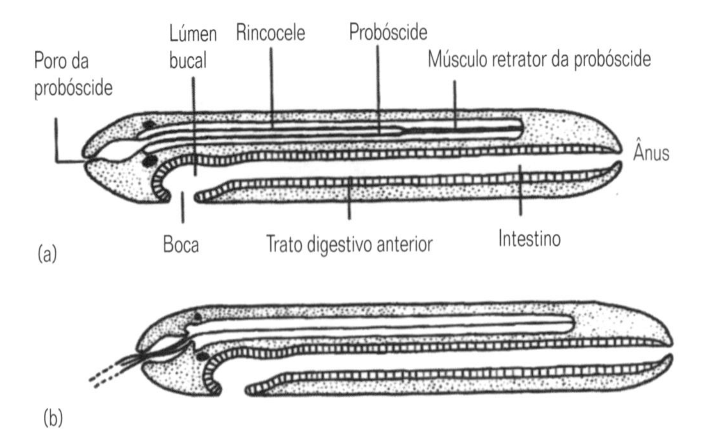

Fig. 4.2 Seção longitudinal diagramática de um nemertino, mostrando a rincocele e a probóscide (a) retraída e (b) evertida (segundo Gibson, 1982).

Fig. 4.3 Larva pilídio de nemertinos (segundo Kershaw, 1983).

de dos vasos sanguíneos, quanto por movimentos do corpo; e terceiro, eles exibem uma probóscide característica, que é uma estrutura completamente separada do trato digestivo e não uma região do mesmo (Fig. 4.2).

A probóscide está alojada em uma cavidade tubular que se estende por quase todo o comprimento do corpo, com as paredes da mesma construção que o corpo. A pressão gerada dentro da rincocele pela contração dos músculos da parede everte a probóscide, e esta é retraída por um músculo longitudinal que se estende da sua extremidade posterior à margem posterior da rincocele. Ela é usada principalmente para a captura de presas, mas também, em espécies terrestres, para locomoção rápida: a probóscide é evertida, fixada ao solo à frente do verme, e o animal então se puxa para frente sobre sua própria probóscide.

A locomoção dos nemertinos é, por outro lado, similar àquela dos turbelários, isto é, deslizamento por movimentos ciliares, os cílios batendo sobre o muco secretado, ou ondas de contrações musculares que passam ao longo da superfície ventral em formas maiores. Algumas espécies podem nadar por meio de ondulações dorsoventrais do corpo.

A multiplicação ocorre por fragmentação assexuada e por reprodução sexuada, sendo as gônadas estruturas temporárias formadas por agregações de células do mesênquima, diferenciadas que estão confinadas dentro de membranas e, quando maduras, são conectadas ao exterior por dutos temporários. A maioria das espécies é gonocórica, embora algumas formas de água doce e terrestres sejam hermafroditas e capazes de auto-fecundação. O desenvolvimento direto é a norma, mas os membros de uma ordem possuem um estágio larval (Fig. 4.3); a fecundação geralmente é externa.

Quase todas as espécies são predadoras, capturando organismos do tamanho de protistas a moluscos, artrópodes e peixes. Os nemertinos são notáveis por incluírem o animal mais longo conhecido: Lineus longissimus, que atinge regularmente 30m e alguns indivíduos podem, provavelmente, atingir o dobro deste comprimento quando completamente estendidos.

4.1.3 Classificação

As 900 espécies conhecidas estão incluídas em duas classes.

Classe	Ordem
Anopla	Palaeonemertea Heteronemertea
Enopla	Hoplonemertea Bdellonemertea

4.1.3.1 Classe Anopla

Nos Anopla, o sistema nervoso central está localizado dentro da parede do corpo, que frequentemente possui três camadas de músculos: ou duas camadas de musculatura circular em cada lado de uma camada única longitudinal, como na ordem Palaeonemertea, ou duas camadas de músculos longitudinais em cada lado de uma camada única circular, como na ordem Heteronemertea. A probóscide dos Anopla é relativamente simples, sem diferenciação regional ou estiletes, embora um grande número de rabdóides epiteliais, do tipo frequentemente encontrado em turbelários, possa estar presente; o poro da probóscide se abre completamente separado da boca.

A maioria dos Anopla (Fig. 4.4) é marinha e bentônica, mas três espécies ocorrem em água doce e várias habitam regiões salobras. Os heteronemertinos são o único grupo que possui um estágio larval.

4.1.3.1 Classe Enopla

Os Enopla possuem sistema nervoso central localizado internamente à musculatura da parede do corpo, que possui duas camadas, e uma probóscide diferenciada em regiões, cuja região central é um bulbo muscular curto portando um ou mais estiletes (exceto no aberrante gênero comensal e filtrador Malacobdella, que está classificado dentro de sua própria ordem, os Bdellonemertea). O trato digestivo dos Enopla é complexo e se abre para o exterior por uma abertura em comum com a probóscide: na maioria das espécies (a ordem Hoplonemertea), o intestino possui numerosos pares de divertículos laterais, enquanto nos bdelonemertinos, a grande faringe é o órgão de filtração e contém papilas ciliadas, nas quais partículas de alimento são capturadas sem o uso de muco.

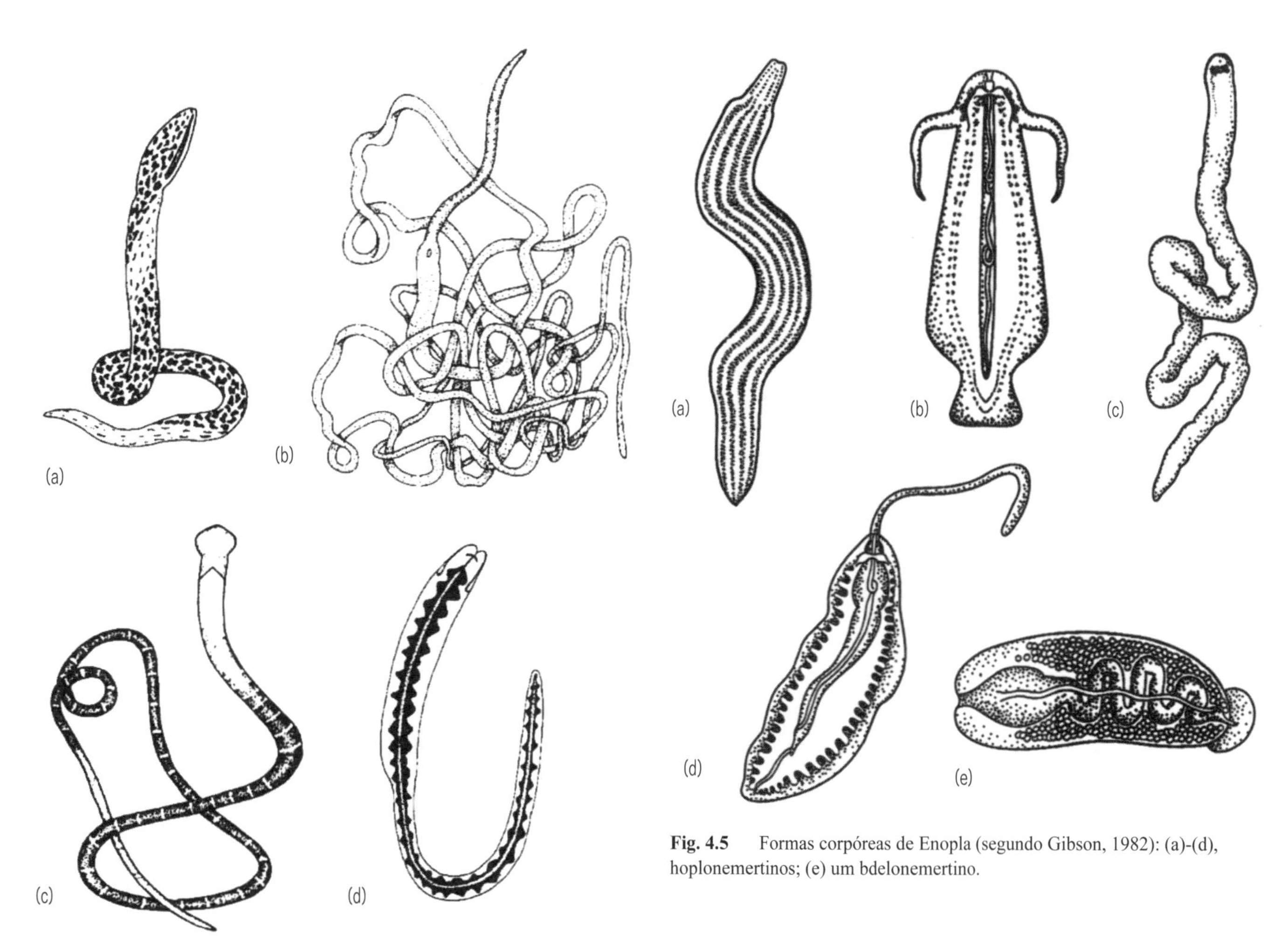

Fig. 4.4 Formas corpóreas de Anopla (segundo Gibson, 1982): (a) e (d). heteronemertinos; (b) e (c), paleonemertinos.

Fig. 4.5 Formas corpóreas de Enopla (segundo Gibson, 1982): (a)-(d), hoplonemertinos; (e) um bdelonemertino.

Embora a maioria dos Enopla seja marinha e bentônica, vários são pelágicos, incluindo tanto formas que nadam, quanto flutuadoras (Fig. 4.5), alguns são de água doce e outros terrestres, e uns poucos são comensais (p. ex., na cavidade atrial de tunicados) ou parasitas.

4.2 Filo GNATHOSTOMULA

4.2.1 Etimologia

Grego: gnathos, mandíbula; stoma, boca.

4.2.2 Características diagnósticas e especiais (Figs. 4.6 e 4.7)

1 Simetria bilateral e vermiformes.

2 Corpo com espessura de mais de duas camadas de células, com tecidos e órgãos.

3 Trato digestivo com fundo cego, embora um ânus temporário possa ser formado.

4 Sem cavidade corpórea, o esqueleto sendo fornecido pelo parênquima pouco desenvolvido.

5 Sem sistemas circulatório ou para troca de gases.

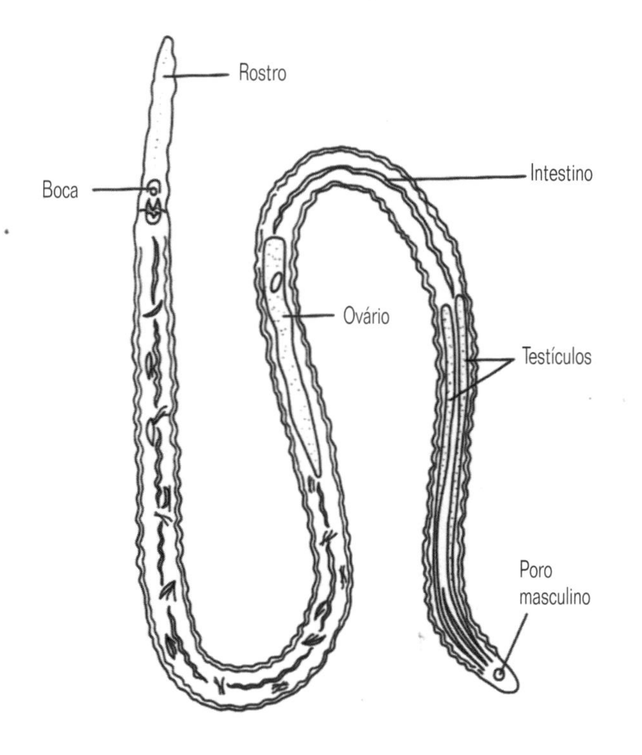

Fig. 4.6 Anatomia de um gnatostomulídeo filospermóideo (segundo Sterrer, 1982).

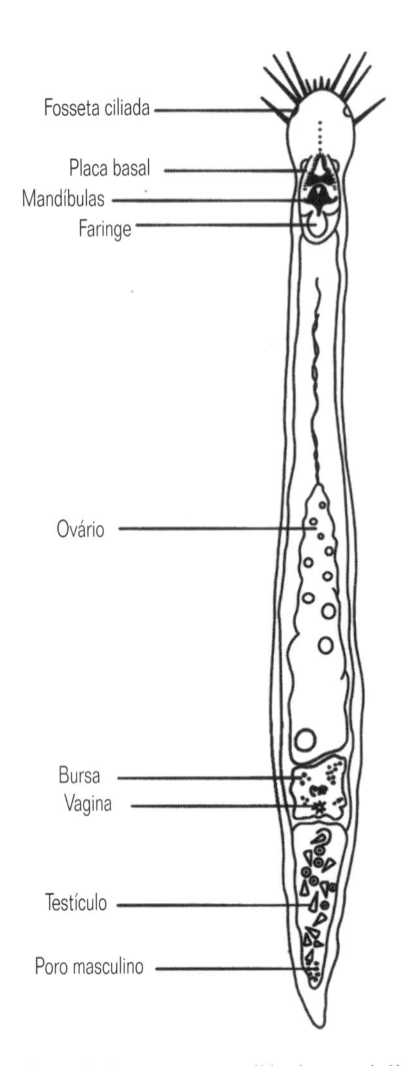

Fig 4.7 Anatomia de um gnatostomulídeo bursovaginóideo (segundo Sterrer, 1982).

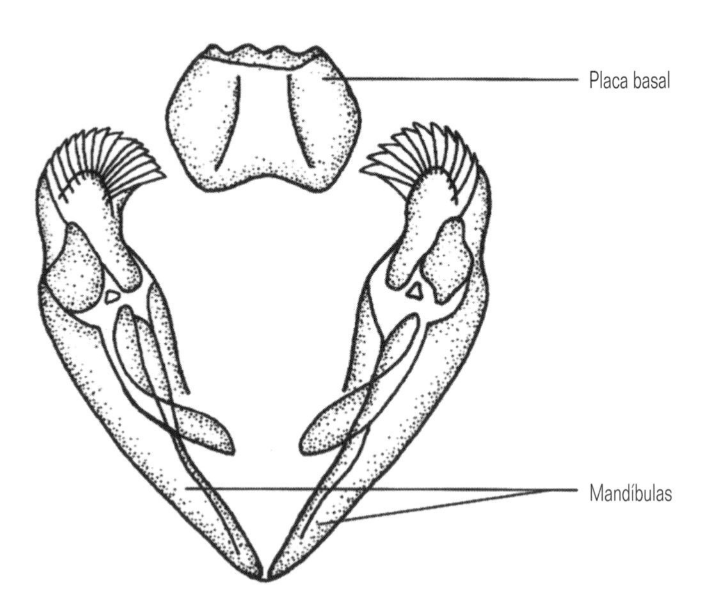

Fig. 4.8 Placa basal única e mandíbulas pares de Gnathostomula (segundo Sterrer, 1982).

6 Órgãos de excreção simples, protonefrídios formados por 2 células semelhantes às células epidérmicas, uma vez que a célula terminal possui um único cílio.

7 Epiderme externa monociliada e sem cutícula.

8 Sistema nervoso epidérmico, difuso.

9 Com aparato alimentar complexo, formado por um par de mandíbulas e uma placa basal única.

10 Hermafroditas (simultaneamente).

11 Ovos com clivagem espiral.

12 Desenvolvimento direto.

13 Marinhos, intersticiais, frequentemente em areias anóxicas.

Estes vermes minúsculos (<3mm de comprimento) e transparentes possuem uma organização corpórea essencialmente similar àquela de turbelários de vida livre (Seção 3.6.2.3.1) e de Gastrotricha (Seção 4.3). Eles diferem destes dois grupos, no entanto, em particular pela sua faringe muscular altamente especializada, que possui um complexo sistema de mandíbulas utilizado para raspar bactérias, protistas e fungos das superfícies dos grãos de areia (Fig. 4.8). Em busca destas presas, os gnatostomulídeos se movem pelos espaços intersticiais dos sedimentos nadando ou deslizando por meio da sua epiderme ciliada, cujos cílios podem bater para frente ou para trás, e usando contrações repentinas dos três ou quatro pares de músculos longitudinais que formam a musculatura da parede do corpo. O único ovário libera um único ovo grande por vez, o qual é provavelmente sempre fecundado internamente. É possível que, durante o ciclo de vida, vários gnatostomulídeos exibam alternância entre um estágio assexuado que se alimenta e outro sexuado, que não se alimenta.

O filo não havia sido descrito até 1956, quando o primeiro gnatostomulídeo foi descoberto. Essa descoberta tardia não foi resultado da raridade dos animais – eles podem alcançar densidades de 600.000 por m^{-3} – mas da falta de investigação anterior das camadas anóxicas dos sedimentos marinhos, e pelo grau de deformação destes animais quando preservados.

4.2.3 Classificação

As cerca de 100 espécies descritas são colocadas em duas ordens dentro de uma única classe: os filospermóideos extremamente alongados (Fig. 4.6), com um longo rostro anterior, mas sem o par de órgãos sensoriais anteriores, e sem um pênis ou um saco para armazenar espermatozóides (a bursa), e os bursovaginóideos atarracados (Fig. 4.7), que não possuem um rostro alongado, mas possuem cerdas sensoriais pares, cílios e fossetas anteriores, e possuem um pênis e uma bursa. Sem dúvida, há muito mais espécies por descrever.

4.3 Filo GASTROTRICHA

4.3.1 Etimologia

Grego: gaster, estômago; thrix, pêlo.

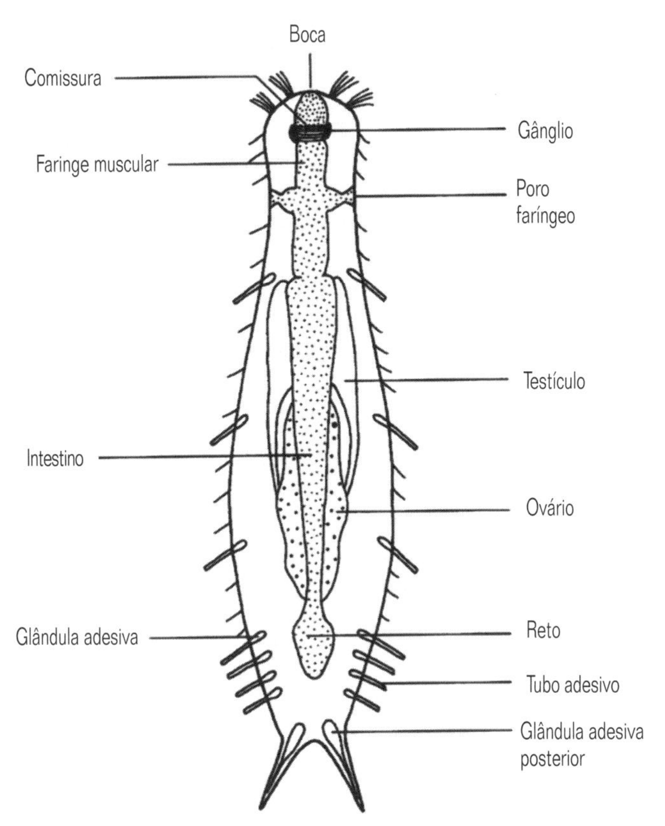

Fig. 4.9 Vista dorsal diagramática de um Gastrotricha, como se este fosse transparente (segundo várias fontes). Nota: o diagrama mostra características dos Macrodasyida (tubos adesivos laterais) e Chaetonotida (poros faríngeos) que não estão presentes simultaneamente em nenhum indivíduo.

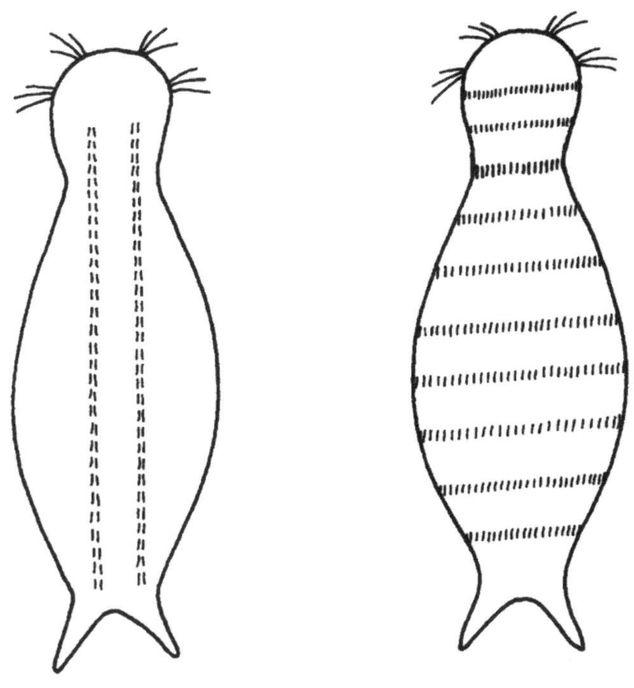

Fig. 4.10 Vista ventral diagramática de dois Gastrotricha, mostrando diferentes padrões de ciliação (segundo Hyman, 1951).

4.3.2 Características diagnósticas e especiais (Fig.4.9)

1 Simetria bilateral, vermiformes.

2 Corpo com espessura de mais de duas camadas de células, com tecidos e órgãos.

3 Trato digestivo completo e ânus terminal.

4 Sem cavidade corpórea (não obstante a frequente citação da interpretação antiga do contrário).

5 Sem sistemas circulatório ou para troca de gases.

6 Uma cutícula externa não quitinosa e, geralmente, uma epiderme dorsal monociliada e ventral multiciliada; algumas camadas da cutícula se estendem individualmente como uma bainha sobre cada cílio.

7 Sistema nervoso anterior com um gânglio em cada lado da laringe, conectados dorsalmente por uma comissura, e um par de cordões longitudinais.

8 Corpo coberto por escamas cuticulares, espinhos ou ganchos, e possuindo até 250 tubos adesivos.

9 Hermafroditas ou partenogenéticos.

10 Ovos liberados pela ruptura da parede do corpo e clivagem e forma bilateralmente radial, mas o desenvolvimento é determinado.

11 Desenvolvimento direto.

12 Aquáticos; intersticiais, habitantes de superfície ou, raramente, planctônicos.

Os Gastrotricha possuem um corpo mais ou menos transparente, achatado dorsoventralmente, de até 4mm de comprimento (embora geralmente <1 mm). Na parte anterior ocorrem órgãos sensoriais dos tipos encontrados em gnatostomulídeos bursovaginóides (cerdas pares, cílios e fossetas sensoriais), juntamente com ocelos em alguns. Na parte posterior, o corpo pode terminar em uma bifurcação robusta ou em uma cauda fina. Os tubos adesivos possibilitam a fixação temporária a superfícies e, embora a parede do corpo contenha músculos circulares e longitudinais, o movimento é feito por deslizamento ciliar. Os cílios da superfície ventral estão frequentemente dispostos de maneira não uniforme, por exemplo, em bandas transversais ou longitudinais, em padrões característicos de vários gêneros (Fig. 4.10).

Eles se alimentam de bactérias, protistas e detritos que são varridos para a boca pelo batimento de cílios bucais ou bombeamento faríngeo. Em comum com os nematódeos, a faringe é trirradiada em secção transversal e é revestida por uma camada única de células mioepiteliais; e, como em rotíferos e quinorrincos, as espécies de água doce possuem um par de protonefrídios com solenócitos.

4.3.3 Classificação

Mais de 450 espécies são conhecidas, divididas em duas ordens dentro de uma única classe: os marinhos Macrodasyida (Fig. 4.11), que possuem faringe perfurada para o exterior por um par de poros, provavelmente servindo como saída para a água obtida junto com o alimento, corno nos hemicordados pterobrânquios (Seção 7.2.3.2, e veja a Seção 9.2.5); e os Chaetonotida marinhos e de água doce (Fig. 4.12), que são normalmente fusiformes, não possuem poros faríngeos, apresentam tubos adesivos, quando presentes, somente na parte posterior e podem ser partenogenéticos.

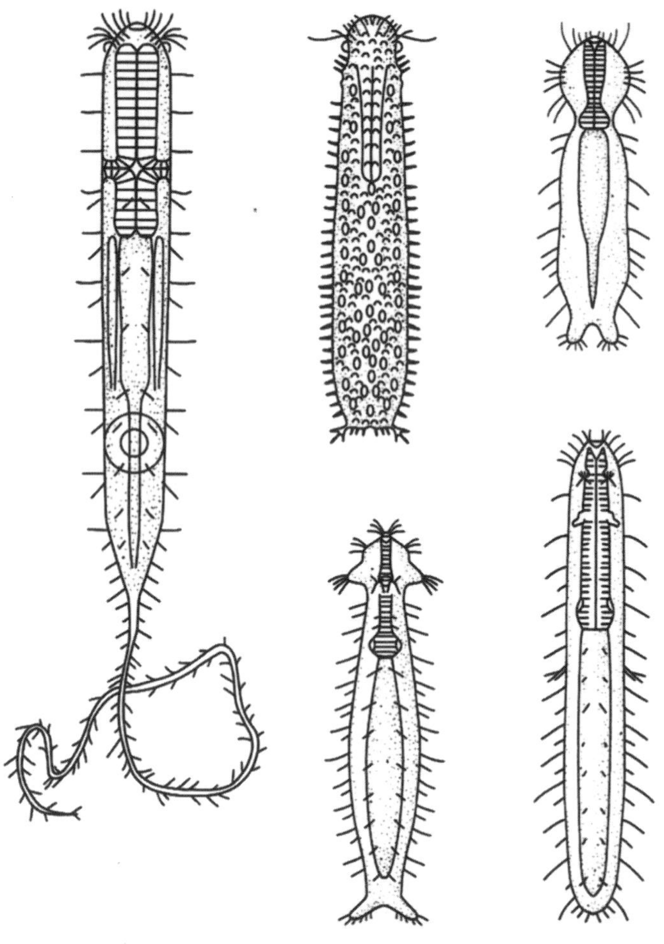

Fig. 4.11 Formas corpóreas de Macrodasyida (segundo Grassé, 1965; Hummon,1982).

4.4 Filo NEMATODA

4.4.1 Etimologia

Grego: nema, filamento; eidos, forma.

4.4.2 Características diagnósticas e especiais

1 Simetria bilateral, vermiformes, mas com uma tendência a uma simetria radial ao redor do eixo longitudinal.

2 Corpo com espessura de mais de duas camadas de células, com tecidos e órgãos.

3 Cutícula complexa.

4 Parede do corpo sem músculos circulares.

5 Cavidade do corpo é uma pseudocele, geralmente derivada da blastocele.

6 Trato digestivo muscular partindo de uma boca anterior, via uma faringe muscular ao ânus subterminal.

7 Músculos longitudinais dispostos em quatro zonas; cordões epidérmicos, um ventral, dois laterais e um dorsal.

8 Sistema nervoso com nervos longitudinais nos cordões epidérmicos mediano-ventral e mediano-dorsal, e em contato direto com as células musculares nos campos musculares.

9 Secção transversal sempre circular, fluido corpóreo sempre mantido sob alta pressão.

10 Sem sistema circulatório.

11 Sistema excretor sem células-flama ou nefrídios. Túbulos excretores com uma ou um pequeno número de células renete.

12 O padrão de clivagem embrionária não é espiral, nem radial, mas altamente determinado, com arranjo de células em forma de T no estágio de 4 blastômeros.

13 Desenvolvimento sempre direto, mas nas formas parasitas uma larva pode ser o estágio infectante.

O filo Nematoda é urna das maiores histórias de sucesso do Reino Animal. Mais de 15.000 espécies foram descritas, de 1 milhão de espécies viventes estimadas. Em comparação com outros grandes filos, esta diversidade de espécies não é baseada em grande diversidade de estruturas. Todos os nematódeos são construídos segundo um mesmo plano fundamental. As muitas espécies representam modificações menores de uma fórmula bem sucedida. Corno isso inclui a habilidade de resistir a ambientes potencialmente nocivos, muitos nematódeos são parasitas.

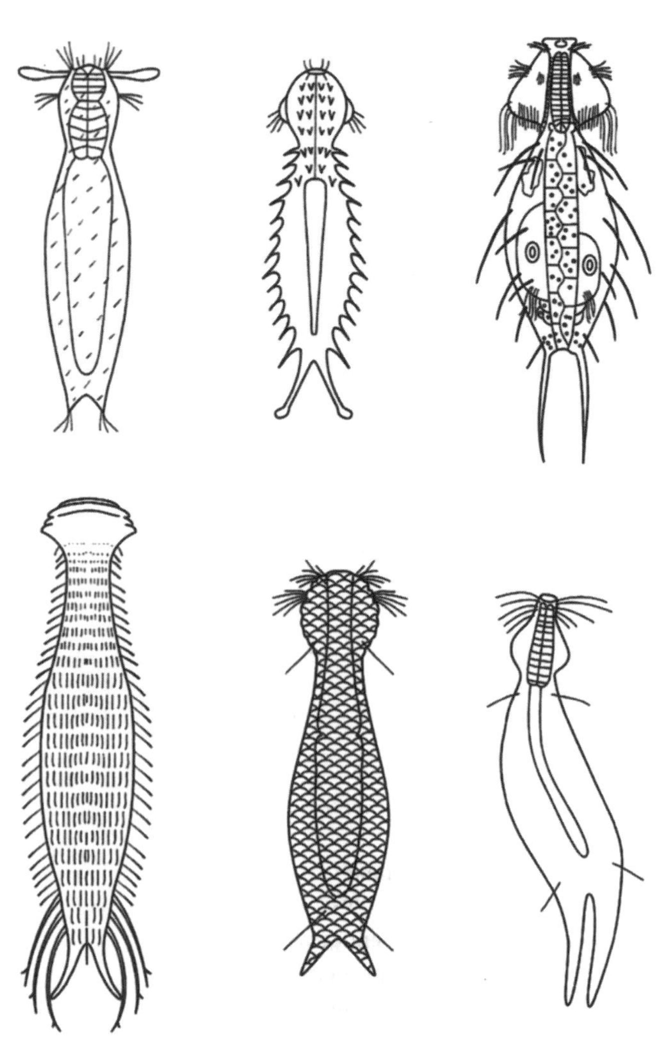

Fig. 4.12 Formas corpóreas de Chaetonotida (segundo Grassé, 1965; Hummon, 1982).

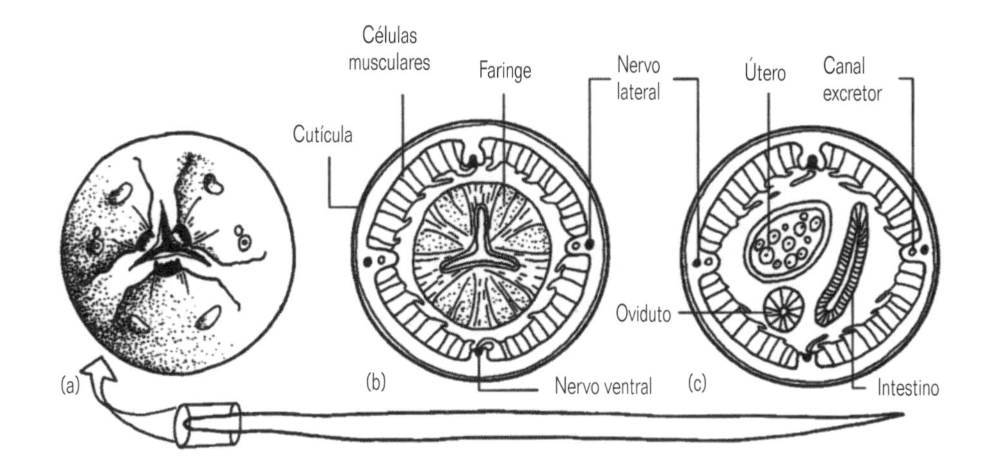

Fig. 4.13 A estrutura de um nematódeo vista em secção transversal: (a) visão estereoscópica da cabeça mostrando o arranjo triangular de boca, lábios e órgãos sensoriais associados; (b) secção transversal da região da faringe; (c) secção transversal da região mediana do corpo.

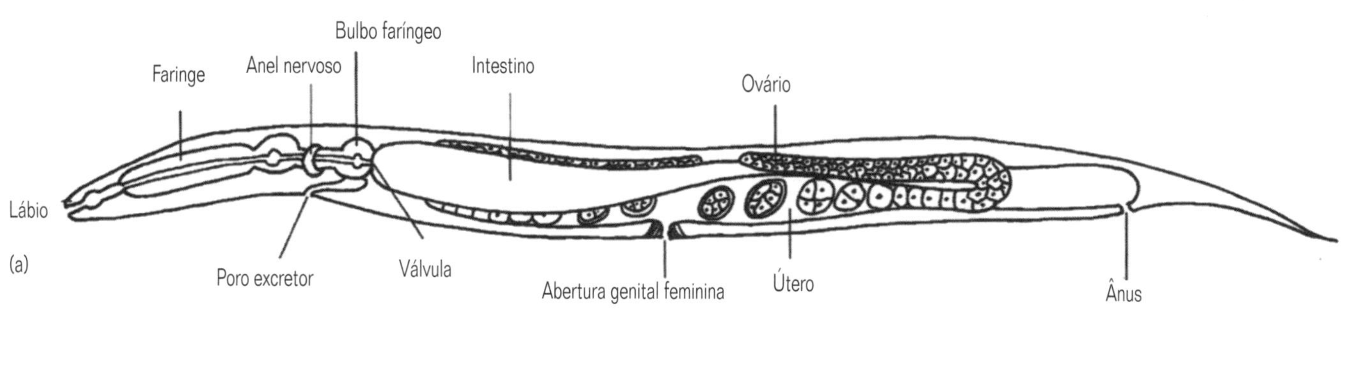

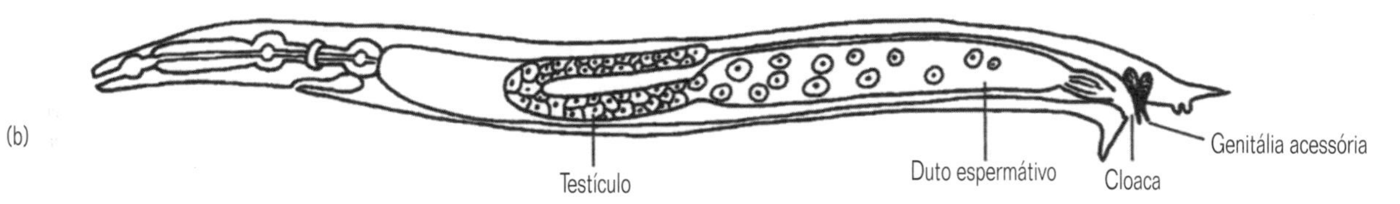

Fig. 4.14 Estrutura geral de um nematódeo (baseado no gênero parasita Rhabditis: (a) uma fêmea; (b) um macho.

Um nematódeo é um 'tubo dentro de um tubo', afilado em as extremidades e circular em secção transversal (Fig. 4.13). Grande parte da cavidade corpórea é preenchida com o par de órgãos reprodutivos, ovários e testículos, que estão dispostos serialmente e, frequentemente, enrolados. As posições das aberturas são mostradas na Figura 4.14a e b.

A estrutura da parede do corpo é mais bem vista em secção transversal, sendo peculiar do filo (Fig. 4.13b).

A região mais externa é uma cutícula complexa na qual ser reconhecidas até nove camadas (Fig. 4.15). Dentre elas, três bandas de fibras oblíquas, formando uma rede em espiral, são particularmente conspícuas.

As fibras não são elásticas e, assim, limitam o volume do verme enquanto possibilitam mudanças de forma. As fibras são suficientemente fortes para permitir a manutenção permanente de altas pressões internas e a natureza impermeável da cutícula impede a perda de fluido. Neste sistema de alta pressão, a secção transversal do verme é sempre circular (veja o Capítulo 10 e a Fig. 10.9 para maiores detalhes). Os músculos longitudinais trabalham contra a pressão interna gerando, assim, mudanças na

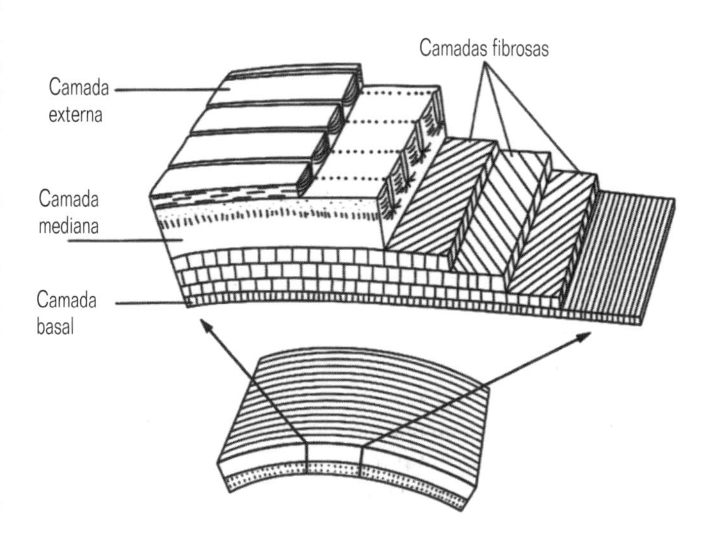

Fig. 4.15 Estrutura da cutícula de um nematódeo. A cutícula consiste de uma camada externa estriada, uma camada interna homogênea e um complexo de camadas fibrosas (segundo Clark, 1964).

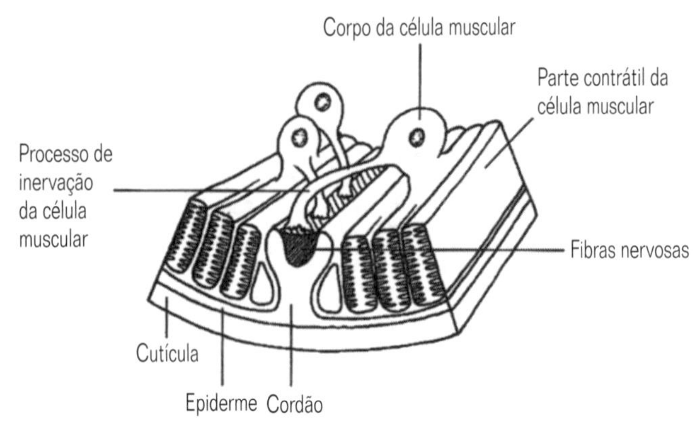

Fig. 4.16 Vista estereoscópica do complexo neuromuscular de nematódeos. Note os filamentos contráteis das células musculares, seus corpos celulares e os processos de inervação, que fazem contato sináptico direto com as fibras nervosas nos cordões laterais, dorsal ou ventral.

forma. Este sistema hidráulico de alta pressão é de fundamental importância para a biologia dos nematódeos. Ela está, por exemplo, associada com o plano corpóreo incomum, no qual não existem músculos circulares.

Abaixo da complexa cutícula existe uma epiderme ectodérmica que contém células dos sistemas nervoso e excretor, cujos elementos principais estão localizados nos quatro grossos cordões longitudinais. Os cordões ventral e dorsal contêm os proeminentes nervos dorsal e ventral. Nos quadrantes entre os cordões epidérmicos ficam as células dos músculos longitudinais; estas são poucas e de número fixo. Após os estágios iniciais do desenvolvimento embrionário, o crescimento do corpo envolve o aumento do tamanho celular ao invés do número de células (veja o Capítulo 15 para detalhes do uso experimental desta característica por biólogos do desenvolvimento contemporâneos).

O sistema excretor exemplifica a economia extrema do número de células, característica deste filo. A condição primitiva envolve uma ou duas células renete especializadas. Em arranjos mais avançados, um sistema de tubos é desenvolvido dentro de células renete glandulares, que foi perdido em algumas formas (veja a Seção 12.3.1 e a Fig. 12.12).

As células musculares poderiam ser mais corretamente descritas como unidades neuromotoras (Fig. 4.16). As fibras contráteis de cada célula estão localizadas distalmente e estão situadas sobre a epiderme. Um processo de inervação alongado conduz diretamente para fibras nervosas nos cordões dorsal e ventral, de acordo com a posição das células musculares. À medida que este processo se aproxima das fibras nervosas, cada célula muscular se projeta em um número de processos, cujas pontas formam sinapses (veja o Capítulo 16) com outras fibras musculares e células nervosas. Isto pode propiciar um sistema que permite a contração simultânea de todas as células musculares. Este arranjo, no qual células musculares emitem fibras para células nervosas, é atípico porque, na maioria dos animais, as células nervosas enviam processos para contactar as células motoras (mas veja a Seção 16.4.2).

Os nematódeos são micrófagos, principalmente consumidores de fluidos. Como os fluidos corpóreos são mantidos permanentemente em estado de alta pressão, os túbulos internos

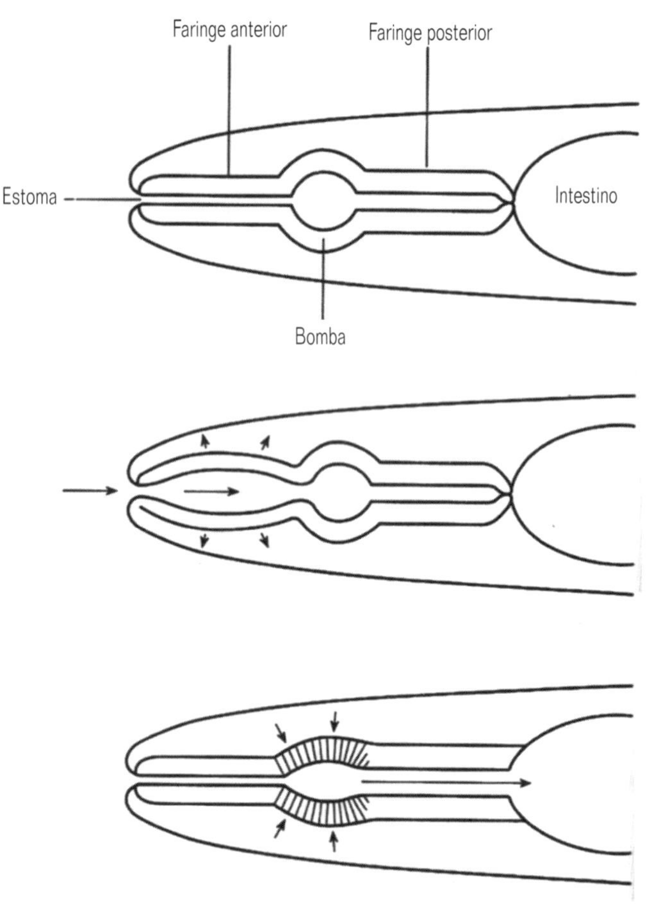

Fig. 4.17 Mecanismo de bombeamento faríngeo de um nematódeo. O raio da faringe anterior é bem menor que o raio da região posterior. A válvula da região posterior é fechada quando ocorre a dilatação da faringe. Consequentemente, o líquido flui para dentro da região anterior da faringe. Quando a faringe se contrai, a válvula posterior é aberta e o líquido flui para trás por causa do raio maior da faringe posterior (segundo Croll e Matthews, 1977).

colapsariam se fosse permitido que se equilibrassem com as pressões externas. Desta forma, deve haver um mecanismo para evitar que isso aconteça durante a alimentação, quando fluidos entram no trato digestivo contra um gradiente de pressão. O mecanismo é ilustrado na Figura 4.17. A abertura anterior do trato digestivo (denominada estoma) leva para dentro de uma faringe muscular, em cuja outra extremidade se encontra uma válvula. A faringe bombeia alimento contra um gradiente de pressão e o fluxo unidirecional para o intestino depende das dimensões relativas das partes anterior e posterior do duto alimentar anterior.

Os nematódeos estão equipados com uma variedade de dispositivos sensoriais. Estes incluem: papilas cefálicas, anfídios (fossas quimiorreceptoras frequentemente associadas com glândulas anfídicas anteriores), cerdas cefálicas, cerdas somáticas, papilas caudais e espículas, ocelos e fasmídios (Fig. 4.18). Os fasmídios são fossetas sensoriais localizadas na cauda, não diferentes dos anfídios, e algumas vezes estes dois estão associados a glândulas. Os Nematoda estão subdivididos em duas classes pela presença ou ausência de fasmídios.

A aparência muito uniforme dos nematódeos é consequência de características singulares de seu design, que envolve alta

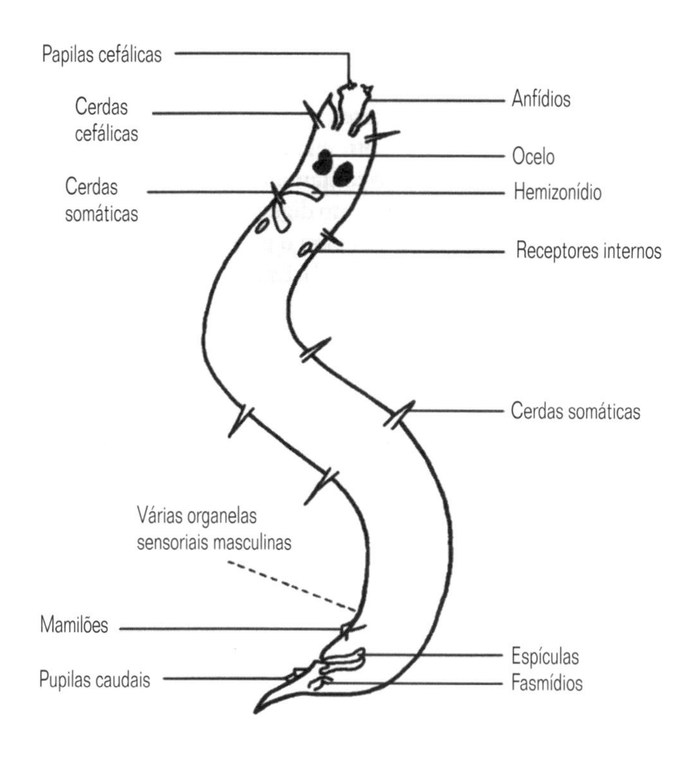

Fig. 4.18 Esquema generalizado mostrando os diferentes tipos de órgãos sensoriais encontrados nos nematódeos. Nenhuma espécie conhecida possui todos estes (segundo Croll e Matthews, 1977).

Classe	Ordem
Adenophorea	Enoplida
	Isolaimida
	Mononchida
	Dorylaimida
	Trichocephalida
	Mermithida
	Muspiceida
	Araeolaimida
	Chromadorida
	Desmoscolecida
	Desmodorida
	Monhysterida
Secernentea	Rhabditida
	Strongylida
	Ascaridida
	Spirurida
	Camallanida
	Diplogasterida
	Tylenchida
	Aphelenchida

pressão interna e cutícula impermeável. Existem variações na forma geral e algumas espécies possuem espinhos na forma de pêlos e outras projeções da cutícula. A variação da forma é ilustrada na Figura 4.19.

Apesar de sua aparência muito uniforme, os nematódeos estão adaptados a uma enorme diversidade de circunstâncias. Isto é melhor ilustrado pelos seus mecanismos de alimentação e

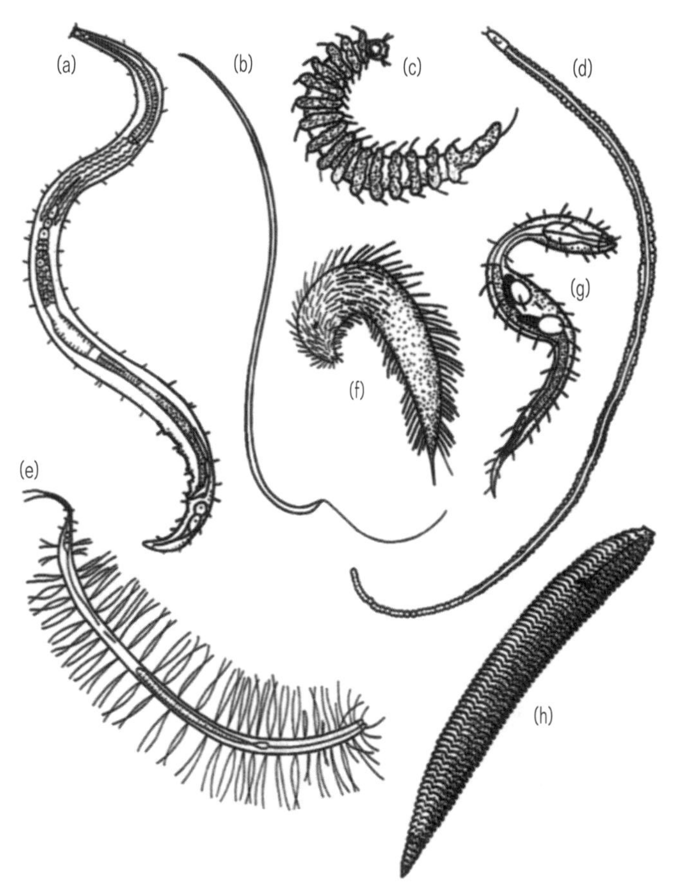

Fig. 4.19 Formas corpóreas de Nematoda: (a), a forma típica (um Monhysterida); (b) – (h), formas mais incomuns (b, um Enoplida; c e f, Desmoscolecida; d e g, um Desmodorida; e, um Monhysterida; h, um Tylenchida) (segundo De Coninck, 1965 e Riemann, 1988).

pela diversificação dos seus ciclos de vida associados ao parasitismo. Muitos nematódeos de vida livre se alimentam de bactérias ingeridas em suspensão ou em detritos. Alguns, no entanto, são predadores, especialmente de outros nematódeos e microrganismos, e eles desenvolveram uma série de placas em forma de dentes ou mandíbulas na superfície anterior do estoma. Estas placas perfuram a presa, o conteúdo das quais é então sugado por ação de bombeamento da faringe.

Muitas espécies de vida livre são fitófagas. Algumas ingerem fungos e células de leveduras inteiras, mas a maioria perfura as células de plantas e suga seu conteúdo. Para se alimentar desta forma, muitos nematódeos fitófagos possuem urna estrutura especial na cavidade bucal: arpões para abrir células, ou urna cavidade para ser utilizada como estilete sob sucção da bomba faríngea.

Os mecanismos de alimentação exibidos pelos nematódeos de vida livre podem todos ser explorados por formas parasitas. As cavidades do trato digestivo de vertebrados, por exemplo, estão cheias de uma mistura rica em bactérias e resíduos celulares, que forma um substrato para nematódeos que se alimentam por ingestão de bactérias. Do mesmo modo, as mandíbulas em forma de placas podem ser utilizadas para rasgar o revestimento do trato digestivo, liberando corpúsculos sanguíneos dos quais os nematódeos se alimentam.

A debilitação causada pela infecção de nematódeos no sistema digestivo de vertebrados depende, em parte, desta biologia alimentar. O nematódeo parasita de humanos, Enterobius vermicularis, é relativamente inofensivo ao se alimentar de bactérias no trato digestivo e é patogênico somente se sua população aumenta o suficiente para bloquear o sistema digestivo. Outro nematódeo parasita de humanos, Ancylostoma duodenale, é um agente patogênico mais sério, causando sangramento intestinal e, então, ingerindo os corpúsculos sanguíneos. Um paciente humano com 100 destes vermes pode perder 50 ml de sangue por dia.

Todos os nematódeos fitoparasitas possuem um estoma com um estilete ou arpão. Muitos formam cistos permanentes nos quais as fêmeas sedentárias se alimentam de células gigantes que eles fazem a planta hospedeira produzir, talvez por interferirem na produção de substâncias de crescimento natural das plantas ou nos seus inibidores. Os gêneros mais importantes são Heteroda e Meloidogyne.

Hábitos parasitários surgiram na filogenia de Nematoda em inúmeras ocasiões. Isto reflete muitas características fundamentais para a organização estrutural do filo.

1 Cutícula complexa, impermeável e resistente.

2 Fecundação interna e capacidade de produzir ovos altamente resistentes.

3 Hábitos alimentares micrófagos.

4 Tamanho do corpo pequeno

5 Diversidade química e os mecanismos necessários para evitar os sistemas de defesa do hospedeiro.

Em muitos invertebrados o parasitismo envolve modificação extrema da forma adulta e desenvolvimento de ciclos de vida especializados, com fases de multiplicação assexuada, como visto em muitos platelmintos parasitas (Seção 3.6.3.2 e 3.6.3.3). Esta modificação, no entanto, não ocorreu em nematódeos. Os adultos são 'pré-adaptados' ao modo de vida parasitário e seus padrões de desenvolvimento não foram modificados. O ciclo de vida básico está ilustrado na Figura 4.20a. Este envolve a fecundação cruzada entre machos e fêmeas, e a liberação de 'ovos' altamente protegidos. Ocorrem quatro estágios larvais.

A partir deste ciclo de vida básico é possível reconhecer uma série de adaptações ao parasitismo. De nenhuma forma, no entanto, os vários estágios deveriam ser considerados como indicadores de uma sequência de passos evolutivos.

Nos ciclos de vida menos modificados, as larvas são de vida-livre no solo. Ocasionalmente, os adultos de uma espécie podem ser de vida-livre ou parasitas. O ciclo de vida de Strongyloides, por exemplo, pode ser inteiramente de vida-livre, mas algumas larvas no terceiro estágio entram em um hospedeiro mamífero através da pele e se movem via traquéia para o trato digestivo, onde fêmeas vivem e se reproduzem por partenogênese (veja o Capítulo 14). Os ovos entram no ciclo de vida-livre ou dão origem a mais larvas no terceiro estágio infectante (Fig. 4.20b).

O nematódeo Ancylostoma possui um ciclo de vida similar, mas sem adultos de vida-livre. Machos e fêmeas ocorrem na população intestinal (Fig. 4.20c). Larvas no primeiro e segundo estágios são tipicamente rabditiformes micrófagas, alimentando-se no solo. As larvas infectantes do terceiro estágio estão encistadas e não se alimentam.

No nematódeo parasita de humanos Ascaris, incomumente grande, os estágios larvais de vida livre foram suprimidos. Os ovos são liberados com as fezes, mas as larvas de primeiro e segundo estágios permanecem encistadas nos ovos, que são ingeridos junto com alimento contaminado. As larvas de terceiro estágio eclodem no lúmen do trato digestivo, mas não permanecem lá. Ao invés disso, migram para o pulmão via circulação e, de lá, voltam ao intestino (Fig. 4.20d). Este ciclo de vida complexo pode refletir uma historia evolutiva na qual houve um hospedeiro secundário, agora perdido.

Ciclos de vida similares ocorrem em outros parasitas intestinais de humanos, por exemplo, em Trichurus e Enterobius, porém sem sinais de circulação dupla antes do estabelecimento no trato digestivo. As fêmeas de Enterobius podem produzir prurido severo ao redor do ânus. Isso causa coceira e leva a uma reinfecção direta e à transferência para outros hospedeiros potenciais, por meio dos dedos do hospedeiro.

Alguns nematódeos parasitas de vertebrados possuem hospedeiros secundários e podem explorar relações da cadeia alimentar. As larvas de mermitídeos, por exemplo, são parasitas de insetos, mas os adultos são de vida-livre (cf. o filo Nematomorpha, Seção 4.5).

4.5 Filo NEMATOMORPHA

4.5.1 Etimologia

Grego: nematos, filamento; morphe, forma.

4.5.2 Características diagnósticas e especiais (Fig.4.21)

1 Vermes alongados, de simetria bilateral, finos (<3 mm de diâmetro, 10 cm a >1 m de comprimento).

2 Corpo com espessura de mais de duas camadas de células, com tecidos e órgãos.

3 Com trato digestivo completo reto, o qual é frequentemente degenerado e aí provavelmente sempre não funcional.

4 Corpo monomérico, com cavidade pseudocelomática, frequentemente ocluída por mesênquima.

5 Parede do corpo com cutícula colágena flexível, epiderme, e camada de musculatura longitudinal, sem camada de musculatura circular.

6 Sem órgãos circulatórios, excretores ou para trocas gasosas.

7 Sistema nervoso intra-epidérmico, com um anel nervoso anterior e um ou dois cordões longitudinais sem gânglios.

8 Gonocóricos, com gônadas alongadas simples ou pares; fecundação interna via espermatóforos.

9 Adultos de vida-livre, mas efêmera.

10 Estágio larval infecta artrópodes (ou, raramente, sanguessugas), desenvolvendo-se em suas hemoceles; jovens com três estiletes orais e três voltas de escálides recurvadas.

11 De água doce ou em solos úmidos; um gênero é marinho.

A organização corpórea dos adultos de nematomorfos é essencialmente similar àquela dos nematódeos (Seção 4.4) e, como eles, os nematomorfos se movem por meio de ondulações

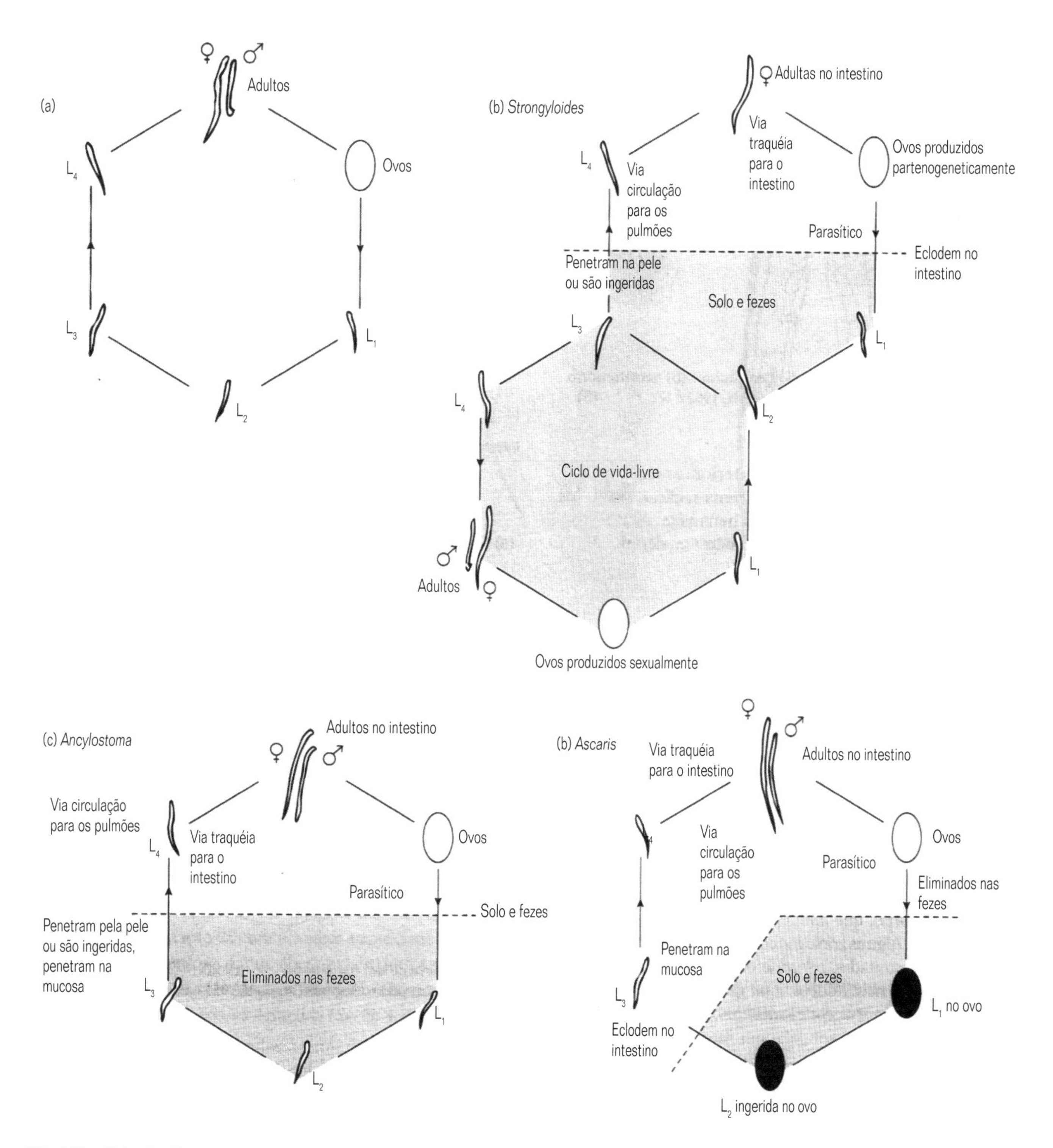

Fig. 4.20 Ciclos de vida de Nematoda: (a) ciclo de vida básico com quatro estágios larvais; (b) -(d) ciclos de vida modificados, de espécies adaptadas ao endoparasitismo. (Segundo Croll e Mathews, 1977.)

que passam ao longo do corpo no plano dorso-ventral. As espécies marinhas e os machos de grupos dulcícolas/terrestres são, na maioria, móveis; as grandes fêmeas de água doce geralmente levam uma vida relativamente sedentária, enroladas sobre o substrato. A mais óbvia diferença entre adultos deste grupo e os nematódeos é a natureza degenerada do trato digestivo e/ou de seus orifícios, que está relacionada à redução do estágio adulto a uma breve fase do ciclo de vida para a dispersão e a reprodução.

A fase que se alimenta é o jovem parasita que, embora possua um trato digestivo, muito provavelmente obtém a maioria ou toda sua demanda nutritiva por absorção a partir da hemocele de seu hospedeiro, através da superfície de seu corpo. As larvas e jovens são muito diferentes de nematódeos, no entanto assemelham-se a quinorrincos adultos (Seção 4.6) e loricíferos (Seção 4.7) quanto a seus estiletes orais, escálides e anatomia do intestino anterior (Fig. 4.22). À medida que o introverte larval é evertido (Fig. 4.22a), ajudado por um septo transversal que isola

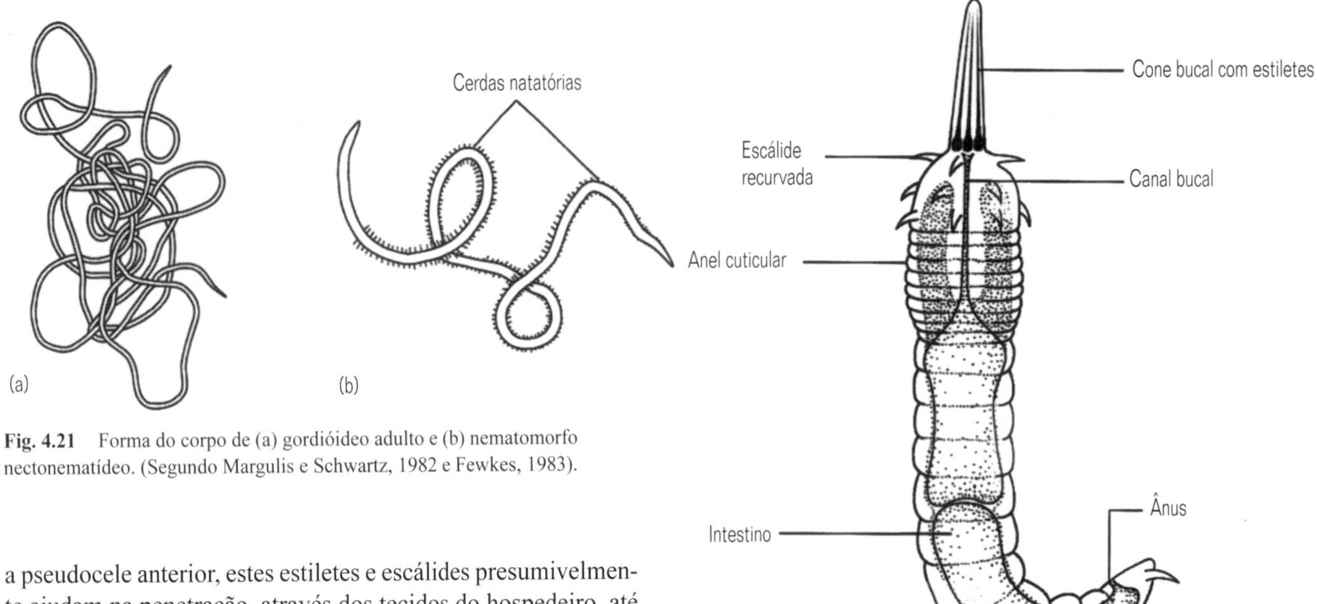

Fig. 4.21 Forma do corpo de (a) gordióideo adulto e (b) nematomorfo nectonematídeo. (Segundo Margulis e Schwartz, 1982 e Fewkes, 1983).

a pseudocele anterior, estes estiletes e escálides presumivelmente ajudam na penetração, através dos tecidos do hospedeiro, até o interior da hemocele, mas se isto é via tegumento ou trato digestivo ainda não está definido.

4.5.3 Classificação

As 250 espécies conhecidas estão inseridas em duas ordens dentro de uma única classe. De longe, o grupo mais numeroso, os gordióideos de água doce (Fig. 4.21a), parasita insetos. Eles se distinguem por possuírem um único cordão nervoso (ventral), gônadas pares e, pelo menos na fase pré-reprodutiva, a cavidade do corpo quase totalmente preenchida por células mesenquimáticas. As poucas espécies conhecidas dos nectonematídeos marinhos (Fig. 4.21b), por outro lado, que parasitam crustáceos decápodes, possuem um segundo cordão nervoso (dorsal), uma única gônada distinta (machos) ou difusa (fêmeas), e uma pseudocele não preenchida por mesênquima. Eles também possuem uma fileira dupla de cerdas topograficamente laterais ao longo da maior parte do corpo, que aumentam a superfície ondulatória durante a natação. Alguns zoólogos consideram estas duas ordens distantemente relacionadas, julgando os nectonematídeos como sendo derivados de nematódeos, e os gordióideos como tendo afinidade com os quinorrincos e loricíferos.

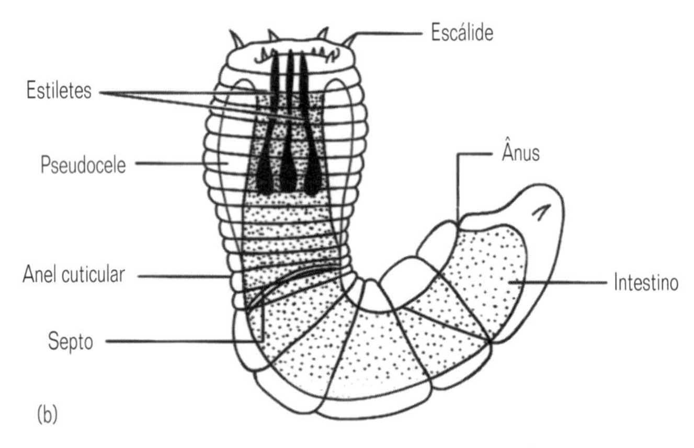

Fig. 4.22 A larva de um nematomorfo gordióideo: (a) com introverte evertido; (b) e retraído. (Segundo Hyman, 1951 e Pennak, 1978).

4.6 Filo KINORHYNCHA

4.6.1 Etimologia

Grego: kinema, movimento; rynchos, nariz.

4.6.2 Características diagnósticas e especiais (Fig.4.23)

1 Simetria bilateral, vermiformes, mas muito pequenos.

2 Corpo com espessura de mais de duas camadas de células, com tecidos e órgãos.

3 Sistema digestivo tubular com ânus posterior, faringe muscular e cone bucal protrátil contendo a cavidade bucal.

4 Corpo dividido externamente em um número fixo (13 ou 14) de segmentos ou 'zonitos'.

5 Epiderme com cutícula híspida, compreendendo uma placa dorsal única e um par de placas ventrais por zonito.

6 Cavidade do corpo como uma pseudocele, derivada da blastocele persistente.

7 Parede do corpo com músculos circulares e diagonais.

8 Sistema excretor com protonefrídios no 11° zonito; solenócitos com cílios pares e múltiplos núcleos.

9 Sistema nervoso com anel circum-entérico anterior e grupos de gânglios no cordão nervoso ventral, refletindo a aparência segmentada da epiderme e da musculatura.

10 Sempre pequenos; quase sempre membros da meiofauna marinha.

11 Sem ciliação externa.

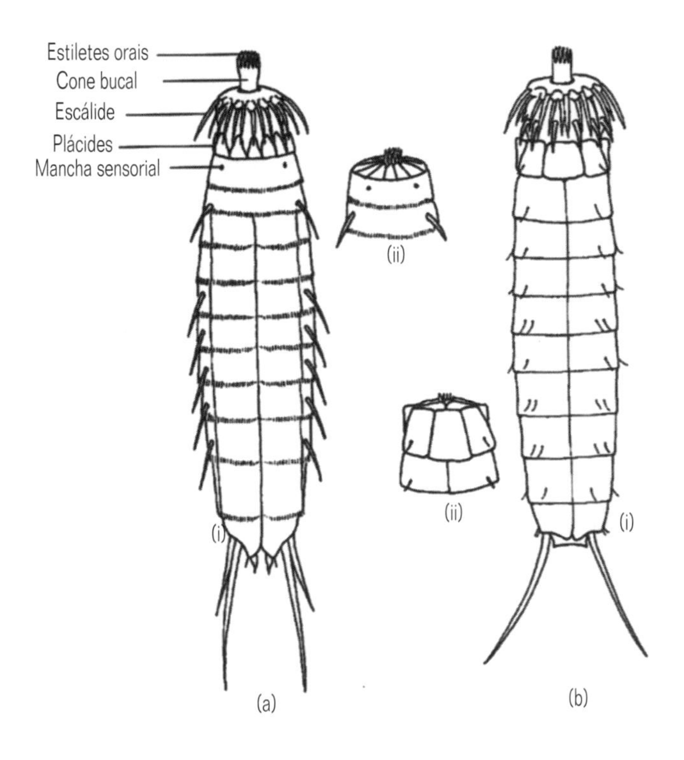

Fig. 4.23 Morfologia externa de Kinorhyncha: (a) Cyclorhagida: (i) vista ventral; (ii) vista anterior com introverte retraído. (b) Homalorhagida: (i) vista ventral; (ii) vista anterior com o introverte retraído e protegido pelas placas do terceiro zonito. (Segundo Higgins, 1983).

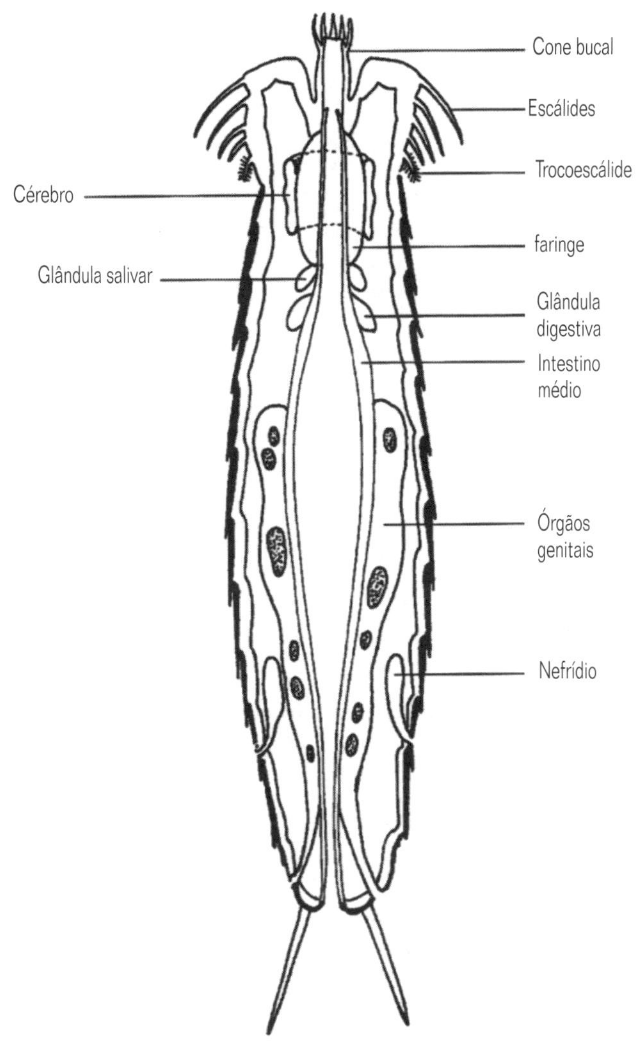

Fig. 4.24 Anatomia interna de um Kinorhyncha generalizado com o introverte evertido.

Os Kinorhyncha são um dos grupos animais menos conhecidos. Eles possuem fortes afinidades com outros filos de asquelmintos, especialmente com os Loricifera e Nematomorpha.

O atributo mais característico é a cutícula híspida, que é claramente subdividida em um número fixo de zonitos transversais. A segmentação da cutícula afeta a epiderme, a musculatura e o sistema nervoso, dando-lhes uma estrutura segmentada. Esta segmentação não é homóloga, no entanto, àquela dos vermes segmentados celomados, os Annelida (Seção 4.14).

Os Kinorhyncha são todos minúsculos, vivendo na meio-fauna em substrato lodoso marinho. Aproximadamente 100 espécies foram descritas, todas similares no design funcional básico.

O cone bucal, com seus estiletes, forma um introverte protrátil que pode ser recolhido para dentro do segundo segmento ou pescoço (Fig. 4.23). Este introverte é armado com um círculo de escálides recurvadas.

A região do corpo consiste de dez zonitos não modificados, cada qual com uma única placa dorsal, o tergito, e um par de placas ventrais, os esternitos. A musculatura da parede do corpo achata o tronco à medida que a placa dorsal é puxada contra as ventrais e a pressão na pseudocele everte o introverte. Os animais se movem empurrando o introverte para frente, as escálides recurvadas servindo como âncoras, enquanto os segmentos do corpo são puxados para frente por músculos retratores.

Internamente (Fig. 4.24) eles compartilham algumas características com outros filos de asquelmintos. A epiderme tem estrutura ligeiramente sincicial, forma espessamentos longitudinais mediano-dorsais e laterais (como em Nematoda) e penetra nos espinhos maiores do corpo. Ela também forma almofadas que se projetam na pseudocele. Há uma faringe muscular que, com sua estrutura triangular, em seção transversal, se assemelha àquela de muitos asquelmintos.

4.6.3 Classificação

A maneira pela qual o introverte é retraído é utilizada para distinguir as duas ordens. Nos Cyclorhagida, somente o primeiro zonito pode ser recolhido e este é, então, protegido por placas grandes do segundo zonito (veja Fig. 4.23a e b). Tanto o primeiro, quanto o segundo zonitos dos Homalorhagida pode ser retraído, e eles são geralmente protegidos pelas placas ventrais do terceiro zonito (veja Fig. 4.23).

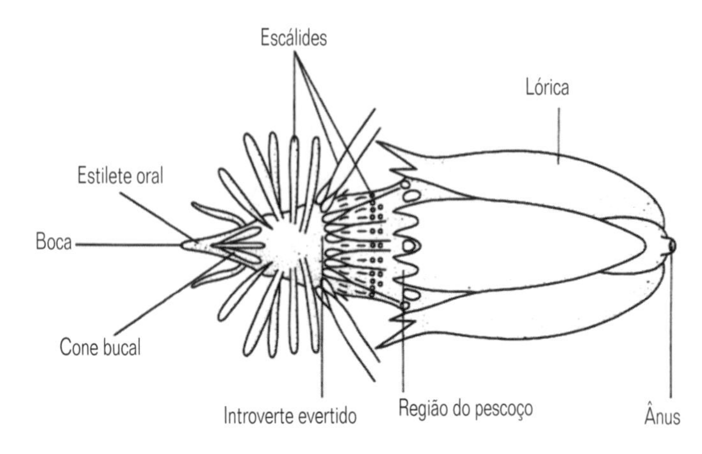

Fig. 4.25 Vista dorsal de um Loricifera (simplificado, segundo Kristensen, 1983).

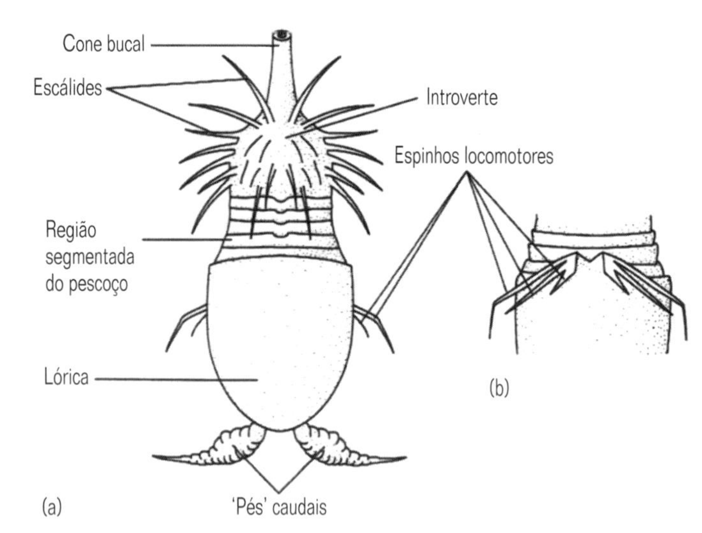

Fig. 4.26 (a) Vista dorsal do último ínstar larval de Loricifera e (b) vista ventral de seus espinhos locomotores (simplificado, segundo Kristensen, 1983).

4.7 Filo LORICIFERA

4.7.1 Etimologia

Grego: lorica, espartilho ou corselete; ferre, portador.

4.7.2 Características diagnósticas e especiais (Fig. 4.23)

1 Simetria bilateral.

2 Corpo com espessura de mais de duas camadas de células, com tecidos e órgãos.

3 Trato digestivo completo e ânus terminal.

4 Uma cavidade corpórea.

5 Corpo com três regiões: uma cabeça anterior eversível, ou introverte, com até 9 voltas de escálides curvadas para trás, em forma de remos ou dentes, e um cone bucal protrátil rodeado por oito ou nove estiletes orais; um pescoço curto e externamente segmentado, com fileiras de placas; e um tronco coberto por uma lórica revestida por cutícula, que é dividida por 22-60 dobras longitudinais, ou composta por seis placas longitudinais com espinhos ocos na parte anterior e recurvados para trás. Nos adultos, o introverte e o pescoço podem ser recolhidos para dentro do tronco com a lórica, as placas do pescoço provavelmente servindo como uma cobertura protetora após a retração.

6 Trato digestivo com bulbo faríngeo grande e muscular e um cone bucal telescopicamente eversível; todo o trato digestivo possivelmente revestido por cutícula.

7 Sistema excretor com um par de protonefrídios.

8 Um par de gônadas, gonocóricos.

9 Cérebro e cordão nervoso ventral ganglionar bem desenvolvidos.

10 Um estágio larval similar a uma versão miniaturizada do adulto (Fig. 4.26), exceto pela presença de dois conjuntos de órgãos locomotores: (a) dois ou três pares de espinhos na região ântero-ventral da lórica, que são usados para rastejar, e (b) um par de apêndices caudais móveis, semelhantes a pés, que são usados para a natação. Há vários ínstares larvais, separados por mudas.

11 Intersticiais em sedimentos marinhos, até profundidades de 8.000 m.

A estrutura desses minúsculos animais (<0,4 mm) é, até o momento, muito pouco conhecida, e não existe informação disponível sobre sua embriologia, modos de vida ou hábitos; eles foram descritos pela primeira vez somente em 1983. Uma razão para sua descoberta tardia parece ser a de que eles se agarram firmemente às partículas de sedimento ou, possivelmente, a outros organismos e não são suscetíveis às técnicas de extração geralmente utilizadas para coletar espécies intersticiais marinhas; outra razão pode ser a de que são superficialmente semelhantes a rotíferos ou a larvas de priapúlidos quando o introverte está retraído.

A característica mais óbvia do seu plano corpóreo é sua divisão em um introverte anterior e pescoço, e um tronco posterior encerrado numa lórica. No adulto, toda a região anterior pode ser retraída para dentro do tronco loricado, ao passo que a larva somente pode retrair o introverte para dentro do pescoço. Este sistema é muito similar àquele dos priapúlidos, das larvas de nematomorfos, do nematódeo Kinochulus e, especialmente, dos quinorrincos (Seção 4.6). Em quinorrincos e loricíferos, a 'cabeça' é evertida pela pressão da cavidade do corpo e retraída por músculos retratores específicos, enquanto que o cone bucal com seus estiletes é aberto independentemente, sendo protraído e retraído por ação muscular. A função da extensão e retração da extremidade anterior do corpo nos loricíferos é desconhecida; em outros grupos, esta possibilita a locomoção através do sedimento ou através de tecidos animais, bem como a captura e o consumo de presas, e os loricíferos podem ser ectoparasitas.

O trato digestivo possui nítida semelhança com aquele dos tardígrados (Seção 8.1) no que se refere à região anterior (Fig. 4.27), que possui um canal bucal telescópico, um bulbo faríngeo muscular com placas, um par de estiletes acessórios e duas glândulas salivares grandes (as únicas glândulas que se projetam do trato digestivo). Se estas semelhanças resultam de convergências evolutivas ainda não é sabido, embora elas presumivelmente indiquem que os loricíferos se alimentam perfurando a presa com os estiletes orais e, então, sugam seus fluidos por meio de bombeamento faríngeo.

4.7.3 Classificação

Embora somente 14 espécies tenham sido formalmente descritas, cerca de 18 outras são conhecidas, aguardando descrição. Todas podem ser acomodadas em uma ordem, Nanaloricida.

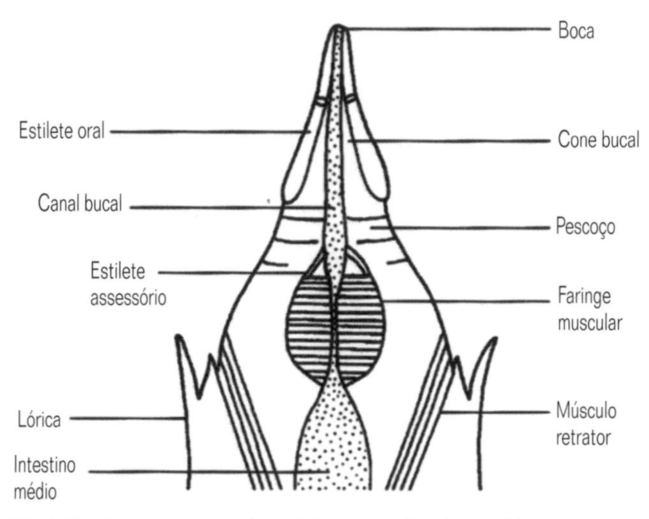

Fig. 4.27 Intestino anterior de Loricifera (cone bucal estendido e pescoço evertido) (segundo Kristensen, 1983).

4.8 Filo PRIAPULA

4.8.1 Etimologia

Grego: Priapus, uma divindade fálica que personifica a força geradora masculina.

4.8.2 Características diagnósticas e especiais

1 Simetria bilateral.

2 Corpo com espessura de mais de duas camadas de células, com tecidos e órgãos.

3 Um grande introverte retrátil, ou prossomo, e um tronco não dividido, cheio de espinhos ou escamas; algumas vezes com um apêndice caudal ramificado.

4 Sistema digestivo com boca anterior, rodeada de escálides :ia forma de espinhos ou ganchos, e um ânus posterior, algumas vezes rodeado por uma coroa de espinhos.

5 Sistemas excretor e genital proximamente associados a um órgão urogenital com solenócitos múltiplos.

6 Sistema nervoso com um anel circum-oral e cordão ventral ganglionar.

7 Cavidade do corpo ampla, possivelmente um celoma verdadeiro.

8 Sexos separados, com fecundação externa.

9 Larva sem cílios e loricada (isto é, envolta por placas).

10 Sem sistema circulatório, mas com corpúsculos contendo hemeritrina na cavidade do corpo.

Os Priapula formam um grupo pequeno, mas característico, de vermes marinhos cuja afinidade está longe de ser clara. Eles possuem alguma semelhança com os filos de asquelmintos pseudocelomados, com os quais eles têm sido classificados, mas funcionalmente eles são mais similares aos vermes celomados da Seção 4.11-4.14. Alguns autores têm visto sua cavidade corporal como um celoma uma vez que este possui revestimento mesodérmico, mas estudos com microscopia eletrônica mostram que esta camada é singular e diferente de outros celomados. É necessário um maior conhecimento da origem da cavidade do corpo. O pouco que se conhece de sua embriologia sugere que os priapúlidos possuem clivagem radial, não espiral.

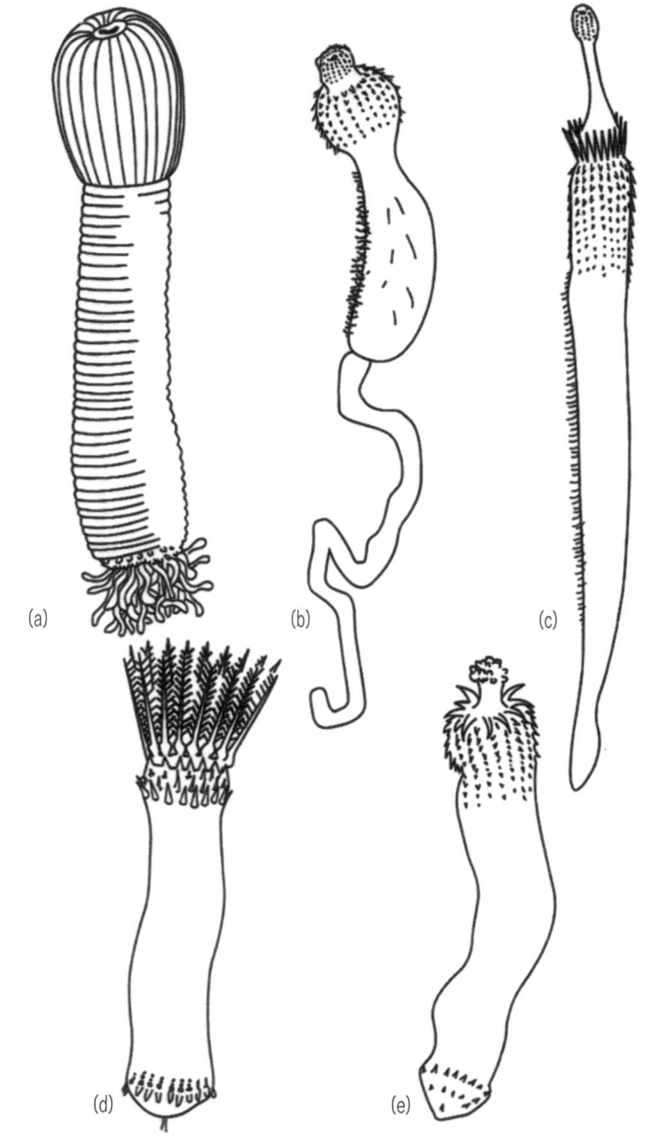

Fig. 4.28 A variedade de formas em Priapula.

A variação de forma é ilustrada na Figura 4.28. O corpo da maioria das espécies é composto por um grande prossomo bulboso, ou introverte, e um tronco. O introverte termina em uma boca rodeada por um anel de cinco escálides circum-orais com forma de espinhos. Esta grande estrutura na forma de um barril, com suas linhas longitudinais de escálides, geralmente está evertida, mas pode ser recolhida para dentro do tronco, do qual está geralmente separada por um colar distinto. O tronco, frequentemente com anéis, geralmente apresenta muitas escamas ou espinhos e possui uma cutícula quitinosa que sofre mudas periódicas. Na extremidade posterior de Priapulus existe uma curiosa estrutura ramificada, o apêndice caudal, que pode possuir função respiratória (Fig. 4.29a). A cutícula recobre uma epiderme na qual existem espaços cheios de fluido entre as células; ela difere em estrutura daquelas tanto de vermes celomados,

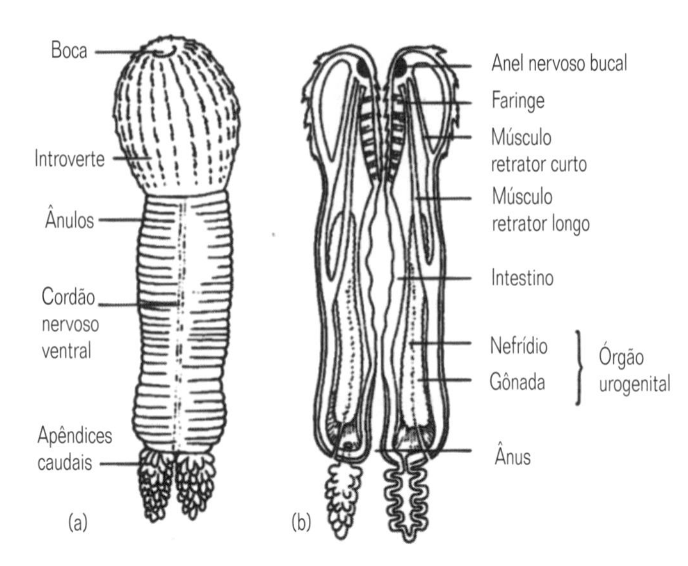

Fig. 4.29 Estrutura e anatomia de Priapulus: (a) morfologia externa; (b) anatomia interna esquemática.

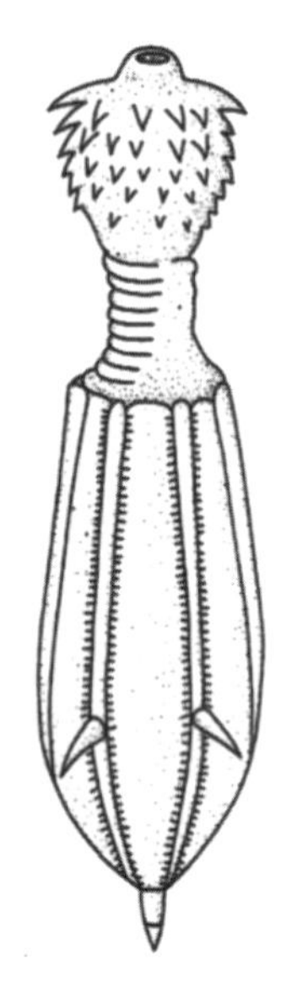

Fig. 4.30 Uma larva loricada de priapúlidos.

quanto de asquelmintos. A parede do corpo possui músculos circulares e longitudinais, que pressionam a cavidade do corpo preenchida por fluido para everter o prossomo. O trato digestivo é um tubo reto simples, com uma região bucal córnea, com dentes, e uma faringe muscular (Fig. 4.29b); não existe um cone bucal nem estiletes bucais.

Uma característica singular é a conjunção do sistema genital e dos solenócitos dos protonefrídios, formando o par de órgãos urogenitais (Fig. 4.29b).

A larva loricada pode ser pelágica, mas está encerrada dentro de placas cuticulares, de onde deriva o seu nome (Fig. 4.30). A larva já possui um prossomo retrátil cheio de escamas e é capaz de se enterrar efetivamente, enquanto que os adultos encontram dificuldade em se re-estabelecer no substrato quando desalojados. A larva pode ser o único estágio do ciclo de vida que normalmente penetra no substrato. As semelhanças superficiais entre o introverte cheio de espinhos dos Priapula e aquele dos Kinorhyncha, e entre a larva loricada e os rotíferos geralmente não são consideradas razões suficientes para inferir que estes filos sejam proximamente relacionados.

4.8.3 Classificação

As 16 espécies de priapúlidos podem ser divididas em duas ordens, os Priapulida, contendo as formas predatórias maiores e mais comuns (Fig. 4.29a), e os Seticoronaria, que possuem escálides finas na forma de uma coroa de 'tentáculos' rígidos (veja a Fig. 4.28d) e possuem um anel circum-anal de ganchos. Os priapúlidos possuem uma longa história, sendo alguns conhecidos do Cambriano.

4.9 Filo ROTIFERA

4.9.1 Etimologia

Grego: rota, roda; ferre, que possui.

4.9.2 Características diagnósticas e especiais

1 Simetria bilateral.

2 Corpo com espessura de mais de duas camadas de células, com tecidos e órgãos.

3 Com uma coroa de cílios na parte anterior do corpo, na forma de bandas pré-oral e pós-oral. Frequentemente organizadas em dois órgãos ciliares na forma de roda, de onde o nome do grupo é derivado.

4 Sistema digestivo com boca anterior, complexo aparato mandibular, faringe muscular e ânus posterior abrindo-se numa cloaca comum com o sistema urogenital.

5 Epiderme com um pequeno número fixo de núcleos e incluindo uma cutícula intracelular frequentemente espessa, formando um envoltório ou lórica.

6 Corpo não segmentado.

7 Sistema excretor protonefridial.

8 Sem sistema circulatório ou órgãos respiratórios.

9 Cavidade do corpo pseudocelomática.

10 Sexos separados, mas os machos geralmente são raros ou ausentes e, quando presentes, são quase sempre anões.

11 Diminutos, raramente alcançando 3 mm de comprimento.

12 Desenvolvimento direto, com clivagem espiral modificada. Nenhuma divisão nuclear ocorre após os estágios embrionários.

Os Rotifera estão entre os menores animais; suas dimensões, quando adultos, são similares às dos protistas ciliados e larvas de muitos outros filos. O seu corpo é composto por um determinado número pequeno e determinado de células ou, falando estritamente, de núcleos, uma vez que muitos tecidos são sinciciais (uma característica compartilhada com diversos outros filos de asquelmintos).

Quando adultos, os Rotifera caracteristicamente apresentam um modo de vida similar ao de larvas ciliadas de invertebrados maiores; de fato, eles são superficialmente parecidos com a larva trocófora de anelídeos marinhos, sipúnculos e moluscos.

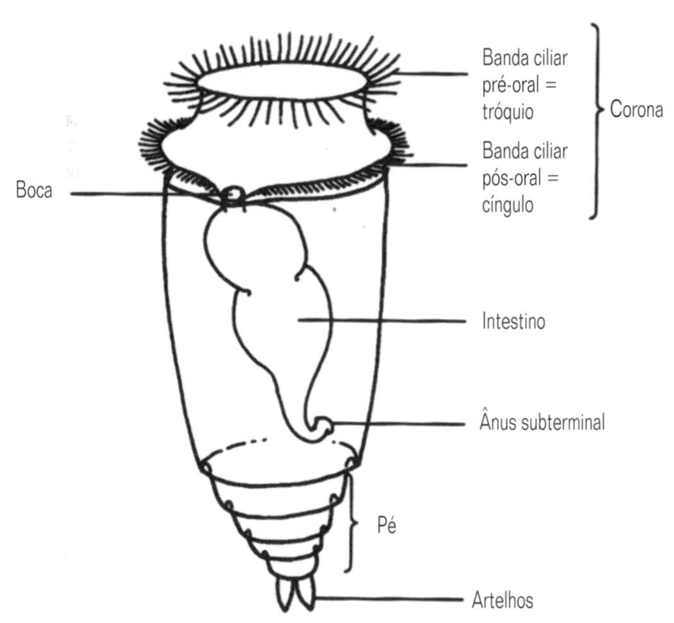

Fig. 4.31 Representação diagramática do plano corpóreo de um rotífero, mostrando as duas cinturas ciliadas.

A característica principal de uma trocófora é um anel equatorial de cílios, o prototróquio, que possui duas bandas de cílios – pré-oral e pós-oral – batendo em direções contrárias. Um arranjo similar ocorre na maioria dos Rotifera planctônicos, nos quais os cílios da corona formam duas bandas – pré-oral (o tróquio) e pós-oral (o cíngulo) (Fig. 4.31).

Estas semelhanças estruturais, no entanto, não implicam em nenhum relacionamento filo genético próximo e outros atributos sugerem afinidades maiores com os filos de asquelmintos, especialmente com os Acanthocephala. Alguns autores consideram os Rotifera como sendo larvas permanentes, reprodutivamente ativas, mas sua linha de ascendência é desconhecida. Nenhum outro filo de asquelmintos possui larvas ciliadas, de onde os rotíferos poderiam ter sido derivados.

Externamente, o corpo é frequentemente coberto por uma cutícula esculpida, formando uma lórica na forma de xícara, cuja extremidade aberta possui uma corona ciliada e a boca. A corona pode ser altamente especializada e, em formas sésseis, ela pode ser muito reduzida. Nestes (veja a Fig. 4.35), os cílios estão frequentemente modificados em rígidos pêlos sensoriais. A corona geralmente pode ser retraída para dentro da lórica. Na parte posterior, o corpo é afilado, formando um 'pé' móvel, que é geralmente anelado e com aparência de pseudo-segmentos. Assim como a corona, o pé também pode ser retraído, os pseudo-segmentos deslizando telescopicamente uns para dentro dos outros. O pé termina em um par de artelhos que servem para ancorar o organismo permanente ou temporariamente no substrato; o pé pode estar ausente ou reduzido em formas permanentemente planctônicas. Internamente, o animal é relativamente simples (Fig. 4.32), uma das consequências do tamanho pequeno. As partes bucais, no entanto, são complexas e variam de acordo com a dieta. O plano básico dos trofos, as partes duras do mástax ou aparelho alimentar, é ilustrado na Figura 4.33. O fulcro, que está abaixo da linha mediana dos trofos, sustenta dois ramos que se ramificam simetricamente a partir dele. Acima destes, estão articulados os pares de uncos e manúbrios. Diferentes trofos estão ilustrados na Figura 4.33. Eles podem estar adaptados para perfurar e sugar conteúdos celulares, capturar presas, triturar, quebrar ou dilacerá-las.

A maioria dos rotíferos possui dois protonefrídios, cada um composto de um sincício com um número pequeno de núcleos. Vivendo em água doce, a taxa de fluxo de fluido através dos nefrídios é elevada e o fluido é hiposmótico.

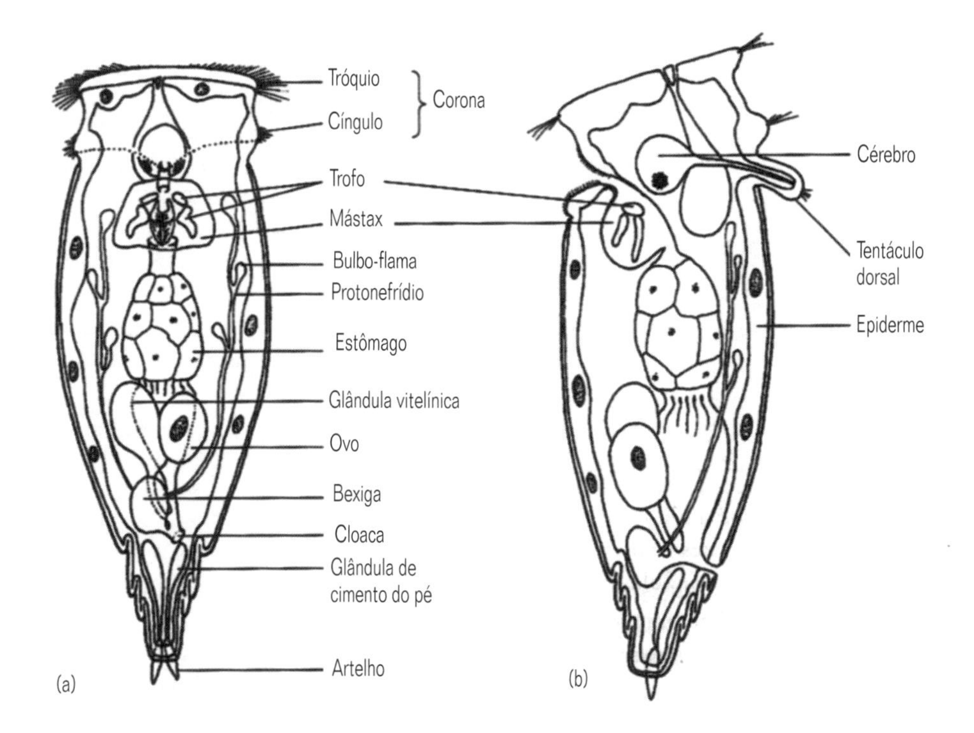

Fig. 4.32 Características gerais da anatomia de rotíferos: (a) vista ventral; (b) vista lateral.

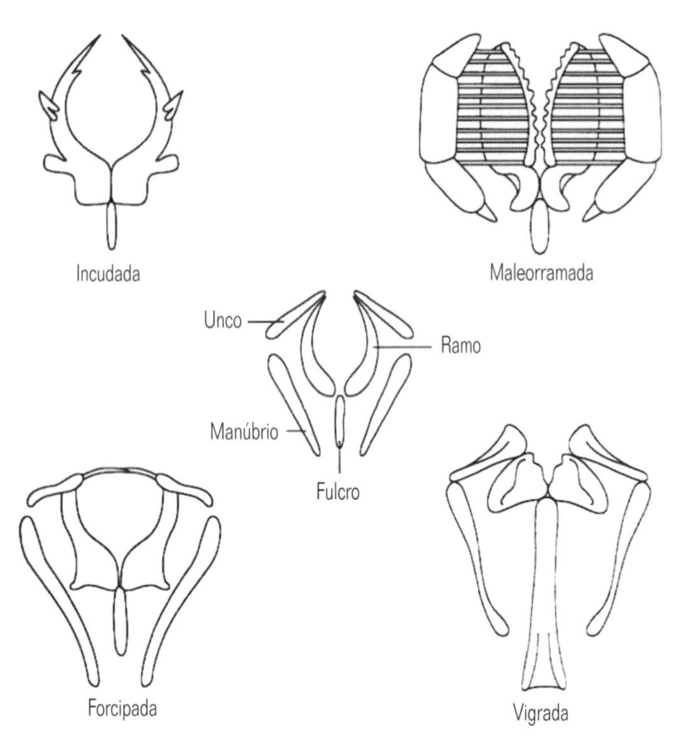

Fig. 4.33 Variedade de formas das peças bucais de Rotifera (segundo Donner, 1966).

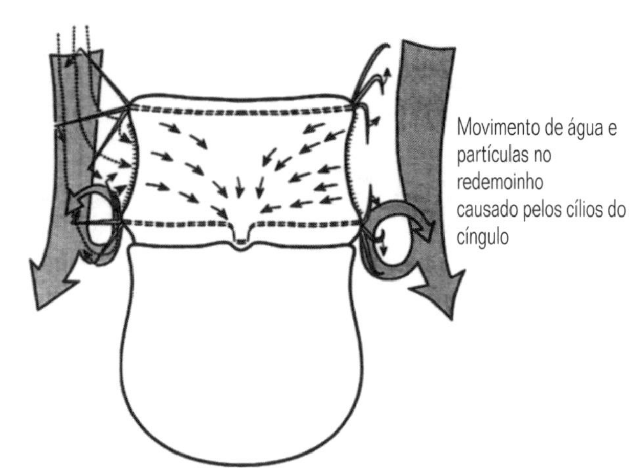

Fig. 4.34 Mecanismo de alimentação de um rotífero pelágico. Os cílios grandes da cintura anterior (tróquio) dirigem a corrente de água em direção ântero-posterior. Isso fornece suporte e transporta partículas. Os cílios da cintura posterior (cíngulo) batem na direção contrária. Isto cria um redemoinho que aprisiona partículas de alimento, que são então transportadas para a boca.

4.9.3 Classificação

O filo Rotifera está subdividido em três classes.

Classe	Ordem
Seisonidea	Seisonida
Bdelloidea	Bdelloida
Monogononta	Ploima Floscularida Collothecida

4.9.3.1 Classe Bdelloidea

A maioria dos representantes da classe Bdelloidea possui uma corona característica com 'duas rodas' (Fig. 4.34) e o corpo não está encerrado em uma lórica. A maioria das espécies rasteja (num movimento semelhante a mede-palmos), mas também nada bem, usando sua carona desdobrada. Os bdelóides estão adaptados a ambientes não permanentes e crípticos; eles são comuns nos interstícios de areia úmida e no solo de lagos, praias de rios e em associação com musgos em hábitats terrestres periodicamente molhados. Eles mais rastejam do que nadam, embora os discos ciliares sejam bem desenvolvidos, e possuem grandes e poderosas glândulas de cimento no pé.

A sua biologia reprodutiva é muito peculiar. O grupo inteiro parece ser amíctico, isto é, sem meiose ou qualquer tipo de crossing over. Machos nunca foram encontrados e toda a população compreende fêmeas obrigatoriamente partenogenéticas (veja a Seção 14.2.1). Eles também são caracterizados pela habilidade de passar para um estado de anabiose quando se tornam desidratados, e podem sobreviver neste estado de dessecamento por muitos anos, suportando temperaturas extremas, +40 a -200°C.

4.9.3.2 Classe Monogononta

A maioria dos rotíferos pertence a esta classe, que é caracterizada pela presença de um único (não um par) ovário. Várias ordens podem ser reconhecidas.

A maior ordem, os Ploima, contém uma grande variedade de formas sésseis e nadadoras (Fig. 4.35a,b,c). O pé, quando presente, possui dois artelhos, e a boca geralmente está dentro do cíngulo, não em sua frente. Estes rotíferos frequentemente possuem uma lórica rígida.

A ordem Floscularida (Fig. 4.35f,g) é um segundo grupo de rotíferos que nadam livremente ou são sésseis, nos quais as bandas ciliadas do tróquio estão claramente separadas em bandas trocal e cingular. O pé, se presente, não possui o par de artelhos.

Nos Collothecida, o tróquio é um funil grande, frequentemente com os cílios formando pêlos sensoriais rígidos (veja as Fig. 4.35d,e). As fêmeas são sempre sésseis, fixadas pelas glândulas de cimento, e o corpo geralmente está envolto por uma massa gelatinosa.

Diferentemente dos bdelóides, os rotíferos monogonontos exibem reprodução sexuada, embora as populações sejam dominadas por fêmeas durante a maior parte do ano; os machos, relativamente simples e geralmente anões, mas livre-natantes, ocorrem somente algumas vezes, de maneira breve e cíclica.

Durante a maior parte do ano, fêmeas diplóides amícticas produzem ovos não fecundados, que se desenvolvem em fêmeas jovens. Em algum momento, no entanto, talvez em resposta às condições ambientais, fêmeas mícticas morfologicamente distintas aparecem e depositam ovos haplóides. Estes ou se desenvolvem

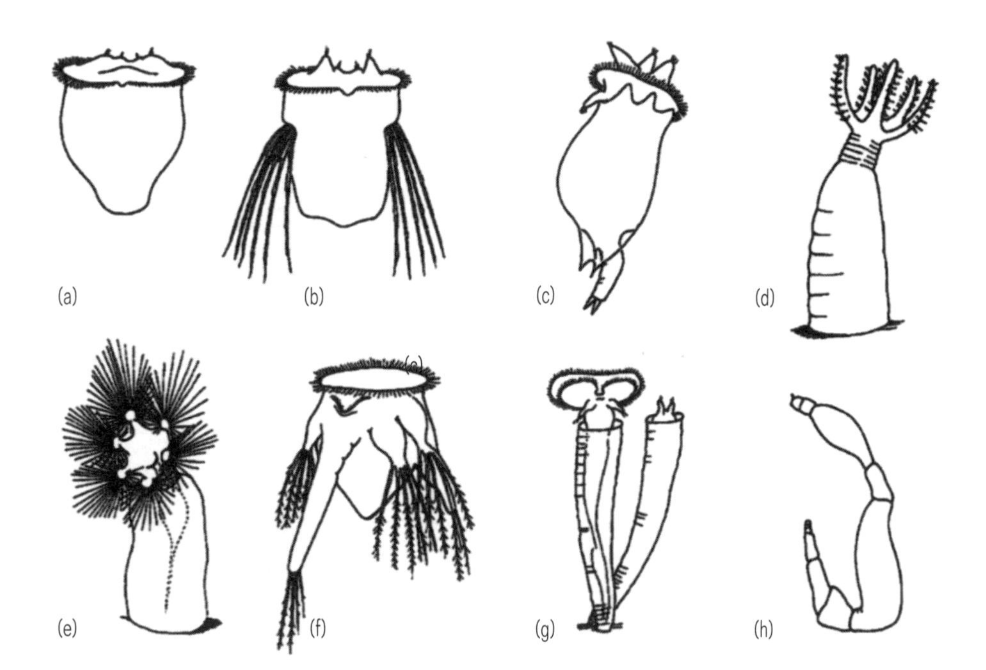

Fig. 4.35 Variação de formas entre rotíferos das classes Monogononta e Seisonidea: (a-c), Ploima; (d,e), Collothecida; (f,g) Flosculariida; (h), Seisonida. (Segundo Donner, 1966.)

rapidamente em machos haplóides ou, se fecundados, se tornam zigotos que se desenvolvem em fêmeas amicticas. Assim, as fêmeas mícticas apresentam partenogênese facultativa (veja Seção 14.2.1). A espécie Brachionus plicatilis é atualmente de grande importância econômica em muitos sistemas de aquicultura marinha, fornecendo alimento natural, facilmente cultivado, processando micro-algas para as larvas de invertebrados e peixes marinhos.

4.9.3.3 Classe Seisonidea

Esta classe pequena de rotíferos marinhos vive nas brânquias de crustáceos – Nebalia e alguns isópodes. Existe um único gênero, Seison (veja a Fig. 4.35h). Os indivíduos são relativamente grandes (com poucos milímetros) e possuem uma corona bem reduzida e mástax proeminente. Os ovários, como aqueles dos Bdelloidea, são pares, mas ao contrário daquele grupo, existe um padrão normal de sexualidade gonocórica no qual machos e fêmeas completamente desenvolvidos são igualmente comuns na população.

4.10 Filo ACANTHOCEPHALA

4.10.1 Etimologia

Grego: akantha, espinho; kephale, cabeça.

4.10.2 Características diagnósticas e especiais

1 Simetria bilateral, vermiformes.

2 Corpo com espessura de mais de duas camadas de células, com tecidos e órgãos.

3 Sem sistema digestivo

4 Corpo sem segmentação, mas anulações superficiais transversais às vezes presentes.

5 Uma probóscide proeminente, com ganchos.

6 Cavidade do corpo, uma pseudocele.

7 Epiderme sincicial, com um pequeno número de núcleos relativamente grandes.

8 Sistema nervoso com um único gânglio ventral/anterior e nervos únicos ou pares para os órgãos.

9 Nefrídios ocasionalmente presentes.

10 Sistemas respiratório e circulatório ausentes.

11 Sexos separados, com fecundação interna e desenvolvimento vivíparo.

12 A larva infectante ocupa um hospedeiro secundário, um inseto.

13 Adultos sempre parasitam o trato digestivo de vertebrados.

A forma geral do corpo é ilustrada na Figura 4.36. A maioria das espécies é pequena, com 1mm a poucos centímetros de comprimento, mas alguns poucos alcançam comprimentos de até 1m. A sua característica mais evidente é a probóscide com seus espinhos recurvados. Esta, juntamente com a região do pescoço, pode ser recolhida, mas ela geralmente forma uma zona de fixação permanente aos tecidos do hospedeiro. Como em outros pseudocelomados, certos tecidos tendem a ser formados por um número pequeno e estritamente determinado de células.

A parede do corpo é composta de uma cutícula fina revestindo uma epiderme sincicial, na qual existe uma cutícula adicional intracelular e um pequeno número de núcleos bastante grandes, precisamente posicionados. De fato, a posição dos núcleos gigantes é uma característica diagnóstica útil. Abaixo da epiderme, há uma camada fina de músculos circulares e longitudinais revestindo a pseudocele. Duas abas verticais de tecido (os lemniscos) projetam-se para dentro da pseudocele e nelas ocorrem canais cheios de fluidos vindos da epiderme. A endoderme é reduzida a um ligamento ao longo do qual estão suspensos os tecidos reprodutivos.

Como em muitos parasitas, os adultos apresentam simplificação extrema, com a perda de muitos sistemas de órgãos característicos dos animais de vida livre, mas com hipertrofia dos órgãos

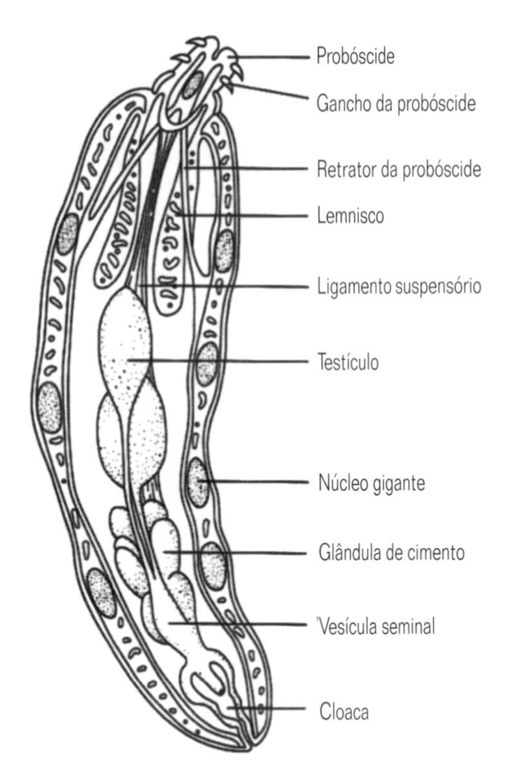

Fig. 4.36 Anatomia de um acantocéfalo típico. Baseado em Neoechinorhyncus (macho).

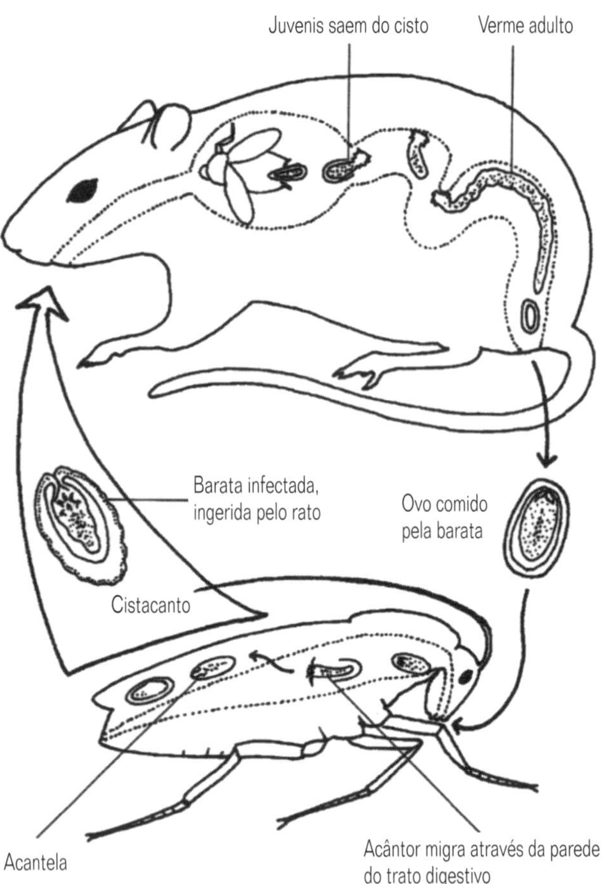

Fig. 4.38 O ciclo de vida de Moniliformis, um acantocéfalo com um mamífero como hospedeiro definitivo (segundo Noble & Noble, 1976).

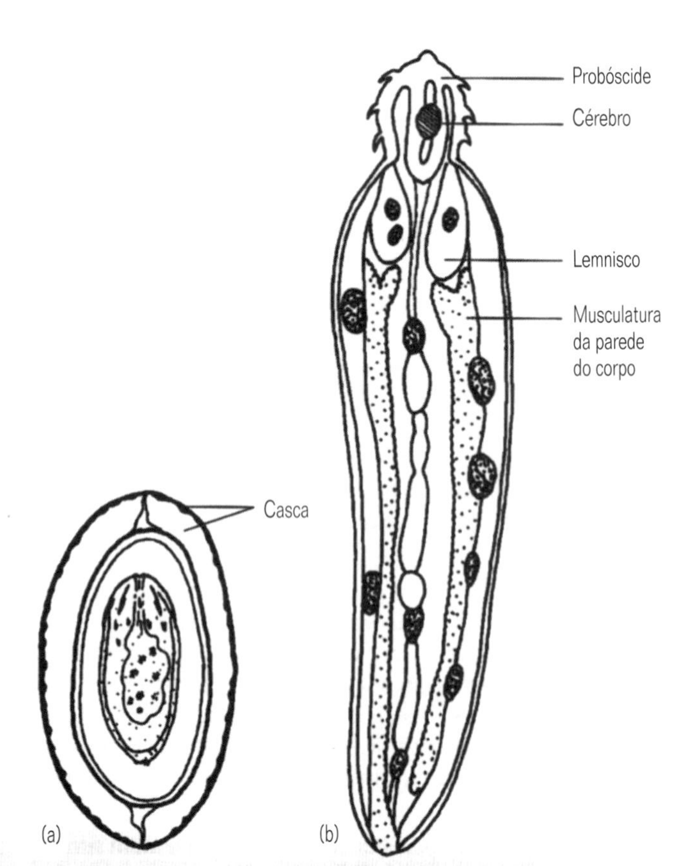

Fig. 4.37 Estágios do ciclo de vida de Acanthocephala: (a) o ovo contendo uma larva; (b) o estágio de acantela, eclodido e infectante, retirado de uma larva de besouro.

reprodutivos. Os Acanthocephala são gonocóricos, uma característica incomum de endoparasitas (mas veja a Seção 4.4); por causa disto, eles exibem um comportamento copulatório complexo, para garantir a fecundação interna. Os espermatozóides são injetados dentro do trato genital feminino, o qual é fechado pelas glândulas de cimento após a cópula. A fecundação ocorre no pseudoceloma.

As larvas de muitos parasitas especializados não revelam o relacionamento filo genético dos adultos, mas este não é o caso deste filo. As larvas também são altamente especializadas e compartilham claramente atributos com os adultos. Após a fecundação interna, os estágios larvais iniciais são encapsulados como 'ovos' (Fig. 4.37a). Estas larvas com casca saem com as fezes e devem ser comidas por um hospedeiro secundário, um inseto, antes que o desenvolvimento subsequente ocorra. No inseto, a larva encapsulada eclode e migra para a hemocele onde se desenvolve em uma larva jovem chamada acantela. (Fig. 4.37b). Esta larva pode se encistar no inseto e assim, quando este for comido por um vertebrado, se restabelece como adulto no hospedeiro definitivo. A Figura 4.38 ilustra o ciclo de vida de Moniliformis, um parasita de camundongos, ratos, gatos e cachorros.

4.10.3 Classificação

As 1.000 espécies estão distribuídas em três ordens de uma única classe. Duas ordens contêm parasitas de peixes de água doce e uma terceira aqueles de tetrápodes terrestres.

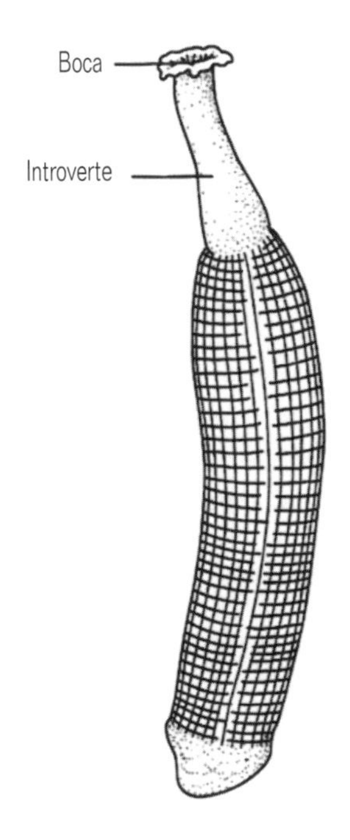

Fig. 4.39 Aparência externa de um sipúnculo típico.

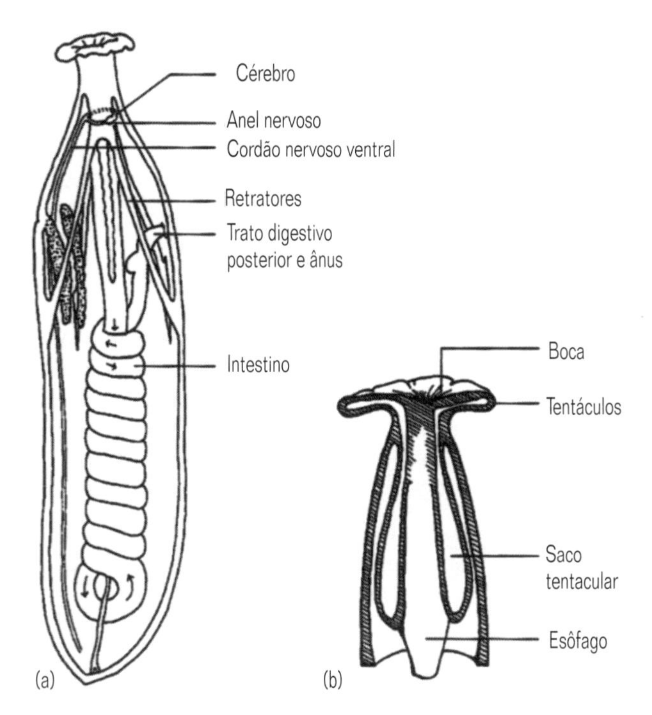

Fig. 4.40 (a) Anatomia interna de um sipúnculo, mostrada por dissecção pelo lado esquerdo. (b) Detalhe mostrando o sistema hidráulico separado dos tentáculos e introverte.

4.11 Filo SIPUNCULA

4.11.1 Etimologia

Latim: sipunculus, pequeno tubo.

4.11.2 Características diagnósticas e especiais (Figs. 4.39 e 4.40)

1 Bilateralmente simétricos, vermiformes.

2 Corpo com mais de duas camadas de células de espessura, com tecidos e órgãos.

3 Trato digestivo muscular, em forma de U, possuindo uma boca e um ânus, o último situado dorsalmente na parte anterior do corpo.

4 Corpo dividido em uma parte anterior contendo a boca, o introverte, e um tronco posterior mais robusto.

5 Corpo não dividido em segmentos.

6 Cavidade do corpo como uma esquizocele, mas sem septos internos.

7 Epitélio externo revestido por uma cutícula, mas sem espinhos ou cerdas.

8 Sem sistemas circulatório e respiratório especializados.

9 Sistema nervoso com um cérebro anterior, anel circum-esofágico e um cordão nervoso ventral aganglionar.

10 Um único nefrídio ou um par.

11 Desenvolvimento com clivagem espiral, levando à formação de uma típica larva trocófora que, em algumas espécies, é sucedida por uma larva 'pelagosfera' oceânica, exclusiva do filo.

O corpo é dividido em duas regiões distintas, das quais o introverte pode ser retraído dentro do tronco posterior, por poderosos músculos retratares (veja a Fig. 4.40), e evertido por pressão hidráulica, gerada pela musculatura do tronco. Relaxamentos locais da musculatura circular podem causar dilatações que ancoram o verme no substrato, quando da eversão do introverte.

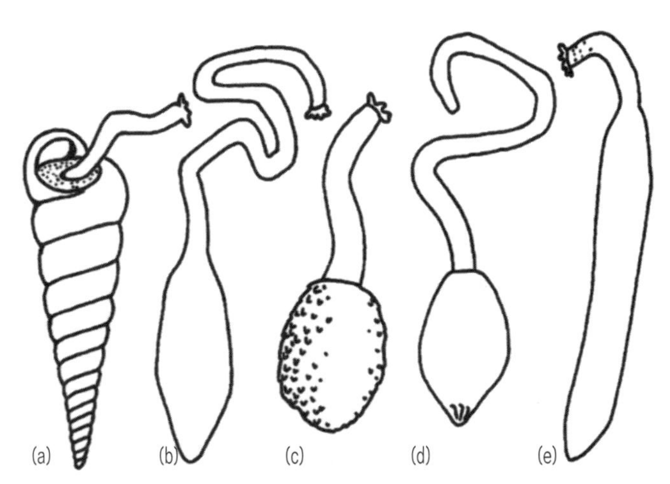

Fig. 4.41 Variedade da forma do corpo em Sipuncula.

Os sipúnculos são geralmente comedores de depósitos não seletivos, usando os tentáculos que circundam a ponta do introverte para adquirir alimento. Estes tentáculos são operados por um sistema hidráulico separado daquele da cavidade geral do corpo. Um par de dutos se dirige de cada tentáculo para dentro de um canal em forma de anel, a partir do qual se estendem um ou dois sacos paralelos ao eixo do introverte. Os sacos de compensação dorsal e ventral são compressíveis e funcionam como reservatórios hidráulicos para o sistema do canal (Fig. 4.40b).

Muitas espécies vivem em galerias não permanentes em substratos lodosos, mas algumas habitam conchas de moluscos vazias ou tubos de vermes. As formas perfuradoras constroem tubos em material calcário coralino. A variedade de formas é ilustrada na Figura 4.41.

O sistema nervoso de sipúnculos assemelha-se àquele de anelídeos e equiúros, com um gânglio anterior (o cérebro) no introverte, um anel circum-esofágico e um cordão nervoso ventral. Não há, entretanto, sinais de gânglios segmentares.

O espaçoso celoma hidráulico também serve para acúmulo de gametócitos, liberados para dentro dele pelas gônadas simples, num estágio inicial de diferenciação, e aí armazenados até que um grande número de gametócitos tenha sido acumulado. Os gametócitos são, então, liberados para o exterior através dos nefrídios. Este padrão encontra-se modificado na minúscula Golfingia minuta, um hermafrodita protândrico, produzindo grandes ovos com desenvolvimento direto. Isto é consequência do seu pequeno tamanho, uma vez que o padrão de reprodução exibido pela maioria dos sipúnculos é, de maneira geral, característico dos invertebrados marinhos de grande tamanho.

A maioria dos sipúnculos eclode como uma larva trocófora pelágica, basicamente similar àquela de alguns anelídeos. Em alguns sipúnculos, a larva trocófora sofre metamorfose diretamente para um estágio juvenil adulto, mas geralmente ela se transforma numa segunda larva, a pelagosfera, que pode ser bentônica, mas é em geral pelágica. Há quatro caminhos possíveis no desenvolvimento de Sipuncula, conforme ilustrado na Figura 4.42.

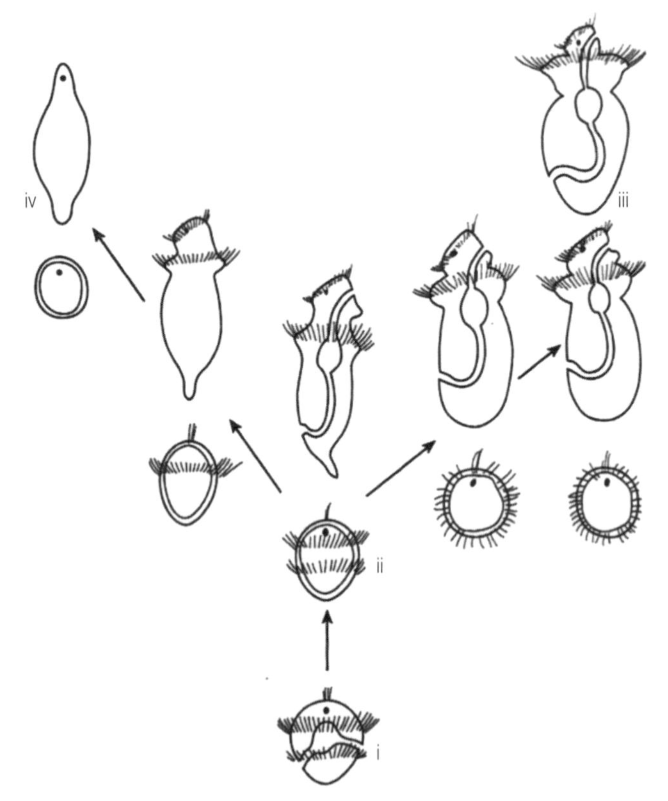

Fig. 4.42 Caminhos possíveis do desenvolvimento de Sipuncula: (i) desenvolvimento através da larva trocófora; (ii) desenvolvimento através de uma larva trocófora que não se alimenta e uma nova larva pelagosfera característica do filo; (iii) desenvolvimento com grande larva pelagosfera, planctotrófica, característica de oceanos abertos; (iv) desenvolvimento através de larva com muito vitelo, que não se alimenta, com supressão de estágios larvais pelágicos (Modificado de Rice, 1985).

4.11.3 Classificação

Todas as 250 espécies conhecidas podem ser colocadas numa única classe, dividida em duas ordens, Sipunculida e Phascolosomatida.

4.12 Filo ECHIURA

4.12.1 Etimologia

Grego: echis, víbora; ura, cauda.

4.12.2 Características diagnósticas e especiais

1 Bilateralmente simétricos, vermiformes.

2 Corpo com mais de duas camadas de células de espessura, com tecidos e órgãos.

3 Trato digestivo muscular, portando aberturas anterior e posterior.

4 Corpo com grande projeção anterior extensível e contrátil, ou "probóscide", com dobras laterais dirigindo-se à boca.

5 Presença de uma cavidade corporal esquizocelomática única e não segmentada, entre os componentes musculares da parede do corpo e o trato digestivo.

6 Corpo não dividido em segmentos.

7 Cerdas presentes, com um único par na região anterior ventral e, algumas vezes, em outras partes do corpo.

8 Sistema sanguíneo fechado, com vasos dorsal e ventral; sistema vascular aberto em um grupo.

9 Sistema nervoso com anel circum-esofágico e cordão nervoso ventral sem gânglios definidos.

10 Sistema excretor com até 400 nefrídios, dispostos de maneira não metamerizada.

11 Desenvolvimento por clivagem espiral, até a formação de uma larva como a trocófora.

Os equiúros são vermes celomados não segmentados, com afinidades com Annelida (Seção 4.14), dentro dos quais eles foram anteriormente classificados. A sua característica mais distintiva é a probóscide, que contém o lobo anterior do sistema nervoso e é, provavelmente, homóloga ao prostômio de anelídeos (Fig. 4.43). As cerdas pareadas ventrais, ou ganchos, na região anterior do corpo também são características semelhantes a anelídeos, assim como os nefrídios com um funil ciliado, a disposição das camadas musculares na parede do corpo e a estrutura do sistema alimentar. Os Echiura diferem dos anelídeos, entretanto, na completa ausência de segmentação ou metameria, podendo ser vistos como próximos à linha evolutiva de anelídeos e sem dúvida, há evidências no seu desenvolvimento que deve ter ocorrido metameria num estágio inicial de sua evolução.

São todos marinhos, levando uma vida sedentária em substratos não consolidados. A maioria é comedora de detritos, vivendo em galerias permanentes, com a probóscide formando um instrumento não seletivo para a captura de alimento, dirigindo o material ao longo da sua goteira até a boca (veja a Fig. 9.5). A variedade de formas do corpo é ilustrada na Figura 4.44. O gênero Urechis apresenta um modo de alimentação diferente. Estes

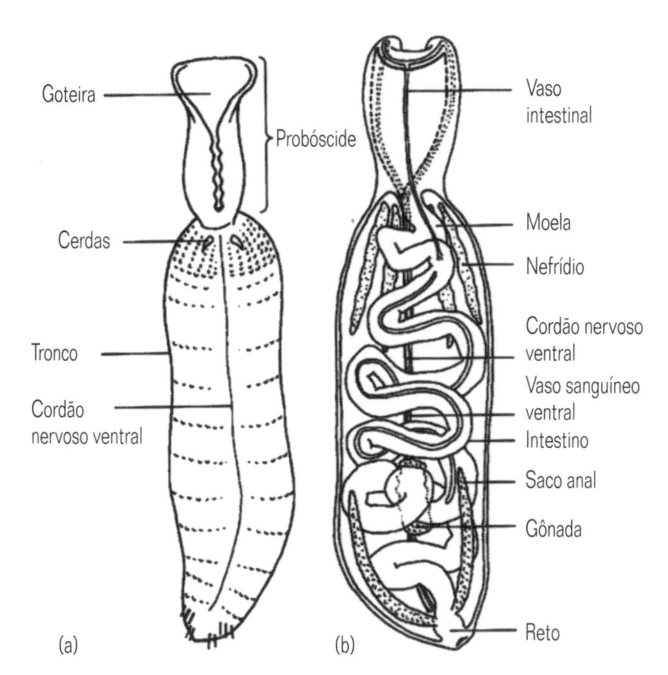

Fig. 4.43 Morfologia externa e anatomia de Echiura: (a) vista ventral (Echiurus); (b) dissecção pelo lado dorsal.

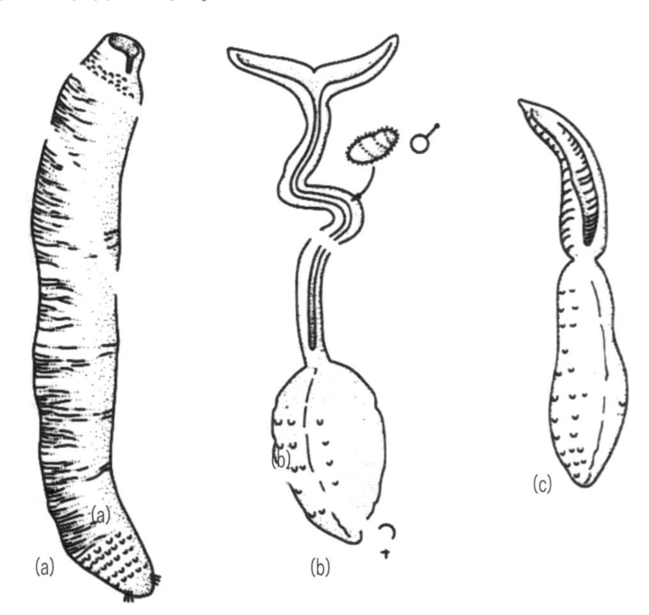

Fig. 4.44 Exemplos da variedade de formas do corpo em Echiura.

animais vivem em profundas galerias em forma de U, através das quais geram um fluxo de água por atividade muscular peristáltica.

A biologia reprodutiva dos Echiura é aquela característica dos vermes celomados de grande porte no ambiente marinho. Os sexos são separados e o celoma forma uma cavidade, na qual os gametócitos podem se desenvolver, antes da descarga em massa através dos nefrídios, em uma desova intensa.

Um gênero de Echiura exibe um modo especializado de reprodução sexuada, discutido na Seção 14.2.3.3. Os machos são indivíduos anões, vivendo sobre a probóscide de uma fêmea (Fig. 4.44b). Machos anões, foram anteriormente considerados como uma característica exclusiva de equiúros boneliídeos, mas o fenômeno tem sido recentemente descoberto em outros equiúros, indicando que, talvez, ele tenha se originado mais de uma vez.

4.12.3 Classificação

As 150 espécies são colocadas em três ordens dentro de uma única classe, dependendo da disposição das camadas musculares da parede do corpo, do número de nefrídios e do tipo de sistema sanguíneo, se aberto ou fechado. Membros de uma ordem, os Xenopneusta, adaptaram a parte posterior do trato digestivo como um órgão respiratório.

4.13 Filo POGONOPHORA

4.13.1 Etimologia

Grego: pogon, barba; phoros, portador.

4.13.2 Características diagnósticas e especiais (Fig.4.45)

(Note que a interpretação de várias características anatômicas dos pogonóforos ainda está sujeita a mudanças, não apenas com respeito à homologia, ou não, das estruturas dos recentemente descobertos vestimentíferos com aquelas dos demais membros deste filo. Por exemplo, ainda não há um consenso com relação a quais são as superfícies dorsal e ventral).

1 Vermes bilateralmente simétricos, alongados e metamericamente segmentados (0,5 mm-3 cm de diâmetro, 5 cm-3 m de comprimento) que habitam permanentemente tubos quitinosos e protéicos, dentro dos quais podem se mover.

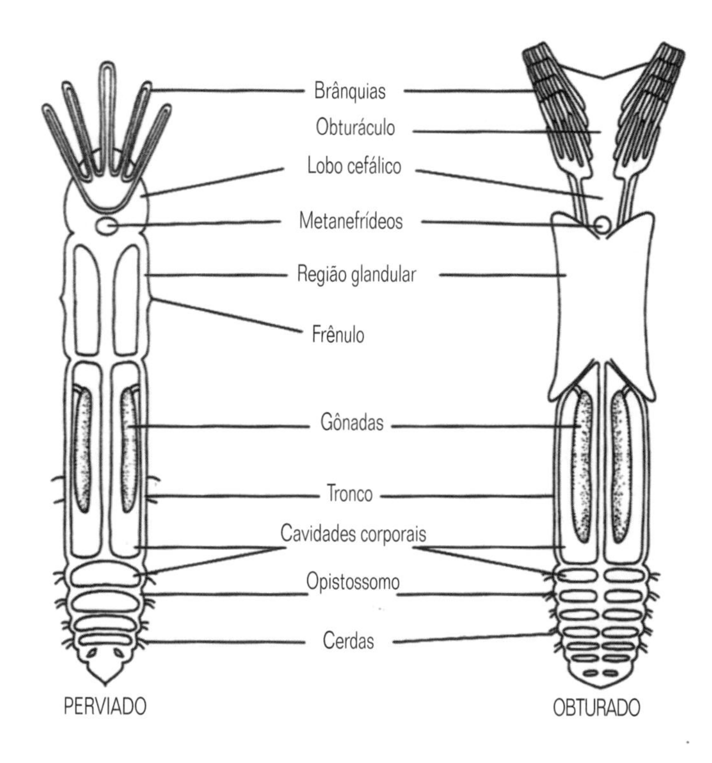

Fig. 4.45 Vistas dorsais altamente esquemáticas de membros generalizados das duas classes de pogonóforos, mostrando as principais regiões do corpo de forma diagramática e suas cavidades corporais (segundo Southward, 1980 e Jones, 1985).

2 Corpo com mais de duas camadas de células de espessura, com tecidos e órgãos.

3 Adultos sem boca ou trato digestivo. Trato digestivo larval, se presente, transforma-se num tecido 'trofossomal' contendo bactérias.

4 Com uma única e/ou pares de cavidades do corpo de natureza incerta (embora geralmente sejam consideradas esquizoceles, falta-lhes um revestimento peritonial).

5 Corpo com quatro regiões: um 'lobo cefálico' anterior, portando 1 a > 1000 'brânquias' tentaculares de sustentação hidrostática; uma curta 'região glandular', cujo par de cavidades encontra-se frequentemente preenchido em grande extensão por tecido muscular; um 'tronco' extremamente alongado, com um par de grandes compartimentos hidrostáticos e, frequentemente, com várias papilas adesivas ou secretoras; e um curto 'opistossomo' (formando um órgão para adesão ou escavação) composto por até 30 segmentos, cada um dos quais com uma única ou um par de cavidades corporais e originado por brotamento a partir de uma zona de proliferação terminal.

6 Parede do corpo com cutícula, epiderme, camadas musculares circular e longitudinal; o opistossomo e, em alguns casos, o tronco com cerdas; algumas regiões com tratos ciliares.

7 Com um sistema sanguíneo fechado, incluindo um coração encerrado dentro de uma cavidade pericárdica, no lobo cefálico.

8 Com um par de órgãos excretores semelhantes a metanefrídios, no lobo cefálico.

9 Brânquias consideradas como órgãos para as trocas gasosas.

10 Com um sistema nervoso epidérmico compreendendo uma massa ou anel nervoso anterior e geralmente um cordão nervoso ventral aganglionar único (este é geralmente considerado ventral); cordões múltiplos podem ocorrer em algumas regiões.

11 Gonocorísticos, com um par de gônadas alongadas no tronco, as dos machos produzindo espermatóforos.

12 Fertilização assumida como externa; desenvolvimento indireto, ovos e larvas jovens incubadas dentro dos tubos maternos ou de vida-livre, com alimentação através de tratos ciliares.

13 Marinhos, geralmente de águas profundas, isto é, 100-4000 m.

Embora descobertos pela primeira vez em 1900, pouco se sabe a respeito destes vermes de águas profundas. Por exemplo, não foi senão em 1964 que se obteve espécimes completos (até então o opistossomo metamerizado era desconhecido) e até aquela data os pogonóforos eram considerados como relacionados aos grupos lofoforados e deuterostômios, principalmente devido a seus corpos oligoméricos, aparentemente tripartidos. A descoberta da parte terminal do corpo segmentada e portando cerdas, juntamente com a descrição do primeiro vestimentífero em 1969, entretanto, levaram a um diferente consenso, de que eles têm afinidades com os anelídeos. Dados recentes de sequências moleculares confirmaram esta idéia e hoje está claro que ambos os grupos de pogonóforos são, na verdade, anelídeos poliquetas altamente modificados (Seção 4.14.3.1). Entretanto, nós ainda os tratamos aqui como um filo à parte, em reconhecimento à sua anatomia e estilo de vida diferenciados.

Os pogonóforos vivem dentro de tubos eretos e justapostos secretados pela região glandular e espessados por secreções do tronco, dentro dos quais eles são sustentados através (a) das cerdas

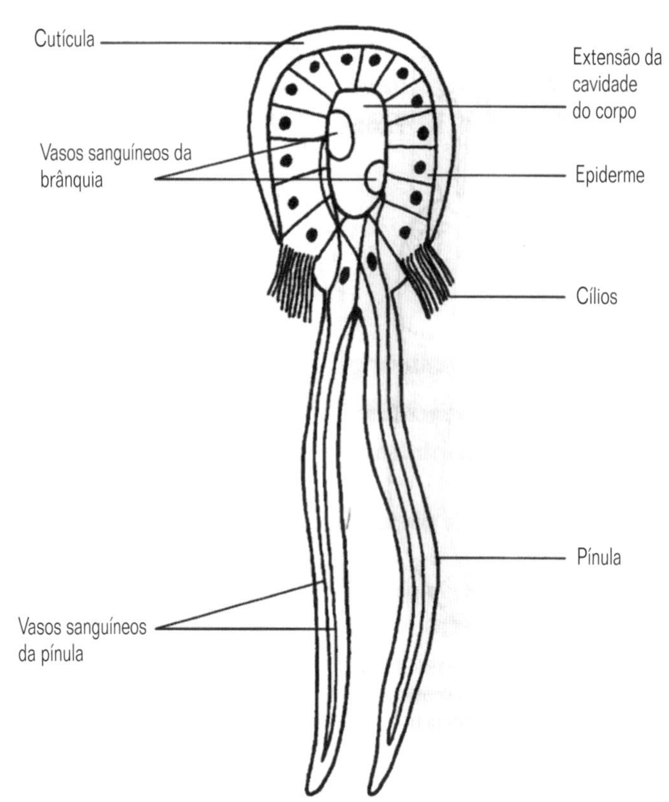

Fig. 4.46 Secção transversal de uma brânquia de perviado, mostrando as duas pínulas e tratos ciliares (segundo Ivanov, 1963).

do tronco e/ou do opistossomo, (b) algumas das papilas do tronco e, enquanto as brânquias estão estendidas na água circundante, (c) por cristas ou abas da região glandular. As brânquias variam muito em número e disposição; geralmente as suas bases são fundidas, ou montadas sobre uma estrutura em forma de língua ou crista. Na maior das classes, elas possivelmente são mantidas de maneira a delimitar uma cavidade tubular central e, naquelas espécies com um 'tentáculo' único e grosso, este é mantido enrolado de maneira a atingir o mesmo efeito (ver Fig. 4.47c). Para dentro desta cavidade, projetam-se fileiras pareadas de 'pínulas' – extensões alongadas das células epiteliais – flanqueadas por longos cílios epidérmicos (Fig. 4.46). A ação destes cílios parece gerar uma corrente de água ao longo da cavidade intrabranquial, mas a função das pínulas é incerta.

Por não apresentarem um trato digestivo, a maneira como os pogonóforos adultos se alimentam tem gerado muita especulação. Já é sabido que aquelas espécies que vivem perto de chaminés hidrotermais submarinas, ou percolações frias, suprem a maioria, se não todas, das suas necessidades de nutrientes através de bactérias quimioautotróficas no trofossomo, que metabolizam compostos sulfurosos reduzidos e metano que emanam das chaminés, e que bactérias equivalentes também estão presentes em todas as espécies de perviados que foram estudadas até o momento. As hemoglobinas dos vermes têm a propriedade de se combinar ao ácido sulfídrico, que é assim transportado às bactérias quimiotróficas simbiontes, sem efeitos tóxicos aos tecidos dos pogonóforos.

4.13.3 Classificação

As 140 espécies de pogonóforos são divididas em duas classes.

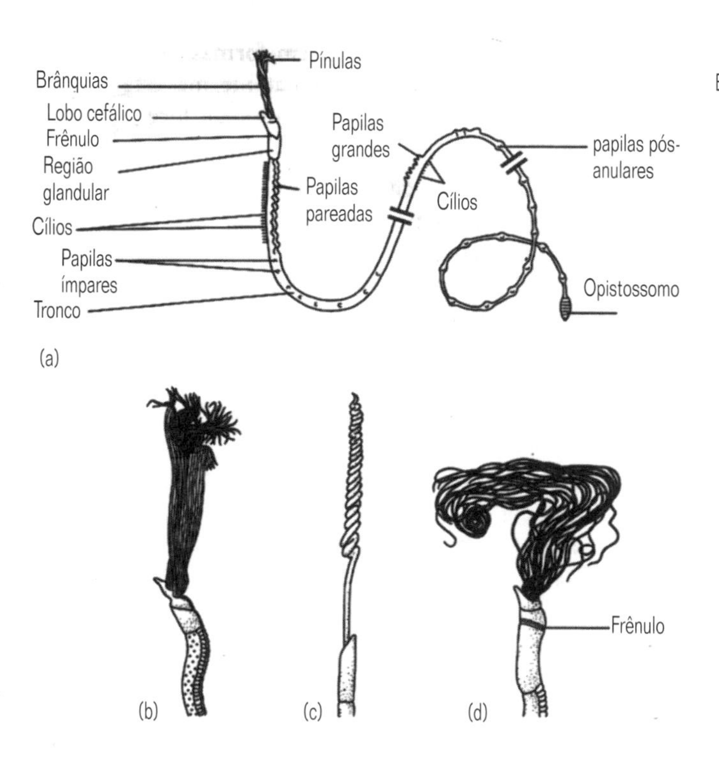

Fig. 4.47 Pogonóforos perviados: (a) uma representação diagramática da aparência externa de um perviado típico (em tamanho muito reduzido), mostrando as suas principais características, (segundo George & Southward, 1973) (note que, em vida, o corpo é mantido reto e em posição vertical); (b)-(d) extremidades anteriores de três perviados, mostrando diferentes números e arranjos das brânquias (segundo Ivanov, 1963).

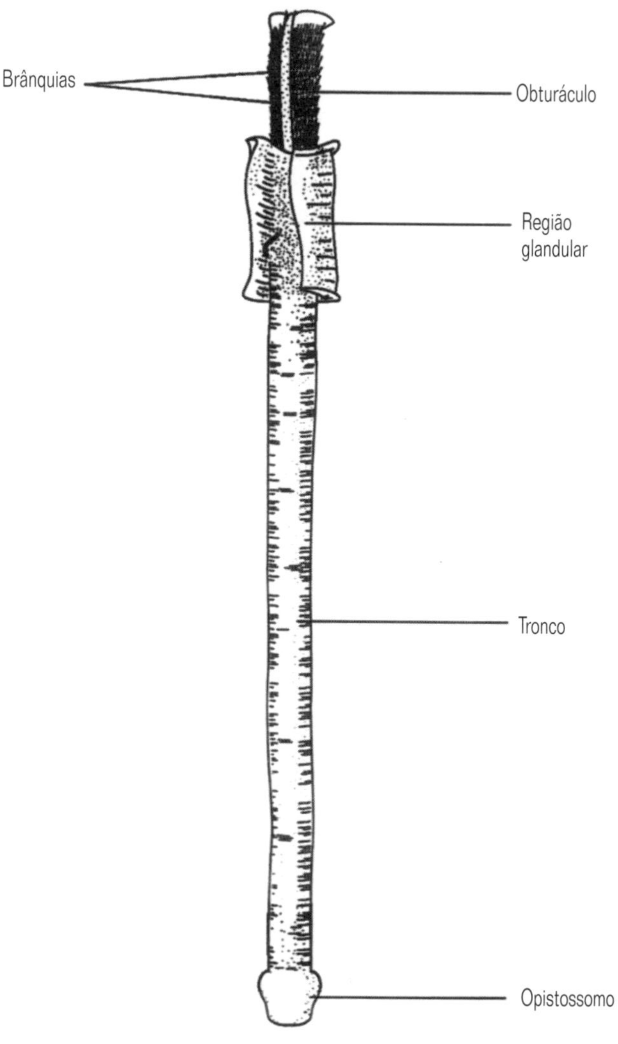

Fig. 4.48 Um vestimentífero (segundo Gage & Tyler, 1991).

Classe	Ordem
Perviata	Athecanephria Thecanephria
Obturata	Vestimentifera

4.13.3.1 Classe Perviata

Estes, os pogonóforos típicos, são espécies relativamente pequenas (com diâmetros de <3 mm e comprimentos de <85 cm), vivendo em tubos ancorados em sedimentos não consolidados. Eles possuem poucas (1-250) brânquias alongadas e uma crista elevada, o 'frênulo', correndo obliquamente ao redor da região glandular (Fig. 4.47) – este provavelmente sustenta a região anterior do corpo na abertura do tubo. As 125 espécies são colocadas em duas ordens.

4.13.3.2 Classe Obturata

A única ordem (Vestimentífera) (Fig. 4.48) desta classe contém vermes muito maiores (1-3cm de diâmetro e comprimentos de mais de 2m, em algumas formas), com brânquias curtas e mais numerosas – mais de 1.000 – montadas num 'obturáculo', parte do qual fecha a abertura do tubo, quando o animal se retrai. Em contraste com os Perviata, os vestimentíferos não possuem cerdas no tronco, nem frênulo, este último substituído por duas amplas abas que se encontram na linha mediana dorsal e se estendem em direção anterior sobre a base do obturáculo.

À medida que mais fontes hidrotermais vão sendo exploradas, o número de espécies conhecidas de vestimentíferos vai aumentando quase exponencialmente. A primeira espécie foi anunciada em 1969; a segunda, em 1975; a terceira, em 1981; seis outras novas espécies em 1986; atualmente o número total de espécies conhecidas é 15. Embora uma recente revisão do grupo o tenha elevado ao nível de filo, e o tenha dividido em duas classes e três ordens, em vista das contínuas mudanças no conhecimento e opinião, que, sem dúvida, se seguirão à descoberta de mais material, parece mais sensato neste momento reter o sistema tradicional de uma única classe e ordem, até que a classificação do grupo esteja mais estabilizada.

4.14 Filo ANNELIDA

4.14.1 Etimologia

Latim: annellus ou annelus, um diminutivo de anulus, um anel.

4.14.2 Características diagnósticas e especiais

1 Bilateralmente simétricos, vermiformes.

2 Corpo com mais de duas camadas de células de espessura, com tecidos e órgãos.

3 Um trato digestivo muscular, com boca e ânus.

4 Corpo dividido em segmentos (a segmentação pode não ser visível externamente, mas é sempre evidente no sistema nervoso).

5 Um prostômio pré-segmentar, contendo um gânglio nervoso, e um pigídio pós-segmentar.

6 Cavidade corporal como uma série de esquizoceles, obscurecida em espécimes com ventosas anterior e posterior.

7 Cavidade corporal muitas vezes subdividida por septos transversais, mas frequentemente suprimida ou diminuída em alguns ou todos os segmentos.

8 Epitélio externo coberto por uma cutícula e com espinhos ou cerdas epidérmicas, dispostas em feixes ou isoladamente, exceto em espécimes com ventosas anterior e posterior.

9 Parede do corpo muscular, muitas vezes com camadas circulares completas e quatro blocos de músculos longitudinais.

10 Um sistema sanguíneo fechado.

11 Sistema nervoso com gânglio supra-esofágico pré-segmentar, anel circum-esofágico e um cordão nervoso ventral com gânglios segmentares.

12 Dutos segmentares de origens mesodérmica e ectodérmica, que podem se encontrar fundidos, restritos a um ou a uns poucos segmentos e/ou parcialmente suprimidos.

13 Um grau variável de cefalização.

14 Desenvolvimento com clivagem espiral, mas modificada, e gastrulação por epibolia, nas formas com ovos com muito vitelo.

15 Desenvolvimento planctônico em formas marinhas, por vezes através de uma trocófora livre-natante, mas este estágio é frequentemente encapsulado. Formas de água doce e terrestres com ovos encapsulados.

O padrão estrutural da organização de Annelida combina as propriedades hidrostáticas e funcionais de um padrão celomado de organização com o plano de um corpo segmentado. No seu nível de expressão mais primitivo, a segmentação afeta a ectoderme e a mesoderme, e inclui septação segmentar do celoma. Muitos anelídeos, entretanto, suprimiram ou modificaram este padrão e são secundariamente asseptados ou acelomados.

A segmentação (Fig. 4.49, veja também a Fig. 4.51) é estabelecida durante o desenvolvimento, a partir de zonas mesodérmicas de crescimento pareadas e de um anel ectodérmico correspondente à frente do pigídio, a região posterior, através da qual a endoderme se abre para o exterior. Novos segmentos são formados na face anterior do pigídio, de maneira que o último segmento a ser formado é sempre o mais posterior (Fig. 4.49b). Em alguns Polychaeta, os primeiros três segmentos são formados precoce e simultaneamente, e podem ser especializados para uma vida planctônica, mas os segmentos subsequentes são produzidos sucessivamente. Os anelídeos podem continuar a adicionar segmentos ao longo de toda a sua vida, embora um número definitivo seja geralmente alcançado. Em Polychaeta e Oligochaeta adultos, uma nova produção de segmentos pode ser estimulada por secção transversal e a perda dos segmentos posteriores resulta na formação de um novo pigídio e de uma zona de crescimento pré-pigidial (Fig. 4.50) (ver Secção 15.5).

No seu nível mais fundamental, o corpo de anelídeos pode ser visto como tendo um prostômio pré-segmentar, contendo o gânglio supra-esofágico, uma série de unidades estruturais mais ou menos idênticas, os segmentos, e uma região posterior

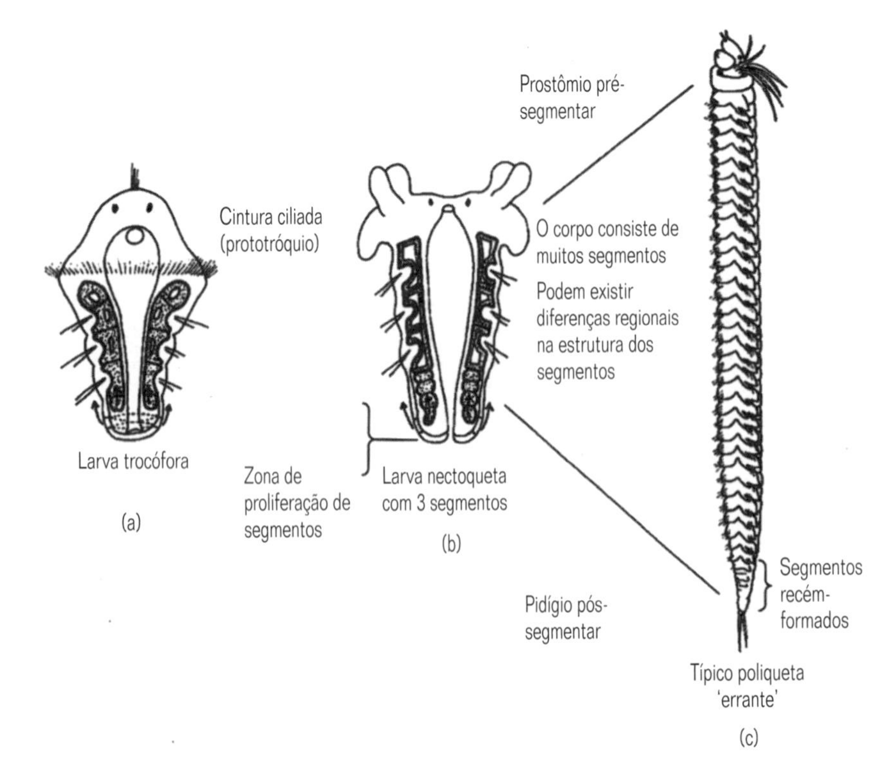

Fig. 4.49 O plano básico do corpo de anelídeos é formado pela intercalação de segmentos entre o prostômio pré-segmentar e uma zona de proliferação de segmentos, na parte anterior do pigídio. Em muitos poliquetas, os primeiros três segmentos são formados precoce e simultaneamente; todos os outros são adicionados progressivamente, muitas vezes até um número definido. (a) Representação diagramática de uma trocófora. (b) Formação dos primeiros três segmentos. O segmento mais anterior pode perder as cerdas e contribuir para os órgãos dos sentidos da extremidade anterior. (c) Regiões básicas do corpo. Neste caso, como num poliqueta errante da ordem Phyllodocida. Nas ordens sedentárias, os segmentos de uma região torácica e um abdome mais posterior podem ter uma arquitetura muito diferente (veja também a Fig. 15.14).

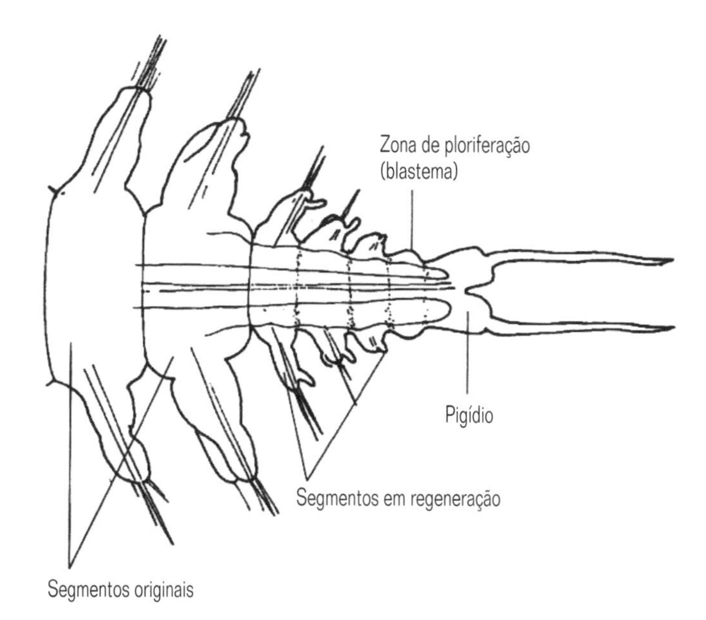

Fig. 4.50 Regeneração em Nereis. A perda de segmentos provoca a formação de uma nova zona de proliferação de segmentos e a produção de uma série de segmentos, o mais posterior dos quais é o mais novo.

pós- segmentar, o pigídio, em cuja região anterior ventral se encontra o blastema dos segmentos, ou zona de crescimento (Fig. 4.51). As características fundamentais da segmentação são as seguintes:

1 Ectoderme: arranjo segmentar das cerdas; sistema nervoso com um gânglio segmentar e nervos associados; nefrídios ectodérmicos.

2 Mesoderme: segmentação da musculatura associada aos sacos setígeros/parapódios e dos vasos correspondentes; septação do espaço celomático, criando cavidades corporais isoladas; arranjo segmentar do epitélio germinativo e dos pares de celomodutos associados. Estes elementos básicos da segmentação de anelídeos são mostrados diagramaticamente na Figura 4.51.

Os protoanelídeos provavelmente tinham septos completos e séries completas de protonefrídios ectodérmicos e celomodutos mesodérmicos. Tal arranjo não persistiu em nenhum anelídeo vivente. Os protonefrídios, com um grupo de células-flama, foram retidos em algumas poucas famílias de poliquetas, mas os nefrídios geralmente têm um funil ciliado aberto, o nefrostômio. Nefrídios e celomodutos têm diferentes origens embriológicas (Seção 12.3.1) e são separados nos oligoquetas. Nos poliquetas, essencialmente marinhos, o nefrídio e o celomoduto geralmente se combinam para formar uma estrutura composta, o nefromíxio (Fig. 12.11) e naquelas famílias sem septos completos e com cavidades celomáticas abertas, o número de epitélios germinativos e dutos segmentares é muito reduzido.

4.14.3 Classificação

Há no mínimo 75.000 espécies descritas de anelídeos, que são prontamente divididas em três grupos principais, Polychaeta, Oligochaeta e Hirudinea, e dois grupos menores. Os Hirudinea divergiram precocemente da linha evolutiva de oligoquetas e

Classe	Subclasse	Ordem
Polychaeta		Orbiniida Ctenodrilida Psammodrilida Cossurida Spionida Questida Capitellida Opheliida Phyllodocida Amphinomida Spintherida Eunicida Sternaspida Oweniida Flabelligerida Poebiida Terebellida Sabellida Nerillida Dinophilida Polygordiida Protodrilida Myzostomida
Aeolosomata		Aeolosomatida
Clitellata	Oligochaeta	Lumbriculida Moniligastrida Haplotaxida
	Branchiobdellida	Branchiobdella
	Hirudinea	Acanthobdellida Rhynchobdellida Arhynchobdellida

estes dois grupos, juntamente com os muito menores Branchiobdella, formam a classe Clitellata.

4.14.3.1 *Classe Polychaeta*

Os principalmente marinhos poliquetas são notáveis pela sua diversidade morfológica e anatômica; o seu nome deriva das numerosas cerdas ou espinhos, inseridos na maioria das vezes em dois grupos, ao invés de isoladamente, nos parapódios segmentares birremes (Fig. 4.52). Muitos apresentam desenvolvimento indireto (Fig. 4.53), embora ele possa estar suprimido.

Cerca de metade das famílias e espécies de poliquetas podem ser convenientemente agrupadas como formas 'errantes'; estas pertencem principalmente a duas grandes ordens facilmente definidas, os Phyllodocida e os Eunicida. Os Phyllodocida possuem uma probóscide axial (a parte anterior do canal alimentar), evertida por pressão hidráulica e recolhida por músculos retratores. Ela frequentemente se apresenta armada com um pequeno número de mandíbulas de proteínas enrijecidas, que podem conter uma alta proporção de metais pesados, mas que nunca são calcificadas (Fig. 4.54).

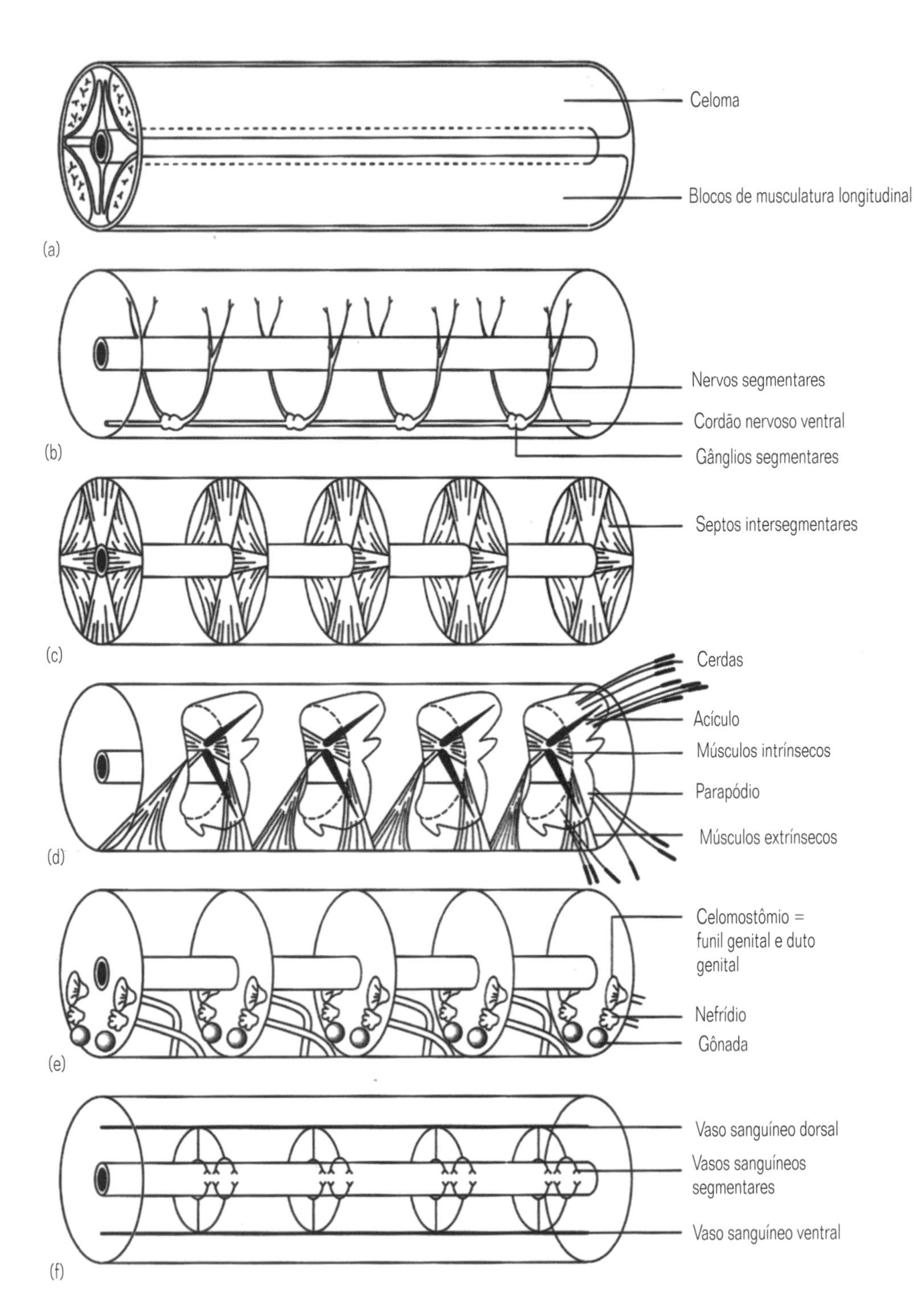

Fig. 4.51 Representação diagramática dos componentes do plano de corpo segmentado de um protoanelídeo ancestral hipotético. Anelídeos viventes exibem algumas, mas não necessariamente todas estas características. (a) Os blocos de musculatura longitudinal e o trato digestivo não são segmentados. A cavidade do corpo é um celoma verdadeiro, com revestimento peritoneal. (b) Segmentação do sistema nervoso ventral, com gânglios segmentares e nervos. Este é o elemento mais conservado da segmentação em anelídeos viventes (veja a seção de Hirudinea abaixo). (c) Subdivisão do celoma por septos transversais. Esta característica é retida na maioria dos Oligochaeta e em alguns Polychaeta, mas pode ser muito modificada e é perdida em Hirudinea. (d) Segmentação da ectoderme e da mesoderme, devido ao desenvolvimento de parapódios ou cerdas dispostas segmentarmente. Esta característica é proeminente em Polychaeta, menos proeminente em Oligochaeta e perdida em Hirudinea. (e) Segmentação dos dutos genitais, dutos excretores e epitélios germinativos. Acredita-se que os protoanelídeos tivessem uma série completa de celomodutos mesodérmicos (para a liberação de gametas) e nefrídios ectodérmicos. Também se acredita que eles tivessem um par de epitélios germinativos em cada compartimento celomático. Estas condições não são encontradas em nenhum anelídeo vivente e estão frequentemente muito modificadas. (f) Segmentação do sistema vascular sanguíneo.

Os Eunicida parecem-se superficialmente aos Phyllodocida, mas a probóscide não é axial, mas sim uma massa bucal eversível, armada com um complexo conjunto de peças bucais calcificadas, um par de mandíbulas em forma de cinzel e diversos pares de maxilas (Fig. 4.55). A variedade de formas dentre os poliquetas errantes é ilustrada na Figura 4.56. Muitos passam a maior parte de sua vida adulta dentro de uma galeria ou um sistema permanente de perfurações, dos quais eles emergem parcialmente para se alimentar. A maioria tem uma cabeça bem desenvolvida, com uma variedade de órgãos dos sentidos e um cérebro complexo. Muitos são carnívoros, mas alguns são detritívoros, comedores de suspensões ou onívoros. Eles possuem prapódios bem desenvolvidos, com lobos dorsal e ventral, sustentados por um bastão proteináceo rígido – o acículo.

Alguns poliquetas errantes apresentam comportamento de epitoquia ou enxameamento associado à reprodução sexuada. Este fenômeno muitas vezes envolve uma complexa metamorfose dos vermes adultos. A epitoquia pode ocorrer de duas maneiras fundamentalmente diferentes (Figs. 4.57I,II). Na epigamia, o animal inteiro se transforma no epítoco enxameante, enquanto na esquizogamia (estolonização) os segmentos posteriores de vermes sexualmente maduros se destacam e transformam em estolões migratórios portadores de gametas.

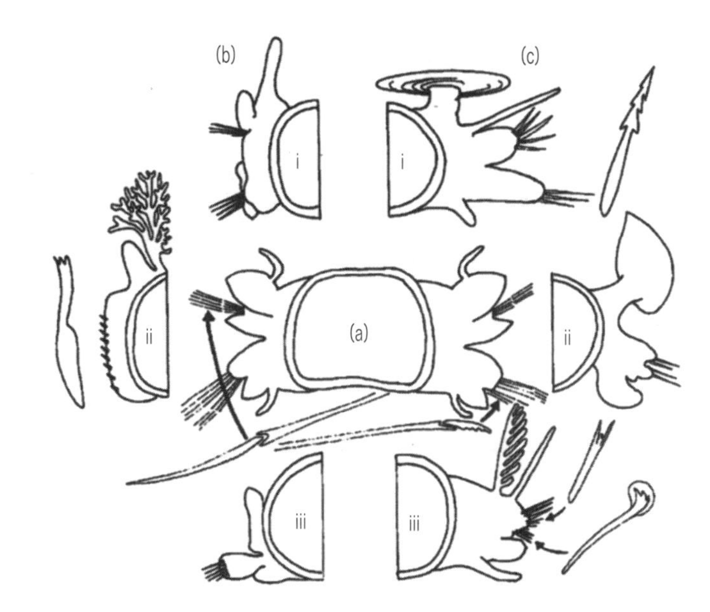

Fig. 4.52 Exemplos da variedade de formas dos parapódios de poliquetas. (a) O tipo birreme fundamental, conforme encontrado em Nereis. Os detalhes mostram a morfologia de algumas cerdas. (b) Exemplos de parapódios de famílias de sedentários: (i) Spionidae; (ii) Arenicolidae; (iii) Sabellidae. (c) Exemplos de parapódios e cerdas de famílias de errantes: (i) Polynoidae; (ii) Phyllodocidae; (iii) Eunicidae.

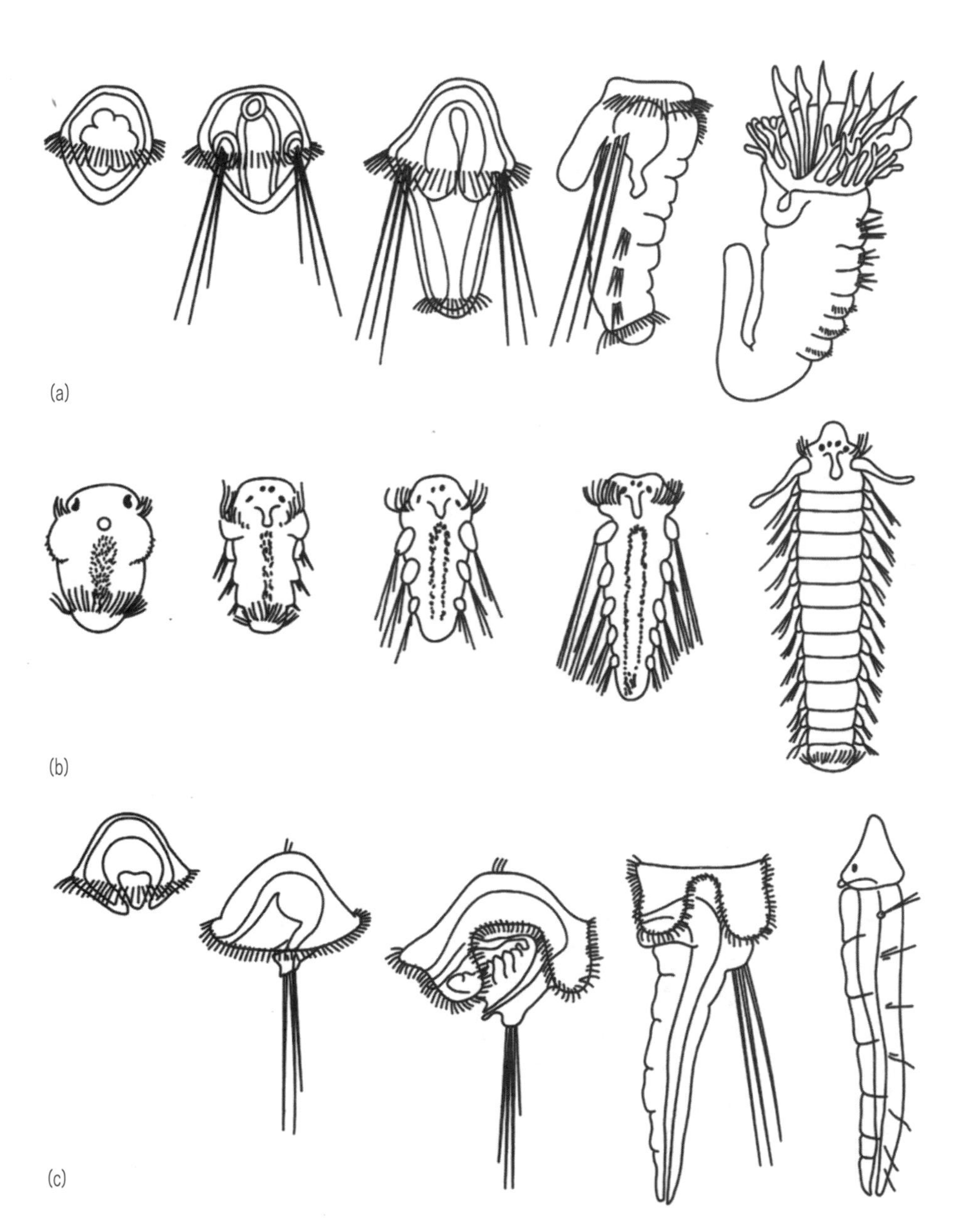

Fig. 4.53 Exemplos de estágios de desenvolvimento planctônico em Polychaeta: (a) Sabellaria; (b) Spio; (c) Owenia.

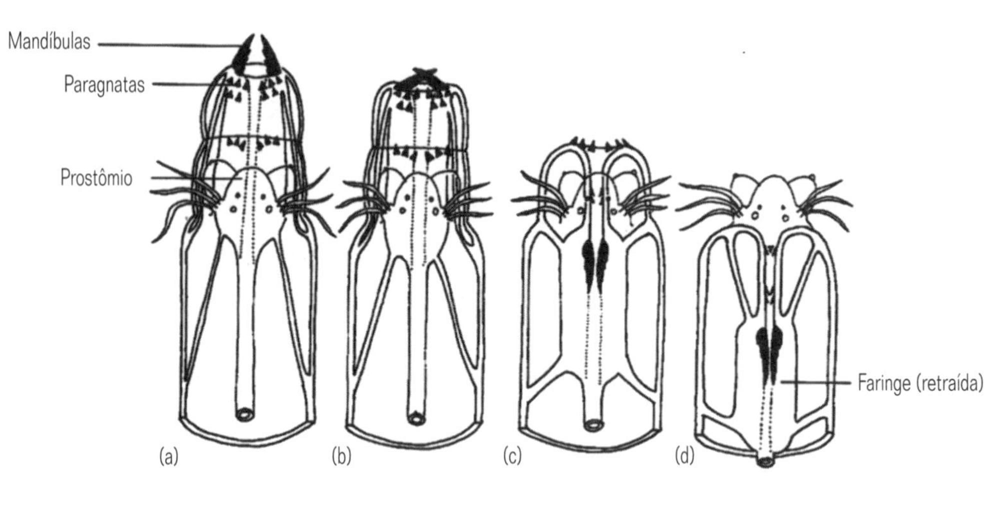

Fig. 4.54 Probóscide do tipo filodócido. Trata-se de uma faringe muscular que é evertida por pressão celomática e retraída pela ação de músculos retratores, conforme mostrado em (a)–(d). Ela é muitas vezes, como em Nereis, armada com mandíbulas proteináceas.

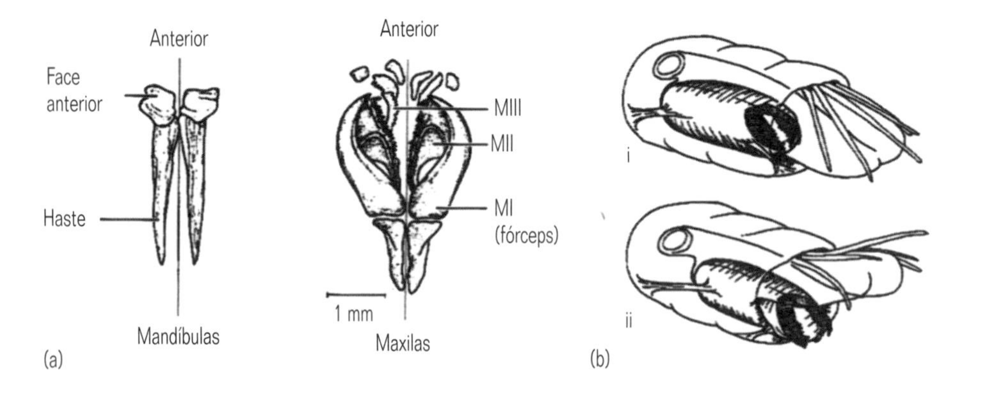

Fig. 4.55 Aparelho mandibular do tipo eunícido. (a) Peças bucais isoladas. (b) (i) Peças bucais retraídas no assoalho ventral, em forma de língua, da faringe; (ii) peças bucais evertidas (segundo Olive, 1980).

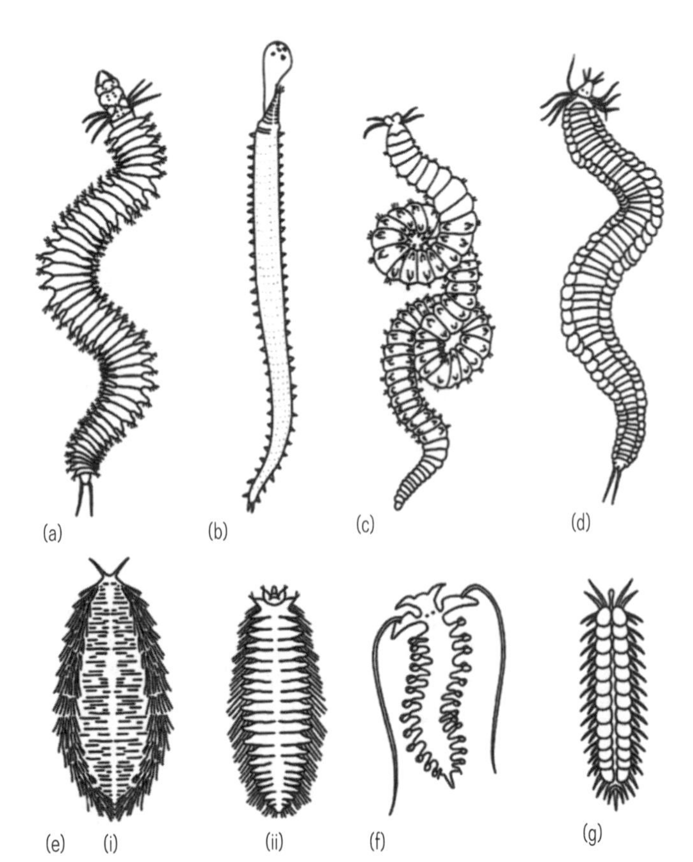

Fig. 4.56 Variedade de formas entre os poliquetas 'errantes'; (i) e (ii) vistas dorsal e ventral, respectivamente, do mesmo animal. Todos, exceto (c) (Eunicidae), são membros de famílias bem conhecidas da ordem Phyllodocida. Os poliquetas errantes são geralmente identificados ao nível de família, as ordens sendo raramente usadas. (a) Nereididae, (b) Glyceridae, (c) Eunicidae, (d) Phyllodocidae, (e) Aphroditidae, (f) Tomopteridae, (g) Polynoidae.

Os demais poliquetas são frequentemente agrupados como formas sedentárias e 'arquianelídeos'. Ambos os grupos são associações diversificadas e artificiais, nas quais é difícil reconhecer as relações. A maioria dos biólogos refere-se diretamente às distintas famílias, ao invés das ordens.

Nos 'poliquetas sedentários', há geralmente variação regional na estrutura dos segmentos e podem ser reconhecidas as regiões torácica e abdominal (Fig. 4.58). Eles são todos micrófagos, comedores de depósitos ou filtradores de suspensões, e não apresentam os padrões de locomoção serpenteante ou caminhante exibidos pelas espécies 'errantes' (veja Seção 10.5). A sua diversidade deve-se aos seus muito diferentes modos de vida. Alguns vivem em galerias, outros em tubos de material pergamináceo secretado, ou carbonato de cálcio, ou grãos de areia. Diversas famílias exibem uma convergência funcional com Oligochaeta. Eles cavam substratos não consolidados e ou engolem os grãos de areia, ou os 'lambem'. Eles possuem um pequeno prostômio sem órgãos sensoriais proeminentes, cerdas simples em parapódios reduzidos, musculatura circular

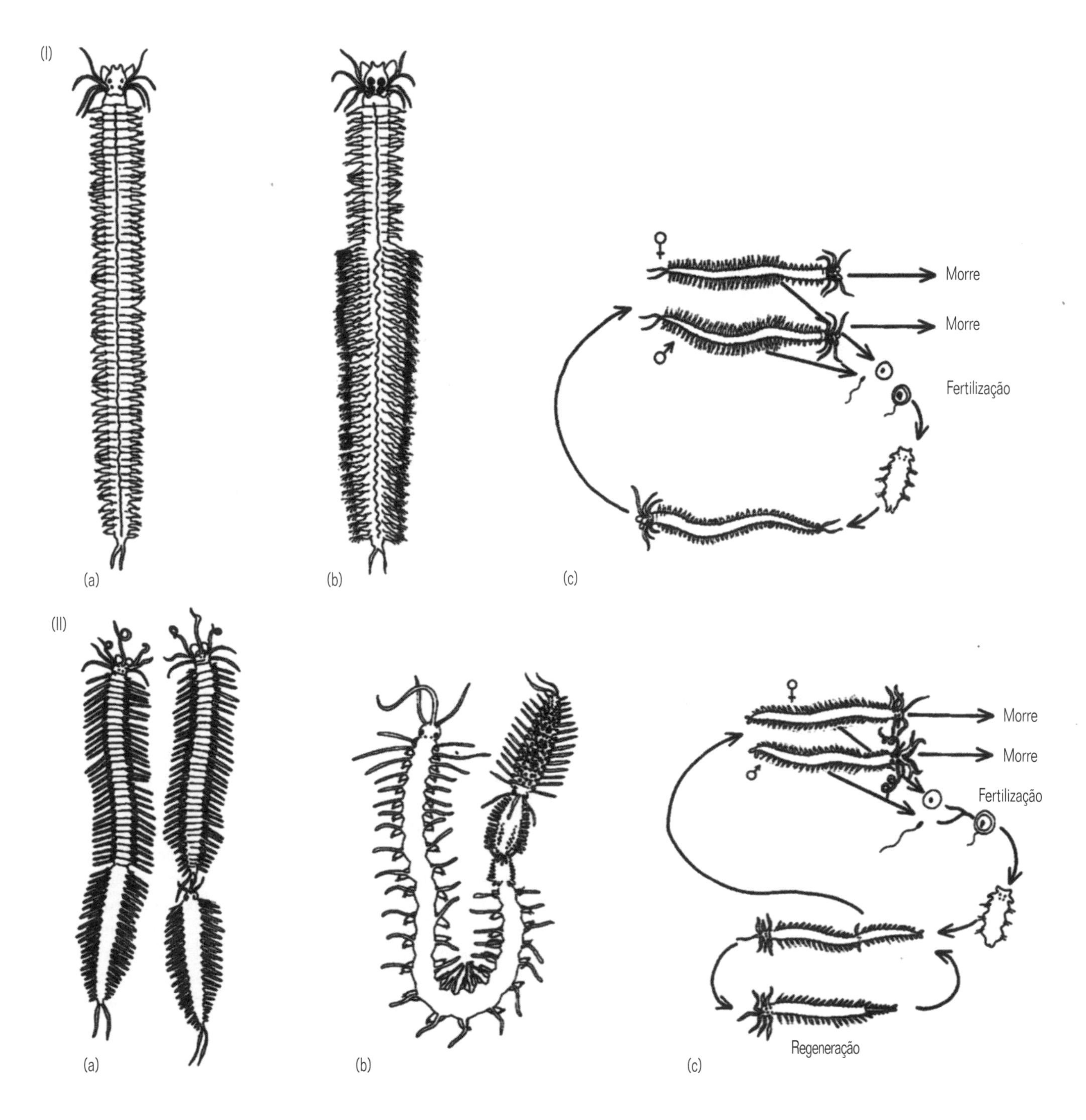

Fig. 4.57 Epitoquia e enxameamento. A produção de vermes pelágicos sexualmente maduros e parcialmente metamorfoseados originou-se independentemente diversas vezes nos Polychaeta. O processo ocorre de duas maneiras fundamentalmente diferentes: I: Epigamia. Espécimes maduros sofrem metamorfose, enxameiam e morrem: (a) forma átoca, não modificada, de Nereis; (b) a forma epítoca, metamorfoseada, de Nereis, Heteronereis. (c) Representação diagramática do ciclo de vida. II. Esquizogamia: (a) produção de um estolão único, por modificação dos segmentos posteriores; (b) produção de múltiplos estolões, por brotamento terminal, o estolão terminal sendo o mais velho; (c) representação diagramática do ciclo de vida.

bem desenvolvida e septos completos. Diversas famílias apresentam tentáculos moles preênseis, que coletam finas partículas de sedimento orgânico e as conduzem à boca (veja a Fig. 9.5). Tais tentáculos são muitas vezes projeções do prostômio. Algumas famílias muito avançadas de vermes tubícolas possuem uma coroa com tentáculos prostomiais rígidos, que agem como verdadeiros instrumentos para a filtração de alimento (Fig. 9.2). Outras especializações alimentares são discutidas no Capítulo 9 (veja, por exemplo, a Fig. 9.5).

Os arquianelídeos (Fig. 4.59) são uma associação não relacionada de poliquetas diminutos, independentemente adaptados para o meio intersticial, em areias marinhas.

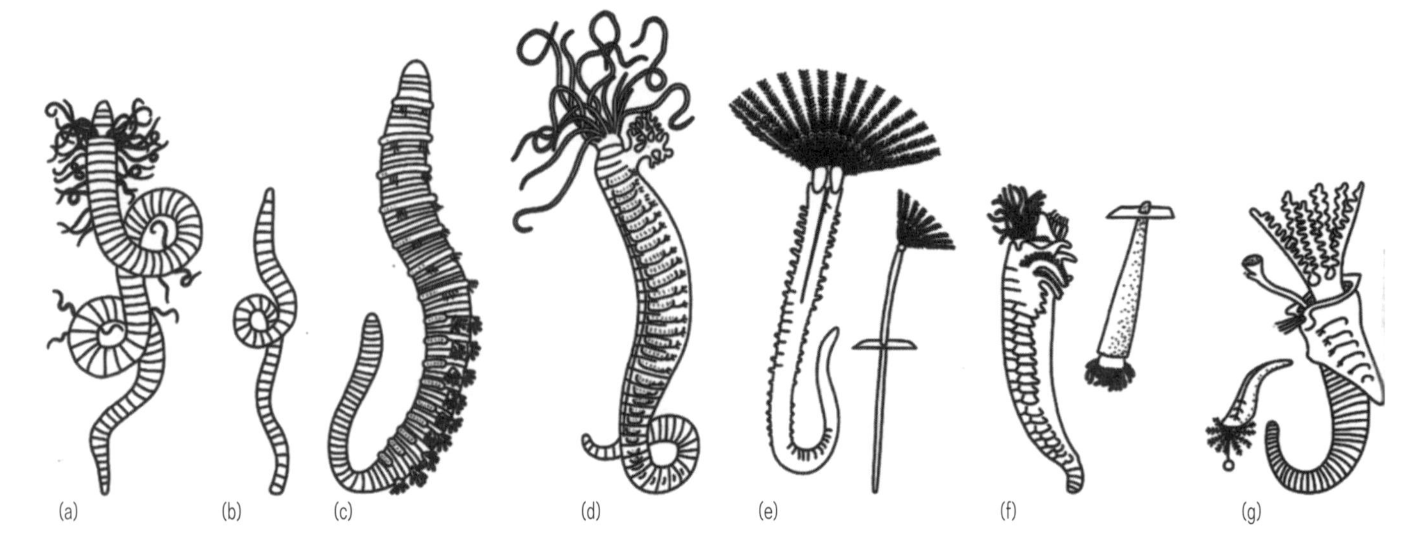

Fig. 4.58 Exemplos da variedade de formas do corpo em poliquetas sedentários (As figuras menores mostram o modo de vida característico. Veja também a Fig. 9.6) (a) Cirratulidae, (b) Capitellidae, (c) Arenicolidae, (d) Terebellidae, (e) Sabellidae, (f) Pectinariidae, (g) Serpulidae.

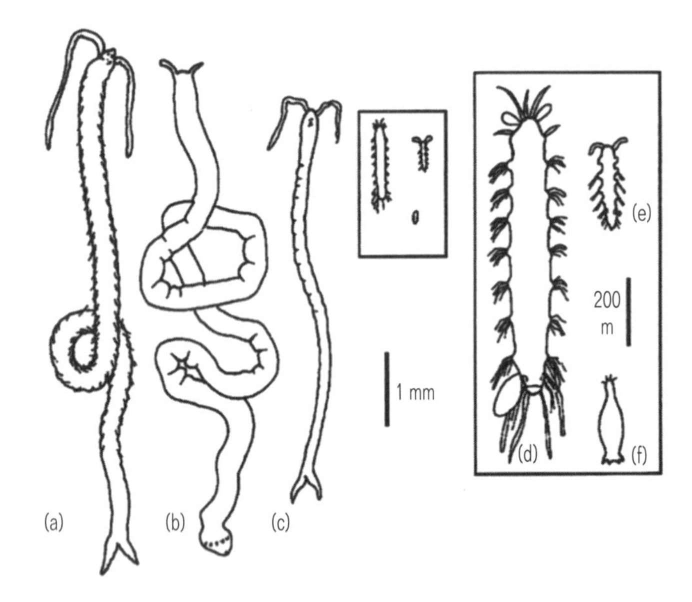

Fig. 4.59 Variedade de formas e tamanhos dentre as famílias de poliquetas anteriormente agrupadas como arquianelídeos. Estes animais são atualmente considerados como secundariamente simplificados, como uma adaptação para o pequeno porte (segundo Jouin,1971).

4.13.3.2 Classe Clitellata

Subclasse Oligochaeta Os oligoquetas são anelídeos predominantemente anelídeos terrestres ou de água doce, com representantes secundariamente marinhos, principalmente em ambientes estuarinos e intersticiais.

Para a sua locomoção, os oligoquetas exploram completamente as propriedades hidrostáticas de um plano de organização completamente septado e segmentado. Eles retiveram, portanto, um plano corporal semelhante àquele atribuído aos protoanelídeos (veja a Fig. 4.51), mas eles não são primitivos. Os oligoquetas são especializados por serem hermafroditas simultâneos, por depositarem pequeno número de grandes ovos, ricos em vitela dentro de um envelope com alimento, o casulo, secretado pelo clitelo, e por possuírem um número muito reduzido de gônadas. O arranjo da genitália de oligoquetas é a base para a sua classificação em três ordens.

Funcional e ecologicamente, há basicamente dois tipos de oligoquetas: as espécies de microdrilos, principalmente aquáticas, e os megadrilos terrestres, ou minhocas.

A anatomia funcional das minhocas é notavelmente constante e pode ser ilustrada com referência a Lumbricus terrestris (Fig.4.60a).

Uma secção transversal (Fig. 4.60b) mostra as seguintes características: cutícula impermeável, lubrificada por secreções de células caliciformes epidérmicas; epiderme; uma camada nervosa; uma camada completa de musculatura circular; blocos de musculatura longitudinal; cerdas inseridas isoladamente ou em pequenos grupos, como em Lumbricus; celoma dividido por septos completos e revestido por peritônio; musculatura da parede do trato digestivo; revestimento endodérmico do sistema alimentar.

O verme é construído num plano segmentar, mas há considerável especialização na região anterior, principalmente na estrutura dos sistemas alimentar e reprodutivo (Fig. 4.60a e b e Fig. 4.61). As minhocas envolvem-se em complexo comportamento pseudocopulatório, durante o qual pares de vermes são mantidos unidos por um revestimento mucoso e os espermatozóides são transferidos externamente para as espermatecas, ou sacos espermáticos, na região do clitelo (Fig. 4.62).A fertilização ocorre dentro do casulo e, após a cópula, uma minhoca pode produzir muitos casulos com ovos.

Os oligoquetas microdrilos são menores do que as minhocas. Eles compreendem diversas famílias vivendo principalmente em água doce, embora os Enchytraeidae sejam primariamente terrestres e outros ocorram até em oceanos profundos. Eles apresentam forma do corpo mais variável do que as minhocas e alguns possuem proeminentes cerdas semelhantes a pêlos, que se assemelham àquelas de alguns poliquetas (Fig. 4.63). A sua biologia reprodutiva é frequentemente muito especializada.

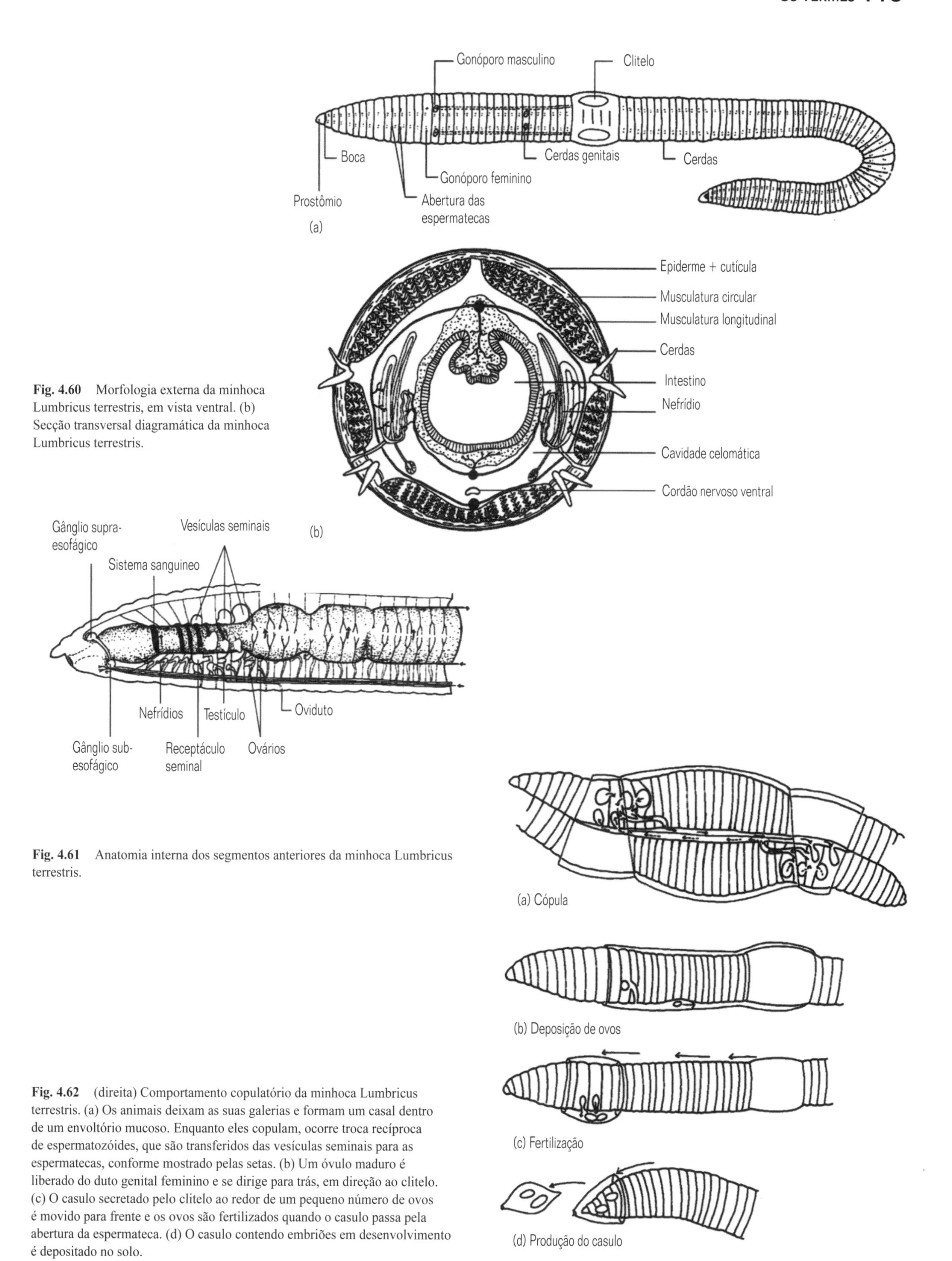

Fig. 4.60 Morfologia externa da minhoca Lumbricus terrestris, em vista ventral. (b) Secção transversal diagramática da minhoca Lumbricus terrestris.

Fig. 4.61 Anatomia interna dos segmentos anteriores da minhoca Lumbricus terrestris.

Fig. 4.62 (direita) Comportamento copulatório da minhoca Lumbricus terrestris. (a) Os animais deixam as suas galerias e formam um casal dentro de um envoltório mucoso. Enquanto eles copulam, ocorre troca recíproca de espermatozóides, que são transferidos das vesículas seminais para as espermatecas, conforme mostrado pelas setas. (b) Um óvulo maduro é liberado do duto genital feminino e se dirige para trás, em direção ao clitelo. (c) O casulo secretado pelo clitelo ao redor de um pequeno número de ovos é movido para frente e os ovos são fertilizados quando o casulo passa pela abertura da espermateca. (d) O casulo contendo embriões em desenvolvimento é depositado no solo.

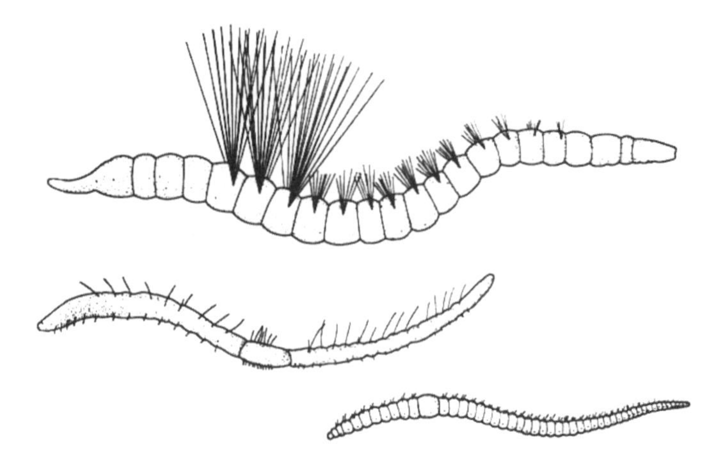

Fig. 4.63 Variedade de formas entre os oligoquetas microdrilos.

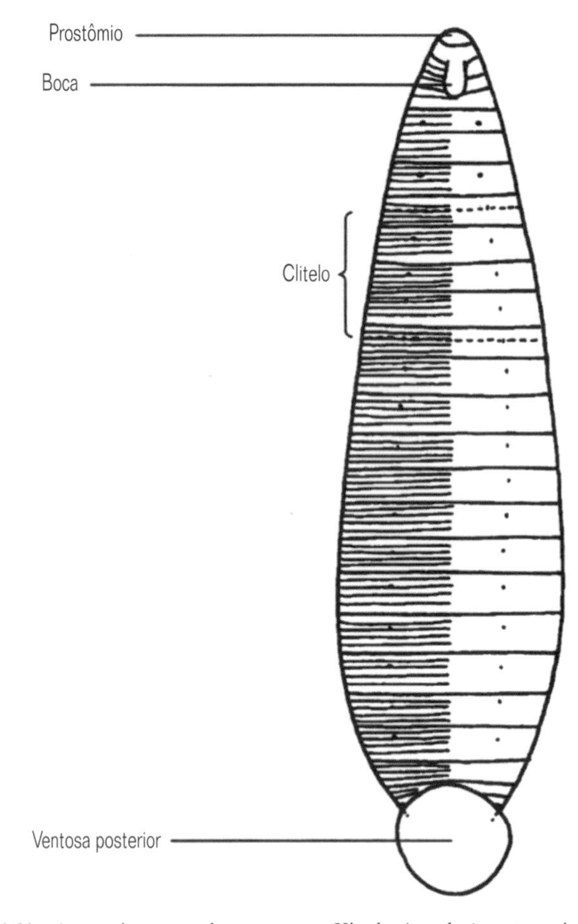

Fig. 4.64 Anatomia externa da sanguessuga Hirudo. A anelação externa é mostrada no lado esquerdo e a segmentação verdadeira, no direito.

A reprodução assexuada por fissão espontânea (esquizogênese) é comum e indubitavelmente a reprodução sexuada nunca foi observada em algumas formas.

Subclasse Hirudinea (sanguessugas) As características especiais de sanguessugas acompanham o desenvolvimento de ventosas, que lhes propiciam formar zonas de adesão em ambas as extremidades. O corpo então se comporta como uma única unidade hidrostática funcional. Consequentemente, a segmentação dos espaços celomáticos, tanto no que se refere à ectoderme, quanto à mesoderme, foi grandemente perdida. Funcionalmente, as sanguessugas operam de maneira semelhante à dos platelmintos, mas com a vantagem dos seios celomáticos para a transmissão de forças, de um sistema nervoso com gânglios segmentares, para a coordenação de complexos padrões comportamentais e locomotores, e de um sistema vascular fechado, com pigmentos respiratórios.

Todas as sanguessugas têm exatamente 33 gânglios segmentares. A ventosa da cabeça é formada pelos segmentos 1-4 e a posterior, pelos segmentos 25-33 (Fig. 4.64). Não há cerdas e a segmentação externa é obscura, embora o corpo seja dividido por séries transversais de ânulos, que não correspondem aos limites segmentares. Uma secção transversal mostra que o espaço entre a mesoderme e a parede muscular do trato digestivo é preenchido por um tecido botrioidal semelhante a um parênquima frouxo (Fig. 4.65). Alguns órgãos internos, especialmente os epitélios germinativos e os nefrídios, refletem a condição segmentar ancestral (Fig. 4.66).

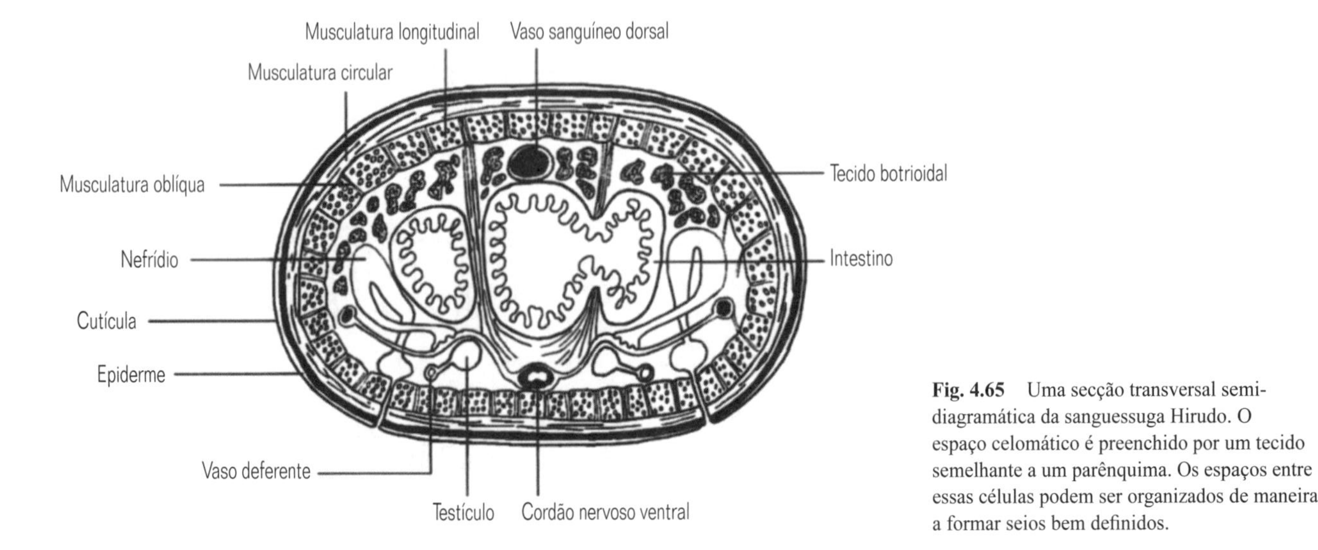

Fig. 4.65 Uma secção transversal semi-diagramática da sanguessuga Hirudo. O espaço celomático é preenchido por um tecido semelhante a um parênquima. Os espaços entre essas células podem ser organizados de maneira a formar seios bem definidos.

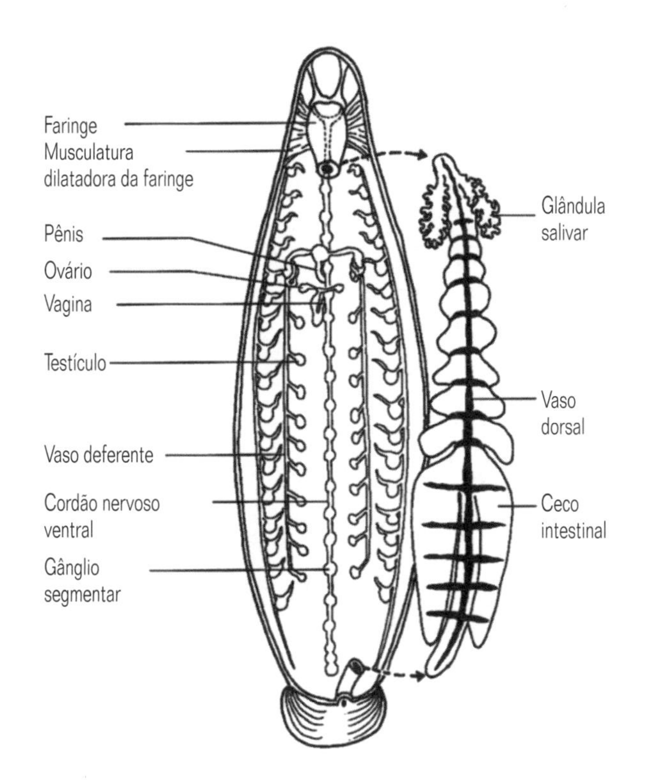

Fig. 4.66 Anatomia interna da sanguessuga Hirudo, mostrada por dissecção do lado dorsal. O trato digestivo é mostrado deslocado.

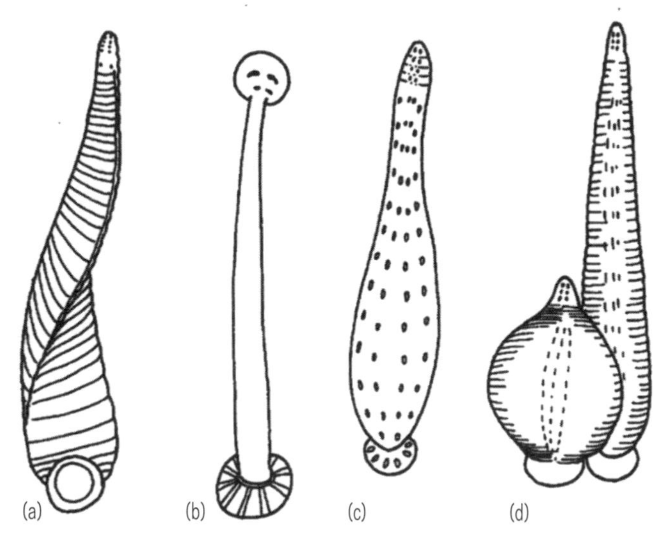

Fig. 4.67 Variedade de formas em sanguessugas: a forma na extrema direita mostra a característica habilidade das sanguessugas para apresentar grandes mudanças na forma.

As sanguessugas são hermafroditas, com diversos pares de testículos, um par de ovários e uma única abertura genital. A fertilização é interna e a reprodução requer a transferência de espermatozóides entre parceiros, muitas vezes com complexo comportamento copulatório. Em muitas espécies, os estruturalmente complexos espermatozóides são injetados hipodermicamente e abrem caminho até os ovários por entre as células do animal que os recebeu. Após a cópula, as sanguessugas adultas depositarão muitos casulos, cada qual com um a uns poucos ovos. Algumas das espécies grandes vivem por diversos anos, mas a maioria é anual, passando o inverno como jovens embriões nos casulos.

A variedade de formas do corpo é ilustrada na Figura 4.67. Todas são carnívoras, mas nem todas são ectoparasitas ou hematófagas. A classificação baseia-se primariamente na estrutura do aparelho bucal e no modo de alimentação.

Os Acanthobdellida são um peculiar grupo primitivo de ectoparasitas de peixes salmonídeos. Eles não apresentam ventosa anterior, possuem poucos segmentos com cerdas e têm celoma segmentar. Desta maneira, eles fornecem o elo de ligação entre os planos de organização de oligoquetas e sanguessugas.

Subclasse Branchiobdella Estes são ectoparasitas diminutos de crustáceos de água doce. Possuem 15 ou 16 segmentos, os primeiros quatro dos quais fundidos para formar uma cabeça cilíndrica com uma ventosa. Estes clitelados pouco conhecidos parecem formar uma linha independente derivada de um ancestral semelhante a um oligoqueta, paralela à evolução de Hirudinea (Fig. 4.68).

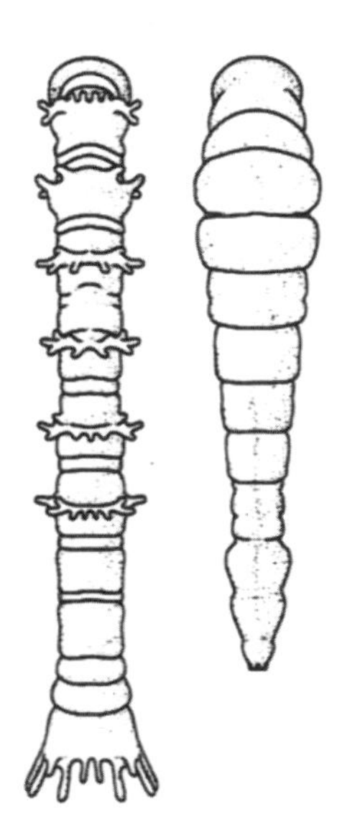

Fig. 4.68 Branchiobdella. Morfologia externa de uma espécie típica.

4.14.3.3 Classe Aeolosomata

Estes minúsculos anelídeos foram anteriormente vistos como oligoquetas primitivos, mas são atualmente considerados como separados da linha evolutiva de clitelados. São todos pequenos, a maioria diminuta, e vivem em ambientes intersticiais de água doce e salobra. São hermafroditas, mas possuem um único segmento ovariano e testículos nos segmentos imediatamente anterior e posterior a este segmento. O assim chamado clitelo é composto por glândulas ventrais e não é homólogo ao clitelo dorsal dos anelídeos clitelados.

Uma espécie típica é ilustrada na Figura 4.69. Ela apresenta um prostômio ciliado, formando o principal órgão locomotor, e cerdas muito longas assemelhando-se a pêlos. Os Aeolosomata, como as famílias de arquianelídeos, exibem uma estrutura simplificada devido ao seu tamanho diminuto e a sua relação com outros anelídeos é desconhecida. Há apenas cerca 25 espécies nesta classe.

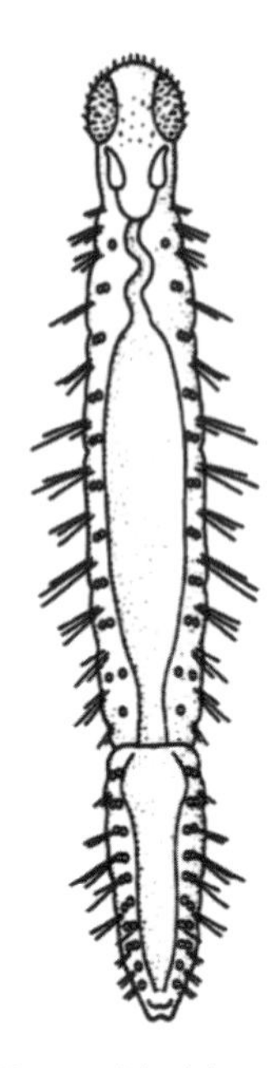

Fig. 4.69 Aeolosomata. Uma espécie típica.

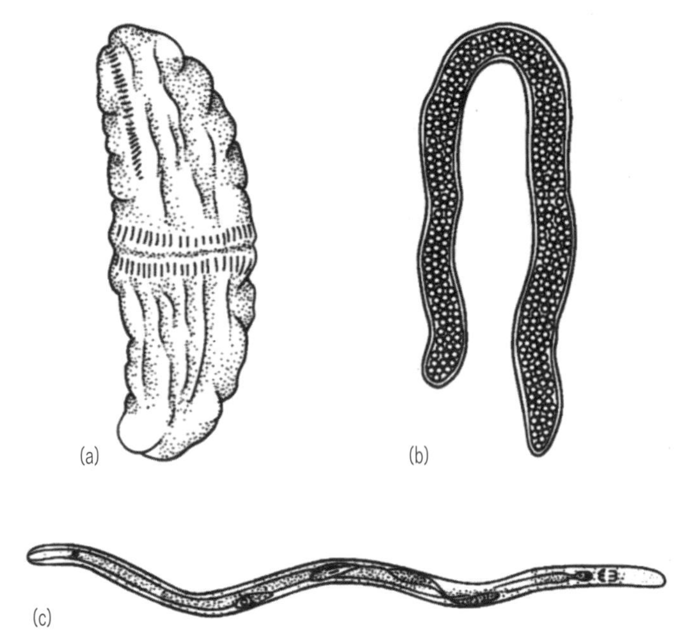

Fig. 4.70 Três vermes de filo incerto: (a) Xenoturbella; (b) Buddenbrockia; (c) Lobatocerebrum (segundo Barnes, 1998).

4.15 Vermes de filo incerto

Quatro tipos de vermes viventes não podem ser facilmente acomodados em nenhum dos filos anteriores, principalmente porque eles apresentam uma curiosa mistura de características, que são apenas também encontradas em grupos animais muito separados entre si. Todos estes quatro apontam para as dificuldades em estabelecer as relações entre pequenos animais acelomados, cuja simplicidade ou peculiaridades poderiam tanto ser primárias, indicando uma posição próxima à base da diversificação animal, quanto ser secundariamente derivadas, em consequência de um modo de vida parasita e/ou de uma origem pedomórfica a partir de algum ancestral desconhecido, mas mais complexo.

4.15.1 Xenoturbelídeos

As duas espécies de Xenoturbella (Fig. 4.70a) são grandes (até 30mm de comprimento), hermafroditas e semelhantes a platelmintos, ocorrendo em sedimentos marinhos não consolidados do noroeste europeu. Embora em muitos aspectos a sua anatomia seja semelhante à dos platelmintos acelomorfos, em outros aspectos a sua estrutura fina mostra similaridades superficiais com os deuterostômios (Capítulo 7). Xenoturbella foi vista tanto como uma larva de um deuterostômio pedomórfico (hemicordado?), quanto como uma dissidência da linha evolutiva que originou os turbelários (Seção 3.6.2.3.1); a última palavra é que, com base em sua embriologia, ela é próxima aos moluscos bivalves, sendo efetivamente uma larva trocófora metamorfoseada que sofreu desdiferenciação.

4.15.2 Budenbroquídeos

Buddenbrockia plumatellae, com 3mm de comprimento e primeiramente descrita em 1910, vive dentro da cavidade corporal do briozoário filactolemado Plumatella e de outros gêneros de briozoários (Seção 6.3.3.1). Não apresenta trato digestivo nem sistema nervoso e assemelha-se ligeiramente a um rombozoário (Seção 3.5.2) ou a um ortonéctido (veja abaixo), ainda que, ao contrário destes grupos, possua tratos longitudinais de fibras musculares e a sua camada externa de células não seja ciliada. Move-se de maneira muito semelhante a um nematódeo.

4.15.3 Lobatocerébridos

Três ou quatro espécies do verme intersticial hermafrodita Lobatocerebrum (Fig. 4.70c), descrito em 1980, são atualmente conhecidas de sedimentos marinhos não consolidados do Atlântico Norte e do Mar Vermelho. Estes vermes de até 4mm de comprimento são superficialmente muito semelhantes a platelmintos de vida-livre, mas a organização da sua parede do corpo, trato digestivo e sistema reprodutor masculino sugerem afinidades com os anelídeos (Seção 4.14). Assim como Xenoturbella, discutida acima, há duas interpretações contrastantes das suas relações: (i) que se trate de uma larva pedomórfica de algum verme maior, possivelmente um anelídeo poliqueta, ou (ii) que represente uma divergência basal acelomada da linha evolutiva que levou aos vermes esquizocelomados.

4.15.4 Ortonéctidos

Por um longo tempo, estes parasitas, que vivem soltos dentro dos tecidos de turbelários marinhos, anelídeos, nemertinos, moluscos e equinodermos foram vistos como relacionados ao filo Rhombozoa (Seção 3.5.2) (O seu nome (Grego: orthos, reto; nektos, natante) reflete a sua diferença com relação aos rombozoários, que são os 'animais rotatórios' – resultado de sua simetria helicoidal). Atualmente, eles são por vezes considerados como um filo próprio, Orthonecta, provavelmente próximo a Platyhelminthes, ou verdadeiros platelmintos. Duas fases, sexuada e assexuada, ocorrem no ciclo de vida, sendo o corpo de ambas extremamente simples.

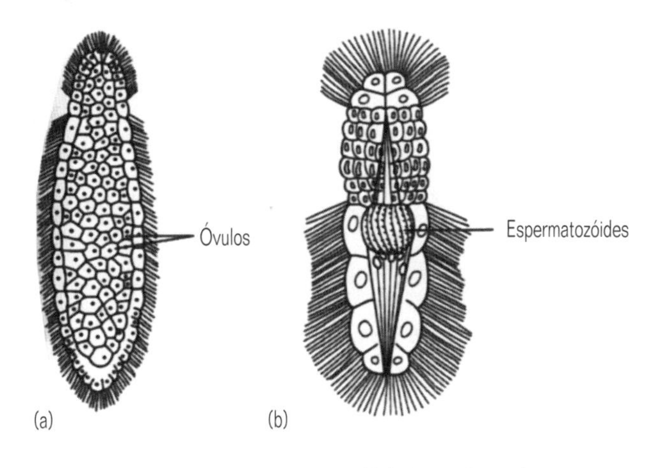

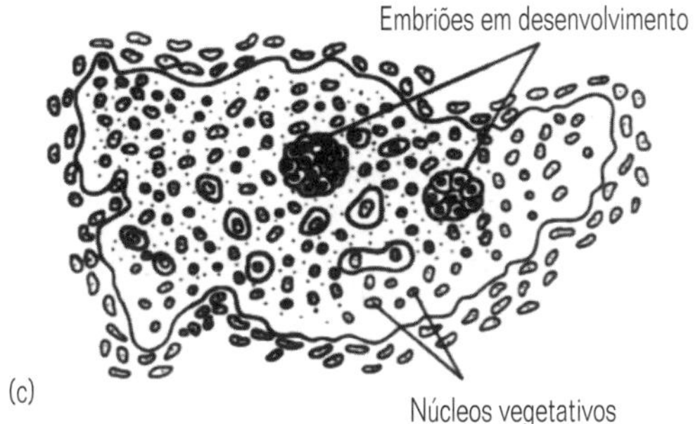

Fig. 4.71 Fêmea (a) e macho (b) de ortonéctido (segundo Marshall & Williams, 1972). Plasmódio de ortonéctido (c) (segundo Caullery & Mesnil,1901).

Os sexos da fase sexuada são separados e dimórficos, embora cada um deles seja virtualmente apenas uma camada anular única de células somáticas ciliadas circundando uma massa de gametas (Figs. 4.71a,b), ainda que, em alguns, musculaturas circular e longitudinal ocorram sob a camada de células somáticas. Ambas as fases medem consideravelmente menos de 1mm de comprimento. Os espermatozóides liberados pelos machos entram nos corpos das fêmeas e, após a fertilização, uma larva ciliada – na verdade, uma camada de células ciliadas circundando umas poucas 'células germinativas' – desenvolvem-se dentro das fêmeas. Ao serem liberadas, elas invadem os tecidos do hospedeiro, a camada de células ciliadas é perdida e as células germinativas multiplicam-se para formar um plasmódio multinucleado (Fig. 4.71c). Este plasmódio pode se fragmentar assexuadamente para originar outros plasmódios. Finalmente, a fase sexuada é produzida, um único plasmódio produzindo ou indivíduos de um mesmo sexo ou machos e fêmeas, e estas fases sexuadas abandonam o hospedeiro, para completar o ciclo de vida.

Embora estes animais sejam, ao menos na fase sexuada, bilateralmente simétricos, eles claramente não apresentam as outras características de Bilateria (possuindo efetivamente uma única camada de células e não apresentando sistemas com órgãos, por exemplo); a extrema simplicidade de seu corpo, entretanto, é assumida como exemplo de degeneração como adaptação ao modo de vida parasitária e acha-se que eles tenham evoluído de ancestrais mais complexos. As células germinativas, por exemplo, são consideradas de origem mesodérmica e os músculos apresentados por alguns sugerem tal origem (eles também apresentam semelhanças com um filo de protistas plasmodiais, Myxospora – Quadro 3.1 – que bem podem também ser originados de animais degenerados em virtude do hábito parasitário). Apenas 10 espécies são conhecidas, sendo todas colocadas na única ordem Orthonectida.

4.16 Leitura adicional

Bird, AF. 1971. The Structure of Nematodes. Academic Press, New York [Nematoda].

Boaden, P.J.S. 1985. Why is a gastrotrich? In: Conway Morris, S. et al. (Eds) The Origins and Relationships of Lower Invertebrates, pp. 248-260. Clarendon Press, Oxford [Gastrotricha].

Croll, N.A. 1976. The Organisation of Nematodes. Academic Press, London [Nematoda].

Croll, N.A & Mathews, B.G. 1977. Biology of Nematodes. Blackie, London [Nematoda].

Dales, RP. 1963. Annelids. Hutchinson, London [Annelida].

De Coninck, L. 1965. In: Grasse P.P. (Ed.), Traite de Zoologie, 4 (2), 3-217.

D'Hondt, J.-L. 1971. Gastrotricha. Oceanogr. Mar. Biol., Ann. Rev., 9, 141-192 [Gastrotricha].

Donner, J. 1966. Rotifers (transl. Wright, H.G.S.). Warne, London [Rotifera].

Edwards, C.A & Lofty, J.R. 1972. The Biology of Earthworms. Chapman & Hall, London [Annelida].

Gibson, R. 1972. Nemerteans. Hutchinson, London [Nemertea].

Hyman, L.H. 1951. The Invertebrates, Vol. 2. Platyhelminthes and Rhynchocoela. McGraw-Hill, New York [Nemertea].

Hyman, L.H. 1951. The Invertebrates, Vol. 3. Acanthocephala, Aschelminthes and Entoprocta. McGraw-Hill, New York [Gastrotricha, Nematoda, Nematomorpha. Kinorhyncha, Priapula, Rotifera, Acanthocephala].

Ivanov, AV. 1963. Pogonophora. Academic Press, London.

Kaestner, A 1967. Invertebrate Zoology, Vol. 1. Wiley, New York [Nemertea, Gastrotricha, Nematoda, Nematomorpha, Kinorhyncha, Priapula, Rotifera, Acanthocephala, Sipuncula, Echiura, Annelida].

Kristensen, RM. 1983. Loricifera, a new phylum with aschelminthes characters from the meiobenthos. Z. Zool. Syst. Evolutionsforsch., 21, 163–180 [Loricifera].

Mill, P. 1978. Physiology of the Annelids. Academic Press, London [Annelida].

Nemevang, A (Ed.) 1975. The Phylogeny and Systematic Position of Pogonophora. Parey, Hamburg [Pogonophora].

Rice, M.E. & Todorovic, M. 1975. Proceedings of the International Symposium on the Biology of Sipuncula and Echiura. Smithsonian Inst., Washington [Sipuncula & Echiura].

Riemann, F. 1988. In: Higgins, RP. & Thiel, H. (Eds), Introduction to the Study of Meiofauna, pp. 293-301. Smithsonian Institution Press, Washington, DC.

Sterrer, W. 1972. Systematics and evolution within the Gnathostomulida. Syst. Zool., 21,151–173 [Gnathostomula].

Sterrer, W., Mainitz, M. & Reiger, RM. 1985. Gnathostomulida: enigmatic as ever. In: Conway Morris; S. et al. (Ed.). The Origins and Relationships of Lower Invertebrates, pp. 181–199. Clarendon Press, Oxford [Gnathostomula].

CAPÍTULO 5

Os Moluscos

Os moluscos constituem um filo distinto e particular, aparentemente relacionado com os vermes eutrocozoários, especialmente com os Sipuncula. Eles foram descritos no Capítulo 2 como sendo efetivamente platelmintos atarracados, com escudo dorsal protetor. Entretanto, a maioria das espécies divergiu muito da forma corporal e do modo de vida dos platelmintos. De fato, os membros deste filo sumamente bem sucedido radiaram-se numa diversidade morfológica tão grande quanto aquela verificada no conjunto de todos os filos descritos nos outros capítulos desta Seção e, em função disto, são dignos de um capítulo em particular.

5.1 Filo MOLLUSCA

5.1.1 Etimologia

Latim: molluscus, noz tenra ou fungo tenro.

5.1.2 Características básicas e especiais (Fig. 5.1)

1 Bilateralmente simétricos.

2 Corpo constituído por mais de duas camadas celulares, com tecidos e órgãos.

3 Intestino completo.

4 Sem uma cavidade corpórea, a não ser aquela constituída pelos seios sanguíneos.

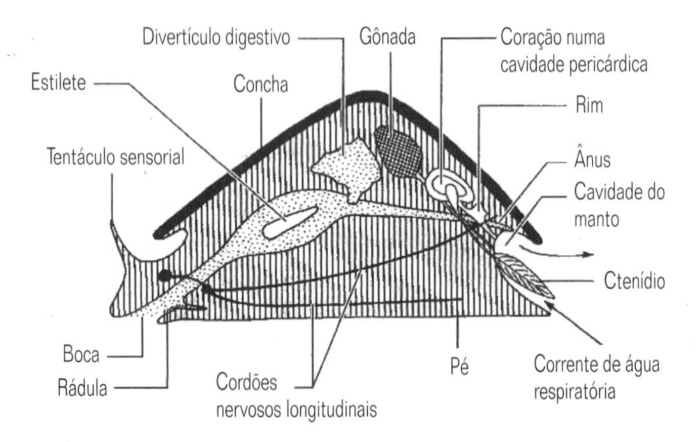

Fig. 5.1 Secção longitudinal diagramática através de um molusco básico, generalizado.

5 Corpo monomérico e altamente variável na forma, mas basicamente atarracado e quase sempre cônico, frequentemente alongado no plano dorsoventral formando uma 'corcova visceral'; essencialmente com uma cabeça anterior dotada de olhos e tentáculos sensoriais, um pé grande, achatado e ventral, e uma cavidade do manto posterior, porém todas essas características sujeitas a consideráveis modificações.

6 Uma concha externa dorsal protetora, constituída de proteína (conchiolina) reforçada por espículas calcárias ou constituída de uma a oito placas calcárias, secretada(s) pela epiderme dorsal e lateral (o manto); em alguns casos a concha é secundariamente reduzida, coberta por tecido, ou perdida, e por vezes ampliada a ponto de cobrir todo o corpo.

7 Uma esteira quitinosa, linguiforme e denteada, a rádula, que pode ser protraída de dentro da cavidade bucal através da boca; partículas raspadas são envolvidas num cordão mucoso, o qual é puxado para dentro do estômago por um estilete alojado num saco do estilete (veja Fig. 9.17 e Seção 9.2.5).

8 Trocas gasosas efetuadas por um ou mais partes) de brânquias ctenidiais alojada(s) na cavidade do manto (brânquias por vezes perdidas).

9 Um sistema sanguíneo aberto e um coração encerrado no interior de uma cavidade mesodérmica, o pericárdio, este atravessado também pelo intestino.

10 Um par de 'rins' saculiformes, abrindo-se pela extremidade proximal para dentro do pericárdio e eliminando osexcretas para dentro da cavidade do manto.

11 Sistema nervoso constituído de um anel circum-esofágico e dois pares de cordões longitudinais dotados de gânglios; anel nervoso e gânglios por vezes altamente concentrados.

12 Tipicamente um único par de gônadas, eliminando os gametas para dentro da cavidade do manto, primitivamente via pericárdio e rins.

13 Ovos com clivagem espiral.

14 Desenvolvimento indireto via estádios larvais de trocófora e véliger (Fig. 5.2), ou secundariamente direto.

Com a possível exceção dos Nematoda (dos quais milhares de espécies provavelmente aguardam descoberta e descrição), os Mollusca, com quase 100.000 espécies, são o segundo maior filo animal. Seu sucesso é atribuível, nem tanto a alguma das características anatômicas ou ecológicas específicas do grupo, mas à

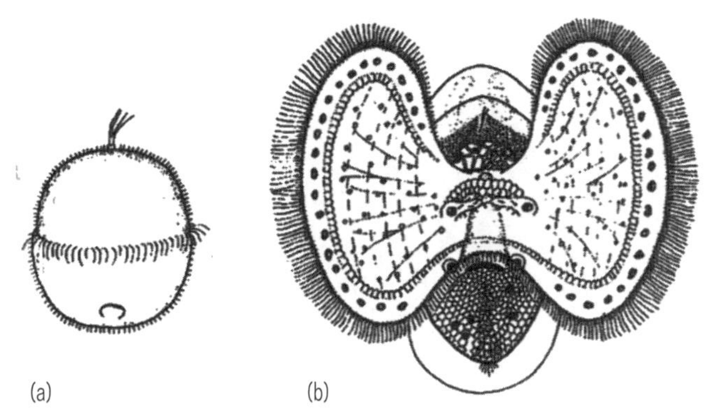

Fig. 5.2 Larvas de moluscos: (a) trocófora; (b) véliger (de Hyman, 1967).

extrema plasticidade e adaptabilidade do plano corporal básico. As características acima enumeradas têm sido extensivamente modificadas pelas diferentes classes componentes do filo, e dos mais variados modos. Esta plasticidade pode ser ilustrada, por um lado, pela variação exibida na função de qualquer estrutura em particular (p. ex., a concha, além de ser protetora, pode se constituir num mecanismo de flutuabilidade, num órgão para escavação ou numa placa endoesquelética), e, por outro lado, pela multiplicidade de estruturas que foram adaptadas para desempenhar uma mesma função (órgãos de captura de alimentos incluem tentáculos ou palpos ciliados, brânquias grandemente ampliadas, braços portadores de ventosas, dentes radulares etc.).

Quanto à forma do corpo, os moluscos variam desde a cilíndrica, vermiforme, naqueles habitantes de tocas, desprovidos de pé e concha e grandemente alongados no sentido do seu eixo anteroposterior, até a quase esférica, nos bivalves efetivamente acéfalos e encerrados no interior de uma concha grande, dotada de duas valvas; quanto ao tamanho, eles variam desde as espécies planctônicas e as intersticiais de 2mm de comprimento, até as lulas gigantes que medem, incluindo seus braços estendidos, mais de 20m em extensão, neste caso como resultado da elongação do corpo no plano dorsoventral ancestral. Os moluscos ocupam todos os principais hábitats e incluem representantes de todos os hábitos alimentares conhecidos; incluem as mais ágeis e as mais lentas de todas as espécies de invertebrados de vida livre; e dentro deste mesmo filo estão reunidas espécies com cérebro e órgãos sensoriais dos menos desenvolvidos e espécies as mais inteligentes dentre os invertebrados. ('Se o Criador tivesse de fato sido pródigo ao realizar seu melhor projeto, o da criatura que concebeu à sua própria imagem, os criacionistas teriam certamente que concluir que Deus é realmente uma lula' (Diamond, 1985)).

Como comentado no Capítulo 2, a morfologia básica de um molusco é, na verdade, aquela de um platelminto (Seção 3.6), com duas características distintivas adicionais (e outras resultantes dessas duas): a rádula e a concha dorsal. A rádula (Fig. 5.3) está alojada em um divertículo posteroventral da cavidade bucal e compreende um elemento esquelético cartilaginoso, o odontóforo, sobre o qual está apoiada uma esteira radular, linear e móvel, dotada de fileiras transversais de dentes dirigidos para trás, os dentes se alinhando ao mesmo tempo em sequências longitudi-

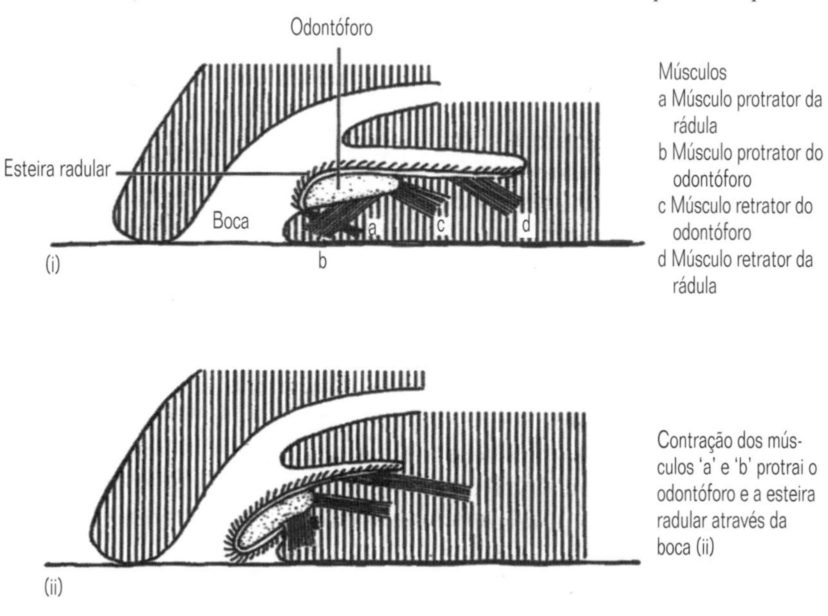

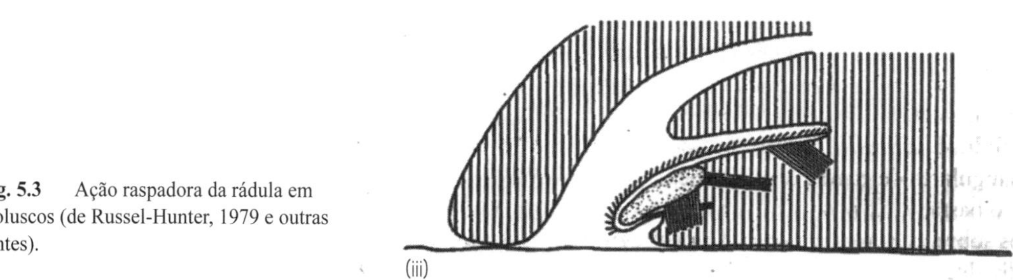

Fig. 5.3 Ação raspadora da rádula em moluscos (de Russel-Hunter, 1979 e outras fontes).

nais. Músculos protratores podem causar a protração do odontóforo através da boca e certo grau de movimento da esteira radular sobre seu suporte basal. Esta ação faz com que cada um dos dentes seja erigido. Estes, então, raspam qualquer superfície sobre a qual são aplicados, e partículas desprendidas são conduzidas para dentro da cavidade bucal à medida que os músculos retratores trazem o odontóforo e a rádula de volta através da boca. Não obstante esses dentes quitinosos possam ser mineralizados pela incorporação de SiO_2 ou Fe_3O_4, eles estão sujeitos a um considerável desgaste e, por conseguinte, toda a rádula é deslocada lentamente para frente sobre o odontóforo, colocando em ação fileiras de dentes sem uso, enquanto o crescimento da rádula ocorre por secreção na extremidade oposta. A rádula é, assim, essencialmente um órgão raspador, perfurador ou escavador, embora ela tenha sido modificada, em algumas espécies predadoras, para a captura de presas, pelo aumento do tamanho dos dentes individuais (e correspondentemente, pela redução do número em cada fileira) e em outras, conectando-os a glândulas secretoras de veneno.

A cobertura protetora dorsal do molusco ancestral, achatado dorsoventralmente, era provavelmente uma cutícula protéica e quitinosa, reforçada por ossículos ou escamas calcárias secretados pela epiderme. Na maioria das formas descendentes, entretanto, o teor de carbonato de cálcio foi grandemente aumentado e depositado como uma grande placa ou placas, recoberta(s) por um fino perióstraco de conchiolina. Tipicamente, a calcita ou aragonita é depositada em camadas distintas, cada qual em uma matriz orgânica: uma camada externa prismática e um número variável de camadas internas nacaradas. Assim que uma concha distinta surgiu, o principal eixo de crescimento dos moluscos parece não ter sido mais ao longo do eixo anteroposterior, como na maioria dos animais vermiformes, mas do eixo dorsoventral; assim, a concha e o animal em seu interior assumiram – e na maioria dos grupos viventes ainda assumem – uma forma geralmente cônica, por vezes alongada, e então, enrolada em uma espiral plana ou helicoidal. O manto, que secreta a concha, geralmente se estende como uma dobra sobre as regiões do corpo desprovidas de concha, formando uma 'saia' de cobertura, no que pode ser acompanhado pela concha; então, os músculos retratores podem puxar a concha para baixo, sobre a cabeça e o pé locomotor ventral, desprotegidos, para prover-lhes segurança. Ao mesmo tempo, o pé pode aderir firmemente ao substrato por meio de sucção.

A presença de uma cobertura dorsal tem consequências imediatas com respeito às trocas gasosas através da superfície corporal. Concomitantemente com o desenvolvimento da concha, uma região especializada da superfície do corpo, desprovida de concha, deve ter se transformado em brânquia, juntamente com o surgimento de um sistema de transporte para circulação dos gases respiratórios através do corpo (se o mesmo já não estivesse presente). A cobertura do corpo do molusco pelo manto e pela concha ultrapassa os limites do corpo, principalmente aos lados e/ou na região posterior, onde está alojada a cavidade do manto (Fig. 5.4). Nesta cavidade estão localizados um ou mais par(es) de brânquias ctenidiais características, cada uma composta de um eixo central longitudinal, achatado, de cada lado do qual se originam filamentos triangulares delgados, cada filamento sustentado por um pequeno bastão quitinoso, situado ao longo da superfície frontal. Cílios sobre as brânquias impulsionam água entre os filamentos individuais, no interior dos quais o sangue se difunde

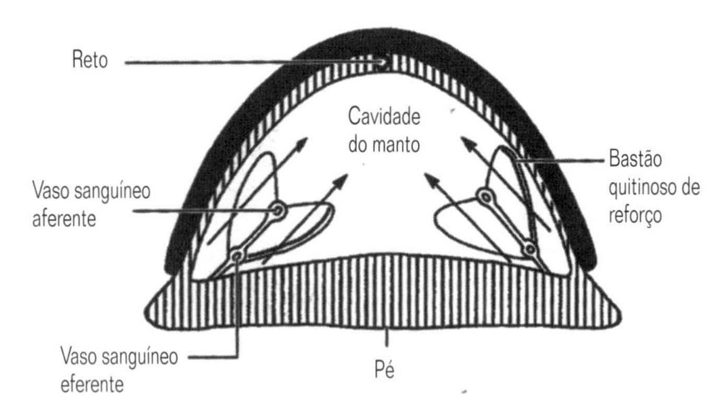

Fig. 5.4 Secção transversal através da cavidade do manto de um molusco básico generalizado, mostrando as brânquias ctenidiais bipectinadas e a direção das correntes inalantes de água, resultantes da ação ciliar.

num fluxo em contracorrente (ver Fig. 11.9). A água normalmente entra pelas laterais da cavidade do manto e flui para o exterior ao longo da linha mediana dorsal, o ânus e os rins descarregando nesta corrente exalante.

Como enfatizado acima, a natureza e o desenvolvimento da rádula, da concha e dos ctenídios, juntamente com muitas das outras características anatômicas dos moluscos, variam consideravelmente nas diferentes classes componentes, portanto, características adicionais do filo serão tratadas separadamente nas seções seguintes. Como os moluscos, mais que qualquer outro grupo de invertebrados, têm sido o tema favorito da atenção dos neurobiologistas, o leitor deve também consultar o Capítulo 16.

5.1.3 Classificação

O filo Mollusca consiste de oito classes, duas das quais – os gastrópodes e os bivalves – reúnem acima de 98% das espécies viventes conhecidas.

5.1.3.1 Classe Chaetodermomorpha

Os quetodermomorfos constituem um grupo peculiar de moluscos vermiformes e sem concha, muito alongados em seu eixo anteroposterior, os quais constroem e habitam galerias verticais em sedimentos moles marinhos. O corpo cilíndrico, de 2mm a 14cm de comprimento, é posicionado com a região cefálica direcionada para baixo no interior da galeria, a boca terminal ingerindo sedimento. A cavidade do manto, contendo um par de ctenídios bipectinados, é póstero-terminal (Fig. 5.5) e, portanto, posicionada na abertura da galeria.

O pé está ausente e o manto cobre todo o corpo; o movimento é, por conseguinte, atípico e efetuado por contrações peristálticas da bem desenvolvida musculatura da parede do corpo. Ao invés de uma concha, a epiderme secreta uma cutícula quitinosa onde estão implantadas escamas imbricadas, todas dirigidas para a região posterior; estas também cobrem toda a superfície do corpo. Alguns sistemas de órgãos característicos dos moluscos estão ausentes: a cabeça pouco diferenciada é desprovida de olhos ou tentáculos sensoriais; não há órgãos excretores ou gonodutos (as gônadas escoam via cavidade pericardial); e algumas espécies não possuem rádula. A cabeça possui

Classe	Subclasse	Superordem	Ordem
Chaetodermomorpha			Caudofoveata
Neomeniomorpha			Aplotegmentaria
			Pachytegmentaria
Monoplacophora			Tryblidiida
Polyplacophora			Lepidopleurida
			Ischnochitonida
			Acanthochitonida
Gastropoda*	Prosobranchia		Docoglossida
			Pleurotomariida
			Anisobranchida
			Cocculiniformia
			Neritida
			Architaenioglossa
			Ectobranchida
			Neotaenioglossa
			Heteroglossa
			Stenoglossa
	Heterobranchia	Pulmonata	Archaeopulmonata
			Basommatophora
			Stylommatophora
		Gymnomorpha	Onchidiida
			Soleolifera
			Rhodopida
		Opisthobranchia	Cephalaspida
			Anaspida
			Saccoglossa
			Nudibranchia
			Pleurobranchomorpha
			Umbraculomorpha
		Allogastropoda	Pyramidellomorpha
Bivalvia	Protobranchia	Ctenidiobranchia	Nuculida
		Palaeobranchia	Solemyida
	Lamellibranchia	Pteriomorpha	Arcida
			Mytilida
			Pteriida
		Palaeoheterodonta	Trigoniida
			Unioniida
		Heterodonta	Venerida
			Myida
		Anomalodesmata	Pholadomyida
			Poromyida
Scaphopoda			Dentalida
			Siphonodentalida
Cephalopoda	Nautiloidea		Nautilida
	Coleoidea		Sepiida
			Teuthida
			Octopoda
			Vampyromorpha

* A classificação dos Gastropoda está atualmente sendo modificada desde que o antigo sistema pré-1930, baseado em diferentes graus de organização, está lentamente dando lugar a abordagens com bases cada vez mais filogenéticas. A classificação dada acima poderia, talvez, ser considerada como ilustrativa de classificações modernas, visto que nenhum esquema particular, todavia, teve tempo de se tornar comumente aceito. Para um sistema alternativo, ver Haszprunar (1988).

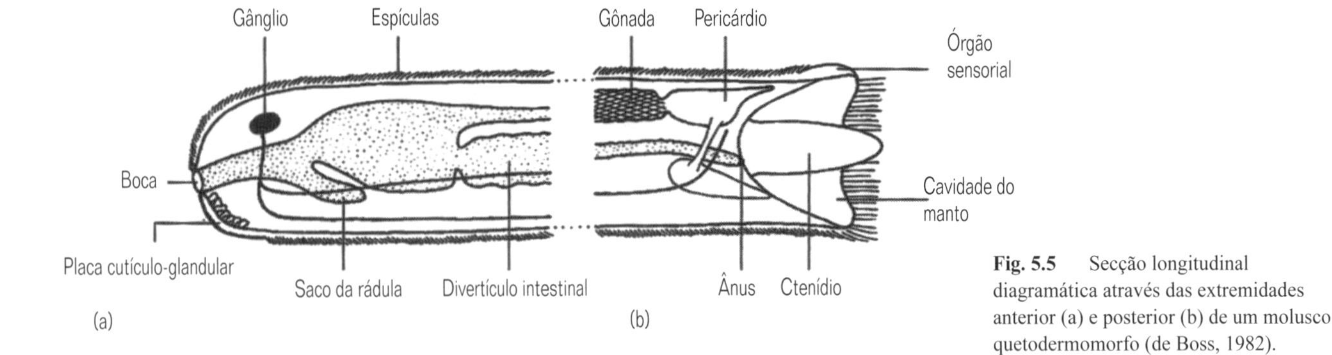

Fig. 5.5 Secção longitudinal diagramática através das extremidades anterior (a) e posterior (b) de um molusco quetodermomorfo (de Boss, 1982).

uma placa cuticular terminal, de função ainda incerta, associada com varias glândulas (Fig. 5.6).

As 70 espécies destes moluscos gonocorísticos, comedores de sedimentos, estão agrupadas em uma única ordem.

5.1.3.2 Classe Neomeniomorpha

Os membros desta classe são superficialmente similares aos quetodermomorfos por serem desprovidos de concha, efetivamente acéfalos, vermiformes, alongados segundo o eixo anteroposterior (Fig. 5.7) e, como eles, não possuem órgãos excretores, gonodutos, e, em alguns grupos, a rádula está ausente. Os neomeniomorfos diferem, entretanto, em numerosos outros aspectos, e são, geralmente, considerados como sendo mais estreitamente relacionados com os grupos de moluscos portadores de concha. O corpo, de comprimento entre 1mm a 30cm, é comprimido lateralmente e possui um sulco ventral longitudinal, no qual estão localizadas uma ou mais cristas baixas, consideradas como um pé sumamente reduzido. O manto cobre todo o corpo, exceto o

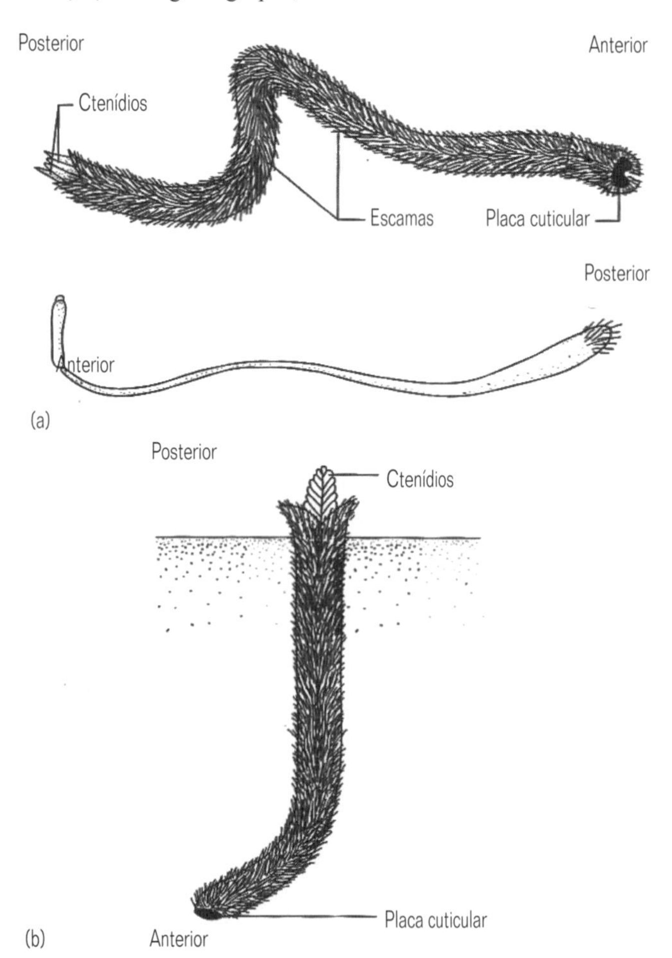

Fig. 5.6 Forma do corpo de quetodermomorfos: (a) aspecto externo; (b) hábito de vida no sedimento marinho (de Hyman, 1967 e Jones & Baxter, 1987).

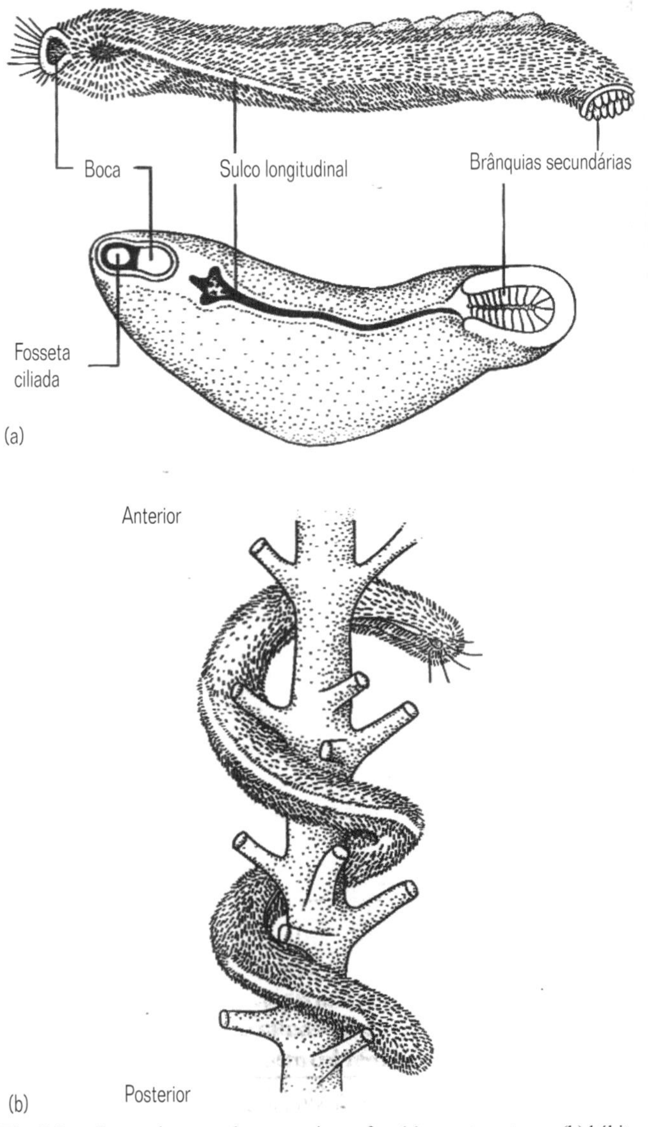

Fig. 5.7 Forma do corpo de neomeniomorfos: (a) aspecto externo; (b) hábito de vida, rastejador sobre um hidróide colonial (de Jones & Baxter, 1987).

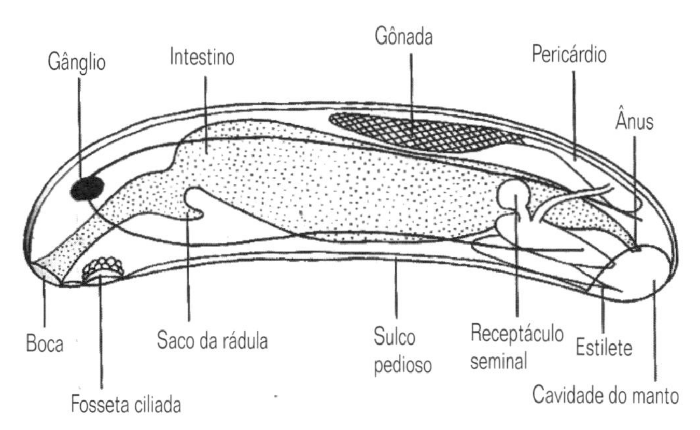

Fig. 5.8 Secção longitudinal diagramática através de um neomeniomorfo (de Boss, 1982).

sulco, e nele estão implantadas uma ou mais camadas de escamas ou espículas calcárias isoladas, cobertas por cutícula. Na extremidade anterior do sulco estão localizadas a fosseta ciliada e a boca ânteroventral e na extremidade posterior a cavidade do manto pós-teroventral e desprovida de ctenídios, embora brânquias secundárias na forma de dobras e papilas estejam frequentemente desenvolvidas (Fig. 5.8).

Os neomeniomorfos são carnívoros, alimentando-se dos cnidários sobre os quais são geralmente encontrados; seu método de ingestão, entretanto, é um tanto incerto devido a frequente redução ou ausência da rádula – em algumas espécies, a parte anterior do intestino é protraída para engolir o alimento. Apesar da musculatura da parede do corpo ser bem desenvolvida, a locomoção é efetuada não por meios musculares, mas por deslizamento, usando os cílios das cristas eversíveis presentes no interior do sulco longitudinal ventral. Todas as espécies são hermafroditas; a cópula ocorre com a ajuda de estiletes e em várias espécies o esperma é armazenado pelo indivíduo receptor em receptáculos seminais.

As 180 espécies conhecidas são todas marinhas e estão divididas em duas ordens, com base no número de camadas de corpos calcários no manto e na presença ou ausência de papilas epidérmicas.

5.1.3.3 *Classe Monoplacophora*

Os monoplacóforos foram considerados como tendo se extinguido no Devoniano, até que, em 1952, espécimes vivos foram obtidos de uma vala oceânica no Oceano Pacifico. Material adicional de outras localidades tem sido descoberto desde então, elevando o número de espécies sobreviventes para oito, todas referentes a uma única ordem.

Todos são pequenos (3mm-3cm), marinhos, gonocorísticos, comedores de sedimentos, com o corpo coberto dorsalmente por uma única concha cônica ou em forma de capuz, sob a qual situa-se um pé circular, fracamente musculoso e rodeado nas laterais e na região posterior por uma extensa cavidade do manto (Fig. 5.9). No interior da cavidade do manto, aos lados do pé, estão localizados cinco ou seis pares de ctenídios monopectinados. Outros órgãos também ocorrem em pares múltiplos: há seis pares de rins lobulares, escoando separadamente nas regiões laterais da cavidade do manto; dois pares de gônadas; e oito

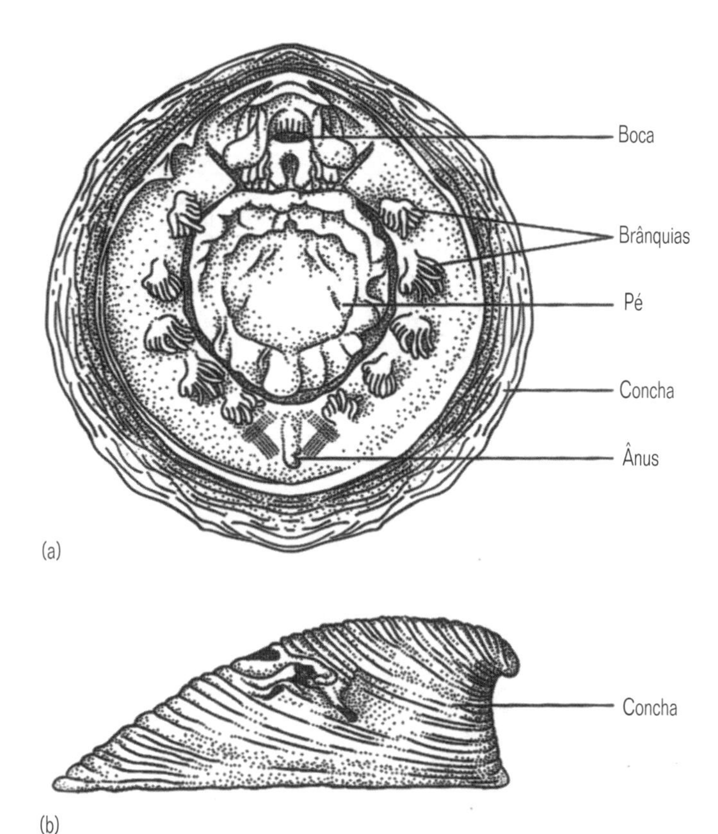

Fig. 5.9 Um molusco monoplacóforo em vista (a) ventral e (b) lateral (de Lemche & Wingstrand, 1959).

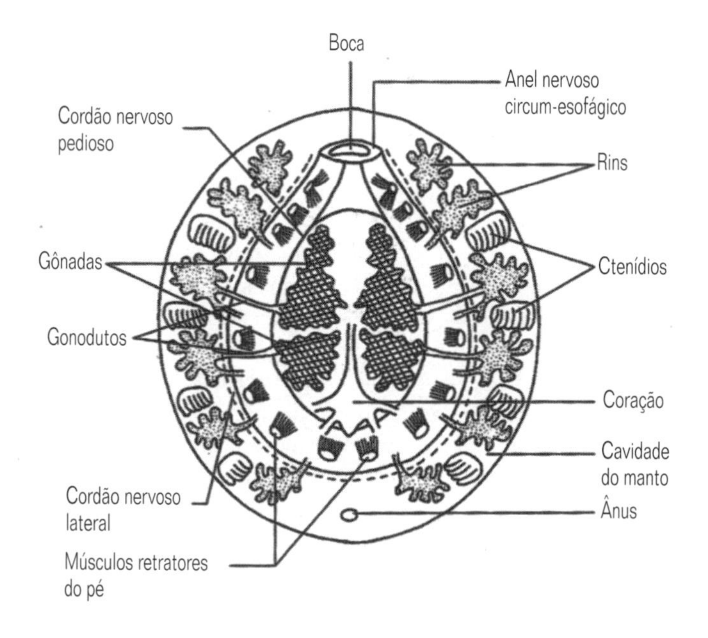

Fig. 5.10 Aspecto diagramático da anatomia de um monoplacóforo, visto pelo lado ventral, com o pé e a parede do corpo removidos, mostrando os órgãos internos e os ctenídios repetidos seriadamente (de Lemche & Wingstrand, 1959).

pares de músculos retratores do pé (Fig. 5.10). A cabeça é distinta, mas fracamente desenvolvida e sem tentáculos sensoriais (exceto ao redor da boca) e olhos; a rádula, entretanto, é bem desenvolvida. O ânus abre-se para dentro da região posterior da cavidade do manto.

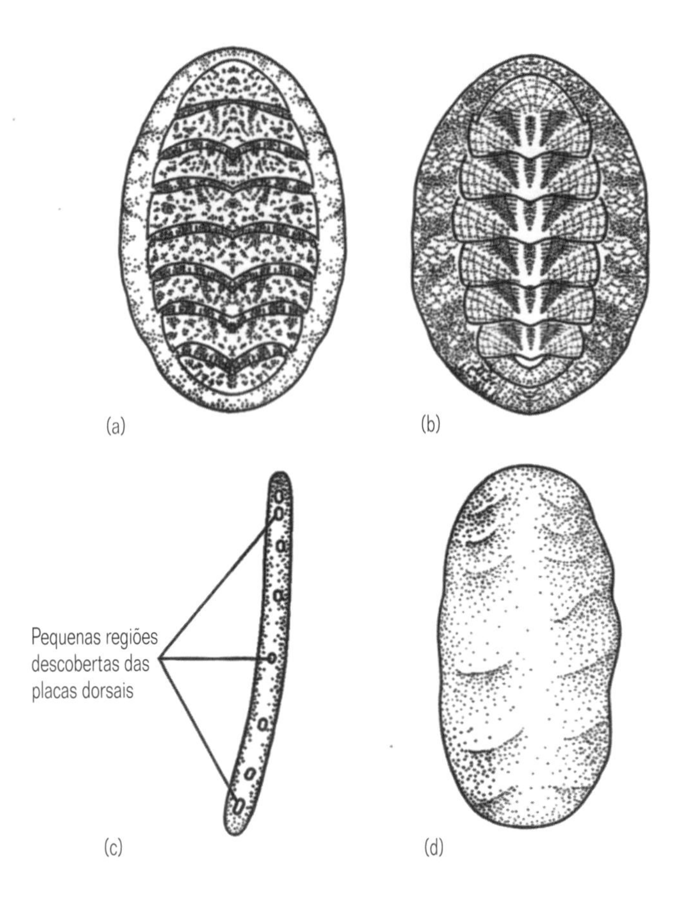

Fig. 5.11 Vista dorsal de quatro moluscos poliplacóforos (a, b – Ischnochitonida. c, d –Achantochitonida) mostrando diferentes graus de cobertura das placas da concha pelo cinturão (de várias fontes em Hyman, 1967).

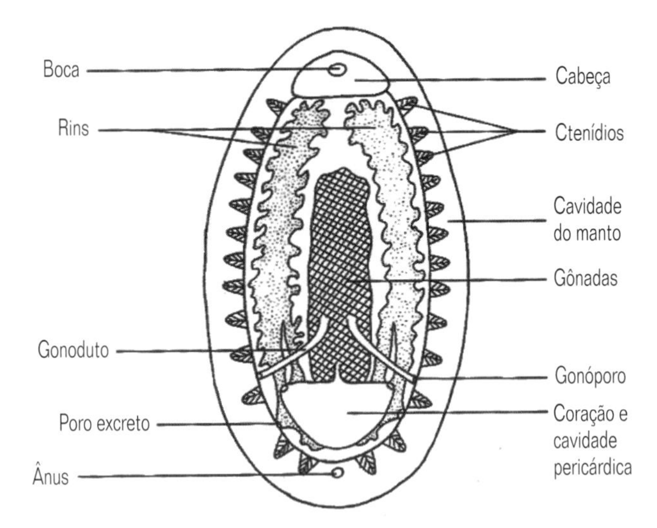

Fig. 5.12 Aspecto diagramático da anatomia de um poliplacóforo generalizado, visto pelo lado ventral com o pé, parede do corpo e intestino removidos (de Hescheler, 1900).

5.1.3.4 Classe Polyplacophora (quítons)

Os poliplacóforos, de corpo oval a algo alongado e achatado dorsiventralmente, distinguem-se por possuírem uma concha dorsal constituída por uma sucessão linear de oito placas que se sobrepõem, e pelo desenvolvimento do manto circundante em um 'cinturão' espesso, cuja cutícula é frequentemente dotada de espinhos, escamas ou cerdas. Em muitas espécies este cinturão cobre as placas da concha, parcial ou completamente (Fig. 5.11). A divisão da cobertura protetora dorsal em um número de elementos separados permite aos quítons enrolarem-se, formando uma bola, da mesma maneira que em vários isópodes e milípedes.

A cabeça é fracamente desenvolvida e oculta sob a região anterior do cinturão; olhos e tentáculos sensoriais estão ausentes, mas a rádula é grande e dotada de muitos dentes em cada fileira transversal. A maior parte da superfície ventral é ocupada por um pé grande, musculoso e alongado, com o qual os quítons rastejam lentamente sobre substratos duros. O pé e o cinturão podem ser utilizados para gerar considerável sucção, permitindo aos animais aderirem firmemente a superfícies. A estreita cavidade do manto circunda o pé, exceto na região imediatamente anterior, e contém de seis a 88 pares de ctenídios bipectinados; na região posterior a cavidade do manto recebe a abertura anal e as aberturas do único par de rins. Estes são grandes e frequentemente se estendem por todo o comprimento do corpo, juntamente com o único par de gônadas fundidas, as quais possuem gonodutos e gonóporos independentes, pareados (Fig. 5.12). O sistema nervoso é relativamente simples; os cordões, por exemplo, não são dotados de gânglios.

As 550 espécies de poliplacóforos são todas marinhas e gonocorísticas; a maioria se alimenta de algas. Variam em comprimento de 3mm até 40cm. Três ordens são distinguidas com base na localização das brânquias no interior da cavidade do manto, na presença ou ausência de dentes de inserção nas placas da concha, e na extensão em que as placas estão cobertas pelo cinturão.

5.1.3.5 Classe Gastropoda

Os gastrópodes constituem um grupo muito grande e diversificado, compartilhando a característica de que, durante o desenvolvimento, a massa visceral é girada de aproximadamente 180º no sentido anti-horário em relação à cabeça e pé, de maneira que a cavidade do manto ocupa uma posição anterior e o ânus e os rins, por conseguinte, desembocam anteriormente: gastrópodes sofrem 'torção' (Fig. 5.13). Esta é causada pelo desenvolvimento assimétrico de dois músculos retratores do pé e/ou por crescimento diferencial (ver Seção 15.4.1), e pode ter proporcionado, como vantagem seletiva, a capacidade de acomodar, dentro da cavidade do manto, a bem desenvolvida cabeça do gastrópode durante a retração do animal para dentro da concha, e a possibilidade dos órgãos sensoriais quimiorreceptores da cavidade do manto, os osfrádios, testarem a água à frente, ao invés de na retaguarda do animal em movimento. Entretanto, uma consequência automática dessa torção poderia ter sido que a corrente exalante de água proveniente da cavidade do manto, transportando fezes e excretas, fluísse para fora imediatamente sobre a cabeça. A autopoluição dos órgãos sensoriais cefálicos foi contornada pela modificação da trajetória da corrente exalante; por exemplo, pelo desenvolvimento de uma fenda ou abertura(s) na concha, por onde a corrente exalante pode sair, ou pela perda do ctenídio do lado direito do corpo, criando uma corrente unidirecional direta que entra para a cavidade do manto à esquerda

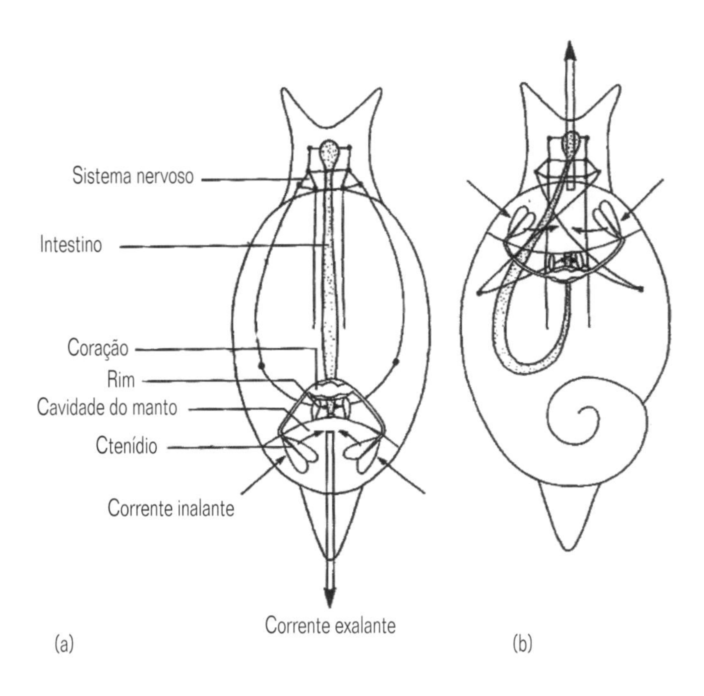

Fig. 5.13 Torção em moluscos gastrópodes: (a) pré-torção; (b) pós-torção.

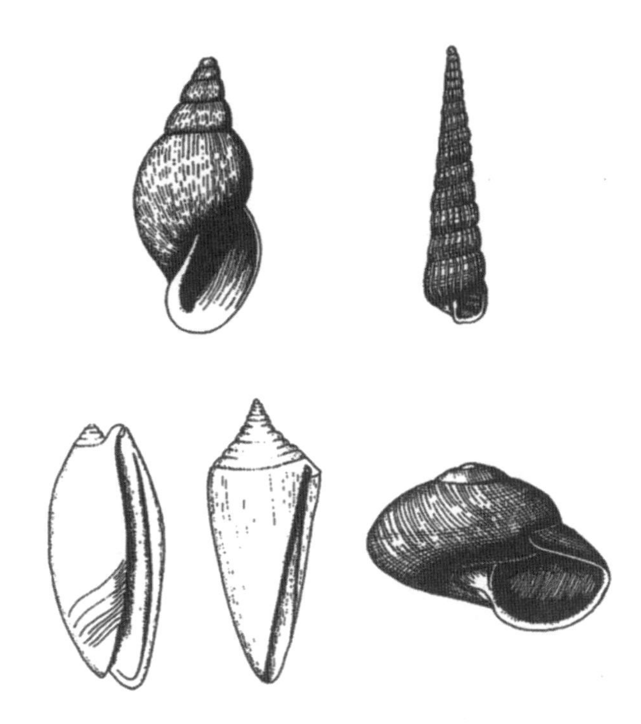

Fig. 5.15 Conchas helicoidais de gastrópodes (de diversas fontes em Hyman, 1967).

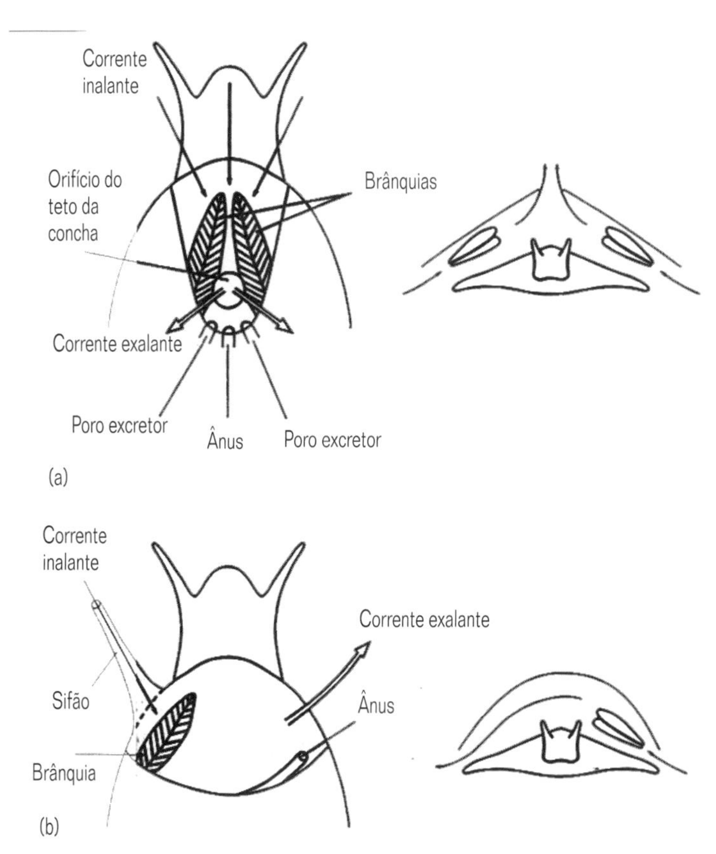

Fig. 5.14 Duas modificações do percurso da corrente de água respiratória em gastrópodes, tornadas necessárias devido à torção: (a) a corrente exalante saindo via orifício dorsal na concha; (b) perda do ctenídio direito e produção de uma corrente de direção transversal, o ânus sendo deslocado na direção da corrente.

da cabeça e sai à direita (Fig. 5.14). Em associação com este último sistema, o lado esquerdo (inalante) da cavidade do manto é quase sempre prolongado em um sifão manobrável. Muitas linhagens filogenéticas de gastrópodes, entretanto, sofreram destorção secundariamente, a massa visceral sendo destorcida de aproximadamente 90°, de modo que a cavidade do manto (se retida) fica do lado direito do corpo e o ânus, em geral, se torna posterior novamente.

O plano básico do corpo dos gastrópodes, do qual muitas espécies divergiram radicalmente, é aquele de um molusco atarracado, com um pé rastejador bem desenvolvido e uma cabeça bem definida, dotada de uma rádula, um par de mandíbulas, um par de olhos, e um ou mais pares de tentáculos sensoriais; ambos, cabeça e pé sendo retráteis para dentro de uma concha constituída de uma única peça, espessa, enrolada em espiral helicoidal (Fig. 5.15), a abertura da qual pode ser fechada, após retração do animal, por um opérculo calcário ou córneo produzido na região póstero-dorsal do pé. Ao menos primitivamente, a cavidade do manto contém um único par de ctenídios bipectinados, e estes moluscos gonocorísticos se desenvolvem via estádios larvais de trocófora e véliger.

As 55.000 espécies, principalmente marinhas, da subclasse Prosobranchia, retiveram, em grande parte, esta forma corporal básica, incluindo a concha, opérculo, e o estado de torção, embora os ctenídios exibam uma tendência à redução a partir do par bipectinado ancestral, passando por um único (esquerdo) ctenídio bipectinado e, finalmente, a um único (esquerdo) ctenídio monopectinado. Correlacionado com a perda do ctenídio direito, está também a perda do rim direito, da aurícula direita do coração e do osfrádio direito. A maioria das espécies de prosobrânquios permanece gonocorística, embora umas poucas

Fig. 5.16 Formas corporais em gastrópodes: (a) e (b) (página oposta), representantes dos diferentes grupos de prosobrânquios (a) e heterobrânquios (b). (Observar que a maioria se aproxima da forma em caracol, de lapa ou de lesma). (c) (página oposta), algumas formas corporais atípicas, associadas com modos de vida incomuns entre os gastrópodes. (De várias fontes).

sejam hermafroditas consecutivas. A grande maioria é de caramujos bentônicos, os quais se alimentam de algas (p. ex., Acmaea, Littorina, Calliostoma etc.) e de colônias de animais sésseis (p. ex., Cypraea), ou comem sedimento (p. ex., Nassarius); um grupo (ordem Stenoglossa) inclui muitas formas predadoras, as quais têm, caracteristicamente, uma rádula com uns poucos dentes grandes e aguçados em cada fileira radular, bem como algumas espécies que se alimentam de suspensão usando redes mucosas externas (ver Fig. 9.5) ou ctenídios aumentados (p. ex., Crepidula), equiparando-se aos bivalves neste aspecto. Entre os prosobrânquios, e certamente entre todos os gastrópodes, as lapas (ordem Docoglossida) formam um grupo muito isolado com várias peculiaridades da concha, rádula e intestino.

A partir de prosobrânquios evoluiu a segunda subclasse de gastrópodes, os Heterobranchia: várias linhagens de gastrópodes, as quais exibem notáveis tendências à (a) redução, interiorização ou perda da concha, (b) perda do opérculo, (c) destorção, (d) perda do ctenídio ancestral e sua substituição por superfícies secundárias para trocas gasosas, e (e) ao hermafroditismo simultâneo. As duas principais superordens de heterobrânquios são os opistobrânquios marinhos (com aproximadamente 1.000 espécies) e os pulmonados, em sua grande maioria terrestres e de água doce (20.000 espécies). Os opistobrânquios (lesmas-do-mar, pterópodes etc.) tendem a substituir o ctenídio por brânquias secundárias ou por uma superfície corporal frequentemente papilosa, para as trocas gasosas. A maioria de suas espécies

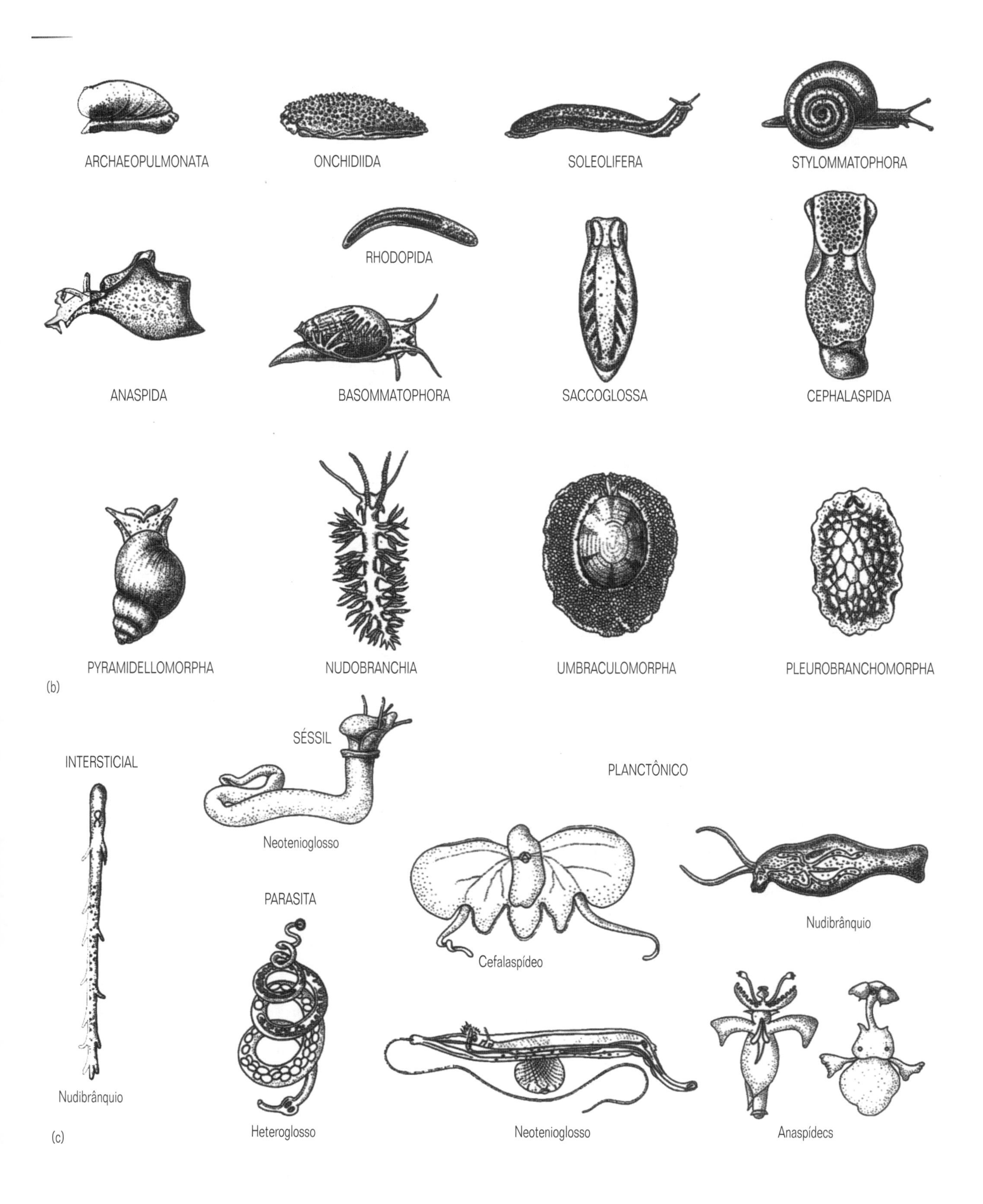
ARCHAEOPULMONATA
ONCHIDIIDA
SOLEOLIFERA
STYLOMMATOPHORA
RHODOPIDA
ANASPIDA
BASOMMATOPHORA
SACCOGLOSSA
CEPHALASPIDA
PYRAMIDELLOMORPHA
NUDOBRANCHIA
UMBRACULOMORPHA
PLEUROBRANCHOMORPHA
(b)
SÉSSIL
INTERSTICIAL
PLANCTÔNICO
Neotenioglosso
PARASITA
Nudibrânquio
Cefalaspídeo
Nudibrânquio
Heteroglosso
Neotenioglosso
Anaspídecs
(c)

é carnívora (incluindo carnivorismo via ecto – e endoparasitismo), vivendo como formas planctônicas, bem como sobre ou no interior do substrato; varias espécies consomem algas (geralmente por alimentação suctorial) e um grupo planctônico se alimenta de suspensão usando redes mucosas secretadas (Fig. 9.5) e cílios do epitélio que reveste seus pés amplos e alados. Até quatro pares de tentáculos cefálicos podem estar presentes.

Os pulmonados são caracterizados principalmente pela conversão da cavidade do manto em um pulmão respiratório, com uma abertura contrátil, o pneumostômio. A maioria se alimenta de plantas terrestres, e todos eliminaram o estádio larval, desenvolvendo-se diretamente em lesmas ou caracóis jovens. Muitos pulmonados retiveram a concha espiral típica dos gastrópodes, embora quase sempre fina, mas vários membros da ordem Stylommatophora perderam-na e originaram as lesmas terrestres. Uma terceira superordem de heterobrânquios, os Gymnnomorpha (totalizando 200 espécies), é constituída também de lesmas. Cada uma dessas três superordens de gastrópodes marinhos ou terrestres, provavelmente não relacionados, exibe uma diferente mescla de características de opistobrânquios e pulmonados. Da mesma forma, a ultima superordem, a dos caracóis alogastrópodes (com 500 espécies), exibe uma amálgama de características de prosobrânquios e opistobrânquios. Claramente, os Heterobranchia são gastrópodes caracterizados basicamente pela evolução em paralelo de muitas características 'progressivas: o que torna difícil desvendar suas varias inter-relações.

No total, portanto, a classe Gastropoda inclui aproximadamente 77.000 espécies de moluscos do tipo lesma ou caracol (Fig. 5.16, p. 126-7), atingindo até 60 cm em altura; elas podem ser distribuídas em 23 ordens.

5.1.3.6 Classe Bivalvia

Os bivalves são essencialmente moluscos comprimidos lateralmente, completamente encerrados no interior de um par de valvas da concha. Sendo tão protegidos, eles são animais relativamente sedentários ou mesmo sésseis, vários deles sendo cimentados ou presos de outro modo ao substrato; como em outro animais 'ocultos' no interior de um grosso revestimento protetor, a cabeça é grandemente reduzida (Fig. 5.17). Esta é desprovida de rádula, olhos e tentáculos; embora inexistentes, os órgãos sensoriais cefálicos podem, efetivamente, ser substituídos por tentáculos e, em algumas poucas espécies, por olhos situados ao redor das margens do manto. As duas valvas da concha, as quais são laterais e articuladas ao longo da linha mediana dorsal, abrem-se passivamente em virtude de um ligamento elástico dorsal; elas devem, por conseguinte, ser mantidas fechadas ativamente. Isto é conseguido por dois músculos adutores (reduzidos a um em algumas espécies) os quais possuem um mecanismo de fibras 'catch', de tal modo que eles podem permanecer contraídos sem a necessidade de um contínuo gasto de energia e sem precisar alternar repouso e contração das fibras individuais.

O corpo, que nas maiores espécies pode ultrapassar 1m em comprimento, localiza-se dorsalmente no interior da concha, a grande cavidade do manto ocupando o espaço lateral e ventral restante. Quando os músculos adutores relaxam, as valvas da concha se abrem ligeiramente, permitindo uma corrente de água para dentro e através da cavidade do manto, e nas formas que se enterram em substratos moles, permitindo que o pé, comprimido lateralmente, seja protraído para além dos limites da concha. Frequentemente, as margens ventral e lateral do manto fundem-se, deixando apenas uma abertura para o pé e pequenas aberturas

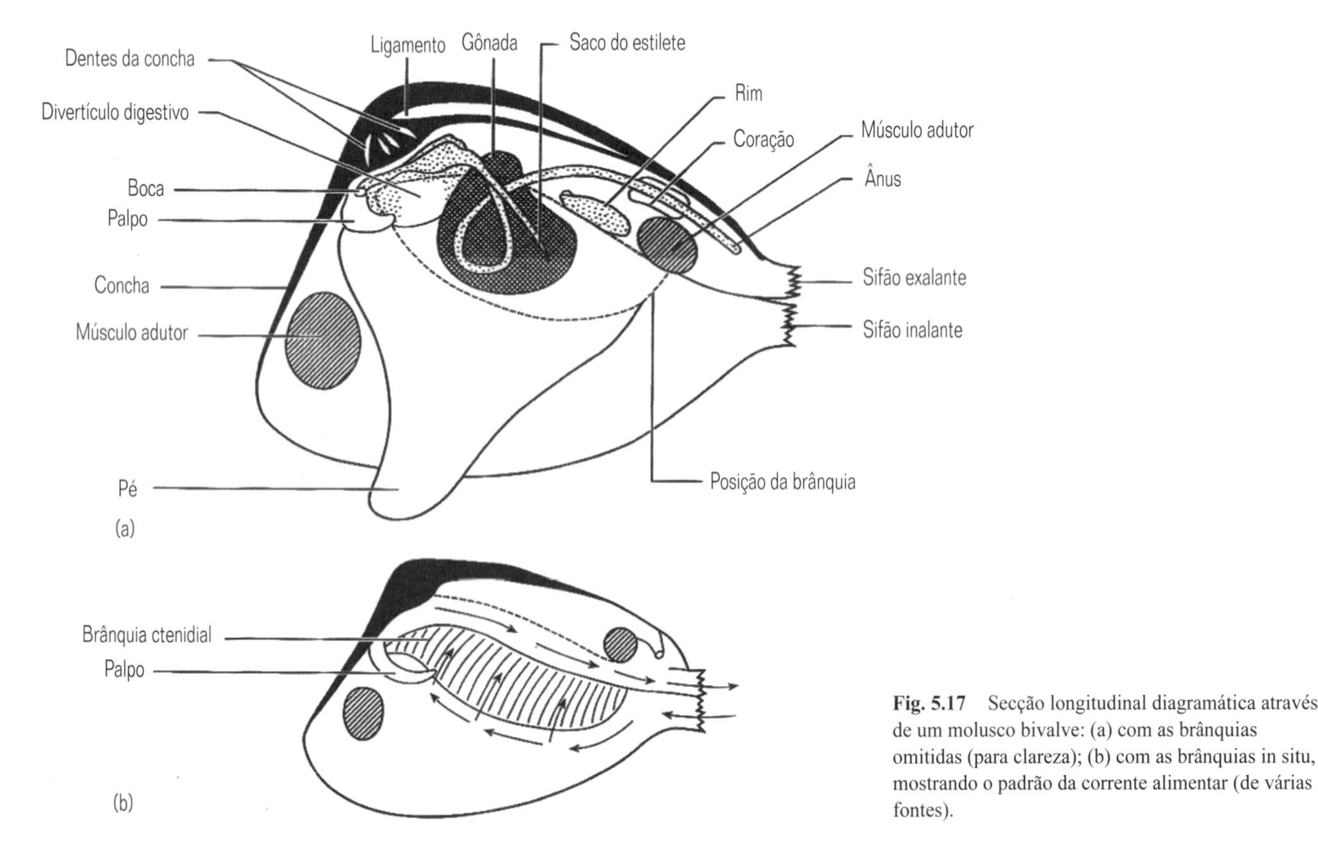

Fig. 5.17 Secção longitudinal diagramática através de um molusco bivalve: (a) com as brânquias omitidas (para clareza); (b) com as brânquias in situ, mostrando o padrão da corrente alimentar (de várias fontes).

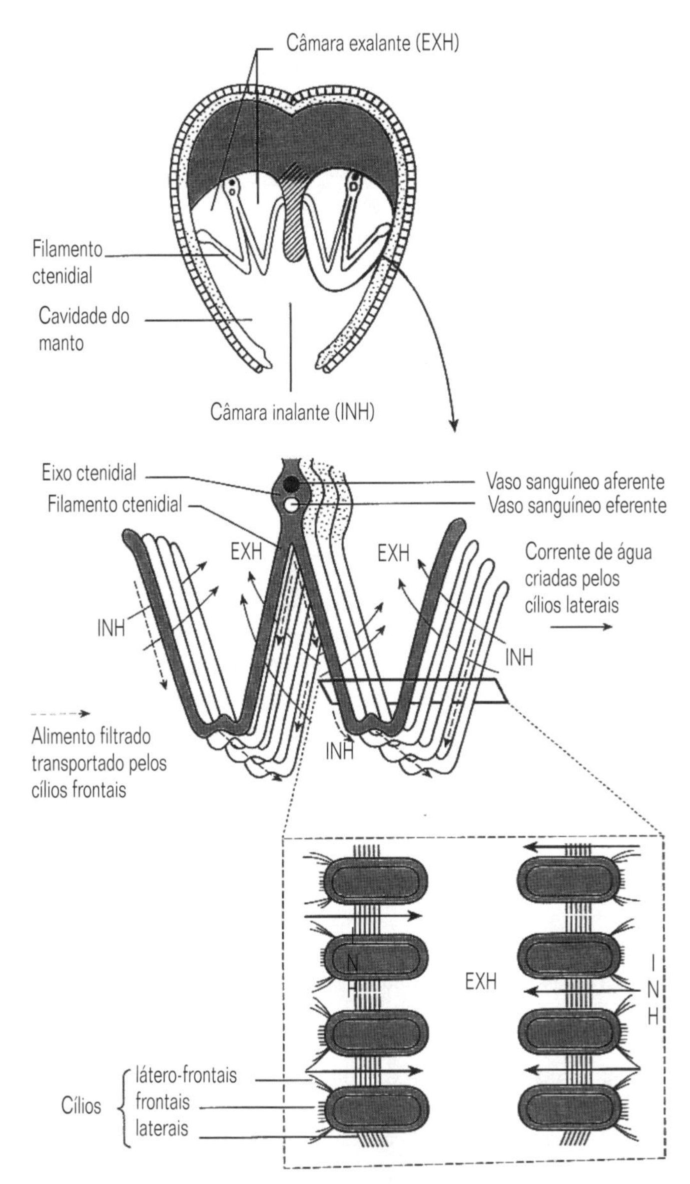

Fig. 5.18 Secção transversal através de um bivalve lamelibrânquio, ilustrando alimentação por filtração por meio das brânquias ctenidiais (de Russell-Hunter, 1979).

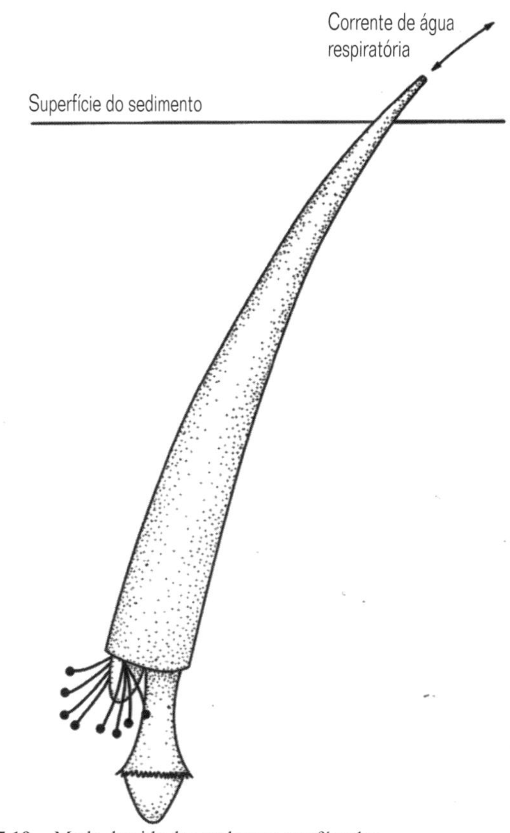

Fig. 5.19 Modo de vida dos moluscos escafópodes.

através das quais a água pode fluir – nestas regiões, o manto é frequentemente prolongado para fora, formando sifões inalante e exalante que podem ou não ser retraídos para dentro da concha.

Três categorias principais de bivalves podem ser distinguidas com base na natureza e função dos ctenídios. Nas formas primitivas (a subclasse Protobranchia), o par de ctenídios cumpre principalmente a função primitiva de trocas gasosas, e a alimentação, quando não completamente dependente de simbiontes quimioautótrofos, é realizada por meio de palpos labiais, de cada lado da boca, os quais, em uma ordem (Nuculida), são dotados de longos tentáculos que vagueiam no interior ou sobre o sedimento ao redor do animal e conduzem partículas alimentares para os palpos, a fim de serem selecionadas antes da ingestão (ver Fig. 9.6). Estas espécies são comedoras de materiais sedimentados, empregando mecanismos ciliares e muco. Na grande maioria das espécies (as superordens Pteriomorpha, Palaeoheterodonta e Heterodonta), entretanto, os dois ctenídios são grandemente ampliados e dobrados, cada qual assumindo a forma de um "W" em seção transversal, para formarem os órgãos de filtração de alimento (Fig. 5.18). Partículas sedimentadas na superfície do substrato são sugadas ou o material já em suspensão é aspirado para dentro da cavidade do manto juntamente com a corrente inalante, as partículas sendo filtradas à medida que a corrente passa através das brânquias e, então, conduzidas para a boca via palpos, sempre por mecanismos (muco) ciliares. Finalmente, nos 'septibrânquios', membros do terceiro grupo (os Anomalodesmata poromiídeos), as brânquias foram grandemente reduzidas, formando septos musculares bombeadores, por meio dos quais, juntamente com um sifão inalante ampliado e raptorial, pequenos animais são sugados para dentro da cavidade do manto, e dali capturados pelos palpos musculares e ingeridos.

As 20.000 espécies de bivalves são animais bentônicos comuns no mar e em águas doces. A maioria é gonocorística e passa por desenvolvimento indireto, embora os estádios larvais de algumas espécies de água doce sejam aberrantes, pelo fato de serem adaptadas para parasitar peixes. Onze ordens podem ser reconhecidas.

5.1.3.7 Classe Scaphopoda (dentálios)

Os escafópodes, com 2-150mm de comprimento, são moluscos cilíndricos, alongados, quase completamente envolvidos pelo manto, o qual secreta uma concha tubular, calcária, aberta em cada extremidade. Eles cavam em sedimentos moles marinhos, vivendo com a extremidade mais estreita da concha tubular projetando-se ligeiramente acima da superfície do sedimento

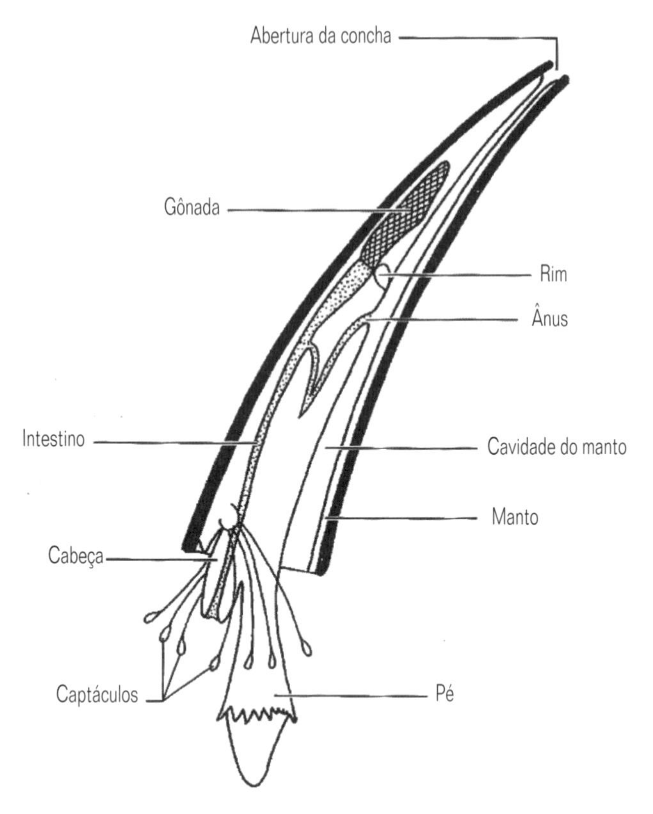

Fig. 5.20 Secção longitudinal diagramática através de um escafópode (de várias fontes).

(Fig. 5.19). A partir da abertura ventral da concha, que é maior, projeta-se o pé escavador, cônico ou cilíndrico, e a cabeça pequena, em forma de probóscide, a qual é desprovida de olhos e tentáculos sensoriais, porém dotada de uma rádula, uma única mandíbula mediana, e um par de agrupamentos de tentáculos filiformes, contráteis e de extremidades globosas, os captáculos. Os numerosos captáculos são os órgãos usados para captação de alimento a partir de sedimentos, as menores partículas alimentares sendo conduzidas em direção à boca por meio de cílios ao longo do filamento, e as maiores, aderindo às extremidades globosas, pegajosas, e levadas diretamente à boca (ver Fig. 9.5).

O plano de alongamento do corpo é difícil de ser determinado. Se o ânus e a cavidade do manto forem considerados como posteriores, então, como os gastrópodes e cefalópodes, os escafópodes são grandemente alongados no plano dorsoventral (Fig. 5.20); alternativamente, a cavidade do manto e o ânus são frequentemente considerados como sendo ventrais e, neste caso, os escafópodes são alongados segundo o eixo anteroposterior. A cavidade do manto, se posterior, prolonga-se pela altura da concha, e se ventral, pelo comprimento da mesma e é desprovida de ctenídios. A água é drenada para dentro dessa cavidade através da abertura dorsal (ou posterior) pelos cílios do manto, e é periodicamente bombeada para fora através da mesma abertura por contração muscular, as trocas gasosas sendo efetuadas através do manto. Todas as espécies são gonocorísticas e possuem uma única gônada, a qual escoa via rim direito.

As 350 espécies são reunidas em duas ordens, dependendo do número e forma dos captáculos e da forma do pé.

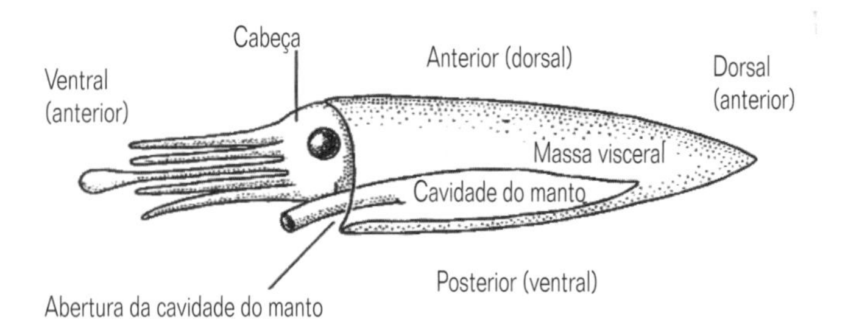

Fig.5.21 **Vista** lateral diagramática de um molusco cefalópode, mostrando a mudança de orientação do corpo a partir daquela do molusco ancestral: a orientação do cefalópode vivente é mostrada entre parênteses junto à da condição ancestral.

5.1.3.8 Classe Cephalopoda

Os cefalópodes são exclusivamente marinhos e, em termos anatômicos e comportamentais, os mais sofisticados dos moluscos e, possivelmente, de todos os invertebrados. Entre eles está também a maior espécie: a lula gigante atinge mais de 20 metros de comprimento. As características diagnósticas dos cefalópodes são as estruturas originadas a partir do que seria o pé em outros moluscos que, como tal, está ausente. A região anterior do pé embrionário se desenvolve em uma série de braços ou tentáculos prensores, ao redor da boca, e a região posterior forma um funil muscular embutido parcialmente na abertura da cavidade do manto. A água pode entrar na cavidade do manto ao redor das margens da cabeça, sendo expelida forçosamente através do funil manobrável por contrações musculares. Os cefalópodes são animais essencialmente pelágicos que nadam por jato-propulsão à procura de presas móveis, estas sendo capturadas com o auxílio dos braços preensores. Como os gastrópodes, os cefalópodes são alongados no plano dorsoventral, mas em associação com seu modo de vida natatório, a região primitivamente ventral tornou-se, funcionalmente, anterior, e a massa visceral dorsal constitui, efetivamente, a extremidade posterior do animal (Fig. 5.21). A cavidade do manto, por conseguinte, abre-se na região anterior e assim, durante o nado rápido, os cefalópodes se movem para trás; durante a locomoção lenta, o movimento do funil permite progressão em uma variedade de direções. A presa, tendo sido capturada pelos braços, é macerada por um par de mandíbulas dorsoventrais semelhantes a um bico, e então pela rádula. Alguns dos braços no macho são também modificados para copulação (transferência de espermatóforos), a maioria das espécies sendo gonocorísticas, com uma única gônada e desenvolvimento direto. Algo surpreendente, considerando suas grandes dimensões, todos os cefalópodes, exceto os nautilóides, são animais de vida relativamente curta, os quais se reproduzem uma vez e então morrem ('semélparos' – ver Seção 14.3).

Outras características do grupo diferem notavelmente entre as duas subclasses sobreviventes. As seis espécies viventes dos Nautiloidea possuem uma concha univalva externa planispiral, compreendendo muitas câmaras em uma sequência linear; embora somente a última câmara seja habitada, um delgado filamento de tecido vivo, o sifúnculo, estende-se através das demais câmaras (Fig. 5.22). À medida que o animal cresce um novo material é acrescentado à concha existente, a fim de adicionar-lhe uma seção mais ou menos cilíndrica; o animal move-se então para frente,

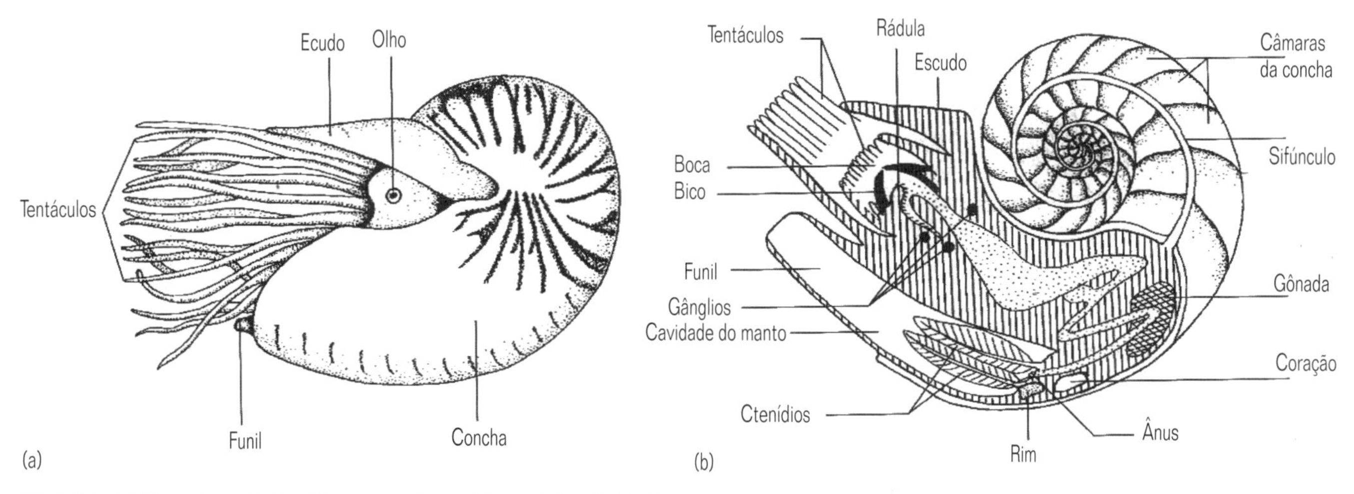

Fig. 5.22 Cefalópode nautilóide: (a) aspecto externo; (b) secção longitudinal diagramática (de Boss, 1982 e outros).

secreta um novo septo atrás de si, e assim acrescenta uma nova câmara à série existente. Os nautilóides são maus nadadores, pois a água é expelida da cavidade do manto somente por contrações dos músculos do funil; eles contam com o poder de flutuação para se manter suspensos na coluna d'água. O sistema de flutuação insensível à pressão é proporcionado pelas câmaras da concha não ocupadas pelo corpo e pelo sifúnculo que absorve a água originalmente contida em uma câmara e secreta um gás em substituição, resultando em flutuabilidade neutra (ver Seção 12.2.2). Muitos (80-90) tentáculos sem ventosas circundam a boca, quatro dos quais são modificados para a transferência de espermatóforos. Dois pares de ctenídios e dois pares de rins estão presentes; o sistema nervoso e os olhos são relativamente simples.

Entre os Coleoidea, entretanto, há uma notável tendência à redução da concha, correlacionada com uma vida natatória mais ativa. Neste grupo, a água é expelida da cavidade do manto mais vigorosamente devido à contração simultânea de poderosos músculos circulares na parede do manto, coordenados pelos grandes gânglios estelares, dos quais se estendem fibras gigantes, cujo diâmetro é tanto maior quanto maior for a distância entre o músculo inervado e o gânglio. As sibas (ordem Sepiida) retiveram a concha calcária como um dispositivo de flutuação (Seção 12.2.2), porém reduzida em tamanho e situada no interior do corpo; nas lulas (ordem Teuthida e Vampyromorpha), a concha está reduzida a um elemento cartilaginoso fino e interno, sem função de flutuação, enquanto na maioria dos octópodes (ordem Octopoda) ela foi perdida. Muitos coleóides pelágicos são hidrodinâmicos e em forma de torpedo (Fig. 5.23), e têm que nadar continuamente para se manter na coluna d'água; ondulações das nadadeiras laterais provêem uma forma eficiente de natação, porém lenta. Alguns coleóides, entretanto, desenvolveram mecanismos alternativos de flutuação, tais como a substituição de cátions bivalentes pesados por amônia, em uma cavidade pericárdica expandida, conjugada com tecidos gelatinosos pouco densos. Os polvos adotaram uma existência predominantemente bentônica, embora algumas formas possuam uma membrana de pele entre os braços, que pode ser usada como uma vela para serem arrastados por correntes próximas ao

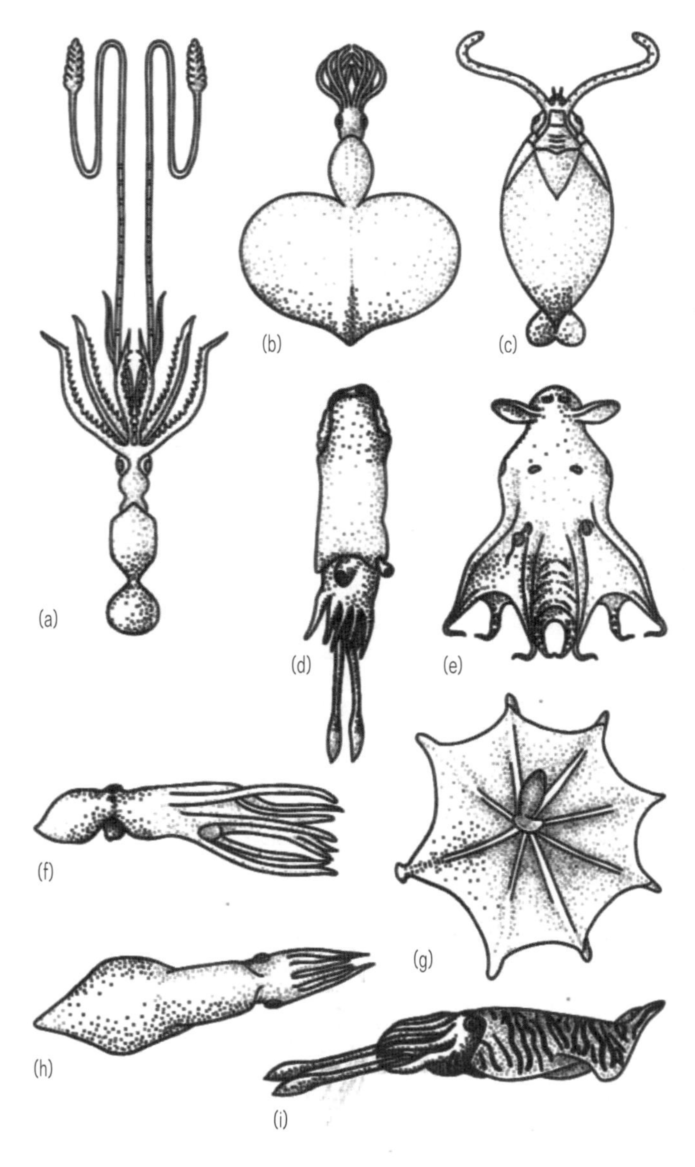

Fig. 5.23 Formas corporais em cefalópodes coleóides (de várias fontes). (a)-(c) e (h), Teuthida; (d) e (i) Sepiida; (e) Vampyromorpha; e (f) e (g) Octopoda.

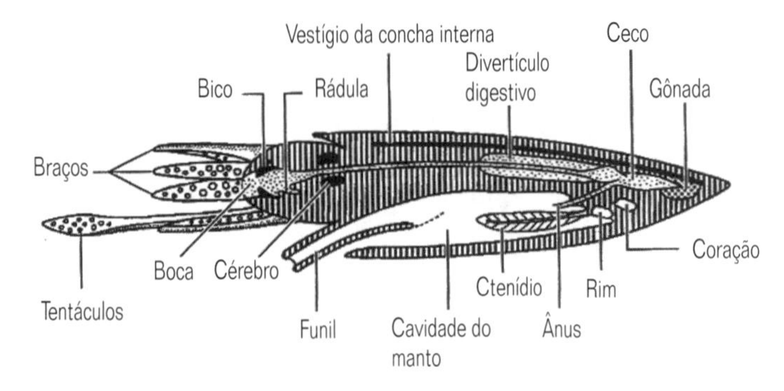

Fig. 5.24 Secção longitudinal diagramática através de um coleóide (de Boss, 1982 e outros).

fundo. Tais espécies têm ctenídios reduzidos ou vestigiais. Em contraste com os nautilóides, os coleóides têm apenas um par de ctenídios pregueados e vigorosos, um único par de rins e oito braços curtos, dotados de ventosas (dois dos quais geralmente modificados para a transferência de espermatóforos) juntamente, nas lulas e sibas, com dois braços alongados, tentaculados, capturadores de presas, dotados de ventosas em suas extremidades dilatadas (Fig. 5.24).

As características mais distintivas das 650 espécies de coleóides, talvez sejam a natureza do sistema sanguíneo que é fechado e do sistema nervoso, altamente concentrado, o qual inclui olhos bem desenvolvidos. Os ctenídios são desprovidos de cílios (a água sendo impelida através das brânquias e cavidade do manto pelo bombeamento muscular, o qual leva a cabo a locomoção por jato-propulsão), mas possuem capilares – não arranjados no contra-fluxo da corrente de água – através dos quais o sangue é bombeado pelos corações branquiais. O anel nervoso circum-esofágico está expandido e transformado em um cérebro altamente complexo, e num grau de complexidade maior do que o visto em qualquer outro invertebrado, e o par de olhos, inervado a partir do cérebro, é do mesmo padrão geral que aquele dos vertebrados, com córnea, diafragma da íris, lente e retina (Fig. 5.25). Em contraste com os vertebrados, contudo, os fotorreceptores dos olhos dos coleóides estão orientados em direção à luz que entra. O sistema nervoso também controla os numerosos cromatóforos da superfície do corpo, que são extraordinariamente operados por pequenos músculos e por isso podem reagir rapidamente, ocasionando mudanças quase instantâneas nos padrões de cores.

5.2 Leitura adicional

Fretter, V. & Peake, J. (Eds) 1975-78. Pulmonates (2 Vols). Academic Press, London.

Haszprunar, G. 1988. On the origin and evolution of major gastropod groups, with special reference to the Streptoneu J. Moll. Stud., 54, 367-441.

Hughes, R.N. 1986. A Functional Biology of Marine Gastropods. Croom Helm, Beckenham.

Hyman, L.H.1967. The Invertebrates, Vol. 6: Mollusca 1. McGraw-Hill, New York.

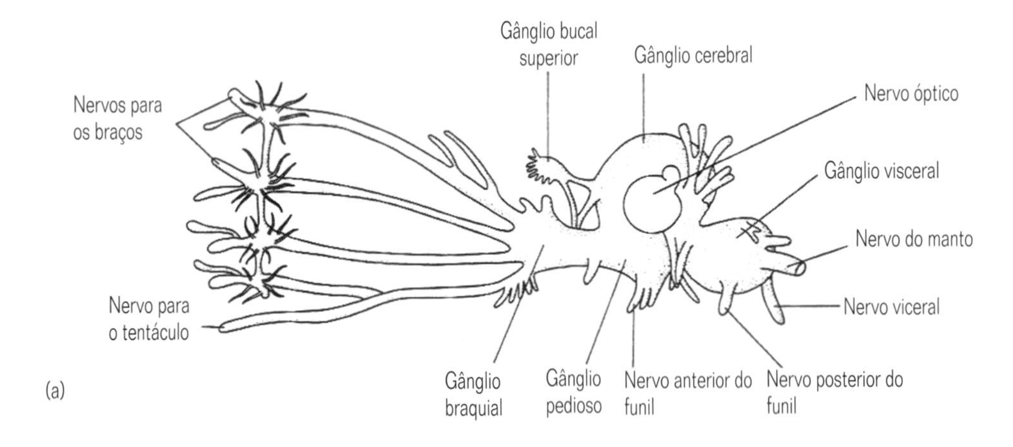

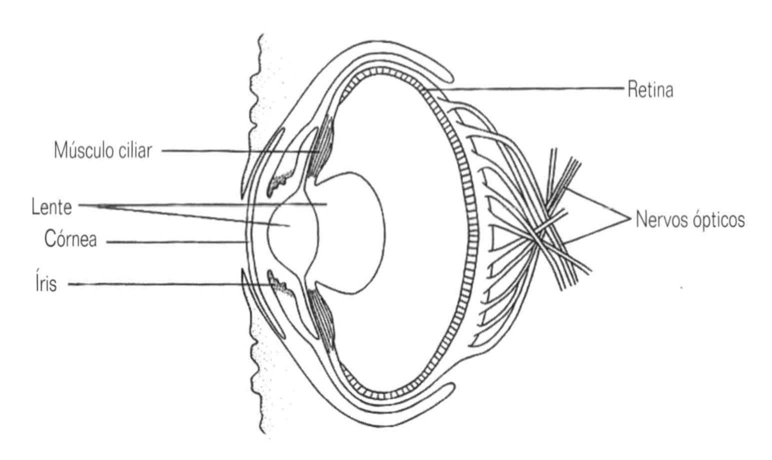

Fig. 5.25 (a) Cérebro e (b) olho de coleóides (de Wells, 1962 e Kaestner, 1967).

Kaestner, A.1967. Invertebrate Zoology, Vol. 1. Wiley, New York.
Morton, J.E. 1979. Molluscs, 5th edn. Hutchinson, London.
Purchon, R.D. 1968. The Biology of the Mollusca. Pergamon Press, Oxford.
Runham, N.W. & Hunter, P.J. 1970. Terrestrial Slugs. Hutchinson, London.
Solem, A. 1974. The Shell Makers. Wiley, NewYork.
Taylor, J.D. (Ed.) 1996. Origin and Evolutionary Radiation of the Mollusca. Oxford University Press, Oxford.
Wells, M.J. 1962. Brain and Behaviour in Cephalopods. Heinemann, London.
Wells, M.J. 1978. Octapus. Chapman & Hall, London.
Wilbur, K.M. (Ed.) 1983-88. The Mallusca (12 Vols). Academic Press, New York.

CAPÍTULO 6

Os Lofoforados

Phorona
Brachiopoda
Bryozoa
Entoprocta
Cycliophora

Os três filos usualmente considerados como compreendendo os lofoforados, (Phorona, Brachiopoda e Bryozoa) compartilham, como o nome do grupo sugere, a característica comum de possuírem um lofóforo, anel de tentáculos ocos ciliados em forma de ferradura ou complexamente enrolado ou dobrado, que funciona como um aparelho para tomada de alimento em suspensão. Esse lofóforo, que circunda a boca, mas não o ânus, é sustentado por cavidade corporal hidrostática individualizada própria.

Basicamente, o corpo do lofoforado é tripartido, com uma região pré-oral diminuta (o prossoma), uma segunda região pequena (o mesossoma), que possui a boca e o lofóforo, e uma terceira região muito mais ampla (o metassoma), que compreende a maior parte do corpo e contém os outros sistemas de órgãos bem como um ânus próximo à base do lofóforo. Além disso, um aspecto comum bastante distintivo dos lofoforados é que suas 'gônadas' não são órgãos bem definidos, mas meras agregações frouxas de células germinativas peritoniais. Na maior parte dos lofoforados, o prossoma foi perdido e, mesmo quando presente, é insignificante.

Os lofoforados são nitidamente animais protostômios. Entretanto, eles têm sido tradicionalmente ligados aos deuterostômios (Capítulo 7) com base no (i) plano de corpo oligomérico tripartido, (ii) na presença de um lofóforo derivado do mesossoma nos pterobrânquios (Seção 7.2.3.2), e (iii) em detalhes de seu padrão de clivagem e do sistema nervoso. Outras evidências, contudo, incluindo aquelas derivadas de dados de sequência molecular e a presença compartilhada de cerdas quitinosas, colocam-nos junto com os outros grupos protostômios, particularmente próximos aos eutrocozoários, por exemplo, os moluscos, sipúnculos e anelídeos. Também há polêmica quanto à inclusão dos briozoários (ver adiante) e se os dois grupos de braquiópodes são relacionados entre si.

Os lofoforados são sedentários ou sésseis, e seus corpos são protegidos por um envoltório externo secretado. Este pode ser na forma de um tubo quitinoso, dentro do qual o animal move-se livremente, ou de uma concha ou caixa, que pode ser gelatinosa, quitinosa ou calcária, à qual a epiderme encontra-se permanentemente aderida.

Portanto, os lofoforados parecem ser um grupo bastante coeso, e alguns autores têm argumentado, com convicção, que todos deveriam ser incluídos num filo único, os Lophophorata. Se isto não se tornou amplamente aceito, é em parte devido ao debate contínuo sobre as relações dos briozoários com os outros grupos e, em parte, às afinidades do quarto filo deste capítulo, os Entoprocta, que ainda não foram esclarecidas. Os tentáculos tomadores de alimento dos entoproctos não se encaixam na definição de lofóforo, muito embora eles realmente mostrem similaridades com os briozoários, em particular, por terem um padrão de clivagem espiral e por seu desenvolvimento ser determinado – características nitidamente não lofoforadas. A inclusão deles neste capítulo é, portanto, mais uma questão de conveniência. Assim o é quanto ao filo mais recentemente descrito, os Cycliophora, que, à luz do conhecimento atual, parece possivelmente relacionado aos Entoprocta e/ou aos Bryozoa.

6.1 Filo PHORONA

6.1.1 Etimologia

Derivado do nome genérico Phoronis, um dos epítetos da deusa egípcia Ísis.

6.1.2 Características especiais e diagnósticas (Fig.6.1)

1 Vermiformes e bilateralmente simétricos.

2 Corpo com mais de dois estratos celulares, com tecidos e órgãos.

3 Intestino completo em forma de U.

4 Corpo oligomérico tripartido, cada região com uma única cavidade.

5 Prossoma muito pequeno; mesossoma pequeno, mas com um grande lofóforo sustentado pelo mesocelo; metassoma grande e alongado.

6 Parede do corpo sem cutícula, com camadas musculares.

7 Sistema circulatório fechado, com hemoglobina em corpúsculos.

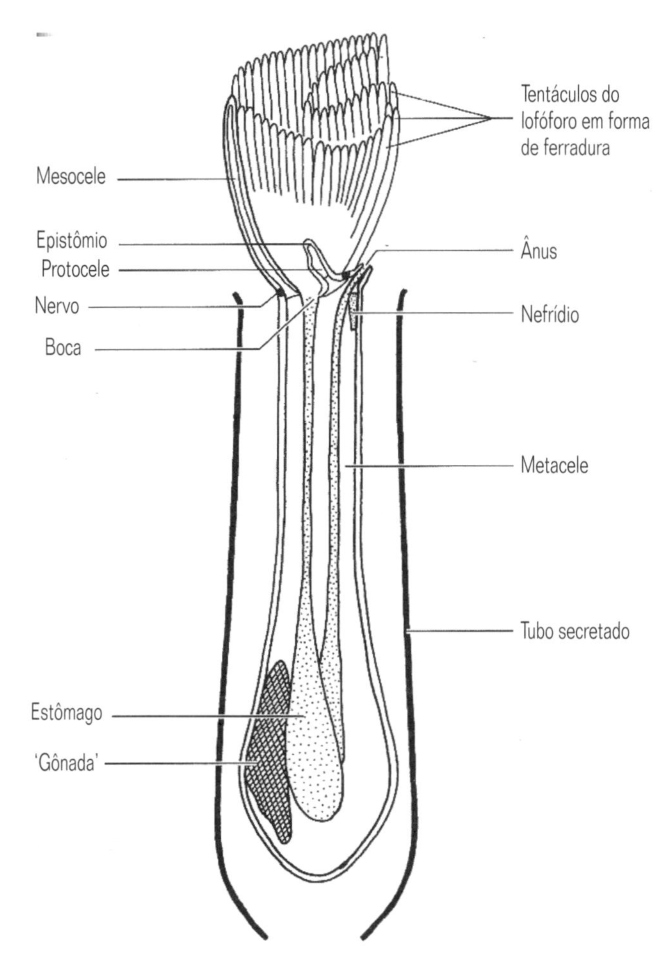

Fig. 6.1 Secção diagramática longitudinal através de um foronídeo (segundo Emig, 1979).

8 Um par de órgãos semelhantes a metanefrídios (protonefrídios na larva).

9 Sistema nervoso difuso na base da epiderme.

10 Segmentação radial do ovo.

11 Desenvolvimento indireto, geralmente através de uma larva actinotroca.

12 Marinhos.

Foronídeos são vermes sedentários que habitam permanentemente tubos quitinosos secretados, em parte enterrados em sedimentos inconsolidados ou, menos frequentemente, presos a substratos duros. Embora excepcionalmente alcancem até 50 cm de comprimento, a maioria mede menos de 20 cm, dos quais a maior parte corresponde ao metassoma ou tronco. A única outra estrutura visível externamente é o grande lofóforo terminal para tomada de alimento em suspensão, que chega a ter até 15.000 tentáculos oriundos do mesossoma e é em forma de ferradura (Fig. 6.2); em espécies com muitos tentáculos, os braços livres da ferradura são enrolados em espiral.

A maioria dos foronídeos é hermafrodita, embora alguns sejam de sexos separados. As células sexuais originam-se do peritônio, e são liberadas na metacele, de onde escapam para o exterior, pelos nefrídios. A fertilização é externa, se bem que os ovos e as larvas em desenvolvimento (Fig. 6.3) possam ser incubados no interior da cavidade delimitada pelo lofóforo ou dentro do tubo por 40 a 75% do período de desenvolvimento. Uma espécie é capaz de se multiplicar assexualmente por fissão e brotamento; as demais espécies somente por fissão transversal.

6.1.3 Classificação

Somente 15 espécies são conhecidas, distribuídas em dois gêneros e uma família.

6.2 Filo BRACHIOPODA

6.2.1 Etimologia

Grego: brachion, braço; pous, pé.

6.2.2 Características diagnósticas e especiais (Fig. 6.4)

1 Bilaterais simétricos.

2 Corpo com mais de dois estratos celulares, com tecidos e órgãos.

3 Intestino completo e em forma de U ou secundariamente em fundo cego.

4 Corpo bipartido e oligomérico, cada região com uma única cavidade corpórea essencialmente enterocélica.

5 Prossoma ausente: mesossoma pequeno, mas com um grande lofóforo complexo sustentado pela mesocele (ver Fig. 9.2) e, em algumas espécies, por extensões calcárias da concha; metassoma pequeno.

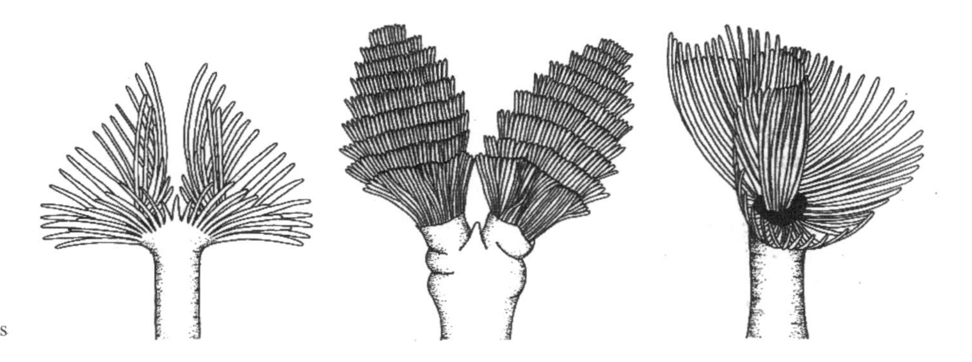

Fig. 6.2 Forma do lofóforo em foronídeos (segundo Emig, 1979).

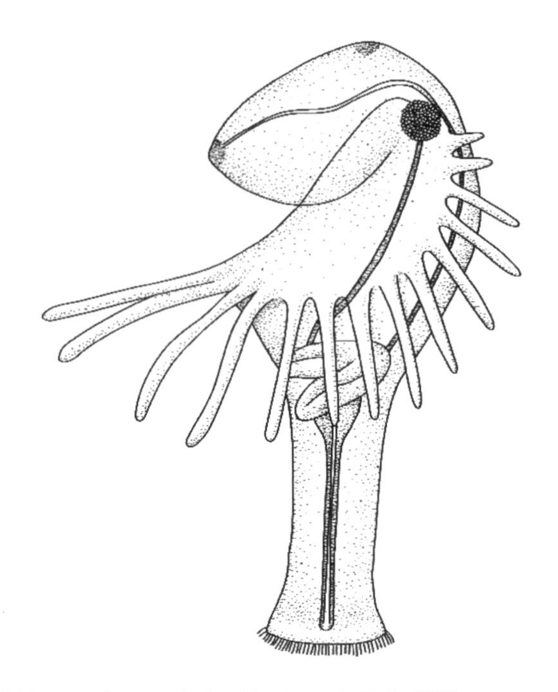

Fig. 6.3 Larva actinotroca de foronídeo (segundo Emig, 1979).

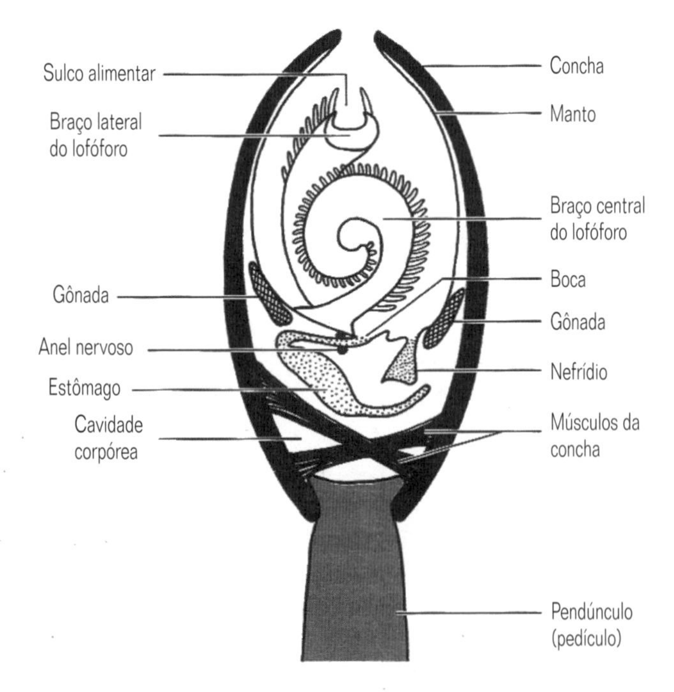

Fig. 6.4 Secção longitudinal diagramática através de um braquiópode generalizado.

6 Com exceção do pedúnculo, o corpo está totalmente encerrado em uma concha bivalve que pode ser cimentada ao substrato, presa a uma rocha, ancorada em sedimentos moles por um pedúnculo (pedículo), ou ser livre; o pequeno corpo concentra-se na parte posterior da concha, a maior parte da cavidade interna sendo ocupada pelo lofóforo.

7 Sistema sanguíneo aberto, com um coração ou corações.

8 Com um ou dois pares de órgãos semelhantes a metanefrídios.

9 Sistema nervoso na forma de um anel ganglionado ao redor do esôfago, do qual partem nervos distintos.

10 Sem reprodução assexual; a maioria é de sexos separados, sem gônadas distintas, mas com quatro agrupamentos de células sexuais associados ao peritônio, os gametas sendo lançados na metacele e liberados através dos nefrídios.

11 Clivagem do ovo radial.

12 Marinhos.

Os braquiópodes atuais, que representam apenas um pequeno remanescente deste filo outrora importante (335 espécies viventes em oposição a 26.000 espécies fósseis), são bastante semelhantes aos moluscos bivalves na aparência externa e quanto ao modo de vida em geral (Seção 5.1.3.6). Ambos os grupos são sedentários ou sésseis e suspensívoros, sendo confinados em uma concha bivalve secretada por um manto epidérmico e coberta com um perióstraco orgânico. O aparato para a tomada de alimento em suspensão é um lofóforo circular, enrolado sobre si mesmo ou em espiral (não são brânquias em forma de ctenídios), e as duas valvas da concha são dorsal e ventral (não laterais como em moluscos bivalves). Um ponto de convergência adicional é a redução da região cefálica ancestral (em braquiópodes, a perda do prossoma dos lofoforados) devido ao total confinamento do corpo em uma concha externa espessa. No entanto, a concha dos braquiópodes é incomum porque é interpenetrada por numerosos cecos do tecido corpóreo, os quais servem como locais de síntese e armazenamento de produtos para uso na reprodução, por exemplo. Na verdade, metade do peso total dos tecidos pode estar localizada nas próprias valvas da concha.

Todos os braquiópodes atuais são relativamente pequenos (<10 cm de comprimento ou largura da concha) e de hábitat bentônico. Em termos evolutivos, podem equivaler a foronídeos com conchas (Capítulo 2) e, de fato, a condição braquiópode pode ter surgido de maneira polifilética a partir de tais vermes (Fig.2.11).

6.2.3 Classificação

Duas classes são reconhecidas, as quais podem apresentar muitos caracteres divergentes.

6.2.3.1 Classe Inarticulata

Braquiópodes inarticulados, como seu nome sugere, são caracterizados por terem as valvas da concha geralmente de natureza quitino-fosfática, mantidas juntas unicamente por músculos.

Classe	Ordem
Inarticulata	Lingulida Acrotretida
Articulata	Rhynchonellida Terebratulida Thecideidida

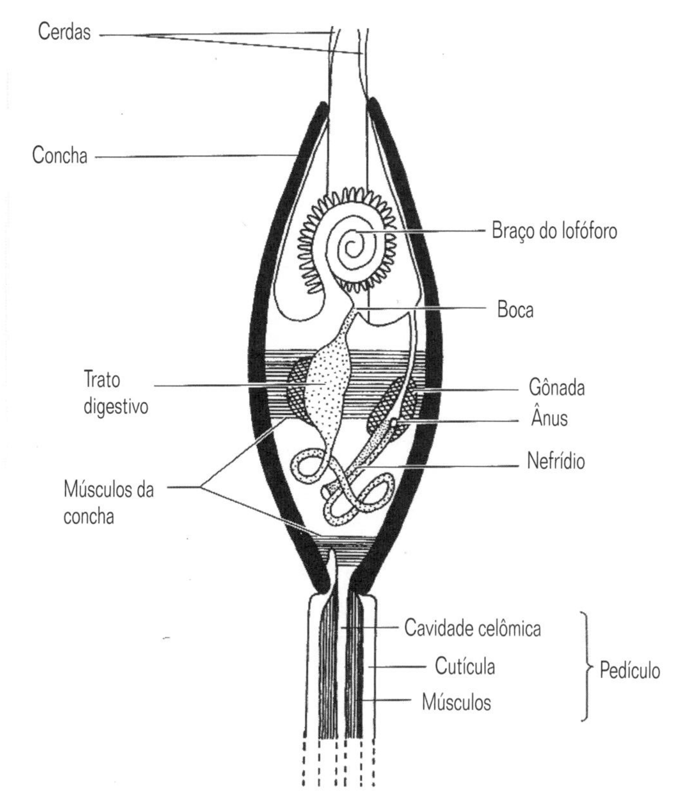

Fig. 6.5 Secção diagramática longitudinal através de um braquiópode inarticulado.

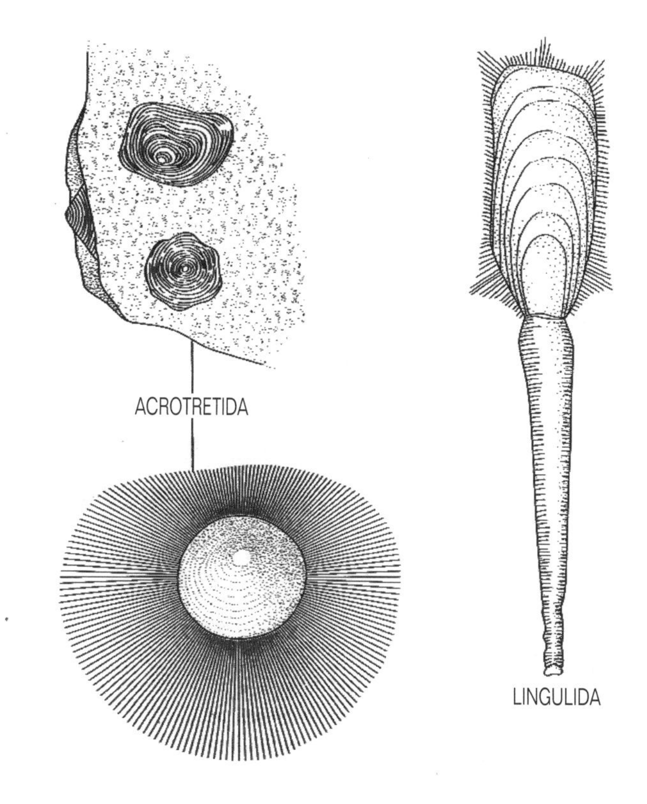

Fig. 6.6 Formas de corpo de braquiópodes inarticulados (segundo fontes em Hyman, 1959).

Posteriormente, por entre as duas valvas, emerge o pedículo, que é parte integrante do corpo, formado a partir do manto da larva; o pedículo contém uma extensão da metacele e músculos intrínsecos; em alguns grupos ele está ausente, a valva ventral sendo, então, cimentada ao substrato. Em contraste com outros braquiópodes, um ânus está presente (Fig. 6.5), e o lofóforo é relativamente simples e sem um esqueleto calcário de sustentação.

A larva é uma versão livre-natante em miniatura do adulto, tendo concha e lofóforo, os cílios do qual proporcionam a propulsão através da água; da mesma forma, não há metamorfose à época do assentamento. Durante o desenvolvimento, a mesoderme desenvolve-se a partir do arquênteron larval por enterocelia, mas as cavidades do corpo surgem por esquizocelia, dentro das massas de células mesodérmicas enterocélicas.

As 47 espécies são acomodadas em duas ordens: os Lingulida cavadores e os Acrotretida sésseis com aspecto de lapas (Fig. 6.6).

6.2.3.2 Classe Articulata

Os articulados possuem conchas de carbonato de cálcio, cujas valvas articulam-se por meio de dentes da valva ventral que se encaixam em soquetes na valva dorsal. A valva ventral também possui uma ranhura ou indentação através da qual emerge o pedículo, se presente; a valva dorsal frequentemente emite projeções para dentro da cavidade do manto, que dão suporte ao grande lofóforo complexamente espiralado ou enrolado (Fig. 6.7). O pedículo não possui músculos intrínsecos nem uma extensão da metacele, e não é derivado do manto, mas de uma das três regiões corpóreas da larva. Esse estágio larval (Fig. 6.8) é notavelmente diferente em aspecto em relação àquele do adulto, e sofre metamorfose. Em contraste com os inarticulados, o trato digestivo é de fundo cego e tanto a mesoderme como as cavidades corpóreas são formadas segundo um padrão enterocélico de desenvolvimento.

Os articulados apareceram relativamente tarde na evolução dos braquiópodes (no Ordoviciano) e aproximadamente 300 espécies são conhecidas hoje em dia. Elas estão distribuídas por três ordens com base na estrutura do lofóforo e do esqueleto calcário que lhe dá suporte.

6.3 Filo BRVOZOA

6.3.1 Etimologia

Grego: bryon, musgo; zoon, animal.

6.3.2 Características diagnósticas e especiais (Fig.6.9)

1 Animais coloniais modulares; cada colônia formada desde uns poucos indivíduos a até milhões deles, todos originados por brotamento assexual a partir da ancéstrula primordial; cada zoóide está em contato tecidual com seus vizinhos imediatos.

2 Zoóides frequentemente polimórficos, com indivíduos que se encarregam da alimentação, defesa, incubação dos ovos ou embriões etc.

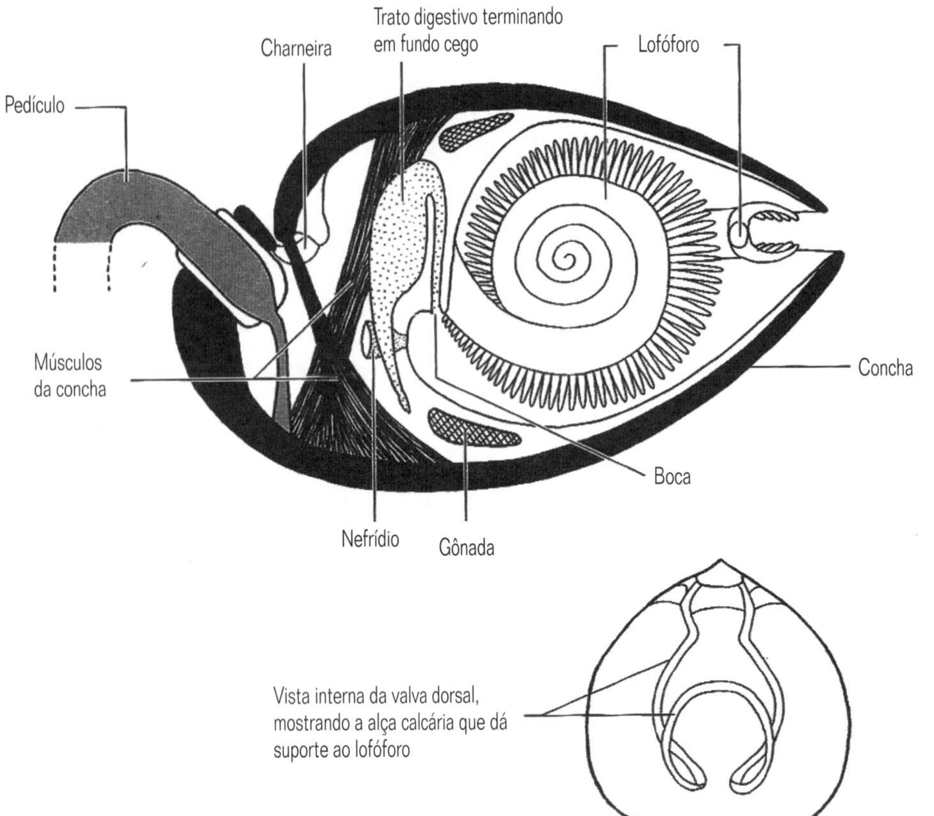

Fig. 6.7 Seção diagramática longitudinal através de um braquiópode articulado (segundo Moore, 1965).

3 As colônias são hermafroditas, embora os zoóides possam ser hermafroditas ou de sexos separados.

(Os caracteres abaixo referem-se a um zoóide individual).

4 Bilateral simétrico.

5 Corpo com mais de dois estratos celulares, com tecidos e órgãos.

6 Trato digestivo completo em U.

7 Corpo oligomérico, bi ou tripartido, cada região com cavidade corpórea única, formada de novo durante a metamorfose; alguns com uma cavidade corpórea metassômica adicional.

8 Prossoma pequeno, presente somente em um grupo; mesossoma também pequeno e portando um lofóforo relativamente pequeno, circular ou na forma de ferradura e sustentado pela mesocele; metassoma grande, saculiforme.

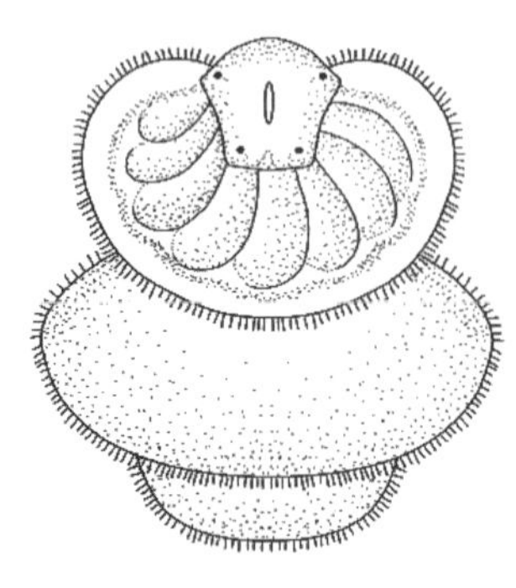

Fig. 6.8 A larva de um braquiópode articulado (segundo Lacaze-Duthiers, 1861)

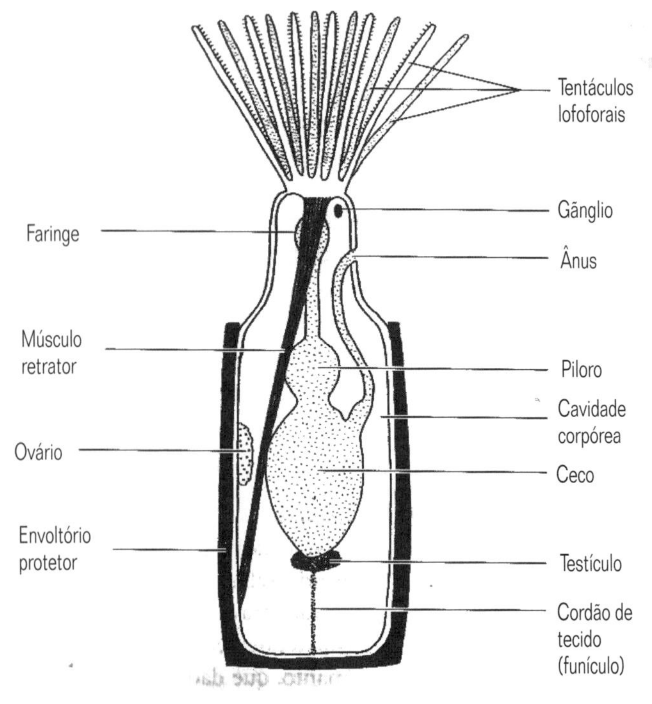

Fig. 6.9 Secção longitudinal diagramática através de um briozoário generalizado.

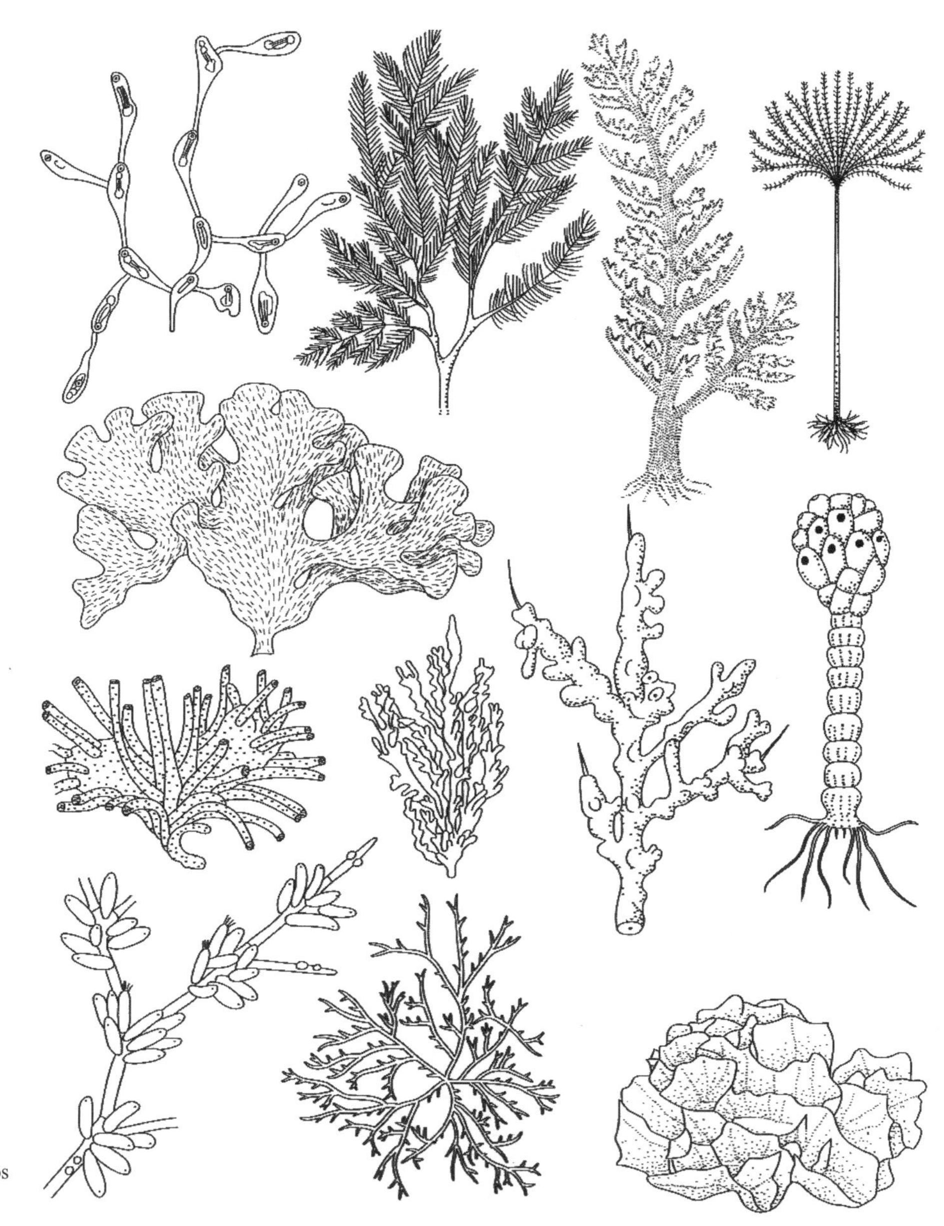

Fig. 6.10 Formas de colônias de briozoários (segundo várias fontes).

9 Corpo revestido por ou acomodado em um tubo, caixa ou matriz quitinosa, gelatinosa ou calcária, com um orifício através do qual o lofóforo pode ser protraído (por pressão hidrostática) e retraído (por músculos retratores).

10 Sem sistema circulatório ou excretor.

11 Sistema nervoso na forma de um gânglio posicionado entre boca e o ânus, do qual se originam um anel circum-esofágico e nervos individualizados.

12 Gônadas 'peritoniais', os gametas sendo liberados na metacele e saindo através de 'celomóporos' associados ao lofóforo.

13 Ovos com clivagem radial e geralmente incubados.

14 Desenvolvimento normalmente indireto.

Os briozoários assemelham-se a foronídeos diminutos (c. de 0,5 mm) (Seção 6.1), que formam extensas colônias estoloníferas, arborescentes ou foliáceas por brotamento assexual (Fig. 6.10). Similarmente a outros filos lofoforados (Seções 6.1 e 6.2), eles exibem, além do lofóforo para a tomada de alimento em suspensão, um plano corpóreo oligomérico, clivagem radial, e um sistema de gônadas aparentemente similar em que os gametas desenvolvem-se de células do peritônio que reveste a cavidade corpórea. Contudo, a natureza de suas cavidades corpóreas é passível de discussão, porque não têm precursores embrionários nem continuidade temporal com os folhetos germinativos. Durante a metamorfose, os tecidos das larvas de briozoários sofrem histólise e, então, encontram-se completamente reorganizados no corpo do adulto. A mesoderme e as cavidades corpóreas dos outros lofoforados são basicamente enterocélicas, derivando do trato digestivo embrionário; mas o trato digestivo larval dos briozoários, se presente, é destruído durante a metamorfose. Assim, não há uma origem mesodérmica clara para qualquer uma das cavidades do adulto, e o status a elas atribuído baseia-se principalmente na analogia com foronídeos e braquiópodes. Tal fato não é inquestionável: uma outra escola de pensamento considerou-as como sendo equivalentes à cavidade supostamente pseudocélica dos Entoprocta (Seção 6.4).

Como um grupo, os briozoários são uma linha muito bem sucedida de suspensívoros, atualmente mais que qualquer outro lofoforado. Com umas poucas exceções, as colônias são sésseis, incrustando-se ou prendendo-se a substrato relativamente firme; uma exceção é o briozoário de água doce Cristatella, que pode se arrastar lentamente (c. de 10cm dia^{-1}) por meio de um 'pé' muscular; um outro, a espécie marinha Selenaria maculata, pode deslocar-se muito rapidamente (1 m h^{-1}) sobre as longas cerdas de seus aviculários (ver Seção 6.3.3.3). S. maculata vive em hábitats de recifes de coral rasos, e tem sido registrada movendo-se em direção a locais iluminados pelo sol. A colônia é verde e, portanto, é possível que seu comportamento esteja relacionado com a presença de zooxantelas simbiontes em seus tecidos, como visto em muitos outros invertebrados de recifes (Seção 9.1). Uma espécie antártica recentemente descoberta é planctônica; ela forma uma esfera oca de 30 mm de diâmetro, com os lofóforos da única camada de zoóides projetando-se para fora por toda a superfície externa.

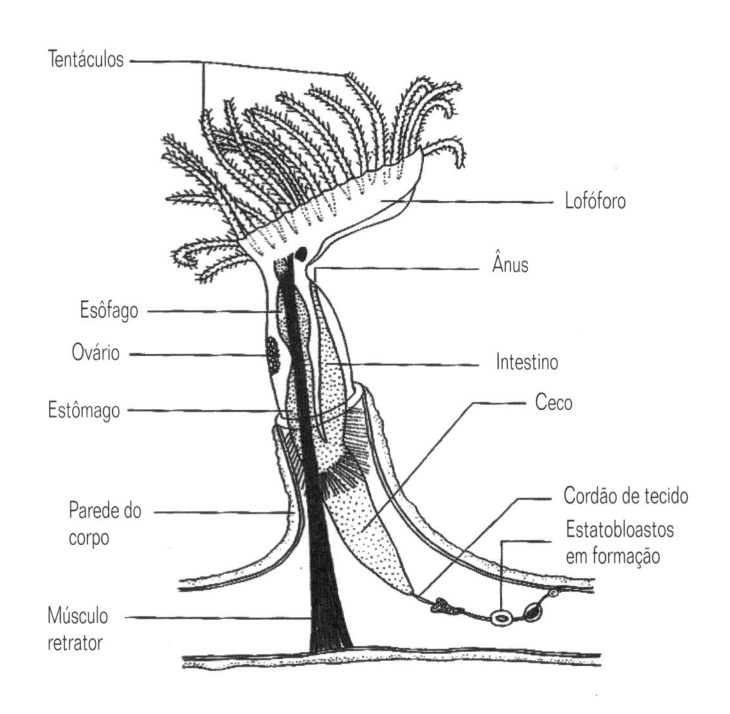

Fig. 6.11 Um zoóide distendido de filactolemado, visto como que transparente (segundo Pennak, 1978).

6.3.3 Classificação

A maior parte das 4.300 espécies descritas é marinha, mas uma classe e várias espécies das outras duas classes são de água doce.

Classe	Ordem
Phylactolaemata	Plumatellida
Stenolaemata	Cyclostomata
Gymnolaemata	Ctenostomata
	Cheilostomata

6.3.3.1 Classe Phylactolaemata

Os Phylactolaemata são briozoários relativamente pouco especializados. O corpo do zoóide reteve a forma tripartida presumida do ancestral, em que uma aba de tecido do prossoma, o epistômio, contendo uma protocele hidrostática, sobrepõe-se à boca, como nos foronídeos. A parede do corpo também possui camadas bem desenvolvidas de músculos circulares e longitudinais; a contração da camada circular gera a pressão necessária para protrair o lofóforo, que é grande, com até 120 tentáculos originários de uma crista em ferradura (Fig. 6.11). Zoóides indiviiduais são monomórficos, cilíndricos e estão entre os maiores de briozoários; os compartimentos da cavidade corpórea de indivíduos adjacentes são frequentemente interconectados.

Todas as espécies são de água doce e, como sais de cálcio são menos abundantes na água doce do que na água do mar, a epiderme secreta um envoltório não calcificado, quitinoso ou gelatinoso e, como em outros invertebrados de água doce, eles evoluíram um mecanismo de formas de resistência para dispersão e/ou hibernação. Tal mecanismo é de natureza bastante particular: no cordão de tecido ligando o trato digestivo à parede do corpo, agregações de células epidérmicas e 'peritoniais' desenvolvem-se em estatoblastos (Fig. 6.12) – células ricas em vitelo envoltas por (usualmente) valvas quitinosas em forma de prato. Os estatoblastos podem permanecer presos à parede do corpo e

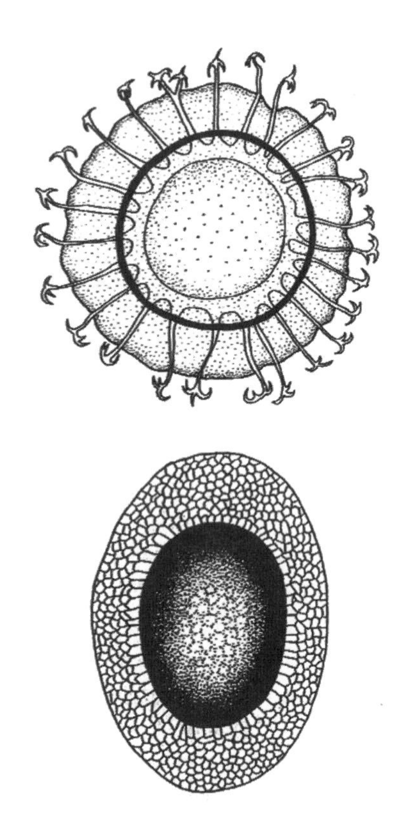

Fig. 6.12 Estatoblastos de filactolemados (segundo Hyman, 1959).

servir para restabelecer a colônia in situ após sua regressão, ou serem liberados durante a vida ou após a morte do zoóide. Neste último caso, frequentemente podem flutuar e ser dispersados por grandes distâncias. Estatoblastos são altamente resistentes

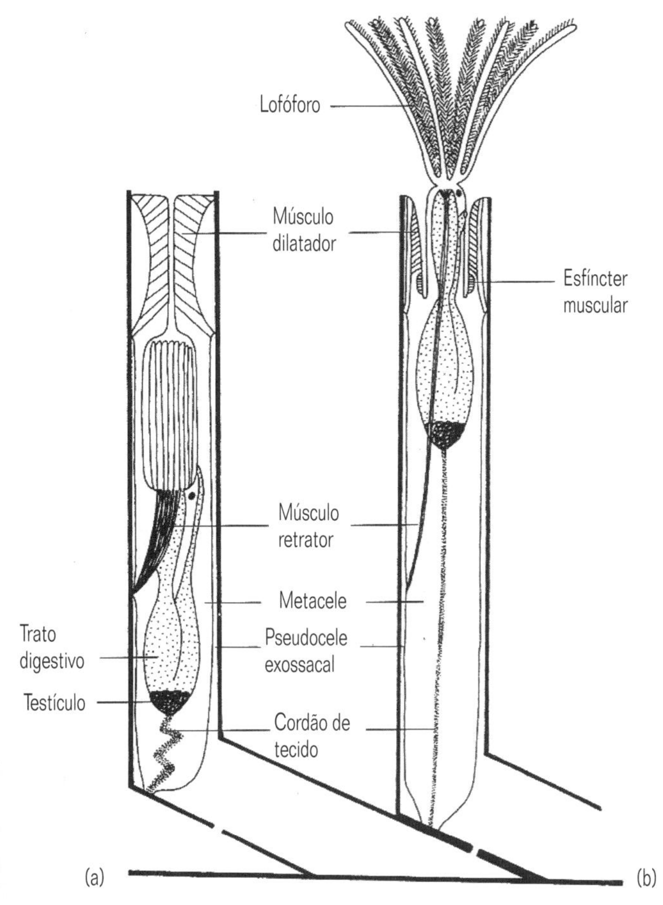

Fig. 6.13 Zoóides de Stenolaemata: (a) retraído; (b) distendido. (Segundo Ryland, 1970.)

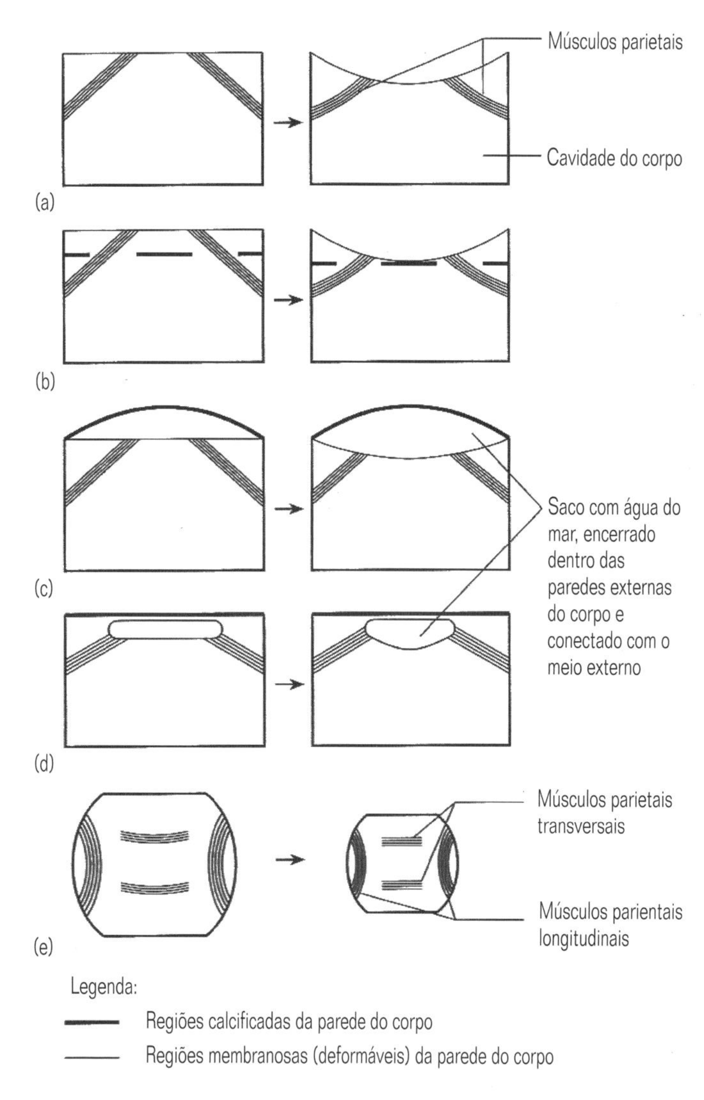

Fig. 6.14 Seções através de zoóides em forma de caixa de vários briozoários gimnolemados, mostrando como a contração dos músculos parietais causa deformação das paredes do corpo e, desta forma, gera aumento de pressão dentro da cavidade do corpo: (a) – (d) Cheilostomata; (e) Ctenostomata. (Segundo Ryland, 1970.)

ao congelamento e dessecação e, em latitudes temperadas, 'germinam' e se transformam em zoóides pioneiros após o inverno.

Uma única ordem contendo cerca de 50 espécies é reconhecida.

6.3.3.2 Classe Stenolaemata

Os zoóides de Stenolaemata são também cilíndricos, mas lhes faltam um prossoma e camadas musculares na parede do corpo. Seus tubos cilíndricos, com um orifício circular terminal, são pesadamente calcificados sob uma cutícula ou camada celular hialina externa; após a retração do lofóforo, o orifício é fechado por uma membrana e não por um opérculo. A pressão necessária para a protração do lofóforo, que é circular e compreende uns 30 tentáculos no máximo, é gerada por músculos dilatadores atuantes sobre o fluido contido na metacele e numa cavidade do corpo, o exossaco, considerada como sendo pseudocelômica (Fig. 6.13). Zoóides de Stenolaemata exibem um grau limitado de polimorfismo.

O sistema reprodutor de Stenolaemata possui diversas peculiaridades, a principal delas sendo uma forma de poliembrionia. Após a fertilização, o zigoto sofre clivagem para produzir uma bola de blastômeros. Então, esta bola brota uma série de embriões secundários, que por sua vez podem originar embriões terciários: mais de 100 blástulas podem ser derivadas de um único zigoto.

A maior parte dos Stenolaemata encontra-se extinta; uma única ordem contém cerca de 900 espécies marinhas viventes.

6.3.3.3 Classe Gymnolaemata

Atualmente, os gimnolemados são os briozoários mais abundantes e bem sucedidos, com mais de 3.000 espécies principalmente marinhas, mas há também espécies em águas salobras e doces. Da mesma forma que os Stenolaemata, seus zoóides carecem de prossoma e camadas musculares na parede do corpo, e possuem um lofóforo circular relativamente pequeno; mas os zoóides, usualmente curtos e atarracados, geram a pressão para a protração de seus lofóforos por deformação muscular da parede do corpo, os músculos parietais agindo sobre uma região membranosa específica (Fig. 6.14). Se calcificada, a parede do corpo o é apenas parcialmente.

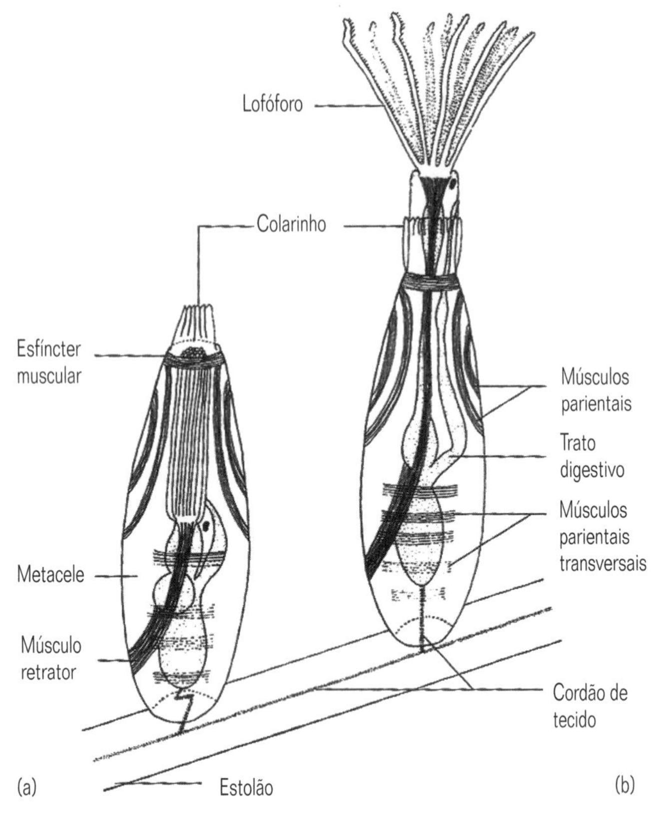

Fig. 6.15 Zoóides de Ctenostomata: (a) retraído; (b) distendido. (Segundo Ryland, 1970.)

Após a retração do lofóforo, o orifício pode, em muitas espécies, ser fechado por um opérculo. O polimorfismo dos zoóides alcança seu grau mais acentuado nesse grupo, com indivíduos para alimentação (autozoóides), revestimento externo (cenozoóides), apreensão (aviculários), limpeza (vibráculas) e incubação em câmaras (oécios).

Duas ordens são distinguíveis: Ctenostomata, que têm paredes não calcificadas e carecem de opérculos (são frequentemente cilíndricos e com um orifício terminal) (Fig. 6.15); e Cheilostomata, que possuem zoóides achatados e na forma de caixas, com paredes parcialmente – com frequência intensamente – calcificadas, um opérculo e um orifício frontal (Fig. 6.16).

6.4 Filo ENTOPROCTA

6.4.1 Etimologia

Grego: entos, no interior; proktos, ânus.

6.4.2 Características diagnósticas e especiais (Fig.6.17)

1 Bilaterais simétricos, em forma de cálice.

2 Corpo com mais de dois estratos de células, com tecidos e órgãos.

3 Trato digestivo completo, em forma de U.

4 Espaço entre a parede do corpo e o trato digestivo preenchido com um 'mesênquima' gelatinoso, interpretado por alguns autores como sendo uma cavidade corpórea pseudocelômica obliterada.

5 Corpo em forma de um cálice, de hemisférico a oval, com um anel de tentáculos ao redor de boca e ânus, e preso ao substrato por um pedúnculo contrátil.

6 Parede do corpo com uma cutícula, mas sem camadas musculares.

7 Sem sistemas circulatório ou para trocas gasosas.

8 Um par de protonefrídios (ou, no gênero de água doce, muitos protonefrídios).

9 Sistema nervoso na forma de um gânglio entre boca e ânus, a partir do qual surgem nervos individualizados.

10 Tentáculos não retráteis, mas que podem contrair-se e dobrar-se para dentro, para ocluir a cavidade intratentacular.

11 Ovos com clivagem espiral.

12 Desenvolvimento indireto.

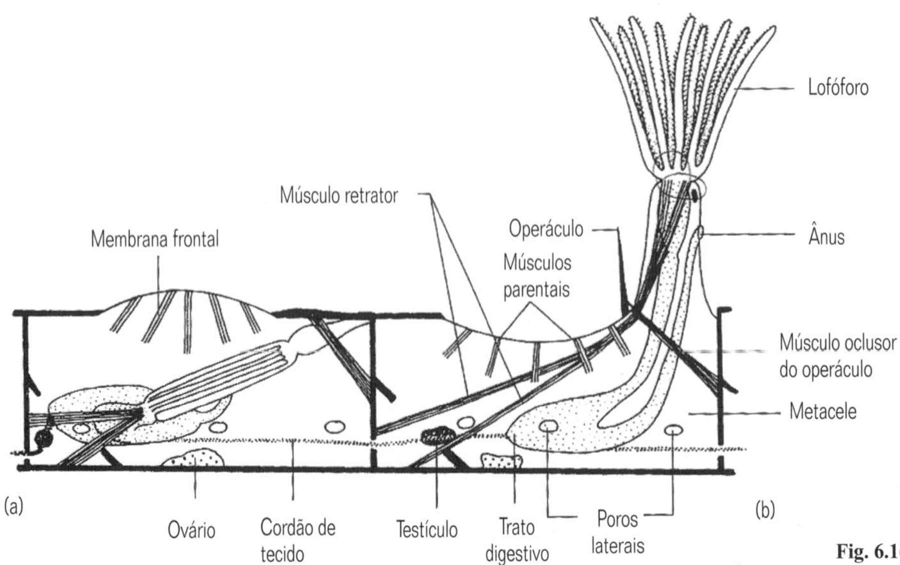

Fig. 6.16 Zoóides de Cheilostomata: (a) retraído; (b) distendido. (Segundo Ryland, 1970.)

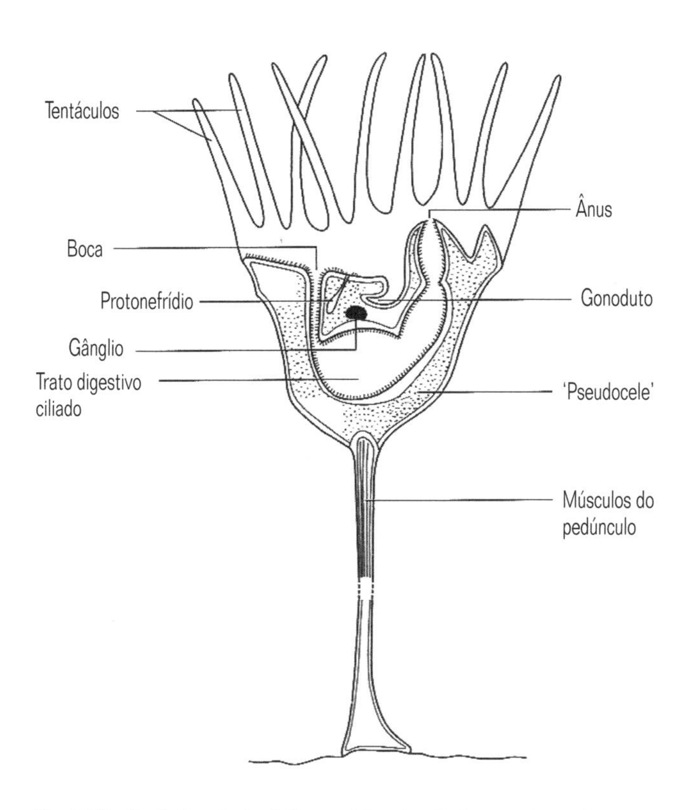

Fig. 6.17 Seção longitudinal diagramática através de um entoprocto (segundo Becker, 1937).

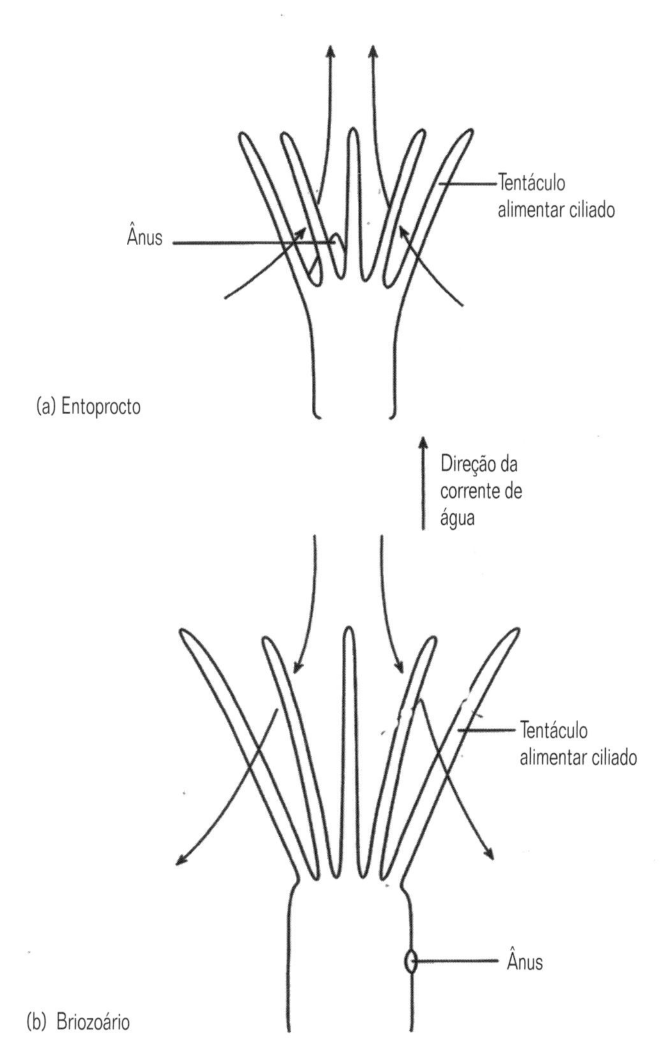

Fig. 6.18 Comparação das correntes alimentares dos entoproctos (a) e briozoários (b) em relação à posição do ânus.

Os Entoprocta são animais pequenos (0,5-5 mm de altura), solitários ou coloniais, que vivem temporariamente ou, de forma mais usual, permanentemente presos a um substrato, inclusive outros organismos. Todos são suspensívoros, sendo as 6 a 36 extensões da parede do corpo, formadoras dos tentáculos, guarnecidas de cílios que coletam partículas alimentícias da água e as transportam para a boca aderidas ao muco. Em formas que geram suas próprias correntes para alimentação, a água adentra através dos tentáculos da coroa e dali para fora pelo espaço intratentacular (Fig. 6.18); esse sistema é o oposto daquele operado pelos lofoforados. O ânus, que se encontra na extremidade de um cone, libera fezes na corrente exalante central.

A multiplicação assexual por brotamento é amplamente difundida e pode originar colônias modulares; sexualmente, os Entoprocta são provavelmente todos hermafroditas, as espécies de sexos separados sendo, aparentemente, hermafroditas sequenciais de idades diferentes. Os espermatozóides são liberados na água, mas a fertilização é provavelmente sempre interna. A larva é uma trocófora lecitotrófica ou planctotrófica (Fig. 6.19) que, na maioria das espécies, metamorfoseia-se no adulto; em algumas espécies, contudo, o adulto desenvolve-se a partir de um broto produzido pela larva.

As relações deste pequeno filo são passíveis de discussão. Alguns autores interpretam o extenso 'mesênquima' como um pseudoceloma preenchido de hemolinfa, e liga os Entoprocta aos outros filos pseudocelomados (Capítulo 4); outros os consideram como sendo relacionados aos briozoários devido a algumas similaridades quanto ao desenvolvimento, a cavidade corpórea dos briozoários sendo também de uma natureza discutível (Seção 6.3.2).

6.4.3 Classificação

As 150 espécies descritas são colocadas em uma única classe e ordem. Com exceção de um gênero de água doce, todos os demais são marinhos.

6.5 Filo CYCLIOPHORA

6.5.1 Etimologia

Grego: cyclion, pequena roda; phoros, que apresenta.

6.5.2 Características especiais e diagnósticas (Fig.6.20)

1 Bilateralmente simétricos, ovóides.

2 Corpo com mais de dois estratos celulares; tecidos e órgãos presentes.

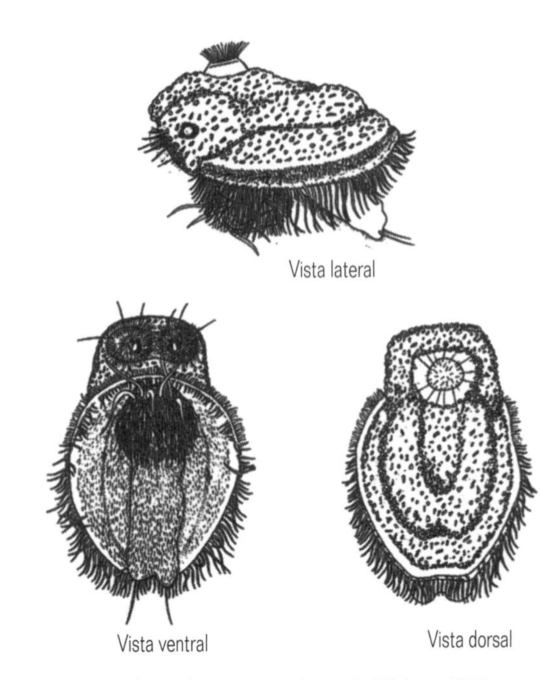

Fig. 6.19 Uma larva de entoprocto (segundo Nielsen, 1971).

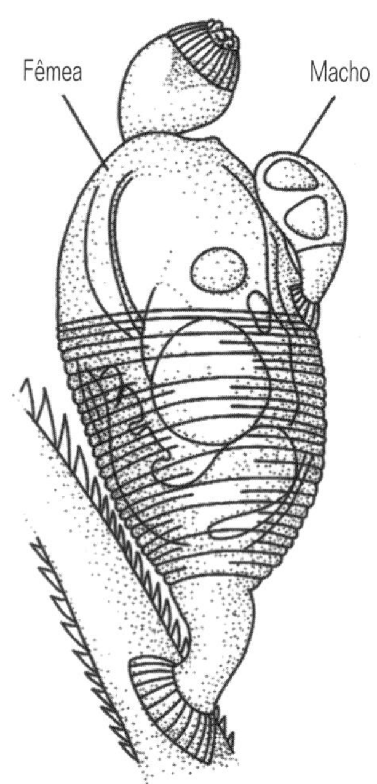

Fig. 6.20 Um estágio alimentar de um ciclióforo do qual um estágio sexual feminino está prestes a emergir; um macho-anão está preso à cutícula do estágio alimentar (segundo Conway Morris, 1995).

3 Trato digestivo completo, em forma de U.

4 Espaço entre a parede do corpo e o trato digestivo preenchido por grandes células mesenquimáticas; sem uma cavidade corporal.

5 Corpo na forma de um órgão afunilado que captura alimento com uma coroa de cílios compostos, um tronco contendo os órgãos e um pedúnculo cuticular terminando em um disco para fixação.

6 Parede do corpo com cutícula.

7 Ausência de órgãos circulatórios ou para trocas gasosas.

8 Órgãos excretores em forma de um par de protonefrídios, somente no estágio larval gerado sexuadamente.

9 Sistema nervoso na forma de um gânglio localizado no tronco, entre o esôfago e o reto.

10 Ciclo de vida complexo, envolvendo fases de multiplicação assexual e substituição de órgãos internos por brotamento, também interno, e produção sexual de larvas à época da muda do hospedeiro.

Somente descritos em dezembro de 1995, os Cycliophora são epibiontes diminutos, encontrados sobre as cerdas das peças bucais de crustáceos decápodes. A maior parte do ciclo de vida parece transcorrer como um 'estágio alimentar' solitário, de 350 mm de comprimento. Este tem um corpo consistindo de: (i) um órgão para alimentação afunilado, constrito na base e que se abre distalmente em uma coroa de cílios compostos ao longo da borda: (ii) um tronco abrigando o cérebro e um trato digestivo terminando no ânus, localizado sobre uma pequena papila próximo à base do órgão alimentar; e (iii) um pedúnculo cuticular curto que termina em um disco adesivo circular. O corpo é coberto por uma cutícula esculpida e de estrutura similar àquela de alguns nematelmintos (Seção 4.4-4.10) e gastrótricos (Seção 4.3).

O estágio jovem, que se alimenta, desenvolve assexuadamente um broto interno, que cresce no seu interior e acaba por substituir o órgão de alimentação, o trato digestivo e o sistema nervoso do indivíduo parental. Várias gerações desses brotos podem ocorrer como parte do ciclo de vida de um estágio alimentar 'individual', que aumenta em tamanho durante o processo. Depois de certo tempo, a maturidade é atingida e, ao invés de um novo estágio alimentar, uma 'larva pandora' é brotada internamente; esta, por sua vez, desenvolve brotos internos adicionais. Ao ser liberada, ela se fixa e repete o ciclo assexual de estágios alimentares. Quando o hospedeiro está próximo de mudar o exoesqueleto, o estágio alimentar do ciclióforo brota (de novo internamente), uma forma sexual, macho ou fêmea. O macho é uma versão muito menor (< 100 mm de comprimento) do estágio alimentar, mas falta um trato digestivo e o órgão de alimentação. Na sua liberação, esse macho-anão se fixa sobre um estágio alimentar, que contém uma fêmea em desenvolvimento. Após a fertilização, o único ovo produzido pela fêmea se desenvolve em uma 'larva cordóide' ainda dentro da mãe. Após certo período, esta larva deixa o envoltório da fêmea morta, dispersa-se por batimento dos cílios locomotores, e coloniza um novo hospedeiro. Então, ela inicia um novo ciclo de estágios alimentadores assexuais, que continua enquanto o hospedeiro está na intermuda. O ciclo de vida é, portanto, complexo (Fig. 6.21) e fundamenta-se na produção assexual de indivíduos clonais.

Ciclióforos alimentam-se de partículas em suspensão, usando a coroa de cílios de uma maneira essencialmente similar àquela dos rotíferos (Seção 4.9), embora, pelo que se sabe, eles parecem ser mais proximamente ligados aos Entoprocta (Seção 6.4).

6.5.3 Classificação

Uma única espécie, vivendo sobre a lagosta norueguesa Nephrops, é conhecida no momento, embora outras espécies provavelmente aguardem serem descobertas. Ela é colocada na ordem Symbiida.

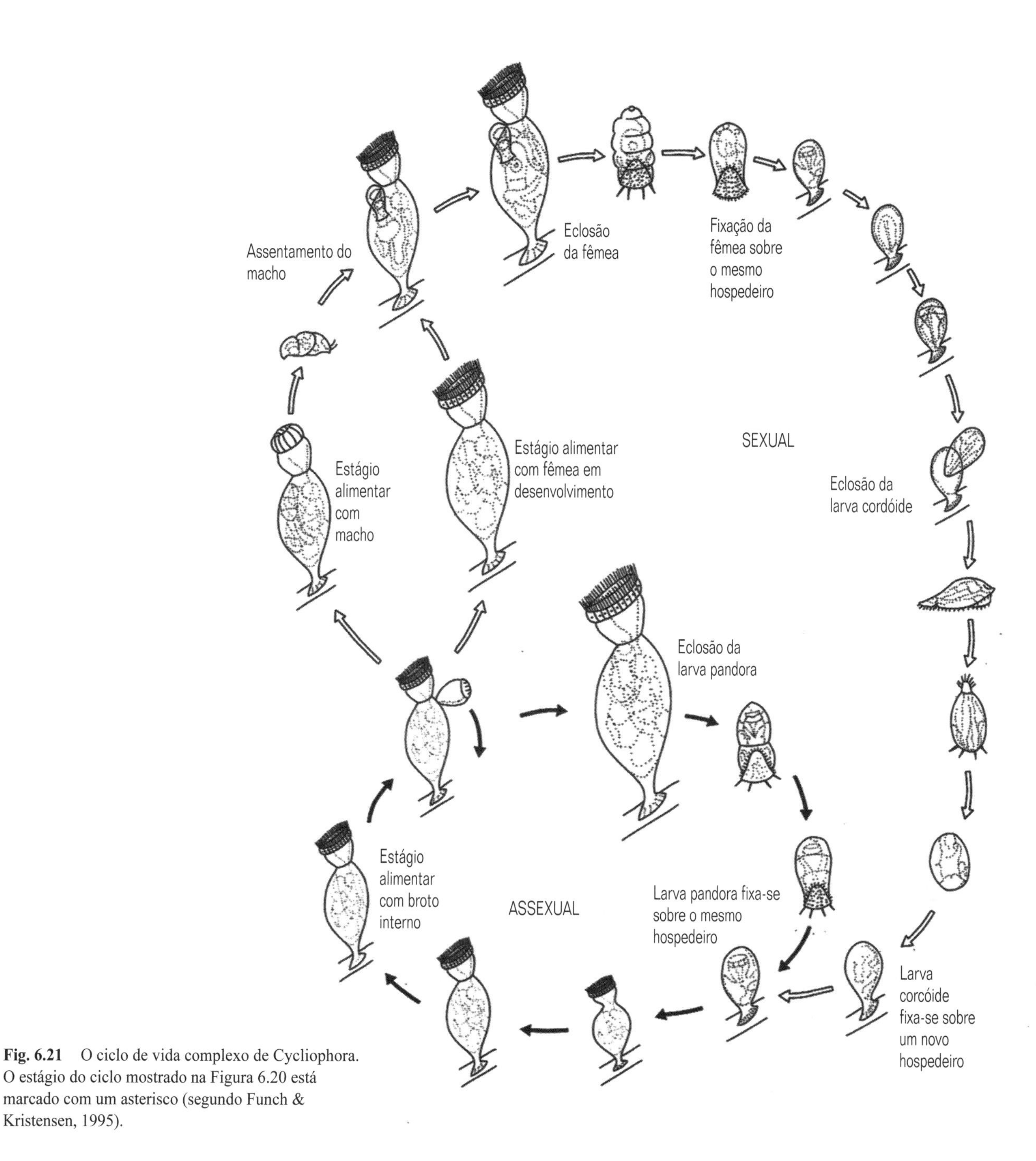

Fig. 6.21 O ciclo de vida complexo de Cycliophora. O estágio do ciclo mostrado na Figura 6.20 está marcado com um asterisco (segundo Funch & Kristensen, 1995).

6.6 Leitura adicional

Emig, C.C. 1979. British and Other Phoronids. Academic Press, London [Phorona].

Funch, P. & Kristensen, R.M. 1995. Cycliophora is a new phylum with affinities to Entoprocta and Ectoprocta. Nature (Lond), 378,711-714.

Halanych, K.M., Bacheller, J.D., Aguinaldo, A.M.A., Liva, S.M., Hillis, D.M. & Lake, J.A. 1995. Evidence from 18S ribosomal DNA that the lophophorates are protostome animals. Science (New York), 267, 1641-1643.

Hyman, L.H. 1951. The Invertebrates, Vol. 3: Acanthocephala, Asehelminthes and Entoprocta. McGraw-Hill, New York [Entoprocta].

Hyman, L.H. 1959. The Invertebrates, Vol. 5: Smaller Coelomate Groups. McGraw-Hill, New York [Phorona, Brachiopoda & Bryozoa].

Nielsen, C. 1971. Entoproct life-cycles and the entoproct/ectoproct relationship. Ophelia, 9, 209-341 [Entoprocta].

Rudwick, M.J.S. 1970. Living and Fossil Brachiopods. Hutchinson, London [Brachiopoda].

Ryland, J.S. 1970. Bryozoans. Hutchinson, London [Bryozoa].

Wright, A.D. 1979. Brachiopod radiation: In: House, M.R. (Ed.) The Origin of Major Invertebrate Groups, pp. 235-252. Academic Press, London [Brachiopoda.]

CAPÍTULO 7

Os Deuterostômios

Chaetognatha
Hemichordata
Echinodermata
Chordata

Pela posse de um certo número de características bioquímicas, estruturais e de desenvolvimento incomuns, bem como uma série de tendências desconhecidas em outros grupos, hemicordados, equinodermos e cordados são considerados integrar um grupo natural de filos aparentados. Durante o desenvolvimento embriológico inicial da maior parte dos deuterostômios, por exemplo, (a) o blastóporo não origina a boca que, portanto, é uma abertura secundária do trato digestivo (e daí o nome 'deuterostômio'), (b) a clivagem das células da blástula acontece segundo um padrão radial, (c) o destino das células não é estabelecido até um estágio relativamente tardio da morfogênese ('desenvolvimento indeterminado'), e (d) suas cavidades corpóreas são formadas por evaginações do trato digestivo embrionário, criando uma série de 'bolsas enterocélicas' (ver, por exemplo, a Fig. 2.7). Tomados em conjunto, tais aspectos são típicos dos deuterostômios, mas separadamente eles (especialmente o (b) e o (d)) têm sido registrados em vários outros filos. Características adicionais de deuterostômios incluem fotorreceptores do tipo ciliar (em contraste aos fotorreceptores rabdoméricos dos protostômios), prevalência de células monociliadas na epiderme, fosfato de creatina como a reserva de fosfato (ao invés do mais usual fosfato de arginina dos protostômios), e a ausência virtual de quitina.

O ancestral dos deuterostômios provavelmente não foi muito diferente dos hemicordados pterobrânquios atuais (ver Seção 7.2.3.2). Isto significa que eles teriam sido animais vermiformes sedentários e curtos, com corpos oligoméricos tripartíveis, a segunda região (mesossoma), portanto, um lofóforo, e a terceira região (metassoma), as agregações temporárias de células peritoneais que provavelmente compreendiam as gônadas; ademais, o sistema nervoso deles teria sido principalmente na forma de um plexo subepidérmico difuso concentrado em um ou mais espessamentos longitudinais semelhantes a cordões.

De maneira similar ao que ocorre em alguns gastrótricos (Seção 4.3.3), e ao contrário do que acontece em todos os lofoforados conhecidos, as correntes de água usadas para carrear as partículas selecionadas pelo lofóforo para dentro da parte anterior do trato digestivo deixavam o corpo através de algumas aberturas laterais que ligavam a faringe à superfície do corpo. O trato digestivo ancestral, portanto, era conectado ao meio externo por mais orifícios que apenas boca e ânus.

Durante a evolução, na maior parte das linhas evolutivas subsequentes dos deuterostômios houve a perda ou modificação acentuada do lofóforo, assim como a perda do plano corpóreo tripartível original, juntamente com a evolução de uma existência séssil ou relacionada a um substrato (equinodermos e alguns cordados), ou de um estilo de vida livre-natante pedomórfico (muitos cordados). Ao menos dois grupos tiveram as perfurações da faringe modificadas para desempenhar funções alternativas associadas à filtração do alimento (cordados primitivos) ou trocas gasosas (Hemichordata Enteropneusta e muitos cordados mais recentes).

Outras tendências dentre os deuterostômios não exibidas por filos protostômios incluem: enrolamento do plexo nervoso subepidérmico para formar um tubo nervoso dorsal oco (cordados e alguns hemicordados); desenvolvimento de uma cauda pós-anal propulsora movimentada por ondulações em S por músculos longitudinais (quetognatos e cordados); e a deposição de placas calcárias dérmicas protetoras, que em duas linhagens separadas passaram a ser subsequentemente usadas como parte de um sistema esquelético interno rígido contra o qual músculos locomotores poderiam atuar (alguns equinodermos e cordados).

Embora compartilhem vários caracteres com os outros deuterostômios, os quetognatos parecem tê-los evoluído muito provavelmente por convergência. As verdadeiras afinidades do grupo são desconhecidas, e mesmo os dados de sequência molecular, que têm resolvido assuntos conflitantes, têm falhado em esclarecer este. Os quetognatos são tratados neste capítulo por simples conveniência.

7.1 Filo CHAETOGNATHA

7.1.1 Etimologia

Grego: chaite, cerda longa; gnathos, mandíbula, maxila.

7.1.2 Características diagnósticas e especiais (Fig.7.1)

1 Bilaterais simétricos, vermiformes.

2 Corpo com mais de dois estratos celulares, com tecidos e órgãos.

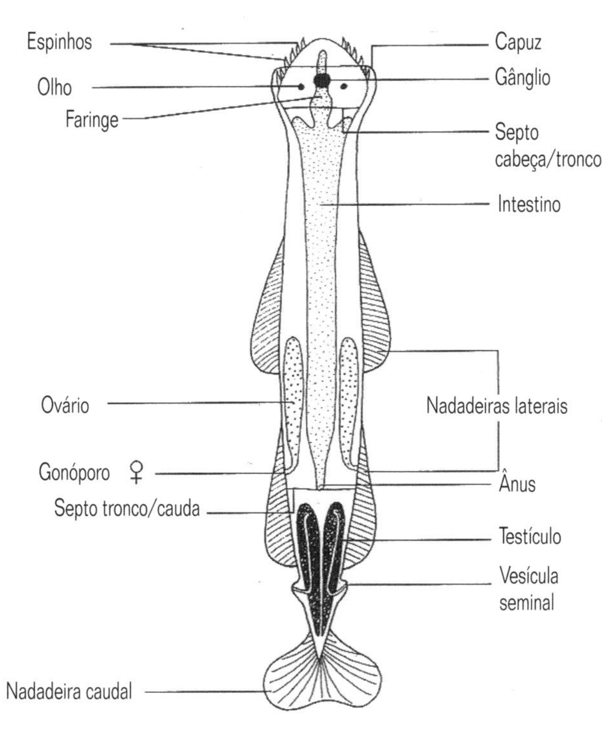

Fig. 7.1 Vista dorsal diagramática de um quetognato (segundo várias fontes).

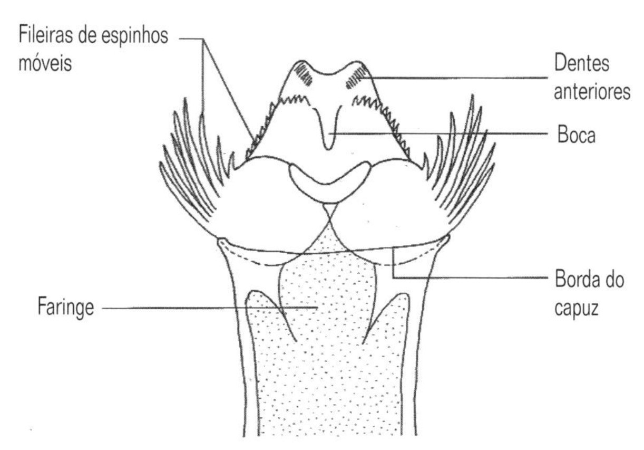

Fig. 7.2 Vista ventral da cabeça de um quetognato (segundo Ritter-Zahony, 1911).

3 Trato digestivo completo e retilineo; ânus ventral, não terminal.

4 Corpo tripartível e oligomérico, dividido por septos em cabeça, tronco e cauda pós-anal; o tronco e a cauda possuem nadadeiras laterais e uma caudal, todas sem musculatura.

5 Cada região do corpo com uma ou duas cavidades corpóreas de origem enterocélica, sem um revestimento de peritônio nos estágios pós-juvenis.

6 Parede do corpo com uma cutícula não quitinosa e faixas de músculos longitudinais.

7 Sem sistemas circulatório, respiratório e excretor.

8 Sistema nervoso com um anel circum-faríngeo ganglionado dorsal e lateralmente, do qual partem nervos.

9 Hermafroditas, com testículos e ovários pares grandes, os últimos com gonodutos.

10 Ovos com clivagem radial.

11 Desenvolvimento direto, no padrão deuterostômio.

12 Marinhos.

Quetognatos são carnívoros em forma de torpedo que nadam por meio de rápidas chicoteadas da cauda pós-anal no plano dorsoventral; as nadadeiras laterais desempenham uma função estabilizadora. As presas são capturadas por fileiras de espinhos não quitinosos móveis posicionadas ao lado e à frente da câmara ventral que leva à boca (Fig. 7.2), embora, quando o animal não está se alimentando, a cabeça com seus espinhos permanece recoberta por uma dobra da parede do corpo, o capuz, que provavelmente serve principalmente para reduzir o atrito e também para proteção.

Um par de olhos, formados pela fusão de ocelos individuais, estão presentes na cabeça. Os fotorreceptores desses olhos são do tipo ciliar, como nos outros grupos de deuterostômios, mas os quetognatos não são deuterostômios típicos. Especificamente, nenhuma das cavidades corpóreas possui um peritônio (uma característica diagnóstica de um celoma), e as cavidades da cauda, em número de uma ou duas, são derivações secundárias das cavidades do tronco e, portanto, não se originam como bolsas separadas do arquêntero, como nos outros grupos oligoméricos tripartíveis. A cavidade cefálica é única.

Os quetognatos podem atingir até 12 cm de comprimento, e constituem o grupo dominante de predadores planctônicos no mar, consumindo presas de tamanho que varia desde protistas até peixes jovens tão grandes quanto eles mesmos, os quais podem subjugar com a ajuda da neurotoxina denominada tetrodotoxina.

7.1.3 Classificação

As 90 espécies conhecidas estão colocadas em uma única classe, contendo duas ordens, as quais possuem (Phragmophora) ou não (Aphragmophora) uma musculatura ventral transversal. Phragmophora inclui, entre outros, o único gênero bentônico do grupo, Spadella (Fig. 7.3):

7.2 Filo HEMICHORDATA

7.2.1 Etimologia

Grego: hemi, metade, meio; Chordata, refere-se ao filo que tem este nome (Seção 7.4).

7.2.2 Características diagnósticas e especiais

1 Simetria bilateral.

2 Corpo com mais de dois estratos celulares, com tecidos e órgãos.

3 Tubo digestivo retilíneo ou em forma de U.

4 Corpo oligomérico e tripartível, compreende uma probóscide prossômica, bem desenvolvida, o colarinho mesossômico pequeno e o tronco metassômico grande, alongado ou saculiforme.

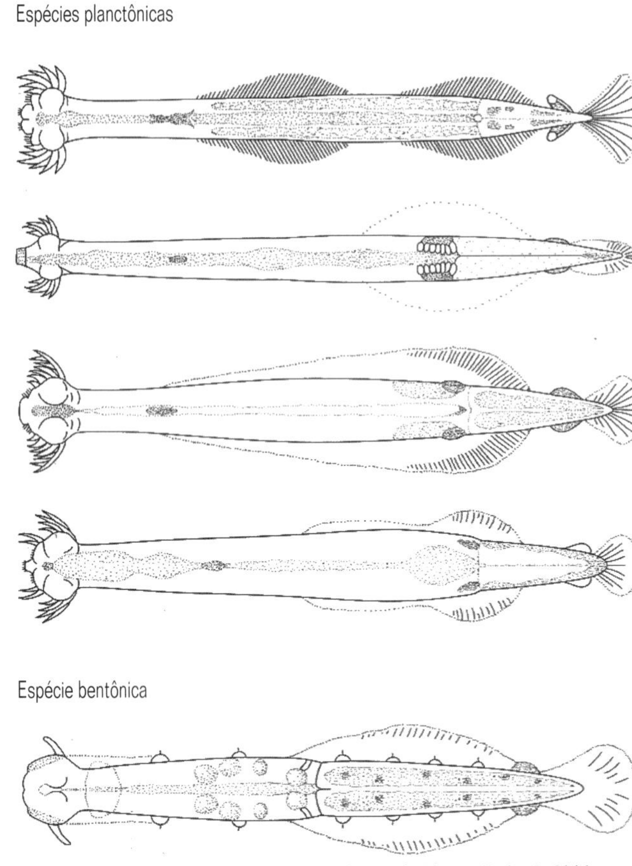

Fig. 7.3 Forma do corpo de quetognatos (segundo Pierrot-Bults & Chidgey, 1987).

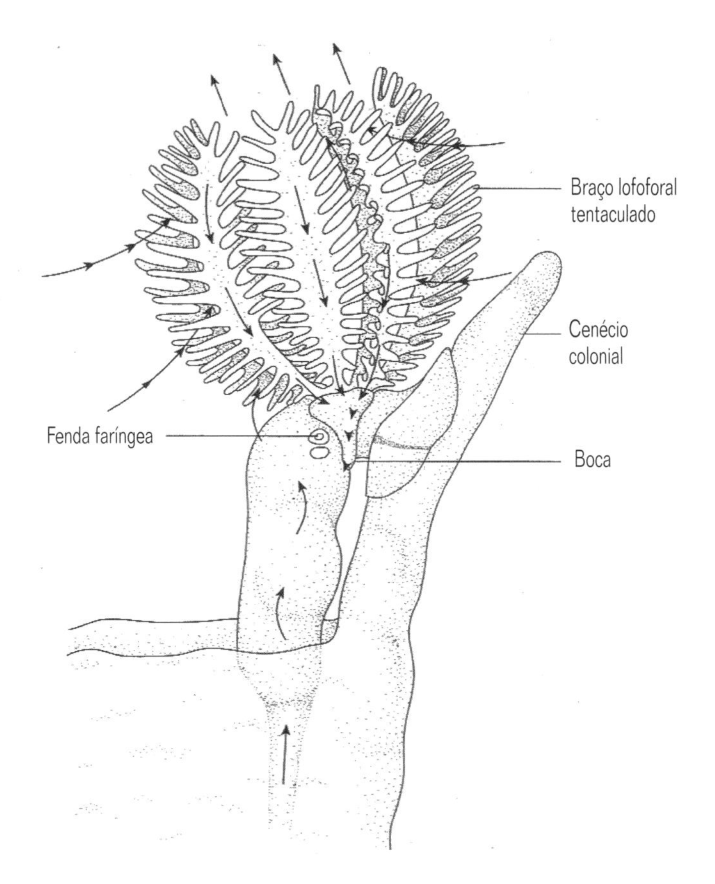

Fig. 7.4 Correntes alimentares em um hemicordado pterobrânquio (Cephalodiscus). As setas curvas indicam a movimentação da água em direção aos braços do lofóforo e para a corrente de rejeição; as setas que apontam para cima representam a corrente de rejeição no centro do lofóforo; as setas no corpo indicam o deslocamento das partículas pelos cílios epidérmicos; e as setas que apontam para baixo evidenciam partículas alimentares em direção à boca (segundo Lester, 1985).

5 Cada região do corpo com uma (probóscide) ou duas (colarinho e tronco) cavidades corpóreas de origem enterocélica.

6 Em alguns, o lofóforo do colarinho é sustentado pela mesocele.

7 Em todos os grupos, exceto em um, a metade superior da parede faríngea é perfurada por 1 a mais de 100 pares de fendas, através das quais a corrente de água sai para o exterior; apenas a metade inferior da faringe tem função alimentar.

8 Epiderme ciliada e desprovida de cutícula; em alguns, ela secreta um tubo não-quitinoso externo.

9 Sistema circulatório parcialmente aberto.

10 Órgão excretor sob a forma de um glomérulo, formado por evaginações peritoneais no interior da protocele.

11 Sistema nervoso difuso e sob a epiderme; em alguns com um tubo neural oco no colarinho; a rede sob a epiderme concentra-se mediodorsal e medioventralmente.

12 Gonocóricos.

13 Ovos com clivagem radial.

14 Desenvolvimento deuterostâmico e indireto.

15 Marinhos.

Os hemicordados são de dois tipos principais, que diferem consideravelmente nas suas formas corpóreas e modo de vida: os enteropneustos que são vermiformes e cavadores; os pterobrânquios que são sésseis, tubícolas e, em geral, coloniais.

Ambos, embora de formas distintas, empregam mecanismos mucociliares de captura de alimento. Nos pterobrânquios existe um órgão lofoforal, dorsalmente ao colarinho, cujos braços são organizados em cone, agitam-se longe da boca ventral (nos filos lofoforados e em todos os outros grupos que se alimentam por meio de um anel tentaculado, os tentáculos são arranjados de forma a circundar a boca) e a água é induzida a fluir para dentro do círculo de tentáculos e daí para fora através da cavidade intralofoforal (como já visto, por exemplo, nos poliquetas sabelídeos e nos entoproctos). Assim, as partículas são encaminhadas, por meio de cílios, em direção à boca pela face externa dos braços tentaculares (Fig. 7.4). Além disso, as partículas de alimento podem ser coletadas por cílios sobre toda superfície do corpo. Este último é o único método de alimentação ciliar dos enteropneustos, que são desprovidos de lofóforo, nos quais os tratos ciliares são bem desenvolvidos, especialmente na probóscide (Fig. 7.5). Os pterobrânquios e os enteropneustos podem, possivelmente, ser aparentados por meio de 'lofoenteropneustos' intermediários, até então conhecidos apenas de fotografias oceânicas de grande profundidade.

Em ambas as formas, provavelmente, a ingestão de partículas de alimento é auxiliada, como em outros micrófagos filtradores, pela corrente de água que penetra na cavidade bucal e,

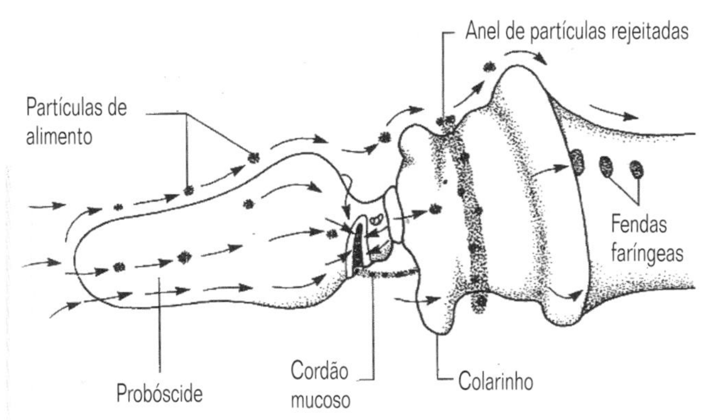

Fig. 7.5 Correntes ciliares de alimentação na probóscide e no colarinho de um hemicordado enteropneusto (segundo Barrington, 1965).

como em alguns gastrótricos (Seção 4.3.3), é eliminada através de poros faríngeos que se abrem na superfície do corpo. Este fluxo unidirecional é um sistema mais eficiente do que aquele encontrado em filos lofoforados, que, por exemplo, precisam expelir através da boca, periodicamente, o excesso de água ingerida com as partículas de alimento.

Como o próprio nome sugere, os hemicordados compartilham com o filo Chordata certo número de características especiais. Os cordados são, geralmente, caracterizados por quatro características particulares: a presença de uma notocorda; a faringe perfurada para o exterior por fendas ou poros; uma cauda pós-anal e um cordão nervoso dorsal oco (Seção 7.4). Destas, os enteropneustos compartilham pelo menos duas (cordão nervoso dorsal oco e faringe perfurada) e uma possível terceira, já que jovens de algumas espécies foram descritos como portadores de uma cauda pós-anal. Entretanto, como nos quetognatos, a cauda dos cordados é uma estrutura essencialmente locomotora, o que não é o caso de qualquer região corpórea pós-anal de hemicordado (muitos invertebrados, especialmente aqueles que possuem o tubo digestivo em forma de U, têm regiões corpóreas pós-anais e a 'cauda' de enteropneustos juvenis é, provavelmente, homóloga ao pedúnculo dos pterobrânquios). Definitivamente, os hemicordados não possuem notocorda, embora um divertículo, que se projeta para frente do tubo digestivo na região bucal, foi interpretado durante muitos anos, erroneamente, como notocorda. Assim, o nome hemicordado parece ser bem aplicado, já que alguns possuem metade das características exclusivas dos cordados.

7.2.3 Classificação

As 100 espécies conhecidas de hemicordados são divididas em três classes.

Classe	Ordem
Enteropneusta	Helminthomorpha
Pterobranchia	Rhabdopleurida Cephalodiscida
Planctosphaeroidea	Planctosphaerida

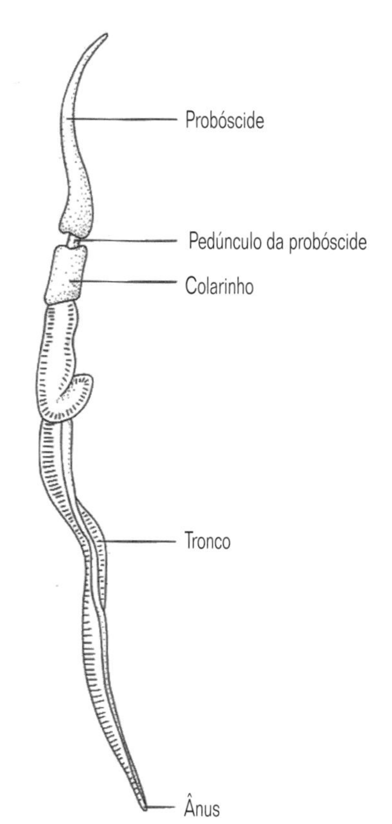

Fig. 7.6 Aspecto externo de um enteropneusto (segundo Marion, 1886).

7.2.3.1 Classe Enteropneusta

Estes vermes alongados, solitários e vágeis, de até 2,5 m de comprimento, ocupam galerias em sedimentos moles, vivem sob pedras etc., onde eles se alimentam de partículas em suspensão ou de detritos. Seus corpos compreendem (a) uma longa probóscide, cujos cílios promovem a principal força propulsora e o transporte das partículas de alimento; (b) um curto colarinho desprovido de lofóforo; e (c) um tronco muito longo exibindo um ânus terminal e muitos poros faríngeos (Fig. 7.6), cujo número aumenta ao longo da vida. Estas perfurações na parede faríngea têm a forma de U, e contam com um sistema de traves esqueléticas para sustentação, mas elas se abrem na superfície do corpo através de poros dorsais circulares. Nos enteropneustos a neurocorda e o glomérulo são bem desenvolvidos, mas as cavidades do corpo são quase totalmente obliteradas por fibras musculares e tecido conjuntivo, formados a partir do peritônio, que substituem a maior parte da musculatura da parede corpórea.

Ocorre tanto a reprodução assexuada, por fragmentação, como a sexuada com muitos pares de gônadas, cada qual eliminando os gametas por meio de dutos individuais, localizados na região anterior do tronco. A fecundação é externa, seguida por estágios do desenvolvimento muito semelhantes àqueles de muitos equinodermos que, na maioria das espécies, conduz a uma larva tornária (Fig. 7.7).

Todas as 70 espécies de enteropneustos são incluídas em uma única ordem.

7.2.3.2 Classe Pterobranchia

Os hemicordados pterobrânquios são animais sedentários e formadores de tubos, atingindo até 12 mm de comprimento, com

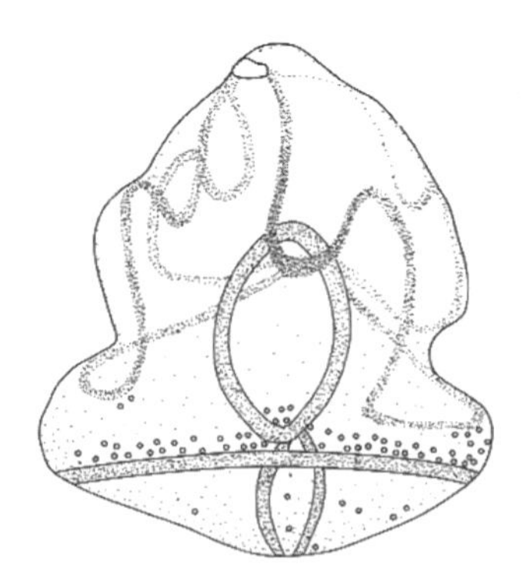

Fig. 7.7 Larva tornária de um enteropneusto (segundo Stiasny, 1914).

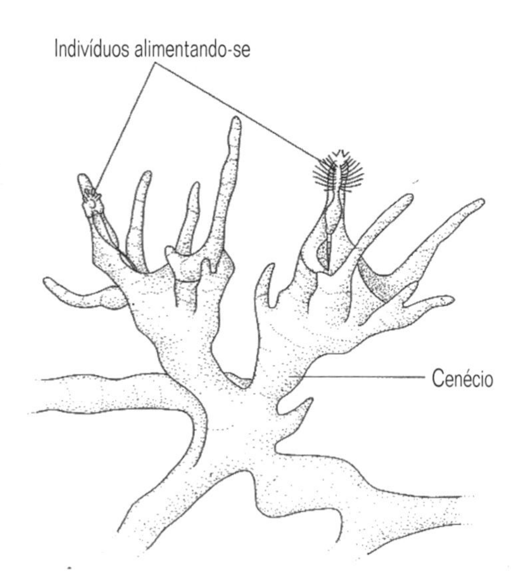

Fig. 7.9 Pterobrânquios (Cephalodiscus) alimentando-se e aderidos aos espinhos do cenécio comunitário (segundo Lester, 1985).

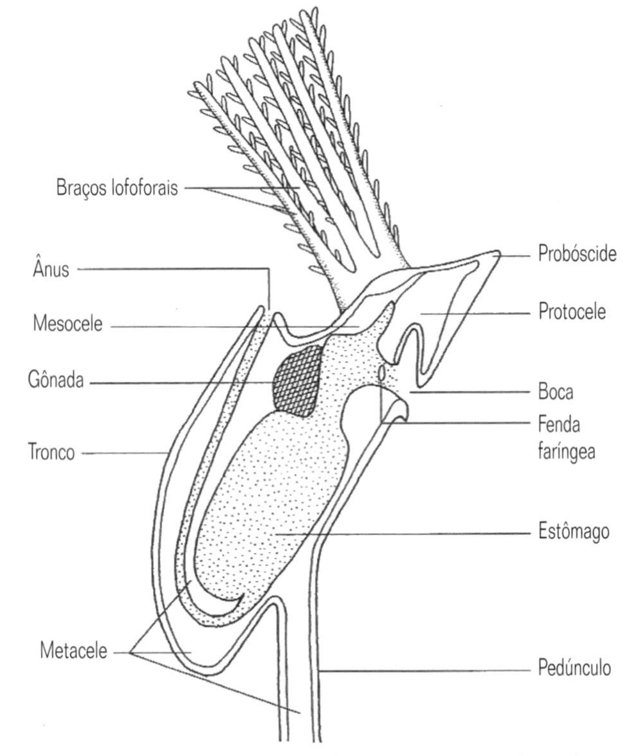

Fig. 7.8 Corte longitudinal esquemático através de um pterobrânquio (segundo McFarland et al., 1979 e outros).

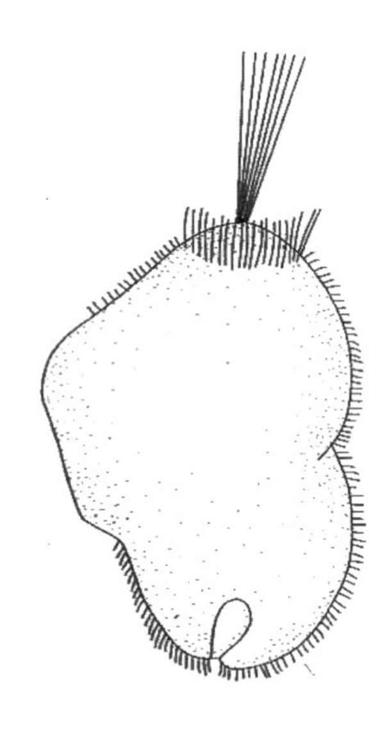

Fig. 7.10 Larva de pterobrânquios, semelhante a uma trocófora (segundo Schepotieff, 1909).

um corpo curto que compreende (a) uma probóscide em forma de disco ou escudo, que é responsável tanto pela locomoção (ciliar) no interior do tubo quanto pela secreção desta estrutura colagenosa, (b) um colarinho que contém a boca ventralmente e, dorsalmente, de um a nove pares de braços lofoforais, contendo cada um deles uma dupla fileira de tentáculos ciliados e secretores de muco, e (c) um tronco curto saculiforme que comporta uma papila anal próxima ao colarinho e, subterminalmente, um pedúnculo contráctil (Fig. 7.8). Este pedúnculo pode terminar em um órgão de fixação temporária, pode se tornar um estolão comum, ou enrolar-se em torno de um suporte, tal como a cauda preênsil de muitos mamíferos arborícolas. Em contraste com os enteropneustos, ocorre apenas um par de perfurações faríngeas, não existe neurocorda, o glomérulo é pouco desenvolvido, os celomas não são obliterados e ocorre apenas um par de gônadas.

A reprodução assexuada é muito comum e conduz, em um dos grupos, a colônias com indivíduos interligados na base por pedúnculos do estolão e, no outro, a clones de indivíduos isolados que vivem no interior de um 'cenécio' comunitário (Fig. 7.9). Pouco se sabe sobre sua reprodução sexuada, mas o estágio larval (Fig. 7.10) não se assemelha àquele dos enteropneustos.

As 10 espécies de pterobrânquios são separadas entre duas ordens. A Cephalodiscida inclui as formas não coloniais que se deslocam sobre colônias de hidróides ou vivem no interior de um cenécio comunitário, escalando-o para se alimentar próximo a suas aberturas (Fig. 7.9). Eles possuem um par de perfurações faríngeas, de quatro a nove pares de braços lofoforais e um par de gônadas. Os Rhabdopleurida são pterobrânquios coloniais (Fig. 7.11): eles têm uma única gônada, um par de braços lofoforais e não possuem fendas faríngeas.

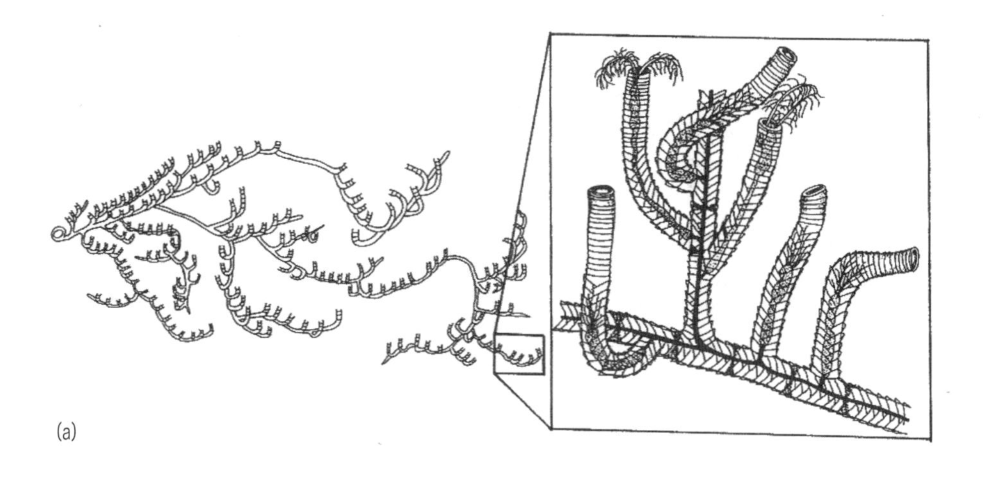

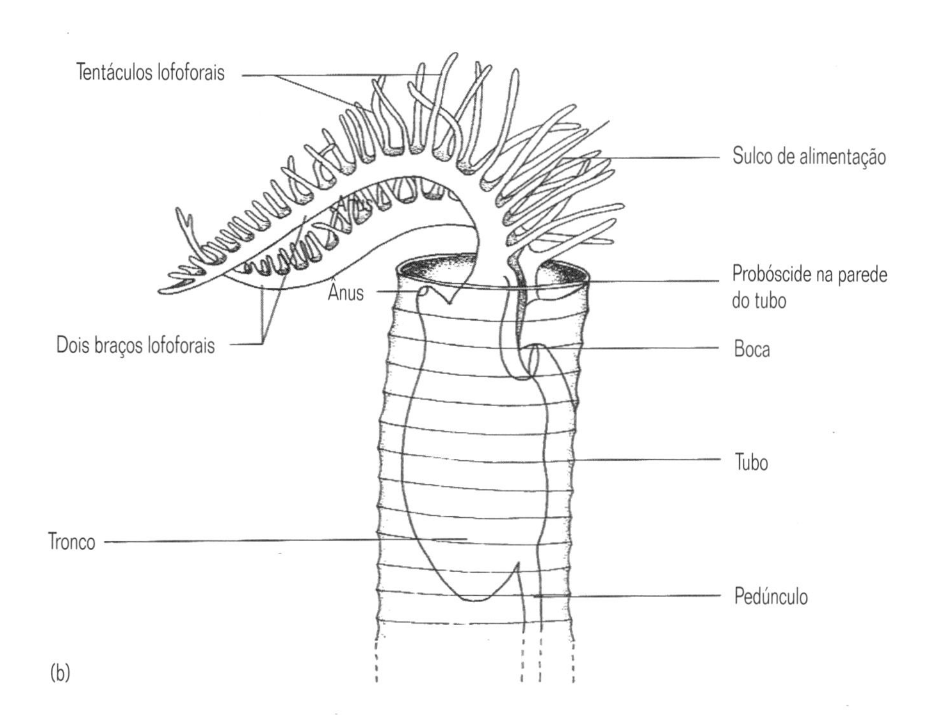

Fig. 7.11 Parte de uma colônia de Rhabdopleurida (a), com detalhe ampliado de um zoóide (b). (Segundo Grassé, 1948 e outros).

7.2.3.3 Classe Planctosphaeroídea

Esta classe foi criada, espera-se que temporariamente, para abrigar algumas larvas gigantes (com até 2,2 cm de diâmetro), que lembram, em sua forma geral, aquelas dos enteropneustos (Fig. 7.12), e que têm sido coletadas no plâncton do Oceano Atlântico, desde o início da década de 1930. Até o momento, a forma adulta é desconhecida e permanecem incertos seu status e suas afinidades.

7.3 Filo ECHINODERMATA

7.3.1 Etimologia

Grego: echinos, espinho; derma, pele.

7.3.2 Características diagnósticas e especiais (Fig.7.13)

1 Adulto com simetria pentâmera, na verdade radial na maioria e bilateral em alguns.

2 Corpo com mais de dois estratos de células, com tecidos e órgãos.

3 Um trato digestivo completo (secundariamente de fundo cego em alguns, ausente em um grupo).

4 Forma do corpo altamente variável: formas ancestrais e sésseis com corpo esférico ou na forma de cálice, preso aboralmennte ao substrato por um pedúnculo e com a boca voltada para cima e circundada por cinco braços; formas derivadas vágeis, sem pedúnculo, com o corpo orientado de forma que a boca esteja na superfície inferior (ou, mais raramente, seja anterior), com ou sem braços distintos, por vezes bilaterais simétricas.

Fig. 7.12 Vista ventral de Planctosphaera (segundo Spengel, 1932).

5 Sem qualquer traço de cabeça diferenciada.

6 Basicamente com corpo oligomérico e tripartível, as cavidades corpóreas sendo enterocélicas e pareadas; as metaceles ('somatoceles') formam a cavidade principal do corpo; umas poucas formas têm desenvolvimento direto, as cavidades do corpo sendo formadas por equizocelia.

7 Um sistema vascular aqüífero derivado da mesocele esquerda ('hidrocele' esquerda) em sua maior parte, e com alguma contribuição da protocele esquerda ('axocele' esquerda); o sistema contém e está em comunicação indireta com a água do mar e opera hidraulicamente os pés tubulares locomotores e/ou tentáculos coletores de alimento ('pódios'); parte do sistema forma um canal circular ao redor do esôfago, do qual é emitido um canal ambulacral ao longo de cada braço.

8 Um sistema subepidérmico, composto de placas ou ossículos calcários de origem mesodérmica, que frequentemente possui tubérculos ou espinhos projetados para fora. A derme também inclui um 'tecido conjuntivo mutável de estrutura singular.

9 Sem órgãos excretores.

10 Sistema circulatório 'hemal' pobremente definido, sua função sendo principalmente realizada pelos fluidos celômicos.

11 Sistema nervoso subepidérmico, na forma de um anel circum-esofágico, do qual partem nervos difusos ao longo de cada ambúlacro.

12 Geralmente de sexos separados.

13 Ovos com clivagem radial.

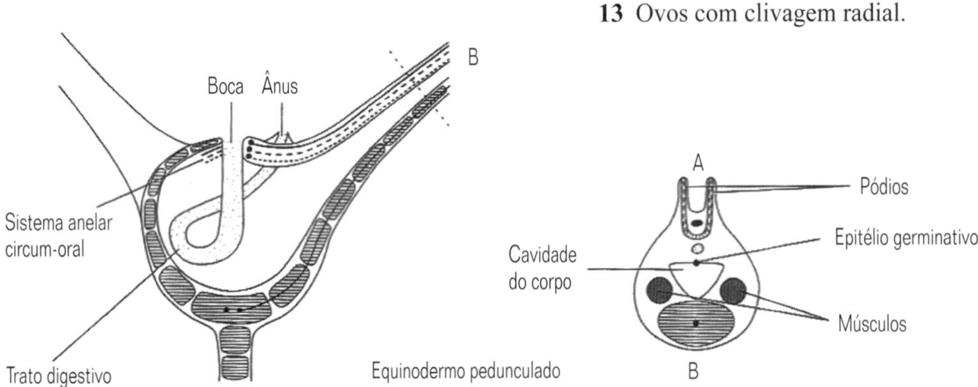

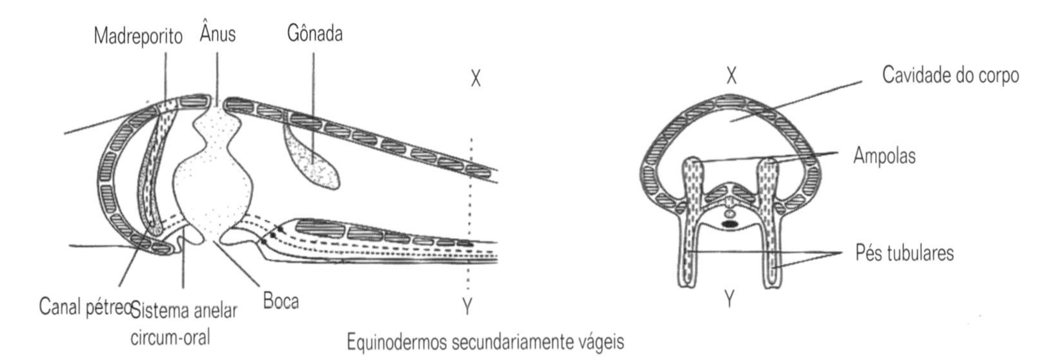

Fig. 7.13 Seções diagramáticas através de dois equinodermos generalizados (segundo Nichols, 1962).

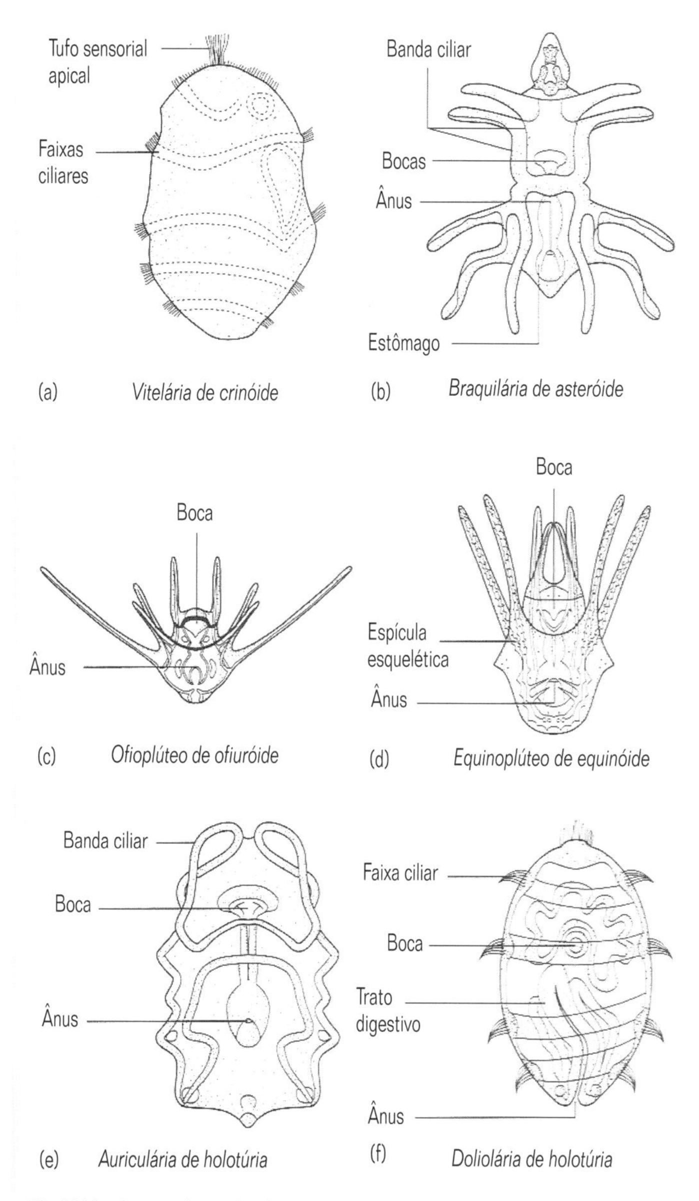

Fig. 7.14 Larvas de equinodermos (segundo Barnes, 1980).

14 Desenvolvimento segundo o padrão deuterostômio, tipicamente indireto, e sempre através de larvas bilaterais simétricas (Fig. 7.14).

15 Marinhos.

Os equinodermos são um grupo bem individualizado, com três características muito distintivas: simetria, esqueleto mesodérmico calcário e um sistema vascular aquífero bem como outros sistemas celômicos. Todas estas três características podem ser diretamente relacionadas com a origem dos equinodermos como um grupo séssil e suspensívoro. Animais suspensívoros, não importando sua ancestralidade, tendem para a simetria radial de seu aparato de filtração (Seção 9.1) e, nos equinodermos, isso assume a forma de um círculo de cinco braços (frequentemente dicotomicamente ramificados), que nas formas ancestrais eram equivalentes a, e talvez derivados dos braços lofoforados de animais como os hemicordados pterobrânquios (Seção 7.2.3.2). Como nestes últimos, o sistema hidráulico dos braços e de seus tentáculos ciliados é provido (principalmente) pela pressão da mesocele. Contudo, certas linhagens de equinodermos tornaram-se secundariamente vágeis e, em muitas dessas formas, a posição do eixo do corpo girou 180°; em consequência disso, a superfície oral rodeada de braços que estava voltada para cima, agora se encontra em contato com o substrato. Os pódios, que inicialmente serviam para coletar alimento, agora funcionam na locomoção, e com uma alteração anatômica relativamente pequena deram os pés tubulares (uma adaptação comum a essa alteração de função sendo o desenvolvimento de um reservatório hidráulico para cada pé tubular, a ampola, que permite sua distensão e retração). Os braços também frequentemente tornaram-se muito maiores e mais amplos (como nos asteróides) ou foram incorporados ao corpo (como nos equinóides e holoturóides). Em qualquer dessas circunstâncias, os cinco braços ainda dominam o plano corpóreo, de modo que na maioria das formas vágeis, a simetria radial ancestral foi retida e, consequentemente, os animais podem se deslocar em qualquer direção. (Nem todos os primeiros tipos de equinodermos exibiam a simetria pentâmera característica de todos os grupos atuais: alguns tinham simetria helicoidal, e outros não mostravam qualquer tipo básico de simetria – ver a Fig. 2.12).

Animais sésseis também requerem meios de suporte e proteção contra predadores e a ação das ondas. Os equinodermos conseguiram isso graças à formação de ossículos em sua derme, cada ossículo sendo uma trama porosa de carbonato de cálcio que se comporta como se fosse um único cristal de calcita. Ossículos individualizados são frequentemente aumentados em tamanho por deposições adicionais para formar placas que podem se encaixar e travar umas às outras, mesmo para formar uma carapaça ou testa rígida quase externa e, como em outros animais encerrados em envoltórios (p. ex., moluscos bivalves e braquiópodes), foi perdido qualquer traço primitivo de uma cabeça. A epiderme de revestimento, geralmente ciliada, pode estar ausente e partes da carapaça, portanto, tornaram-se o limite externo do corpo. Ademais, os ossículos calcários podem assumir um papel na locomoção secundariamente, substituindo os pés tubulares quanto a esse aspecto, com músculos estendendo-se entre diferentes ossículos e efetuando o movimento dos braços ou dos espinhos contra o substrato (ver Capítulo 10).

Equinodermos têm sido descritos como animais muito pequenos em corpos bastante amplos. A maior parte de seu corpo aparente é material esquelético e/ou cavidades celômicas, e suas taxas metabólicas por unidade de peso são diminutas. Na verdade, o consumo de oxigênio por unidade de peso tecidual é também muito pequeno. Isto é principalmente porque eles não usam músculos para manter a postura, como outros animais o fazem; ao contrário, isto é efetuado por um 'tecido conjuntivo mutável' dérmico, só encontrado neste grupo. A rigidez dele pode ser mudada rapidamente, por controle nervoso, numa extensão quase equivalente à mudança do estado sólido para o líquido. Quando partes do animal se movem, as fibras de colágeno podem deslizar umas em relação às outras, mas quando uma determinada posição desejada pelo animal é conseguida, as fibras podem (reversivelmente) travar como um resultado de mudanças induzidas pela matriz extracelular. A posição pode então ser mantida sem qualquer trabalho muscular. Nenhum outro animal evoluiu sistema igual, da mesma forma que nenhum outro animal que se locomove é tão pobremente provido de músculos como uma consequência de sua ancestralidade séssil.

Embora o corpo de um equinodermo seja monomérico, três pares de bolsas enterocélicas desenvolvem-se (às vezes de forma modificada), como nos grupos oligoméricos tripartíveis aos quais os equinodermos são normalmente considerados aparentados. E, como nos hemicordados, as metaceles ('somatoceles') formam a cavidade principal do corpo, e (nos equinodermos, uma das) mesoceles ('hidroceles') dão o sistema hidráulico dos braços do tipo lofóforo; a mesocele direita normalmente se atrofia em um pequeno saco pulsátil. A protocele direita ('axocele') forma o seio axial, um espaço ao redor de parte do sistema hemal e de função passível de discussão; a protocele esquerda é incorporada ao sistema vascular aquífero de natureza mesocélica. As protoceles e mesoceles dos animais enterocélicos oligoméricos se comunicam com o meio externo, cada uma por meio de um poro reduzido, e isso é classicamente considerado como tendo sido em grande parte desenvolvido pelos equinodermos como uma maneira de variar a quantidade de líquido no sistema vascular aquífero. O axo-hidróporo comum é na forma de uma placa porosa, o madreporito, através do qual é sugerido que água seja trocada com o meio erterno (de fato, o sistema vascular aquífero contém água do mar com uns poucos celomócitos, ao invés de fluido celômico), e um canal 'pétreo' que conecta aquela placa com o anel circum-esofágico. Contudo, a passagem de água através do madreporito nunca foi realmente observada, e este pode servir para equalizar a pressão hidrostática dentro e fora do animal.

As peculiaridades dos equinodermos são, portanto, nem tanto por sua anatomia, mas resultam do fato de que são os únicos animais de vida livre bem sucedidos a terem descendido de um grupo séssil preso a um substrato fixo, provavelmente capazes de se locomoverem somente através de seus braços tentaculares e de dobrar seu pedúnculo.

7.3.3 Classificação

Embora cerca de 6.750 espécies viventes sejam conhecidas, a diversidade dos equinodermos é muito menor agora em comparação ao que era no Paleozóico: somente seis das 24 classes sobreviveram.

Classe	Ordem
Crinoidea	Isocrinida Comatulida Millericrinida Bourgueticrinida Cyrtocrinida
Asteroidea*	Brisingida Forcipulatida Valvatida Notomyotida Paxillosida Velatida Spinulosida
Ophiuroidea	Oegophiurida Phrynophiurida Ophiurida
Concentricycloidea	Peripodida
Echinoidea	Cidaroida Echinothuroida Diadematoida Pedinoida Salenoida Phymosomatoida Arbacioida Temnopleuroida Echinoida Holectypoida Clypeasteroida Cassiduloida Spatangoida Neolampadoida Holasteroida
Holothuroidea	Dendrochirotida Dactylochirotida Aspidochirotida Elasipoda Apodida Molpadiida

*Atualmente em revisão

7.3.3.1 Classe Crinoidea (lírios-do-mar)

Crinóides são os únicos equinodermos sobreviventes a reter a postura de corpo ancestral, com uma boca voltada para cima no centro de um círculo de braços com pódios, para suspensivoria utilizando muco e cílios. Embora o arranjo básico seja a presença de cinco braços, estes podem se dividir repetidas vezes para formar de dez a mais de 200 braços, cada um com numerosas ramificações laterais (pínulas), as quais são percorridas por sulcos ambulacrais na superfície oral (Fig. 7.15). Partículas são capturadas pelos pódios ciliados e secretores de muco, transportadas para a boca ao longo dos sulcos ambulacrais e deles para dentro do trato digestivo em U (Fig. 7.16). O sistema vascular aquífero e os outros sistemas celômicos são simples, não havendo ampolas para operar os pádios e nem madreporito, os frequentemente numerosos canais pétreos abrindo-se nas somatoceles. (Os pódios são distendidos por contração dos canais vasculares aquíferos regulados por esfíncteres.)

O corpo globoso é permanente ou temporariamente preso ao substrato por um pedúnculo aboral não contrátil (pode atingir 1 m em comprimento), frequentemente possuindo círculos de cirros e terminando em um disco adesivo ou em um sistema de cirros ou radículas que podem prendê-lo ou ancorá-lo no fundo do mar. Em muitas espécies viventes, após um breve período fixo, o animal torna-se vágil, nadando por meio dos braços em forma de penas e temporariamente prendendo-se ao substrato pelos cirros aborais: a postura ancestral, a boca voltada para cima, é no entanto mantida. Os braços, corpo e pedúnculo possuem placas acentuadamente calcificadas, as quais perfazem a maior parte do volume corpóreo, de modo que o espaço preenchido por tecido é pequeno.

O tecido germinativo é difuso; os gametas se formam a partir de áreas peritoneais no interior dos braços, desenvolvem-se em pequenas 'gônadas' proximais, e são liberadas por ruptura das paredes das pínulas. Uma larva vitelária (ver Fig. 7.14a) é característica; ela sofre metamorfose e se transforma em uma miniatura pedunculada do adulto.

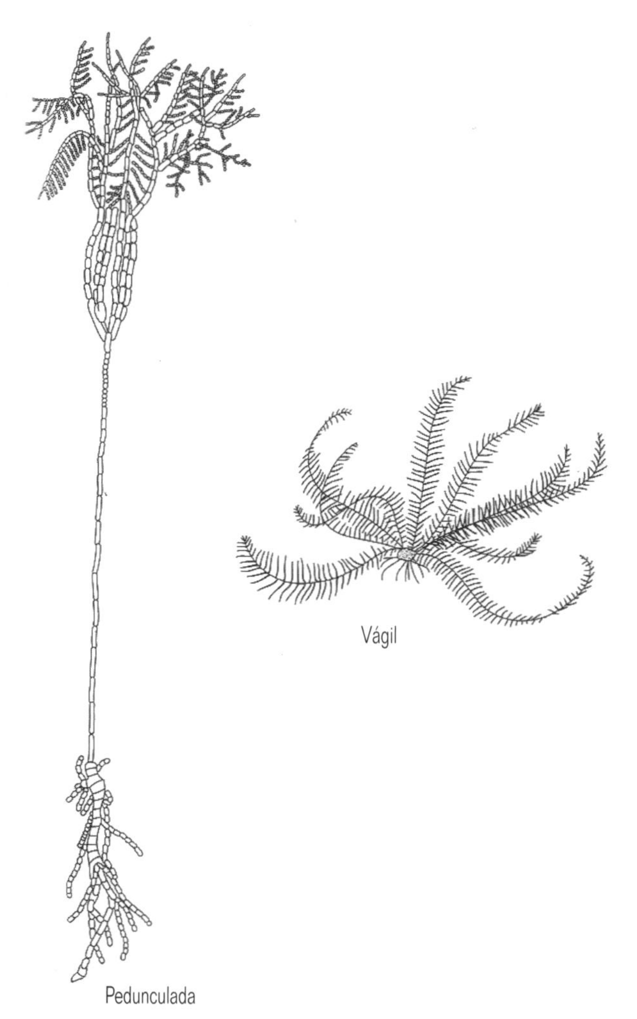

Fig. 7.15 Formas de corpo de crinóides (segundo Danielsson, 1892 e Carpenter, 1866).

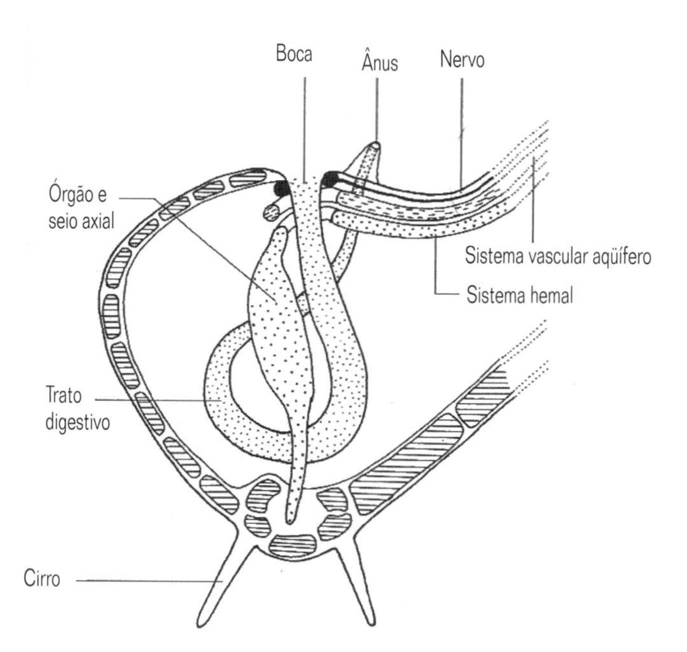

Fig. 7.16 Seção diagramática através do corpo e parte de um braço de um crinóide vágil (segundo Nichols, 1962).

Cinco ordens são distinguidas, principalmente com base em detalhes da construção do pedúnculo e de seu sistema de fixação; elas contêm um total de 625 espécies.

7.3.3.2 Classe Asteroídea (estrelas-do-mar)

Os asteróides são geralmente caracterizados por um corpo que se continua, imperceptivelmente, por cinco, ou às vezes mais (até 40) braços. Estes podem ser desde curtos e largos, dando ao animal um contorno pentagonal, a até muito longos e delgados (Fig. 7.17). Os animais são vágeis e se movem livremente, a boca e os sulcos ambulacrais posicionando-se na superfície inferior, e o madreporito e o ânus (se presente) aboralmente. Os sulcos ambulacrais são bem desenvolvidos e protegidos ao longo de cada uma de suas margens por uma fileira dupla de ossículos individualizados; dutos oriundos das ampolas internas dos pés tubulares locomotores, que usualmente terminam em ventosas, atravessam os ossículos por chanfraduras. Por outro lado, o esqueleto calcário está frouxamente organizado, embora possua tubérculos e espinhos externos, às vezes com arranjos bem definidos. Alguns dos espinhos podem ser modificados em pedicelárias (Fig. 7.18): grupos de geralmente três pequenos ossículos que podem interagir como pinças ou tesouras e, portanto, removem outros organismos que estejam tentando se fixar sobre a superfície de seu corpo.

As cavidades corpóreas, incluindo o sistema vascular aquífero, são amplas e comportam pequenas extensões das somatoceles, as pápulas, as quais se projetam através da parede do corpo aboralmente e servem para as trocas gasosas (Fig. 7.19). Algumas estrelas são hermafroditas e diferentes maneiras de reprodução e desenvolvimento ocorrem, incluindo a fissão assexual, incubação e desenvolvimento direto (especialmente em altas latitudes), e desenvolvimento indireto através de larvas bipinária e braquiolária (ver Fig. 7.14b). A maior parte das espécies é necrófaga ou predadora de presas sésseis ou sedentárias, mas estrelas que se alimentam de depósitos e de material em suspensão são também encontradas. Na alimentação por macrofagia, a presa pode ser ingerida inteira ou o estômago da estrela, que é muito grande, pode ser evertido sobre os tecidos da presa através da boca; do estômago, parte um par de grandes cecos para dentro de cada braço.

Sete ordens, contendo 1.500 espécies, são reconhecidas com base no tipo de pedicelárias presentes, no arranjo dos ossículos ambulacrais e na forma dos pés tubulares. Quando descoberto em 1962, o gênero Platasterias foi entusiasticamente considerado como sendo um somasteróide, uma classe de equinodermos extinta há muito tempo. A visão consensual atual, contudo, é que ele não é um somasteróide, mas um asteróide especializado.

7.3.3.3 Classe Ophiuroidea (ofiúros)

Como os asteróides, aos quais eles são relacionados, os ofiuróides são equinodermos vágeis achatados, com a boca na superfície inferior do corpo; mas nestes, a parte central do corpo é pequena, discóide e bem delimitada em relação aos braços longos e delgados (Fig. 7.20). O esqueleto calcário ocupa a maior parte do volume do braço (e é igualmente bem desenvolvido no disco central), ossículos individuais dos braços sendo mantidos apertadamente juntos para formar séries longitudinais de

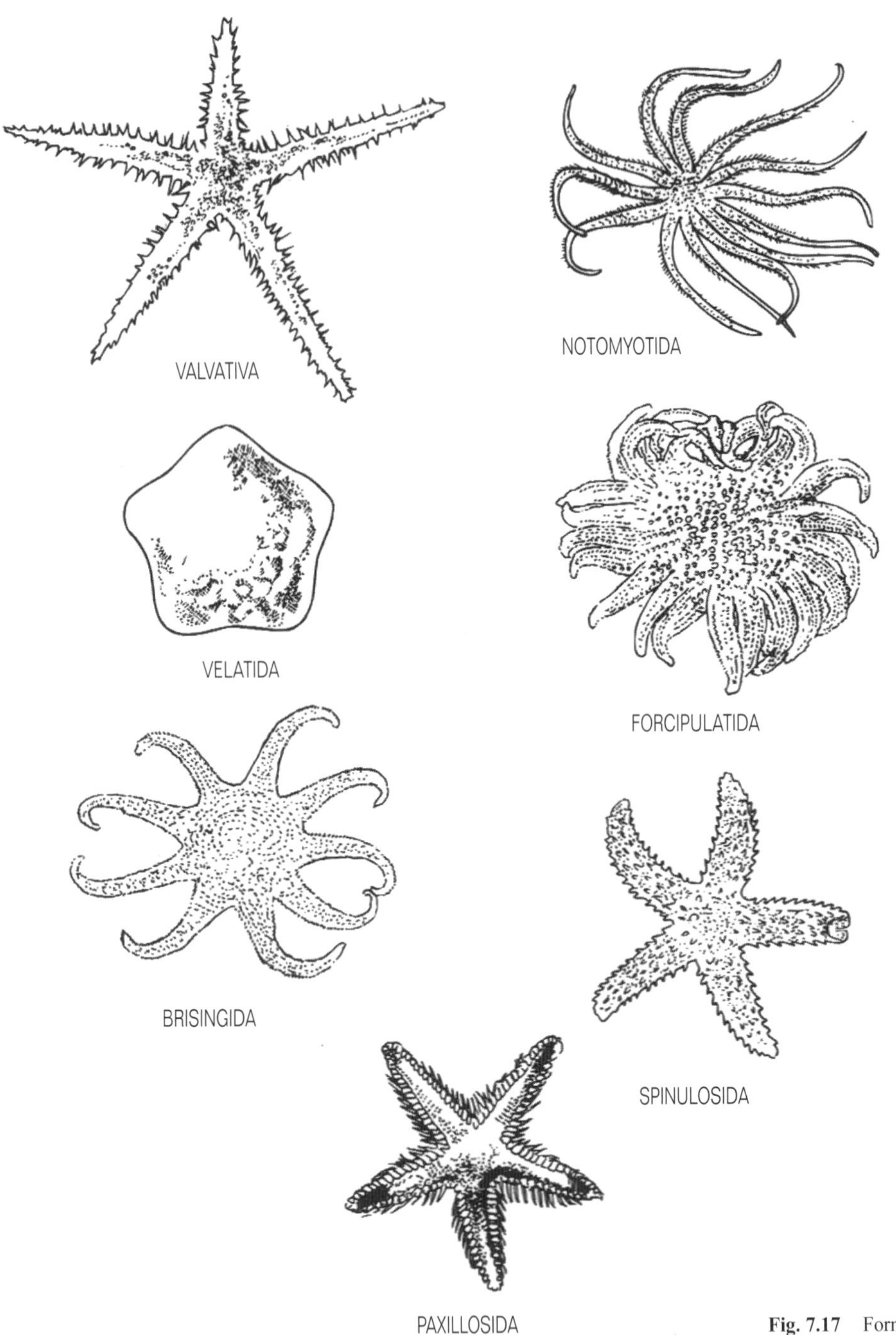

Fig. 7.17 Forma do corpo dos asteróides (segundo várias fontes).

'vértebras', que se articulam umas contra as outras e podem ser movimentadas por músculos intervertebrais. Por tais meios, ofiuróides caminham sobre seus braços, o disco central sendo frequentemente mantido afastado do substrato; portanto, os pés tubulares não têm qualquer função locomotora, mas sim de ajudar os braços a progredir sobre o substrato, e são usados principalmente para alimentação, os sulcos ambulacrais sendo fechados e internos às placas esqueléticas. Ao contrário dos asteróides, o madreporito encontra-se na superfície oral.

Muitos ofiuróides são suspensívoros muco-ciliares, em vários deles os cinco braços do arranjo básico bifurcando-se repetidamente, mas espécies comedoras de depósitos e necrófagas onívoras são também comuns; todas possuem um estômago grande, mas faltam intestino e ânus. Entre o estômago e a superfície oral, localizam-se dez invaginações daquela superfície inferior, as bursas (Fig. 7.21), que funcionam como órgãos especiais para fazer trocas gasosas, a água sendo puxada para dentro através das fendas ao redor da boca por batimento ciliar ou por bombeamento muscular. Dentro das bursas abrem-se as gônadas, e ovos são frequentemente incubados ali; em algumas espécies, o embrião é de fato conectado à parede da bursa, e uma condição de viviparidade se estabelece. O desenvolvimento pode ser direto ou através de uma larva ofioplúteo (ver a Fig. 7.14c).

Três ordens são distinguidas, com um total de 2.000 espécies.

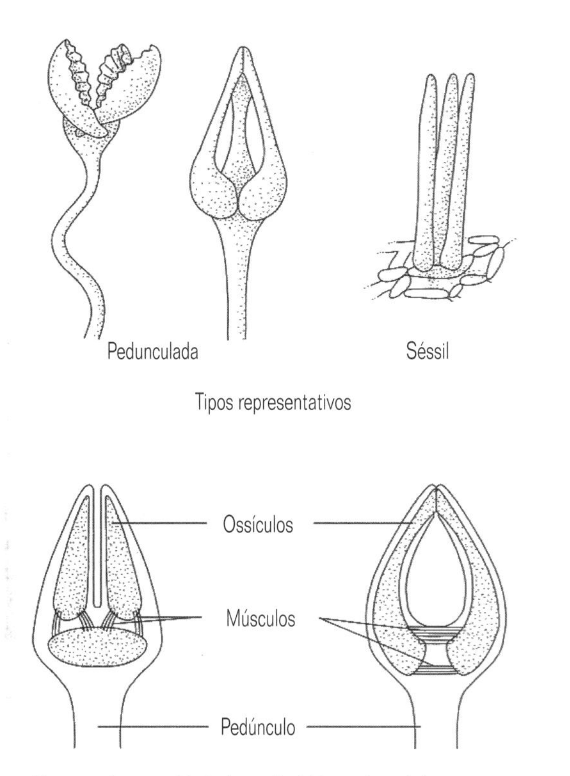

Fig. 7.18 Pedicelárias (segundo Mortensen, 1928-51 e Hyman, 1955).

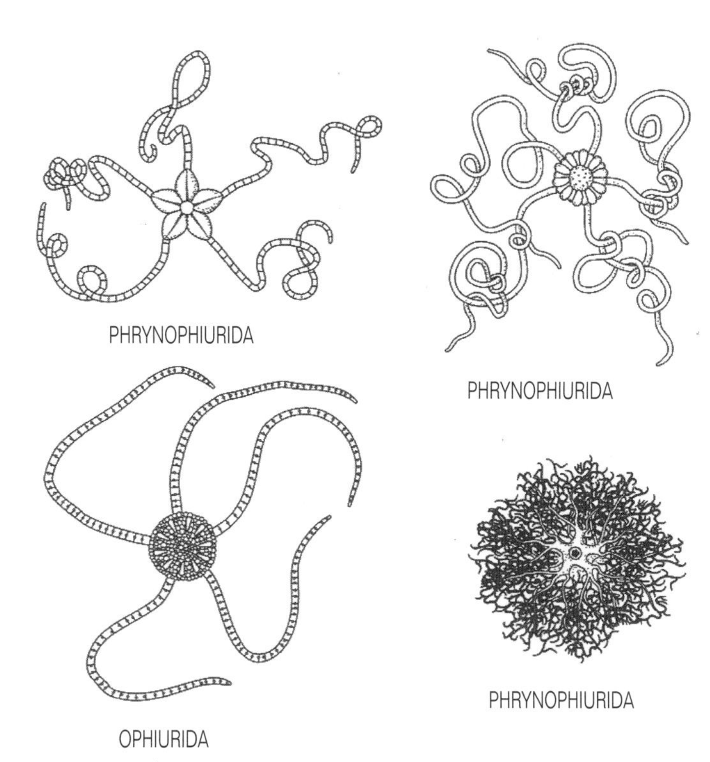

Fig. 7.20 Formas de corpo de ofiuróides (segundo várias fontes).

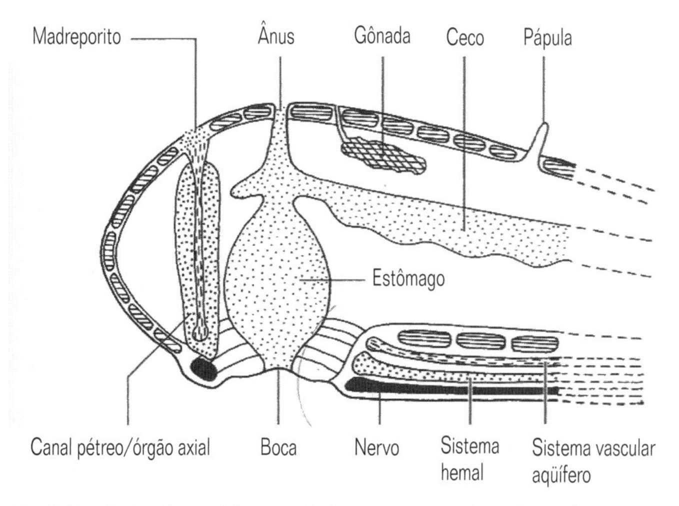

Fig. 7.19 Seção diagramática através do corpo e parte de um braço de um asteróide (segundo Nichols, 1962).

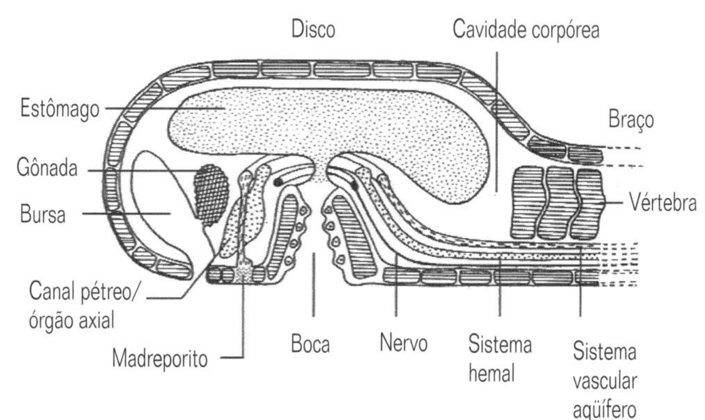

Fig. 7.21 Seção diagramática através do disco e parte do braço de um ofiuróide (segundo Nichols, 1962).

7.3.3.4 Classe Concentricycloidea

Em 1986, uma nova classe de equinodermos bizarros, que lembram medusas na forma, foi descrita com base em nove espécimes pertencentes a uma única espécie encontrada a cerca de 1.000 m de profundidade, ao largo da costa da Nova Zelândia, sobre madeira encharcada afundada. Dois anos mais tarde, uma segunda espécie foi descrita, também de madeira, mas dessa vez de uma profundidade de 2.000 m, ao largo das Bahamas. O corpo com menos de 15 mm de diâmetro do único gênero conhecido, Xyloplax, é na forma de um disco chato e sem braços e circundado por um anel de espinhos (Fig. 7.22). A superfície superior do disco é coberta por placas em forma de escama, e a superfície inferior apresenta dois canais circulares vasculares-aquíferos concêntricos dos quais parte um único anel de pés tubulares marginais. Ambas as espécies são de sexos separados e sexualmente dimórficas; cinco pares de gônadas estão presentes. A espécie das Bahamas possui uma boca ampla e central, que leva a um estômago raso de fundo cego; a outra espécie carece de boca e trato digestivo, a parte central da superfície inferior sendo ocupada por um 'véu' membranoso.

7.3.3.5 Classe Echinoidea (ouriços-do-mar, bolachas-da-praia etc.)

Equinóides são equinodermos vágeis esféricos ou secundariamente achatados aos quais faltam braços (Fig. 7.23) (de certa forma, os braços foram incorporados ao corpo). Eles são caracterizados pelo desenvolvimento de seus ossículos calcários em uma carapaça rígida de placas fortemente unidas, cada zona ambulacral

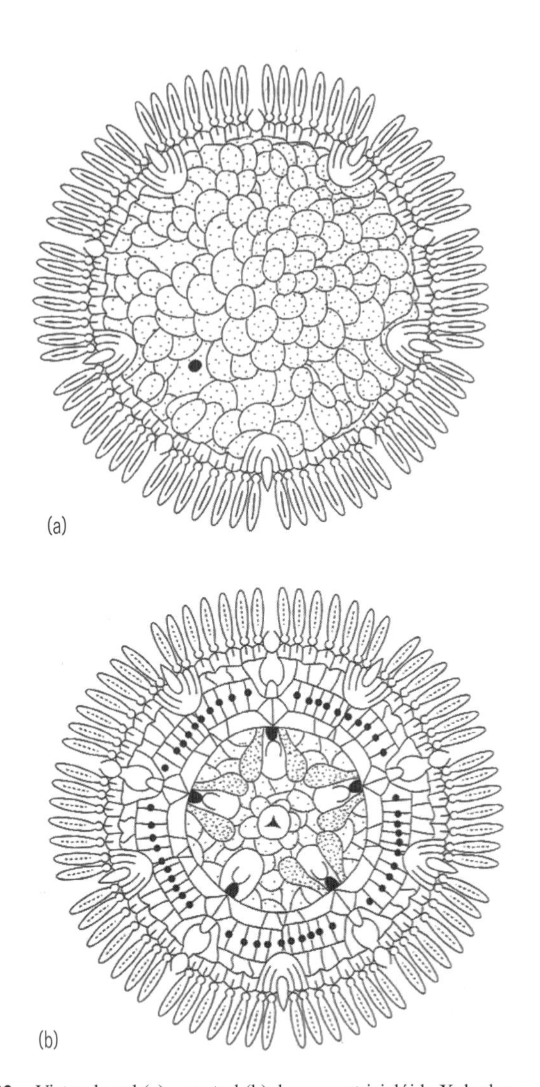

Fig. 7.22 Vistas dorsal (a) e ventral (b) do concentriciclóide Xyloplax. (Segundo Baker et al., 1986.)

e interambulacral possuindo basicamente duas colunas verticais dessas placas, ambas curvando-se na borda do corpo aboralmente a partir da boca.A carapaça possui pedicelárias (ver Seção 7.3.3.2) e espinhos móveis sobre ou com as quais algumas espécies podem andar ou cavar; por outro lado, a locomoção é feita pelos pés tubulares, que emergem através de orifícios das placas ambulacrais.

A boca, que está na superfície inferior, está provida de uma estrutura raspadora especial, de cinco placas grandes e várias pequenas, chamada de lanterna de Aristóteles (Fig. 7.24), com a qual algas e presas animais sésseis ou sedentárias podem ser mastigadas, a lanterna sendo protraída pela boca para este propósito. Nas espécies 'regulares' da epifauna, a boca está no centro da superfície inferior, e o ânus encontra-se posicionado no centro da superfície aboral. Há espécies que cavam em sedimentos moles; elas se tornaram bilaterais simétricas secundariamente e, com frequência, bastante achatadas (estas compreendem as espécies 'irregulares'); nestas, o ânus encontra-se notavelmente deslocado para a extremidade 'posterior' e a boca pode se mover um pouco 'anteriormente'. A dieta deles consiste de detritos, em associação com a qual a lanterna é frequentemente reduzida ou ausente, e a alimentação é feita por pés tubulares muco-ciliados especializados.

A cavidade do corpo é ampla (Fig. 7.25) e possui extensões na forma de pés tubulares ainda mais modificados (em espécies irregulares) ou brânquias peristomiais (em formas regulares) para trocas gasosas. As quatro (ouriços irregulares) ou cinco (ouriços regulares) grandes gônadas também se projetam para dentro da cavidade corpórea, descarregando via gonóporos aborais. Incubação ocorre em alguns; contudo, o desenvolvimento é indireto, através de uma larva equinopluteo (Fig. 7.14d).

A classificação ao nível de ordem de equinóides está baseada principalmente em formas jovens; 15 ordens atuais contêm um total de 950 espécies recentes.

7.3.3.6 Classe Holothuroidea (pepinos-do-mar)

Em comparação com outros equinodermos vágeis, as holotúrias carecem de braços (como nos equinóides, os braços foram incorporados ao corpo) e possuem um corpo bilateral simétrico bastante alongado no sentido oral/aboral, de modo que eles se deitam sobre um dos lados, com três ambúlacros 'ventralmente' e os outros dois em uma porção 'dorsal' (Fig. 7.26). A parede do corpo é também incomum por ser coriácea, com músculos circulares e cinco faixas musculares longitudinais bem desenvolvidas, o esqueleto calcário sendo reduzido a ossículos microscópicos individuais.

Ao redor da boca 'anterior', o sistema vascular aquífero tem de oito a trinta tentáculos orais digitiformes, ramificados ou em forma de escudo que são usados na tomada de alimento depositado sobre o substrato ou, mais raramente, em suspensão na água (Fig. 9.2 e 9.5). O trato digestivo completo, que é frequentemente longo, termina em uma cloaca 'posterior' ou reto e ânus, a cloaca recebendo, em muitas espécies, um par de extensos divertículos situados na cavidade do corpo, as árvores respiratórias, para dentro das quais a água é bombeada para a realização de trocas gasosas (Fig. 7.27). Quando provocadas, algumas espécies evisceram a parte posterior do intestino, incluindo as árvores respiratórias, através do ânus; com a mesma função, umas poucas espécies possuem túbulos de Cuvier pegajosos, ou que contêm toxinas, associados às árvores respiratórias. O madreporito situa-se dentro da cavidade do corpo.

A locomoção é muito lenta e é realizada, em muitas espécies, pelos pés tubulares, que estão frequentemente espalhados pela superfície do corpo, ao invés de estarem confinados aos ambúlacros; alguns grupos, contudo, carecem de pés tubulares por completo; neles, a locomoção se dá por contrações musculares peristálticas auxiliadas por pequenos ossículos pontudos, que se projetam através da parede do corpo e ancoram áreas dilatadas do corpo contra o sedimento ao redor. Várias espécies são sedentárias e usam os pés tubulares mais para se prenderem que para se locomoverem; algumas formas de mar profundo têm aumentado e alongado bastante os pés tubulares, sobre os quais andam como se fossem pernas-de-pau (Fig. 7.28). A maior parte das espécies integra a epifauna, embora várias delas cavem sedimentos moles, e um grupo inclua formas planctônicas.

Uma gônada ímpar está normalmente presente e descarrega através de um gonóporo localizado próximo aos tentáculos orais. Incubação dos embriões é comum, em alguns ocorrendo de fato dentro da cavidade corpórea e, em uma espécie, dentro do próprio ovário. Umas poucas são hermafroditas protândricas. Em espécies que não incubam, o desenvolvimento é indireto, passando pelo estágio de vitelária ou auricularia e doliolária (ver Fig. 7.14e).

Seis ordens são reconhecidas com base na forma dos tentáculos orais, a natureza dos pés tubulares, e a forma do corpo. Há cerca de 1.150 espécies atuais descritas.

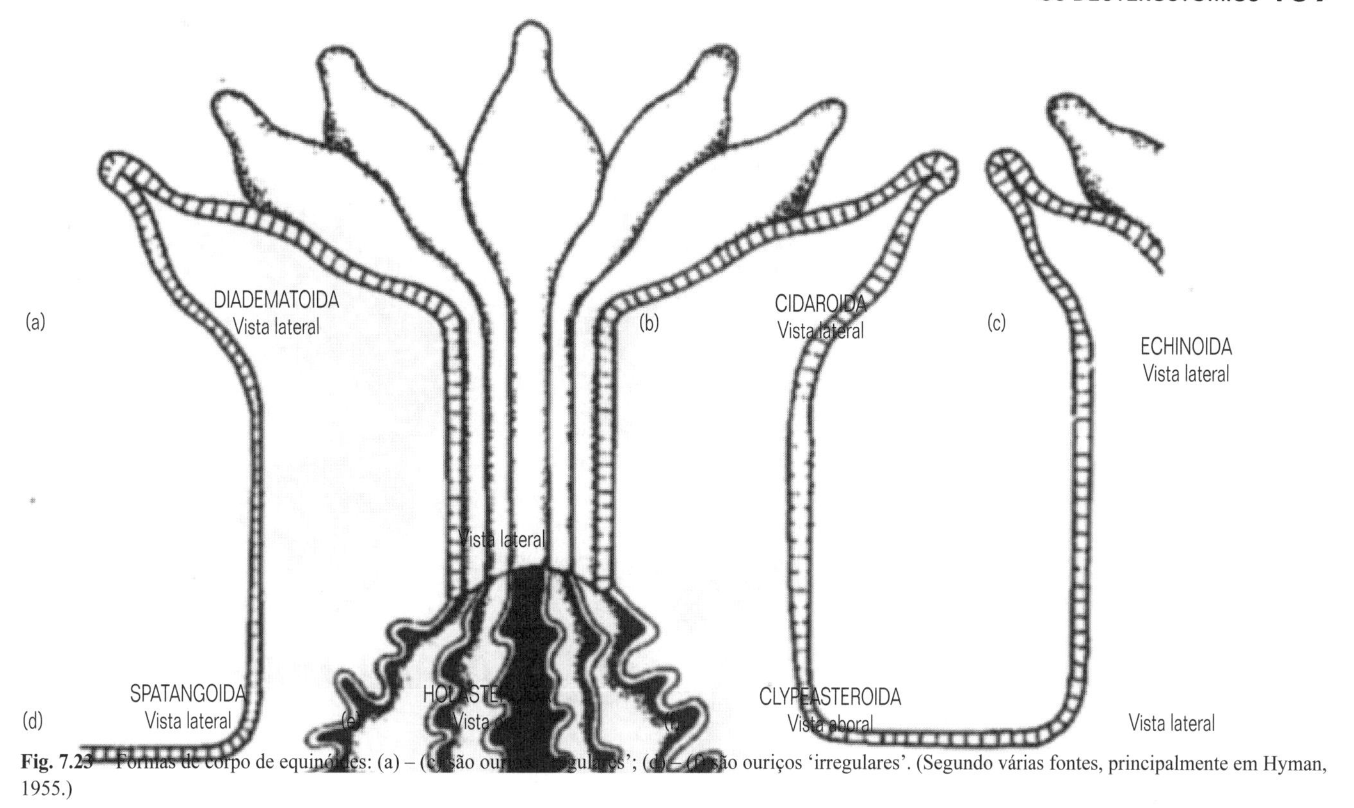

Fig. 7.23 Formas de corpo de equinóides: (a) – (c) são ouriços 'regulares'; (d) – (f) são ouriços 'irregulares'. (Segundo várias fontes, principalmente em Hyman, 1955.)

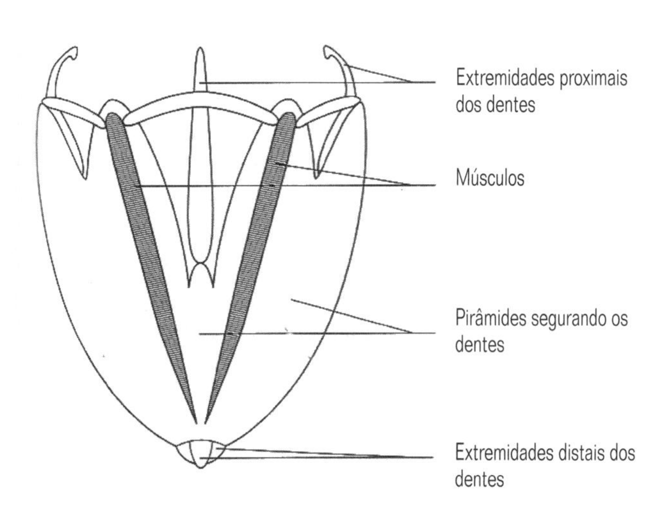

Fig. 7.24 Lanterna de Aristóteles (segundo Hyman, 1955)

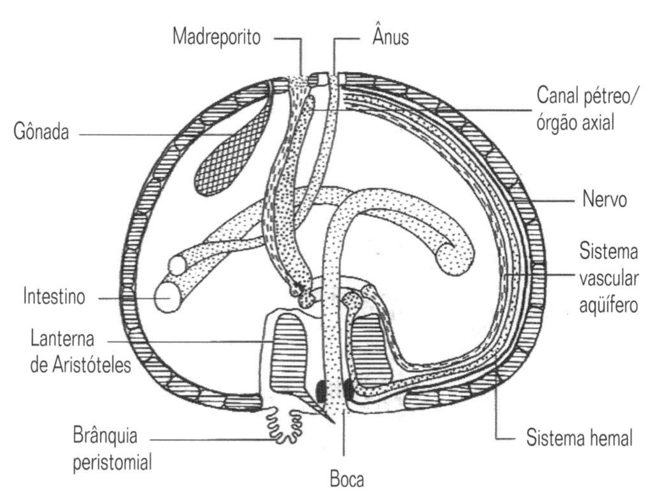

Fig. 7.25 Seção diagramática através da carapaça de um equinóide (segundo Nichols, 1962).

7.4 Filo CHORDATA

7.4.1 Etimologia

Latim: chorda, uma corda.

7.4.2 Características diagnósticas e especiais (Fig.7.29)

O filo Chordata compreende três subfilos, dos quais apenas dois são invertebrados, portanto, inseridos no contexto deste livro. Estes dois diferem bastante entre si, o que se pode depreender pelo status de subfilo e serem tratados separadamente a seguir. Não obstante eles compartilham as seguintes características:

1 Simetria bilateral.

2 Corpo com mais de dois extratos celulares, com tecidos e órgãos.

3 Tubo digestivo completo e ânus não terminal.

4 Corpo essencialmente monomérico, sem uma cabeça distinta, sem apêndices locomotores ou maxilas.

5 Faringe grande, cujas paredes são perfuradas e a comunicam com o exterior por meio de poucas até muitas fendas faríngeas.

6 Alimentam-se de partículas em suspensão por mecanismos muco-ciliares (como descrito na Seção 9.2.5), e a corrente de água de alimentação deixa o corpo do animal através de fendas faríngeas.

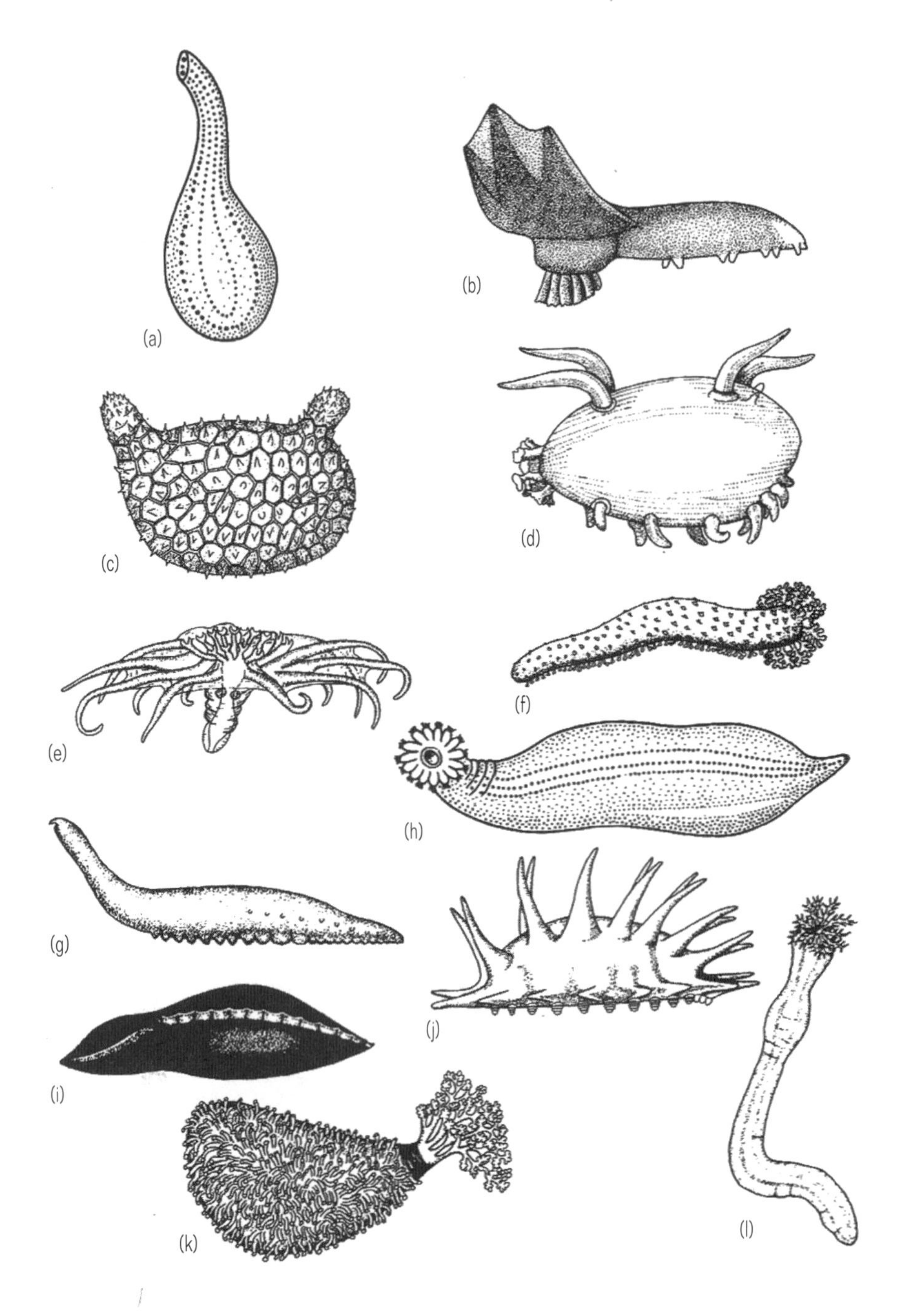

Fig. 7.26 Formas de corpo de holoturóides (segundo várias fontes, principalmente em Hyman, 1955). (a) e (c) Dactylochirotida; (b), (d), (e), (g), (i) e (j), Elasipoda; (k) Dendrochirotida; (f) Aspidochirotida; (h) Molpadiida; e (1) Apodida.

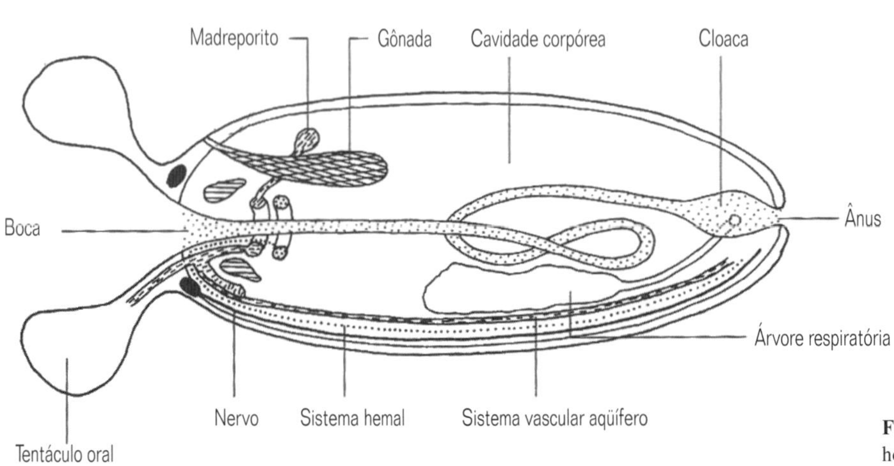

Fig. 7.27 Seção diagramática através de uma holotúria (segundo Nichols, 1962).

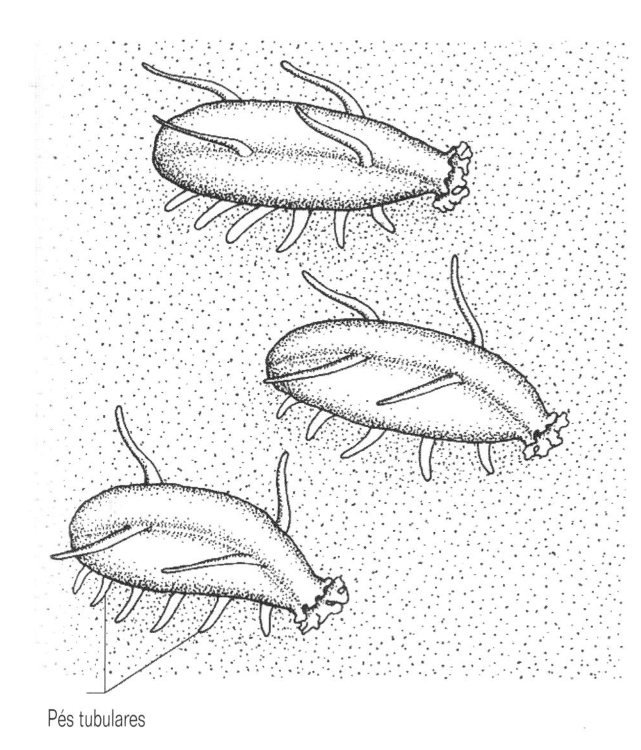

Fig. 7.28 Holotúrias caminhando sobre o fundo do mar por meio de pés tubulares grandes e alongados.

7 A região faríngea, em geral, é circundada por uma parede corpórea secundária, a qual delimita uma cavidade atrial que se comunica com o exterior por um único poro (veja Fig. 9.14).

8 Epiderme não secreta uma cutícula externa e é desprovida de cílios.

9 Um bastão interno esquelético dorsal, a notocorda, em alguns ou todos os estágios da vida.

10 Um tubo nervoso dorsal oco, situado dorsalmente à notocorda, em alguns ou todos os estágios da vida.

11 Uma cauda muscular pós-anal, que serve para a natação, em alguns ou todos os estágios da vida.

12 Sistema circulatório parcialmente aberto.

13 Ovos com clivagem radial.

14 Desenvolvimento deuterostômico, geralmente, indeterminado e indireto.

15 Marinhos.

7.4A Subfilo UROCHORDATA

7.4A.1 Características diagnósticas e especiais

1 Notocorda, tubo nervoso dorsal oco e cauda pós-anal (se presentes) apenas no estágio larval; presente em um grupo que se mantém, permanentemente, como a forma larval.

2 Sem cavidade celômica corpórea.

3 Sem órgãos excretores.

4 Sem segmentação muscular ou de outras estruturas.

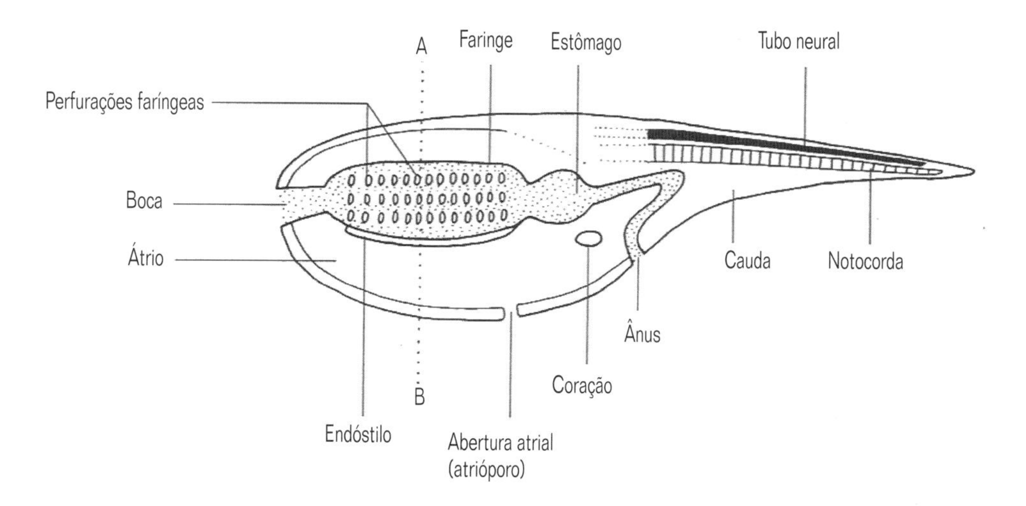

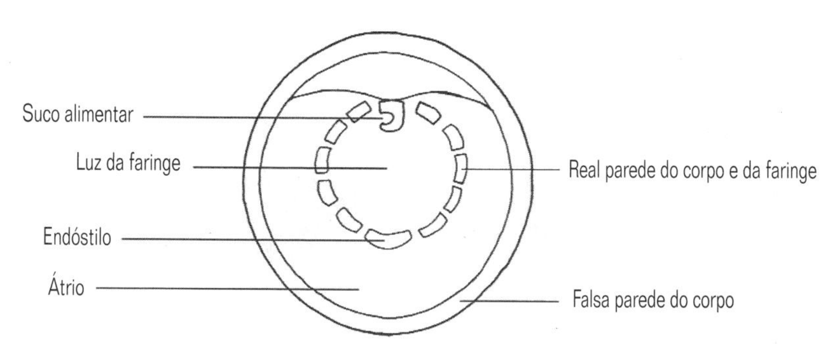

Fig. 7.29 Plano básico generalizado do corpo de um cordado invertebrado.

5 Corpo totalmente envolvido por uma túnica secretada (testa ou 'casa'), em geral, composta por celulose e proteína, além de células que migram do corpo e, em algumas espécies, com vasos sanguíneos extracorpóreos.

6 Tubo digestivo em forma de U, com faringe grande que ocupa a maior parte do volume corpóreo.

7 Sistema nervoso na forma de um gânglio, situado entre a boca e a abertura atrial, do qual partem os nervos individuais.

8 Hermafroditas, em geral, com um ovário e um testículo.

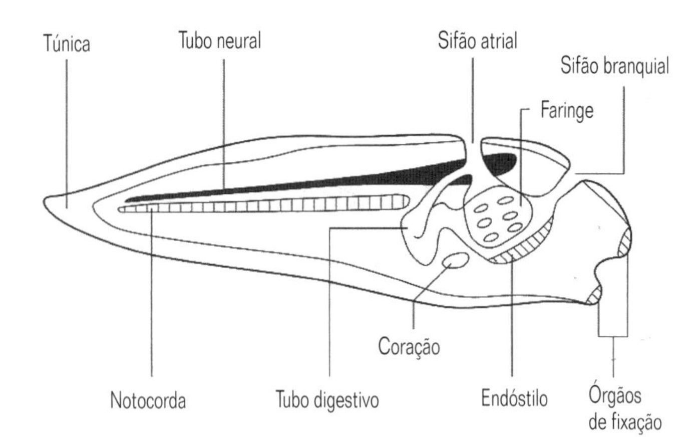

Fig. 7.30 Anatomia de uma larva girinóide de ascídia (segundo McFarland et al., 1979 e outros).

7.4A.2 Classificação

As 2.000 espécies de urocordados estão divididas entre três classes.

Classe	Ordem
Ascidiacea	Aplousobranchia Phlebobranchia Stolidobranchia Aspiraculata
Thaliacea	Pyrosornida Doliolida Salpida
Larvacea	Copelata

7.4A.2.1 Classe Ascidíacea (ascídias)

Esta classe contém 1.850 espécies bentônicas e sésseis. É comum a presença de uma larva girinóide livre-natante (Fig. 7.30) que, por fim, se fixa ao substrato pela extremidade anterior. O crescimento diferencial durante a metamorfose conduz a uma efetiva rotação de 1800 do eixo ântero-posterior do corpo, de tal forma que a boca e o associado sifão branquial da túnica movem-se para a extremidade oposta ao ponto de fixação do corpo (Fig. 7.31). Este sifão branquial conduz, via um orifício tentaculado, a uma imensa faringe perfurada por numerosas pequenas fendas (exceto nas quatro espécies de profundidade, que compreendem a ordem Aspiraculata, na qual a faringe reduzida é desprovida de fendas, e o sifão branquial é modificado em uma estrutura de captura de presas, com uma série de lobos preênseis; Fig. 7.33h). Os tentáculos que circundam a abertura da faringe servem para evitar a entrada de partículas grandes. A abertura atrial é também projetada em um sifão que se situa próximo do sifão branquial (Fig. 7.32).

Existe um coração basal que, peculiarmente, bombeia sangue em duas direções devido à reversão periódica dos batimentos cardíacos. O sangue é também peculiar, pois contém células com altas concentrações de metais pesados, particularmente vanádio, nióbio ou ferro, em associação com ácido sulfúrico. A concentração de vanádio nessas células pode atingir 10^5-10^6 vezes àquela externa, da água do mar.

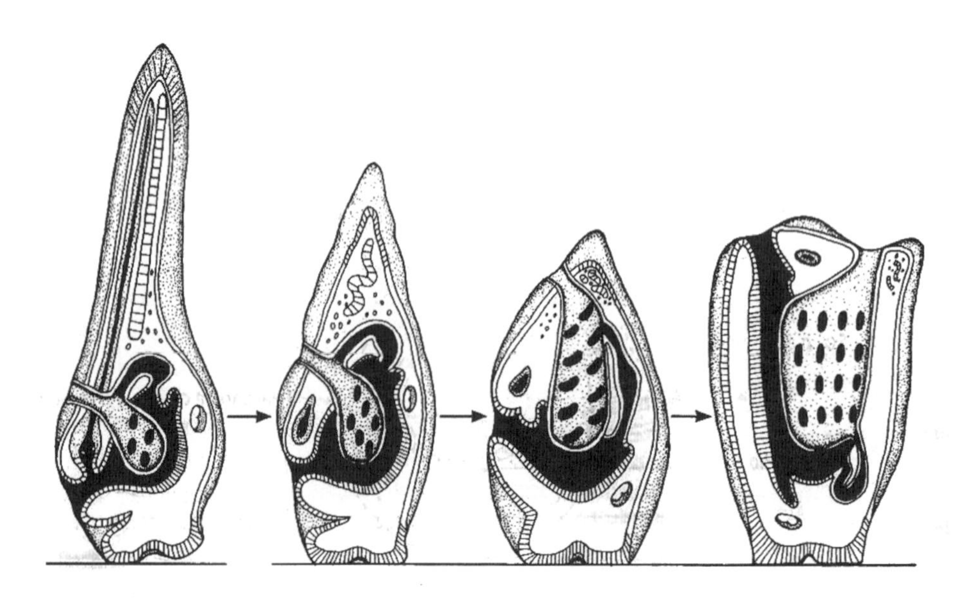

Fig. 7.31 Metamorfose da larva girinóide (segundo Barnes, 1980).

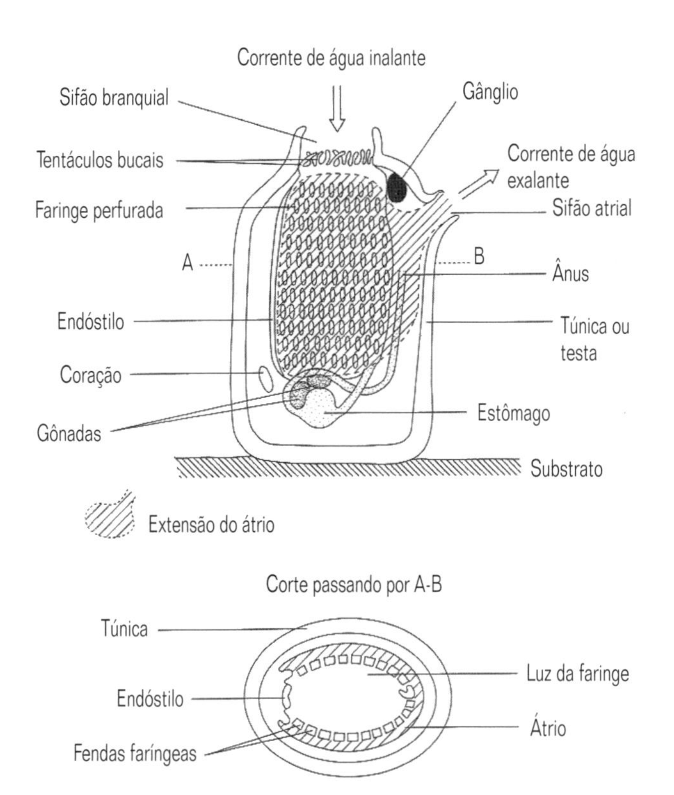

Fig. 7.32 Cortes esquemáticos através de uma ascídia (segundo várias fontes).

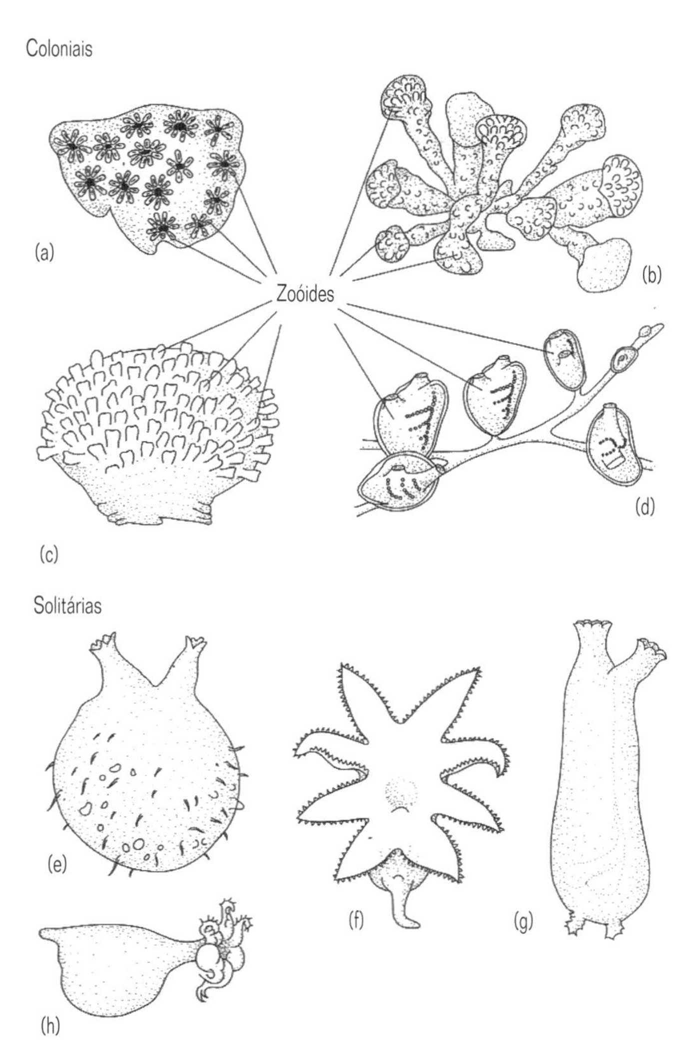

Fig. 7.33 Colônias e formas do corpo de ascídias (segundo Millar, 1970 e outros). (a) e (e) são estolidobrânquios; (b) é um aplousobrânquio; (e), (d), (f) e (g) são flebobrânquios; e (h) é um aspiraculado.

É comum a reprodução assexuada por brotamento, originando-se de maneiras diversas e a partir de diferentes regiões do corpo da ascídia. Como nos não-relacionados cnidários e briozoários, brotos isolados podem permanecer associados uns aos outros em colônias, embora não exista polimorfismo de zoóides. Algumas formas coloniais são imersas em uma túnica comunitária, com muitos zoóides compartilhando uma única abertura atrial; outros são conectados por estolões basais; e muitas colônias adotam outras formas características. Em algumas, o brotamento tem início ainda na fase larval da ascídia. Contudo, a maioria das ascídias é solitária e estas formas não coloniais são, frequentemente, bem maiores que os zoóides individuais da colônia, atingindo 15 cm de altura ou mais (Fig. 7.33).

Além das aberrantes Aspiraculata, as demais ascídias são incluídas em três ordens, dependendo, principalmente, da localização das gônadas e da estrutura da parede faríngea: nas Aplousobranchia, que são todas coloniais, as gônadas localizam-se em uma alça do intestino e a faringe possui uma parede simples; as Stolidobranchia, solitárias em grande parte, têm suas gônadas imersas na parede do corpo ao longo do lado da faringe que se dobra longitudinalmente e possui traves internas; as Phlebobranchia, as mais solitárias de todas, possuem as gônadas localizadas como nas Aplousobranchia, mas sua faringe, embora sem dobras, tem traves internas longitudinais formadas por papilas bifurcadas.

7.4[A.2.2] Classe Thaliacea (tunicados pelágicos)

As 70 espécies de taliáceos são todas planctônicas e utilizam o jato d'água da corrente alimentar como um meio de propulsão através da água; as aberturas branquial e atrial situam-se nas extremidades opostas de seus corpos fusiformes ou em forma de barril. Também, ocorre brotamento assexuado em todas as formas, cujos brotos formam-se a partir do estolão ventral, que se origina imediatamente atrás do endóstilo faríngeo.

Ocorrem dois diferentes modos de vida. A ordem Pyrosomida inclui taliáceos coloniais reunidos em uma túnica cilíndrica comunitária, com o lúmen central aberto para o ambiente em uma das extremidades. Cada zoóide posiciona-se de tal forma que sua abertura branquial situa-se na face externa do cilindro comunitário e sua abertura atrial na face interna. Todas as correntes alimentares deságuam no lúmen central e toda a colônia tubular, que pode ter vários metros de comprimento (dando origem, como tem sido sugerido, a visões de grandes serpentes marinhas), desloca-se através da água como uma única unidade (Fig. 7.34). Os zoóides possuem muitas fendas faríngeas, semelhantes àquelas das ascídias às quais eles são estreitamente relacionados.

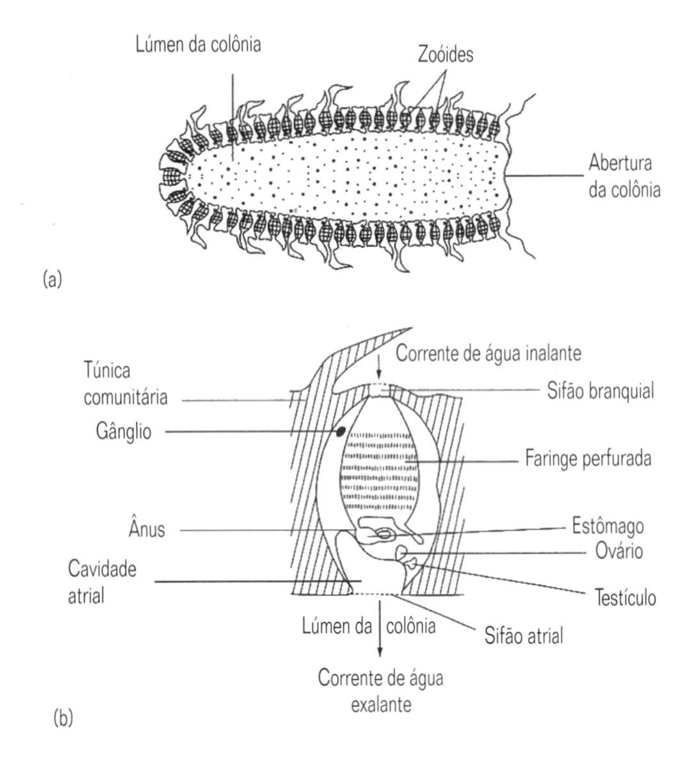

Fig. 7.34 Cortes esquemáticos (a) através da colônia e (b) através de um zoóide de pirossomo. (Segundo Grassé, 1948 e Fraser, 1982).

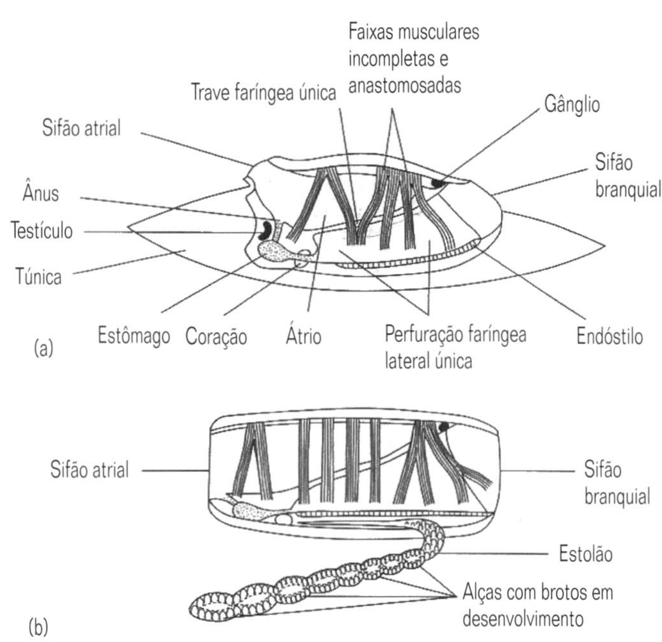

Fig. 7.35 Anatomia (esquemática) de dois estágios no ciclo de vida de uma salpa: (a) Agregado da 'geração' sexuada em reprodução; (b) indivíduo solitário da 'geração' assexuada multiplicando-se. (Segundo Berrill, 1950; Fraser, 1982 e outros).

Entretanto, os representantes das ordens Salpida e Doliolida são, principalmente, solitários, embora eles exibam uma alternância entre formas solitárias e agregadas, de diferentes sexualidades. Nas salpas (Fig. 7.35) a fase solitária multiplica-se assexuadamente, originando cadeias de indivíduos que finalmente se separam para produzir a 'geração' solitária sexuada; por outro lado, nos dolíolos é a fase solitária que se reproduz sexuadamente para produzir a 'geração' de agregados que se multiplicam assexuadamente (Fig. 7.36). Os dois grupos exibem polimorfismo entre os zoóides (em diferentes fases de seu ciclo de vida), possuem faixas ou cintas musculares em torno do corpo, que nas salpas eliminam a água para fora (em vez de batimento ciliar), têm túnicas gelatinosas mais ou menos transparentes, têm fendas faríngeas maiores e em número reduzido – desenvolvimento que atinge sua forma extrema nas salpas, que possuem apenas duas fendas relativamente enormes (veja Fig. 9.14). A túnica das salpas contém celulose e é essencialmente semelhante à das ascídias e pirossomos; entretanto, a dos dolíolos é uma cutícula desprovida de celulose.

Apenas os dolíolos possuem estágio larval no ciclo de vida e acredita-se que foi esta a condição que, por pedomorfose, deu origem à classe seguinte.

7.4A.2.3 Classe Larvacea (apendiculários)

Os larváceos, totalmente planctônicos, têm a mesma morfologia básica das larvas características de urocordados (Fig. 7.37); o corpo pequeno, com apenas cerca de 5 mm de comprimento, apresentando uma cauda longa e perene, que encerra o tubo

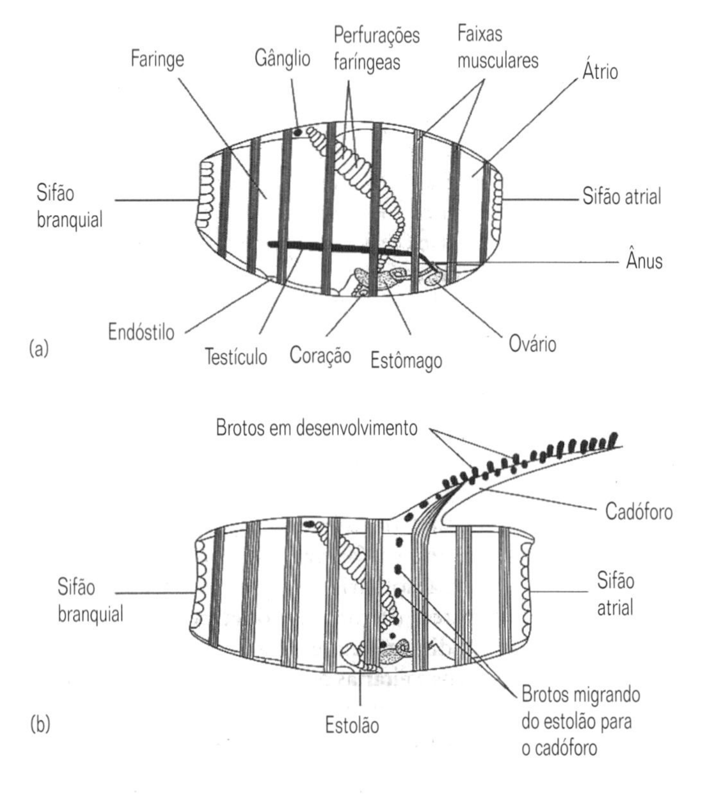

Fig. 7.36 Anatomia (esquemática) de dois estágios no ciclo de vida de um dolíolo: (a) indivíduo solitário da 'geração' sexuada em reprodução; (b) agregado da 'geração' assexuada multiplicando-se. (Segundo Berrill, 1950; Fraser, 1982 e outros).

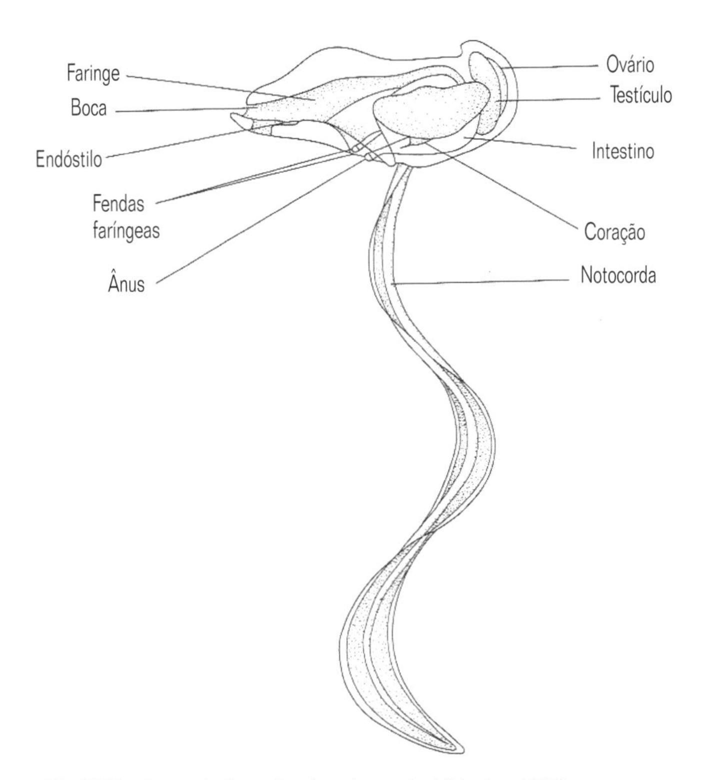

Fig. 7.37 Anatomia de um larváceo (segundo Alldredge, 1976).

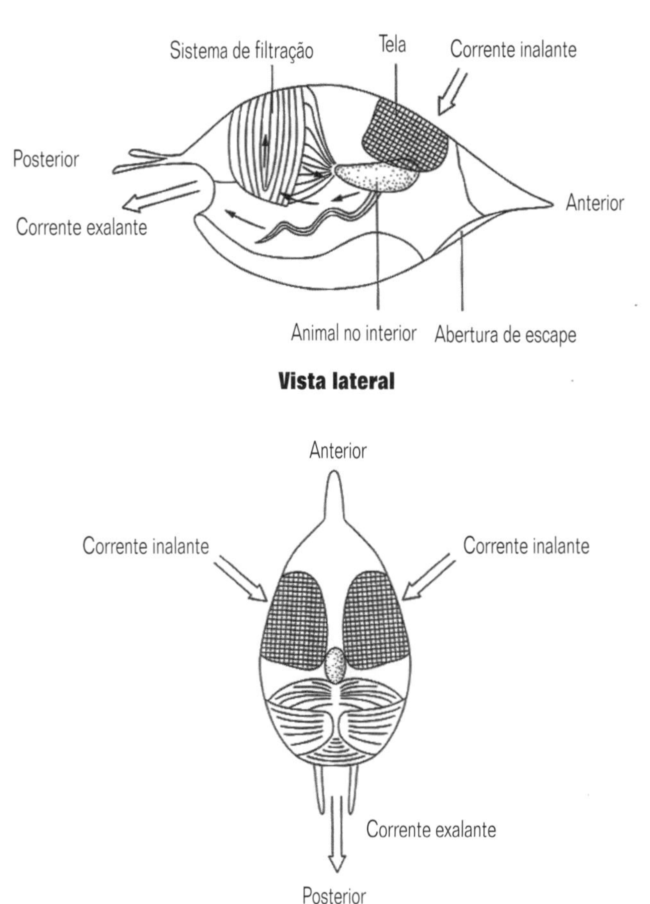

Fig. 7.38 'Casa' de um larváceo e correntes alimentares que passam por ela (segundo Hardy, 1956 e outros).

neural oco e a notocorda. As glândulas epidérmicas secretam uma túnica não celulósica, mas uma delgada 'casa' gelatinosa cuticular, que possui uma estrutura externa para filtração (Fig. 7.38); por movimentação da cauda a água atravessa este filtro e as partículas alimentares, principalmente algas nanoplanctônicas, são retidas em uma delicada malha no interior da estrutura gelatinosa (veja Fig. 9.4). O material filtrado é, então, ingerido com o auxílio de uma nova corrente de água, criada pelos cílios faríngeos, e que deixa o tubo digestivo através de um par de fendas faríngeas que se abrem, independentemente, na superfície do corpo. Portanto, a cavidade atrial corresponde a uma área no interior da 'casa'. Quando os filtros da 'casa' tornam-se irreversivelmente obliterados, os larváceos podem abandonar suas túnicas através de uma 'porta' (que, normalmente, permanece fechada) e inflar uma nova 'casa' pré-fabricada.

Todos os larváceos são solitários e a reprodução é sempre sexuada. Peculiar entre os urocordados é a ocorrência de uma espécie gonocórica. É reconhecida uma única ordem para as 70 espécies conhecidas.

7.4B Subfilo CEPHALOCHORDATA (anfioxos)

7.4B.1 Características diagnósticas e especiais (Fig.7.39)

1 Corpo comprimido lateralmente, semelhante a um peixe.

2 Notocorda estende-se por todo o comprimento do corpo.

3 Tubo nervoso dorsal oco estende-se por quase todo o comprimento do corpo, mas não se dilata anteriormente para formar um encéfalo.

4 Cauda pós-anal perene.

5 Corpo com pacotes musculares, nervos, órgãos excretores e gônadas repetidos serialmente.

6 Cavidades do corpo formadas por enterocelia a partir de muitas bolsas repetidas serialmente; as partes ventrais dessas bolsas isoladas coalescem e as dorsais tornam-se obliteradas por músculos.

7 Sistema excretor semelhante aos protonefrídios, mas é formado por células peritoneais.

8 Região faríngea recoberta por uma parede corpórea secundária, formada por um par de pregas metapleurais que crescem ventralmente e se fundem ao longo da linha mediana ventral.

9 Faringe grande, ocupando metade do comprimento do corpo.

10 Gonocóricos, com muitas gônadas pares ou ímpares.

Os Cephalochordata são animais pequenos (até 10 cm de comprimento), livre-natantes ou, enquanto se alimentam, sedentários e bentônicos, mas são capazes de mudar de local de alimentação ou para escapar de predadores; a noto corda atua como uma estrutura longitudinal incompressível, porém flexível. Em consequência, a contração dos músculos organizados longitudinalmente curva o corpo em uma série de formas de S sinuosas, ao invés de encurtá-lo (um sistema equivalente ao movimento que é visto em quetognatos e nematódeos).

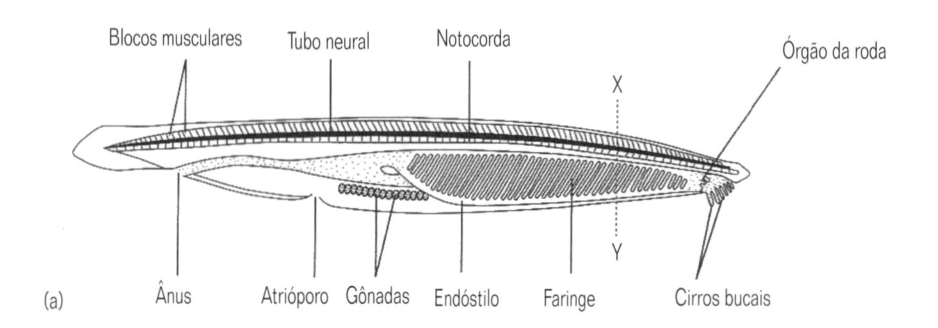

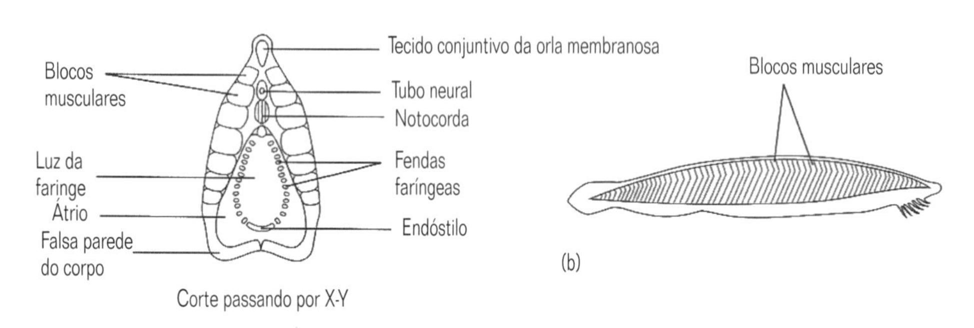

Fig. 7.39 Cefalocordados: (a) corte esquemático longitudinal através do corpo; (b) aspecto em vida. (Segundo Young, 1962).

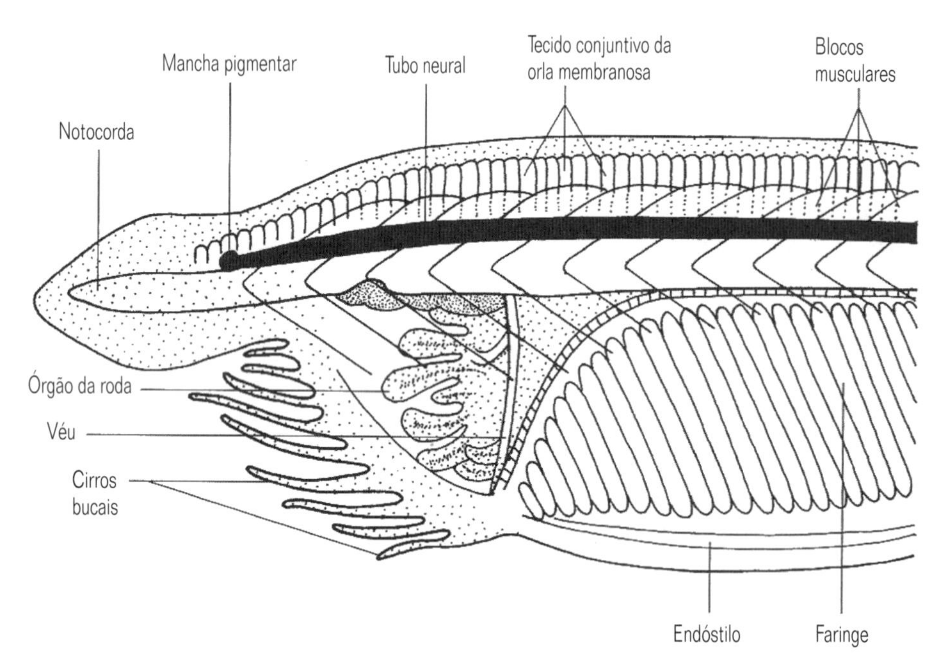

Fig. 7.40 Extremidade anterior de um cefalocordado (segundo Young, 1962).

O sistema de alimentação empregado pelos cefalocordados é basicamente o mesmo que aquele dos urocordados, e neste grupo a boca é também circundada por uma série de tentáculos (os cirros bucais e os tentáculos velares – Fig. 7.40), que impedem a entrada de partículas indesejadas. Contudo, a faringe é alongada ao invés de ter a forma de um barril e o atrióporo situa-se na linha mediana ventral, pouco anterior ao ânus. Os animais são desprovidos de túnica, bem como de sifões projetados.

De certa forma, os cefalocordados constituem um elo entre os invertebrados e o terceiro subfilo de cordados – os Vertebrata – especialmente os agnatos que também não possuem apêndices e maxilas, e cujo estágio larval de um dos grupos (as lampreias) apresenta uma faringe filtradora com sistema mucociliar, semelhante ao dos anfioxos (embora a água seja bombeada através da faringe por ação muscular). É óbvio, porém, que os cefalocordados diferem dos vertebrados pela ausência de uma cabeça diferenciada com órgãos sensoriais pares, de um encéfalo e de um crânio protetor; por possuírem um tubo neural de onde partem processos musculares (formando, aparentemente, as raízes ventrais dos nervos) e fibras nervosas periféricas desprovidas de bainha de mielina, além de uma epiderme muito delgada e uni-estratificada. Todavia, em linhas gerais, talvez eles indiquem a natureza da organização corpórea semelhante àquela do 'protovertebrado'. Da mesma maneira, é bem evidente sua semelhança básica com uma versão neotênica aumentada do estágio larval de um animal não-vertebrado tal como um urocordado.

7.4^B.2 Classificação

As 25 espécies conhecidas são colocadas em uma classe e com uma única ordem.

7.5 Leitura adicional

Alvarino, A. 1965. Chaetognaths. Oceangr. Mar. Biol., Ann. Rev., 3,115-194 [Chaetognatha].

Barrington, E.J.W. 1965. The Biology of Hemichordata and Protochordata. Oliver & Boyd, Edinburgh [Hemichordata and Chordata].

Berrill, N.J. 1950. The Tunicata. Ray Society, London [Urochordates].

Hyman, L.H. 1955. The Invertebrates, Vol. 4: Echinodermata. McGraw-Hill, New York [Echinodermata].

Hyman, L.H. 1959. The Invertebrates, Vol. 5: Smaller Coelomate Groups. McGraw-Hill, New York [Hemichordata and Chaetognatha].

Nichols, D. 1969. Echinoderms, 4th edn. Hutchinson, London [Echinodermata].

Rowe, F.W.E., Baker, A.N. & Clark, H.E.S. 1988. The morphology, development and taxonomic status of Xyloplax, Baker, Rowe & Clark (1986) (Echinodermata: Concentricycloidea) with the description of a new species. Proc. Roy. Soc. Lond. (B), 233, 431-459.

Young, J.Z. 1981. The Life of Vertebrates, 3rd edn. Clarendon press, Oxford [Chordata].

CAPÍTULO 8

Invertebrados com Pernas: Artrópodes e Grupos Semelhantes

Tardigrada
Pentastoma
Onychophora
Chelicerata
Uniramia
Crustacea

Além de sua condição generalizada de protostômios, os seis filos incluídos neste capítulo realmente compartilham apenas duas características anatômicas. Apresentam pares de pernas ao longo de todo ou parte do comprimento do corpo, sendo que cada par geralmente é servido por engrossamentos de gânglios localizados no(s) cordão(ões) nervoso(s) longitudinal(is); e possuem uma cavidade do corpo pseudocelomática, frequentemente preenchida com sangue e, assim, denominada de hemocele.

Três dos filos (Tardigrada, Pentastoma e Onychophora) são animais de corpo mole que usam suas cavidades corpóreas como esqueleto hidrostático: com efeito, eles são vermes com pernas carnosas maleáveis, sem articulação, e com ganas, e essas pernas são projeções digitiformes do corpo capazes de serem movidas por músculos extrínsecos. Sugerimos, no Capítulo 2, que Onychophora e Tardígrada são sobreviventes do grupo lobópode dos 'proto-artrópodes' do Cambriano. Os tardígrados, em particular, compartilham uma série de características anatômicas e de modo de vida com os parentes vermíformes dos artrópodes, os ecdisozoários nematelmintos. Embora tenham uma estrutura lobópode, os Pentastoma parecem mais provavelmente terem adquirido essa condição secundariamente, uma vez que existe consenso de que sejam uma linhagem degenerada de crustáceos branquiúros, embora a afinidade com os ácaros (quelicerados) também já tenha sido proposta. Aqui, tratamos esse grupo como um filo separado, no mínimo por causa de sua anatomia particular.

Em contraste, os artrópodes 'verdadeiros' (Crustacea, Chelicerata, Unuamia) possuem um exoesqueleto duro, articulado e esclerotizado, derivado da cutícula, e composto por quitina e proteína, algumas vezes impregnado com carbonato de cálcio (Fig. 8.1). Esse exoesqueleto cobre todo o corpo, incluindo as pernas, as quais também são, por conseguinte, articuladas (o termo artrópode deriva do grego: arthron, articulação; podos, pés) (Fig. 8.2). Como em vários outros animais, ser coberto por um sistema externo de cutícula impõe restrições ao crescimento, e necessita de uma série de mudas. Esse problema é particularmente agudo em relação aos artrópodes, nos quais a cutícula também é o esqueleto. Durante a muda, portanto, o esqueleto velho é parcialmente absorvido e depois, eliminado, e um novo esqueleto, mole, que se desenvolveu sob o antigo, é inflado (através da tomada de ar ou de água para dentro do corpo) e endurecido. O animal está especialmente vulnerável durante esse período e a muda acontece frequentemente enquanto o animal está escondido. Em sua origem, o exoesqueleto era provavelmente uma série de placas protetoras ou arcos da cutícula, como pode ser observado nos quinorrincos (Secção 4.6) e em alguns tardígrados (Seção 8.1), por exemplo, e isso foi, mais tarde, adaptado para executar a função esquelética em substituição parcial à pseudocele/hemocele hidrostática ancestral. Em alguns, a substituição permaneceu apenas parcial uma vez que um bom número de artrópodes ainda estende suas pernas através da pressão hidráulica e apenas as flexionam usando o sistema muscular do exoesqueleto.

O corpo de um artrópode é, em origem, fundamentalmente monomérico, embora uma metameria extensa da parede do corpo, do exoesqueleto e de algumas estruturas internas ocorreu em associação com cada par de pernas (veja, por exemplo, a Fig. 2.8). Em essência, portanto, o plano corpóreo de um artrópode inclui uma região anterior curta (ácron) e uma porção posterior equivalente (télson) sem pernas, e certo número de secções intermediárias (os segmentos), cada uma com um par de pernas, e com várias repetições de órgãos relacionados às pernas (muscular nervoso, esquelético etc.). Orgãos não-associados às pernas, por exemplo, os sistemas excretor e reprodutor, no entanto, não são repetidos de forma serial. Em muitas linhagens de artrópodes, houve uma fusão considerável dos segmentos que apresentam pernas, perda de apêndices e/ou diferenciação das várias regiões do corpo; a especialização das pernas anteriores como órgãos de alimentação é particularmente comum. Além da modificação comum de sua cutícula para executar uma função total ou parcial como exoesqueleto (e qualquer característica que seja uma consequência disso, por exemplo, a condição articulada das pernas), da ausência de cílios, e da tendência a desenvolver olhos compostos, os artrópodes, no entanto, compartilham poucas características e, portanto, é possível que o estado artrópode represente um grado de organização em vez de ser uma característica distintiva de uma linhagem fliogenética única.

Em conjunto, os artrópodes compreendem a grande maioria das espécies animais, principalmente como uma consequência de

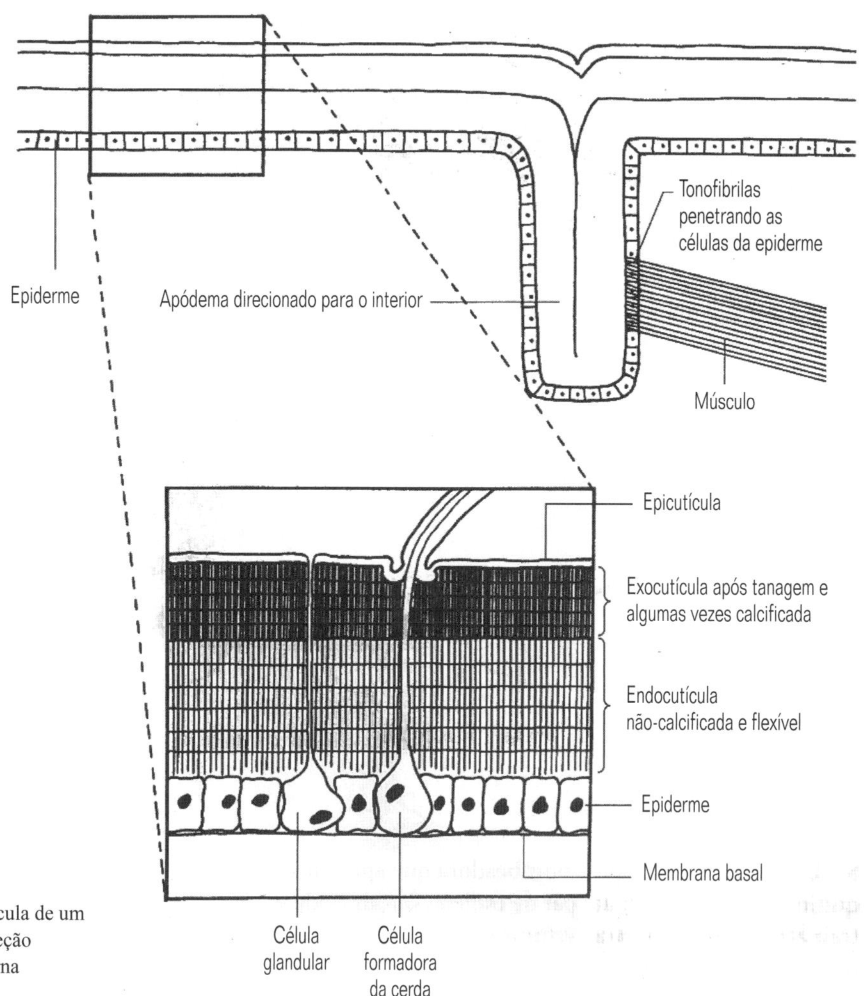

Fig. 8.1 Secção através do exoesqueleto de cutícula de um artrópode mostrando as várias camadas e uma projeção interna (um apódema) com função esquelética interna (segundo Hackman, 1971 e outros).

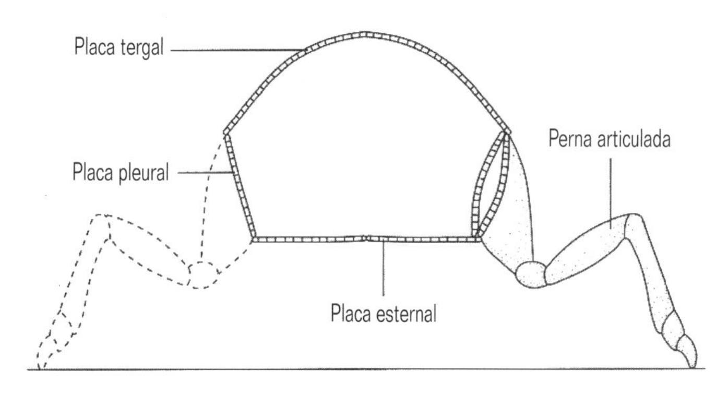

Fig. 8.2 Secção transversal através do corpo de um artrópode mostrando as várias placas de exoesqueleto que envolvem o corpo e um apêndice articulado. O número de artículos distintos dos quais o apêndice é composto varia de grupo para grupo, sendo que cada filo tem sua própria terminologia.

sua conquista bem-sucedida do ambiente terrestre e da facilidade com a qual os organismos terrestres pequenos podem se especiar. Seu sucesso como animais terrestres, em um contraste marcante com a maioria dos grupos de invertebrados, provavelmente deve muito ao aparecimento de sistemas excretores que economizam água e de órgãos para trocas gasosas, e ao desenvolvimento de uma epicutícula impermeável e resistente à dessecação.

8.1 Filo TRADIGRADA

8.1.1 Etimologia

Latim: tardus, lento; gradu, passo.

8.1.2 Características diagnósticas e especiais (Fig.8.3)

1 Bilateralmente simétricos; diminutos, atarracados.

2 Espessura do corpo com mais de duas camadas de células, com tecidos e órgãos.

3 Um trato digestivo direto e reto.

4 Corpo monomérico, embora com quatro pares de pernas curtas, não-articuladas, com garras, com as quais o animal rasteja (Fig. 8.3a) usando músculos extrínsecos; os pares de pernas são servidos por gânglios nervosos repetidos de forma serial.

5 Cavidade do corpo como uma pseudocele bem-desenvolvida, formando um esqueleto hidrostático.

6 Parede do corpo com epiderme coberta por cutícula, mas sem camadas musculares; cutícula essencialmente não-quitinosa que sofre mudas e que frequentemente apresenta espinhos e/ou apresenta espessamentos em forma de placas; uma rede de células musculares lisas individualizadas cruza todo o corpo.

7 O corpo tem um número fixo de células (eutelia).

(a)

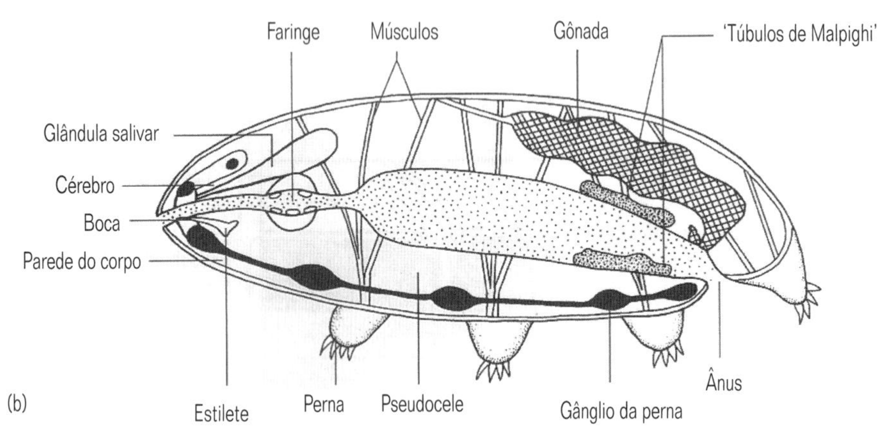

(b)

Fig. 8.3 Estrutura de um tardígrado: (a) aparência externa de animais rastejando sobre uma alga filamentosn (de Marcus, 1929); (b) uma secção longitudinal diagramática através de um tardígrado generalizado (de Cuénot, 1949).

8 Uma faringe musculosa bombeadora que apresenta placas quitinosas (placóides); um par de estiletes bucais pode se protrair através da boca para perfurar presas.

9 Sem sistema circulatório nem órgãos de trocas gasosas.

10 Três 'túbulos de Malpighi' possivelmente formam um sistema excretor em algumas espécies.

11 Sistema nervoso com um cérebro e cordões nervosos longitudinais pares que apresentam gânglios associados às pernas.

12 Gonocóricos, algumas vezes partenogenéticos; com uma gônada única.

13 Desenvolvimento direto.

14 De vida livre, habitando filmes de água de forma intersticial ou associados à vegetação no ambiente terrestre, em água doce e no mar; criptobióticos.

Os tardígrados apresentam uma amálgama peculiar de características: como os outros protoartrópodes, possuem pernas pares com garras; como os lofoforados e os deuterostômios, apresentam, durante seu desenvolvimento, embora apenas transitoriamente, bolsas enterocélicas pares (cinco pares); e, com os pseudocelomados, compartilham um nível generalizado de organização do corpo e modo de vida.

Embora diversas espécies ocorram em hábitats relativamente permanentes, tais como areias marinhas e cascalhos de conchas, muitos caracterizam filmes de água temporários e corpos d'água instáveis. Esses últimos tardígrados desenvolveram uma grande variedade de estágios de resistência. Quando o filme de água em torno das folhas de musgo evapora, por exemplo, os tardígrados também perdem água através de sua cutícula permeável. A maior parte de seus fluidos corpóreos pode ser

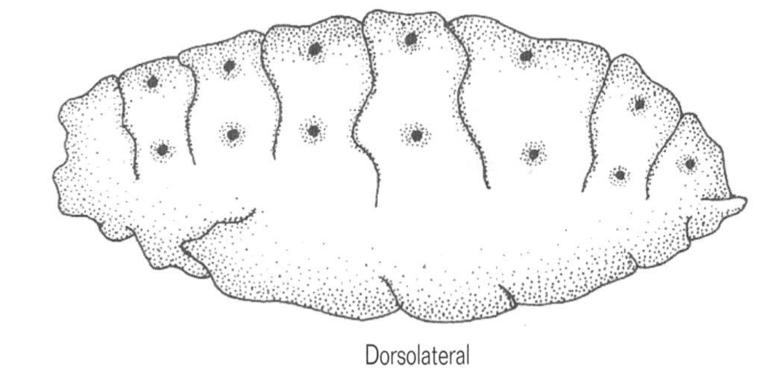

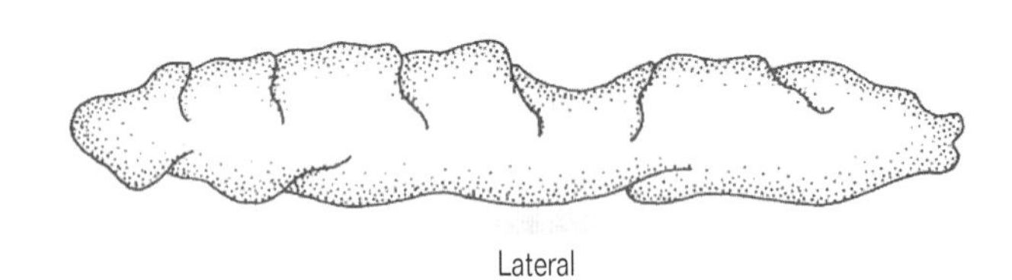

Fig. 8.4 Um tonel de tardígrado (segundo Morgan, 1982).

perdida ao passo que encolhem formando pequenos "tonéis" em forma de barril (Fig. 8.4). Os tonéis podem sobreviver por até 10 anos no estado seco (e provavelmente por mais tempo), e seu consumo de oxigênio cai para um seiscentos avos do normal. Nesse estado, podem tolerar temperaturas de -272°C por mais de 8 horas, e até 150°C. Circunstâncias adversas menos severas podem ser evitadas (a) por encistamento, sendo que o animal recolhe suas pernas, se separa de sua cutícula, como ocorre durante a muda, e se enrola em uma bola dentro da casca de cutícula; ou (b) pela produção de ovos de resistência, de casca grossa. É

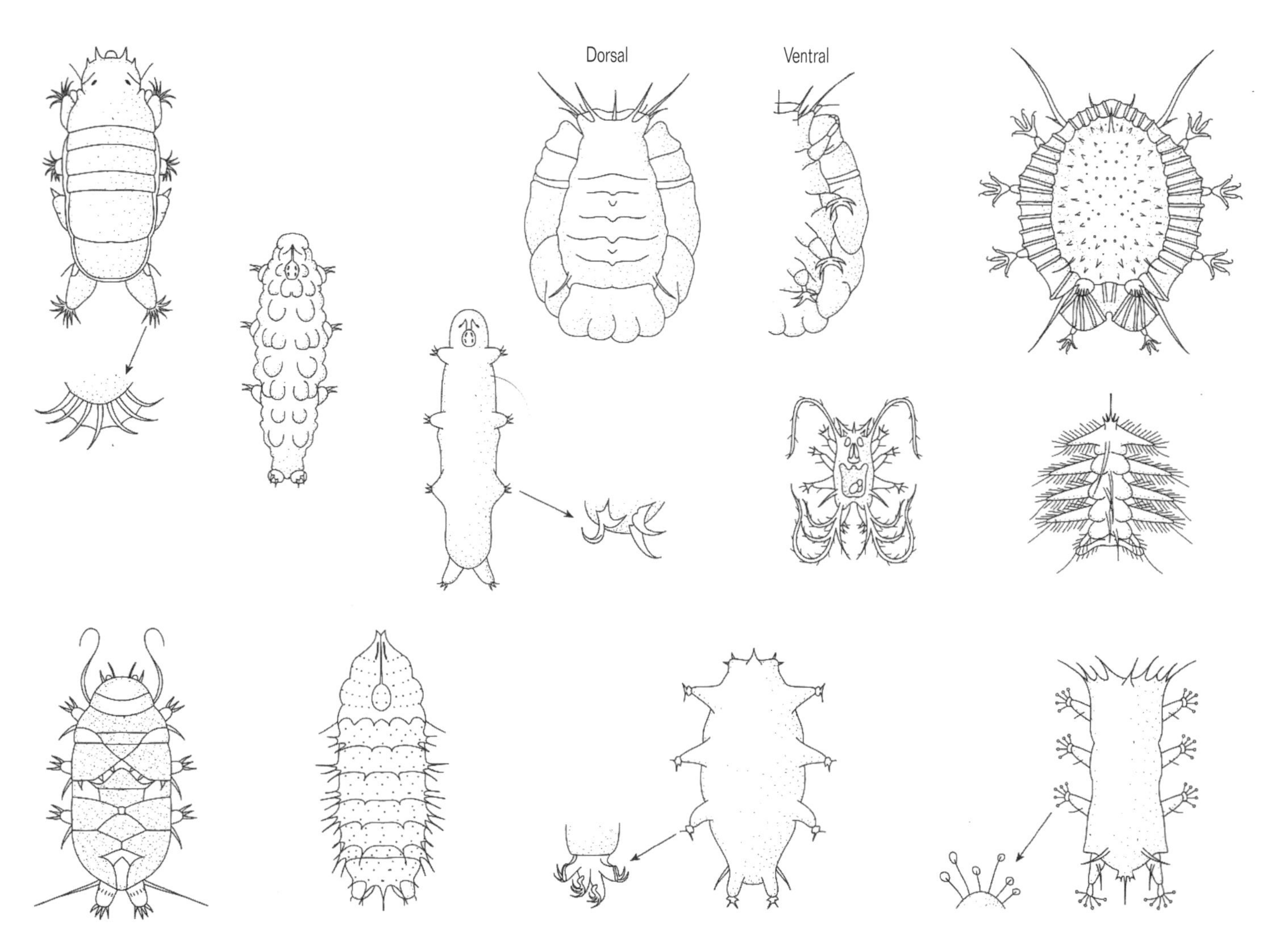

Fig. 8.5 Variações da forma e ornamentação da cutícula de tardígrados, e na forma e no número de suas garras (de Morgan & King, 1976 e outros).

possível que, ao incluir tais fases de animação suspensa, o tempo de vida de um tardígrado possa exceder 60 anos.

Todas as espécies alimentam-se por sucção, embora a presa consumida possa ser as células de uma alga ou de uma planta, ou um animal intersticial associado ou criptobiótico, tal como um rotífero, nematódeo ou outro tardígrado. Uns poucos são parasitas, sendo que um vive dentro do trato digestivo de moluscos gastrópodes. A boca é aplicada ao alimento e os dois estiletes são, então, protraídos por músculos através da boca, perfurando a presa. Fluidos e organelas podem, assim, ser sugados para dentro do trato digestivo através da ação bombeadora da faringe, sendo que os placóides da faringe provavelmente servem para macerar alguma partícula sólida ingerida.

8.1.3 Classificação

As 400 espécies viventes, que variam de tamanho entre 0,05 e 1,2 mm, variam pouco na anatomia, exceto com respeito à ornamentação da cutícula e na forma e no número de suas garras (Fig. 8.5); todas estão contidas em uma única classe.

8.2 Filo PENTASTOMA

8.2.1 Etimologia

Grego: pente, cinco; stoma, boca.

8.2.2 Características diagnósticas e especiais (Fig.8.6)

1 Bilateralmente simétricos; achatados, vermiformes.

2 Espessura do corpo com mais de duas camadas de células, com tecidos e órgãos.

3 Um trato digestivo direto e reto.

4 Corpo monomérico, embora anelado; com dois pares de 'pernas' com garras, ou apenas com dois pares de garras, na região anterior (Fig. 8.7).

5 Um esqueleto hidrostático formado pela pseudocele.

6 Parede do corpo com uma epiderme coberta por cutícula e camadas de musculatura estriada circular e longitudinal; cutícula quitinosa, porosa e que sofre mudas.

7 Sem órgãos para excreção, circulação ou trocas gasosas.

8 Sistema nervoso com um cérebro, um gânglio associado a cada 'perna' (ou todos os cinco gânglios fundidos em uma massa única), e um cordão nervoso ventral.

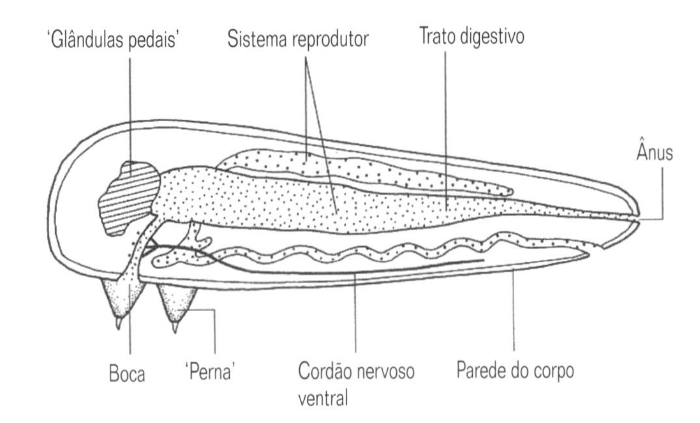

Fig. 8.6 Secção longitudinal diagramática de uma fêmea de pentastômido (principalmente de Cuénot, 1949).

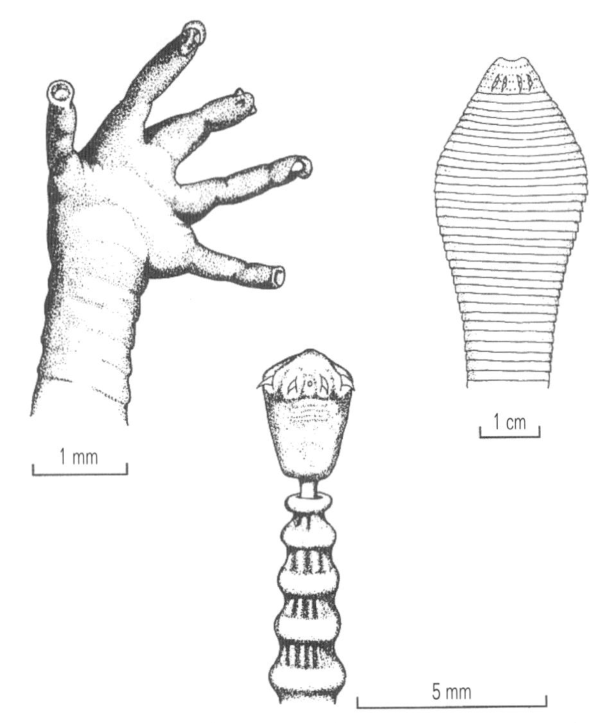

Fig. 8.7 Variação na morfologia da porção terminal anterior do corpo de pentastômidos, mostrando a extensão do desenvolvimento ou a redução das 'pernas' (em vista ventral) (de Kaestner, 1968).

9 Gonocóricos; com uma ou duas gônadas.

10 Fecundação interna, através de cópula.

11 Desenvolvimento com três 'estádios larvais: o primeiro com três pares de apêndices lobados, não-articulados, em forma de perna.

12 Parasitas que se alimentam de sangue no sistema naso-pulmonar de vertebrados.

Assim como ocorre com muitos endoparasitas, o corpo dos pentastômidos é dominado pelo sistema reprodutor e um número muito grande de ovos pequenos é produzido. A fecundação é interna, e os ovos fecundados, cujo número pode atingir até meio milhão de uma vez, são retidos dentro do corpo da mãe por um certo período antes de serem liberados. O útero que os acomoda então ocupa efetivamente todo o corpo do verme fêmea, o qual aumenta mais de 100 vezes. Três estádios 'larvais' ou juvenis ocorrem em sequência, sendo que o primeiro ocorre ainda dentro da casca do ovo. Esse passa para fora do corpo do hospedeiro através do canal alimentar (todos os hospedeiros são vertebrados predadores terrestres ou de água doce, sendo que 90% das espécies de pentastômidos parasitam répteis). Se esse estado de larva, ainda dentro da cápsula do ovo, for engolido por um hospedeiro intermediário (um inseto, peixe ou tetrápode onívoro ou herbívoro) a larva emerge e cava seu caminho através dos tecidos do hospedeiro intermediário usando três estiletes quitinosos, movendo-se com suas pernas curtas e atarracadas. Ao alcançar uma região específica (o fígado do hospedeiro etc.), a larva encista e se desenvolve em um estágio larval secundário. Se o hospedeiro intermediário infectado tornar-se, então, a presa de um hospedeiro definitivo, réptil, ave ou mamífero, a larva terciária, que lembra uma versão pequena do adulto, emerge e migra até o pulmão ou até as passagens nasais. Algumas espécies perdem suas pernas durante uma das últimas mudas larvais, retendo apenas as garras terminais em forma de gancho; muitas larvas também possuem, originalmente, um par de garras por perna, sendo que esse número se reduz para uma por perna no estágio adulto.

8.2.3 Classificação

Por volta de 100 espécies desses pequenos (2-16 cm de comprimento) vermes foram descritas; todas podem ser colocadas em uma única classe.

8.3 Filo ONYCHOPHORA

8.3.1 Etimologia

Grego: onychos, garras; -phoros, portador.

8.3.2 Características diagnósticas e especiais (Fig.8.8)

1 Bilateralmente simétricos; alongadamente e cilindricamente vermiformes.

2 Espessura do corpo com mais de duas camadas de células, com tecidos e órgãos.

3 Um trato digestivo direto e reto, apresentando, na região anterior, um par de peças bucais, cada uma com mandíbulas em forma de duas garras (formando uma lâmina mandibular interna e uma externa); estamodeu e proctodeu revestidos por cutícula; sem divertículos digestivos.

4 Corpo com 14-43 pares de pernas curtas, não-articuladas, carnosas, distribuídas ao longo do corpo; cada perna é uma evaginação oca do corpo que apresenta uma almofada terminal, pares de garras e músculos intrínsecos (embora os movimentos da perna sejam efetuados por músculos extrínsecos); cada par de pernas está associado a um par de óstios do coração e a órgãos excretores.

5 Uma cavidade do corpo hemocelomática bem desenvolvida formando um esqueleto hidrostático; com coração tubular, mas sem outros vasos sanguíneos.

6 Parede do corpo com epiderme coberta por cutícula e camadas de musculatura lisa circular, oblíqua e longitudinal; cutícula muito fina, flexível e quitinosa.

7 Órgãos excretores formados por glândulas pares em forma de saco, com repetição serial, sendo que as anteriores formam as glândulas salivares e as posteriores, os gonodutos.

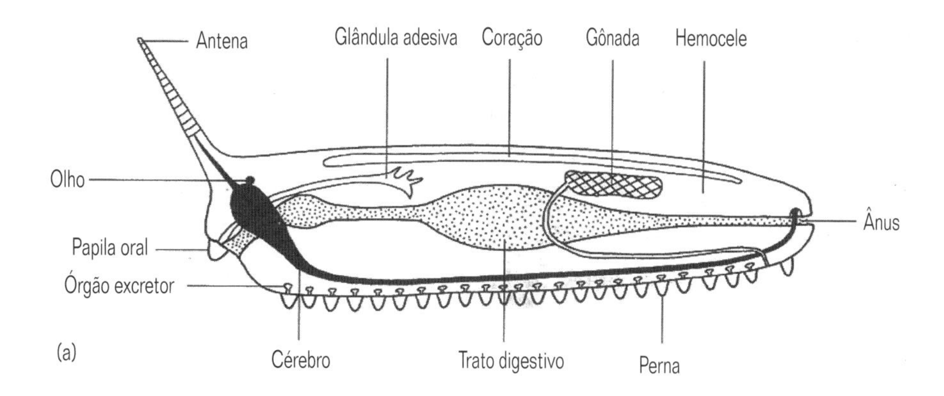

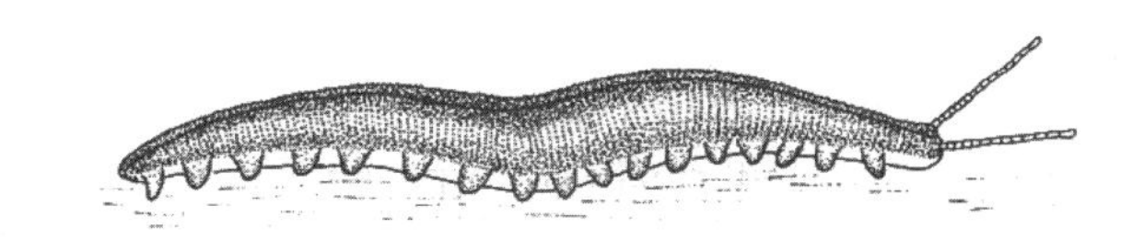

Fig. 8.8 Estrutura dos onicóforos: (a) secção longitudinal diagramática; (b) aparência externa. (De Sedgwick, 1888 e Cuénot, 1949).

8 Órgãos de trocas gasosas formados por traquéias tubulares simples derivando em tufos a partir de numerosos espiráculos pequenos.

9 Sistema nervoso com um cérebro e um par de cordões nervosos ventro-laterais bem separados entre si, unidos através de nove ou dez conectivos transversais em forma de degraus de uma escada de corda em cada 'segmento' com perna, mas sem gânglios distintos; os órgãos dos sentidos incluem um par de antenas aneladas, cada uma com um olho simples e pequeno em sua base.

10 Gonocóricos; com gônadas pares; fecundação interna, através de espermatóforos.

11 Desenvolvimento direto.

12 De vida livre, terrestres.

Durante muitos anos, os onicóforos tiveram um grande interesse científico, principalmente como exemplos vivos de um estágio intermediário entre o grado vermiforme e o grado artrópode de organização. Como os vermes, apresentam um corpo mole e esqueleto hidrostático, dutos excretores ciliados e camadas de musculatura lisa na parede do corpo; e, de forma similar aos artrópodes, apresentam pernas, traquéias, um coração com óstios, seios sanguíneos divididos longitudinalmente, e mandíbulas derivadas de apêndices, nesse caso, das garras que terminam as pernas locomotoras. Entretanto, a estrutura precisa de suas características típicas de artrópodes indica fortemente que foram adquiridas em paralelo e, enquanto possam ilustrar como os primeiros Uniramia, por exemplo, podem ter parecido, os onicóforos não podem ser os ancestrais de nenhum grupo conhecido de artrópodes. Suas traquéias, por exemplo, são tubos simples, em sua maioria não-ramificados, surgindo em grande número a partir dos muitos (até 75) espiráculos que estão espalhados por cada um dos 'segmentos' do corpo que apresentam pernas (Fig. 8.9), e suas mandíbulas, as quais se movem em um plano anterior-posterior, atuam de forma independente uma da outra, e funcionam como um órgão para rasgar em virtude de seus ápices pontudos, em vez de funcionarem como apêndices de mastigação. Outras peculiaridades dos onicóforos incluem a estrutura dos cordões nervosos ventro-laterais, com seus vários conectivos, mas sem gânglios 'segmentares'.

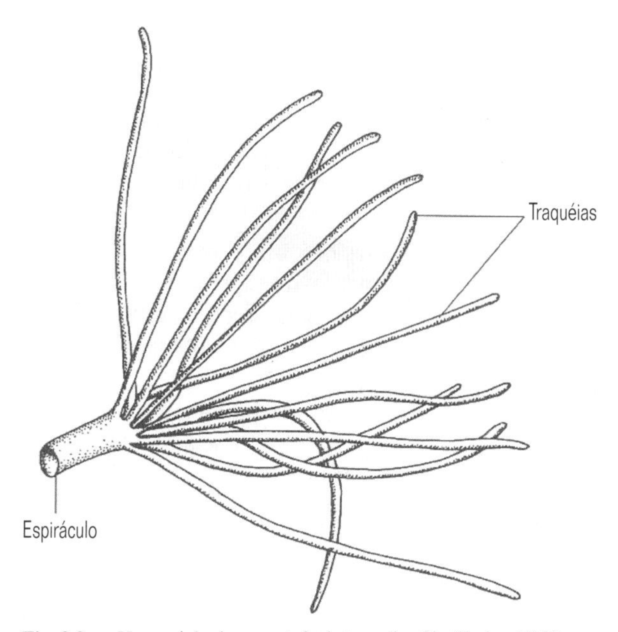

Fig. 8.9 Um espiráculo e um tufo de traquéias (de Clarke, 1973).

Os onicóforos são animais terrestres, amplamente confinados a micro-hábitats e ambientes úmidos. Sua cutícula só tem 1 μm de espessura (até mais fina do que a mais fina epicutícula de um artrópode, veja Fig. 8.1) e é permeável à água, enquanto os espiráculos não apresentam nenhum mecanismo de fechamento. A água perdida pode, no entanto, ser substituída através de vesículas evaginadas com parede fina posicionadas sobre superfícies encharcadas por intermédio de fendas na cutícula. Os onicóforos são principalmente predadores noturnos, que detectam as presas com suas antenas e capturam até animais bastante ativos como gafanhotos ao borrifarem, a uma distância de até 0,5 m, uma substância adesiva proveniente de glândulas de muco que se abrem nas papilas orais pares que se posicionam ao lado da boca. Esse muco endurece quase imediatamente quando exposto ao ar, e forma uma rede extremamente pegajosa que se emaranha em uma presa potencial. A mesma técnica serve como um método de defesa.

8.3.3 Classificação

As 70 espécies de onicóforos atingem um comprimento de até 15 cm; todas são colocadas em uma única classe e uma única ordem.

8.4 Filo CHELICERATA

8.4.1 Etimologia

Grego: chele, garra; cerata, chifres.

8.4.2 Características diagnósticas e especiais (Fig.8.10)

NB, os Pycnogonida diferem em numerosos aspectos – incluindo muitos dos listados abaixo – dos demais quelicerados.

1 Artrópodes bilateralmente simétricos, com <1 mm-60 cm de comprimento, variando no formato do corpo desde alongados até quase esféricos.

2 Espessura do corpo com mais de duas camadas de células, com tecidos e órgãos.

3 Um trato digestivo direto e reto; na região mediana (mesênteron) derivam de dois a muitos pares de divertículos digestivos, os quais secretam enzimas e fazem a digestão intracelular e a absorção do alimento (esses divertículos não surgem como projeções do trato digestivo do embrião, mas se dividem dentro da massa embrionária de vitelo antes de o trato digestivo se diferenciar); boca ântero-ventral.

4 Corpo dividido em duas regiões, um 'prossoma' anterior, formado pelo ácron e seis segmentos que apresentam pernas, e parcial ou totalmente por uma carapaça dorsal, e um 'opistossoma' posterior sem pernas e apenas com apêndices altamente modificados, caso apresentem apêndices.

5 Apêndices unirremes; apêndices do prossoma compreendendo um par de 'quelíceras' queladas, sub-queladas ou em forma de estilete, um par de 'pedipalpos' quelados, em forma de pernas, ou em forma de antenas, e quatro pares de pernas locomotoras, todos ligados perto da linha mediana ventral e, em alguns, estendendo-se através da pressão hemocelomática; sem antenas nem mandíbulas.

6 Apenas um par de apêndices (as quelíceras) forma as peças bucais, embora processos do artículo basal de um ou mais apêndices ('enditos coxais') estejam direcionados para a região mediana e possam esmagar o alimento ou direcioná-lo para dentro da boca.

7 Geralmente (ao menos quando tenha perdido secundariamente) com ocelos medianos diretos e laterais indiretos no prossoma; em um grupo, agregações dos ocelos laterais formam olhos compostos.

8 Opistossoma algumas vezes segmentado externamente e então, com até doze segmentos, em alguns dividido em um 'meesossoma anterior, mais largo, e um 'metassoma' posterior, mais estreito, e, em vários, com uma projeção pós-anal em forma de espinho, ferrão ou flagelo.

9 Um sistema excretor no prossoma formado por glândulas coxais em fundo cego, e/ou um sistema no opistossoma formado por túbulos de Malpighi ramificados, de origem endodérmica, e que se originam do mesênteron e que liberam principalmente guanina.

10 Um exoesqueleto não-calcário e, às vezes, também com um endoesqueleto em forma de placa, de origem mesoaérmica, no prossoma.

11 Órgãos de trocas gasosas associados com os apêndices do opistossoma ou com seus primórdios embriológicos; nas formas marinhas, são brânquias foliáceas externas, nas formas terrestres, os pulmões foliáceos internos e as traquéias tubulares (pulmões traqueais), ambas derivadas desses pulmões.

12 Sistema sanguíneo envolvido com a circulação dos gases respiratórios e geralmente contendo hemocianina.

13 Sistema nervoso com gânglios separados ao longo do comprimento do corpo, ou, mais usualmente, concentrados em uma massa única no prossoma.

14 Gonocóricos, com fecundação externa somente nas classes marinhas (embora os dois parceiros se associem muito proximamente em uma pseudocópula durante o acasalamento) e fecundação interna através de cópula ou de espermatóforos na classe primariamente terrestre; gonóporos localizados no segundo segmento do opistossoma.

15 Os estágios juvenis são versões pequenas dos adultos, geralmente emergindo com o número completo de apêndices.

16 Originalmente animais marinhos bentônicos, uma classe colonizou os ambientes terrestre e de água doce de uma forma extremamente bem-sucedida.

Os quelicerados diferem dos outros dois filos de artrópodes em um grande número de aspectos importantes, como pode ser

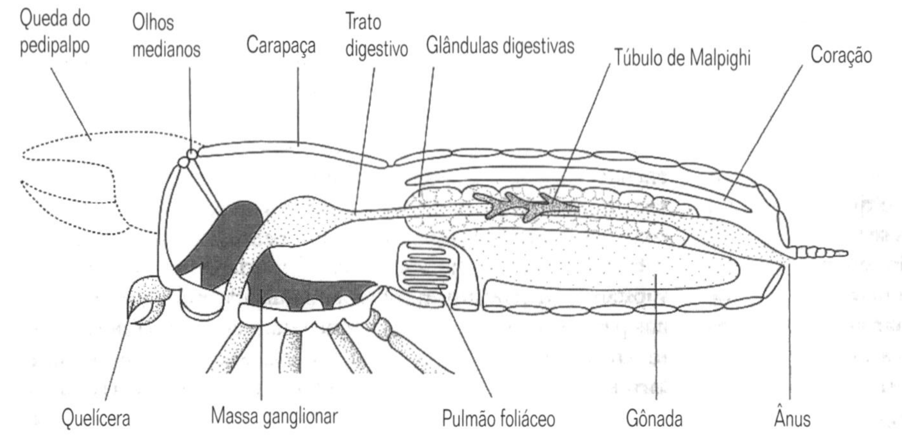

Fig. 8.10 Secção longitudinal diagramática através de um quelicerado generalizado.

visto pela lista acima, fazendo um paralelo com os Uniramia no desenvolvimento de túbulos de Malpighi e de traquéias. A característica mais obviamente distintiva diz respeito a seus apêndices. Nenhum apresenta mandíbulas ou qualquer outro tipo de apêndices que sejam capazes de trabalhar um contra o outro de forma a morder ou mastigar. O alimento pode ser capturado e rasgado pelos apêndices quelados e subquelados (os pedipalpos e/ou quelíceras); todavia, exceto em alguns poucos casos, somente partículas muito finas ou, de forma mais característica, alimento líquido consegue ser ingerido. De fato, a boca propriamente dita é protegida por cerdas que previnem a entrada de partículas grandes. Mesmo assim, os quelicerados são quase todos predadores. Sua especialidade alimentar é segurar a presa bem perto da boca, liberar enzimas digestivas sobre ela e, então, beber os produtos dessa pré-digestão externa. Se as enzimas não forem realmente injetadas na presa, a digestão e a quebra mecânica ocorrem em um espaço pré-oral delimitado pelos enditos das coxas de alguns ou de todos os apêndices do prossoma, os quais estão freqüentem ente dispostos de forma radial em volta da boca. Em associação a esse modo de alimentação, o estomodeu está adaptado a formar uma bomba ou mais de uma bomba, e o mesênteron, especialmente seus muitos divertículos (os quais podem ocupar a maior parte do volume corpóreo), é o local da digestão final e da absorção. Além disso, os quelicerados não apresentam antenas, embora os pedipalpos ou o primeiro ou o segundo par de pernas locomotoras possa estar modificado para executar uma função similar.

Dentro dos quelicerados, existe uma série morfológica que indica como o sistema traqueal pode ter surgido a partir de brânquias externas. Nos Merostomata, que são marinhos e quase certamente a reserva ancestral dos quelicerados, os órgãos de trocas gasosas são – como na maioria dos outros animais marinhos – brânquias externas. Elas se originam na margem posterior dos apêndices do opistossoma, os quais têm a forma de lâmina, e seu batimento direciona a água para cima das lamelas branquiais. De forma apropriada, os aracnídeos terrestres respiram o ar, mas, em contraste com os Uniramia (veja Secção 8.5), seus órgãos característicos de trocas gasosas retiveram uma associação embriológica com a margem posterior dos primórdios dos apêndices do opistossoma (nos aracnídeos, esses primórdios dos apêndices do opistossoma não se desenvolvem em pernas, embora as fiandeiras das aranhas e os pentes dos escorpiões sejam apêndices do opistossoma altamente modificados). Os pulmões foliáceos (Fig. 8.11), por exemplo, formam-se dessa maneira e são equivalentes a uma série de lamelas branquiais alojadas em bolsas aprofundadas dentro do corpo. Cada pulmão foliáceo é uma invaginação com uma série de lamelas paralelas dependuradas em seu interior, mantidas afastadas entre si através de suportes, entre as quais o ar se movimenta por difusão e dentro das quais o sangue flui no interior de um seio. Em alguns pulmões foliáceos, as lamelas são alongadas e em forma de tubo em vez de serem em forma de lâmina e, dependendo do número de tais tubos, esses pulmões são chamados de pulmões traqueais (muitos tubos intimamente associados) ou traquéias tubulares (poucos tubos). Esses sistemas traqueais são, portanto, essencialmente brânquias alongadas, internas, e associadas às pernas. Em algumas aranhas, traquéias secundárias adicionais desenvolveram-se a partir de uma origem alternativa: de projeções internas ocas do exoesqueleto ('apódemas' – veja a Fig. 8.1).

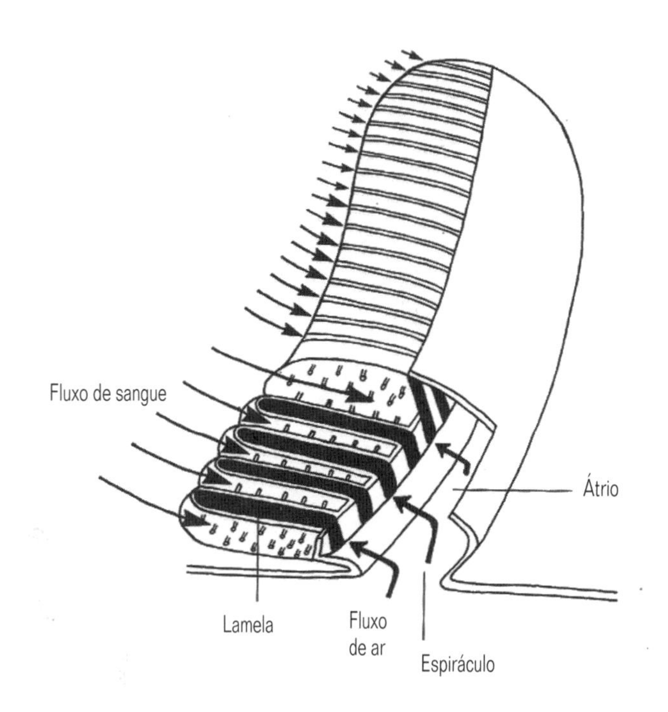

Fig. 8.11 Estereossecção diagramática através do pulmão foliáceo de um aracnídeo, mostrando a circulação do sangue e do ar (de Barnes, 1980).

8.4.3 Classificação

As 63.000 espécies descritas de quelicerados são colocadas em três classes muito distintas, sendo que cada uma delas parece não ser relacionada às outras duas.

Classe	Ordem
Merostomata	Xiphosura
Arachnida	Scorpiones Uropygi Schizomida Amblypygi Palpigradi Araneae Ricinulei Pseudoscorpiones Solpugida Opiliones Notostigmata Parasitiformes Acariformes
Pycnogona	Pycnogonida

8.4.3.1 Classe Merostomata (límulos)

Embora tenha sido um grupo dominante de invertebrados até o Permiano, atualmente os Merostomata estão representados por apenas quatro espécies em uma só ordem (Xiphosura). Os límulos são quelicerados marinhos de grande porte, com uma carapaça grossa com a forma de ferradura, a qual cobre o grande prossoma e se estende tanto para a região anterior, de forma que a boca tenha uma posição mediana-ventral, como para as late-

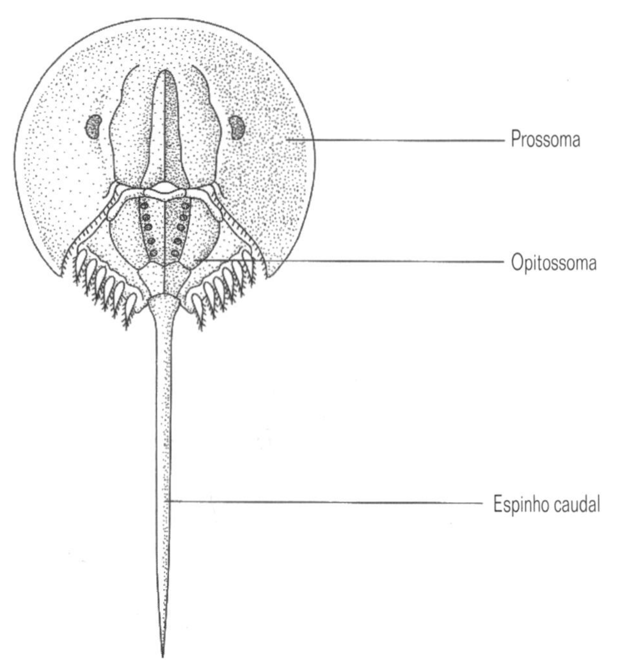

Fig. 8.12 Um Merostomata em vista dorsal (de Kaestner, 1968).

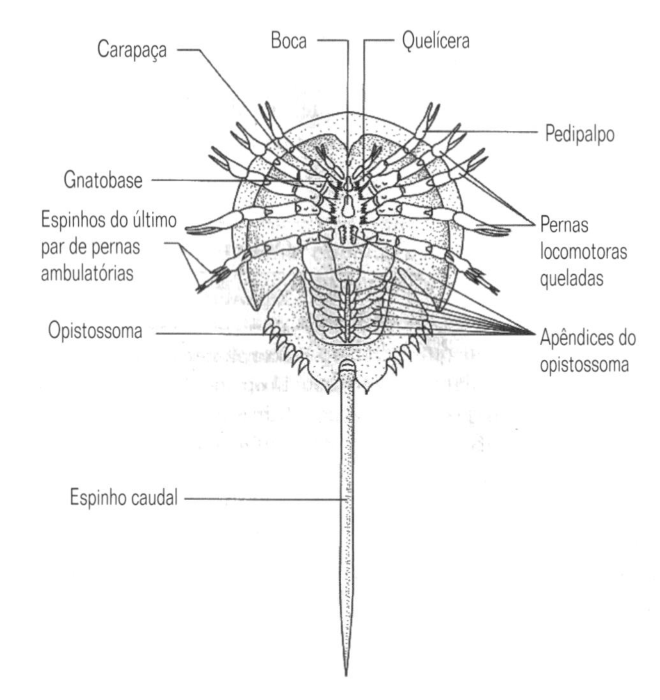

Fig. 8.13 Vista ventral semi-diagramática de um Merostomata mostrando os vários apêndices (de Savory, 1935).

rais, escondendo os apêndices em uma vista dorsal. O opistossoma, pequeno e em forma de dobradiça, é uma placa achatada parcialmente inserida em um entalhe da carapaça e apresenta uma franja lateral de espinhos robustos; na porção terminal, apresenta um espinho caudal longo, de posição pós-anal (Fig. 8.12). As quelíceras, os pedipalpos e todas as pernas locomotoras, com exceção do último par, são queladas; em vez disso, esse último par apresenta vários espinhos ou lamelas terminais usados durante a escavação (Fig. 8.13).

Ao contrário dos demais quelicerados viventes, os límulos apresentam quase um conjunto completo de apêndices no opistossoma: o par mais anterior é pequeno e tubular, e os outros seis pares formam lâminas achatadas que propelem o animal durante o seu nado de cabeça para baixo. As primeiras dessas lâminas também servem como um opérculo genital, enquanto as cinco mais posteriores apresentam as brânquias externas. Outras características não inapropriadas em um animal marinho, mas atípicas em quelicerados de uma maneira geral, incluem a ausência de túbulos de Malpighi e a ocorrência de fecundação externa. De maneira única entre os membros viventes desse filo, os Merostomata também apresentam olhos compostos laterais grandes e difusos, de um tipo individual; em contraste aos aracnídeos, as gônadas e os divertículos digestivos estão localizados no prossoma.

Os límulos são animais bentônicos noturnos encontrados em águas costeiras rasas, onde escavam em sedimento moles e rastejam sobre a superfície, predando grandes moluscos e poliquetas, que são esmagados pelos enditos das coxas ('gnatobases') e em uma moela especializada.

8.4.3.2 Classe Arachnida

Os aracnídeos, quase totalmente terrestres, compreendem mais de 98% de todas as espécies viventes de quelicerados e apresentam um grande número de adaptações marcantes à existência no ambiente terrestre, por exemplo, um sistema excretor com túbulos de Malpighi, órgãos de trocas gasosas internos para respiração aérea, uma cutícula impermeável por meio de uma camada de cera, e fecundação interna. Na morfologia, variam desde formas alongadas e bastante encouraçadas, com grandes pedipalpos raptoriais, com segmentação externa conspícua, e com opistossoma dividido em meso e metassoma (escorpiões, escorpiões-vinagre etc.) até espécies quase esféricas com exoesqueleto fino, sem segmentação visível externamente, e com pedipalpos menos evidentes (a maioria das aranhas e ácaros etc.); essa diversidade está refletida em sua divisão em 13 ordens (Fig. 8.14). O formato do corpo dos escorpiões é quase certamente a condição primitiva uma vez que é ligeiramente distinta daquela dos (hoje extintos) Merostomata euripterídeos, os quais ocuparam um hábitat de água doce e eram provavelmente anfíbios. Vários aracnídeos modernos recolonizaram a água doce, e alguns ácaros habitam o mar.

Em contraste aos xifosuros, os aracnídeos são caracterizados pela ausência de olhos compostos e de apêndices ambulatórios no opistossoma, pela presença de pernas locomotoras longas e não-queladas, e pela localização das gônadas e dos divertículos digestivos dentro do opistossoma. Em vários grupos de aracnídeos, a redução geral da natureza sólida do exoesqueleto estendeu-se até a liberação dos dois últimos segmentos do prossoma da carapaça, embora eles possam ter se separado em placas dorsais, e no aparecimento de um opistossoma mole e flexível. Na maioria dos ácaros, esses dois últimos segmentos do prossoma foram incorporados no opistossoma de maneira a formar um corpo com duas regiões, diferente do padrão típico dos quelicerados. No entanto, de forma mais geral, o prossoma e o opistosssoma são mantidos como as duas divisões fundamentais do corpo, sendo que os dois estão separados por um diafragma interno ou por um pedúnculo estreito (o 'pedicelo'); essa separação permite que a pressão corpórea do prossoma seja elevada (para estender as pernas) sem afetar a pressão do opistossoma.

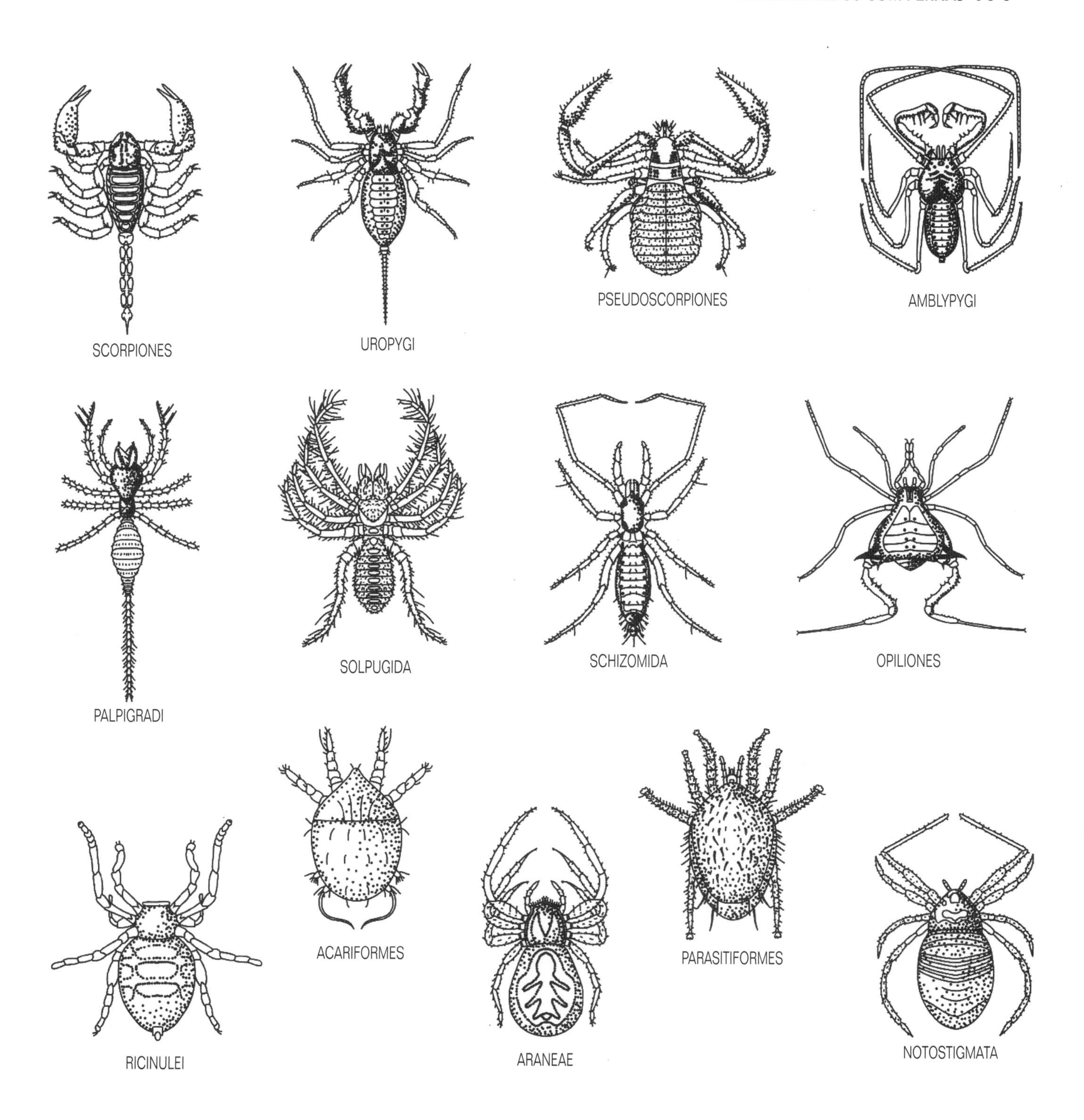

Fig. 8.14 Forma do corpo das várias ordens de aracnídeos (de Savory, 1935; Hughes, 1959 e outros).

Os aracnídeos são um grupo muito bem-sucedido, com um modo de vida baseado principalmente na predação dos igualmente bem-sucedidos insetos. Adaptações notáveis que permitem a captura de tão altamente móveis organismos incluem a posse de glândulas de veneno, cujas secreções podem ser injetadas na presa, e na produção de seda, um fenômeno que culminou com a construção de teias pelas aranhas. Variam de tamanho de <0,1 mm a 18 cm, e incluem mais de 62.000 espécies. De forma não-usual, alguns ácaros não são predadores, e se alimentam de substâncias vegetais e de detritos; vários são parasitas.

8.4.3.3 Classe Pycnogona (aranhas-do-mar)

Esses pequenos artrópodes marinhos bentônicos (tamanho do corpo <6 cm) são considerados por vários zoólogos como sendo não-relacionados aos demais quelicerados e, possivelmente, aos demais artrópodes. Seu primeiro apêndice, o quelíforo, é quelado como uma quelícera; o segundo, o palpo, pode ser homólogo ao pedipalpo; e a maioria das espécies realmente apresenta qua-

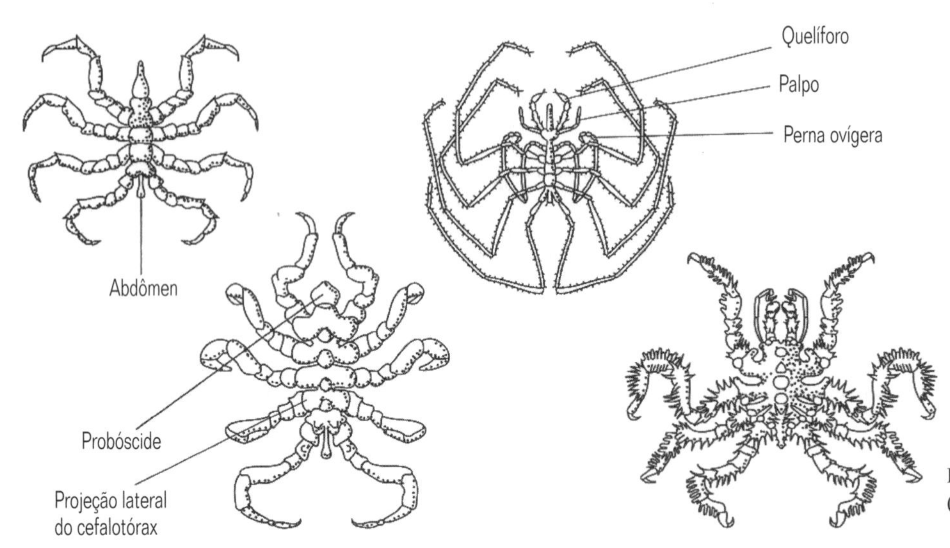

Fig. 8.15 Formas do corpo de picnogônidos (principalmente de Hedgpeth, 1982).

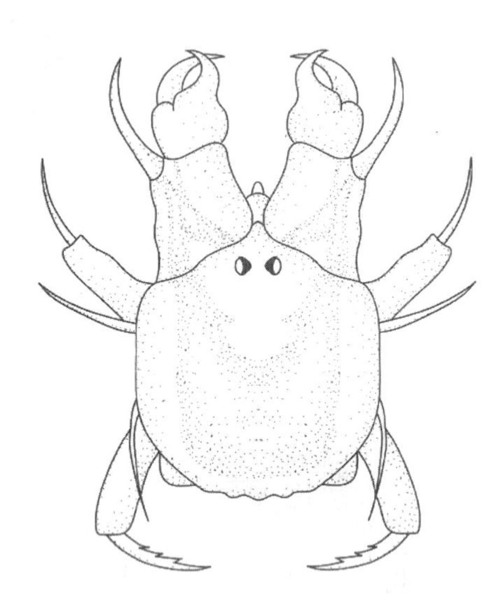

Fig. 8.16 Uma larva protoninfa de picnogônido (de Kaestner, 1968).

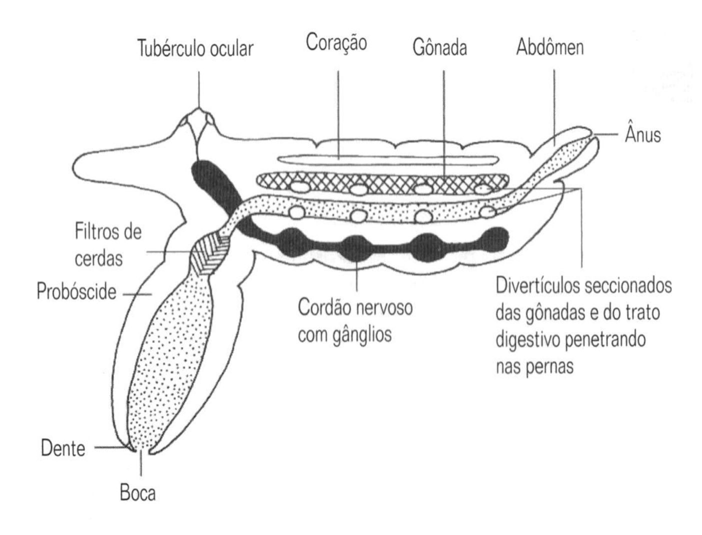

Fig. 8.17 Secção diagramática através do corpo e da probóscide de um picnogônido (de King, 1973).

tro pares de pernas. No entanto, algumas espécies apresentam cinco pares de pernas e umas poucas apresentam seis pares, ao mesmo tempo em que um apêndice adicional, a perna ovígera, está localizada entre o palpo e o primeiro par de pernas locomotoras. A perna ovígera está inserida na região ventral, e não na região lateral, como os outros apêndices – as pernas locomotoras articulam-se através de projeções laterais robustas do corpo (Fig. 8.15). Em várias espécies, os quelíforos, os palpos e as pernas ovígeras são vestigiais ou ausentes; no entanto, as pernas locomotoras estão sempre bem desenvolvidas e podem ser muito longas (um diâmetro, com as pernas abertas, de até 75 cm foi registrado).

O cefalotórax (prossoma?), o qual não está coberto por carapaça alguma, apresenta uma proeminência central, com dois pares de olhos simples e, na região ventral ou anterior, uma probóscide grande, tubular e não-retrátil, na qual a boca tem posição terminal. O abdômen (opistossoma?) é uma papila diminuta, não-segmentada, que não apresenta apêndice algum. Nenhum órgão excretor ou de trocas gasosas ocorre. De forma peculiar, as gônadas estendem-se bem profundamente para o interior das pernas, assim como também o fazem os divertículos digestivos, e os óvulos amadurecem dentro das pernas. Durante a pseudo-cópula, os gametas são eliminados de gonóporos múltiplos posicionados na base de cada perna locomotora ou na base das duas últimas pernas e, depois da fecundação, o macho recolhe os ovos e os carrega em bolas presas às pernas ovígeras. Em algum momento, um estágio larval distinto, com três pares de apêndices, a larva protoninfa (Fig. 8.16), emerge e, de forma mais comum começa sua vida semiparasita sobre ou dentro de cnidários ou moluscos.

Os adultos alimentam-se principalmente de esponjas, cnidários e briozoários, sendo que parte das presas é agarrada pelo quelíforos (se presentes) enquanto uma sucção potente gerada pela faringe resulta na ingestão dos tecidos, auxiliada pelo ato de roer executado pelos três dentes que existem na ponta da probóscide. Dentro da faringe, dentes adicionais ou cerdas fortes maceram o alimento, e um colar de cerdas localizadas na base da faringe previne a entrada de qualquer coisa que não partículas diminutas no esôfago (Fig. 8.17).

Mais de 1.000 espécies foram descritas, todas atribuídas a uma única ordem.

8.5 Filo UNIRAMIA

8.5.1 Etimologia

Latim: unus, um; ramus, ramo.

8.5.2 Características diagnósticas e especiais (Fig.8.18)

1 Artrópodes bilateralmente simétricos com <1 mm-35cm de comprimento, variando no formato do corpo desde extremamente alongados até quase esféricos.

2 Espessura do corpo com mais de duas camadas de células, com tecidos e órgãos.

3 Um trato digestivo direto e reto, sem qualquer tipo de divertículos digestivos.

4 Corpo dividido em duas regiões, uma 'cabeça', formada pelo ácron e três ou quatro segmentos que apresentam apêndices, e um 'tronco', com pares de apêndices locomotores; em um dos subfilos, o tronco compreende uma série de até 350 segmentos relativamente uniformes, sendo que a grande maioria desses segmentos apresenta pernas locomotoras; no outro subfilo, o tronco está dividido em um 'tórax' com três pares de pernas e um 'abdômen' com até onze segmentos, apenas com apêndices altamente modificados, caso apresentem apêndices.

5 Apêndices unirremes, os da cabeça compreendem um par de 'antenas', de 'mandíbulas', e de maxilas e, em alguns grupos, um segundo par de maxilas; todos os do tronco formam pernas locomotoras funcionais ou modificadas; sem quelíceras ou apêndices quelados.

6 Dois ou três pares de peças bucais (mandíbulas e maxilas), sendo que os membros de cada par trabalham em conjunto ou em oposição entre si; os artículos basais da maxila, ou do segundo par de maxilas, nos grupos que apresentam dois pares, fundem-se de maneira a formar uma lâmina que serve como piso da cavidade pré-oral (o lábio ou 'lábio inferior').

7 Cabeça com ocelos laterais, frequentemente organizados em olhos compostos; às vezes também com ocelos medianos.

8 Tronco, mas não a cabeça, segmentado externamente.

9 A maioria dos membros de um dos subfilos com um ou dois pares de asas no tórax.

10 Com um corpo gorduroso na hemocele, frequentemente intimamente associado ao trato digestivo.

11 Sistema excretor na forma de zero a dois pares de glândulas maxilares na cabeça, e um a 75 pares de túbulos de Malpighi não-ramificados, de origem ectodérmica, que se originam do proctodeu próximo à sua junção com o mesênteron, e que liberam principalmente amônia e/ou ácido úrico.

12 Exoesqueleto calcário ou, de forma mais comum, não-calcário.

13 Órgãos de trocas gasosas na forma de traquéias tubulares pares e ramificadas, através das quais o ar difunde; as traquéias abrem-se (primitivamente) através de um par de espiráculos em cada segmento que apresenta pernas e termina, internamente,

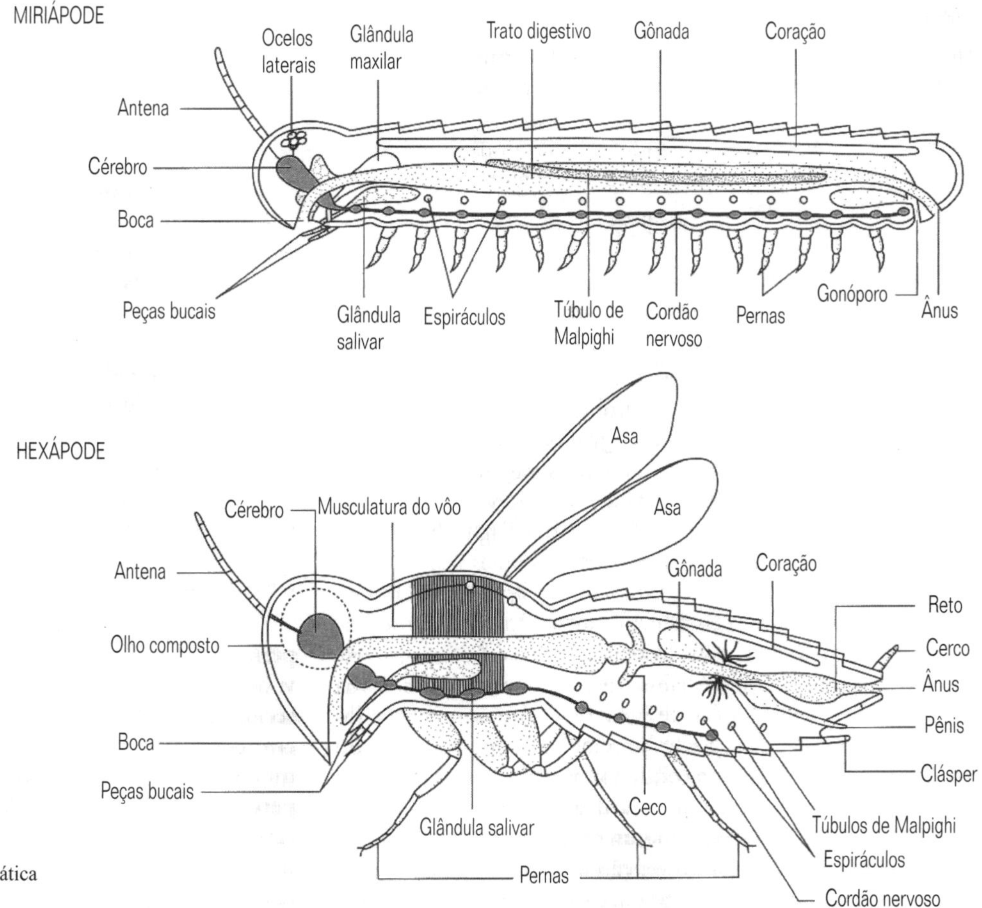

Fig. 8.18 Secção longitudinal diagramática através de dois Uniramia generalizados.

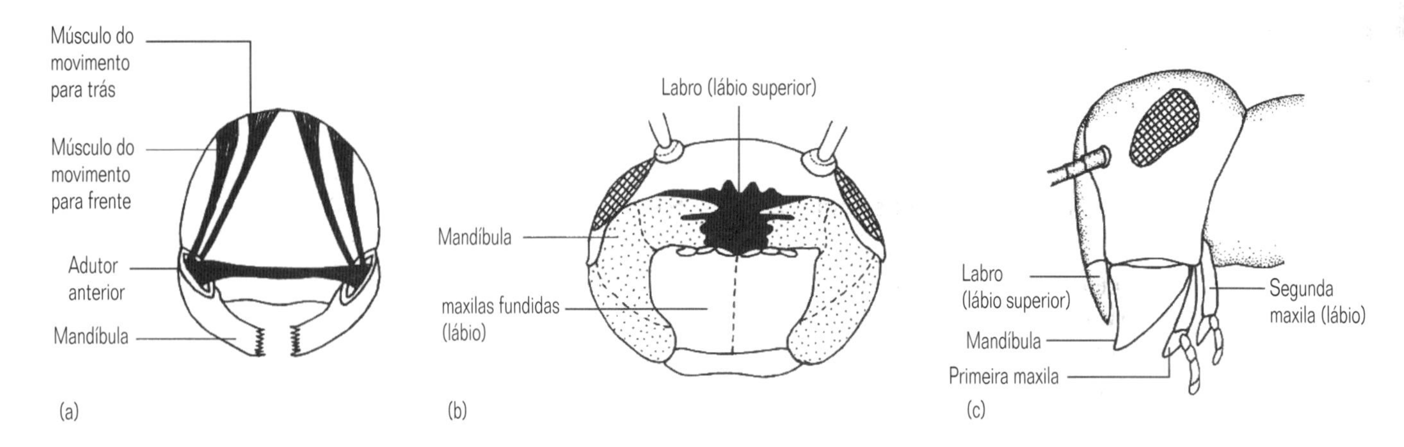

Fig. 8.19 Peças bucais dos Uniramia: (a) uma secção diagramática transversal através da cabeça mostrando o estado primitivo no qual as mandíbulas estão alinhadas verticalmente, voltadas para baixo, e são operadas por uma série de músculos de forma semelhante ao que acontece com as pernas; (b) uma vista antero-ventral da cavidade pré-oral de um diplópode, mostrando o lábio superior (labro) formado por escleritos da cápsula cefálica e o lábio inferior (lábio) formado pela fusão das maxilas (note a orientação horizontal das mandíbulas); (c) vista lateral da cabeça de um inseto com três pares de peças bucais e uma mandíbula articulando-se com a cápsula cefálica em dois pontos (indicados pelos números 1 e 2). (De Kaestner, 1968.)

em traquéolas; o sistema traqueal não está embriologicamente associado aos apêndices.

14 Sangue sem qualquer função circulatória com respeito aos gases respiratórios, e sem pigmentos respiratórios (exceto em uns poucos estágios larvais).

15 Gonocóricos, com fecundação interna através de cópula ou de espermatóforos; na condição ancestral, com gonóporos localizados no último segmento do tronco, modificados em várias formas.

16 Vários grupos com um estágio larval distinto muito diferente da forma adulta; outros emergem com menos do que o número completo de segmentos (e de pernas), e os segmentos adicionais vão sendo incorporados a cada muda, até mesmo, em alguns, depois de atingir a maturidade reprodutiva.

17 Primariamente terrestres, vários em água doce, mas apenas muito poucos nos mares.

Os Uniram ia provavelmente originaram-se no ambiente terrestre e, junto com os aracnídeos quelicerados, os quais ultrapassam tanto no número de espécies como no número de indivíduos, formam o grupo dominante de invertebrados terrestres. Parte da razão de seu sucesso no ambiente terrestre é compartilhada com os aracnídeos. Os dois grupos, de forma independente, adquiriram um sistema de trocas gasosas baseado na difusão de gases desde o ambiente até os tecidos e vice-versa e, assim, é mais eficiente na prevenção da perda d'água do que, por exemplo, o dos vertebrados tetrápodes, nos quais muito vapor d'água é expirado durante a ventilação forçada de seus pulmões. O sistema excretor compartilhado, formado por túbulos de Malpighi, é, em razão de sua associação com o trato digestivo, também no mínimo potencialmente capaz de reduzir a perda d'água através da reabsorção de água dos resíduos nitrogenados depois que eles são liberados no proctodeu. E a presença de um exoesqueleto de cutícula em volta da superfície externa do corpo é uma barreira maior contra a perda d'água do que o tegumento mole e úmido dos anelídeos e moluscos. Todavia, na maioria das classes de Uniramia, essa prevenção contra a perda d'água é apenas parcialmente bem-sucedida, e eles permanecem amplamente ligados a microhábitats úmidos dentro ou próximo ao solo. Seus espiráculos não podem ser fechados, por exemplo; pouca água é recuperada dos resíduos nitrogenados, os quais estão em grande parte na forma de amônia; e a cutícula é relativamente permeável. É em apenas uma das classes que a perda d'água foi mais amplamente reduzida através do desenvolvimento de mecanismos de fechamento dos espiráculos, de uma epicutícula impermeável com cera, e de um sistema de reabsorção de água no reto. Essa classe, a dos insetos pterigotos, também é, de longe, a maior e a mais diversificada dos Uniramia.

Embora os mecanismos para reter água, acima citados, podem explicar porque os Uniramia são no mínimo tão bem-sucedidos quanto os aracnídeos, eles não parecem ser capazes de ser responsáveis por seu tão grande sucesso aparente. Isso é provavelmente amplamente atribuído à posse, pelos Uniramia, de mandíbulas capazes de morder e mastigar. Podem tomar alimentos sólidos em seu trato digestivo, e não são confinados a uma dieta líquida e, portanto, a presas que devem ser pré-digeridas externamente. Com efeito, isso significa que a matéria vegetal está disponível aos Uniramia, e o ambiente terrestre está, acima de tudo, caracterizado por uma abundância de tecidos vegetais relativamente duros, os quais devem ser cortados e mastigados antes de serem digeridos. Em um contraste marcante com os aracnídeos, que são em sua maioria predadores, apenas um dos grupos dos Uniramia, o dos quilópodes, é exclusivamente carnívoro; embora, pelas razões expostas no Capítulo 9, a maior parte das espécies consome substâncias vegetais mortas ou em decomposição em vez dos tecidos vegetais vivos propriamente.

Em origem, a mandíbula dos Uniramia é o primeiro par de pernas locomotoras, das quais apenas a porção basal se desenvolve. Sua margem cortante é uma projeção ampla, imóvel, direcionada para a região mediana, e ligada ao resto da mandíbula em todos, exceto em diplópodes e sínfilos. Primitivamente, a mandíbula articula-se ao corpo da mesma maneira que as outras pernas locomotoras, estando orientada perpendicularmente à cápsula cefálica (Fig. 8.19a). No entanto, na maioria dos Uniramia, seu alinhamento mudou de tal forma que se posiciona paralelamente à superfície ventral da cabeça, tendo passado por uma rotação em direção anterior. Sua articulação primitiva dorsal com o corpo tornou-se, portanto, posterior e, em alguns, um segundo ponto de articulação desenvolveu-se na porção anterior (veja a Fig. 8.19c). A liberdade de movimentos da mandíbula está, então, principalmente limitada aos movimentos de abrir e fechar. O piso ou margem posterior do espaço localizado em frente à boca, no qual as peças bucais atuam, é formado pela fusão das partes basais das maxilas, ou segundas maxilas nos grupos que apresentam dois pares, as quais também derivaram de pernas locomotoras (Fig. 8.19b). Isso contrasta-se com a posição nos outros dois grupos de artrópodes, nos quais esse lábio é parte do esternito ventral do exoesqueleto do corpo. Nos miriápodes, a anatomia das peças bucais varia pouco na estrutura geral, mas, nos insetos pterigotos, a morfologia das mandíbulas e maxilas é extremamente diversificada, correlacionando-se com sua irradiação em numerosos modos de alimentação (veja a Secção 8.5.3B.2).

8.5.3 Classificação

As mais de um milhão de espécies de Uniramia podem ser distribuídas em dois subfilos, um com quatro classes componentes e outro com seis. O plano corpóreo dos Uniramia é, no entanto, relativamente conservativo, e as diferenças entre a maioria dessas classes não é nem um pouco tão marcante como a que ocorre entre as classes de muitos dos grandes filos, por exemplo, Mollusca, Chelicerata e Crustacea.

Classe	Ordem
Chilopoda	Scutigerida Lithobiida Scolopendrida Geophilida
Symphyla	Scolopendrellida
Diplopoda	Polyxenida Glomeridesmida Oniscomorpha Polyzoniida Stemmiulida Spirobolida Iuliformida Typhlogena Chordeumatida Polydesmida
Pauropoda	Pauropodida

8.5.3A A Subfilo MYRIAPODA

As classes de miriápodes provavelmente representam a primeira grande irradiação desse filo (ou de seus membros sobreviventes), sendo que uma dessas classes gerou o ponto de início da segunda grande irradiação, na qual as classes do segundo subfilo surgiram. Todavia, a despeito da grande semelhança anatômica entre Myriapoda e Hexapoda, e dos insetos apterigotos que as interligam, as evidências de sequências moleculares sugerem que os dois grupos são mais intimamente relacionados a outros grupos de artrópodes do que são entre si, sendo os miriápodes mais próximos dos quelicerados e os hexápodes dos crustáceos. Enquanto esse conflito entre os dados moleculares e os anatômicos não for resolvido, parece mais apropriado manter a visão tradicional aqui.

Sua primeira característica distintiva é a de que o tronco compreende uma série de segmentos mais ou menos idênticos, cada um dos quais, exceto um ou dois terminais e, às vezes, o primeiro, com um par de pernas locomotoras; não existe uma diferenciação entre tórax e abdômen. Compartilham um bom número de outras características comuns, embora elas não sejam características exclusivas dos miriápodes (uma vez que várias são compartilhadas com os insetos apterigotos – veja a Seção 8.5.3B.1). Existe apenas um único par de túbulos de Malpighi (geralmente alongados), por exemplo; a cabeça não apresenta ocelos medianos, mas apresenta os 'órgãos de Tomösvary', os quais são provavelmente sensíveis a substâncias químicas carregadas pelo ar e talvez também à umidade; os artículos das antenas possuem individualmente sua própria musculatura; o sistema nervoso não está concentrado, apresentando gânglios em cada segmento do tronco; e, como indicado acima, sua capacidade de retenção de água é relativamente pobre. As várias classes diferem principalmente no número dos pares de maxilas, na posição dos gonóporos, no número das placas tergais dorsais, e em quais segmentos não apresentam pernas.

Embora seja um subfilo exclusivamente terrestre, várias espécies de cada uma dessas classes habitam a zona intertidal do ambiente marinho.

8.5.3A.1 Classe Chilopoda (lacraias)

As lacraias são miriápodes longos a muito longos e achatados dorso-ventralmente, com uma cabeça possuindo dois pares de maxilas, e um tronco compreendendo de 15 a mais de 181 (sempre em número ímpar) segmentos com pernas, em conjunto com dois segmentos terminais sem pernas, o pré-genital e o genital (Fig. 8.20). Todas as suas pernas são semelhantes entre si, embora algumas vezes aumentem de tamanho em direção posterior, exceto o primeiro par, o qual, de forma diagnóstica, está modificado em um órgão para captura de presas – as forcípulas, que são garras grandes e que contêm veneno (Fig. 8.21).

Embora a maioria das espécies apresente um grande número de ocelos laterais e um grupo (a ordem Scutigerida) – de forma única entre os miriápodes – possui grandes olhos compostos, os quilópodes carnívoros são noturnos ou vivem sob a superfície do solo e localizam suas presas, artrópodes e anelídeos, com as antenas ou, mais raramente, com as pernas. Alguns grupos não apresentam olhos.

Como na maioria dos miriápodes, a transferência de espermatozóides é executada através de um espermatóforo externo, o qual é eliminado através do gonóporo terminal somente depois de ter ocorrido um comportamento de corte considerável. Em todos, exceto em um grupo, o macho também protrai uma fiandeira por esse mesmo orifício e coloca sobre o solo uma série de fios de seda, nos quais o espermatóforo pode estar suspenso e os quais podem guiar a fêmea até ele. Várias espécies cuidam dos ovos e até dos jovens depois que eles eclodiram.

No entanto, de forma não usual no subfilo, os jovens de muitas espécies emergem com o número completo de segmentos e de pernas (incluindo, talvez de forma paradoxal, os quilópodes que apresentam o maior número de segmentos), enquanto, mais

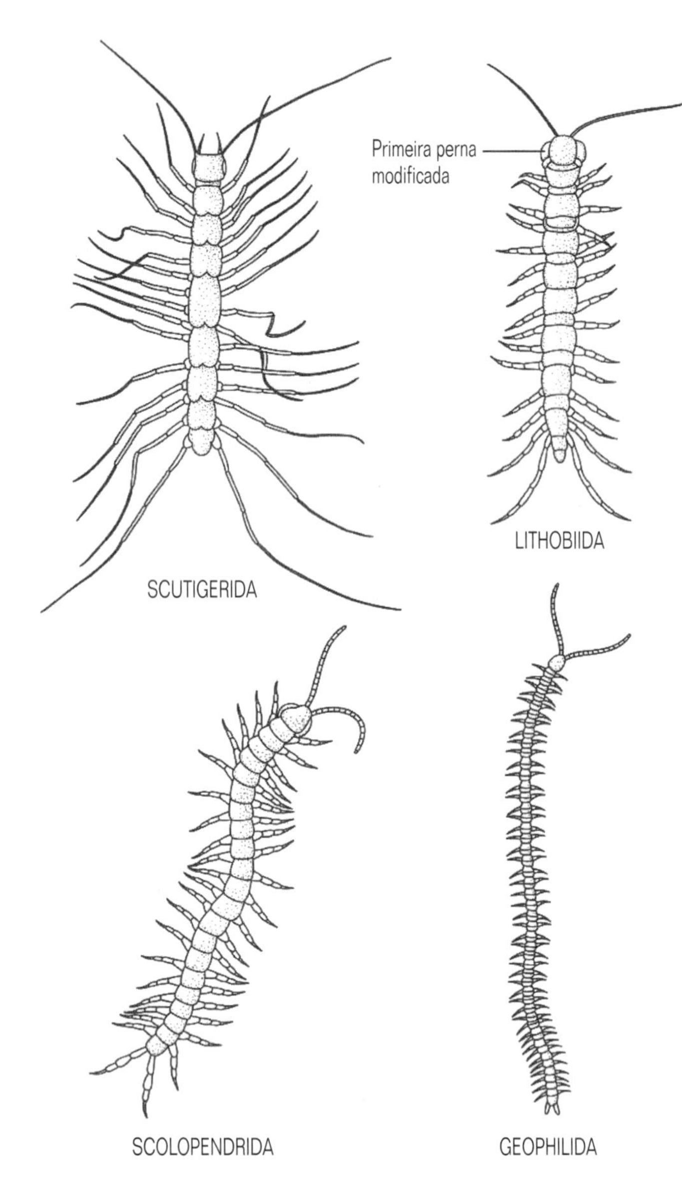

Fig. 8.20 A forma do corpo das lacraias (de Lewis, 1981).

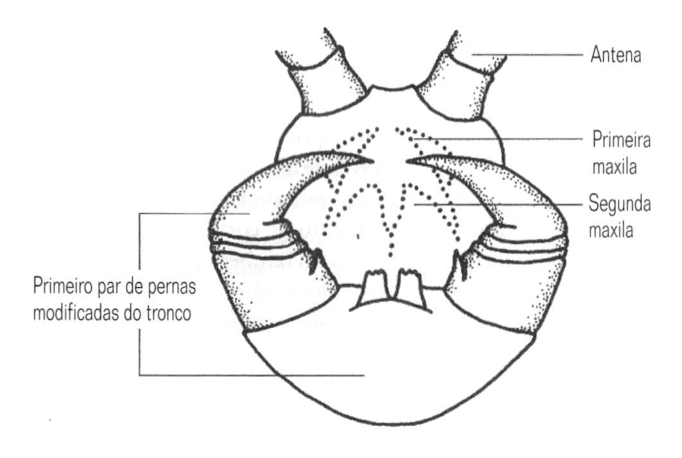

Fig. 8.21 O primeiro par altamente modificado de apêndices do tronco dos quilópodes (de Borrar et al., 1976).

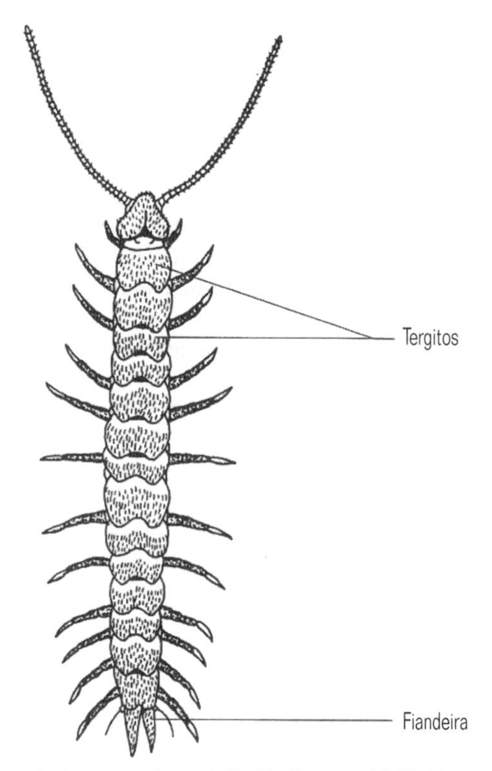

Fig. 8.22 A aparência externa de um sínfilo (de Kaestner, 1968). Note que o número de tergitos excede o de pares de pernas.

tipicamente, os outros emergem com um número menor do que o do adulto, alguns com apenas quatro.

As 3.000 espécies, que atingem comprimentos de até 27 cm, estão divididas em quatro ordens.

8.5.3[A.2] Classe Symphyla

Os sínfilos são miriápodes pequenos (<8 mm de comprimento) que compartilham o mesmo plano corpóreo geral dos quilópodes, isto é, existe uma cabeça com dois pares de maxilas, e um tronco com, neste grupo, doze segmentos com pernas e dois segmentos terminais sem pernas, sendo que o último está fundido ao télson (Fig. 8.22). As fiandeiras também estão localizadas no último segmento livre do corpo. Entretanto, em contraste com os quilópodes, existem muito mais placas tergais do que o número de segmentos – até 24 – permitindo maior flexibilidade do corpo; os gonóporos abrem-se secundariamente na região anterior (no terceiro segmento); e o primeiro par de pernas locomotoras não forma forcípulas, embora sejam distintivos por serem menores do que os seguintes, algumas vezes com apenas a metade do tamanho. Também de forma não usual entre os miriápodes, o par único de traquéias curtas abre-se através de espiráculos localizados na cabeça.

Em um bom número de outros aspectos, entretanto, essa classe lembra os membros do subfilo Hexapoda, particularmennte os insetos apterigotos. Suas peças bucais são essencialmente similares, por exemplo, e styli curtos e sacos coxais eversíveis estão presentes de forma associada à maioria das pernas; os sacos coxais podem ser evertidos por pressão hemocelomática e usados para a tomada de água do ambiente. Uma vez que,

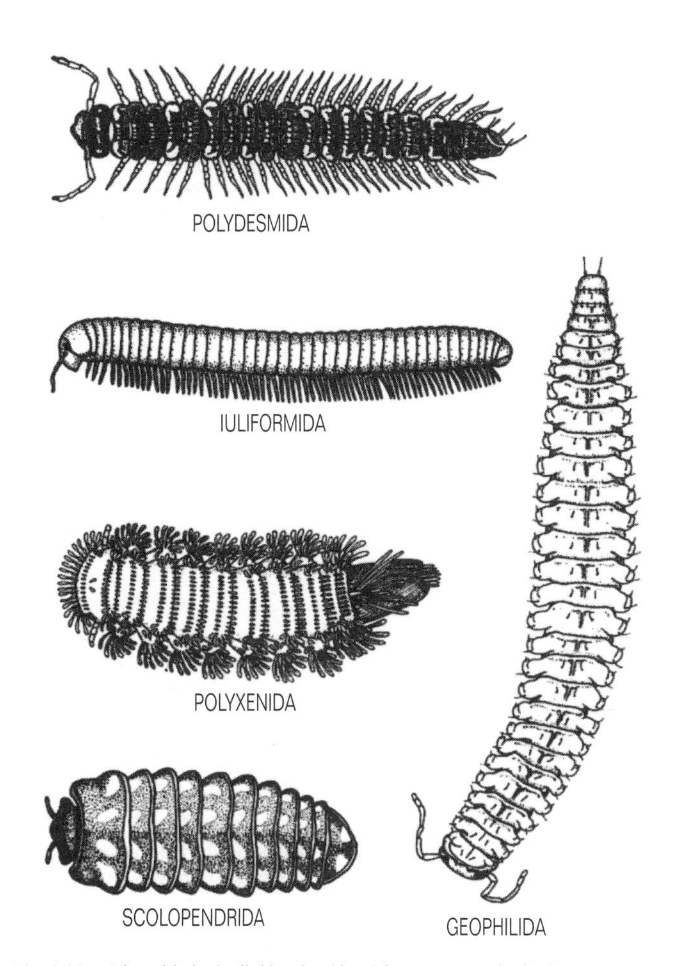

Fig. 8.23 Diversidade de diplópodes (de vários autores, principalmente Blower, 1985).

como a maioria dos miriápodes, os sínfilos emergem com um número menor do que o número completo de segmentos, é possível que os hexápodes tenham surgido de ancestrais parecidos com os sínfilos através de pedomorfose (alguns diplópodes e paurópodes também emergem com apenas três pares de pernas).

As 160 espécies desses pequenos, cegos, moles e pálidos sínfilos são principalmente herbívoras, alimentando-se especialmente de radículas vivas e vivendo dentro do solo, folhiço e madeira em decomposição, sob rochas etc. Todas as espécies estão colocadas em uma única ordem.

8.5.3^A3 Classe Diplopoda (piolhos-de-cobra)

Os diplópodes, que são curtos a muito alongados (Fig. 8.23), apresentam, como sua característica mais distintamente conspícua, a ocorrência de 'diplossegmentos'. O corpo dos diplópodes é formado por um primeiro segmento sem pernas, três segmentos seguintes cada um com, como é típico dos miriápodes, um par único de pernas e, então, uma série de cinco a mais de 85 'anéis', cada um com dois pares de pernas, de gânglios, de óstios no coração etc., antes de um ou mais segmentos sem pernas que compreendem a zona terminal de proliferação de segmentos. Cada anel dos diplossegmentos, os quais, em conjunto, compreendem a maior parte do tronco quase cilíndrico ou, raramente, achatado, é formado pela fusão parcial ou completa de pares de segmentos do corpo; no mínimo dos mínimos, tais diplossegmentos compartilham um tergito dorsal comum. Em muitas espécies, um ou dois pares de pernas (as dos sétimo segmento aparente, ou o par posterior do sétimo e o par anterior do oitavo) estão, nos machos, modificados até uma extensão variável de modo a formar 'gonopódios' para a cópula, os quais coletam os espermatozóides nos gonóporos localizados no terceiro segmento e os transferem até os gonóporos correspondentes das fêmeas. Em outras espécies, as mandíbulas são usadas para transferir espermatozóides, ou os gonóporos dos dois sexos podem ser trazidos em íntima proximidade ou, no estilo clássico dos miriápodes, pacotes de espermatozóides e fios-guia de seda são produzidos. Os jovens da maioria dos diplópodes emergem com apenas sete 'segmentos' do tronco, sendo novos segmentos adicionados ao longo de toda a vida, e muito depois que a maturidade sexual foi atingida.

Outras características dos diplópodes incluem a presença de apenas um par de maxilas, de grandes números de ocelos laterais dispostos em blocos que lembram superficialmente olhos compostos (algumas espécies, no entanto, não apresentam olhos) e, com a exceção de uma ordem, de um esqueleto calcificado – sendo que os diplópodes são os únicos Uniramia a possuir tal característica.

As 10.000 espécies estão dispostas em dez ordens. Todas são animais lentos que se alimentam de matéria vegetal, geralmente somente depois que ela começou a se decompor, a qual obtêm nos mesmos tipos de microhabitats que os sínfilos (troncos em decomposição, folhiço etc.). Os maiores atingem um comprimento de 28 cm.

8.5.3^A4 Classe Pauropoda

Os diminutos paurópodes (<2 mm de comprimento) vivem nos mesmos hábitats que os sínfilos e os diplópodes, onde mordem hifas de fungos e sugam seu conteúdo através de um estomodeu bombeador. Embora inconspícuos, são frequentemente abundantes. Em seu plano corpóreo, apresentam uma relação semelhante à dos diplópodes, assim como os sínfilos parecem os quilópodes. A cabeça, por exemplo, apresenta um par único de maxilas; o primeiro segmento do tronco não apresenta pernas, assim como os dois últimos; os gonóporos apresentam posição anterior, no terceiro segmento; os segmentos do tronco estão arranjados em diplossegmentos incipientes, com uma placa tergal única cobrindo parcial ou completamente os segmentos 1 e 2, 3 e 4, 5 e 6, e assim por diante (Fig. 8.24), até o total de onze ou doze segmentos, sendo que o último está fundido ao télson; e os jovens emergem com poucos segmentos, a maioria com três pares de pernas.

Os paurópodes não são apenas diplópodes incipientes, mas também apresentam um bom número de características distintivas. Não apresentam coração, por exemplo, e a maioria não apresenta traquéias; mesmo quando presentes, as traquéias são muito pequenas. Além disso, possuem antenas ramificadas.

As 500 espécies, todas cegas, moles e incolores, são posicionadas em uma única ordem.

8.5.3^B Subfilo HEXAPODA (insetos)

Somente uma característica separa todos os membros desse subfilo dos Myriapoda: o tronco dos hexápodes é subdividido em um tórax com três segmentos com pernas, e um abdômen

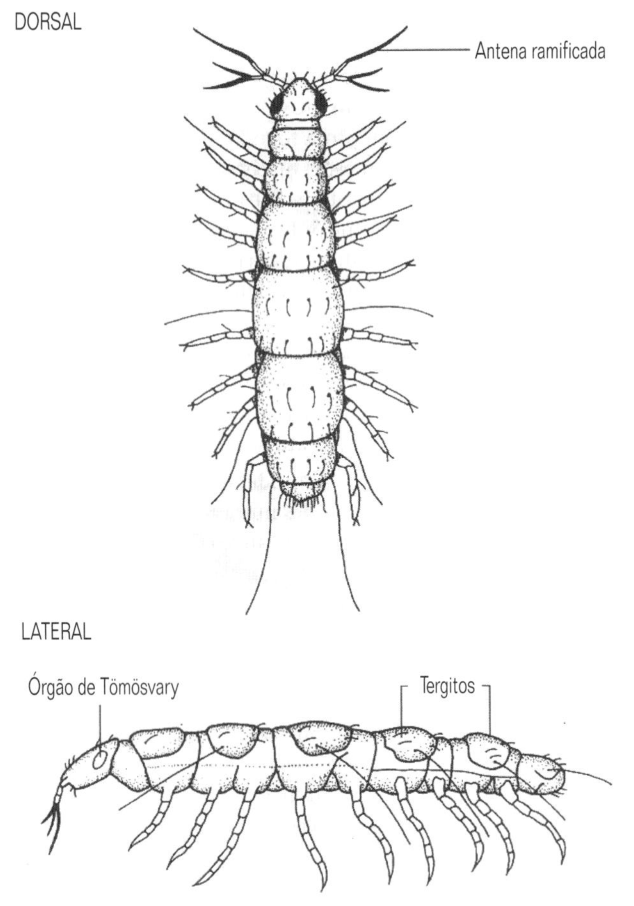

Fig. 8.24 A aparência externa dos paurópodes (de Kaestner, 1968 e Borror et al., 1976). Note que os tergitos são menos numerosos que os pares de pernas.

Classe	Superordem	Ordem
Diplurata		Diplura
Oligoentomata		Collembola
Myrientomata		Protura
Zygoentomata		Thysanura
Archaeognathata		Microcoryphia
Pterygota	Palaeoptera	Ephemeroptera
		Odonata
	Orthopteroidea	Blattaria
		Mantodea
		Isoptera
		Zoraptera
		Grylloblattaria
		Dermaptera
		Orthoptera
		Phasmida
		Embioptera
		Plecoptera
	Hemipteroidea	Psocoptera
		Mallophaga
		Anoplura
		Thysanoptera
		Homoptera
		Heteroptera
	Endopterygota	Coleoptera
		Strepsiptera
		Hymenoptera
		Raphidioida
		Neuroptera
		Megaloptera
		Mecoptera
		Diptera
		Siphonaptera
		Trichoptera
		Lepidoptera

de onze segmentos sem pernas locomotoras; embora apêndices abdominais de algum tipo possam estar presentes e a perda ou a fusão possa reduzir o número de segmentos abdominais para menos de onze. Todos os hexápodes também têm dois pares de maxilas e gonóporos terminais ou subterminais, e a maioria possui ocelos medianos e ocelos laterais ou olhos compostos laterais.

8.5.3[B.1] As classes de apterigotos (insetos sem asas)

Cinco grupos primitivamente sem asas são reconhecidos, sendo que cada um deles divergiu dos demais em um estágio muito inicial da evolução dos insetos [se, na realidade, eles não derivaram separadamente de seu(s) ancestral(is) miriápode(s)] e, portanto, cada um deles pode ser considerado como constituindo uma classe separada. Somente uma dessas classes mostra alguma afinidade clara com os insetos com asas, os quais comprenndem a sexta classe de hexápodes. Todas as classes de apterigotos são pequenas, com apenas uma ordem em cada uma, e eles são mais convenientemente tratados em conjunto.

As cinco classes são amplamente separáveis em três grupos, dos quais os primeiros (os dipluros, Classe Diplurata; os colêmbolos, Classe Oligoentomata; e os proturos, Classe Myrientomata) todos possuem peças bucais parcialmente recolhidas dentro da cápsula cefálica, e compartilham, entre eles, um bom número de outras características em comum com os miriápodes e não com os outros insetos. Seus hábitos, incluindo o comportamento reprodutivo e os hábitats também são muito parecidos com os dos miriápodes; portanto, sem grande surpresa, muitos entomólogos redefiniriam os Myriapoda de forma a incluir esses grupos dentro daquele subfilo. Entre as presumíveis características ancestrais que eles retiveram estão: mandíbulas com uma articulação única com a cabeça; uma hipofaringe trilobada (um órgão mediano em forma de língua associado às glândulas salivares); sacos coxais eversíveis e styli abdominais; cada um dos artículos das antenas com sua própria musculatura; órgãos, de Tömösvary (ou estruturas muito semelhantes a eles); e apêndices abdominais de algum tipo. Todos são pequenos (geralmente com comprimento menor que 7 mm) e, talvez por essa razão, não apresentam túbulos de Malpighi, os resíduos nitrogenados são eliminados pelo epitélio do mesênteron; duas das três classes também não apresentam olhos.

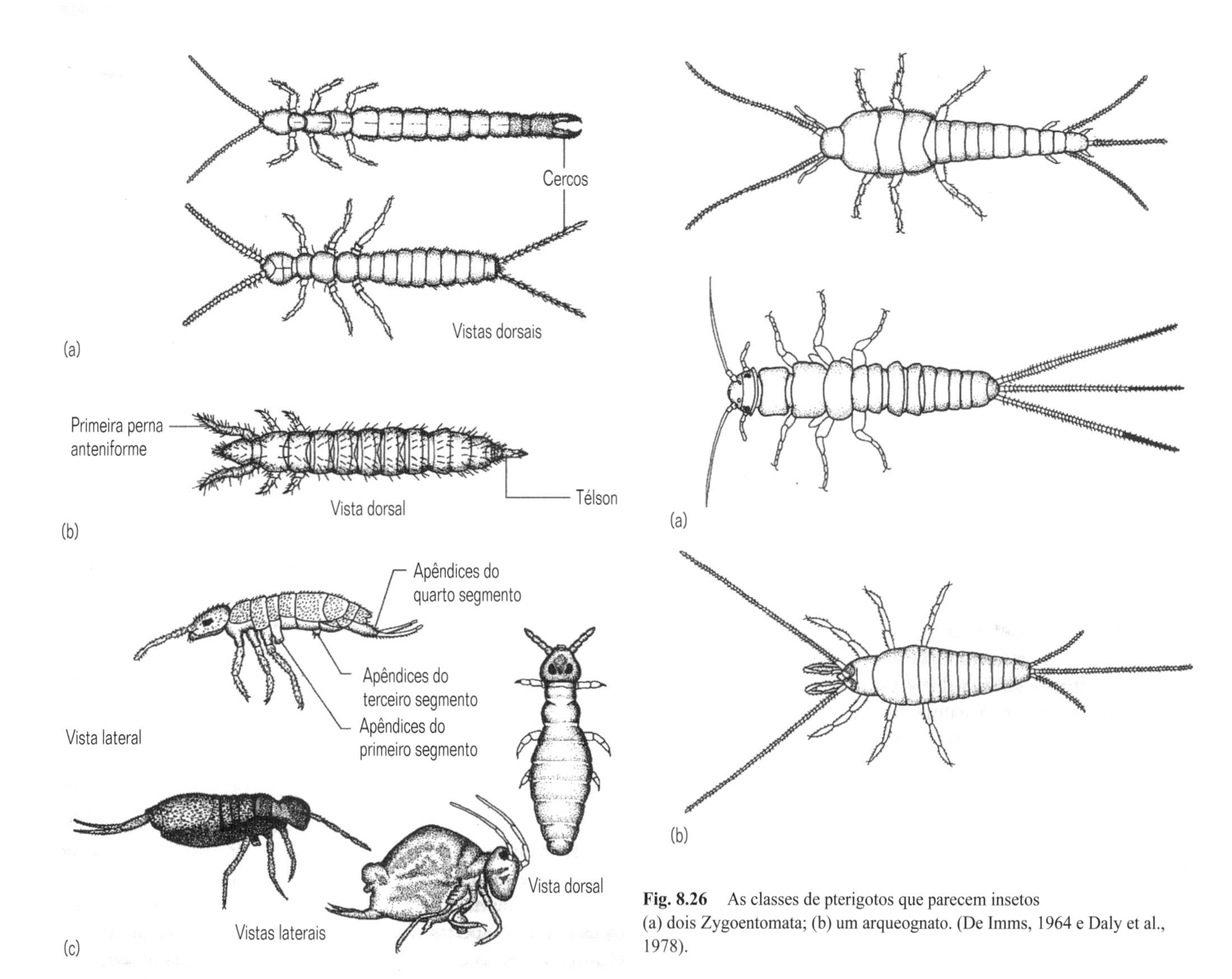

Fig. 8.25 As classes de apterigotos que lembram miriápodes: (a) dois dipluros; (b) um proturo; (c) vários colêmbolos, um deles mostrando os apêndices abdominais modificados. (De Imms, 1964 e Wallace & Mackerras, 1970.)

Fig. 8.26 As classes de pterigotos que parecem insetos (a) dois Zygoentomata; (b) um arqueognato. (De Imms, 1964 e Daly et al., 1978).

Os Diplurata (Fig. 8.25a) não apresentam especializações particulares como as que distinguem as outras duas classes. Os Myrientomata (Fig. 8.25b), entretanto, apresentam antenas vestigiais, sendo que sua função foi tomada pelo primeiro par de pernas torácicas, e mandíbulas perfuradoras em forma de estilete. Como a maioria dos miriápodes, o número dos segmentos de seu tronco aumenta depois da eclosão até chegar ao número completo de onze nos adultos. Os Oligoentomata (Fig. 8.25c), por sua vez, retiveram apenas cinco segmentos no abdômen (mais o télson) e dois pares de apêndices abdominais adaptaram-se para formar um órgão que permite que eles efetuem saltos. Os apêndices do quarto segmento formam uma mola que pode ser forçadamente estendida através da pressão hemocelomática. Quando não está em uso, é seguro por um mecanismo de tramela desenvolvido a partir dos apêndices do terceiro segmento. Além disso, os apêndices do primeiro segmento abdominal estão envolvidos na formação de um grande tubo ventral que contém vesículas eversíveis como os sacos coxais e que tem uma função controversa. Pode ser utilizado para capturar água do ambiente. Em nenhuma dessas três classes os gonóporos estão no oitavo (na fêmea) e no décimo (no macho) segmento abdominal como em todos os outros insetos, nem apresentam baixas taxas de perda d'água.

O segundo grupo, que contém as traças-dos-livros (Classe Zygoentomata) (Fig. 8.26a), difere dos insetos pterigotos em um pequeno grau. Além de sua condição áptera primitiva (e a condição do tórax associada a esse estado), diferem essencialmente apenas pela retenção de três características ancestrais (e gerais dos apterigotos): a presença de styli abdominais; a ausência de órgãos copuladores, sendo a transferência de espermatozóides executada através do depósito de espermatóforos no exterior; e a manutenção de muda depois de atingir a maturidade sexual. Por essa razão, são geralmente considerados como sendo próximos aos ancestrais dos pterigotos.

As traças-saltadoras (Classe Archaeognathata) (Fig. 8.26b) formam o terceiro grupo e posicionam-se na interface entre os Zygoentomata e os outros apterigotos, possuindo algumas das características avançadas das traças-dos-livros, mas retendo muitas das características ancestrais dos grupos no estilo miriápode, frequentemente com respeito ao mesmo apêndice ou

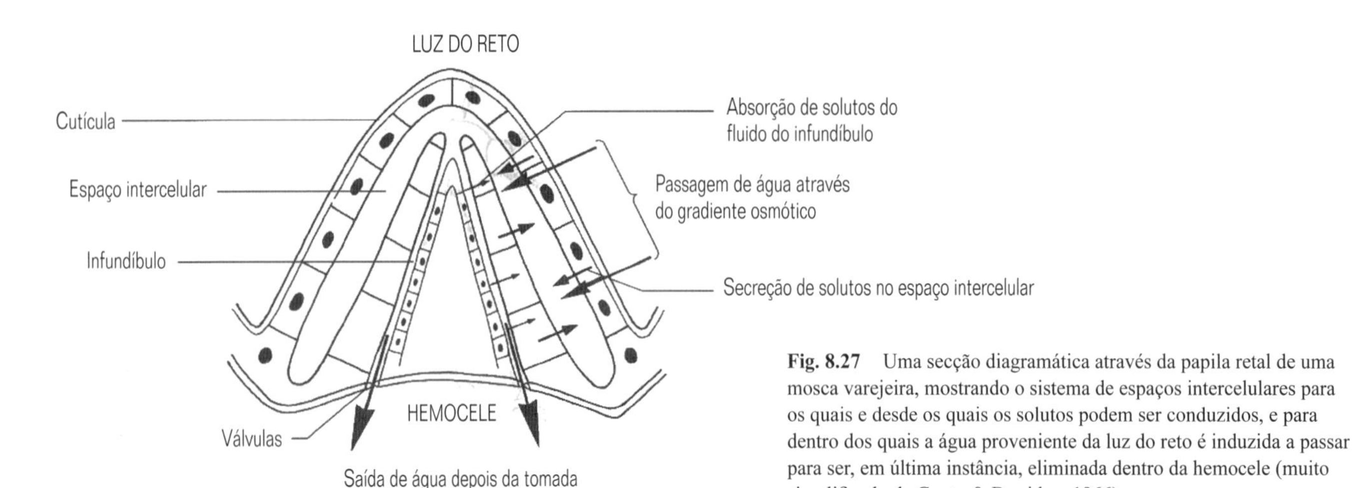

Fig. 8.27 Uma secção diagramática através da papila retal de uma mosca varejeira, mostrando o sistema de espaços intercelulares para os quais e desde os quais os solutos podem ser conduzidos, e para dentro dos quais a água proveniente da luz do reto é induzida a passar para ser, em última instância, eliminada dentro da hemocele (muito simplificado de Gupta & Berridge, 1966).

sistema de órgãos. Dessa forma, as peças bucais não estão recolhidas dentro da cápsula cefálica, mas a articulação das mandíbulas, a hipofaringe e as maxilas estão todas, por sua vez, no estado ancestral dos miriápodes. Também apresentam todos os caracteres primitivos retidos pelos Zygoentomata. Assim como é possível que os insetos alados tenham descendido dos Zygoentomata, também é possível que os últimos tenham derivado dos Archaeognathata e, assim, as duas classes são usualmente incluídas dentro de um mesmo grupo junto com os 'insetos verdadeiros' pelos entomólogos. Os dois também são geralmente maiores (até 2 cm de comprimento) e menos ligados a microhabitats úmidos do solo e do folhiço do que os outros apterigotos.

As cinco classes juntas totalizam mais de 3.100 espécies, sendo que a maioria é detritívora e se alimenta de material vegetal em decomposição, embora alguns capturem outros pequenos hexápodes.

8.5.3[B.2] Classe Pterygota (insetos com asas)

As 29 ordens de insetos alados, incluindo formas secundariamente ápteras, compreendem a terceira grande irradiação dos Uniramia, e é a classe que atualmente domina o filo com mais ou menos 98% de suas espécies viventes. Acima de tudo o mais, seu sucesso foi possibilitado pela emancipação dos tipos úmidos de microhabitats aos quais todas as outras classes de Uniramia estão confinadas. E isso, por sua vez, é amplamente um resultado de sua habilidade de restringir a taxa na qual a água deixa seus corpos. O aparecimento desse estado provavelmente aconteceu através de um grande número de estágios, começando com as propriedades da cutícula e as das traquéias.

É possível que a camada de cera da epicutícula tenha tido originalmente um valor adaptativo como uma camada hidrófuga, repelente de água: em ambientes passíveis de serem inundados, animais pequenos podem ficar aprisionados nos filmes de água, e a entrada de água é um problema muito mais sério do que a perda d'água; as glândulas maxilares dos apterigotos podem ter tido que bombear para fora volumes consideráveis de água em excesso. Alguns colêmbolos desenvolveram uma série de tubérculos cobertos com cera que executam uma função hidrófuga, e o ancestral pterigoto pode ser vislumbrado como sendo equipado da mesma maneira. Ele também pode muito bem não ter tido um sistema traqueal, como ocorre com muitos dos apterigotos que são parecidos com os miriápodes, embora isso talvez seja amplamente uma consequência do pequeno tamanho do animal que se originou de pedomorfose, especialmente quando seus ancestrais já eram pequenos. Uma vez que as traquéias foram desenvolvidas (foram reinventadas), a camada hidrófuga de cera pode ter se espalhado até cobrir toda a superfície corpórea sem impedir as trocas gasosas.

Os artrópodes terrestres podem perder mais água através de seus sistemas traqueais, no entanto, do que através da cutícula e, assim, um tegumento impermeável, por si só, seria ineficiente.

De forma característica, os pterigotos possuem músculos que fecham os espiráculos (e podem ter outros para abri-los) e, por exemplo, os insetos que vivem em ambientes secos podem abrir os espiráculos apenas durante uma pequena fração de tempo. Outras maneiras através das quais a perda de água através dos espiráculos é reduzida também podem estar presentes. Uma delas é armazenar o dióxido de carbono gerado em uma fase não-gasosa, por longos períodos. Como o oxigênio do ar traqueal é consumido, mas não é substituído por um volume equivalente de dióxido de carbono, então, um vácuo parcial se desenvolve e serve para puxar mais ar para dentro através dos espiráculos de forma a estabelecer um fluxo de mão única, contra-atacando qualquer tendência de o vapor d'água se difundir para fora.

Um refinamento final do sistema de conservação de água está localizado no proctodeu sob a forma de um mecanismo no qual a água pode ser reabsorvida das fezes e descargas da excreção enquanto eles passam. Mais uma vez, isso pode tomar uma série de formas, dentre as quais uma bastante difundida envolve a secreção ativa de solutos orgânicos e/ou inorgânicos em um sistema de espaços intracelulares entre almofadas ou papilas na parede do reto. A água, então, difunde-se passivamente da luz do trato digestivo para dentro desses espaços acompanhando o gradiente osmótico e, enquanto o fluido é transportado para a hemocele, os solutos são absorvidos e reciclados (Fig. 8.27).

A colonização de habitats secos possibilitada por essas elevadas capacidades de economia de água pode ter tido muitas repercussões na biologia dos primeiros pterigotos, as quais são as responsáveis por muitas das características típicas do grupo. A deposição de gotas externas de espermatozóides ou espermatóforos, por exemplo, não é uma estratégia viável em condições relativa-

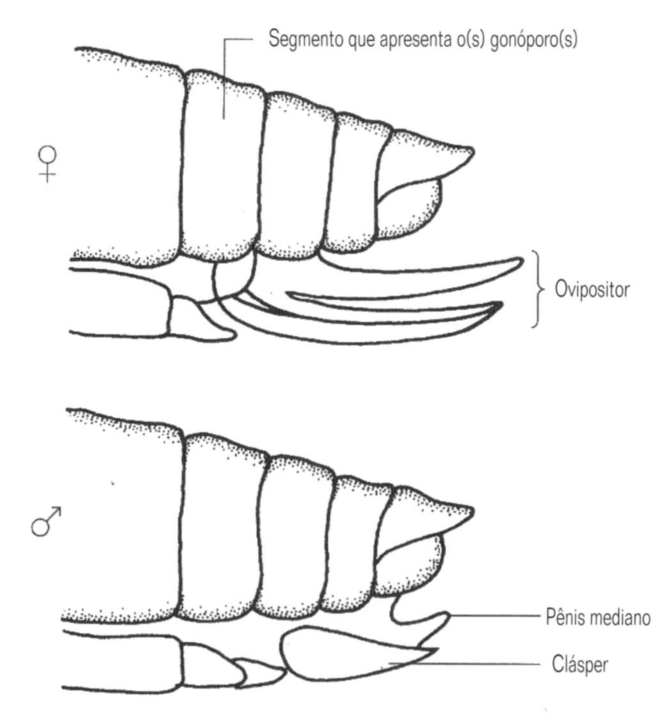

Fig. 8.28 Modificação dos apêndices segmentares do abdômen dos Uniramia ancestrais para executar as funções de oviposição e de cópula nos pterigotos (vista lateral) (de Snodgrass, 1935). O ovipositor da fêmea representa as porções basais dos apêndices do oitavo e do nono segmentos abdominais; o(s) gonóporo(s) do macho pertence(m) ao décimo segmento, embora, na maioria dos insetos, está(ão) deslocado(s) para frente, parecendo estar no nono. Note, entretanto, que muitos pterigotos desenvolveram órgãos copuladores e meios de oviposição secundários.

mente secas, e os pterigotos transferem espermatozóides diretamente, por intermédio de uma cópula, embora os espermatozóides continuam sendo geralmente confinados em um espermatóforo. De maneira primitiva, as fêmeas retiveram os gonóporos pares ancestrais e o macho possui órgãos copuladores pares, embora, na maioria dos grupos, um poro mediano único ocorra nas fêmeas e, de forma correspondente, os dois órgãos masculinos fundem-se em uma estrutura única. Os machos também possuem um par de clásperes, que seguram a fêmea enquanto a porção distal eversível do duto do macho ou um gonopódio distinto é inserido no gonóporo da fêmea de maneira a depositar um ou mais espermatóforos ou conjuntos de espermatozóides na bursa copulatrix ou em uma outra parte do aparelho reprodutor feminino. Seguindo a liberação do espermatóforo, os espermatozóides são geralmente armazenados – algumas vezes, por consideráveis períodos de tempo – em uma espermateca, até que acabem fertilizando os óvulos, enquanto eles são depositados pela fêmea, penetrando por poros diminutos que existem na casca que caracteristicamente protege os ovos dos pterigotos. Um bom número de fêmeas de insetos acasala apenas uma vez, embora os espermatozóides recebidos possam fecundar vários grupos de ovos; nenhuma espécie muda depois de ter atingido a maturidade sexual. Muitas possuem um ovipositor, permitindo que os ovos sejam colocados em locais específicos, geralmente escondidos; em outras, a porção terminal do abdômen pode ser estendida na forma de um tubo para executar a mesma função, enquanto em vários himenópteros (abelhas, vespas etc.) o ovipositor está adaptado na forma de um ferrão e não está mais associado à deposição de ovos. Os clásperes e os gonopódios dos machos e o ovipositor das fêmeas (Fig. 8.28) são derivados de apêndices abdominais ancestrais dos segmentos genitais; além da ocorrência frequente de um par de cercos terminais, que são os apêndices do décimo-primeiro segmento, esses órgãos de cópula e de deposição de ovos são os únicos remanescentes dessa série de apêndices segmentares a permanecerem funcionais nos adultos dos pterigotos viventes. Entretanto, apêndices abdominais, com styli, são bem desenvolvidos em alguns pterigotos do Paleozóico, e eles podem até ter sido pernas funcionais.

No entanto, mais do que por qualquer outra característica, os pterigotos são diagnosticados por possuírem asas – um outro desenvolvimento tornado possível unicamente por causa da eliminação do confinamento a sistemas de habitats úmidos. Um par de asas, além do par de pernas locomotoras, ocorre no segundo e no terceiro segmento torácico do adulto, embora um ou ambos os pares possam estar reduzidos ou tenham sido perdidos. Alguns dos insetos do Paleozóico referidos acima tinham asas funcionais, embora pequenas, também no primeiro segmento torácico. A origem dessas asas, e as vantagens seletivas originais dos precursores das asas, não são conhecidas, embora possam ter derivado de expansões em forma laminar, ricas em traquéias, dos tergitos torácicos que ocorrem, por exemplo, em alguns Zygoentomata e em vários fósseis de hexápodes (veja a Seção 10.6.2). Certamente nos pterigotos viventes elas formam-se de evaginações da parede do corpo, a partir de quatro brotos de epiderme que crescem na região dorso-lateral. As superfícies dorsal e ventral desses brotos fundem-se entre si, exceto ao longo de uma série de canais nos quais o sangue percorre e as traquéias e os nervos sensoriais estão posicionados. Em algum momento, as células da epiderme secretam um fino invólucro de cutícula e, quando a muda para a forma adulta ocorre, os brotos alares pequenos e de certa forma carnosos são inflados pela pressão hemocelomática, o revestimento dos canais é reforçado com cutícula (para se tornarem as 'nervuras das asas' finais), a epiderme degenera, e a asa compreende uma camada dupla e fina de cutícula. Quando necessário, as asas são operadas, portanto, por músculos extrínsecos, sendo que apenas alguns deles estão ligados à base das asas. As asas também precisam estar articuladas para permitir que executem o caminho elíptico ou em forma de oito, necessário para o vôo. Nos insetos pequenos, as asas podem bater em taxas de até mil vezes por segundo e, de maneira não usual entre os animais, existem várias contrações dos músculos do vôo em consequência a cada um dos impulsos nervosos recebidos (veja a Seção 16.10.5). As asas dos insetos primitivos são geralmente relativamente grandes e contêm numerosas nervuras, embora o tamanho das asas e o número de nervuras tenham sido reduzidos enormemente em muitas linhagens evolutivas (Fig. 8.29); isso está correlacionado a uma progressão desde um animal com corpo alongado com um vôo estável, porém sem a capacidade de executar manobras, até formas com corpo curto com características de vôo instáveis, mas com grande capacidade de executar manobras. Essas mesmas linhagens também desenvolveram a habilidade de dobrar completamente as asas quando elas não estão em uso, um progresso que alcançou seu clímax quando toda ou parte da asa anterior está modificada para servir como uma cobertura protetora para as asas posteriores dobradas. O vôo dos insetos é abordado na Seção 10.6.2.

O fator final para o sucesso evolutivo dos insetos alados é provavelmente a diversidade de fontes alimentares que podem explorar. Isso está refletido em uma variedade quase desconcer-

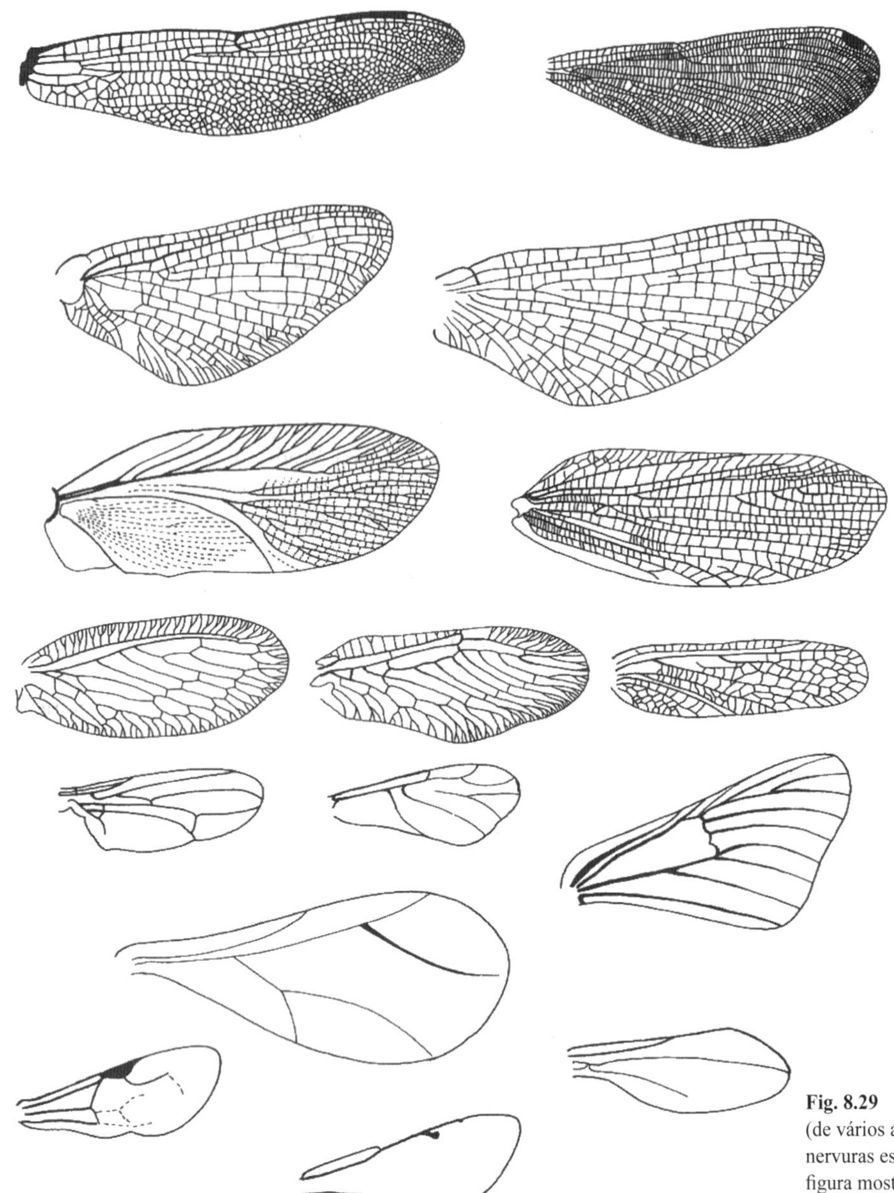

Fig. 8.29 Variação da nervação das asas dos pterigotos (de vários autores). Asas primitivas com numerosas nervuras estão mostradas no alto da figura e, embaixo, a figura mostra uma série arranjada de forma a mostrar uma redução progressiva no número de nervuras.

tante de estrutura das peças bucais, sendo que ordens diferentes modificaram apêndices diferentes, embora os pterigotos estejam unidos, e contrastam com a maioria dos apterigotos (exceto os Zygoentomata) por possuírem peças bucais que não estão recolhidas dentro da cápsula cefálica, uma mandíbula com dois pontos de articulação, e uma hipofaringe de lobo único. A forma ancestral desses apêndices foi quase certamente o sistema miriápode padrão adaptado a morder e mastigar, e várias espécies modernas retiveram essa configuração (Fig. 8.30a). Daí, entretanto, desenvolveram-se muitas linhagens de peças bucais perfuradoras e sugadoras, das quais apenas alguns exemplos podem ser dados aqui.

Os heterópteros, por exemplo, podem, dependendo do grupo, se alimentar de fluidos vegetais ou animais, através de um rostro formado pelo lábio (as segundas maxilas) dentro do qual estão localizados dois pares de estiletes derivados de partes da mandíbula e da maxila (Fig. 8.30b). Os estiletes da mandíbula perfuram os tecidos da presa e permitem que os estiletes das maxilas penetrem no ferimento. A estrutura das maxilas é tal que encerra um par de canais, sendo que a saliva passa no inferior, e os fluidos puncionados passam no superior. Os mosquitos (Fig. 8.30c), por outro lado, possuem dois estiletes adicionais, formados pelo labro (o lábio superior), o qual encerra o canal alimentar, e a hipofaringe, a qual contém o duto salivar. Em ambos os casos, entretanto, o lábio serve apenas como guia, e ele pode ser recolhido como um telescópio ou ser dobrado à medida que as outras peças bucais penetram nos tecidos.

Outros insetos sugam mais prontamente os líquidos disponíveis, tais como o néctar ou fluidos que escorrem de ferimentos. Borboletas e mariposas, por exemplo, bebem néctar através de uma longa espirotromba que pode ser estendida pela pressão hemocelomática (a redução dessa pressão leva ao recolhimento

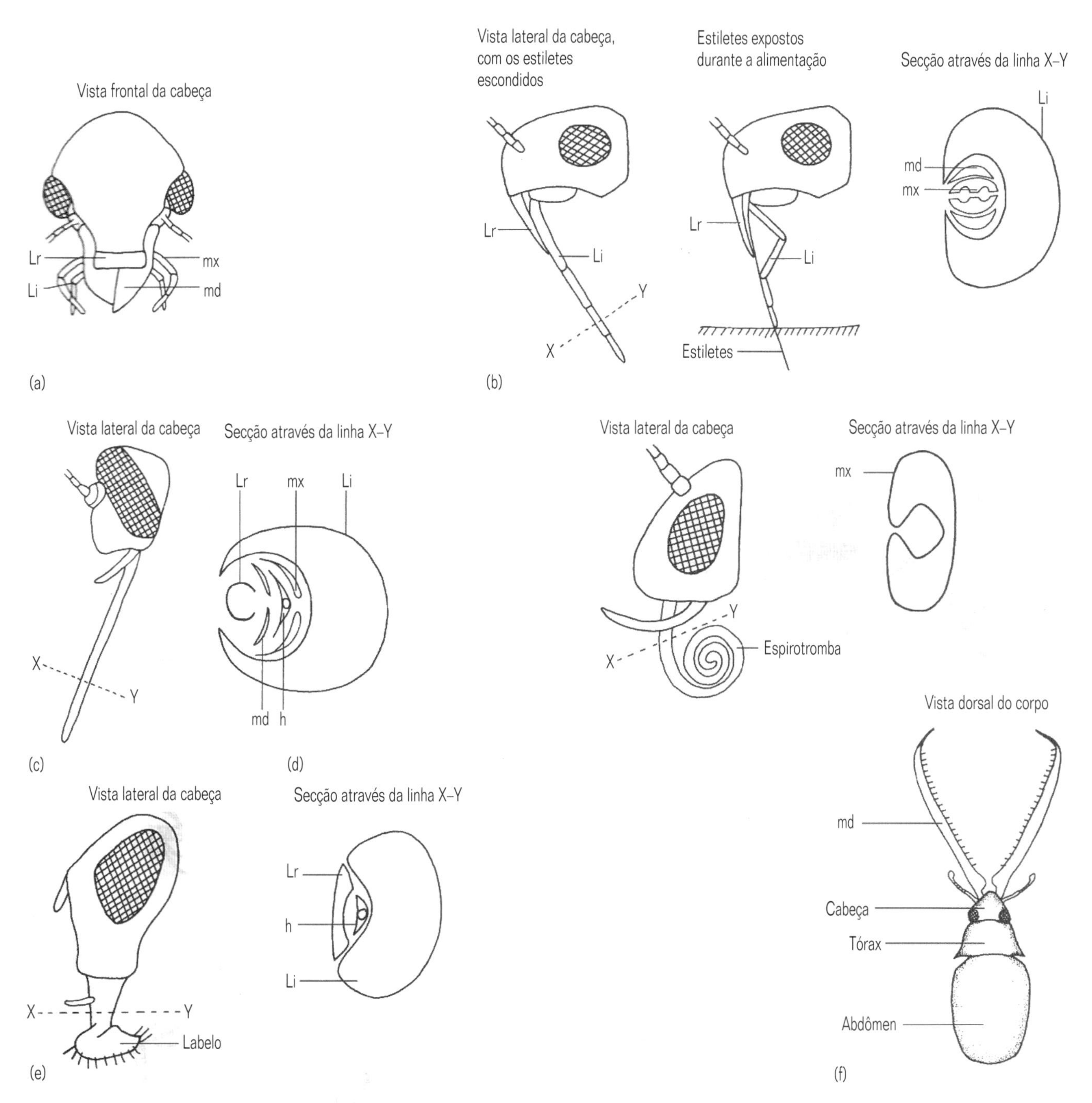

Fig. 8.30 Exemplos da irradiação adaptativa das peças bucais dos pterigotos (veja o texto): (a) mandíbulas mastigadoras de um besouro (Coleoptera); (b) o rostro sugador picador de um percevejo (Heteroptera); (c) as peças bucais de um mosquito (Diptera); (d) a espirotromba de uma borboleta sugadora de néctar (Lepidoptera); (e) as peças bucais em forma de esponja de uma mosca doméstica (Diptera); (f) as mandíbulas extremamente aumentadas de um besouro lucanídeo (Coleoptera) usadas no combate intra-sexual e não na alimentação. (De vários autores, principalmente de Borror et al., 1976.) Legendas: Lr = labro; md = mandíbula; mx = maxila; Li = lábio; h = hipofaringe.

por enrolamento devido à elasticidade da própria espirotromba). Essa espirotromba é formada por parte das maxilas; todas as outras peças bucais estão reduzidas ou ausentes (Fig. 8.30d). Em algumas mariposas, a ponta da espirotromba é afiada e apresenta farpas, e pode ser utilizada como um órgão perfurador. Nas moscas domésticas, é o lábio que funciona como órgão para tomada do alimento. Novamente, as mandíbulas estão ausentes, mas, nesse grupo, o labro e a hipofaringe estão encerrados em um canal que existe dentro do grande lábio, o qual possui, na porção terminal, um 'labelo' amplo, mole e bilobado, que atua como uma esponja (Fig. 8.30e).

Em ainda outras espécies, as mandíbulas, embora enormes, não são utilizadas na alimentação de forma alguma, mas, em vez disso, na defesa ou em lutas por parceiros sexuais (Fig. 8.30f); e alguns membros de pelo menos oito grupos não se alimentam na fase adulta e apresentam peças bucais vestigiais. Em um bom número de pterigotos, especialmente naqueles com um estágio larval distinto ou com juvenis aquáticos, a parte principal do

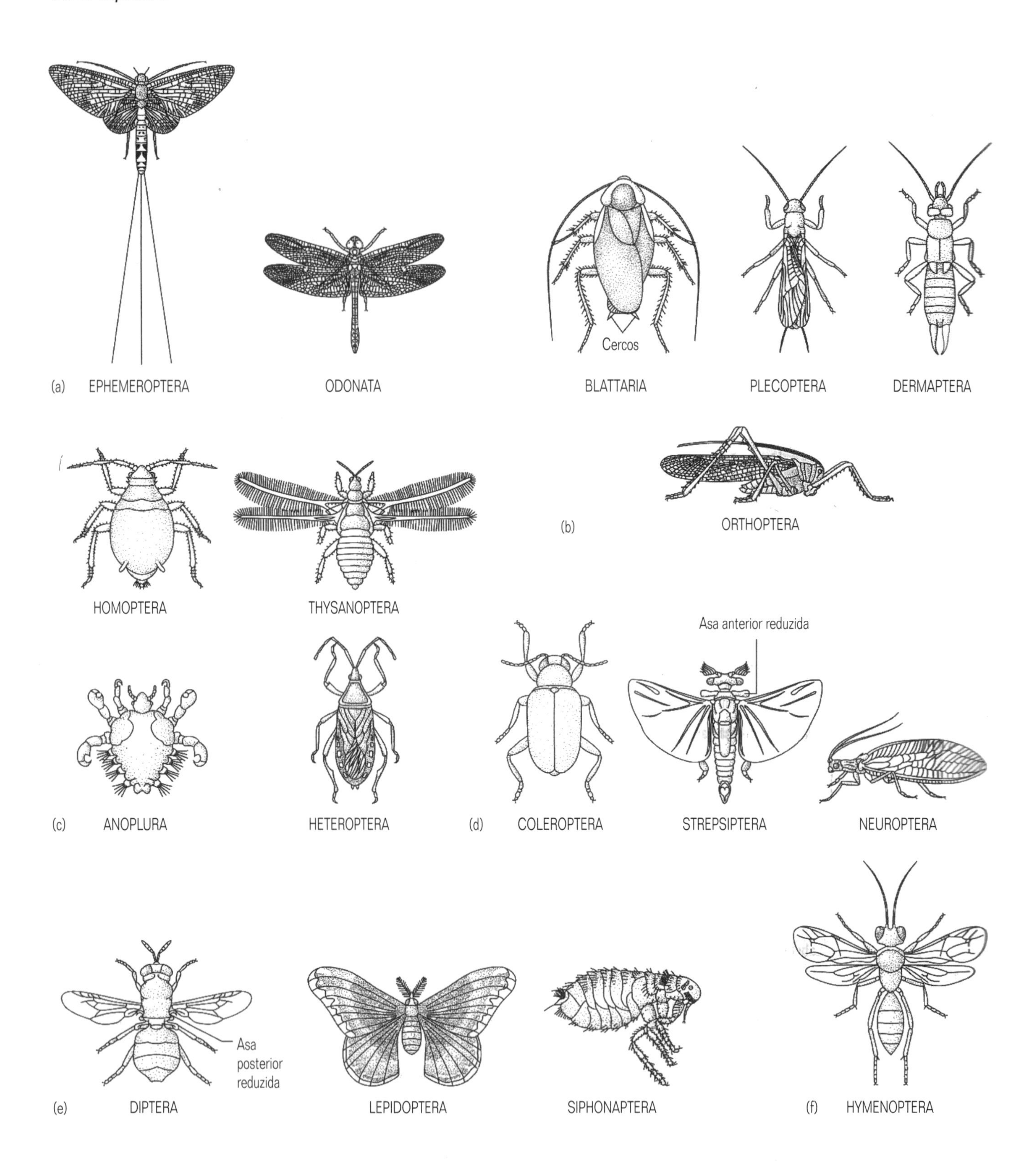

Fig. 8.31 Diversidade da forma do corpo dos pterigotos adultos: (a) representantes de paleópteros; (b) ortopteróides; (c) hemipteróides; (d) endopterigotos neuropteróides; (e) endopterigotos panorpóides; (f) endopterigotos himenopteróides. (De vários autores).

ciclo de vida, e aquela que se ocupa com a alimentação, ocorre antes de atingir a maturidade sexual; o adulto é uma 'máquina' de vida curta com função de dispersão e reprodução.

Os um milhão de espécies de insetos com asas são amplamente divididos em quatro agrupamentos de ordens (Fig. 8.31). Os paleópteros (duas ordens) são principalmente distinguidos por uma incapacidade (primitiva) de dobrar suas asas, as quais são grandes e apresentam numerosas nervuras longitudinais e transversais, por cima do abdômen. Seus estágios juvenis (náiades), os quais têm vida longa e passam por muitas mudas, são sempre aquáticos e, portanto, diferem dos adultos em suas adaptações. Muitos, por exemplo, apresentam pares externos de brânquias traqueais: placas abdominais foliáceas que lembram brânquias verdadeiras exceto pelo fato de que, ao invés de conterem um suprimento de sangue (o sistema sanguíneo dos Uniramia não está relacionado à distribuição de gases respiratórios), possuem tubos traqueais fechados. Essas estruturas pares podem ser derivações dos apêndices abdominais ancestrais. Todos os outros pterigotos são 'neópteros', isto é, podem deixar as asas de forma estendida sobre o abdômen quando em repouso.

O segundo agrupamento é o dos ortopteróides (10 ordens). Esse grupo basal de Neoptera, tipicamente, apresenta peças bucais mastigadoras, e um sistema nervoso não-concentrado, antenas longas, simples e multiarticuladas, um par de cercos terminais, numerosos túbulos de Malpighi, órgãos copuladores eversíveis, e uma série de vários ínstares ninfais que mudam lenta e progressivamente em direção à forma corpórea do adulto. Todos os sistemas de órgãos dos adultos, incluindo asas, olhos compostos etc., desenvolvem-se gradualmente ao longo dos vários estádios juvenis. Até um ponto considerável, portanto, a ecologia dos jovens é a mesma que a do adulto.

As seis ordens de hemipteróides apresentam uma mudança progressiva semelhante nas ninfas em direção à forma adulta, embora, na maioria, as mudanças estejam concentradas no(s) ínstar(es) final(is). A grande maioria alimenta-se de fluidos e apresenta partes das maxilas adaptadas a formar estiletes esclerotizados. Caracteristicamente, possuem poucos (quatro ou menos) túbulos de Malpighi, não apresentam cercos, apresentam uma nervação das asas muito reduzida, possuem antenas curtas com poucos artículos, e apresentam um gonopódio distinto. Nenhuma de suas ninfas possui ocelos.

Em diversos aspectos, o último agrupamento, os endopterigotos (11 ordens), lembram os hemipteróides, embora eles apresentem cercos curtos e possam possuir muitos túbulos de Malpighi. Entretanto, enquanto todos os outros neópteros mostram uma transição gradual desde o primeiro estádio ninfal até o adulto, como referido acima, durante a qual os brotos alares se desenvolvem externamente ao corpo, nesse grupo ocorrem estádios larvais, os quais diferem profundamente da forma adulta em sua anatomia, dieta e, frequentemente, habitat – uma característica exclusiva entre os artrópodes terrestres. Muitos dípteros e himenópteros, por exemplo, apresentam larvas vermiformes sem apêndices, enquanto, de forma oposta, lepidópteros e alguns outros himenópteros apresentam estádios larvais com pernas locomotoras abdominais secundárias adicionais ('falsas pernas') (Fig. 8.32). Em todas essas larvas, os brotos alares desenvolvem-se embaixo do tegumento e, portanto, não são visíveis externamente. Uma vez que as larvas diferem tão marcadamente dos adultos, existe uma metamorfose completa que separa as duas fases (veja a Seção 15.5.1). Isso corre durante uma fase inativa especializada, a 'pupa' (Fig. 8.33); nela, todos ou grande parte dos tecidos larvais são quebrados por hidrólise, a forma adulta é estruturada de novo, e as asas em desenvolvimento aparecem fora do tegumento pela primeira vez. Algumas pupas retêm o tegumento trocado pelo último instar larval como uma cobertura protetora em sua volta (Fig. 8.33b). Essa estratégia de ecologias separadas entre larvas e adultos parece ter sido, evolutivamente, bem-sucedida uma vez que 85% de todas as espécies de insetos alados são endopterigotos; alguns estádios larvais podem até ocorrer em habitats considerados muito inóspitos para um animal basicamente terrestre, tais como nos sedimentos marinhos intertidais e em poças d'água temporárias – a larva de um mosquito africano apresenta uma capacidade de criptobiose, após desidratação, comparando-se aos tardígrades (veja a p. 170).

Os pterigotos e outros hexápodes são todos relativamente pequenos, e várias tentativas foram feitas para mostrar que as maiores espécies viventes (com um peso em vida de 70g) atingiram o limite máximo teórico do tamanho de um inseto por causa de razões físicas (relacionadas à posse de um sistema traqueal que depende da difusão, aos problemas gravitacionais associados aos exoesqueletos que sofrem muda, em ambientes terrestres, e assim por diante). No entanto, algumas espécies fósseis foram do tamanho de corvos e falcões – muito acima do suposto tamanho máximo permitido pelas restrições físicas. Eles antecederam a invasão bem-sucedida dos vertebrados no ambiente terrestre, e é mais provável que o baixo grau de sobreposição de tamanhos observado entre os insetos e os vertebrados terrestres sobreviventes indique um grau de divisão do espectro de tamanho entre os dois grupos. Em essência, é a competição com e/ou a predação pelos vertebrados que mantém os insetos modernos pequenos.

8.6 Filo CRUSTACEA

8.6.1 Etimologia

Latim: crusta, uma casca ou crosta.

8.6.2 Características diagnósticas e especiais (Fig. 8.34)

1 Artrópodes bilateralmente simétricos, com <0,1 mm-60 cm de comprimento (alguns atingiram um diâmetro, com as pernas esticadas, de até 3,5 m, e outros, um peso de >20 kg), variando no formato do corpo desde alongados até esféricos.

2 Espessura do corpo com mais de duas camadas de células, com tecidos e órgãos.

3 Um trato digestivo direto e reto, sendo que da região curta do mesênteron partem dois divertículos digestivos nos quais ocorrem a digestão e a absorção do alimento; as espécies que ainda não se alimentam de partículas muito finas ou de fluidos possuem um mecanismo moedor no estomodeu; os divertículos digestivos surgem como evaginações do trato digestivo embrionário.

4 Diferentes grupos de crustáceos variam de forma muito marcante na maneira com a qual o corpo é subdividido e no número de segmentos compreendidos em cada divisão; todavia, basicamente uma cabeça, formada pelo ácron e cinco segmentos com apêndices, pode ser distinguida, assim como um tronco, com dois a >65 segmentos, e um télson terminal que freqüentemente possui um par de processos, a 'furca'; o primeiro e, em diversos grupos, até mais sete outros, segmento do tronco está frequentemente fundido à cabeça, formando um 'cefalotórax'; e o tronco está geralmente dividido em um tórax e um abdômen com base em seus apêndices, sendo que os segmentos torácicos não incorporados no cefalotórax compreendem o 'péreon' e os abdominais, o 'pléon'; o

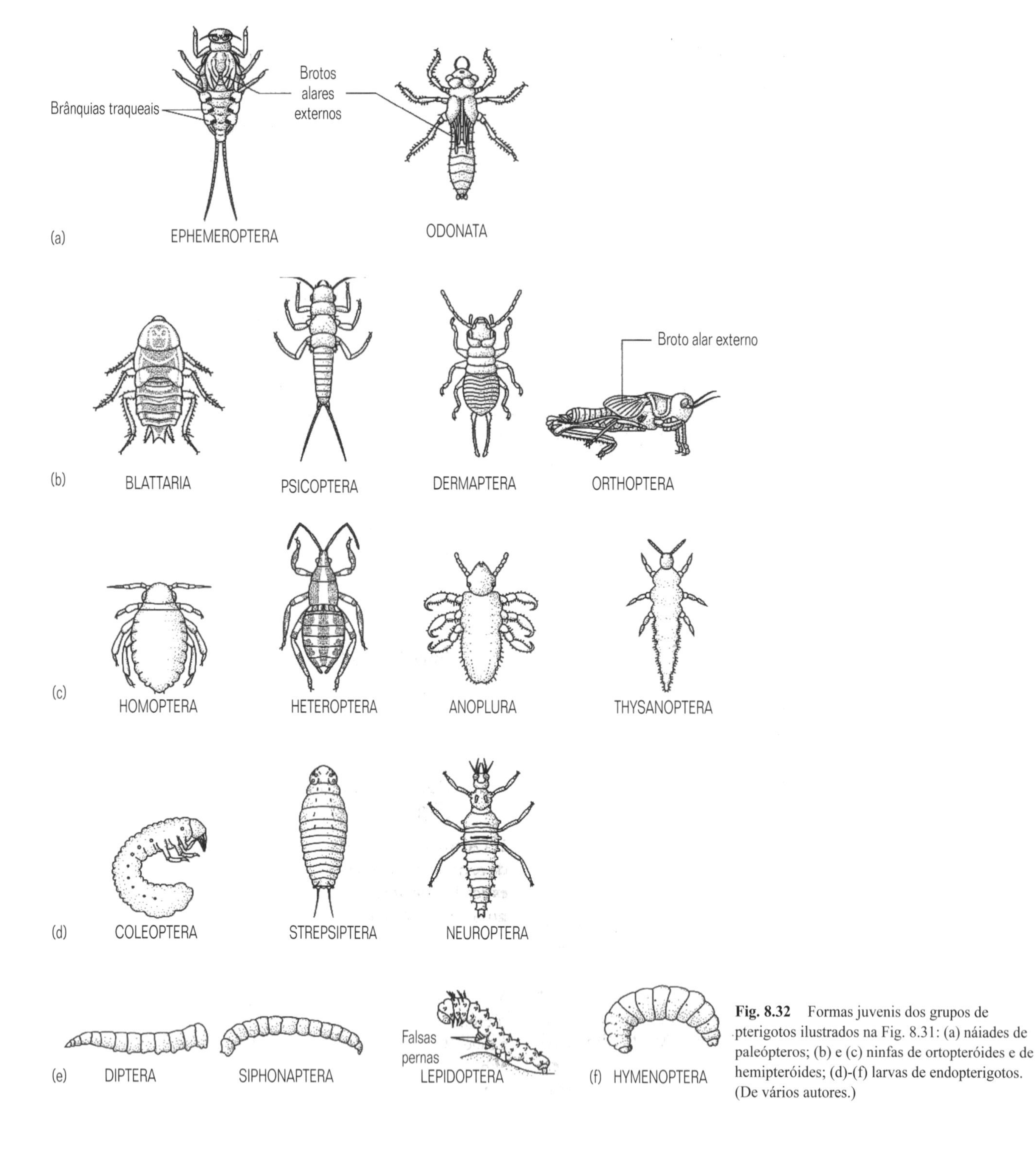

Fig. 8.32 Formas juvenis dos grupos de pterigotos ilustrados na Fig. 8.31: (a) náiades de paleópteros; (b) e (c) ninfas de ortopteróides e de hemipteróides; (d)-(f) larvas de endopterigotos. (De vários autores.)

cefalotórax e, em alguns grupos, a maior parte ou todo o corpo estão envolvidos em uma projeção da cabeça, a 'carapaçá, que se estende na região lateral cobrindo os lados do corpo.

5 Os apêndices cilíndricos ou laminares são todos basicamente birremes, sendo que os dois ramos normalmente apresentam tamanhos e formas distintas, e frequentemente possuem ramos adicionais secundários; os apêndices da cabeça compreendem dois pares de 'antenas' (sendo o primeiro par chamado de 'antênulas'), um par de 'mandíbulas', e dois pares de 'maxilas'; os do tronco variam enormemente em número, forma e diferenciação regional; primitivamente, cada segmento possui um par de apêndices, embora os do abdômen estejam frequentemente ausentes; sem quelíceras, mas alguns apêndices podem ser quelados.

6 Com três pares de peças bucais primárias (mandíbulas e os dois pares de maxilas) e, em muitos grupos, com um a três pares de peças bucais acessórias, os 'maxilípedes', que surgem dos segmentos torácicos incorporados no cefalotórax; os membros de cada par trabalham em conjunto ou em oposição entre si.

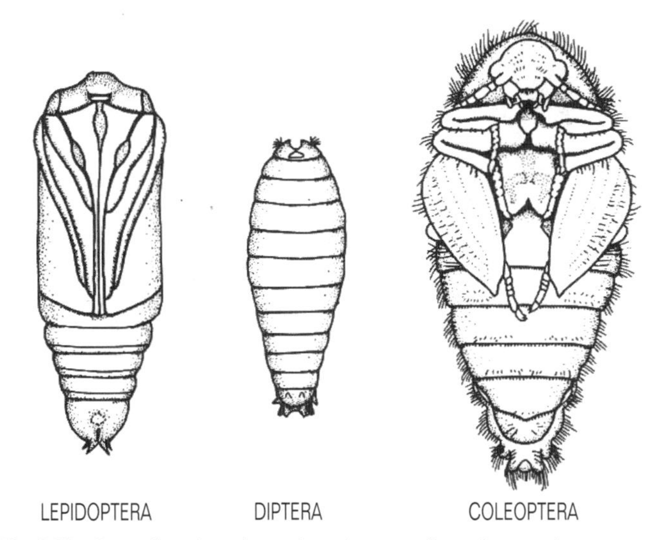

Fig. 8.33 Pupas de endopterigotos (em vista ventral), sendo que a de um díptero está envolvida em um 'pupário', que é a exúvia do último instar larval (de Jeannel, 1960 e Wallace & Mackerras, 1970).

7 Cabeça com ocelos medianos ou olhos compostos laterais, sendo os últimos às vezes localizados sobre pedúnculos móveis.

8 Tronco, mas não a cabeça, normalmente com segmentação externa evidente, frequentemente escondida sob a carapaça, e algumas vezes perdida.

9 Sistema excretor formado por glândulas antenais e/ou maxilares de fundo cego.

10 Exoesqueleto frequentemente calcário.

11 Trocas gasosas efetuadas através da parede interna da carapaça, através da superfície geral do corpo, ou por brânquias desenvolvidas a partir de partes dos apêndices torácicos ou abdominais.

12 Sistema sanguíneo com hemocianina e, raramente, outros pigmentos.

13 Sistema nervoso com gânglios pares em cada segmento; primitivamente com cordões ventrais e gânglios separados, mais frequentemente fundidos entre si; todos os gânglios torácicos estão algumas vezes fundidos em uma massa única.

14 Gonocóricos ou, raramente, hermafroditas, com fecundação interna através de cópula efetuada por gonopódios ou pênis; a localização do gonóporo é variável, sendo frequentemente torácico.

15 Os ovos são geralmente carregados pela fêmea ou incubados dentro de bolsas especializadas; alguns eclodem como número completo de segmentos dos adultos, mas a maioria o faz na forma de uma larva 'náuplio', com apenas três segmentos (Fig. 8.35) (algumas formas parasitas altamente especializadas são reconhecidas como sendo crustáceos unicamente pelo fato de possuírem larvas náuplio).

16 Essencialmente marinhos, embora vários (13%) sejam de água doce e uns poucos (3%) terrestres.

Os crustáceos são os artrópodes marinhos, sendo que, com exceção de 3% delas, todas as espécies de artrópodes que habitam os oceanos são crustáceos. Dominam o plâncton (assim como o fazem na água doce) e são um dos três ou quatro membros mais importantes do bentos, considerando-se tanto as espécies intersticiais quanto as macroscópicas. Além disso, várias são parasitas.

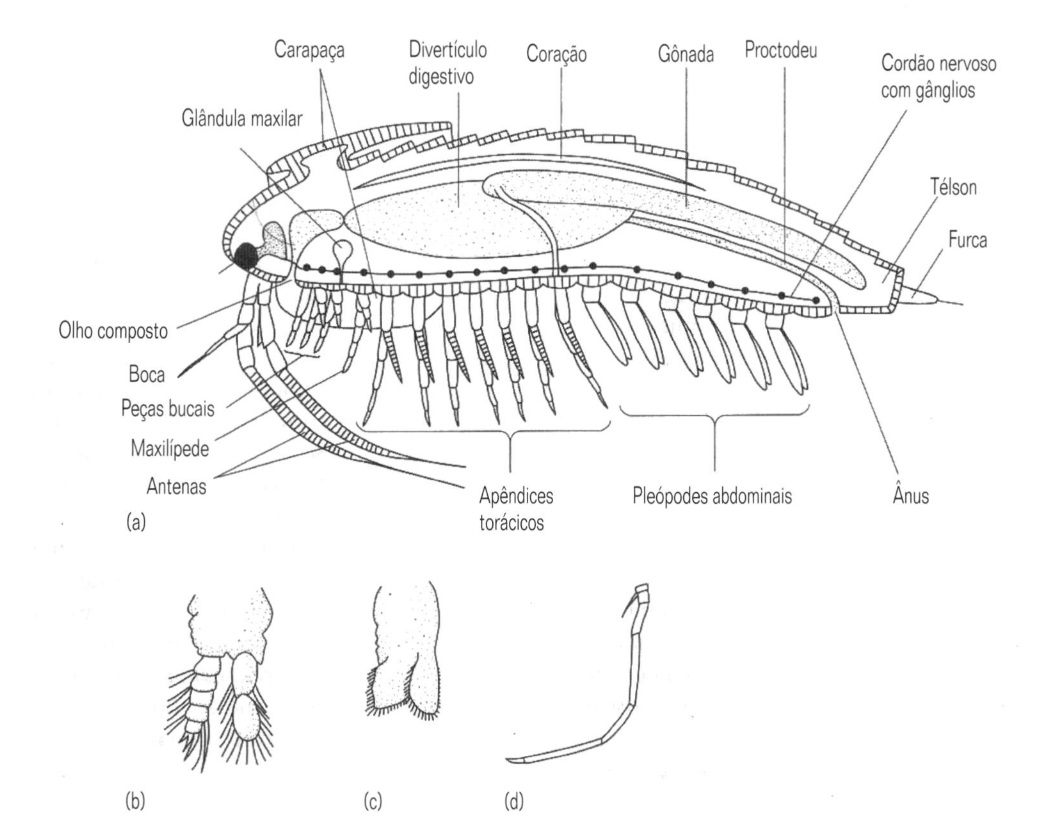

Fig. 8.34 Morfologia dos crustáceos. (a) Uma secção longitudinal diagramática através do corpo de um crustáceo generalizado. (b)-(d) Apêndices birremes característicos muito simplificados) (parcialmente de McLaughlin, 1980): (b) com um ramo tubular e o outro foliáceo; (c) com os dois ramos foliáceos (um típico índice para natação); (d) com ambos os ramos tubulares, sendo um muito mais reduzido (uma típica perna ambulatória).

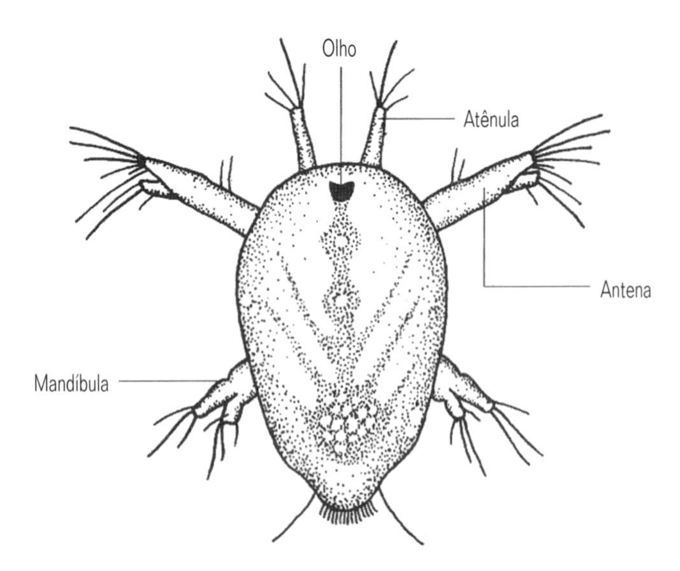

Fig. 8.35 Uma larva náuplio (de Green, 1961).

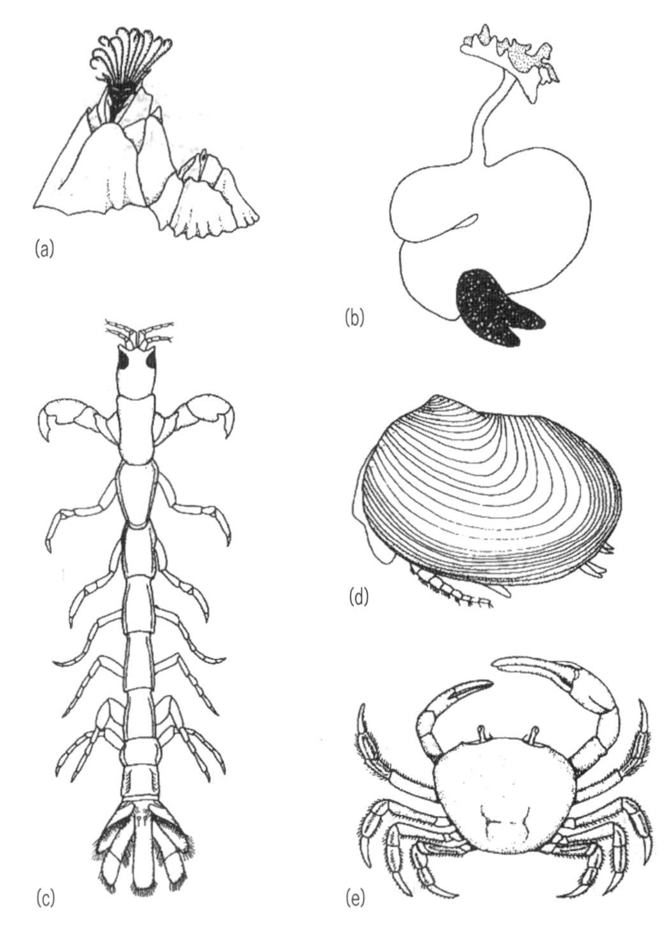

Fig. 8.36 A diversidade da forma do corpo dos crustáceos: (a) cracas (Cirripedia); (b) um copépode parasita (Copepoda); (c) um isópode (Malacostraca); (d) um conchóstraco (Branchiopoda); (e) um caranguejo (Malacostraca). (De vários autores.)

Até certo ponto, seu sucesso deve ser atribuído à característica geral de artrópodes de possuir apêndices articulados. As pernas e/ou os remos permitem uma locomoção rápida e fornecem um meio efetivo de se movimentar de um fragmento de habitat para outro. Sem dúvida alguma, a outra característica artrópode de possuir um exoesqueleto também contribui; certamente, as formas maiores e relativamente fortemente encouraçadas possuem uma medida significativa de imunidade contra uma predação eventual. No entanto, talvez, a razão mais importante para a virtual ubiquidade dos Crustacea aquáticos seja sua grande variedade de formas corpóreas, mesmo que a anatomia interna seja relativamente uniforme.

Enquanto o corpo dos quelicerados (Seção 8.4) e dos hexápodes (Seção 8.5.3B) conforma-se a um padrão básico, e os miriápodes (Seção 8.5.3A), embora apresentando muita variação no número de segmentos, possuem, todavia, uma forma muito conservativa do corpo, essa está longe de ser a posição dos crustáceos; não existe algo como o plano corpóreo típico de crustáceos. Alguns apresentam uma cabeça e um tronco, outros, cabeça, tórax e abdômen, diversos possuem cefalotórax, péreon e pléon, e um dos grandes grupos apresenta apenas cefalotórax e abdômen; em uns poucos, o abdômen não existe e, em alguns, um tórax ou uma cabeça diferenciada efetivamente também não existem – além disso, o número de segmentos compreendidos por esses diferentes blocos do corpo também varia de grupo para grupo, e até mesmo dentro de uma mesma classe. De maneira semelhante, a forma dos apêndices pode variar desde uma perna locomotora, equivalente àquelas dos Chelicerata e Uniramia, até remos foliáceos; as antenas, por exemplo, podem ser sensoriais, órgãos de propulsão ou de coleta de alimento, o meio para se ligar a um hospedeiro, clásperes utilizados durante a cópula, e assim por diante. Uma craca, um copépode parasita, um conchóstraco, um caranguejo e um isópode anturídeo (Fig. 8.36) apresentam poucos ou nenhum sinal óbvio de que pertençam a um mesmo grupo de animais.

Essa plasticidade estrutural permitiu, aos crustáceos nadar, escavar, rastejar, perfurar madeira, viver cimentado a rochas, caçar, pastar, efetuar alimentação de suspensão e de depósitos (veja a Fig. 9.3), parasitar a maioria dos filos animais, incluindo eles mesmos, e provavelmente não é exagero concluir que possam ocupar qualquer tipo possível de nicho marinho. São, no entanto, principalmente animais aquáticos. Os membros de vários grupos são terrestres, mas geralmente apenas de uma forma periférica. Em particular, seus sistemas de trocas gasosas continuam sendo aqueles de seus parentes aquáticos, restringindo-os a habitats úmidos. Além disso, alguns, por exemplo, os caranguejos terrestres, necessitam voltar à água para se reproduzir uma vez que seu padrão de reprodução e de desenvolvimento ainda inclui uma fase larval aquática. Somente os tatuzinhos-de-jardim incluem espécies com adaptações terrestres específicas, e são os Crustacea terrestres mais amplamente distribuídos. Além das brânquias originadas nos pleópodes, que caracterizam sua ordem (Isopoda), vários tatuzinhos-de-jardim desenvolveram invaginações parecidas com traquéias no tegumento dos pleópodes (os apêndices abdominais), as quais se estendem para dentro da hemocele desses apêndices. No entanto, outros tatuzinhos-de-jardim apenas desenvolveram mecanismos para manter úmida a superfície de suas brânquias, por exemplo, conduzindo gotas de água da superfície do corpo em direção aos pleópodes.

Classe	Superordem	Ordem
Cephalocarida		Brachypoda
Branchiopoda		Anostraca Notostraca Conchostraca Cladocera
Remipedia		Nectiopoda
Mystacocarida		Derocheilocarida
Branchiura		Arguloida
Copepoda		Platycopioida Calanoida Misophrioida Cyclopoida Gelyelloida Mormonilloida Harpacticoida Monstrilloida Siphonostomatoida Poecilostomatoida
Tantulocarida		Tantulocaridida
Cirripedia		Rhizocephala Ascothoracica Thoracica Acrothoracica Facetotecta
Ostracoda		Myodocopida Cladocopida Podocopida Platycopida Palaeocopida
Malacostraca	Phyllocarida	Leptostraca
	Hoplocarida	Stomatopoda
	Syncarida	Anaspidacea Stygocaridacea Bathynellacea
	Pancarida	Thermosbaenacea
	Peracarida	Mysidacea Cumacea Spelaeogriphacea Tanaidacea Mictacea Isopoda Amphipoda
	Eucarida	Euphausiacea Amphionidacea Decapoda

8.6.3 Classificação

As quase 40.000 espécies desse filo estão divididas em dez classes. Tem se tornado um costume crescente repartir esses dez em quatro grandes grupos (p. ex, subfilos), dentre os quais as classes relativamente não-especializadas Remipedia e Malacostraca são colocadas em subfilos monotípicos separados, e os dois subfilos restantes, os quais provavelmente surgiram por pedomorfose, contêm os Cephalocarida e Branchiopoda (subfilo Phyllopoda) e Mystacocarida, Branchiura, Copepoda, Tantulocarida, Cirripedia e Ostracoda (subfilo Maxillopoda). É possível, no entanto, que esses dois subfilos representem grados de organização ao invés de representarem clados filogenéticos naturais e, portanto, essa classificação em subfilos não é adotada aqui. Embora os Malacostraca sejam frequentemente referidos como os 'crustáceos superiores', eles são basais, ao contrário, um grupo primitivo; são os Phyllopoda e os Maxillopoda que mostram as características mais derivadas.

8.6.3.1 Classe Cephalocarida

Os pequenos e cegos cefalocáridos (<4 mm de comprimento) alimentam-se de detritos, e são animais marinhos que vivem sobre o fundo, que foram descobertos apenas em 1955, embora possam ser abundantes em uma esfera local. Mostram algumas características que são geralmente consideradas primitivas. O corpo (Fig. 8.37) está dividido em uma cabeça, um tórax e um abdômen, sem o desenvolvimento de um cefalotórax ou de

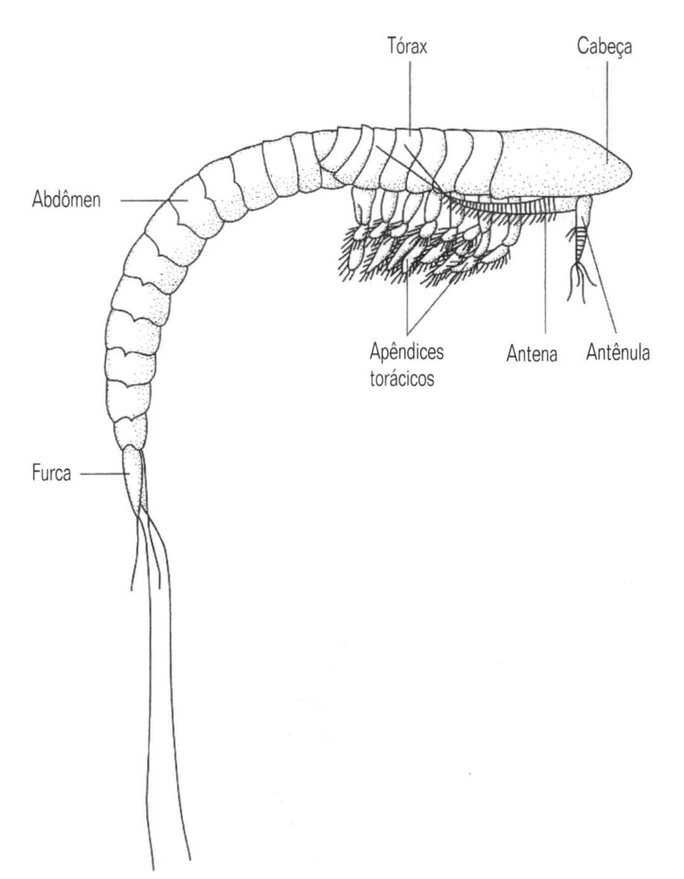

Fig. 8.37 Um cefalocárido (em vista lateral) (de Sanders, 1957).

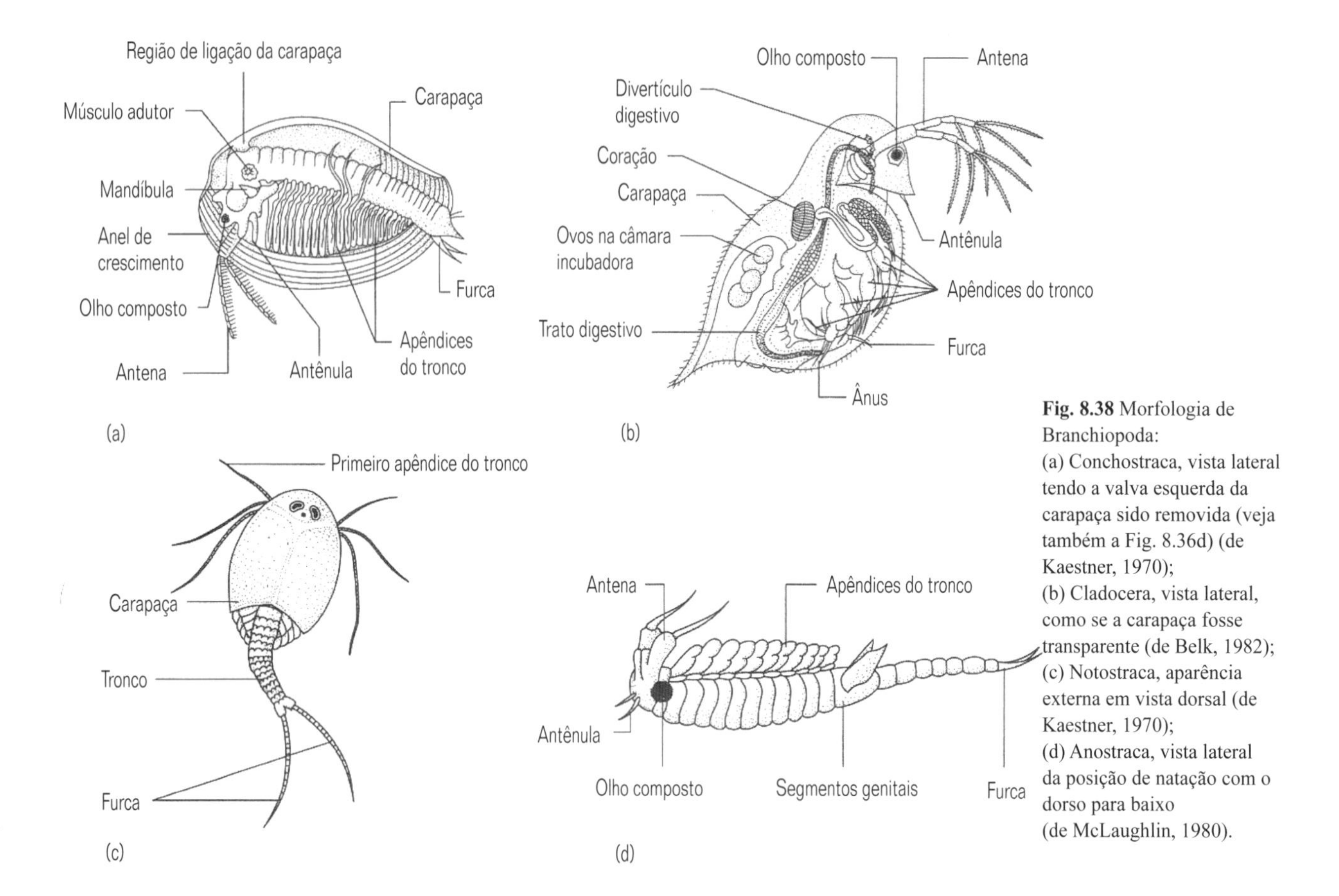

Fig. 8.38 Morfologia de Branchiopoda: (a) Conchostraca, vista lateral tendo a valva esquerda da carapaça sido removida (veja também a Fig. 8.36d) (de Kaestner, 1970); (b) Cladocera, vista lateral, como se a carapaça fosse transparente (de Belk, 1982); (c) Notostraca, aparência externa em vista dorsal (de Kaestner, 1970); (d) Anostraca, vista lateral da posição de natação com o dorso para baixo (de McLaughlin, 1980).

uma carapaça, e todos os oito pares de apêndices torácicos são semelhantes e efetivamente idênticos à segunda maxila, cada um tendo tanto elementos foliáceos como tubulares. O abdômen de onze segmentos não apresenta apêndices, no entanto, exceto pelo primeiro segmento, que retêm apêndices reduzidos aos quais os ovissacos são ligados. De maneira não- usual, os cefalocáridos são hermafroditas com ovários e testículos pares compartilhando um duto comum, e o desenvolvimento é um processo bem gradual que ocorre através de muitos estádios larvais.

As dez espécies conhecidas são todas alongadas e cilíndricas, e seu corpo termina em um télson com uma furca longa, na qual cada ramo possui uma cerda. Somente uma ordem está incluída.

8.6.3.2 Classe Branchiopoda

Os branquiópodes são um grupo diversificado (Fig. 8.38) de crustáceos principalmente de água doce caracterizados por apresentarem apêndices cefálicos pequenos ou vestigiais (exceto, geralmente, as antenas), por não apresentarem nenhum segmento do tronco fundido à cabeça, e pelo tronco apresentar uma série de apêndices semelhantes que geralmente diminuem de tamanho em direção à região posterior, sendo que os últimos poucos segmentos não apresentam apêndices de forma alguma. Esses apêndices são tipicamente órgãos foliáceos usados para natação e/ou filtração de alimento, e são sustentados mais pela pressão hemocelomática do que pela cutícula; também possuem brânquias. Muitas espécies reproduzem-se por parte no gênese e incubam seus ovos; várias produzem estágios de dormência.

As quatro ordens diferem consideravelmente na forma de seus corpos. Os conchóstracos e os cladóceros têm corpos curtos e, algumas vezes, quase circulares, antenas locomotoras, uma furca em forma de garra, e uma câmara incubadora dorsal localizada dentro de uma carapaça comprimida lateralmente. No entanto, enquanto os conchóstracos possuem uma série de até 30 ou mais segmentos no tronco e sua carapaça envolve todo o corpo, incluindo a cabeça, a carapaça dos cladóceros, embora seja frequentemente ampla, nunca envolve a cabeça e, em alguns casos, é reduzida a uma pequena câmara incubadora dorsal, enquanto nunca há mais de seis pares de apêndices no tronco (Fig. 8.38a e b). A carapaça dos conchóstracos não é trocada na muda, mas cresce através da adição de anéis concêntricos, como aqueles dos moluscos bivalves e, como eles, é mantida fechada por um músculo adutor que atua contra uma articulação elástica.

Nos Notostraca, por outro lado, a carapaça é um escudo amplo, achatado dorso-ventralmente, e ligeiramente com a forma de ferradura, de dentro do qual projeta-se a porção terminal posterior do corpo, estreita e cilíndrica, com seus dois ramos caudais longos e anelados (Fig. 8.38c). De maneira notável, os segmentos posteriores do tronco estão apenas parcialmente diferenciados, de forma que um segmento aparentemente único possui até seis pares de apêndices. Até 70 pares de apêndices do tronco podem ocorrer, dentre os quais o décimo primeiro possui as câmaras incubadoras e o primeiro é maior que os demais. O quarto grupo, o dos Anostraca, não apresenta carapaça (Fig. 8.38d) e formam sua câmara incubadora dentro do próprio corpo, a partir da vagina dilatada, embora, quando estão cheios de ovos, os segmentos genitais formam uma grande protuberância, o ovissaco. Notóstracos e anóstracos ocorrem caracteristicamente em ambientes salobros, por exemplo, em poças temporárias ou lagoas salinas, e desenvolveram estágios de dormência em sua forma extrema. Seus ovos toleram extremos de temperatura e de dessecação; alguns podem permanecer dormentes por até 10 anos.

Nenhuma das 850 espécies viventes excede 10 cm de comprimento, sendo que a maioria tem menos de 3 cm.

8.6.3.3 Classe Remipedia

Essa classe está representada por nove espécies conhecidas de cavernas marinhas do Atlântico Norte e do Caribe (Fig. 8.39), e ainda pouco é conhecido sobre sua biologia. O corpo pequenino, alongado e translúcido (<1-4 cm de comprimento) compreende um cefalotórax curto sem carapaça, formado pela cabeça e primeiro segmento do tronco, e um tronco longo com mais de 30 segmentos semelhantes, cada um com um par de apêndices foliáceos laterais, usados no nado com o dorso para baixo. Os apêndices da cabeça incluem um par de processos peculiares em forma de bastão localizados em frente às antênulas e peças bucais preênseis, incluindo os maxilípedes. Nenhuma espécie possui olhos; provavelmente localizam seu alimento animal (?) por meios quimiossensoriais.

8.6.3.4 Classe Mystacocarida

Os mistacocáridos (Fig. 8.40) são crustáceos marinhos intersticiais diminutos (< 1mm de comprimento), alongados, despigmentados, distinguidos primariamente por terem a cabeça dividida em uma porção menor anterior e uma porção maior posterior, e um tronco com dez segmentos, dos quais o primeiro possui um maxilípede, embora não seja fundido à cabeça. Apesar de os apêndices da cabeça serem grandes (e serem usados na locomoção), os do tronco ou estão reduzidos a estruturas pequenas, com um único artículo, como ocorre nos segmentos 2-5, ou estão ausentes; o télson, no entanto, possui uma furca grande, em forma de pinça. Uma característica primitiva desse grupo é a de que os membros de cada um dos pares de gânglios opostos do tronco encostam entre si, mas não se fundem; nem estão presentes olhos compostos ou divertículos digestivos, possivelmente como uma consequência do pequeno tamanho. Uma característica peculiar, desconhecida em todos os outros grupos de Crustacea, é que a porção posterior da cabeça e cada segmento do corpo apresentam um par de fendas laterais denteadas, cuja função permanece desconhecida.

As doze espécies são todas colocadas em uma única ordem.

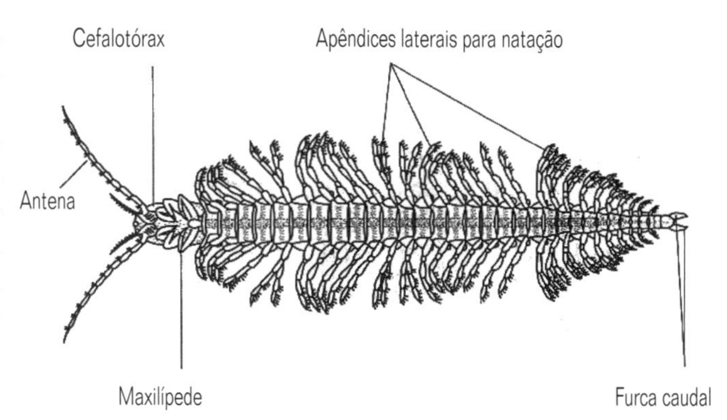

Fig. 8.39 Um Remipedia (vista ventral) (de Yager & Schram, 1986).

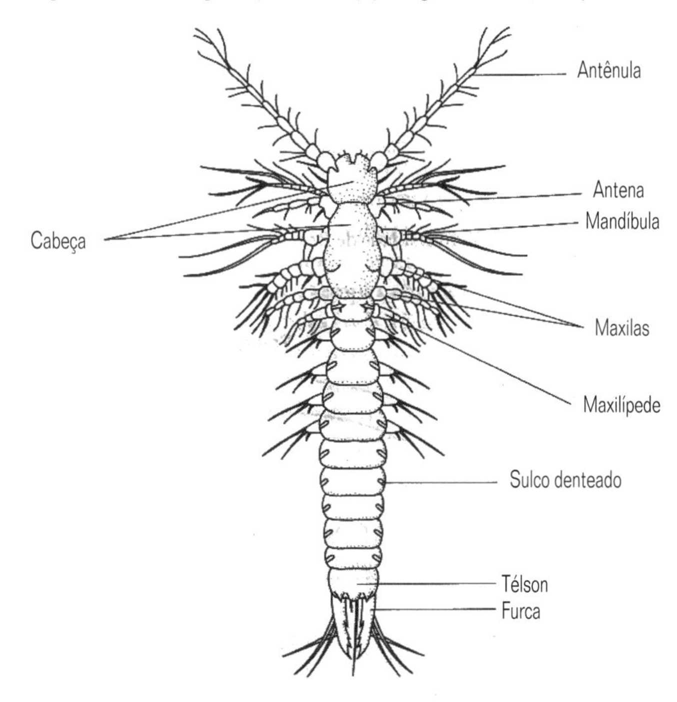

Fig. 8.40 Um Mystacocarida (vista dorsal) (de Kaestner, 1970).

8.6.3.5 Classe Branchiura

Os branquiúros são pequeninos (<3 cm de comprimento) ectoparasitas periódicos de peixes marinhos e de água doce, perfurando suas presas, que são muito maiores do que eles, com suas mandíbulas e ingerindo uma refeição líquida, geralmente sangue, como se fossem pulgas ou mosquitos marinhos. Seu corpo marcadamente achatado dorso-ventralmente compreende um cefalotórax, composto pela cabeça e o primeiro segmento do tórax, um péreon com três segmentos, e um abdômen não-segmentado e bilobado; o cefalotórax e, em alguns, grande parte do péreon; é coberto por uma carapaça achatada e ampla, com formato circular, bilobado, ou em ponta de flecha, a qual se estende na direção lateral ou póstero-lateral (Fig. 8.41), e possui um par de olhos compostos.

Os apêndices cefálicos são diminutos ou modificados em órgãos para se fixar aos peixes, terminando em ganchos ou, como é o caso da primeira maxila, frequentemente em grandes

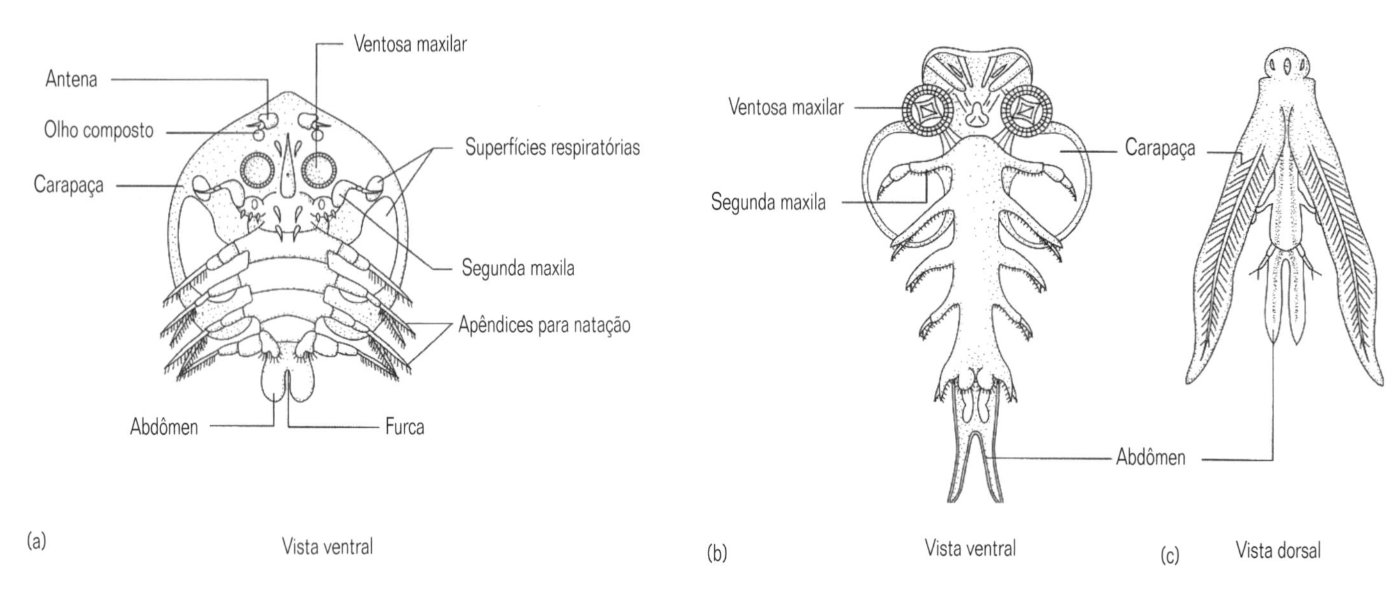

Fig. 8.41 Morfologia e diversidade de Branchiura (de Kaestner, 1970).

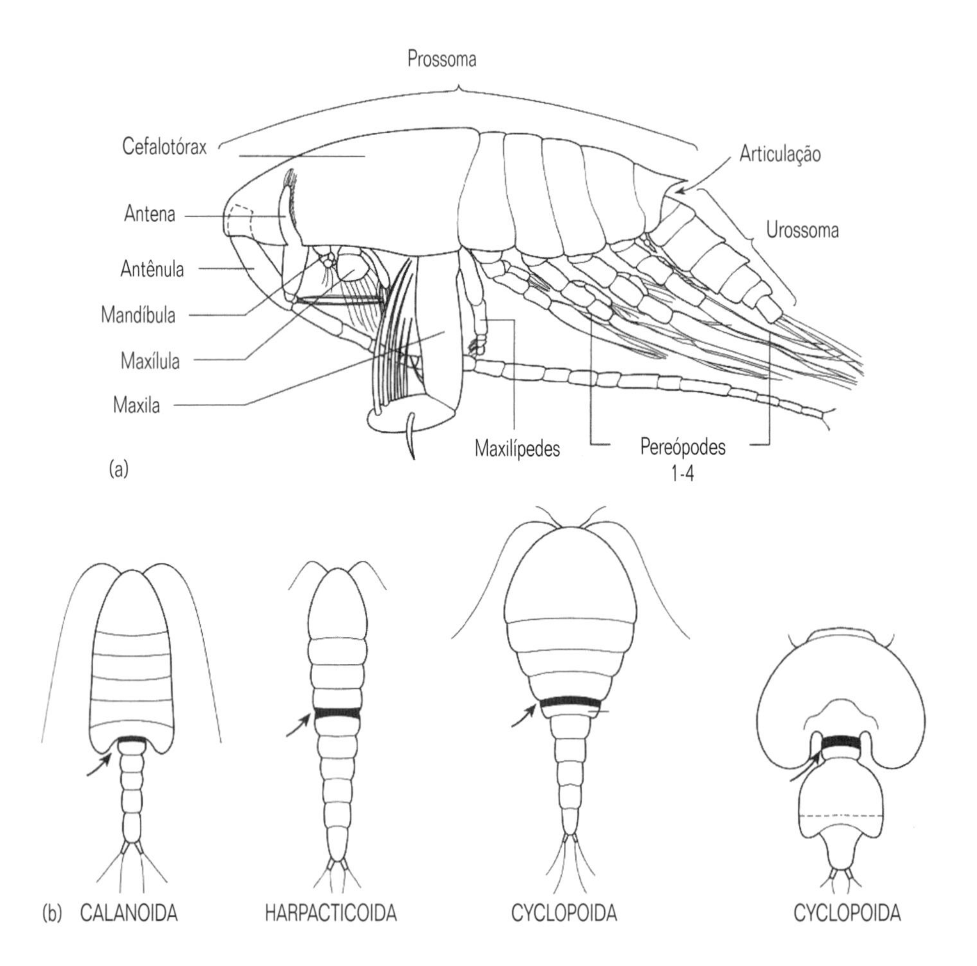

Fig. 8.42 Morfologia de Copepoda: (a) aparência externa de um copépode de vida livre, em vista lateral, mostrando os apêndices; (b) a localização da articulação entre o prossoma e o urossoma (marcadas por setas) em vários tipos de copépodes (os segmentos torácicos estão numerados, sendo que aqueles fundidos a outras regiões estão entre parênteses). (De Kaestner, 1970.)

ventosas pedunculadas. Os quatro pares de apêndices torácicos, incluindo os do segmento total ou parcialmente incorporado ao cefalotórax, apresentam-se como apêndices para natação; o abdômen, entretanto, não apresenta apêndices de forma alguma. Mais ou menos de forma não-usual, os ovos não são incubados ou carregados pela fêmea, mas são aderidos ao substrato ou à vegetação bentônica.

As 150 espécies estão contidas em uma única ordem.

8.6.3.6 Classe Copepoda

Os copépodes são os membros dominantes no plâncton marinho e, até um ponto ligeiramente menor, também no de água doce; existem numerosas espécies bentônicas intersticiais; e aproximadamente um quarto de todas as espécies é formado por parasitas, que atacam animais, desde esponjas até baleias. Embora a maioria das espécies seja pequena (<2 mm de comprimento), excepcionalmente, uma espécie de vida livre aproxima-se de um comprimento de 2 cm, e uma forma ectoparasita atinge 0,3 m.

Basicamente, o corpo dos copépodes compreende uma cabeça, com peças bucais e antenas bem-desenvolvidas, um tórax de seis segmentos, com apêndices para natação, e um abdômen de cinco segmentos, sem apêndices, mas vários segmentos podem estar fundidos entre si em uma ampla gama de modelos (um segmento torácico, pelo menos, está sempre fundido à cabeça e, em muitos, um segundo também está incorporado no cefalotórax), e a divisão primária em cefalotórax, péreon e abdômen não reflete a maneira pela qual, na prática, o corpo está subdividido, se, de fato, houver alguma diferenciação regional. As espécies parasitas, por exemplo, apresentam diversos graus de degeneração do corpo, na forma extrema incluindo a perda de toda a segmentação aparente e de apêndices. Nas espécies de vida livre (e em algumas parasitas), existe uma importante subdivisão funcional do corpo, marcada por um ponto no qual a região posterior se articula com a anterior. Exceto nas espécies intersticiais cilíndricas, a porção anterior a essa articulação (o 'prossoma') é oval, algumas vezes de forma alongada, enquanto a porção posterior do corpo (o 'urossoma') é um tubo estreito (Fig. 8.42). Embora em um grupo essa articulação esteja, de fato, posicionada na divisão entre cefalotórax + péreon e abdômen, em muitos ela ocorre entre o terceiro e o quarto segmento do péreon (correspondendo, nesses grupos, ao quinto e sexto segmento do tórax), de tal forma que o último segmento do péreon (e do tórax) faz parte do urossoma. Os copépodes nunca apresentam carapaça e olhos compostos.

As espécies parasitas apresentam uma ampla gama de formatos do corpo (Fig. 8.43), sendo que os corpos em forma de saco ou vermiformes da maioria dos tipos degenerados não podem mais ser reconhecidos como sendo de um crustáceo, exceto durante o desenvolvimento. Essas espécies frequentemente carregam seus ovos em longas fitas, de forma oposta aos ovissacos ovais, em número de um ou dois, carregados pelas espécies de vida livre.

As 840 espécies podem estar divididas em dez ordens, embora duas adicionais tenham sido propostas recentemente.

8.6.3.7 Classe Tantulocarída

Os Tantulocarida são diminutos (geralmente <0,2 mm, sempre <0,75 mm) ectoparasitas de crustáceos marinhos (copépodes, ostrácodes e malacóstracos Peracarida), com exceção dos machos adultos e da fase sexual de fêmea adulta, que vivem permanentemente aderidos ao seu hospedeiro através de um disco oral e bebendo os líquidos do hospedeiro através de um buraco feito com

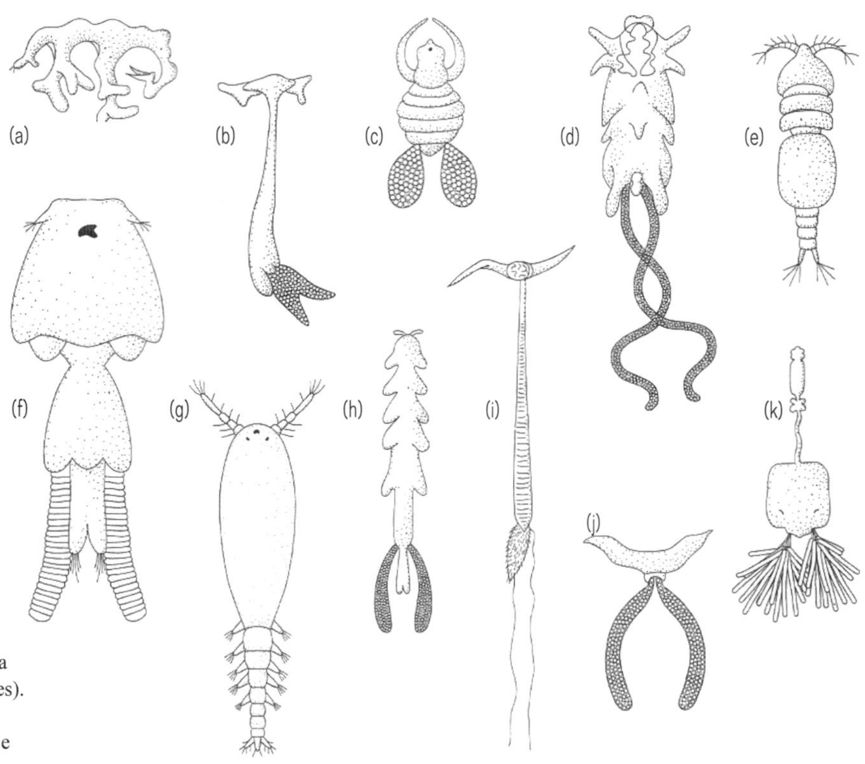

Fig. 8.43 A grande variação na forma do corpo e na degeneração de copépodes parasitas (de vários autores). (a), (d) e (h) são Poecilostomatoida; (b) e (e) são Cyclopoida; (e), (f) e (i)-(k) são Siphonostomatoida; e (g) é um Monstrilloida.

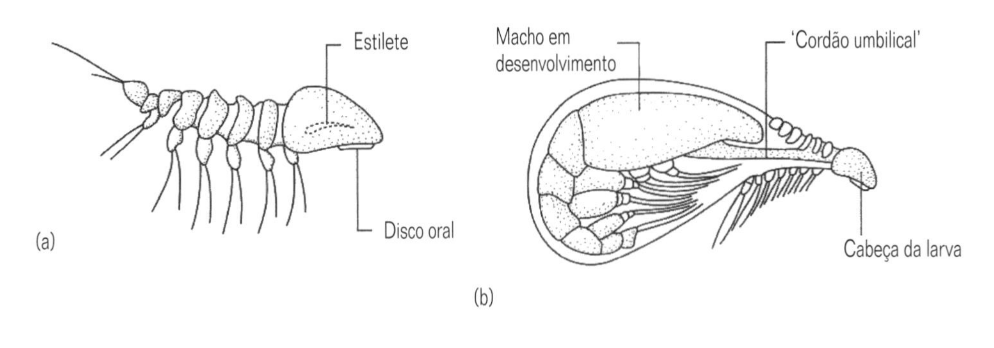

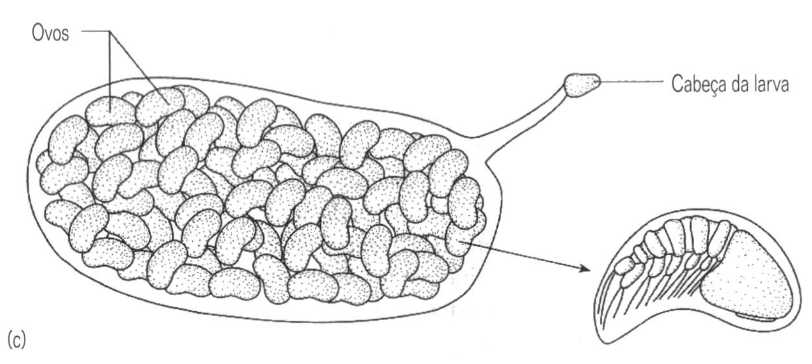

Fig. 8.44 Forma do corpo de Tantulocarida: (a) uma larva 'tantulus'; (b) macho desenvolvendo-se dentro do corpo da larva e fixando-se ao hospedeiro através da cabeça da larva e de um 'cordão umbilical'; (c) fêmea adulta preenchida de ovos, junto com um detalhe de uma larva desenvolvendo-se dentro de um ovo. (De Boxshall & Lincoln, 1987.)

um estilete mediano ventral, não existindo peças bucais primárias nem acessórias. Sua anatomia (Fig. 8.44) basicamente compreende uma cabeça sem olhos e sem apêndices, um tórax de seis segmentos com cinco pares semelhantes de apêndices birremes e um par posterior de apêndices unirremes, e um abdômen de dois a seis segmentos sem apêndices (incluindo o télson); os dois primeiros segmentos torácicos do macho adulto estão incorporados em um cefalotórax coberto por um escudo cefálico. A larva 'tantulus' emerge em um estágio avançado com seis segmentos torácicos livres com pernas e até sete segmentos abdominais; não parecem sofrer muda. A metamorfose para a forma adulta ocorre de uma maneira muito peculiar: a fêmea, que se multiplica através de uma maneira presumivelmente partenogenética e assexuada, desenvolve-se como um grande ovissaco sem apêndices que sai de forma eruptiva do dorso da larva e permanece aderido ao hospedeiro através da cabeça da larva; enquanto o macho de vida livre e que não se alimenta desenvolve-se de uma massa de tecido desdiferenciado dentro da larva, permanecendo aderido ao hospedeiro durante esse processo através de um 'cordão umbilical' que passa, de forma semelhante, pela cabeça da larva. Os apêndices torácicos do macho adulto são bem desenvolvidos, presumivelmente para natação. Um tipo de fêmea de vida livre e que não se alimenta foi recentemente descoberto, sugerindo que possam ocorrer dois tipos de ciclo de vida. Ela possui antênulas pares (os únicos apêndices cefálicos bem definidos conhecidos nos Tantulocarida) e um tronco de cinco segmentos, dos quais apenas dois apresentam apêndices. Pouco se sabe sobre sua biologia, embora ocorram de 20 a 5.000 m de profundidade.

Uma vez que não apresentam quase nenhuma das características diagnósticas listadas na secção 8.6.2, sua designação nos Crustacea pode ser vista de forma mais ou menos conjetural. Todavia, compartilham certas características com copépodes e cirripédios – também grupos nos quais desvios importantes, a partir do plano corpóreo básico de um crustáceo, surgiram em associação a um modo de vida parasitário (veja as Seções 8.6.3.6 e 8.6.3.8). A uma dúzia, ou tanto, de espécies conhecidas está colocada em uma única ordem.

8.6.3.8 Classe Cirripedia

Como um grupo, são os Crustacea mais altamente modificados, sendo sésseis ou vivendo associados a outros organismos de maneira parasítica. Efetivamente, não apresentam cabeça, a maioria não apresenta abdômen, e existe pouca ou nenhuma evidência de segmentação. Na forma extrema da ordem Rhizocephala, parecem nada mais do que uma hifa de fungo, com uma rede de finos tubos espalhando-se por todos os tecidos do hospedeiro (quase invariavelmente um crustáceo decápode), e um saco externo contendo as gônadas (Fig. 8.45a).

A ordem Ascothoracica (Fig. 8.45b), que parasita cnidários e equinodermes, é a menos especializada anatomicamente. Em alguns deles, existem porções rudimentares da cabeça com antênulas queladas (uma característica extremamente bizarra para um crustáceo), e um tórax com seis pares de apêndices para natação, todos envolvidos por uma carapaça bivalve, para fora da qual se projeta um abdômen livre, de cinco segmentos. As mais familiares cracas (ordem Thoracica) podem ser visualizadas como Ascothoracica que se tornaram sésseis, sendo que os seis pares de pernas torácicas – os 'cirros' – formam órgãos para coleta ou filtração de alimento, e a carapaça em forma de saco foi reforçada com poucas a muitas placas calcárias (Fig. 8.45c e d) que não sofrem muda, mas vão crescendo ao redor de suas margens. Como os outros cirripédios, a adesão inicial ao, nesse caso, substrato (rocha, concha ou alga) é efetuada pelas antênulas; depois da adesão bem-sucedida, essa região pré-oral pode aumentar de maneira

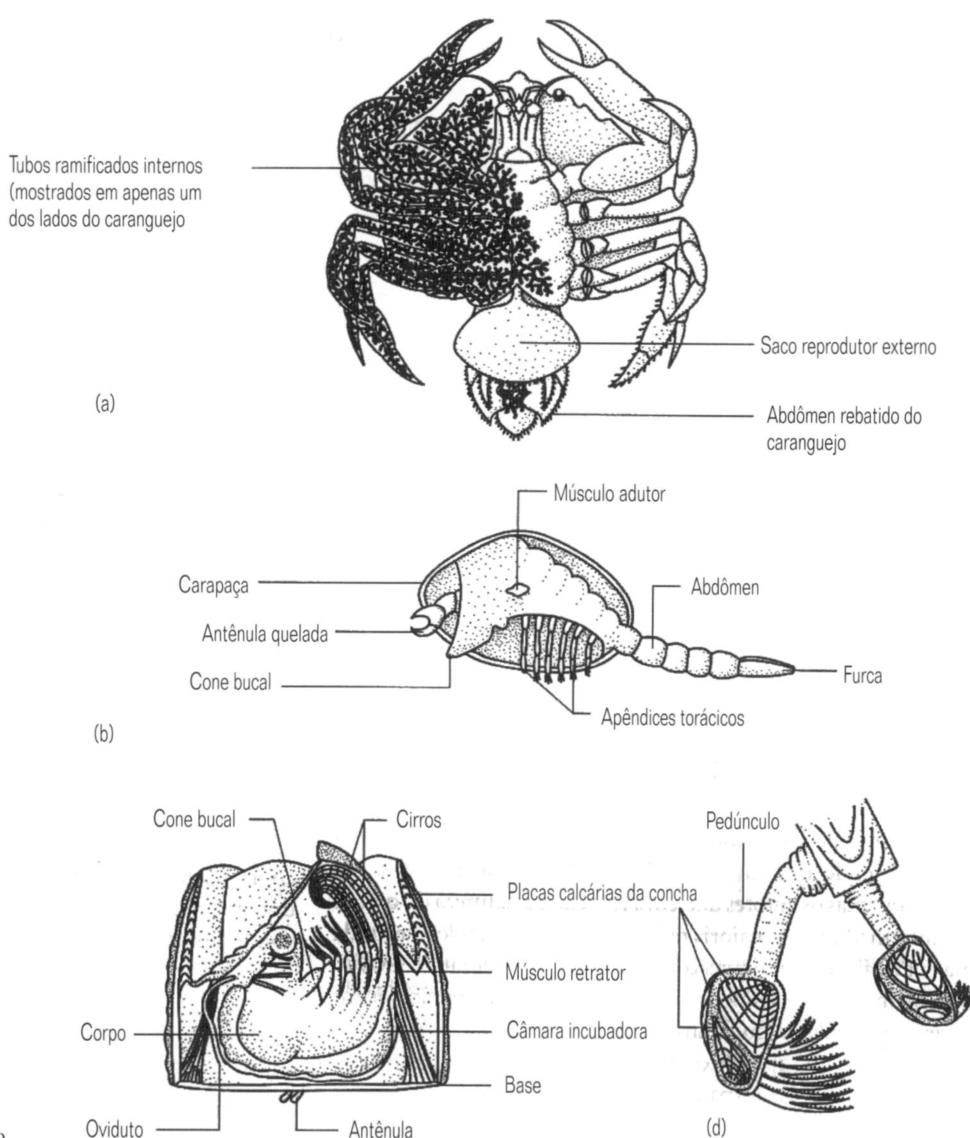

Fig. 8.45 Cirripedia: (a) um Rhizocephala infestando um caranguejo, sendo o último mostrado em vista ventral, como se fosse transparente; (b) uma vista lateral diagramática de um Ascothoracica mostrado com a valva esquerda da carapaça removida; (c) uma craca em vista lateral mostrada com parte de sua carapaça e placas removidas (veja também a Fig. 8.36); (d) aparência externa de duas lepas aderidas a um bloco de madeira (a e b de Kaestner, 1970; c e d de Zullo, 1982).

a formar uma coluna alongada, como nas lepas, ou pode formar apenas um fino disco de adesão, como nas cracas. O quarto grupo, a ordem Acrothoracica, é essencialmente semelhante ao das cracas, embora não apresentem placas calcárias e perfurem corais ou, mais raramente, conchas de moluscos. Nesses dois tipos que têm a forma de cracas, o pênis pode ser muito longo para poder alcançar indivíduos aderidos na vizinhança (portanto, sésseis). Uma quinta ordem, os Facetotecta, é conhecida apenas por larvas (os chamados náuplios-Y e cipris-Y).

Dentro da classe como um todo, existem tendências claras ao hermafroditismo ou à redução do sexo masculino a proporções diminutas, e à redução do trato digestivo – em muitos, tem fundo cego e, nos Rhizocephala, está ausente. Todos possuem um tipo individual de segundo estágio larval depois do náuplio, o 'cipris', o qual localiza o hospedeiro ou local para se estabelecer e, depois, metamorfoseia-se em um estágio adulto jovem. As 1.000 espécies são todas marinhas.

8.6.3.9 Classe Ostracoda

Os ostrácodes são crustáceos bem pequenos (na maioria com < 1 mm de comprimento, embora raramente aproximem-se de 2 cm) com um corpo curto e oval envolvido pela concha bivalve e frequentemente calcária formada pela carapaça (Fig. 8.46). Como os conchóstracos (e os moluscos bivalves), as duas valvas da carapaça apresentam uma musculatura adutora transversal que age contra uma articulação elástica; dentes podem estar presentes na articulação. Entretanto, de forma diferente desses grupos, a concha é eliminada e reconstituída a cada muda.

Seus corpos em forma de saco não apresentam nenhum sinal visível de segmentação, mas, ao julgar pelos apêndices, o que era ancestralmente a cabeça forma metade do volume do corpo. Apenas um total de cinco, seis ou sete apêndices está presente, dentre os quais os quatro primeiros certamente pertencem à 'cabeça' (antênulas, antenas, mandíbulas e primeiras maxilas), e

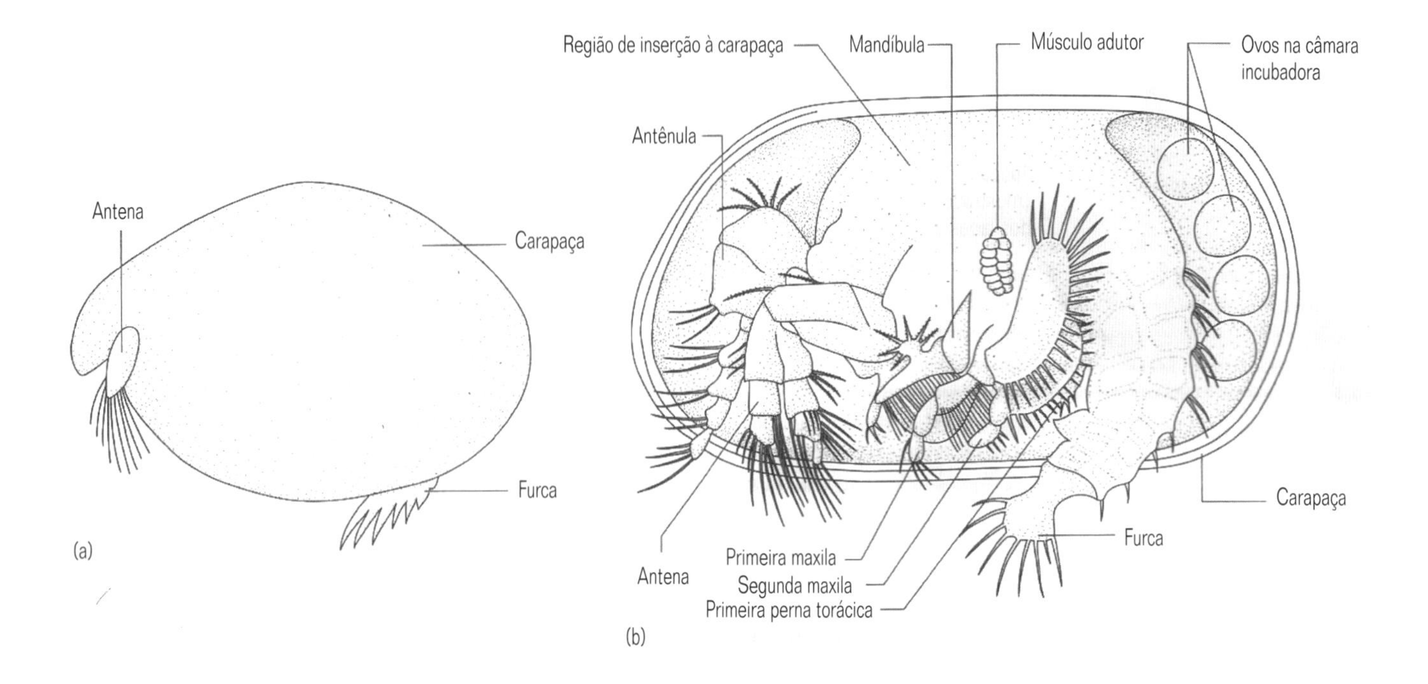

Fig. 8.46 Ostracoda: (a) aparência externa em vista lateral; (b) mostrada com a valva esquerda da carapaça removida. (De Cohen, 1982.).

os dois últimos, sendo que um ou ambos podem estar ausentes, são 'torácicos'; mas os autores diferem a respeito da natureza do quinto par intermediário. A maioria refere-se a ele como sendo a segunda maxila cefálica, mas alguns consideram que seja torácico e o denominam ou de maxilípede ou de primeira perna torácica. Se for a segunda maxila, então alguns ostrácodes são os únicos crustáceos a reter apenas os apêndices da cabeça. A função desses vários apêndices varia de grupo para grupo, mas as antenas são geralmente os principais órgãos para natação, e os primeiros apêndices torácicos, se presentes, são frequentemente pernas para caminhar. Os ovos são geralmente incubados sob a carapaça, embora possam ser simplesmente aderidos ao substrato ou à vegetação submersa.

As cinco ordens (uma delas conhecida até o momento apenas pelas conchas vazias) contêm um total de 5.700 espécies, sendo a maioria marinha. Umas poucas espécies são terrestres, tendo invadido a camada de húmus/folhiço de florestas através da água doce.

8.6.3.10 Classe Malacostraca

Os Malacostraca são, de longe, a maior classe dos Crustacea, com cerca de 23.000 espécies e, indiscutivelmente, contêm uma diversidade de formatos de corpo maior do que qualquer outra classe ordem do reino animal; apenas uma de suas 16 ordens, os Decapoda, inclui organismos tão variáveis quanto caranguejos, lagostins, camarões e caranguejos-ermitões. A principal característica que une a classe é que o corpo fundamentalmente compreende uma cabeça, um tórax com oito segmentos, e um abdômen com seis (ou raramente sete) segmentos, sendo todas essas regiões equipadas com um conjunto completo de apêndices segmentares, incluindo o abdômen. Sua diversidade, entretanto, pode ser medida pelo fato de que de nenhum a todos os oito segmentos torácicos podem estar incorporados à cabeça formando um cefalotórax; de que de nenhum a até três dos apêndices torácicos pares podem formar maxilípedes; e de que a carapaça pode estar presente ou ausente (primitiva ou secundariamente), enquanto que, se presente, pode cobrir parte ou toda a região anterior do corpo (desde apenas os dois primeiros segmentos torácicos até todo o tórax e vários segmentos abdominais).

Especializações típicas dos malacóstracos são a presença, no estomodeu, de um 'estômago', no qual o alimento é triturado em partículas finas e qualquer partícula mais grosseira é filtrada do material que irá, então, passar para os divertículos digestivos (Fig. 8.47), e o desenvolvimento de apêndices que executam uma grande variedade de funções, sendo que os apêndices torácicos posteriores são pernas para caminhar (pereópodes), os cinco primeiros pares de apêndices abdominais formam órgãos para natação (pleópodes) e o último par de apêndices abdominais (os 'urópodes') compreendem um leque caudal junto com o télson, o qual termina o corpo ao invés da mais usual furca. Ao menos que tenha sido secundariamente perdido, um par bem-desenvolvido de olhos compostos também é característico. Muitas espécies são grandes e bem calcificadas, e várias mostram graus marcantes de concentração do sistema nervoso e padrões complexos de comportamento. São membros importantes do nécton e do bentos marinho; muitos ocorrem em riachos, rios e lagos de água doce; e vários são terrestres, incluindo todos os crustáceos que podem sobreviver em habitats diferentes daqueles permanentemente úmidos.

Seis grupos principais de ordens podem ser distinguidos. Dois deles retiveram o plano básico do corpo com uma cabeça, tórax e abdômen, isto é, sem o desenvolvimento de um cefalotórax ou de peças bucais acessórias. Um deles, os Phyllocarida (Fig. 8.48a), é o único grupo de malacóstracos a reter um abdômen com sete segmentos e uma furca, e a não apresentar urópodes. Sua característica mais óbvia é a carapaça bivalve ampla e comprimida

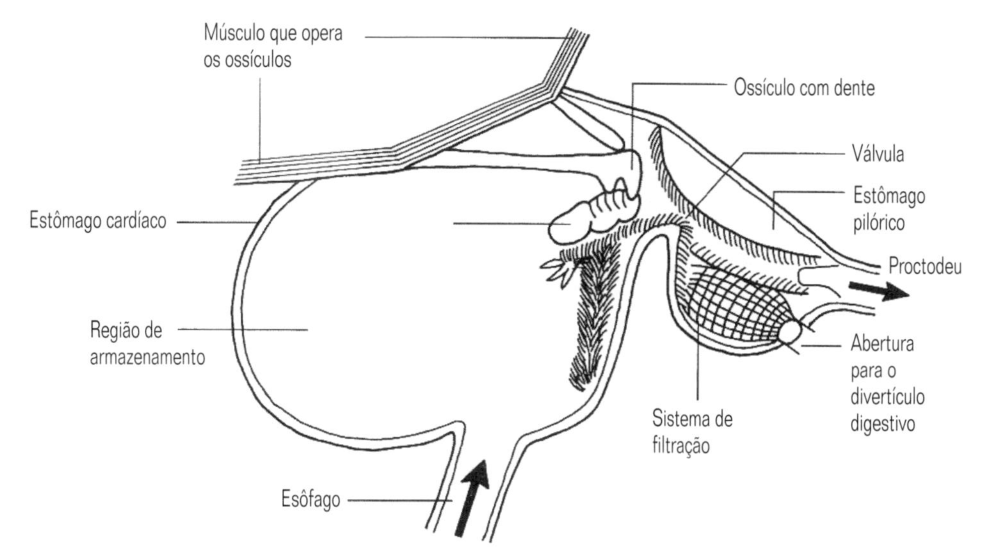

Fig. 8.47 Uma secção longitudinal diagramática através do estômago (estomodeu) de um Malacostraca Decapoda mostrando os ossículos da 'moela gástrica' que trituram o alimento ingerido, e o sistema de filtração do piloro que guarda a abertura para um dos divertículos digestivos (de Warner, 1977).

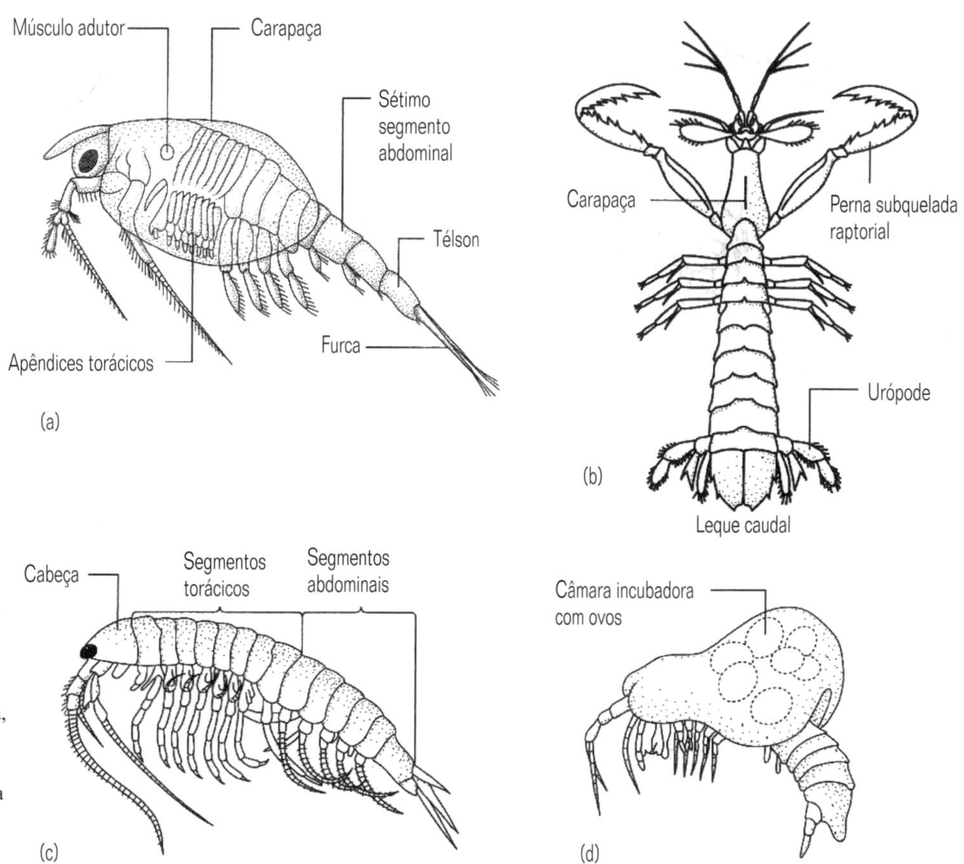

Fig. 8.48 Diversidade de Malacostraca I. (a) Phyllocarida, em vista lateral como se a carapaça fosse transparente; (b) Hoplocarida, em vista dorsal; (c) Syncarida, em vista lateral; (d) Pancarida, em vista lateral (a carapaça da fêmea mostrada está amplamente aumentada e intumescida para atuar como uma câmara incubadora). (De vários autores).

lateralmente, a qual cobre o tórax e seus oito pares de apêndices foliáceos, que envolvem uma cavidade incubadora. O segundo grupo, os Hoplocarida (Fig. 8.48b), também apresenta uma carapaça, a qual, entretanto, é bem menor e cobre apenas metade do tórax, que é achatado dorso-ventralmente. De forma particularmente característica, suas antênulas são trirremes e os primeiros cinco pares de apêndices torácicos são subquelados e não estão envolvidos com a locomoção; o segundo par é grande e raptorial, enquanto os três seguintes, nas fêmeas, carregam as massas de ovos. Em algumas espécies, o segundo par forma 'punhos' que podem ser lançados a uma velocidade de 1 cm ms^{-1} de forma a exercer um impacto equivalente ao de uma bala de calibre 0,22!

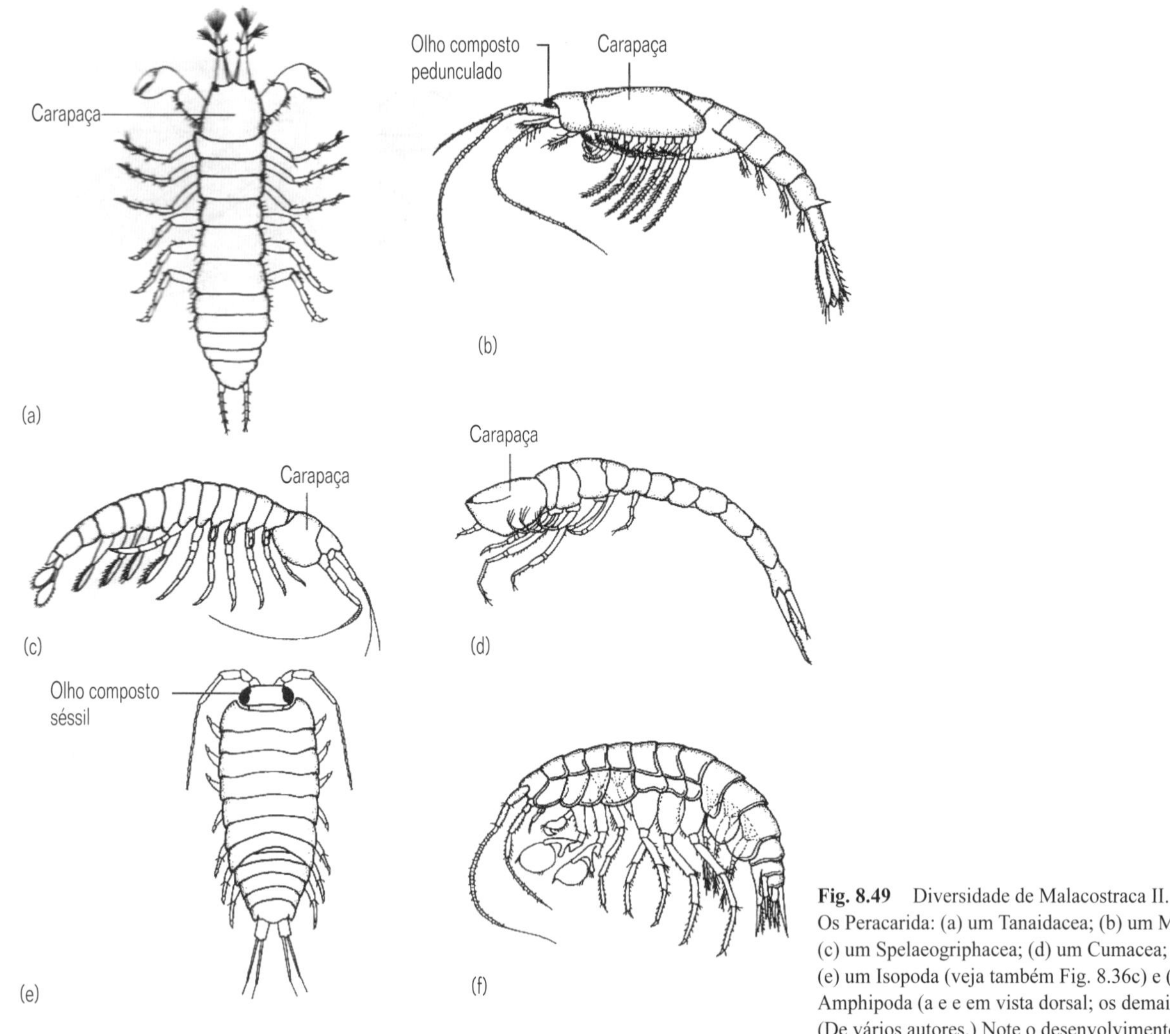

Fig. 8.49 Diversidade de Malacostraca II. Os Peracarida: (a) um Tanaidacea; (b) um Mysidacea; (c) um Spelaeogriphacea; (d) um Cumacea; (e) um Isopoda (veja também Fig. 8.36c) e (f) um Amphipoda (a e e em vista dorsal; os demais, lateral). (De vários autores.) Note o desenvolvimento diferencial da carapaça e os vários formatos de apêndices.

Em contraste com esses dois grupos, as próximas três subordens têm pelo menos um (e, usualmente, apenas um, mas, no máximo, três) segmento torácico fundido à cabeça sob a forma de um cefalotórax e, portanto, geralmente possuem um péreon com sete segmentos e um abdômen com seis. O desenvolvimento da carapaça, no entanto, é bastante variável. Os Syncarida (Fig. 8.48c), exclusivamente de água doce, não apresentam carapaça de forma alguma (de forma primitiva, como tem sido geralmente considerado) e tendem a perder os apêndices dos segmentos bastante uniformes do tronco. Os Pancarida (Fig. 8.48d) cegos, que habitam cavernas e habitats intersticiais, algumas vezes em águas quentes que atingem até 45°C, também são principalmente de água doce; são distinguidos por uma carapaça curta que serve de câmara incubadora (assim como é o centro das trocas gasosas). O terceiro grupo, muito maior, os Peracarida (Fig. 8.49), entretanto, forma a câmara incubadora a partir de projeções dos pereópodes. Uma carapaça e olhos pedunculados estavam provavelmente presentes nos membros ancestrais dessa superordem, mas ambos são sujeitos a uma redução marcante em várias linhagens, de forma que os olhos compostos são na maioria sésseis, e, nos membros de duas importantes ordens (os Amphipoda e os Isopoda), a carapaça está ausente. Os Peracarida têm formatos e habitats muito variáveis: alguns nadam, vários escavam, e muitos rastejam; um bom número é parasita; seu corpo pode ser alongado ou atarracado, comprimido dorsoventralmente ou lateralmente ou ser como o de um camarão. Os tatuzinhos-de-jardim colonizaram com sucesso o ambiente terrestre (Seção 8.6.2).

O último grupo, os Eucarida (Fig. 8.50), apresenta todos os segmentos torácicos fundidos e incorporados ao cefalotórax, de forma que o corpo compreende apenas um cefalotórax e um abdômen; e todo o cefalotórax está envolvido por uma carapaça que geralmente se estende para baixo nas laterais de forma a cobrir as brânquias torácicas como uma câmara protetora. De maneira geral, os pleópodes abdominais são utilizados na natação e, nas fêmeas de decápodes, para carregar a massa de ovos, enquanto os apêndices torácicos atuam ou como apêndices para a alimentação, ou para a captura de presas e para caminhar. Na maior ordem, os Decapoda, existem três pares de maxilípedes e uma tendência evolutiva para a redução do abdômen, que culminou com os caranguejos, nos quais o pequeno abdômen dobra-se por baixo da ampla e geralmente larga carapaça, de forma a não ser visível por cima. De forma única entre os crustáceos, alguns caranguejos são mais largos do que longos.

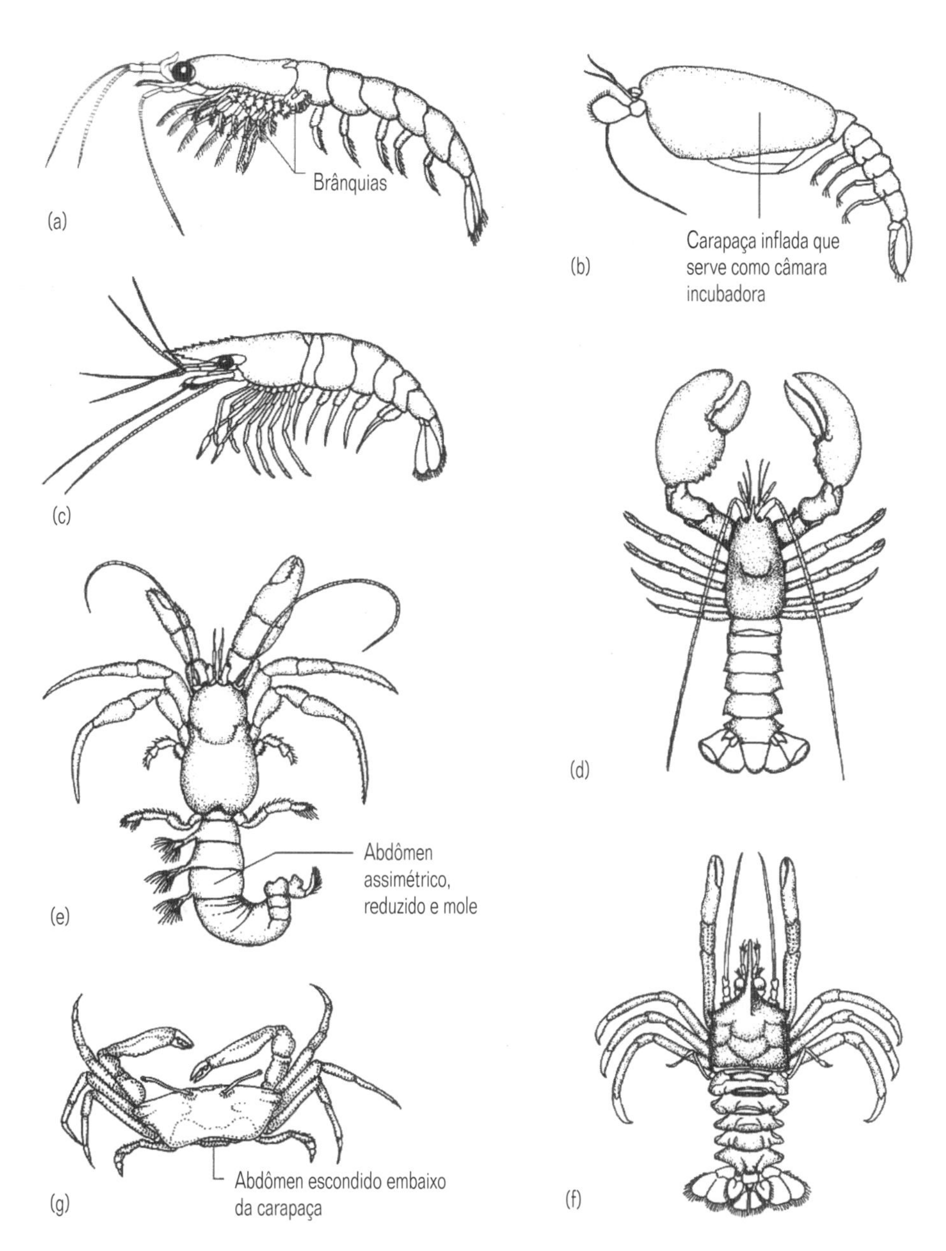

Fig. 8.50 Diversidade de Malacostraca III. Os Eucarida: (a) um Euphausiacea; (b) um Amphionidacea; (c)-(g) Decapoda; (a-c em vista lateral; d-g, dorsal). (De vários autores.)

8.7 Leitura adicional

Aguinaldo, A.M.A, Turbeville, J. M., Linford, L. S., Rivera, M. C., Garey, J. R, Raff, R. A.& Lake, J.A 1997. Evidence for a clade of nematodes, arthropods and other moulting animals. Nature (Lond) 387, 489-493.

Arnaud, F. & Bamber, RN. 1987. The biology of Pycnogonida. Adv. Mar. Biol., 24, 1-96.

Borror, D.J., De Long, D.M. & Triplehorn, C.A 1976. An Introduction to the Study of Insects, 4th edn. Holt, Reinhart & Winston, New York.

Boudreaux, H.B. 1979. Arthropod Phylogeny with Special Reference to Insects. Wiley, New York.

Chapman, R.F. 1969. The Insects: Structure and Function. English Universities Press, London.

Clarke, K.U. 1973. The Biology of the Arthropoda. Edward Arnold, London.

Cloudsley-Thompson, J.L. 1968. Spiders, Scorpions, Centipedes and Mites. Pergamon Press, Oxford [Chelicerata & Myriapoda].

Daly, H.Y., Doyen, J.T. & Ehrlich, P.R. 1978. Introduction to Insect Biology and Diversity. McGraw-Hill, New York.

Gupta, A.P. (Ed.). 1979. Arthropod Phylogeny. Van Nostrand Reinhold, New York.

Kaestner, A. 1968. Invertebrate Zoology, Vol. 2. Wiley, New York [Onychophora, Tardigrada, Penstastoma, Chelicerata & Myriapoda].

Kaestner, A. 1970. Invertebrate Zoology, Vol. 3. Wiley, New York [Crustacea].

King, P.E. 1973. Pycnogonids. Hutchinson, London.

Lewis, J.G.E. 1981. The Biology of Centipedes. Cambridge University Press, Cambridge.
Little, C. 1983. The Colonisation of Land. Cambridge University Press, Cambridge [All terrestrial arthropods].
Manton, S.M. 1977. The Arthropoda. Oxford University Press, Oxford.
McLaughlin, P.A. 1980. Comparative Morphology of Recent Crustacea. Freeman, San Francisco.
Ramazzotti, G. 1972. Il Phylum Tardigrada, 2nd edn. Instituto Italiano di Idrobiologia, Pallanza.
Rosa, R. de, Grenier, J,K., Andreeva, T., Cook, C.E., Adoutte, A., Akam, M., Carroll, S. B. & Balavoine, G. 1999. Hox genes in brachiopods and priapulids and protostome evolution. Nature (Lond), 399, 772-776.
Savory, T.H, 1977. Arachnida. Academic Press, New York.
Schram, F.R. 1986. Crustacea. Oxford University Press, New York.
Sedgwick, A. 1888. A Monograph of the Development of Peripatus capensis, and of the Species and Distribution of the genus Peripatus. Clay, London.

PARTE 3

Biologia Funcional dos Invertebrados

Enquanto a Parte 2 descreveu a diversidade do plano do corpo e da biologia dos invertebrados, esta Parte concentra-se nos aspectos unificadores de sua anatomia funcional, fisiologia e comportamento. É claro que, qualquer que seja sua estrutura, história ou ecologia, todos os animais apresentam certas necessidades comuns que precisam ser alcançadas, pelo menos potencialmente, para garantir sua própria sobrevivência e, em prazos mais longos, a de seus genes. Por isso possuem conjuntos equivalentes de sistemas funcionais que permitem a aquisição das informações e dos recursos necessários, processando-os e ordenando-os. As vantagens seletivas associadas aos diferentes planos do corpo, estilos de vida e hábitats, no entanto, favoreceram diferentes soluções para muitos destes problemas comuns e, como na Parte 2, os próximos capítulos apresentam a biologia funcional dos invertebrados em relação ao cenário das diversas pressões seletivas e das soluções ótimas às pressões interatuantes.

Algumas exigências são necessárias para a sobrevivência imediata e, frequentemente, a seleção atuou poderosamente sobre os indivíduos vivos. Os animais, por exemplo, precisam encontrar, consumir e assimilar alimentos que contenham substâncias químicas e energia, muitas vezes a despeito de considerável competição por estes recursos (Capítulo 9) e, ao mesmo tempo, evitar de se tornarem o alimento de outros consumidores (Capítulo 13). Outras necessidades – aquelas que permitem a qualquer animal de ser capaz de funcionar – podem ser consideradas como tendo sido enfrentadas e sobrepujadas relativamente cedo durante a história evolutiva da maioria das linhagens e, portanto, foram grandemente sujeitas à seleção estabilizadora. Assim, a maioria dos animais precisa de sistemas locomotores e todos necessitam que algumas partes de seu corpo sejam capazes de mover-se para obter alimento, fugir de consumidores, evitar condições ambientais desfavoráveis e assim por diante (Capítulo 10); eles também precisam realizar trocas gasosas com seu ambiente e executar reações metabólicas que produzem energia (Capítulo 11); como apresentam uma composição química diferente daquela de seu ambiente, necessitam regular sua composição e/ou concentração interna, incluindo a eliminação de produtos residuais metabólicos (Capítulo 12); precisam obter informações, tanto sobre o ambiente externo como sobre o interno, avaliá-las e, se for apropriado, agir de acordo com elas, de modo que os vários níveis de desenvolvimento ou de atividade dos diferentes sistemas funcionais do corpo sejam coordenados e sincronizados para que o indivíduo (um organismo multicelular) possa atuar como um todo unitário e sobre seu comportamento e sua fisiologia (Capítulo 16). Finalmente (Capítulos 14 e 15), os animais precisam adotar estratégias reprodutivas e de ciclos de vida que assegurem, ao máximo, sua contribuição genética para as futuras gerações; e os zigotos ou outros propágulos precisam, por sua vez, desenvolver-se em organismos capazes de reproduzir-se e de adquirir e processar seus próprios recursos, às vezes via distintos estágios larvais adaptados para a dispersão, para encontrar organismos hospedeiros específicos, ou para alimentar-se antes da metamorfose até a forma reprodutiva adulta.

Como as pesquisas nesses vários campos foram realizadas somente com um número bastante limitado de invertebrados, os animais nos quais esta parte está baseada representarão uma pequena fração daqueles descritos na Parte 2. Por motivos compreensíveis, este material experimental tem sido selecionado principalmente dentre os mais numerosos e maiores grupos de invertebrados (por exemplo, artrópodes, moluscos). Entretanto, isto servirá para compensar o aparente viés contra os assim chamados 'filos principais' criados pela abordagem adotada na Parte 2.

CAPÍTULO 9

Alimentação

Até certo ponto, a alimentação dos animais constitui um campo de pesquisa negligenciado. Existe, é verdade, uma riqueza disponível de informações, por exemplo, sobre a mecânica da alimentação suspensívora, sobre como os predadores capturam suas presas, e muito sobre a anatomia do tubo digestivo e a fisiologia da digestão, porém a razão pela qual os animais aproveitam aquilo que ingerem parece ser evidente: eles estão adaptados para sua captura e digestão. No entanto, por que os tipos mais primitivos de animais são exclusivamente carnívoros? E por que tanto material vegetal não é consumido? Por que algumas espécies são mais generalistas nas suas dietas do que outros?

Neste capítulo, consideramos os elos filogenéticos que direcionaram a alimentação animal (o passado evolutivo, os diferentes tipos de mecanismos alimentares apresentados pelos animais (a herança do passado), e o aumento rápido da pesquisa que investiga os pontos positivos e negativos da ingestão de cada um dos diferentes componentes de uma dieta alimentar bastante diversificada, e como a presa consegue influenciar a escolha de seu consumidor (o presente ecológico).

9.1 Introdução: a evolução dos modos de alimentação animal

Todos os filos animais, com a provável exceção dos Uniramia, evoluíram no mar, um hábitat relativamente estável e uniforme. A não ser nas zonas intermareais e mais costeiras, as variáveis físicas como temperatura, salinidade, composição iônica, saturação de O_2, raramente variam suficientemente para representar uma ameaça à sobrevivência dos animais marinhos e, raramente, ocorre alguma limitação fisiológica da atividade biológica. Por isso as espécies marinhas necessitam somente de dois – talvez de três – requisitos para a sobrevivência, ambos ou todos relacionados à alimentação. Elas precisam obter alimento suficiente; precisam evitar de se tornar o alimento de outros organismos; e elas podem requerer uma área exclusiva do espaço para alcançar as outras duas. A sobrevivência do indivíduo requer somente isso. Certamente, se seus genes devem sobreviver durante um período mais longo do que a duração da vida de qualquer organismo individual, elas também precisarão produzir o número máximo possível de descendentes que sobrevivam e se reproduzam (veja o Capítulo 14). Todos os outros atributos biológicos, quer sejam anatômicos, fisiológicos, bioquímicos ou de desenvolvimento, são simplesmente meios para maximizar as chances de obter e processar estes requisitos fundamentais.

Os primeiros animais habitaram a superfície do fundo do mar Pré-Cambriano (Capítulo 2): o que eles teriam tido como alimento em potencial? A resposta só pode ser: bactérias e protistas coloniais ou unicelulares, os quais, em todas as águas, exceto nas mais rasas, devem ter sido principalmente heterotróficos. Suficiente luz para permitir a fotossíntese penetra somente até cerca 100 metros de profundidade em mar aberto e, geralmente, muito menos do que isso em regiões rasas (cerca de 20-30 metros nos mares costeiros e, às vezes, apenas alguns poucos centímetros em águas costeiras muito turvas e siltosas). A maior parte da plataforma continental e todo o fundo do oceano não recebem luz solar. A produção primária de substâncias orgânicas pelos protistas fotossintetizantes marinhos é, portanto, um fenômeno de superfície, muito distante da maior parte do hábitat bentônico. Hoje em dia, a maioria dos animais bentônicos, em última análise, depende quase que inteiramente da chuva, de material morto e já parcialmente decomposto, das camadas superiores e dos organismos responsáveis por sua decomposição durante a sua decantação através da coluna de água e depois que se sedimentou no fundo do mar.

Somente nas águas costeiras rasas os seres fotossintetizantes vivos puderam estar ao alcance de qualquer animal que poderia filtrá-los de uma suspensão na água ou pastar as formas sésseis. Excetuando-se o caso dos poríferos filogeneticamente isolados, a alimentação por filtração foi uma especialização mais tardia na evolução animal, assim como o pastio (Capítulo 2). A quimiossíntese bacteriana no fundo do mar foi, no entanto, e em algumas áreas ainda é, uma importante fonte de produção primária; tanto a fotossíntese como a quimiossíntese bacterianas são características de sub-hábitats anóxicos ou microaeróbicos ou de substratos reduzidos.

Não constitui surpresa, então, que os platelmintos viventes mais simples e, presumivelmente, as formas ancestrais, são e foram essencialmente consumidores de bactérias e protistas, de alguma forma associados aos sedimentos e rochas do fundo. Talvez, o que é mais surpreendente é que de um modo ou de outro esta dieta ancestral dominou a nutrição de todos os descendentes platelmintos, inclusive dos terrestres. Bactérias e protistas são abundantes em sedimentos marinhos, mas eles são individualmente pequenos e, frequentemente, de ampla distribuição espacial. Raramente ocorrem em densos grupos, embora mais tarde serão consideradas algumas exceções. Isso repercutiu de duas maneiras fundamentais nos estilos de vida dos animais.

Primeiro, os animais precisam ser móveis para encontrar novos suprimentos quando os estoques locais estiverem exauridos – e a mobilidade é uma das características da condição animal – e, segundo, um consumidor de pequenos organismos amplamente dispersos também precisa ser relativamente pequeno. Quanto maior um animal, maiores serão suas necessidades metabólicas e maior é a quantidade de alimento que ele precisa obter por unidade de tempo. Isto pode ser ilustrado plotando-se a massa do corpo contra o correspondente gasto de energia na sua manutenção (Fig. 11.16a). Um animal grande não conseguiria subsistir com uma dieta de bactérias ou de pequenos protistas porque ele não conseguiria encontrar e consumir uma quantidade suficiente desses organismos por unidade de tempo.

No entanto, o aumento em tamanho é, por si, provavelmente uma vantagem seletiva por três motivos:

1 Os animais maiores tendem a ser capazes de produzir prole maior do que a dos animais pequenos (isto é, produção diferencial de descendentes).

2 Um tamanho maior pode conferir maior imunidade contra o consumo por outros organismos (isto é, sobrevivência diferencial).

3 Animais maiores tendem a ser capazes de deslocar animais menores de fontes de alimento limitadas e compartilhadas (isto é, novamente, sobrevivência diferencial).

Além disso, admitindo-se uma digestibilidade igual, sempre é energeticamente mais eficiente ingerir itens individuais maiores de qualquer tipo de alimento do que ingerir itens menores e, por sua vez, para conseguir isso é necessário um tamanho maior.

Assim, considerando esses benefícios seletivos do aumento de tamanho, também não é surpreendente que a maioria dos platelmintos viventes é maior do que as espécies que consomem bactérias e que eles passaram a consumir itens alimentares maiores – outros animais – em vez de bactérias e protistas. Hoje, as duas linhas mais significantes dos animais estruturalmente mais simples, os platelmintos de simetria bilateral e os cnidários radiais são ambos essencialmente carnívoros. Apesar disso, existe um limite no tamanho do corpo dos platelmintos, imposto pela distância de difusão (Seção 11.4.1) e, assim, a vantagem seletiva continuada do aumento em tamanho tornaria mais vantajosas quaisquer modificações morfológicas que permitiram que isso tenha ocorrido. Isto, juntamente com a fuga de platelmintos predadores, provavelmente forneceu dois dos impulsos mais importantes em direção à ampla diversificação dos animais vermiformes, que ocorreu cedo na evolução dos animais.

No entanto, existe uma concentração notável de células de protistas nas regiões marinhas mais rasas, na forma de algas filamentosas ou coloniais talosas ou multicelulares. Embora as maiores algas apresentem problemas particulares (veja abaixo), as formas filamentosas e os estágios juvenis dos tipos macroscópicos podem ser facilmente removidos de seus substratos por um órgão raspador (veja a Fig. 5.3), tornando disponível esta fonte abundante e concentrada de células fotossintetizantes para a digestão. Os Mollusca, descendentes dos platelmintos primitivos, evoluíram em associação a este modo alimentar especializado, em segurança contra o vigoroso movimento da água, típico de águas rasas, e da predação embaixo de suas conchas protetoras dorsais. A raspagem radular também é um meio eficaz de obtenção de alimento de presas animais sésseis ou sedentárias, protegidas por conchas externas, tubos ou carapaças e, decerto, de plantas terrestres, e durante sua evolução subsequente, os moluscos ampliaram seu modo básico de obtenção de alimento para utilizar a maioria dos outros tipos disponíveis de alimentos.

Os outros animais descendentes dos platelmintos primitivos retiveram a dieta ancestral desses vermes ou desenvolveram mecanismos para concentrar a chuva de partículas provenientes da água sobrejacente. Em muitas condições marinhas, a taxa de decantação e a concentração da matéria orgânica em suspensão na água do mar são, de fato, constantes e, assim, se um consumidor se posiciona apropriadamente para interromper e concentrar esse suprimento, ele não precisa mover-se muito, se é que isso ocorre, ou precisa somente movimentar um sistema de órgãos e, sendo séssil ou sedentário, reduzirá as necessidades metabólicas basais de energia e, por isso, o mínimo de quantidade de alimento necessário por unidade de peso do corpo. Nessas condições, uma dieta baseada grandemente em bactérias, protistas e matéria orgânica morta ainda é possível em um animal relativamente grande.

Diversos desses outros descendentes dos platelmintos primitivos extraíram partículas da suspensão na água criando uma corrente através de algum dispositivo filtrador ('alimentação suspensívora'); outros coletaram aquelas partículas e as associações microbianas que já haviam se sedimentado na superfície do substrato ('comedores de depósitos'); e ainda outras formas interceptaram a chuva de partículas antes que chegasse ao fundo ('interceptadores de sedimentação').

Os grupos suspensívoros incluem os poríferos, os filos lofoforados e os cordados invertebrados, e diversos membros dos Mollusca, Annelida e grupos de artrópodes, incluindo alguns que, mais tarde na filogenia, exportaram a alimentação suspensívora e moveram-se para cima até a zona de produção fotossintética. As adaptações alimentares dos organismos suspensívoros serão abordadas mais tarde, numa outra seção deste capítulo (Seção 9.2.5), mas aqui podemos mencionar algumas generalidades do processo alimentar. Todos os suspensívoros possuem um filtro de algum tipo e uma região para filtração disposta de forma a interromper uma corrente natural (e persistente) de água ou outros meios de criar sua própria corrente através do filtro.

Nas esponjas, as mesmas células – os coanócitos – criam tanto a corrente de água pelo batimento de seus flagelos, como capturam as partículas alimentares contidas na corrente no colarinho de microvilosidades que circundam o flagelo (Fig. 9.1). O pequeno tamanho das malhas deste filtro de microvilosidades permite que partículas do tamanho de bactérias possam ser retidas. Em todos os animais suspensívoros, seria claramente vantajoso não filtrar o mesmo volume de água mais do que uma vez, e os poríferos evitam isso conduzindo a água para o interior através de muitos poros pequenos dispersos na superfície geral

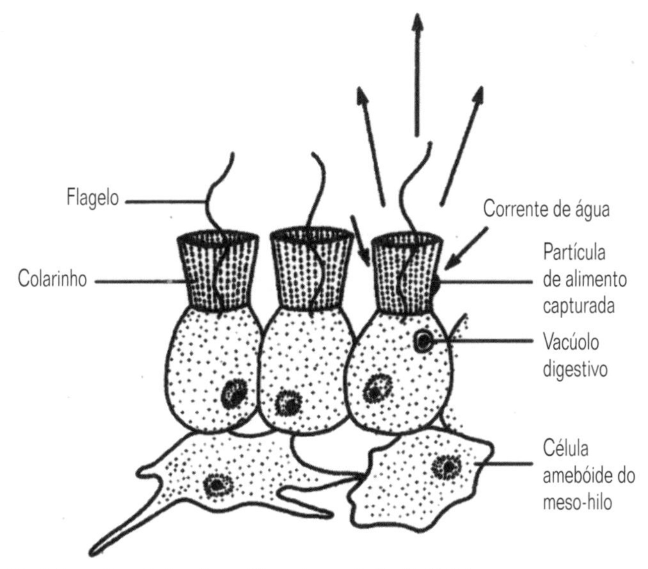

Fig. 9.1 Coanócitos de poríferos (segundo Brill, 1973).

do corpo, e expelindo-a somente através de uma ou de poucas aberturas (veja a Seção 3.2). A corrente mais poderosa de água, que resulta, leva a água filtrada para longe do corpo da esponja. (Os tunicados pirosomídeos coloniais e planctônicos desenvolveram um sistema equivalente e a única corrente exalante ainda serve para impelir a colônia através da água por meio de jato-propulsão; Fig. 7.34).

Em contraste, os produtos suspensívoros da radiação dos descendentes de platelmintos adaptaram-se ou desenvolveram órgãos específicos para a filtração: tentáculos na cabeça ou perto dela nos anelídeos, o lofóforo mesossômico nos foronídeos e em seus parentes, brânquias ctenidiais muito grandes nos moluscos bivalves, e assim por diante (Fig. 9.2). Entretanto, todos operam na mesma maneira básica. O batimento de cílios em tratos ou em alguma região do órgão filtrador cria a corrente de água, enquanto que outros tratos ciliados capturam e transportam as partículas alimentares, com ou sem ajuda de muco, até a boca. A captura de partículas depende grandemente do tamanho específico, mas outros tratos de cílios, no próprio filtro ou em algum órgão acessório, selecionam as partículas capturadas naquelas a serem ingeridas e naquelas a serem rejeitadas, frequentemente na forma de bolotas pseudofecais. O sistema dos cordados invertebrados é exatamente equivalente (Seção 9.2.5).

Os artrópodes filtradores, no entanto, não possuem cílios devido à presença de um exoesqueleto e, em vez deles, usam cerdas em vários de seus apêndices para formar o filtro (Fig. 9.3). Sua corrente alimentar é criada por movimentos semelhantes aos da natação, realizados pelos apêndices portadores do filtro ou outros. Os filtros cerdosos geralmente são mais grosseiros do que os ciliares e, por isso, conseguem capturar somente partículas maiores. Pequenos crustáceos planctônicos, como os copépodes (Seção 8.6.3.6), tradicionalmente têm sido considerados filtradores cerdosos. No entanto, isso é duvidoso: os copépodes operam com números de Reynolds tão baixos (veja a Seção 10.1) que o movimento de um filtro cerdoso através da água – mesmo de um com malhas grossas – atuaria como um remo, não como uma peneira. Os copépodes e crustáceos similares, portanto, estão mais adequados a capturar diminutas partículas raptorialmente, incluindo um método de 'arremeter e golpear' que é o contrário da geração golpear/arremeter, descrita no Quadro 10.8. Em outros casos, as

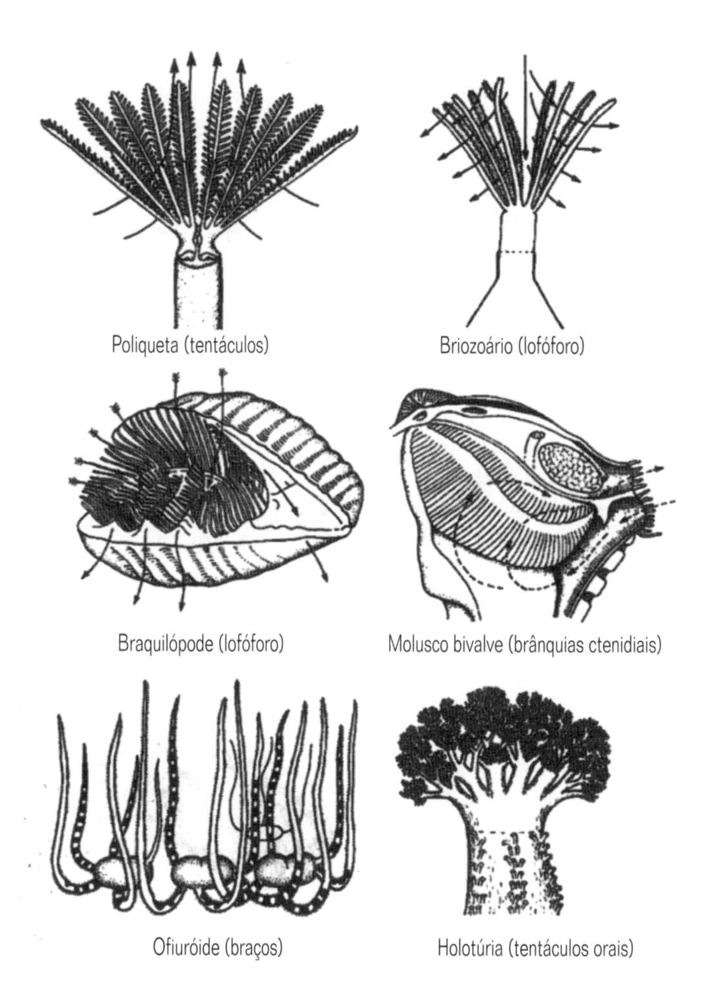

Fig. 9.2 Órgãos externos usados para a alimentação mucociliar de suspensões (segundo diversas fontes).

partículas são capazes de aderir ao suposto filtro devido a suas propriedades adesivas ou às forças eletrostáticas.

Todos os animais que usam estruturas semelhantes a tentáculos para alimentar-se de suspensões, e também muitos outros filtradores, são sésseis ou sedentários e o órgão tentacular alimentador é realmente radialmente simétrico, estando a boca geralmente localizada no centro do aparelho alimentador – o mesmo sistema funcional como o apresentado pelos cnidários primariamente radiais (veja a Seção 3.4.2). O corpo geralmente está protegido por uma concha ou um tubo externos ou está situado no interior de uma galeria no substrato. O animal e/ou seu delicado aparelho para captura de alimento pode, assim, ser retraído em segurança contra predadores. Em tais circunstâncias de semiclausura, um ânus terminal implicaria necessariamente na passagem do material fecal ao longo de todo o comprimento da superfície externa do corpo antes de sair para o meio. De acordo com isso, há uma marcante tendência em espécies tubícolas e equivalentes de terem o trato digestivo em forma de U, abrindo-se o ânus e, frequentemente os órgãos excretores, perto da extremidade anterior do corpo e no caminho da corrente exalante de água (p. ex., Fig. 7.8). O mesmo sistema anatômico também é encontrado, pelas mesmas razões, em muitos comedores de depósitos sedentários (p. ex., Fig. 4.40). (Por

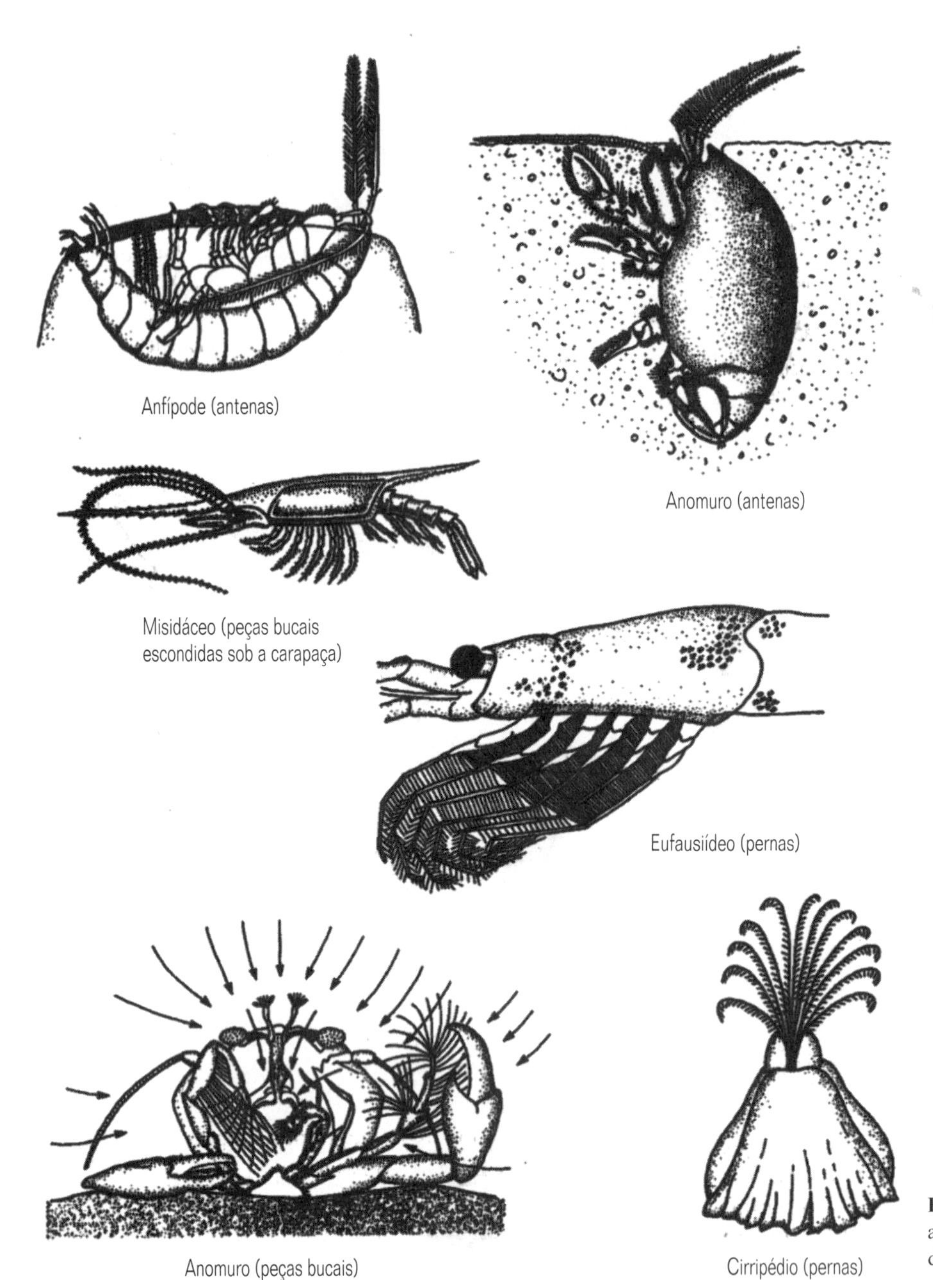

Fig. 9.3 Órgãos externos usados para a alimentação mucociliar de suspensões (segundo diversas fontes).

outro lado, a galeria pode possuir (pelo menos) duas aberturas na superfície e o ocupante mantém uma corrente unidirecional de água através dela ou, mais raramente, o animal pode viver dobrado no interior de seu tubo, sendo que a boca e o ânus estão dispostos junto à única abertura.) Estudos de modelos demonstraram que uma ampla coroa porosa de tentáculos acima de um corpo cilíndrico, como ocorre na maioria dos vermes tubícolas, cria um efeito hidrodinâmico especial numa corrente de água: o material existente em uma área circular em torno do verme é levantado do substrato e movido para cima através do anel de tentáculos; e as partículas potenciais de alimento são circuladas lentamente para baixo e em torno dos tentáculos por meio de um fluxo turbulento – tudo sem que seja mantida qualquer corrente alimentar ativa.

Alguns anelídeos, incluindo Hediste (Nereis) diversicolor e Chaetopterus, os tunicados apendiculários e alguns moluscos gastrópodes e os equiúros, desenvolveram um aparelho filtrador que não faz parte do corpo, mas que é uma estrutura secretada. Uma malha de filamentos de muco, na forma de uma rede ou de uma bolsa, é atravessada por uma corrente de água provocada pelos movimentos de todo o corpo ou de uma de suas partes, equivalentes àqueles utilizados na locomoção. Após um determinado intervalo de tempo, a rede de muco é consumida juntamente com o material nela retido, e um novo filtro é secretado (Fig. 9.4). Alguns corais, outros moluscos gastrópodes e larvas de insetos desenvolveram, independentemente, um sistema alimentar similar, embora grandemente dependente de correntes naturais de água em vez daquelas geradas por eles.

Na alimentação de depósitos, a coleta de material de uma superfície não requer tais órgãos elaborados como aqueles dos animais suspensívoros e, em verdade, alguns vermes simplesmente consomem a camada superficial com uma região bucal completamente sem especializações. Apesar disso, em certo número de casos, notadamente nos sipúnculos, holotúrias e equi-

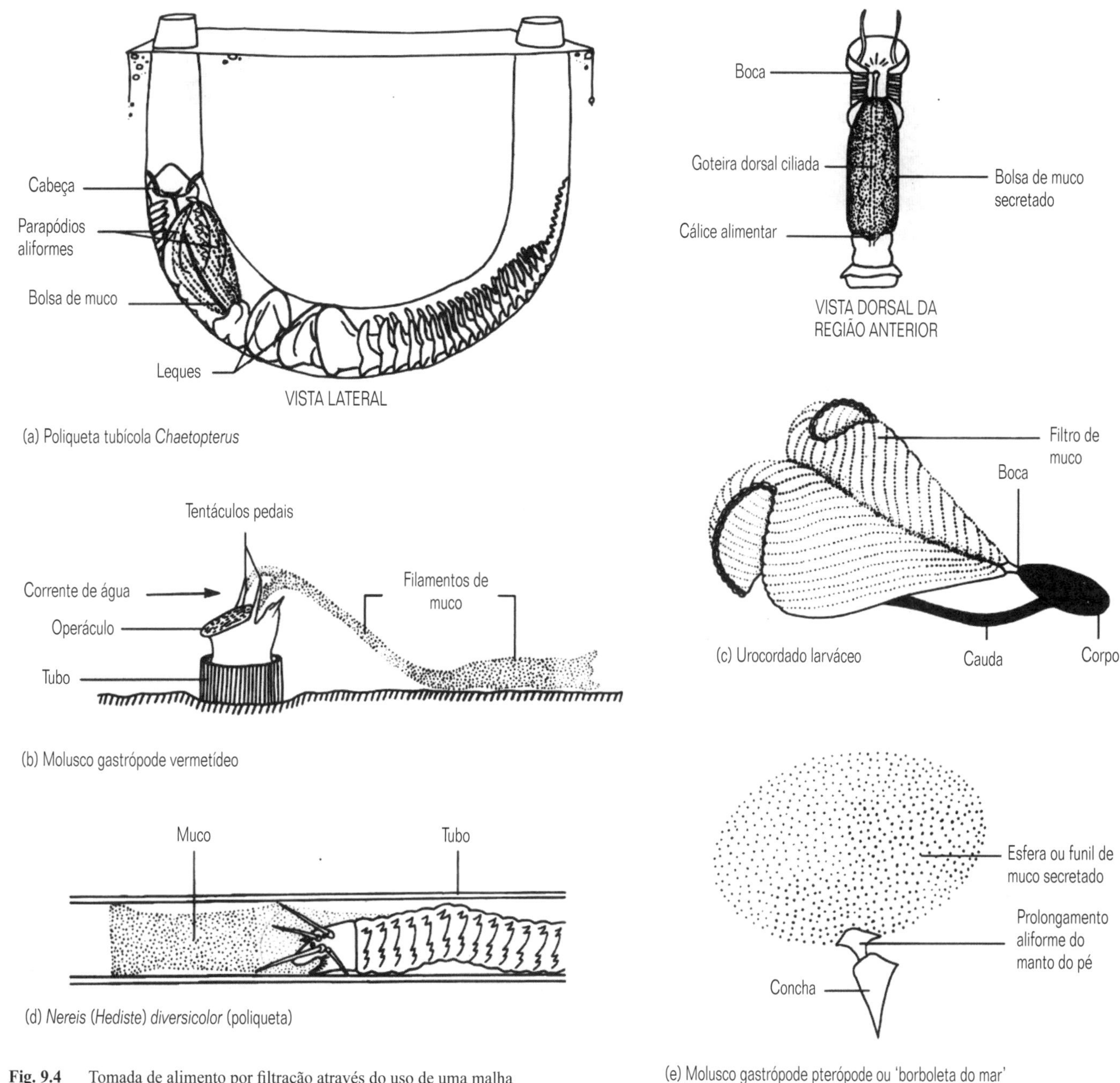

Fig. 9.4 Tomada de alimento por filtração através do uso de uma malha secretada de muco (segundo diversas fontes).

úros, e em diversos anelídeos e alguns hemicordados, uma série especializada de lobos ou de tentáculos em torno da boca, ou uma probóscide extensível, todos cobertos com tratos ciliares, podem ser movidos através ou sobre o sedimento para coletar, com maior eficiência, partículas alimentares nas vizinhanças do sistema de galerias (Fig. 9.5). Os comedores de depósitos, que possuem lobos ou tentáculos em redor da boca, compartilham diversos aspectos com os consumidores suspensívoros (como notamos acima quanto ao tubo digestivo em U) e vários deles conseguem alimentar-se de ambas as maneiras. Dois problemas peculiares aos comedores de depósitos são (a) que o material orgânico pode compreender somente uma pequena proporção do sedimento do fundo e (b) que grande parte da matéria orgânica presente pode conter resíduos relativamente refratários e indigeríveis, os quais se acumularam precisamente porque não podem ser usados por consumidores animais, e sim somente por bactérias (veja a Seção 9.2.6).

Consequentemente, com exceção das regiões rasas nas quais os protistas fotossintetizantes podem viver na superfície do substrato, os comedores de depósitos podem depender de tais bactérias, uma vez que estas conseguem transformar os resíduos orgânicos refratários em substâncias digeríveis, e daqueles protistas e animais intersticiais que também dependem das bactérias. Em qualquer circunstância, grandes quantidades de sedimento devem ser ingeridas (e os comedores de depósitos podem re-trabalhar sedimentos bentônicos e, assim, atuar como

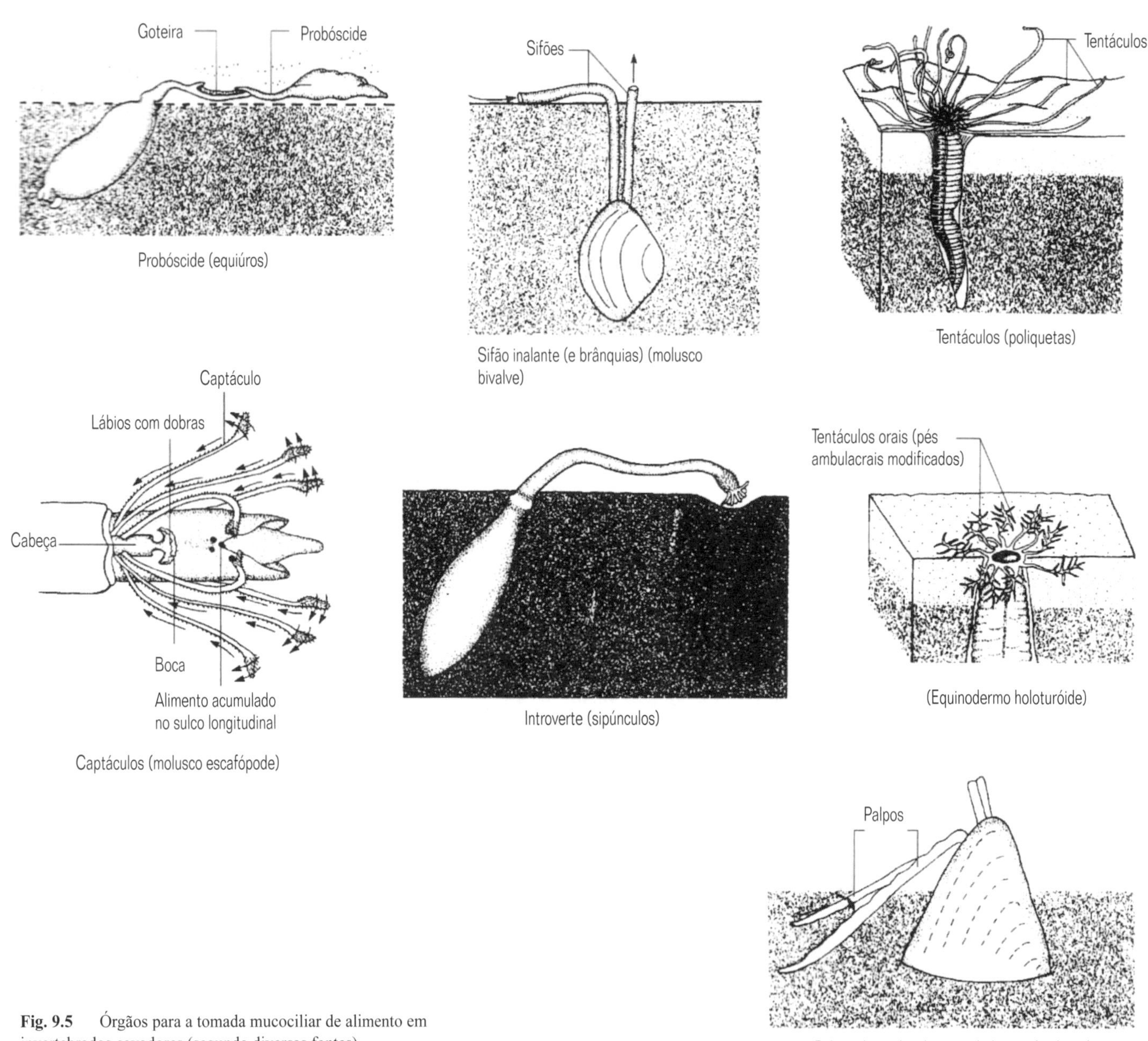

Fig. 9.5 Órgãos para a tomada mucociliar de alimento em invertebrados cavadores (segundo diversas fontes).

poderosos agentes de bioturbação) ou precisam processar grandes quantidades por meio de órgãos selecionadores para obter suficiente alimento digerível. Os tentáculos de muitos vermes comedores de depósitos são capazes, por exemplo, de estender-se por longas distâncias a partir da galeria na qual o corpo está alojado. Exceto em áreas particularmente ricas, os comedores de depósitos não podem alcançar as densidades populacionais atingidas pelos animais suspensívoros, pois o espaço e não o alimento frequentemente é o recurso limitante. Como muitos dependem mais da produtividade bacteriana do que da taxa de sedimentação de partículas detríticas, e como a produtividade bacteriana pode, por si só, ser limitada por fatores diferentes daquele de suprimento de carbono (como a falta de nutrientes na água intersticial), a taxa de crescimento dos comedores de depósitos também é, frequentemente, mais lenta do que a dos suspensívoros.

A categoria final de consumidores de substâncias que se originam na água suprajacente, os interceptadores da sedimentação, como diversos dos equinodermos pedunculados, possuem um corpo fixo ao substrato, porém posicionado bem acima dele para interceptar o suprimento de detritos antes que estes sejam diluídos por meio de incorporação ao sedimento (Fig. 9.6). Uma série de braços radialmente dispostos, operados hidraulicamente e com papilas cheias de muco, coleta as partículas que são, então, levadas por sulcos ciliados à boca localizada no centro do círculo de braços.

A julgar pelos membros viventes dos grupos animais potencialmente ancestrais, estes provavelmente apresentavam um modo de nutrição completamente diferente, presente muito cedo na história da multicelularidade animal. De fato, no Pré-Cambriano este pode ter sido o tipo predominante. Diversos animais marinhos que vivem em águas muito rasas contêm, em seus tecidos superficiais, oxifotobactérias (pró-clorófitas e cianobactérias) simbiontes ou protistas fotossintetizantes (dinoflagelados ou dorófitas unicelulares). Alguns platelmintos, nudibrânquios e cnidários parecem depender inteiramente destes simbiontes para sua nutrição, embora a maioria não seja capaz de digeri-los. Tais acelos, corais moles e uma medusa, vivem com seu corpo permanentemente (no caso de espécies sésseis) ou temporariamente (em formas móveis) exposto à luz solar. Seus simbiontes realizam fotossíntese de maneira normal, mas usando, em parte, nitrogênio e fósforo inorgânicos retirados de suas ligações orgânicas durante o metabolismo animal, como fonte de nutrientes e usando dióxido de carbono da respiração de seu hospedeiro como fonte de carbono. O parceiro animal parece, de alguma forma, tornar as paredes celulares dos simbiontes mais finas e/ou mais permeáveis do que o normal, e alguns dos produtos resultantes da fotossíntese, incluindo açúcares, lipídios e aminoácidos, difundem-se, então, para o tecidos animais onde são assimilados, e os produtos de sua decomposição difundem-se de volta para os simbiontes. De fato, o animal aproveita suas populações cativas de bactérias e algas fotossintetizantes, que podem atingir densidades de 30.000 por mm^{-3} de tecido do hospedeiro (Fig. 9.7). Outras espécies marinhas dependem, pelo menos parcialmente, da fotossíntese de simbiontes.

Alguns pogonóforos de mares profundos são, da mesma forma, total ou parcialmente dependentes de bactérias quimio-autotróficas simbiontes que utilizam compostos reduzidos deen-

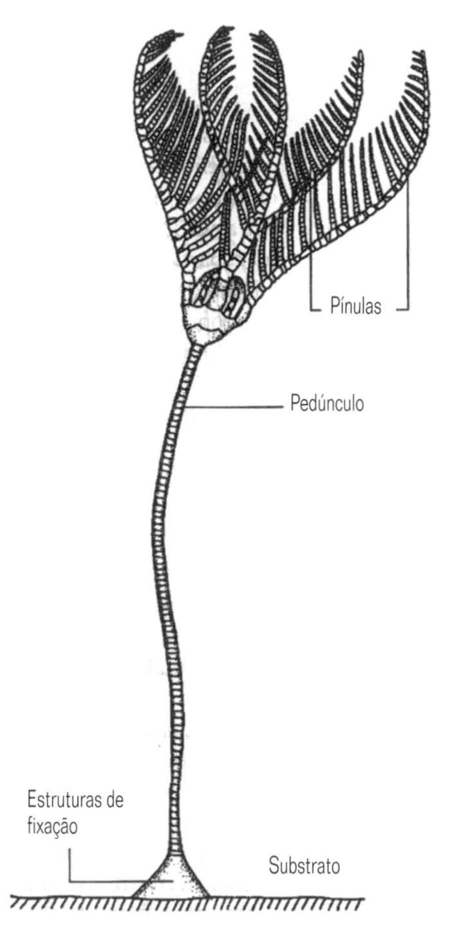

Fig. 9.6 Um equinodermo pedunculado (crinóide) interceptador de sedimento (segundo Clark, 1915).

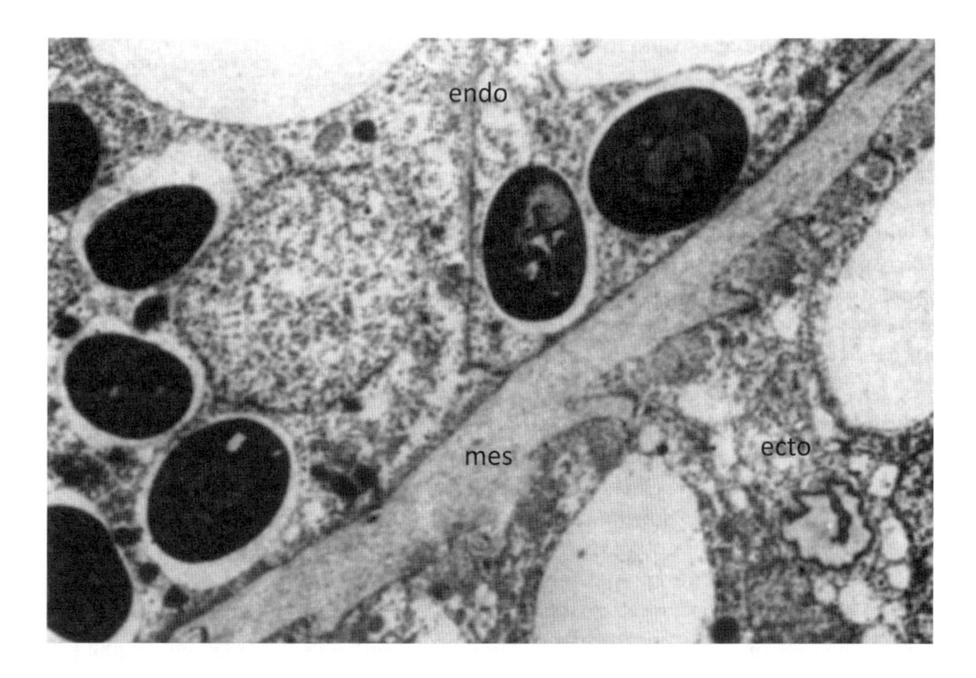

Fig. 9.7 Uma eletromicrografia de algas simbiontes nos tecidos de um cnidário: ecto = ectoderme; endo = endoderme; mes = mesogléia (de Muscatine et al., 1975, com permissão).

xofre e metano provenientes de chaminés e fontes hidrotermais do fundo do mar e, recentemente, demonstrou-se que vários oligoquetas, outros vermes e moluscos bivalves associados a outros hábitats marinhos ricos em sulfetos também obtêm sua nutrição de forma similar, recebendo cerca 50% do carbono fixado por suas bactérias, que oxidam o enxofre. A ocorrência dessa contribuição simbiótica para a nutrição animal em representantes da maioria dos filos animais e, particularmente, em grande escala nos grupos tidos como mais próximos dos ancestrais sugere que, embora a multicelularidade propriamente dita possa não ter tido uma origem simbiótica (Capítulo 2), a origem e o sucesso dos grupos de animais primitivos bem podem ter sido por ela auxiliada, especialmente talvez onde a disponibilidade de alimentos era limitante. (De fato, os cloroplastos de algumas algas cromófitas podem ter se originado de outras algas eucariontes, um dia endossimbióticas e, se este for o caso, então alguns eucariontes desenvolveram-se de uniões simbióticas entre organismos distintos que eram, eles próprios, também eucariontes.)

Os métodos de tomada de alimentos e os itens alimentares revistos acima devem ter sido, por centenas de milhões de anos, os únicos existentes no reino animal entre as espécies de vida livre, e os animais marinhos, atualmente, ainda subsistem basicamente com uma dieta de bactérias e protistas vivos ou mortos. Finalmente, contudo, animais de ancestralidade marinha colonizaram a terra e, embora bactérias, protistas e outros animais pudessem ter continuado a permitir que as dietas ancestrais permanecessem inalteradas (exceto para ineficácia da alimentação suspensívora no ambiente terrestre) em seu novo hábitat poderiam ter encontrado uma nova fonte de alimentos, abundante, porém muito diferente – as briófitas e traqueófitas terrestres. Estas representam um considerável problema aos consumidores, pois uma grande parte de sua biomassa assume a forma de rígidas e indigeríveis paredes celulares de celulose, além de polímeros estruturais de suporte, quase inertes, como a lignina. Ancestralmente, a maioria dos animais nunca precisou de celulases ou de enzimas similares para digerir seu alimento, e as primeiras espécies terrestres devem ter sido muito mal equipadas para lidar com esta abundante, mas refratária fonte de alimento em potencial. Foi somente no Cretáceo que a alimentação vegetariana tornou-se comum na terra.

Até certo ponto, entretanto, algumas espécies marinhas já haviam superado um problema muito semelhante. As algas maiores dos hábitats marinhos rasos também contêm carboidratos complexos, nesse caso para fornecer a força necessária para resistir aos vigorosos movimentos da água. Uma vez desenvolvida sua forma macroscópica, elas são potencialmente tão utilizáveis como a maioria dos tecidos das plantas terrestres. Somente dois grupos de animais marinhos desenvolveram a capacidade de lidar com esse material geralmente sem atrativos enquanto ainda vivo.

Um grupo é o de certos ouriços-do-mar. A maioria dos consumidores de algas pode fazê-lo somente depois que bactérias transformaram polissacarídeos refratários em uma forma digerível; tais consumidores incluem os clássicos comedores de depósitos. Bactérias, especialmente as fermentadoras anaeróbicas, conseguem decompor uma ampla gama de moléculas orgânicas, incluindo aquelas presentes no petróleo e em muitos plásticos, mas em vez de depender dessa atividade no meio externo, alguns ouriços-do-mar tornaram o processo interno. Possuem uma região especial em seu tubo digestivo na qual é mantida uma cultura de bactérias fermentadoras anaeróbicas. De fato, os ouriços-do-mar introduzem em seu tubo digestivo fragmentos de algas e, assim, alimentam as bactérias. As bactérias digerem este material e os equinodermos subsistem, então, com uma dieta de produtos da digestão bacteriana e das próprias bactérias. Um outro problema associado às algas é o seu baixo conteúdo de nitrogênio por unidade de peso, mas, sob condições anaeróbicas, diversas bactérias conseguem fixar o nitrogênio atmosférico dissolvido na água do mar e, consequentemente, as bactérias do tubo digestivo podem aumentar a quantidade de nitrogênio da dieta dos ouriços-do-mar, exagerada em carboidratos. Nesse sentido, embora pré-adaptado a dietas herbívoras terrestres, nenhum equinodermo tornou-se terrestre, mas muitos dos herbívoros terrestres mais bem sucedidos resolveram os problemas de um modo semelhante.

O outro grupo é o dos moluscos gastrópodes e não é surpreendente que, em vista de suas origens pastadoras em águas rasas, constituam um dos poucos grupos animais que desenvolveram as enzimas necessárias para decompor um grande número de polímeros de carboidratos incluindo, em alguns, as celulases. Ao contrário dos equinodermos, os gastrópodes provaram ser um grupo bem sucedido de herbívoros terrestres, como qualquer jardineiro pode testemunhar.

Embora alguns artrópodes terrestres também desenvolveram celulases, a estratégia de uma microbiota intestinal simbionte é adotada por muitos dos herbívoros terrestres bem sucedidos incluindo baratas, cupins, diversos besouros (e os mamíferos). Estes somente conseguem subsistir com sua dieta vegetariana através da intermediação de suas bactérias e protistas simbiontes, seja via fermentação das cadeias de carboidratos e/ou via provisão de níveis adicionais necessários de nitrogênio orgânico. Os assim chamados herbívoros dependem tanto de bactérias e protistas como os platelmintos acelos, os sipúnculos e os anelídeos comedores de depósitos.

Contudo, nem todas as partes de uma determinada planta são igualmente refratárias, as folhas jovens fotossintetizantes, em particular, apresentam menos problemas à digestão animal. Mesmo assim, alguns tipos de consumidores são capazes de romper paredes celulares intactas para acessar os conteúdos celulares por suas próprias enzimas. Invertebrados terrestres em capacidade de decompor a celulose, simbiotica ou enzimaticamente, desenvolveram duas técnicas para liberar os conteúdos das células vegetais e para obter fluidos vegetais. Lagartas, gafanhotos e diversos outros insetos consumidores de folhas retiram pequenos pedaços ou tiras finas da planta e utilizam os conteúdos de tais células que foram rompidas enquanto foram destacadas ou enquanto o fragmento de folha foi mastigado. As células intactas, no entanto, são indisponíveis e, por isso, pouco alimento (um terço, em média) é obtido de cada fragmento ingerido. Grandes quantidades precisam, então, ser consumidas para compensar a ineficácia da utilização e este sistema ineficiente somente pode ser mantido devido à grande biomassa de material bruto disponível. A segunda técnica é a inserção das peças bucais sugadoras nos sistemas condutores da planta (Fig. 9.8, veja também a Fig. 8.30), como visto em todos os homópteros, por exemplo, nos afídeos. Eles evitam os carboidratos estruturais refratários, mas ainda podem requerer bactérias intestinais simbiontes para elevar o nível de nitrogênio deste líquido diluído e deficiente em proteínas.

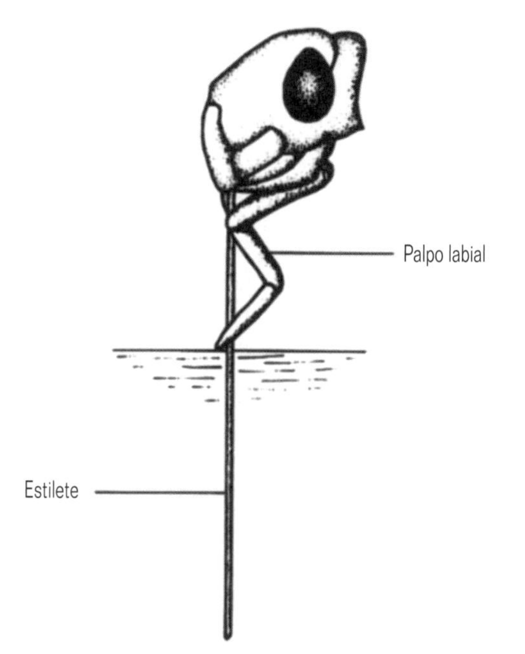

Fig. 9.8 Cabeça de um inseto sugador de plantas, com seu estilete inserido nos tecidos da planta (segundo Barnes, 1980).

As plantas utilizadas teriam, contudo, uma clara vantagem se pudessem deter o consumo de seus tecidos fotossintetizantes e, em comum com outros organismos sésseis (animais marinhos coloniais, por exemplo), isto é, aqueles menos habilitados a defender-se por outros meios, desenvolveram defesas mecânicas e químicas muito refinadas (Seção 9.2.4). Como é usual em tais sistemas, isso criou corridas armamentistas entre o alimento e o consumidor, em termos de produção de toxinas e detoxificação e resistência.

Somente uma categoria de consumidor de plantas utiliza, com eficiência, os materiais vegetais sem a ajuda de bactérias e protistas simbiontes. Estas são espécies que se alimentam de substâncias ou estruturas produzidas especificamente pelas plantas para atrair o consumo por animais – néctar, frutos, nozes etc. – visando polinização e/ou dispersão. Embora frutos e nozes geralmente sejam destinados a vertebrados, apesar disso os artrópodes e moluscos podem piratear este recurso antes que seja consumido por aves e mamíferos.

Os fungos, com suas paredes celulares quitinosas e sem tecidos refratários de sustentação, apresentam menos problemas básicos aos sistemas digestivos animais e são amplamente consumidos. De fato, alguns insetos chegam a coletar material vegetal, mastigá-lo até formar uma pasta que é, então, utilizada como substrato para o crescimento de fungos que são, finalmente, consumidos por eles. Até certo grau, os fungos substituem o componente ancestral das algas nas dietas de animais terrestres.

Apesar da ampla idéia popular de que as cadeias alimentares terrestres são predominantemente da forma planta → herbívoro → carnívoro, uma impressão reforçada pela quantidade de atenção científica dedicada aos animais herbívoros (especialmente os mamíferos pastadores), a base da maioria das teias alimentares não é constituída por tecidos vivos de plantas e o seu consumo por herbívoros, mas sim a cadeia alimentar de decompositores. É através dos animais que se alimentam de detritos e serapilheiras que flui a maior parte da energia, uma via mediada por bactérias, protistas e fungos. Os animais terrestres, portanto, não escaparam das consequências de sua ancestralidade marinha em termos do que podem processar efetivamente e, mesmo hoje em dia, menos de 3% da produtividade de florestas é consumida por herbívoros enquanto ainda está viva.

9.2 Tipos de alimentação animal: padrões de obtenção e processamento

9.2.1 Classificação do tipo de tomada de alimento

A influência das primeiras suposições a respeito da importância dominante da cadeia alimentar pastadora nas interações ecológicas também se reflete nos nomes dados aos níveis tróficos clássicos. Durante muitos anos, a classificação da alimentação animal baseou-se nesta cadeia alimentar e nas afinidades sistemáticas das espécies de alimento consumido, reconhecendo-se os 'herbívoros', 'carnívoros' e os 'onívoros' intermediários. Esta classificação da alimentação possui muitas desvantagens: relativamente poucas espécies são exclusivamente herbívoras ou carnívoras, especialmente quando todos os estágios da história de sua vida são considerados, de modo que a maioria dos animais encaixa-se na categoria de onívoros; segundo, com base na abordagem antiga da classificação em dois reinos (os organismos eram 'plantas' ou 'animais') permanece em aberto a questão de onde colocar os animais que dependem de bactérias e protistas, os quais, como vimos, constituem um importante grupo de consumidores e, em terceiro lugar, as relações filogenéticas das espécies de presas não são necessariamente relevantes para a ecologia da alimentação do consumidor.

Tornou-se usual distinguir categorias de consumidores com base em seus métodos gerais de tomada de alimento. Assim, temos caçadores, parasitas, pastadores, filtradores, comedores de depósitos e aqueles que obtêm simbioticamente sua nutrição. Estas divisões não respeitam os limites das posições sistemáticas das espécies de presas: os pastadores, os filtradores e os comedores de depósitos, por exemplo, podem consumir qualquer um ou todos, bactérias, fungos, plantas e animais. Se as técnicas de tomada de alimento dos animais consumidores não distinguem necessariamente entre os diversos reinos de organismos, então nós também não deveríamos fazê-lo quando analisamos a biologia da alimentação e estas categorias são aquelas que foram introduzidas na seção anterior. Aqui, elas serão consideradas com um pouco mais de detalhes, incluindo uma introdução referente aos aspectos da alimentação e digestão de cada tipo.

9.2.2 Aspectos comuns

A maioria dos invertebrados possui um tubo digestivo contínuo, com uma abertura mais ou menos anterior para o exterior, a boca, por onde entra o alimento, e uma abertura mais posterior, o ânus, por onde são expelidos os resíduos indigeríveis e os produtos de excreção lançados no intestino. Alguns, no entanto, principalmente os cnidários e os platelmintos, porém também certo número de outros tipos, a maioria dos quais desenvolveu secundariamente esta condição, possuem um tubo digestivo que termina em fundo cego e contém somente uma abertura que é usada tanto para a ingestão como para a egestão; e outros, incluindo diversas formas parasíticas, mas também algumas espécies de vida livre,

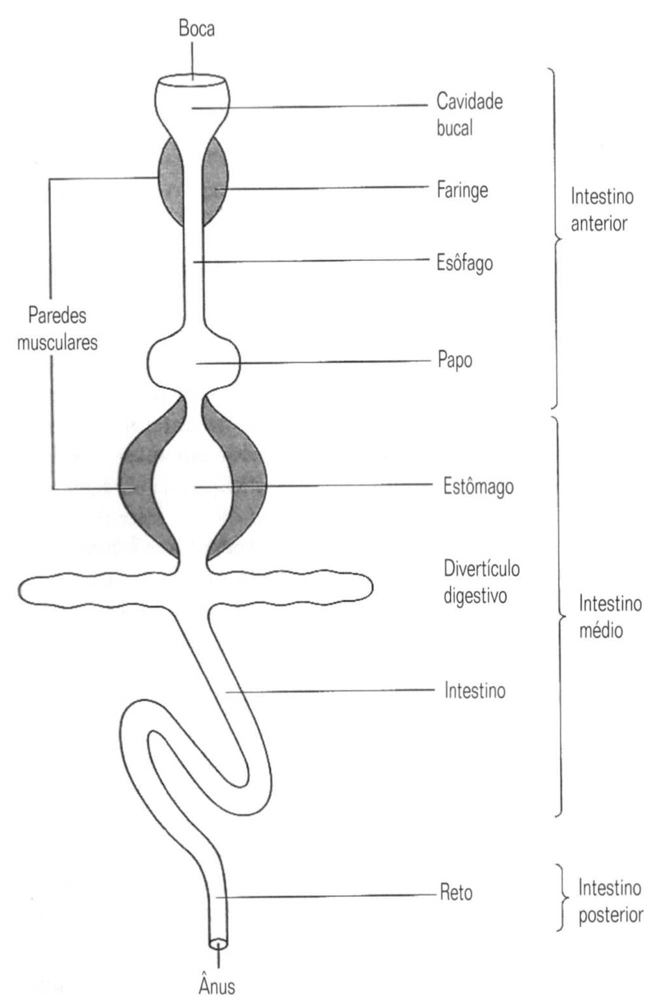

Fig. 9.9 As regiões do tubo digestivo generalizado dos invertebrados (sob a forma de esquema).

não possuem um tubo digestivo e absorvem materiais alimentares de simbiontes internos ou diretamente através da superfície externa do corpo. As variações destes temas são numerosas. Em espécies sésseis, por exemplo, a boca frequentemente está localizada no centro da superfície superior em vez de ser anterior; em algumas formas de vida livre com um ancestral séssil recente, por exemplo, os equinodermos vágeis, a boca está localizada no centro da superfície inferior, e os cordados e alguns outros desenvolveram um tubo digestivo com aberturas múltiplas para o ambiente externo (Seção 9.2.5).

Do ponto de vista do desenvolvimento, o intestino compreende três regiões: um intestino anterior de origem e revestimento ectodérmicos (uma invaginação da superfície externa do corpo); um intestino posterior, similarmente ectodérmico; e um intestino médio endodérmico, de digestão e absorção, frequentemente apresentando divertículos que terminam em fundo cego. Estas três regiões básicas ainda são subdivididas em diferentes partes funcionais (Fig. 9.9). O intestino anterior pode compreender (a) uma cavidade bucal na qual se abre a boca e onde 'glândulas salivares' lançam seus produtos (às vezes especializadas para produzir secreções pegajosas, anticoagulantes ou toxinas; (b) uma faringe muscular que pode auxiliar na ingestão do alimento atuando como uma bomba, formando um órgão protrátil para a captura de presas ou, nos cordados, funcionando como filtro para a alimentação suspensívora; (c) uma curta região de condução, o esôfago; e/ou (d) um órgão de armazenamento, o papo, especialmente bem desenvolvido em consumidores que fazem grandes refeições em intervalos pouco frequentes e que são liberadas somente gradativamente para o intestino médio.

O intestino médio está tipicamente diferenciado em (a) um estômago muscular, (b) diversas evaginações em fundo cego para secreção e/ou absorção e (c) um intestino. O estômago é o local de digestão mecânica do material ingerido, às vezes possuindo uma região distinta – a moela – relacionada com a trituração, também podendo ser parcialmente a região de digestão. Entretanto, mais frequentemente a digestão ou a absorção, ou ambas, são efetuadas nos diversos divertículos ou cecos que partem do tubo digestivo logo atrás do estômago. Em moluscos e crustáceos, estes cecos podem ser elaborados, formando um grande órgão complexo – o hepatopâncreas.

Primitivamente, a digestão é, em grande parte, intracelular, sendo as partículas alimentares fagocitadas pelas células que revestem a região de absorção e digeridas no interior de vacúolos. Isto predomina nos poríferos, cnidários, platelmintos e em diversos outros animais nos quais o alimento é constituído por finas partículas por ocasião em que chega ao intestino médio. Em animais mais complexos e, particularmente, naquelas espécies que ingerem grandes massas individuais de alimento, grande parte da digestão procede via enzimas secretadas para a luz do intestino e os produtos da digestão são, então, absorvidos por células da parede do tubo digestivo. Em tais espécies, os divertículos do intestino são normalmente puramente secretores e o intestino é o local da absorção. A digestão extracelular permite especialização enzimática, tanto de cada uma das células como de diferentes regiões do tubo digestivo, mas ela também necessita de uma produção maior de enzimas uma vez que a luz do tubo é um grande sistema aberto no qual é difícil manter uma concentração ótima da atividade digestiva.

Finalmente, o intestino posterior (quando presente) é formado pelo reto, no qual água pode ser absorvida (em alguns animais terrestres; veja a Fig. 8.27) e as bolotas fecais podem ser formadas antes de serem eliminadas pelo ânus.

Todos os animais necessitam de compostos de seus alimentos, que produzem energia para uso imediato e posterior, de aminoácidos para a síntese de proteínas estruturais e metabólicas e de diversos outros elementos e compostos, como as vitaminas, para uso como catalisadores ou em outras reações bioquímicas. Isso significa que eles precisam digerir carboidratos, lipídios, proteínas e vitaminas e devem digeri-los até uma forma adequada para a absorção se não puderem ser absorvidos diretamente. Animais com uma dieta pobre em proteínas e/ou vitaminas normalmente necessitam de bactérias simbiontes para a síntese destes compostos, e outros que ingerem complexos polímeros de carboidratos também podem precisar de bactérias e protistas simbiontes para fermentá-los até moléculas orgânicas mais simples. Grande parte das fezes é constituída por bactérias intestinais.

9.2.3 Caçadores e parasitas

Caçadores são animais móveis que atacam, matam e consomem itens individuais de presas, um de cada vez, quase invariavelmente outros animais móveis. Podem ser identificados três tipo principais: caçadores perseguidores, como as lulas, que perseguem, capturam e subjugam presas bastante móveis; rasteadores, como muitos gastrópodes e artrópodes, que se alimentam ativamente, procurando presas mais lentas do que eles próprios; e tocaieiros, como aranhas e mantídeos que, não se considerando o bote ou salto final, podem ser relativamente sedentários.

Os perseguidores e tocaieiros (e, em menor extensão, os rasteadores) possuem armas para a captura e imobilização de presas. Mais caracteristicamente, estas são órgãos que circundam a região da boca, por exemplo, apêndices quelados ou subquelados em artrópodes, braços com ventosas ou ganchos nos cefalópodes, e espinhos nos quetognatos (Fig. 9.10), ou são poderosas mandíbulas associadas ao intestino anterior, em anelídeos localizados numa região protrátil da faringe, a qual pode ser projetada com força e rapidamente para capturar uma presa. Alguns tocaieiros atraem sua presa por meio de mimetismo: diversos sifonóforos, por exemplo, possuem tentáculos que mimetizam copépodes e grande parte de seu alimento é constituída por predadores de copépodes (principalmente outros crustáceos). Uma vez capturada, a presa pode ser ingerida inteira, fragmentada com auxílio de apêndices e consumida aos poucos, ou ter seus fluidos corpóreos sugados. Se ingerida por inteiro, a região anterior do tubo digestivo é capaz de ser distendida para acomodar a refeição.

Por outro lado, muitos rasteadores alimentam-se de presas relativamente sedentárias que podem proteger-se de ataques por meio de revestimentos externos de carbonato de cálcio, celulose, quitina etc. (Seções 9.3.3 e 13.2.1). Caçadores rasteadores, se tiverem técnicas predatórias especializadas estão, portanto, adaptadas para: perfurar revestimentos externos protetores (p. ex., pela utilização da rádula em moluscos); abri-las o suficiente para introduzir o próprio estômago através da fenda e, em seguida, secretar enzimas sobre os tecidos desprotegidos e absorver os produtos da digestão extracorpórea; engolir a presa inteira e triturar a concha na moela; ou sugar os pólipos ou zoóides da matriz comum por meio de uma probóscide ou de estiletes e de uma bomba faríngea (p. ex., vários moluscos opistobrânquios, picnogonídeos).

Diversos tipos de caçadores alimentam-se por meio de sucção. Além dos grupos já mencionados, vários insetos predadores e, principalmente, as aranhas sugam diretamente os fluidos de sua presa ou injetam, nos indivíduos capturados, enzimas proteolíticas salivares (juntamente com toxinas paralisantes) as quais liquefazem os tecidos para que possam ser bombeados para o predador. Trata-se claramente de um passo, embora pequeno, da alimentação por sucção, deste tipo, para um estilo de vida ectoparasítico, a ingestão dos fluidos de um hospedeiro sem o matar. As categorias de caçador e parasita confundem-se simplesmente e, em grande parte, sua diferenciação somente é uma questão dos tamanhos relativos do animal consumido e do consumidor. É pouco provável que uma espécie de sanguessuga provoque a morte de um grande mamífero ao retirar-lhe um determinado volume de sangue que, para o mamífero, é insignificante; por outro lado, uma espécie diferente de sanguessuga, ao sugar o sangue de um pequeno caracol aquático, poderia matá-lo e seria, por isso, considerada como caçadora. Até mesmo entre animais do mesmo tamanho existem problemas quanto à divisão em categorias. Alguns poliquetas planctônicos atacam e consomem as extremidades cefálicas de quetognatos, um ataque no qual a presa sobrevive e regenera, mais tarde, sua cabeça. Este poliqueta é um predador ou um parasita?

Um argumento similar aplica-se a muitos endoparasitas. Diversos insetos himenópteros, por exemplo, completam parte de seu ciclo de vida no interior de outros animais, matando-os nesse processo. Tais 'parasitóides' consomem lentamente sua presa, do interior até a superfície, e não como o caçador clássico, isto é, mais rapidamente e no sentido oposto. Nestes insetos, o adulto deposita o ovo ou os ovos sobre a presa (usualmente outro inseto) e os ínstares larvais consomem os tecidos do hospedeiro antes da formação da pupa e da metamorfose. O adulto é caçador típico, exceto no sentido de que não consome e somente ataca; seus descendentes é que são os consumidores. Novamente, no entanto, trata-se somente de uma questão de tamanho relativo. Uma larva de himenóptero ou de díptero é grande em relação ao tamanho do inseto parasitado e, portanto, o hospedeiro é suficientemente grande para manter de uma a várias larvas até a formação da pupa. Porém, o estágio adulto de um trematódeo ou de um nematódeo, embora se alimente dos tecidos do hospedeiro numa maneira essencialmente idêntica, é muito pequeno quando comparado com um mamífero hospedeiro, por exemplo, e não provoca a sua morte. Uma vez que esses dois padrões de alimentação não são distinguíveis, exceto na forma extrema, não é surpreendente que muitos grupos de pequenos invertebrados predadores também contenham espécies parasitas.

Uma distinção bem mais clara ainda pode ser feita, pelo menos com respeito à biologia da alimentação, entre caçadores e parasitas que consomem, por um lado, fluidos e/ou tecidos de sua presa e, por outro lado, endoparasitas desprovidos de tubo digestivo e que habitam o trato alimentar do seu hospedeiro, embora novamente a transição evolutiva entre um consumidor endoparasita e um absorvedor endoparasita não seja muito grande. Diversos vermes parasitas, mais notadamente as tênias e os acantocéfalos, não possuem tubo digestivo, mas possuem uma cutícula externa disposta em uma série de microvilosidades (chamadas microtríquios) equivalentes àquelas apresentadas pelas células de absorção dos intestinos de outros animais. No interior do canal alimentar de seu hospedeiro, estes vermes absorvem os produtos dos processos digestivos do mesmo, sendo que seu tegumento também os protege desta atividade enzimática. Enquanto os outros tipos de 'parasitas' considerados acima são, de fato, micropredadores, as tênias e os acantocéfalos são genuinamente parasitas porque subsistem dos recursos obtidos por outras espécies. O mesmo é verdadeiro para alguns outros parasitas intestinais (incluindo vários nematódeos que possuem um sistema alimentar totalmente funcional) que consomem somente o conteúdo intestinal de seus hospedeiros. Contudo, outros animais que vivem no intestino consomem os tecidos da parede do intestino e o sangue do hospedeiro e, por isso, são predadores.

Os comedores de tecidos e fluidos animais ingerem um material de digestão rápida, rico em proteínas e, adequada e tipicamente, secretam proteases e possuem tratos digestivos relativamente curtos, simples, somente especializados – se isto existir – em sua parte anterior, com respeito à existência de uma moela trituradora (se presas inteiras forem ingeridas) ou um

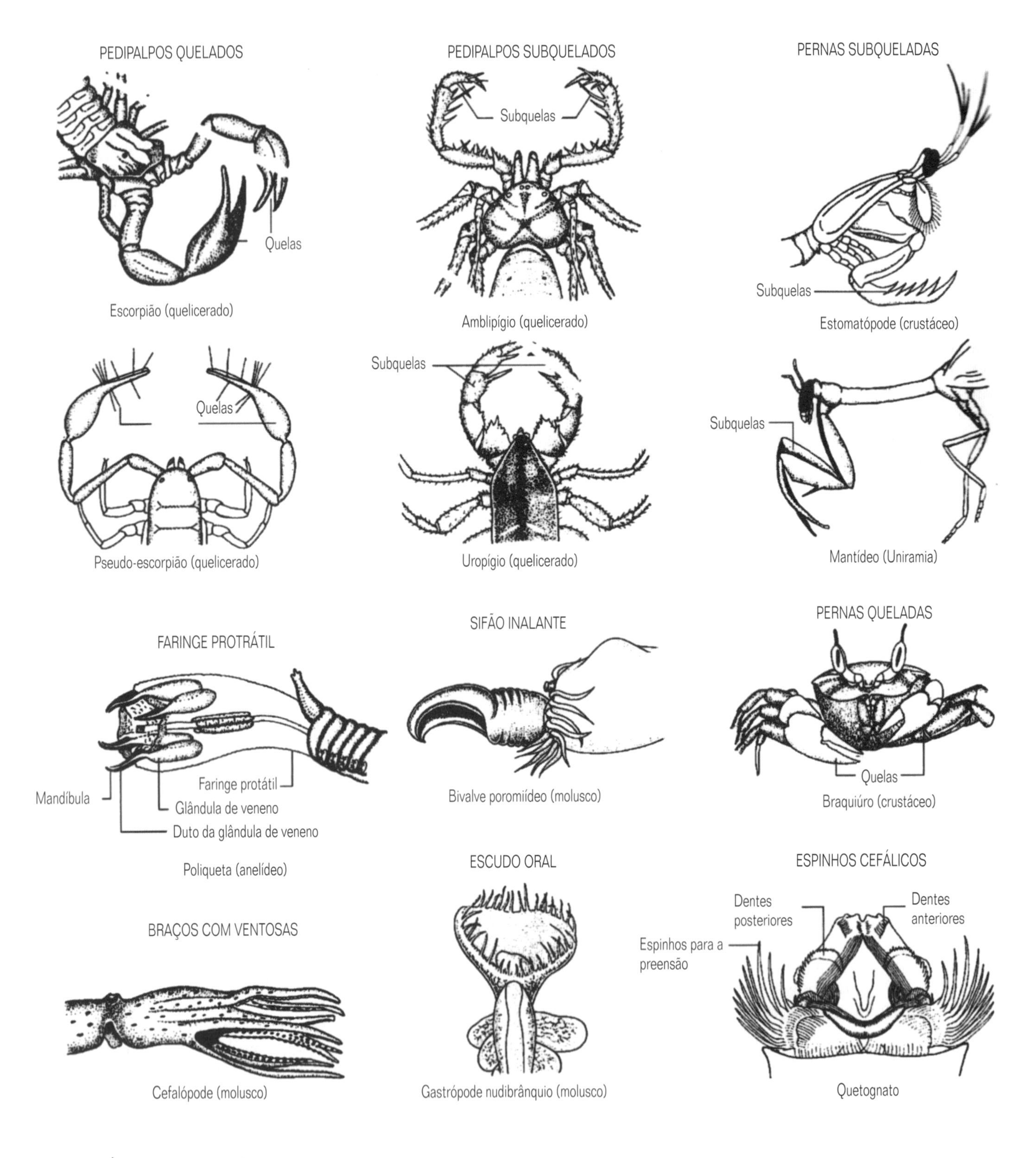

Fig. 9.10 Órgãos para a captura de presas (segundo várias fontes).

papo armazenador ou bombeador. O elevado conteúdo protéico das substâncias de origem animal também constitui um atrativo para alguns animais essencialmente não carnívoros em determinadas fases críticas de seu ciclo de vida. Algumas fêmeas de insetos dípteros, por exemplo, mosquitos, precisam fazer uma refeição de sangue para adquirir as proteínas a serem investidas nos ovos, embora os machos e os ínstares larvais possam não consumir alimento de origem animal.

9.2.4 Pastadores

Os pastadores são consumidores móveis de presas sésseis, alimentando-se de tecidos expostos ao ambiente sem, geralmente matar a presa individual ou colonial. No ambiente terrestre, as fontes de alimento são as plantas e os fungos, porém, no mar, animais coloniais (cnidários, briozoários e tunicados), colônias de bactérias e algas multicelulares podem ser consumidos de maneira equivalente. A remoção do alimento requer a posse de peças bucais duras para morder ou raspar, por exemplo, a rádula dos moluscos (Fig. 5.3), a lanterna-de-aristóteles dos ouriços-do-mar (Fig. 7.24), as mandíbulas esclerotizadas dos insetos (Fig. 8.30) etc. – embora encontrar e adquirir os recursos não sejam os principais problemas enfrentados pelos pastadores (em acentuado contraste com a maioria dos caçadores), uma vez que o material consumível frequentemente ocorre em abundância. As dificuldades encontradas por esta categoria de consumidores são: (a) os sistemas de defesa química desenvolvidos pelas presas sésseis e sem outras defesas e (b) a pequena proporção de material digerível em qualquer unidade de peso ingerida, devido à presença de abundantes compostos refratários, estruturais ou protetores, na presa e, frequentemente a natureza deficiente em proteínas das substâncias orgânicas utilizáveis.

O problema da elevada proporção de polímeros de carboidratos indigeríveis em plantas e algas, por exemplo, ágar, alginatos, laminarina e celulose, foi, como vimos (Seção 9.1), em parte solucionado enzimaticamente, em associação com a evolução de canais alimentares alongados (especialmente a região do intestino médio) para aumentar a superfície daquelas regiões responsáveis pela digestão de materiais refratários e, em parte, com a ajuda de bactérias e protistas simbiontes alojados em compartimentos especiais do tubo digestivo, frequentemente o intestrino posterior, mas às vezes o papo ou o estômago. Muitas vezes ocorre também um grande papo para armazenagem.

Os simbiontes alimentares fermentam anaerobicamente os polissacarídeos, liberando ácidos graxos e outros carboidratos simples que podem ser absorvidos. Este sistema atinge seu maior desenvolvimento naqueles cupins que consomem o mais refratário de todos os compostos orgânicos naturais, a madeira. Nesses animais, o intestino posterior é grande, maior do que todo o resto do tubo digestivo (Fig. 9.11) e contém uma densa cultura de flagelados hipermastiginos. Estes ingerem fagociticamente partículas de madeira e eles próprios contêm bactérias simbiontes as quais, provavelmente, são as principais responsáveis pela digestão de algum conteúdo celulósico da madeira. O componente lignina é, provavelmente, indigerível. O crustáceo isópode Limnoria é outro comedor de madeira, mas parece não possuir simbiontes intestinais, digerindo parte dos componentes de celulose e hemicelulose da madeira com suas próprias enzimas. Carboidratos estruturais, quando podem ser digeridos, constituem uma abundante fonte de substâncias energeticamente ricas, mas relativamente pouco mais do que isso. Em Limnoria, as proteínas necessárias precisam provir de fungos que infestam a madeira consumida; madeira sem tais organismos decompositores não consegue sustentar o animal.

O tamanho também exerce influência sobre o consumo de substâncias vegetais relativamente pouco nutritivas. Animais grandes, isto é, vertebrados do tamanho de um coelho ou maiores apresentam uma taxa metabólica baixa, reduzindo as necessidades de energia por unidade de peso do corpo, e são capazes de armazenar quantidades maiores de alimento em sua câmara de fermentação no intestino devido ao seu grande volume corpóreo; sendo homeotermos, os mamíferos também são capazes de manter temperaturas de fermentação eficientes. Por isso, são capazes de subsistir à custa de gramíneas etc., ingeridas em grande quantidade. Animais pequenos, como invertebrados herbívoros, precisam, no entanto, alimentar-se de substâncias de melhor qualidade e ter acesso aos conteúdos das células das plantas, perfurando a célula, raspando a celulose com a rádula, ou dilacerando-a com suas peças bucais. Devido às suas pequenas dimensões, geralmente é impossível a ingestão de um grande volume de alimento. Até mesmo aves e mamíferos pequenos não conseguem subsistir à custa de material de baixo valor nutritivo: se forem herbívoros, sua dieta deve restringir-se a sementes ricas em energia e itens similares.

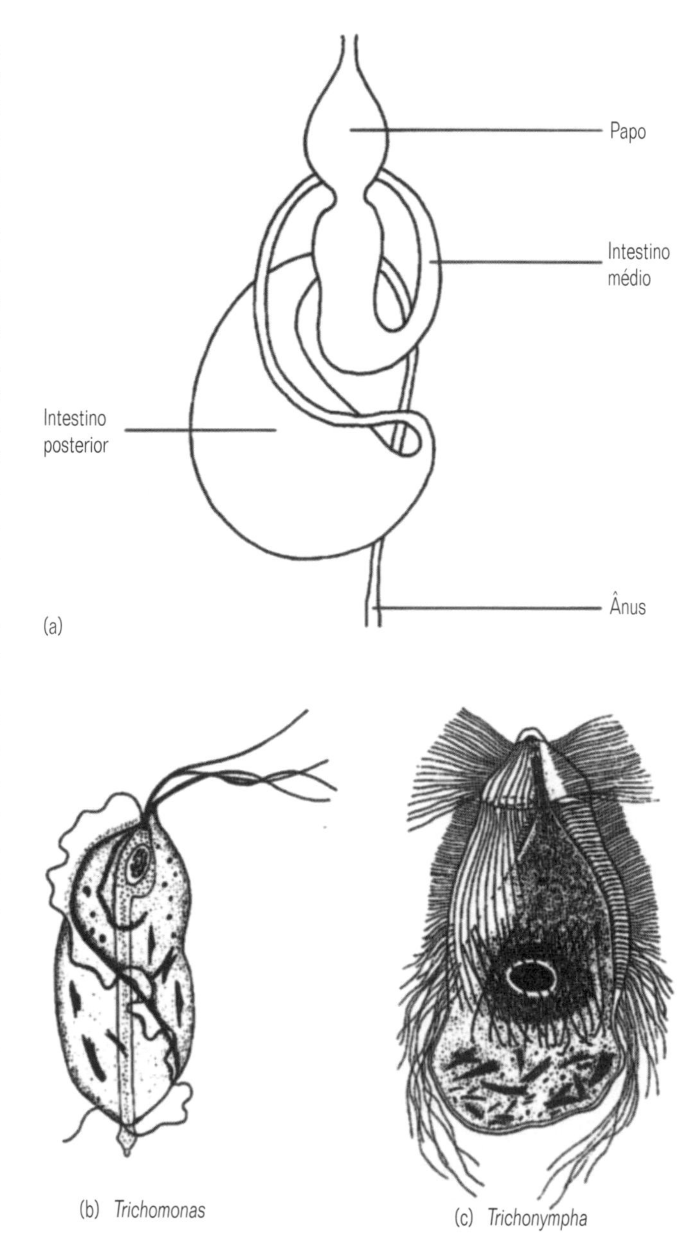

Fig. 9.11 O tubo digestivo de um cupim que se alimenta de madeira (a) com dois dos flagelados simbiontes (b) e (c) encontrados em seu intestino posterior (a, segundo Morton, 1979; b e c, segundo MacKinnon & Hawes, 1961).

As defesas químicas das plantas são numerosas e variadas, incluindo alcalóides (p. ex., nicotina, cocaína, quinino, morfina

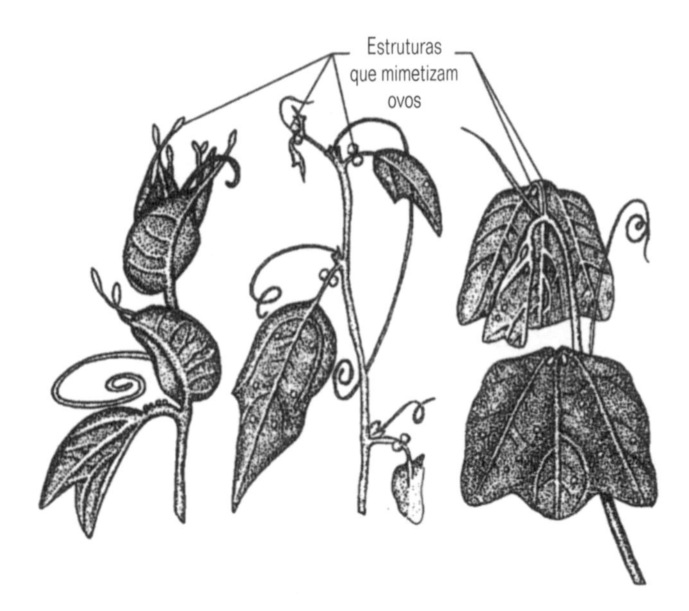

Fig. 9.12 Folhas e caules do maracujazeiro apresentam estruturas que mimetizam ovos para impedir a postura de ovos do lepidóptero Heliconius (folhas já com ovos são evitadas por estes lepidópteros, possivelmente por serem as larvas recém-eclodidas canibais).
(Segundo Gilbert, 1982.)

e cafeína), glucosinolatos, glicosídeos cianogênicos e taninos, e estas substâncias parecem ser ativadas especificamente para deter o consumo de seus tecidos suscetíveis. Algumas das substâncias químicas são claramente tóxicas – inseticidas naturais, por exemplo, derris e piretro. Outros, por exemplo, os taninos, ligam-se a proteínas quando liberados, tornando-as indigeríveis e reduzindo, além disso, o valor protéico do alimento ingerido. Outras, ainda, mimetizam muito bem os hormônios ou feromônios do próprio consumidor, afetando negativamente o crescimento, o desenvolvimento ou a reprodução, iniciando reações comportamentais inusitadas. Em algumas plantas, estas defesas químicas são mobilizadas somente quando se inicia o ato de pastar, como se fosse para evitar o desvio de recursos para o crescimento e a reprodução quando isto é desnecessário. Recentemente tem sido demonstrado que, em pelo menos um caso, plantas adjacentes da mesma espécie podem reagir, por meio de mobilização química, quando uma planta próxima é atacada por pastadores, mesmo que elas próprias ainda não tenham sido pastadas.

Outras defesas das plantas são estruturais, por exemplo, projeções semelhantes a pêlos que liberam secreções pegajosas ou substâncias químicas nocivas quando acionadas, e mesmo semelhanças anatômicas miméticas de folhas já infestadas por consumidores (Fig. 9.12), ou simbiontes, especialmente como as associações de uma variedade de angiospermas e outras traqueófitas com formigas. As formigas removem insetos pastadores da planta, interferindo como competidores 'em troca' de néctar e de locais para a nidificação. Sistemas comparáveis de defesa estrutural, química ou outros são utilizados por animais marinhos sujeitos à pressão por pastadores, embora até agora estes tenham sido pouco estudados.

Apesar disso, os consumidores e suas presas sésseis vêm evoluindo juntos durante muitos milênios e muitos pastadores desenvolveram a capacidade de desintoxicar, evitar e excretar substâncias químicas de defesa específicas de suas presas particulares, de escapar das estruturas de defesa e da atenção das formigas defensoras por meio de mimetismo químico destes insetos. Apesar disto, entretanto, a enorme biomassa de tecidos vegetais vivos, presente na maioria dos hábitats terrestres adequados ao crescimento de plantas, e de algas em florestas de algas pardas gigantes e bancos de algas, indicam que grande parte dos tecidos das macrófitas permanece efetivamente indisponível e/ou sem ser usada pelos pastadores, constituindo apenas uma dieta adequada após sua morte e sua decomposição.

O ato de pastar não é a única técnica alimentar apropriada ao consumo de material de macrófitas. Alguns herbívoros, tanto no mar (p. ex., alguns moluscos opistobrânquios) como na terra (p. ex., muitos insetos hemipteróides) burlaram o problema dos carboidratos estruturais sugando o conteúdo de células individuais ou inserindo peças bucais semelhantes a uma cânula nos vasos do xilema e do floema de traqueófitas (veja as Figs. 9.8 e 8.30). No último caso, a pressão hidráulica nos vasos condutores pode ser suficiente para bombear diretamente o fluido para o tubo digestivo de um afídeo, por exemplo, e os afídeos parasitam a planta hospedeira do mesmo modo como um carrapato ou a fêmea de um mosquito parasitam seu hospedeiro animal. De fato, como foi notado acima a respeito dos carnívoros caçadores, existe somente um pequeno passo da alimentação ectoparasítica num hospedeiro grande para o endoparasitismo e diversos nematódeos, por exemplo, são endoparasitas de plantas da mesma maneira como muitos outros nematódeos o são de animais, e diversas larvas de insetos vivem no interior de plantas, como pastadores endoparasitas de tecidos vegetais.

Mesmo quando equipados com celulases e enzimas equivalentes ou com microrganismos simbiontes no tubo digestivo – e mesmo ainda mais na ausência de ambos – a digestão e a assimilação de tecidos de macrófitas são tipicamente muito ineficientes e, no caso daqueles que se alimentam de fluidos, a produção de carboidratos pode ser muito superior às necessidades. A produção fecal por estas categorias de consumidores, portanto, é copiosa e as fezes contêm muita matéria orgânica não assimilada. As fezes, portanto, fornecem uma importante via ecológica através da qual substâncias fixadas fotossinteticamente por macrófitas tornam-se disponíveis para outra categorias de consumidores animais, especialmente aos comedores de depósitos.

9.2.5 Tomada de alimento por filtração

Os aspectos essenciais do modo pelo qual os filtradores obtêm seu alimento da água foram sintetizados na Seção 9.1. Em grupos que utilizam uma secreção externa (veja a Fig. 9.4), parece não existir nenhuma outra adaptação específica para a tomada de alimento por filtração. Tais animais provavelmente se aproximem mais dos caçadores tocaieiros que aprisionam presas pequenas em redes, pelo menos no que se refere à anatomia de seu tubo digestivo. Certamente os dois modos de tomada de alimento passam gradualmente de um para o outro: uma aranha que tece teias poderia, muito bem, passar por um filtrador aéreo ou por um caçador tocaieiro; e os cnidários poderiam ocupar uma posição intermediária entre ambos os modos de tomada de alimento, no mar. Possuem anéis radialmente simétricos de tentáculos em tomo da boca central e a fase de pólipo, pelo menos, é séssil – ambas são adaptações características de filtradores – e, de fato, suas presas são principalmente animais zooplanctônicos suspensos na água. No entanto, cada presa não é capturada muito passivamente ao ser atacada individualmente por nematocistos quando toca acidentalmente os tentáculos; não são os cnidários que iniciam o ataque.

Ao contrário, grupos com um sistema filtrador mucociliar ou ciliar também possuem uma série distinta de especializações alimentares. Na maioria de tais espécies, aquelas nas quais o aparelho filtrador se projeta livremente na água ou, então, está protegido no interior de uma concha externa (como nos braquiópodes e nos moluscos bivalves) (veja a Fig. 9.2), o intestino anterior é simplesmente uma região curta que conecta o filtro externo ao estômago. De modo mais incomum, contudo, nos cordados, o intestino anterior é o local do processo de filtração e, por isso, é altamente especializado. As paredes laterais da faringe destes animais são perfuradas por numerosas pequenas aberturas, os 'estigmas', que se estendem através da parede do corpo para abrir-se em sua superfície. A água que entra através da boca passa para a faringe, pelos estigmas e volta ao ambiente em um fluxo unidirecional. Embora incomum no que se refere à faringe como local de filtração, este sistema apresenta alguns paralelos com outros animais que, provavelmente, indicam suas origens evolutivas. Os comedores de partículas pequenas frequentemente utilizam uma corrente de água para conduzir partículas coletadas até a boca e a corrente de transporte precisa ser expelida para o ambiente. Nos lofoforados, parece que a água é simplesmente 'regurgitada' de tempos em tempos através da boca, e a ingestão de partículas é, então, temporariamente suspensa. Nos gastrótricos macrodasiídeos (Fig. 4.9) e nos hemicordados cefalodiscídeos (Seção 7.2.3.2), entretanto, a faringe apresenta um par de perfurações que se estendem até a superfície do corpo e através das quais a água ingerida pode ser expelida sem interromper a tomada de alimento. Aparentemente, os primeiros cordados também adotaram uma corrente similar para a filtração direta eliminando, assim, a necessidade de retrair periodicamente um órgão externo, semelhante a um lofóforo e sujeito à predação etc. (o que também interrompe a tomada de alimento), enquanto que os hemicordados enteropneustos desenvolveram a mesma corrente para propósitos de trocas gasosas, como os cordados aquáticos mais recentes.

A faringe dos cordados filtradores é muito grande, compreendendo a maior parte do volume do corpo. Sendo perfurada por milhares de estigmas em muitas espécies, a parede do corpo da região faríngea quase não existe e poderia não ter função alguma. Assim, ela foi substituída por uma parede secundária ou falsa do corpo, formada por dobras de tecido nos cefalocordados e por uma túnica de celulose secretada nos tunicados. O próprio corpo, portanto, está parcialmente circundado por uma cavidade morfologicamente externa, o átrio, situado entre as paredes do corpo, verdadeira e falsa, e para a qual a água flui após ter passado pelos estigmas e da qual a água é expelida para o ambiente através de uma única abertura, o atrióporo ou sifão atrial (Fig. 9.13).*

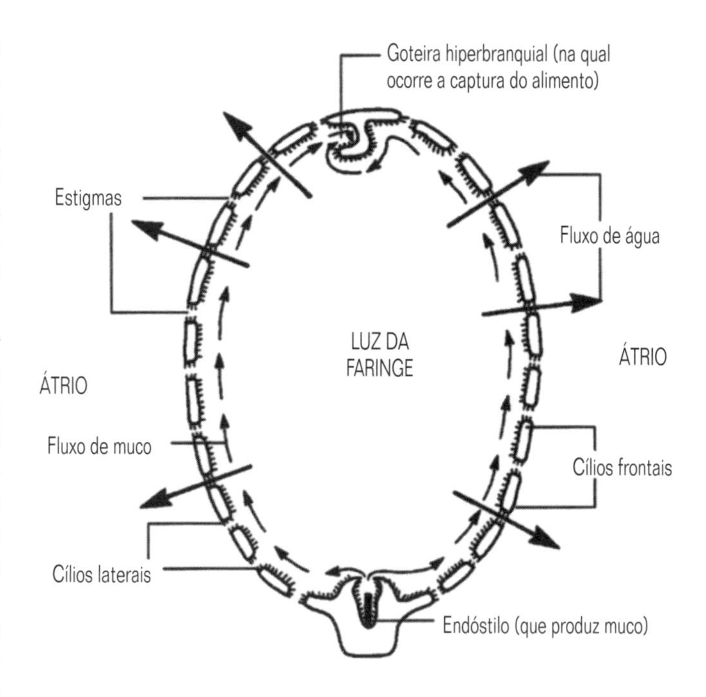

Fig. 9.13 Secção transversal esquemática através da faringe dos cordados invertebrados mostrando a natureza do sistema filtrador (segundo diversas fontes).

O muco é produzido por uma glândula, o endóstilo, que se estende ao longo da linha mediana ventral da faringe, e este muco é induzido a mover-se para o dorso ao longo das barras da faringe, em delgadas camadas. As camadas de muco interceptam partículas alimentares potenciais, em alguns casos de até 0,5 μm de tamanho, quando a água flui para fora da faringe através dos estigmas. Finalmente, as camadas carregadas de alimento encontram-se na região dorsal onde formam um cordão longitudinal no sulco hiperbranquial mediano dorsal. Neste sistema, toda a força motriz, seja para movimentar água ou muco, é fornecida por tratos de cílios da faringe, exceto nas salpas pelágicas.

Nos tunicados pelágicos, geralmente a corrente alimentar também fornece os meios para a propulsão, estando as aberturas oral e atrial localizadas em extremidades opostas do corpo. Em associação com esta propulsão a jato nas salpas, o número de estigmas foi reduzido a apenas dois, formando as camadas de muco uma única rede cônica interna através da luz da faringe (Fig. 9.14); a força motriz da água é proporcionada por anéis musculares em torno do corpo (Fig. 7.35).

Não somente nestes cordados invertebrados, mas também nos lofoforados e nos moluscos filtradores, o alimento passa do órgão filtrador (qualquer que seja seu tipo) para o estômago na forma de um cordão de muco carregado de alimento. Em todos os comedores mucociliares, o pH da luz do estômago é ácido.

* Essencialmente o mesmo sistema ocorre, em verdade, nos cordados vertebrados. Nos peixes, as fendas branquiais (= estigmas) que perfuram a parede do corpo desde a faringe até o exterior são em menor número e a parede do corpo é mais espessa, tanto que uma parede do corpo adicional falsa é desnecessária e a corrente de água é usada com o propósito de permitir trocas gasosas, e não primariamente para a alimentação por filtração.

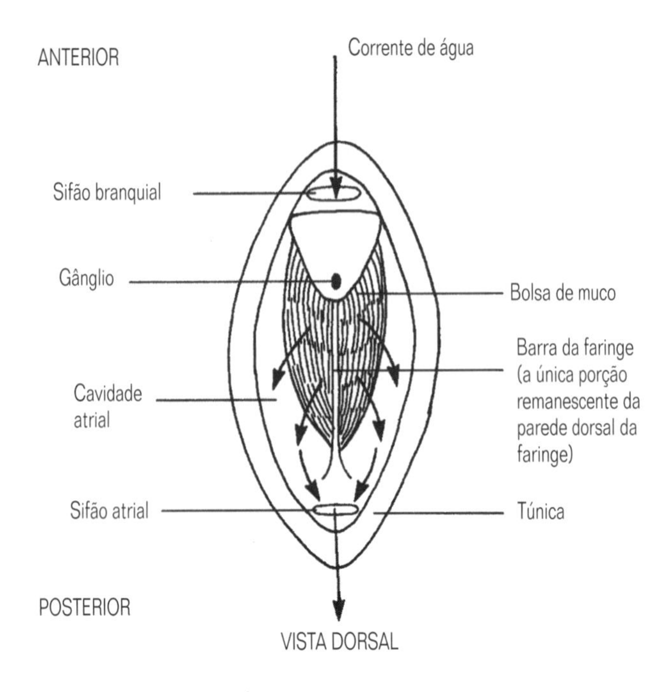

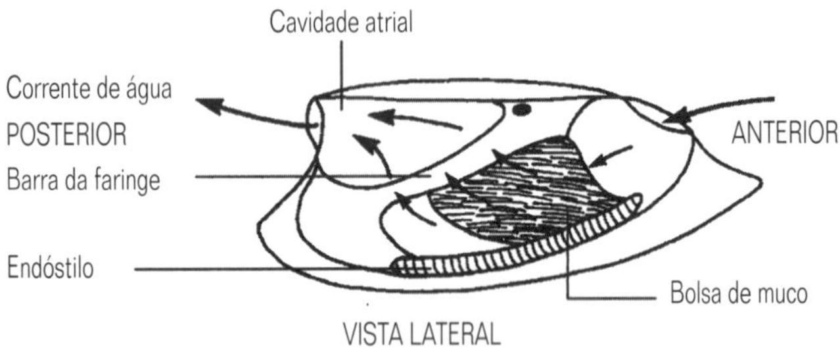

Fig. 9.14 Uma salpa mostrando a bolsa de muco suspensa através das duas grandes aberturas faríngeas (segundo Berrill, 1950 e outros).

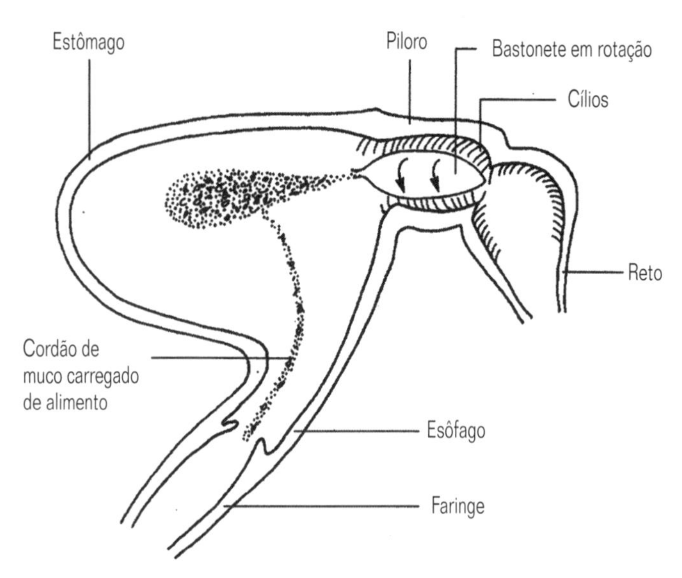

Fig. 9.15 O estômago de um lofoforado briozoário mostrando o bastonete mucofecal usado para conduzir o cordão de muco e alimento no interior do tubo digestivo (segundo Gordon, 1975).

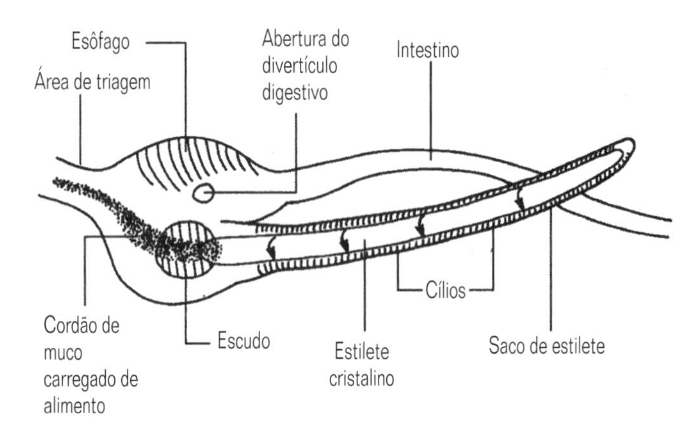

Fig. 9.16 O estômago de um molusco filtrador mostrando o estilete cristalino usado para conduzir o alimento no interior do tubo digestivo (segundo Morton, 1979).

Isto reduz a viscosidade do cordão de muco, permitindo a liberação das partículas de alimento capturadas. A digestão do alimento e a absorção dos produtos ocorrem no interior do estômago e/ou nos divertículos do intestino médio, situados perto dele. O material indigerido passa através de um intestino geralmente curto, no qual o pH é alcalino, aumentando novamente a viscosidade do muco e tornando mais fácil a produção de bolotas ou cordões fecais.

A força motriz para o transporte do cordão de muco até o estômago também é produzida por cílios que atuam diretamente sobre o cordão nos cordados, porém indiretamente nos lofoforados e moluscos. Nos dois últimos grupos, um bastonete com movimentos rotatórios, que se projeta até o interior do estômago, orienta e puxa o cordão. O bastonete dos lofoforados é formado por muco e material fecal e está alojado no piloro cujos cílios o fazem girar (Fig. 9.15). Com certa frequência, o bastonete usado é conduzido ao intestino, transformado em bolota fecal e eliminado. Depois, um novo bastonete é formado.

Nos moluscos, o bastonete, conhecido como estilete cristalino, é muito maior, mais permanente e é composto por uma mucoproteína hialina. Ele também se projeta no estômago, mas nos moluscos a partir de um divertículo especial, o saco do estilete, sendo que os cílios do revestimento deste divertículo fazem com que o estilete gire. A extremidade do estilete não só conduz (Fig. 9.16), mas ela se dissolve no estômago liberando a enzima amilase. À medida que a extremidade é desgastada, o estilete é movido lentamente para frente no estômago (novamente por meio de ação ciliar) e mais material do estilete é secretado proximalmente para manter constante o seu comprimento. Assim, a extremidade é mantida em contato com a parede do estômago, contra a qual gira: é como se fosse um almofariz em rotação para liberar partículas do cordão, agora menos viscoso, e distribuí-las para uma região gástrica de triagem na qual os cílios conseguem subdividir ainda mais as partículas coletadas.

9.2.6 Comedores de depósitos

É provável que a maioria dos animais viventes consuma detritos (material orgânico do tamanho de pequenas partículas) ou serapilheira (material de dimensões maiores), porém, apesar disso, a natureza precisa de sua dieta ainda não está esclarecida. Uma folha ingerida, digamos, por uma minhoca, não é somente uma folha morta, é todo um ecossistema em um microcosmo. Sobre sua superfície e em seus tecidos encontram-se bactérias e fungos responsáveis por sua decomposição, juntamente com diversos protistas consumidores dos organismos decompositores (p. ex., amebas, ciliados, flagelados heterótrofos) e alguns animais ligeiramente menos microscópicos, como nematódeos e ácaros que se alimentam de organismos menores. Na superfície da folha também podem ocorrer algas e cianobactérias, fotossintetizantes, além dos mortos e restos em decomposição de outros organismos e também aqueles derivados de fezes. Todos esses componentes vivos e mortos podem ser ingeridos, juntamente com a folha, pelo consumidor. O problema é a determinação daquilo que é digerido e assimilado, e daquilo que satisfaz a maior parte das necessidades metabólicas do consumidor.

Nem é, necessariamente, o caso da simples ingestão de materiais do ambiente pelo consumidor, e da digestão daquilo que for possível. Não é como se imaginava, agora sabe-se que diversos comedores de depósitos são capazes de selecionar muito mais o material a ser ingerido, embora poucas espécies no total tenham sido reexaminadas quanto a esse aspecto.

Uma ingestão seletiva, se possível, certamente poderia ser vantajosa uma vez que os valores nutricionais dos diferentes elementos do agregado 'detrito' variam amplamente. Comparações feitas entre o conteúdo orgânico do sedimento ingerido por alguns comedores de depósitos não seletivos e das fezes resultantes após o consumo, e a exposição de amostras do sedimento a enzimas sabidamente presentes em seus tubos digestivos indicaram que tais espécies não aproveitam a maior parte da pouca matéria orgânica presente no sedimento. Uma quantidade inferior a 5-10% do total de detritos orgânicos é digerível. (Em praias arenosas limpas, qualquer tipo de matéria orgânica pode conter uma proporção muito pequena, < 1 %, de material não digerível. A camada de serapilheira de uma floresta pode ser mais rica em matéria orgânica, porém somente muito pouco dela pode ser nutritiva.)

Quando qualquer fragmento de restos orgânicos é incorporado à camada superficial da serapilheira ou dos detritos do substrato, ele já perdeu a maior parte de seu valor nutritivo original. Se for uma folha, então a planta parental pode ter removido todos os compostos solúveis para seus próprios tecidos perenes antes de ter eliminado aquela folha. A lixiviação provocará a perda de outras substâncias inorgânicas durante as primeiras horas após a eliminação da folha. Qualquer fragmento de matéria orgânica somente chega ao substrato depois de ter passado pelo tubo digestivo de um consumidor, ocasião na qual a maior parte das substâncias utilizáveis pode ter sido removida: o material fecal é unia das principais fontes de substâncias orgânicas em sedimentos e solos. Por isso, é possível que o material orgânico que permanece em um componente envelhecido de dejetos orgânicos ocorra na forma de substâncias estruturais, esqueléticas e protetoras refratárias que desafiam a maioria dos sistemas digestivos animais – os comedores de detritos, por exemplo, geralmente não possuem celulase.

No entanto, se um item dos restos tiver origem recente, os comedores de depósitos podem ser capazes de digerir algumas de suas substâncias orgânicas, embora, ainda assim, o seu conteúdo protéico possa ser muito pequeno ou inacessível como resultado da presença de taninos (veja a Seção 9.2.4). De um modo geral, entretanto, é provável que os consumidores de matéria orgânica morta (com exceção dos necrófagos) dependam dos organismos vivos associados aos restos e não dos próprios detritos, os quais podem ser meramente um veículo apropriado para o transporte de microrganismos para o tubo digestivo. Na terra e na água doce, aqueles fungos responsáveis pela degradação da serapilheira provavelmente são de importância fundamental como a real fonte de alimento para os comedores de depósitos, enquanto que, em águas litorâneas rasas do mar, os protistas fotossintetizantes ou aqueles que recobrem o fundo provavelmente são os elementos do maior importe nutricional. Os comedores seletivos, capazes de ingerir somente diatomáceas, possuem uma eficiência assimilativa de 70%, em comparação com menos de 4% em espécies aparentadas que se alimentam sem exercer seleção no conjunto de substâncias orgânicas disponíveis. Praticamente em todo o ambiente marinho, no entanto, em condições nas quais a fotossíntese é impossível, onde a chuva de organismos mortos é esparsa e, quando os restos atingem o fundo do mar somente permanecem substâncias refratárias, os animais consumidores precisam depender de bactérias, tanto para a produção de energia como para a obtenção de materiais protéicos.

O tubo digestivo dos comedores de depósitos é, tipicamente, não especializado, havendo tendência do intestino ser alongado (veja as Figs. 4.40 e 4.43) pelas mesmas razões como na categoria pastadora. Assim como nestes últimos também, a produção fecal pode ser copiosa, embora com valor nutritivo muito menor do que em outros consumidores.

9.2.7 Alimento produzido por simbiontes

Embora relativamente poucas espécies animais dependam totalmente da fotossíntese de endossimbiontes para sua nutrição, da maneira apresentada na Figura 9.17 (veja a Seção 9.1), muitas espécies variando filogeneticamente de esponjas a moluscos e de cnidários a cordados, tiram alguma vantagem nutritiva da fotossíntese simbiótica de cianobactérias (p. ex., algumas esponjas e equiúros), de pró-clorófitas (tunicados) ou dos mais amplamente distribuídos dinoflagelados (presentes na forma

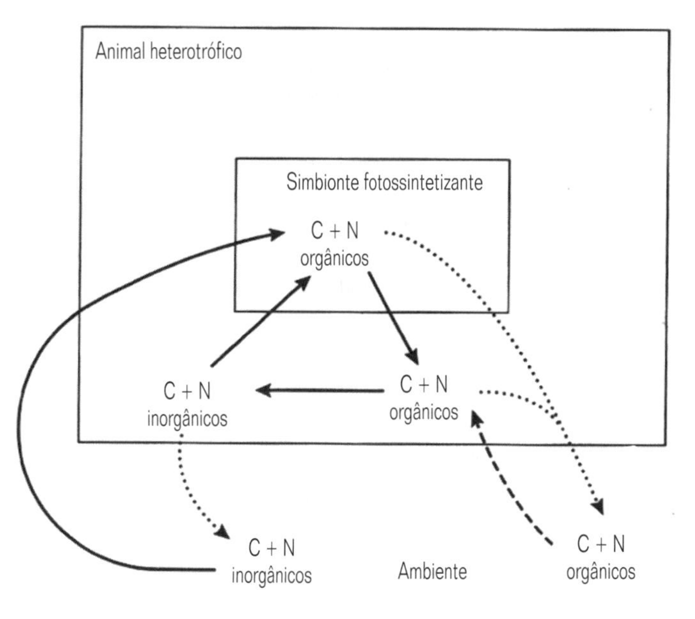

Fig. 9.17 Representação esquemática dos fluxos do carbono (C) e de nutrientes (N) em interações simbióticas (segundo Barnes & Hughes, 1982).

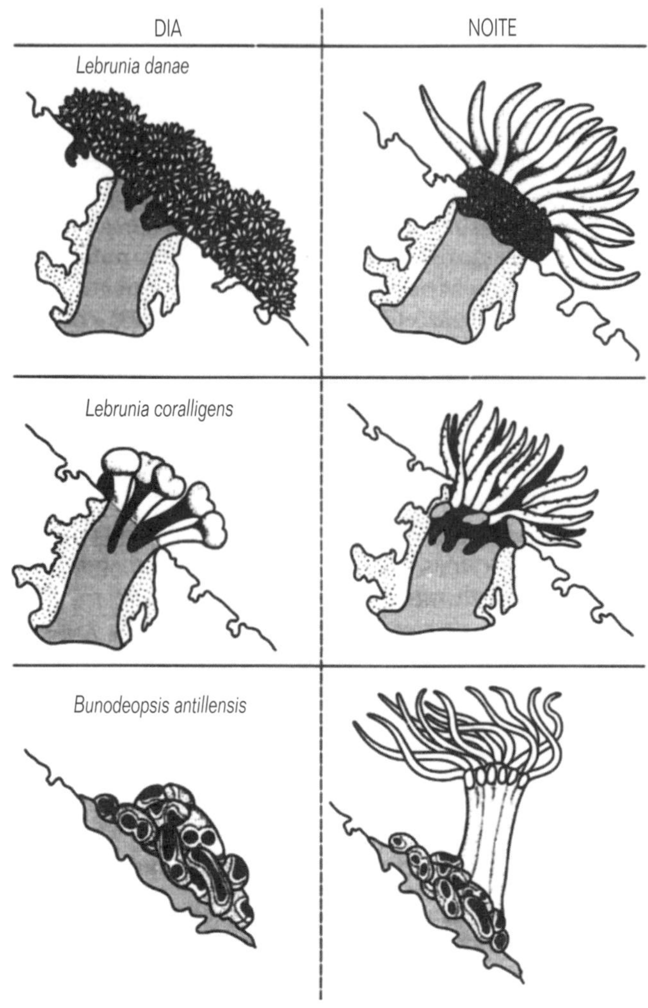

Fig. 9.18 O uso de diferentes partes do corpo, em diferentes horas do dia, por três anêmonas de recifes de coral: estruturas contendo zooxantelas durante o dia (coluna à esquerda) e tentáculos com nematocistos durante a noite (coluna à direita) (segundo Sebens & De Riemer, 1977).

de zooxantelas em muitos invertebrados marinhos) ou clorófitas (na forma de zooclorelas na maioria das espécies de água doce). Alguns corais pétreos, por exemplo, obtêm dois terços de suas necessidades metabólicas de zooxantelas intracelulares e apenas um terço de fontes externas, incluindo a captura de plâncton, típica dos cnidários. Em uma série de anêmonas-do-mar, as zooxantelas simbiontes e as organelas usadas para a captura de presas estão localizadas em diferentes partes do corpo: os 'órgãos' contendo simbiontes são estendidos durante o dia e os tentáculos contendo nematocistos, à noite (Fig. 9.18). A simbiose também pode suprir a herbivoria. Moluscos sacoglossos alimentam-se via sucção de células de algas macroscópicas verdes (e outras) e algumas espécies podem retirar cloroplastos intactos e ainda funcionais de sua presa e armazená-los no divertículo digestivo de seu intestino médio (Fig. 9.19). Os cloroplastos são engolfados pelas células digestivas fagocíticas, porém em seu interior continuam a funcionar fotossinteticamente durante mais do que dois meses, em alguns casos. Até metade do carbono fixado passa ao molusco e isto pode ser suficiente para satisfazer suas necessidades respiratórias. (Os cloroplastos de algumas espécies de Euglena podem ter tido uma origem evolutiva por um processo similar.)

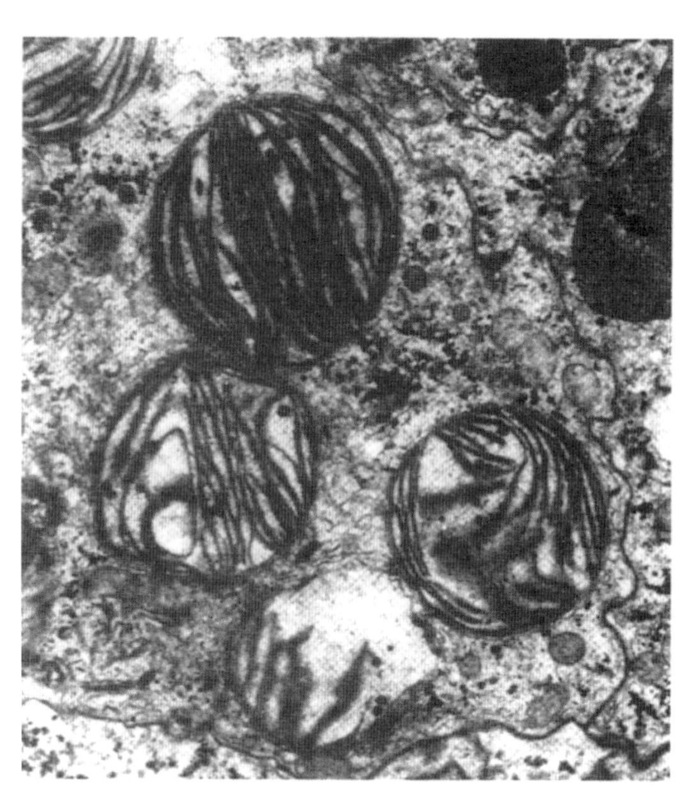

Fig. 9.19 Micrografia eletrônica de cloroplastos funcionais no divertículo digestivo de um molusco sacoglosso (de Trench, 1975).

Uma relação simbiótica um tanto diferente ocorre entre plantas que secretam néctar e insetos que se aglomeram para consumir este fluido rico em açúcar e, através disso, efetuam a polinização. Diversos insetos adultos consomem somente néctar (para obter a energia necessária ao vôo); seus ínstares larvais constituem a fase alimentar do ciclo de vida e acumulam recursos suficientes para permitir a formação do corpo adulto o qual, então, só precisa de substâncias que produzem energia durante sua curta existência.

Finalmente, alguns animais de vida-livre, relativamente grandes, associados a fontes hidrotermais, de percolações frias e a regiões de descarga de hidrocarbonetos no fundo do mar não possuem trato digestivo em todos os estágios de sua história da vida (p. ex., alguns moluscos bivalves, anelídeos oligoquetas e poliquetas e todos os pogonóforos); seu modo de obter alimento depende de bactérias quimio-autotróficas simbiontes, frequentemente localizadas em tecidos endodérmicos que, em grupos aparentados, formam o intestino.

9.3 Custos e benefícios da alimentação: forrageio ótimo

9.3.1 Introdução

Vimos que os animais são claramente restritos aos seus tipos de dieta por seu passado evolutivo: um animal de uma linhagem de comedores suspensívoros não poderia adaptar-se facilmente à caça com perseguição, nem vice-versa. Apesar disso, em

Tabela 9.1 Preferências alimentares de Hediste diversicolor e grau de energia assimilável por tipo de item alimentar.

Modo de alimentação e tipo de alimento	Ordem de preferência	Grau de energia assimilável por tipo de alimento
Consumo de *Macoma* (molusco bivalve) morto	1	1
Predação de *Tubifex* (anelídeo oligoqueta)	2	2
Predação de *Corophium* (crustáceo anfípode)	3	3
Predação de larvas de *Erioptera* (inseto díptero)	4	4
Ingestão de partículas contidas em sedimentos superficiais	5	5
Filtração de partículas em suspensão na água	6	6
Ingestão de *Enteromorpha* (alga verde)	7	7
Ingestão de *Ulva* (alga verde)	8	8
Predação de *Hydrobia* (molusco gastrópode)	9	9

muitas espécies é possível que haja um grau de flexibilidade, e em alguns comedores generalistas, pode até mesmo ocorrer a mudança de um modo alimentar para outro, e de um tipo de presa para uma espécie completamente diferente de alimento. O poliqueta estuarino Hediste diversicolor, por exemplo, pode ser filtrador (Fig. 9.4d), comedor de depósitos, comportar-se como caçador ou necrófago e pastar algas macroscópicas (Tabela 9.1).

Todos os animais deparam-se com uma variedade de alimentos em potencial durante sua vida diária e, portanto, com fontes alternativas de alimento. Para o consumidor mais especializado, isto pode significar somente indivíduos diferentes da única espécie de presa, porém, de modo mais geral, as alternativas incluirão, pelo menos, indivíduos ou materiais de mais de um tipo de alimento. Assim, dentro dos limites traçados por seu passado evolutivo, os animais deparam-se com alternativas ou 'escolhas' de ação no tempo geológico – de minuto a minuto, de hora a hora ou dia a dia – em termos de capturar e consumir um determinado item ou de rejeitá-lo em favor de outro no espaço ou no tempo. Tais 'decisões' têm consequências potencialmente importantes uma vez que o benefício a ser derivado do consumo de diferentes itens deverá variar. Alguns são mais nutritivos do que outros. Os mais nutritivos serão provavelmente escolhidos por muitos consumidores, e é possível que isto origine uma intensa utilização e consequente escassez daquele recurso. Outros apresentam baixo conteúdo energético e, por isso, geralmente são alimentos menos favorecidos, mas, correspondentemente, são relativamente abundantes e mais rapidamente acessíveis em um determinado hábitat.

O valor nutritivo (por unidade de peso consumido) é apenas um elemento em qualquer escolha de um item alimentar, entretanto, como além de produzir as vantagens óbvias, a atividade alimentar também sofre custos. Qualquer que seja a forma do processo alimentar, tempo e energia precisam ser dispendidos para encontrar, consumir, processar e digerir o alimento, e este tempo e esta energia poderiam ter sido dedicados a outros propósitos. A natureza precisa dos custos da alimentação varia de acordo com o tipo de alimentação, mas em todos os casos espera-se que a seleção atue em favor de uma estratégia que maximize o ganho líquido (benefícios menos custos) obtido. Alimento é uma das principais necessidades para a sobrevivência e, por isso, qualquer consumidor que maximiza seu ganho líquido estaria em vantagem seletiva em relação aos indivíduos que agem diferentemente, tanto com respeito à sobrevivência como à reprodução, uma vez que seria mais provável: (a) dedicar menos tempo à alimentação (diminuindo, com isso, o risco de ser predado); (b) crescer mais rapidamente ou atingir um tamanho maior (com consequentes vantagens reprodutivas); (c) ser mais saudável e, portanto, mais capaz de resistir mais às infecções parasitárias, escapar de predadores etc.; e (d) derivar um benefício maior de menos recursos durante a escassez de alimentos.

Como podem os consumidores, então, maximizar seu ganho líquido por unidade de tempo? Isso tem sido investigado via modelos simples de estratégias de forrageio ótimo e testando os prognósticos destes modelos através de experimentos e observações. Como é comum no planejamento de experimentos, isso foi feito isolando-se uma determinada variável, neste caso a escolha da presa. Entretanto, deveríamos lembrar que, no mundo real, a atividade de um animal, em qualquer momento, é um compromisso entre muitas pressões conflitantes. A maximização do ganho líquido da alimentação, em si, será vantajosa, mas também a fuga de predadores, o comportamento reprodutivo e assim por diante. Estes outros objetivos podem muito bem restringir a alimentação e tornar menos eficiente o consumo de presas: um consumidor pode não ter outra opção senão consumir aquilo que encontra no pequeno intervalo de tempo durante o qual é possível a alimentação.

Além disso, o alimento vivo dos consumidores animais simplesmente não espera pela oportunidade de servir-lhes de alimento! De fato, o interesse da presa viva em não ser consumida é maior do que aquele do consumidor em alimentar-se dela; isto tem sido denominado 'princípio vida/alimentação'. Em qualquer encontro, digamos, entre uma siba e um camarão, a siba tem somente uma refeição em jogo, ao passo que o camarão luta por sua vida, e as pressões seletivas variarão de acordo com isso.

Nos próximos parágrafos, discutiremos como os consumidores poderiam maximizar o seu ganho líquido e como os potencialmente consumidos poderiam minimizar este ganho e, com isso, diminuindo o próprio risco de ser consumidos. Consumidores móveis, livres para aceitar ou rejeitar presas individuais, constituem o caso mais simples e dedicaremos mais atenção a esta categoria; os comedores de suspensões e de depósitos enfrentam um outro problema e, assim, serão abordados separadamente.

9.3.2 A teoria do forrageio ótimo

Qualquer item alimentar em potencial terá um determinado 'valor nutritivo' para um consumidor. Os animais precisam de uma dieta com compostos capazes de fornecer energia e daqueles que permitirão o crescimento de células e tecidos somáticos e reprodutivos; assim, este valor alimentar deveria abranger ambas as necessidades. Infelizmente, as duas podem ser necessárias em épocas diferentes do ano ou durante diferentes estágios do ciclo de vida, de modo que, em determinada fase, a energia pode ser o fator mais importante, em outra o nitrogênio orgânico pode estar em demanda particular, enquanto que, para algumas espécies (p. ex., caracóis terrestres) podem existir períodos nos quais os elementos ou compostos inorgânicos (como o cálcio) podem ser mais importantes do que todas as outras necessidades.

Na prática, a maior parte das pesquisas tem utilizado o conteúdo energético do alimento como uma medida conveniente do seu valor nutritivo e, nestes termos simplificados, o valor nutritivo pode ser expresso como a energia que poderia ser obtida via consumo de determinados alimentos (E_g), subtraindo-se todos os custos energéticos associados com sua captura, controle, consumo e digestão (o 'custo da manipulação', E_h). Além disso, em qualquer hábitat considerado podem ocorrer diferentes alimentos em potencial, em diferentes frequências e, se um consumidor tiver preferência por algum tipo particular de alimento, terá de procurá-lo ativamente e incorrer, assim, num 'custo de procura' (E_s). O ganho líquido de energia será, portanto, igual a:

$$E_g - E_h - E_s.$$

Alternativamente, o tempo, medido mais facilmente, pode ser substituído por energia no saldo negativo desta expressão, e o valor nutritivo dado como ganho energético por unidade de tempo. Este será E/T_h se a presa já tiver sido encontrada, ou $E/(T_h + T_s)$ se o elemento tempo de procura for incluído (onde T_h é o 'tempo de manipulação', T_s o 'tempo de procura' e E é o conteúdo energético disponível = E_g acima).

Consideremos primeiramente o caso mais simples, no qual não existe o elemento tempo de procura. Um consumidor encontra diferentes itens alimentares em potencial ao acaso em seu hábitat e perguntamos qual deles ele deveria consumir para maximizar seu ganho de energia por unidade de tempo. A resposta esperada diria que seria aquele, de preferência, com o maior valor nutritivo, medido de acordo com E/T_h (ou, se as necessidades de nutrientes se referem, por exemplo, ao N naquela época, aqueles com o maior valor de N/T_h): os consumidores deveriam selecionar a presa mais vantajosa. Este modelo simples origina uma série de prognósticos que podem ser e foram testados.

1 Um consumidor deveria comer somente o tipo de presa com o maior valor nutritivo quando a taxa de sua localização for suficientemente elevada, e a inclusão de outros tipos (com valores nutritivos menores) poderia diminuir a taxa média de consumo de energia.

2 Se, no entanto, a taxa de localização da presa com o maior valor nutritivo for menor, um consumidor deveria expandir os limites dos tipos de presas consumidas para incluir os seguintes de maior valor nutritivo, e assim por diante.

3 Se o consumidor dispender muito tempo para identificar os diferentes tipos de presa (como, por exemplo, pelo tato), presas de menor valor nutritivo deveriam ser comidas se encontradas com frequência, mesmo que ainda ocorram muitas presas de maior valor nutritivo, enquanto que, se o reconhecimento da presa for instantâneo (como pela visão), as presas de menor valor nutritivo não deveriam ser comidas se houver disponibilidade daquelas de maior valor nutritivo. (O reconhecimento do valor nutritivo da presa é, simplesmente, um componente adicional do tempo de manipulação.)

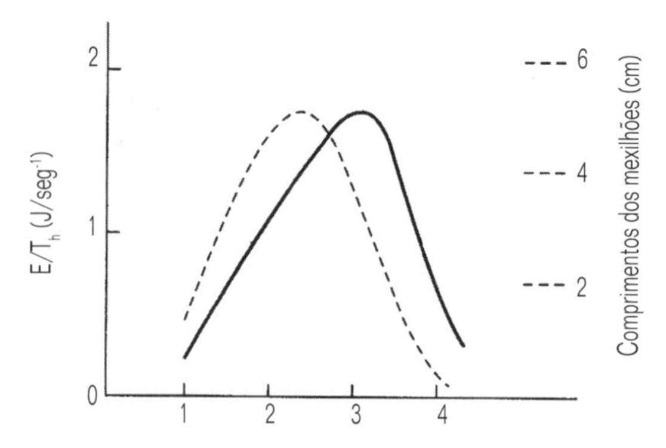

Fig. 9.20 Relação entre o valor nutritivo (E/T_h) e seleção da presa por caranguejos (Carcinus maenas) de 6,0-6,5 cm de largura, que se alimentam de mexilhões (Mytilus edulis) – veja o texto e o Quadro 9.1. (Segundo Elner & Hughes, 1978.)

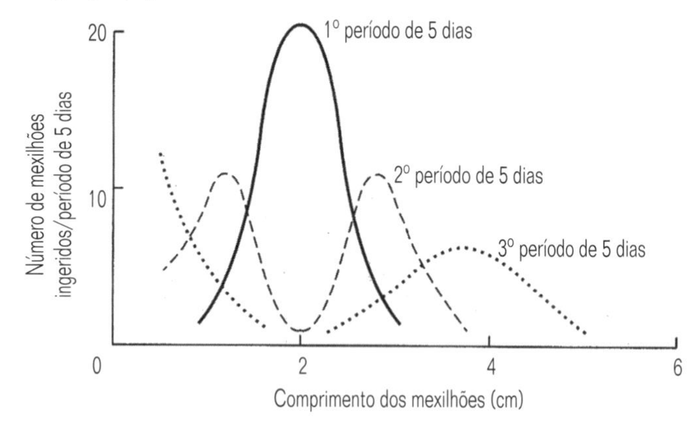

Fig. 9.21 Escolha de presas quando os tamanhos preferidos de mexilhões (Mytilus edulis) estão exauridos como resultado do consumo por caranguejos (Carcinus maenas) – veja o texto e o Quadro 9.1. (Segundo dados de Elner & Hughes, 1978.)

Todos estes prognósticos foram constatados, por exemplo, no caranguejo, Carcinus, quando se alimenta de mexilhões, Mytilus, de tamanhos diferentes (veja as Figs. 9.20 a 9.22; Quadro 9.1).

Testes envolvendo um consumidor e várias espécies de presas têm sido efetuados com menor frequência, mas o poliqueta Hediste diversicolor, por exemplo, citado acima como consumidor de uma ampla variedade de alimentos, exibe uma hierarquia de preferência que corresponde bem à quantidade de energia assimilável em cada tipo de alimento (veja também o Quadro 9.1).

O modelo básico agora pode tornar-se um pouco mais complexo por meio da incorporação de diferentes tempos de procura para diferentes tipos de alimento. Suponhamos que T_h seja constante para itens de um determinado tipo e tamanho de presa, e que a variação do valor de T_s dependa da frequência da presença de vários itens potenciais de presas num hábitat. Consideremos, também, dois tipos de presas, x e y, de modo que o valor nutritivo de x seja maior do que o de y, isto é,

$$\frac{E(x)}{T_h(x)} > \frac{E(y)}{T_h(y)}$$

É evidente que, se um consumidor encontrar uma presa do tipo x, ele sempre deveria comê-la; ele não ganhará nada se a

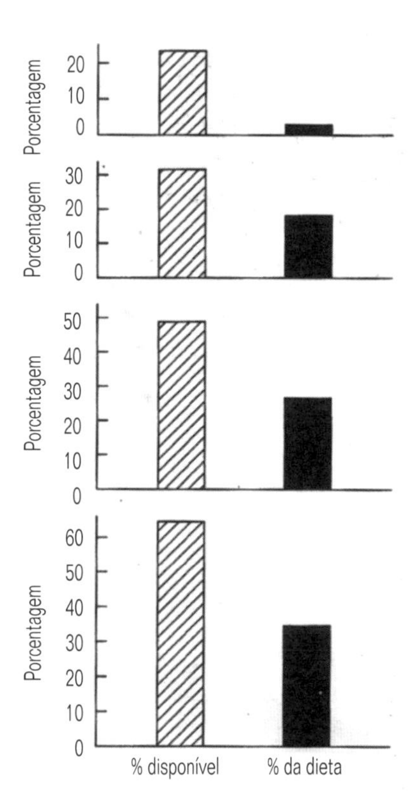

Fig. 9.22 Efeito de diferentes proporções de mexilhões (Mytilis edulis) de menor valor nutritivo sobre as preferências demonstradas por caranguejos (Carcinus maenas) – veja o texto e o Quadro 9.1. (Segundo dados de Elner & Hughes, 1978.)

Quadro 9.1 Seleção de mexilhões (presas) por caranguejos (consumidores)

Por observação, é relativamente fácil quantificar o tempo usado por um caranguejo para abrir um mexilhão e consumir as partes moles (T_h) e o conteúdo energético (E) destas pode ser determinado com uma bomba calorimétrica. Os caranguejos abrem os mexilhões esmagando as valvas com as quelas; então, existe um considerável tempo de manipulação que aumenta de modo mais ou menos exponencial de acordo com o tamanho do mexilhão. Assim, o tempo gasto na abertura de mexilhões grandes é longo, porém estes possuem valores elevados de E, enquanto que os pequenos podem ser abertos muito rapidamente, mas são de baixo valor energético. Para um determinado tamanho de caranguejo, o valor de E/T_h varia com o tamanho do mexilhão, como é mostrado na Figura 9.20; a mesma figura também mostra os limites de variação do tamanho dos mexilhões realmente consumidos por caranguejos com aquelas dimensões. É clara e boa a correlação entre os mexilhões consumidos e o maior valor nutritivo, sendo o prognóstico 1 (p. 228) válido.

Neste experimento, cada mexilhão consumido foi imediatamente substituído por outro do mesmo tamanho, de modo que os de maior valor nutritivo foram sempre mantidos numa frequência elevada o suficiente para indicar uma diminuição da taxa média de ganho energético, no caso da inclusão de uma presa de menor valor energético na dieta do caranguejo. Num segundo experimento, entretanto, os mexilhões consumidos não foram substituídos e a frequência daqueles de maior valor nutritivo diminuiu. A reação dos caranguejos está ilustrada na Figura 9.21: como no prognóstico 2 (p. 228), eles aumentaram a gama de variação do tamanho dos mexilhões para consumo, incluindo aqueles mais próximos das dimensões de melhor aproveitamento.

Os caranguejos distinguem o tamanho dos mexilhões pelo tato. Num terceiro experimento, variou-se a proporção relativa de mexilhões de tamanhos diferentes. A Figura 9.22 mostra que, de acordo com o prognóstico 3 (p. 228), indivíduos de menor valor nutritivo eram consumidos em pequeno número quando em abundância, mesmo na presença de um bom número de mexilhões de tamanho ótimo.

Quando apresentado a presas de tamanhos diferentes, mas do mesmo tipo, Carcinus parece, então, poder selecionar aqueles tamanhos de mexilhões que maximizam sua tomada de energia por unidade de tempo. De algum modo, ele deve ser capaz de avaliar o valor nutritivo de mexilhões de tamanhos diferentes.

rejeitar em favor de uma presa do tipo y (as demais condições sendo iguais). Mas, e se a primeira presa encontrada pelo consumidor for do tipo y, ele deveria comê-la ou rejeitá-la e continuar a procurar a presa mais proveitosa do tipo x? Para maximizar a taxa líquida de ganho energético, a decisão para aceitar ou rejeitar y depende unicamente da frequência da presa do tipo x, isto é, da magnitude de $T_s(x)$. A presa do tipo y encontrada deveria ser consumida se

$$\frac{E(y)}{T_h(y)} > \frac{E(x)}{T_h(x) + T_s(x)}$$

e desprezada se

$$\frac{E(y)}{T_h(y)} < \frac{E(x)}{T_h(x) + T_s(x)}$$

Em outras palavras, uma determinada presa encontrada deveria ser consumida se, durante o tempo de manipulação, o consumidor não conseguir obter um item mais proveitoso. Um outro problema é que muitos alimentos em potencial formam agregados – na forma de áreas (ou manchas) distintas – incrustando, por exemplo, organismos em substratos rochosos marinhos, formigas em formigueiros, 'nuvens' de misidáceos etc. Consequentemente, os consumidores defrontam-se com um outro tipo de problema: Qualquer mancha, região ou área de concentração local conterá uma quantidade finita de alimento, e o consumo deste pode resultar na diminuição de sua abundância e esta diminuição significa menor retorno para o consumidor.

Por quanta tempo., então., um consumidor deveria permanecer numa mancha antes de deslocar-se para a seguinte? Deveria ele exaurir completamente a mancha ou seria vantajoso abandoná-la antes disso e, em casa positiva, quando?

Embora superficialmente diferentes, problemas exatamente semelhantes são enfrentados par outros tipos de consumidores. Em altas latitudes, par exemplo, a quantidade de alimento disponível depende da clima da estação do ano e os consumidores precisam decidir quando emigrar de uma área geográfica com recursos em declínio. Quando as andorinhas devem partir? Diversas interações de presa/predador também caem numa categoria semelhante, especialmente onde o consumidor leva um período considerável para consumir todos os tecidos de uma presa capturada, incluindo-se os casos nos quais o consumidor suga as fluidas de sua presa. Quando abelhas retiram o néctar de uma flor, hemípteros aquáticos os fluidos de uma larva de mosquito e leões se alimentam de um antílope, no início a taxa de tomada de alimento da presa é alta, mas diminui finalmente, quando boa parte das substâncias de fácil obtenção e mais nutritivas já tiver

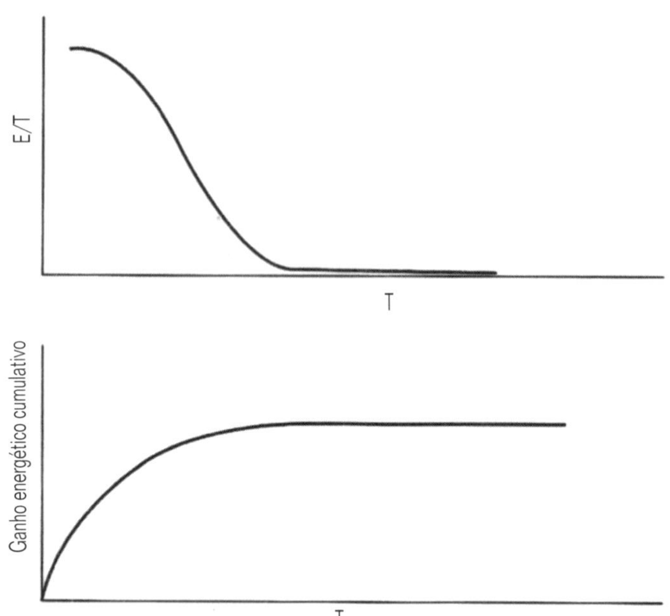

Fig. 9.23 Variação com o tempo na taxa de ganho energético de um pool finito – veja o texto.

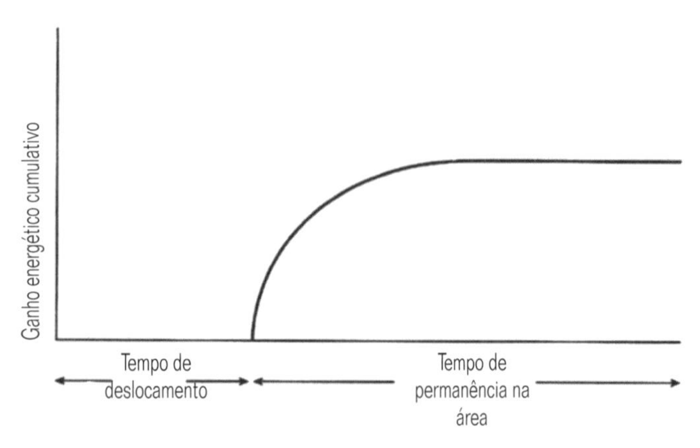

Fig. 9.24 Ganho energético em uma área explorada, em relação ao tempo de permanência em cada área, e o tempo de deslocamento até ela – veja o texto.

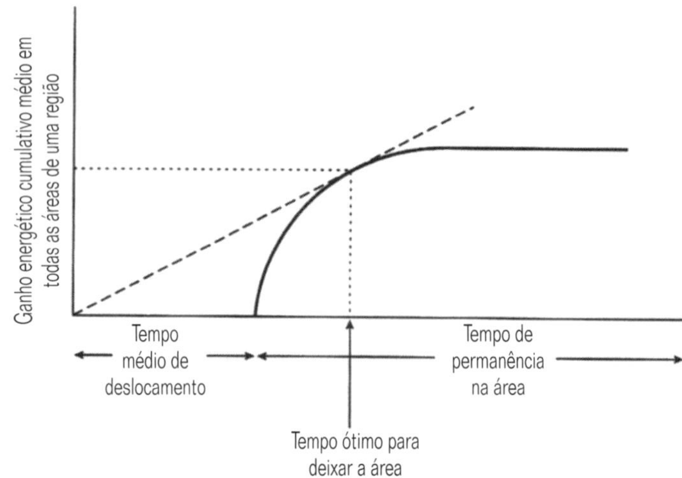

Fig. 9.25 O tempo de permanência em uma área de maior ganho energético cumulativo por unidade do tempo total de forrageio é fornecido pela tangente da origem até a curva do ganho – veja o texto.

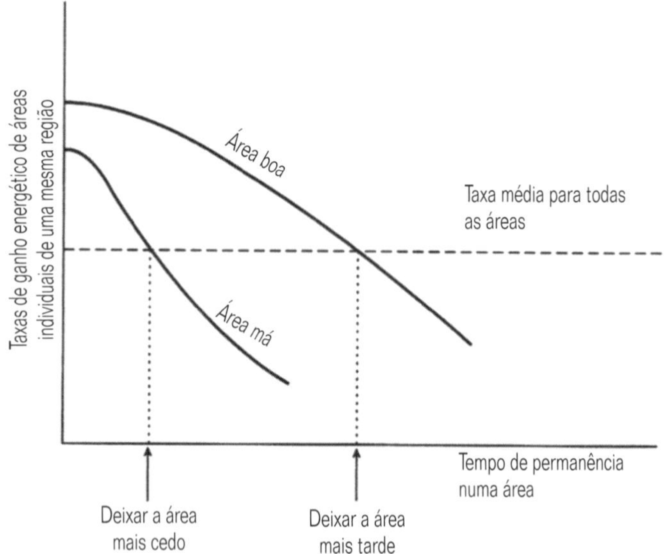

Fig. 9.26 Efeito da qualidade da área sobre o tempo ótimo de permanência em diferentes áreas de uma determinada região – veja o texto.

sido ingerida. Quando o consumidor deve abandonar a presa velha e obter uma nova? Quando todo o alimento tiver sido extraído, ou antes disso?

Quando um consumidor começa a explorar uma nova área, região geográfica ou uma presa capturada, a taxa de ganho energético por unidade de tempo mostrará uma relação com o tempo, como representado na Figura 9.23. Mais cedo ou mais tarde, o consumidor terá de abandoná-la e de deslocar-se para outro local ou capturar outro item de presa. O movimento entre duas áreas significa dispêndio de tempo e de energia. Mesmo um animal tão lento como Littorina usa doze vezes mais energia por unidade de tempo quando se locomove do que quando pasta em uma só área; de fato, a migração para um local distante implica em muitos gastos. Assim, é preciso considerar o tempo (corrigido para as diferentes demandas energéticas) utilizado para deslocar-se entre duas áreas ou no interior delas.

Então, se plotarmos a taxa média líquida do ganho energético cumulativo de todas as áreas num determinado hábitat contra o tempo, e incluirmos o tempo médio necessário para o deslocamento entre estas áreas (Fig. 9.24), podemos perguntar 'qual o intervalo de tempo de permanência numa só área, que renderá o ganho cumulativo máximo por unidade total de tempo (isto é, o tempo de deslocamento mais o tempo de permanência no interior das áreas)?' A resposta será dada pela tangente da origem até a curva do ganho cumulativo (Fig. 9.25) – a linha desde a origem da curva com a maior inclinação. Portanto, um consumidor que abandona uma área ou que deixa de consumir uma determinada presa quando a sua taxa de ganho cai para este valor médio, maximizará sua tomada de energia por unidade do tempo total de forrageio. Os consumidores deveriam deixar de alimentar-se em uma fonte de recursos em declínio quando seria melhor abandoná-la!

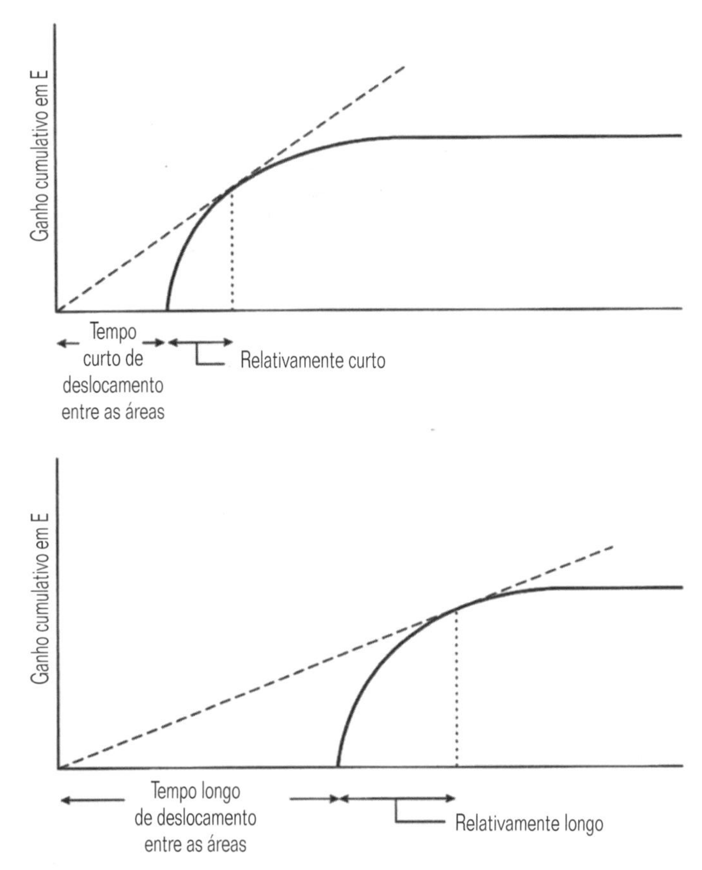

Fig. 9.27 Efeito de diferentes tempos médios de deslocamento sobre o tempo ótimo de permanência em áreas da mesma qualidade – veja o texto.

Sendo este o caso, segue-se que: (a) quando as áreas variam quanto à qualidade num determinado hábitat, os consumidores deveriam permanecer mais tempo nas áreas melhores (Fig. 9.26); e (b) quando as áreas têm aproximadamente a mesma qualidade, mas variam quanto à distância entre elas, seria vantajoso permanecer mais tempo numa área se o tempo de deslocamento até ela for longo (Fig. 9.27) (isto é, quando os custos do deslocamento são maiores, o retorno será mais baixo e, por isso, um consumidor deveria permanecer mais tempo em cada área).

No entanto, as áreas não podem ser consideradas boas ou más somente com base em sua qualidade intrínseca. O alimento que pode ser obtido por unidade de tempo ou por unidade de esforço também pode depender do número de outros consumidores que já estão explorando a área em questão. Em outras palavras, um consumidor pode enfrentar uma escolha, por um lado, entre procurar ou continuar a obter uma pequena porção dos recursos em uma área de alta qualidade, que já está sendo intensamente utilizada ou, no outro extremo, obter uma porção maior em uma área relativamente pouco utilizada e de baixa qualidade. Demonstrou-se que muitos animais, variando de moscas em montes de esterco até caranguejos intermareais em enseadas lodosas, se distribuem em tais circunstâncias de acordo com a 'teoria da liberdade ideal': áreas de qualidade variável são preenchidas diferencialmente por consumidores de maneira que o prêmio que o competidor ganha em cada área é o mesmo. Isto assume que todos os indivíduos são livres para explorar qualquer área. Em verdade, na prática os indivíduos podem diferir em sua capacidade competitiva e os inferiores podem ser deslocados para áreas de menor qualidade, complicando a distribuição ideal (veja, por exemplo, Parker & Sutherland, 1986).

9.3.3 Consumidores vágeis e suas presas

Como poderiam as considerações gerais acima delineadas afetar a biologia da alimentação de consumidores vágeis, e como poderiam suas presas minimizar a probabilidade de serem consumidos?

Uma determinada quantidade de alimento pode ser claramente composta por muitas pequenas presas ou por algumas grandes, e estes dois casos extremos podem apresentar diferentes custos e benefícios. O ganho de uma única presa grande é grande, mas estas presas são altamente móveis e, por isso, requerem o dispêndio de muito tempo e muita energia para serem capturadas. Ao contrário, uma dieta de muitas presas pequenas pode não necessitar muito tempo para ser dedicado a cada captura individual, mas provavelmente haverá um elemento de considerável tempo de procura. Estas diferenças terão repercussões tanto sobre o consumidor como sobre a presa.

Os caçadores perseguidores gastam, tipicamente, grande parte de todo o seu tempo dedicado à alimentação na perseguição de presas grandes, nem sempre com sucesso. Assim, é muito grande a energia dispendida com cada presa em potencial e, correspondentemente, o ganho precisa ser grande. Será vantajoso para o caçador minimizar ao máximo este custo da perseguição, e será vantajoso para a presa maximizá-lo. É como se fosse uma corrida armamentista entre o predador e a presa, concentrando-se o predador naquela variedade limitada de espécies de presas em potencial que é mais suscetível ao seu modo de perseguição e captura, ainda com retorno energético máximo, e adaptando-se cada vez mais aos métodos de fuga destas presas. O efeito da maximização do ganho líquido é, para os caçadores perseguidores, tornar-se especialistas em suas dietas.

Além da pressão óbvia no sentido de aumentar a velocidade e a agilidade, a maioria dos meios comuns através dos quais a presa pode diminuir o sucesso da captura por caçadores perseguidores (e outros) é o de viver em grupo (enxames, cardumes, manadas). Isto resulta de uma série de efeitos.

1 5Uma observação frequentemente feita é que um grupo grande pode reconhecer e reagir à aproximação de um predador mais rapidamente do que um grupo pequeno ou um único indivíduo. Halobates, um pequeno hemipteróide marinho não voador, por exemplo, desliza na superfície da água como os esquiadores aquáticos. Quando não está se alimentando, agrega-se em 'flotilhas' e estas apresentam, claramente, respostas definidas à aproximação de predadores (aves, peixes, modelos de predadores). A distância na qual um modelo experimental de predador provocou uma resposta comportamental de fuga na flotilha variou com o tamanho destas, como é mostrado na Figura 9.28: a distância de reconhecimento foi maior em flotilhas maiores, embora exista claramente um tamanho crítico de flotilha, além do qual não ocorre mais aumento na distância de reconhecimento (o máximo tendo sido alcançado).

2 5Um segundo efeito da vida em grupo é confundir o predador em potencial. Predadores perseguidores atacam uma presa em potencial por vez e já vimos que é vantajoso para o consumidor capturar uma só presa de grande valor nutritivo. Os membros de um grupo podem dispersar-se como reação à aproximação de um

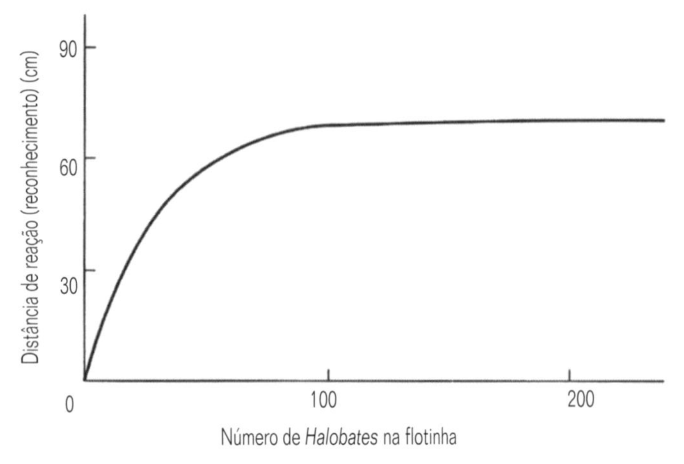

Fig. 9.28 Variação da distância à qual um modelo experimental de predador provocou uma resposta comportamental em Halobates em relação ao número de indivíduos na flotilha (segundo Treherne & Foster, 1980).

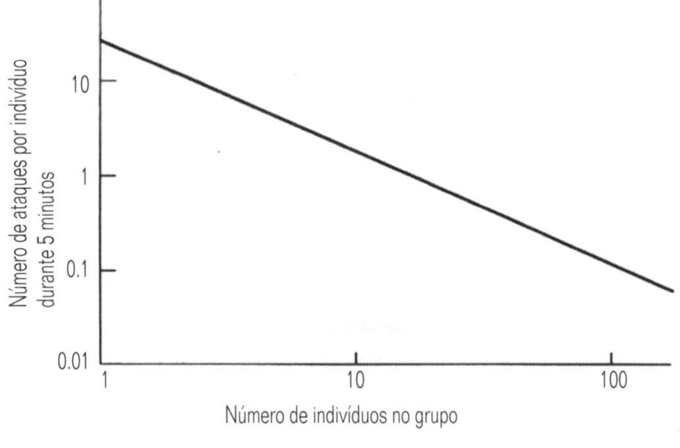

Fig. 9.29 Número de ataques de peixes por indivíduo de Halobates em relação ao número de indivíduos no grupo (segundo Trehe Foster, 1980).

predador. Isto aumenta a dificuldade de ataque a um alvo único e resulta numa mudança considerável deste alvo quando as diferentes presas se movem no campo de reconhecimento.

3 Os predadores podem ser dissuadidos de atacar um grupo devido ao comportamento defensivo deste, mas não sofrem tal inibição quando encontram um membro solitário da mesma espécie. A maioria dos exemplos clássicos de defesa em grupo encontra-se entre os vertebrados, porém exemplos de invertebrados também são conhecidos, mais obviamente entre os himenópteros sociais. Além disso, quando atacadas por insetos predadores, algumas larvas de um tipo de vespão exsudam uma resina pegajosa por suas peças bucais. Esta defesa não impede que percevejos pentatomídeos ataquem larvas solitárias, mas os que atacam larvas agregadas são rapidamente cobertos pela resina, mal conseguindo mover-se depois disso.

4 Todos os três efeitos da vida em grupo descritos acima aumentam o tempo dispendido por um predador para conseguir uma captura bem sucedida; em média, pode ser vantajoso para o predador desviar sua atenção para outra presa não social. Um quarto efeito refere-se à probabilidade de qualquer indivíduo de um grupo ser o alvo de um ataque predatório bem sucedido; quanto maior o grupo, menor a probabilidade de um determinado indivíduo ser capturado durante um ataque. Isto foi demonstrado em Halobates, citado acima com relação ao efeito de reconhecimento, quando predado por peixes (Fig. 9.29). Um indivíduo num grupo de dez sofre somente um décimo do número de ataques dirigidos a um indivíduo solitário, e um pentatomídeo num grupo de 100 sofre apenas um centésimo dos ataques.

O efeito não é necessariamente estatístico. A probabilidade de ser capturado frequentemente é maior para os indivíduos da periferia do agrupamento, e menor para aqueles do centro. Em diversos casos existem descrições da movimentação constante de indivíduos da periferia para o centro, deixando nas margens do grupo aqueles menos capazes de manter uma posição segura dentro da 'manada egoísta'. Desse modo, os indivíduos minimizam ativamente suas próprias chances de serem consumidos.

Em contraste, os caçadores das categorias de perseguidores e tocaieiros predam indivíduos facilmente capturados devido ao seu tamanho pequeno (em relação ao consumidor). Toda e qualquer presa facilmente capturada pode ser consumida para fazer parte da quantidade suficiente de todo o alimento, e os rasteadores conseguem maximizar mais prontamente seu ganho líquido tendo uma dieta generalista. Além disso, como o tempo de procura é inversamente proporcional à abundância total de presas adequadas, os rasteadores tendem a ter uma dieta particularmente generalista, em hábitats pobres em alimento, e em épocas de escassez alimentar. Em períodos de picos de abundância de qualquer espécie de presa em particular, no entanto, eles parecem dedicar períodos desproporcionais do tempo utilizando aquele tipo de presa (tornam-se temporariamente especialistas), mudando para outras espécies de alimento se e quando suas quantidades também aumentam.

Presas individuais sujeitas à predação por caçadores rasteadores serão favorecidas pela maximização do tempo de procura do consumidor. Isso pode ser conseguido de várias e diferentes maneiras, as quais aumentam a dificuldade de localização da presa ou o seu reconhecimento como alimento em potencial. Incluem (Fig. 9.30):

1 A vida em micro-hábitats que não podem ser explorados facilmente pela maioria dos predadores em potencial, por exemplo, em fendas, sob pedras, em galerias.

2 Sendo crípticas, isto é, por uma combinação de forma, posição do corpo e padrão de superfície (ou odor), confundem-se com o substrato e aumentam, assim, o tempo de reconhecimento (algumas espécies podem mudar de cor ou de padrão para desaparecer em mais de um tipo de substrato; outras podem modificar o seu ambiente local para esconder-se efetivamente).

3 Sendo miméticos, isto é, similarmente à cripse, aumenta o tempo de reconhecimento pelo mimetismo de um objeto de nenhum ou baixo valor nutritivo – uma folha morta, um galho, uma bolota fecal etc. – ou de uma espécie repulsiva ou de defesa agressiva.

O aumento no tempo de procura não é o único meio para diminuir o valor nutritivo de um espécime para um consumidor; o tem-

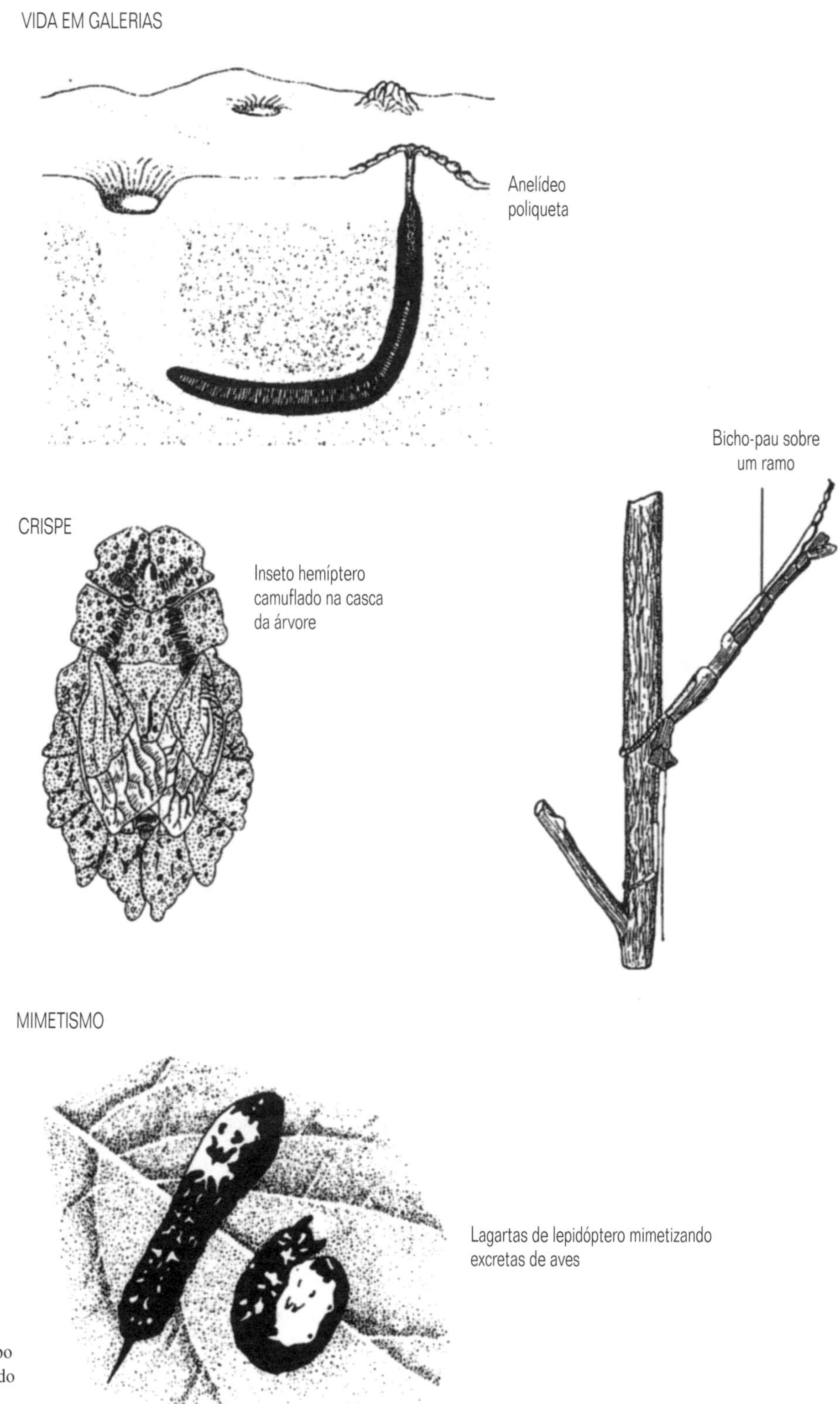

Fig. 9.30 Mecanismos para aumentar o tempo de procura de predadores em potencial (segundo várias fontes).

po de manipulação também pode ser aumentado e o conteúdo energético por unidade de peso pode ser diminuído. Frequentemente, o tempo de manipulação é aumentado pela evolução de (Fig. 9.31):

1 Armas de defesa, por exemplo, ferrões, mandíbulas etc.

2 Armaduras de defesa, por exemplo, conchas, placas calcárias ou quitinosas.

3 Formas que aumentam a dificuldade de captura, manipulação e/ou ingestão do alimento, por exemplo, espinhos. Espinhos e protuberâncias semelhantes na superfície do corpo são particularmente eficazes quanto a este aspecto, pois não só aumentam o tempo de manipulação e consumo, como também o tamanho do corpo – retirando, assim a presa dos limites de tamanho

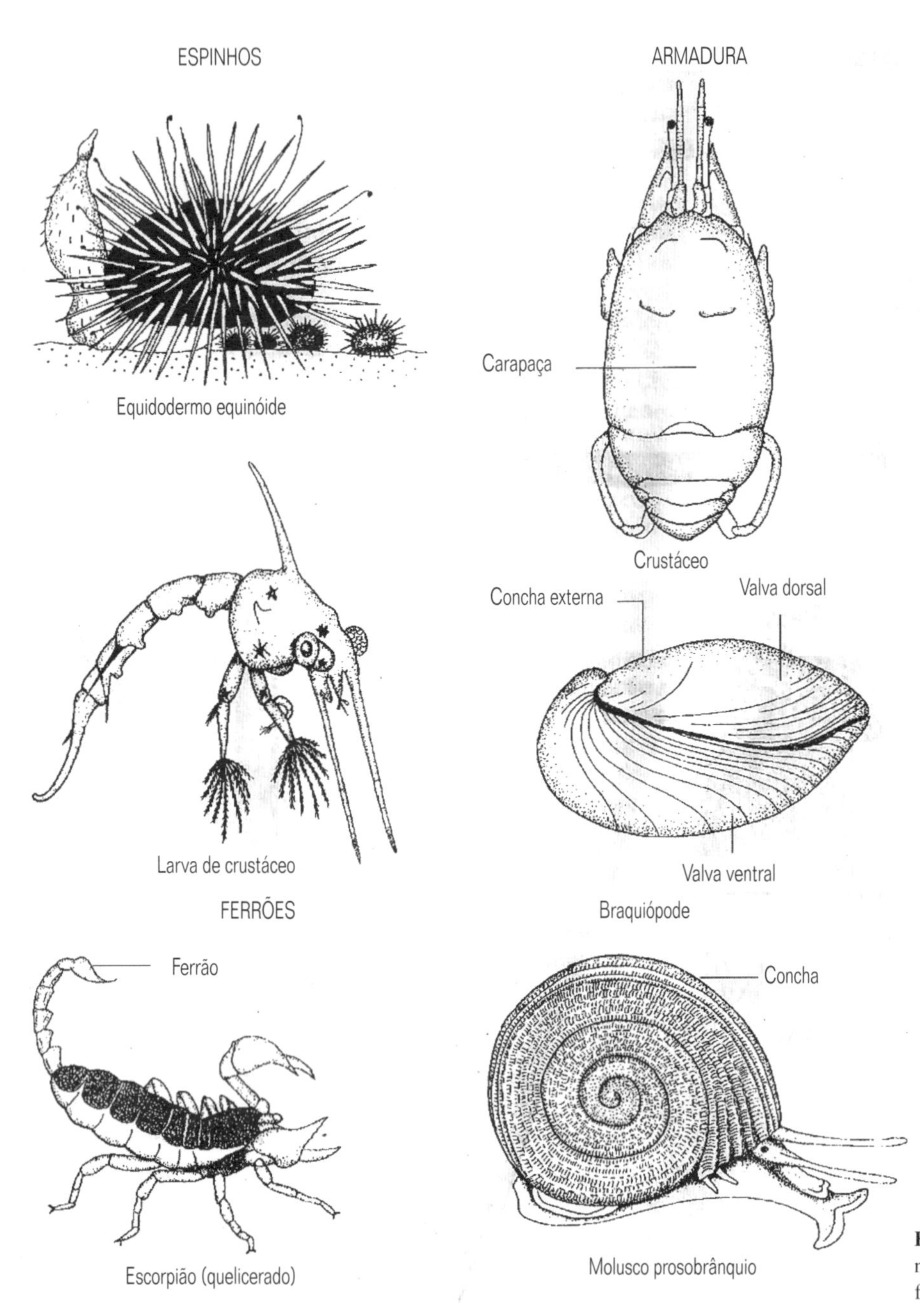

Fig. 9.31 Estruturas que aumentam o tempo de manipulação de predadores em potencial (de várias fontes).

de pelo menos alguns predadores – via um pequeno aumento nos tecidos do corpo.

O conteúdo de energia e/ou nutrientes por unidade de peso ou volume do corpo pode ser reduzido pela diminuição da quantidade de tecidos vivos com o aumento de substâncias inertes, pobres em nutrientes ou não comestíveis. A palatabilidade pode ser diminuída pela presença de substâncias nocivas em órgãos específicos ou nos tecidos em geral. Neste caso, é necessário certa aprendizagem por tentativa e erro por parte do consumidor e, frequentemente, a presa agiliza ao máximo este processo e aumenta a sua eficácia ao combinar o seu sabor desagradável com uma coloração viva de advertência.

O aumento no tempo de manipulação, a diminuição no conteúdo energético por unidade de massa e a diminuição da palatabilidade (ou de uma evidente toxicidade) são, pois, precisamente as táticas de defesa utilizadas pela presa dos consumidores pastadores os quais, funcionalmente, são equivalentes aos caçadores rasteadores, exceto quanto à natureza séssil e frequentemente fotossintética de suas presas. Os rasteadores normalmente são maiores e têm vida mais longa do que as de suas presas, mas esta relação geralmente é ao contrário nos pastadores e o seu alimento: as presas são maiores e têm vida mais longa. Por este motivo, considerando-se que é difícil para as presas de caçadores rasteadores fazer outra coisa a não ser levá-los a evitá-las com a utilização de substâncias nocivas, é mais fácil e mais vantajoso para as plantas de vida longa eliminar os seus insetos pastadores de vida curta com toxinas e, assim, proceder a uma seleção favorável a indivíduos que as ignorem como alimento.

Todos estes sistemas de defesa (veja também a Seção 13.2.2) fazem com que seja vantajoso que um consumidor generalista procure outros tipos de presa – espécies mais óbvias, menos protegidas, mais saborosas – mas, como a sua abundância resulta da evitação bem sucedida pelos consumidores generalistas, as espécies sésseis ou sedentárias que contam principalmente com defesas mecânicas passivas ou químicas, ficam à mercê de ataques de consumidores especialistas que conseguiram, ao longo da evolução, romper os seus códigos de defesa. Os pastadores e consumidores especialistas de presas animais crípticas, miméticas ou nocivas participaram, evolutivamente, de corridas armamentistas com as espécies de presas, assim como os caçadores e suas presas velozes. De fato, uma vez que os consumidores especialistas desenvolveram os mecanismos pelos quais as defesas tóxicas ou nocivas de suas presas podem tornar-se ineficazes, o consumidor pode até mesmo usar as substâncias químicas em vantagem própria, mantendo-as em seu organismo como defesa contra seus próprios predadores.

9.3.4 Filtradores e comedores de depósitos

Os consumidores que capturam partículas filtrando-as de uma corrente de água não possuem custos de perseguição e de procura. Em vez disso, possuem os custos de filtração e aqueles associados à rejeição de partículas indesejadas. O tamanho das malhas de seus filtros em geral só pode ser alterado ao longo da escala evolutiva e, por isso, existe pouca ou nenhuma possibilidade de selecionar diferencialmente partículas de elevado valor nutritivo; os filtros são específicos para tamanho e não para a comestibilidade das partículas. Um filtrador séssil somente consegue maximizar sua taxa líquida de ganho energético alterando:

1 A taxa de filtração em relação à abundância relativa de diferentes tipos de partículas na água.

2 A taxa de rejeição em relação aos valores nutritivos relativos das partículas e aos custos da rejeição.

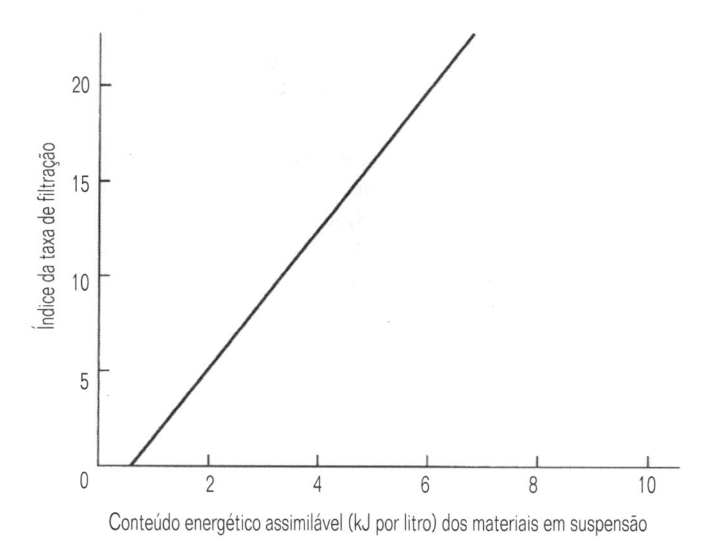

Fig. 9.32 Correlação entre a concentração de partículas comestíveis na água e a taxa de filtração do poliqueta Hediste diversicolor quando se comporta como filtrador (segundo Pashley, 1985). (Veja a Fig. 9.4d)

A taxa de filtração deveria aumentar com o aumento da concentração de partículas de elevado valor nutritivo na água (Fig. 9.32), mas pode existir um limite determinado pela capacidade do tubo digestivo para processar o material coletado. Em indivíduos com alimentação mucociliar, este limite pode ser o movimento ciliar do cordão de muco no interior do tubo digestivo; e nos artrópodes que filtram partículas com suas cerdas o limite poderia ser o preenchimento da luz do tubo digestivo com as partículas ingeridas. Uma vez repleto o tubo, a taxa de tomada de energia será limitada pelo tempo de passagem ao longo do mesmo e a velocidade da digestão. Por esse motivo, a taxa de filtração deveria diminuir uma vez preenchido o tubo digestivo. De modo equivalente ao consumo somente das partes com o maior valor nutritivo por predadores antes de se moverem para a presa seguinte (Seção 9.3.2), seria mais compensador para os filtradores, dependendo da qualidade e abundância do alimento, fazê-lo mover-se rapidamente ao longo do tubo digestivo, digerindo apenas uma pequena parte dele, ao invés de mover mais lentamente uma porção maior.

O custo da rejeição de partículas indesejadas pode ser elevado e, portanto, como aquele de um determinado tipo de partícula aumenta, espera-se também o aumento da taxa de ingestão daquele tipo de partícula. Quando os custos da rejeição são muito altos, pode ser menos dispendioso rejeitar até mesmo partículas indigeríveis via intestino do que via órgãos de seleção. Sob tais circunstâncias, um filtrador poderia apresentar déficit energético e, então, seria vantajoso deixar de alimentar-se até que ocorra a mudança do material em suspensão na água.

Com tal sistema de coleta de alimento é muito pequena a oportunidade, se é que existe alguma, de tornar-se um consumidor especialista, exceto numa escala evolutiva e, aí, somente dentro de determinados limites da variação de tamanho das partículas. Os tunicados pelágicos, por exemplo, possuem filtros de malhas muito finas capazes de reter bactérias; as baleias, por outro lado, filtram grandes eufausiídeos planctônicos. Estas diferenças ocorrem simplesmente em função do tamanho das malhas dos filtros. As baleias não conseguiriam operar um filtro capaz de coletar bactérias e protistas: elas seriam incapazes de mover-se na água e filtrar, exatamente pelo mesmo motivo pelo qual não é possível rebocar rapidamente uma rede de plâncton de malha fina através da água e ainda reter algo. A água é simplesmente empurrada para frente da malha e muito pouca passa por ela. Tal seletividade como a apresentada pelos filtradores, portanto, não é utilizada ao nível da dieta, mas ocorre principalmente no estágio de larva livre-natante de muitas espécies, quando se fixa numa área que pode suprir o adulto séssil com uma provisão adequada de partículas alimentares apropriadas em suspensão.

Os comedores de depósitos situam-se, aproximadamente, entre as categorias dos filtradores e aquelas dos caçadores e pastadores consideradas acima. Uma vez que consomem matéria orgânica morta, alimentam-se de substâncias de baixo valor nutritivo, correspondentemente abundantes e que, sendo mortas, não se protegem contra o fato de serem consumidas. Alguns podem simplesmente fazer passar, ao longo de seu tubo digestivo, sedimento inorgânico juntamente com a matéria orgânica nele contida e, aí, estariam sujeitos às mesmas restrições relativas ao preenchimento do tubo digestivo de alguns filtradores. Quando o material ingerido contém substâncias digeríveis num nível inferior a um determinado limiar, também pode ser energeticamente vantajoso não processá-lo e mover-se para outro local a fim de alimentar-se. Contudo, muitos comedores de depósitos são capazes de apresentar ingestão seletiva (Seção 9.2.6) e tais espécies comportam-se como os caçadores rasteadores, mas em vez do animal como um todo mover-se, a 'procura' é efetuada por tentáculos bastante móveis ou por órgãos similares.

Em geral, os componentes vivos da dieta dos filtradores e comedores de depósitos são diminutos em relação ao tamanho do consumidor e, embora algumas das espécies consumidas possuam sistemas de defesa química, a maioria parece não ter meios de defesa contra o consumo. Ao invés disso, apresentam taxas rápidas de reprodução sexuada e/ou multiplicação assexuada que são mais do que capazes de compensar as perdas por predação. Neste aspecto, correspondem, até certo ponto, às presas dos pastadores que possuem, caracteristicamente, um potencial suficiente para o crescimento ou divisão assexuada para substituir estruturas perdidas, como folhas, pólipos ou zoóides, de modo que só excepcionalmente taxas muito críticas de consumo causam a morte do indivíduo ou da colônia.

9.4 Conclusões

Vimos que os animais se originaram como pequenos consumidores de bactérias, protistas e de seus próprios semelhantes e que estas dietas ancestrais não só permaneceram inalteradas durante milhões de anos, mas também influenciaram a alimentação animal desde aquela época. A vantagem seletiva do tamanho grande favoreceu a evolução de mecanismos para aumentar a quantidade destes pequenos e amplamente distribuídos itens alimentares que poderiam ser ingeridos, porém não conduziu a nenhuma dieta nova, radicalmente diferente. O consumo de material macrófito, alga ou planta, evoluiu relativamente tarde e, a menos que auxiliado por microrganismos intestinais, permanece sendo um processo ineficaz, não só devido à qualidade nutritiva pobre em carboidratos estruturais dos tecidos, mas também devido aos meios de defesa destes materiais facilmente disponíveis.

A classificação dos animais como 'herbívoros', 'carnívoros' ou 'onívoros' não é muito útil para entender sua biologia da alimentação: com tal base, a maioria das espécies é onívora. Vale mais a classificação baseada nos mecanismos alimentares – caçadores/parasitas, pastadores, comedores de depósitos, filtradores, absorvedores de produtos de simbiontes internos etc. – um sistema que não leva em conta a posição taxonômica das espécies de presas, e que se refere muito mais ao consumidor do que ao consumido.

Embora restritos em diversos graus por seu passado evolutivo, todos os animais, sem dúvida, deparam-se com decisões no tempo ecológico: tentar consumir esta e não aquela presa (no espaço ou no tempo); alimentar-se em determinada área ao invés de dirigir-se para outra; e assim por diante. Os consumidores não parecem reagir ao acaso a tais 'decisões' e a teoria do forrageio ótimo fornece um modelo de algum sucesso no prognóstico alimentar. Entre as restrições impostas por fatores outros que a qualidade e o suprimento alimentares (p. ex., predação, biologia reprodutiva), vários animais alimentam-se de maneira a maximizar seu ganho (benefícios menos custos). Por outro lado, as espécies de presas foram selecionadas para maximizar o custo relativo de consumi-los, por seu comportamento, sua morfologia ou sua bioquímica. Como poderia ser esperado, os diferentes modos de alimentação terão diferentes soluções em potencial para a maximização do ganho, com consequentes vantagens seletivas em favor de uma dieta generalista ou de uma especialista.

Ao que parece, o comportamento alimentar está sob um controle seletivo do dia-a-dia, assim como outros aspectos mais familiares da biologia animal.

9.5 Leitura adicional

Barnard, CJ. (Ed.) 1985. Producers and Scroungers. Croom Helm, London.

Begon, M., Harper, J.L. & Townsend, CR 1996. Ecology, 3rd edn. Blackwell Science, Oxford.

Bennett, VA, Kukal, O. & Lee, RE. 1999. Metabolic opportunists: feeding and temperature influence the rate and pattern of respiration in the high arctic woollybear caterpillar Gynaephora groenlandica (Lymantriidae). J. exp. Biol., 202, 47-53.

Crawley, M.J. 1983. Herbivory. Blackwell Scientific Publications, Oxford.

Doeller, J.E., Gaschen, B.K., Parrino, V. & Kraus, D.W. 1999. Chemolithoheterotrophy in a metazoan tissue: sulfide supports cellular work in ciliated mussel gills. J. exp. Biol., 202,1953-1961.

Esch, G.W. & Fernandez, J. 1992. Functional Biology of Parasitism: Ecological and Evolutionary Implications. Chapman & Hall, New York.

Fabricius, K.E., Benayahu, Y. & Genin, A. 1995. Herbivory in asymbiotic corals. Science, 268, 90.

Hodkinson, LD. & Hughes, M.K. 1982. Insect Herbivory. Chapman & Hall, New York.

Hughes, RN. (Ed.) 1993. Diet Selection. Blackwell, Oxford.

Jennings, D.H. & Lee, D.L. (Ed.) 1975. Symbiosis. Cambridge University Press, Cambridge.

Jennings, J.B. 1972. Feeding, Digestion and Assimilation in Animals, 2nd edn. Macmillan, London.

Jorgensen, CB. 1975. Comparative physiology of suspension feeding. Annu. Rev. Physiol., 37, 57-79.

Julian, D., Gaill, F., Wood, E., Arp, A.J. & Fisher, CR 1999. Roots as a site of hydrogen sulfide uptake in the hydrocarbon seep vestimentiferan Lamellibrachia sp. J. exp. Biol., 202, 2245-2257.

Lee, RW., Robinson, J.J. & Cavanaugh, CM. 1999. Pathways of inorganic nitrogen assimilation in chemoautotrophic bacteria-marine invertebrate symbioses: expression of host and symbiont glutamine synthetase. J. exp. Biol., 202, 289-300.

Mason, CF. 1977. Decomposition. Edward Arnold, London.

McNeill, A.R 1996. Optima for Animals, revised edition. Princeton University Press, Princeton.

Morton, J. 1979. Guts, 2nd edn. Edward Arnold, London.

Owen, J. 1980. Feeding Strategy. Oxford University Press, Oxford.

Parker, G.A. & Sutherland, W.J. 1986. Ideal free distributions when individuals differ in competitive ability: phenotypelimited ideal free models. Anim. Behav., 34, 1222-1242.

Randall, O., Burggren, W.W. & French, K. 1997. Animal Physiology. Mechanisms and Adaptations, 4th edn. W.H. Freeman, New York.

Schmidt-Nielsen, K. 1997. Animal Physiology. Adaptation and Environment, 5th edn. Cambridge University Press, Cambridge.

Smith, D.C. & Douglas, A.E. 1987. The Biology of Symbiosis. Edward Arnold, London.

Southward, E.C. 1987. Contribution of symbiotic chemoautotrophs to the nutrition of benthic invertebrates. In: Sleigh, MA (Ed.) Microbes in the Sea, pp. 83-118. Wiley, New York.

Taylor, R.J. 1984. Predation. Chapman & Hall, New York.

Townsend, C.R. & Calow, P. (Ed.) 1981. Physiological Ecology. Blackwell Scientific Publications, Oxford.

Tunnicliffe, V. 1992. Hydrotherrnal-vent communities of the deep sea. Am. Sci., 80,336-349.

Vacelet, J. & Boury-Esnault, N. 1995. Carnivorous sponges. Nature (Lond.),373, 333-335.

Vermeij, G. 1987. Evolution and Escalation. An Ecological History of Life. Princeton University Press, Princeton.

Weibel, E.R., Taylor, C.R. & Bolis, L. (Eds) 1998. Principies of Animal Design. The Optimisation and Symmorphosis Debate. Cambridge University Press, Cambridge.

Wildish, D. & Kristmanson, D. 1997. Benthic Suspension Feeders and Flow. Cambridge University Press, Cambridge.

Wright, S.H. & Manahan, D.T. 1989. Integumental nutrient uptake by aquatic organisms. Annu. Rev. Physiol., 51, 585-600.

Wright, S.H. & Ahearn, G.A. 1997. Nutrient absorption in invertebrates. In: Dantzler, W.H. (Ed.) Handbook of Physiology. Section 13 Comparative Physiology, Vol. II, Chapter 16, pp. 1137-1206. Oxford University Press, Oxford.

CAPÍTULO 10

Mecânica e Movimento (Locomoção)

Alguns animais invertebrados são capazes de voar, outros usam seis, oito ou mesmo muitas pernas para andar ou correr. Em ambientes aquáticos, alguns podem nadar, outros rastejam ou deslizam sobre a superfície. Muitos invertebrados vivem em tubos ou galerias mais ou menos permanentes e invertebrados tubícolas podem girar dentro de seus tubos ou dispender energia para dirigir água através dos mesmos, provendo oxigênio e fonte de alimento. Como adultos, eles são muitas vezes sésseis e fixos permanentemente a um substrato, mas possuem larvas pelágicas livre-natantes. Mesmo animais sedentários dispendem energia para mover a água e a mecânica disto é semelhante àquela do movimento locomotor. Conforme discutido no Capítulo 14, as larvas de muitos invertebrados sésseis são móveis e os seus movimentos durante a fase pelágica são importantes para estabelecer contato com um ambiente apropriado para a vida séssil. A reprodução sexuada requer contato entre gametas masculinos e femininos e isto é muitas vezes realizado através de movimentos dos gametas masculinos (espermatozóides), que são tipicamente móveis, especialmente aqueles de invertebrados marinhos. Qualquer que seja o padrão de locomoção, é necessário que haja gasto de energia e os princípios mecânicos exigidos para a locomoção ou para mover o ambiente em relação ao corpo são os mesmos. A seção de abertura deste capítulo tratará dos princípios básicos da mecânica e definirá alguns termos. A isto se seguirá uma discussão sobre os mecanismos através dos quais as células animais são capazes de gerar forças. O trabalho destas forças em sistemas de locomoção possibilita a variedade de modos locomotores encontrados em animais invertebrados. Uma característica comum é a utilização de energia respiratória, conforme discutido no Capítulo 11. Nós veremos que os princípios intrínsecos são os mesmos para flagelos, cílios e células musculares.

Um estudo comparativo da locomoção de invertebrados revela a diversidade de modos locomotores e fornece base para uma discussão sobre a influência da escala e proporções entre massa corporal e área de superfície. A área de superfície aumenta pelo quadrado das dimensões lineares, enquanto a massa corporal aumenta ao cubo, consequentemente, animais grandes não são capazes de se deslocar através de locomoção ciliar e precisam de depender de contração muscular para gerar as forças necessárias para o movimento. Muitos organismos aquáticos apresentam corpo mole e não possuem um esqueleto mecânico duro. Eles possuem o que pode ser chamado de um 'esqueleto hidrostático' e nós veremos como isto possibilita aos vermes e animais similares se moverem de uma variedade de maneiras. A transição do ambiente aquático para o terrestre trouxe um enorme desafio mecânico. A flutuabilidade é reduzida e, em contrapartida, o atrito aumenta. Pernas enrijecidas articuladas com um esqueleto externo são utilizadas por muitos animais terrestres, bem como pelos predominantemente marinhos crustáceos. As oportunidades apresentadas pelo ambiente terrestre, rico em oxigênio, propiciaram aos insetos desenvolver uma notável gama de técnicas de vôo. Apenas agora os cientistas começam a compreender a complexa aerodinâmica do vôo de insetos, que certamente não é sempre o que parece. Os maiores invertebrados, as lulas marinhas, usam propulsão a jato e completam a variedade de modos de locomoção que serão discutidos neste capítulo.

10.1 Introdução

Os invertebrados mostram uma grande variedade de formas. Os grupos animais basais (Capítulo 3) e os muitos animais vermiformes (Capítulo 4) possuem corpo mole. Eles se movem por flagelos, cílios (Seção 10.2) ou utilizando um esqueleto hidrostático (Seção 10.5). Alguns invertebrados, entretanto, desenvolveram tecidos enrijecidos que lhes permitem o uso de um esqueleto mecânico. Os mais adaptados são os animais com pernas articuladas, os artrópodes e grupos similares (Capítulo 8). Estes animais são capazes de explorar os princípios de uma alavanca mecânica e, no caso dos insetos, desenvolveram uma gama verdadeiramente notável de mecanismos para voar e saltar.

Virtualmente, todas as classes de invertebrados são capazes de desenvolver trabalho mecânico, resultando no movimento do corpo em relação ao ambiente, ou o ambiente é movido para trás do corpo fixo do organismo. A energia que é investida em tais atividades deve resultar numa vantagem para o animal. Este retorno da energia investida pode ser visto como um aumento na taxa de alimentação ou aquisição de outros recursos, uma diminuição na taxa de predação, escapar de mudanças ambientais nocivas, aumento na taxa de dispersão e/ou contato com parceiros potenciais para a reprodução sexuada.

Quando os animais se movem, eles obedecem aos mesmos princípios básicos de todos os objetos que estão em movimento (leis de movimento de Newton). Estes princípios dizem que:

1 Se um corpo estiver em repouso com relação ao seu ambiente, ele só poderá ser posto em movimento se lhe for aplicada uma força externa.

2 Um corpo movendo-se em linha reta continuará a fazê-lo, a menos que lhe seja aplicada uma força externa.

3 A aplicação de uma força não balanceada numa massa em movimento resulta numa aceleração ou desaceleração da massa na direção da força.

4 Para cada ação deve haver uma reação de mesma intensidade e direção oposta.

A Primeira Lei da Termodinâmica diz que a energia dentro de um sistema fechado permanece constante, embora possa ser mudada de uma forma para outra.

Estes conceitos aplicam-se universalmente e serão ilustrados em termos gerais antes que os movimentos e atividades dos diferentes grupos de invertebrados sejam explicados. O Quadro 10.1 resume os princípios gerais que governam a locomoção dos animais e define algumas unidades.

Para se mover, um animal precisa gastar energia que de outra forma não seria gasta e, portanto, há um custo líquido do movimento (Schmidt-Nielsen, 1984). Este gasto pode ser geralmente estimado através de medidas da taxa metabólica (consumo de oxigênio) durante o movimento, menos os níveis de consumo de oxigênio em repouso, embora o custo do movimento passivo não possa ser medido desta maneira (veja abaixo).

Quadro 10.1 Termos Mecânicos e Definições

1 Força

Uma **força** é detectada pelo seu efeito numa massa.

O efeito de uma força numa massa é mudar a direção ou taxa de movimento de uma massa, o valor de uma força é igual ao produto da massa pela aceleração, isto é,

Força é a **massa** x **aceleração**

$F = Ma$

Em unidades do SI, 1 **newton** (N) é a força requerida para impor a uma massa de 1 quilograma (1 kg) uma aceleração de 1 metro por segundo por segundo.

2 Força de Reação

Quando um corpo exerce uma força num segundo corpo, é como se o segundo corpo exercesse uma força de igual magnitude, mas na direção oposta. Esta força é chamada **força de reação**.

3 Trabalho

É realizado trabalho mecânico quando uma força impõe uma aceleração a uma massa. Para uma massa em repouso, o trabalho realizado é o produto da força pela distância movida.

$T = F\,d$

e

$T = (M\,a)d$

A unidade internacional de trabalho é o **joule** (**J**).

4 Potência

A potência pode ser vista como a taxa segundo a qual o trabalho é feito e, assim, **potência** é força x velocidade.

A unidade internacional de potência é o watt (W) e

1 watt = 1 joule por segundo.

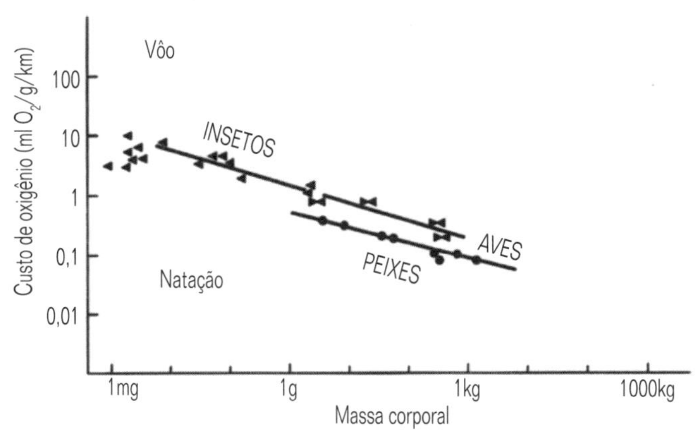

Fig. 10.1 O custo da locomoção é expresso pela quantidade de O_2 necessária para transportar um animal de 1g por uma distância de 1 km. Note que os insetos voadores e as aves voadoras situam-se na mesma linha de regressão. A maioria dos dados se refere a mamíferos como se poderiam comparar aos invertebrados? ● = Natação, ◀ = vôo (segundo Schmidt-Nielsen 1984).

Os padrões locomotores de animais podem ser classificados como: transporte passivo, natação, andar, correr, saltar e voar. Os invertebrados exibem todos estes modos. O custo líquido do movimento por unidade de tamanho aumenta na seguinte ordem: transporte passivo, natação, andar, correr e saltar. Desta forma, o vôo aparece como uma maneira de escapar ao alto custo metabólico do movimento rápido em ambiente terrestre. Cada um dos modos ativos de locomoção relacionados acima tem um custo líquido de movimento, por unidade de tamanho, progressivamente mais alto.

Comparações entre invertebrados e vertebrados são difíceis por causa das diferenças em escala e dos seus modos de movimento, mas há um conjunto de dados comparável entre insetos e aves. Dentre os vertebrados há, para cada um dos modos de locomoção relacionados acima, uma relação negativa entre o logaritmo do custo líquido do movimento e o logaritmo da massa corporal. Os dados de insetos mostram a mesma relação negativa e os insetos e as aves enquadram-se notavelmente bem na mesma linha negativa de regressão, apesar das diferenças em escala até sete ordens de magnitude (Fig. 10.1).

Estas relações demonstram uma enorme redução no custo líquido do movimento por unidade de massa com aumento de tamanho.

Os padrões locomotores exibidos pelos organismos estão intimamente ligados ao fornecimento de energia e, portanto, à biologia alimentar. Os organismos que exploram fontes com baixa concentração de alimento, como os comedores de depósitos, também estarão limitados a sistemas locomotores de baixa energia. Na escala da maioria dos invertebrados, estas fontes alimentares serão exploradas apenas por animais bentônicos sedentários ou por aqueles que se movem relativamente devagar. Num senso evolutivo, a emergência de animais e plantas multicelulares (veja o Capítulo 2) estabeleceu densas bolsas de energia que poderiam ser exploradas por animais com maior capacidade de movimento. Muitos avanços evolutivos podem ser interpretados como aperfeiçoamentos nos mecanismos animais permitiram a exploração destes agregados de energia, dispersos, mas densos.

> **Quadro 10.2** Energia cinética e atrito
>
> **1 Energia Cinética**
> Na ausência de atrito, uma massa será acelerada durante a aplicação de uma força (Quadro 1). O trabalho realizado será definido pela distância percorrida pela massa durante o tempo em que aquela força foi aplicada e, após a aplicação da força, a massa continuaria a se mover numa linha reta a uma velocidade constante para sempre.
>
> $F = M d$ e $T = F d$ (Quadro 10.1).
>
> A energia é armazenada na forma de energia cinética, onde
>
> $$EC = \frac{1}{2} m V^2$$
>
> e V é a velocidade da massa. A unidade no SI é metros por segundo (m s^{-1}).
>
> **2 Atrito**
> No mundo real, uma massa em movimento volta ao repouso por estar sujeita a uma **força de fricção** que causa desaceleração. Esta força é muitas vezes chamada **atrito**.
>
> **3 Dissipação de energia cinética**
> A energia cinética pode ser dissipada como energia calorífica, quando uma força de atrito faz com que uma massa se torne estacionária.
>
> **4 Velocidade constante**
> Para se mover a uma velocidade constante, uma massa deve estar sujeita a uma força constante de mesma intensidade e direção oposta à força de atrito que se opõe ao seu movimento.

Paradoxalmente, as relações mostradas na Figura 10.1 também sugerem que, para os animais muito grandes, poder-se-ia esperar que o custo líquido do movimento por unidade de peso fosse muito baixo, principalmente para um animal natante com flutuabilidade neutra. Sem dúvida, o maior animal do mundo, a baleia azul, preenche estes requerimentos e se alimenta de uma fonte dispersa e de baixa energia, filtrando plâncton.

Os animais que exibem transporte passivo não precisam realizar trabalho no ambiente para se moverem. Ao invés disso, eles dependem da flutuabilidade e de movimentos naturais do meio em que vivem. Os plânctons aquático e aéreo são associações de espécies que fazem uso extensivo do transporte passivo. A maioria também é capaz de nadar e precisa fazê-lo para compensar a tendência a afundar, se eles não tiverem flutuabilidade neutra. As condições físicas que controlam o transporte passivo no meio aquático (isto é, hábitats marinho e de água doce) são muito diferentes daquelas do plâncton aéreo, dadas as grandes diferenças nas viscosidades da água e do ar. Por causa disso, membros do plâncton aquático podem alcançar tamanhos muito maiores do que aqueles do plâncton aéreo. A maioria da produção primária nos mares e oceanos é devida às algas fitoplanctônicas suspensas nas águas superficiais e há grande número de espécies zooplanctônicas permanentes ou temporárias explorando esta fonte alimentar. Os custos do movimento para estes animais podem ser mascarados pelo 'custo para adquirir flutuabilidade neutra'. Este pode ser o custo da secreção de espinhos ou do acúmulo de lipídios energeticamente caros.

Quando um animal se move, ele tem de vencer as forças que se opõem ao seu movimento, conhecidas como 'atrito' ou 'arrasto'. Como a resistência do meio através do qual o animal se move tende a mudar a sua taxa de movimento (causando desaceleração), a resistência é uma força. Ela pode ser expressa nas unidades definidas no Quadro 10.1. Em qualquer sistema, a energia é conservada e a energia mecânica pode ser convertida em energia cinética, que é armazenada no movimento de uma massa, mas que acabará sendo perdida como calor. As unidades são definidas no Quadro 10.2.

O trabalho mecânico realizado na locomoção é, em última instância, derivado da energia gerada por reações químicas nas células que compõem os animais (veja o Capítulo 11), mas o trabalho químico não é necessariamente igual ao mecânico. Um levantador de peso pode ficar exausto ao tentar levantar um peso que não se mexe, mas, de acordo com estas definições, ele não chega a realizar trabalho mecânico. Ele, sem dúvida, realizou trabalho metabólico, os seus músculos usaram ATP a um custo metabólico e, através do seu esforço, ele produziu calor. Temos, portanto, que definir a eficiência da locomoção reconhecendo o fato de que pode ser gasta energia que não chega a contribuir para o movimento do corpo. Podemos determinar o trabalho mecânico realizado medindo a massa e a distância movida. Este trabalho poderia ser descrito como 'trabalho útil'. O total de energia gasta por um animal em movimento é mais difícil de medir (mas pode ser estimado medindo a taxa de consumo de oxigênio) e a eficiência do animal (assim como de qualquer máquina) pode ser expressa pela razão:

$$\frac{\text{gasto com trabalho útil}}{\text{entrada de energia}} \qquad (1)$$

Nós temos que considerar que alguns sistemas de locomoção animal podem ser mais eficientes do que outros, mas estes sistemas eficientes podem ter potência limitada, isto é, a taxa em que eles podem trabalhar pode ser limitada. Como em tudo mais na biologia, nós vemos que há contrapartidas potenciais, uma das quais sendo aquela entre a eficiência e a potência absoluta.

Organismos em movimento possuem inércia e sofrerão atrito, isto é, forças agindo em sentido oposto à direção da locomoção, devido à resistência do meio através do qual eles estão se movendo (veja o Quadro 10.2). De acordo com a Primeira Lei da Termodinâmica, um corpo que se move em linha reta continuará a fazê-lo, a menos que uma força externa atue sobre o mesmo. Num meio viscoso, o corpo sofrerá 'atrito', uma força agindo contrariamente à direção de locomoção devido à resistência do meio através do qual ele está se movendo. O grau de importância de tais forças é profundamente influenciado pelo tamanho relativo do organismo, por sua velocidade absoluta e pela viscosidade (ou fricção) do meio sobre ou através do qual ele está se movendo. Estas relações podem ser expressas como número de Reynolds (Re). Este número adimensional é a relação entre as forças de inércia e viscosidade, e é dado pela fórmula:

$$Re = \frac{\text{velocidade x dimensão do sistema}}{\text{viscosidade cinemática}} \qquad (2)$$

$$Re = ud / v \qquad (3)$$

A dimensão pode ser considerada como o comprimento de todo o organismo, ou de uma parte constituinte, como um membro. A velocidade é a velocidade máxima alcançada e a viscosidade é aquela do meio. A viscosidade pode ser vista como a 'adesividade' do meio e esta pode ser ignorada quando o número de Reynolds é alto. Isto, entretanto, não é mais verdadeiro quando o número de Reynolds é baixo. Para tais animais, as forças de viscosidade serão importantes e podem dominar as suas vidas. A variedade de números de Reynolds para invertebrados alcança várias ordens de magnitude. Para um grande inseto voador, como uma libélula se movendo no ar a uma velocidade de 2-7 ms^{-1}, o número de Reynolds é > 10^4 e pode alcançar 30.000; por outro lado, o número de Reynolds da larva de um invertebrado nadando na água do mar por locomoção ciliar a velocidades de até 1 mm s^{-1} é cerca de 0,3.

A partir de observações no movimento de uma grande variedade de organismos, foi demonstrado que o número de Reynolds aumenta de acordo com a seguinte equação:

$$Re = \text{aproximadamente } 1{,}4 \times 10^6 \text{ X } d^{1,86} \qquad (4)$$

onde d é a dimensão linear do objeto. Note que o número de Reynolds aumenta numa relação de potência da dimensão linear, de maneira que animais grandes possuem números de Reynolds muito maiores.

Em ambientes aquáticos, os números de Reynolds são muito menores para as mesmas velocidades relativas, por causa da maior viscosidade (veja a equação 2, acima). Isto significa que animais maiores estão mais propensos a serem influenciados pelas forças de viscosidade em ambientes aquáticos e, assim, tendem a explorar o movimento passivo e a deriva. Se estes animais não possuírem flutuabilidade neutra, haverá uma tendência a afundar devida às forças gravitacionais. Esta poderá ser diminuída aumentando o atrito, o que pode ser alcançado de diversas maneiras.

As estruturas para reduzir a tendência a afundar podem ser cerdas ou filamentos. Exemplos disso incluem as cerdas alongadas de algumas larvas de poliquetas, espinhos esculpidos na carapaça de larvas de crustáceos e nas conchas larvais de alguns moluscos e fibras do bisso secretadas por algumas larvas de bivalves (Fig. 10.2).

Muitos organismos pequenos de ambientes aquáticos capturam partículas de alimento, ou se locomovem através da água, utilizando apêndices portadores de séries de cerdas. A maneira pela qual estes apêndices portadores de cerdas agem depende do número de Reynolds associado ao seu movimento. Eles podem atuar efetivamente como remos (ou seja, quando as séries de espinhos não são vazadas) ou como peneiras, quando a água pode passar por entre os espinhos de uma série. Em organismos aquáticos, tais ramos setosos operam principalmente em números de Reynolds menores do que 1, num espectro de valores da ordem de 10^{-5} a 1. Foi observado que o copépode Centropages typicus, por exemplo, opera as cerdas de seus maxilípedes num número de Reynolds de 0,1. Quando o número de Reynolds é muito baixo, as forças de viscosidade predominam. Uma característica deste tipo de movimento é a de grandes mudanças em velocidade. Imagine-se nadando num melado! Se você vir um crustáceo planctônico nadando, verá que ele apresenta este tipo de movimento aos solavancos.

Os organismos planctônicos aéreos são sempre muito pequenos e foi sugerido que, mesmo no meio aéreo muito menos viscoso, eles seriam tão pequenos que o seu número de Reynolds seria muito baixo. Atualmente, isto parece improvável e os tisanópteros, que apresentam asas setosas aos invés de membranosas, são, como os outros insetos, voadores (veja a Fig. 10.28 abaixo). A asa opera a tais números de Reynolds que a asa plumosa age como um aerofólio formando redemoinhos e o vôo pode ser analisado da mesma maneira que nos demais insetos (veja a Seção 10.6.2).

O movimento passivo é possível para invertebrados maiores, desde que uma flutuabilidade neutra seja alcançada. A densidade de um organismo pode ser reduzida das seguintes maneiras:

1 5Reduzindo a concentração de elementos pesados nos tecidos corporais. Isto pode ser feito tornando o corpo muito diluído, como em Cnidaria, principalmente nas medusas, que são isosmóticas com a água do mar e possuem flutuabilidade neutra. Os Mollusca tipicamente apresentam uma concha calcária, mas algumas formas são nadadoras pelágicas. Esses animais muitas vezes possuem conchas cujos componentes calcários são substituídos por proteínas tanificadas, mais caras metabolicamente. De maneira semelhante, alguns organismos pelágicos também reduzem as concentrações de íons mais densos, como sulfato e magnésio. As lulas apresentam uma alta concentração do íon amônio. Todas estas adaptações acarretam um custo metabólico que deve ser considerado como parte do custo do movimento.

2 5Aumentando a concentração de óleos e gorduras armazenados; estes produtos armazenados apresentam uma gravidade específica de cerca de 0,9. Consequentemente, a maioria dos organismos planctônicos possui uma alta concentração de óleos e gorduras.

3 5Desenvolvendo câmaras de flutuação preenchidas com gases. Estas são características dos sifonóforos (veja as páginas 58-60) e moluscos cefalópodes pelágicos, como o Nautilus.

10.2 A geração de forças por células animais

A locomoção de todos os animais é devida a mudanças no formato das células, resultantes de movimentos dos elementos do citoesqueleto e requerendo energia metabólica. Estes movimentos permitem que a célula realize trabalho (veja o Quadro 10.1). Os movimentos dos protistas incluem movimentos associados ao deslocamento amebóide, ao uso de flagelos e mecanismos ciliares (veja o Capítulo 3). Animais multicelulares podem também se utilizar de flagelos ou de mecanismos ciliares para realizar trabalho no ambiente, mas os animais maiores usam a contração de células musculares especializadas, conforme mostrado na Figura 10.3. Os mecanismos celulares destes diferentes tipos de movimento baseiam-se em mecanismos similares, através dos quais as células podem mudar de formato. As células eucariontes são capazes de mudar de forma devido aos filamentos protéicos que

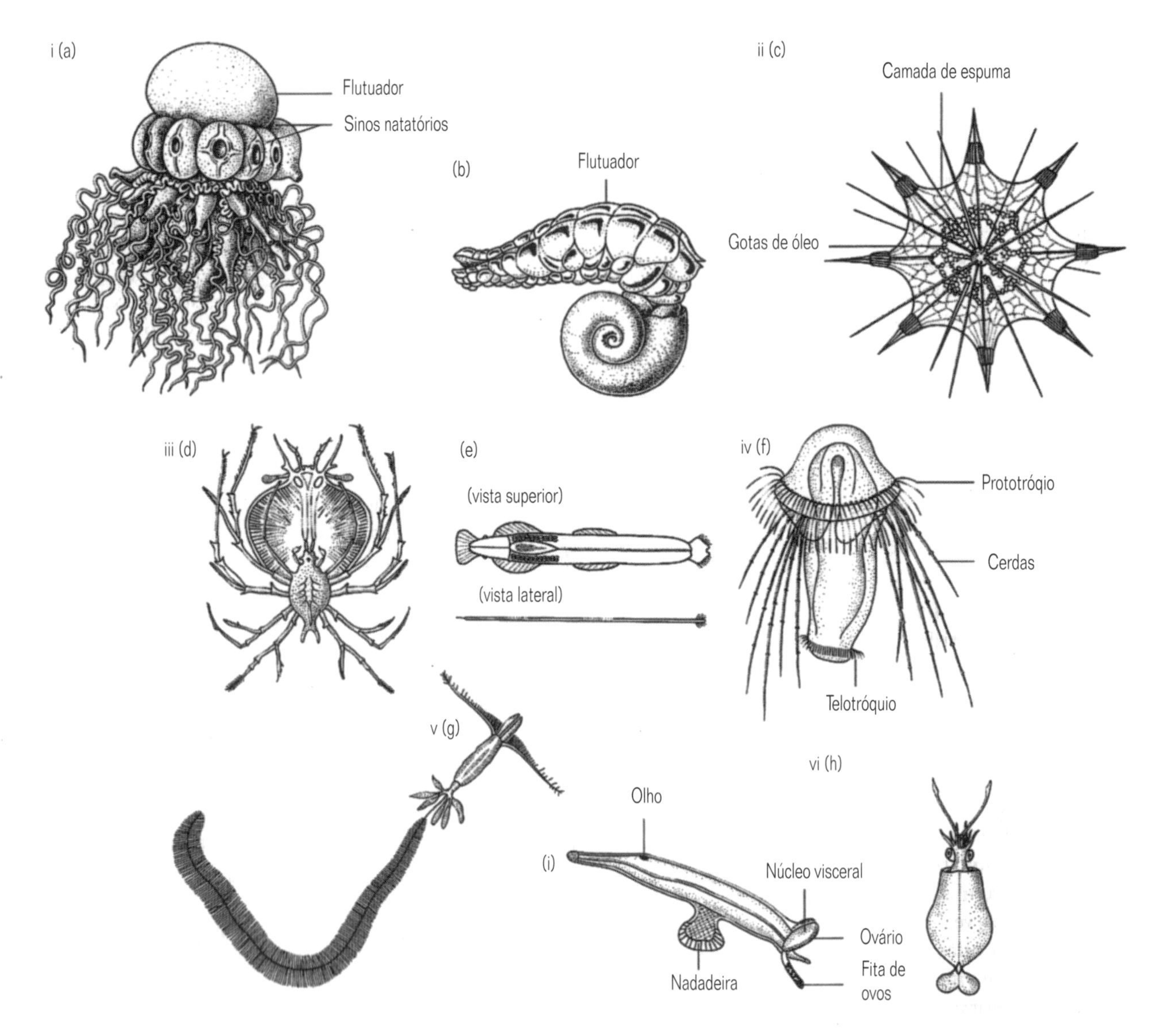

Fig. 10.2 Exemplos dos métodos para aumentar a flutuabilidade ou reduzir a tendência a afundar em invertebrados. (i) Desenvolvimento de flutuadores preenchidos por gás: (a) Uma colônia de sifonóforo (veja também a Fig. 3.20a), (b) Janthina, um molusco gastrópode pelágico. (ii) Secreção de bolhas de gás e gotículas de óleo no citoplasma: (c) Um radiolário (Protista) com gotículas de óleo na camada interna do citoplasma e CO_2 na camada externa. (iii) Forma corporal achatada: (d) A larva filossoma achatada de uma lagosta (Crustacea: Decapoda), (e) Sagitta elegans: um quetognato (veja também a Fig. 7.5). (iv) Espinhos e cerdas alongadas (f) Larva trocófora de Sabellaria, um verme poliqueta. As longas cerdas eréteis também podem reduzir a predação, por aumentarem o tamanho efetivo. (v) Filamentos de rastro (g) Calocalanus plumosus (Crustacea: Copepoda). Os filamentos de rastro também são secretados por algumas larvas de moluscos (bivalves). (vi) Redução de massa por eliminação de íons pesados. Lulas (h) e moluscos heterópodes estão entre os organismos que aumentam a sua flutuabilidade desta maneira [De várias fontes e segundo Nybakken, 1988. (f) segundo Anderson, 1973].

formam o citoesqueleto. Os movimentos das micro-organelas intracelulares também são controlados pelo citoesqueleto. Os microtúbulos são cilindros ocos e rígidos da proteína tubulina. O movimento de moléculas 'carregadoras' específicas através de uma célula é realizado pelo movimento das proteínas cinesina e dineína ao longo dos microtúbulos. Este movimento migratório requer a quebra das ligações entre as proteínas e o microtúbulo e é dependente da hidrólise de ATE Microtúbulos e tubulina também estão envolvidos no funcionamento de cílios e flagelos.

Cílios e flagelos são projeções tubulares da superfície celular envolvidas por uma membrana celular contínua com a da célula. A estrutura central de cílios e flagelos é notavelmente semelhante ao longo de todo o reino animal e é chamada axonema. O axonema é formado por um conjunto longitudinal de microtúbulos dispostos num padrão bastante característico. Há um par interno de microtúbulos e um anel externo de nove pares incompletos de microtúbulos, as duplas externas. Cada dupla é formada por um túbulo completo e outro incompleto. Este típico arranjo '9 + 2' é ilustrado na Figura 10.4 e ocorre nos cílios e flagelos de todos os organismos eucariontes. O arranjo de túbulos é mantido em posição por proteínas a intervalos regulares e também há proteínas dineínas que estão envolvidas no processo de curvatura, que permite ao cílio e ao flagelo atuarem num sistema locomotor ou de movimento de fluidos.

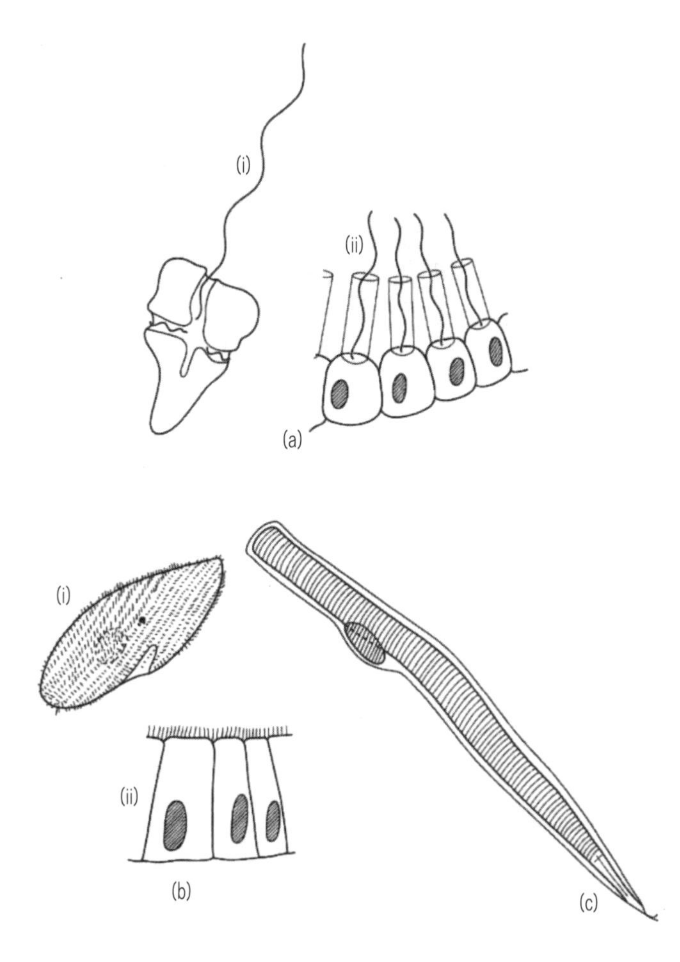

Fig. 10.3 Diferentes tipos de células locomotoras. (a) Células flageladas: (i) flagelado de vida-livre; (ii) coanócitos de Porifera.
(b) Células ciliadas: (i) ciliado de vida-livre; (ii) células ciliadas de um animal.
(c) Células musculares.

A proteína ciliar dineína é um complexo de diversos polipeptídeos. Um pólo em forma de pé desta proteína liga-se permanentemente ao microtúbulo A e o outro pólo da proteína, maior e em forma de cabeça, liga-se ao microtúbulo B, mas esta ligação depende da hidrólise de ATP e é, portanto, dependente de energia. Quando o ATP é hidrolisado, a cabeça protéica da dineína move-se ao longo do microtúbulo B e, como os microtúbulos são presos uns aos outros por proteínas cruzadas, o túbulo se curva. Desta forma, energia química é usada para gerar um movimento de curvatura no axonema e isto pode ser convertido em trabalho útil pelo movimento progressivo do cílio ou flagelo.

As maiores diferenças entre estas estruturas referem-se a seu comprimento absoluto e à relação entre o comprimento e o comprimento de onda do ciclo de seus movimentos de curvatura (Fig. 10.5). O comprimento da onda locomotora de um flagelo é menor do que o comprimento absoluto do flagelo (Fig. 10.5a). Consequentemente, um flagelo gera uma força paralela ao seu eixo longitudinal. Um cílio, por outro lado, é relativamente curto e o comprimento de onde é maior do que o seu comprimento. Assim, ele parece fazer um ciclo de movimentos que envolvem tipicamente um golpe de força muito rígido (Fig. 10.5b) e um golpe de recuperação mais flexível. O seu efeito é gerar uma força perpendicular ao seu comprimento. As forças de propulsão são geradas pelo movimento de grande número de cílios numa superfície, batendo de maneira coordenada. Estes cílios encontram-se frequentemente dispostos em bandas ou cinturas. O poder total está relacionado ao número de cílios batendo numa mesma direção e depende do comprimento da banda ou da área da superfície ciliada.

As células musculares utilizam-se de uma segunda classe de fibras citoesqueléticas, os filamentos de actina. Estes são compostos por duas fitas em arranjo helicoidal, compostas por muitas unidades da proteína actina. Os filamentos de actina estão envolvidos no controle da forma e polaridade das células e estes filamentos protéicos também permitem mudanças no formato celular, que podem ser utilizadas para gerar forças locomotoras. Nas células musculares, os filamentos de actina encontram-se associados a filamentos de uma outra proteína, a miosina. Estas duas proteínas formam as fibras musculares, ou miofibrilas, que tipicamente contêm dois tipos de fibras: finas e grossas. Os filamentos de actina formam as fibras finas e os de miosina, as grossas. Uma célula muscular é formada por massas de miofibrilas que, juntas, respondem por mais de 65% da massa celular total. Em muitas células musculares, uma unidade funcional pode ser reconhecida, o sarcômero, constituída por bandas de filamentos grossos (miosina) e finos (actina). A estrutura de uma célula muscular é ilustrada na Figura 10.6, em vários níveis de aumento.

O músculo é capaz de realizar trabalho devido aos movimentos de deslizamento entre os filamentos de actina e miosina, que requerem energia na forma de ATP. Os grossos filamentos de miosina podem ser vistos em imagens obtidas nos maiores aumentos de microscopia eletrônica como tendo um grande número de projeções laterais, as cabeças de miosina, que se podem ligar à actina nas fibrilas actínicas. Durante a contração muscular, a fibrila de miosina efetivamente 'caminha sobre as fibrilas de actina', de maneira que a miofibrila se encolhe.

Na ausência de ATP, as cabeças de miosina ficam presas aos filamentos actínicos e o músculo fica rígido (rigor mortis). Em animais vivos, este estado preso é de curta duração. Na presença de ATP, que se combina às cabeças de miosina, os dois filamentos estão livres e a cabeça de miosina é solta do filamento actínico. A hidrólise do ATP libera um íon fosfato e ADP, que ainda permanece ligado à miosina. Neste estado, a forma da cabeça de miosina é alterada e ela se aproxima de outro sítio de união à actina. A forte adesão da cabeça de miosina a este novo sítio gera uma força que move e prende a cabeça de miosina a este novo sítio actínico e libera o ADP e o fosfato inorgânico. Os filamentos musculares encontram-se novamente presos, mas numa nova posição. Energia foi consumida neste processo e ATP, reduzido a ADP. Movimentos adicionais requerem mais energia, novamente na forma de uma molécula de ATP. Uma representação diagramática deste ciclo é ilustrada na Figura 10.7.

As propriedades de um sistema muscular são determinadas pela velocidade com a qual os sarcômeros encolhem e pelo número de sarcômeros em série e em paralelo. O número de

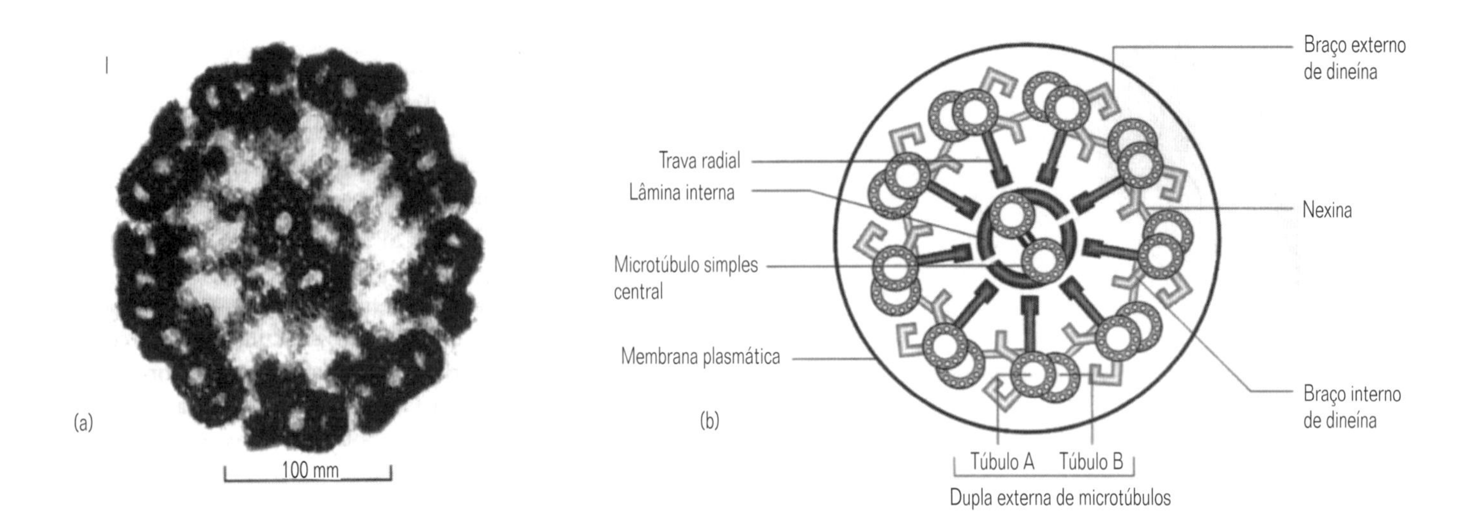

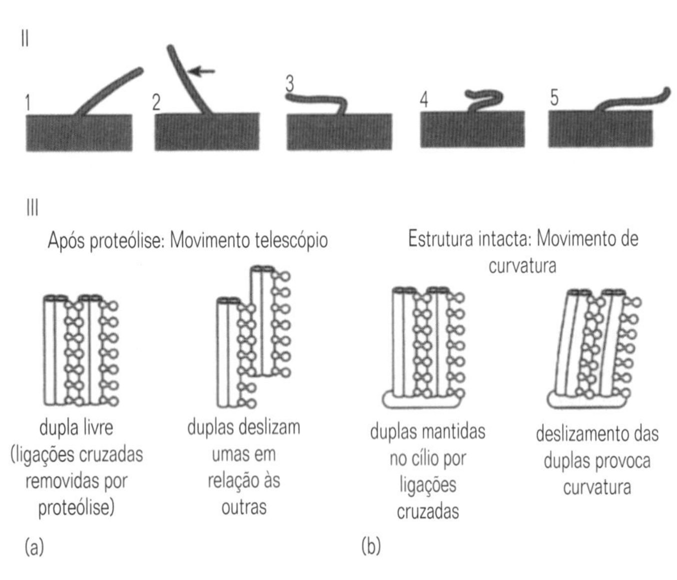

Fig. 10.4 Arranjo dos microtúbulos e mecanismo de curvatura do axonema de um flagelo e de um cílio. (I) Uma representação diagramática das partes constituintes do axonema, conforme mostrado por microscopia eletrônica, em secção transversal: (a) imágem de um axonema ao microscópio eletrônico; (b) diagrama das partes constituintes do axonema. (II) Sequência dos movimentos de curvatura de um cílio: o rígido 'golpe de força' (1,2) e o flexionado 'golpe de recuperação' (3,4,5). (III) Mecanismo molecular da curvatura do axonema. (a) Proteínas de ligação cruzada removidas por proteólise. As duplas de microtúbulos externas podem deslizar com relação umas às outras e isto causa o alongamento do axonema. (b) No cílio intacto, as duplas são presas umas às outras por ligações protéicas cruzadas e o deslizamento das duplas entre si força o axonema a se curvar (Segundo Alberts, B., Bray, D., Lewis, J., Raff, M., Roberts, K. & Watson, J.D. 1994. Molecular Biology of the Cell. Garland Publishing, New York).

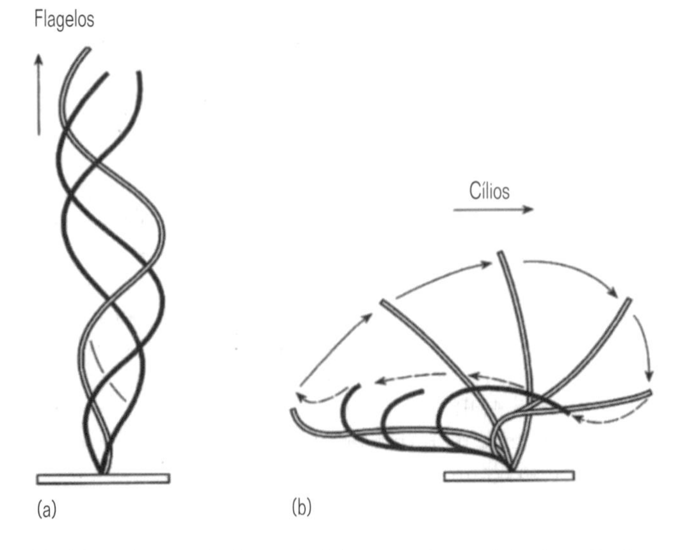

Fig. 10.5 Comparação da direção da força gerada por (a) flagelos e (b) cílios.

sarcômeros em série determina a taxa intrínseca de encurtamento. O poder do músculo depende do número de filamentos em paralelo. A força gerada por unidade de área em secção transversal é notavelmente constante em todo o reino animal. Uma característica de uma célula muscular é que ela só pode gerar força durante o encurtamento e deve haver alguma força oposta para distender um músculo contraído. Uma vez que todos os sarcômeros tenham alcançado o seu grau máximo de contração e o grau de sobreposição entre os finos filamentos de actina e os grossos filamentos de miosina não possa ser aumentado, o poder potencial do músculo é igual a zero.

10.3 Locomoção ciliar

Os invertebrados (exceto pelos muito simples placozoários; Seção 3.3) não se utilizam de flagelos para as suas atividades locomotoras, embora este método de locomoção tenha sido retido como o modo quase universal de locomoção de seus espermatozóides. Coanócitos flagelados são, entretanto, utilizados pelos Porifera para conduzir água através das suas câmaras e canais (veja o Capítulo 3).

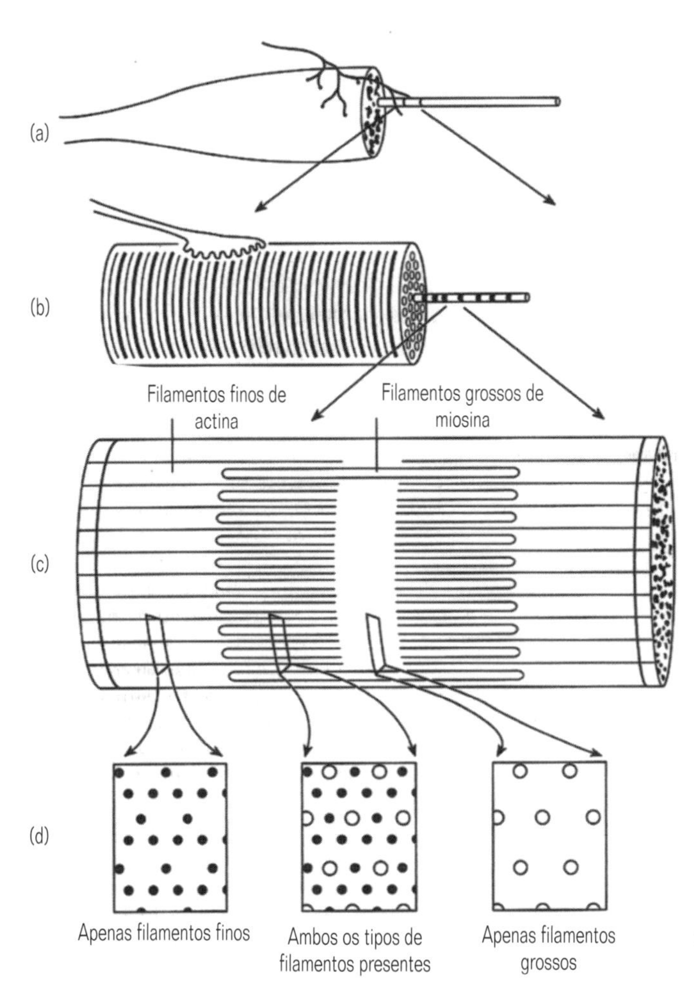

Fig. 10.6 Estrutura de um músculo em diferentes níveis de aumento. (a) O músculo inteiro, com a inervação; (b) uma única fibrila muscular, com a terminação nervosa (sinapse); (c) a unidade funcional, o sarcômero; (d) representação diagramática de uma imagem ao microscópio eletrônico de uma fibrila em secção transversal, numa região apenas com filamentos finos, com ambos os tipos de filamentos e apenas com filamentos grossos.

A distribuição de grandes números de cílios sobre toda a superfície do corpo, ou em bandas ou cinturas ciliares diferenciadas, entretanto, é um dispositivo locomotor comum, mas está geralmente restrita a animais com menos de 10^3 µm em comprimento. Isto ocorre porque um cílio tem um modo de bater fixo e a única maneira de aumentar a soma das forças locomotoras é aumentando o número de cílios. Isto é limitado, entretanto, pela área de superfície do organismo, enquanto a sua massa aumenta com o volume. Além disso, a eficiência hidrodinâmica dos organismos ciliados diminui com o aumento do tamanho; consequentemente, animais grandes que se utilizam deste meio de locomoção devem gastar muito mais energia para manter as mesmas velocidades relativas.

As larvas de muitos invertebrados, como os poliquetas, moluscos e equinodermos, possuem os seus cílios dispostos em bandas ou cinturas. À medida que estas larvas crescem, elas necessitam de mais força para se alimentar e locomover, o que requer um aumento ou no número de bandas, ou no comprimento relativo das mesmas. A menos que a larva apresente flutuabilidade neutra, a sua massa aumentará ao cubo das dimensões lineares. Como a área superficial aumentará apenas pelo quadrado da dimensão linear, a força por unidade de massa diminuirá, a menos que haja uma mudança na forma. Por causa disto, há um aumento desproporcional no comprimento das bandas ciliadas de larvas de invertebrados à medida que elas crescem e as bandas locomotoras se transformam em grandes dobras e projeções, conforme mostrado na Figura 10.8.

A maioria dos organismos que usa cílios como único meio de locomoção é relativamente pequena. Os ctenóforos, entretanto, são relativamente grandes. Eles possuem flutuabilidade praticamente neutra e cílios fundidos em estruturas compostas nas fileiras de pentes ciliados. Estes animais podem alcançar velocidades de até 15 mm s^{-1} e devem estar perto do limite do potencial locomotor dos sistemas baseados em cílios.

A atividade dos cílios é coordenada de tal maneira que cada cílio apresenta o mesmo padrão de frequência e batimento, mas os cílios em fileiras adjacentes encontram-se em diferentes fases deste ciclo (Fig. 10.9a). A coordenação é devida ao acoplamento viscoso do sistema hidrodinâmico. O movimento de cada cílio envolve um golpe de força e um golpe de recuperação mais flexionado, resultando num fluxo de água na camada externa (Fig. 10.9b). Para um organismo livre-natante, a reação à força que gera este fluxo de água o moverá na direção oposta.

A onda de atividade pode passar na mesma direção do golpe de força ou na direção oposta, de maneira que cada cílio realiza o seu golpe de força ligeiramente depois daquele imediatamente à sua frente. Assim, não haverá interferência entre os cílios durante a execução dos golpes de força. Cílios coordenados desta maneira são ditos exibir ritmicidade metacrônica. As larvas ciliadas de invertebrados marinhos, na maioria das vezes, desempenham as funções de dispersão e alimentação. As bandas ciliadas provêm a força para ambas. Os movimentos dos cílios geram um fluxo maciço de água (em relação à superfície do animal), resultando em locomoção ou prevenção da tendência a afundar, devida a forças gravitacionais. A massa de água em movimento contém pequenas partículas que representam uma fonte alimentar, entretanto, para que possa ocorrer a alimentação, estas partículas precisam ser aprisionadas e para isto é necessário que o fluxo da água seja localmente zerado. Há dois tipos funcionalmente diferentes de larvas, que aprisionam as partículas de maneiras distintas. As larvas trocóforas de poliquetas e moluscos possuem uma complexa cintura ciliada, o prototróquio, que é composto por uma fileira anterior de cílios mais longos e outra posterior, com cílios mais curtos, separadas por uma goteira alimentar com cílios muito curtos, levando à boca (Fig. 10.10). As duas fileiras de cílios batem em direções opostas. Sendo a fileira anterior a mais forte, há uma força resultante na camada-limite. O batimento dos cílios internos em direção oposta gera redemoinhos localizados, onde o movimento da água é zero. Isto faz com que as partículas alimentares pequenas, passando na parte interna da camada circundante em movimento, sejam direcionadas para a goteira alimentar com velocidade zero, de maneira que elas possam ser dirigidas para a boca.

Os equinodermos aprisionam as partículas de uma maneira diferente. Há apenas uma banda simples de cílios e todos eles batem na mesma direção. As partículas alimentares são aprisionadas por reversões localizadas do golpe de força, induzidas em grupos de cílios quando partículas em movimento na camada-

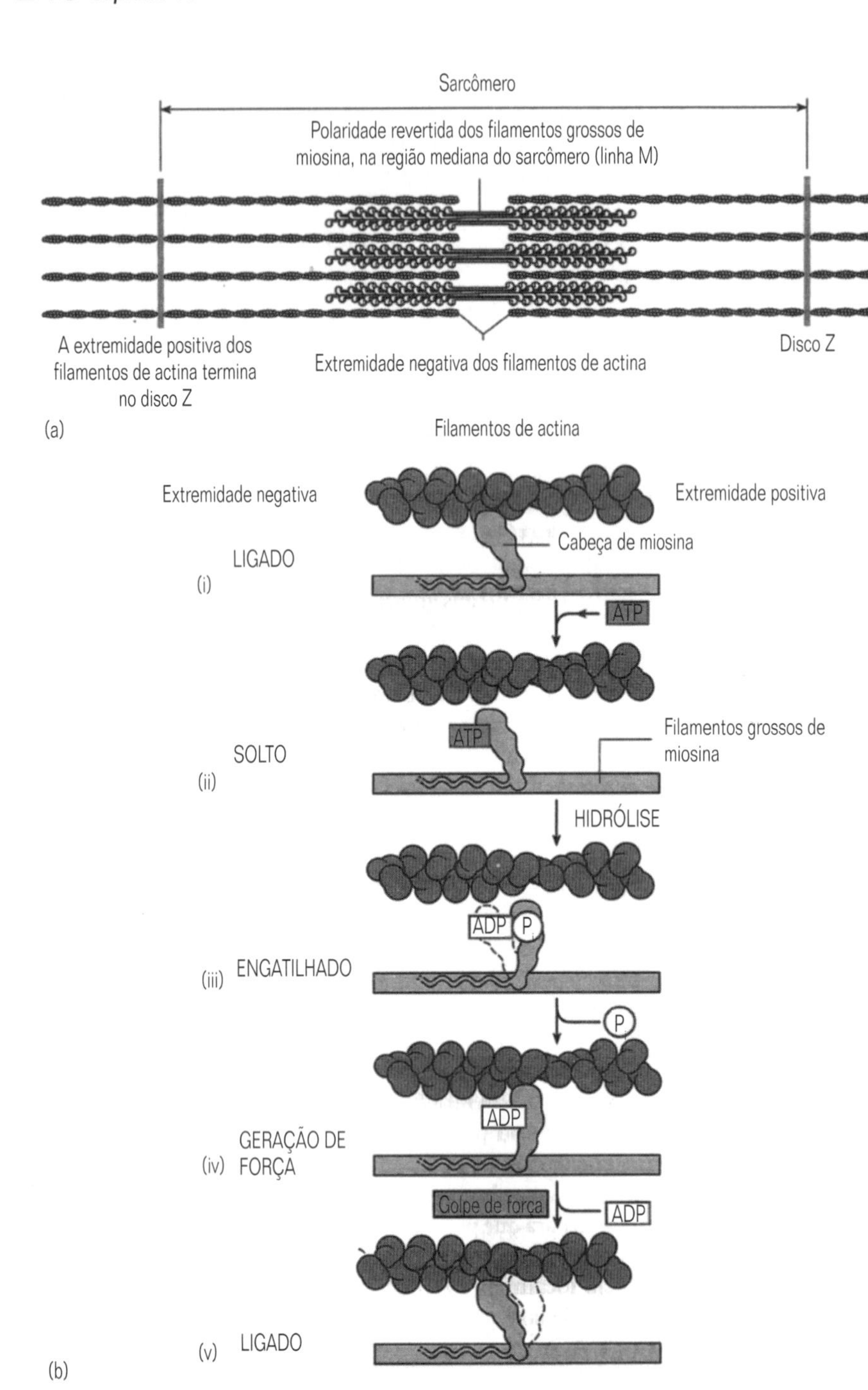

Fig. 10.7 (a) Representação da estrutura longitudinal dos filamentos protéicos num músculo estriado. Os finos filamentos de actina possuem uma polaridade (+) e (-), com as extremidades positivas orientadas e ancoradas às proteínas dos discos Z. Os filamentos grossos de miosina, que possuem polaridade revertida na metade de sua extensão, encontram-se inseridos entre os filamentos finos e, quando há energia disponível, 'caminham' para dentro entre os filamentos finos, em direção às suas extremidades positivas. (b) (i-v) Representação diagramática dos mecanismos moleculares envolvidos no processo de migração dos filamentos de miosina ao longo dos filamentos de actina, com consumo de energia. Em (i), a mio sina está 'presa' ao filamento de actina. Em células vivas, este é um estado transitório, já que uma molécula livre de ATP se ligará à cabeça do filamento de miosina (ii), fazendo com que ela se solte da actina. A hidrólise do ATP a ADP mais um íon fosfato inorgânico causa uma grande mudança, a chamada posição 'engatilhada' (iii). Uma força é gerada quando a cabeça de miosina engatilhada se combina fortemente a uma nova posição (iv), liberando o ADP. Os dois filamentos estão novamente fortemente unidos (v) e um novo ciclo requer o fornecimento de uma molécula de ATP, rica em energia (Baseado numa figura em Rayment et al. 1993. Science 261: 5058, segundo Alberts et al. 1994 – citada a Fig. 10.4).

-limite se aproximam desses cílios. A reversão do golpe de força forma redemoinhos localizados, levando a uma velocidade zero e, mais uma vez, à captura das partículas de alimento.

A relação entre as dimensões lineares, área superficial e volume nos animais significa que apenas os animais relativamente pequenos são capazes de se mover exclusivamente por cílios simples. Para qualquer organismo com forma corporal constante, a área superficial aumenta na proporção do quadrado das dimensões lineares, enquanto o volume (portanto, massa) em proporção cúbica. Estas relações geométricas têm profundas implicações funcionais, afetando o design funcional dos sistemas respiratório e excretor (veja também os Capítulos 11 e 12), bem como os mecanismos de locomoção e suporte.

A transição da locomoção ciliar para a muscular parece ter ocorrido nos ancestrais semelhantes a platelmintos dos Bilateria e ambos os modos de locomoção coexistem em alguns platelmintos e nemertinos.

A epiderme dos platelmintos de vida-livre (turbelários) e nemertinos é abundantemente ciliada e os menores espécimes, que medem cerca de 1 mm de comprimento, se situam na extremidade superior do limite de tamanho para a utilização eficiente de mecanismos ciliares de locomoção. Platelmintos maiores (tricladidos e policladidos), que retêm o deslizamento ciliar como principal meio locomotor, o fazem tornando-se achatados; consequentemente, a sua área de superfície aumenta mais do que o quadrado das dimensões lineares.

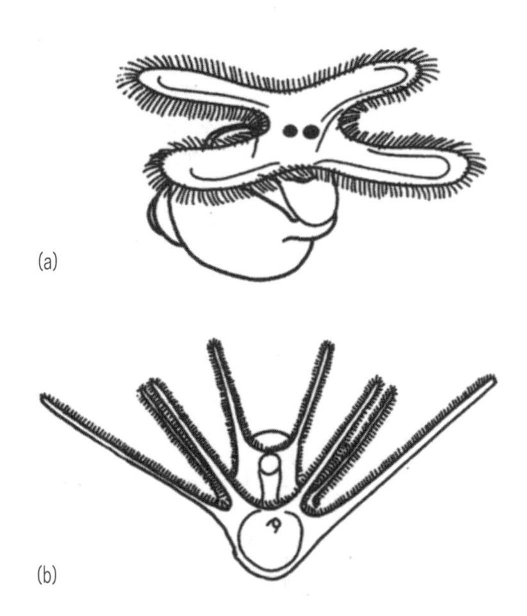

Fig. 10.8 Larvas com bandas ciliares alongadas: (a) larva véliger de gastrópodes; (b) larva plúteo de equinodermos.

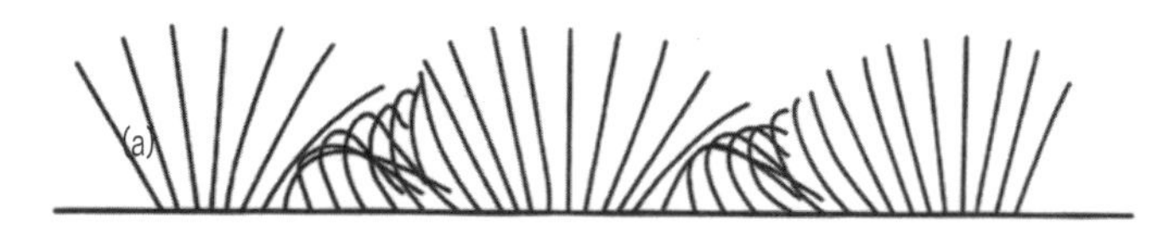

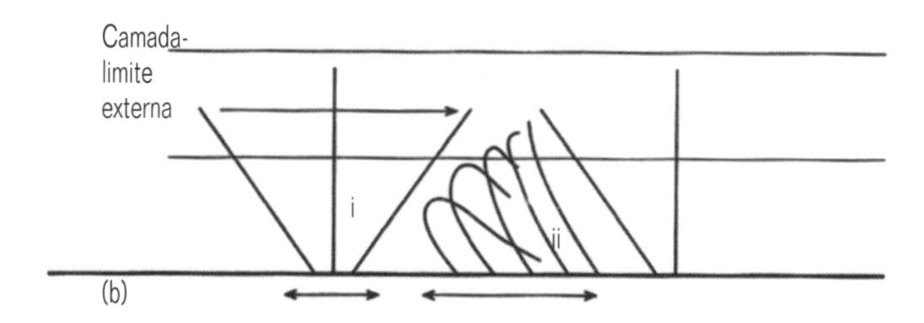

Fig. 10.9 Atividade ciliar metacrônica. (a) Cada cílio numa fase diferente do ciclo de atividade; (b) os golpes de força (i) e de recuperação (ii) produzem uma força resultante na camada-limite externa.

Presume-se que os maiores animais a se moverem por deslizamento ciliar sejam os nemertinos, como Lineus longissimus, que pode alcançar muitos metros de comprimento e ainda assim possui uma espessura máxima de cerca de 1-2 mm. Isto lhe fornece a grande área de superfície necessária, mas esta solução só é possível para espécies aquáticas. Em ambientes terrestres, não seriam aceitáveis as altas taxas de perda de água que estariam associadas a tão grande área superficial. As atividades musculares de platelmintos e nemertinos são diversificadas e envolvem ondas locomotoras pedais, peristalse e movimentos em alça, com adesão anterior e posterior. Estes métodos foram frequentemente desenvolvidos em grau muito maior em outros filos e os princípios serão descritos nas seções seguintes.

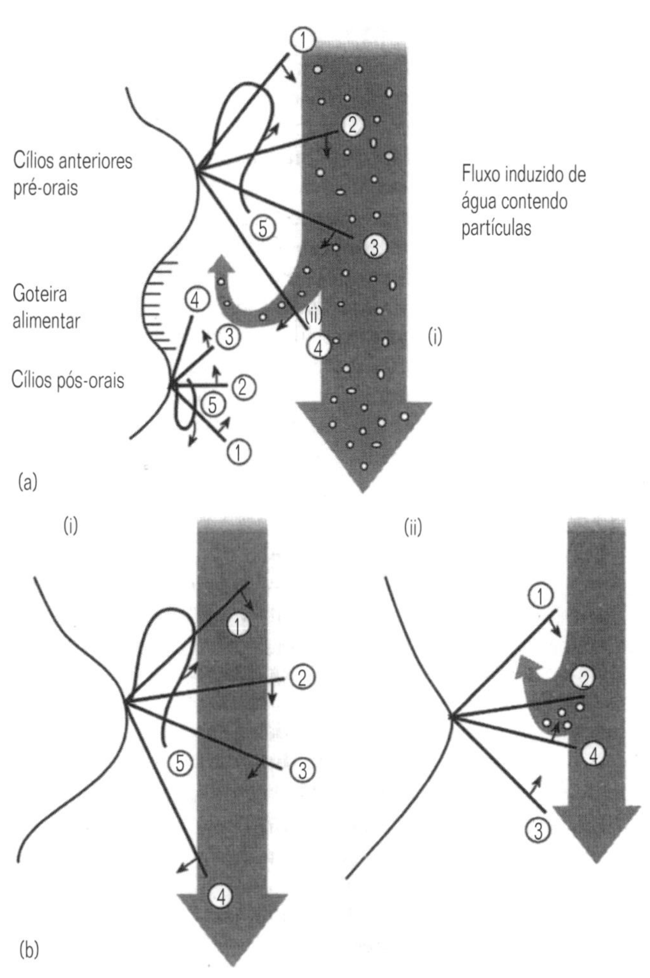

Fig. 10.10 Dois modos de utilização das bandas ciliares para locomoção e captura de alimento. (a) Bandas ciliares opostas da larva trocófora e formas semelhantes de larvas de anelídeos e moluscos. O prototróquio consiste de duas bandas de cílios. Uma banda pré-oral com cílios maiores e mais fortes (i) e outra pós-oral com cílios mais fracos (ii) batendo em direção contrária. Os cílios fortes geram uma corrente de água contendo partículas, conforme mostrado. O batimento ciliar contra-corrente forma redemoinhos locais, que reduzem localmente a velocidade, fazendo com que as partículas sejam aprisionadas e transferidas para a boca, através da goteira alimentar ciliada. (b) Larvas de equinodermos e outros animais possuem uma única banda ciliar, que bate produzindo uma corrente de água e as partículas pequenas são aprisionadas pela resposta dos cílios à sua presença, revertendo o seu batimento com um forte golpe de recuperação. Esta reação localizada também retira partículas alimentares da massa de água em movimento.

10.4 Atividade muscular e sistemas esqueléticos

Conforme explicado acima, energia química pode ser utilizada pelas células musculares, para provocar o encurtamento das fibras musculares. Isto permite que a força de um organismo esteja relacionada à sua massa de células musculares, ao invés da área superficial. Consequentemente, a maioria dos invertebrados maiores se utiliza de sistemas locomotores musculares, ao invés de ciliares. Os músculos só podem ser parte do sistema locomotor se houver um sistema esquelético para transmitir as forças geradas.

Os esqueletos de animais são de dois tipos fundamentalmente diferentes. Esqueletos hidrostáticos ou fluidos são utilizados por animais de corpo mole. Eles funcionam graças à não compressibilidade e volume constante de um líquido, que pode, assim, ser utilizado para transmitir pressão. Sistemas locomotores utilizando esqueletos hidrostáticos são especialmente característicos de animais vermiformes (veja o Capítulo 4). Animais com tecidos enrijecidos podem também usar esqueletos rígidos. Tais esqueletos são utilizados por uma variedade de grupos de invertebrados, incluindo alguns equinodermos, larvas de cordados, mas principalmente pelos vários filos de artrópodes, os invertebrados com pernas articuladas (veja o Capítulo 8). A distinção entre animais com esqueletos rígidos e fluidos está longe de ser bem definida. Muitos dos filos não-artrópodes possuem algumas partes esqueléticas rígidas; os espinhos de equinodermos equinóides, as 'vértebras' dos braços de ofiuróides e as acículas nos parapódios de vermes poliquetas são exemplos disso.

Da mesma maneira, em artrópodes um esqueleto hidrostático é muitas vezes utilizado para a transmissão de forças, como nos movimentos do tubo digestivo e para a extensão dos membros articulados de aracnídeos. Os esqueletos rígidos de artrópodes são exoesqueletos, nos quais elementos esqueléticos enrijecidos encerram os tecidos moles. Nos cordados, um bastão esquelético elástico, a notocorda, foi desenvolvido como um esqueleto interno simples. Os vertebrados evoluíram a partir desta origem, tendo característicos esqueletos cartilaginosos ou ósseos.

Em todos os sistemas locomotores envolvendo atividade muscular, os músculos só podem gerar força ao se contraírem e uma força deve ser aplicada para que eles retornem ao seu tamanho original. Isto é mais frequentemente conseguido pele antagonismo entre diferentes conjuntos de fibras musculares, mas a força restauradora também pode ser fornecida pela ação de cílios (como em alguns cnidários), ou pela energia armazenada em tecidos elásticos. Os esqueletos fluidos de invertebrados de corpo mole podem ser utilizados de uma grande variedade de maneiras, mas os princípios básicos são sempre os mesmos e estes são explicados no Quadro 10.3.

Muitos animais de corpo mole são capazes de imensas mudanças na forma do corpo. Alguns dos mais deformáveis são os nemertinos, mas há limites físicos a essas deformações, uma vez que os volumes dos tecidos e, geralmente, das cavidades do corpo destes animais são constantes. Nos nemertinos, há fibras inelásticas na parede do corpo, inclinadas em ângulo com o eixo longitudinal do corpo. Se as fibras fossem esticadas até que as mesmas ficassem paralelas ao eixo longitudinal, o volume interno seria zero; da mesma forma, se as fibras formassem um ângulo de 90° em relação ao eixo, o volume seria novamente zero. Entre esses dois extremos impossíveis, há uma posição na qual o volume interno é máximo, o que ocorre quando as fibras formam um ângulo de aproximadamente 55° com o eixo longitudinal. Os nemertinos se ajustam quase perfeitamente aos limites impostos por este sistema. Eles são esféricos em secção transversal quando contraídos e distendidos ao máximo. Entre esses estados, o volume do verme é menor do que aquele que seria delimitado pelo sistema de fibras e ele apresenta uma secção transversal achatada ou elíptica. A Figura 10.11 mostra os limites teórico e observado para o verme nemertino Amphiporus. Este verme se ajusta quase perfeitamente aos limites impostos pelo sistema de fibras, sendo maior quando as fibras estão num ângulo de cerca de 80°. Alguns nemertinos têm forma muito menos variável, por causa da inelasticidade dos tecidos.

Quadro 10.3 O esqueleto hidrostático

1 A contração de músculos circundando uma cavidade preenchida por fluido aumentará a pressão do fluido:

$$\text{Pressão} = \frac{\text{força}}{\text{área}}$$

A unidade no SI para pressão é newtons por metro quadrado Nm^{-2}.
2 A força atuando em qualquer superfície é, portanto, F = pressão x área.
3 A pressão age igualmente em todos os pontos da superfície e em ângulo reto a ela (veja abaixo).

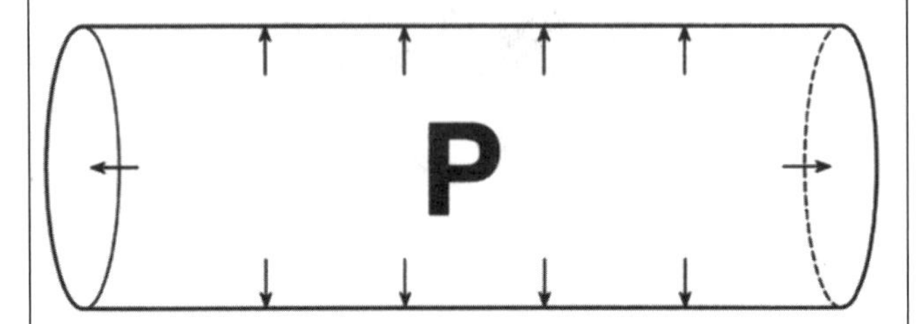

A pressão age em todas as direções num fluido.
4 A pressão interna no sistema hidráulico pode ter resistência da superfície circundante.

Se a resistência da superfície circundante for menor em alguma região do que aquela necessária para conter a pressão, movimentos de fluido causarão uma mudança na forma. Esta é a base da locomoção em todos os animais que se utilizam de um esqueleto fluido.

Como mostrado abaixo, os músculos nas partes esquerda e direita de um cilindro opõem-se uns aos outros.

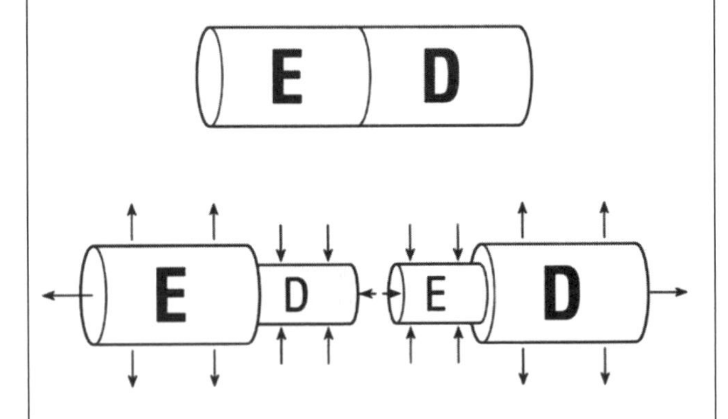

Antagonismo entre compartimentos conectados no sistema, neste caso, esquerdo e direito.
5 Um sistema muito versátil é resultante de músculos dispostos ao redor da parede do corpo, como conjuntos circular e longitudinal.

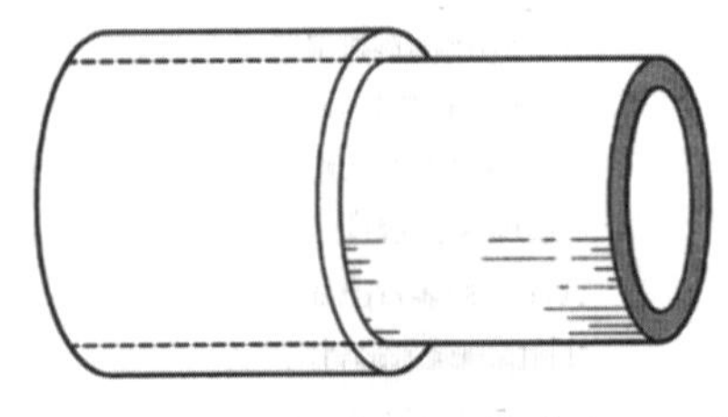

Musculaturas antagônicas circular e longitudinal, musculatura circular no lado externo.

Continua

Quadro 10.3 *(continuação)*

6 Qualquer seção de um cilindro animal não dividido pode, assim, efetuar uma grande variedade de mudanças de forma.

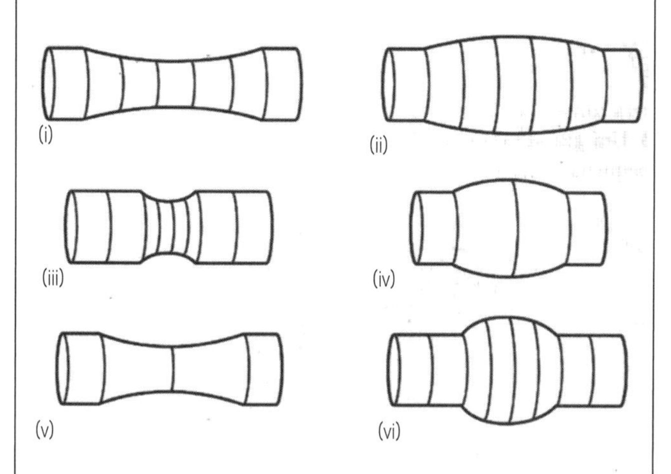

Regiões do corpo de volume variável. (i) Musculatura circular contraída, fluido exportado; (ii) musculatura circular relaxada, fluido importado; (iii) musculaturas longitudinal e circular contraídas, fluido exportado; (iv) musculaturas longitudinal e circular relaxadas, fluido importado; (v) (vi) regiões do corpo de volume constante; (v) musculatura longitudinal relaxada, volume constante; (vi) musculatura circular relaxada, volume constante.

7 Mudanças na forma podem realizar trabalho mecânico. O trabalho realizado será o produto da força aplicada (= pressão x área) pela distância movida.

No exemplo abaixo, uma probóscide é distendida enquanto a maior parte do corpo se contrai

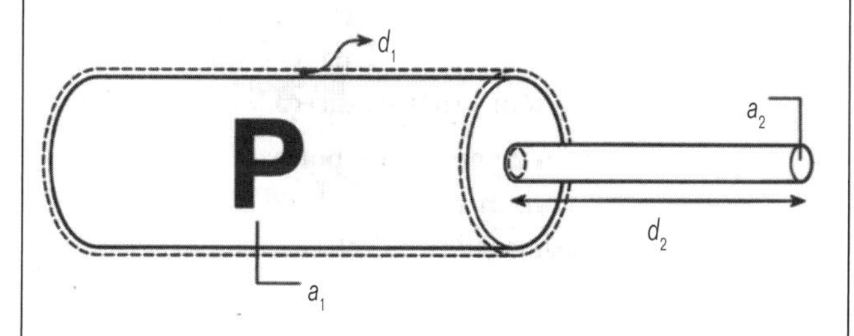

$$\frac{\text{força total da parede do corpo}}{\text{área da região contraída } a_1} = \text{pressão}$$

$$= \frac{\text{força na extremidade da probóscide}}{\text{área da probóscide } a_2}$$

$$\frac{F'}{a_1} = P = \frac{F''}{a_2}$$

Esta é uma alavanca hidrostática, veja também o Quadro 10.4. O trabalho realizado é

$J = P \times a_2 \times d_2$.

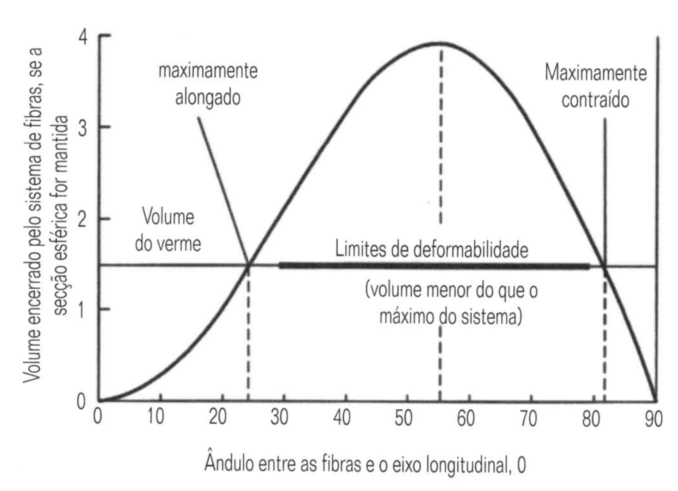

Fig. 10.11 Propriedades físicas de um sistema inelástico de fibras espirais e forma de animais vermiformes. A curva mostra os limites teóricos do volume encerrado por tal sistema de fibras. Vermes nemertinos possuem volumes muito menores do que o máximo e, consequentemente, podem apresentar grandes mudanças de forma. A linha mais forte mostra dados registrados para o nemertino Amphiporus. Um verme cujo volume esteja perto do máximo, como na marca*, não seria capaz de mudar a sua forma sem aumentar a pressão interna (Redesenhado a partir de Clark, 1964).

Os vermes nematódeos possuem alta pressão interna e a secção transversal é sempre circular – efetivamente, eles estão sempre em posição de contração máxima, com um ângulo alto entre o sistema de fibras e o eixo longitudinal. A contração da musculatura longitudinal tenderá a reduzir o volume e, como o fluido não é compressível, tais contrações aumentarão a pressão interna que age contra os músculos. Contrações contralaterais causam uma mudança na forma (flexão sinusoidal) e a pressão interna fará com que o músculo retorne ao seu comprimento original, quando ele se relaxar. Os vermes nematódeos, portanto, não combinam musculaturas circular e longitudinal, como ilustrado para um verme com baixa pressão interna no Quadro 10.3.5, e não há musculatura circular na parede do corpo (veja a Fig. 4.13). O sistema de alta pressão dos nematódeos é outro aspecto do padrão de design de uma parede do corpo com uma cutícula e um complexo de fibras (Fig. 4.15), que permite que seja mantida uma alta pressão interna sem perda de fluido.

Alguns animais de corpo mole com fibras musculares oblíquas, como as sanguessugas, são capazes de manter o conjunto de fibras a 55° e se tornam efetivamente rígidos. Invertebrados que têm esqueletos rígidos são convenientemente agrupados como artrópodes (veja o Capítulo 8 para a discussão sistemática) e estes organismos, indiscutivelmente, incluem os grupos de invertebrados mais bem sucedidos nos ambientes marinho e terrestre.

Dentre as muitas vantagens do design funcional dos artrópodes encontram-se as vantagens mecânicas decorrentes do fato de que músculos agindo sobre esqueletos rígidos ou articulados são também capazes de transferir forças do local onde elas são geradas ao ponto onde elas são aplicadas no ambiente. Um elemento esquelético rígido pode agir como uma alavanca mecânica, cujos princípios são explicados no Quadro 10.4. Note, entretanto, que o exemplo ilustrado no Quadro 10.3.7 também se trata de um sistema de alavanca, que não depende do comprimento relativo, mas da área.

Quadro 10.4 Esqueletos rígidos – o princípio de uma alavanca

1 Uma força F pode ser feita para mover uma carga M, causando rotação ao redor de um ponto de apoio. Se F é a força aplicada e F_R é a força de reação, elas se relacionam através da equação

$$F \times d_1 = F_R \times d_2$$

onde d_1 é a distância movida por F e d_2 é a distância movida por F_R.

Note que o pivô reverte a direção do trabalho realizado.

2 Uma pequena força pode mover uma grande carga, mas a energia

$$\frac{F_R}{F} = \text{vantagem mecânica} = \frac{d_1}{d_2} = \textbf{taxa de velocidade}$$

será conservada da seguinte maneira:

3 Um grande esforço pode também ser feito para mover uma pequena carga por uma distância grande.

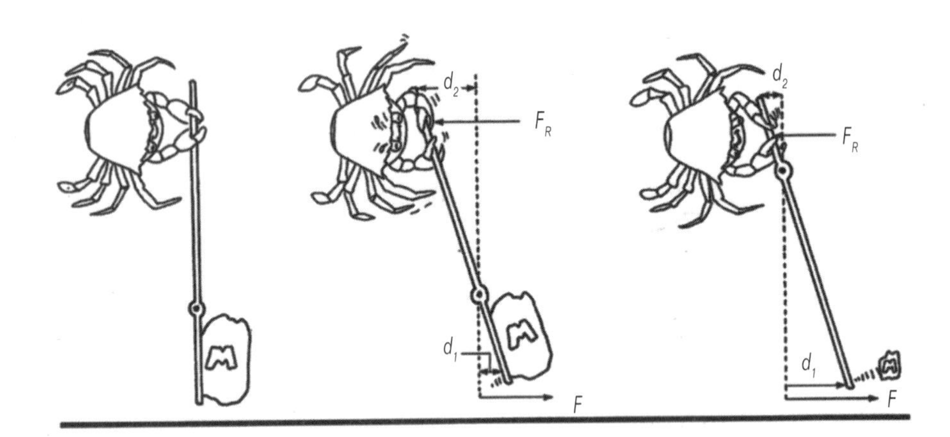

10.5 Cavar, deslizar, rastejar, andar e correr: locomoção sobre e através de um substrato sólido

10.5.1 A locomoção de invertebrados de corpo mole

Muitos invertebrados de corpo mole são capazes de se mover sobre um substrato firme que não seja substancialmente deformado por eles. Para se mover, o animal precisa transmitir uma força para o substrato através de um ponto fixo, frequentemente chamado na literatura pelo termo francês 'point d'appui'.

Em animais de corpo mole, o sistema locomotor muitas vezes inclui a propagação de ondas de contração e relaxamento em músculos cujos eixos longitudinais (orientação das fibras) são paralelos à direção da locomoção. Platelmintos, alguns cnidários e, sobretudo, os moluscos gastrópodes se movem através de ondas de atividade em superfícies musculares aplicadas contra o substrato. Tais ondas de contração são chamadas ondas locomotoras pedais. As ondas locomotoras pedais podem ser facilmente vistas examinando a superfície inferior de uma planária ou de um caracol enquanto ele caminha sobre uma placa de vidro. Em espécies do caracol terrestre Helix, várias ondas atravessando toda a superfície do pé são vistas simultaneamente. As ondas são vistas através do vidro como bandas escuras e claras passando sobre a superfície do pé, movendo-se na mesma direção do caracol, mas a maior velocidade. Uma onda deste tipo, que se move na mesma direção do animal, é chamada onda locomotora direta. A velocidade do animal em relação ao substrato é muitas vezes representada pelo símbolo V e a da onda locomotora, também em relação ao substrato, por U. No caso de Helix, a velocidade V é menor do que a velocidade U, mas elas têm a mesma direção.

Em outras espécies de moluscos, por exemplo, a lapa marinha Patella, um número menor de ondas pode ser visto no pé a qualquer instante e estas ondas se deslocam em direção oposta ao movimento do animal. Este tipo de onda é descrito como uma onda retrógrada. Nas lapas, as ondas nos lados esquerdo e direito do pé parecem estar em diferença de fase de meia onda. Isto é perceptível porque as ondas claras e escuras, vistas através de uma placa de vidro, movendo-se para trás ao longo do pé, estendem-se apenas por metade da largura deste. Uma onda atravessando toda a largura do pé, como em Helix, é chamada onda monotáxica, enquanto uma onda que se estende apenas por metade da largura do pé e cujos lados esquerdo e direito se encontram em diferença de fase entre si é chamada onda ditáxica.

Os diferentes tipos de atividade apresentam diferentes características. As ondas locomotoras diretas, monotáxicas de Helix, onde o comprimento de onda é muito menor do que a extensão do pé, podem ser consideradas um sistema de marcha lenta, com velocidade relativamente baixa e pouca capacidade de manobras, mas capaz de mover uma massa grande e sobrepujar forças de resistência altas. Sistemas ditáxicos, com comprimentos de onda tão longos quanto ou mais longos do que o pé, fornecem velocidades relativas maiores e muito maior capacidade de manobra.

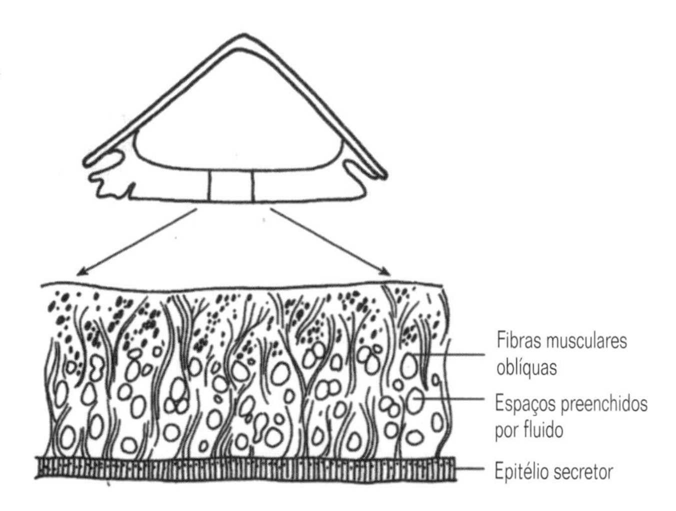

Fig. 10.12 Estrutura do pé de moluscos.

O pé de moluscos é um órgão consideravelmente complexo. O seu principal elemento esquelético é um complexo sistema de seios sanguíneos. Embora os animais sejam acelomados, há um sistema esquelético hidrostático dentro do pé. Os seus principais sistemas musculares não são fibras longitudinais, mas sistemas antagônicos de músculos oblíquos anterior e posterior. (Fig. 10.12). Costumava-se pensar que cada segmento do pé se destacasse (como mostrado no Quadro 10.5a,b) durante a passagem de uma onda locomotora, mas isto parece improvável, uma vez que seriam necessárias forças imensas para separar duas superfícies úmidas fortemente aderidas. A formação de pontos de apoio e zonas de movimento depende das propriedades da camada mucosa abaixo do pé. O muco age como um elástico sólido sob condições de baixa pressão lateral, mas como um líquido viscoso sob altas pressões laterais. Nos pontos de apoio, ele age como um sólido elástico, mas é fluido à frente da onda, onde as forças laterais são maiores.

Alguns caracóis, incluindo Helix, podem exibir um movimento 'galopante' alternativo, no qual são geradas ondas retrógradas de atividade muscular com um comprimento de onda aproximadamente igual à extensão do pé. Este tipo de locomoção pode ser ainda mais modificado, até um ponto onde só haja adesão ao substrato alternadamente nas extremidades anterior e posterior – um tipo de locomoção que é mais característico dos movimentos em alça das sanguessugas, descritos abaixo.

Muitos platelmintos grandes e a maioria dos vermes nemertinos exibem um componente muscular na sua locomoção, no qual ondas de contração alternadas das musculaturas circular e longitudinal geram ondas peristálticas retrógradas que aumentam a atividade locomotora dos cílios superficiais. Este sistema é mais altamente desenvolvido nos vermes segmentados celomados e é particularmente característico das minhocas.

A Figura 10.13 ilustra o movimento de uma minhoca. Note que os segmentos estão estacionários quando a musculatura circular está relaxada e a longitudinal, contraída (veja o Quadro 10.5). Os segmentos à frente do segmento mais curto estão se alongando e exercem uma força para trás contra o chão através dos pontos de apoio, enquanto os segmentos posteriores estão se contraindo e exercem uma tensão através deste ponto

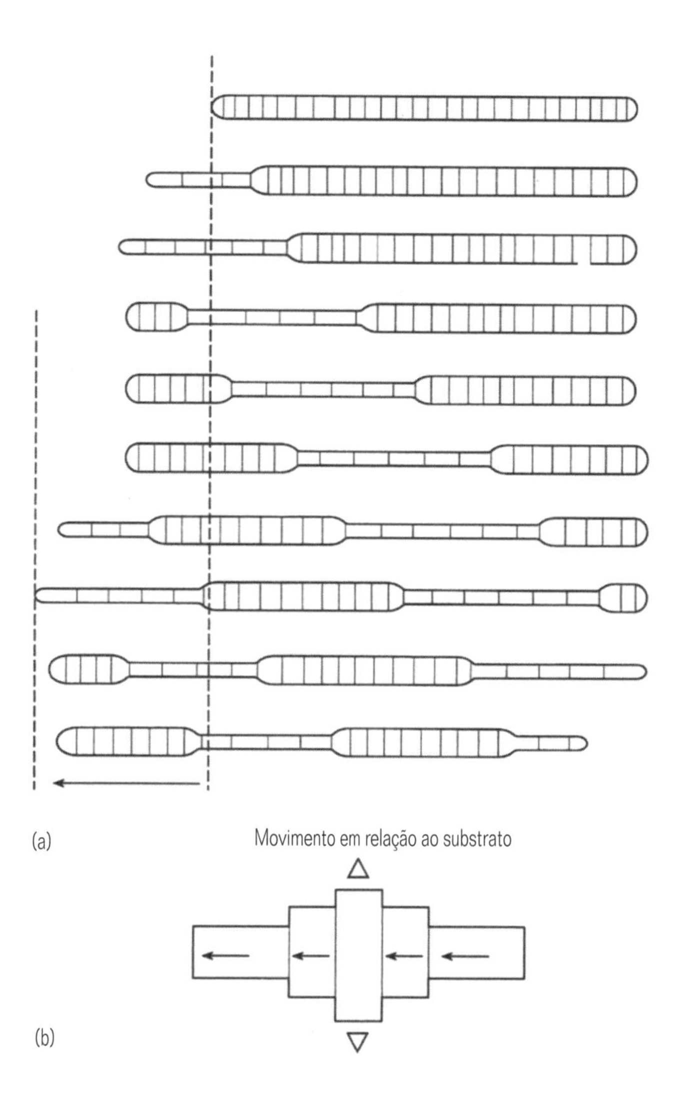

Fig. 10.13 (a) Estágios sucessivos no movimento de uma minhoca. O volume do segmento é constante, como no Quadro 10.5, Fig. a(ii). Os segmentos estão estacionários em relação ao substrato quando a musculatura longitudinal está contraída e a circular, relaxada; o volume do segmento é constante e a onda locomotora é retrógrada.
(b) Forças atuando nos segmentos fixos com cerdas eretas.

(Fig.10.13b). Haverá uma tendência natural a deslizar, mas isto é evitado pela ereção de fortes cerdas.

As ondas de pressão associadas com as contrações das musculaturas circular e longitudinal são separadas (Fig. 10.14) e os septos intersegmentares efetivamente isolam as mudanças de pressão em segmentos individualizados. Isto não é possível em animais não septados. As pressões mais altas são registradas quando os músculos circulares se contraem e os segmentos estão penetrando no substrato. Acredita-se que esta seja uma das maiores vantagens da condição septada, responsável pela evolução da metameria em vermes anelídeos. Cada segmento é um elemento hidrostático separado, com o seu próprio volume constante (veja o Quadro 10.4). Embora tenhamos considerado as minhocas no contexto de um movimento sobre uma superfície plana, há poucas dúvidas de que elas estejam primariamente adaptadas para o movimento entre os interstícios do solo.

Quadro 10.5

As ilustrações mostram o corpo de um animal no qual cinco regiões são identificadas (elas podem ou não corresponder a segmentos verdadeiros) e que estão aderidas ao substrato quando contraídas, em (a), ou distendidas, em (b). As ondas de atividade muscular podem ser num pé muscular, conforme mostrado em a(i) e b(i), ou num verme cilíndrico, conforme mostrado em a(ii) e b(ii). O resultado é sempre o mesmo. Se os pontos de apoio se formarem nas regiões onde as dimensões longitudinais do corpo são máximas, o animal se moverá na mesma direção da onda – a onda é direta. Se, por outro lado, os pontos de apoio estiverem nas regiões de contração da musculatura longitudinal, de maneira que as regiões fixas do corpo são as menores, o animal se moverá em direção oposta à da onda e a onda é dita retrógrada.

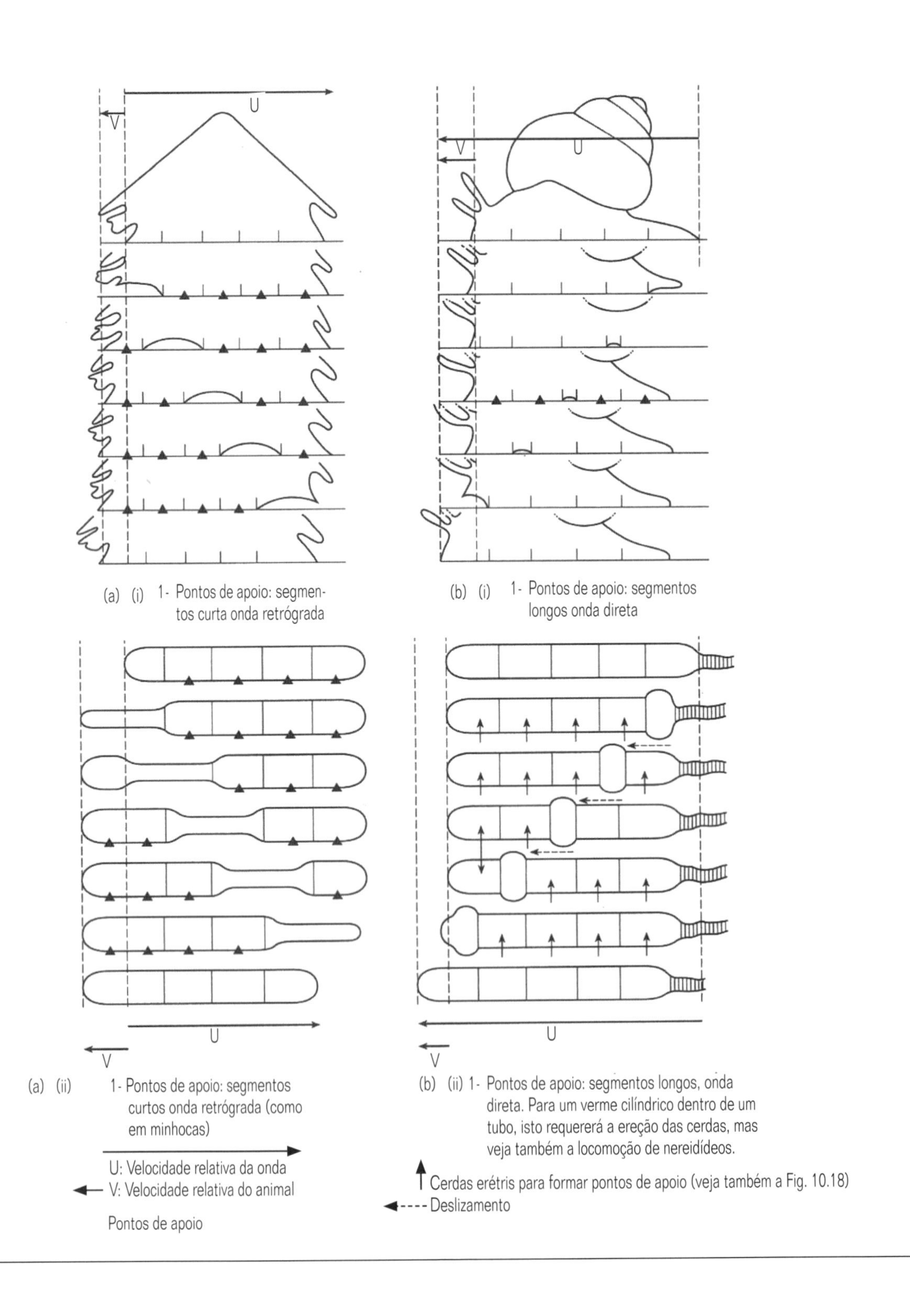

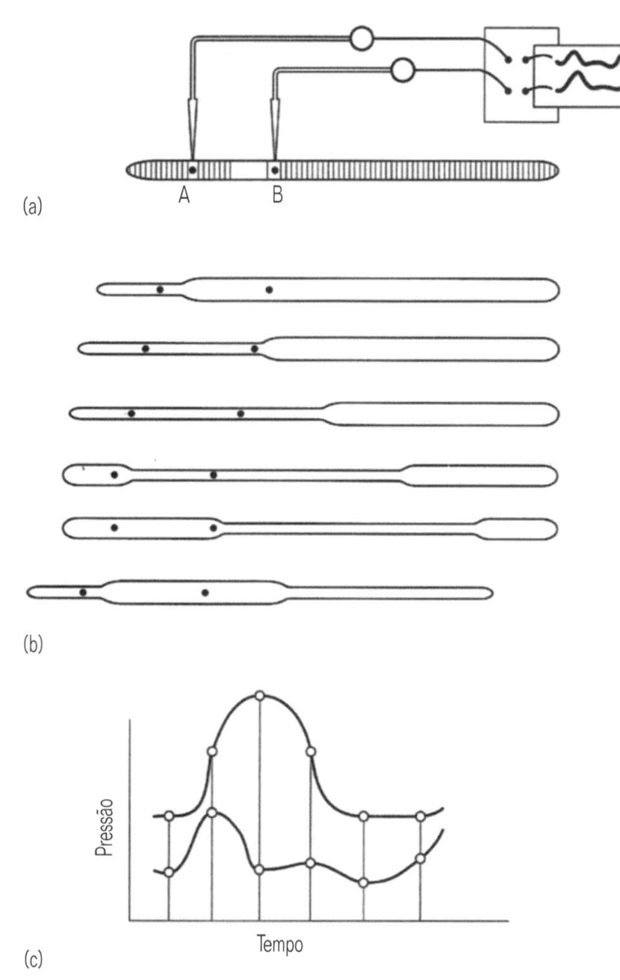

Fig. 10.14 Estudos na locomoção de minhocas. (a) Sistema no qual as pressões nos segmentos isolados A e B podem ser registradas pela inserção de tubos plásticos diretamente ligados a um medidor de pressão. (b) Posição sucessiva dos dois segmentos A e B durante a medição. (c) Ondas de pressão registradas (Segundo Seymour, 1969).

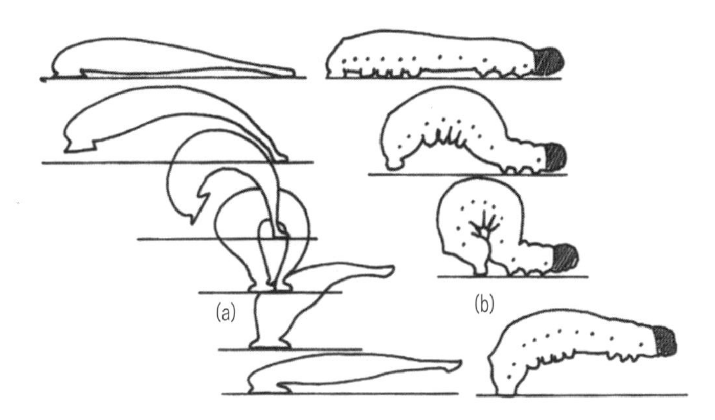

Fig. 10.15 Movimentos em alça, nos quais os pontos de apoio estão, alternadamente, nas extremidades anterior e posterior. (a) Uma sanguessuga; (b) uma lagarta (larva de lepidóptero).

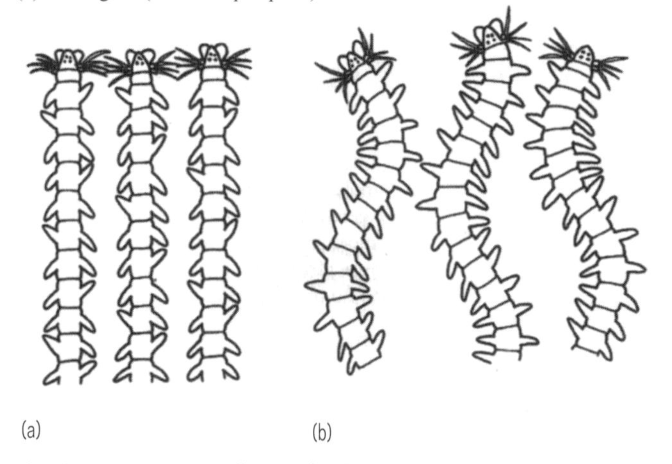

Fig. 10.16 Representação diagramática da locomoção no poliqueta Nereis. (a) Rastejar lento; (b) rastejar rápido. Para simplificar, os movimentos das cerdas não estão representados. As cerdas podem ser protraídas e retraídas, para aumentar o comprimento dos passos.

Um meio de locomoção completamente diferente foi desenvolvido pelas sanguessugas, embora ele possa ser derivado daquele mostrado para as minhocas. Estes animais possuem ventosas posterior e anterior que fornecem pontos de apoio particularmente efetivos. O corpo inteiro age como um único sistema hidrostático, com o tubo digestivo fornecendo a cavidade preenchida por fluido, e a adesão ocorrendo alternadamente pelas ventosas anterior e posterior (Fig. 10.15a).

Movimentos semelhantes também são exibidos por algumas larvas de insetos, por exemplo, lagartas de lepidópteros, nas quais movimentos em arco são equivalentes à contração da musculatura longitudinal (Fig. 10.15b). Nas sanguessugas, a cavidade corporal (celoma) é praticamente toda preenchida por um tecido deformável, o tecido botrioidal, e os animais são efetivamente não septados e acelomados, sob o ponto de vista do design. É indiscutível que elas se tratam de vermes anelídeos, que denunciam a sua origem segmentada em detalhes de sua anatomia, especialmente no sistema nervoso e na expressão dos típicos genes Hox da segmentação.

Os poliquetas errantes exibem um modo de locomoção que é muito diferente tanto daquele de minhocas, quanto do das sanguessugas. Ele envolve o movimento de múltiplos membros, cujas pontas são movidas para trás em relação ao corpo. Como as pontas estão aderidas ao solo, são geradas forças que fazem com que o corpo se mova para frente.

Quando um Nereis, por exemplo, está rastejado lentamente (Fig. 10.16a), há uma onda metacrônica de atividade nos parapódios, em direção anterior, da cauda para a cabeça, e com os parapódios esquerdo e direito estando em diferença de fase de exatamente metade do comprimento de onda. Esta onda direta propicia que cada membro execute o seu movimento de força imediatamente antes do parapódio seguinte. Quando Nereis rasteja mais rapidamente ou nada, ocorre a mesma onda de locomoção direta ditáctica na musculatura longitudinal, que é também usada para gerar força propulsora (Fig. 10.16b). Uma onda de atividade sincrônica se inicia nas musculaturas longitudinais esquerda e direita, de maneira que cada parapódio executa o seu movimento de força quando está na crista da onda sinusóide da parede do corpo, que se move para frente sincronicamente com a onda da atividade parapodial.

As forças transmitidas ao substrato agora não são apenas aquelas geradas pela musculatura parapodial, mas também forças geradas pela contração da musculatura longitudinal contralateral.

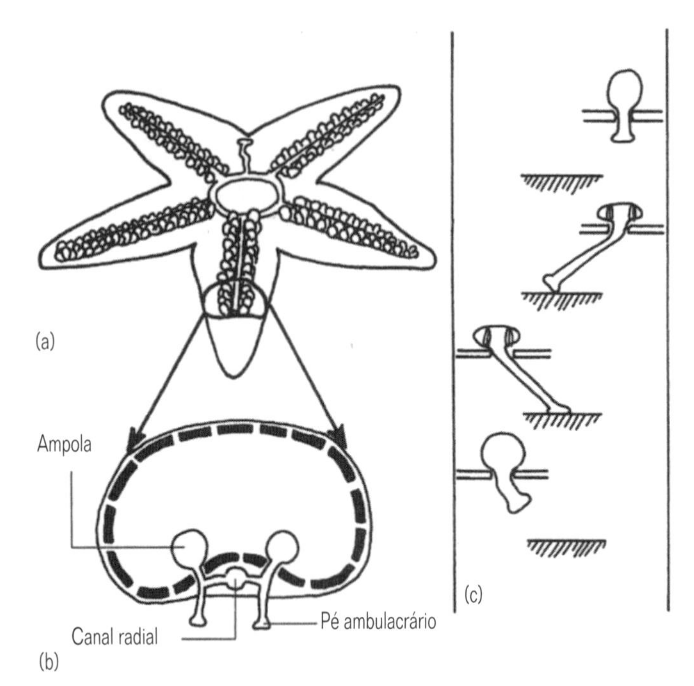

Fig. 10.17 Pé ambulacrário e ampola no sistema hidrovascular de um equinodermo: (a) arranjo geral; (b) secção transversal diagramática de um braço, para mostrar o sistema hidrovascular; (c) ciclo de passos de um pé ambulacrário isolado (os músculos retratores do pé ambulacrário não foram mostrados).

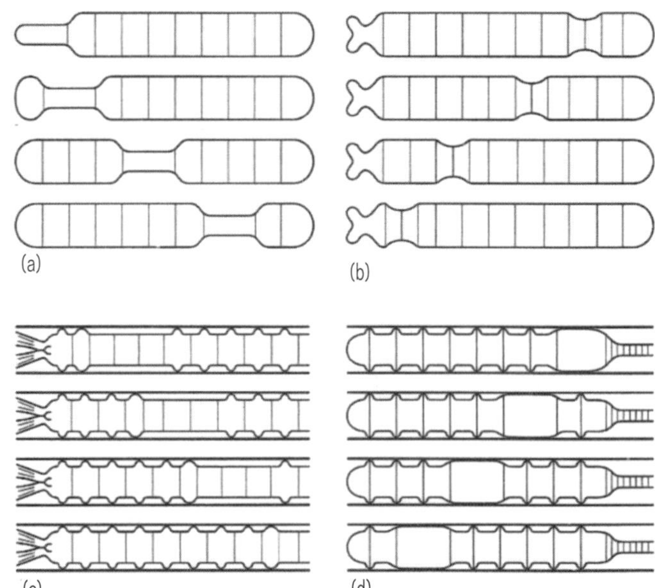

Fig. 10.18 Quatro modos de peristalse que podem ser apresentados por vermes tubícolas. Em (a), (b) e (d), o volume dos segmentos não é constante. Em (c), que representa o sabelídeo Sabella, o volume dos segmentos é fixo devido à presença de septos completos. A locomoção durante a peristalse é impedida pela formação de pontos de apoio em segmentos de comprimento intermediário, pela extensão de cerdas eréteis. A superfície interna do tubo é lisa, para permitir o encolhimento dos segmentos que, neste caso, não formam pontos de apoio, para se moverem dentro do tubo como um tipo de êmbolo.

Os padrões locomotores de caracóis e animais de corpo mole, como minhocas e Nereis, seguem algumas regras gerais. Pode parecer estranho, numa primeira instância, que as ondas locomotoras possam tanto passar na mesma direção do movimento dos animais, quanto na direção oposta. Nota-se que as ondas locomotoras diretas ocorrem quando pontos de apoio se formam em regiões onde os músculos longitudinais se encontram em seu comprimento máximo. Ondas locomotoras retrógradas são encontradas quando pontos de apoio são formados nos pontos onde a musculatura longitudinal se encontra em seu comprimento mínimo. Este princípio geral é ilustrado para caracóis e vermes cavadores no Quadro 10.5.

O sistema hidrovascular de equinodermos forma um sistema ambulacral único. Em estrelas-do-mar, por exemplo, há tipicamente cinco braços e em cada um deles há um canal vascular aquífero irradiando a partir de um anel circum-oral. Ao longo de cada canal vascular aquífero radial há uma série de reservatórios em forma de ampola e pés ambulacrários (Fig. 10.17a,b). As ampolas e os pés ambulacrários possuem componentes musculares que trabalham uns contra os outros. A contração dos músculos comprimindo as ampolas dirige água para dentro dos pés ambulacrários, enquanto a contração dos pés ambulacrários deve gerar um grande fluxo de água para dentro das ampolas. Cada ampola não serve como simples reservatório para o seu próprio pé, já que ocorre grande movimento de fluido entre as regiões do sistema e um pé ambulacrário pode ser estendido de maneira a ter um volume maior do que o da sua ampola, quando dilatado ao máximo. De maneira geral, todavia, os músculos que comprimem as ampolas agem antagonisticamente àqueles que encurtam os pés ambulacrários.

Os pés ambulacrários são estendidos por pressão hidráulica e podem realizar movimentos simples em forma de passos e possuir ventosas nas suas pontas (Fig. 10.17c).

Uma característica peculiar da locomoção de estrelas-do-mar é que os pés ambulacrários não apresentam qualquer ritmicidade metacrânica detectável.

10.5.2 Escavação e movimentos dentro dos tubos

Os vermes cavadores tendem a ter amplas cavidades corporais e a ser pelo menos parcialmente asseptados. Animais com esta estrutura podem apresentar uma grande variedade de movimentos dentro de suas galerias (Fig. 10.18); quatro tipos de locomoção peristáltica são possíveis, porque cada região do corpo pode aumentar simultaneamente em comprimento e largura. Estes movimentos podem ser utilizados para irrigação, locomoção, ou ambos simultaneamente.

Animais não segmentados e segmentados, mas asseptados com amplas cavidades corporais, podem também realizar grandes mudanças na forma, que podem ser utilizadas ao cavar o substrato, e os sipúnculos, por exemplo, são capazes de se recolher rapidamente para dentro do substrato. Os movimentos associados encontram-se ilustrados na Figura 10.19, juntamente com um gráfico das pressões geradas internamente. Estes animais têm a capacidade de apresentar uma alta taxa de trabalho, mas tal atividade não é normalmente mantida por longos períodos. Durante as fases de alta pressão celomática, todos os músculos do corpo precisam de realizar trabalho metabólico, para manter o comprimento constante. Trabalho mecânico é realizado pelo

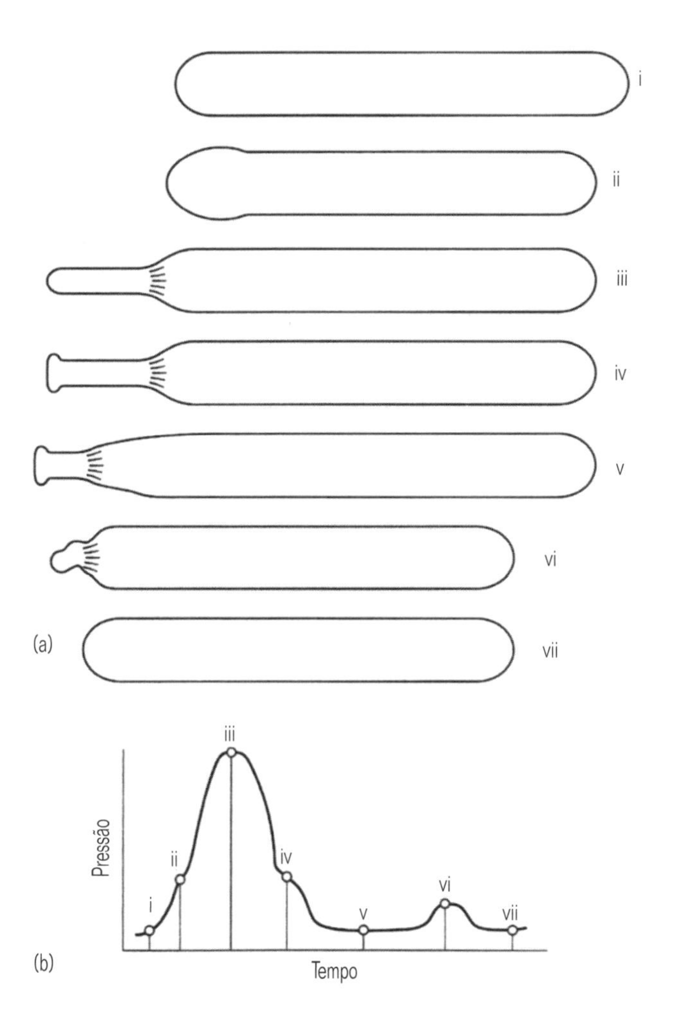

Fig. 10.19 (a) Representação diagramática de sucessivos movimentos de um sipúnculo durante a escavação para dentro ou através de um substrato. (b) Pressões internas registradas durante a atividade perfuradora. Note que as pressões mais altas são registradas durante a penetração no substrato (como nas minhocas, conforme a Fig. 10.14), mas todas as regiões do corpo têm a mesma pressão (Segundo Trueman & Foster-Smith, 1976).

relaxamento controlado de músculos específicos, permitindo que certas regiões do corpo sejam estendidas (Veja o Quadro 10.3). A taxa de trabalho pode ser alta, mas a eficiência é baixa, devido à necessidade de manter um tônus muscular contínuo durante todos os períodos de alta pressão celomática. Pode ser dito que a evolução dos septos transversais em anelídeos ocorreu, pelo menos parcialmente, como uma maneira para resistir à tendência de movimento para fora da parede do corpo em momentos sem atividade muscular, aumentando, portanto, a eficiência mecânica (conforme a Seção 10.1).

O poliqueta Arenicola marina é um verme segmentado adaptado, talvez secundariamente, a uma existência em galerias. A sua estrutura segmentada confere-lhe muitas vantagens. A coordenação nervosa é aumentada pelos gânglios segmentares, há cerdas em parapódios, para a formação de pontos de apoio, e um sistema vascular bem desenvolvido, com brânquias vascularizadas. Mecanicamente, Arenicola possui o celoma do tronco não dividido, o que lhe proporciona o grande repertório de movimentos locomotores necessários, e é capaz de alta taxa de trabalho. Isto lhe confere a capacidade de retornar ao substrato pela formação alternada de pontos de penetração e ancoragem terminal (Fig. 10.20), que também são encontrados em cnidários cavadores e nos estágios mais avançados de escavação por bivalves (Fig. 10.21).

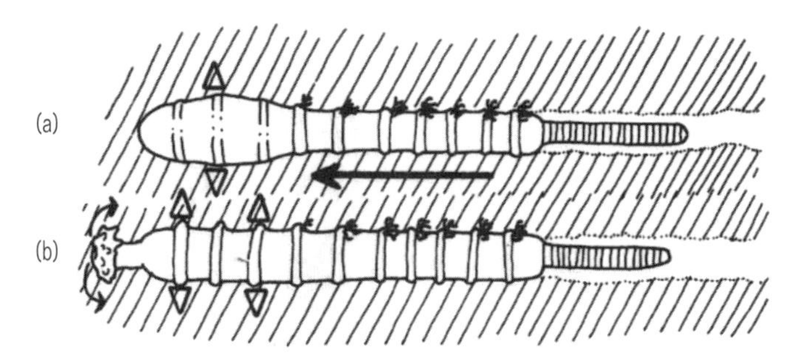

Fig. 10.20 Diferentes estágios na escavação de Arenicola marina. (a) Ancoragem terminal. A parte anterior do verme é dilatada, enquanto a posterior é projetada para frente. (b) Âncora de penetração. Os segmentos anteriores formam uma âncora 'com abas', enquanto a probóscide escava a areia e a cabeça é projetada para frente (Segundo Trueman, 1975).

Arenicola normalmente vive num tubo aberto, em forma de J, que é parte de um sistema de galerias em forma de U (Fig. 9.30). O animal escava e ingere areia pela base do pedúnculo da cabeça, através de movimentos de raspagem e ingestão pela probóscide. A taxa de trabalho é baixa e, para esta atividade, o celoma anterior é isolado por septos faríngeos. Estes possuem válvulas que podem ou isolar o celoma anterior, para manter a atividade, ou, quando abertas, permitir que as altas pressões geradas no celoma do tronco realizem trabalho, através da probóscide evertida, quando o animal cava mais ativamente.

Os vermes tubícolas que retiveram os septos intersegmentares, como o sabelídeo Sabella, têm um problema especial. É necessário que eles irriguem o tubo por peristalse, mas, com o volume dos segmentos constante, eles só podem se utilizar de ondas peristálticas do tipo (c) na Figura 10.18 e, consequentemente, tendem a se mover na direção oposta à das ondas. Isto é evitado em Sabella pela formação de pontos de apoio quando os segmentos apresentam tamanho intermediário, através da ereção das cerdas [veja o Quadro 10.5b(ii)]. Os outros segmentos deslizam dentro do tubo, graças ao seu revestimento interno ser muito liso.

10.5.3 A locomoção de invertebrados com apêndices articulados

Em muitos poliquetas errantes, o papel da musculatura longitudinal para o rastejamento é muito sutil, sendo a maior parte do poder de tração dada pelos músculos parapodiais, que atravessam os limites entre os segmentos. Esta tendência é particularmente marcada nos vermes de escamas e formas relacionadas e, nestas condições, os septos intersegmentares encontram-se reduzidos ou perdidos. A locomoção destes animais envolve musculaturas parapodiais intrínseca e extrínseca. As cerdas podem ser protraídas ou retraídas por musculatura intrínseca dos sacos setígeros e ambas as musculaturas parapodiais, intrínseca e extrínseca, operam os parapódios, que podem ser levantados ou abaixados, e movidos para frente ou para trás, gerando movimentos na forma de passos. Este movimento de caminhar encontra-se mais desenvolvido em animais com exoesqueletos articulados.

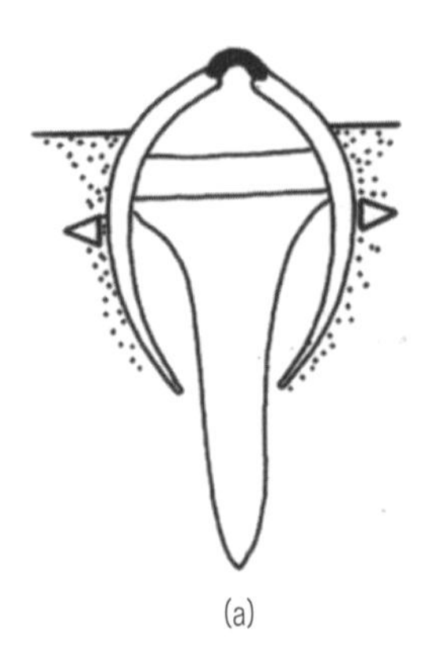

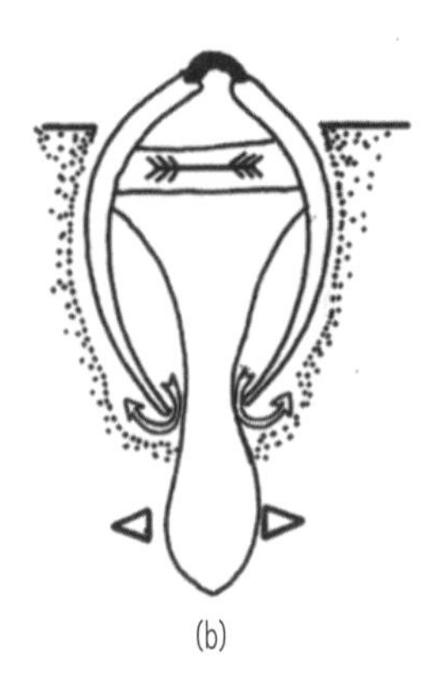

Fig. 10.21 Escavação de um molusco bivalve. (a) A concha se abre e forma uma âncora durante a penetração do pé. (b), (c) A ponta do pé é dilatada, enquanto a concha é puxada para baixo, dentro da areia (Segundo Trueman, 1975).

Os Crustacea, Chelicerata e Uniramia são três grupos de invertebrados diversificados e bem sucedidos. Todos eles são caracterizados por seus exoesqueletos enrijecidos. Isto lhes permite possuir apêndices articulados e o sucesso destes três grupos deve ser, em parte, atribuído às habilidades locomotoras que isto lhes confere. Além disso, Hexapoda (insetos) pterigotos são os únicos invertebrados que desenvolveram asas; isto lhes confere o poder de vôo verdadeiro e é um dos fatores que lhes permitiu o domínio dos ambientes terrestres. Apesar de suas origens polifiléticas, a estrutura das pernas locomotoras dos mais evoluídos membros de Crustacea, Chelicerata e Uniramia é notavelmente uniforme e resulta de evolução convergente. As pernas são compostas por uma série de elementos articulados, que se tornam progressivamente menores em direção às pontas (Fig. 10.22a). Cada junta é articulada de maneira a permitir movimento em apenas um plano. Estas articulações dos membros permitem extensão e flexão do membro; a rotação do plano da perna na articulação basal também é possível e esta é, muitas vezes, responsável pelo movimento para frente. O corpo é tipicamente elevado entre as pernas, que se projetam lateralmente (Fig. 10.22b) e os movimentos de andar não envolvem elevação e abaixamento do centro de gravidade.

Quando a base da perna é rodada, a ponta do pé pode ser levada a traçar um caminho linear paralelo ao eixo do movimento, por extensão e flexão das articulações da perna. A perna age como uma alavanca mecânica (veja o Quadro 10.4) e, em artrópodes com pernas longas, a velocidade é tal que uma grande força pode ser feita para mover uma carga relativamente pequena por uma grande distância, promovendo uma marcha rápida.

A maior parte dos músculos que fornecem a força locomotora está localizada não dentro da perna, mas no corpo e, desde que animal não balance para cima e para baixo durante a locomoção para frente, apenas a perna sofre grandes mudanças de momento. Estas são mantidas no mínimo possível pelo design estrutural comum, pelo qual a massa da perna é reduzida da base para a ponta. Ondulações laterais do corpo, como aquelas exibidas pelos vermes poliquetas (veja a Fig. 10.16) e algumas centopéias (veja abaixo), envolvem mudanças no momento e a supressão destas parece ter tido uma importante influência na evolução dos artrópodes.

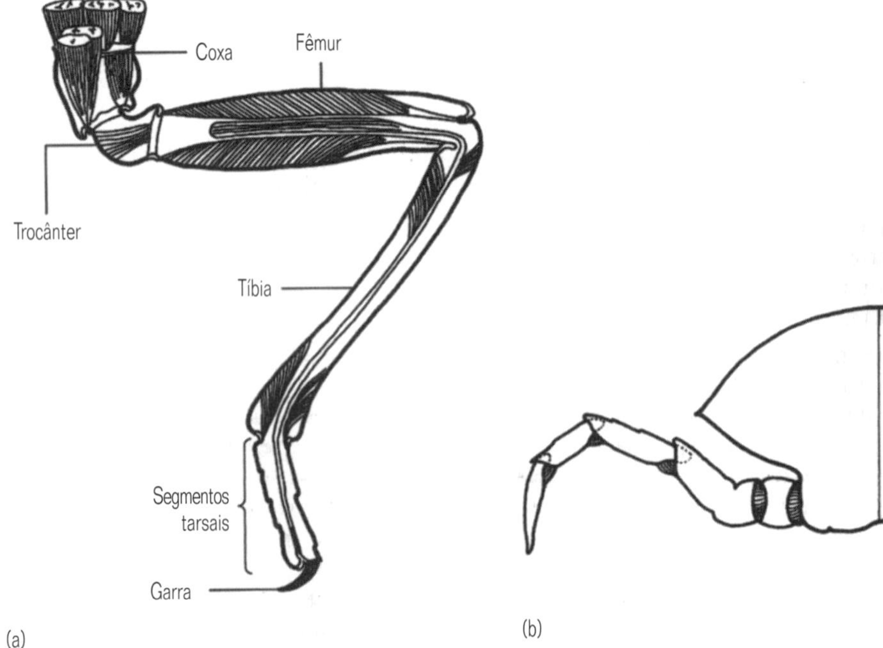

Fig. 10.22 (a) Uma perna típica de artrópodes. Note os feixes de músculos nas partes basais, tendões e articulações. (b) Posição característica da perna de artrópodes. A protração envolve rotação da junta proximal num plano horizontal e extensão das articulações mais distais.

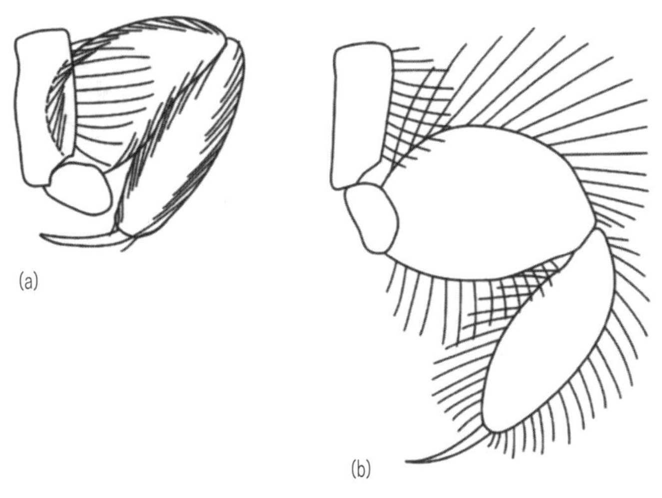

Fig. 10.23 Papel das cerdas na geração de forças de resistência diferenciadas na natação de Crustacea com números Re relativamente baixos. (a) Posição durante o golpe de recuperação; (b) posição durante o golpe efetivo (Segundo Hesseid & Fowtner, 1981).

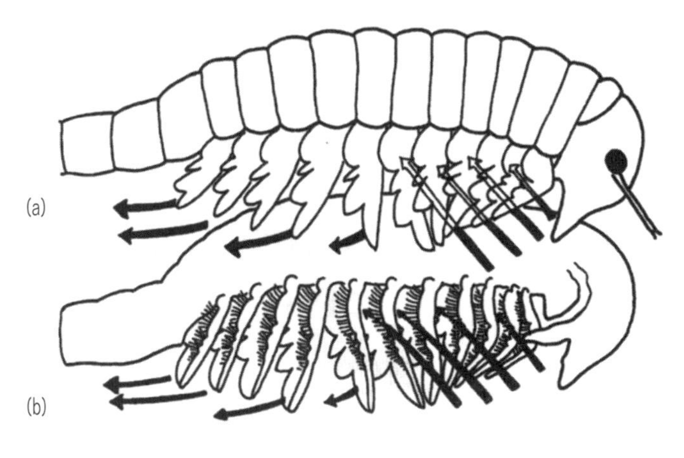

Fig. 10.24 Correntes natatórias/alimentares produzidas pelas pernas Ide Crustacea filópodes. (a) Vista externa do lado direito; (b) vista interna do lado esquerdo, mostrando as cerdas que filtram partículas alimentares, que são então passadas para frente, em direção à boca. A água é conduzida para a linha mediana ventral e então forçada para trás, passando através do filtro no endópoclo, ou parte interna da perna.

10.5.3.1 Locomoção de crustáceos (caminhar no mar pode facilmente se converter em nadar)

A perna de crustáceos é baseada num plano que possui diversas partes componentes: dois segmentos basais ímpares, um epipodito foliáceo e partes distais pareadas – o exópodo e o endópodo (veja as Figs. 8.34b-d). Nos Crustacea filópodes atuais, como os Cephalocarida e Branchiopoda (veja as Figs. 8.37-8.39), há pernas aproximadamente iguais em cada segmento torácico não cefalizado, que servem para as funções tanto de locomoção, quanto alimentação.

A perna de crustáceos pode atuar como um remo, cuja área superficial é máxima no golpe de força, mas é muito reduzida no de recuperação, devido a dobramento e movimentos das cerdas (Fig. 10.23). Há resistências diferenciadas durante os golpes efetivo e de recuperação. A natação dos crustáceos primitivos, entretanto, também é devida à expansão e contração dos espaços formados entre as pernas. A água é conduzida para a linha mediana entre as pernas (Fig.10.24), passa para o espaço entre as pernas de cada lado e sai lateralmente. O fluxo unidirecional é devido à ação de válvula do exópodo externo. As partículas de alimento são aprisionadas pelas cerdas do endópodo e passadas para frente, cerda a cerda, ao longo da goteira alimentar mediana ventral, até a boca. O ritmo metacrânico do movimento das pernas é, portanto, responsável tanto pela locomoção, quanto pela alimentação e, provavelmente, também pela respiração.

Uma característica especial da locomoção de crustáceos é a relativa facilidade com que a transição entre caminhar e nadar pode ser feita. Muitos dos malacóstracos semelhantes a camarões possuem pernas torácicas adaptadas para andar e abdominais adaptadas para a natação (pleópodos) (Fig. 10.25). Há muitas linhas evolutivas levando à perda da capacidade de andar (veja a Fig. 8.50a) ou redução do papel dos pleópodos natatórios, como em lagostas e caranguejos (veja a Fig. 8.50d-g). As lagostas também possuem uma reação de fuga bem desenvolvida, envolvendo o último par de apêndices abdominais, os urópodos (veja a Fig. 8.50d, g). Os poderosos músculos do

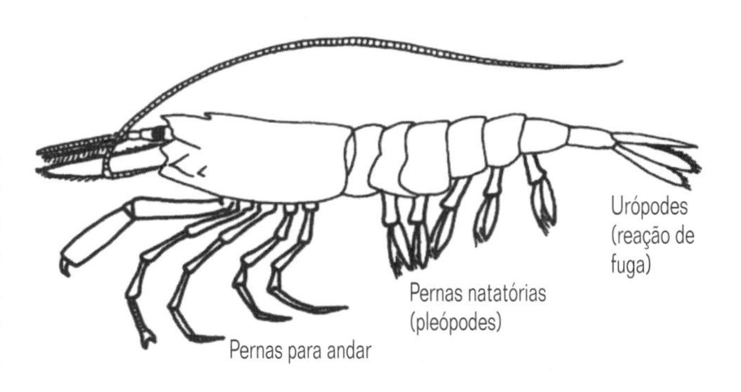

Fig. 10.25 Malacóstraco semelhante a um camarão, com pernas tanto para andar, quanto natatórias.

abdome podem ser contraídos, resultando na sua flexão súbita, o que faz com que os urópodos exerçam uma força na água e a lagosta se mova rapidamente para trás (veja o Quadro 16.8).

Nos caranguejos verdadeiros (Brachyura), o abdome é reduzido e a maioria caminha através de cinco pares de membros torácicos. Caminhar no ambiente aquático impõe problemas especiais. Os movimentos da água, como ondas e fluxos de marés, tenderão a levantar e desalojar o animal, e este só poderá caminhar novamente quando restabelecer a sua conexão com o substrato. Um animal como um caranguejo caminhando na água estará sujeito a diversas forças além do seu peso. Os seus movimentos provocarão resistência e, em algumas circunstâncias, ele poderá ser levantado e pode ser que ele bóie. Este complexo de forças é ilustrado na Figura 10.26a. A proximidade do animal ao substrato alterará os movimentos do fluido sobre o animal, fazendo com que ele seja deslocado. Por esta razão, um organismo caminhando na água, diferentemente do que ocorre com um animal andando na terra, deverá se agarrar ao substrato para não ser deslocado. Ao se caminhar num meio fluido, a água tenderá a impedir o deslocamento e movimentos rápidos poderão fazer com que o animal seja levantado. Assim, é relativamente fácil fazer uma transição para a natação. Alguns caranguejos

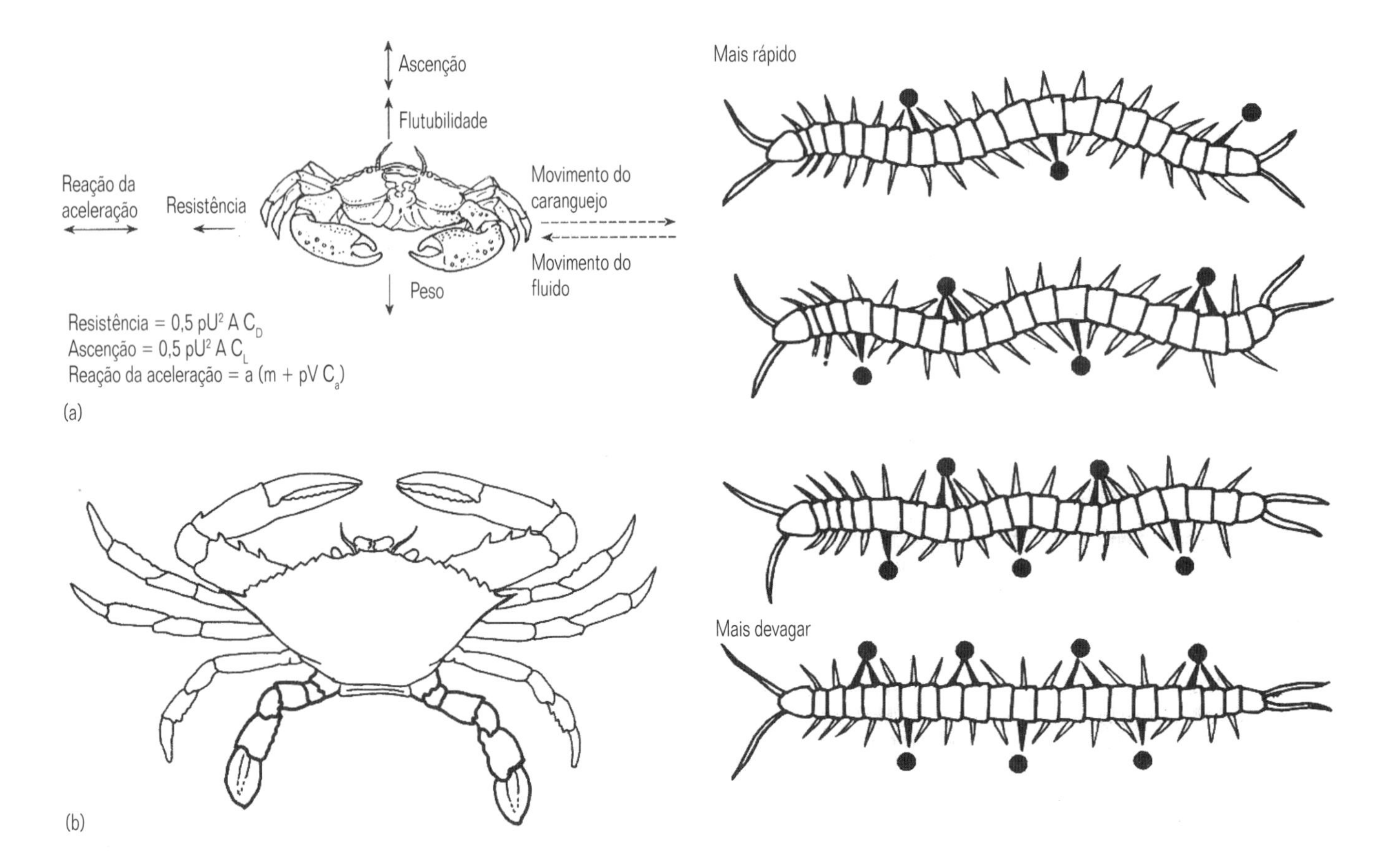

Fig. 10.26 (a) Possíveis forças geradas pelo movimento lateral de um caranguejo em água em movimento. (b) Natação do caranguejo Callinectes. As pernas posteriores atuam como hidrofólios durante a natação.

Fig. 10.27 Registros de uma centopéia correndo progressivamente mais rápido. Os círculos pretos marcam as pernas que estão estacionárias e em contato com o chão (Segundo Manton, 1965).

especializaram-se tanto para a natação, quanto para caminhar. No portunídeo Callinectes (Fig. 10.26b), as últimas pernas torácicas são achatadas e modificadas para apoiar a natação. Este caranguejo nada através de movimentos rotacionais das pernas, que agem como hidrofólios.

10.5.3.2 Locomoção terrestre: caminhar e correr

Animais que vivem em ambientes terrestres são muito mais densos do que o ar no qual vivem; assim, eles necessitam de suporte estrutural e aqueles que se movem frequentemente, ou rapidamente, se utilizam de elementos esqueléticos rígidos, que interagem com o chão e podem ter de resistir a consideráveis forças deformativas. Estas incluem forças de curvatura, normais ao eixo da perna, e de torção, agindo no mesmo eixo da perna.

A estrutura que fornece esta propriedade com a mínima massa é um cilindro oco. A locomoção rápida também requer ligações flexíveis (articulações) entre os elementos rígidos, tendões, para a transmissão das forças geradas pelos músculos, e meios para armazenar energia. A cutícula de artrópodes encontra-se adaptada da maneira ideal para preencher todas estas necessidades. O material básico é um complexo de proteína e carboidrato, a quitina. Esta é uma substância resistente e flexível, mas não adequada para formar os rígidos elementos esqueléticos que são necessários. A cutícula pode, entretanto, ser enrijecida, pela formação de ligações entre os elementos protéicos. Esta proteína tanificada é chamada esclerotina. Ela pode atribuir à cutícula um alto grau de rigidez, comparável a ossos, ou pode ser relativamente mole. Isto permite que a cutícula forme dobradiças flexíveis, que são características das articulações das pernas de artrópodes. Cada articulação permite, geralmente, movimentos num único plano, graças a suportes internos.

A articulação flexível da dobradiça permite flexão por atividade muscular, enquanto a extensão da articulação se dá pela elasticidade da membrana articular ou envolve um mecanismo hidráulico, no qual as forças que promovem a extensão da articulação são transmitidas pelo fluido hemocelomático na perna.

O caminhar de artrópodes terrestres tipicamente envolve rotação do eixo da perna, orientado lateralmente. Em Diplopoda (piolhos-de-cobra), há um número muito grande de pernas curtas (Fig. 8.23), que apresentam um ritmo metacrônico (veja o movimento dos cílios na Seção 10.2) de movimento, dirigindo-se para frente, de maneira que cada perna realiza o seu golpe de força pouco depois daquela imediatamente atrás dela. Este sistema locomotor pode ser considerado 'de marcha lenta', no qual uma força relativamente grande pode ser aplicada pela extremidade anterior do animal, mas a velocidade máxima é baixa. Os Diplopoda são animais herbívoros, vivendo principalmente em madeira em decomposição e substratos similares, sendo este tipo de movimento o adequado para tal hábito de vida.

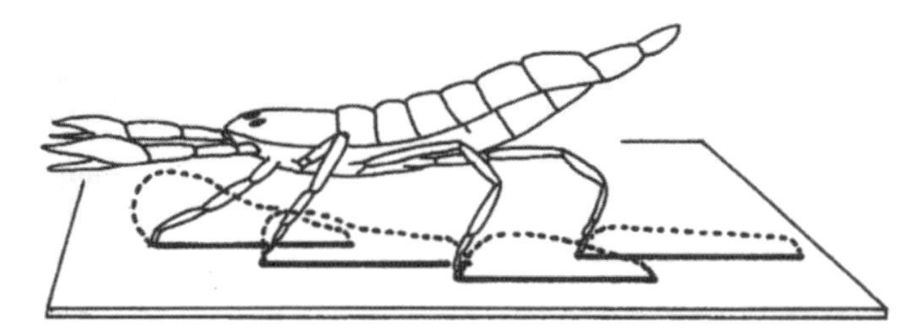

Fig. 10.28 Vista lateral e trajetórias do movimento das pernas de um escorpião. Note que as trilhas de cada perna não se cruzam (Segundo Hesseid & Fowtner, 1981).

Muitos dos Chilopoda (centopéias), entretanto, são animais predadores mais ativos, capazes de grandes velocidades. A Figura 10.27 mostra o esquema de uma centopéia correndo progressivamente mais rápido, à medida em que a velocidade aumenta, o número de pernas em contato com o chão, ou seja, pontos de apoio, é reduzido. Os movimentos em baixa velocidade de Chilopoda são muito semelhantes àqueles de poliquetas nereidídeos (Fig.10.16). Há uma tendência, entretanto, a diminuir o número de pernas em contato com o solo e aumentar a flexão do corpo, com o aumento da velocidade.

As ondulações laterais do corpo servem para aumentar o tamanho dos passos em artrópodes com pernas curtas, mas elas causam mudanças significativas no momento. Isto pode ser contornado aumentando o tamanho de cada perna e reduzindo o seu número. A interferência entre as pernas é evitada pela disposição das mesmas em diferentes planos longitudinais (Fig. 10.28). Durante a história evolutiva dos filos de artrópodes, houve uma nítida tendência para a redução do número de membros locomotores. Em Crustacea, os Decapoda têm cinco pares, mas muitas vezes apenas três ou quatro pares são efetivamente utilizados para andar. Os aracnídeos têm quatro pares de pernas e os insetos, três pares. Caminhar exige levantamento (elevação) da perna e movimentação da mesma para frente (protração), seguidos pelo abaixamento (depressão) das pernas e movimento para trás em relação ao corpo (retração). Durante a retração, a ponta da perna estará ancorada no chão e o centro de gravidade do animal será movido para frente, em relação àquele da ponta da perna. Movimentos nas várias articulações da perna mantêm o corpo numa altura constante acima do solo, durante este passo.

A Figura 10.28 mostra a vista lateral e as trajetórias das pernas de um escorpião, enquanto ele caminha para frente. A interferência entre as pernas é evitada pelas posições laterais diferentes de cada ponta das pernas durante o movimento. A trajetória de cada apêndice é muito diferente e isto deve envolver uma complexa coordenação dos movimentos das articulações em cada perna. As trajetórias de cada apêndice, geralmente, não se sobrepõem, conforme indicado na Figura 10.29. A maioria dos artrópodes anda para frente rodando a articulação basal da perna em relação ao corpo (Fig. 10.29b-d), mas os caranguejos andam lateralmente, sendo a protração conseguida pela extensão das articulações inferiores dos apêndices.

Com um pequeno número de pernas, há problemas de estabilidade se muitas pernas forem utilizadas no movimento ao mesmo tempo. Em insetos, que possuem apenas três pares de pernas, a estabilidade exige que as pernas sejam movidas numa sequência tal que pelo menos três pernas estejam sempre em contato com o chão e que o centro de gravidade esteja dentro de um triângulo desenhado entre as pontas das pernas. O padrão de locomoção mais frequentemente observado em insetos está de acordo com estas exigências. Dois conjuntos de pernas são movidos alternadamente, cada qual formando uma base estável, enquanto em contato com o chão. As pernas movem-se em sequência metacrônica, de trás para frente, com as pernas de lados opostos de um mesmo segmento estando em total diferença de fase, uma em relação à outra. Estas características também são encontradas em animais com muitos apêndices, como vermes nereidídeos (veja a Fig.10.16) e centopéias (Fig.10.27). Diferentes velocidades no andar podem ser alcançadas dentro do movimento triangular alternado, através de alterações da duração relativa da protração (p) e retração (r), havendo uma nítida tendência para o aumento da relação p/r, com o aumento da velocidade de progressão para frente.

Alguns insetos mostram uma variação no padrão do triângulo alternado, especialmente aqueles que possuem um par de pernas adaptado para uma função diferente, como nos mantídeos, cujo primeiro par de pernas raramente sustenta o corpo.

10.6 Natação e vôo

O movimento dos animais através de meio fluido – água e ar – ao nadar ou voar não depende da formação de pontos de apoio. Para se mover na água ou no ar, é necessário gerar forças que

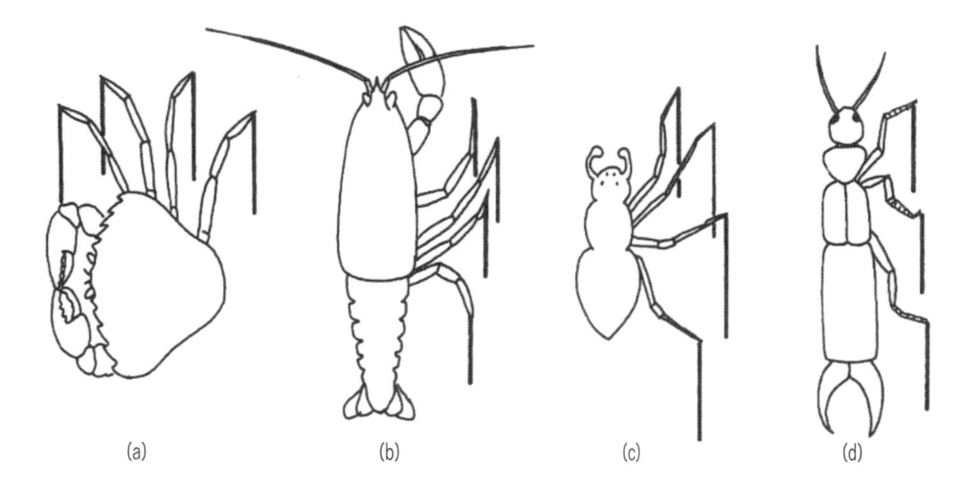

Fig. 10.29 Trajetórias das pernas de uma variedade de artrópodes: (a) caranguejo; (b) lagosta; (c) aracnídeo; (d) inseto (Segundo Manton, 1952).

ponham o meio em movimento. A ação e a reação são iguais e opostas, de maneira que seja gerada uma força movendo o organismo na direção oposta ao meio. Nos fluidos, este tipo de movimento é chamado 'natação' na água e 'vôo' no ar. A análise destes movimentos é tecnicamente difícil e as análises e descrições que se seguem são apenas aproximações preliminares. O vôo, em particular, é notoriamente difícil de examinar de uma maneira satisfatória, embora grandes avanços estejam sendo feitos pelas técnicas modernas de registro, que estão levando à compreensão da dinâmica de não-estabilidade envolvida.

10.6.1 Natação

Os menores invertebrados de corpo mole nadam usando o poder locomotor de bandas ciliares, conforme descrito na Seção 10.3. Além dos Ctenophora, entretanto, que possuem fileiras em forma de pentes, formadas por cílios fundidos, os invertebrados maiores utilizam poder muscular para nadar. Para fazê-lo, as forças geradas pelos músculos devem ser transmitidas para o meio (geralmente água) através do qual o animal está se movendo. Para os animais maiores, os números de Reynolds (veja a Seção 10.1) serão maiores do que 1 e a inércia de seus corpos não pode ser ignorada.

Um animal grande, cujo número de Reynolds seja maior do que 1, só poderá nadar se ele movimentar a massa de água. Em outras palavras, ele terá de criar um movimento na água. Um navio de cruzeiro oceânico não poderia se mover sem criar um rastro e o mesmo é válido para a natação e para o vôo (veja a Seção 10.6.2). Os movimentos de água gerados pela natação consistem numa série de massas de água em rotação, conhecidos por 'redemoinhos'. A análise da energia nesses corpos de água em movimento fornece uma maneira de entender as forças geradas pelo animal. Se você observar um nadador experiente nadando peito, verá esses redemoinhos. Se você for um nadador menos experiente, perceberá que você se desloca pela água a números de Reynolds relativamente baixos e que o seu movimento será principalmente aos solavancos. A natação de muitos crustáceos pequenos pode ser assim e para eles a água é um meio viscoso. Entretanto, nadadores mais experientes alcançam números de Reynolds relativamente altos e o seu movimento é muito mais uniforme, sem o padrão aos solavancos.

Os redemoinhos gerados por nadadores experientes fornecem um registro do trabalho feito. Este tipo de natação é particularmente característico de animais vertebrados, mas há muitos invertebrados de corpo mole sem flutuabilidade neutra na água, que são capazes de gerar o empuxo e se projetar para frente na água. Os principais mecanismos para isso são: (a) propagação de ondas retrógradas em animais de corpo liso; (b) remar; e (c) propulsão a jato.

Animais pequenos, cujo número de Reynolds seja menor do que 1, não se podem utilizar da formação de redemoinhos. Eles ainda podem ser capazes de nadar, mas as forças que resultam na locomoção são devidas ao atrito diferencial.

Muito da análise mecânica da natação ondulatória é baseado no estudo dos movimentos da enguia comum, mas ondas locomotoras semelhantes podem ser geradas por invertebrados vermiformes de corpo liso; um bom exemplo é a sanguessuga Hirudo. Quando nada, Hirudo é achatada dorsoventralmente e são geradas ondas retrógradas. A onda se desloca para trás a uma velocidade (U) em relação ao chão, que é maior do que a velocidade (V) do corpo para frente. Os princípios deste tipo de movimento são delineados no Quadro 10.6.

A natação dos vermes poliquetas de corpo irregular é muito diferente. A onda se desloca na mesma direção do movimento. Isto se deve, em parte, à complexa dinâmica do fluido, que resulta da oscilação de um corpo irregular, e também porque a maior parte da força se deve à ação de cada parapódio executando um golpe de força, quando a crista da onda causada pela contração da musculatura longitudinal passa por ele. Como esta onda se dirige para frente, cada parapódio realiza o seu golpe de força para trás imediatamente após o parapódio adjacente posterior, evitando, assim, interferência (a única outra maneira de conseguir isso seria se todos os parapódios executassem os seus golpes de força exatamente ao mesmo tempo. Os vermes não podem fazer isso, mas esta é a solução adotada pelos esportistas praticantes de remo) (veja também a Fig. 10.16b).

Muitos vertebrados de grande porte exibem um padrão de natação baseado em impulso e deslizamento, no qual a energia cinética é armazenada no corpo, após golpes de força intermitentes. Animais de grande porte são capazes de gerar forças que aceleram massas de água relativamente grandes a baixas velocidades, no que tem sido descrito como 'uma troca de esforço por momento'. A relação pode ser expressa da seguinte maneira

$$m_w u_w = mu$$

onde m_w e u_w representam a massa e velocidade da água. A massa e a velocidade do animal são representadas por m e u, e a equação define o momento adquirido pelo animal, expresso em kg m s^{-1}.

Alguns animais adotam uma estratégia diferente e aceleram uma pequena massa de água a alta velocidade. Este mecanismo é conhecido como propulsão a jato. Tipicamente, um pequeno volume de água será forçado através de uma abertura estreita, adquirindo alta velocidade. Isto requer a geração de uma grande força, resultando em alta aceleração. O custo metabólico disto é muito alto e este método é utilizado principalmente para mecanismos de fuga, sendo o benefício da fuga (sua vida) suficientemente grande para justificar o alto custo. Exemplos deste mecanismo de fuga são o golpe com a cauda de alguns crustáceos, como as lagostas, e o bater das valvas de alguns moluscos bivalves. Quando ameaçado por uma estrela-do-mar predadora, um bivalve pectinídeo abre as duas valvas e então as fecha de repente; a borda do manto dirige a massa de água dentro das valvas para um ponto atrás da charneira e o molusco 'pula para frente'.

O custo energético da aceleração da massa de água é dado pela equação $0{,}5\ m_w u_w^2$. Uma grande quantidade de energia é necessária para conseguir altas velocidades da água. Não há necessidade de manter uma resposta de fuga indefinidamente, sendo a mudança de velocidade apenas a necessária para por a presa fora do perigo – uma 'fuga para a terceira dimensão' – e isto pode justificadamente ser sustentado por respiração anaeróbica.

Uns poucos animais, entretanto, utilizam propulsão a jato para uma locomoção sustentada por longas distâncias. Isto é tipicamente visto em medusas, nas quais a água é expelida pelo

Quadro 10.6 A natação dos vermes de corpo liso

1 A natação de animais de corpo liso pode ser analisada considerando-se os movimentos de uma única parte do corpo.
2 Tal unidade descreve um movimento em 8, onde há um ângulo com o eixo transversal ao movimento, quando ela cruza o eixo do movimento. Nesta análise, apenas as forças atuando na linha mediana da unidade são consideradas, embora isto seja uma simplificação.

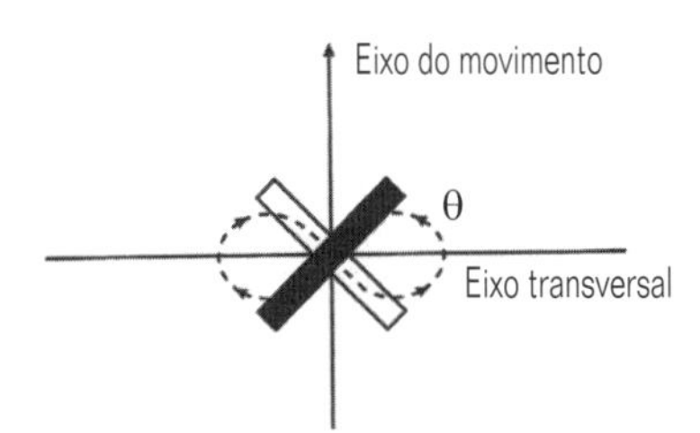

A compreensão das forças envolvidas requer um conhecimento de resolução de forças (veja o Quadro 10.3).
3 Se o corpo estivesse em repouso, o movimento do corpo ao cruzar o eixo longitudinal do movimento exerceria uma força e poria uma massa de água em movimento (veja o Quadro 10.2 – energia cinética e atrito).

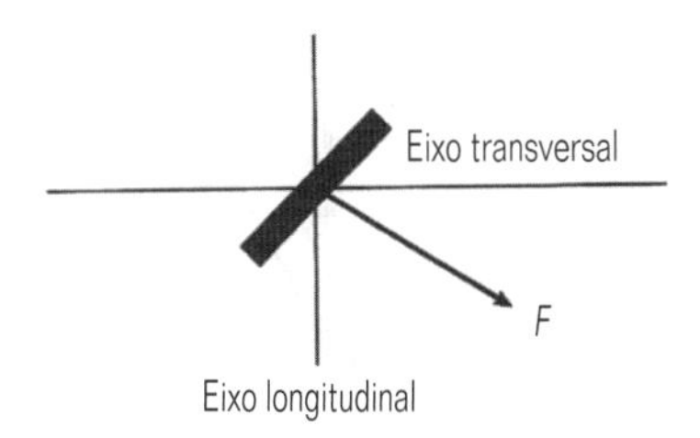

Um componente da força F, F”, fará com que a água se desloque ao longo da superfície do corpo, mas o componente F’ age em ângulo reto ao corpo e faz com que a água seja posta em movimento.

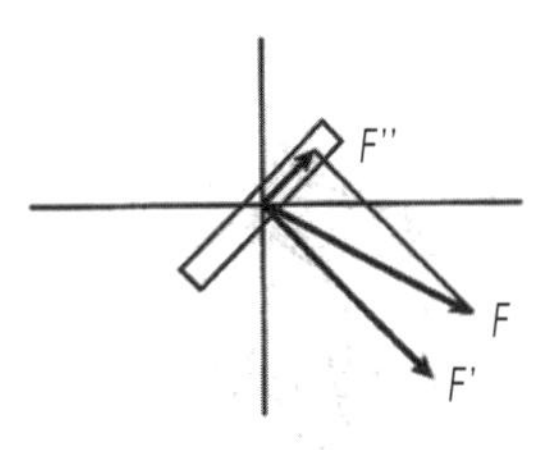

A força de reação RF’, igual e oposta a F’, pode ser dividida em componentes paralelo e normal ao eixo do movimento do animal.

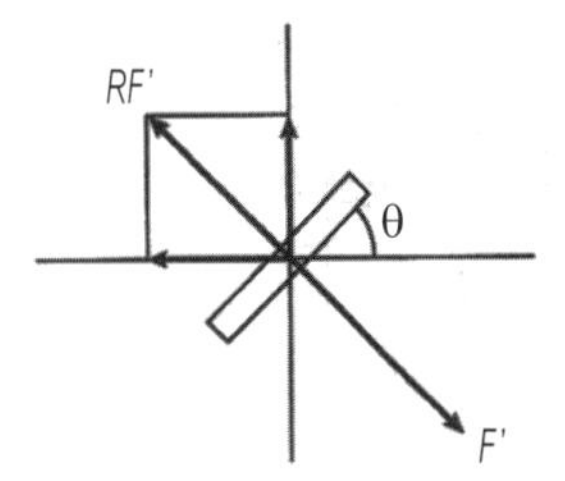

Durante a passagem de uma onda completa, as forças transversais anulam-se uma à outra, mas os componentes agindo ao longo do eixo do movimento têm seus efeitos somados.
À medida que o animal adquire velocidade, o movimento do corpo é tal que o ângulo efetivo entre o corpo e o eixo do movimento é reduzido. Tal ângulo é chamado ângulo de ataque (α).

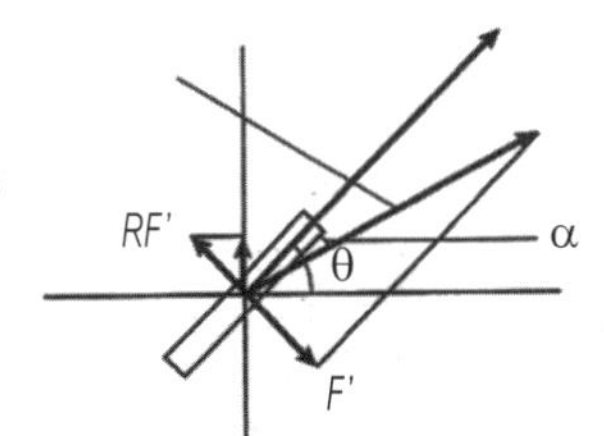

Isto reduz efetivamente a força de resistência agindo ao longo do eixo do movimento. O animal acelerará até que esta força seja igual ao atrito.

sino ondulante, embora numa velocidade relativamente baixa, e entre os moluscos cefalópodes. Cefalópodes como Octopus usam a propulsão a jato como o fazem os outros animais, apenas para uma resposta de fuga. Há cefalópodes, entretanto, que mantêm uma natação por propulsão a jato por longos períodos de tempo. Os princípios são explicados no Quadro 10.7. As pressões dos jatos gerados e as velocidades alcançadas variam consideravelmente e Nautilus, um exemplo vivo de um tipo de cefalópode mais primitivo, usa jatos de baixa pressão. O custo do transporte é medido em energia por unidade de massa por unidade de distância e pode ser expresso na unidade J kg^{-1} m^{-1}. Isto foi calculado para os cefalópodes mostrados na Figura 10.30, onde é comparado com os valores da propulsão de uma medusa, a baixa velocidade, mas com baixo custo, e com um representante teleósteo, como o salmão. O custo do transporte dos cefalópodes é muito mais alto do que aquele do teleósteo, dentro da variação das velocidades típicas, embora seja claramente muito menor do que aquele registrado para um bivalve em fuga.

Os cefalópodes parecem ser verdadeiros atletas, dentre os invertebrados marinhos. Como eles mantêm esses custos energéticos e como eles os minimizam, aumentando a eficiência da natação ao se aproveitarem dos sistemas de correntes oceânicas, permanece um desafio para o futuro.

10.6.2 Vôo: invertebrados que conquistaram o ar

10.6.2.1 A possível origem do vôo

De todas as maneiras pelas quais os invertebrados se movimentam, nenhuma é tão notável quanto o vôo de insetos. Ao voar, os insetos são capazes de escapar de predadores, de se mover de um ambiente para outro e de encontrar um parceiro para a reprodução. O vôo de insetos é tão conhecido, que nós quase o menosprezamos. Todos nós sabemos que os insetos podem voar, mas como o vôo evoluiu e como ele funciona?

Quadro 10.7 Propulsão a jato

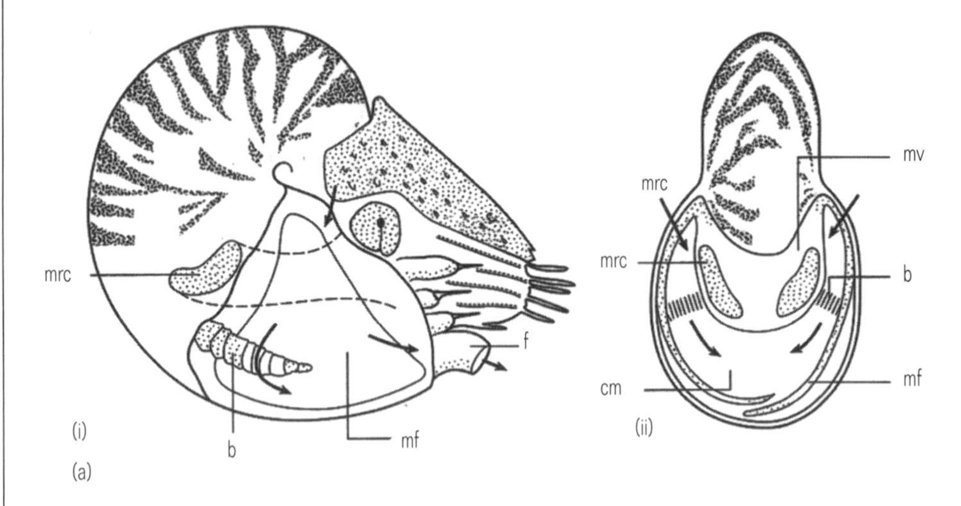

(a) Anatomia locomotora de Nautilus. (i) Em vista lateral. (ii) Em secção transversal, cm cavidade do manto, f funil, mf musculatura das abas laterais do funil, b brânquias, mrc musculatura retratora cefálica, mv massa visceral (A partir de Chamberlain, 1990).

1 Na propulsão a jato, o animal impõe uma velocidade a um corpo de água pequeno, inicialmente encerrado em uma cavidade. A força contra a água e a força de reação agem ao longo da linha do movimento.
2 A propulsão a jato é observada em cefalópodes primitivos, como o Nautilus, onde envolve baixa pressão do manto e velocidade de propulsão relativamente baixa.
3 Na maioria das lulas atuais, as pressões geradas e os volumes de propulsão alcançados são muito maiores do que em Nautilus. Nas lulas, o volume na cavidade do manto é aumentado pela contração dos músculos que a circundam. Há, portanto, uma força agindo em ângulo reto à parede do corpo em todos os pontos.

Força = pressão x área

O jato expelido (kg m^{-2}) é igual ao produto da velocidade do jato u_j (m s^{-1}), fluxo da propulsão Q (m^3 s^{-1}) e densidade d_w. Esta expulsão depende da pressão p (Pa) gerada na cavidade do manto e da área A (m^2) da abertura por onde a água é expelida.

A equação para esta relação é:

$$u_j Q d_w = 2Ap$$

4 Como a massa de água expelida é menor do que a massa corporal do animal, o jato é expelido a uma velocidade maior do que o animal que é impelido na direção contrária. Mecanismos a jato com esta característica têm baixa eficiência.

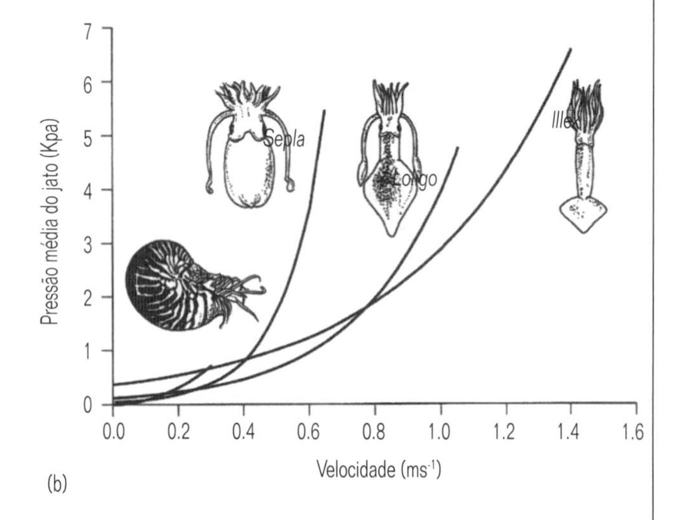

(b) Pressões do jato e velocidade alcançada por uma variedade de cefalópodes.

5 Parte do trabalho realizado pelos músculos ao contrair a cavidade do manto é utilizada para distorcer a elástica parede do corpo, mas também há músculos antagônicos que restabelecem o volume original da cavidade do manto. Estes músculos são os retratores cefálicos mostrados na figura (a) acima.

A evidência fóssil para a origem dos insetos alados é notoriamente falha, de maneira que a evolução do vôo entre os ancestrais de insetos, cerca de 300 milhões de anos atrás, deve ser inferida por outras fontes de informação. A verificação de que os padrões de venação das asas de insetos seguem um padrão comum sugere que o vôo deve ter aparecido apenas uma vez. Entretanto, a evolução do vôo iniciou uma incrível radiação e diversificação entre os insetos e hoje há muitos padrões e mecanismos de vôo diferentes. As asas de insetos são estruturas adultas, que somente se tornam completamente funcionais no estágio de adulto ou imago. Os estágios pré-adultos não possuem asas funcionais. Em insetos endopterigotos holometábolos, as asas em formação são discos imaginais internos, mas nos exopterigotos hemimetábolos, elas são externas.

O vôo deve ter evoluído após a evolução de proto-asas, que desempenhavam alguma outra função. Uma possibilidade é que ele tenha evoluído do movimento de insetos que planavam no ar, entretanto esta não é a única possibilidade. Uma hipótese alternativa diz que as asas evoluíram de placas branquiais articuladas, que ainda são usadas para a ventilação e locomoção

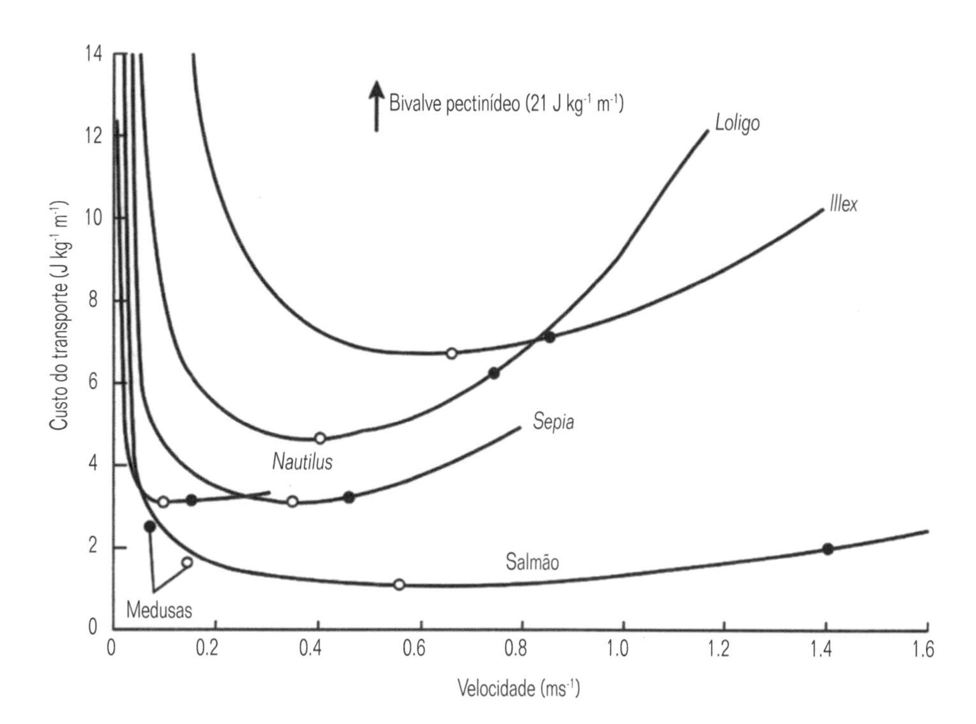

Fig. 10.30 Comparação do custo do transporte numa variedade de velocidades para os cefalópodes ilustrados no Quadro 10.7, comparados com um peixe teleósteo, o salmão (Segundo O'Dor, R.K. & Weber, D.M. 1991.J. exp. Biol., 160, 93-112).

em algumas larvas aquáticas de insetos. Um modelo plausível é fornecido pelo plecóptero Allocapnia vivipara. Este animal não é capaz de voar, mas usa as suas asas para velejar sobre a superfície da água. As asas são levantadas no vento e isto fornece uma maneira de movimento aerodinâmico sem que haja o bater das asas. Alguns outros insetos do mesmo grupo, por exemplo, Taeniopteryx burksi, são capazes de bater as suas asas para ajudá-los a velejar na superfície, mas não são capazes de um vôo livre, independente da superfície. Isto sugere que as asas de insetos podem ter evoluído 'de placas branquiais articuladas de ancestrais aquáticos, através de um estágio intermediário semi-aquático'.

Qualquer que tenha sido a maneira através da qual as asas de insetos se originaram, durante os cerca de 300 milhões de anos subsequentes o seu mecanismo básico foi modificado e refinado muitas vezes. Consequentemente, os insetos atuais exibem uma grande variedade de adaptações estruturais e aerodinâmicas. Os modos de voar em insetos são muito mais diversificados do que aqueles de pássaros ou morcegos. A Figura 10.31 mostra uma seleção de formas de asas de insetos, que são aqui desenhadas todas do mesmo tamanho, mas que, na verdade, diferem marcadamente no tamanho absoluto (veja também as Figs. 8.29 e 8.31).

As asas que possibilitaram velejar ou voar em insetos terrestres podem também ter estado envolvidas na regulação da temperatura ou na respiração. Sem dúvida, muitos insetos vivos usam as suas asas como os Lepidoptera (p. ex., borboletas) o fazem, para aumentar a temperatura corporal absorvendo energia solar, enquanto outros, como os Hymenoptera (p. ex., abelhas e vespas), aumentam a temperatura corporal antes de voar batendo as asas. Foi sugerido que as mudanças na escala relativa poderiam ter causado uma mudança pela qual as asas, inicialmente com funções relacionadas à regulação da temperatura ou respiração, adquiriram novas propriedades aerodinâmicas. Nós já vimos, entretanto, que esta não é a única hipótese para a origem das asas.

Insetos voadores primitivos provavelmente usavam movimentos das asas relativamente lentos e podem ter sido capazes de planar, graças a forças aerodinâmicas estáveis ou em equilíbrio dinâmico. A aerodinâmica do vôo com batimento das asas exibido pelos insetos vivos, entretanto, só pode ser entendida se forem consideradas condições não de equilíbrio dinâmico e fluxos de ar instáveis.

10.6.2.2 *Mecanismos e controle do movimento das asas*

As libélulas e afins (Odonata) são insetos relativamente grandes que usam movimentos lentos das asas. Os músculos que sustentam o vôo são diretos, aderidos à base das asas, conforme mostra a Figura 10.32. A contração do par de músculos internos, que está diretamente aderido às extremidades proximais das bases das asas, as levantará, enquanto a contração do par de músculos externos, que está aderido mais distalmente, as abaixará. Este arranjo muscular é chamado 'músculos diretos do vôo'. Nas libélulas, há uma relação de um-para-um entre a frequência dos impulsos nervosos que estimulam as contrações dos músculos diretos do vôo e a frequência da contração, conforme mostrado na Figura 10.32a(ii). Os insetos com tal relação de um-para-um entre a frequência da contração da musculatura do vôo e os disparos da inervação desta musculatura são ditos 'sincrônicos'.

As libélulas e os gafanhotos também possuem músculos do vôo aderidos às paredes do tórax. A contração destes músculos provoca uma mudança na forma do tórax e isto acaba por mover as asas. Músculos dispostos desta maneira são chamados 'músculos indiretos do vôo'. Nos Odonata, os músculos indiretos do vôo são relativamente pequenos, mas na maioria das espécies de insetos estes músculos são muito maiores e fornecem a maior parte da força para o vôo.

Os músculos indiretos do vôo agem deformando a caixa segmentar torácica, à qual as asas estão aderidas, e exploram

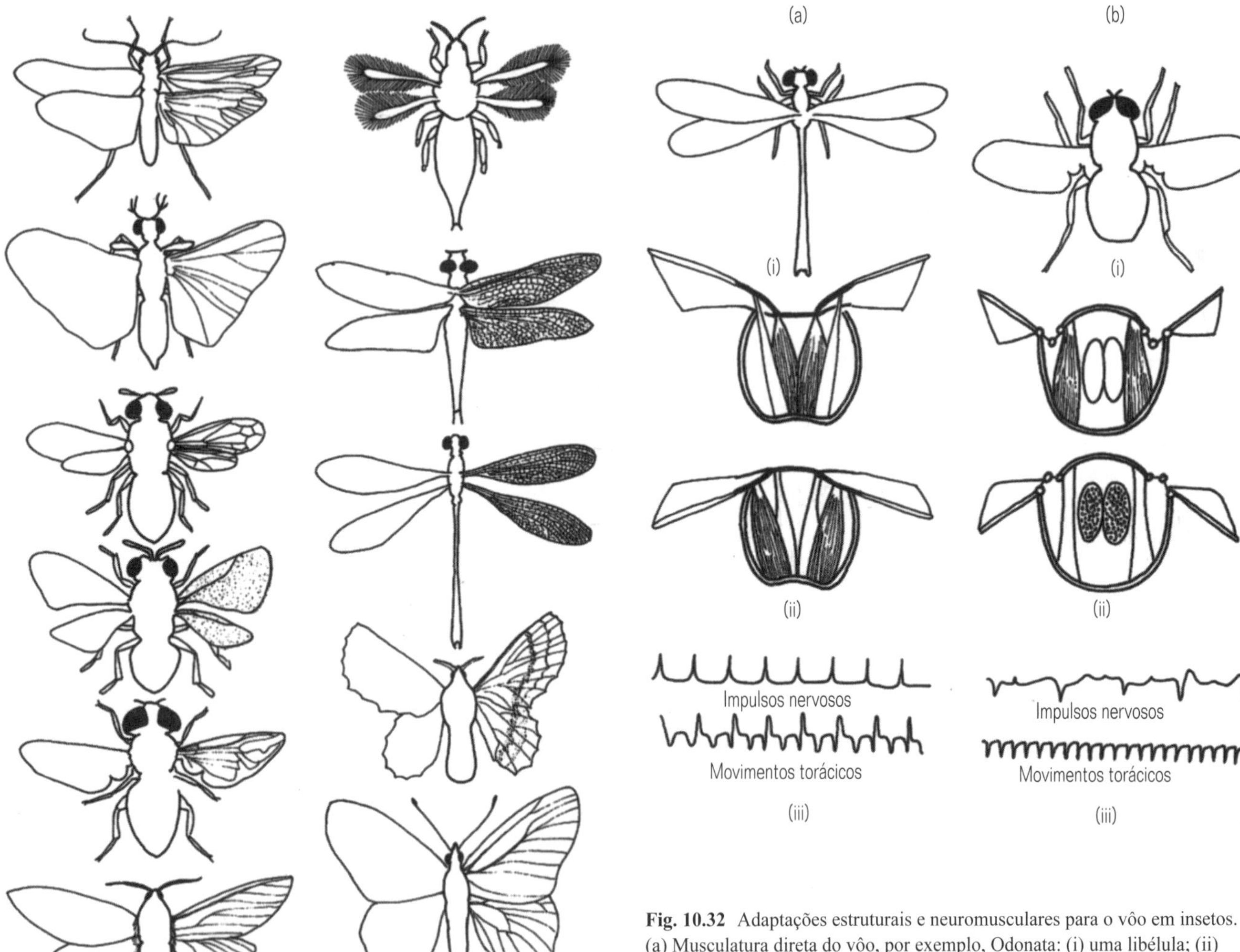

Fig. 10.31 Formas das asas em insetos. Estes animais estão aqui desenhados aproximadamente do mesmo tamanho, mas na verdade eles possuem dimensões marcadamente diferentes (veja também a Fig. 8.29) (Segundo O'Dor &Weber, 1991).

Fig. 10.32 Adaptações estruturais e neuromusculares para o vôo em insetos. (a) Musculatura direta do vôo, por exemplo, Odonata: (i) uma libélula; (ii) secção transversal do tórax de uma libélula, mostrando os músculos diretos do vôo aderidos à base das asas; (iii) registros dos impulsos nervosos sincrônicos e dos movimentos torácicos registrados em insetos deste tipo. (b) Musculatura indireta do vôo, por exemplo, Diptera: (i) uma mosca; (ii) secção transversal do tórax, mostrando os principais músculos antagônicos do vôo; (iii) registros dos impulsos nervosos assincrônicos e dos movimentos torácicos registrados em insetos deste tipo (Segundo Pringle, 1975).

a energia armazenada ou as propriedades elásticas da cutícula dos insetos. Os músculos antagônicos são pares de músculos indiretos do vôo, verticais e longitudinais, conforme mostrado na Figura 10.32b. O tórax é formado por três placas articuladas curvas de cada lado, as placas tergal, pleural e esternal (Fig. 10.33). A asa é uma extensão lateral da placa tergal, que se apóia e articula com uma extensão da placa pleural, o processo alar.

Quando a musculatura longitudinal indireta do vôo se contrai, a placa tergal se curva para cima e a asa é forçada para baixo, articulando-se no processo alar. Quando os músculos verticais se contraem, a placa tergal é puxada para baixo e achatada, causando depressão da asa. A asa é uma alavanca (veja o Quadro 10.4) e pequenos movimentos da placa tergal induzem movimentos relativamente grandes da ponta da asa, que deve, portanto, adquirir altas velocidades. Isto torna possível o vôo acrobático e ágil de tantos insetos.

Este sistema tem muitas propriedades especiais. A placa tergal move-se de um estado estável para outro e, ao fazê-lo, armazena energia elástica. As contrações dos músculos do vôo forçam a placa tergal a se mover contra uma placa elástica, deformando a placa pleural. Quando a asa passa pelo ponto mediano, ela se moverá rapidamente para outra posição estável. Isto permite a rápida liberação da energia armazenada na placa pleural deformada. Pensava-se antes que, na verdade, a asa passasse de uma posição estável para outra (veja a Fig. 10.34). Estudos mais detalhados da cinemática do movimento das asas, entretanto, não sustentam este mecanismo. Ele prevê que a velocidade da ponta da asa diminuísse à medida que ela se aproximasse do ponto mediano do movimento, seguido por aceleração em direção à posição estável. Isto não foi observado e a maneira exata pela qual a caixa torácica armazena e libera energia continua sendo assunto de ativa investigação.

O trabalho feito por um inseto voador inclui o trabalho necessário para acelerar a asa e a massa de ar que se move com ela. Quando a asa se desacelera, uma grande parte da energia inercial é armazenada num sistema elástico e é liberada no golpe de

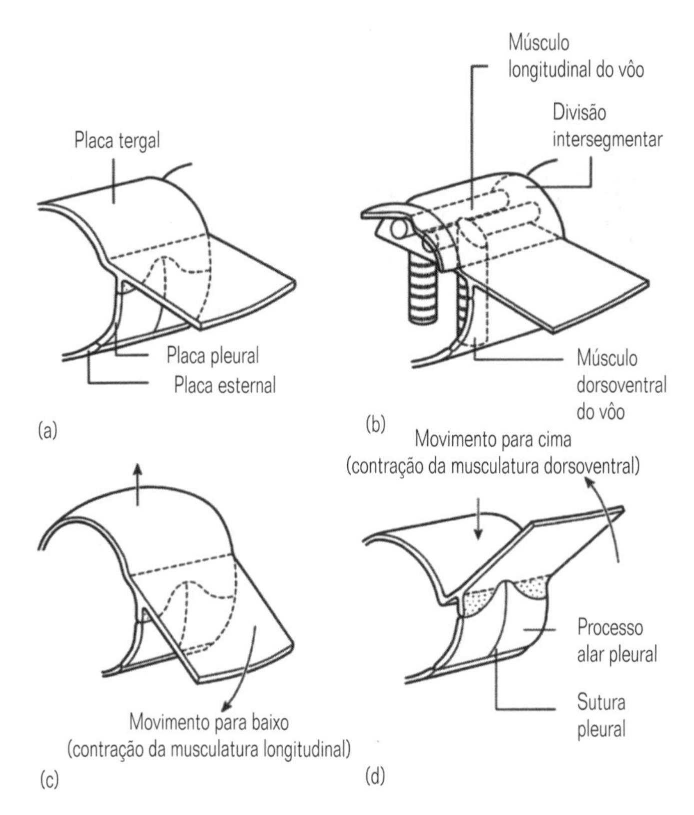

Fig. 10.33 Geração dos movimentos das asas pela ação de músculos indiretos do vôo, na 'caixa torácica' de insetos. (a) Os três componentes da caixa torácica: as placas tergal, pleural e esternal. (b) Músculos indiretos do vôo dorsoventral e longitudinal, que se opõem um ao outro, através das propriedades elásticas das placas. (c) A contração dos músculos longitudinais faz com que a placa tergal se curve para cima, forçando as asas a ela aderidas a se moverem para baixo, articulando-se com o processo alar da placa pleural. (d) A contração dos músculos dorsoventrais do vôo causam o achatamento da placa tergal e as asas se movem para cima.

força subsequente. Em gafanhotos e libélulas, que, como vimos acima, possuem músculos do vôo diretos, a energia é armazenada na proteína resilina elástica, na cutícula. Os resultados de estudos utilizando uma abelha como modelo sugerem que uma quantidade substancial de energia seja armazenada nos elásticos músculos indiretos do vôo. De acordo com este modelo, as asas da abelha comportam-se como um pêndulo sendo puxado por músculos antagônicos, que, por sua vez, agem como molas moderadamente rígidas (Fig. 10.35).

Em alguns insetos com músculos do vôo indiretos, pode haver uma relação de um-para-um entre o período de batimento da asa e a frequência de disparos nervosos nos nervos responsáveis pelas contrações musculares. Esses insetos, portanto, também são sincrônicos. Entretanto, muito mais frequentemente, a frequência das contrações musculares e dos batimentos das asas é muito maior do que os disparos nervosos da inervação dos músculos do vôo, como mostrado na Figura 10.32b(iii). Os insetos exibindo este padrão são ditos 'assincrônicos'. A assincronia é uma adaptação que permite que os músculos se contraiam e relaxem muitas vezes por segundo. A frequência em algumas moscas minúsculas pode chegar a várias centenas de batimentos por segundo. Isto ocorre porque os músculos são muito sensíveis ao estiramento. Quando um conjunto de músculos indiretos do vôo se contrai, ele estira a musculatura antagônica e isto age diretamente no mecanismo contrátil, iniciando um novo ciclo de contração (veja a Fig. 10.35). Músculos assincrônicos do vôo são normalmente encontrados em pequenos insetos, como moscas, abelhas, vespas e besouros. Mariposas e borboletas têm grandes músculos do vôo, sincrônicos, mas indiretos.

Conforme veremos abaixo, a aerodinâmica do vôo de insetos envolve muito mais do que um simples movimento para cima e para baixo. Ajustes finos e torção das asas estão envolvidos e estes movimentos são controlados, nos insetos com músculos indiretos do vôo grandes, por músculos diretos do vôo menores. Isto permite dirigir o vôo com uma notável habilidade para acrobacias.

10.6.2.3 A asa como um aerofólio e gerador de redemoinhos de ar

A evolução do vôo de insetos tem sido associada a desenvolvimentos funcionais que lhes permitiram dobrar as asas. As asas dos primeiros insetos, como aquelas dos Odonata viventes, só podiam ser mantidas rígidas, lateralmente ao corpo. Desenvolvimentos subsequentes tornaram possível para alguns insetos dobrar as asas verticalmente, como efêmeras e borboletas. Avanços ainda maiores permitiram o desenvolvimento de asas verdadeiramente dobráveis, que podiam ser mantidas fechadas

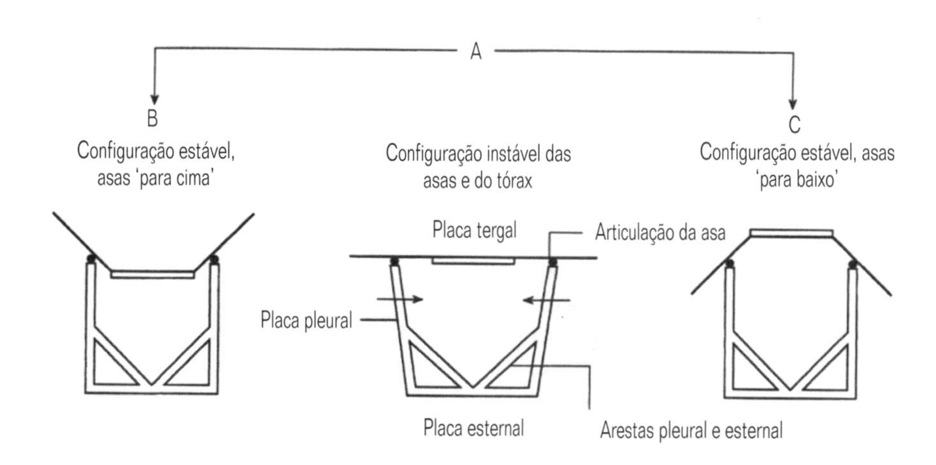

Fig. 10.34 Representação diagramática do 'mecanismo de clique' que desempenha um papel no vôo de insetos. As posições 'para cima' e 'para baixo' são estáveis, mas o ponto mediano, quando as asas passam pelo plano horizontal, é instável, pois, nesta posição, as laterais das placas pleurais elásticas são empurradas para fora. Uma análise da cinemática do movimento das asas mostra que as asas não alcançam velocidade mínima neste ponto, como este modelo previa, e assim o mecanismo de clique não é o único determinante do movimento das asas (Segundo Brackenbury, J. 1995. Insects in Flight. Blandford, London).

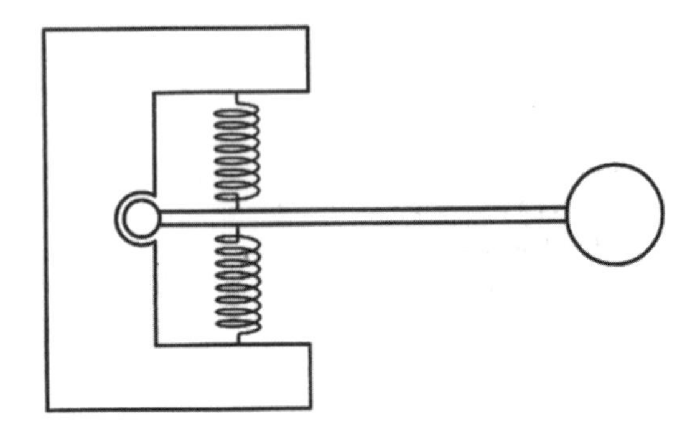

Fig. 10.35 Modelo mecânico do sistema da asa de insetos. O estiramento de uma mola armazena energia e causa uma resposta. As pressões das molas e as forças inerciais são grandes o suficiente para que a força gravitacional na asa possa ser desprezada (segundo Josephon, R.K. 1997. J. exp. Biol.,

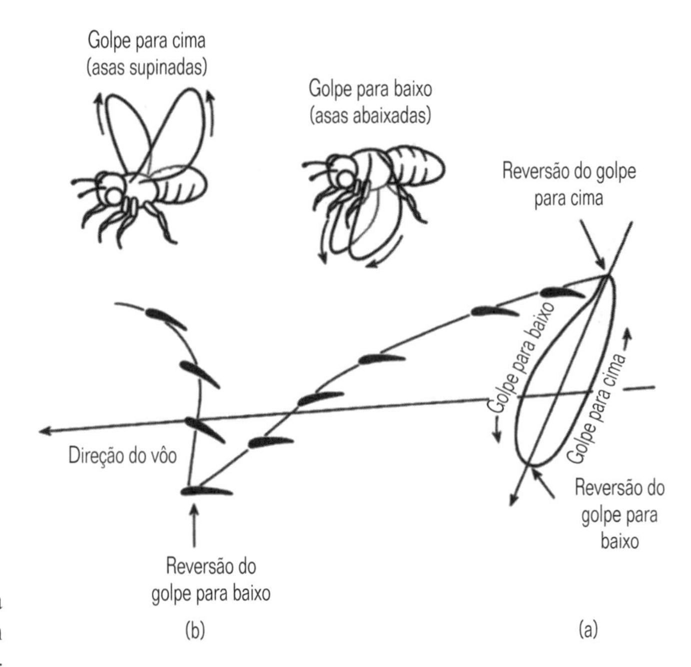

Fig. 10.36 Diagrama do caminho traçado pela ponta da asa de um inseto voador, como Drosophila. (a) A alça fechada representa o caminho da ponta da asa em relação ao inseto. (b) O padrão serrilhado é o caminho da ponta da asa em relação a um ponto de observação fixo. As seções escuras da asa mostram variações no ângulo de ataque do aerofólio. O ângulo de ataque é o ângulo entre a margem anterior da asa e o fluxo de ar (veja também o Quadro 10.6). A rotação da asa para baixo ocorre antes do golpe para baixo e a rotação para cima, antes do golpe para cima. O empuxo é gerado durante ambos os golpes das asas (Segundo Brackenbury, J. 1995. Insects in Flight. Blandford, London).

sobre o abdome. Isto permitiu aos insetos adultos o acesso a hábitats crípticos e as ordens de insetos mais modernas podem dobrar as asas desta maneira. Isto, por sua vez, permitiu o desenvolvimento de estojos protetores das asas, como nos Coleoptera (besouros) (Fig. 8.31).

As asas pareadas de insetos são normalmente mantidas juntas numa única unidade aerodinâmica. Borboletas e mariposas (Lepidoptera) e abelhas e vespas (Hymenoptera) são exemplos bem conhecidos. Em Coleoptera, o par anterior de asas modificou-se em estojos protetores das asas, mas pode desempenhar um importante papel aerodinâmico no vôo rápido desses insetos. Nos Diptera (moscas verdadeiras, mosquitos etc.), que podem ter a maior capacidade acrobática, as asas posteriores encontram-se modificadas em órgãos sensoriais especializados – os halteres. É interessante que a origem dos halteres a partir das asas pode ser verificada em algumas mutações genéticas, que fazem com que os halteres se desenvolvam como asas (veja o Capítulo 15).

O controle do vôo nos insetos avançados é altamente desenvolvido. Os impulsos nervosos assincrônicos, que caracterizam o vôo de dípteros (Fig. 10.32a), mantêm os músculos do vôo num estado de excitação, caracterizado por altos níveis de íons cálcio citoplasmáticos. A frequência dos batimentos das asas é, então, uma função das propriedades físicas da caixa torácica e da qualidade de mola dos músculos do vôo. Um dos efeitos da contração de um conjunto de músculos do vôo é causar o estiramento do conjunto antagônico, promovendo uma sequência de contrações alternadas, que será mantida por todo o tempo em que os músculos do vôo estiverem no estado excitado.

As asas de insetos não são simples remos rígidos, mas estruturas flexíveis, frequentemente pregueadas, cuja forma durante os movimentos do vôo é determinada pelo padrão de venação e pelas pressões do ar às quais estão sujeitas. Muitas possuem pêlos ou escamas microscópicos e estes alteram a maneira pela qual o ar flui sobre a sua superfície. Não há um modelo simples para o vôo de insetos e os mecanismos em diferentes tipos de insetos são notavelmente variados. Alguns princípios gerais, entretanto, podem ser estabelecidos. Ao voar, a uma velocidade constante, um inseto estará sujeito a duas forças, uma força para baixo, o peso, devida à ação da gravidade na sua massa, e uma força em direção oposta à do movimento, devida à viscosidade do ar e chamada de 'atrito'. As asas, portanto, devem gerar forças que tenham componentes iguais e opostos a essas forças. Essas forças são chamadas 'impulso' e 'empuxo'. Se o impulso for maior do que o atrito, o inseto se acelerará e se o empuxo for maior do que o peso, o inseto subirá.

O ar é um meio fluido e os movimentos das asas que geram impulso e empuxo só podem fazê-lo gerando movimentos no ar, como um navio em movimento deixa atrás de si uma trilha de água em movimento. Os movimentos de insetos voadores ocorrem a altos números de Reynolds e as forças inerciais são importantes. As asas de insetos sofrem rotação durante o vôo e geram impulso e empuxo tanto no golpe para baixo, quanto naquele para cima. A asa é geralmente rodada, de maneira que a sua margem anterior seja virada para cima no golpe para cima e para baixo durante o golpe para baixo, de maneira que o 'ângulo de ataque' mude (Fig. 10.36). A ponta da asa descreve uma trajetória elíptica ou em forma de 8 fechado, em relação ao inseto, que, para um inseto a uma velocidade para frente, seria vista como um padrão serrilhado em relação a um ponto de referência estacionário, externo ao inseto. Este padrão é mostrado na Figura 10.36.

O coeficiente do empuxo produzido pela maioria dos insetos é maior do que seria esperado para um aerofólio convencional e foi impossível estabelecer um modelo para a maioria dos insetos voadores baseado num aerofólio em equilíbrio dinâmico. A chave para entender o vôo de insetos está no reconhecimento de que, num estado de não equilíbrio dinâmico, forças instáveis são geradas pelos movimentos das asas e o inseto deixa uma trilha de redemoinhos de ar em movimento, que fornecem um registro dessas forças, atrás de si. À medida que a asa se move através do ar, é induzido um movimento circular de ar em torno da asa. Durante o vôo, este tubo de ar em movimento é liberado pelas pontas das asas. O princípio é explicado no Quadro 10.8. Para formar uma massa de ar em movimento e para deixa-la atrás, é claramente necessário gerar uma força. A reação a essa força terá os componentes para frente e para baixo, a que chamamos impulso e empuxo.

Quadro 10.8 Geração de redemoinhos e vôo

1 O vôo de insetos é uma consequência de um fluxo de ar não em equilíbrio dinâmico gerado pelos movimentos das asas. Uma característica importante são a produção e liberação de redemoinhos de ar em movimento. Para gerar um redemoinho num fluido, precisa ser realizado trabalho.
2 No vôo, os movimentos das asas geram circulação próximo à superfície do aerofólio, que é liberada pela asa como um redemoinho, quando esta reverte a sua direção ou muda de forma ou inclinação (veja abaixo). O mecanismo foi visto numa mosca.

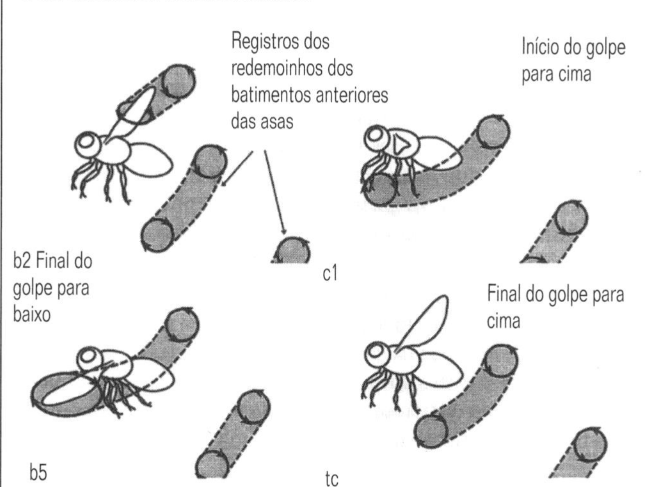

(Segundo Dickinson & Gotz, 1996)

3 À medida que as asas se afastam, durante o golpe para baixo, (b1-b4), ar em circulação é constantemente perdido pelas pontas das asas e isto forma uma alça de redemoinhos de ar em circulação, aderida às asas.

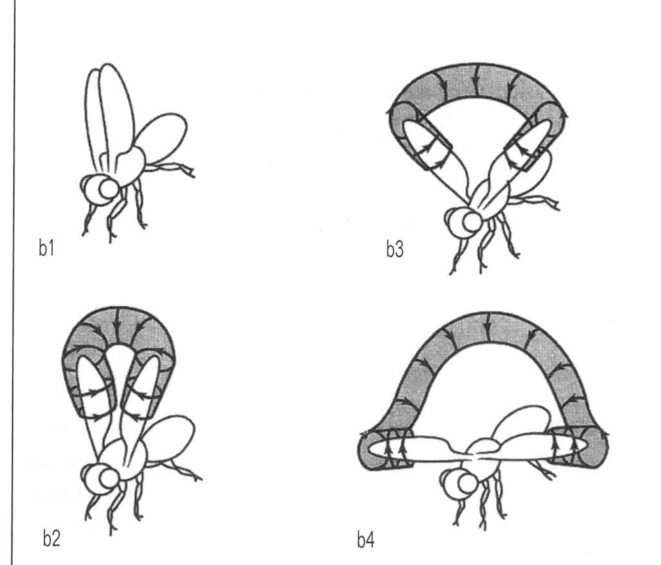

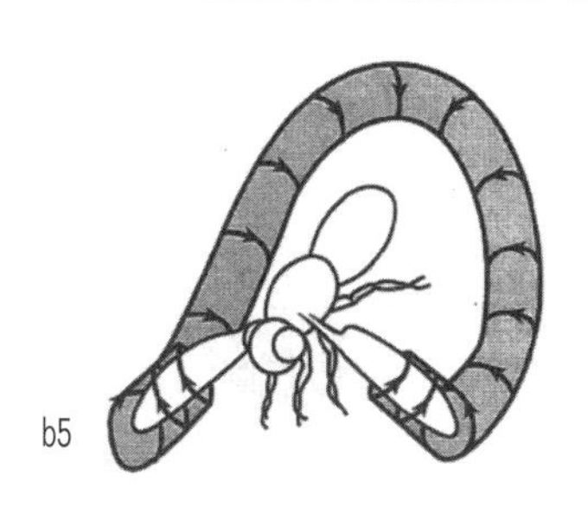

(Segundo Dickinson & Gotz, 1996)

Após o final do golpe para baixo b5, quando se viram em direção ventral (vv), as asas liberam esta alça de redemoinhos, que se desloca para trás ao longo da superfície ventral da mosca durante o golpe para cima c1-c3.

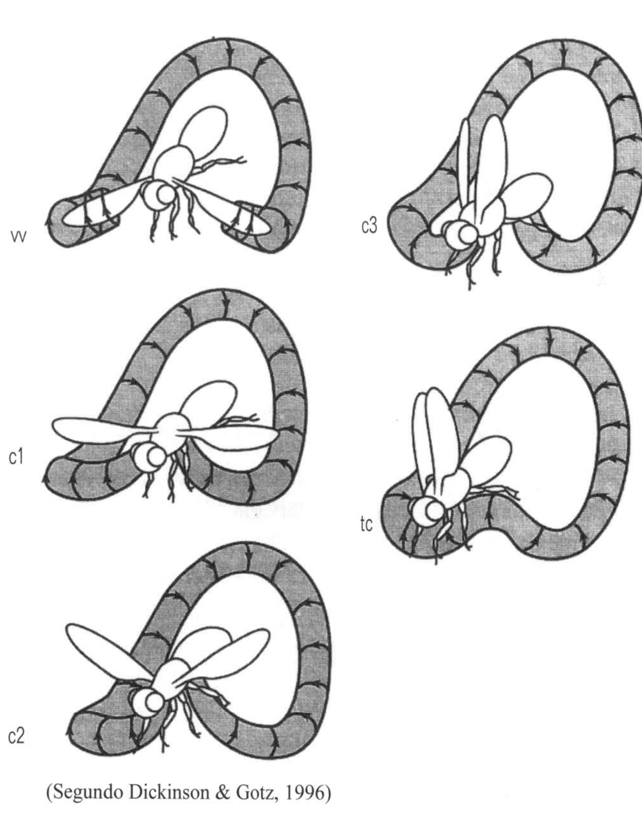

(Segundo Dickinson & Gotz, 1996)

Quando as asas alcançam o topo de seu movimento para cima (tc), elas se espremem uma contra a outra, liberando a alça pela parte posterior da mosca.
Pode-se supor que um inseto voando seja sustentado e impelido para frente por uma força de reação Q, resultante dos anéis de redemoinhos liberados para baixo (veja acima).

Continua p. 268

Quadro 10.8 *(continuação)*

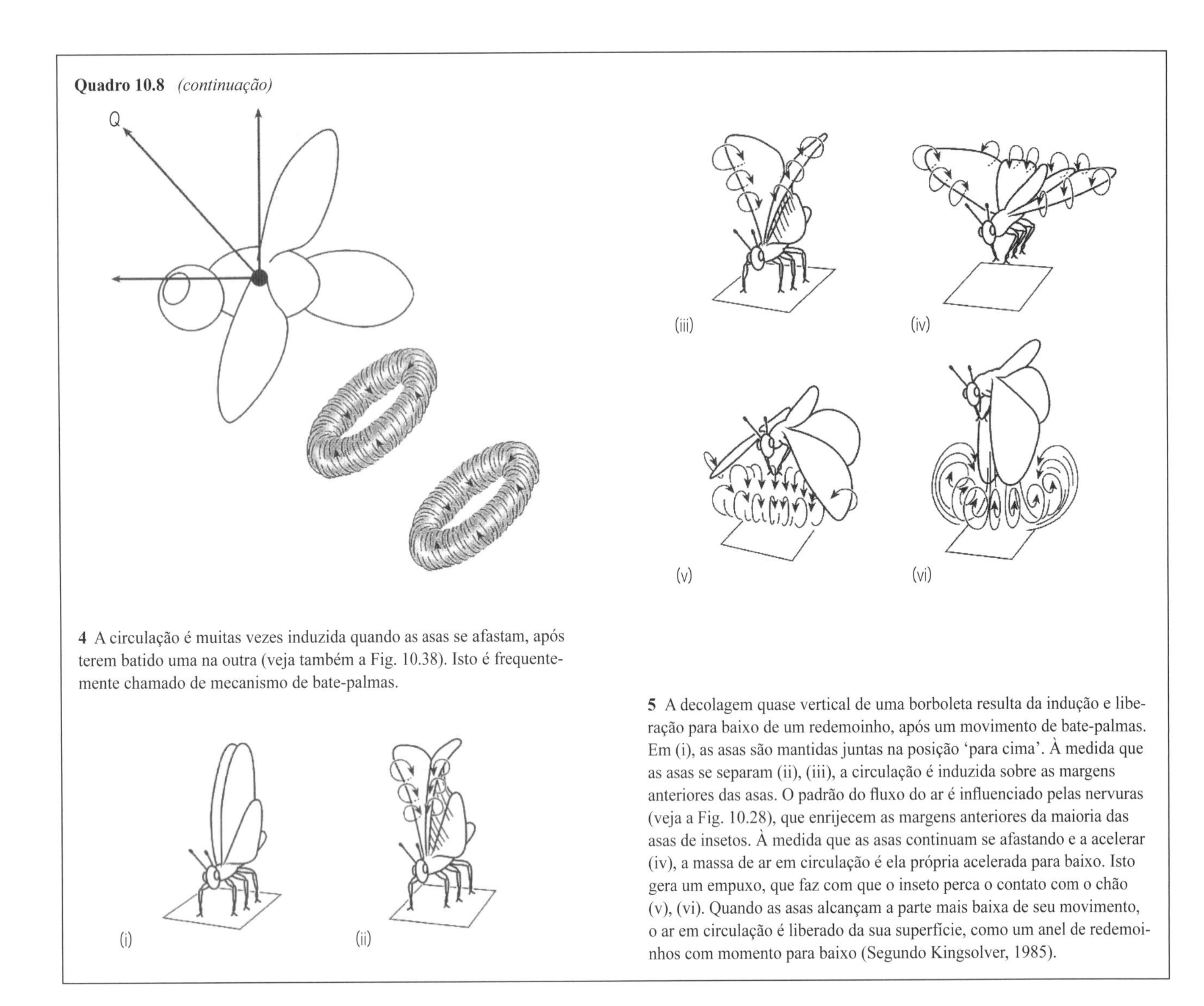

4 A circulação é muitas vezes induzida quando as asas se afastam, após terem batido uma na outra (veja também a Fig. 10.38). Isto é frequentemente chamado de mecanismo de bate-palmas.

5 A decolagem quase vertical de uma borboleta resulta da indução e liberação para baixo de um redemoinho, após um movimento de bate-palmas. Em (i), as asas são mantidas juntas na posição 'para cima'. À medida que as asas se separam (ii), (iii), a circulação é induzida sobre as margens anteriores das asas. O padrão do fluxo do ar é influenciado pelas nervuras (veja a Fig. 10.28), que enrijecem as margens anteriores da maioria das asas de insetos. À medida que as asas continuam se afastando e a acelerar (iv), a massa de ar em circulação é ela própria acelerada para baixo. Isto gera um empuxo, que faz com que o inseto perca o contato com o chão (v), (vi). Quando as asas alcançam a parte mais baixa de seu movimento, o ar em circulação é liberado da sua superfície, como um anel de redemoinhos com momento para baixo (Segundo Kingsolver, 1985).

Uma maneira de visualizarmos os movimentos de ar causados pelo vôo é através da observação de um inseto numa corrente de partículas de fumaça no ar em movimento. A forma e a natureza da estrutura da trilha deixada é altamente complexa e depende de detalhes da morfologia da asa, quando ela se move através do ar. A Figura 10.37 mostra uma estereofotografia tirada de uma série de imagens da trilha gerada pelo vôo amarrado da mariposa Manduca. Os componentes desta trilha são mostrados na Figura 10.37b. Quando as asas de um inseto batem uma na outra e depois se separam, as margens anteriores enrijecidas são as primeiras a ser separadas uma da outra e o ar flui rapidamente para o espaço de baixa pressão que se forma entre as asas (Fig. 10.38). Uma vez que o ar em movimento esteja na sua velocidade máxima, não pode ser realizado mais trabalho pelas asas até que o redemoinho seja liberado. Isto muitas vezes acontece quando as asas mudam a direção do seu movimento, na parte mais baixa do seu golpe. O padrão de nervuras das asas influencia as mudanças de forma que ocorrem e isto irá também influenciar o padrão dos redemoinhos formados e da sua liberação. Alguns detalhes adicionais são dados no Quadro 10.8.

Insetos grandes, como borboletas, usam um mecanismo de bate-palmas para gerar o alto empuxo necessário para a decolagem. Isto também é descrito no Quadro 10.8.

As adaptações de insetos para o vôo são diversificadas. Os maiores Coleoptera alcançam características de vôo que lhes dão valores Re de até 23.000 e, quando estes insetos estão voando, as asas anteriores enrijecidas comportam-se como aerofólios convencionais. As pregas das asas de alguns insetos, bem como a presença de pêlos ou escamas, determinarão o padrão exato do fluxo de ar sobre a superfície das asas e assim influenciam as propriedades aerodinâmicas das asas durante o vôo.

10.6.2.4 *Insetos saltadores: vôo sem asas*

Alguns insetos têm a habilidade de saltar; na maioria deles, é uma importante reação de fuga e qualquer pessoa que já tenha tentado pegar uma pulga saberá quão efetivo é este comportamento imprevisível. A habilidade para saltar está particularmente bem desenvolvida em pulgas, gafanhotos e cigarrinhas.

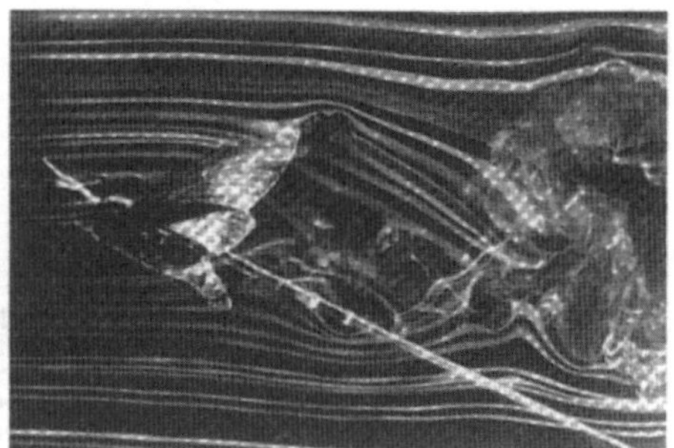

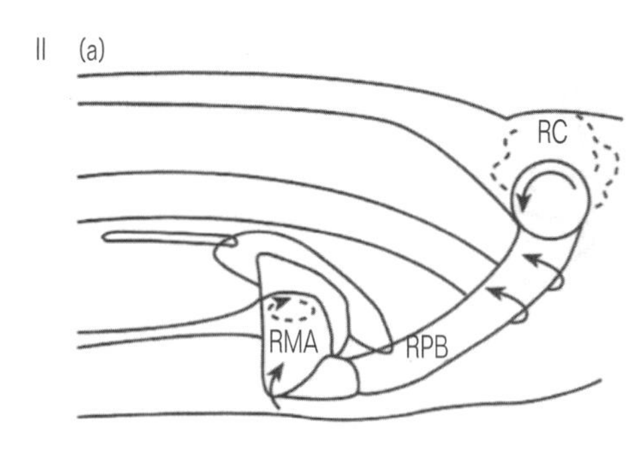

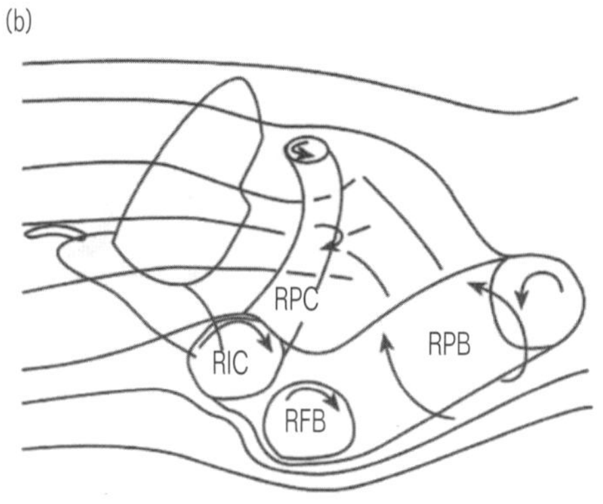

Fig. 10.37 A visualização da trilha de um inseto voador é possibilitada pelo uso de partículas de fumaça no ar em movimento. (I) Fotografias de uma mariposa Manduca amarrada, num fluxo de ar visível pela fumaça: (a) trilha gerada durante o golpe para baixo; (b) trilha gerada durante o golpe para cima. (II) Diagrama esquemático da estrutura da trilha: (a) golpe para baixo; (b) golpe para cima. RMA: redemoinho da margem anterior. RPB: redemoinho da ponta do golpe para baixo. RC: redemoinho da curvatura. RIC: redemoinho do início do golpe para cima. RPC: redemoinho da ponta do golpe para cima. RFB: redemoinho do fim do golpe para baixo (A partir de Willmott, A.P., Ellington, C.P. & Thomas, A.L.R. 1997. Phil. Trans. R. Soc. Lond. B, 352, 303-316).

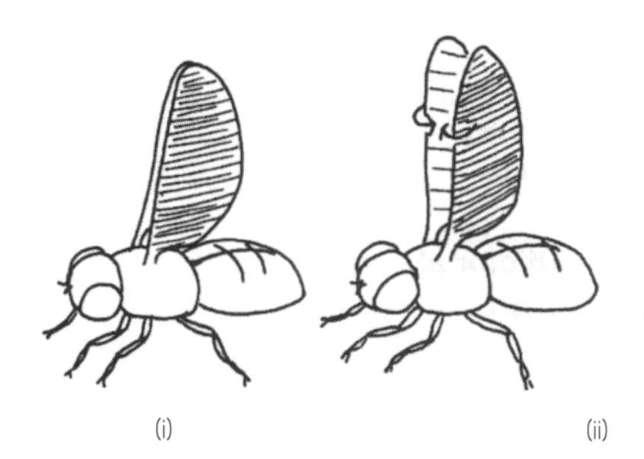

Fig. 10.38 Mecanismo de bate-palmas para a formação de redemoinhos. (i) Na extremidade superior do golpe, as asas batem uma no outra. (ii) As asas são separadas, sendo as margens anteriores enrijecidas as primeiras a ser afastadas e assim estabelecendo uma circulação de ar ao redor das asas. (iii) O movimento para baixo das asas acelera o ar; é realizado trabalho e a força de reação gerada tem componentes que fornecem empuxo e impulso. (Segundo Weis-Fogh), 1975).

Para saltar, um inseto deve exercer uma força contra chão forte o suficiente para lhe impor uma velocidade de decolagem. A altura do salto será definida pela relação:

$$\frac{1}{2}\,mV^2 = \text{mgh}$$

energia cinética = energia potencial no pico do salto

onde m é a massa do inseto, V é a velocidade de decolagem, g é a aceleração devida à gravidade e h é a altura do salto.

Segue-se que:

$$h = \frac{V^2}{2g}$$

e que

$$h = \frac{\text{energia cinética}}{mg}$$

A força exercida contra o chão pela ponta da perna de um inseto saltador terá componentes vertical e horizontal, conforme mostrado para um gafanhoto na Figura 10.39 e o componente vertical é igual a F sen 0.

Um inseto saltador só continuará a se acelerar enquanto os seus pés estiverem em contato com o chão e a velocidade de decolagem será determinada pela escala da força e o tempo pelo qual ela age. Isto, por sua vez, será determinado pelo compri-

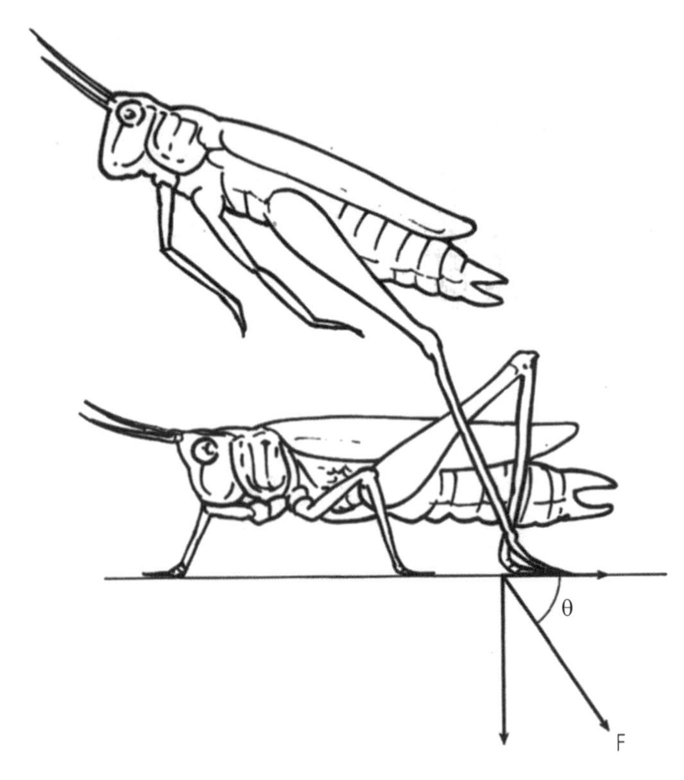

Fig. 10.39 Diagramas de um gafanhoto antes e durante o seu salto. Uma força é transmitida para o chão através da articulação dos pés posteriores (veja o texto). As pernas longas aumentam o tempo durante o qual a força pode agir e assim contribuem para a aceleração adquirida, mas quanto mais alto o salto, menos tempo as pernas empurram o chão. O salto é resultado de uma liberação explosiva de energia e um gafanhoto adulto necessita de mais de $\frac{1}{2}$ s para conseguir tensão suficiente para pular.

mento das pernas. Pernas longas também aumentam a vantagem mecânica dos músculos extensores (veja o Quadro 10.4). Por estas razões, todos os insetos que saltam têm pernas relativamente longas. O limite para esta linha evolutiva é provavelmente imposto pela resistência mecânica da cutícula de insetos, agindo como uma alavanca neste sistema. Em alguns insetos saltadores como as pulgas, é armazenada energia na cutícula elástica através de movimentos que, de fato, 'engatilham' as pernas para o salto e esta energia armazenada é liberada durante o relaxamento dos músculos, que ocorre quando o inseto salta (Fig. 10.40).

10.7 Conclusões

Este capítulo forneceu uma introdução geral aos sistemas locomotores de invertebrados. Você deve compreender os efeitos de escala e as razões pelas quais animais maiores usam células musculares para desenvolver força, enquanto os menores são capazes de usar cílios ou flagelos.

Você deve entender que todos os sistemas de movimentos animais obedecem às mesmas leis mecânicas e que um sistema esquelético está sempre envolvido na aplicação de uma força. O sistema esquelético pode transmitir forças através de um líquido, em um espaço fechado, ou através de um rígido sistema de alavancas.

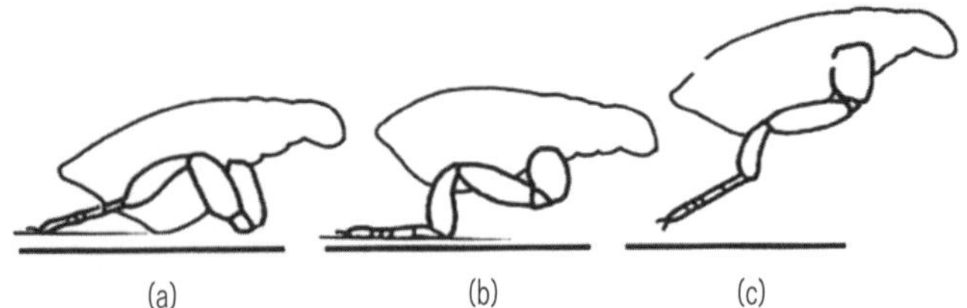

Fig. 10.40 O salto de uma pulga. (a) Os fêmures são erguidos e energia é armazenada em proteínas elásticas deformadas da cutícula. (b) Os fêmures travados são liberados pelo relaxamento dos músculos. A força exercida contra o chão pela tíbia fornece à pulga uma velocidade específica que determinará a altura de seu salto.

Alguns invertebrados são animais de movimentos lentos, outros são muito móveis e ágeis; os moluscos cefalópodes e os insetos, por exemplo, demonstram técnicas locomotoras muito avançadas, compreendendo, por um lado, propulsão a jato, e por outro, vôo com batimento de asas. As análises aqui fornecidas são expressas em termos simples, mas muitos leitores podem querer aprofundá-las com uma análise mais rigorosa. A estes leitores destina-se a lista de leitura adicional abaixo.

É crucial entender os mecanismos da locomoção animal para compreender as origens evolutivas dos grupos animais, já que qualquer possível ancestral deve ter sido estruturalmente semelhante a seu descendente. Ele deve ter trabalhado e obedecido às mesmas leis físicas fundamentais a que estão sujeito os invertebrados viventes.

10.8 Leitura adicional

Anderson, D. T. 1973. Embryology and Phylogeny in Annelids and Arthropods. Pergamon Press, Oxford.

Alexander, R.McN. 1982. Locomotion of Animals. Tertiary Level Biology. Blackie, Glasgow.

Brackenbury, J. 1995. Insects in Flight. Blandford, London.

Clark, R.B. 1964. Dynamics in Metazoan Evolution. Clarendon Press, Oxford.

Chamberlain, J.A. 1990. Jet propulsion of Nautilus: a surviving example of early Palaeozoic cephalopod locomotor design. Can J. Zool., 68, 806-814.

Dickinson, M.H. & Gotz, K.G. 1996. The wake dynamics and flight forces of the fruit fly Drosophila melanogaster. J. exp. Biol., 199, 2085-2104.

Elder, H.Y. & Trueman, E.R. 1980. Aspects of Animal Movement. Society for Experimental Biology Seminar Series. Cambridge University Press, Cambridge.

Hesseid, C.F. & Fowtner, C.R. (Eds) 1981. Locomotion and Energetics in Arthropods. Plenum Press, New York.

Kingsolver, J.G. 1985. Butterfly engineering. Scient. Am., 253 (2), 90-97.

Marden, J.H. & Kramer, M.G. 1995. Locomotory performance in insects with rudimentary wings. Nature, 377, 332-334.

Nybakken, J.W. 1988. Marine Biology: An Ecological Approach. Harper & Row, New York.

O'Dor, R.K. & Weber, D.M. 1991. Invertebrate athletes: Trade-offs between transport efficiency and power density in cephalopod evolution. J. exp. Biol., 160, 93-112.

Rainey, R. C. (Ed.) 1984. Insect Flight. Blackwell Scientific Publications, Oxford.

Schmidt-Nielsen, K. 1984. Scaling: Why is Animal Size so Important? Cambridge University Press, Cambridge.

Trueman, E. R. 1975. The Locomotion of Soft-Bodied Animals. Edward Arnold, London.

Weis-Fogh, T.1975. Unusual mechanisms for the generation of lift in flying animals. Sci. Am., 233 (5), 81-87.

Willmott, A.P., Ellington, C.P. & Thomas, A. L.R. 1997. Flow visualisation and unsteady dynamics in the flight of the Hawkmoth Manduca sexta. Phil. Trans. R. Soc. Lond. B, 352, 303-316.

CAPÍTULO 11

Respiração

A necessidade de O_2 era considerada uma propriedade fundamental de todos os seres vivos. O oxigênio é obtido via superfícies respiratórias de trocas gasosas, como brânquias e pulmões e, uma vez inspirado, é usado para oxidar substâncias orgânicas – em grande parte, mas não exclusivamente, carboidratos – para a produção de energia necessária à manutenção de todos os processos ativos do corpo. A vida originou-se sem O_2, embora a respiração aeróbica não seja uma característica essencial dos organismos que ainda podem funcionar anaerobicamente. Este capítulo revê os processos de respiração aeróbica e anaeróbica nos invertebrados. Iniciamos considerando a base bioquímica dos processos respiratórios e, depois, focalizando a respiração aeróbica, discutiremos como o O_2 é obtido do ambiente e é transferido aos tecidos e como o consumo de O_2 é influenciado por fatores intrínsecos e extrínsecos.

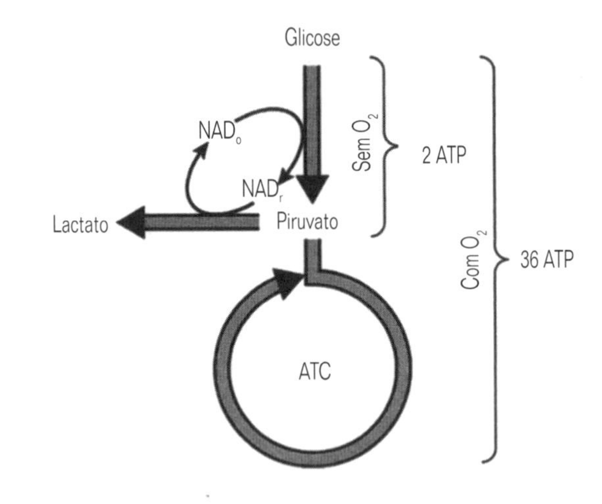

Fig. 11.1 Uma versão extremamente simplificada das vias metabólicas relacionadas com a geração de ATP.

11.1 Importância fundamental do ATP na respiração

Os nucleotídeos fosforilados e, particularmente, o trifosfato de adenosina, desempenham um papel importante como intermediários na transferência de energia do combustível (alimento) aos processos consumidores de energia do metabolismo. A energia potencial do alimento é transferida às assim chamadas ligações fosfato ricas em energia (designadas como ~P), isto é:

$$\text{energia do alimento absorvido} + A - P \sim P + Pi \rightarrow A - P \sim P \sim P$$

onde Pi é o fosfato inorgânico, e essa energia armazenada pode, então, ser liberada para o metabolismo originando ADP + Pi. No entanto, note que o termo 'ligação fosfato rica em energia' é usado de forma um tanto generalizada. A energia não é armazenada na ligação covalente entre o fosfato e o restante da molécula. Em vez disso, a energia da ligação fosfato é um reflexo do conteúdo energético de toda a molécula de trifosfato, antes e após sua transformação em difosfato.

11.2 A base do catabolismo

A glicólise e o ciclo do ácido tricarboxílico (ATC) constituem a base do catabolismo em todos os filos de invertebrados. Essas vias são familiares e bem abordadas em outros livros-texto e, assim, aqui somente será dada uma breve descrição das mesmas.

A Figura 11.1 mostra um esquema muito simplificado dessas duas vias. O combustível é a glicose, derivada diretamente do alimento ou por transformações, mediadas por enzimas, de outras moléculas de alimento ou de reservas do corpo.

A glicólise ocorre no citoplasma das células e pode ocorrer sem O_2. Ela gera ATP a partir do envolvimento direto do substrato – fosforilação ao nível do substrato.

O ciclo do ATC ocorre nas mitocôndrias e necessita de O_2. Ele gera nicotinamida-adenina-dinucleotídeo (NAD_r) reduzido que é usado, por sua vez, para produzir ATP por meio de liberação de elétrons (tornando-se oxidado; NAD_o) para um sistema de transporte de elétrons de citocromos nos quais o aceptor final de elétrons é o O_2. Esta é a fosforilação com transporte de elétrons. Observa na Figura 11.1 que o envolvimento de O_2 permite a geração de mais moléculas de ATP por molécula de glicose do que a parte do processo que não envolve O_2.

11.3 Gerando ATP na ausência de O_2

Antes da origem evolutiva de seres fotoautótrofos, os organismos viviam na ausência de O_2. Além do mais, a anóxia ambiental (sem O_2) também pode ocorrer atualmente: para animais litorais durante a exposição ao ar nas marés baixas; durante a escavação em substratos redutores; em muitos hábitats parasíticos. Além disso, tecidos específicos podem tornar-se anóxicos, embora o organismo como um todo disponha de muito O_2. Por exemplo, os músculos relacionados com reações de fuga nos moluscos bivalves apresentam, tipicamente, metabolismo anaeróbico.

Disso se conclui que os 'primeiros' organismos dependiam da anaerobiose e alguns ainda continuam dependendo. Teoricamente, existe um grande número de vias anaeróbicas possíveis, mas quatro principais têm sido usadas pelos invertebrados. Diferentes vias evoluíram para satisfazer necessidades particulares.

Via do lactato – é a via melhor conhecida. Está ilustrada na Figura 11.1; o NAD_r da glicólise é reoxiado pela redução do piruvato terminal em lactato sob ação catalítica da enzima desidrogenase lática. Como já foi observado, a produção de ATP por esta via não é eficiente, porém ela pode gerar ATP a uma alta taxa sem O_2 e é comumente usada na manutenção de trabalho em surtos quando o tecido muscular fica temporariamente sem O_2. Entretanto, não ocorre universalmente em invertebrados. Provavelmente ocorre em músculos das pernas de insetos, mas não nos músculos de vôo, os quais são tão bem servidos de traquéias e traquéolas (veja p. 276) que raramente se tornam anóxicos.

Via da opina – esta é similar à via do lactato e está adaptada para o trabalho em surtos – a geração rápida de ATP, mas não necessariamente eficiente. Nela, o carboidrato é catabolizado pela glicólise, mas a redução do piruvato é substituída por sua condensação redutiva com um aminoácido para formar uma opina – um derivado de aminoácido:

$$\text{unidade de glicose} + 2\ \text{aminoácidos} + 3\ ADP + 3\ Pi \rightarrow 2\ H_2O + 2\ \text{opinas} + 3\ ATP$$

Diversas vias podem ser identificadas dependendo do aminoácido e da enzima utilizada. Por exemplo, uma substância chamada octopina é formada nos músculos do manto de cefalópodes durante o trabalho em surtos. Em alguns moluscos bivalves tem sido registrada a estrombina, uma outra opina.

Via do succinato – usada por organismos como bivalves que habitam lodo anóxico e endoparasitas que habitam locais anaeróbicos em seus hospedeiros, como o intestino de vertebrados. Apesar de não ser capaz de gerar rapidamente ATP, a via do succinato pode gerar mais por entrada de glicose do que as vias do lactato e da opina. A via do succinato recupera energia do NAD_r, produzido na via glicolítica inicial, por fosforilação por transporte de elétrons com fumarato em vez de O_2 como aceptor final de elétrons. O esquema básico do processo está ilustrado na Figura 11.2. O fosfoenolpiruvato (PEP), a molécula que se forma antes do piruvato na glicólise, é convertido a oxaloacetato (pela adição de CO_2 – carboxilação – catalisado pela PEP carboxiquinase) e depois a fumarato. O fumarato é oxidado em succinato por um sistema de transporte de elétrons. Então, o succinato ainda pode ser metabolizado em proprionato e outros ácidos graxos voláteis. Oxaloacetato, fumarato e succinato são intermediários no ciclo do ATC, mas ocorrem aí exatamente na

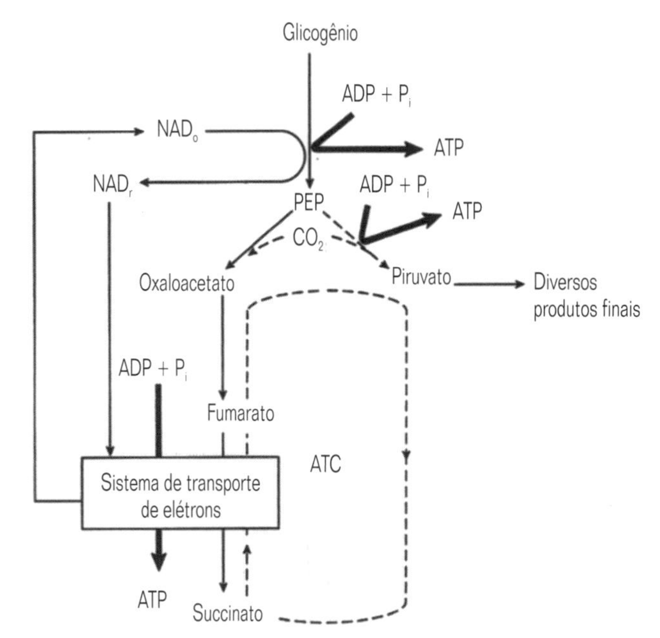

Fig. 11.2 Via anaeróbica modificada, usada por endoparasitas e bivalves que vivem em condições de hipóxia durante longos períodos (segundo Calow & Townsend, 1981).

sequência reversa do sistema do succinato, descrito acima. Por isso, essa via pode ser considerada como a

ATC ao contrário. Neste sistema do succinato, uma parte do piruvato também pode ser transformada em lactato, acetato, alanina e etanol. Assim, é produzida uma série de produtos finais. No total, o processo leva à produção de cerca 4-6 moléculas de ATP por entrada de uma unidade de glicose.

Uma via de reações muito semelhantes, descrita para bivalves, produz succinato pela redução de oxaloacetato; no entanto, este último não é produzido a partir do PEP, mas a partir de um aminoácido, o aspartato, por reações de transaminação.

Fosfágenos – são importantes no trabalho em surtos e atuam como reservatórios, recebendo ~P do ATP em períodos de relaxamento e liberando-o naqueles de maior atividade e anóxicos:

$$\text{Fosfoarginina} + ADP = \text{Arginina} + ATP$$

O sistema acima é comum nos invertebrados, enquanto que a fosfocreatina é usada pelos vertebrados. Exceções a esta regra são os equinodermos, que podem ter ambos os fosfágenos, e os anelídeos que contêm quatro outros fosfágenos além da fosfoarginina.

A Figura 11.3 apresenta a distribuição filética das principais vias (não incluindo os fosfágenos). Todas as vias têm ampla distribuição. Assim, a via do succinato pode ter evoluído do sistema glicólise-ATC ou vice-versa, isto é, pela inversão de um ou de outro (acima). Geralmente pensa-se que os aminoácidos foram componentes importantes do primitivo ambiente biótico e tem sido sugerido que o primeiro sistema de geração de ATP envolvia os aminoácidos tanto como doadores como receptores de elétrons. Portanto, as vias de opinas poderiam ser primitivas. Todas as vias anaeróbicas estavam claramente presentes num estágio anterior à evolução dos invertebrados e sua distribuição agora provavelmente é atribuída a pressões seletivas – adaptações específicas às circunstâncias ecológicas nas quais precisam

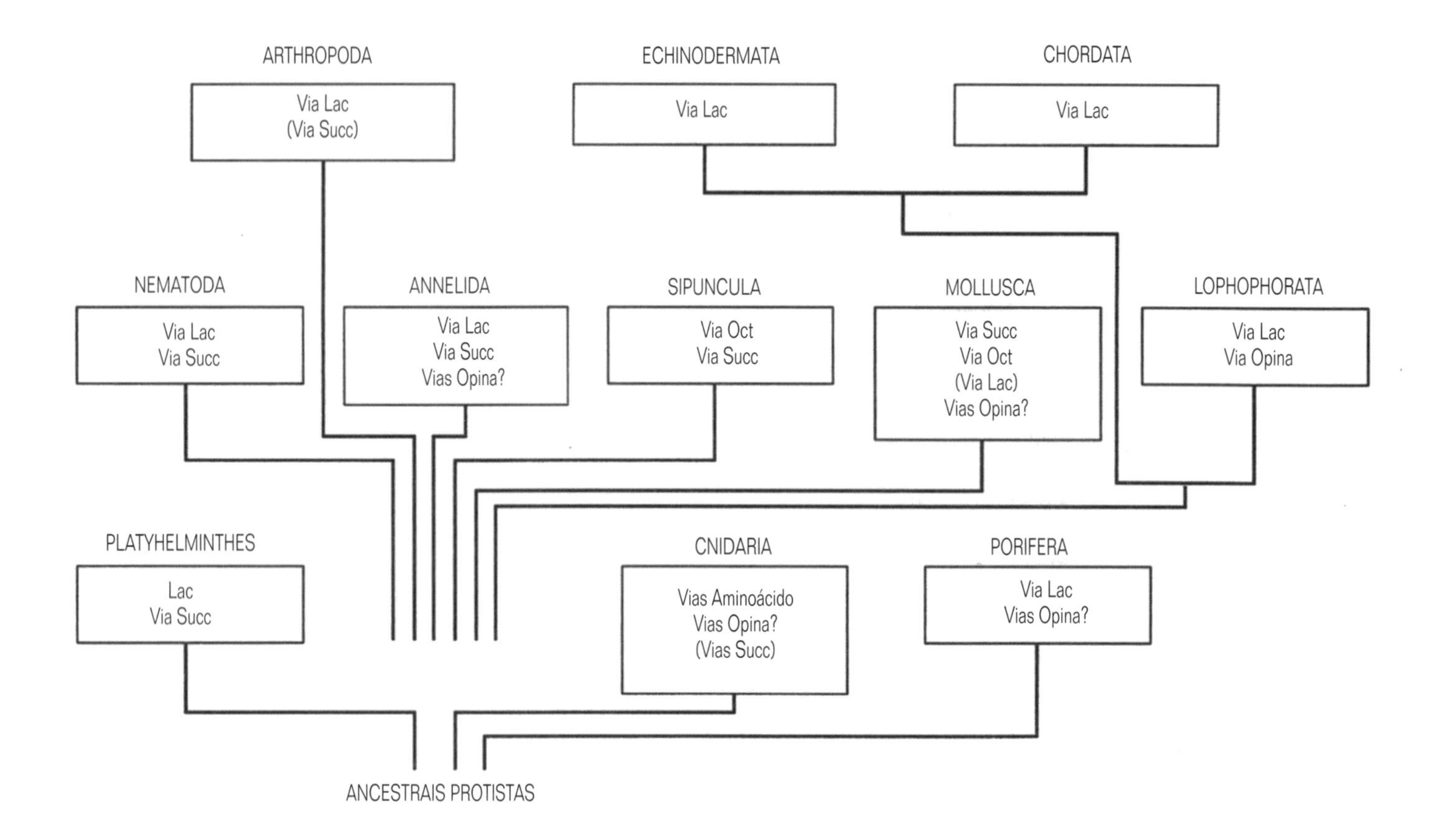

Fig. 11.3 Distribuição filética das principais vias envolvidas na produção de ATP. Modificada de Livingstone (1983). Lac = lactato; Succ = succinato; Oct = octopina; as vias entre parêntesis representam circunstâncias especiais.

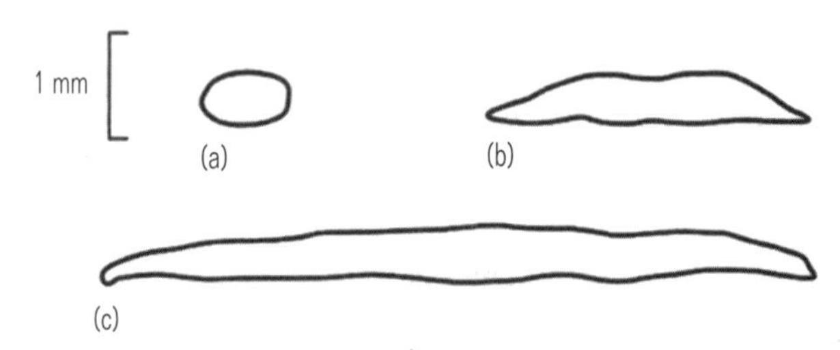

Fig. 11.4 Cortes transversais de vários turbelários, ilustrados na mesma escala: (a) rabdocelo, (b) tricladido, (c) policladido. (Segundo Alexander, 1971.)

atuar. Alguns sistemas evoluíram para satisfazer as necessidades fisiológicas do trabalho em surtos (produzem grandes quantidades de ATP, mas não são necessariamente muitos eficientes por não serem sustentados durante muito tempo), outros evoluíram para suprir ATP com maior eficiência, embora menos rapidamente em resposta à anóxia prolongada e sustentada.

11.4 Consumo de O_2

11.4.1 A difusão é fundamental

O metabolismo aeróbico depende do fato do O_2 estar disponível para os tecidos que respiram. Isto depende fundamentalmente da difusão – moléculas de O_2 movendo-se de alta para baixa pressão parcial (PO_2), de acordo com a Lei de Fick. A taxa de difusão de O_2 através dos tecidos depende dos gradientes de PO_2 e também das propriedades dos tecidos – as últimas frequentemente são expressas como coeficientes de difusão. Com base em hipóteses razoáveis sobre estes coeficientes e as demandas de O_2 dos tecidos é possível calcular que a distância entre o tecido em atividade metabólica e uma superfície respiratória não pode ser maior do que 1mm. Este é um dos motivos pelos quais grandes turbelários de corpo sólido precisam ser achatados, enquanto que os acelos e rabdocelos menores não precisam (Fig. 11A). Muitas medusas e anêmonas, no entanto, atingem grandes tamanhos apesar do fato de que também são animais sólidos. Entretanto, aqui as camadas externa e interna de tecido são finas e estão em contato direto com a água do ambiente externo ou da cavidade gastrovascular. A mesogléia mais espessa possui poucas células e tem uma demanda metabólica baixa. Em anêmonas, a mesogléia, com maior número de células, geralmente é menos espessa e, devido ao complexo dobramento da gastroderme (p. 63), sempre se encontra dentro do limite de 1mm de distância da água que circula pela cavidade gastrovascular.

11.4.2 Sistemas circulatórios

Uma solução para limitações impostas pela difusão é a evolução de sistemas circulatórios. Estes aumentam a capacidade de transporte de O_2 contornando a limitação determinada pela espessura de 1mm e removendo rapidamente o O_2 das superfícies respiratórias, e mantêm um elevado gradiente de PO_2 > aumen-

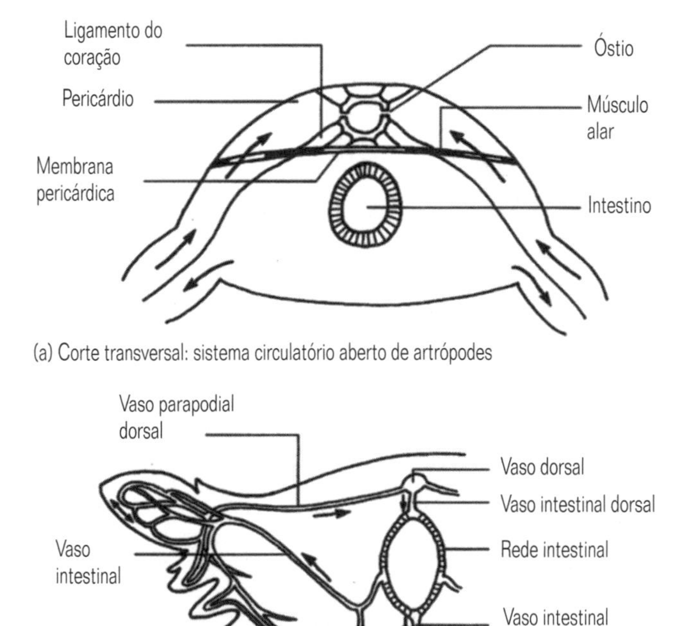

Fig. 11.5 Dois tipos de sistema sanguíneo: (a) sistema aberto de um artrópode; (b) sistema fechado de um anelídeo poliqueta (Hediste).

tando, assim a taxa de tomada de O_2. Desenvolveram-se dois tipos principais de sistemas (Fig. 11.5): um sistema aberto com uma grande hemocele (blastocele persistente ou um vaso sanguíneo expandido), típico de artrópodes e moluscos, e um sistema fechado, com artérias e veias, bem desenvolvido em Annelida. Ambos requerem bombas musculares, por exemplo, tubos contráteis em artrópodes, acessados por pares de óstios com válvulas (Fig.11.5a) e vasos musculares, pulsáteis ('corações' laterais) em anelídeos. Os equinodermos e hemicordados possuem sistemas um tanto intermediários consistindo de pequenos vasos conectados a seios maiores. Equinodermos holoturóides, no entanto, possuem sistemas fechados bem desenvolvidos. Em associação às invasões da terra, os crustáceos isópodes desenvolveram corações maiores e mais musculosos do que outros crustáceos, e lacunas semelhantes a vasos, formando um sistema quase fechado. Os insetos, embora tenham um sistema aberto, não o utilizam para o transporte de O_2. Em vez disso, desenvolveram um elaborado e extenso sistema de tubos, as traquéias e traquéolas (Fig. 11.6) que asseguram o fornecimento de O_2 gasoso para todos os sistemas com metabolismo ativo. (Como isso funciona está explicado na legenda da figura.)

11.4.3 Sangue

O sangue de muitos invertebrados (p. ex., alguns moluscos e equinodermos, e todas as espécies de urocordados e cefalocordados) é incolor. Tem composição semelhante à da água do mar. Todo o O_2 presente está contido numa solução física (tipicamente <0,3 mmol $O_2 l^{-1}$) Uma maneira de aumentar a quantidade de O_2 transportado por um determinado volume de sangue, explorada por uma ampla variedade de diferentes espécies, é a de desenvolver um pigmento respiratório. Estes pigmentos são proteínas especializadas capazes de ligar-se reversivamente ao O_2. Sua presença no sangue pode resultar em aumentos (2-30 vezes) na quantidade de O_2 transportado. Todos os pigmentos respiratórios assemelham-se entre si porque consistem de proteínas conjugadas ligadas a grupos prostéticos que contêm normalmente um de dois metais, ferro ou cobre. Os nomes e algumas das propriedades dos quatro pigmentos que podem ser encontrados no reino animal estão resumidos na Tabela 11.1.

Quando examinamos a distribuição de pigmentos respiratórios nos principais filos de invertebrados (Fig. 11.7), pode ser feita uma série de observações gerais. Proteínas respiratórias são encontradas aproximadamente em um terço de todos os filos de invertebrados. Em alguns grupos elas ocorrem no sangue, acondicionadas em células (p. ex., hemoglobinas de alguns anelídeos, alguns moluscos e alguns equinodermos, e hemeritrinas de alguns braquiópodes e alguns poliquetas) ou dissolvidas no próprio sangue (p. ex., hemoglobinas de alguns moluscos, hemocianinas de artrópodes e moluscos e a clorocruorina de anelídeos. Em outros grupos podem ser encontrados pigmentos respiratórios no interior dos tecidos. Hemoglobinas podem ser encontradas na parede do corpo de alguns nematódeos, nos músculos de alguns anelídeos e na faringe de alguns Platyhelminthes. Existe uma ausência geral de um padrão na distribuição de qualquer pigmento (talvez com exceção da clorocruorina), sugerindo uma evolução independente de muitos desses pigmentos respiratórios. Tanto a hemoglobina como a hemeritrina são amplamente distribuídas entre os filos de invertebrados quando comparadas à hemocianina (somente em alguns artrópodes e alguns crustáceos) e à clorocruorina (restrita a justamente quatro famílias de poliquetas). Às vezes diferentes pigmentos ocorrem no mesmo indivíduo. Por exemplo, em alguns moluscos a hemocianina está presente no sangue, mas moléculas semelhantes à hemoglobina são utilizadas como transportadores não-circulantes de O_2 em tecidos como brânquias, músculos e nervos. Somente em alguns poucos filos a ocorrência de pigmento parece ser ubíqua, por exemplo, as hemoglobinas de células sanguíneas de Phoronida e Echiura, as hemeritrinas de células sanguíneas de Sipuncula e Priapulida. Atualmente pensa-se que o pigmento primitivo foi uma hemoglobina contida no interior de células sanguíneas vermelhas e que esta se desenvolveu mais ou menos concomitantemente aos primeiros sistemas circulatórios, a partir de uma proteína proto-heme não-circulante.

Apesar da tremenda diversidade estrutural, os pigmentos respiratórios têm muito em comum quanto à sua função. Muitos (porém não todos) deles apresentam uma ligação cooperativa ao O_2, isto é, a ligação às moléculas de O_2 torna sucessivamente mais fácil ligar-se a mais moléculas de O_2. Isto resulta numa curva sigmoidal para a relação entre a quantidade de O_2 ligada e a tensão de O_2 com a qual o sangue é equilibrado. Uma tal curva está ilustrada na Figura 11.8. A curva mostra que o pigmento respiratório, nesse caso uma hemocianina do caramujo Helix, está totalmente saturada com O_2 >7 kPa. Mesmo se aumentarmos ainda mais a tensão de O_2, a hemocianina não consegue ligar mais O_2. O O_2 total contido no sangue, no entanto, aumenta um pouco devido a um aumento na quantidade de O_2 dissolvido. Em tensões de O_2 menores, o pigmento libera seu O_2 e a uma

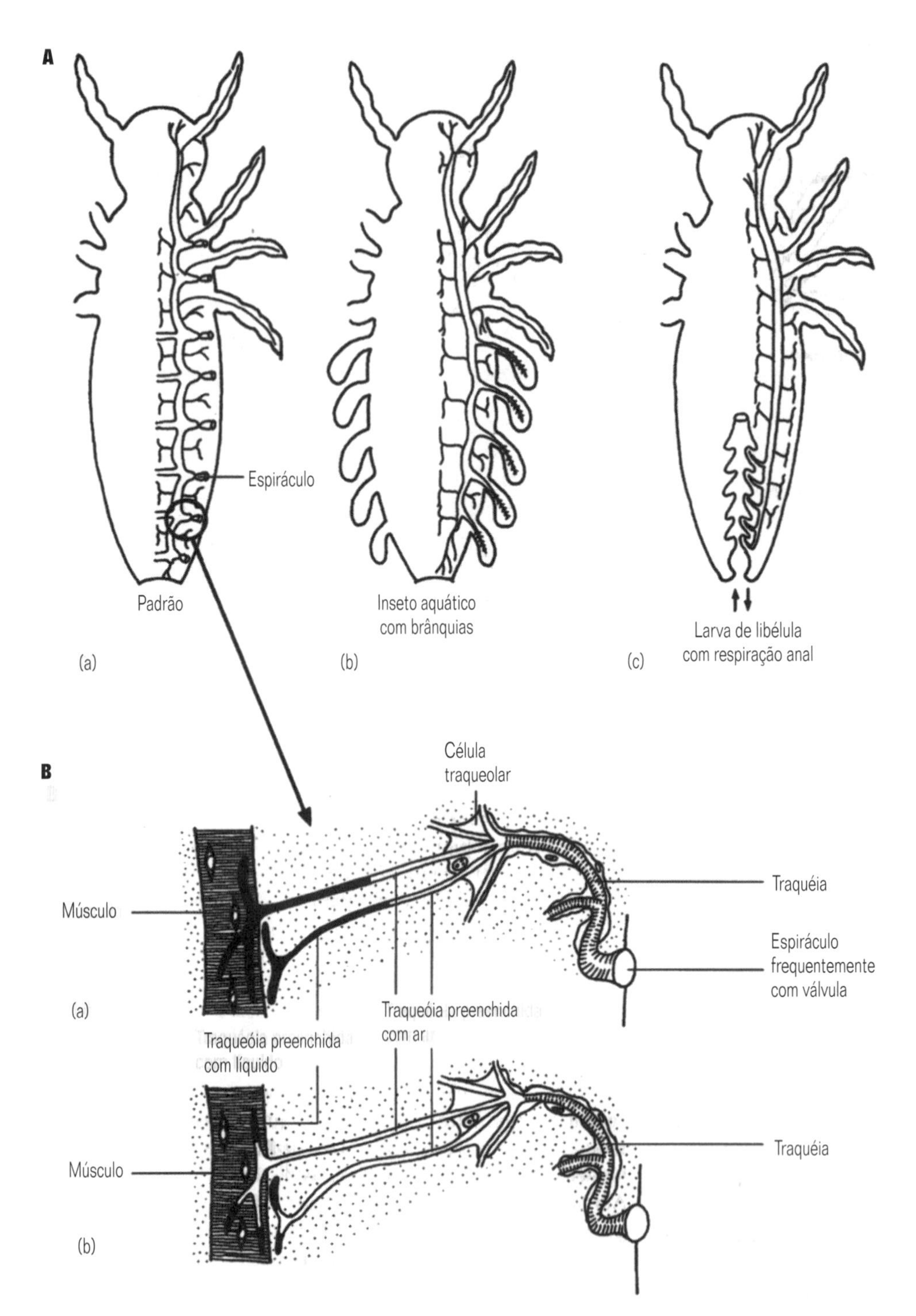

Fig. 11.6 A Sistemas traqueais: (a) básico; (b) inseto aquático com brânquias; (c) náiade de libélula com respiração anal. B Ampliação do sistema traqueal (a partir de A (a) – o ar penetra pelos espiráculos, os quais possuem válvulas na maioria dos insetos. Grandes tubos (traquéias) dirigem-se até os pequenos (traquéolas). Estas últimas podem conter um fluido (a), mas durante o metabolismo ativo a pressão osmótica dos tecidos circundantes aumenta e o fluido é retirado (b). Então, o ar é aspirado para o interior das traquéolas e passa por difusão através de suas paredes para os tecidos. (Redesenhado 2 partir de várias fontes.)

tensão de O_2 em torno de 2,2 kPa ele está saturado com O_2. Este ponto é referido como sendo a metade da pressão de saturação, ou P_{50}. Os valores de P_{50} constituem uma medida útil da afinidade de um pigmento pelo O_2. Se um pigmento é caracterizado por um valor elevado de P_{50}, isso significa que ele tem baixa afinidade pelo O_2. Por outro lado, se ele tem um baixo P_{50}, isso significa que possui alta afinidade pelo O_2. A quantidade de O_2 (dissociado e fisicamente dissolvido) liberado aos tecidos por unidade de sangue está representada pelo retângulo situado à esquerda na Figura 11.8. Isto é determinado pela concentração do pigmento respiratório, por sua afinidade pelo O_2 (e como isso pode ser alterado por modificações na química do sangue), por sua cooperatividade e pelas tensões de O_2 que existem no sangue arterial (P_a) e venoso (P_v).

A posição de uma curva de dissociação de O_2 pode ser alterada por modificações na química do sangue. Por exemplo, para um grande número de pigmentos respiratórios, uma diminuição do pH (ou um aumento na tensão de CO_2) resulta num deslocamento da curva para a direita. Isto é conhecido como efeito de Bohr. Pensa-se que isso ajudará a liberar O_2 aos tecidos nos momentos de elevada demanda de energia uma vez que a quantidade de CO_2 deve ser maior em tecidos com taxas metabólicas

Tabela 11.1 Estrutura e função de pigmentos respiratórios.

Nome	Estrutura	Peso molecular	Função
Hemoglobina	Grupo prostético é um heme (uma porfirina), ligado a um átomo de ferro ferroso. Encontrada em solução ou no interior de células	17.000-3.000.000	Ligação cooperativa com O_2. Vermelha quando oxigenada, azul quando desoxigenada
Hemocianina	Grupo prostético é um polipeptídeo ligado a 2 átomos de cobre	25.000-6.680.000	Ligação cooperativa com O_2. Azul quando oxigenada, incolor quando desoxigenada
Clorocruorina	Como na hemoglobina, o grupo prostético é um heme ligado a um átomo de ferro ferroso. Sempre encontrada em solução	3.400.000	Ligação cooperativa com O_2. Verde em solução diluída, vermelha em solução concentrada
Hemeritrina	Grupo prostético não-porfirínico, embora esteja ligado ao ferro. Sempre encontrada no interior de células	17.000-120.000	Violeta quando oxigenada, quase incolor quando desoxigenada

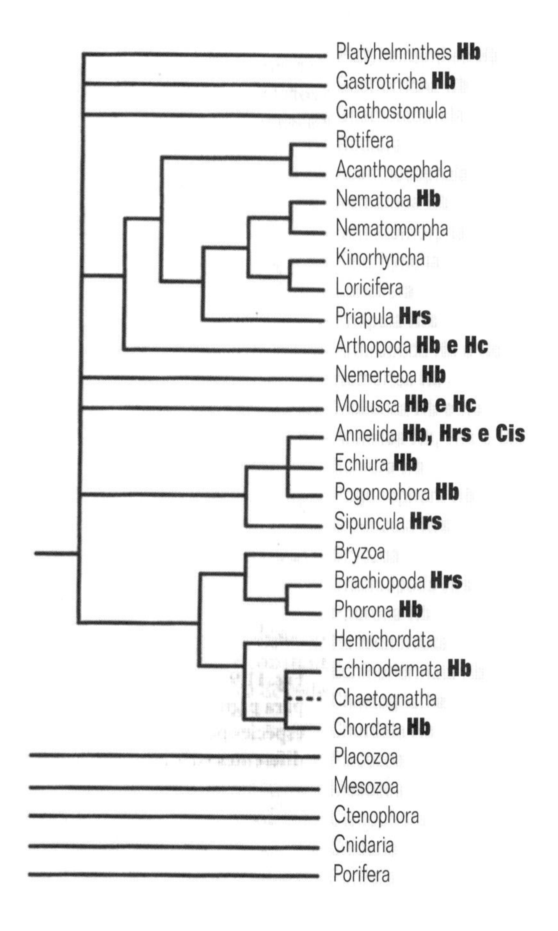

Fig. 11.7 Distribuição de pigmentos respiratórios nos filos animais. Hb = hemoglobinas; Hrs = hemeritrinas; Hc = hemocianinas; Cls = clorocruorinas. As relações entre os filos estão baseadas em informações apresentadas nas Figs. 2.8 e 2.20.

elevadas. Algumas espécies, no entanto, por exemplo, o límulo Limulus e alguns moluscos, em verdade apresentam efeitos de Bohr reversos. Isso significa que um aumento em CO_2 desloca a curva para a esquerda. Enquanto que na maioria dos casos não é difícil sugerir razões pelas quais os animais podem apresentar tais respostas, a extensão pela qual os efeitos, normal e reverso, de Bohr são adaptativos atualmente é assunto de algum debate. Demonstrou-se que uma série de outras substâncias presentes no sangue altera a posição da curva de dissociação de O_2 (pelo menos para algumas espécies). Incluem íons bivalentes, como magnésio e cálcio, ácido lático (produzido como resultado do metabolismo anaeróbico em alguns invertebrados), ácido úrico e a catecolamina dopamina.

Fatores externos, como a temperatura, também alteram a posição da curva de dissociação de O_2. Em geral, um aumento na temperatura tende a deslocar a curva para a direita, isto é, existe um decréscimo na afinidade pelo O_2 (aumento de P_{50}). No entanto, isto não é constante porque parece haver uma tendência dos animais que habitam ambientes termicamente variáveis possuírem pigmentos insensíveis à temperatura, por exemplo, paguros da zona das marés.

No passado tem sido relativamente comum 'fornecer' explicações funcionais para qualquer característica da curva de dissociação de O_2. Estas são baseadas na hipótese de que, como resultado da seleção natural, existe um conjunto ótimo de características de dissociação de O_2 para as necessidades particulares e circunstâncias de cada espécie. Isto resultou em alguma confusão, em parte devida a todas as 'exceções à regra' descobertas. Tendo em vista o grande número de fatores interrelacionados que podem influenciar a curva de dissociação de O_2 e como isso atua in vivo para transportar O_2 da superfície de trocas gasosas aos tecidos, talvez devêssemos tomar mais cuidado para não atribuir imediatamente um significado adaptativo a todos os aspectos que examinamos. Mesmo lembrando de tudo isso, parecemos capazes de identificar alguns padrões amplos nos quais podemos relacionar a variação fisiológica tanto entre como no interior dos pigmentos aos ambientes (interno e externo) nos quais atuam.

Invertebrados que habitam ambientes pobres em O_2 geralmente possuem um pigmento respiratório com elevada afinidade pelo O_2. Alguns dos menores valores de P_{50} registrados são aqueles para animais parasitas, como o nematódeo Ascaris que habita ambientes cronicamente com baixo teor de O_2. Arenicola é um anelídeo marinho da zona entre-marés que, frequentemente, constrói galerias em lodo desprovido de oxigênio. Ele possui hemoglobinas com uma afinidade consideravelmente maior pelo O_2 do que Eudistylia, uma espécie de verme que necessita de boas condições de O_2 para sua sobrevivência (Fig.

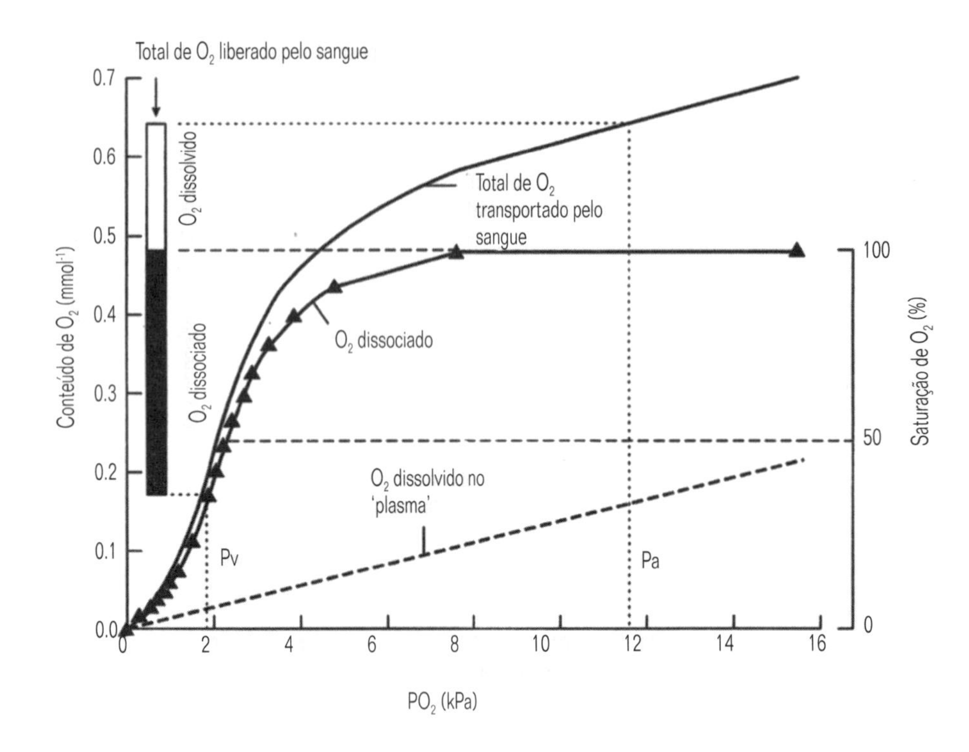

Fig. 11.8 Curva de dissociação do O_2 para o sangue do caramujo Helix pomatia. A quantidade total de O_2 liberada aos tecidos, dadas as tensões de O_2 arterial (P_a) e venosa (P_v) existentes, é aproximadamente 0,45 mmoll^{-1} no sangue (0,3 mmol^{l-1} dissociado + 0,15 mmol^{l-1} dissolvido). (Segundo Mikkelsen & Weber, 1992, Physiol Zool 65, 1057-1073.)

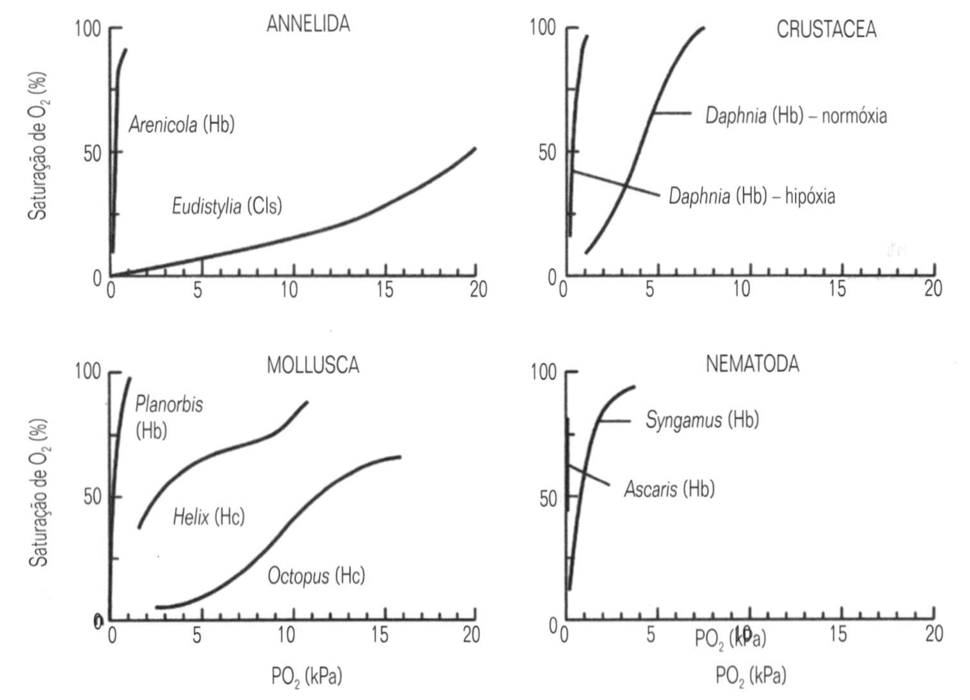

Fig. 11.9 Curvas de dissociação de O_2 para pigmentos respiratórios de espécies pertencentes a quatro filos diferentes (dados de várias fontes).

11.9). O mesmo é verdadeiro quando comparamos a hemocianina do caramujo Planorbis (que pode viver em águas estagnadas) com a de um molusco que realmente não tolera um teor baixo de O_2 ambiental, nesse caso o polvo. Pelo menos em algumas espécies, a exposição a um baixo teor ambiental de O_2 pode induzir uma modificação na estrutura molecular do pigmento respiratório, alterando-o, dentro de poucos dias, de baixa a alta afinidade pelo O_2. Este é o caso do cladócero Daphnia no qual não somente há alteração da afinidade pelo O_2, mas também há um aumento na quantidade total de pigmento presente, até um ponto em que o animal se torna vermelho vivo.

Ao contrário, espécies que normalmente habitam águas bem oxigenadas e que possuem superfícies de trocas gasosas bem desenvolvidas (isto é, que apresentam somente uma modesta barreira de difusão e que, assim, possuem tensões de O_2 elevadas), tendem a conter pigmentos com baixa afinidade espécies como Eudistylia e Octopus. É possível, no entanto, que uma espécie habitante de um ambiente bem oxigenado possa possuir um pigmento de elevada afinidade. Nesses casos, geralmente as superfícies de trocas gasosas constituem uma barreira considerável à difusão e, assim, as tensões de O_2 são muito mais baixas do que as do ambiente, por exemplo, alguns crustáceos.

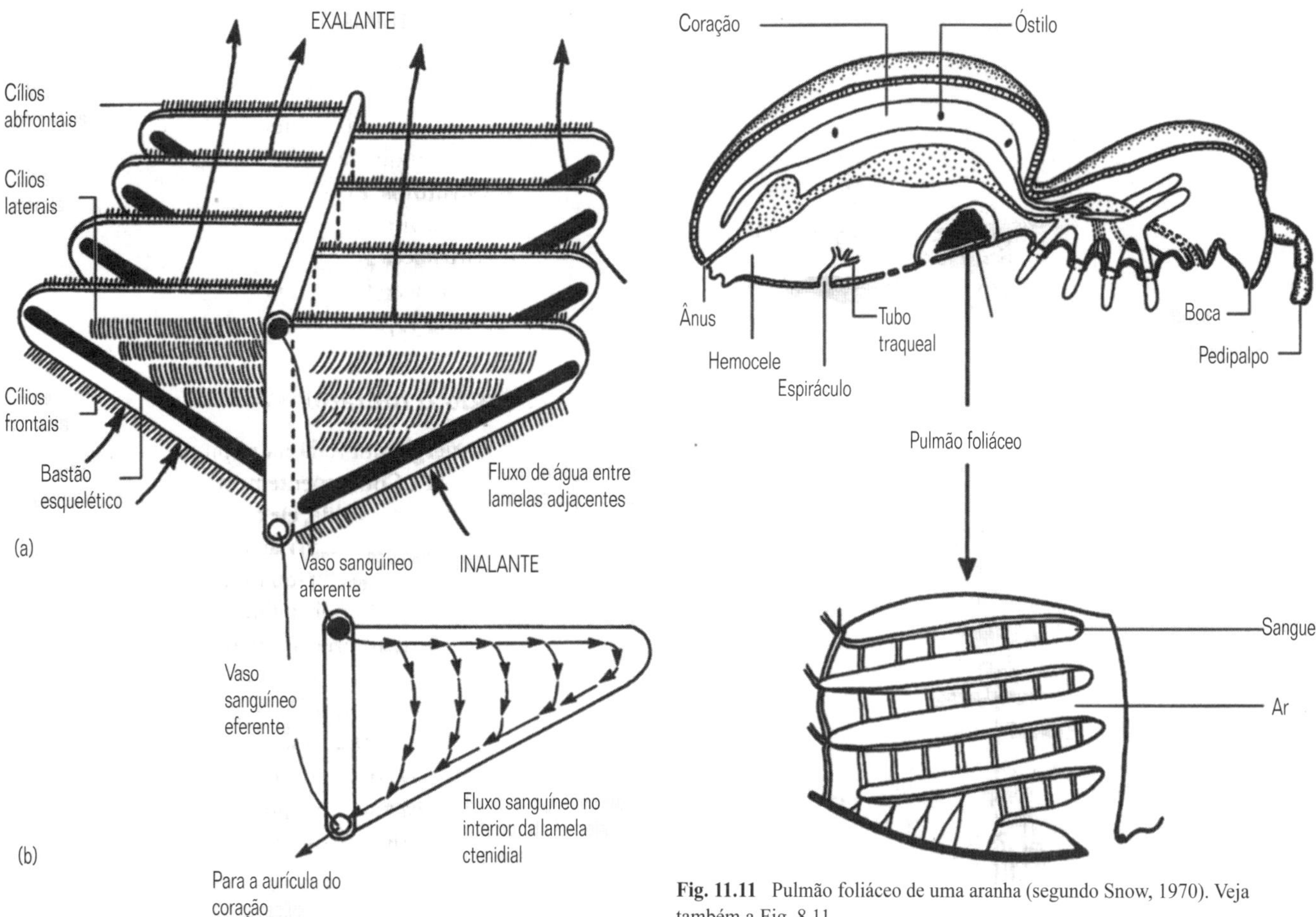

Fig. 11.10 Sistema ctenidial de um gastrópode: (a) mostra o fluxo de água sobre as 'brânquias'; (b) mostra o fluxo de sangue através delas. (Segundo Russell-Hunter, 1979.) Veja também a Fig. 5.18.

Fig. 11.11 Pulmão foliáceo de uma aranha (segundo Snow, 1970). Veja também a Fig. 8.11.

Em relação a esse assunto de disponibilidade de O_2 parece que existem diferenças consistentes entre os pigmentos de crustáceos terrestres quando comparados com os de crustáceos aquáticos. Apesar das afirmações contrárias, parece haver um decréscimo da afinidade pelo O_2 com o aumento da adaptação ao ambiente terrestre nas hemocianinas, tanto de caranguejos como de anfípodes.

Finalmente, os pigmentos respiratórios de espécies que habitam águas frias tendem a apresentar afinidades intrínsecas mais baixas pelo O_2 (P_{50} mais elevado) do que os de seus parentes próximos de águas mais quentes, mais tropicais. Isto significa que as afinidades não idênticas pelo O_2 sejam mais prováveis em temperaturas ambientais prevalecentes do que o seriam se as afinidades intrínsecas fossem as mesmas.

11.4.4 Órgãos respiratórios de trocas gasosas

Outra limitação ao consumo de O_2 é a área da superfície (e a espessura) dos órgãos de trocas gasosas. Uma superfície não especializada é adequada para platelmintos, longos e finos nemertinos, nematódeos e alguns anelídeos. No entanto, outros aumentos no tamanho ou na atividade, e o desenvolvimento de revestimentos ou conchas externos, protetores e relativamente impermeáveis, requereram a evolução de superfícies respiratórias vascularizadas. Superfícies evaginadas são comuns em ctenídios aquáticos de moluscos, em brânquias foliáceas de Limulus e nos pés ambulacrais de alguns equinodermos. A Figura 11.10 mostra, de forma esquemática, o sistema ctenidial de um gastrópode aquático. Note que o sangue é bombeado através da 'brânquia' em direção oposta ao fluxo de água (efetuado principalmente por cílios laterais). Este fluxo em contracorrente é típico de brânquias (embora não naquelas do verme Arenicola ou nos cefalópodes) e assegura que a água com o menos PO_2 esteja em contato com o sangue menos oxigenado, maximizando, assim, a eficiência da transferência de O_2. Em contraste, invaginações são comuns em grupos terrestres, por exemplo, traquéias (Fig. 11.6), pulmões foliáceos e traquéias crivadas ou tubulares de aracnídeos (Fig. 11.11) e 'pulmões' de moluscos pulmonados. Algumas formas aquáticas possuem superfícies invaginadas – as árvores respiratórias de equinodermos holoturóides (Fig. 11.12) e as estruturas anais de algumas larvas de insetos (Fig.11.6). Algumas larvas de insetos aquáticos possuem brânquias e plastrões físicos (Fig. 11.13) e seu funcionamento é explicado na legenda da Figura 11.13.

11.4.5 Ventilação

Outro mecanismo auxiliar da captação de O_2 é a ventilação das superfícies respiratórias. Isso, novamente assegura o suprimento contínuo de O_2 para a superfície respiratória de modo que o

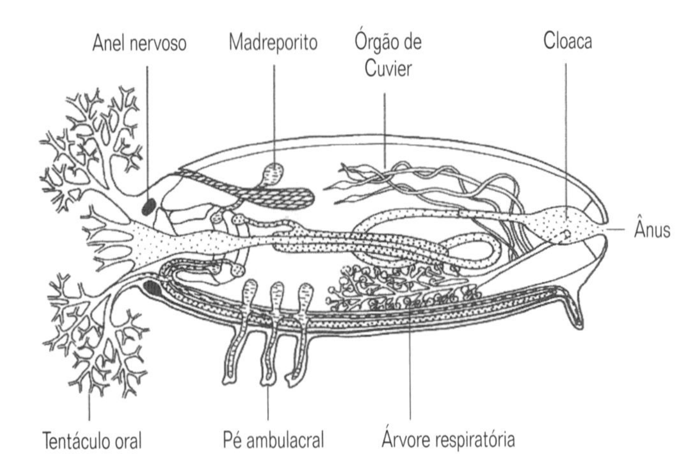

Fig. 11.12 Secção longitudinal esquemática de um equinodermo holoturóide mostrando as árvores respiratórias (segundo Nichols, 1969). Veja também a Fig. 7.27.

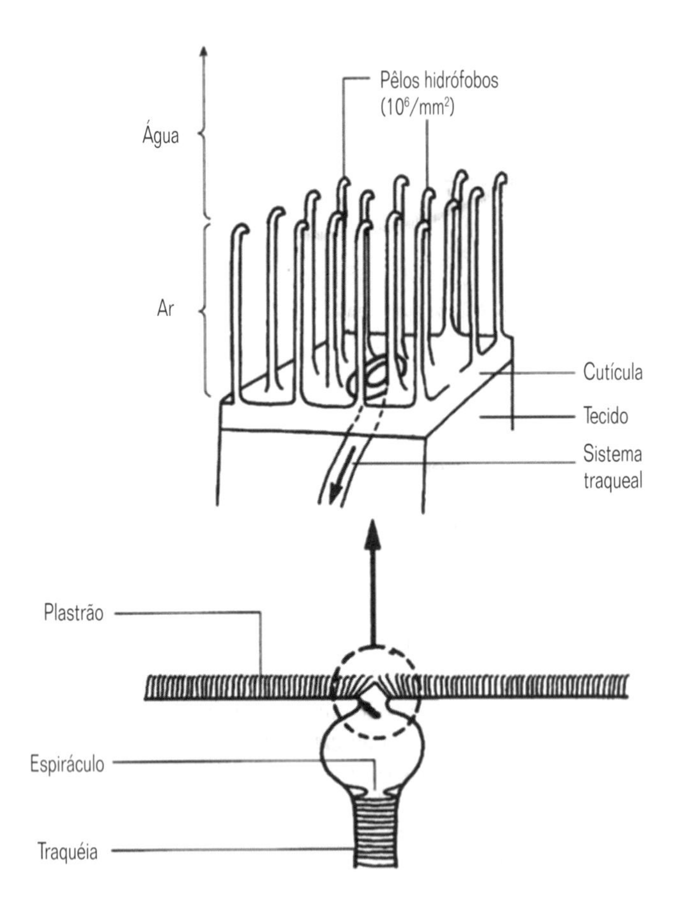

Fig. 11.13 Plastrão. Parte da superfície do corpo está recoberta por pêlos hidrofóbicos que fornecem uma superfície que não se molha e onde o ar permanece permanentemente. Assim, isso atua como uma brânquia não compressível para a qual o O_2 se difunde a partir da água; isto é, à medida que o O_2 é utilizado, a espessa camada de pêlos impede a entrada de água, permanecendo o volume constante e PO_2 diminuindo, fazendo com que ocorra a difusão de O_2 do ambiente aquático. No inseto aquático Aphelocheirus o plastrão pode suportar pressões de diversas atmosferas antes de colapsar. (Segundo Ramsay, 1962 e Randall et al., 1997.)

gradiente através da superfície seja maximizado. Isto ocorre em animais com e sem superfícies respiratórias modificadas, porém não nos sistemas traqueais dos insetos. Os dispositivos variam desde cílios laterais nas lamelas branquiais de moluscos bivalves até bombas musculares que servem as árvores respiratórias de holotúrias e as estruturas anais de náiades de libélulas. Poliquetas tubícolas utilizam correntes ciliares e/ou movimentos peristálticos. Os Crustacea geralmente dependem de apêndices ondulatórios. A ventilação frequentemente aumenta quando a PO_2 é reduzida (veja a Seção 11.6.5).

11.5 Medindo o metabolismo

A maior parte da energia utilizada na respiração surge no final como calor (Fig. 11.14). Consequentemente, se o calor liberado pelos animais pudesse ser medido, ele forneceria um valor útil e acurado do metabolismo. Existem aparelhos suficientemente sensíveis para registrar as pequenas quantidades de calor emanadas de invertebrados, envolvendo pilhas termelétricas – denominadas microcalorímetros diretos – mas não são comumente usados. Um registro de um experimento calorimétrico, envolvendo um deles, com um oligoqueta aquático, Lumbriculus variogatus, como objeto experimental, está ilustrado na Figura 11.15. Os registros mostram: (I) o estado aeróbico; (II) o estado anóxico; (III) o que acontece depois que os animais são envenenados. Note que a taxa de metabolismo aeróbico é cerca quatro vezes aquela do metabolismo anaeróbico.

É mais fácil medir o consumo de O_2 do que a produção de calor. Existem várias técnicas disponíveis; estas variam desde a titulação química do O_2 em solução aquosa até medidas físicas do volume ou da pressão do gás. Diversos tipos de eletrodos muito precisos e sensíveis também estão disponíveis. Assim, os níveis de O_2 podem ser medidos no ambiente de sistemas fechados contendo animais ou nos influxos e efluxos de sistemas abertos. Por definição, este tipo de técnica somente controla processos aeróbicos e, assim, é provável que o metabolismo respiratório seja subestimado porque é possível que os invertebrados utilizem processos anaeróbicos em conjunto com os aeróbicos quando existe O_2 disponível.

Apesar disso, a maioria dos estudos da respiração usou c consumo de O_2 como medida do metabolismo. Este tipo dê informação é usado abaixo para descrever como vários fatores influenciam o metabolismo respiratório. Entretanto, ainda existem complicações uma vez que o metabolismo dos invertebrados é tão sensível às condições do animal ou do meio no qual está mantido que o que está sendo medido em um experimento não precisa ser comparável com aqueles medidos em outros. A seguinte classificação é útil. O metabolismo respiratório total compreende: o metabolismo padrão, registrado quando o organismo se encontra em repouso; o metabolismo de rotina, registrado em animais rotineiramente ativos; o metabolismo de alimentação, registrado em animais que acabaram de alimentar-se e o metabolismo ativo, registrado em animais em grande atividade. Os pesquisadores consideram, frequentemente, o metabolismo padrão como uma medida do metabolismo que pode ser repetida.

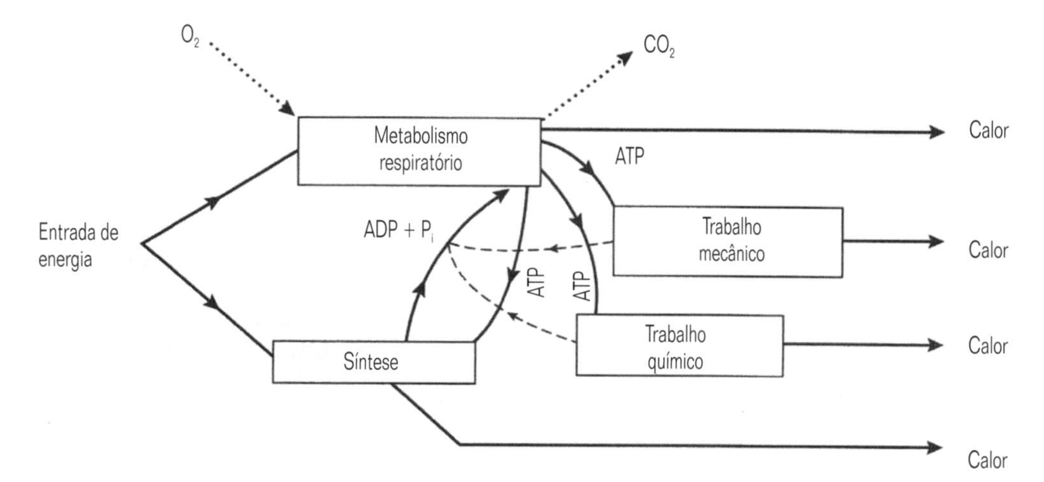

Fig. 11.14 Fluxograma do uso da energia alimentar. Os processos respiratórios geram ineficientemente ATP, com perda de calor, e a maior parte da energia transportada pelo ATP aparece na forma de calor após o trabalho.

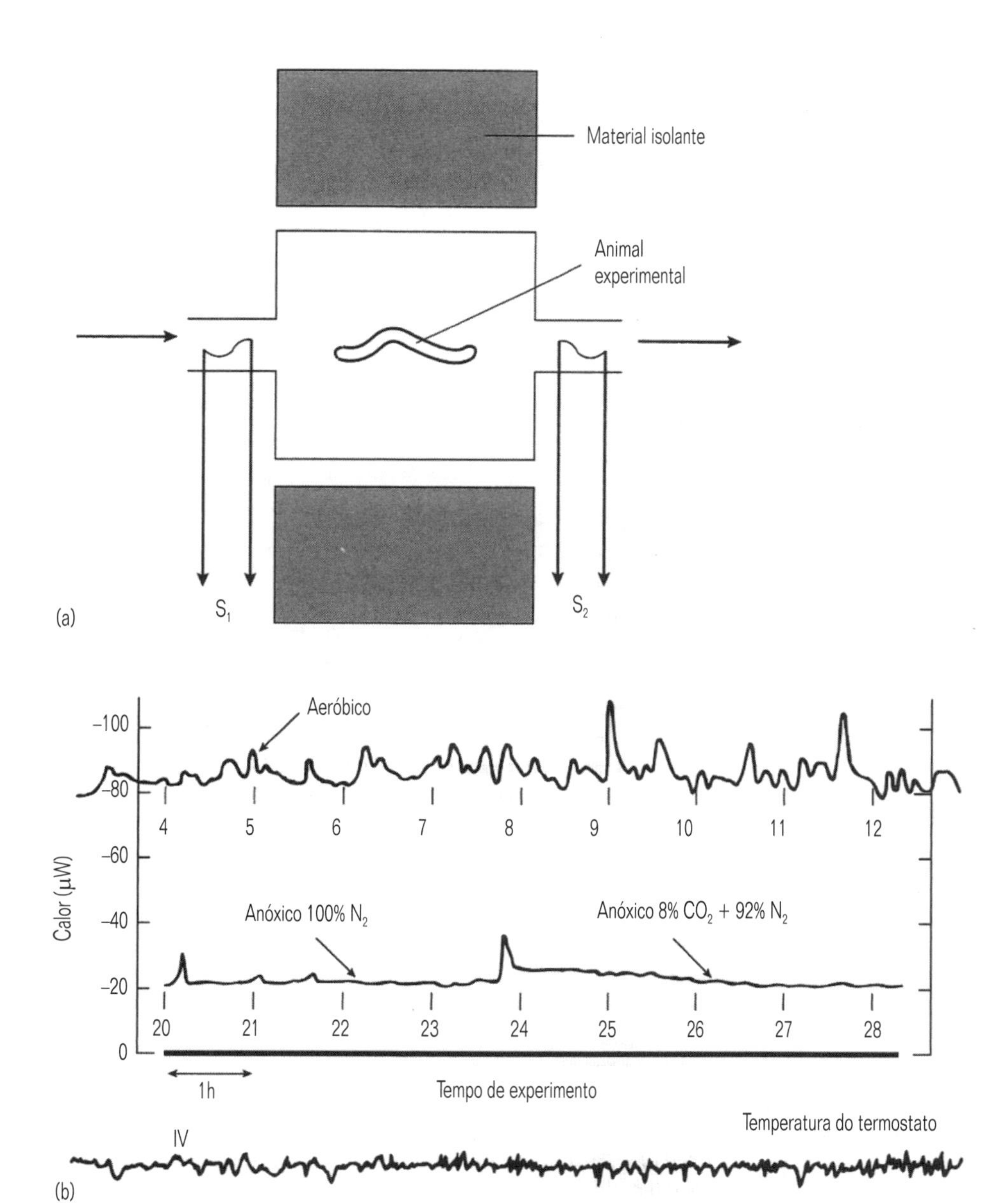

Fig. 11.15 Microcalorímetro direto. (a) O aparelho: sensores (S_1 e S_2) muito sensíveis medem a temperatura da água fluindo para dentro e para fora de uma câmara bem isolada contendo o objeto experimental. (b) Alguns resultados descritos mais completamente no texto. (Segundo Gnaiger, 1983.)

11.6 Fatores que influenciam a respiração

A lista a seguir apresenta alguns dos fatores melhor estudados que influenciam o consumo de O_2 (como medida da respiração) por invertebrados. São ordenados de acordo com a observação acurada da associação com os organismos, isto é, daqueles fatores que foram descritos como intrínsecos até aos extrínsecos.

11.6.1 Tamanho do corpo

Pela lógica, espera-se que invertebrados grandes respirem mais do que os pequenos. No entanto, como o consumo de O_2 é superfície-dependente (acima) e as superfícies do corpo aumentam em duas dimensões enquanto que a massa do corpo aumenta em três dimensões, também se espera que a relação entre a massa do corpo (como um índice de tamanho) e o consumo de O_2 não seja uma questão de simples proporcionalidade. Comparações feitas entre animais de tamanhos diferentes dentro de uma espécie e entre espécies com diferentes tamanhos do corpo indicam que a taxa respiratória padrão aumenta, porém com uma taxa menor com a massa do corpo, representada pela seguinte equação:

$$\text{Taxa respiratória} = a(\text{massa})^b \qquad 11.1$$

onde a e b são constantes e b geralmente é menor do que 1. Em logaritmos tem-se:

$$\text{log. Taxa resp.} = K + b\,(\text{log massa}) \qquad 11.2$$

onde K = log a. Consequentemente, plotar os logaritmos do consumo de O_2 contra os logaritmos da massa do corpo resultaria numa relação linear com uma inclinação equivalente a b (Fig. 11.16).

Dividindo as equações 11.1 e 11.2 pelo peso temos:

$$\text{Taxa resp. por unidade de massa} = a(\text{massa})^{b-1}$$

$$\text{log(Taxa resp. por unidade de massa)} = K + (b - 1)\text{log massa}$$

Como b é inferior a 1, b – 1 será negativo; assim, plotando-se o log do consumo de O_2 por unidade de massa contra o log da massa deveríamos obter uma linha reta com uma inclinação negativa (veja a Fig. 11.18). Por isso, como esperado acima, o consumo de O_2 por unidade de massa diminui com a massa. Entretanto, se estas relações fossem simplesmente questões de área superficial, não acompanhando a massa corpórea à medida que esta aumenta, então b deveria ser igual a 0,67 e b – 1 igual a –0,33. A lógica por trás disto é evidente. A troca gasosa respiratória, sendo superfície-dependente (acima), deveria ser proporcional à área da superfície corpórea que, em corpos geometricamente semelhantes, por sua vez, é proporcional ao quadrado do comprimento do corpo (l^2). A massa é equivalente ao volume e, portanto, assumindo-se novamente semelhanças geométricas, a l^3. Assim, a respiração deveria ser proporcional à raiz cúbica da massa (= l) elevada ao quadrado (= l^2), isto é, a (= $M^{0,67}$). Contudo, raramente os valores de b são precisamente 0,67 e, frequentemente, se aproximam mais a um valor entre 0,67 e 1 (Fig. 11.16). Por isso, admite-se usualmente que, embora os fatores geométricos desempenhem uma parte na determinação do tamanho da dependência do consumo de O_2, eles não podem ser a única ou, talvez, a principal base para esta relação. Ainda não está claro quais fatores estão, de fato, envolvidos.

11.6.2 Atividade

Uma lapa em movimento consome aproximadamente 1,4 vezes mais O_2 do que uma em repouso; este valor é cerca 2 para Gammarus, um anfípode, 3 a 4 para Palaemonetes, um camarão estuarino e mais de 100 para um gafanhoto voando. Novamente, estas observações não são inesperadas; o movimento envolve batimento de cílios e flagelos e a contração de músculos e, assim, leva a um aumento do metabolismo até acima da taxa padrão. Para afirmar que um indivíduo em atividade apresenta maior consumo de O_2 do que um em repouso é dizer o óbvio. O que não é tão óbvio, entretanto, é que a níveis comparáveis de atividade (p. ex., a mesma velocidade na corrida e na natação) uma determinada massa de um indivíduo pequeno apresenta maior consumo de O_2 do que a mesma massa de um indivíduo grande. Isto significa que a atividade custa mais para um indivíduo pequeno (ou espécie) por unidade de massa do que para um indivíduo grande.

11.6.3 Alimentação

O consumo de oxigênio frequentemente aumenta imediatamente após uma refeição, diminuindo logo a seguir. Esta resposta é designada como ação dinâmica específica ou ADE (também como efeito dinâmico específico ou efeito calorigênico) (Fig. 11.17). Tanto a intensidade como a duração da ADE variam entre as espécies e, mesmo, dentro da mesma espécie, por exemplo, como resultado de modificações na temperatura ambiental ou na composição da dieta. O grande nemertino antártico Parborlasia apresenta uma ADE que dura por 30 dias e seu pico é igual a x 1,5 – 2,6 àquele do metabolismo de repouso. Caranguejos terrestres que vivem em temperaturas tropicais, ao contrário, têm uma ADE que dura cerca de 50 horas e é igual a x 3 àquela do metabolismo de repouso. Mesmo dentro de uma espécie parece que ocorre o mesmo padrão. A sanguessuga predadora Nephelopsis possui uma ADE que dura 19 horas a 5°C, porém somente 11 horas a 25°C.

Existem pelo menos três explicações não exclusivas para a ADE. Pode constituir o custo da procura e do processamento do alimento no trato digestivo. Falando geralmente, pensa-se que estes custos constituam uma proporção relativamente pequena da ADE, mas isso nem sempre é assim; por exemplo, cerca de 80% de um aumento de 25% no consumo de O_2 pós-prandial (isto é, após a alimentação) do mexilhão Mytilus edulis poderiam ser atribuídos ao custo da filtração do alimento. Segundo, tem sido sugerido que a ADE representa grandemente o custo da obtenção de substâncias alimentares para a síntese de novos tecidos. Finalmente, um componente substancial da ADE pode ser devido ao custo da degradação e excreção de proteínas absorvidas do alimento (particularmente quando este é rico em proteínas) e que excedem as necessidades dessas substâncias. Em conexão com isso, é interessante que, quase independentemente do táxon, a ADE geralmente é maior em animais que se alimentam de uma dieta rica em proteínas do que naqueles que se alimentam de carboidratos ou gorduras.

Enquanto que a alimentação pode levar a um aumento agudo no consumo de O_2, uma exposição contínua a pequenas rações frequentemente está associada a um consumo reduzido de O_2. Parte disto pode ser devido à ausência de ADE. Em muitos casos, isso é predominantemente devido a reduções nos níveis de atividade e mesmo à economia na manutenção do metabolismo.

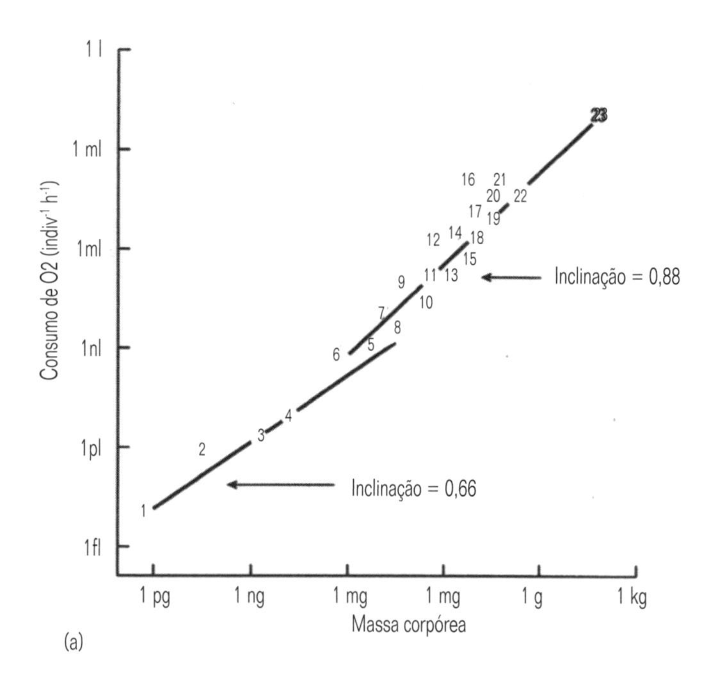

Fig. 11.16 (a) Plots do logaritmo duplo do consumo de O_2 contra a massa corpórea para uma variedade de táxons. (b) Lista de táxons usados na compilação de a, cada qual com a inclinação de b de plots log-log dos dados para o táxon. (Segundo Phillipson, 1981.)

Número de identificação	Grupo	n	B	Número de identificação	Grupo	n	B
Ectotérmicos unicelulares				*Ectotérmicos multicelulares cont.*			
1 Bactérias		5		17 Diplopoda		77	0,79
2 Fungos		2	0,68	18 Aranea		6	0,81
3 Flagelados		4	1,33	19 Isopoda		40	0,69
4 Ciliados		5	0,28	20 Mollusca		6	0,76
5 Rhizopoda		5	0,93	21 Coleoptera (adultos)		14	0,81
Ectotérmicos multicelulares				22 Lumbricidae (adultos)		18	0,76
6 Nematoda		24	0,82	23 Macrocrustáceos		3	0,81
7 Microcrustáceos		12	0,91				
8 Ácaros		71	0,61				
9 Collembola		29	0,74				
10 Isoptera (larvas)		4	0,75				
11 Enchytraeidae		61	0,87				
12 Coleoptera (larvas)		17	0,67				
13 Isoptera (larvas)		21	0,94				
14 Formicidae (operárias)		23	1,14				
15 Lumbricidade (casulos)		3	1,00				
16 Opiliones		30	0,69				

(b)

Tais taxas reduzidas de tomada de O_2 são característicos de algumas espécies de mares profundos e de certos habitantes de cavernas, bem como algumas espécies intertidais que ocorrem em diferentes níveis da costa. Por exemplo, as cracas do infralitoral, Balanus crenatus e B. rostratus, possuem um suprimento interrupto de alimento e são caracterizadas por taxas comparativamente elevadas de consumo de O_2 quando comparadas com as espécies do mediolitoral B. glandula e B. cariosa, as quais não conseguem alimentar-se durante os períodos de maré baixa (Fig. 11.18). As espécies de Chthamalus, do supralitoral, somente conseguem alimentar-se nos períodos de marés mais altas e durante as marés de quadratura podem nem ser cobertas pela água. Assim, não é surpreendente que as espécies do supralitoral são caracterizadas pelo menor tempo de alimentação e pelas correspondentes taxas menores de consumo de O_2 (Fig. 11.18).

11.6.4 Temperatura

As mudanças na temperatura do ambiente só podem influenciar o metabolismo se elas influenciarem as temperaturas corpóreas – algo que geralmente é verdadeiro para invertebrados, mas não para mamíferos e aves. Por isso os invertebrados são descritos como poiquilotérmicos (poikilos = do grego, variado) e os mamíferos e as aves como homeotérmicos ou homoiotérmicos (homoio = do grego, permanecendo o mesmo). Entretanto, muitos invertebrados, como aqueles de mares tropicais abertos e de mares profundos, vivem em temperaturas constantes e, portanto, não são estritamente poiquilotérmicos. Assim, um termo mais geral para descrever as propriedades metabólicas de invertebrados é ectotérmico, referindo-se à fonte de calor, sendo os mamíferos e as aves endotérmicos. Porém, até mesmo esta classificação não

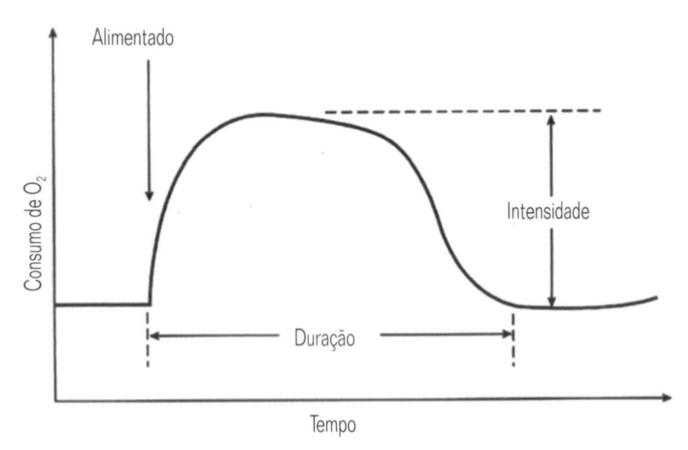

Fig. 11.17 Ação dinâmica específica – um aumento no metabolismo após uma refeição. Tanto a intensidade como a duração do efeito variam entre e dentro de espécies.

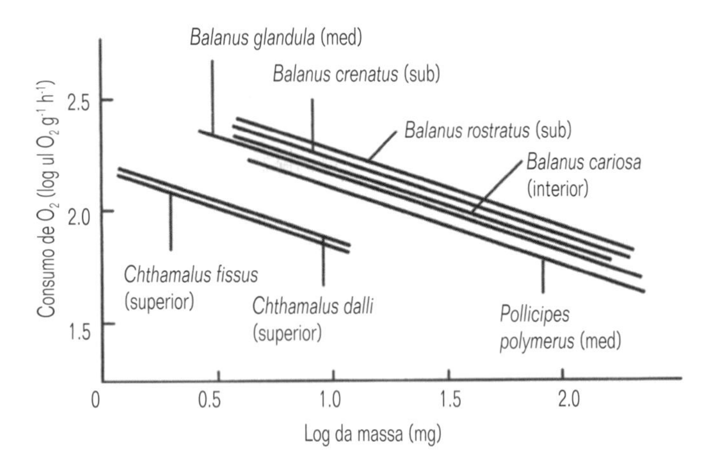

Fig. 11.18 Relação entre o log do consumo de O_2 especifico relativo ao peso e o log da massa corpórea para diversas espécies de cracas. (Segundo Newell & Branch, 1979.) Veja o texto para os detalhes.

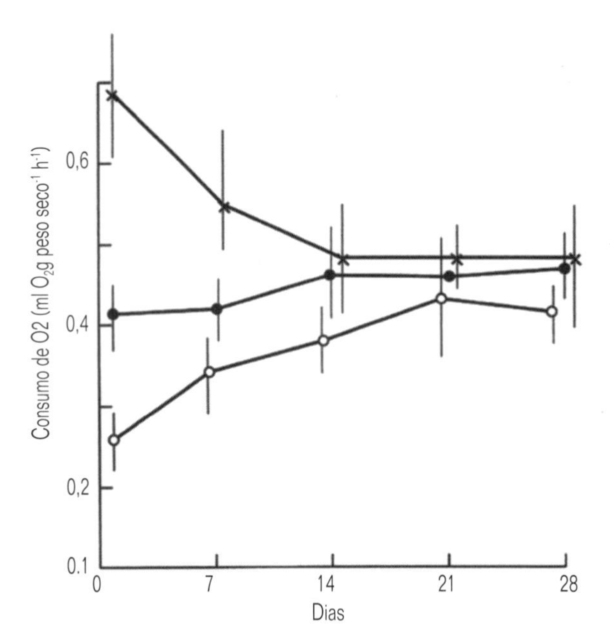

Fig. 11.19 Aclimatação em *Mytilus*. ● = continuamente a 10°C; **X** = 10°C a 15°C; o = 10°C a 5°C, veja o texto. (Segundo Widdows & Bayne,1971.)

é verdadeiramente geral porque alguns insetos geram grandes quantidades de calor em seus músculos de vôo (por endotermia) e este pode ser usado para manter uma temperatura torácica constante (isto é, homoiotermia). Por exemplo, as mamangavas não conseguem voar se a temperatura de seus músculos do vôo estiver abaixo de 30°C ou se ultrapassar os 44°C. Pelo menos 90% da energia gasta por uma abelha em vôo são liberados na forma de calor no interior do tórax e, durante um vôo vigoroso, a temperatura aí pode aumentar diversos graus em questão de segundos. Além disso, há evidência de que mamangavas em vôo livre conseguem manter uma temperatura interna constante por ocasião de temperaturas externas diferentes. Grandes abelhas (principalmente rainhas) conseguem permanecer em vôo livre a 0°C, mantendo, nestas condições, uma temperatura torácica de 30°C ou mais. Tal regulação é mantida, em uma pequena parte, passivamente – pela espessa camada de pêlos isolantes no tórax – mas principalmente por meio da regulação do esforço de vôo.

Concluindo, então, nenhum termo é estritamente aplicável a todas as características térmicas dos invertebrados, porém a maioria deles é poiquilotérmica e endotérmica. Dentro da variação normal da temperatura de um poiquilotérmico, a respiração aumenta com o aumento da temperatura ambiente.

No entanto, como poderia ser esperado do modo como reações químicas respondem à temperatura, a relação não é linear – cada aumento na temperatura provoca um aumento multiplicativo na respiração. Um índice do efeito da temperatura no metabolismo, amplamente utilizado, e que leva isso em conta é o valor de Q_{10}, definido como:

$$Q_{10} = \frac{R_2^{10(t_2-t_1)}}{R_1}$$

$$\log Q_{10} = \frac{(\log R_2 - \log R_1)10}{t_2 - t_1}$$

onde R_1 e R_2 são taxas metabólicas (p. ex., de consumo de O_2) nas temperaturas t_1 e t_2 °C, respectivamente. Note que, quando $t_2 - t_1 = 10$°C, então Q_{10} é dado pela razão entre R_2 e R_1; assim, Q_{10} indica o fator pelo qual R é multiplicado a cada aumento de 10ºC na temperatura. Em seguida a uma brusca modificação na temperatura, registram-se frequentemente valores de Q_{10} iguais ou maiores do que 2, mas o Q_{10} pode alterar-se dependendo da gama de temperaturas consideradas para as medidas.

Além disso, a resposta imediata após uma alteração térmica não é necessariamente duradoura. A Figura 11.19 mostra o que acontece quando mexilhões, Mytilus edulis, são transferidos de uma temperatura ambiente (10°C) para 5ºC e 15°C. O consumo de oxigênio aumenta drasticamente no grupo a 15ºC e depois se reduz até um valor estável, menor, enquanto que, para o grupo de 5ºC reduz-se primeiro para, depois, alterar-se com o tempo até um nível mais elevado e estável. Este processo é conhecido como aclimatação; Note que os valores de Q_{10} para aqueles aclimatados (após os ajustes) devem ser inferiores àqueles para a resposta aguda e, para a aclimatação perfeita, tendem para 1. Tal resposta é tida como adaptativa porque permite a conservação de energia em temperaturas elevadas e a manutenção de um alto nível de produção de ATP em temperaturas baixas, de modo a permitir a continuidade da manutenção das atividades vitais do corpo. Respostas de aclimatação têm sido encontradas para quase todos os principais grupos de invertebrados examinados até agora. Tendo dito isso, agora existe um grande debate sobre o significado adaptativo da aclimatação em geral.

A aclimatação também pode operar na direção contrária; isto é, o consumo de O_2 diminui ainda mais em temperaturas baixas e aumenta mais ainda em temperaturas altas com o tempo de aclimatação; assim, os valores de Q_{10} entre as taxas de aclimatação aumentam a partir das taxas agudas. Isso ocorre em algumas lapas, tanto de água doce (Ancylus fluviatilis) como marinhas (Patella aspera). Em temperaturas baixas, este tipo de aclimatação pode ser adaptativo, operando como a estivação, e permitindo a conservação de energia com a escassez de alimento durante o inverno, ou a diminuição de oxigênio, talvez associadas à cobertura de gelo em hábitats de água doce. Um metabolismo elevado, a altas temperaturas, é mais difícil de ser explicado e, provavelmente, são envolvidas pequenas compensações de taxa.

A resposta de aclimatação ilustrada na Figura 11.19 é denominada aclimatação positiva; aquela das lapas, a aclimatação negativa/reversa. A extensão desses processos varia de espécie para espécie e também poderia depender do estado do animal. Assim, em alguns invertebrados intertidais o metabolismo padrão aclimata-se (positivamente) rapidamente e quase completamente à modificação da temperatura ($Q_{10} = 1$) enquanto que os valores de Q_{10} do metabolismo de rotina sempre são maiores do que 1. Esta resposta provavelmente é adaptativa pois os animais do litoral estão sujeitos a consideráveis flutuações na temperatura entre as marés, quando estão inativos e não conseguem se alimentar. Alguns padrões ecológicos são perceptíveis na ocorrência de baixos valores de Q_{10} para o consumo de O_2 de organismos quiescentes: organismos do sublitoral, tais como o ouriço-do-mar Strongylocentrotus franciscanus e a anêmona-do-mar Anemonia natalensis, bem como aqueles escavadores do litoral inferior, como Diopatra cuprea e alguns bivalves, que não são submetidos a variações térmicas acentuadas do ambiente, de curta duração, e apresentam valores de $Q_{10} > 1$, enquanto que organismos intertidais como Littorina littorea, Strongylocentrotus purpuratus, Macoma balthica, Actinia equina e Bullia digitalis apresentam valores de $Q_{10} = 1$. Contudo, existem muitas contradições quanto a alguns organismos intertidais, como Patella vulgata, que não apresenta nenhuma supressão de Q_{10}, e alguns organismos do sublitoral, tais como o poliqueta Hyalinoecia, com baixos valores de Q_{10}.

11.6.5 Tensão de oxigênio (PO_2)

Alguns invertebrados, quando expostos a uma baixa PO_2 (hipóxia), são incapazes de manter sua taxa de metabolismo similar àquela que ocorre quando se encontram em condições 'normais' de O_2, isto é, no ar ou em água saturada de ar (normóxia). A taxa de consumo de O_2 diminui com o decréscimo da PO_2 ambiental. Consequentemente, são conhecidos como oxiconformadores (Fig. 11.20). Em geral os conformadores são encontrados em ambientes que, normalmente, não sofrem uma hipóxia pronunciada (p. ex., algumas larvas de efeméridas e de plecópteros em água doce, esponjas, cnidários, alguns artrópodes e moluscos no mar e muitos, e não todos os invertebrados terrestres) ou são cronicamente expostos a uma hipóxia muito severa (p. ex., anaeróbicos facultativos, como o nematódeo Ascaris e o platelminto Fasciola).

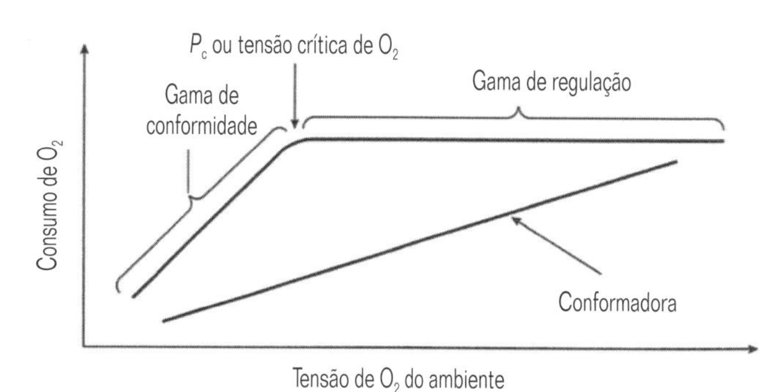

Fig. 11.20 Consumo de oxigênio em função da tensão de O_2 do ambiente para uma espécie oxirreguladora e para outra, oxiconformadora.

No caso desse último, uma capacidade bem desenvolvida de metabolismo anaeróbico como fonte primária para a produção de energia torna desnecessária qualquer habilidade reguladora.

Muitos invertebrados predominantemente aquáticos apresentam graus variados de capacidade de manter um consumo de O_2 constante em uma ampla gama de valores ambientais de PO_2 (Fig. 11.20). São conhecidos como oxirreguladores. Entretanto, muito poucas espécies conseguem regular completamente seu metabolismo. Invariavelmente, quando a PO_2 diminui até um nível no qual um indivíduo não consegue mais manter tal independência respiratória, o regulador se transforma em um conformador. O ponto no qual ocorre esta alteração comumente é referida como PO_2 crítica ou P_c. Quanto menor o valor de P_c, maior será a capacidade reguladora. Existem diferenças significantes na P_c, tanto entre como dentro de espécies.

Valores baixos de P_c são característicos de espécies que vivem em ambientes periódica ou cronicamente hipóxicos. Algumas espécies habitam cavidades, frequentemente construídas em lodo extremamente hipóxico, no fundo do mar ou na zona litoral estuarina. Tendem a apresentar valores baixos de P_c, por exemplo, o bivalve Arctica, com 5 kPa e o camarão Calocaris com 2 kPa. De maneira semelhante, espécies pertencentes a uma ampla gama de táxons (incluindo ctenóforos, quetognatos, poliquetas, crustáceos e moluscos) que ocorrem em camadas contendo um mínimo de O_2, em profundidades de 400-1000 m em muitos oceanos do mundo também tendem a possuir valores bastante baixos de P_c (p. ex., estes podem ser tão baixos como 0,4 kPa). Poças de maré, em costões rochosos, são expostas a uma hipóxia periódica, isto é, quando a maré está baixa, durante a noite, quando PO_2 diminui como resultado da respiração de animais e plantas. Consequentemente, muitos de seus habitantes são caracterizados por boa capacidade oxirreguladora, por exemplo, o camarão intertidal Palaemon elegans ($P_c = 1$ kPa).

Hipóxia também é sintomática de carga orgânica associada à poluição na água doce e também cada vez maior em ambientes estuarinos e marinhos costeiros. Em tais casos, quando PO_2 diminui, aquelas espécies que apresentam boa capacidade reguladora sobrevivem, enquanto que os oxiconformadores são os mais atingidos. Assim, em corpos d'água organicamente poluídos, efemerópteros e plecópteros (ambos oxiconformadores) geralmente estão ausentes, enquanto que espécies que são bons oxirreguladores, como o crustáceo Asellus e o oligoqueta Tubifex, tendem a persistir.

Certos fatores intrínsecos e extrínsecos podem influir dramaticamente no valor de P_c e, assim, as comparações entre os

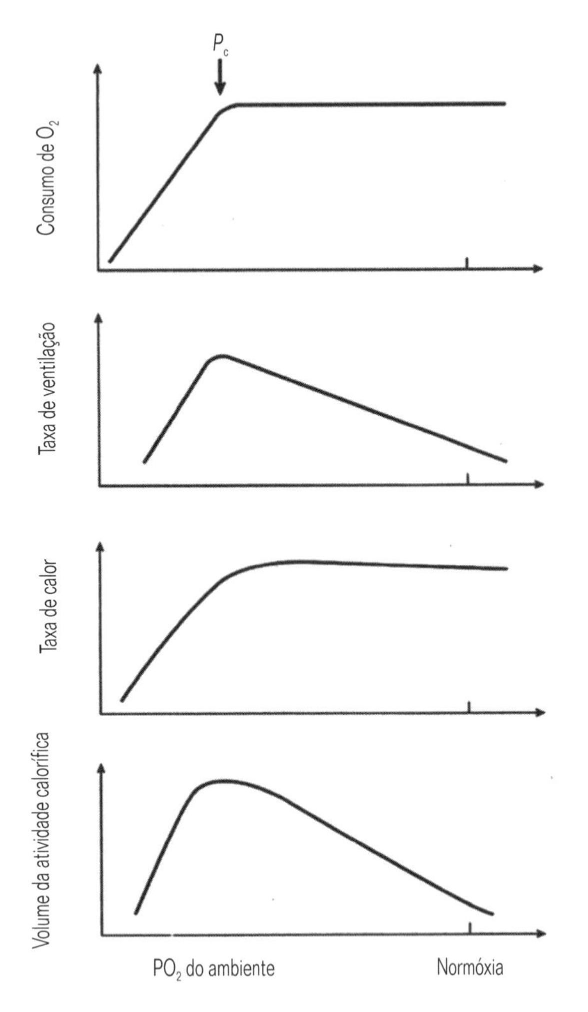

Fig. 11.21 Resposta respiratória estilizada à hipóxia progressiva em um crustáceo oxirregulador.

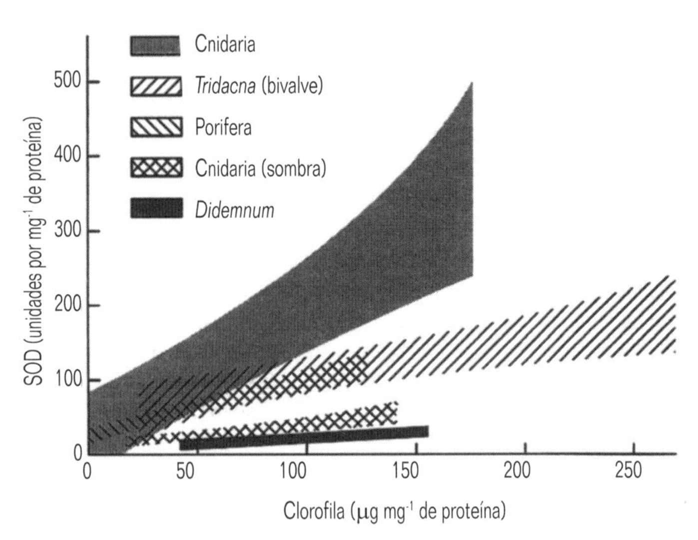

Fig. 11.22 Relação entre a atividade da SOD e a concentração de clorofila nos principais grupos de invertebrados de recifes de coral (segundo Shick & Dykens, 1985).

valores reais precisam sempre ser feitas com algum cuidado. Embora não sejam invariáveis, um aumento na (a) temperatura, (b) taxa metabólica, (c) atividade e (d) tempo de manutenção em laboratório, parece que todos eles diminuem a capacidade reguladora (isto é, P_c aumenta). A exposição prévia à hipóxia, por outro lado, pelo menos em algumas espécies de invertebrados, pode resultar em melhora da capacidade reguladora, por exemplo, nos crustáceos Artemia e Daphnia.

Os mecanismos que fundamentam a oxirregulação são relativamente bem entendidos, pelo menos para algumas espécies de invertebrados. Na regulação em curto prazo, ela é executada por uma série de diferentes respostas fisiológicas. É mais comum que a ventilação aumentará com a diminuição de PO_2, pelo menos até que alcançado o valor de P_c. Depois disso, a taxa de ventilação declina rapidamente. Em algumas espécies, um aumento na quantidade de sangue suprida aos tecidos pelo coração pode ser associado à oxirregulação. Aqui pode haver uma tendência de o volume de uma batida do coração (a quantidade de sangue expelido pelo coração em um batimento) aumentar com o decréscimo de PO_2 em vez de haver um aumento na taxa cardíaca. Contudo, os custos metabólicos do aumento da ventilação e da perfusão são elevados e grandemente insustentáveis em longo prazo. Consequentemente, mais 'soluções' em longo prazo podem envolver o transporte de O_2 pelo sangue (via indução da síntese de proteína respiratória e da manufatura de um pigmento com afinidade intrinsecamente maior pelo O_2) e uma redução total da demanda metabólica. Alguns desses mecanismos estão ilustrados na Figura 11.21.

Antes de deixarmos o efeito da PO_2 sobre o consumo de O_2, deveríamos notar que O_2 demais pode ser tão danoso quanto de menos. Os radicais livres O_2 (peróxidos) podem desnaturar macromoléculas, particularmente proteínas. Isto é importante quando as concentrações de O_2 são muito elevadas, como podem ser nos tecidos de invertebrados que abrigam algas simbiontes (tais como muitos organismos que habitam recifes de coral), uma vez que o O_2 é um produto final da fotossíntese. Em resposta, esses organismos desenvolveram defesas celulares contra a toxicidade do O_2, isto é, a enzima superóxido dismutase (SOD), que pode eliminar radicais prejudiciais de peróxido, e a catalase que elimina o H_2O_2 gerado pelo SOD. A Figura 11.22 mostra que, para certos grupos de invertebrados, a atividade do SOD aumenta juntamente com a concentração de clorofila em seus tecidos, isto é, com o potencial para a produção fotossintética de O_2 pelos simbiontes. Entretanto, a relação não é a mesma para todos os grupos e estas diferenças podem ser atribuídas a diferenças na localização dos simbiontes: a atividade SOD é maior em Cnidaria nos quais as zooxantelas são exclusivamente ou predominantemente intracelulares (o citoplasma está diretamente exposto ao O_2), enquanto que, para o urocordado Didemnum, donde as pró-clorófitas simbiontes não são somente extracelulares, mas também são extra-organísmicas (ocorrendo no revestimento da câmara cloacal comum), o O_2 pode ser rapidamente removido pela corrente exalante sem entrar em contato com o citoplasma do animal. Alguns dos menores valores, entre os cnidários, são aqueles de espécies que se abrigam em tocas e sob lajes.

11.6.6 Salinidade

Quando os invertebrados marinhos e estuarinos são defrontados com modificações na salinidade, a resposta total é uma

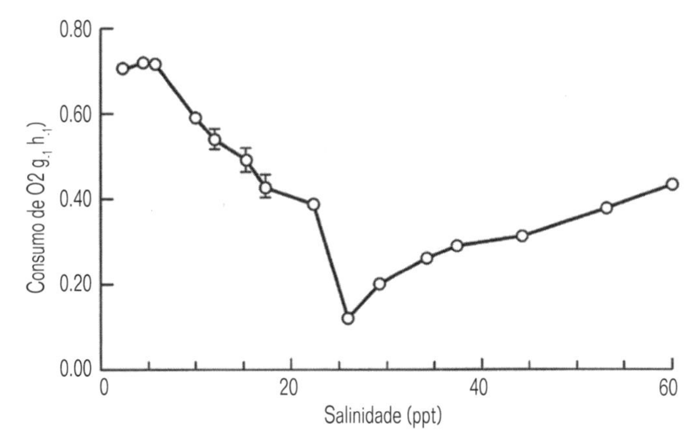

Fig. 11.23 Taxas de consumo de O_2 do pitu Palaemonetes varians em diferentes salinidades (os valores são médias ± 1 SD; n = 3 ou 4). (Dados de Lofts, 1956.)

complexa mistura de alterações fisiológicas e modificações comportamentais (isto é, inicialmente tendem a ser mais ativos após a modificação). Muitas espécies totalmente marinhas são incapazes de tolerar ou compensar o distúrbio fisiológico induzido pela exposição a baixas salinidades. Consequentemente, apresentam um decréscimo no metabolismo juntamente com a diminuição da salinidade. O oposto é verdadeiro para espécies totalmente de água doce. O aumento da salinidade de seu meio circundante leva a um decréscimo do metabolismo e, finalmente, à morte. No entanto, a resposta metabólica à modificação da salinidade pode ser complicada por um aumento concomitante da atividade, a qual, por si só, é um processo que requer energia. Assim, não é incomum que encontremos, na literatura, registros de aumento, decréscimo ou nenhuma alteração no metabolismo, até para a mesma espécie, como resultado de modificação da salinidade do meio circundante.

No caso de espécies estuarinas (embora existam exceções), o metabolismo é menor na salinidade na qual o animal é aproximadamente isosmótico. É provável que, nesta salinidade, o custo da manutenção dos processos de regulação iônica e osmótica seja mínimo. Entretanto, o metabolismo tende a aumentar com a concentração ou a diluição do meio circundante. Isso poderia ser devido aos custos maiores do trabalho osmorregulador e/ou ao aumento na atividade locomotora. Tal padrão pode ser claramente encontrado no pitu de águas salobras Palaemonetes varians (Fig. 11.23). Apresentou um consumo mínimo de O_2 numa salinidade externa de 26 ppt, salinidade na qual o animal é isotônico.

Considera-se amplamente que os custos da osmorregulação e do transporte ativo são pequenos e que estes custos são diluídos pelo custo da atividade que ocorre, frequentemente, ao mesmo tempo. No entanto, ainda existe pouca concordância quanto ao valor real do custo osmorregulador, sendo as estimativas variáveis desde 0,01 até 25% do metabolismo total.

11.7 Conclusõss

A 'respiração' refere-se a processos que liberam energia biologicamente útil de substâncias alimentares, particularmente de carboidratos. Estes processos são, em grande parte, mas não exclusivamente, aeróbicos e, assim, a 'respiração' também é usada para referir-se ao processo de consumo de O_2 e eliminação de CO_2. Os aspectos bioquímicos do processo às vezes são chamados de 'respiração interna' ou 'respiração tissular' e os aspectos fisiológicos do consumo de O_2 de 'respiração externa'. Agora o leitor deveria estar familiarizado com o mecanismo relacionado com ambos, com os sistemas que obtêm O_2 do ambiente, liberando-o para os tecidos, e com os fatores intrínsecos e extrínsecos que influenciam as taxas metabólicas.

11.8 Leitura adicional

Bayne, B.L. & Scullard, C. 1977. An apparent specific dynamic action in Mytilus edulis. J. Mar. Biol. Assoc., UK, 57, 371-378.

Bryant, C. & Behm, C. 1989. Biochemical Adaptation in Parasites. Chapman and Hall, London.

Bryant, C. (Ed.) 1991. Metazoan Life Without Oxygen. Chapman & Hall, London.

Calow, P. & Townsend, C.R 1981. Resource utilization in growth. In: Townsend, C.R & Calow, P. (Eds) Physiological Ecology: an Evolutionary Approach to Resource Utilization. Blackwell Scientific Publications, Oxford.

Cameron, J.N. 1989. The Respiratory Physiology of Animais. Oxford University Press, New York.

Childress, J.J. 1995. Are there physiological and biochemical adaptations of metabolism in deep-sea animals? Trends Ecol. Evol., 10, 30-36.

Chown, S.L. & Gaston, KJ. 1999. Exploring links between physiology and ecology at macro-scales: the role of respiratory metabolism in insects. Biol. Rev., 74, 87-120.

Cossins, A.R & Bowler, K 1987. Temperature Biology of Animais. Chapman and Hall, London.

Fothergill-Gilmore, L.A. 1986. The evolution of the glycolytic pathway. Trends Biochem. Sci., 11, 47-51.

Heatwole, H. & Cloudsley-Thompson, RJ.L. 1995. Energetics of Desert Invertebrates. Springer-Verlag, New York.

Heinrich, B. 1979. Bumble-bee Economies. Harvard University Press, Cambridge, Massachusetts.

Heinrich, B. 1993. The Hot-blooded Insects. Harvard University Press, Cambridge, Massachusetts.

Huey, RB., Berrigan, D., Gilchrist, G.W. & Herron, J.C. 1999. Testing the adaptive significance of acclimation: A strong inference approach. Amer. Zool., 39, 323-336.

Livingstone, D.R 1983. Invertebrate and vertebrate pathways of anaerobic metabolism: evolutionary considerations. J. Geol. Soc. 140, 27-38.

Lutz, P.L. & Storey, K.B. 1997. Adaptations to variations in oxygen tension by vertebrates and invertebrates. In: Dantzler, W.H. (Ed.) Handbook of Physiology. Section 13. Comparative Physiology, Vol II, Chapter 21, pp. 1479-1522. Oxford University Press, Oxford.

Mangum, C.P. 1994. Multiple sites of gas exchange. Amer. Zool., 34,184-193.

Mangum, C.P. 1997. Invertebrate blood oxygen carriers. In: Dantzler, W.H. (Ed.) Handbook of Physiology. Section 13. Comparative Physiology, Vol II, Chapter 15, pp. 1097-1136. Oxford University Press, Oxford.

Mangum, C.P. 1998. Major events in the evolution of the oxygen carriers. Amer. Zool.,38, 1-13.

McMahon, B.R, Wilkens, J.L. & Smith, P.J.S. 1997. Invertebrate circulatory systems. In: Dantzler, W.H. (Ed.) Handbook of Physiology. Section 13. Comparative Physiology, Vol II, Chapter 13, pp. 931-1008. Oxford University Press, Oxford.

Mill, P.J. 1997. Invertebrate respiratory systems. In: Dantzler, W.H. (Ed.) Handbook of Physiology. Section 13. Comparative Physiology, Vol II, Chapter 14, pp. 1009-1098. Oxford University Press, Oxford.

Newell, RC. 1979. Biology of Intertidal Animais, 3rd edn. Marine Ecological Surveys Ltd, Kent.

Phillipson, J. 1981. Bioenergetic options and phylogeny. In: Townsend, C.R & Calow, P. (Eds) Physiological Ecology: an Evolutionary Approach to Resource Utilization. Blackwell Scientific Publications, Oxford.

Randall, D., Burggren, W.W. & French, K 1997. Animal Physiology. Mechanisms and Adaptations, 4th edn. W.H. Freeman, New York.

Schmidt-Nielsen, K 1997. Animal Physiology. Adaptation and Environment, 5th edn. Cambridge University Press, Cambridge.

Somero, G.N. 1997. Temperature relationships: From molecules to biogeography. In: Dantzler, W.H. (Ed.) Handbook of Physiology. Section 13. Comparative Physiology, Vol II, Chapter 19, pp. 1391-1444. Oxford University Press, Oxford.

Spicer, J.I. & Gaston, KJ. 1999. Physiological Diversity and its Ecological Implications. Blackwell Science, Oxford.

Wasserthal, L.T. 1997. Interaction of circulation and tracheal ventilation in holometabolous insects. Adv. Insect Physiol., 26, 298-351.

Willmer, P., Stone, G. & Johnston, I. 2000. Environmental Physiology of Animais. Blackwell Science, Oxford.

CAPÍTULO 12

Excreção, Regulação Iônica e Osmótica e Flutuação

Certas substâncias em excesso quanto às necessidades metabólicas precisam ser removidas do corpo dos animais. Incluem resíduos indigeríveis perdidos nas fezes (Capítulo 9) e CO_2 *perdido na respiração (Capítulo 11). Todavia, existem outras substâncias e estas incluem água, diversos íons e os produtos da decomposição de proteínas e aminoácidos. Estas últimas são substâncias que contêm nitrogênio e que, normalmente são denominadas de produtos de excreção pelos fisiologistas. Contudo, os processos envolvidos na remoção do excesso de íons, água e substâncias contendo nitrogênio do corpo dos invertebrados frequentemente estão tão intimamente relacionados que é sensato tratá-los em conjunto. Por este motivo, neste capítulo, começamos com uma avaliação da excreção, depois consideraremos os problemas íon-água e, finalmente, descreveremos a estrutura e o funcionamento dos assim chamados sistemas excretores, os quais invariavelmente estão associados à regulação iônica e osmótica, mas nem sempre com a excreção de nitrogênio.*

12.1 Excreção

Aminoácidos residuais originam-se do excesso de absorção através da parede do intestino e do catabolismo de proteínas. Em geral estas ainda são decompostas num processo oxidativo que produz cetoácidos e amônia:

$$\underset{\text{aminoácido}}{NH_2-\overset{\overset{R}{|}}{C}HCOOH} + \tfrac{1}{2}O_2 = \underset{\text{celoácido}}{0=\overset{\overset{R}{|}}{C}COOH} + \underset{\text{amônia}}{NH_3}$$

Os cetoácidos podem ser facilmente usados em outras vias metabólicas, porém a amônia, por ser extremamente tóxica, precisa ser rapidamente removida do corpo ou ser armazenada numa forma inofensiva (abaixo). A amônia é muito solúvel e é facilmente perdida pelos animais aquáticos por um processo de difusão através de todo o corpo e das superfícies respiratórias de trocas gasosas. A excreção com predominância de amônia é conhecida como amoniotelismo, sendo muito comum em invertebrados aquáticos, incluindo larvas aquáticas de insetos (cf. adultos terrestres, abaixo).

Em algumas espécies, entretanto, a amônia pode ser convertida na forma menos tóxica da uréia:

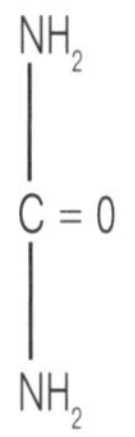

$$\begin{array}{c} NH_2 \\ | \\ C=0 \\ | \\ NH_2 \end{array}$$

O uso desta substância na excreção é conhecido como ureotelismo e é típico dos mamíferos. Sua utilização entre os invertebrados não é ampla, provavelmente porque tem a desvantagem de ser tóxica, requerendo ainda a perda de considerável quantidade de água na excreção. O ureotelismo, entretanto, ocorre em alguns Platyhelminthes, Annelida e Mollusca.

Um produto excretor dominante dos invertebrados terrestres (e dos vertebrados terrestres não-mamíferos) é o ácido úrico – uricotelismo – que é membro de uma classe geral de moléculas, as purinas, que são utilizadas por alguns invertebrados – purinotelismo.

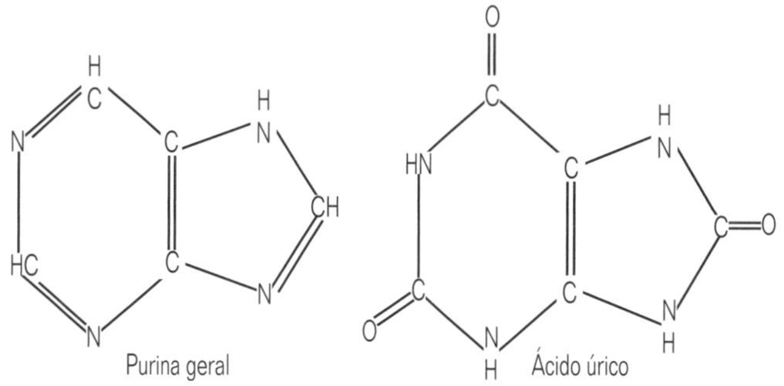

Purina geral

Ácido úrico

A principal razão para o desenvolvimento destes produtos de excreção é devida ao fato de apresentarem baixa toxicidade e, por causa de suas baixas solubilidades, são excretados como sólidos que requerem pouca água para sua remoção. O uricotelismo é importante nos Onychophora, Uniramia e, em menor grau, nos Crustacea e Mollusca. O principal produto de excreção dos Arachnida é a guanina, uma outra purina.

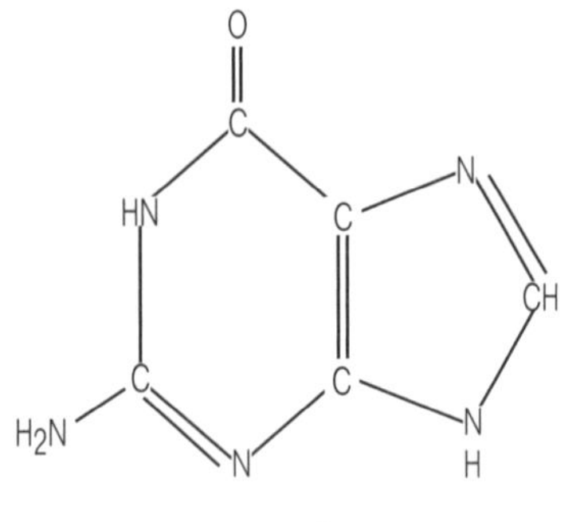

Guanina

Uma exceção a estas tendências é encontrada nos crustáceos (caranguejos, tatuzinhos e anfípodes) nos quais predomina o amoniotelismo. Suas superfícies cuticulares não possuem a cera epicuticular encontrada na cutícula dos insetos (Seção 12.2.5). Consequentemente, em particular nas formas menores, a amônia pode ser eliminada do corpo por meio de difusão gasosa. Recentemente, verificou-se que o ácido úrico é um importante produto de excreção de alguns caranguejos totalmente terrestres, como Birgus latro. Outros invertebrados terrestres que excretam diretamente amônia são alguns oligoquetas e miriápodes, mas estes, assim como os isópodes, vivem em micro-hábitats úmidos onde os riscos de dessecação não são sérios.

A economia metabólica deve ter sido outro fator que desempenhou uma parte na evolução dos sistemas excretores. Desse modo, as purinas podem ser menos tóxicas do que a amônia, mas estão associadas ao carbono e, portanto, com a energia potencial. A uréia é intermediária quanto a esses aspectos. A Tabela 12.1 compara e diferencia a toxicidade, as necessidades de água e as perdas de energia/carbono associadas a cada um dos três principais produtos. O quanto essas perdas são importantes na economia do organismo como um todo, no entanto, é problemático, podendo ser de maior importância a perda de energia (principalmente como calor) nos processos metabólicos que levam à formação dos produtos de excreção.

Também deveríamos considerar que substâncias excretoras, particularmente as menos tóxicas, como as purinas, não precisam ser eliminadas do corpo. Certamente, isto é verdadeiro para caracóis terrestres e para os pulmonados aquáticos nos quais o ácido úrico pode acumular-se bastante à medida que os caracóis ficam maiores e mais velhos. Verificou-se que a uréia também pode ser acumulada nos tecidos do pulmonado tropical Bulimulus durante a estivação. O significado disto é incerto, mas assim como cumpre uma função excretora, o aumento de concentração de uréia nos tecidos e líquidos do corpo deste caracol pode causar um aumento da pressão osmótica e, então, reduzir a perda de água por evaporação. Isto pode aumentar a

Tabela 12.1 'Economia' dos produtos de excreção.

		Calor de combustão			
	C/N	kJ mol^{-1}	kJ mol^{-1} N^{-1}	Toxicidade	Necessidade de água
Amônia	0	378	378	***	***
Uréia	0,5	638	319	**	**
Ácido úrico	1,25	1932	483	*	*

* Índice quantitativo bruto. Dados de Pilgrim (1954).

sobrevivência durante prolongados períodos de seca. O ácido úrico também se acumula durante o desenvolvimento em ovos cleidóicos. Novamente, bons exemplos são fornecidos por caracóis pulmonados – o conteúdo de ácido úrico nos ovos de Lymnaea aumenta cerca 0,5% do peso fresco na clivagem até aproximadamente 4,5% do peso fresco na eclosão. Tem sido argumentado que a evolução da condição cleidóica pode ter sido o impulso inicial para a evolução do purinotelismo. Com certeza as duas características tiveram uma considerável importância na conquista da terra.

Algumas espécies de ascídias possuem o que foi denominado sacos renais porque, em seu interior, podem ser encontradas concreções de ácido úrico. Entretanto, estes sacos não se abrem na superfície do corpo. O ácido úrico acumula-se no interior dos sacos durante toda a vida dos indivíduos. Consequentemente, lançou-se alguma dúvida sobre a função excretora desses sacos, embora funções alternativas ainda não estejam claras.

12.2 Regulação osmótica e iônica

Os líquidos do corpo dos animais são soluções salinas diluídas, com o cloreto de sódio como eletrólito predominante – em outras palavras, assemelham-se à água do mar. De fato, considera-se geralmente que isto reflita a origem da vida no mar. Não obstante, existem diferenças apreciáveis entre os líquidos do corpo e a água do mar (Tabela 12.2) e Macallum, na década de 1920, viu nisto evidências a favor de uma modificação gradual

Tabela 12.2 Concentrações de íons no plasma ou nos líquidos da cavidade do corpo, como porcentagem da concentração dos líquidos dialisados do corpo contra a água do mar. Segundo Schmidt-Nielsen (1997).

	Na	K	Ca	Mg	Cl	SO_4
Cnidaria						
Aurelia aurita	99	106	96	97	104	47
Echinodermata						
Marthasterias glacialis	100	111	101	98	101	100
Urochordata						
Salpa maxima	100	113	96	95	102	65
Annelida						
Arenicola marina	100	104	100	100	100	92
Sipuncula						
Phascolosoma vulgare	104	110	104	69	99	91
Crustacea						
Maia squinado	100	125	122	81	102	66
Dromia vulgaris	97	120	84	99	103	53
Carcinus maenas	110	118	108	34	104	61
*Pachygrapsus marmoratus**	94	95	92	24	87	46
Nephrops norvegicus	113	77	124	17	99	69
Mollusca						
Pecten maximus	100	130	103	97	100	97
Neptunea antiqua	101	114	102	101	101	98
Sepia officinalis	93	205	91	98	105	22

* Este caranguejo grapsóide é o único animal da tabela que é hiposmótico (concentração iônica igual a 86% daquela da água do mar).

Quadro 12.1 Algumas definições

Quando soluções são separadas por uma barreira (membrana) permeável ao solvente e ao soluto:

1 Os solutos (íons) passam da solução mais concentrada para a menos concentrada por *difusão* (de fato, estes movimentos iônicos podem ser dificultados por diferenças no potencial elétrico através da membrana e isto será considerado em maiores detalhes no Capítulo 16).

2 O solvente passa da solução menos concentrada para a mais concentrada por osmose e a pressão osmótica força o solvente a passar da baixa para a alta concentração – a pressão osmótica é uma propriedade coligativa, isto é, depende do número e não do tipo de partículas do soluto.

Os processos 1 e 2 continuam até que o gradiente de concentração seja anulado.

As membranas associadas a organismos geralmente são permeáveis tanto à água como aos solutos até alguma extensão, e estão sujeitas ao movimento simultâneo de ambos. Por exemplo:

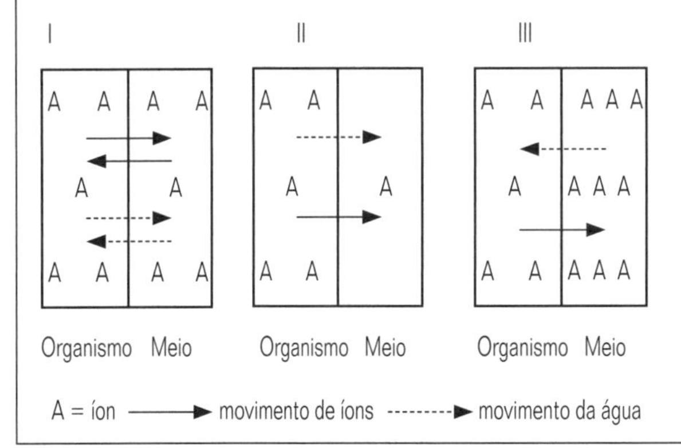

Em I o organismo é isosmótico em relação ao meio.
Em II o organismo é hiperosmótico em relação ao meio.
Em III o organismo é hiposmótico em relação ao meio.

O termo *isotônico* é frequentemente usado como sinônimo de isosmótico, mas isto não é estritamente correto – como a tonicidade descreve a resposta da célula ou do organismo (em termos de volume) e organismos isosmóticos aos íons do meio circundante, mas nem sempre são isotônicos, por exemplo, ovos de ouriços-do-mar em NaC1 isosmótico, porém não em $CaC1_2$ isosmótico.

Osmoconformadores são animais nos quais as concentrações osmóticas dos fluidos do corpo conformam com o meio, isto é, permanecem isosmóticos em relação ao meio.

Osmorreguladores são animais que mantêm as concentrações osmóticas do meio corpóreo diferentes daquelas do meio externo.

Regulação iônica é a regulação da concentração de solutos nos fluidos corpóreos, que diferem marcadamente de sua concentração no meio.

Eurialinos: animais que toleram ampla variação na concentração de sal na água em que vivem.

Estenoalinos: animais que apresentam tolerância limitada às variações na concentração de sal na água em que vivem.

Concentrações: é fácil entender o que significa o peso de uma substância, mas moles (= peso molecular em gramas, ou o número de Avogadro [$6{,}023 \times 10^{23}$] de moléculas de um elemento ou composto é mais indefinível. Contudo, tais medidas são mais úteis, uma vez que indicam o número de partículas de soluto – e a pressão osmótica de uma solução depende diretamente do número de partículas que ela contém.

Molaridade = moles/litro de solução.

Molalidade = moles/kg de solvente puro.

na composição dos oceanos desde a época como eram quando a vida se originou, até como são hoje. Entretanto, a pesquisa paleoquímica recente parece indicar que os primeiros oceanos não diferiam apreciavelmente em sua composição daquela dos dias atuais.

Uma implicação da Tabela 12.2 é, portanto, que até mesmo animais que vivem na água do mar precisam regular a composição interna dos seus fluidos corpóreos. Isto é intensificado em ambientes aquáticos mais diluídos – estuários e água doce – onde os habitantes têm que manter os fluidos do corpo mais concentrados do que os líquidos circundantes. O oposto é o caso de animais (a) que, tendo ocorrido na água doce, evoluíram fluidos corpóreos mais diluídos do que a água do mar, mas depois retornaram ao oceano e (b) os que vivem em meios muito concentrados, como lagos salgados. Nas situações terrestres, o principal problema é, certamente, a conservação de água.

Agora consideraremos mais detalhadamente os desafios associados a estas quatro principais circunstâncias ecológicas. Uma breve definição de vários termos, importante para entender a regulação iônica e osmótica, é apresentada no Quadro 12.1.

12.2.1 O ambiente marinho

A maioria dos invertebrados marinhos tem fluidos corpóreos isosmóticos em relação à água do mar, sendo osmoconformadores. Apesar disso, como já vimos, a composição iônica dos fluidos corpóreos pode diferir bastante daquela da água do mar e, assim, é preciso haver regulação iônica. Alguns exemplos são ilustrados pelos dados da Tabela 12.2. Os seguintes pontos são dignos de nota: (a) Aurelia regula principalmente íons sulfato, mantendo-os abaixo de sua concentração na água do mar – isto pode estar relacionado com a flutuação uma vez que os íons sulfato são pesados e sua substituição por cloreto pode diminuir a densidade desta medusa e evitar que afunde – veja também a siba Sepia (e a Seção 12.2.2); (b) além de potássio, os equinodermos não regulam apreciavelmente seus fluidos corpóreos e esta pode ser uma característica de sua fisiologia que os restringe amplamente à água do mar; (c) os níveis de magnésio geralmente são baixos nos líquidos corpóreos dos artrópodes e isto poderia estar relacionado com o fato de que estes animais geralmente são muito ativos e o magnésio poder atuar como um anestésico; contudo, note que a concentração de magnésio não é particularmente diminuída em Sepia de movimentos rápidos.

12.2.2 Um aparte à flutuação

Animais aquáticos, mais densos do que a água, tenderiam a afundar e, por isso, é vantajoso para as espécies nadadoras que mantenham uma densidade igual ou menor do que a da água, caso contrário gastariam energia para evitar o afundamento.

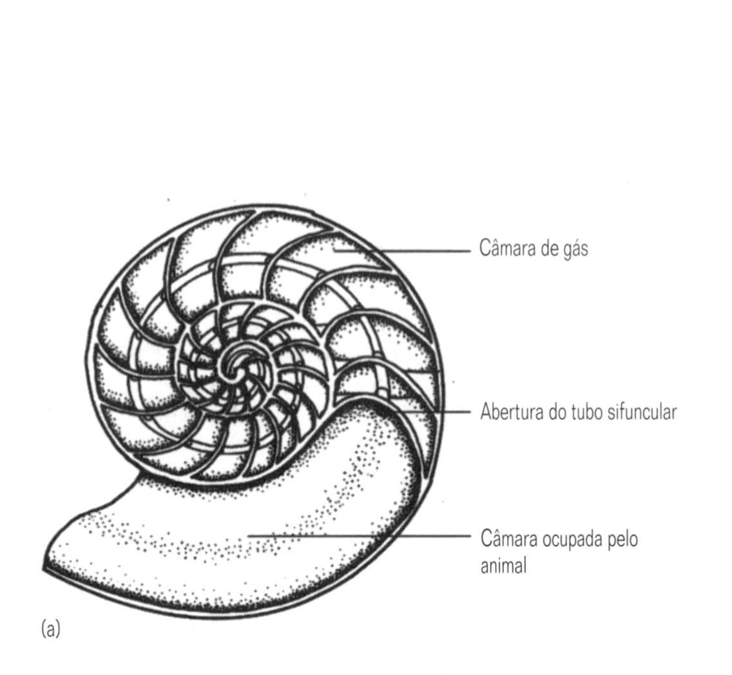

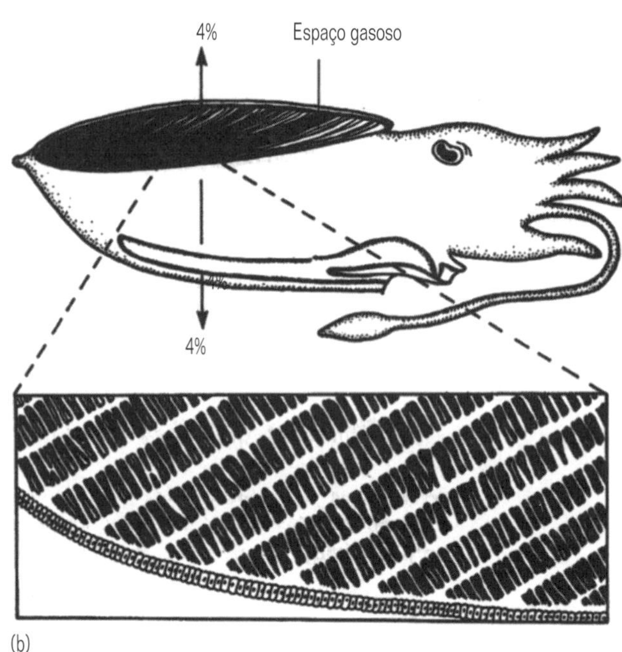

Fig. 12.1 (a) Concha com câmaras de Nautilus. À medida que cresce, o animal adiciona, uma a uma, novas câmaras de gás a sua concha. Inicialmente, estas estão preenchidas com um líquido no qual NaCl é o soluto principal. O sódio é removido do líquido por meio de transporte ativo. O líquido, portanto, é hiposmótico em relação à água do mar e a água é removida, deixando um espaço para o gás. Gases difundem-se para a câmara: o N_2 atinge 0,8 atm, pressão idêntica à da água e dos tecidos do animal, mas o O_2 está numa pressão menor. Devido à rigidez do sistema, a pressão do gás permanece a 0,9 atm, independentemente da profundidade na qual o animal está nadando. (b) O osso calcário da siba é uma estrutura laminar contendo gases aproximadamente das mesmas composição e pressão como em Nautilus. No entanto, as câmaras mais velhas e mais posteriores (assinaladas em preto) contêm fluido – novamente uma solução abundante em NaCl. A quantidade de gás presente pode variar por alteração do volume de líquido. Dessa forma, a siba varia sua própria densidade e, assim, pode variar sua flutuação e, consequentemente, a profundidade. Isto é feito alterando a concentração da solução de NaCl por meio de movimentos iônicos; por exemplo, próximo da superfície, o fluido aproxima sua concentração osmótica à da água do mar, mas em profundidades maiores, a concentração é diminuída e o líquido torna-se hiposmótico em relação à água do mar e ao sangue do animal, gerando, com isso, uma força osmótica que contrabalança a tendência de aumento da pressão hidrostática de impulsionar água para o interior do osso de siba. (Segundo Schmidt-Nielsen, 1997.)

Já vimos que isso pode ser conseguido, pelo menos em parte, por meio de regulação iônica. Esclarecemos esse fato mais adiante, mas também chamaremos atenção para outras adaptações envolvidas com a flutuação.

Heliocranchia é uma lula de mares profundos. Neste animal, a cavidade pericárdica preenchida com fluido é muito grande. O fluido é menos denso que a água do mar e contém menos sódio, porém uma concentração muito grande de íons amônia. A amônia forma-se como produto final do metabolismo protéico e difunde-se para o fluido pericárdico ácido, ficando aí retida. Finalmente, como foi observado em Aurelia e Sepia, os ânions do fluido pericárdico desta lula são quase exclusivamente cloreto, sendo os pesados íons sulfato excluídos.

Outros métodos de aumentar a flutuação envolvem: (a) a remoção de íons sem que sejam substituídos, mas aí os fluidos corpóreos seriam hiposmóticos em relação à água do mar envolvendo, por isso, custos osmóticos; (b) uma redução de substâncias pesadas, por exemplo, alguns gastrópodes pelágicos, como heterópodes e pterópodes, têm concha reduzida ou ausente; (c) um aumento de substâncias como gorduras e óleos, que são menos densos que a água, é muito comum em crustáceos planctônicos de ambientes marinhos e de água doce; (d) uso de flutuadores de gás, como aqueles da caravela-portuguesa Physalia e os flutuadores de paredes rígidas das câmaras de gás dos cefalópodes nautilóides e o osso de siba da Sepia (Fig. 12.1).

12.2.3 O ambiente de água doce

Se animais tipicamente marinhos são transferidos para água do mar diluída, seus fluidos corpóreos seguirão fielmente as condições osmóticas do ambiente (osmoconformadores) ou resistem à diluição de seus fluidos corpóreos (osmorreguladores). Exemplos de ambos são apresentados na Figura 12.2. Animais estuarinos e, até certo ponto litorais, são naturalmente submetidos a diluições periódicas entre os períodos de marés e após chuva pesada, apresentando ambos os padrões de resposta.

Os osmoconformadores, entretanto, não são necessariamente mais estenoalinos do que os osmorreguladores. Assim, a pressão osmótica do sangue do mexilhão Mytilus edulis segue estreitamente aquela da água circundante, se estiver no Mar do Norte (salinidade normal) ou no Mar Báltico (salinidade menor do que a metade da normal). Um motivo para esta tolerância é que, embora não regule os líquidos corporais extracelulares, regula os intracelulares, e os aminoácidos desempenham um importante papel no processo. Os aminoácidos podem aumentar sua concentração durante a diluição, aumentando a pressão osmótica dos líquidos intracelulares. Da mesma forma, a excreção de amônia é acelerada em M. edulis quando este mexilhão é transferido de alta para baixa salinidade. Provavelmente isto indica maior catabolismo de proteínas e produção intracelular de aminoácidos em condições de estresse osmótico.

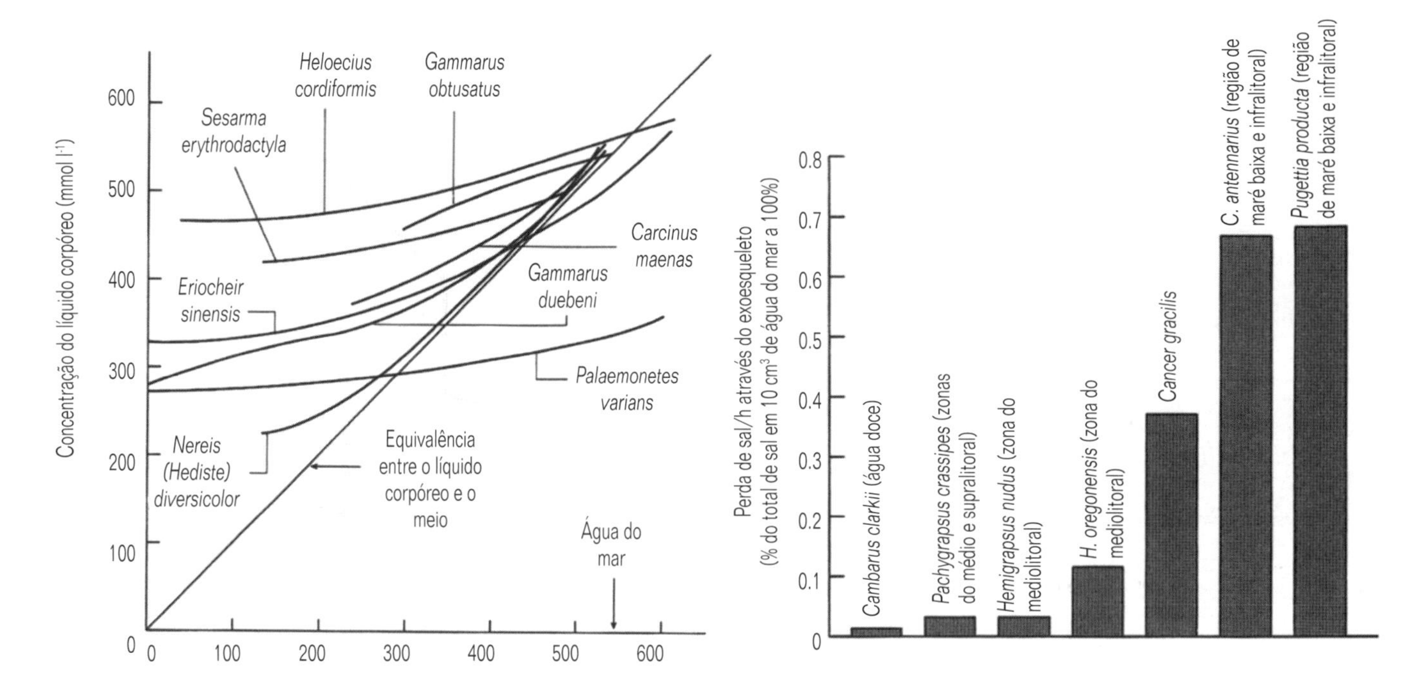

Fig. 12.2 Relação entre as concentrações dos fluidos corpóreos e o meio em vários invertebrados de água salobra (segundo Schmidt-Nielsen, 1997).

Fig. 12.3 Permeabilidade do exoesqueleto de crustáceos de diferentes ambientes (segundo Hoar, 1966).

De fato, parece haver variação genética de leucina aminopeptidase (LAP), uma importante enzima do catabolismo protéico, sendo encontradas, com grande frequência, variantes com taxas catabólicas mais elevadas em condições estuarinas de baixa salinidade.

Os osmorreguladores podem controlar o influxo de água e o efluxo iônico pelo desenvolvimento de uma superfície do corpo menos permeável e/ou bombeando ativamente água para fora e regulando o influxo e o efluxo de íons para os líquidos corpóreos. A Figura 12.3 indica como a permeabilidade do exoesqueleto dos crustáceos é menor em espécies de hábitats litorais ou mais diluídos.

Os animais que vivem na água doce são semelhantes aos osmorreguladores em água salobra, mas precisam regular durante toda a vida. A Figura 12.4 indica como os fluidos corpóreos de alguns destes animais respondem ao aumento de salinidade. Observe que existem grandes diferenças na concentração na qual eles mantêm os fluidos corpóreos em baixa salinidade (isto é, na água doce) – assim, o bivalve Anodonta e a pulga-d'água Daphnia possuem concentrações menores do que a do anfípode Gammarus e a do percevejo corixídeo Sigara – mas todas são menores do que a concentração dos líquidos corpóreos de equivalentes marinhos, provavelmente para reduzir os custos de manutenção de uma grande diferença de pressão osmótica entre os meios interno e externo.

A maioria dos animais de água doce regula por apresentar uma epiderme de baixa permeabilidade (Fig. 12.3) e por produzir quantidades copiosas de urina. Se a produção diária de urina for expressa em porcentagem do peso do corpo do produtor, esta geralmente é consideravelmente menor do que 10% para invertebrados marinhos, porém consideravelmente maior do que isto

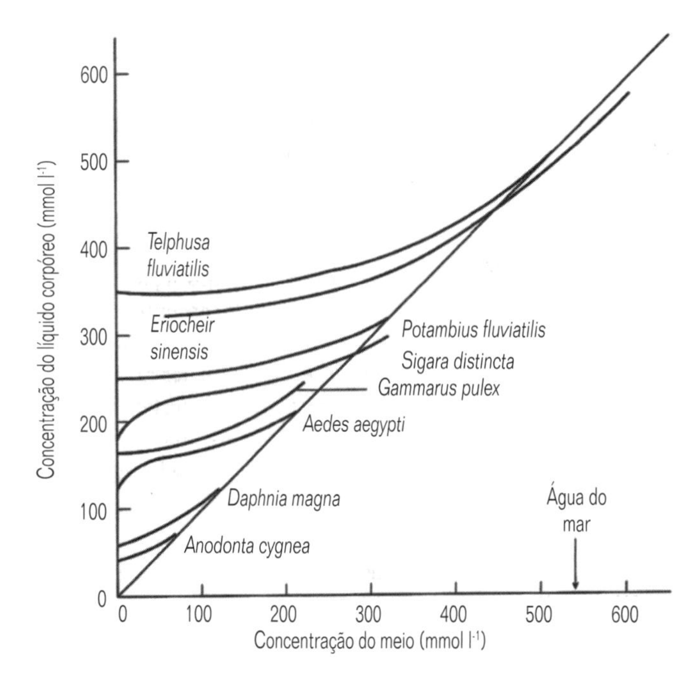

Fig. 12.4 Como na Fig. 12.2, mas para vários animais de água doce (segundo Schmidt-Nielsen, 1997).

para invertebrados de água doce. Por exemplo, Astacus e Gammarus produzem aproximadamente 40% do peso do corpo por dia, Daphnia mais de 200% e o bivalve de água doce Anodonta mais de 400%. A urina destes invertebrados de água doce geralmente é hiposmótica em relação aos fluidos do corpo, tendo os íons úteis sido seletivamente removidos em partes apropriadas dos órgãos 'excretores: Apesar disso e da impermeabilidade da

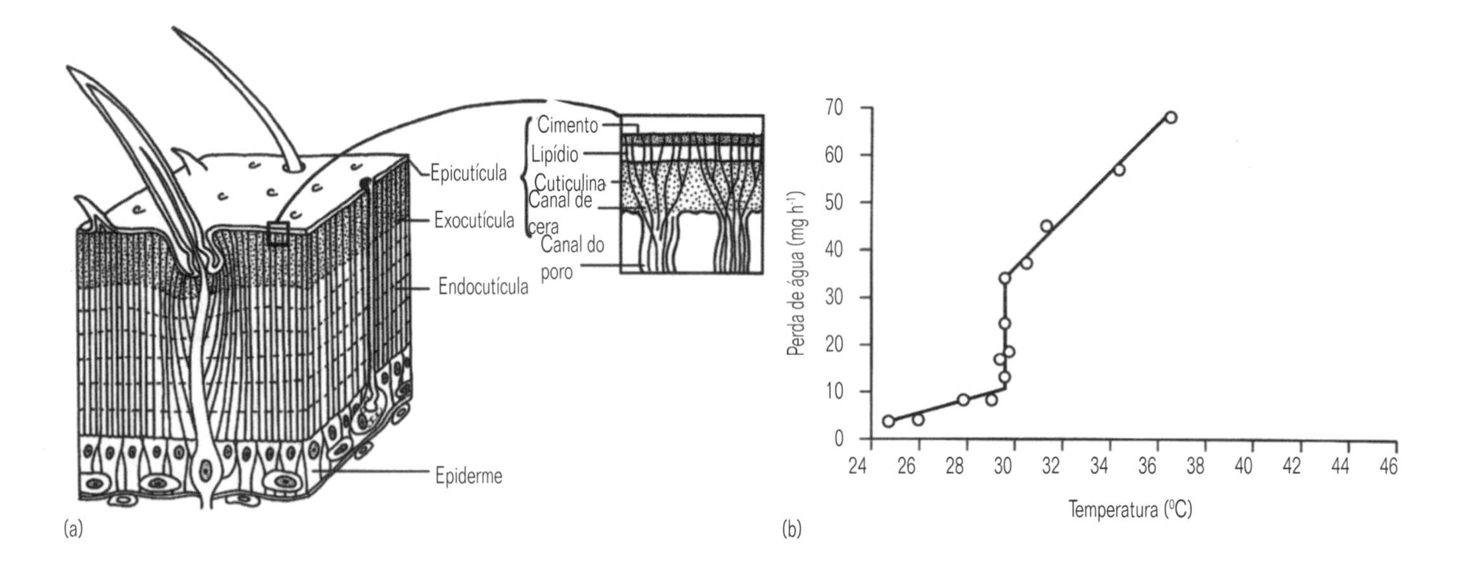

Fig. 12.5 (a) Secção da cutícula de um inseto, mostrando a camada de cera (segundo Edney, 1974); (b) perda de água pela cutícula da barata com o aumento da temperatura. (Segundo Beament, 1958.)

epiderme, alguns íons são perdidos e precisam ser substituídos. Parte disso ocorre do alimento, mas muitos invertebrados de água doce e salobra também são capazes de uma tomada ativa e direta de íons do meio circundante. Isto pode ser demonstrado mergulhando-os primeiro em água destilada para reduzir a concentração de íons em seus fluidos corpóreos e, depois, retornando-os para água doce natural. Depois de um curto período de tempo, a composição iônica dos fluidos corpóreos retorna ao normal, mesmo que, durante todo o processo, o meio da água doce for mais diluído do que os líquidos do corpo. Isto implica em absorção por transporte ativo. Estes processos foram cuidadosamente estudados em crustáceos de água doce, tais como o lagostim Austropotamobius, o isópode de água doce Asellus e espécies de água doce do anfípode Gammarus. É provável que a superfície geral do corpo tome alguma parte neste processo, mas existe uma evidência convincente de que, para crustáceos, as brânquias são os órgãos para o transporte ativo de íons.

Larvas do mosquito Aedes aegypti, com sangue contendo quantidades extremamente pequenas de sódio (<30% do normal) podem ser produzidas criando-as em água destilada. Isto pode ser corrigido em poucas horas de transferência para água doce natural. Experimentos que envolvem danos da papila anal e bloqueio do intestino destes animais mostraram que 90% dessa tomada ocorre através das papilas e a maior parte restante através do intestino. Em termos de tomada de íons, as brânquias retais de larvas de libélulas desempenham um papel similar ao das papilas anais de Aedes.

12.2.4 Ambientes hiperosmóticos

Alguns invertebrados marinhos e muitos de água salobra, como o camarão Palaemonetes, são hiposmóticos em relação à água do mar (Fig. 12.2). Concorda-se geralmente que estes animais retornaram secundariamente à água salgada após uma existência inicial na água doce. Também existe um número de caranguejos grapsóides com líquidos do corpo hiposmóticos em relação à água do mar (veja nota de rodapé da Tabela 12.2), mas não há dúvidas de que os ancestrais deles nunca passaram um tempo na água doce, sendo o motivo de sua condição hiposmótica obscuro.

Contudo, o problema geral para organismos em circunstâncias hiperosmóticas é manter os sais fora do corpo e a água dentro dele. Invertebrados que vivem em águas salinas mais concentradas do que a água do mar enfrentam o mesmo problema. Artemia, o camarãozinho das salinas, é um excelente exemplo. Este animal mantém os fluidos de seu corpo numa concentração osmótica mais baixa do que a do ambiente usando regulação ativa; a água é obtida por ingestão e o excesso de íons é removido através das brânquias dos adultos e por um órgão nucal especializado nas larvas.

12.2.5 Ambiente terrestre

Potencialmente, o maior problema fisiológico para os animais terrestres é a desidratação. No entanto, alguns animais terrestres como minhocas, lesmas e caracóis, têm superfícies úmidas e estão restritos a hábitats úmidos no solo e na serapilheira, não sendo verdadeiramente terrestres. Após a chuva, as condições no solo podem até mesmo tornar-se hiposmóticas e, nestas condições, alguns nematódeos removem ativamente água de seus próprios tecidos, provavelmente diretamente através do intestino. No outro extremo estão os insetos que vivem em ambientes muito secos e possuem um exoesqueleto impermeável. Tal característica não é adquirida pela própria cutícula, mas pela camada epicuticular de cera (Fig. 12.5a) (veja também a Seção 8.5.3B.2). Por exemplo, se esta camada for raspada, a perda de água corporal por evaporação é muito aumentada. Da mesma forma, a importância da camada de cera para a retenção de água foi demonstrada medindo-se a taxa de perda de água em diferentes temperaturas. Neste experimento, existe um súbito aumento na taxa de perda de água a uma temperatura que coincide com o ponto de fusão do revestimento de cera (Fig. 12.5b).

Como já notamos, os crustáceos terrestres não possuem uma camada epicuticular de cera e são, em sua grande maioria, restritos a ambientes úmidos. Anfípodes terrestres habitam a serapilheira e transportam uma pequena quantidade de água na face inferior de seu corpo (sulcado). As brânquias estão imersas ou cobertas por esta água, sendo os ovos e indivíduos recém-eclodidos mantidos neste sulco pelas fêmeas. Esta água exossomática é obtida de corpos d'água e da urina. Sua composição está sob um estrito controle fisiológico, sendo que estes anfípodes transportam seu próprio 'oceano' na terra. Embora os isópodes terrestres frequentemente sejam encontrados em micro-hábitats de alta umidade, às vezes são expostos a um ar mais seco; a perda de água por evaporação pode ser substituída, em parte, pelo alimento úmido destes animais – matéria vegetal em decomposição – e alguns são capazes de beber e absorver água através do ânus. O isópode do deserto Hemilepistus evita o excesso de dessecação por meio do comportamento, vivendo em buracos durante o calor do dia. Os buracos podem ter mais de 30 cm de profundidade, são mais frios do que a superfície do deserto e sua umidade relativa pode ser tão alta quanto 95%.

Os insetos também obtêm água bebendo-a, por ingestão do alimento e pela oxidação metabólica de moléculas orgânicas, por exemplo.

$C_6H_{12}O_6 + 6CO_2 + 6H_2O$

Além disso, alguns insetos e aracnídeos terrestres são capazes de absorver diretamente vapor d'água da atmosfera. Como isto é conseguido ainda não está claro, porém, em diferentes grupos, estão envolvidos os epitélios retal e bucal, possivelmente também o sistema traqueal.

12.2.6 'Invasões' dos hábitats terrestres e de água doce

Parece incontestável que a vida se desenvolveu e irradiou no ambiente marinho (Capítulo 2).As invasões de outros grandes hábitats podem ter ocorrido diretamente (do mar para a terra; do mar para a água doce) ou indiretamente (do mar para a terra via água doce; do mar para a água doce via terra). Além disso, a transição mar/terra pode ter ocorrido através da superfície da região litorânea ou através de seus interstícios. Estas transições estão esquematicamente ilustradas na Figura 12.6. Já discutimos e rejeitamos a teoria de Macallum (p. 290), mas não é insensato presumir que os hábitos e hábitats ancestrais tenham deixado alguma marca na composição dos fluidos corpóreos dos animais atuais. Assim, é possível levantar a hipótese de que os animais terrestres derivados diretamente de ancestrais marinhos provavelmente tenham líquidos do corpo com pressões osmóticas mais elevadas do que aquelas de descendentes de antepassados de água doce. Esta hipótese é amplamente sustentada pelos dados resumidos na Tabela 12.3. Entretanto, como pode ser antecipado, existem algumas complicações. Por exemplo, pensa-se que o decápode terrestre Holthuisana transversa seja derivado de um ancestral de água doce, ainda que tenha sangue com uma pressão osmótica relativamente alta. No entanto, embora pequenos crustáceos de água doce possam ter líquidos do corpo com baixas pressões osmóticas (<300 mosmol kg^{-1}), os decápodes de água doce, provavelmente devido a seu maior tamanho, retiveram valores muito mais elevados (>500 mosmol kg^{-1}) de modo que os altos valores nas espécies terrestres não são incompatíveis com a origem na água doce.

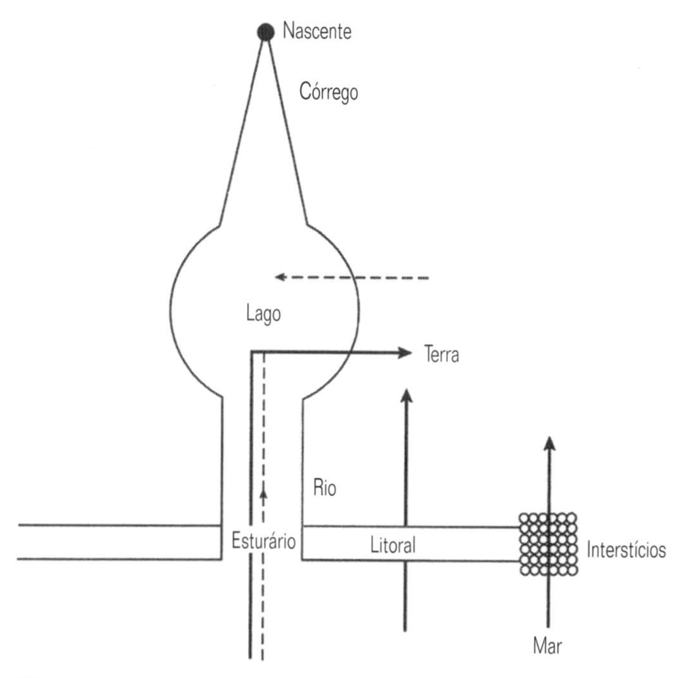

Fig. 12.6 Rotas das 'invasões' para os hábitats terrestres (–) e de água doce (– –).

Os animais que seguiram a rota intersticial para a terra, tais como alguns nemertinos, nematódeos e anelídeos provavelmente experimentaram condições até certo ponto intermediárias àquelas que pertencem a situações completamente terrestres ou de água doce. Isto, pelo motivo dos sedimentos atuarem como tampões às mudanças de salinidade da água de cobertura. Apesar disso, na transição do mar para a terra a água intersticial torna-se mais diluída, de modo que os animais adaptados para a vida no solo estariam aptos a desenvolver bons mecanismos de regulação iônica. Então, muito provavelmente estes animais, como aqueles com ancestrais de água doce, deveriam apresentar fluidos corpóreos diluídos e o nemertino terrestre Argonemertes dendyi, que se suspeita ter invadido a terra através da rota intersticial, de fato possui líquidos corpóreos com pressões osmóticas relativamente baixas (Tabela 12.3).

Através do limitado levantamento da Tabela 12.3 poderia parecer que a maioria das invasões do ambiente terrestre por invertebrados deve ter ocorrido diretamente e não indiretamente. Também, os dois principais grupos de invertebrados terrestres, os insetos e os aracnídeos, não são mencionados na tabela, mas é muito provável que tenham derivado diretamente de ancestrais do ambiente marinho. Em contraste a esta ênfase nos invertebrados, os vertebrados terrestres evoluíram exclusivamente de ancestrais de água doce. Tanto os vertebrados terrestres como os artrópodes terrestres, particularmente os insetos (Seção 8.5.3B), possuem superfícies do corpo adaptadas para resistir à dessecação. Os invertebrados terrestres de corpo mais mole evitam a dessecação vivendo em hábitats úmidos, mas provavelmente sofrem alguma dessecação de tempos em tempos e, assim, precisam tolerar alguma concentração osmótica. A evolução de fluidos corpóreos diluídos, associada a origens na água doce, também parece ser associada a alguma inabilidade de tolerar um aumento nas concentrações dos fluidos corpóreos – provavelmente as proteínas desenvolvidas para condições diluídas são mais facilmente desnaturadas em pressão osmótica elevada. Então, os invertebra-

Tabela 12.3 Pressões osmóticas do sangue de alguns animais terrestres (modificada de Little, 1983).

Espécie	Posição taxonômica	Pressão osmótica (mosmol)	Rota provável para a terra
NEMERTEA			
Argonemertes dendyi	(Hoplonemertea)	145	Litoral marinho
ANNELIDA			
Lumbricus terrestris	(Oligochaeta)	165	Água doce
MOLLUSCA			
Eutrochatella tankervillei	(Prosobranchia)	67	Água doce
Poteria lineata	(Prosobranchia)	74	Água doce
Pseudocyclotus lactus	(Prosobranchia)	103	Água salobra
Helix pomatia	(Pulmonata)	183	Charnecas salgadas
Pomatias elegans	(Prosobranchia)	254	Litoral marinho
Agriolimax reticulatus	(Pulmonata)	345	Charnecas salgadas
CRUSTACEA			
Espécies não descritas	(Amphipoda)	400	Litoral marinho
Holthuisana transversa	(Decapoda)	517	Água doce
Porcellio scaber	(Isopoda)	700	Litoral marinho
Cardisoma armatum	(Decapoda)	744	Litoral marinho
Coenobita brevimanus	(Decapoda)	800	Litoral marinho

Todos os dados são médias para animais ativos em condições úmidas na terra ou para o equilíbrio com a água doce

dos de corpo mole, descendentes de ancestrais de água doce são menos adaptados à vida terrestre do que aqueles que descendem diretamente de ancestrais marinhos.

Tendo invadido a terra, alguns invertebrados invadiram secundariamente hábitats de água doce, por exemplo, alguns nemertinos, miriápodes, insetos e moluscos gastrópodes. Os insetos têm sido particularmente bem sucedidos na água doce; de aproximadamente um milhão de espécies viventes descritas, 25.000 a 35.000 são de água doce, durante pelo menos um estágio de seu ciclo de vida. Problemas osmóticos provavelmente são menos importantes para os estágios adultos devido à sua cutícula impérvia. No entanto, para as larvas, com cutícula hidrofílica e pouco quitinizada, desenvolveram-se complexos mecanismos de regulação, sendo as bombas iônicas, localizadas em estruturas especiais (veja abaixo) importantes. Estas larvas de corpo mole e outros invertebrados de corpo mole quase certamente sofrem as mesmas pressões seletivas, em termos de condições osmóticas, que as formas que chegaram diretamente à água doce e, consequentemente, desenvolveram fluidos corpóreos com pressões osmóticas menores. Devido a isso, provavelmente não se distinguem, nestes termos, de invertebrados com origens diretas.

12.3 Sistemas excretores

'Sistemas excretores' ocorrem em todos os principais filos de invertebrados, exceto nos Cnidaria e Echinodermata. Os Porifera não possuem 'sistemas excretores' como tais, mas espécies de água doce possuem vacúolos contráteis. 'Sistemas excretores' ocorrem em animais amoniotélicos, consequentemente nem todos podem estar relacionados com a excreção de nitrogênio. Em vez disso, sua função principal quase certamente está relacionada com a regulação osmótica e iônica e, ocasionalmente, com a verdadeira excreção. Provavelmente o mesmo é verdadeiro para os vacúolos contráteis de esponjas de água doce (daí o uso de aspas). Primeiro descreveremos a estrutura e depois consideraremos a função dos 'sistemas excretores'.

12.3.1 Estrutura

Duas categorias principais do sistema podem ser distinguidas com base no desenvolvimento: nefrídios, túbulos de origem ectodérmica que se desenvolvem a partir de superfícies externas, crescendo para dentro; celomodutos, túbulos de origem mesodérmica que se desenvolvem a partir de tecidos internos, crescendo para fora.

Os nefrídios consistem de dois tipos principais: (i) protonefrídios – o sistema fechado de túbulos, que termina em células-flama nos platelmintos (Seção 3.6.2) e nemertinos, em bulbos-flama nos rotíferos, e em solenócitos em Priapulus, alguns gastrotríquios, poliquetas e arquianelídeos (Fig. 12.7); e (ii) metanefrídios com funis ciliados, como em anelídeos oligoquetas (Fig. 12.8) e, questionavelmente, em alguns outros grupos.

Os celomodutos são estruturas excretoras tubulares, às vezes ciliadas, que, antes de sua origem embriológica ter sido completamente compreendida, frequentemente foram denominados 'nefrídios'. Ocorrem em onicóforos, artrópodes e moluscos. Peripatus possui um par, conhecido como glândulas coxais, em quase todos os segmentos (Fig. 12.9); mas ocorrem em número menor nos outros grupos. Nos crustáceos, as glândulas abrem-se na base da segunda antena (= glândula antenal; Fig. 12.9) e/ou da

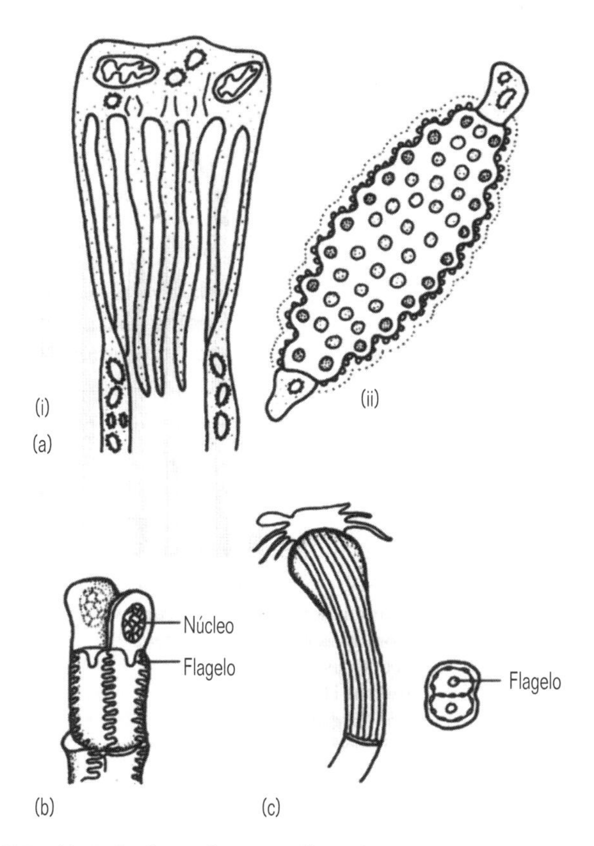

Fig. 12.7 (a) Bulbo-flama de um rotífero; (i) secção longitudinal; (ii) secção transversal. (b) e (c) solenócitos de um priapúlido e um gastrotríquio, respectivamente. (Segundo Barrington, 1979.)

segunda maxila (= glândula maxilar ou da carapaça; Fig. 12.9). Alguns Uniramia associaram estas glândulas a suas maxilas e, nos aracnídeos, um par abre-se no 6° segmento (= glândula coxal; Fig. 12.9). Para os moluscos, os 'rins' de celomodutos 'excretores' têm sua origem em íntima associação com o coração e as gônadas, porém no curso da evolução, tornaram-se mais ou menos distintos em todas as principais classes, como é mostrado na Figura 12.10. [Deve-se notar que, embora estes celomodutos sejam, por definição, 'celomáticos' porque suas cavidades tubulares são limitadas por uma membrana derivada da mesoderme, eles não estão associados com cavidades corpóreas celomáticas. De fato, os animais com celomodutos excretores não possuem cavidades corpóreas celomáticas e enquanto os invertebrados celomáticos frequentemente possuem 'celomoduto' de conexão entre seu celoma e o ambiente externo, estes não são usados para a excreção!]

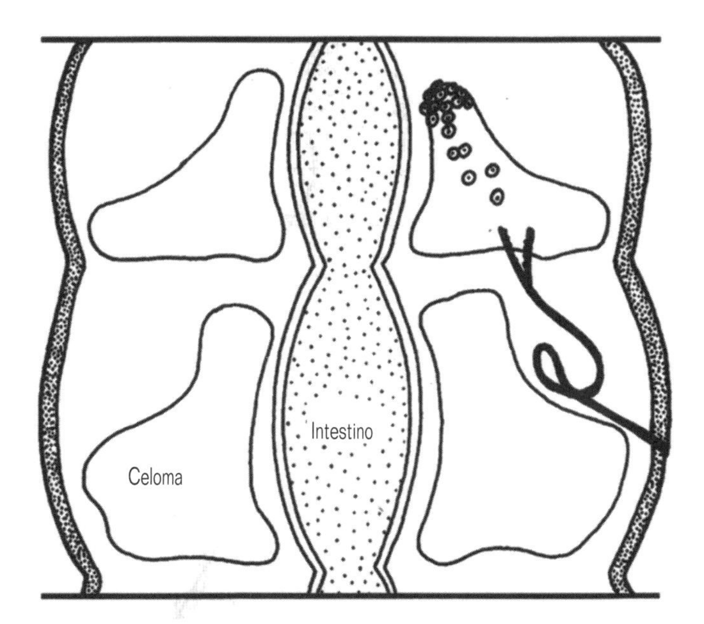

Fig. 12.8 Um metanefrídio, como em um anelídeo. (Veja também a Fig. 12.15.)

Alguns sistemas têm componentes tanto ectodérmicos como mesodérmicos e aqui são denominados mixonefrídios ou nefromíxios (Fig. 12.11). São particularmente comuns em poliquetas, mas os 'nefrídios' de foronídeos, sipúnculos, equiúros e braquiópodes provavelmente também são deste tipo.

Não relacionados à série dos órgãos acima mencionados são os 'sistemas excretores' dos nematódeos e dos insetos pterigotos. Para os nematódeos, o sistema consiste invariavelmente de uma célula glandular ventral, situada no pseudoceloma, com uma ampola terminal abrindo-se no exterior da superfície ventral por um poro. Isto pode, ou não, estar associado a um sistema tubular – o assim chamado sistema H (Fig. 12.12). Os canais laterais são intracelulares e todo o sistema possui somente um núcleo. Para os insetos, os túbulos de Malpighi são os órgãos excretores característicos. Os túbulos, em número de um a muitos, abrem-se entre o intestino médio e o posterior, como é mostrado na Figura 12.13. Túbulos nesta mesma posição geral, provavelmente com funções excretoras, também ocorrem em miriápodes, alguns aracnídeos e mesmo em tardígrados. Certamente eles evoluíram independentemente, pelo menos nos aracnídeos e tardígrados, sendo este um exemplo de convergência. Finalmente, outro sistema peculiar é o assim chamado glomérulo dos enteropneustas. Este é formado por evaginação do peritônio para o interior do celoma da probóscide.

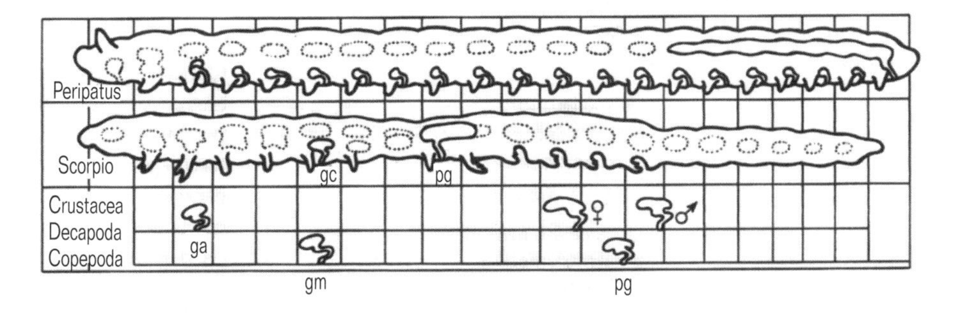

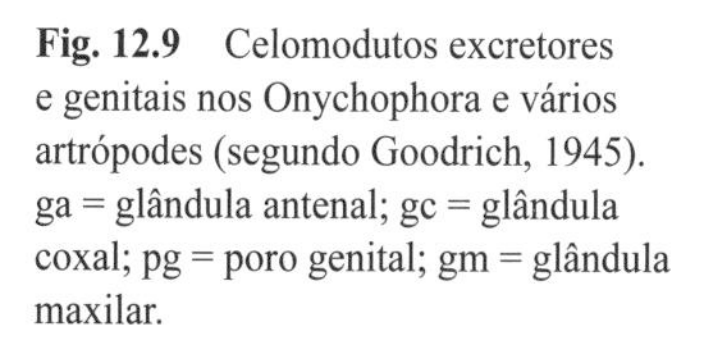
Fig. 12.9 Celomodutos excretores e genitais nos Onychophora e vários artrópodes (segundo Goodrich, 1945). ga = glândula antenal; gc = glândula coxal; pg = poro genital; gm = glândula maxilar.

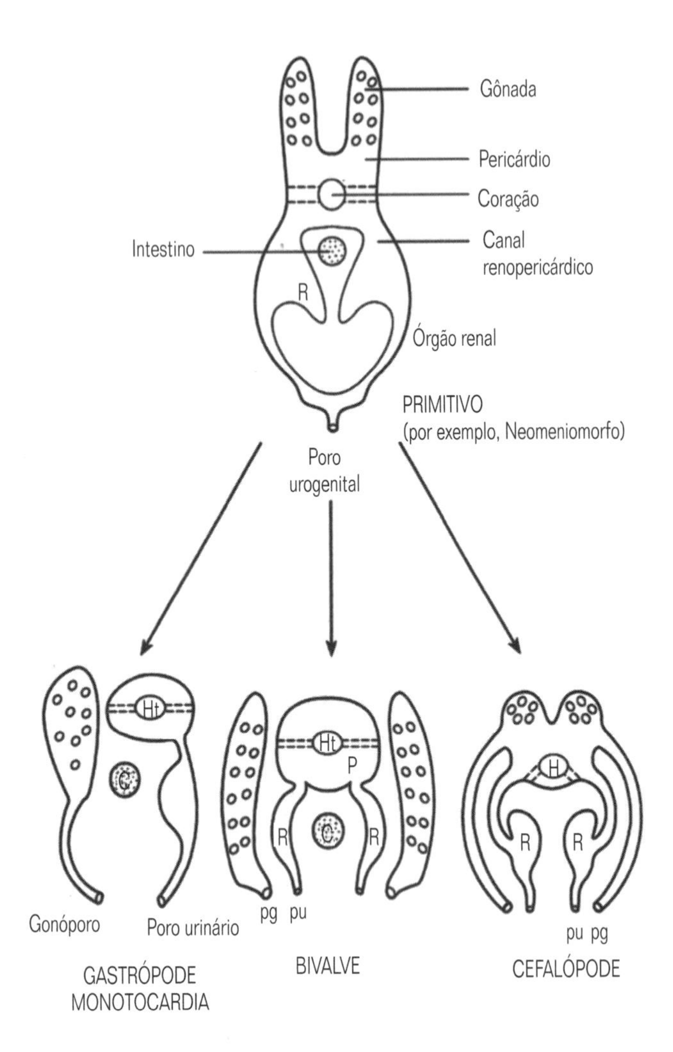

Fig.12.10 **Estruturas** reprodutivas e excretoras em moluscos. (segundo Goodrich,1945).

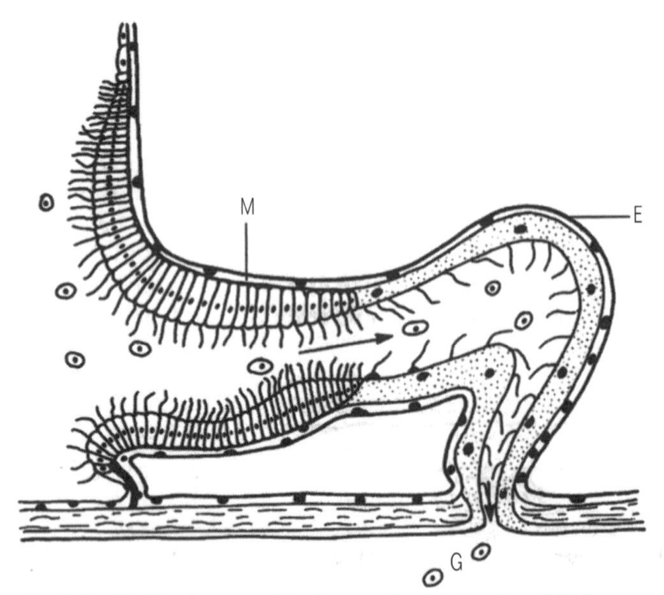

Fig. 12.11 Morfologia esquemática de um nefromíxio (= mixonefrídio). M = mesoderme (= componente do celomoduto); E = ectoderme (componente do nefrídio); G = gameta.

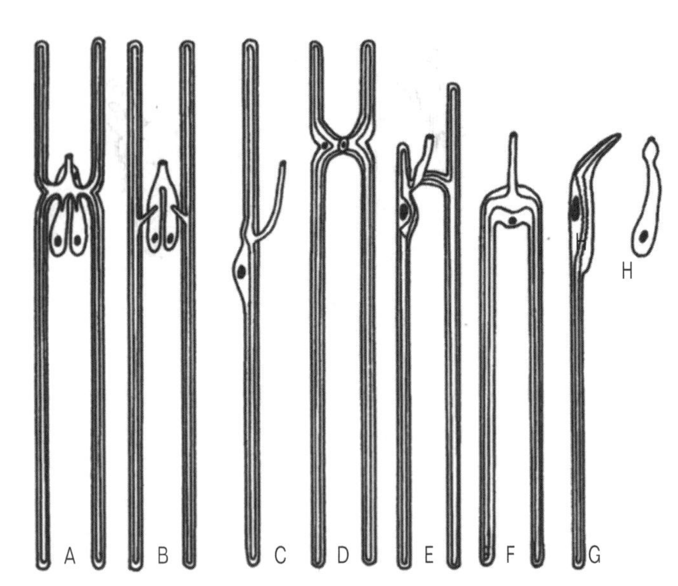

Fig. 12.12 Sistemas excretores em nematódeos. A e B = sistemas do tipo H com duas células glandulares ventrais; C = sistema assimétrico, representando um braço do sistema H; D = sistema H sem células glandulares; E e F = sistemas H encurtados; G = sistema H encurtado e reduzido; H = única célula glandular ventral presente. (Segundo Lee & Atkinson, 1976.)

12.3.2 Função

A seção anterior indicou que existe um grande número de tipos diferentes de 'sistemas excretores' com diferentes origens embriológicas. Entretanto, apesar desta diversidade estrutural, existe uma função comum na qual somente dois processos básicos são responsáveis pela formação do fluido excretado.

1 Ultrafiltração: o líquido passa, sob pressão, através de uma membrana semipermeável que retém proteínas e grandes moléculas similares, mas permite a passagem de água e de pequenos solutos. As proteínas e macromoléculas contribuem, de fato, para a pressão osmótica dos fluidos nos quais ocorrem e isto é conhecido como pressão coloidosmótica. Em situações nas quais ocorre ultrafiltração, a pressão coloidosmótica força a volta do líquido, sendo então necessária uma diferença de pressão para superá-la. Admite-se que a diferença de pressão estabelecida pela célula-flama seja suficiente para fazer isto nos protonefrídios.

2 Transporte ativo: movimento de solutos contra um gradiente de concentração por um processo que utiliza energia. Ele pode ocorrer para o interior do sistema excretor (secreção ativa) ou para fora dele (reabsorção ativa/reabsorção).

12.3.2.1 Sistemas que provavelmente envolvem ultrafiltração

Considera-se que a pressão para a ultrafiltração seja gerada pelo batimento de flagelos ou cílios ('flama') nos protonefrídios, e por 'pressão sanguínea' em celomodutos, por exemplo, no saco terminal da glândula antenal (verde) dos crustáceos (Fig. 12.14) e no coração dos moluscos. Os ultrafiltrados passam destas estruturas para os túbulos e, nos moluscos, via pericárdio, para os rins. Todos os constituintes de baixo peso molecular dos fluidos corpóreos são filtrados para dentro do ultrafiltrado em propor-

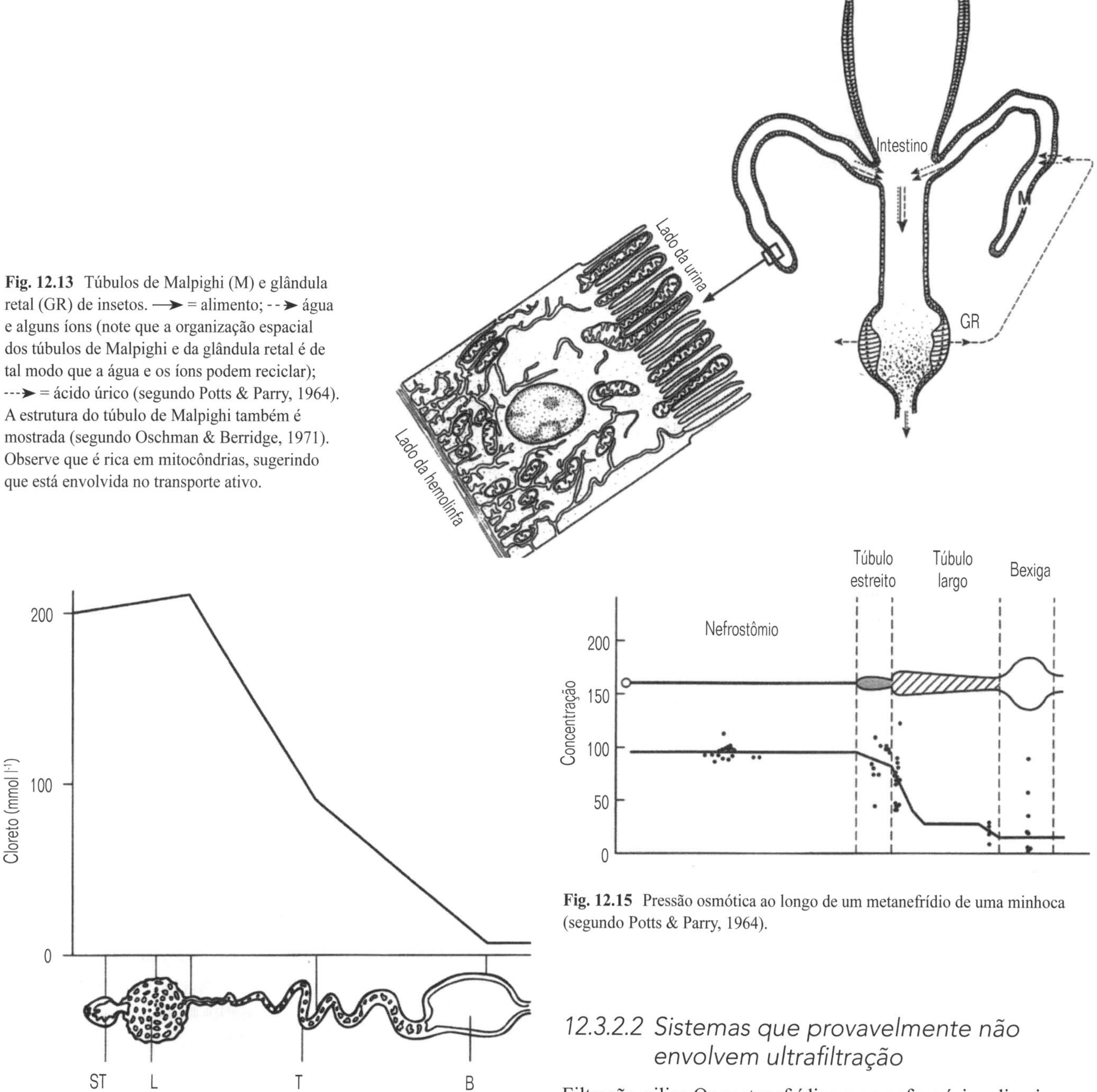

Fig. 12.13 Túbulos de Malpighi (M) e glândula retal (GR) de insetos. ⟶ = alimento; - -➤ água e alguns íons (note que a organização espacial dos túbulos de Malpighi e da glândula retal é de tal modo que a água e os íons podem reciclar); ---➤ = ácido úrico (segundo Potts & Parry, 1964). A estrutura do túbulo de Malpighi também é mostrada (segundo Oschman & Berridge, 1971). Observe que é rica em mitocôndrias, sugerindo que está envolvida no transporte ativo.

Fig. 12.14 Glândula antenal (verde) do lagostim com mudanças na composição de cloreto de urina durante sua passagem pelo órgão. ST = saco terminal; L = labirinto; T = túbulo renal; B = bexiga. (Segundo Potts & Parry, 1964.)

Fig. 12.15 Pressão osmótica ao longo de um metanefrídio de uma minhoca (segundo Potts & Parry, 1964).

ção à sua concentração nos líquidos. Moléculas fisiologicamente importantes, como glicose e, nos invertebrados de água doce, íons como Na^+, K^+, C^{1-} e Ca^{2+} são removidos dos túbulos do sistema (veja, por exemplo, a Fig.12.14), deixando substâncias tóxicas e moléculas sem importância serem excretadas. Como já foi notado, esta reabsorção seletiva envolve transporte ativo.

12.3.2.2 Sistemas que provavelmente não envolvem ultrafiltração

Filtração ciliar Os metanefrídios e os nefromíxios direcionam líquidos da cavidade celomática do corpo para os túbulos 'excretores' por meio de ação ciliar. Estes fluidos são novamente modificados, em sua composição, por meio de transporte ativo no túbulo do sistema (Fig. 12.15).

Sustâncias excretoras também podem sair via esta rota. Por exemplo, nas minhocas o tecido cloragógeno é importante na excreção. Este tecido tem origem epitelial e situa-se no celoma, junto à parede do intestino. As células cloragógenas armazenam gordura e carboidratos, mas também são locais de desanimação e amônia e uréia passam delas para o celoma, sendo removidas pelos funis nefridiais. Partículas residuais, liberadas quando as células cloragógenas se desintegram, também podem sair através do sistema nefridial. Em sanguessugas, o tecido botrioidal assume a função do tecido cloragógeno e, em alguns grupos, como em Theromyzon, seus produtos residuais saem por um sistema nefridial aberto. Em outros grupos, como Glossiphonia e Hirudo, o funil nefridial é separado de seus túbulos. Aqui os cílios batem a partir dos funis metanefridiais, mas para dentro das cavidades celomáticas que circundam os funis, servindo para distribuir amebócitos que são efetivamente formados nos funis. Os túbulos ainda abrem-se no exterior e provavelmente efetuam alguma regulação iônica e osmótica.

Os túbulos de Malpighi dos insetos O suprimento direto de O_2 aos tecidos por um sistema traqueal diminuiu a necessidade de um sistema sanguíneo eficiente, pressurizado, nos insetos. Por este motivo, os túbulos de Malpighi não recebem um suprimento de sangue pressurizado e são circundados por sangue com uma pressão aproximadamente igual à do conteúdo dos túbulos. Assim, aqui a ultrafiltração não pode estar envolvida. Em vez disso, íons potássio e outros solutos são secretados ativamente para o lúmen dos túbulos e a água segue por osmose. Uratos também são secretados para o lúmen e estes são mantidos em solução pelo pH relativamente alto na extremidade distal dos túbulos. Este fluido entra no intestino posterior e água é reabsorvida, particularmente por glândulas retais (veja a Fig. 8.27), o pH diminui e o urato é precipitado na forma de ácido úrico. Este último é perdido junto com as fezes (veja a Fig.12.13).

12.3.2.3 O sistema dos nematódeos

Não se sabe muito sobre o funcionamento deste sistema; entretanto, os tubos diferem quase certamente funcionalmente de células glandulares. Os tubos parecem estar envolvidos em regulação iônica e osmótica, mas não existem cílios para criar fluxos. Assume-se geralmente que a ultrafiltração e o transporte ativo sejam importantes. É provável que o sistema desempenhe um papel pequeno na excreção nitrogenada, mas alguns nematódeos liberam secreções pelo sistema, que parecem ter atividade enzimática. Estas secreções provavelmente derivam da célula glandular.

12.4 Conclusões

Agora você deve avaliar que, nos invertebrados, é difícil e mesmo inútil desenvolver uma clara apreciação da excreção (perda de resíduos nitrogenados), desde a regulação iônica e osmótica até mesmo a flutuação. A formação, o transporte e a remoção de resíduos nitrogenados, em algum estágio, envolvem inevitavelmente a filtração e o fluxo de líquidos do corpo, mesmo se o excreta final, como o ácido úrico, for sólido. Assim, a excreção está intimamente associada ao movimento de líquidos e íons e com os processos de osmose, difusão, transporte ativo e ultra-filtração – o leitor deveria, agora, ter uma clara compreensão disto. Os 'sistemas excretores' estão invariavelmente associados à regulação iônica e osmótica, porém nem sempre com a excreção. Apesar de sua diversidade de estrutura, este capítulo focalizou-se nas similaridades funcionais dos 'sistemas excretores' em termos de processos-chave já mencionados e, novamente, são estes princípios que o leitor deveria adquirir do capítulo. Finalmente, a substituição de íons de um agregado de partículas por aqueles de outro, e a substituição do líquido por gás, influenciam a densidade do tecido e são fatores importantes, como sabemos agora, para o controle da flutuação em invertebrados aquáticos

12.5 Leitura adicional

Burton, RF. 1973. The significance of ionic concentrations in the internal media of animals. Biol. Rev., 48,195-231.

Denton, E.J. & Cilpin-Brown, J.B. 1961. The distribution of gas and liquid within the cuttlebone. J. Mar. Biol. Assoc., U.K., 41, 365-381.

Denton, E.J. & Cilpin-Brown, J.B. 1966. On the buoyancy of the pearly Nautilus. J. Mar. Biol. Assoc., U.K., 46, 723-759.

Durand, F., Chausson, F. & Regnault, M. 1999. Increases in tissue free amino acid levels in response to prolonged emersion in marine crabs: an ammonia-detoxifying process efficient in the intertidal Carcinus maenas but not in the subtidal Necora puber. J. exp. Biol., 202, 2191-2202.

Eddy, B.E., Flik, C., Potts, W.T., Hazon, N. & Dimitrijevic, M.R. (Eds) 1997. Ionic Regulation in Animals: A Tribute to W.T.W. Potts. Springer-Verlag, New York.

Edney, E.B. 1957. The Water Relations of Terrestrial Arthropods. Cambridge University Press, Cambridge.

Edney, E.B. 1974. Desert arthropods. In: Brown, G.W. (Ed.) Desert Biology, Vol. 2. Academic Press, New York.

Gilles, R & Delpire, E. 1997. Variations in salinity, osmolarity, and water availability: vertebrates and invertebrates. In: Dantzler, W.H. (Ed.) Handbook of Physiology. Section 13. Comparative Physiology, Vol II, Chapter 22, pp. 1523-1586. Oxford University Press, Oxford.

Gordon, M.S. & Olson, E.C. 1995. Invasions of the Land. Columbia University Press, New York.

Hadley, N.F. 1994. Water Relations of Terrestrial Arthropods. Academic Press, San Diego, CA.

Horne, F.R 1971. Accumulation of urea by a pulmonate snail during aestivation. Comp. Biochem. Physiol., 38A, 565-570.

Koehn, RK. 1983. Biochemical genetics and adaptations in molluscs. In: Hochachka, P.W. (Ed.) The Mollusca, Vol. 2, pp. 305-330. Academic Press, New York.

Lee, D.L. & Atkinson, H.J. 1976. Physiology of Nematodes, 2nd edn. Macmillan, London.

Little, C. 1983. The Colonisation of Land. Cambridge University Press, Cambridge.

Little, C. 1990. The Terrestrial Invasion: An Ecophysiological Approach to the Origin of Land Animals. Cambridge University Press, Cambridge.

Morritt, D. & Spicer, J.I. 1993. A brief re-examination of the function and regulation of extracellular magnesium and its relationship to activity in crustacean arthropods. Comp. Biochem. Physiol., 106A, 19-23.

Morritt, D. & Spicer, J.I. 1998. Physiological ecology of talitrid amphipods: an update. Can. J. Zool., 76;1965-1982.

Potts, W.F.W. & Parry, C. 1964. Osmotic and Ionic Regulation in Animals. Oxford University Press, London.

Randall, D., Burggren, W.W. & French, K. 1997. Animal Physiology. Mechanisms and Adaptations, 4th edn. W.H. Freeman, New York.

Rankin, J.C. & Davenport, J. 1981. Animal Osmoregulation. Wiley, New York.

Schmidt-Nielsen, K. 1972. How Animals Work. Cambridge University Press, Cambridge.

Schmidt-Nielsen, K. 1997. Animal Physiology. Adaptation and Environment, 5th edn. Cambridge University Press, Cambridge.

Spicer, J.I. & Gaston, K.J. 1999. Physiological Diversity and its Ecological Implications. Blackwell Science, Oxford.

Willmer, P., Stone, G. & Johnston, L 2000. Environmental Physiology of Animals. Blackwell Science, Oxford.

Wright, P.A. 1995. Nitrogen excretion: three end products, many physiological roles. J. exp. Biol., 198, 273-281.

Zerbst-Boroffka, I., Bazin, B. & Wenning, A. 1997. Chloride secretion drives urine formation in leech nephridia. J. exp. Biol., 200, 2217-2227.

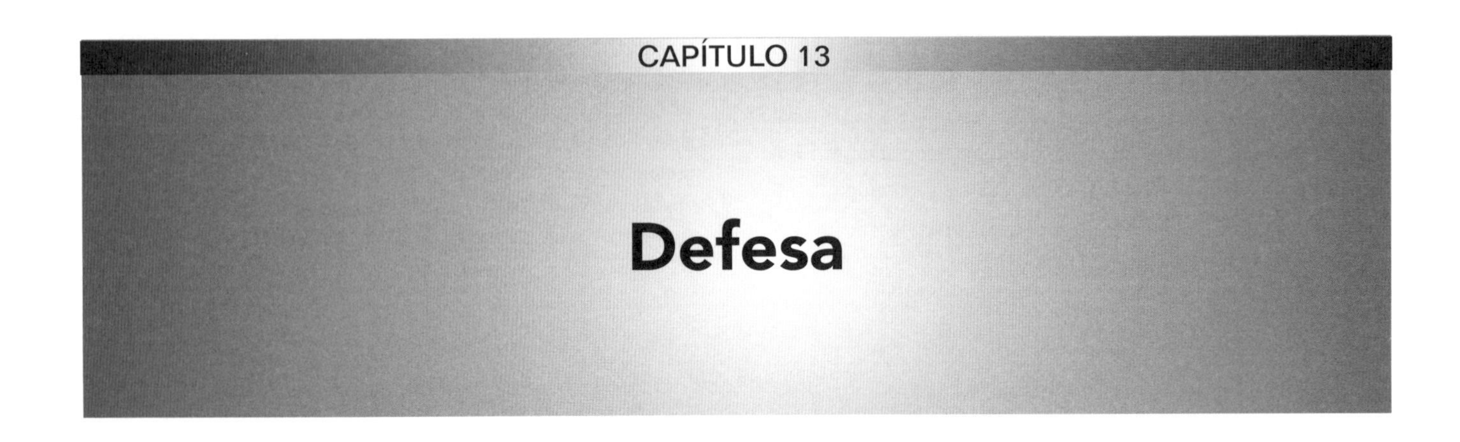

Defesa

Este capítulo primeiramente apresenta uma classificação das várias ameaças às quais os invertebrados estão expostos e, depois, considera como esses animais defendem-se contra cada uma dessas ameaças. Portanto, ele apresenta uma ampla abordagem, desde a defesa contra predadores, até a defesa contra patógenos e, até mesmo, a defesa contra os processos de envelhecimento, se é que seja possível uma defesa desse tipo.

13.1 Classificação das ameaças

13.1.1 Existem duas classes principais

A Figura 13.1 apresenta alguns exemplos de curvas de sobrevivência – números (ou proporções) de indivíduos nascidos praticamente ao mesmo tempo (coortes) e que estejam vivos em determinados momentos após o nascimento. As curvas em (a) representam mortalidade nas populações no campo e, aqui, a mortalidade tem foco nos juvenis, ou ocorre em uma taxa aproximadamente constante ao longo das idades. A mortalidade nessas populações naturais é provavelmente devida principalmente a fatores ecológicos ou extrínsecos, tais como acidentes, doenças e predação. Os jovens são frequentemente mais vulneráveis a esses fatores do que os adultos, ou todas as classes de idade são mais ou menos igualmente suscetíveis.

As curvas em (b) representam culturas no laboratório. Aqui, a maioria dos fatores extrínsecos de mortalidade pode ser excluída. No entanto, a morte ainda ocorre, mas tem um foco importante nos indivíduos mais velhos. Existe um incremento na vulnerabilidade ao longo da idade, possivelmente devido a fatores intrínsecos, isto é, ao processo de envelhecimento ou senescência.

13.1.2 Causas ecológicas (extrínsecas) de mortalidade

As causas ecológicas de mortalidade são muitas e variadas, mas existem quatro classes principais: acidentes, doenças, predação e estresse ambiental. As três primeiras são auto-explicativas. O estresse ambiental pode ocorrer devido à ausência de um fator essencial ou à presença de um estressante – uma toxina natural ou um poluente artificial.

13.1.3 Envelhecimento

O envelhecimento aparentemente ocorre quando os fatores extrínsecos de mortalidade são excluídos e pode, portanto, ser atribuído à degeneração interna dos sistemas, células e moléculas. Esses efeitos intrínsecos podem provavelmente ser determinados, em última instância, pela desnaturação de moléculas biológicas importantes – ácidos nucléicos e proteínas – através da influência de processos tais como ruído térmico, ligações cruzadas entre cadeias pareadas de macromoléculas, auto-oxidação e assim por diante. Ainda não se pode imaginar que esses fatores intrínsecos não sejam influenciados por fatores extrínsecos. A Figura 13.2 mostra que uma irradiação de corpo inteiro em Drosophila pode reduzir o tempo de vida em uma extensão que depende da dose. No entanto, apesar desses efeitos, o formato das curvas de sobrevivência permanece o mesmo, e alguns geriatras sugerem que a redução no tempo de vida, neste caso, deve-se ao envelhecimento acelerado, possivelmente devido ao maior dano às macromoléculas – particularmente ao DNA – provocado pela irradiação de alta energia. Alternativamente, a adição de certas substâncias químicas, tais como a vitamina E, aos meios de cultura de nematódeos ou ao alimento de Drosophila estende suas vidas. Essas substâncias possivelmente trabalham protegendo as macromoléculas contra danos; por exemplo, a vitamina E é provavelmente um antioxidante.

13.1.4 Classificação

Toda mortalidade pode, portanto, ser influenciada pelo ambiente externo; de qualquer forma, algumas causas de mortalidade estão mais intimamente associadas a organismos do que outras. A Tabela 13.1 classifica os fatores de mortalidade de acordo com sua intimidade de associação com um receptor e resulta em uma série que vai desde a predação, em uma extremidade, até os processos de envelhecimento, na outra. De forma semelhante, a facilidade de exclusão e, portanto, de manipulação experimental de fatores de mortalidade diminui continuamente ao longo da direção reversa, desde os predadores até os processos de envelhecimento.

13.2 Defesa

13.2.1 Contra predadores

Todos os animais são alimento potencial para outros animai (veja o Capítulo 9). Podem se proteger de serem comidos através de uma ampla gama de maneiras, mas essas formas podem ser agrupadas em três classes de respostas: evitando potenciais predadores; dissuadindo-os; repelindo-os ativamente.

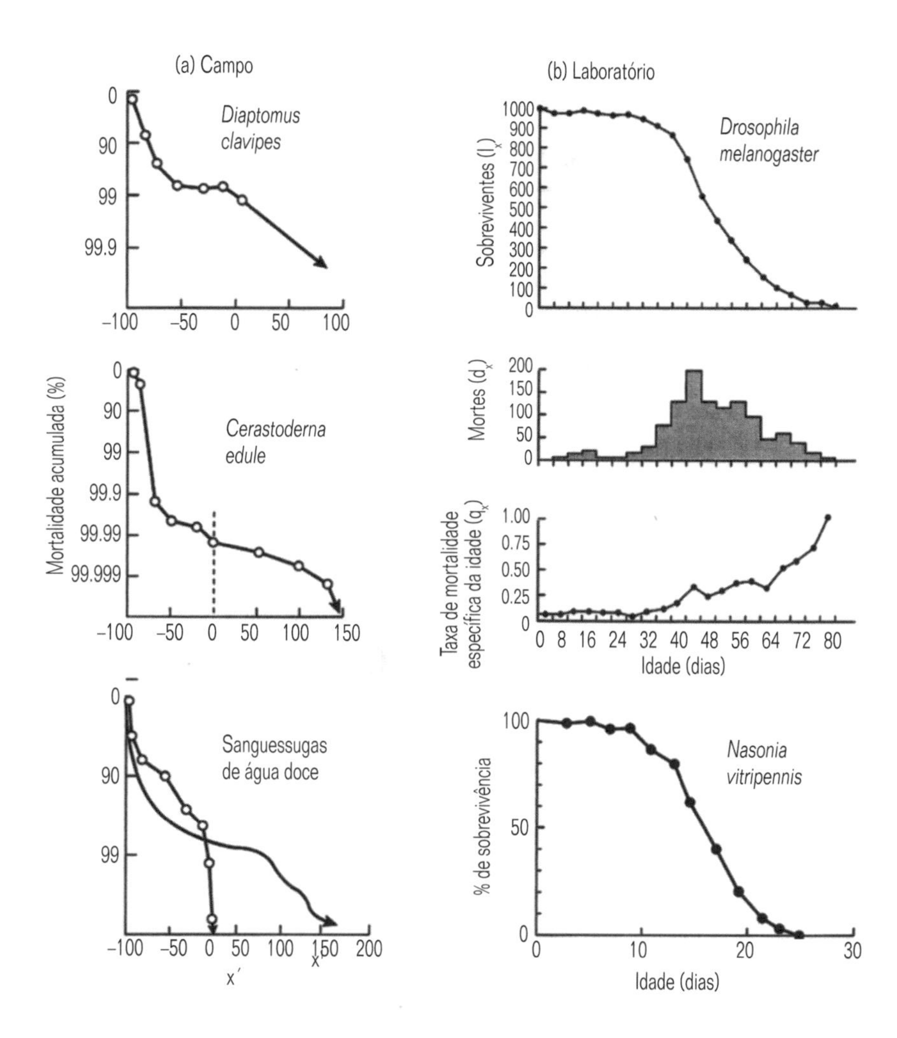

Fig. 13.1 (a) Curvas de sobrevivência para populações de invertebrados no campo. Note que x' = % de desvio desde o tempo médio de vida. (De Ito, 1980). (b) Curvas de sobrevivência, distribuição das idades de morte e a taxa de mortalidade específica da idade em uma população de laboratório de Drosophila melanogaster (de Lamb, 1977) e a curva de sobrevivência para uma população de laboratório do himenóptero Nasonia vitripennis (de Davies, 1983).

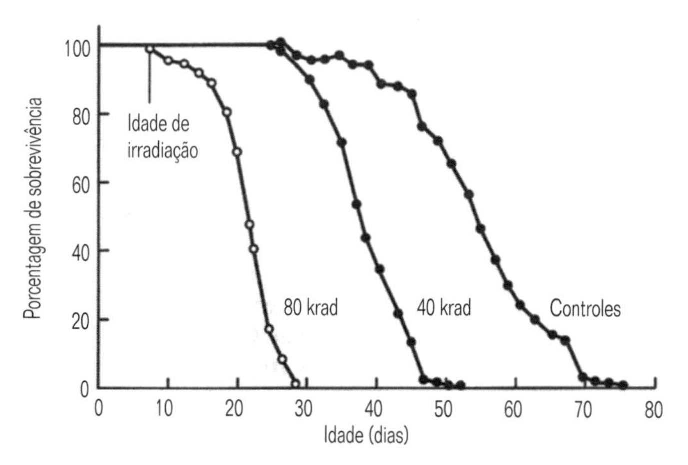

Fig. 13.2 Efeito da radiação-gama de corpo inteiro em machos de Drosophila melanogaster (de Lamb, 1977).

13.2.1.1 Evitação

Isso pode envolver ficar fora do caminho dos predadores e/ou tornar-se inconspícuo. Um exemplo possível, envolvendo os dois tipos de respostas, é a extensa migração vertical exibida por alguns animais planctânicos marinhos e de água doce. Embora esses padrões sejam geralmente complexos, frequentemente envolvem uma migração para baixo, para longe da luz solar, durante o dia, e uma migração para cima durante a noite. Assim, esses animais evitam ser conspícuos a seus predadores sob iluminaão e só voltam à superfície à noite, quando têm mais chance de serem menos conspícuos a predadores visuais (Fig. 13.3a,b). Esse comportamento é mais marcante em espécies e faixas etárias que são particularmente vulneráveis à predação. Além disso, em um estudo exclusivo sobre um copépode que vive em uma série de lagos isolados de montanhas, Gliwicz (1986) mostrou que a migração vertical só ocorria em lagos que continham peixes que se alimentam de plâncton. Ele também foi capaz de efetuar observações sobre o padrão migratório dos copépodes em um lago ao longo de diferentes estágios de introdução de peixes que se alimentam de plâncton. Doze anos depois da introdução, existia pouca evidência de migração vertical, mas, mais ou menos 23 anos depois, os copépodes mostraram uma forte migração para longe da superfície da água durante o dia. Entretanto, a predação não pode ser a única explicação para o surgimento de toda a migração vertical, uma vez que, em alguns invertebrados, a descida durante o dia frequentemente vai a grandes profundidades, muito maiores do que seria necessário para evitar a luz, e alguns organismos do zooplâncton apresentam luminescência à noite, tornando-os, dessa forma, mais conspícuos. Outras explicações possíveis envolvem otimização da exploração de alimento distribuído irregularmente (Capítulo 9), economia de energia, e melhoria na migração horizontal.

Tabela 13.1 Classificação dos fatores de mortalidade

Agente de mortalidade	Acidente	Predadores	Doença	Estressadores externos (p.ex., poluentes)	Estressadores internos (p.ex., degeneração sistêmica)
Intimidade de associação com o organismo	X	X	XX	XX	XXX
Facilidade de exclusão por meios artificiais	XXX	XXX	XX	XX	X
Resposta do organismo		Defesa	Defesa imunológica	Tolerância, resistência, reparo	Reparo

X = baixo, XX = alto.

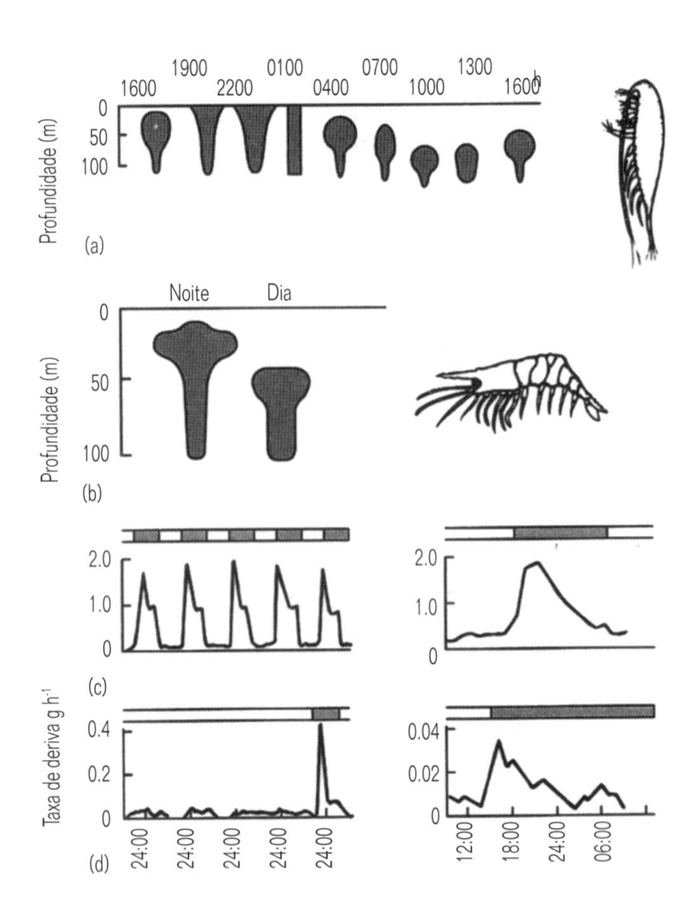

Fig.13.3 Migração vertical (a) do copépode Calanus e (b) de um camarão acantefirídeo de profundidade (de Barnes & Hughes, 1982). A influência do claro e escuro na deriva de alguns invertebrados de água doce: (c) no meio da corrente; (d) em sistemas manipulados experimentalmente (de Holt & Waters, 1967).

Migrações verticais semelhantes, mas de um tipo mais limitado, são praticadas por invertebrados de água doce que vivem sobre rochas submersas: durante o dia, ficam sob as rochas e inativos, enquanto que, durante a noite, frequentemente emergem até a superfície superior e tornam-se mais ativos. Grandes números desses organismos geralmente bentônicos podem ser coletados flutuando livremente nos sistemas de água corrente. Essa deriva de invertebrados, como é denominada, é particularmente abundante durante o cair da noite (Fig.13.3b,c,d), possivelmente porque é nesse momento que os invertebrados rastejam até as superfícies superiores e mais expostas das rochas e se tornam vulneráveis a serem arrancados pela correnteza.

As reações de fuga são uma forma extrema da reação locomotora de evitação. Envolvem tanto o uso de respostas locomotoras normais como a preparação para combater utilizando comportamentos especializados. A siba, Sepia, apresenta um 'saco de tinta' que contém um fluido composto por grânulos de melanina. Quando atacada, ejeta uma nuvem de tinta e imediatamente torna-se muito pálida e nada em ângulo reto ao seu caminho original de nado. Moluscos bivalves, tais como os do gênero Cerastoderma, que são geralmente sésseis, podem executar reações de fuga através de contrações rápidas e repentinas do pé e da concha. Movimentos de fuga extremamente potentes podem ser executados pelos Cerastoderma quando tocados pelos pés ambulacrais das estrelas-do-mar – provavelmente provocados por uma substância eliminada na água.

A coloração críptica (para se ocultar) é outro método bastante difundido de evitação entre os invertebrados (veja a Fig. 9.32). Exemplos provavelmente ocorrem em todos os filos, mas foram particularmente estudados mais profundamente em alguns caramujos e insetos.

1 O padrão de faixas em Cepaea nemoralis. Essa espécie de caracol terrestre produz uma grande variedade de coloração e padrões da concha ao variarem o matiz de fundo da concha como um todo e o número, a largura e a intensidade das faixas. Essas variações são controladas geneticamente. Os tordos alimentam-se de Cepaea, encontrando as conchas através do uso da visão, e quebrando-as sobre rochas conhecidas como bigornas de tordos. Em meados dos anos 1950, A.J. Cain e P.M. Sheppard mostraram que, em média, as conchas quebradas pelos tordos apresentavam um colorido mais fácil de ver do que aquelas que estavam sendo transportadas pelos caracóis vivos na mesma área. Padrões diferentes são mais difíceis de serem vistos em lugares diferentes e em momentos diferentes do ano. Conchas claras com faixas, por exemplo, são difíceis de serem vistas em uma vegetação vistosa (campos e cercas-vivas), na qual contrastes acentuados entre luz e escuro são produzidos pela alternância entre a luz que penetra e as sombras estreitas. Dentro de florestas escuras, as conchas com coloração escura uniforme e sem faixas são mais difíceis de serem vistas (Fig. 13.4).

2 O melanismo de Biston betularia. Um grande número de mariposas e outros insetos desenvolveu padrões de asas e de que

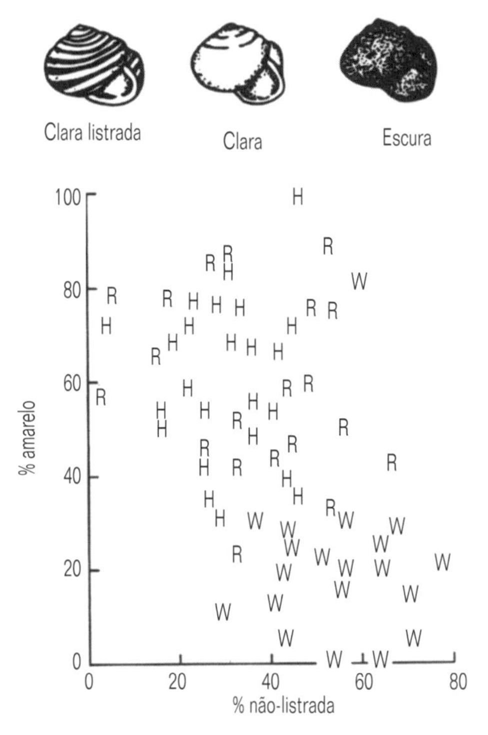

Fig. 13.4 Frequência dos morfotipos de Cepaea em vários habitats. As conchas claras listradas são difíceis de serem vistas em vegetação baixa (ervas, R; cerca-viva, H) enquanto as conchas escuras sem listras são mais difíceis de serem vistas em matas escuras (W) (de Calow, 1983; trabalho original de Cain & Sheppard, 1954).

os tornam inconspícuos sobre troncos cobertos com líquenes. Poluentes industriais mataram os líquenes e cobriram os troncos das árvores com fuligem. Nessas áreas, as mariposas típicas, previamente adaptadas, foram substituídas por formas escuras, melânicas. Isso é conhecido como melanismo industrial (Fig. 13.5). Novamente, durante os anos 1950, H.B.D. Kettlewell mostrou que as aves poderiam ser as responsáveis por esse trabalho na mariposa Biston betularia; através de observação direta, descobriu-se que as formas típicas eram mais vulneráveis à predação por aves do que as melânicas em locais poluídos e vice-versa em locais não-poluídos. Kettlewell também soltou essas mariposas em um velho barril de cidra revestido com faixas verticais pretas e brancas. Sessenta e cinco por cento das mariposas tomaram posição sobre o fundo com o qual combinavam (típicas sobre fundo branco e melânicas sobre fundo escuro), de modo que as mariposas parecem apresentar um comportamento apropriado que permite que elas tomem uma posição de repouso sobre fundos que as tornam menos conspícuas.

(Como pode ser esperado, existe muito mais sobre o padrão de faixas em conchas e sobre o melanismo dessas mariposas do que o que foi indicado nas curtas descrições apresentadas acima. Para uma descrição mais detalhada, o leitor deve se referir aos textos de genética, por exemplo, Berry, 1977).

Finalmente, a camuflagem não precisa tornar os organismos que a exibem inconspícuos, mas pode fazer com que se pareçam com objetos geralmente não associados a alimentos. Muitos insetos lembram partes de plantas: galhos e folhas. As larvas jovens de algumas borboletas são conspícuas, mas escapam dos ataques porque são pretas e apresentam uma sela branca sobre o dorso e, dessa forma, se parecem com dejetos de aves (veja a Fig. 9.32)! Mudam dramaticamente seu padrão de coloração quando se tornam grandes demais para usarem esse método para se esconder.

Erichsen et al. (1980) desenvolveram alguns novos experimentos para testar a influência desse tipo de camuflagem sobre a predação por aves. Ofereceram a chapins (Parus major) a chance de escolher entre larvas grandes e pequenas de Tenebrio molitor presas em varetas; mas as grandes estavam presas em varetas opacas que lembravam gravetos artificiais, enquanto as pequenas estavam em gravetos claros e eram facilmente visíveis. As larvas grandes forneciam mais energia por bocado do que as menores (aproximadamente o dobro) e eram, portanto, uma escolha mais lucrativa, mas as larvas menores eram reconhecidas mais instantaneamente do que as grandes, uma vez que estas

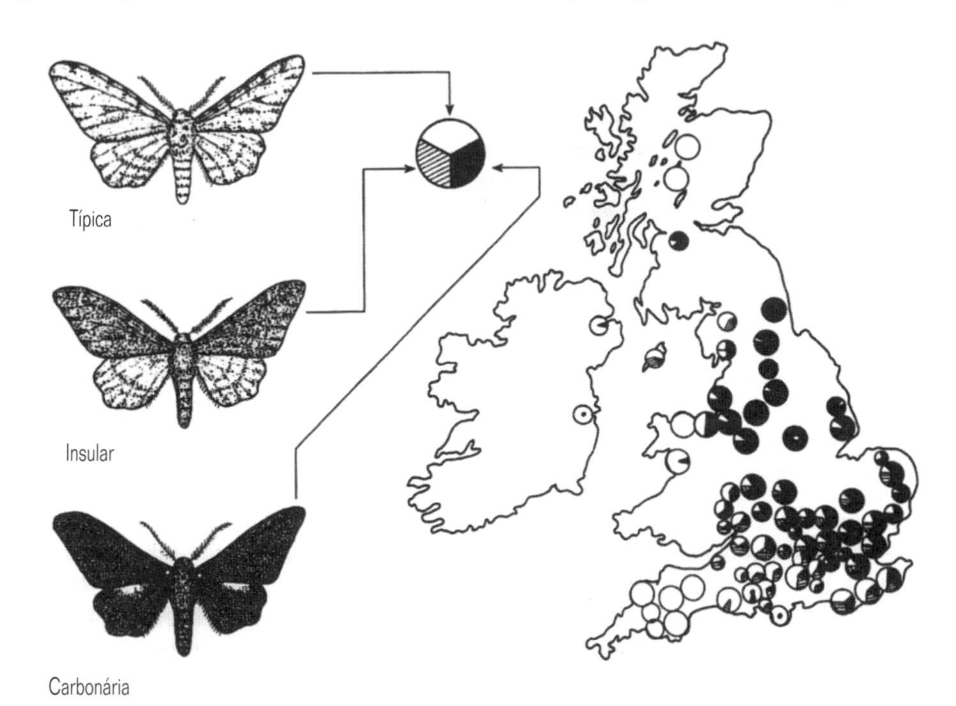

Fig. 13.5 Frequência de três morfotipos de Biston betularia. Insular e carbonária são, ambas, melânicas. Embora pareça ser intermediária entre a típica e a carbonária, a insular é, de fato, controlada por um loco diferente (de Sheppard, 1958).

necessitavam que as aves perdessem mais tempo inspecionando e pegando os 'gravetos' para procurar as larvas. Nos experimentos de escolha, as aves consistentemente escolheram as larvas menores quando os 'gravetos' eram abundantes, mas mudavam para as larvas maiores quando os 'gravetos' eram raros.

Outros animais executam a camuflagem ao fixar em seus corpos materiais obtidos no ambiente externo. Caranguejos-aranha pegam pedaços de algas e outros materiais e os colocam em conjuntos de ganchos localizados em seu exoesqueleto. As casinhas das larvas de tricópteros também devem servir para uma função semelhante. Assim, as larvas de Potamophylax cingulatus, que fazem casinhas com folhas, têm menor chance de serem comidas pelas trutas quando estão sobre um fundo com folhas do que quando estão sobre um fundo arenoso. Durante o crescimento larval, esses animais mudam de uma casinha com folhas para uma casinha de areia, mas as casinhas de grãos de areia não têm maior chance de serem comidas quando estão sobre um fundo de folhas em comparação a um fundo arenoso. Essa falta de diferença pode ser devida à baixa palatabilidade das casinhas de areia (veja abaixo). (Para maiores detalhes, veja Hansell, 1984).

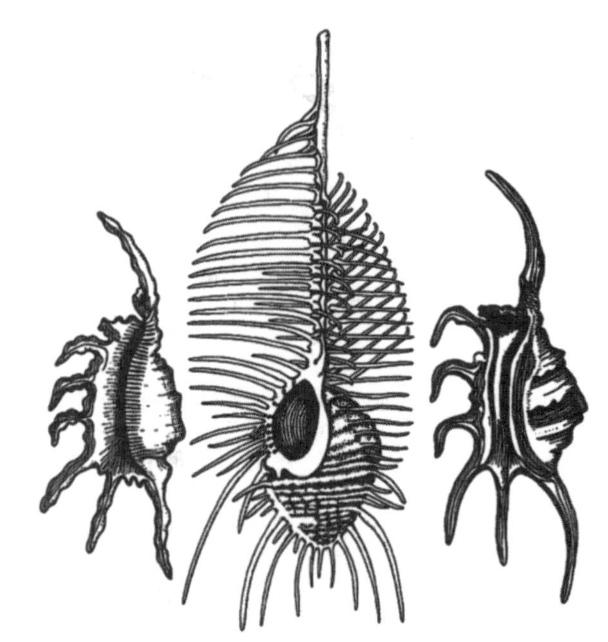

Fig. 13.6 Esculturas defensivas de conchas.

13.2.1.2 Dissuasão

Os animais podem dissuadir seus predadores de comê-los usando defesas físicas ou químicas.

Fortificações calcárias são amplamente utilizadas – espículas de esponjas, esqueletos calcários de corais, tubos de anelídeos, conchas de moluscos e braquiópodes, as células calcificadas de alguns lofoforados e as testas de equinodermos. Os esqueletos quitinosos dos artrópodes também formam fortificações e são às vezes reforçados com cálcio. Esse último é particularmente uma verdade dos cirripédios, crustáceos sésseis que se tornam cobertos externamente por placas calcárias grossas (veja a Fig. 8.36a).

Algumas vezes, inclusões inorgânicas simplesmente diluem-se nos tecidos nutritivos de forma que transformam o animal em um alimento de baixa qualidade. Essa pode ser a função, pelo menos em parte, do esqueleto calcário ou silicoso das esponjas, do esqueleto calcário dos corais de cnidários, dos tubos de grãos variados ou grãos de areia que circundam alguns anelídeos poliquetas e das casinhas de pedra de algumas larvas de insetos de água doce (veja acima). Surpreendentemente, descobriu-se que um pequeno número de turbelários marinhos apresenta escamas ou bastões calcários em sua parede do corpo (Capítulo 3). Isso provavelmente tem uma função de sustentação, mas não é fora de propósito assumir que também atuam na diluição de tecidos. Além disso, também é plausível pensar que a concha dos moluscos surgiu a partir desse tipo de origem.

As conchas são uma forma particularmente óbvia de fortificação física (veja a Fig. 9.33). A forte escultura da concha, as aberturas oclusas das conchas, e as espiras baixas associadas à concha grossa são dispositivos eficientes que ocorrem em muitos gastrópodes marinhos bentônicos para impedir os ataques de peixes, caranguejos, lagostas e outros predadores que quebram conchas (Fig. 13.6). Dentes de oclusão, localizados dentro da abertura das conchas de caracóis terrestres, evitam a entrada de besouros predadores que penetram nas conchas. Esculturas fortes sob a forma de diversas protuberâncias na concha, cristas, botões e espinhos fortificam as conchas e as tornam efetivamente maiores e, portanto, mais difíceis, ou fazem com que tomem mais tempo, para serem manipuladas pelos predadores. A ausência de predadores especializados de moluscos pode explicar, em parte, a ausência generalizada de conchas grossas e de arquitetura elaborada na fauna de moluscos de água doce. A baixa disponibilidade de cálcio na água doce também pode ser parcialmente responsável por essas diferenças.

Uma cobertura protetora de corpo incomum ocorre nas ascídias. Seu corpo é coberto por um epitélio com a espessura de uma camada de células; mas esse não é a cobertura externa do corpo. Em vez disso, ele é envolto por uma túnica (por isso, o grupo é geralmente denominado tunicados – Seção 7.4A). Essa túnica é geralmente bastante grossa, mas varia consideravelmente em textura desde macia e delicada até dura e semelhante a uma cartilagem. Consiste em um material fibroso, sendo que seu principal constituinte é, em muitas, mas não em todas as espécies, um tipo de celulose denominada tunicina. Também estão presentes proteínas e inclusões inorgânicas, como o cálcio. A túnica pode ser vascularizada e conter células amebóides, não sendo, portanto, apenas uma cobertura morta.

Nem todas as fortificações físicas são secretadas pelos próprios organismos. Novamente, bons exemplos em particular são as casinhas das larvas de tricópteros. Essas casinhas são construídas com material obtido no ambiente circundante. Um exemplo semelhante, mas no qual as defesas são formadas com base em materiais rejeitados pelo organismo, é o denominado 'escudo fecal' das larvas do besouro Cassida rubiginosa. Esse escudo consiste em um pacote comprimido de exúvias e fezes que é carregado em um órgão em forma de forquilha que existe em seu dorso. O escudo pode ser manipulado e é usado pela larva para se proteger contra o ataque de outros insetos tais como as formigas. Os caranguejos-ermitões deslocam-se para dentro de conchas vazias de gastrópodes e, assim, economizam na necessidade de investir na produção de um exoesqueleto grosso. Seus urópodes são modificados e o urópode esquerdo, que é maior, é usado para se agarrar na columela da concha (veja a Fig. 8.49e).

Métodos químicos de dissuasão também são comuns nos invertebrados. Muitos invertebrados guarnecem seus tecidos com toxinas. Até 0,3% do peso corpóreo de um nemertino pode ser formado por neurotoxinas. Numerosos moluscos gastrópodes sem concha, por exemplo, opistobrânquios e lesmas pulmonadas, usam toxinas variadas, incluindo o ácido sulfúrico. Algumas esponjas produzem substâncias irritantes, e um estrato preparado a partir de esponjas de água doce mostrou-se fatal quando injetado em camundongos. Outros animais também podem se utilizar dessas toxinas. Alguns caranguejos decoram-se com esponjas, talvez para se camuflarem, talvez para 'cobrar' a proteção derivada das toxinas produzidas pela esponja. De forma similar, alguns caranguejos-ermitões ocupam conchas de caramujos que têm esponjas e anêmonas presas, usando uma proteção semelhante.

Alguns anfípodes pelágicos antárticos, os quais não conseguem se defender quimicamente, dissuadem os peixes predadores de comê-los ao carregar, em seus pereópodes, um pterópode que tenha essa capacidade. Em experimentos de laboratório desenvolvidos por McClintock & Janssen (1990), foi demonstrado que os anfípodes que não carregavam pterópodes eram invariavelmente comidos pelos peixes, enquanto os que carregam eram evitados, aparentemente ativamente. Os benefícios aos anfípodes devem ser maiores que os custos; por exemplo, a velocidade de natação é reduzida em quase 50%. O pterópode parece não ganhar nada, uma vez que não se alimenta enquanto é carregado. A natureza da toxina secretada pelo pterópode não é atualmente conhecida.

Planárias provavelmente não secretam toxinas diretamente em seus tecidos, mas produzem rabditos – corpos da epiderme em forma de bastão, dispostos em ângulo reto à superfície e produzidos por células glandulares da epiderme (Secção 3.6.3.1). São descarregados quando a planária é irritada, e sua função defensiva pode ser sugerida através do seguinte experimento fácil de se fazer. Os peixes esgana-gato comem prontamente o oligoqueta Tubifex tubifex, e podem até tomá-lo de pinças. No entanto, se o Tubifex for primeiro lambuzado com o muco produzido por uma planária que tenha sido perfurada, então ele será rejeitado pelos peixes. Finalmente, se o Tubifex for envolvido no muco proveniente das trilhas de planárias que estejam se movimentando livremente, então ele será comido. O muco das planárias que foram perturbadas contém muitos rabditos, enquanto o muco das planárias não-perturbadas contém só um pouco, se é que contém algum rabdito. Os rabditos provavelmente também têm outras funções, tais como na formação rápida de muco, propriamente, ou como agentes antimicrobianos.

Toxinas são comuns em insetos, e eles podem 'tomar emprestado' compostos tóxicos das plantas das quais se alimentam. Por exemplo, o gafanhoto Poekilocerus bufonius alimenta-se de plantas da família Asclepiadaceae, as quais contêm um grande número de toxinas complexas que podem interromper a função cardíaca – denominadas cardenolídeos. O gafanhoto extrai esses compostos de seu alimento e os armazena em uma glândula de veneno. Quando é atacado por um predador, ele se defende lançando um borrifo de veneno rico em toxinas derivadas da planta. Quando esses gafanhotos são mantidos sob uma dieta sem tais plantas, o conteúdo de cardenolídeos do borrifo é reduzido em dez vezes. As borboletas-monarca também se alimentam de asclepiadáceas e guarnecem seus tecidos com cardenolídeos, tornando-se impalatáveis a suas aves predadoras. As borboletas que surgiram de larvas que não se alimentaram em tais plantas, novamente, não têm efeito negativo em seus predadores. Substâncias tóxicas como essas, não produzidas pelos insetos, mas recebidas de plantas, são às vezes denominadas de cairomônios, para diferenciá-las dos alomônios, que são toxinas que conferem uma vantagem aos organismos (isto é, às plantas) que as produziram. (Para maiores detalhes, veja Nordlund e Lewis, 1976.)

As toxinas químicas estão frequentemente associadas a uma coloração de advertência. Correlações desse tipo podem ser encontradas em muitos filos de invertebrados, desde os nemertinos e lesmas vividamente coloridos até os insetos de cores brilhantes. Tal colorido tende a estar associado a padrões simples de coloração e as cores frequentemente incluem o vermelho, o amarelo ou o preto e branco. Todo mundo está familiarizado com as faixas pretas e amarelas das abelhas e vespas.

A evolução das toxinas e das colorações de advertência não são um caminho em linha reta. Sua única virtude evolutiva ocorre se elas evitarem a predação e, ainda, a única forma de um predador estar ciente delas é 'experimentando'. A seleção parental é uma possível explicação, na qual o sacrifício de um indivíduo que possui um gene que expressa a toxina de advertência pode proteger os parentes do mesmo grupo que possuem o mesmo gene. De maneira semelhante, tal gene pode se espalhar se seu possuidor não for facilmente danificado, de tal forma que possa sobreviver a uma detecção por seu predador, ou se os predadores forem repelidos por um estímulo detestável antes de tentar um ataque. A maioria dos insetos que apresentam coloração de advertência é resistente e não é fácil de ser danificada e, assim como nas lesmas, frequentemente emite odores fortes. Os nemertinos podem regenerar os tecidos perdidos aos predadores.

A coloração de advertência pode ser mimetizada por animais atóxicos, e essa semelhança é conhecida como mimetismo batesiano, em homenagem ao homem que o tornou explícito pela primeira vez. Uma vez que a coloração de advertência do mímico é falsa, enquanto que a coloração do modelo e verdadeira, ocorre que: (a) o modelo precisa ser nocivo e ter colorido brilhante; (b) o modelo precisa ser mais comum do que o mímico, uma vez que, se fosse raro, o predador nunca iria aprender que ele é protegido, e toda a relação fracassaria; (c) os mímicos devem ocorrer em íntima associação com os modelos e parecer muito com eles. O mimetismo mülleriano é uma outra forma de mimetismo, na qual as espécies nocivas convergem para o mesmo padrão, uma vez que se reforçam no poder de defesa umas das outras. O critério (b) não se aplica nesse caso, e a semelhança, o critério (c), não necessita ser muito precisa. As vespas e as abelhas apresentam o mesmo padrão de faixas, caracterizando um mimetismo mülleriano. Muitos dípteros, particularmente as moscas varejeiras, e alguns lepidópteros, desenvolveram a aparência de vespas/abelhas, caracterizando um mimetismo batesiano. A Figura 13.7 mostra alguns exemplos de lepidópteros.

Não é difícil avaliar como o mimetismo mülleriano pode ter aparecido, mas um grande problema com o mimetismo batesiano é que o mímico precisa assemelhar-se muito ao modelo, tanto que consiga ganhar uma proteção com isso [critério (c)], então, como as formas intermediárias entre o ancestral não-mimético e o mímico puderam ter sido favorecidas? Uma possibilidade é um processo evolutivo de duas fases: o estabelecimento de uma semelhança aproximada, mas, ainda assim, adequada, a partir de uma grande mutação, seguido de uma melhoria gradual através da seleção natural através da usual variação genética em pequena escala.

13.2.1.3 Repulsão

Os órgãos que são usados para capturar e matar presas podem frequentemente ser usados ativamente para repelir os predadores;

Fig. 13.7 Mimetismo batesiano entre as mariposas Alcidis agarthyrsus (a) e sua mímica Papilio lag (b) e entre Limenitis archippus (c) (a mariposa norte-americana 'viceroy') e seu modelo Danaus plexippus (d) (a mariposa-monarca). Mimetismo mülleriano entre Podotricha telesiphe (e) e Heliconius telesiphe (f).

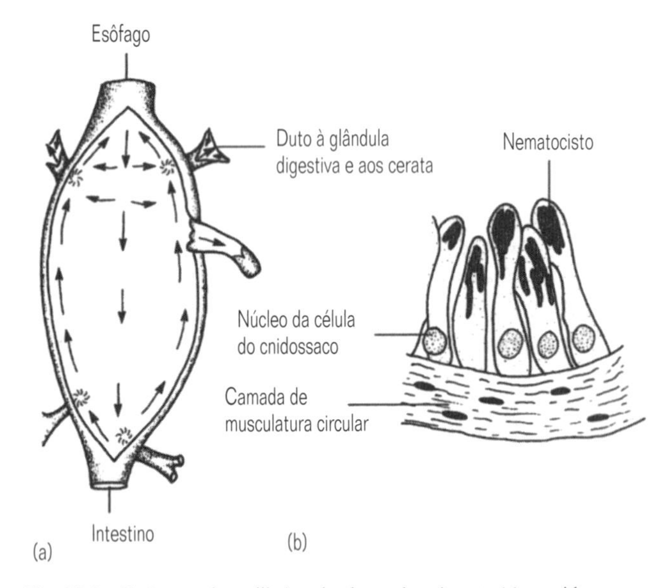

Fig. 13.8 Estômago de nudibrânquio aberto dorsalmente (a), e cnidossacos (b). (De Barnes, 1980).

por exemplo, os cnidoblastos dos cnidários são usados tanto para o ataque quanto para a defesa. Paradoxalmente, os cnidoblastos dos cnidários que sucumbiram como presas dos moluscos nudibrânquios também podem ser tomados por empréstimo pelos próprios predadores em sua defesa. Tratos ciliados do estômago dos nudibrânquios transportam os nematocistos não-descarregados até projeções localizadas na superfície dorsal desses animais (cerata), nas quais os nematocistos são engolfados, mas não digeridos (Fig. 13.8). São conduzidos para o ápice distal dos cerata, os cnidossacos, os quais se abrem no exterior. A descarga desses cnidossacos pode ser efetuada pela contração da musculatura circular que envolve o cnidossaco. Os nematocistos podem ser substituídos em até 10 dias, e a maioria dos nudibrânquios usa apenas alguns tipos de nematocistos presentes em suas presas. Um pequeno número de turbelários utiliza os nematocistos dos hidróides dos quais se alimentam, da mesma maneira, assim como o faz o ctenóforo E. rubra com os nematocistos de suas presas medusas.

As mandíbulas e os ferrões quitinizados dos artrópodes também são exemplos de estruturas agressivas que são usadas na defesa. Por outro lado, alguns ferrões são especificamente defensivos, como os ferrões das abelhas-de-mel. Esse ferrão é formado pelo ovipositor modificado – não mais usado para a postura de ovos – e consiste em um par de lancetas com farpas e um estilete ímpar (Fig. 13.9). Em repouso, fica dentro de uma bolsa localizada no sétimo segmento abdominal. O mecanismo da ferroada está descrito na legenda da Figura. O veneno é secretado por um par de glândulas longas localizadas no abdômen e, nas abelhas-de-mel, contém certas enzimas que induzem os tecidos da vítima a produzir histamina.

Os besouros do gênero Brachínus, chamados comum ente de besouros-bombardeiros, usam um borrifo defensivo para advertir seus predadores, tais como aranhas, louva-a-deus e até mesmo anuros. Quando perturbados, liberam esse borrifo através de um par de glândulas localizadas no ápice de seu abdômen. O abdômen pode ser girado de forma que o borrifo pode ser lançado acuradamente em virtualmente qualquer direção. Os princípios ativos da secreção são benzoquinonas, que são sintetizadas de forma explosiva pela oxidação de fenóis no momento da descarga. Uma detonação audível acompanha a emissão, e o borrifo é eliminado a uma temperatura de 100°C!

A maioria dos diplópodes tem movimentos relativamente lentos e, além de apresentarem um grosso exoesqueleto calcário para sua proteção, também apresentam uma bateria de glândulas repugnatórias (Fig. 13.10). As aberturas estão localizadas nas laterais das placas tergais ou nas margens dos lobos tergais – geralmente um par por segmento, embora estejam completamente ausentes em alguns segmentos. A composição da secreção varia com a espécie, mas pode incluir aldeídos, quinonas, fenóis e cianetos de hidrogênio. O HCN é liberado logo antes do uso, quando um precursor e uma enzima provenientes de uma glândula com duas câmaras são misturados. Esse fluido, que é tóxico ou repelente a outros animais pequenos, sendo que o das espécies tropicais grandes parece ser cáustico à pele humana, é geralmente liberado de forma lenta, mas algumas espécies podem ejetá-lo sob a forma de um jato ou borrifo em alta pressão até uma distância de 10-30 cm. Aqui, a ejeção provavelmente ocorre através da contração dos músculos do tronco adjacentes ao saco secretor. As lacraias, carnívoras e rápidas corredoras, são menos dotadas com mecanismos repugnatórios. Dependem, para proteção, mais da velocidade e do uso das garras de veneno que também estão relacionadas com a captura de presas (Fig. 8.21). De qualquer forma, algumas espécies realmente apresentam glândulas repugnatórias e alguns litobiomorfos apresentam um grande número de glândulas repugnatórias unicelulares nos últimos quatro pares de pernas, com os quais chutam um atacante, lançando gotas adesivas.

As pedicelárias dos equinodermos, encontradas em Asteroidea e Echinoidea, também são órgãos que surgiram especificamente com propósitos defensivos. São apêndices especializados, com a forma de mandíbulas, usados para proteção, especialmente contra larvas que tentem se fixar sobre a superfície corpórea (Fig. 7.18). Existem três tipos principais: pedunculado, séssil (ligado diretamente à testa) e alveolar (mais ou menos aprofundado). Um dos vários tipos de pedicelárias dos equinóides contém glândulas que secretam um veneno capaz de paralisar rapidamente pequenos animais e de afugentar predadores maiores. As aviculárias de alguns briozoários (Seção 6.3.3.3) têm a mesma função que as pedicelárias.

Uma forma interessante de repulsão é a de assustar os potenciais predadores. Alguns lepidópteros e outros insetos apresentam grandes marcas em suas asas que parecem imitar os olhos de vertebrados. Esses animais geralmente repousam com os ‘olhos’ escondidos, mas podem expô-los subitamente quando perturbados. Uma outra explicação para sua presença é que eles desviam a atenção dos predadores para partes menos vulneráveis do corpo ou, até mesmo, para os órgãos de defesa; por exemplo, algumas vespas apresentam manchas brancas no abdômen, pró- ximo ao ferrão. Trabalhos experimentais desenvolvidos com aves em cativeiro produziram evidências para as duas funções dessas manchas ocelares. A coloração repentina também serve para a função de assustar o predador, e a rápida mudança de cor que ocorre nas sibas depois de uma perturbação fornece um exemplo particularmente vívido disso.

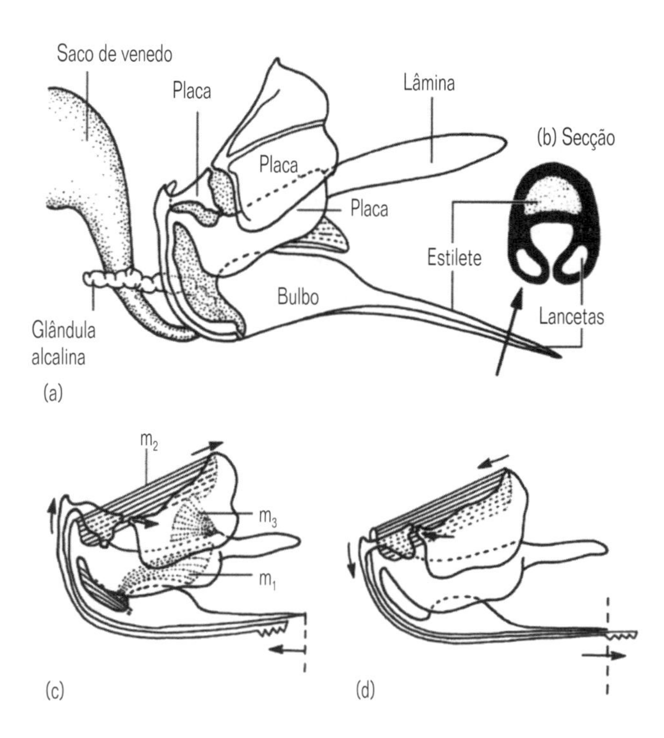

Fig. 13.9 Ferrão de uma abelha, Apis mellitem. A lança (estilete + lancetas com farpas) é deprimida pela contração de m_1, então, a contração dos potentes músculos m_2, que vão da placa quadrada até a parte anterior da placa oblonga, provoca a rotação da placa triangular de tal forma que a lanceta é empurrada para fora. A retração da lanceta é efetuada pela contração de m_3. Os músculos dos dois lados do ferrão trabalham de forma alternada e, através das ações sucessivas de protração e retração, levam as lancetas mais profundamente no corpo da vítima. O veneno é secretado por um par de glândulas afiladas localizadas no abdômen. Sua secreção acumula-se no saco de veneno que se abre na base do ferrão em um canal de veneno. A função da chamada glândula alcalina é incerta. (De Imms, 1964).

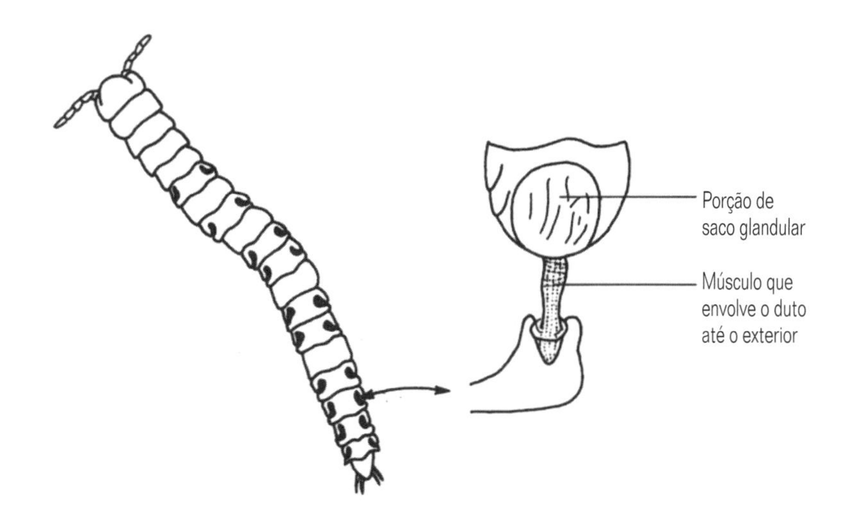

Fig. 13.10 Glândulas repugnatórias de um diplópode (De Cloudsley – Thompson, 1958).

13.2.2 Contra invasores internos

Alguns patógenos podem penetrar pelas defesas externas, mas, então, todos os organismos apresentam uma linha interna de defesa de uma ou outra forma para combater essa ameaça. Nos vertebrados, isso é efetuado por um sistema imune que envolve anticorpos capazes de neutralizar agentes estranhos específicos. Os invertebrados não apresentam um sistema imunológico tão específico, mas eles também apresentam uma linha interna de defesa –baseada, de forma generalizada, em células fagocitárias capazes de reconhecer e eliminar o material estranho.

13.2.2.1 Reconhecer o que é próprio e o que é estranho é uma exigência fundamental

Um exemplo clássico de auto-reconhecimento é dado pela reagregação de células de esponjas. Ao espremer essas células através de um tecido ou ao colocá-las em uma solução de ácido etil-diamino-tetra-acético (EDTA), é possível dissociar esponjas inteiras em uma pasta de células individualizadas. Misturas de células de espécies diferentes e mesmo clones de uma mesma espécie irão reagregar-se em uma forma específica de cada espécie ou específica de cada clone.

Experimentos de enxerto também atingem o mesmo ponto. Gorgônias (antozoários coloniais), por exemplo, rejeitam enxertos de espécies diferentes (xenoenxertos) e de indivíduos geneticamente diferentes da mesma espécie (aloenxertos), mas aceitam enxertos de partes diferentes da mesma colônia (auto-enxertos), os quais consistentemente se fundem.

13.2.2.2 Células fagocitárias ou amebóides têm uma importância generalizada na autodefesa de invertebrados

Todas as reações indicadas acima envolvem organismos coloniais e incrustantes. Isso é frequentemente observado em situações nas quais o espaço de vida é limitado e a competição por espaço é severa, de forma que o aparecimento do auto-reconhecimento pode ter sido favorecido como uma forma de manter a auto-integridade. Portanto, esses tipos de sistemas de auto-reconhecimento podem ser uma consequência peculiar desse tipo de pressão evolutiva e não uma base comum da evolução de um sistema imunológico dentro do reino animal.

Os estudos imunológicos começaram quando, no início dos anos 1900, Elie Metchnikoff introduziu espinhos de rosa sob a epiderme da larva bipinária de estrelas-do-mar e descobriu que, em um curto espaço de tempo, eles tinham sido 'atacados' por células amebóides. Ele obteve resultados semelhantes quando injetou bacilos antraz nas larvas do besouro Oryctes nasicornis. A partir de observações como essas, Metchnikoff propôs a idéia de que as células amebóides, as quais estão envolvidas na digestão intracelular em muitos invertebrados primitivos (Secção 9.2.2) foram retidas durante a evolução de animais mais avançados como um sistema de defesa interna. Células fagocitárias

Tabela 13.2 Os filas de invertebrados nos quais foi registrado que células amebóides removem material estranho.

		Resposta	
Filo animal	**Partícula ou substância injetada**	**Fagocitose**	**Encapsulamento**
Porifera	Nanquim, carmim	+	
	Eritrócitos	+	
	Rédias e cercárias de trematódeos		+
Annelida	Nanquim, carmim, partículas de ferro	+	
	eritrócitos	+	
	Espermatozóides estranhos	+	
Sipuncula	Contas de látex, bactérias	+	
Mollusca	Carmim	+	
	Nanquim	+	
	Eritrócitos, fermento, bactérias	+	
	Dióxido de tório	+	
Crustacea	Bactérias, carmim	+	
Uniramia	Bactérias	+	
	Contas de látex	+	+
	Ferro, sacarídeo	+	
	Implantes de Araldite		+
	Bacillus thuringiensis	+	
	Nanquim, carmim	+	
	Eritrócitos, bactérias	+	
Echinodermata	Albumina do soro bovino	+	
	Gamaglobulina bovina	+	
	Células de ouriço-do-mar (em uma estrela-do-mar)	+	
Urochordata	Carmim	+	
	Fragmentos de vidro		+
	Azul de tripano	+	
	Dióxido de tório	+	

estão certamente espalhadas por todos os animais invertebrados e experimentos envolvendo a introdução de material estranho em animais vivos indicaram que são capazes de remover uma grande variedade de partículas externas (Tabela 13.2).

13.2.2.3 Como as células fagocitárias discriminam entre o próprio e o estranho?

As células fagocitárias errantes devem ser capazes de 'ignorar' o tecido normal do próprio ser, mas engolfar partículas externas. Também podem estar envolvidas na remoção de tecidos próprios danificados, através da presença de substâncias xenobióticas, e destruidoras de tecidos, tais como poluentes.

O conhecimento sobre esse mecanismo é limitado. A priori, seria esperado que o reconhecimento ocorresse quando uma célula fagocitária faz contato com seu alvo, e que, uma vez que células externas têm pouca probabilidade de produzir sinais 'mate', é mais provável que as células próprias produzam sinais 'não mate' específicos. Não existem evidências para a existência de um sistema intermediário de anticorpos tão sutil como o dos vertebrados, mas existem evidências de atividade de opsonina (moléculas que revestem partículas externas de forma que elas aderem a células fagocitárias e facilitam sua fagocitose) nos fluidos corpóreos desses invertebrados que apresentam cavidades preenchidas por fluido. Assim, os amebócitos dos límulos (quelicerados) não exibem um efeito bactericida significativo na ausência de soro, mas mataram Escherichia quando o soro estava presente. De forma semelhante, a fagocitose de eritrócitos humanos por hemócitos (os amebócitos do sangue) do polvo Eledone cirrosa ocorreu somente depois de terem sido expostos ao soro de Eledone. Extratos de vários invertebrados atuam como aglutininas – interligando e grudando várias células e bactérias in vitro (Tabela 13.2) – as quais podem ter propriedade de opsoninas, aderindo as partículas externas à superfície das células fagocitárias. Esses mecanismos são discutidos com mais detalhe por Coombe et al. (1984).

Modelos que mostram como as células fagocitárias podem efetuar o auto-reconhecimento estão resumidos na Figura 13.11. O auto-reconhecimento direto (Fig.13.11a) provavelmente ocorre nas células fagocitárias que 'patrulham' os tecidos dos invertebrados de corpos sólidos, enquanto que o envolvimento de fatores de intermediação, as opsoninas (b), pode ocorrer nos invertebrados que têm cavidades preenchidas por fluido – sendo que os fluidos contêm as opsoninas.

13.2.2.4 A reprodução apresenta algumas complicações

Quando existe fertilização interna (Capítulo 14), os espermatozóides com genótipo estranho são transferidos aos tecidos de um outro organismo. De forma semelhante, os ovos fertilizados e os embriões, quando residem dentro dos tecidos da mãe (Capítulo 15), são geneticamente semi-estranhos. No entanto, sob circunstâncias normais, eles não devem ser destruídos pelo sistema imunológico do agente parental – a 'mãe' precisa ser um hospedeiro que deseja receber os espermatozóides ou seus filhotes. Exatamente como as células reprodutivas conseguem escapar da destruição imunológica não é conhecido, mas os experimentos seguintes são esclarecedores. Os espermatozóides

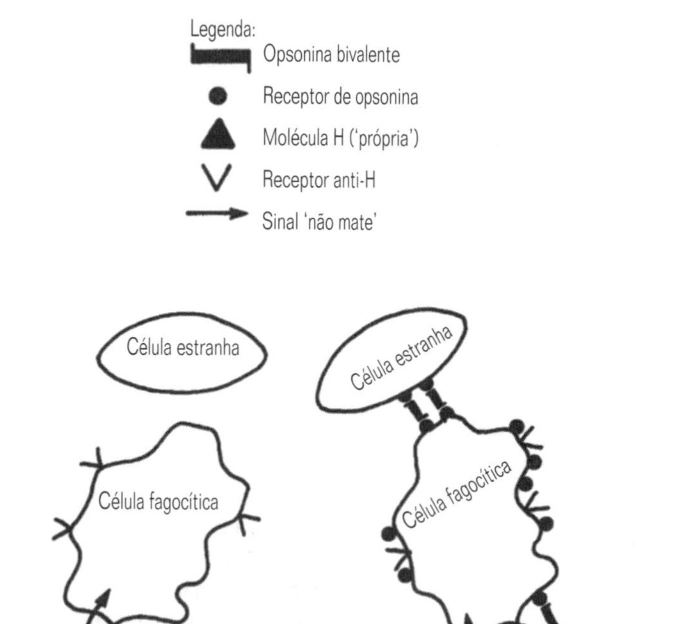

Fig. 13.11 Modelos de sistemas imunológicos de fagocitose de invertebrados – veja o texto para explicações mais detalhadas (de Coombe et al., 1984).

de doadores alogênicos não são fagocitados quando injetados na cavidade celomática de minhocas, enquanto os espermatozóides de mamíferos e de outras espécies de minhocas são fagocitados. Machos de sipúnculos fracassaram em encapsular ovos homólogos quando estes foram injetados em seu celoma, e isso sugere que os propágulos apresentam algum tipo generalizado de mecanismo evasivo para lidar com os sistemas imune dos hospedeiros, uma vez que ovos não ocorrem naturalmente dentro de um verme macho! Ovos danificados por coloração, aquecimento ou som foram rapidamente encapsulados, enquanto ovos congelados, embora aparentemente mortos, não foram. Para mais informações, veja Coombe et al. (1984).

13.2.2.5 Evasão da resposta do hospedeiro

Parasitas bem sucedidos devem ter a capacidade de se defender contra a resposta imune dos hospedeiros. Isso foi cuidadosamente estudado em alguns trematódeos, nos quais uma grande variedade de defesas foi descoberta. Assim, os esquistossomos recobrem-se com antígenos idênticos ou semelhantes aos de seu hospedeiro, sendo que podem ser sintetizados pelo parasita (mimetismo molecular) ou derivados do hospedeiro e aderidos à superfície do parasita. Qualquer que seja sua origem, esses antígenos ocultam os antígenos dos parasitas de tal forma que não são mais reconhecidos como estranhos. As fascíolas, por sua vez, produzem substâncias que são tóxicas aos linfócitos e outras células imunológicas. Além disso, o glicocálix do tegumento do parasita parece mudar com uma taxa alta e, com esse mecanismo, as fascíolas podem ser capazes de se livrar dos anticorpos do hospedeiro.

13.2.3 Respostas a agentes estressantes

Os agentes estressantes do ambiente e as respostas que provocam são tão variáveis que não é possível tratá-los todos juntos de uma forma compreensível. Algumas 'defesas fisiológicas', por exemplo, contra o estresse de oxigênio, salinidade, já foram tratadas em capítulos anteriores (p. ex., Seções 11.6.5 e 12.2). Aqui, descrevemos algumas respostas gerais que são induzidas nos invertebrados por estresse de forma generalizada, e por dois grupos específicos de poluentes: xenobióticos (venenos orgânicos) e metais pesados.

13.2.3.1 Proteínas de choque térmico

Um bom número de estresses diferentes, incluindo o calor excessivo, a exposição a toxinas e a baixa taxa de oxigênio, pode atuar na desestabilização da estrutura das moléculas de proteínas. Muitos organismos, em resposta a tais estresses, produzem uma classe especial de proteínas que atuam como damas de companhia moleculares dentro das células. Essas proteínas (denominadas de proteínas de choque térmico ou hsps – mas só porque foram originalmente investigadas usando o estresse térmico) ligam-se a outras proteínas que foram danificadas e/ou que não estejam funcionando. As proteínas de choque térmico (a) ajudam-nas a (re)estabelecer seu estado nativo, ou (b) minimizam o acúmulo de agregações não-funcionais ou tóxicas de moléculas protéicas.

Quase todos os organismos investigados possuem genes que codificam e expressam hsps. Essas moléculas são altamente conservadas. É comum que sejam designadas a 'famílias' com base em seus pesos moleculares, estrutura e função (p. ex., hsp110, hsp70).

Tais damas de companhia moleculares executam numerosos papéis na célula não-estressada, mas elas talvez sejam mais bem conhecidas por serem induzidas por, ou lutar contra, quase qualquer tipo de estresse estudado até hoje (veja também a Seção 13.2.4). Parece que espécies diferentes apresentam limiares diferentes para a expressão de hsp. De maneira geral, os limiares podem estar relacionados com os níveis de estresse vivenciados na natureza. Por exemplo, o mexilhão de águas frias Mytilus trossulus tem um limiar menor para a expressão de hsp70 do que a espécie intimamente relacionada, mas de águas quentes, M. galloprovincialis. De maneira semelhante, a mosca Drosophila melanogaster tem um limiar maior para a expressão de hsp70 do que a espécie relacionada D. ambigua, a qual tem uma distribuição mais ao norte. Até elevações modestas na temperatura (1-2°C) podem induzir a produção de hsps (hsp70) em algumas espécies de corais tropicais tais como Goniopora djiboutiensis. Muitas espécies de insetos expressam hsps em resposta a um choque de frio ou enquanto passam pelo inverno em diapausa. A expressão de hsp não varia apenas entre espécies, como também pode variar dentro de uma mesma espécie. Mais ainda, essa variação pode estar correlacionada à resistência ao estresse. Quilópodes coletados na vizinhança imediata de uma fundição apresentaram níveis maiores de hsp70 do que indivíduos da mesma espécie coletados em uma área não-contaminada. Indivíduos de Drosophila, derivados de uma única população selvagem, mostraram variações na expressão de hsp70 que poderiam estar correlacionadas com uma tolerância à temperatura e foram herdadas.

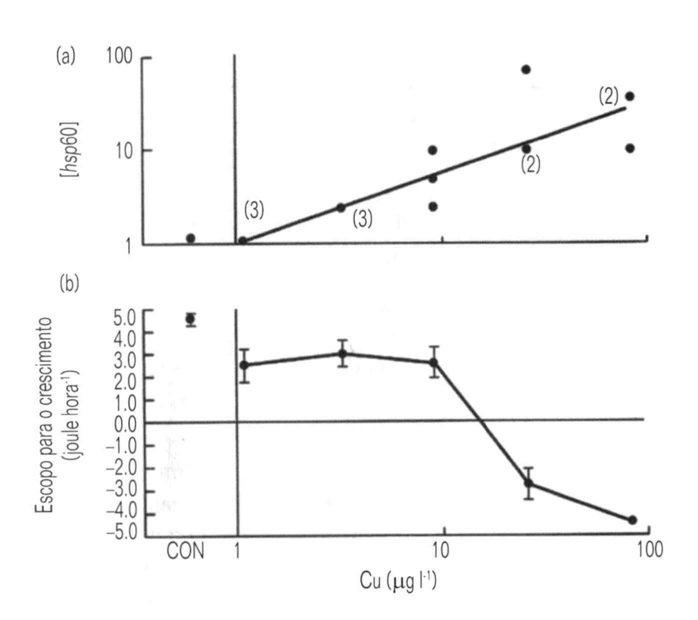

Fig. 13.12 Concentrações relativas de hsp60 nos tecidos do manto (a) e o escopo para o crescimento (b) expressado como uma função da concentração de cobre na qual mexilhões foram mantidos por 7 dias. CON = controles. Valores de escopo para o crescimento são apresentados na forma de média ± 1 erro-padrão.

Existem evidências de que a indução de hsps é um processo caro. Quando os mexilhões Mytilus edulis foram expostos a uma faixa de concentração de cobre (0-100 mgl^{-1}) por 7 dias, foi encontrada uma relação positiva entre a dose externa de metal e a quantidade de hsp60 presente nos tecidos (Fig. 13.12a). Mais ainda, considerando os indivíduos expostos a concentrações de cobre> 32mg l^{-1}, houve um decréscimo no escopo para o crescimento (Fig. 13.12b). Em concentrações até mais elevadas, o valor foi, na realidade, negativo. O escopo para o crescimento é uma estimativa da energia disponível para o crescimento (ou reprodução) depois que a energia excretada e perdida pela respiração for levada em consideração. Em muitos casos, é uma boa medida da condição fisiológica dos animais. O valor negativo do escopo para o crescimento que acompanha um acúmulo pronunciado de hsp60 em M. edulis indica que, nessas elevadas concentrações de cobre, os mexilhões não estão nem mesmo gerando energia suficiente para alcançar as demandas metabólicas normais.

Embora sejam obviamente importantes nas respostas ao estresse, deve-se ter em mente que os hsps ainda são apenas um dos muitos mecanismos moleculares de tolerância ao estresse.

13.2.3.2 Oxigenase de função mista (MFO) e substâncias xenobióticas

Poluentes orgânicos, tais como compostos de hidrocarboneto provenientes de derramamentos de petróleo, podem penetrar nos tecidos dos invertebrados marinhos. Eles são lipofílicos e, dessa forma, não são facilmente metabolizados. Ao contrário, podem se acumular em depósitos de lipídios e nos componentes lipídicos das membranas celulares até que alcancem concentrações nas quais causam problemas bioquímicos. Entretanto, alguns invertebrados marinhos, explicitamente falando, poliquetas e alguns moluscos e crustáceos, contêm um sistema de enzimas

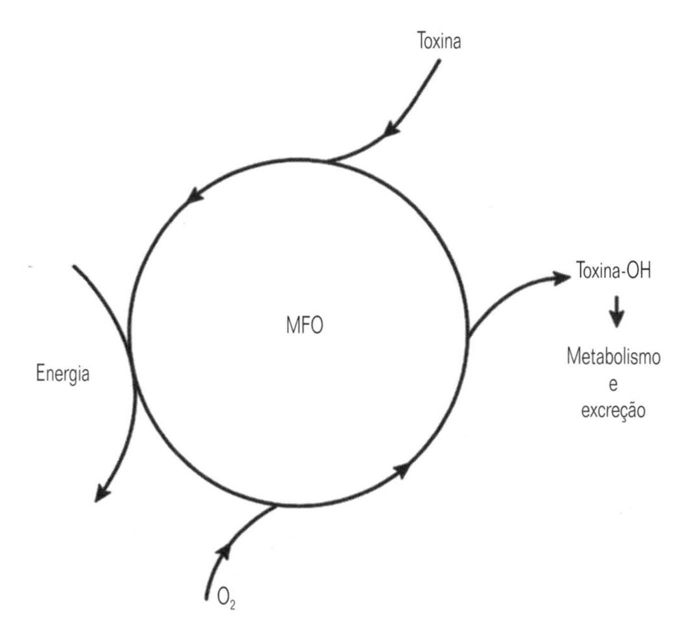

Fig. 13.13 Representação simplificada do sistema MFO (de Calow, 1985).

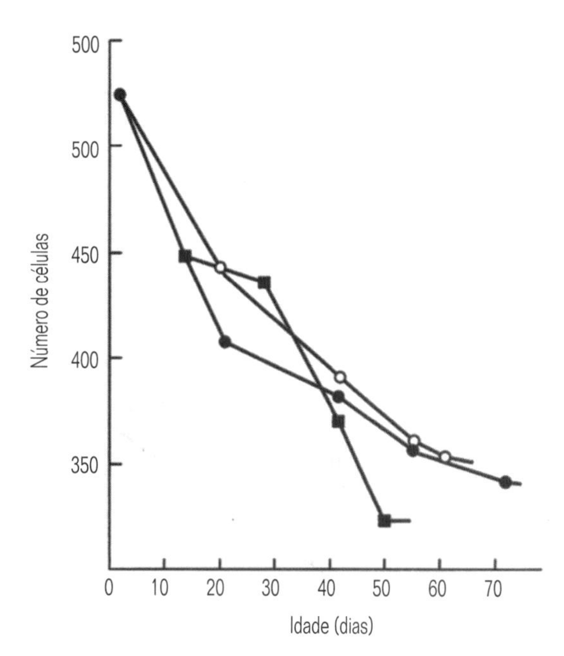

Fig. 13.14 Declínio do número de células do cérebro de uma abelha com a idade (de Rockstein, 1950).

capaz de oxidar o veneno ao adicionar literalmente moléculas de oxigênio, tornando-o mais hidrofílico e, portanto, mais fácil de ser metabolizado. O sistema é bastante não-específico em termos dos substratos que irá atacar. Consiste em diversas enzimas, e alguns citocromos estão presentes. É primariamente ligado a membranas na fração microssômica do retículo endoplasmático de certos tecidos (p. ex., glândulas digestivas ou hepatopâncreas). O processo de oxigenação tem um alto gasto energético e está resumido de uma forma bastante generalizada na Figura 13.13; envolve expoxidação, hidroxilação e dealquilação. Também é um sistema induzível, isto é, as enzimas associadas a ele estão sendo produzidas apenas quando existe um desafio xenobiótico; por exemplo, um citocromo especificamente associado à MFO aumenta a concentração nos tecidos dos mexilhões depois de 1 dia de exposição ao óleo diesel e volta a apresentar as concentrações controle depois de 8 dias de recuperação.

Oxigenases de função mista também ocorrem nos insetos herbívoros, nos quais estão provavelmente envolvidas em lidar com as toxinas orgânicas naturais produzidas pelas plantas como uma forma de defesa contra esses herbívoros. Por exemplo, insetos polífagos geralmente apresentam uma maior atividade de MFO do que os estenófagos (mais especializados), provavelmente porque estão expostos a uma maior variedade de compostos tóxicos tais como fenóis, quinonas, terpenóides e alcalóides.

13.2.3.3 Metalotioneínas

Metais pesados, tais como mercúrio, cádmio, cobre, prata e estanho, podem ser extremamente tóxicos aos invertebrados aquáticos. Por exemplo, causam a desnaturação das enzimas ao interagirem com elas e alterarem suas configurações terciárias. Entretanto, muitos invertebrados conseguem desintoxicar metais pesados ligando-os a proteínas especializadas denominadas metalotioneínas. Elas são compostos de baixo peso molecular, ricos em grupos sulfidrila (SH) devido aos altos níveis do aminoácido cisteína contidos neles. O grupo SH é capaz de se combinar ou quelar o metal e torná-lo menos tóxico.

13.2.4 Proteção de reparo contra o envelhecimento?

Na Seção 13.1.3, foi sugerido que o envelhecimento dos organismos como um todo se deve ao acúmulo de danos no nível suborganísmico. As evidências para isso seguem.

Rompimento de tecidos – o envelhecimento em insetos dípteros está associado a um declínio na capacidade de voar e isto está correlacionado com mudanças degenerativas na estrutura da musculatura do vôo. Foi demonstrado que o número de células no cérebro de abelhas operárias diminui desde uma média de 522 na eclosão até 350 em 10 semanas (Fig. 13.14).

Lipofucsina (conhecida como o pigmento do envelhecimento) – provavelmente um produto da peroxidação de lipídios e derivada da desestruturação das membranas – foi notado que se acumula com a idade em tecidos de nematódeos e insetos (Fig. 13.15).

Fidelidade das enzimas – existem evidências, particularmente em estudos sobre nematódeos, que a estrutura e a função das enzimas tornam-se enfraquecidas com a idade: as enzimas tornam-se mais sensíveis à desnaturação por calor (um indicativo de mudanças na organização molecular), desenvolvem propriedades imunológicas diferentes, e apresentam capacidades catalíticas reduzidas. No entanto, essas observações não se aplicam a todas as enzimas que foram estudadas nos nematódeos, nem a muitas das enzimas estudadas em outros animais.

A causa central de todo esse dano provavelmente emana de processos moleculares tais como o ruído térmico, erros que são feitos durante a síntese de proteínas, e uma variedade de outros

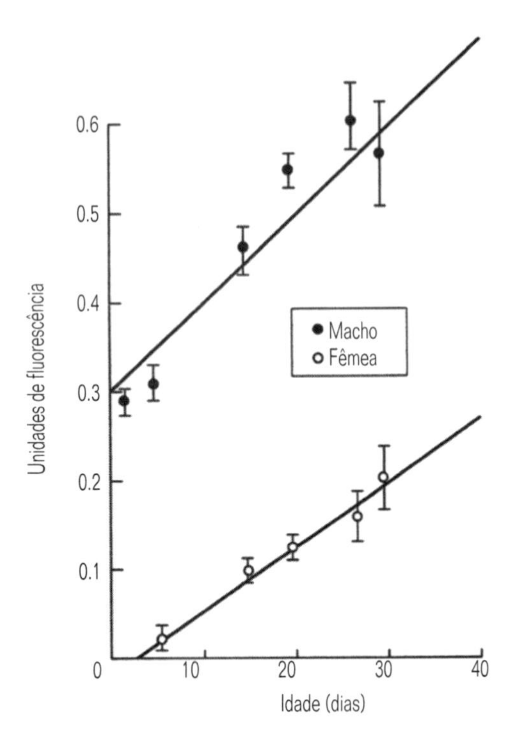

Fig. 13.15 Acúmulo de lipofucsina (medido através de sua fluorescência) em *Drosophila melanogaster* (de Biscardi & Webster, 1977)..

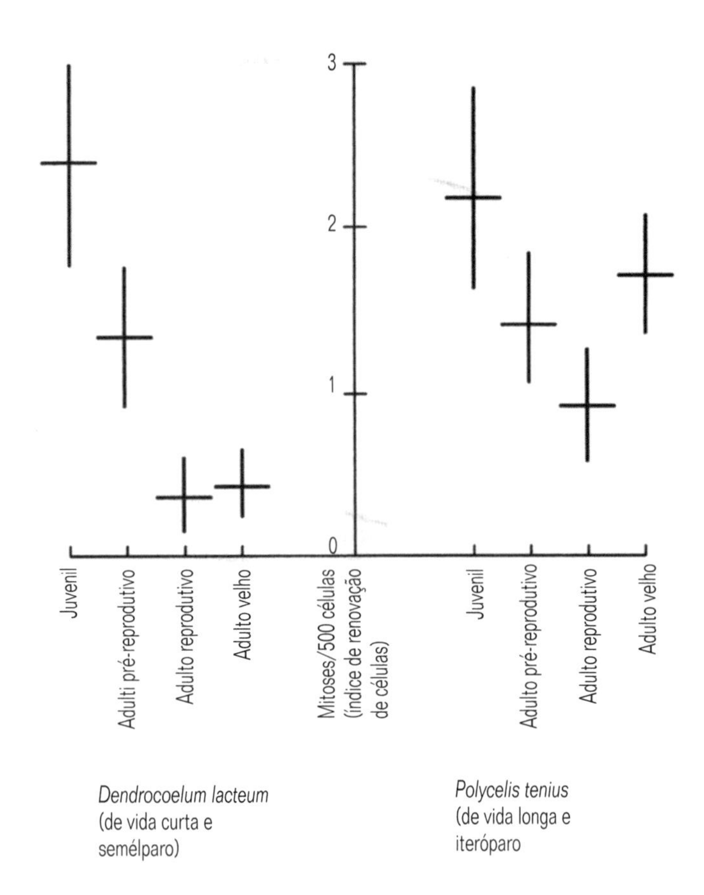

Fig. 13.16 Renovação celular em diferentes estágios do ciclo de vida de dois tricladidos, um de vida longa e um de vida curta. O último investe relativamente mais na reprodução do que o primeiro. Em ambos, a divisão celular reduz do juvenil para o adulto. No entanto, enquanto existe uma grande queda que se segue ao início da reprodução na forma de vida curta, existe uma queda menor e não-significativa na forma de vida longa. Imagina-se que a renovação reduzida seja causada pelo alto investimento na reprodução, e que ela diminua a vida através da aceleração da senescência. (De Calow & Read, 1986).

processos. Ao mesmo tempo, moléculas protéicas danificadas podem, a princípio, ser substituídas de acordo com instruções genéticas, e células inteiras podem ser substituídas, novamente de acordo com instruções genéticas, através da mitose (Capítulo 1). De fato, as evidências dos trabalhos com nematódeos sugerem que as proteínas que contêm aminoácidos anormais apresentam uma renovação mais rápida do que as proteínas normais e que, no entanto, isso diminui quando os vermes tornam-se mais velhos. Divisões celulares ocorrem amplamente em Cnidaria, Platyhelminthes, Annelida e Mollusca, mas são bastante restritas em nematódeos e insetos adultos. Nos turbelários tricladidos de água doce, existe uma redução na renovação de células com a idade (Fig. 13.16), que é acentuada com o estabelecimento da reprodução em formas semélparas (veja a Seção 14.5). A última está associada a um envelhecimento acelerado. A situação da idade e a vitalidade de um organismo podem, portanto, depender do balanço entre a geração de um dano e sua substituição ou seu reparo. Não é de se surpreender, portanto, que os processos de envelhecimento sejam menos óbvios em organismos tais como os cnidários, nos quais a renovação de tecidos é contínua, e mais óbvia em organismos tais como nematódeos e insetos, nos quais a renovação de tecidos é limitada (Tabela 13.3). É interessante notar que a mitose é mais ampla e persiste por mais tempo nos insetos que apresentam maior longevidade, a saber, os coleópteros.

Tabela 13.3 Distribuição da senescência.

Filo animal	Suspeita de ausência de envelhecimento em algumas espécies	Suspeita de presença de envelhecimento em algumas espécies	Presença definitiva de envelhecimento em algumas espécies
Cnidaria	+	+	
Platyhelminthes	+	+	+
Mollusca	+	+	
Nematoda			+
Annelida	+	+	+
Rotifera			+
Filos de artrópodes			+

Mais recentemente, foi sugerido que as proteínas de choque térmico (veja a Seção 13.2.3.1) são capazes de modular a senescência. Imagina-se que as proteínas convertem-se a um estado não-funcional nas células dos animais envelhecidos, nos quais seus acúmulos podem contribuir na morbidez e na mortalidade dependentes da idade. Foi demonstrado que a expressão das proteínas de choque térmico pode aliviar tal dano, pelo menos em moscas-das-frutas e em nematódeos.

13.3 Conclusões

As ameaças às quais os organismos estão expostos são diversas, assim como, sem surpresas, são as respostas que provocam. Ainda assim, é possível produzir uma classificação coerente das ameaças que as coloquem em um contínuo variando com uma relativa intimidade de associação com o organismo que é ameaçado. De forma similar, atrás da diversidade de respostas defensivas é possível perceber algumas características comuns. Por exemplo, os mecanismos de defesa, quer seja contra predadores, parasitas, micróbios ou contra o desgaste, todos têm um custo de material e de energia. Harvell (1990) mediu os custos de defesa durante a vida do briozoário marinho Membranipora membranacea. Aqui, as colônias desenvolvem espinhos na presença de seus predadores – os nudibrânquios – e de seus extratos; diz-se que essas defesas são induzidas e tais respostas são comuns em outros invertebrados, também. As taxas de crescimento reduziram e a senescência acelerou nas colônias que foram levadas a se defender através da aplicação regular de extrato de seu predador. Esses tipos de custo levam a pensamentos a respeito do investimento ótimo em mecanismos de defesa (de todos os tipos) que devem ser negociados em relação a outros componentes da aptidão darwiniana (Sibly & Calow, 1989). Também fazem sentido na evolução de defesas induzidas como uma forma de minimizar custos.

São esses os princípios gerais que o leitor deve cuidar de levar consigo deste e, de fato, de todos os capítulos desta parte do livro.

13.4 Leitura adicional

Arking, R. 1991. Biology of Aging: Observations and Principles. Prentice-Hall, Englewood Cliffs, New Jersey.

Cooper, E.L. (Ed.) 1996. Invertebrate Immune Responses. Springer-Verlag, New York.

Berry, RJ. 1977. Inheritance and Natural Selection. New Naturalist, No. 61. William Collins & Co., Glasgow.

Blest, AD. 1957. The function of eyespot patterns in the Lepidoptera. Behaviour, 11, 209-256.

Coombe, D.R., Ey, P.L. & Jenkin, CR. 1984. Self/non-self recognition. Q. Rev. Biol., 59, 231-255.

Davies, I. 1983. Ageing. Edward Arnold, London.

Dunn, P.E. 1990. Humoral immunity in insects. BioScience, 40, 738.

Eisner, T., Van Tassell, E. & Carrel, J.E. 1967. Defensive use of a 'faecal shield' by a beetle larva. Science, N.Y., 158, 1471-1473.

Erichsen, J.T., Krebs, J.R. & Houston, A.I. 1980. Optimal foraging and cryptic prey. J. Anim. Ecol., 49, 271-276.

Esch, G.W. & Fernandez, J. 1992. Functional Biology of Parasitism: Ecological and Evolutionary Implications. Chapman & Hall, New York.

Fainzilber, M., Napchi, I., Gordon, D. & Zlotkin, D. 1994. Marine warning via peptide toxin. Nature, 369, 192.

Feder, M.E. & Hofmann, G.E. 1999. Heat-shock proteins, molecular chaperones, and the stress response: Evolutionary and ecological physiology. Annu. Rev. Physiol., 61, 243-282.

Klaassen, CD., Liu, J. & Choudhuri, S. 1999. Metallothionein: An intracellular protein to protect against cadmium toxicity. Annu. Rev. Pharmacol. Toxicol., 39, 267-294.

Finch, CE. 1990. Longevity, Senescence and the Genome. University of Chicago Press, Chicago.

Gliwicz, M.Z. 1986. Predation and the evolution of vertical migration in zooplankton. Nature (London), 320, 746-748.

Hansell, M.H. 1984. Animal Architecture and Building Behaviour. Longman, London.

Harvell, C.D. 1990. The ecology and evolution of inducible defenses. Q. Rev. Biol., 65, 323-340.

Livingstone, D.R., Moore, M.N., Lowe, D.M., Nasci, C. & Farrar, S.V. 1985. Responses of the eytochrome P-450 monoxygenase system to diesel oil in the common mussel, Mytilus edulis L., and the periwinkle, Littorina littorea L. Aquat. Toxicol., 7, 79-81.

McClintock, J.B. & Janssen, J. 1990. Pteropod abduction as a chemical defence in a pelagic Antarctic amphipod. Nature, 346,462-464.

McClintock, J.B. & Baker, B.J. 1997. A review of the chemical ecology of Antarctic marine invertebrates. Amer. Zool., 32, 329-342.

Neill, W.E. 1990. Induced vertical migration in copepods as a defense against invertebrate predation. Nature, 345, 524.

Nordlund, D.A & Lewis, W.J. 1976. Terminology of chemical releasing stimuli in intraspecific and interspecific interactions. J. Chem. Ecol., 2, 211-220.

Parker, AR 1998. The diversity and implications of animal structural colours. J. exp. Biol., 201, 2343-2347.

Rainbow, P.S. & Dallinger, R (Eds) 1993. Ecotoxicology of Metals in Invertebrates. Lewis Publishers, Boca Raton.

Rockstein, M. 1950. The relation of cholinesterase activity to change in cell number with age in the brain of the adult worker bee. J. cell. comp. Physiol., 35, 11-23.

Rutherford, S.L. & Lindquist, S. 1998. Hsp90 as a capacitor for morphological evolution. Nature, 396, 336-342.

Sanders, B.M., Martin, L.S., Nelson, W.G., Phelps, D.K. & Welch, W. 1991. Relationships between accumulation of a 60 kDa stress protein and scope for growth in Mytilus edulis exposed to a range of copper concentrations. Mar. environ. Res., 31, 81-97.

Schmidt-Nielsen, K. 1997. Animal Physiology. Adaptation and Environment, 5th edn. Cambridge University Press, Cambridge.

Sibly, RM. & Calow, P. 1989. A life-cycle theory of responses to stress. In: Calow, P. & Berry, RJ. (Eds) Evolution, Ecology and Environmental Stress, pp. 101-116. Academic Press, London.

Tatar, M. 1999. Evolution of senescence: Longevity and the expression of heat shock proteins. Amer. Zool., 39, 920-927.

Theodor, J.L. 1976. Histo-incompatibility in a natural population of gorgonians. Zool. J. Linn. Soc., 58, 173-176.

Turner, J.R.G. 1984. Darwin's coffin and Dr. Pangloss – do adaptationist models explain mimicry? In: Shorrocks B. (Ed.) Evolutionary Ecology, pp. 313-361. Blackwell Scientific Publications. Oxford.

Turon, X., Becerro, M.A. & Uriz, M.J. 1996. Seasonal patterns of toxicity in benthic invertebrates: The encrusting sponge Crambe crambe (Poecilosclerida). Oikos, 75, 33-40.

Willmer, P., Stone, G. & Johnston, I. 2000. Environmental Physiology of Animals. Blackwell Science, Oxford.

CAPÍTULO 14

Reprodução e Ciclos de Vida

A criação de novos indivíduos é uma propriedade fundamental das coisas vivas. Dois aspectos do processo podem ser reconhecidos: o ajuste de material para propósitos da reprodução por organismos adultos e o desenvolvimento de novos indivíduos a partir desses materiais. Em um determinado estágio do ciclo de vida de quase todos, mas não de todos, os animais esses dois processos envolvem a produção de gametas haplóides – óvulos ou espermatozóides. A fusão dos gametas cria um zigoto (ovo fecundado) e através do desenvolvimento subsequente (veja Capítulo 15) o zigoto se torna um organismo completamente diferenciado, complexo espacialmente, multicelular, como os animais parentais, mas não idêntico. Um adulto sozinho, é claro, pode ajustar materiais para um grande número de potenciais descendentes, e quando os descendentes surgem da fusão de gametas haplóides resultantes da meiose, cada um terá sua única constituição genética. Esse processo é denominado reprodução sexuada.

Este capítulo está preocupado com ambas as reproduções, sexuada e assexuada em uma ampla variedade de animais invertebrados. O Capítulo 15 tratará com o processo de desenvolvimento e diferenciação pelo qual o zigoto é formado, como uma consequência da reprodução sexuada, e se torna um novo indivíduo. Os dois aspectos da reprodução são, sem dúvida, intimamente relacionados. A reprodução sexuada nos animais sempre envolve a fusão de pequenos gametas móveis – os espermatozóides, e os gametas maiores, citologicamente mais ricos, não móveis – os óvulos. Apesar dessa uniformidade, nossa abordagem também mostrará que os animais evoluíram uma grande diversidade de outros meios de propagação (como as plantas) que não envolvem reprodução sexuada através de gametas. Um dos grandes desafios da teoria evolutiva é entender por que o processo de reprodução sexuada é tão dominante.

Nós também veremos que, embora os ciclos de vida dos animais sejam similares no sentido de que cada indivíduo se desenvolve a partir de uma única célula fecundada, existe uma tremenda variação no padrão de alocação dos recursos para a produção de ovos. Nós iremos olhar brevemente para as questões aparentemente simples – 'quando, onde e o quanto se reproduzir?' Estas se mostram questões longe de serem respondidas de maneira simples, e encontram-se no coração da teoria evolutiva.

No sentido de entender essa diversidade, nós também revisaremos seu controle, e a significância adaptativa de diferentes variáveis, incluindo as próprias vantagens seletivas da reprodução sexuada. Tornar-se-á aparente, nas páginas subsequentes, que diferentes combinações de modos reprodutivos e ciclos de vida são característicos de diferentes linhagens filogenéticas animais, grados de organização animal e condições ecológicas. Isso tornará possível discutir a riqueza de estratégias reprodutivas dos invertebrados e as contribuições que trouxeram para as teorias vigentes sobre a evolução dos ciclos de vida.

14.1 Introdução

No Capítulo 1 se sugeriu que a evolução é uma consequência natural dos sistemas que persistem através de um mecanismo semiconservativo de replicação. Todos os seres vivos possuem em comum o mesmo tipo de programa genético, no qual surge variabilidade pela cópia errônea da sequência de bases durante a replicação da molécula de DNA. Os projetos genoma estão agora estabelecendo sequências genômicas completas de uma variedade de organismos, incluindo o inseto Drosophila e o nematódeo Caenorhabditis, para complementar o projeto do genoma humano. As sequências inteiras dos cromossomos estão sendo estabelecidas para revelar a complexidade da estrutura dos genes e o grau de duplicação que ocorreu durante o tempo evolutivo. Estes projetos espantosos confirmam o quão comum é a estrutura genética em organismos amplamente divergentes. A evolução dos organismos multicelulares, no entanto, requer não apenas a replicação semiconservativa do genoma e a construção de diferentes células, mas a replicação dos organismos, um processo denominado 'reprodução'. Na grande maioria dos organismos a reprodução permite a recombinação genética. Diversos sistemas de sexualidade são possíveis, mas em todos eles existe um mecanismo para a troca de material genético entre os parentais. Nos animais isso requer a troca de informação genética derivada de dois parentais. O avanço da biologia molecular revelou quão poderoso e complexo o processo da meiose é para a geração de novidades. A última fonte de novidades é o processo de mutação. Isso ocorre quando a informação codificada na sequência de bases do DNA é alterada por (i) substituição de uma base na sequência, (ii) duplicação de uma sequência de bases – que pode ser extremamente importante para a evolução subsequente da diversidade – ou por (iii) deleção. Durante o tempo evolutivo o material genético aumentou em complexidade. O tamanho dos genomas de uma variedade de organismos está atualmente sendo estabelecido através de diversos projetos genoma. Um dos organismos escolhidos para este vasto empreendimento é a mosca-das-frutas Drosophila melanogaster e estima-se que seu genoma tenha cerca de $1,2 \times 10^8$ pares de bases e da ordem de 10.000 genes.

Toda essa informação deve ser reordenada (embora certamente não de maneira aleatória) durante a meiose a informação reordenada de dois indivíduos é recombinada quando os gametas se fundem durante o processo de fecundação. Dessa forma, a reprodução sexuada cria um genoma novo e único toda vez que ela ocorre. A capacidade de gerar novidades é enorme. O número de combinações independentes de cromossomos maternos/ paternos para um animal diplóide é uma função do número de cromossomos, isto é, 2^n onde n é o número haplóide de cromossomos. O número haplóide (n) pode ser pequeno (4 em Drosophila melanogaster), mas está mais comumente na casa de 20-30 pares de cromossomos. Além dessa fonte de diversidade, a recombinação de material genético através da meiose é incalculável.

Os genomas são sequências lineares altamente estruturadas de pares de bases que codificam sequências que aparecem nos produtos da transcrição (essas sequências são denominadas 'éxons') e, em adição, sequências que não aparecem nos transcriptores de RNAm ('íntrons') (veja também Capítulo 15). A meiose, portanto, é um meio de se criar enormes novidades e diversidade através de novos arranjos de genes, novas combinações de genes reguladores e componentes reguladores dentro da sequência de DNA, bem como novos arranjos de pares de bases dentro de sequências codificadas de proteínas.

Embora a reprodução sexual seja característica dos eucariotos, também existe troca genética entre bactérias (por exemplo, através da conjugação) e entre os vírus quando duas linhagens diferentes infectam um único hospedeiro. Três sistemas diferentes, que permitem recombinação genética, são representados diagramaticamente no Quadro 14.1. Todos os organismos multicelulares eucariontes adotaram o terceiro sistema de sexualidade que é ilustrado no Quadro 14.1, isto é, eles apresentam reprodução sexual que envolve meiose e fecundação.

A evolução da reprodução sexuada, como é conhecida entre os animais, envolveu um número de passos independentes. Se supusermos como estágio original aquele em que não havia reprodução sexuada e recombinação genética, a seqüência evolutiva envolveu:

1 A aquisição de mecanismos para recombinação limitada.

2 Meiose.

3 A evolução de parceiros acasalantes independentes (geralmente dois).

4 Anisogamia – a adoção de gametas pequenos e móveis (masculino) e de gametas grandes e imóveis (feminino).

5 O surgimento do sexo, isto é, a separação das funções masculina e feminina em indivíduos diferentes.

Compreender os processos evolutivos que resultaram na adoção universal da reprodução sexuada é um dos grandes desafios intelectuais da biologia. O estudo dos invertebrados desempenha um papel especial, por causa da diversidade de manifestações da sexualidade observadas entre eles. A Figura 14.1 apresenta um esboço plausível de passos importantes na evolução da permanente e obrigatória sexualidade. Os invertebrados atuais apresentam exemplos que reúnem os câmbios adaptativos desde a aquisição da multicelularidade até a permanente e obrigatória sexualidade, e cuidado com a prole pelos pais. É interessante que muitos filos de invertebrados mantiveram certo grau

Quadro 14.1 Sistemas para a reprodução sexuada (Mixia)

A reprodução sexual é um sistema de auto-replicação que permite a troca de informação genética (incorporada em uma molécula de DNA) e a criação de um indivíduo cuja informação genética é derivada por recombinação de sequências parentais diferentes.

1 Vírus.

(a) O ciclo de vida de vírus bacteriófagos. Infecção de uma bactéria hospedeira através da injeção do seu DNA. A cápsula protéica do vírus permanece fora da célula. No interior da bactéria as moléculas do DNA viral provêm à informação para criação de novas cápsulas protéicas e a lise do hospedeiro.

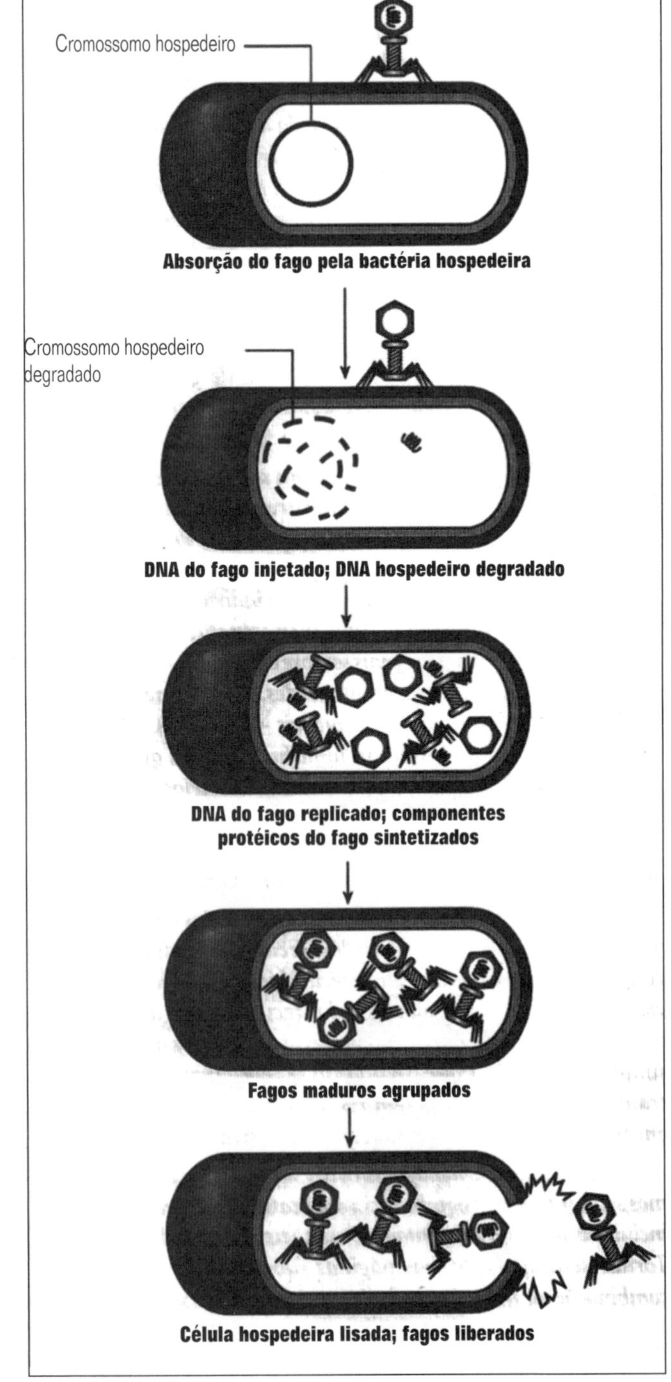

Continua

Quadro 14.1 (*continuação*)

(b) Troca gênica e recombinação.

(i) Uma representação para mostrar dois genes A e B e seus produtos protéicos.

(ii) Infecções mistas de diferentes mutantes para os mesmos genes estruturais (A ou B) são inativas em certas linhagens da bactéria, mas infecções mistas para diferentes genes estruturais são ativas.

(iii) As partículas mutantes do vírus são capazes de proliferar na linhagem k da bactéria hospedeira.

(iv) Recombinação genética pode ocorrer a partir de infecções mistas pelo tipo não complementar na linhagem k e estas novas partículas virais podem infectar a linhagem B, isto é, ocorreu reprodução sexual.

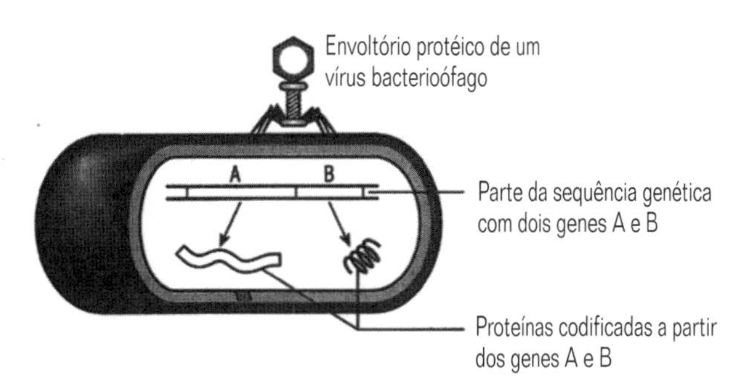

(i)

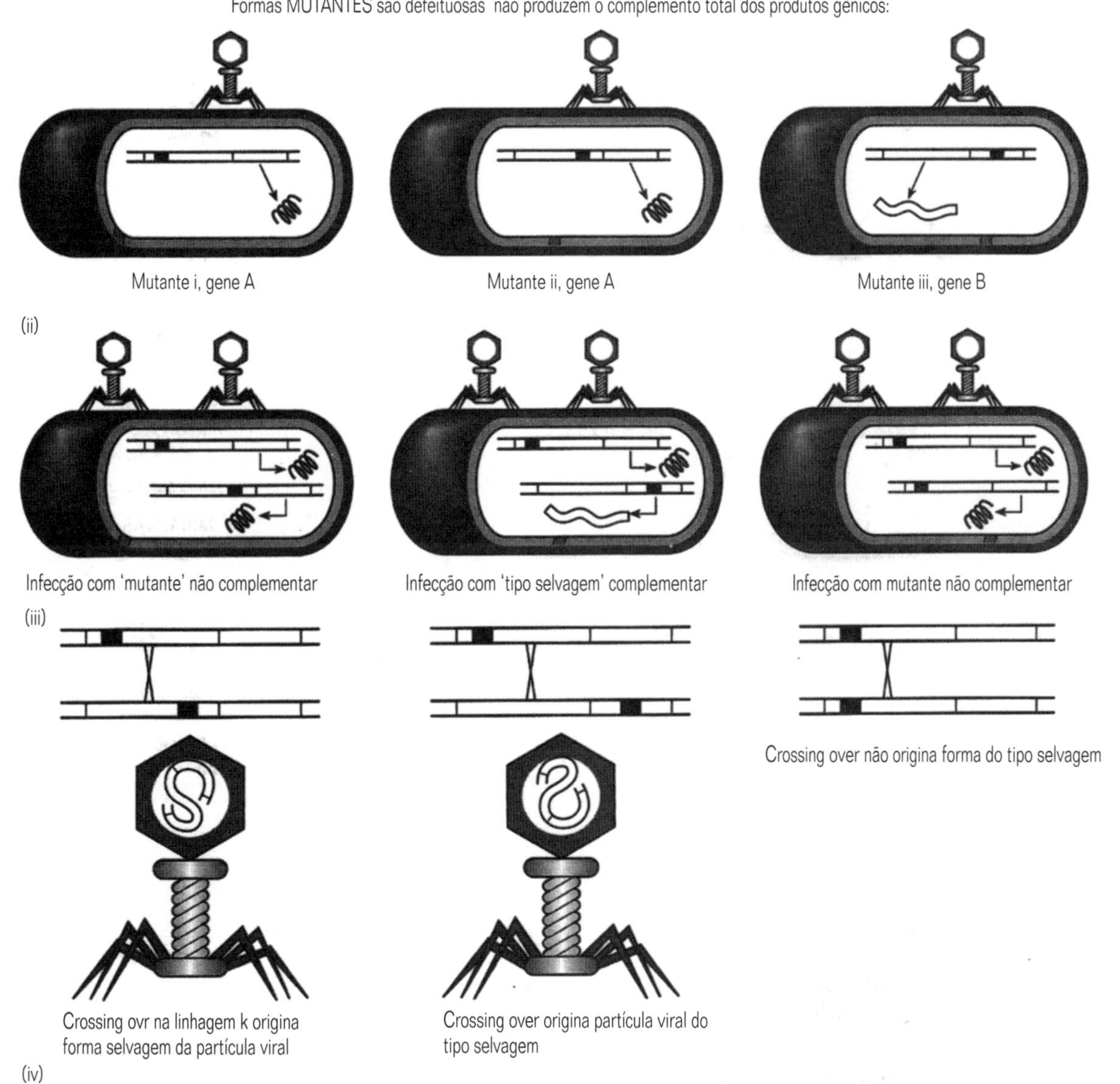

Continua p. 320

Quadro 14.1 (*continuação*)

2 Bactéria

(i) Linhagens diferentes de bactérias são capazes de conjugar. Durante o processo da conjugação é formado um pedúnculo de ligação ou pilus e a molécula de DNA (cromossomo bacteriano) da célula doadora ('masculina') é transmitida à receptora.
(ii), (iii) A duração da troca do DNA depende do tempo e pode ser interrompida por uma agitação vigorosa da cultura.
(iv) Trocas genéticas podem ocorrer entre porções duplicadas do material cromossômico. Deste modo podem ser produzidas bactérias que combinam as características genéticas dos dois indivíduos parentais.

(i) Célula Hfr Célul F⁻

(ii)

(iii)

(iv) Célula F⁺ Célula F⁻

Exconjugantes

3 Reprodução sexual em organismos superiores

Células diplóides têm dois conjuntos de cromossomos, cada um contendo informação genética codificada a partir de um dos pais. A célula diplóide originará gametas haplóides por um processo especial de divisão celular denominado 'meiose'. A informação genética nas células germinativas haplóides pode ser idêntica àquela dos pais ou diferente como resultado do crossing over.

Células germinativas haplóides de pais diferentes (ou algumas vezes de um único pai) se fundem (um processo denominado 'fecundação') e formam um zigoto diplóide. A constituição genética do zigoto não é a mesma que aquela das células diplóides que deram origem aos gametas haplóides. Este combina padrões genéticos dos dois genomas parentais em cada conjunto de cromossomos. O número de combinações singulares maternos/paternos é 2^n onde n é o número haplóide e o potencial para a re-determinação é incalculável (veja texto).

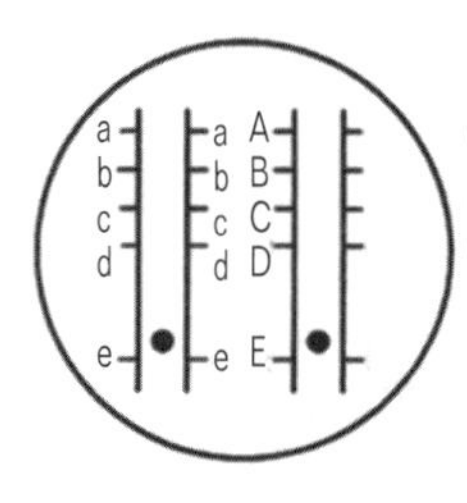

Uma célula animal diplóide. Os genes representados pelas sequências a-e e A-E ocorrem nos cromossomos herdados dos dois parentais. Esta célula é heterozigótica

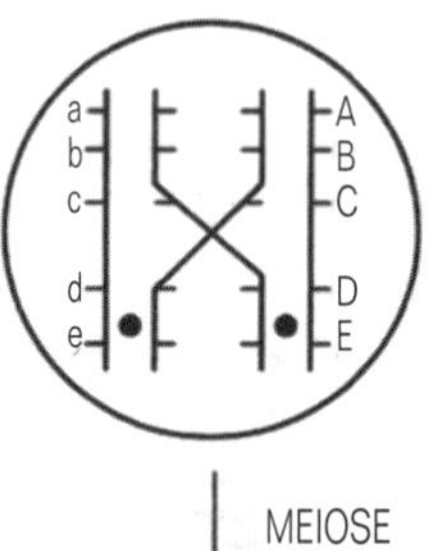

Durante a MEIOSE a troca genética (crossing over) pode ocorrer entre cromátides dos cromossomos emparelhados

MEIOSE

O gameta pode ter sequências de genes parentais ou recombinantes

CÉLULAS GERMINATIVAS

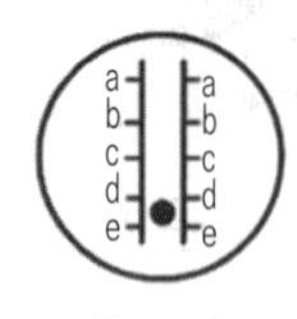

Parental Recombinante Recombinante Parental

A freqüência de crossing over é uma função da distância entre os genes na sequência de DNA do cromossomo

de plasticidade e mostram frequentes reversões para estágios supostamente mais primitivos da sexualidade.

Nos animais, dois tipos muito diferentes de células germinativas são geralmente produzidos, o espermatozóide e o óvulo (Seção 14.4.2). Essas são frequentemente derivadas de células especializadas, que foram segregadas precocemente no desenvolvimento embrionário, mas isso não é universal e as células germinativas podem ser, muitas vezes, derivadas a partir de células somáticas desdiferenciadas.

A segregação precoce da linhagem de células germinativas é um fator importante. Ela garante que apenas aquelas sequências genéticas, que sobreviveram a um ciclo de vida completo, sejam incluídas nas novas combinações genéticas do novo zigoto. Essa nova constituição genética é separada na linhagem germinativa e não irá contribuir para as futuras gerações, ao menos que o organismo em desenvolvimento que as carrega sobreviva e se reproduza. Em outras palavras, 'os organismos adultos testam a eficácia das combinações genéticas que foram separadas para as células germinativas'. As mutações somáticas são excluídas. A reprodução sexuada, no entanto, requer um ciclo de vida com um retorno periódico à forma não diferenciada de uma única célula.

A reprodução assexuada não tem esta limitação e pode envolver propágulos multicelulares (veja Seção 14.2.1). No entanto, mesmo quando a meiose não ocorre, a reprodução assexuada algumas vezes envolve o retorno periódico a uma única célula. Isso é denominado 'parte no gênese'.

Os organismos multicelulares podem ter diferentes ciclos de vida; muitas plantas, por exemplo, têm gerações alternadas entre indivíduos haplóides e diplóides (Quadro 14.2), que podem ser morfologicamente diferentes ou iguais. Uma alternância de gerações desse tipo nunca ocorre entre os animais, se bem que pode haver uma alternância bem marcada entre fases diplóides que se reproduzem sexuadamente e assexuadamente (veja Seção 14.2.1).

Alternância de formas sexuadas/assexuadas é comum em alguns clados de Cnidaria (veja Capítulo 3, Figs. 3.15, 3.19 e 3.21), mas é também comum em formas parasitas de vermes platelmintos (Capítulo 3, Quadro 3.3) e muitos anelídeos onde a produção de indivíduos satélites pode ser um precursor da reprodução sexuada (Fig. 4.57). As implicações dessa alternância entre propagação assexuada e reprodução sexuada dentro do ciclo de vida de um organismo diplóide são discutidas adiante, na Seção 14.2.

Apesar de que os animais sejam universalmente anisogâmicos e que não apresentam alternância de gerações haplóide e diplóide, existe extrema variação nas condições da sexualidade e na organização dos ciclos de vida. Os animais invertebrados podem diferir entre si de muitas formas do que se pode chamar de seus 'padrões de ciclo de vida', e isso é, algumas vezes antropomorficamente descrito como 'estratégia reprodutiva'. Algumas destas estratégias alternativas estão listadas na Tabela 14.1; muitos destes padrões são covariáveis de tal modo que nem todas as combinações possíveis são observadas.

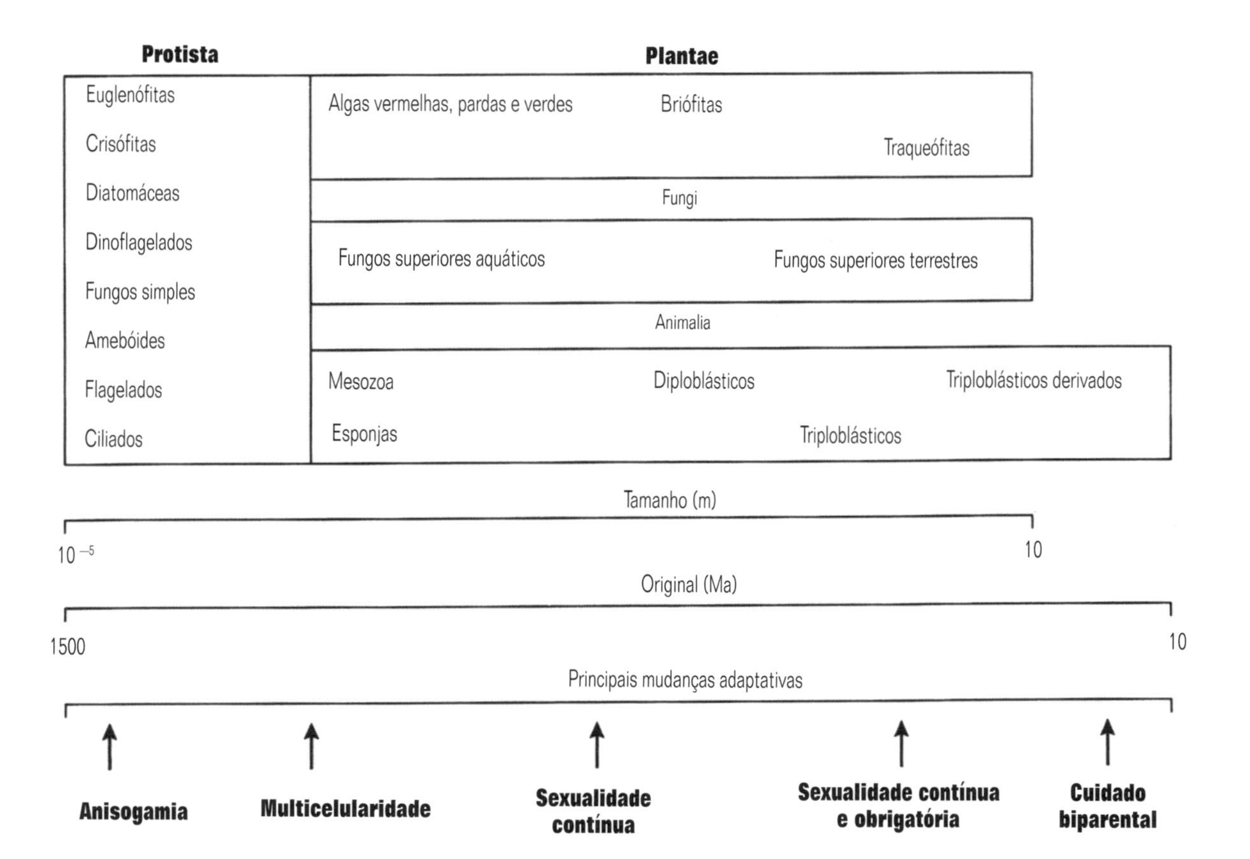

Fig. 14.1 Passos importantes na evolução da contínua sexualidade – um esboço possível. (Segundo Lewis, 1987 in Stearns, 1987).

Quadro 14.2 Ciclos de vida e reprodução sexuada

1 A reprodução sexuada na maioria dos protistas. Exemplo, *Paramecium*.

O ciclo de vida envolve conjugação durante a qual ocorre troca genética. Os principais eventos no processo de conjugação são ilustrados. Notar que o Paramecium possui macro e micronúcleos. O macronúcleo é formado pela fusão de dois micronúcleos e replicação de DNA. O macronúcleo não participa do processo de conjugação (segundo Klug e Cummings, 1997).

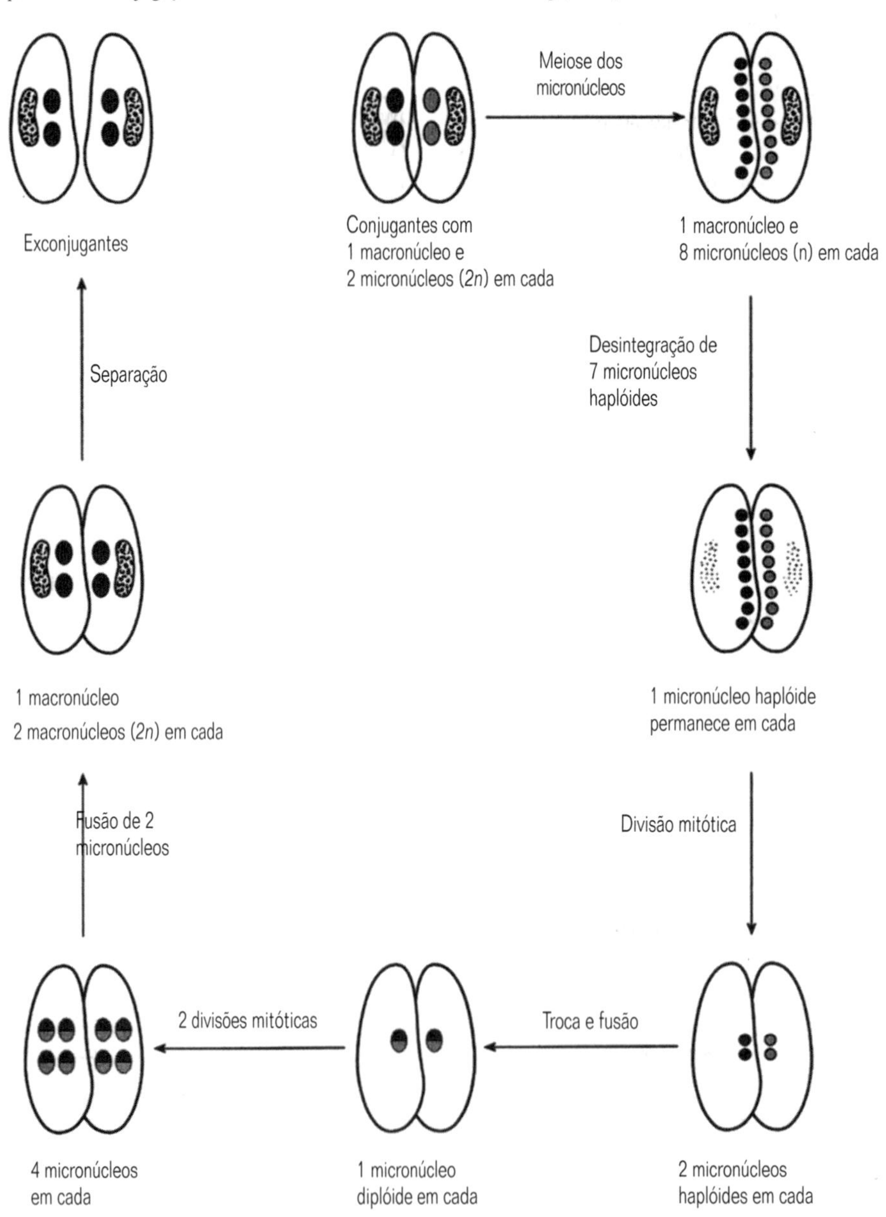

Continua

Quadro 14.2 (*continuação*)

2 O ciclo de vida de todos os animais multicelulares (e de algumas algas).

O adulto multicelular é composto por algumas ou muitas células diplóides (frequentemente diferentes). O corpo multicelular dá origem a gametas haplóides. A fusão origina um zigoto diplóide. Por uma série de divisões mitóticas se desenvolve um novo adulto diplóide.

3 O ciclo de vida de muitas algas e de todas as plantas superiores envolve uma alternância entre fases haplóides e diplóides multicelulares.

A fase haplóide é denominada de 'gametófito'; ela produz (por mitose) células espermáticas e/ou ovos.
A fusão dos gametas origina o zigoto.
Por mitoses, esse se desenvolve em um corpo multicelular chamado de 'esporófito'.
Por meios e surgem esporos haplóides.
Sem fusão eles continuam por divisões mitóticas para dar origem ao gametófito haplóide.
A figura abaixo ilustra esse processo nas samambaias.

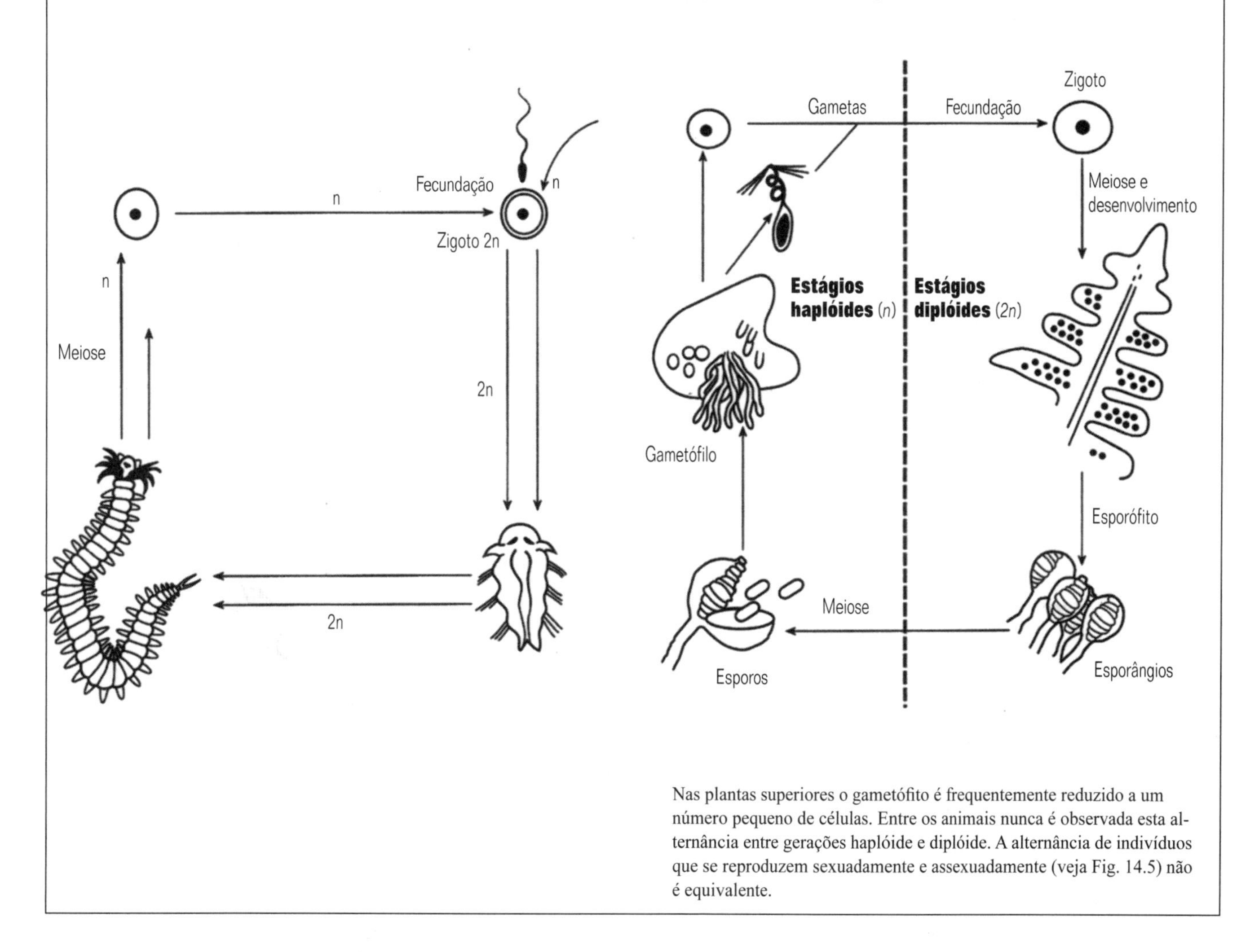

Nas plantas superiores o gametófito é frequentemente reduzido a um número pequeno de células. Entre os animais nunca é observada esta alternância entre gerações haplóide e diplóide. A alternância de indivíduos que se reproduzem sexuadamente e assexuadamente (veja Fig. 14.5) não é equivalente.

14.2 O significado da reprodução sexuada e assexuada

14.2.1 Reprodução assexuada nos ciclos de vida dos invertebrados

A reprodução sexuada nos animais é quase universal, mas muitos organismos podem também reproduzir-se assexuadamente, isto é, produzir uma prole sem recombinação do material genético. A prole assim produzida terá uma constituição genética que é virtualmente idêntica à do organismo parental. A reprodução assexuada pode ocorrer tanto pela subdivisão de um corpo em duas ou mais partes multicelulares ('brotamento' ou 'fissão') ou pela produção de ovos diplóides (partenogênese). A Figura 14.2 ilustra esses dois mecanismos básicos. Ambos são muito comuns entre os invertebrados.

A fissão é particularmente comum nos filos de animais de corpo mole como Porifera, Cnidaria, Platyhelminthes, Nemertea, Annelida e alguns Echinodermata. Ela não é frequentemente encontrada naqueles que apresentam um esqueleto externo e é desconhecida nos Mollusca e filos artrópodes. A fissão pode envolver uma simples divisão em dois fragmentos, sendo que cada um regenera as partes faltantes (Fig. 14.2a) ou pode dar origem a fragmentos múltiplos, sendo que cada um pode reconstituir um animal completo (Fig. 14.3). A fissão é usualmente combinada com a capacidade para reprodução sexuada em ciclos

Tabela 14.1 Padrões reprodutivos dos invertebrados marinhos.

Padrão			
Desenvolvimento	Pelágico	planctotrófico lecitotrófico misto	Não-pelágico
Tamanho do ovo	Pequeno c. 50 μm		Grande 1000 μm
Fecundidade	Alta 10^6		Baixa 1
Freqüência de incubação	Baixa 1 por ano		Alta Muitas por ano quase contínua
Prole por período de vida	Uma		Muitas
Longevidade (Tempo de geração)	Perene Muitos Anos	Anual	Subanual Poucos dias ou semanas
Tamanho do corpo	Grande Comprimento >1000 mm		Pequeno <1 mm
Espermatozóides	Simples		Derivados
Fecundação	Externa sem armazenamento do esperma		Interna ou com armazenamento ou transporte do esperma
Esforço reprodutivo*	Grande Realizado tardiamente		Pequeno Realizado precocemente

* Esforço reprodutivo pode ser definido para animais que incubam apenas uma vez como:

$$\frac{E_g}{E_s + E_g}$$

mas para animais que incubam diversas vezes a seguinte equação é preferida:

$$\frac{\Delta E_g}{\Delta E_s + \Delta E_g}$$

onde ΔE_s e ΔE_g descrevem o esforço instantâneo por unidade de tempo. O termo E_g é a energia alocada para os tecidos germinativos; E_s a energia alocada para os tecidos somáticos.

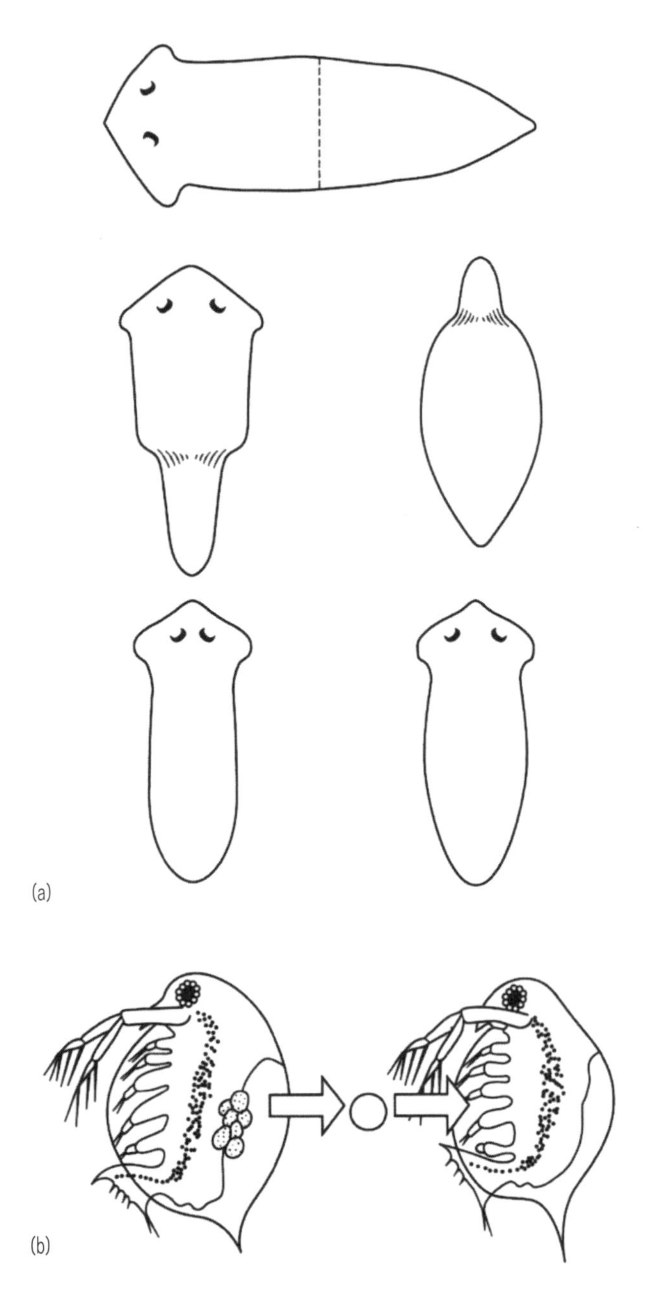

Fig. 14.2 Representação diagramática de dois tipos de reprodução assexuada (amíctica). (a) Fissão: o corpo multicelular se subdivide em um ou mais propágulos multicelulares, cada um dos quais é capaz de reconstituir o padrão corporal inicial. A ilustração mostra uma fissão simples em uma planária na qual o corpo se divide em parte anterior e posterior. Cada uma é capaz de regenerar os componentes faltantes e reestabilizar o plano corporal completo (veja também Fig. 14.3). (b) Partenogênese. O processo de meiose é suprimido, o ovário produz 'óvulos' diplóides que se desenvolvem em um novo organismo sem a fusão do pró-núcleo feminino com o núcleo do gameta masculino. A ilustração mostra um crustáceo cladócero; esses animais se reproduzem por partenogênese por diversas gerações, mas com o aparecimento de condições adversas podem reverter para reprodução sexuada (veja também Fig. 14.5b). Partenogênese contínua é rara.

de vida complexos com 'gerações' assexuadas e sexuadas (veja Fig. 14.5a). As dificuldades que a fissão apresenta para o nosso conceito de 'indivíduo' são reforçadas naqueles invertebrados nos quais a fissão é incompleta, e assim dão origem aos organismos coloniais. Organismos coloniais são compostos por um grande número de unidades estruturais que podem ser identificadas com os 'indivíduos' aparentados não coloniais. Em alguns casos, todas as subunidades são similares, mas em outros as subunidades têm papéis especializados e colônia claramente funciona como um 'indivíduo', talvez melhor definido como sendo a unidade sobre a qual atua a seleção natural. Este parece ser o

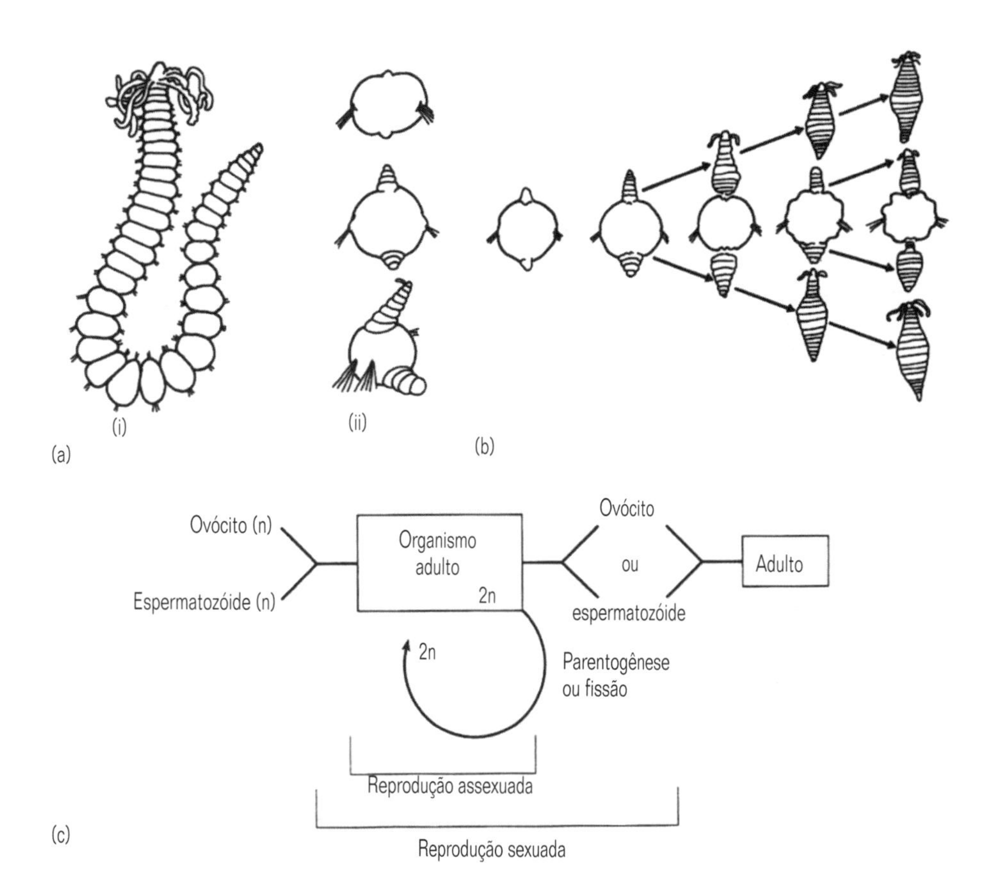

Fig. 14.3 Um exemplo de fissão múltipla: o poliqueta Dodecaceria. (a) (i) O adulto antes da fragmentação em segmentos individuais; (ii) estágios durante a regeneração nos quais cada segmento reconstitui uma nova cabeça e uma nova cauda através da nova proliferação de segmentos. (b) A produção de indivíduos primários, seguida de secundários, a partir de um único segmento. Finalmente, o segmento único é incorporado em um único indivíduo no qual a fragmentação foi interrompida. (c) Representação diagramática do ciclo de vida que incorpora reprodução assexuada e sexuada. Reprodução assexuada é seguida por uma transição para reprodução sexuada e todos os fragmentos que se reproduziram deste modo morrem (segundo Dehorne, 1933 e Gibson & Clark, 1976).

caso, por exemplo, dos complexos Siphonophora (veja Fig. 3.18 e Seção 3.4.2.3.1.).

Estruturas coloniais são encontradas, com frequência, particularmente nos Cnidaria, nos Bryozoa e Urochordata. Alguns invertebrados compostos ou coloniais são ilustrados na Figura 14.4. Esses animais são mais realisticamente interpretados como sendo constituídos por uma série de unidades modulares, não de indivíduos.

A partenogênese é também muito difundida entre os invertebrados. Neste livro, 'partenogênese' significa reprodução assexuada através de ovos, mas alguns autores utilizam o termo 'partenogênese' incluindo a fissão. A Tabela 14.2 resume alguns dos termos utilizados para descrever as diferentes formas de reprodução sexuada que são encontradas entre os diversos grupos de invertebrados. Na partenogênese, a meiose é suprimida de tal modo que os ovos são diplóides e não se fundem com células germinativas masculinas. O termo 'arrenotoquia' é utilizado para descrever um fenômeno relacionado, no qual ovos haplóides não fecundados se desenvolvem em machos e ovos diplóides fecundados dão origem a fêmeas. Partenogênese obrigatória, quando nunca ocorre reprodução sexual, é extremamente rara, mas é encontrada nos Rotifera Bdelloidea (veja Seção 4.9.3.1), nos quais os machos nunca foram observados e em uns poucos outros grupos taxonômicos. A existência de clados assexuados compreendendo diversas espécies nos Bdelloidea (363 espécies) significa um desafio importante para muitas das teorias sobre reprodução sexuada (Seção 14.2.4). Mais frequentemente, a partenogênese ocorre de modo cíclico juntamente com episódios de reprodução sexuada. Uma ou muitas gerações de indivíduos que se reproduzem assexuadamente são seguidas por uma geração de indivíduos sexuados que, usualmente, dão origem a ovos resistentes (Fig. 14.5a). Existem cerca de 1.000 espécies animais que se acredita exibam partenogênese obrigatória. Eles são amplamente difundidos, com baixa frequência, em táxons que, tipicamente, exibem reprodução sexuada. A maioria acredita-se terem se derivado recentemente a partir de formas que se reproduzem sexuadamente. A partenogênese cíclica, ao contrário, está restrita a uma escala bem menor de apenas sete grupos taxonômicos (Tabea 14.3). Este método de reprodução, contudo, é muito bem sucedido onde ocorre, pelo menos 15.000 espécies apresentam este padrão. Rotíferos Monogononta, muitos pequenos crustáceos de água doce e afídeos, todos caracteristicamente exibem este tipo de ciclo de vida no qual o indivíduo diplóide, que eclode a partir do ovo de resistência, dá origem a um clone cujos descendentes são geneticamente iguais. Nestas circunstâncias, a taxa de crescimento da população está no máximo da fase partenogenética e o ciclo de vida pode ser considerado como um meio para uma exploração máxima de recursos alimentares, temporariamente subaproveitados e, quando outros fatores biológicos limitam o tamanho do corpo. Em determinado estágio, um novo tipo de indivíduo surge na população que apresenta dois tipos de descendentes, fêmeas e machos sexualmente reprodutivos. A mudança pode ser determinada endogenamente, mas mais frequentemente é uma resposta a uma alteração nas condições ambientais, tais como superpopulação, qualidade alimentar ou diminuição da duração dos dias (veja também Seção 14.4.4). Podem ocorrer mudanças morfológicas associadas com essa transição para a reprodução sexuada (Fig. 14.5b,c) e nos afídeos também ocorrem mudanças complexas de morfologia durante a fase assexuada (veja Fig. 14.5d).

Esses diferentes padrões de ciclo de vida podem ser entendidos melhor se distinguirmos dois aspectos da individualidade. Podemos reconhecer o organismo 'individual', mas também o

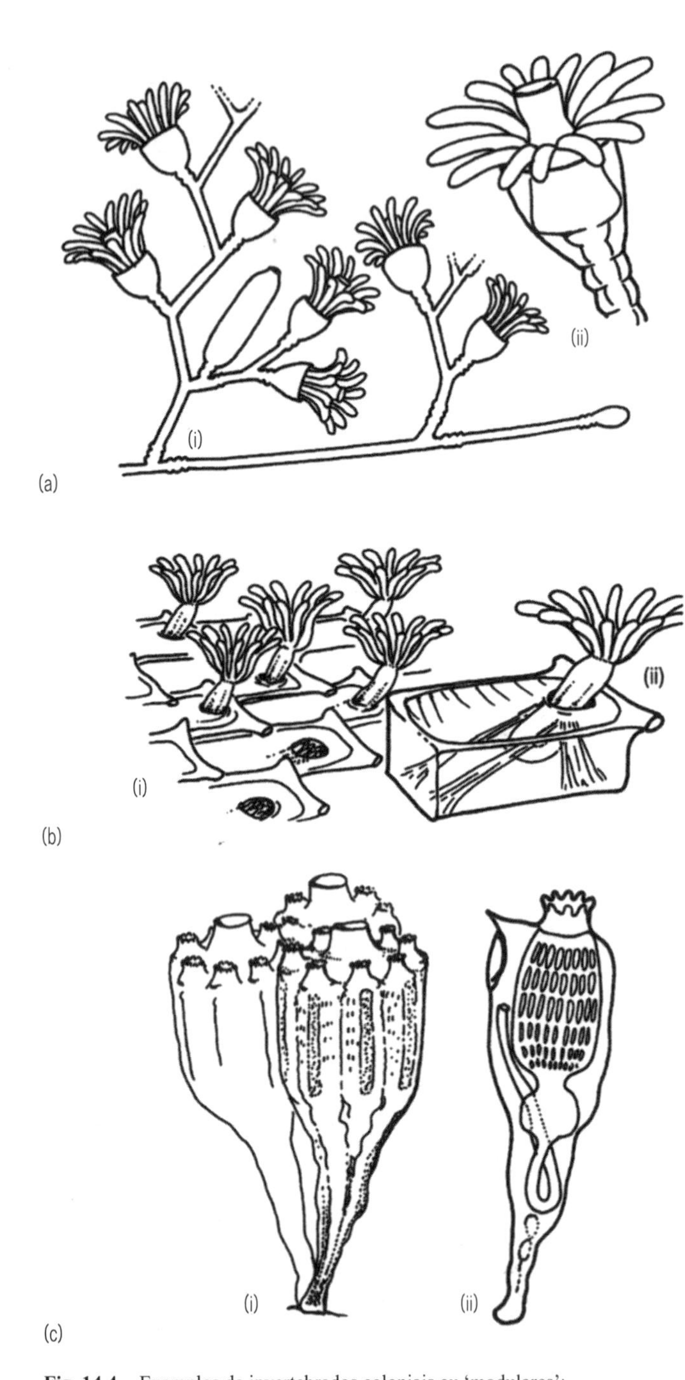

Fig. 14.4 Exemplos de invertebrados coloniais ou 'modulares': (a) o hidróide Obelia: (i) a colônia ramificada, (ii) um pólipo individual; (b) o briozoário Membranipora: (i) parte do tapete de zoóides, (ii) um zoóide individual; (c) o urocordado Sydnium: (i) três colônias mostrando sifões inalantes individualizados e um sifão exalante comum, (ii) um zoóide individual.

Tabela 14.2 Terminologia para discussão de reprodução sexuada; assexuada (segundo Judson & Normack) 1996).

Reprodução assexuada (amixia)

O termo 'reprodução assexuada' é, algumas vezes, utilizado para descrever o processo no qual novos indivíduos são derivados a partir de um único parental sem a troca de material genético. Por não ocorrer recombinação genética o termo 'amixia' também pode ser utilizado. Duas formas podem ser reconhecidas:

Apomixia: reprodução de células isoladas que são derivadas por mitose.

Reprodução vegetativa ou fissão: reprodução por destacamento e subsequente diferenciação de grupos de células ou tecidos derivados por mitose.

Reprodução sexuada

Processos reprodutivos nos quais a recombinação de material genético derivado de mais de um parental seja possível. Em animais, a reprodução sexuada sempre envolve a meiose e a formação de um óvulo haplóide.

Reprodução sexuada com fecundação: processos de reprodução nos quais óvulos e espermatozóides haplóides, derivados da meiose, se fundem para originar um zigoto diplóide. Automixia: reprodução por células isoladas que são derivadas da meiose de um único parental com algum outro mecanismo que não a fecundação para restabelecer a condição diplóide.

Partenogênese

Desenvolvimento de um novo indivíduo (macho ou fêmea) a partir de um 'ovo' não fecundado (apomixia ou automixia).

A partenogênese pode se alternar com a reprodução sexuada através de ovos em um ciclo de vida composto.

Entre as espécies de Invertebrados, a clonagem pode ser uma característica normal do ciclo de vida. A variedade de formas animais é tamanha que se tornou necessário desenvolver uma terminologia para descrever esses dois aspectos da individualidade. Os termos 'rameto' e 'geneto' são úteis para distinguir esses conceitos. Nós reconhecemos, intuitivamente, rametos individuais pela observação de um componente com um único corpo, frequentemente definindo um indivíduo pela presença de cabeça. Em muitas espécies diferentes de animais com uma fase de reprodução assexuada, também é possível distinguir muitos indivíduos em uma população que compartilha o mesmo genoma, cada um tendo sido produzido por partenogênese ou fissão. Um conjunto de indivíduos que compartilham o mesmo genoma genoma único criado por cada ato de reprodução sexuada. Entre organismos de grande porte, como os vertebrados, os termos são geralmente sinônimos, uma vez que cada indivíduo (exceto pelos 'gêmeos idênticos') possui seu próprio genoma distinto. O desenvolvimento de tecnologias que tornam possível a 'clonagem' de vertebrados, por exemplo, a criação da ovelha 'Dolly, tem, para muitas pessoas, levantado o espectro da alteração artificial do padrão reprodutivo dos seres humanos.

Fig. 14.5 Alternância entre partenogênese e reprodução sexuada no ciclo de vida de invertebrados. (a) Os elementos de um ciclo de vida generalizado; (b) o ciclo de vida do cladócero de água doce Daphnia; (c) o ciclo de vida do rotífero Brachionus; a fase assexuada é seguida por uma fase sexuada, na qual fêmeas não fecundadas põem ovos pequnos que, ao eclodirem, liberam machos e as fêmeas fecundadas produzem ovos maiores que, no ciclo de vida, são o estágio de resistência de inverno; (d) ciclo de vida de um afídeo da cereja-galega. Todas as fêmeas, outras que não as fêmeas ovíparas de outono, são partenogenéticas e vivíparas. Há um polimorfismo marcante, especialmente na produção de formas aladas e ápteras. (b segundo Bell, 1982; d segundo Dixon, 1973).

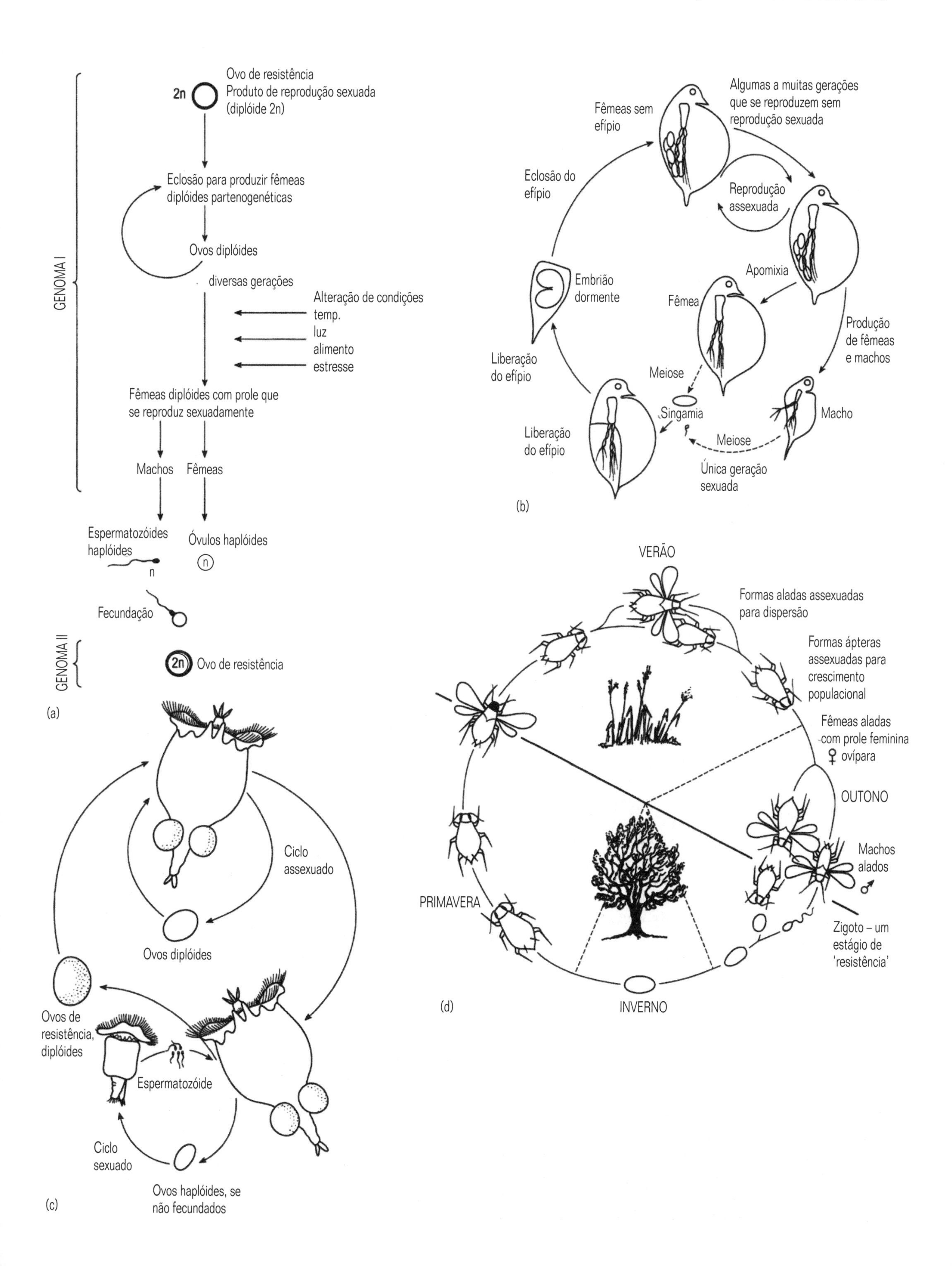

GENOMA I
2n
Ovo de resistência
Produto de reprodução sexuada
(diplóide 2n)
Eclosão para produzir fêmeas
diplóides partenogenéticas
Ovos diplóides
diversas gerações
Alteração de condições
temp.
luz
alimento
estresse
Fêmeas diplóides com prole que
se reproduz sexuadamente
Machos
Fêmeas
Espermatozóides
haplóides
n
Óvulos haplóides
n
Fecundação
GENOMA II
2n
Ovo de resistência
(a)
Fêmeas sem
efípio
Algumas a muitas gerações
que se reproduzem sem
reprodução sexuada
Eclosão do
efípio
Reprodução
assexuada
Apomixia
Embrião
dormente
Fêmea
Produção
de fêmeas
e machos
Liberação
do efípio
Meiose
Singamia
Macho
Liberação
do efípio
Meiose
Única geração
sexuada
(b)
Ciclo
assexuado
Ovos diplóides
Ovos de
resistência,
diplóides
Espermatozóide
Ciclo
sexuado
Ovos haplóides, se
não fecundados
(c)
VERÃO
Formas aladas assexuadas
para dispersão
Formas ápteras
assexuadas para
crescimento
populacional
Fêmeas aladas
com prole feminina
♀ ovípara
OUTONO
Machos
alados
♂
Zigoto – um
estágio de
'resistência'
PRIMAVERA
INVERNO
(d)

Tabela 14.3 Sistema de determinação do sexo, estágio partenogenético e duração da partenogênese em grupos que se reproduzem por partenogênese cíclica.

Táxon	Estágio partenogenético	Determinação do sexo	Duração da partenogênese
Rotifera	Adulto	Haplodiploidia	Ilimitada
Cladocera	Adulto	Ambiental	Ilimitada
Digenea	Larva	Hermafrodita, ZW	2-5 gerações
Aphidoidea	Adulto	XO	Ilimitada
Cynipinae	Adulto	Haplodiploidia	1 geração
Cecidomyidae	Larva, pupa	Exclusão cromossômica	Ilimitada
Micromalthidae	Larva	Haplodiploidia	Ilimitada

pode ser referido como um 'geneto'. O numero de indivíduos compartilhando o mesmo genoma em uma população pode ser apenas determinado por análises de identidade genética, uma vez que, por causa dos diferentes efeitos do ambiente, eles podem não ter exatamente a mesma aparência ou fenótipo.

Para aqueles animais sem qualquer forma de reprodução assexuada, cada indivíduo em uma população possui sua própria e única identidade genética e o rameto e geneto são sinônimos. Nos ciclos de vida mais complexos, descritos acima, contudo, cada 'geneto' único pode dar origem a muitos rametos por replicação assexuada precocemente no ciclo de vida (poliembrionia) ou tardiamente, por replicação na larva ou no adulto (fissão) ou por supressão da meiose (partenogênese apomíctica), como mostrado diagramaticamente na Figura 14.6. Existem alguns animais que são clonais e coloniais, mas uma vez que as colônias podem se subdividir, a constituição física de qualquer geneto não é tão óbvia.

Para colocar as coisas de maneira simplificada: reprodução assexuada, alternada com reprodução sexuada, fornece uma maneira de o geneto crescer (isto é, adquirir um grande número de cópias replicadas mitoticamente) enquanto que, ao mesmo tempo, a unidade funcional permanece pequena (como nos afídeos) ou, alternativamente, permite ao mesmo geneto estar em diferentes locais ao mesmo tempo (o que ocorre com medusas de cnidários). Também é comumente observado que endoparasitas de invertebrados possuem uma fase assexuada que produz muitos rametos, cada um com o mesmo genótipo. Isso pode ser uma adaptação para aumentar a probabilidade de que os estágios invasores no ciclo de vida do geneto entrem em contato com um potencial hospedeiro (veja também Quadro 3.3).

14.2.2 Padrões de sexualidade

Mais de 99% do total dos invertebrados exibem reprodução sexuada em algum estágio de suas vidas e, para a maioria, este é o único meio através do qual a reprodução pode ocorrer. Essa seção irá descrever as diversas maneiras pelas quais a reprodução sexuada pode ocorrer. A reprodução sexuada nos animais sempre envolve a fusão de gametas femininos relativamente grandes e imóveis, os óvulos, com gametas masculinos, os espermatozóides, pequenos e móveis. Isso é denominado de 'anisogamia'. Independentemente de onde ocorrem os gametas masculinos e femininos, é possível reconhecer as funções dos machos e das fêmeas, mas estas não são necessariamente distintas nos indiví-

(a) NÃO CLONAL. Replicação e Duplicação ocorrem somente como uma consequência da formação múltipla de gametas. Duas formas de reprodução não clonal podem ser reconhecidas: reprodução (i) Semélpara e (ii) Iterópara.

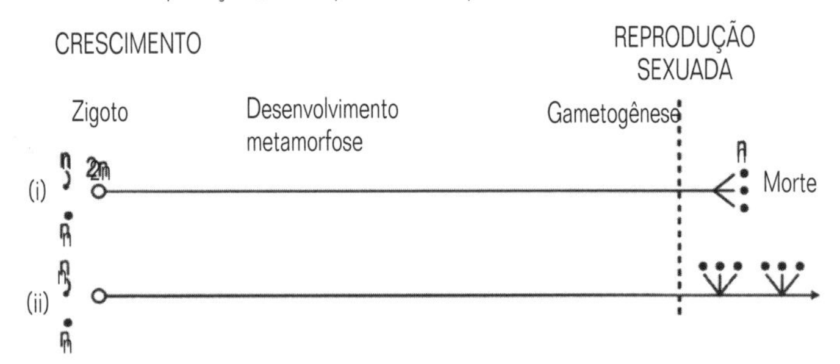

(b) CLONAL. Replicação e multiplicação ocorrem antes da gametogênese produção de gametas. A replicação pode ocorrer em vários estágios do ciclo de desenvolvimento e pode originar os seguintes padrões que podem ser descritos como: (iii) Poliembrionia; (iv) Replicação larval; (v) Produção de satélites sexuados; (vi) Produção partenogenética de ovos diplóides.

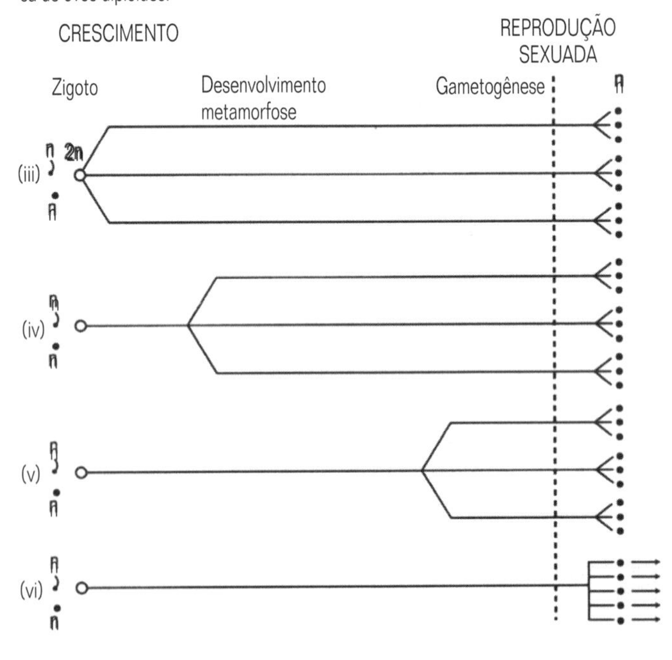

Fig. 14.6 Representação esquemática de diferentes padrões de crescimento, replicação e multiplicação de formas corporais. No caso de reprodução não clonal, (a) o número de rametos = número de genetos. Na reprodução clonal, (b) o número de rametos excede em muito o número de genetos. Todos esses padrões de sexualidade podem ser encontrados entre os invertebrados (segundo J.S. Pearse, Pearse, V.B. e Newberry, A.T. 1989. Bull. Marine Sci., 45, 433-446).

duos na população. O fenômeno no qual os sexos são separados e os indivíduos são tanto exclusivamente machos ou fêmeas é descrito como 'gonocorismo' ou, alternativamente, 'dioicia' (os adjetivos correspondentes são 'gonocorístico ou gonocórico' e 'dióico'). Muitas espécies de animais são conhecidas, contudo, no qual o mesmo indivíduo pode funcionar tanto como macho e como fêmea. Essa situação é descrita como 'hermafroditismo' (adj. 'hermafrodita') ou, alternativamente, 'monoicia' (adj. 'monóico'). Quando os gametas masculinos e femininos estão presentes ao mesmo tempo no animal diz-se esse ser 'hermafrodita simultâneo', mas em outros casos existe uma reversão do sexo funcional durante o ciclo de vida e o animal é dito 'hermafrodita sequencial'. Um resumo da distribuição entre os principais grupos de invertebrados é apresentado na Tabela 14.4. No caso de hermafroditas sequenciais, a mudança de sexo pode ocorrer a um tamanho ou idade espécie-específico, nenhum indivíduo sendo inteiramente macho ou fêmea; alternativamente, a mudança de sexo pode não ser tão precisamente fixada, ocorrendo a um tamanho ou idade variável. No último caso, alguns indivíduos podem ser inteiramente machos ou fêmeas. As duas situações são ilustradas na Figura 14.7a e b.

14.2.3 Mecanismos de determinação do sexo

Os mecanismos de determinação do sexo dos invertebrados se enquadram em três tipos básicos: (a) materno, (b) genético e (c) ambiental. A variação nos métodos de determinação do sexo é intrigante, dada a alta natureza conservativa da meiose em todos os animais. O método de determinação do sexo varia mesmo dentro de grupos taxonômicos, sugerindo que existe alguma vantagem na retenção da plasticidade nessa característica do ciclo de vida (veja também Seção 14.2.3.2 abaixo).

14.2.3.1 Determinação materna do sexo

O sexo da prole de alguns animais é determinado pela mãe através da produção de diferentes tipos de ovócitos. Um exemplo é ilustrado no Quadro 14.3(1). Nesse sistema é inevitável o endocruzamento e todos os membros adultos da população são fêmeas. Contudo, apesar da determinação materna do tipo de ovócito, também são encontrados espermatozóides masculinos e femininos. O espermatozóide especificamente feminino tem um cromossomo que não está presente no espermatozóide masculino. Parece que o espermatozóide determinando macho ou fêmea seleciona

Tabela 14.4 Condições da sexualidade em invertebrados

Filo	Classe	Notas
Porifera		Todas as esponjas têm a habilidade de se reproduzirem sexuadamente, embora muitas também produzam assexuadamente fragmentos denominados gêmulas
Mesozoa		Hermafroditas funcionais, autofecundantes, com alternância entre gerações sexuada e assexuada
Cnidaria		Gonocóricos, mas com frequente reprodução assexuada por fissão. Algumas vezes um ciclo de vida complexo, com fases de medusas pelágicas que produzem gametas e de hidróides bentônicos que se reproduzem assexuadamente
Ctenophora		Hermafroditas simultâneos, provavelmente não autofecundantes
Platyhelminthes	Turbellaria Monogenea	Hermafroditas simultâneos, provavelmente de fecundação cruzada Reprodução assexuada frequente, por fissão Reprodução sexuada algumas vezes desconhecida
	Trematoda	Hermafroditas simultâneos, provavelmente de fecundação cruzada com infestações múltiplas. Ocasionalmente autofecundantes Estágios larvais apresentam com frequência reprodução assexuada por fissão múltipla
	Cestoda	Hermafroditas simultâneos, usualmente autofecundantes. Um gênero gonocórico
Gnathosthomula		Hermafroditas simultâneos
Nemertea		Praticamente todos gonocóricos, ocasionalmente hermafroditas em água doce, alguns com partenogênese cíclica
Gastrotricha		Hermafroditas simultâneos, mas a partenogênese é comum
Mollusca	Chaetodermomorpha Monoplacophora Polyplacophora Scaphopoda	Todos gonocóricos
	Gastropoda	Condição sexual muito variável Prosobranchia – maioria são gonocóricos, mas hermafroditas sequenciais são comuns (protândricos) Opistobranchia – maioria são hermafroditas simultâneos Pulmonata – hermafroditas simultâneos com fecundação cruzada

Continua p. 330

Filo	Classe	Notas
Mollusca	Neomeniomorpha	Hermafroditas
	Bivalvia	Gonocóricos
	Cephalopoda	Gonocóricos
Rotifera	Bdelloidea	Partenogênese obrigatória, machos desconhecidos. Clados assexuados antigos
	Monogononta	Partenogênese cíclica, gonocóricos durante a fase sexuada, com machos anões
	Seisonidea	Gonocóricos
Kinorhyncha		Gonocóricos
Acanthocephala		Gonocóricos
Loricifera		Gonocóricos
Nematomorpha		Gonocóricos
Nematoda		Gonocóricos
Priapula		Gonocóricos
Sipuncula		Gonocóricos
Echiura		Gonocóricos, algumas vezes com machos anões
Annelida	Polychaeta	Usualmente gonocóricos, algumas vezes hermafroditas sequenciais protândricos, ocasionalmente simultâneos. Reprodução assexuada por fissão em algumas espécies
	Clitellata	Geralmente hermafroditas simultâneos e com fecundação cruzada, algumas vezes partenogenéticos com machos não funcionais
Pogonophora		Gonocóricos
Phorona Bryozoa		Hermafroditas simultâneos, espécies ocasionalmente gonocóricas
Brachiopoda		Maioria gonocóricos, hermafroditas ocasionais
Entoprocta		Hermafroditas simultâneos ou seqüenciais
Hemichordata		Gonocóricos
Echinodermata	Echinoidea Holothuroidea Crinoidea	Gonocóricos
	Asteroidea Ophiuroidea	Maioria gonocóricos, ocasionalmente hermafroditas simultâneos. Em alguns, reprodução assexuada por fissão
Chordata	Urochordata	Hermafroditas simultâneos
Crustacea	Branchiopoda Ostracoda	Gonocóricos, mas com partenogênese frequente; machos muitas vezes desconhecidos
	Copepoda	Gonocóricos
	Cirripedia	Hermafroditas funcionais usualmente entre os torácicos, mas em algumas espécies gonocorismo com machos anões. Outros gonocóricos com machos anões
	Malacostraca	Geralmente gonocóricos, mas não infrequentemente hermafroditas sequenciais (protândricos)
Chelicerata		Quase sempre gonocóricos
Onycophora		Quase sempre gonocóricos
Tardigrada		Quase sempre gonocóricos
Pentastoma		Quase sempre gonocóricos
Uniramia		Quase sempre gonocóricos, ocasionalmente com partenogênese ou arrenotoquia. partenogênese cíclica em alguns táxons

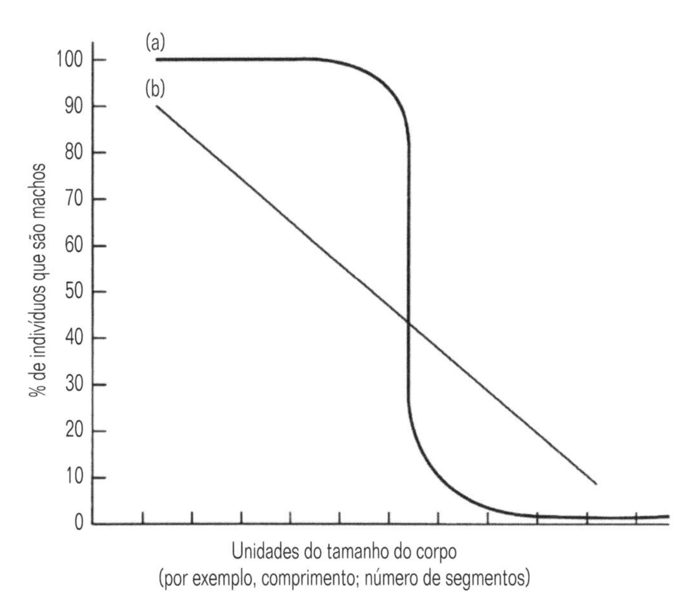

Fig. 14.7 Padrões de reversão do sexo em hermafroditas sequenciais: (a) gonocorismo falso; (b) hermafroditismo não balanceado.

o tipo apropriado de ovócito, apesar de que não se compreende o mecanismo através do qual isso acontece. Espermatozóides-X selecionam ovócitos grandes (gerando fêmeas) para fertilizar e espermatozóides-O selecionam ovócitos pequenos (gerando machos) (veja Seção 14.2.3.2). As abelhas produtoras de mel (Insecta Hymenoptera) apresentam um caso bem conhecido onde o sexo da prole pode ser controlado pela fêmea. A abelha rainha (Apis mellifera) é capaz de controlar a fecundação dos seus ovos. Ovos diplóides fecundados desenvolver-se-ão normalmente como fêmeas operárias estéreis, mas têm a capacidade potencial de se tornarem fêmeas funcionais se expostas a condições apropriadas durante o seu desenvolvimento, ao passo que os ovos não fecundados se desenvolverão em machos haplóides (veja Tabela 14.3).

14.2.3.2 Determinação genética do sexo

Em alguns animais, machos e fêmeas apresentam, de modo visível, diferentes complementos cromossômicos. Frequentemente as fêmeas têm cromossomos sexuais idênticos, os assim chamados cromossomos X, e os machos têm cromossomos diferentes, um cromossomo X e um cromossomo Y. O sexo do zigoto é, aqui, determinado pelo complemento cromossômico do espermatozóide fecundante. Mecanismos cromossômicos de determinação do sexo ocorrem entre os insetos em diversas formas diferentes. A. determinação cromossômica do sexo é conhecida irregularmente em outros grupos; ela é bem conhecida no nematódeo Caenorhabditis elegans. O mecanismo molecular desse tipo de determinação do sexo foi investigado em C. elegans e na mosca-das-frutas D. melanogaster. A mecânica parece ser bem diferente e não compartilha uma maquinaria molecular homóloga. Como é mostrado no Quadro 14.3, a fêmea de Drosophila possui dois cromossomos X e os machos apresentam um par ímpar: os cromossomos X e Y. Na meiose, todos os óvulos recebem um cromossomo X, mas exatamente a metade dos espermatozóides recebe um cromossomo Y. A fusão ao acaso dos gametas, portanto, estabelece uma proporção sexual de 1:1. Em muitos invertebrados, a heterogamia não foi observada; apesar disso, a proporção sexual pode ser constante. A heterogamia tem sido descrita para muitos insetos, aracnídeos, nematódeos e, recentemente, em um verme poliqueta, mas, por outro lado, não é muito difundida. Considerações teóricas sugerem que a proporção sexual, e o investimento nas funções masculinas e femininas, entre os descendentes de organismos que se reproduzem sexuadamente, será normalmente igual. Isto é porque descendentes machos ou fêmeas oferecem caminhos equivalentes para o sucesso reprodutivo em organismos diplóides com gametas haplóides. As circunstâncias nas quais esta regra geral não se aplica são somente compreendidas em parte, e as exceções para mecanismos genéticos de determinação sexual podem ter primariamente evoluído como meio de controle da proporção sexual entre descendentes.

14.2.3.3 Determinação ambiental do sexo

O sexo de um indivíduo não é sempre determinado durante ou antes da fecundação; muitas vezes depende das condições ambientais que são experimentadas pelo embrião ou larva em desenvolvimento. Um dos exemplos melhor conhecidos é o do verme Echiura Bonellia viridis, cujos machos são anões e parasitas sobre as fêmeas (veja Seção 4.12). No início do século foi demonstrado que o sexo das larvas planctônicas livre-natantes não é fixo, aquelas que se assentam no lodo se tornam fêmeas, e somente aquelas que se assentam sobre ou muito próximas da grande probóscide da fêmea se tornarão machos (Quadro 14.3(3)).

Experimentos cuidadosos têm demonstrado que as fêmeas liberam uma substância que tem uma profunda influência virilizante sobre o desenvolvimento das larvas. Na ausência desse feromônio quase todas as larvas se tornam fêmeas. Na maioria dos outros Echiura a determinação do sexo é genética, mas recentemente se descobriram machos anões em algumas outras famílias não relacionadas intimamente com Bonellia, e isso pode indicar evolução independente da determinação do sexo ambiental em outros membros do filo. Os Echiura são gonocóricos, mas o processo de sexualização entre muitos hermafroditas sequenciais é também profundamente influenciado pelas condições ambientais. Um mecanismo de feromônio se acredita estar envolvido no mecanismo de determinação do sexo da lapa Crepidula fornicata, como ilustrado na Figura 14.8. Essas lapas se agrupam em pilhas: o indivíduo mais inferior é sempre uma fêmea e os indivíduos superiores são machos, enquanto os animais intermediários na pilha podem ser hermafroditas. A determinação ambiental do sexo também tem sido estudada em alguns nematódeos, poliquetas e crustáceos anfípodes. Em anfípodes, a temperatura da água na qual as larvas se desenvolvem determina o seu sexo, um fenômeno que se repete entre os vertebrados, nos lagartos, crocodilos e tartarugas onde a determinação do sexo dependente da temperatura foi particularmente bem estudada.

14.2.3.4 Plasticidade e contingência na determinação do sexo

Estudos recentes de mecanismos moleculares da determinação do sexo sugerem que a plasticidade genética, nos termos de determinação do sexo, tende a persistir no tempo evolutivo. Sugere-se que a alteração entre mecanismos de determinação do sexo

Quadro 14.3 Sistemas de determinação do sexo

1 Um exemplo de determinação materna do sexo; Dinophylus gyrooiliatus, um pequeno verme poliqueta.

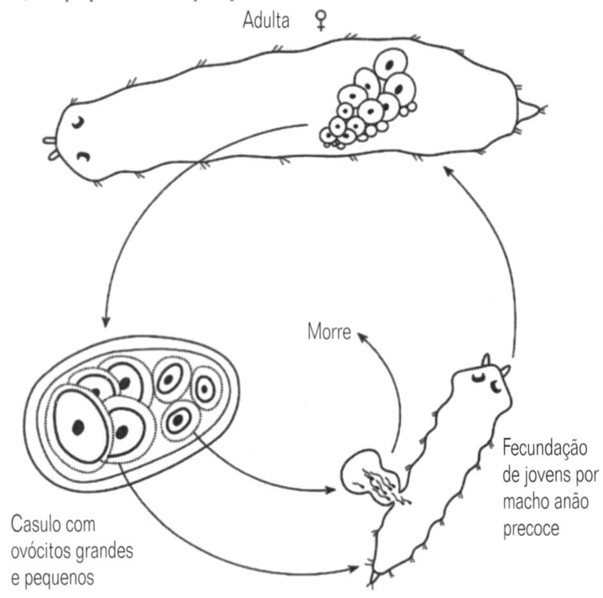

Dois tipos de ovócitos são produzidos nos ovários.
Ovócitos grandes se tornam fêmeas; ovócitos menores se tornam machos anões precocemente maduros. Dois tipos de espermatozóides ocorrem. Agora se sabe que diferentes tipos de espermatozóides geneticamente selecionam o tipo apropriado de ovócito para originar fêmeas XX e machos XO. A proporção sexual será determinada pelo número relativo de ovócitos grandes e pequenos e, dessa forma, a determinação do sexo é materna.
Inseminação dos embriões femininos ocorre no casulo.
Todos os adultos são fêmeas inseminadas.

2 Um exemplo de determinação genética do sexo, por tamanho, na mosca-das-frutas Drosophila.

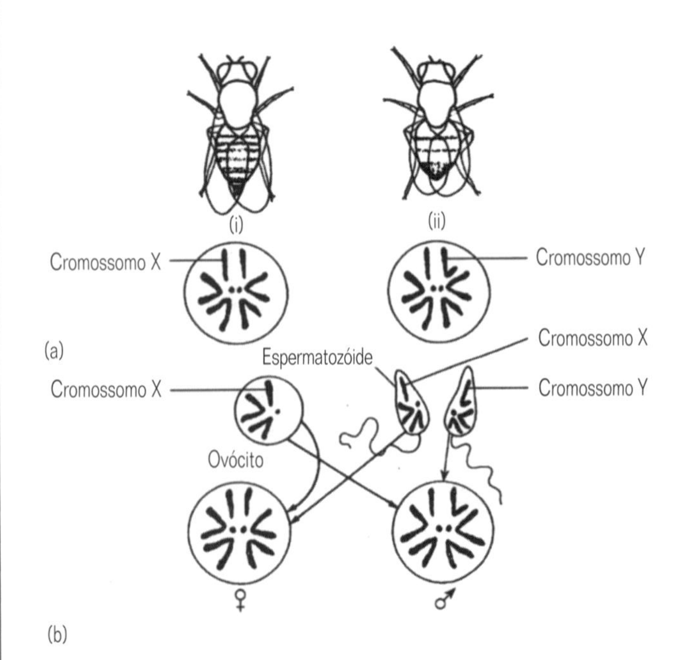

(a) (i) Fêmeas têm uma constituição genética diplóide com cromossomos sexuais XX iguais. Toda a prole tem a mesma capacidade de ser formada.
(ii) Machos têm uma constituição genética diplóide com cromossomos sexuais diferentes, X e Y. Machos produzem espermatozóides com duas capacidades diferentes de determinar o sexo. Espermatozóides com um cromossomo Y determinarão o surgimento de fêmeas; espermatozóides com um cromossomo X determinarão o surgimento de machos.
(b) O sexo da prole é determinado por qual dos dois prováveis tipos de espermatozóides fertilizará os óvulos. A proporção sexual normalmente será de 1:1 nesse sistema de determinação do sexo.
(c) Altos níveis da razão cromossômica de X em relação aos autossomos em fêmeas (dois cromossomos X) levam a altos níveis de translação de produtos letais do gene do sexo (sx1). Isso, por sua vez, acarreta, através de uma sequência de mudanças gênicas, a alteração na produção da forma feminina do produto do gene do duplo sexo, dsx^{f}. O caminho padrão ocorre quando a razão cromossômica de X em relação aos autossomos é baixa e leva à produção da forma masculina do produto do gene do duplo sexo, dsx^{m}.

3 Determinação ambiental do sexo.

(a) Em alguns organismos o sexo do indivíduo é determinado após a fecundação. Os exemplos mostram o verme Echiura Bonellia viridis. As larvas planctônicas ciliadas possuem a potencialidade de se desenvolverem como fêmeas (todos os maiores adultos são fêmeas) ou como machos anões. As larvas que se assentam em uma área desabitada do leito oceânico tendem a se desenvolver como fêmeas. As larvas que se assentam nas proximidades da probóscide de uma fêmea são induzidas pelas secreções das fêmeas a se desenvolverem em machos anões. Experimentos cuidadosos mostram que também há algum elemento genético de determinação do sexo, mas esse é normalmente suplantado pelo fator ambiental.
(b) O bem estudado nematódeo Caeonorhabditis elegans possui um mecanismo de determinação do sexo cromossômico, mas muitos outros Nematoda exibem determinação ambiental do sexo; condições como o grau de aglomeração são tidas como determinantes do sexo de um indivíduo.

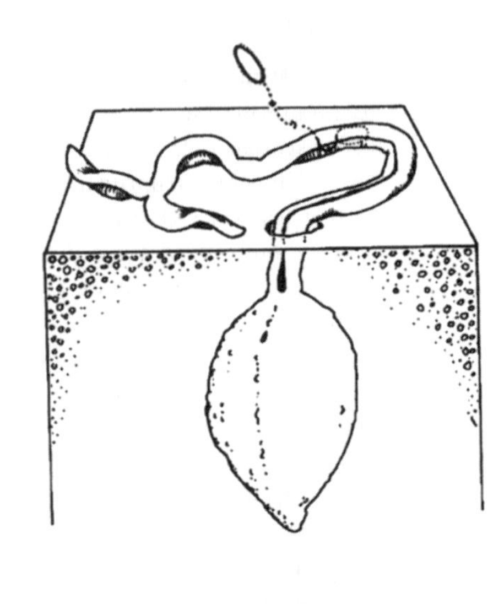

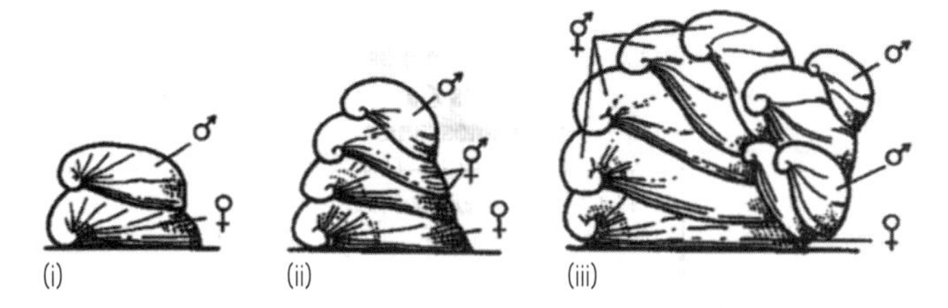

Fig. 14.8 Determinação do sexo na lapa Crepidula fornicata; (i) formação inicial de um par; (ii), (iii) associações tardias e mais complexas com machos, fêmeas e intersexuados.

ambientais e genéticos podem ocorrer frequentemente dentro de um clado durante a sua história evolutiva.

Em Drosophila, como mostrado no Quadro 14.3(1) e ilustrado adiante na Figura 14.9, o sexo é determinado por um balanço entre os genes no cromossomo X e nos outros cromossomos autossômicos levando à ativação ou supressão de produtos específicos masculinos ou femininos do gene Dsx. Um intermediário nessa cadeia de reações é o gene transformador tra. Alelos do gene transformador tra, sensíveis à temperatura, são conhecidos de levar às situações nas quais o fenótipo feminino é expresso a temperaturas mais baixas e o fenótipo masculino é expresso a temperaturas mais altas. Existe então, uma influência ambiental em um processo que até então parecia ser um mecanismo clássico de determinação cromossômica do sexo.

Um mecanismo diferente foi encontrado em Caenorhabditis elegans. Esse nematódeo normalmente tem dois tipos sexuais, indivíduos hermafroditas e machos. Os mecanismos genéticos de determinação do sexo controlam a produção das formas hermafrodita e masculina. Entretanto, são conhecidas mutações que transformam indivíduos hermafroditas XX ou XO em fêmeas e algumas espécies intimamente relacionadas são estritamente gonocóricas.

Parece que, enquanto o sexo é um processo altamente conservado, sua expressão e controle permaneceram altamente instáveis. Forças evolutivas e seletivas podem assim facilmente levar a mudanças nos modos de sexualidade e nos fatores que regulam a expressão de características masculinas e femininas nos indivíduos.

14.2.4.1 Por que se reproduzir sexuadamente?

Um dos principais desafios da biologia evolutiva é compreender porque são observados diferentes padrões de reprodução. Por que, por exemplo, a reprodução sexuada é tão dominante? A resposta não é tão óbvia como poderia parecer. O sexo foi descrito como um 'enigma dentro de um mistério' (Hurst & Peck, 1996). A reprodução sexuada cria diversidade entre a prole e reduz a expressão de genes potencialmente danosos, mas essas vantagens devem se contrapor às desvantagens ou custos. A reprodução sexuada reduz a eficiência com que genes são transmitidos entre gerações, uma vez que apenas a metade do genoma dos animais que se reproduzem sexuadamente é adquirido de cada progenitor. Como a adaptação é medida pela contribuição efetiva dos genes que são passados para as gerações subsequentes, este fato é uma grande perda.

Outras perdas estão associadas com a necessidade de alocar recursos para os comportamentos sexuais e de corte, e com as elevadas taxas de mortalidade que frequentemente ocorrem na procura de um parceiro. Há custos temporais associados com a produção de gametas e sua subsequente fusão, e a necessidade de assegurar a fecundação introduz ainda mais custos associados com maior exposição ao risco através da predação ou doença, desperdício de gametas e falha em encontrar um parceiro acasalante adequado. Uma teoria geral da reprodução sexuada deve explicar porque a reprodução sexuada é universal quando, aparentemente, é tão dispendiosa. O aparente custo enorme do sexo, algumas vezes referido como o paradoxo de 'Maynard-Smith' se baseia nos custos da reprodução masculina.

Muitas das teorias sugerem que a reprodução sexuada tem uma vantagem a longo prazo para a espécie ou grupo, mas confere uma vantagem a curto prazo aos indivíduos com capacidade de reprodução assexuada; assim sendo, elas são teorias de seleção de grupos e muitos biólogos acreditam que, como tais, elas não podem ser sustentadas. Recentemente, teorias mais aceitáveis foram desenvolvidas nas quais a vantagem da reprodução sexuada é assumida como uma propriedade do indivíduo, não do grupo ou da espécie. Seria melhor concluir, contudo, que o problema está além de ser resolvido.

Tem-se sugerido que indivíduos que se reproduzem sexuadamente apresentam uma vantagem, uma vez que a sua prole bastante variável, que, em conjunto, apresenta diferentes constituições genéticas, apresentará uma adaptação média no mundo futuro modificado que é maior do que aquela de uma prole de um organismo assexuado. Tal teoria sugere que a reprodução sexuada terá sua maior vantagem em ambientes instáveis, e tenderá a perder sua vantagem de curto prazo em ambientes relativamente estáveis. Um levantamento da ocorrência da reprodução assexuada entre os invertebrados em diferentes hábitats, contudo, não confirma essa predição. A reprodução assexuada é particularmente frequente nos organismos que exploram recursos instáveis e oscilantes, enquanto a reprodução sexuada é quase que universal entre aqueles que exploram ambientes mais estáveis. Assim sendo, a reprodução assexuada é mais frequentemente encontrada entre organismos dulciaquícolas do que entre representantes marinhos dos mesmos grupos taxonômicos.

Uma teoria alternativa supõe que a vantagem seletiva dos organismos sexuados surge através da habilidade, de sua prole diversificada, em competir em um mundo complexo de um ambiente saturado onde há competição intensa. Todos os descendentes produzidos por reprodução assexuada não serão capazes de suplantá-los nos diferentes hábitats que eles eventualmente tenham ocupado. A teoria foi denominada pelo seu proponente (Bell, 1982) 'a teoria do banco emaranhado'. Ela sugere que a reprodução sexuada será predominante em ambientes estáveis e complexos, mas que a reprodução assexuada pode ocorrer onde as espécies se mantêm abaixo da capacidade do ambiente e onde existam possibilidades para um oportunismo ecológico. Nestas circunstâncias, são favorecidos animais que apresentam as taxas mais elevadas de crescimento, ou de crescimento potencial em número de descendentes.

(a)

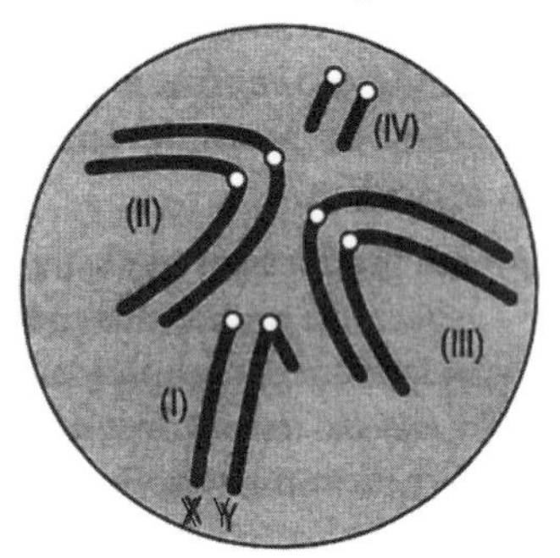

Dois conjuntos de autossomos (II-IV)
+
X Y

Composição de cromossomos	Fórmula de cromossomos	Razão entre o número de Cromossomos X e conjuntos de autossomos	Morfologia sexual
	3X / 2A	1,5	Metafêmea
	3X / 2A	1,0	Fêmea
	3X / 2A	1,0	Fêmea
	3X / 2A	0,67	Intersexuado
	3X / 2A	0,75	Intersexuado
	X / 2A	0,50	Macho
	XY / 2A	0,500,33	Macho
	XY / 3A		Metamacho

(b)

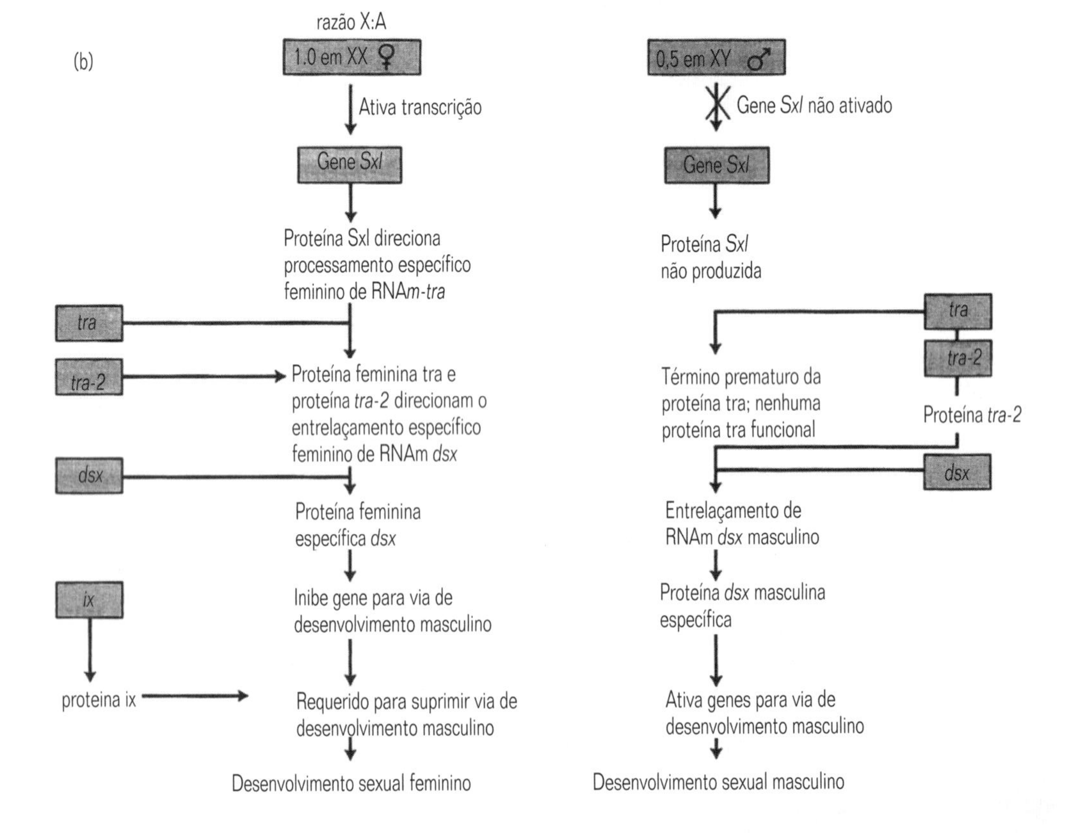

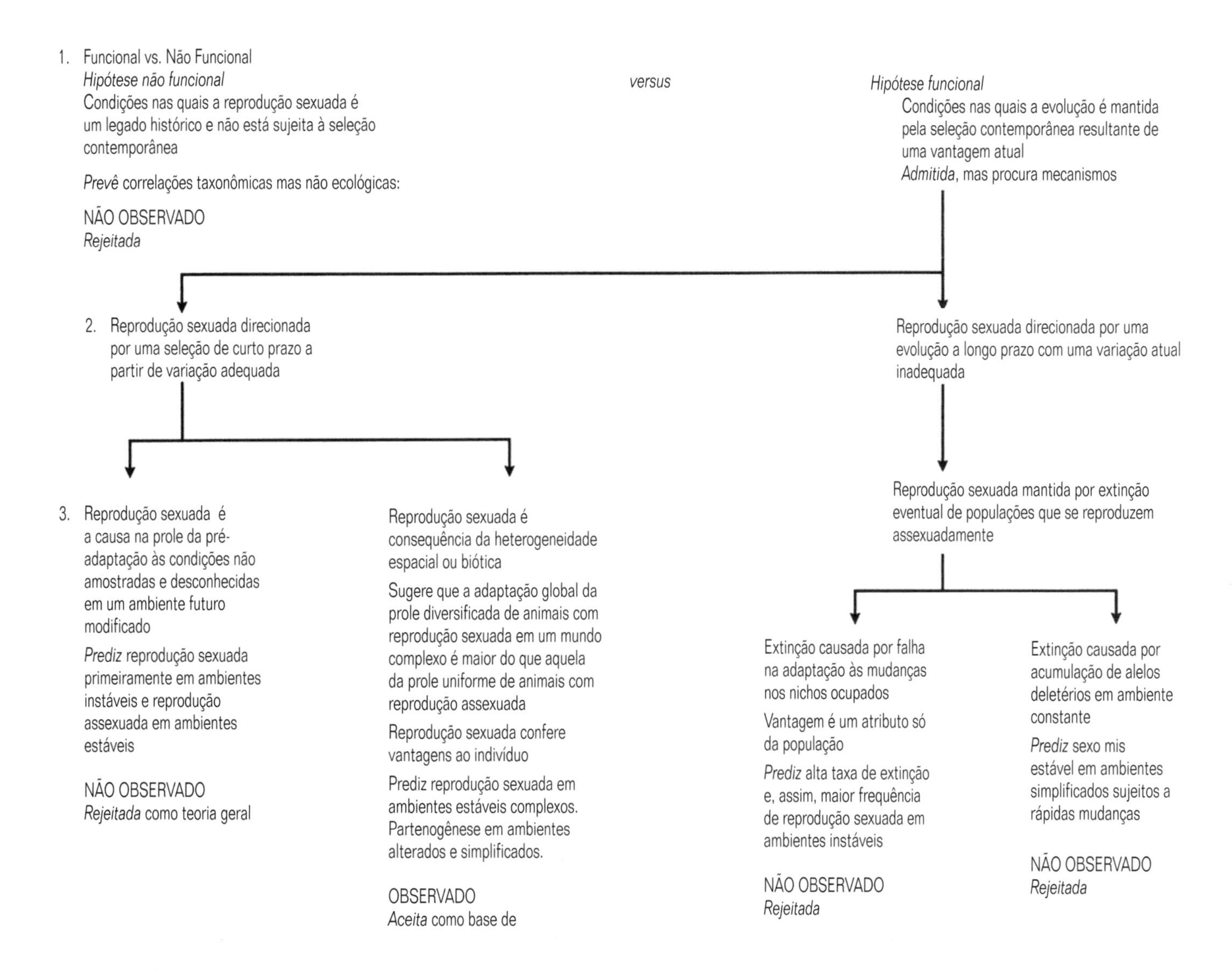

Fig. 14.10 Um cenário para se distinguir entre teorias alternativas da vantagem seletiva da reprodução sexuada (segundo Bell,1982).

Fig. 14.9 (*ao lado*) A base genética da determinação do sexo heterocromossômica em Drosophila melanogaster. (a) A razão entre o número de cromossomos X e autossomos determina o estado sexual de um indivíduo (Segundo Klug, W.S. e Cummings, M.R. 1997 Concepts of Genetics, 5th edn., fig. 9.7). (b) O método de determinação do sexo envolve uma hierarquia gênica e o processo de 'entrelaçamento do RNAm'. Esse mecanismo pode levar a uma situação onde a expressão de um único gene origina uma família de proteínas. A razão entre o número de cromossomos X e autossomos controla a expressão do gene Sxl que não é transcrito quando a razão X:A está baixa (machos). Nas fêmeas Sxl é transcrito e, por sua vez, controla a expressão do gene tra (transformador) levando à acumulação de proteínas do gene transformador nas fêmeas que direcionam os genes específicos femininos entrelaçando o RNAm do gene dxl (duplo sexo). A cascata de interações gênicas, causada pelas formas feminina e masculina do RNAm do gene dxl (duplo sexo), envolve a supressão de vias masculinas em fêmeas e ativação de genes do desenvolvimento dos genes masculinos em machos. (Segundo Klug, W.S. e Cummings, M.R. 1997 Concepts of Genetics, 5th edn., Prentice Hall Int. Inc., New Jersey. Fig. 19.24).

Existem outras teorias que explicam o domínio da reprodução sexuada (Fig. 14.10). A mais poderosa destas teorias alternativas, muitas vezes denominada de teoria da Rainha Vermelha, sugere que a reprodução sexuada confere uma importante vantagem em curto prazo sobre competidores assexuados, porque os organismos estão, na verdade, envolvidos em uma 'corrida armamentista coevolucionária: Herbívoros, predadores, organismos doentes e parasitas são as principais causas de morte. A reprodução assexuada produz uma prole diversificada que é menos suscetível de ser reconhecida como alvo por predadores e, talvez, mais ainda por organismos parasitas.

Os custos da reprodução sexuada são desproporcionalmente grandes para organismos menores e a sexualidade obrigatória contínua sem reprodução assexuada parece ter se tornado estável em virtualmente todos os maiores animais, por exemplo, os vertebrados. Os invertebrados são, por causa de limitações mecânicas, menores que a maioria dos vertebrados. Como consequência, existe muito mais diversidade de atividades sexuais e ciclos de vida. Com seu tempo de geração maior, animais maiores e longevos poderiam estar mais suscetíveis às invasões de organismos parasitas, e organismos maiores e longevos poderiam ter sido forçados a uma sexualidade contínua obrigatória, enquanto que aqueles animais com tempos de geração menores poderiam estar livres para exibir um conjunto mais amplo de condições sexuais. Também poderia ser do interesse de microorganismos inibir a sexualidade de hospedeiros em potencial, e existe alguma evidência de que isto ocorre.

14.2.4.2 Hermafroditismo versus gonocorismo

Do mesmo modo que podemos perguntar 'quais são as vantagens seletivas da reprodução sexuada sobre àquelas da assexuada?' também podemos perguntar o que determina se os animais que se reproduzem sexuadamente são gonocóricos ou hermafroditas. Existem ambos os componentes da variabilidade, o taxonômico e o ecológico. A Tabela 14.4 mostra que determinados grupos taxonômicos são predominantemente hermafroditas, outros quase que exclusivamente gonocóricos. Também tem sido observado que o hermafroditismo é mais frequentemente encontrado em alguns ambientes do que em outros. Os anelídeos e os moluscos dulciaquícolas e terrestres, por exemplo, são, na maioria das vezes, hermafroditas, ao passo que seus parentes marinhos são predominantemente gonocóricos. Do mesmo modo, os crustáceos de águas profundas são mais frequentemente hermafroditas do que seus parentes de águas rasas. Ambas as observações sugerem conexões funcionais e que é possível procurar explicações funcionais para os padrões observados. A seleção natural determina padrões de sexualidade. Vários modelos que respondem pela evolução do hermafroditismo têm sido propostos. Três destes são resumidos abaixo:

1 Modelo da baixa densidade: quando os organismos ocorrem em baixas densidades, ou estão imóveis ou são sedentários, então o hermafroditismo simultâneo aumenta a probabilidade de que os raros encontros entre indivíduos sejam bem sucedidos e de que, se outros indivíduos não forem encontrados, seja possível a auto-fecundação.

2 Modelo da vantagem pelo tamanho: quando um dos papéis sexuais tem uma vantagem relacionada com o tamanho, mas não o outro, então o hermafroditismo sequencial será adotado.

3 Modelo da dispersão dos genes, versão de baixa densidade: quando os números populacionais estão baixos, pode ocorrer deriva genética ao acaso e endocruzamento levando a uma reduzida adaptação da prole; nesses casos, o hermafroditismo aumenta o tamanho efetivo da população.

Uma teoria seletiva mais geral, que abrange esses modelos diferentes, pode ser proposta. No âmago da teoria está a observação simples, mas profunda, que todos os animais que se reproduzem sexuadamente têm uma progenitora e um progenitor. Exatamente metade do zigoto surgirá como contribuição materna e a outra metade como contribuição paterna. Consequentemente, ambas as funções reprodutivas masculinas e femininas são igualmente importantes para o sucesso reprodutivo.

Um organismo tem recursos limitados à sua disposição e estes devem ser alocados para sobrevivência e reprodução de tal modo que a adaptação geral do organismo esteja no máximo. Alguns dos custos associados com a reprodução sexuada surgem da necessidade de se desenvolverem estruturas acessórias, por exemplo, as glândulas e dutos que se fazem necessários para que os gametas sejam liberados satisfatoriamente, e do aumento na mortalidade associada com a necessidade de encontrar um parceiro. Os hermafroditas carregam ambos os tipos de custos, e seus prejuízos totais constantes, em relação a qualquer fonte limitada de recursos, disponível para a reprodução, provavelmente são maiores do que no caso de indivíduos que expressam apenas uma função sexual. Assim sendo, poderíamos esperar que a evolução favorecesse o gonocorismo.

Essa conclusão é modificada, contudo, se o ganho sobre o investimento em qualquer dos papéis sexuais decresce; nessas circunstâncias, poder-se-ia argumentar que o hermafroditismo seria favorecido. Um declínio do retorno da energia alocada para o desempenho do papel feminino, por exemplo, pode ser esperado em animais que incubam sua prole em uma câmara no interior da qual o espaço é limitado. Esses conceitos estão ilustrados em mais detalhe no Quadro 14.4.

Quadro 14.4 Hermafroditismo versus gonocorismo: um intercâmbio de investimento

1 Investimento e benefício

Um organismo deve investir recursos na função sexual para ganhar algum benefício na adaptação. O benefício da adaptação pode ser entendido como as expectativas da futura prole e podem ser formalmente representados pela equação de Euler-Lotka (veja também Seção 14.5.1).

$$1 = \frac{1}{2}\Sigma e^{-Ft} s^t n^t$$

ou

$$1 = \frac{1}{2}\int e^{-Ft} s^t n^t$$

2 Funções masculinas e femininas

Imagine que um recurso limitado (como energia) pode ser investido em duas contas de investimento diferentes que nós chamaremos (a) função masculina e (b) função feminina. Os investimentos nessas duas funções incluem:

Função masculina

produção de células germinativas masculinas
órgãos copulatórios
procura de parceiro
defesa de território etc.

Esse investimento deve ser representado como V_m.

Função feminina

produção de células germinativas femininas
níveis de investimento em glândulas acessórias femininas
procura de parceiro
fornecer alimento à prole (também pode ser uma função masculina

Esse investimento deve ser representado como V_f

3 Curvas de ganho em investimentos

Se nenhum investimento é realizado na função masculina, não pode haver benefício para essa função e a função masculina não contribui à adaptação. Do mesmo modo, se nenhum investimento é realizado na função feminina, não pode haver benefício para ela. Um organismo

Continua

Quadro 14.4 *(continuação)*

que se reproduz sexuadamente, que não investe nas funções masculina ou feminina, por sua vez, não se adapta. Mas, como o investimento pode ser feito em um dos casos, é possível imaginar (e em alguns casos mensurar) o benefício na adaptação que é derivado do investimento em uma função. O padrão de benefício em relação ao investimento pode ser denominado uma 'curva de ganho em adaptação'.

Com o aumento do investimento se tem o aumento do benefício que é derivado desses aumentos de investimento. A resposta investimento-benefício para os dois tipos de investimentos é chamada de curva de ganho masculina e feminina. Essa pode ser uma resposta linear (i) ou uma resposta saturada (ii).

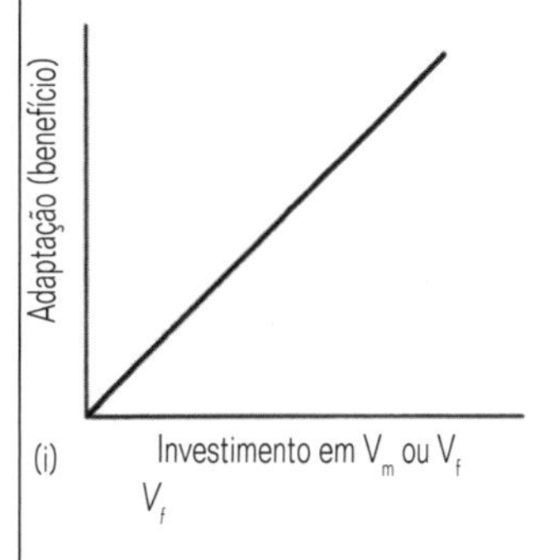

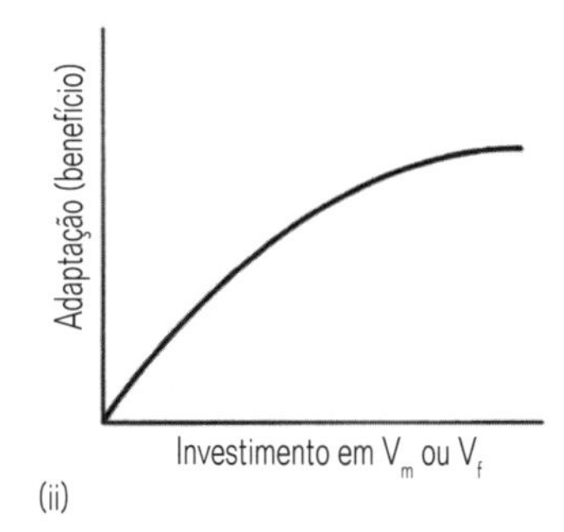

4 Intercâmbio entre investimentos nas funções masculina e feminina. Nós também podemos imaginar um investimento simultâneo nos dois modos alternativos de produção de prole: função masculina V_m e função feminina V_f. Nós podemos representar a resposta em relação às linhas de adaptação igual ou as chamadas isoclinas de adaptação. Essas são representadas como linhas paralelas em (iii). Essas isoclinas representam o benefício do investimento e, é claro, a adaptação é zero quando o investimento em ambas as funções é zero.

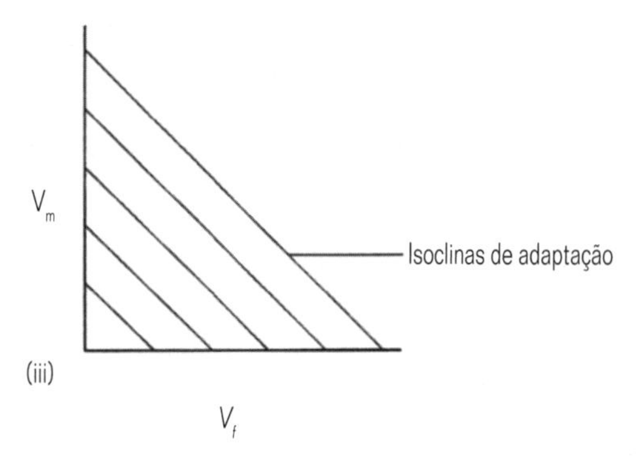

Três possíveis curvas de intercâmbios que podem resultar do investimento nas funções V_m e V_f são:

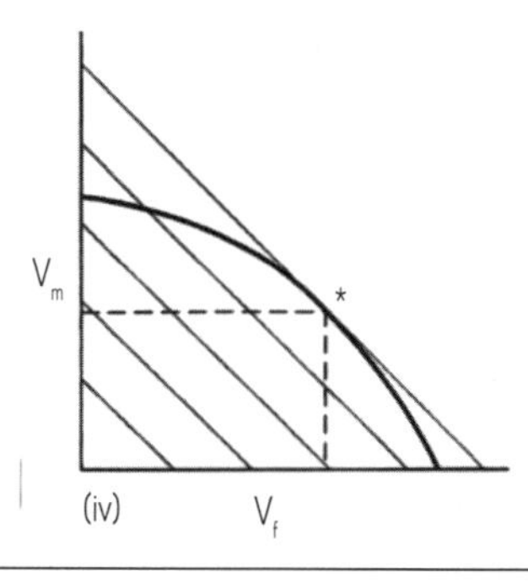

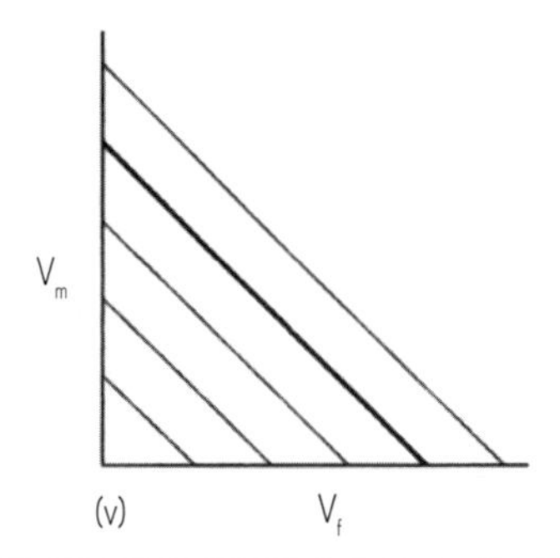

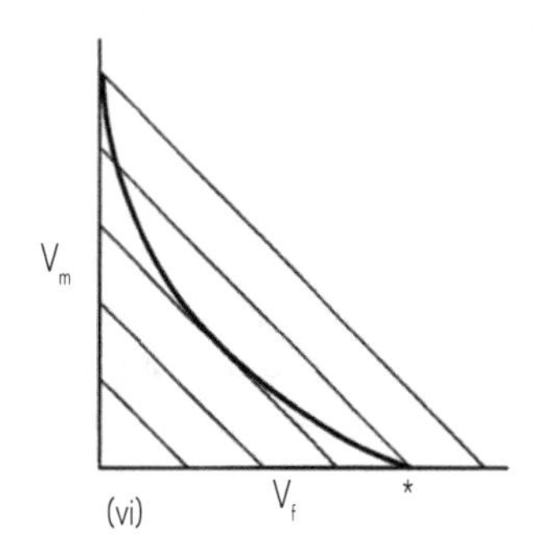

Em (iv) a curva de adaptação é convexa e a máxima adaptação ocorre no ponto * quando existe um balanço entre investimento em ambas as funções, masculina e feminina. Quando a curva de intercâmbio de adaptação tem esse formato, a melhor estratégia para maximizar a adaptação é o hermafroditismo.

A adaptação máxima está associada com os níveis intermediários de investimento, tanto em V_m quanto em V_f.

Em (v) existe uma curva de intercâmbio linear e todos os valores de investimento relativo conferem igual adaptação.

Em (vi) a curva de intercâmbio é côncava e a máxima adaptação está associada com o nível máximo de investimento, tanto em V_m quanto em V_f. A melhor estratégia é, portanto, para as fêmeas produzirem uma prole que será masculina ou feminina, isto é, gonocórica (dióica). Tomando essa analogia com o investimento econômico, é possível mostrar que há sempre o melhor investimento quando o declive da curva de intercâmbio entre o logaritmo do investimento masculino e feminino tem um declive de −1.

5 Interpretando a curva de intercâmbio

Condições que levam à curva de intercâmbio como em (iv) serão aquelas que favorecem o hermafroditismo, enquanto que, condições que resultam em uma curva de intercâmbio como em (vi) serão aquelas que favorecem o gonocorismo. Situações que levam a (v) podem nunca ocorrer, elas iriam implicar no gonocorismo e hermafroditismo tendo igual adaptação.

Mas o que seria determinante da forma da curva de intercâmbio? Eric Charnov sugeriu que os custos fixos das funções masculina e feminina causariam normalmente uma curva côncava como em (vi) porque um hermafrodita simultâneo tem que carregar ambos os custos fixos do investimento nas características sexuais secundárias masculinas e femininas e um hermafrodita sequencial tem que carregar o custo da reversão sexual. Então, o gonocorismo geralmente maximizaria a adaptação. Sob algumas condições, entretanto, uma ou ambas as curvas de ganho podem saturar como em (ii) e, nessas circunstâncias, a forma do hermafroditismo seria da Estratégia Evolucionária Estável (EEE).

Uma ou ambas as curvas de ganho podem saturar em animais que incubam em baixa densidade populacional e quando o número de parceiros que podem ser inseminados por um macho é limitado. Essas situações também são discutidas no texto.

14.3 A organização da reprodução sexuada e ciclos de vida: padrões reprodutivos e funções

14.3.1 Introdução

Existem muitos padrões diferentes de reprodução sexuada, e os mais importantes dos padrões variáveis que, em conjunto, constituem a estratégia reprodutiva, são:

1 A duração máxima potencial do tempo de vida.

2 O número de episódios reprodutivos durante a existência.

3 O padrão de liberação dos gametas, que pode envolver o armazenamento e a liberação em massa ou, alternativamente, a liberação progressiva dos gametas à medida em que eles são produzidos.

4 O grau de sincronização entre os membros da população.

5 O padrão de acasalamento e o grau de exocruzamento na população.

6 O tamanho relativo e o custo dos gametas.

7 O modo de desenvolvimento e a extensão com que os jovens e os adultos são expostos às diferentes pressões seletivas.

8 A proporção relativa de todos os recursos disponíveis, alocados para reprodução.

Os padrões de reprodução dos animais são frequentemente classificados de acordo com o número de episódios reprodutivos durante a existência e a duração da vida adulta. São utilizados muitos esquemas, que não são mutuamente exclusivos; alguns deles são comparados na Tabela 14.5.

Tabela 14.5 Sistemas para a classificação dos padrões reprodutivos

Reprodução ocorre uma única vez durante a vida		
Substantivos Adjetivos	semelparidade/monotelia semélparo/monotélico	Termos virtualmente sinônimos; monotelia é utilizado basicamente pelos especialistas em anelídeos
Todos os insetos se enquadram nesta categoria; seus ciclos de vida são descritos como se segue:		
Univoltino	uma geração por ano, isto é, anuais	
Multivoltino	muitas gerações por ano	
Bivoltino	duas gerações por ano	
Semivoltino	uma geração a cada dois anos	
Reprodução ocorre muitas vezes durante a vida		
Substantivos: Adjetivos:	iteroparidade/politelia iteróparo/politélico	
Iteroparidade anual (politelia)	Reprodução ocorre em episódios distintos separados por períodos geralmente de um ano	
Iteroparidade contínua (politelia)	Reprodução mais ou menos contínua durante uma longa estação reprodutora. Quando a existência dura um ano ou menos pode não ser distinto de univoltino	

14.3.2 Invertebrados marinhos

Os ambientes nos quais os animais vivem influenciam profundamente os padrões de reprodução. Os invertebrados marinhos são capazes de liberar gametas nus no meio circundante onde pode ocorrer a fecundação. Invertebrados dulciaquícolas e terrestres, contudo, não podem fazer o mesmo. O estresse osmótico da exposição à água doce, ou a tendência à perda da água na terra, a previne. Nesses ambientes, os ovos devem ser protegidos e essa é uma das razões pelas quais os padrões de reprodução na água doce e no ambiente terrestre tendem a ser ligeiramente diferentes daqueles vistos em organismos maiores no ambiente marinho.

Os ovócitos dos invertebrados marinhos, que são fecundados externamente, com frequência se desenvolvem em larvas planctônicas de vida livre (veja as seções sistemáticas individuais e o Capítulo 15). Esses dois fatores têm influências profundas sobre todo o padrão de reprodução.

A maioria dos filos animais com representação marinha têm, na maior parte das espécies, ou pelo menos em algumas, larvas pelágicas e fecundação externa; eles exibem um ciclo de vida bentônico-pelágico como é ilustrado no Quadro 14.5. Também é verdadeiro que todos aqueles filos com larvas pelágicas têm alguns, ou muitos, representantes que possuem larvas bentônicas, não pelágicas. Além disso, espécies proximamente relacionadas no mesmo gênero algumas vezes exibem modos de desenvolvimento contrastantes. Pode-se discutir, então, que as condições requeridas para a invasão dos ambientes dulciaquícolas e terrestres podem ter existido já nos organismos marinhos antes da invasão daqueles hábitats durante o tempo evolutivo. Nos principais filos com abundantes representantes marinhos, por exemplo, Annelida, Mollusca, Echinodermata e Crustacea, a maioria das espécies possui larvas pelágicas que se alimentam e dispersam durante a fase planctônica. Essas são geralmente denominadas de 'larvas planctotróficas'. Um número reduzido de espécies possui larvas que são planctônicas, mas que não se alimentam durante a vida pelágica relativamente curta, sendo sustentadas com vitelo suficiente para alcançar a metamorfose sem se alimentarem. Isso requer um maior investimento por ovo pelo organismo parental. Tais larvas são denominadas 'larvas lecitotróficas'. Também se encontra que o desenvolvimento de alguns invertebrados marinhos é completado sem uma fase larval planctônica distinta. Animais com esse tipo de desenvolvimento são ditos exibirem 'desenvolvimento direto'. Essa subdivisão de tipos não é absoluta e muitas larvas exibem um desenvolvimento misto. Elas podem se desenvolver até uma fase relativamente avançada, alimentando-se das reservas de vitelo fornecidas pelos parentais, antes de, finalmente, começar a se alimentar na fase larval planctônica anterior à metamorfose. Estima-se que mais de 70% de todos os invertebrados marinhos de zonas temperadas possuam desenvolvimento pelágico planctotrófico, o que implica que, na maioria dos casos, este padrão de reprodução apresenta vantagens claras. Pensa-se que essas sejam devido a alguns ou todos os tópicos seguintes:

1 Exploração de recursos alimentares temporários fornecidos por explosões de fitoplâncton.

2 Colonização de novos habitats.

3 Expansão da distribuição geográfica.

4 Evitação de catástrofes associadas com uma falha no ambiente local.

Quadro 14.5 Os ciclos de vida dos invertebrados marinhos

Os ovócitos e espermatozóides dos invertebrados marinhos podem ser liberados na água do mar onde ocorre a fecundação.

Isso tem profundas implicações para a sua biologia reprodutiva.

Abaixo estão exemplos das larvas características dos principais grupos de invertebrados marinhos. Os esboços mostram a forma adulta e a larva correspondente. Note que os adultos foram desenhados em uma escala muito menor que as larvas.

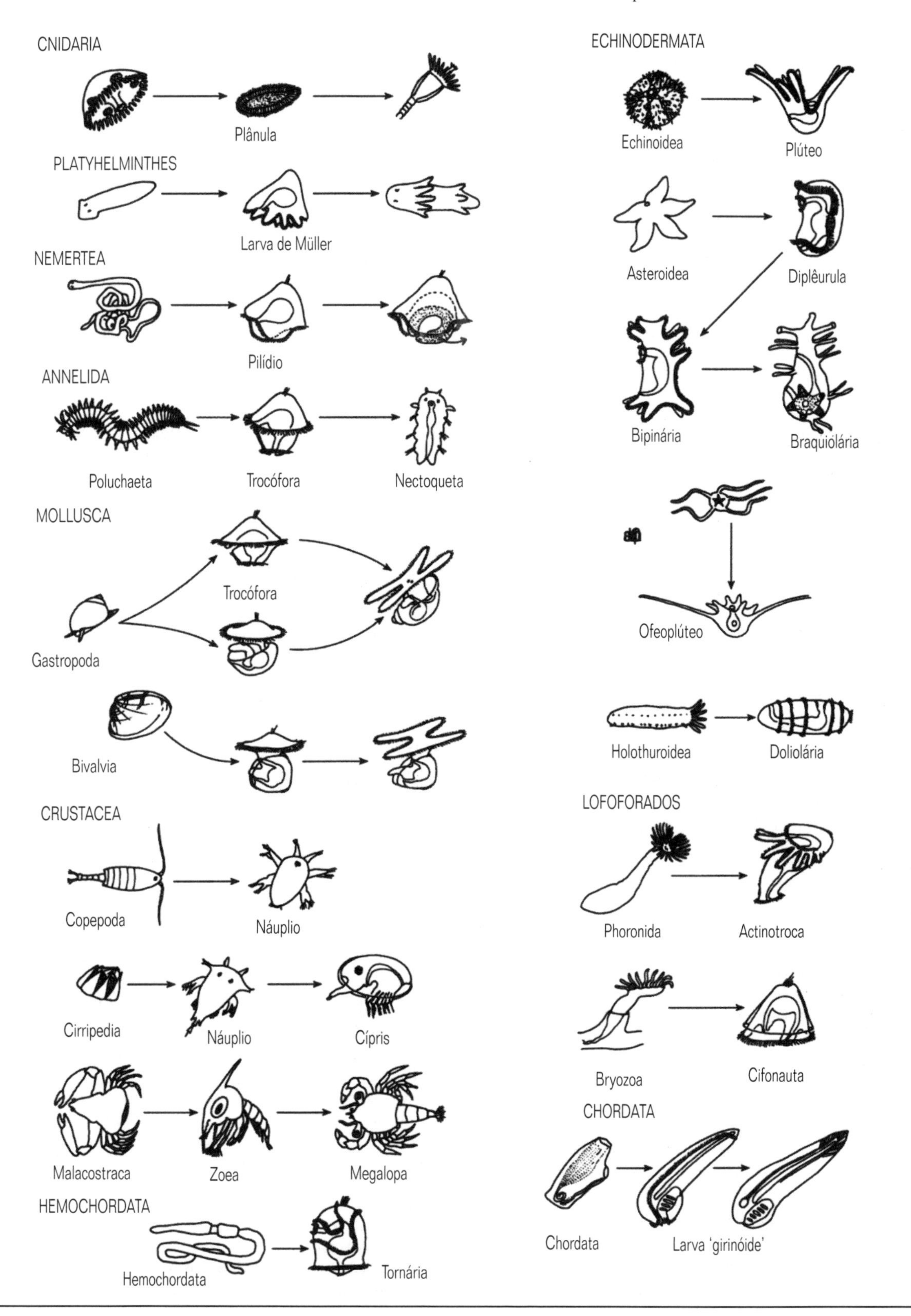

Quadro 14.5 (*continuação*)

A figura abaixo mostra ciclos de vida característicos: (i) bentônico-pelágico – com estágio larval planctônico; (ii) holobentônico – supressão do estágio larval planctônico primitivo; (iii) holopelágico – com vida inteiramente pelágica.

Todos os três padrões podem ser encontrados em muitos grupos. Os exemplos dados aqui são todos de moluscos gastrópodes.

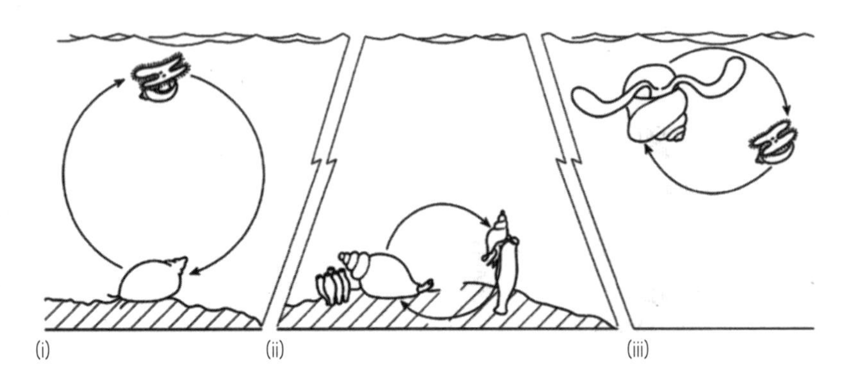

5 Evitação de competição local e relacionada.

6 Exposição da prole diversa ao máximo grau de diversidade ambiental.

O desenvolvimento pelágico é, frequentemente (mas nem sempre), associado com a fecundação externa na qual o espermatozóide entra em contato com o ovócito após a dispersão na água do mar. Isso, por sua vez, está associado com a presença de um espermatozóide de cabeça arredondada, do tipo ilustrado na Figura 14.12 (veja abaixo), que é melhor denominado pelo nome funcional de 'ecto-aquaespermatozóide' para evitar implicações filogenéticas não desejáveis. Um tipo de espermatozóide livre-natante, de cabeça arredondada simples, é encontrado por todo o reino animal quando a fecundação ocorre externamente na água do mar. Esses dois aspectos ajudam a definir um padrão de reprodução que é tipicamente, embora não universalmente, encontrado em uma diversa gama de invertebrados marinhos, mas que não deve ser considerado como sendo primitivo, como alguns sugeriram.

Assim como esses dois aspectos, existem muitos outros que, em conjunto, constituem uma síndrome de padrões covariáveis, característica dos ciclos de vida dos invertebrados marinhos (Tabela 14.6a). Essa síndrome de padrões, contudo, nem sempre é encontrada. Os menores representantes de todas as principais classes de invertebrados marinhos, como naqueles que habitam os espaços intersticiais entre grãos de areia, geralmente exibem um ligeiro conjunto de diferenças de aspectos reprodutivos, como resumido na Tabela 14.6b. É interessante mencionar que, virtualmente o mesmo conjunto de características pode ser listado como sendo características de invertebrados vivendo em ambientes não marinhos – na água doce, no solo e em condições terrestres. Isso implica que existem fortes limitações funcionais nos aspectos reprodutivos que podem ser adotadas por animais vivendo sob diferentes condições ambientais.

Por muitos anos era implicitamente assumido que alguns desses aspectos reprodutivos poderiam ser interpretados como sendo 'primitivos' ou plesiomórficos dentro de um dado clado e,

Tabela 14.6 Padrões covariáveis nos invertebrados marinhos

(a) Conjunto de padrões covariáveis I: frequentemente exibidos por invertebrados marinhos grandes	(b) Conjunto de padrões covariáveis II: frequentemente exibidos por invertebrados marinhos menores (geralmente diminutos)
Ovos liberados livremente na água, desenvolvimento pelágico livre	Ovos não liberados livremente (frequentemente incubados)
Fecundação externa (ecto-aquaespermatozóide)	Fecundação interna (geralmente com acúmulo de esperma em espermatecas)
Pequena quantidade de vitelo no ovo	Tipos de espermatozóides com diferentes especializações e geralmente com morfologia filiforme
Clivagem igual e total	Grandes quantidades de vitelo no ovo
Blástula com blastocele	Clivagem bastante incomum ou superficial (veja Capítulo 15)
Gastrulação por invaginação	Blastocele obliterada
Larva planctotrófica	Gastrulação por epibolia (veja Capítulo 15)
Sincronia da gametogênese distinta entre e dentro do indivíduo,	Larva lecitotrófica
reprodução uma vez ao ano com forte sazonalidade	Episódios frequentes de produção de ovos, geralmente durante uma estação reprodutiva extensa
Acumulação de células germinativas durante longo tempo	Este conjunto de padrões é observado em animais marinhos intersticiais e diminutos, mas não é necessariamente associado com pequeno tamanho do corpo em organismos de água doce e terrestres
Corpo de tamanho grande, com espaçosa cavidade corporal	

em certo grau, edições anteriores desse texto refletiam essa visão geralmente aceita. Em particular, possuir apenas espermatozóide de cabeça arredondada e desenvolvimento através de uma fase larval pelágica tendia a ser considerado como aspectos 'primitivos' entre os invertebrados. Nós gostaríamos de alertar contra a interpretação que qualquer aspecto reprodutivo, nesse sentido 'primitivo', a menos que a interpretação seja suportada por um corpo de evidências independentes de filogenias cladísticas ou moleculares. Hipóteses sobre as relações filogenéticas podem ser testadas através de análises formais de um grande conjunto de características (análise cladística) ou a partir de dados fornecidos por pesquisas de sequências de genes (filogenia molecular).

Sem implicar nenhuma sequência filogenética ou evolutiva, contudo, não é possível reconhecer algumas associações funcionais de covariáveis entre os padrões reprodutivos, como é mostrado abaixo.

1 Tamanho do ovo dos indivíduos é covariável com o modo de desenvolvimento. Ovos menores frequentemente se desenvolvem através de um estágio larval pelágico livre-natante; ovos maiores mais frequentemente se desenvolvem como uma larva de vida curta, lecitotrófica, ou são incubados ou apresentam desenvolvimento direto.

2 A morfologia do espermatozóide é covariável com o local e modo de fecundação. Espermatozóides livre-natantes, de cabeça arredondada, com mitocôndrias simples, estão associados com fecundação no meio externo (água do mar) e espermatozóides filiformes, com núcleos alongados, longos acrossomos e mitocôndrias modificadas, estão associados com incubação e onde várias formas de fecundação interna ocorrem.

3 O modo de liberação dos gametas é, em certo nível, covariável com o tamanho do corpo entre os invertebrados marinhos: organismos com um tamanho corporal pequeno raramente exibem liberação difundida de gametas, mas invertebrados de corpo avantajado frequentemente (mas não invariavelmente) o fazem.

Sem dúvida nenhuma, outros conjuntos de padrões covariáveis similares podem ser identificados, mas a pressuposição de que um dado estado seja primitivo (dentro de um clado), sem evidência que o suporte, deve ser sempre evitado.

Análises cladísticas formais sugerem que um alto grau de plasticidade com respeito aos padrões reprodutivos pode ser retido dentro de um clado. Nós já vimos que, a partir de uma análise dos mecanismos moleculares que controlam a determinação do sexo, que tais padrões fundamentais como determinação cromossômica e ambiental e gonocorismo versus hermafroditismo retiveram um grau de plasticidade e são improváveis de terem se tornado fixados por eventos evolucionários prévios. O potencial para realizar uma resposta evolutiva a condições que se alteraram parece ser uma característica importante da reprodução entre os animais. Cautela deve ser tomada quando se aceita esse argumento, contudo, pois ele é, em si próprio, um grupo de teoria de seleção.

A liberação em massa de gametócitos em uma desova anual é muito comum entre os invertebrados marinhos de corpo grande, que têm a capacidade de armazenar os gametas nas cavidades corporais (geralmente o celoma) e então liberá-los em um único evento de desova sazonal. Uma das razões pelas quais organismos diminutos não exibem liberação difundida pode ser porque não é possível para eles armazenar quantidades suficientes de gametócitos. Existem dois ciclos de vida diferentes nos quais a desova em massa ocorre e nos quais uma clara desova anual sazonal pode ser expressa ao nível populacional. No padrão mais comum, a desova ocorre a intervalos anuais durante o período de vida de dois ou mais anos em um ciclo de vida iteróparo (Tabela 14.5). Alguns animais marinhos, mais notadamente todos os poliquetas membros da família Nereididae e todos os moluscos cefalópodes, exceto os primitivos nautilóides, se reproduzem apenas uma vez na vida e são ditos terem um ciclo de vida semélparo (Tabela 14.5). Em tais animais, a desova pode ser sincronizada, mas ocorre apenas uma vez no ciclo de vida. Desova em massa em animais desse tipo é seguida pela morte geneticamente determinada do indivíduo, embora a idade na reprodução e, consequentemente, a morte, possa ser variável de acordo com as condições ambientais experimentadas durante o período de vida precedente.

14.3.3 Invertebrados de água doce e terrestres

A opção por desenvolvimento pelágico planctotrófico ou lecitotrófico e desenvolvimento direto, que é um aspecto do desenvolvimento no mar, não se apresenta para os animais que habitam ambientes terrestres e de água doce. O estresse osmótico e outros nesses hábitats pressupõem a liberação de espermatozóides e de ovócitos desprotegidos, sem envoltório, e a fecundação deve ser interna. Igualmente, os embriões em desenvolvimento devem ser protegidos da perda de água ou do estresse osmótico, por exemplo, eles devem estar envoltos por uma cobertura impermeável ou por um casulo. Consequentemente, a fase larval pelágica raramente ocorre e os invertebrados não-marinhos maiores e de corpo mole geralmente exibem a maioria das seguintes tendências reprodutivas:

1 Viviparidade ou postura dos ovos dentro de membranas impermeáveis ou de casulos.

2 Fecundação interna, exigindo acasalamento direto entre parceiros.

3 Espermatozóides estruturalmente complexos, frequentemente filiformes.

4 Investimento de uma quantidade relativamente elevada de recursos maternos em cada ovo e, consequentemente, menor fecundidade.

5 Incubação ou cuidado à prole.

6 Postura repetida ou esporádica dos ovos, explorando o potencial apresentado pela retenção interna do esperma para a reprodução contínua.

7 Hermafroditismo. (Isto é especialmente verdadeiro para os invertebrados de corpo mole, mas não é o caso dos artrópodes.)

Você perceberá quão similar esse conjunto de tendências é àqueles listados na Tabela 14.6b para invertebrados marinhos menores.

Alguns animais dulciaquícolas revelam uma origem recente a partir de um ancestral marinho; por exemplo, os bivalves dulciaquícolas, Anodonta, são estruturalmente muito semelhantes aos seus parentes marinhos e eles, de fato, liberam grande quantidade de 'gloquídios' que, na verdade, são larvas véliger modificadas. As larvas não são, contudo, de vida livre, mas são epibiontes nas brânquias ou na pele de peixes de água doce.

Os ciclos de vida dos platelmintos de água doce, anelídeos clitelados e moluscos pulmonados, são surpreendentemente semelhantes. Eles são hermafroditas simultâneos (a não ser que a reprodução sexuada tenha sido suprimida), apresentam comportamento sexual complexo, glândulas acessórias muito especializadas e a capacidade de protegerem seus embriões. Seus ciclos de vida requerem longos períodos de atividade de postura de ovos ao invés da liberação sincronizada, em massa, de gametas, tão característica dos animais que vivem no mar. As principais barganhas que ocorrem em tais espécies são aquelas entre fecundidade e longevidade; algumas espécies vivem por apenas 1 ano ou menos, mas outras, que geralmente atingem um grande tamanho quando adultas, vivem por muitos anos.

Os ambientes de água doce e terrestres são mais extremos em termos de variáveis físicas do que os marinhos, e a maioria dos invertebrados que os habitam têm a capacidade de entrar em um estágio de dormência fisiológica conhecido como 'diapausa'. Nessa condição, o organismo pode perder água e suportar condições extremas sem dano; a exigência metabólica é diminuída e a necessidade de uma fonte energética externa pode ser nenhuma, de tal modo a suportar a ausência periódica de alimento que ocorre em regiões temperadas e polares. Algumas espécies longevas, tais como alguns moluscos pulmonados e anelídeos clitelados, entrarão em diapausa como adultos, mas muitas formas pequenas o fazem como ovos. Assim, muitas populações de sanguessugas apenas ocorrem durante o inverno como embriões no interior de casulos. O hábito de hibernar como ovos de resistência é particularmente característico de formas diminutas, tais como rotíferos e de muitos grupos de crustáceos, como os cladóceros (pulgas-d'água). Como exemplificado acima, esses organismos exibem ciclos de vida nos quais há uma alternância entre gerações sexuadas e assexuadas (veja Fig. 14.5); os ovos de resistência, que surgem por reprodução sexuada, eclodem na primavera para dar origem a novas proles clonais que podem explorar os novos recursos. A terminologia já introduzida (veja Fig. 14.6) é útil aqui – o clone de afídeos compartilhando o mesmo genoma pode ser referido como geneto, que é a unidade evolutiva, considerando que muitos indivíduos produzidos partenogeneticamente, que compartilham esse genoma, podem ser distinguidos como múltiplos rametos dentro de um geneto.

Os rotíferos Bdelloida apresentam uma forma extrema de diapausa; seus ovos encistados podem permanecer por anos no que é, virtualmente, um estado de animação suspensa, até que eles sejam carregados pelo vento até lugares apropriados para o crescimento. Essa capacidade pode estar relacionada com a ausência da reprodução sexuada; evitando condições desfavoráveis, eles vivem para usufruírem o que são, na verdade, condições ideais permanentes. Provavelmente eles serão menos visados por parasitas e por organismos que causam doenças e, assim, escaparão das condições que se acredita favorecerem a reprodução sexuada (Seção 14.2.4.1).

Os insetos (Hexapoda) e as aranhas e ácaros (Arachnida) se adaptaram de modo bem sucedido aos ambientes terrestres (veja Seções 8.4.3.2 e 8.5.3B.2) e, particularmente no caso dos insetos, alguns se adaptaram secundariamente ao ambiente dulciaquícola como adultos ou como formas larvais ou de ninfas. A biologia reprodutiva desses grupos difere de um modo importante daquela dos invertebrados de corpo mole. Eles são muito raramente hermafroditas; a grande maioria das espécies se reproduz apenas sexuadamente e os sexos são sempre separados. O seu sucesso se deve, em grande parte, à presença de um revestimento impermeável o tegumento ou cutícula – mas também é resultado das suas habilidades de porem ovos impermeáveis. Tais ovos devem ser fecundados antes da postura; por consequência, todos eles apresentam fecundação interna, frequentemente associada com comportamento copulatório complexo. Esse último requer contato entre machos e fêmeas e, assim, leva à possibilidade de seleção sexual. A prevalência do gonocorismo parece ser uma consequência de sua grande mobilidade.

Por tradição, se subdividem os ciclos de vida dos insetos de acordo com os seus modos de desenvolvimento. Dois tipos principais podem ser reconhecidos. Em muitos insetos, primórdios externos das asas começam a se desenvolver antes da muda do último instar para a condição adulta madura sexualmente, esses são ditos apresentarem a condição exopterigota ('hemimetábolos'); enquanto que em muitos outros os primórdios das asas desenvolvem-se internamente a partir de discos imaginais que não começam a se diferenciar até a última muda, a condição endopterigota ('holometábolos'). O desenvolvimento dos discos imaginais dos insetos holometábolos é descrito no Capítulo 15 e o controle endócrino no Capítulo 16. Alguns insetos ápteros continuam a crescer e mudam após terem se tornado adultos e são denominados 'ametábolos'. Uma abordagem diferente, mais funcional, será adotada aqui. Os ciclos de vida dos insetos podem ser classificados de acordo com os padrões de atividades e funções durante os estágios pré-adulto e adulto. Os insetos crescem através de uma série de mudas ou de ínstares, e é possível que os diferentes ínstares tenham diferentes funções. As principais são:

1 Desenvolvimento e diferenciação.
2 Aquisição de alimento e de outros recursos.
3 Dispersão e procura de recursos.
4 Acasalamento e seleção de parceiro.
5 Alocação de recursos para a prole.
6 Seleção de locais para o crescimento da prole.
7 Postura de ovos.

Uma quantidade de diferentes ciclos de vida de insetos é analisada desse modo no Quadro 14.6. Notar as diferenças marcantes nas funções de alocação para dispersão e de obtenção de recursos, nos contrastes que existem entre a maioria dos insetos e os invertebrados marinhos. Nesses últimos, a dispersão é, frequentemente, uma função da fase de jovem e a aquisição de recursos é uma função da fase do adulto. Nos Insecta, essas funções são frequentemente revertidas como ilustrado no Quadro 14.6.

O ciclo de vida mais simples é aquele no qual há uma transformação gradual durante o desenvolvimento até a condição do adulto e, tanto jovem quanto adulto exploram os mesmos recursos alimentares. Tanto jovens quanto adultos têm o papel adicional de dispersão, procura de recursos, acasalamento e postura de ovos. Esse ciclo de vida simples é apresentado pelos Orthoptera (p. ex., os gafanhotos) e é ilustrado no Quadro 14.6(1).

Contudo, não infrequentemente, os adultos e as larvas se alimentam de modos diferentes e, consequentemente, estão sujeitos a diferentes pressões seletivas. As moscas varejeiras, por exemplo, têm larvas que se alimentam de uma fonte alimentar rica, mas temporária, ou seja de carcaça. Essa deve ser procurada pelos adultos que, frequentemente, se alimentam de modo muito

Quadro 14.6 Uma análise funcional do ciclo de vida dos insetos

1 Jovens e adultos exploram recursos alimentares semelhantes: Funções do jovem – desenvolvimento e diferenciação, obtenção de recursos. Funções do adulto – obtenção de recursos, dispersão e procura de recursos, acasalamento e postura de ovos. Por exemplo, os Orthoptera (gafanhotos e grilos).

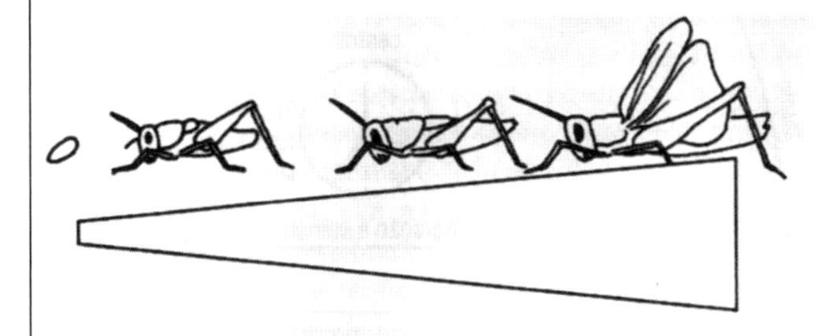

2 Jovens e adultos exploram recursos alimentares diferentes: Funções do jovem – desenvolvimento e obtenção de recursos. Funções da pupa – diferenciação e desenvolvimento. Funções do adulto – obtenção de recursos, procura de recursos, acasalamento e seleção de locais para a prole. Por exemplo, as moscas varejeiras e outros Diptera.

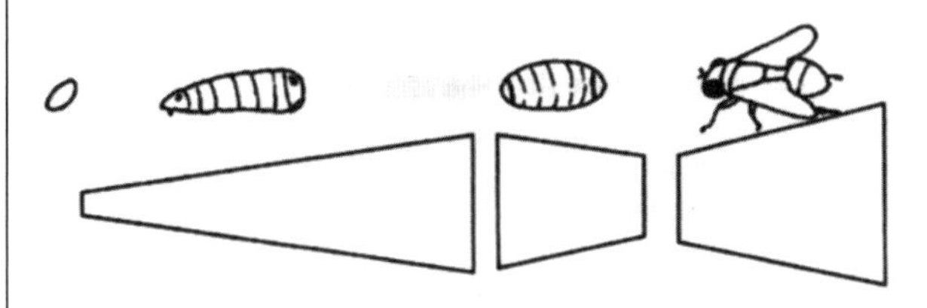

3 Adultos efêmeros e não envolvidos com obtenção de recursos; Funções do jovem – desenvolvimento e obtenção de recursos. Funções do adulto – acasalamento, procura de recursos e dispersão.

(i) Larvas aquáticas, por exemplo, Ephemeroptera.

(ii) Larvas terrestres, por exemplo, Lepidoptera. Neste exemplo, os adultos vivem mais e têm peças bucais especializadas para recolherem néctar como combustível para o vôo.

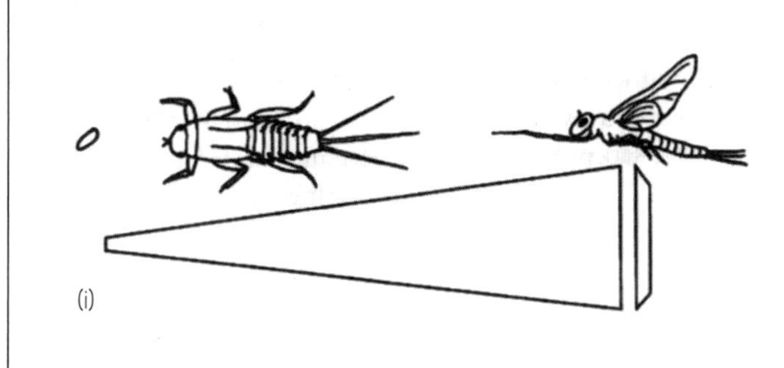

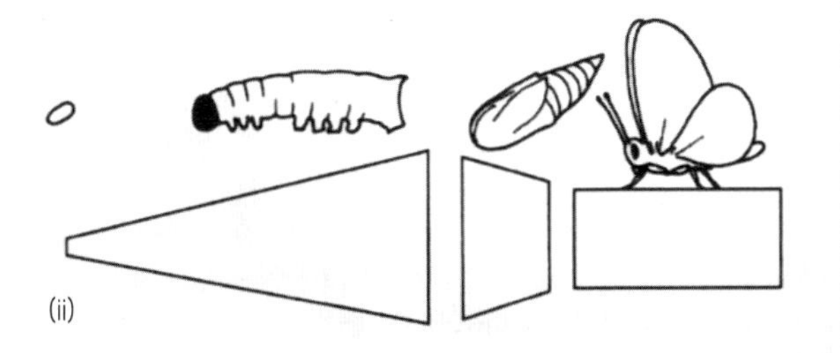

4 Adultos são os únicos responsáveis pela obtenção de recursos – desempenhando: Funções da larva – obtenção e procura de recursos, dispersão, acasalamento, alocação para a prole, seleção de locais para o desenvolvimento da prole, oviposição.

Por exemplo, uma vespa solitária de Hymenoptera.

O adulto provê todos os recursos disponíveis para a prole.

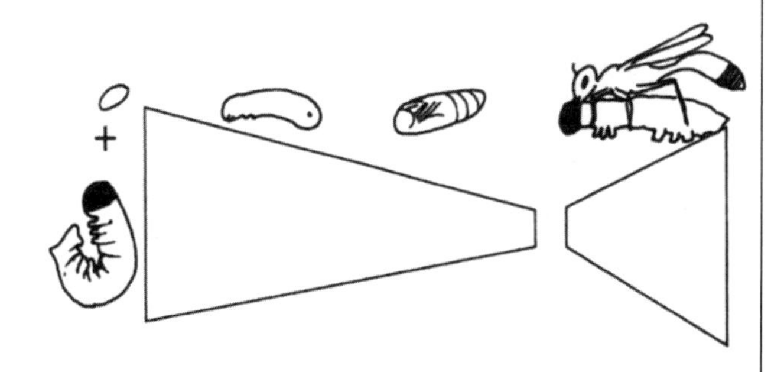

5 Obtenção de recursos, desenvolvimento, acasalamento e oviposição separados pela diferenciação de castas:

Jovens – utilização dos recursos e crescimento.
Operárias estéreis – obtenção de recursos.
Rainhas (adultos férteis) – acasalamento e seleção de parceiro, oviposição, dispersão e procura de recursos.
Machos (adultos férteis) – acasalamento – nenhum papel na obtenção de recursos.
Por exemplo, abelhas melíferas.

diferente (Quadro 14.6(2)). Muitas larvas de insetos têm uma existência aquática e a diferenciação entre nichos dos adultos e dos jovens é, então, ainda mais acentuada.

A partir dessa situação, os ciclos de vida podem ter surgido nos quais os papéis de dispersão e de procura de alimento foram separados daqueles de obtenção de recursos, e os adultos ou se alimentam muito pouco ou não o fazem. Essa separação de funções surgiu independentemente diversas vezes na evolução dos insetos. Os exemplos mais extremos são os Ephemeroptera, Plecoptera e Trichoptera, sendo suas larvas aquáticas carnívoras. Os adultos ou imagos desses grupos nunca se alimentam e vivem apenas algumas horas. Durante o breve período de vida, eles acasalam e põem os ovos em um ambiente favorável para a sua sobrevivência e desenvolvimento subsequentes (Quadro 14.6(3)).

O ciclo de vida bem conhecido dos Lepidoptera é semelhante, embora os adultos obtenham alguma energia sugando néctar. As larvas (lagartas) têm uma função básica, ou seja, adquirir o mais rápido possível uma quantidade maior dos recursos disponíveis. A transição para a fase adulta, que têm as funções de acasalamento e de procura de recursos, envolve um estágio de pupa que não se alimenta (Quadro 14.6(3)). A fonte alimentar pode ser sazonal e pode ser procurada através do tempo e do espaço com o recurso da diapausa durante a fase de ovo, pupa ou adulto, ou pela migração.

Os adultos de alguns insetos adquiriram não somente as funções de dispersão, acasalamento e procura de recursos, mas também a de obtenção de recursos. Eles são inteiramente responsáveis por encontrar o alimento e torná-lo disponível para a sua prole, esse fenômeno é descrito como 'provisão'; é observado em alguns Orthoptera, Coleoptera e Diptera. Ele é mais característico dos Hymenoptera (Quadro 14.6(4)), e se acredita que tenha desempenhado um papel crucial na evolução do comportamento eussocial entre as abelhas e vespas (Quadro 14.6(5)).

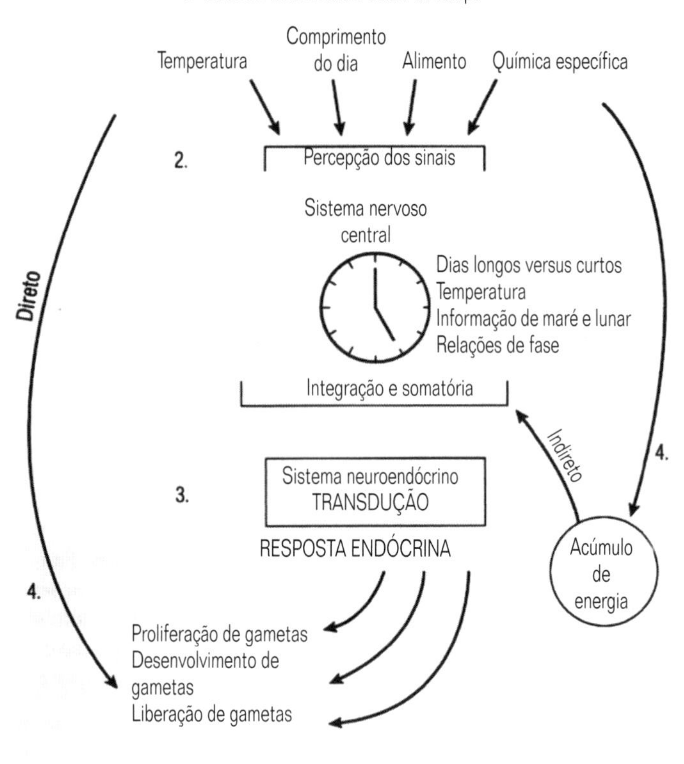

5. Ciclo observado de produção e liberação de gametas

1. Variação ambiental
2. Percepção da mudança
3. Transdução do sinal
4. Efeitos diretos e indiretos sobre os processos limitantes
5. O ciclo aberto de atividade gametogênica e reprodutiva

Fig. 14.11 Uma representação diagramática da cadeia de elementos de controle envolvidos na regulação de um ciclo reprodutivo sincronizado externamente (segundo Olive, 1985a).

14.4 O controle dos processos reprodutivos

14.4.1 Fatores definitivos e imediatos

Os ciclos de vida discutidos nas seções anteriores envolvem sequências complexas de atividades celulares, e essas devem ser coordenadas no sentido de se obter uma progressão ordenada dos eventos e relações apropriadas com fatores externos, e essas foram necessárias para manter um grau apropriado de sincronia entre os diferentes membros da população. Geralmente se acredita que as populações animais que apresentam ciclos de atividades reprodutivas bem marcados o fazem em resposta aos ciclos de mudanças do ambiente. As condições ambientais não são constantes e segue-se que determinados períodos serão mais favoráveis do que outros para atividades reprodutivas. Forças evolutivas que selecionam para que a reprodução ocorra nos períodos mais favoráveis, são denominadas como os 'fatores definitivos' que controlam a reprodução. Eles não são necessariamente os mesmos que controlam os ciclos reprodutivos. A gametogênese e, particularmente, a ovogênese pode levar muitos meses para se completar, e os sinais ambientais, que regulam a progressão dos eventos celulares que culminam com a reprodução, podem ser muito diferentes daqueles que conferem uma vantagem seletiva aos indivíduos que se reproduzem em um período particular.

Os eventos ambientais que regulam a progressão da gametogênese e, por isso, controlam o tempo e o período de reprodução, são denominados como 'fatores imediatos'. No sentido de controlar os processos reprodutivos, as mudanças ambientais devem ser detectadas e a informação integrada no sistema nervoso central do indivíduo antes de ser traduzida na forma de uma mudança na atividade nervosa, neuroendócrina ou endócrina (Seção 16.12). Na verdade, há uma cadeia de comandos que resulta em um ciclo reprodutivo muito estruturado e muito específico (Fig. 14.11). Esse controla a diferenciação das células germinativas, o fluxo de energia, e a sua alocação relativa para os processos reprodutores, manutenção e crescimento.

14.4.2 Processos participantes: gametogênese

A espermatogênese resulta na formação das células gaméticas masculinas e a ovogênese na formação das células gaméticas femininas; são processos bem diferentes e estão ilustrados na Figura 14.12 e descritos em mais detalhes abaixo.

14.4.2.1 Espermatogênese

A espermatogênese na maioria dos invertebrados é completada rapidamente; frequentemente envolve divisões mitóticas antes c início da meiose, para originar um grande número de células. Cada espermatogônia, que se transforma em um espermatócito primário, dará origem a quatro espermátides as quais, por um processo de diferenciação, dão origem aos espermatozóides (Fig. 14.13a). Invertebrados marinhos que exibem desova difundida, isto é, nos quais a fecundação ocorre na água do mar, tipicamente têm um espermatozóide do tipo ecto-aquaespermatozóide de cabeça arredondada. Existe um acrossomo terminal, um grande núcleo esférico, uma peça intermediária curta com mitocôndrias não modificadas, simples e um longo flagelo com arranjo de mi-

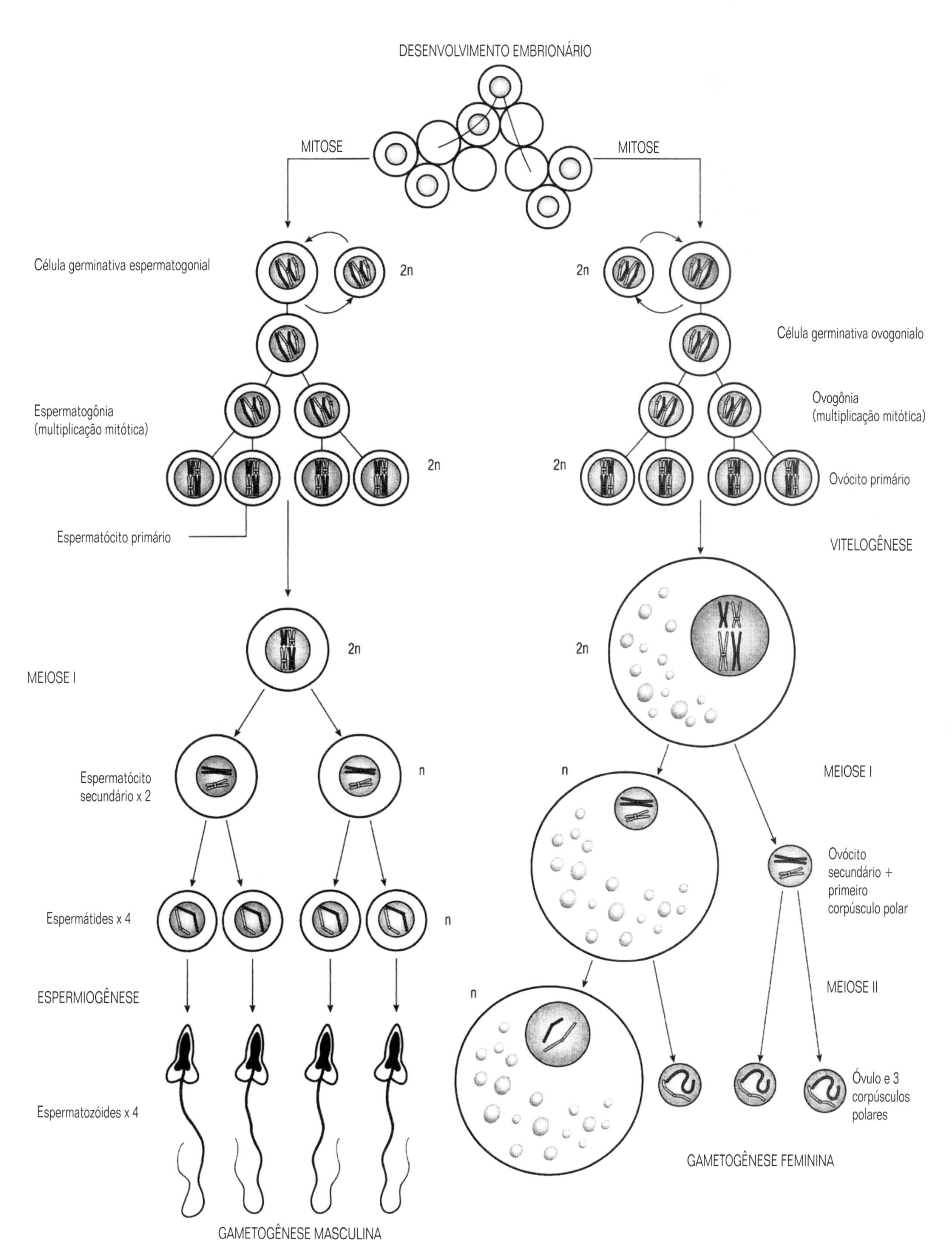

Fig. 14.12 Representação diagramática dos principais eventos celulares da gametogênese.

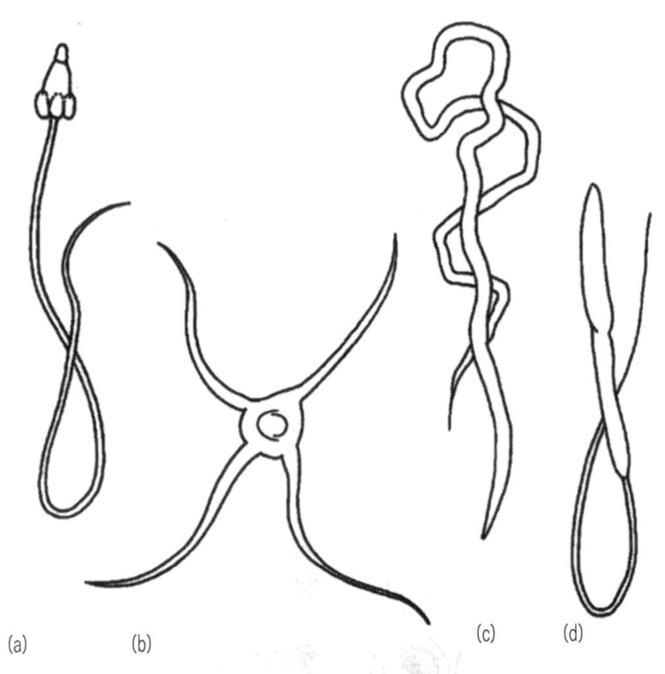

Fig. 14.13 (a) Espermatozóide primitivo, do tipo de cabeça arredondada. (b)-(d) Espermatozóides mais avançados, do tipo filiforme. Espermatozóides com uma forma semelhante a filiforme podem ter estruturas e organização muito diferentes.

crofilamentos típicos (veja também Capítulo 10, Fig. 10.4). Um espermatozóide de cabeça arredondada é mostrado na Figura 14.13a. Animais com diferentes modos de fecundação geralmente têm espermatozóides muito diferentes. O modo de fecundação pode envolver cópula e fecundação interna, ou um sistema para a transferência de esperma através de espermatóforos, ou o esperma pode ser coletado da água do mar pelas fêmeas e armazenado em vesículas especiais antes do uso – nas espermatecas. Invertebrados marinhos que exibem esses modos de fecundação geralmente têm espermatozóides que são alongados. Estudos ultraestruturais têm revelado uma ampla diversidade na estrutura dos espermatozóides alongados (Fig. 14.13b, c, d).

O tipo de espermatozóide de cabeça arredondada não deve ser considerado como sendo 'primitivo' dentro de nenhum clado e os termos 'ecto-aquaespermatozóide', ento-aquaespermatozóide' e 'introespermatozóide', que não carregam nenhuma implicação filogenética, devem ser utilizados na ausência de uma filogenia testada.

14.4.2.2 Ovogênese

A ovogênese é um processo prolongado durante o qual as reservas alimentares são depositadas no ovócito em desenvolvimento, geralmente durante uma prófase prolongada, e a meiose não se completa até um pouco antes ou um pouco depois da fecundação (Fig.14.12).

Em alguns invertebrados marinhos, por exemplo, Sipuncula, Echiura e alguns Polychaeta, os ovócitos em desenvolvimento são células solitárias que ficam suspensas livremente no líquido celomático. Tal padrão é descrito como 'ovogênese solitária' [Quadro 14.7(1a)]; nesses casos, os metabólitos que deverão ser acumulados no citoplasma do ovócito podem ser incorporados pelo ovócito como precursores de baixo peso molecular (aminoácidos, açúcares simples e monoglicerídeos) e elaborados em produtos de reserva complexos, denominados coletivamente de 'vitelo' por organelas de síntese no citoplasma do ovócito. Esse padrão é descrito como 'autossíntese' e é particularmente associado com a ovogênese solitária, mas a associação não é absoluta (veja abaixo).

A maioria dos invertebrados, contudo, apresenta uma ovogênese 'folicular' ou 'nutrimental' [Quadro 14.7(1b, c)]. Na ovogênese folicular, os ovócitos em desenvolvimento estão intimamente associados com um epitélio de células somáticas – denominadas de células foliculares – que formam uma espécie de caixa envolvendo o ovócito. A ovogênese nutrimental envolve células irmãs do ovócito, que são derivadas por citocinese incompleta durante a divisão mitótica da célula mãe ou ovogônia, antes do início da prófase da meiose. Existe um complexo de células subsidiárias do ovócito desse tipo nos poliquetas eunicídeos Diopatra, como mostrado no Quadro 14.7(1ci), mas mais frequentemente o complexo de células subsidiárias do ovócito também é envolvido por uma camada de células foliculares, como no Quadro 14.7(1cii). O ovário pode consistir de uma série de pequenos ovários, cada um dos quais é uma espécie de fileira de folículos em desenvolvimento. Estudos dos ovócitos em desenvolvimento da mosca-das-frutas Drosophila, que é desse tipo, estão agora fornecendo informações importantes sobre a origem de informações moleculares localizadas no citoplasma do ovo em desenvolvimento, que criam uma organização regional do futuro embrião. As células foliculares e as células subsidiárias têm um papel importante no estabelecimento de gradientes que influenciam profundamente a arquitetura corpórea e isso será discutido adiante no Capítulo 15.

Nos tipos mais complexos de ovogênese, a maior parte dos materiais, com alto peso molecular, depositados no citoplasma do ovócito, é sintetizada, não pelo próprio ovócito, mas pelas células somáticas em outro lugar do corpo. Os precursores de alto peso molecular do vitelo (vitelogeninas) e outros materiais são transportados para os ovócitos pelos líquidos do corpo ou pelo sistema circulatório. Esse padrão de ovogênese é descrito como uma 'heterossíntese'. Primeiro foi descoberto nos insetos, mas subsequentemente foi demonstrado como sendo muito difundido. Esse padrão de síntese de vitelo é característico dos Crustacea e Mollusca e é conhecido em alguns Annelida.

Nos Polychaeta, nos quais a autossíntese e a ovogênese solitária eram tidas como lhes sendo típicas, pode-se encontrar uma admirável gama de padrões de ovogênese, equivalendo-se com os insetos em complexidade estrutural. Agora se sabe que alguns exibem ovogênese folicular e nutrimental e, nos Nereidae, nos quais a ovogênese é solitária, há evidências de heterossíntese. Os diferentes padrões de ovogênese são explicados adiante e ilustrados no Quadro 14.7.

Nos Turbellaria, o 'ovócito' frequentemente é uma estrutura complexa, composta por uns poucos ovócitos com pouco vitelo, combinada com células subsidiárias cujo citoplasma está repleto com um produto semelhante ao vitelo e que é produzido pelo vitelário (Fig. 14.14), e tudo é contido em um envoltório protéico esclerotizado. Este tipo de formação de ovo é denominado 'ectolécito' e se julga tratar-se de um caráter avançado nos platelmintos. Alguns turbelários de vida livre apresentam um padrão endolécito mais primitivo de desenvolvimento do ovo, no qual o vitelo é armazenado no citoplasma do ovócito. Anelídeos e molus-

Quadro 14.7 Padrões de formação do ovócito e ovogênese nos invertebrados

1 *Ovogênese solitária, folicular e nutrimental*

Uma forma de classificar os padrões diversificados da ovogênese entre os invertebrados é com referência ao grau pelo qual outras células estão intimamente envolvidas no processo.

Três padrões básicos podem ser reconhecidos:

(a) Solitária: Os ovócitos se desenvolvem sem qualquer associação com outras células. Especialmente em animais com cavidades do corpo amplas. Os ovócitos flutuam livremente na cavidade celomática dos Echiura, Sipuncula e em alguns, porém não em todos os anelídeos poliquetas e, nesse caso, é que acontece a maior parte do crescimento vitelogênico.

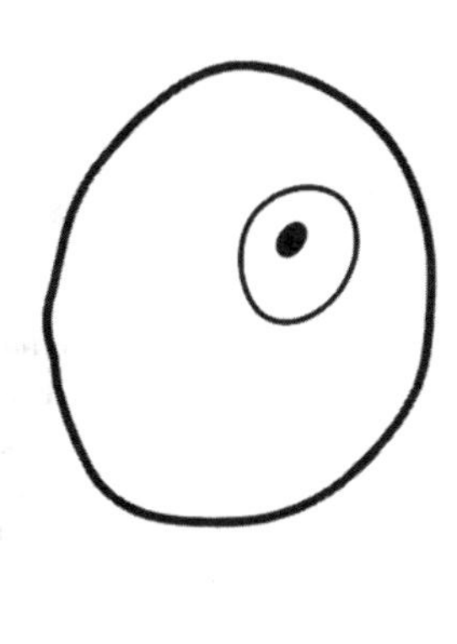
(a)

(b) Folicular: Os ovócitos estão intimamente associados com as células somáticas. Essas células podem desempenhar um papel importante no transporte de macromoléculas para o citoplasma das células germinativas e podem recobrir a superfície das células germinativas.

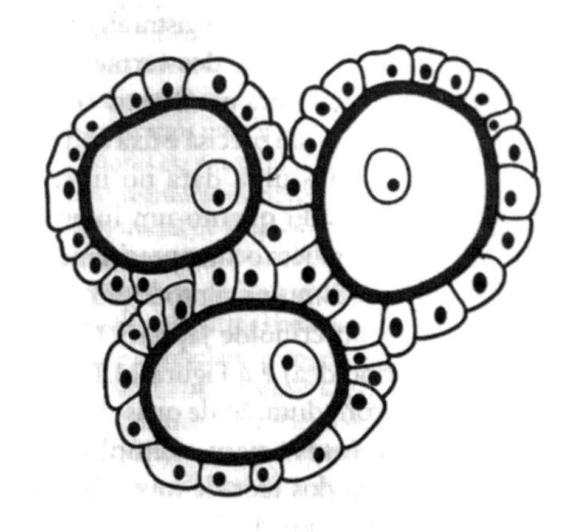
(b)

(c) Nutrimental: Os ovócitos mantêm uma íntima associação com outras células da linhagem germinativa, não destinadas a se tornarem gametas. Citocinese incompleta resulta na formação de um complexo sincicial, com conexões entre as células do complexo. Geralmente, apenas uma célula do complexo se transforma em ovócito, as outras células são chamadas de células subsidiárias e contribuem de algum modo para o desenvolvimento do ovócito. Dois tipos de associação podem ser encontrados.

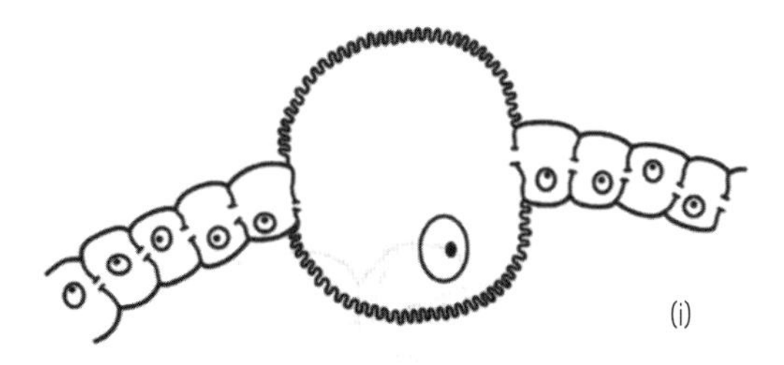
(i)

(i) Sem células foliculares. O complexo ilustrado é o do anelídeo poliqueta Diopatra. O ovócito é uma de uma cadeia de células produzidas pelos ovários. Não existem células foliculares.

(ii) Com células foliculares. Os ovários dos insetos são sempre foliculares. Algumas vezes, como nos insetos Diptera, o folículo contém um complexo sincicial de até 16 células dispostas em um sincício com conexões citoplasmáticas, como é mostrado. O complexo da célula subsidiária-ovócito está completamente envolvido pelo epitélio folicular.

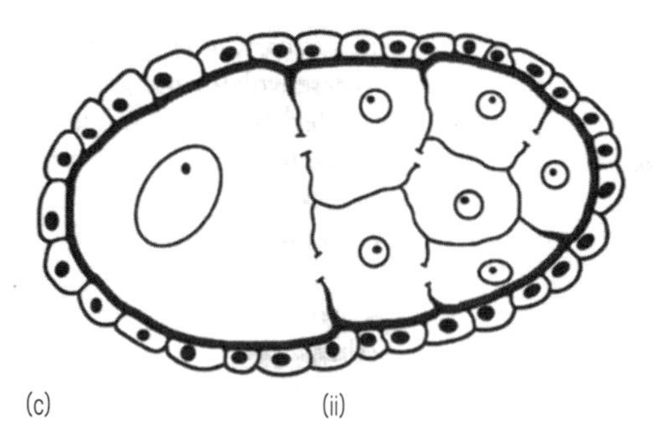
(c) (ii)

2 Transferência de nutrientes e biossíntese

Durante a ovogênese, o ovócito em desenvolvimento acumula reservas enormes de vitela, moléculas de RNA e outras substâncias. Essas podem ser sintetizadas pelo próprio ovócito ou pelo citoplasma de outras células não germinativas.

(i) Autossíntese: O local de síntese de macromoléculas e de material de reserva é o citoplasma do ovócito, utilizando produtos genéticos do núcleo do ovócito primário.

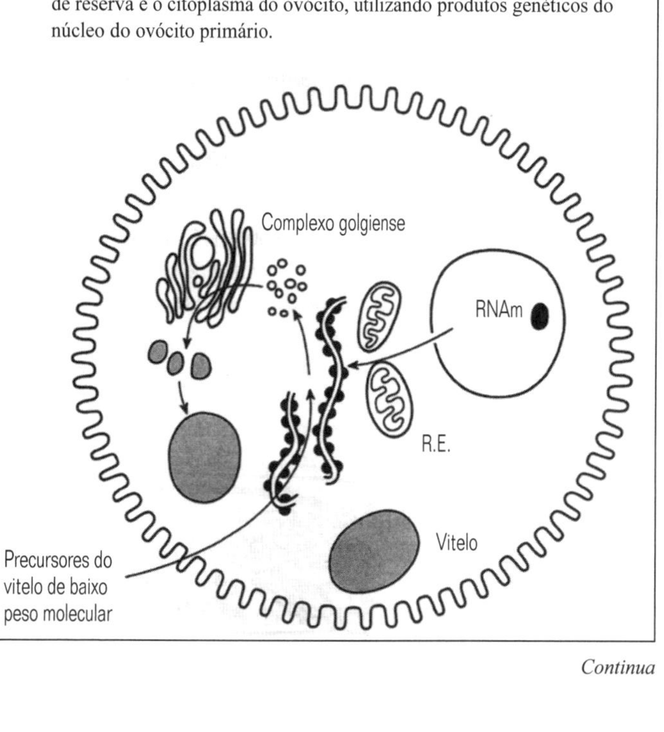

Continua

Quadro 14.7 *(continuação)*

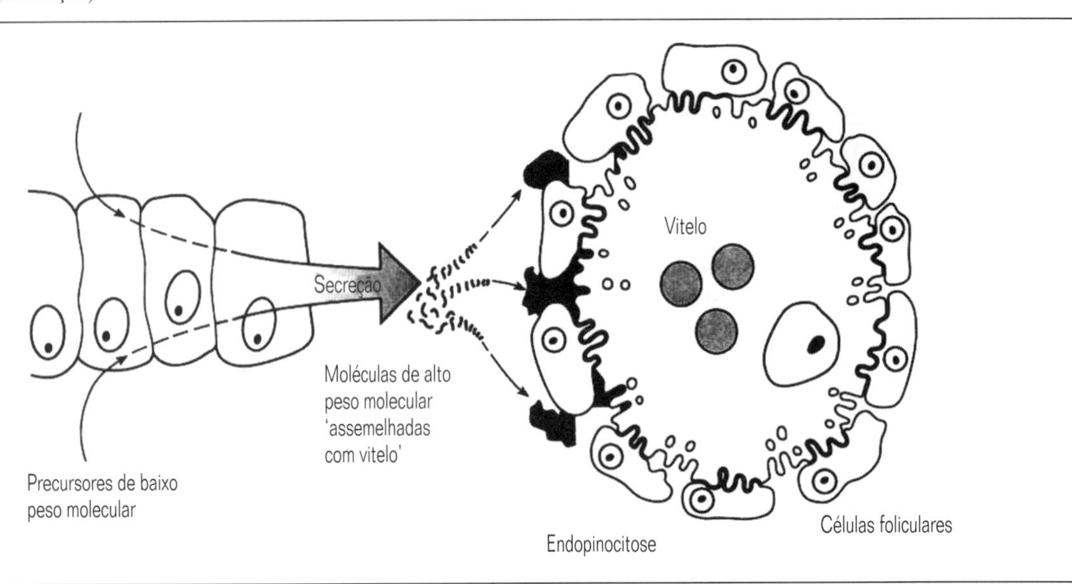

Padrões de síntese do vitelo nos ovócitos. A condição de autossíntese está geralmente associada com o desenvolvimento solitário do ovócito. Precursores de baixo peso molecular são absorvidos pelas microvilosidades da superfície do ovócito, e a síntese dos produtos de reserva, de elevado peso molecular, ocorre no citoplasma do ovócito a partir de moléculas de informação produzidas no núcleo do ovócito.

(ii) Heterossíntese: Os produtos de reserva do ovócito são primeiramente sintetizados por outras células. Células acessórias podem desempenhar um papel importante na transferência e na incorporação de tais materiais e, em muitos casos, a produção heterossintética do vitelo pode ser considerada como um sistema de amplificação. Isso pode permitir, por exemplo, um rápido crescimento do ovócito.

A condição heterossintética, geralmente está associada com o modo de desenvolvimento folicular do ovócito, mas não necessariamente com este. Precursores complexos do vitelo, de elevado peso molecular, são transportados para o ovócito pelos líquidos corpóreos (sistema sanguíneo, hemolinfa, líquido celomático etc.). Essas substâncias de elevado peso molecular são produzidas a partir de precursores de baixo peso molecular, por células não germinativas, utilizando-se de moléculas de informação das células acessórias. O diagrama representa a situação em alguns insetos.

cos terrestres e dulciaquícolas mostram semelhantes adaptações reprodutivas sob este ponto de vista; em ambos, os ovos são postos no interior de casulos que contêm o albúmen nutritivo e que suplementa os materiais de reserva no citoplasma do ovo. A provisão de grandes quantidades de vitelo ou albúmen, dentro de um casulo protéico esclerotizado, à prova de água, permitirá à prole se desenvolver a um tal estágio que ela estará apta a resistir aos rigores da exposição ao estresse dos ambientes de água doce e terrestre.

14.4.3 Reprodução sincronizada dos invertebrados marinhos

O padrão dominante de reprodução entre os invertebrados marinhos (Seção 14.3.2) requer um elevado grau de sincronização dos eventos reprodutivos, dentro dos indivíduos e entre diferentes membros de uma população. O grau de sincronização pode realmente ser muito dramático. A Tabela 14.7 registra algumas datas e períodos nos quais ocorreu a reprodução dos vermes palolo (Polychaeta, Eunicidae) do Pacífico durante os últimos 100 anos: a liberação dos gametas tem uma relação precisa e fixa com o 3° quarto lunar, tendo esse ocorrido após uma data no início de outubro. O sincronismo é tão acurado quanto um intervalo de 1 dia, e a liberação dos gametas também ocorre precisamente na mesma data a cada dia. Um sincronismo na reprodução, igualmente preciso, tem sido observado no crinóide japonês Comanthus japonicus (Echinodermata, Crinoidea) e a Figura 14.15 mostra que todo o ciclo gametogênico, com duração de quase um ano, está restrito a esse padrão. Talvez esses sejam exemplos extremos, mas a reprodução da maioria dos filos de invertebrados marinhos, até certo ponto, envolve este tipo de sincronização.

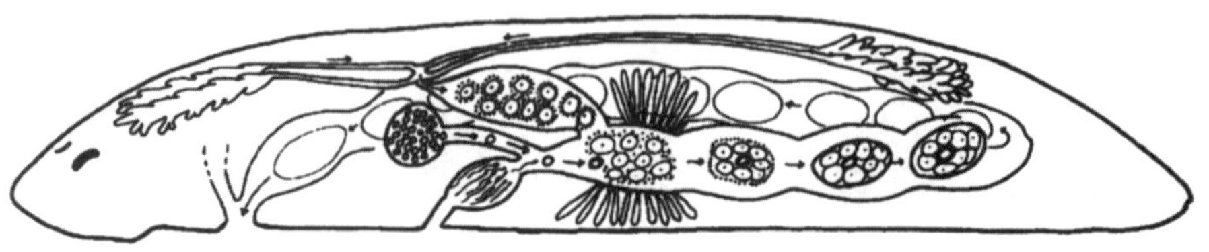

Fig.14.14 Representação diagramática de um turbelário mostrando o arranjo complexo das glândulas associadas com a produção do complexo 'ovo', que é composto do óvulo fecundado, células vitelínicas extra-ovarianas e um envoltório protéico. As setas indicam o caminho do ovo quando sai do ovário e é fecundado, e incorporado no complexo com proteínas e células nutritivas antes de ser, finalmente, liberado para o exterior (veja também Fig. 3.38).

Tabela 14.7 Uma amostra de dados de uma compilação mostrando a sincronia da emergência dos vermes palolo sexualmente maduros (*Eunice viridis*) nas Ilhas Samoa.

Ano		Terceiro quarto da lua		Datas de emergência	
		Out.	Nov.	Out.	Nov.
19 anos	1843	16	14	15/16	
	1862	15	14	15/16	14/15
19 anos	1874	31	30	31	1
	1893	31	29	31	1
19 anos	1926	27	26	28	
	1927	17	15	17	
	1928	5	4		4
	1929	24	23	25	
	1930	14	13	14/15	
	1943	20	19	20	
	1944	8	7		7/9
	1945	27	26	28	

Os dados mostram que: (a) a liberação de gametas nunca ocorre antes de 8 de outubro; (b) os vermes liberam gametas em outubro se o terceiro quarto lunar cai após 18 de outubro; (c) cada liberação do 19° ano ocorre na mesma data. Além disso, o período do dia de emergência também é determinado com precisão.

Uma das mais espetaculares descobertas dos biólogos marinhos nos anos recentes foi a de que uma grande quantidade de espécies em uma dada localidade pode liberar gametas, todas ao mesmo tempo. Esse fenômeno de liberação simultânea e epidêmica de gametas foi primeiramente descrito para animais no Recife da Grande Barreira australiana em 1981. Cerca de 86 espécies foram observadas liberarem gametas ao mesmo tempo em apenas um ou dois dias do ano. Isso cria uma mancha maciça na água, composta de bilhões de ovócitos e espermatozóides de muitas espécies ao mesmo tempo. A fecundação ocorre e essa mancha é a fonte para todos os jovens recrutas manterem a estrutura da comunidade coralínea. Fenômenos semelhantes já foram observados em altas latitudes e essas observações colocam uma série de questões que são difíceis de responder:

- Como são produzidas as grandes quantidades de células germinativas pelos indivíduos, todos atingindo a maturidade precisamente ao mesmo tempo?
- Como é mantido o alto grau de sincronia entre os diferentes membros da população?
- Como o estado reprodutivo das muitas espécies diferentes está envolvido na liberação sincrônica, em massa, dos gametas?
- Qual é a vantagem seletiva da alta taxa de liberação sincrônica de gametas por muitas espécies?
- O que previne a fecundação cruzada e produção de híbridos quando espécies próximas liberam os gametas juntas?

Acreditava-se que as variações na temperatura ambiental pudessem fornecer os mais importantes sinais, mas isso é claramente insuficiente para responder pelos exemplos extremos mencionados acima. O ciclo de temperatura está sujeito a muita variação aleatória (isto é, é um sinal muito ruidoso) para ser o responsável único pelos padrões observados.

Talvez seja surpreendente que as águas dos oceanos tropicais forneçam alguns dos melhores exemplos de reprodução sincronizada entre os invertebrados marinhos, por que se acredita, em um senso geral, que os oceanos tropicais sejam menos sujeitos a variações do que aqueles das regiões temperadas. As regiões mais profundas dos oceanos são ainda mais estáveis. Na realidade, se acreditou, por um longo período, que o mar profundo representava um ambiente imutável. As águas nas profundezas dos oceanos são frias, ao redor de 5°C e, com quase nenhuma variação sazonal na temperatura, não há incidência de luz e o alimento acreditava-se estar disperso. Foi muito surpreendente quando os cientistas começaram a colecionar evidências durante os anos 80 que, mesmo nas profundezas do oceano, existiam invertebrados, moluscos, crustáceos e equinodermos, que produziam ovos pequenos, possuíam ecto-aquaespermatozóides e liberavam ovócitos pequenos, atributos normalmente associados com reprodução sazonal descontínua. Também se descobriu que esses invertebrados provavelmente se desenvolviam através de estágios larvais planctotróficos apesar de viverem a tão grandes profundidades.

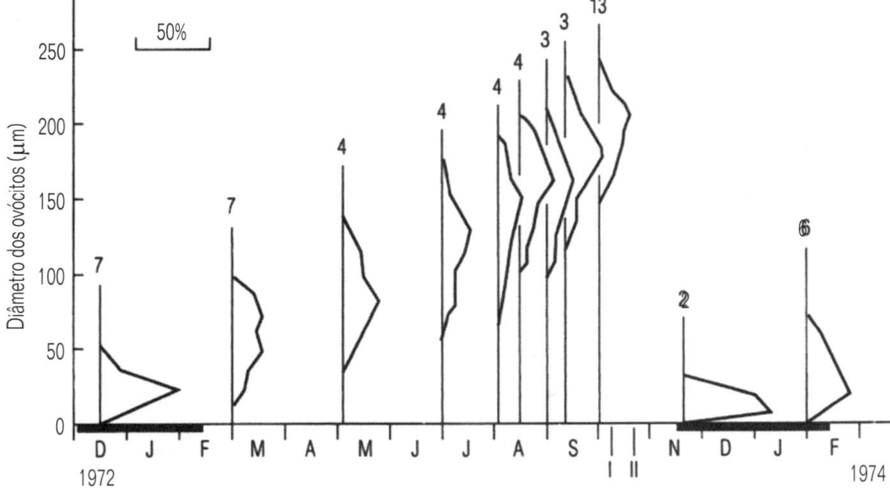

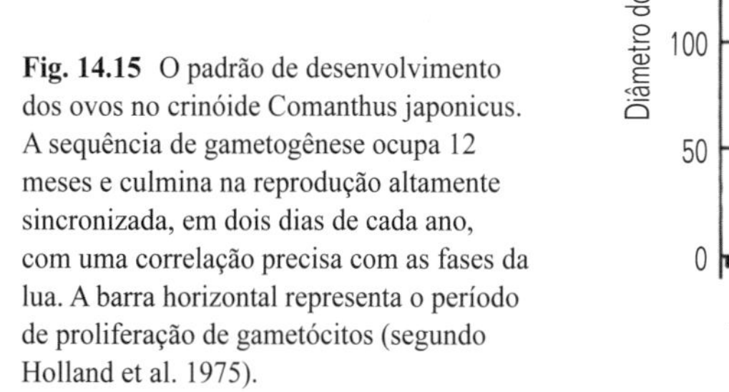
Fig. 14.15 O padrão de desenvolvimento dos ovos no crinóide Comanthus japonicus. A sequência de gametogênese ocupa 12 meses e culmina na reprodução altamente sincronizada, em dois dias de cada ano, com uma correlação precisa com as fases da lua. A barra horizontal representa o período de proliferação de gametócitos (segundo Holland et al. 1975).

Evidências apontavam na direção da reprodução sincrônica distinta em muitos animais de mar profundo, assim como em seus primos de águas rasas de zonas temperadas. Como isto poderia ser provocado? Uma teoria que emergiu dizia que os fluxos sazonais de 'neve marinha', detritos planctônicos floculados que descem às profundezas dos oceanos, poderiam fornecer vantagens seletivas e estímulos ambientais para permitirem a reprodução sazonal nessas profundidades. Mais recentemente, um grupo trabalhando no Japão mostrou que os moluscos bivalves de profundidade Calyptera soyoae apresentam vários surtos de reprodução altamente sincronizada. Esses moluscos gigantes vivem em fendas entre blocos de lava basáltica a grandes profundidades nos oceanos nesse mundo de frio e escuridão quase constantes. Eventualmente, os machos liberam nuvens de esperma e isso é rapidamente seguido pela liberação dos ovócitos em massa pelas fêmeas – evidência de ação de feromônio? Observações e experimentos conduzidos a mais de 1.000 m abaixo da superfície demonstraram que as desovas tendem a ocorrer quando pequenas modificações ocorrem na temperatura (na casa de 0,l-0,2°C) e que as desovas podem ser artificialmente estimuladas elevando-se a temperatura em tais quantias dentro de redomas experimentais no fundo oceânico.

Fora das regiões de profundidade o mar é um ambiente rítmico complexo (Tabela 14.8) e os ciclos reprodutivos dos invertebrados marinhos podem ter fases fixas de relações com todos esses diferentes ciclos. Foi demonstrado que espécies de Polychaeta, Echinodermata e Crustacea podem apresentar respostas curtas à duração relativa do comprimento do dia, um fenômeno conhecido como 'fotoperiodismo: Essas respostas são tão complexas quanto as respostas fotoperiódicas dos insetos terrestres a serem descritas adiante. Animais marinhos também podem apresentar respostas diretas ao ciclo lunar, e podem exibir ritmos endógenos de periodicidade circa-lunar e circa-maré, que podem ser carreados por exposição a determinados programas externos de ajuste temporal (denominados 'Zeitgeber') para funcionar a exatas taxas de marés ou lunares. Também está se tornando evidente que o que está por debaixo dos evidentes ciclos reprodutivos anuais de algumas espécies marinhas são ritmos endógenos de periodicidade circa-anual. Há uma clara forte pressão seletiva para atingir a reprodução sincronizada e os animais, consequentemente, terão que se adaptar e responder a muitos dos complexos sinais geofísicos que ocorrem no ambiente marinho. Organismos terrestres, por outro lado, estão expostos a sinais mais extremos relacionados aos ciclos anuais e solares diários devido aos movimentos relativos da Terra em relação ao Sol e as respostas a esses predominam (veja abaixo).

Tabela 14.8 Ciclos geofísicos no ambiente marinho.

Nome		Periodicidade
Metônico	Repetição de fases do Sol e da Lua	19 anos
Anual	Ciclo da Terra ao redor do Sol	1 ano
Lunar	Ciclo da Lua ao redor da Terra	29,5 dias
Semilunar	Repetição dos ciclos das fases mareais e solares (ciclos de maré alta e baixa)	15 dias
Mareal	1 dia lunar	24,8 horas
Diário	1 dia solar	24 horas
Semi-lunar	Repetição das marés altas ou baixas com marés semi-diurnas	12,4 horas

As observações mostram que as atividades reprodutivas de pelo menos alguns invertebrados marinhos estão correlacionadas com algum desses ciclos. Isso não estabelece qual seria o fator causal (veja o texto para discussão).

Ciclos repetidos de produção e liberação de gametas são claramente elementos chave na biologia reprodutiva de animais marinhos. Tais ciclos podem ser controlados ao nível celular pela produção cíclica de hormônios. Tais hormônios podem ser descritos com referência a suas funções como sendo de dois tipos básicos: aqueles que têm um papel gonadotrófico e aqueles que induzem a desova ou a maturação e/ou a ativação dos gametócitos, como ilustrado na Figura 14.16. As substâncias envolvidas no controle dessas funções básicas podem ser um tanto diferentes em estrutura molecular, mas existe evidência de um alto grau de conservação. Nos equinodermos, a função gonadotrófica está

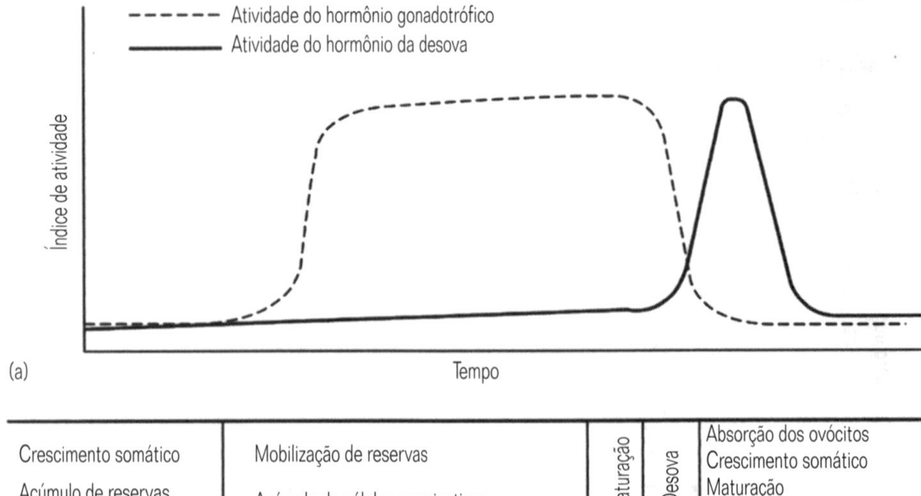

Fig. 14.6 Controle dos ciclos reprodutivos anuais através da produção e liberação de hormônios gonadotróficos e indutores de desova: (a) um esquema generalizado; (b) atividades celulares associadas com as diferentes fases do ciclo hormonal.

associada com mudanças nos níveis relativos dos hormônios de 'vertebrados', progesterona e estrona, enquanto que a desova é iniciada por uma cascata de reações que se iniciam com a liberação de peptídeos neurossecretores dos nervos radiais que, por sua vez, induzem a produção da substância simples 1-metiladenina pelo ovário (veja também Seção 16.11.4). 1-Metiladenina causa contrações dos músculos ovarianos e, assim, inicia a desova, mas também está envolvida na maturação dos gametas. Sua liberação pelas células foliculares do ovário induz a produção de um terceiro mensageiro, fator promotor de maturação, FPM, a partir da superfície interna da membrana do ovócito que, finalmente, leva à quebra da vesícula germinativa e torna o ovócito fecundável. O receptor protéico que traduz o sinal é a proteína 39 kDa G. A via de sinalização da proteína G é um exemplo de mecanismo altamente conservado que está envolvido na regulação de funções celulares em uma ampla variedade de organismos (Fig. 14.17a).

Nas estrelas-do-mar, a sinalização da proteína G regula o ciclo de renovação celular envolvendo pulsos de produção de quinase Cdc2 interagindo com as proteínas ciclina B e ciclina A (Fig. 14.17b) (Kishimoto, 1998) no ovócito em desenvolvimento. A resposta ao hormônio indutor da maturação leva ao término da meios e I e II, mas o pronúcleo feminino não pode continuar o processo até que a fecundação ocorra em algum momento entre o reinício da meiose e a G1 suspenda a conclusão da meiose II seguinte (detalhes na Fig. 14.17b). Mecanismos como estes garantem uma resposta de maturação simultânea em todos os milhares de ovócitos em um indivíduo de estrela-do-mar. Mecanismos semelhantes são conhecidos nos Polychaeta (por exemplo, Arenicola) e mecanismos desse tipo podem ser conectados a sinais externos de tal forma que todos os membros da população possam completar a meiose ao mesmo tempo. As vias de sinalização parecem ser altamente conservadas, mas as entradas, que são detectadas e traduzidas, desse modo são altamente diversas. Os sinais de entrada podem estar associados com ciclos geofísicos ambientais (temperatura/fotoperíodo), mas também podem incluir sinais químicos liberados por outros organismos, chamados 'feromônios'.

A observação de que a desova de fêmeas de moluscos de águas profundas (mencionada acima) ocorre após a liberação de esperma pelos machos, após ser disparada por um tênue aumento na temperatura, aponta para um mecanismo feromonal. Seria, é claro, extremamente difícil isolar, naquela profundidade, os compostos químicos envolvidos, então, isso, por enquanto, é pura hipótese. Progressos foram alcançados, no entanto, no isolamento e na caracterização química de feromônios que coordenam o comportamento reprodutor de diversos invertebrados de águas rasas. Poliquetas nereidídeos fornecem bons modelos para se trabalhar com a natureza química dos feromônios marinhos. Eles fazem parte da característica 'dança nupcial', nos quais animais maduros deixam seus tubos no fundo do mar e nadam para a superfície do mar para acasalar. Esse comportamento pode ser induzido por uma fragrância química. Na espécie Platynereis dumerilli, a dança nupcial é induzida pela liberação de quetona 5-metil- 3-heptanona, enquanto que a liberação de gametas masculinos é acionada pela liberação de ácido úrico. A especificidade-específica parece ser parcialmente devida a diferentes limiares de resposta, mas pode também envolver respostas a conjuntos complexos de feromônios originando uma fragrância espécie-específica característica.

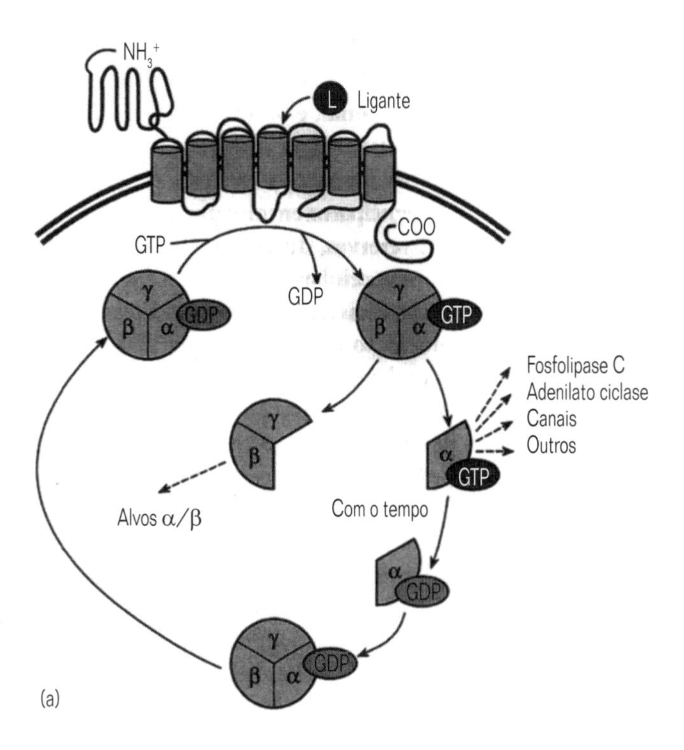

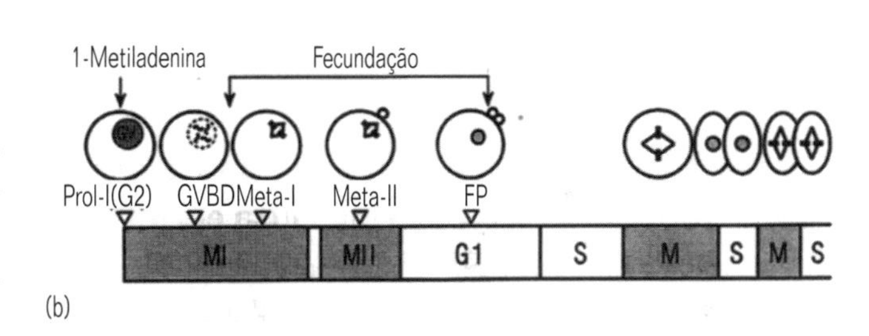

Fig. 14.17 Mecanismo molecular controlando o ciclo de renovação celular durante a maturação dos gametas. (a) A via de sinalização da proteína G. Sinais extracelulares podem se ligar às margens das moléculas dos receptores protéicos. Na ativação, uma proteína G trimérica com GDP se liga à superfície interna do receptor, troca GDP por GTP e é liberada do receptor como uma α-unidade com GTP e como um dímero ?β. O α GTP é altamente instável e rapidamente se reverte a α GDP, ligando-se novamente ao dímero ?β. (b) Resposta de divisão celular ao sinal externo (1- metiladenína) e transdução de proteína G na estrela-do-mar Asterina. Ovócitos imaturos totalmente desenvolvidos são mantidos na prófase (Pro-1) da meiose I (MI). Nesse estágio, a vesícula germinativa (núcleo do ovócito) está intacta. O hormônio de maturação (1-metiladenina) ativa a cascata de receptores da proteína G e reinicia a meiose levando à quebra da vesícula germinativa, seguida por duas divisões celulares sucessivas (fases M). O ovócito será mantido parado novamente até que a fecundação ocorra. O estimulo de 1-metiladenina ativa a ciclina β/Cdc2 quinase e os ciclos de atividade da quinase estão associados com as divisões celulares sucessivas (segundo Kishimoto, T., 1998).

Os poliquetas nereidídeos, juntamente com os moluscos cefalópodes, também fornecem exemplos interessantes de uma outra variação no padrão da reprodução sazonal. Todos os membros desses grupos taxonômicos se reproduzem uma única vez na vida. Nos Nereididae todo o período de vida é maior que o intervalo modular entre eventos de desova no nível populacional de tal modo que, na população um padrão cíclico, com periodicidade anual, lunar e semilunar, é observado. Sistemas desse tipo estão associados com sistemas de controle endócrino com um forte elemento de retroalimentação positiva. A reprodução sexuada em organismos semélparos envolve um maciço e rápido re-desenvolvimento das reservas, durante o qual metabólitos estocados são transferidos às células germinativas em desenvolvimento, uma vez que os animais não sobreviverão à reprodução. Nos Cephalopoda, a transição é estimulada por secreções das glândulas ópticas, que podem ser ditas terem um papel gonadotrófico, mas elas mesmas são inibidas pela atividade dos nervos ópticos. Isolamento das glândulas ou o corte dos nervos ópticos provocam maturação sexual e consequente morte. A transição é normalmente irreversível. A reprodução sexuada nos Nereididae (Polychaeta) também envolve uma morte programada no período da reprodução. Isso é uma consequência da adoção, durante a sua história evolutiva, da epitoquia, processo pelo qual indivíduos sexualmente maduros sofrem uma metamorfose somática, deixando o hábitat bentônico no qual eles viveram e se tornam parte do enxame acasalante – a 'dança nupcial' (veja acima e também Capítulo 4, Fig. 4.57). A coordenação dessa mudança comportamental, pela liberação programada de feromônios, foi descrita e, aparentemente, essa mudança de comportamento acompanhada pela liberação de gametas está associada a um grande aumento no risco. Nessas circunstâncias, a reprodução é atrasada até que o animal tenha recursos suficientes para os riscos 'valerem a pena'.

14.4.4 Ciclos reprodutivos e diapausa em ambientes terrestres e de água doce

A biologia reprodutiva dos invertebrados terrestres e dulciaquícolas é fortemente influenciada pela necessidade de fecundação interna de seus ovócitos e de postura de ovos bem protegidos. Associada com essa, está a habilidade de armazenar espermatozóides. Nas latitudes temperadas, boreais e polares, a maioria dos invertebrados apresenta padrões de reprodução sazonais, com períodos prolongados de postura, intercalados por períodos nos quais não há reprodução sexuada. Tal ciclo reprodutivo não é tão caracterizado pela extrema sincronia dos eventos reprodutivos, mas pela transição controlada entre um estado de atividade reprodutiva para um de inatividade reprodutiva. Podem ser reconhecidos três estados de inatividade reprodutiva:

- *Quiescência*: uma resposta direta e temporária para condições adversas, que é revertida tão logo as condições se tornem favoráveis.
- *Diapausa facultativa*: uma resposta direta às condições desfavoráveis, que, uma vez iniciada, não será revertida até que algum período determinado tenha transcorrido.
- *Diapausa obrigatória*: uma fase de inatividade reprodutiva que se repete em tempos determinados, cada ano, independente das condições adversas.

Quiescência e diapausa facultativa estão associadas com os estágios adultos dos moluscos pulmonados, minhocas e alguns insetos; diapausa obrigatória, por outro lado, é mais frequentemente associada com estágios iniciais de desenvolvimento – ovos, larvas ou pupas. Muitas populações de invertebrados terrestres e dulciaquícolas existem somente como ovos durante certos períodos do ano. Isso pode ser durante os meses de inverno nas regiões temperadas e boreais, ou nas regiões tropicais pode tornar o organismo capaz de evitar exposições a períodos de seca ou extrema umidade.

Insetos que são ativos no verão e que entram em diapausa no outono são descritos como 'insetos de dias longos', ao passo que outros, como o bicho-da-seda Bombyx mori, que são ativos no inverno são descritos como 'insetos de dias curtos'. Os termos são descritivos, mas eles também são apropriados, pois é realmente a duração do dia que controla a transição de um estado fisiológico para outro.

14.4.5 Ciclos reprodutivos, biorritmicidade, fotoperiodismo e o relógio biológico

Virtualmente todos os organismos possuem relógios biológicos, embora a natureza dos relógios biológicos tenha sido por muitos anos, envolta em mistério. Atualmente parece que, virtualmente, todos os organismos possuem a habilidade de mensurar a passagem do tempo, exibir ciclos de atividades em virtualmente todas as suas atividades celulares e fisiológicas conectadas com o bater de um relógio interno. Eles são capazes de utilizar 'informações ambientais' externas para manter o relógio interno em sintonia com o tempo real e os movimentos dos corpos celestes. Eles também são capazes de utilizar o processo de medida do tempo diário para responder a mudanças na duração relativa da luminosidade e escuridão dos dias solares para regular as atividades sazonais. Como sempre, uma inovação importante, que conduz a um aumento dramático do conhecimento, veio do estudo de animais invertebrados, especialmente da mosca-das-frutas Drosophila.

Nós agora sabemos que as bases moleculares dos relógios biológicos são altamente conservadas, e que proteínas semelhantes estão envolvidas em insetos e mamíferos. As características fundamentais dos relógios surgem das propriedades de numerosas proteínas auto-regulatórias. O 'relógio biológico' é construído a partir de fatores transcriptores de genes que realimentam e inibem sua própria transcrição (veja também Quadro 16.7). Os componentes temporais são devido ao tempo necessário para a transcrição do gene, movimento do RNAm até o citoplasma, transcrição e formação de dímeros. As proteínas arcabouço do relógio são as transcritas pelo gene de período per e pelo gene atemporal tim. Essas proteínas somente estão aptas a se mover para dentro do núcleo na forma dímera. Proteínas quinase estão envolvidas na formação de dímeros e também formam parte do mecanismo do relógio (Fig. 14.18). Um ou mais fatores de transcrição do gene do qual o relógio biológico é construído também são moléculas fotorreceptoras que são sensíveis a comprimentos de onda de luz específicos. Dessa forma, emerge um mecanismo comum que auxilia a explicar as propriedades básicas de todos os relógios biológicos circadianos. Para ser eficaz, um relógio biológico deve ter as seguintes propriedades: (i) manutenção do tempo (isto é, ciclo endógeno), (ii) um mecanismo de embarque. Para organismos

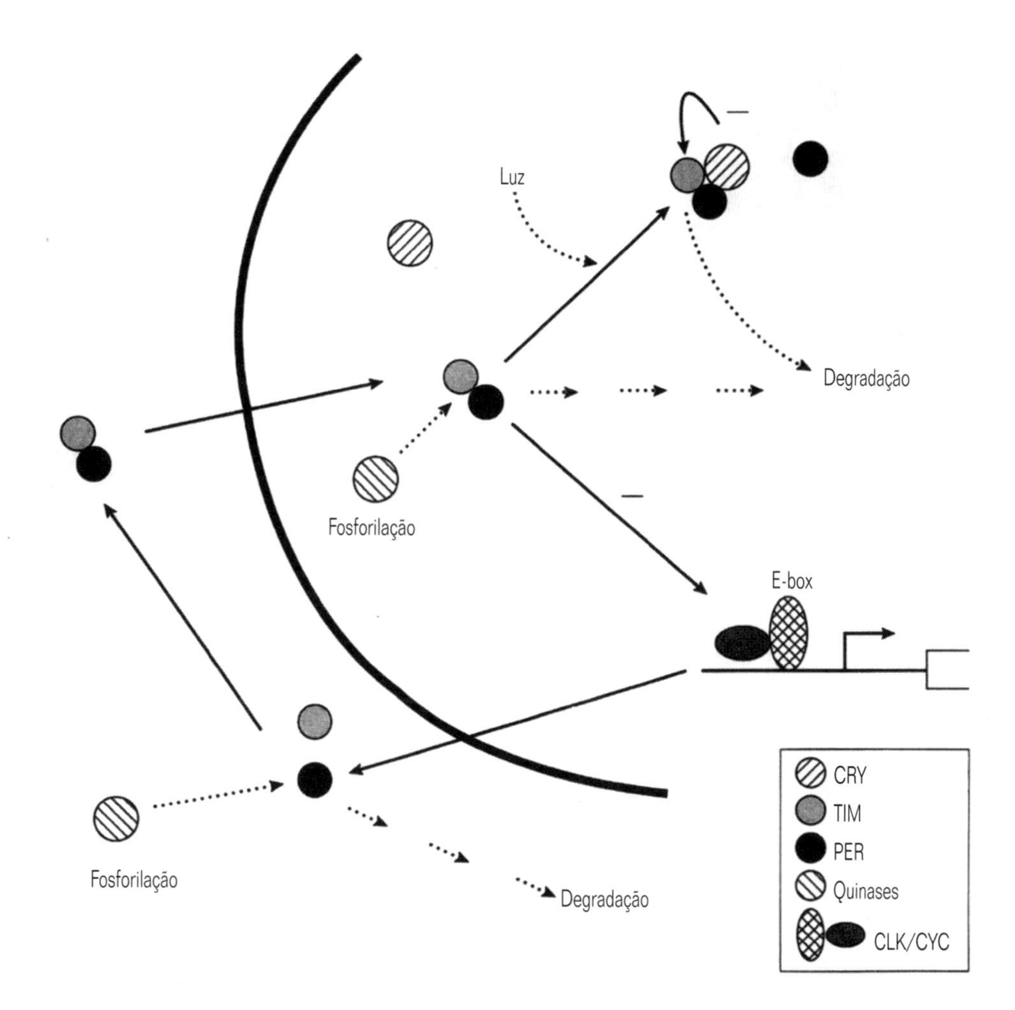

Fig. 14.18 Um modelo conceitual dos componentes moleculares do relógio circadiano em Drosophila. O relógio envolve duas proteínas de período (PER) e atemporais (TIM) que são auto-regulatórias por um ciclo de retroalimentação negativa. Além disso, vários outros produtos de genes estão envolvidos. Os dois fatores positivos da transcrição do relógio (CLK) e ciclo (CYC) se ligam a sequências específicas nos promotores per e tim (Ebox). Desse modo, eles dirigem a transcrição per e tim, que alcança os níveis de pico no início da noite. O aumento de RNArn não é imediatamente seguido por um aumento substancial nos níveis de proteínas, uma vez que a fosforilação de PER, provavelmente através da ação de diversas quinases, atinge a proteína para degradação. Uma dessas quinases é o produto do gene do tempo duplo (dbt). TIM não é fosforilada por DBT e no citoplasma é mais estável que PER. A interação com TIM estabiliza PER permitindo o acúmulo das duas proteínas. Isso também é essencial para a entrada nuclear do complexo. O dímero PER-TIM entra no núcleo onde reprime CLK/CYC, desligando a transcrição. No núcleo, PER e TIM são mais uma vez fosforilados e marcados para degradação. Nesse compartimento subcelular, PER é agora mais estável que TIM, então ele persiste por um período maior e pode ser encontrado como um monômero até o final da noite e início do dia. A luz direciona a degradação de TIM, que explica porque TIM não é encontrado durante o dia. Mesmo sem TIM, novos PER não podem ser acumulados. Além disso, a luz promove a interação da proteína criptocromo (CRY) com o complexo PER-TIM. Como resultado, o efeito inibitório de PER-TIM sobre CLK/CYC é reprimido. Os efeitos combinados de luz, baixos níveis de TIM e a repressão dos resíduos do complexo PER-TIM através da ação de CRY, permitem o inicio de um novo ciclo de transcrição. Em escuridão constante, o ciclo de RNArn per e tim e níveis de proteína continuam. Assim sendo, passos regulatórios adicionais são requeridos (Figura e texto acompanhante com a permissão do Professor C.P. Kyirakou e Dr E. Rosato, Departamentos de Genética e Biologia, Universidade de Leicester).

terrestres) o embarque é dado pela entrada de informação sobre o ciclo claro-escuro. Nos invertebrados marinhos, entradas fotoperiódicas possuem muitas funções, além disso, a entrada relacionada com o ciclo lunar da luz à noite e aos relacionados ciclos das marés podem ser igualmente importantes, de tal modo que os organismos marinhos parecem ser ritmicamente mais complexos que os animais terrestres. Permanece ser descoberto se a grande diversidade de relógios encontrada entre os organismos marinhos compartilha as mesmas bases moleculares estruturais.

Para serem efetivas, muitas atividades fisiológicas e commportamentais dos organismos são melhor realizadas em certas fases do dia ou da noite. A duração do dia e da noite, contudo, muda sazonalmente, exceto no centro dos trópicos onde existe uma constância de 12 horas no dia e na noite, e nas profundezas dos oceanos onde a luz não penetra. Consequentemente, um simples relógio fixo, não importando o quão acurado seja, não dá conta da alteração no tempo de amanhecer e entardecer com as mudanças sazonais. Essa talvez seja a razão pela qual o relógio diário seja 'circadiano', isto é, próximo a um período de 24 horas.

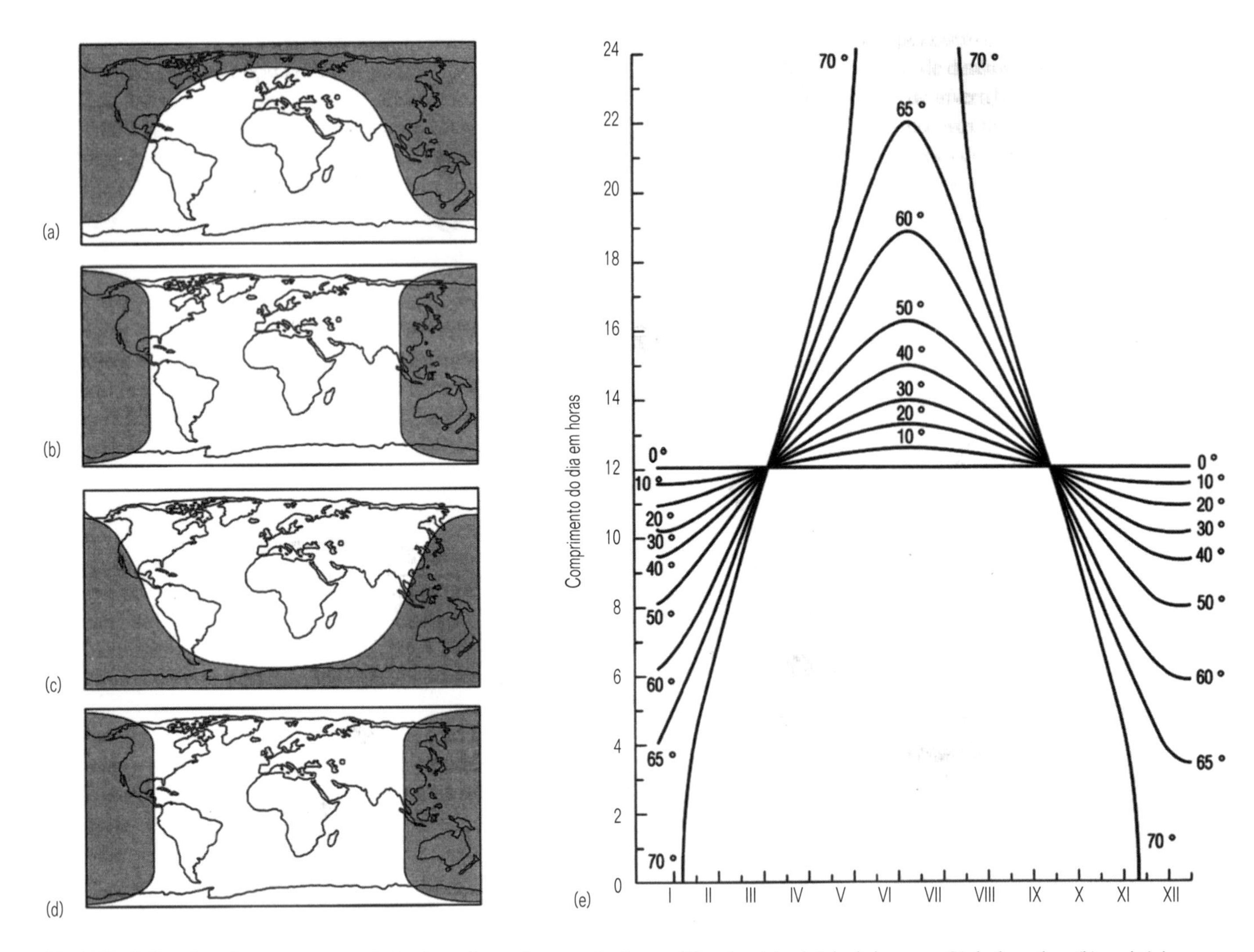

Fig. 14.19 O dia solar sobreposto a uma projeção planar do mundo em quatro épocas diferentes: (a) solstício de inverno – 21 de dezembro; (b) equinócio de primavera – 22 de março; (c) solstício de verão – 21 de junho; (d) equinócio de outono – 23 de setembro. (e) Variação sazonal na duração da fase fótica como função da latitude (notar que, duas vezes por ano todos os pontos na superfície terrestre experimentam 12 horas entre o nascer e o pôr do sol, e que a amplitude do sinal fotoperiódico aumenta com a latitude).

A exposição de Drosophila, mantidas no escuro a breves períodos de luminosidade, pode ter três efeitos diferentes de acordo com o período do dia, quando ocorre exposição à luz. Um pulso luminoso, no que seria o início da noite, causa um atraso de fase enquanto que um pulso luminoso tarde da noite causa um avanço de fase. Se o pulso luminoso é recebido durante o que seria o dia (o dia subjetivo) ele tem pouco efeito sobre o ajuste do relógio interno.

O mecanismo molecular do relógio biológico pode, dessa forma, responder à duração relativa da noite e do dia de tal forma que as atividades podem ocorrer 'ao amanhecer' ou 'pouco antes do amanhecer'. A habilidade de rastrear a relação de mudança de fase entre o comprimento da noite e do dia também fornece um mecanismo pelo qual os organismos podem atingir um elevado grau de sincronia e controle dos eventos anuais e nós observamos que isso é muito importante na regulação das atividades reprodutivas.

A mudança no ciclo de comprimento do dia, associada com a progressão das estações, é uma fonte precisa de informações sazonais em regiões do mundo não tropicais. O comprimento relativo do dia durante todo o ano em diferentes latitudes está ilustrado na Figura 14.19a-d. Note que, duas vezes por ano, em 21 de março e 23 de setembro, o comprimento do dia e exatamente de 12 horas de luz e o comprimento da noite é de 12 horas de escuro em cada ponto da superfície da Terra (Fia 14.19e). Animais marinhos, de água doce e terrestres podem responder às mudanças no ciclo de comprimento do dia e essa informação pode ser utilizada para controlar a progressão anual. O fenômeno é conhecido como 'fotoperiodismo'. As respostas de muitos animais ao comprimento relativo do dia (ou comprimento relativo da noite) são geralmente não lineares e períodos de luminosidade menores que alguns comprimentos críticos são interpretados como sendo 'curtos' e aqueles maiores que o comprimento crítico são interpretados como 'longos'. Isso pode ser demonstrado ao expor colônias de insetos a diferentes regimes de claro-escuro e registrando a frequência com que cada diapausa é induzida (Fig. 14.20). A acurácia da medição do tempo pode ser de 30 minutos ou menos. Sabe-se agora que o fotoperiodismo controla as atividades sazonais de ampla variedade de organismos, mas é melhor conhecido para alguns grupos de

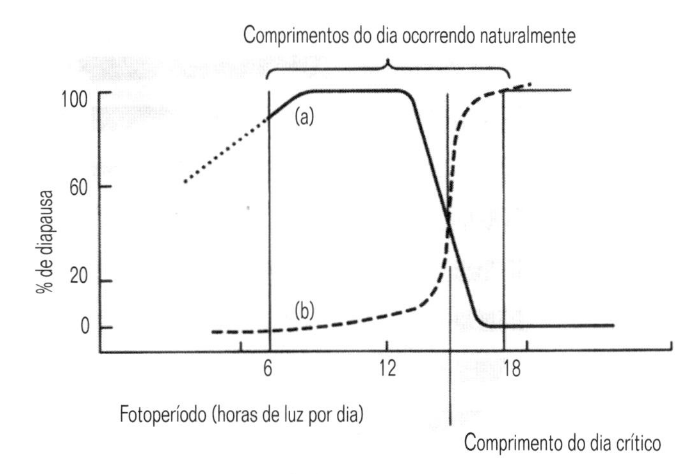

Fig. 14.20 Representação esquemática da resposta ao fotoperíodo para insetos de (a) dia longo e de (b) dia curto, onde a resposta é medida como a porcentagem de indivíduos que entram em diapausa quando expostos à fotoperíodos fixos.

insetos. Análises experimentais do fotoperiodismo em insetos sugerem que, em alguns, notavelmente nos Aphidae, a resposta fotoperiódica envolve um mecanismo com as propriedades de um intervalo de tempo. Em outros, o sistema circadiano está claramente envolvido no fotoperiodismo. A evidência experimental para isso foi obtida a partir de experimentos ingênuos e diligentes nos quais insetos eram expostos a diferentes combinações de ciclos de luminosidade e escuridão de modo que a duração total do ciclo claro-escuro não era necessariamente de 24 horas. Nos afídeos, o relógio parece ter a propriedade de um medidor de intervalo medindo a variação do comprimento da noite (Fig. 14.21a). Na maioria dos insetos, entretanto, o relógio fotoperiódico mostra ressonância indicando o envolvimento de um relógio circadiano funcionando continuamente. Evidência disso está resumida na Figura 14.21b.

Restringindo o tempo de reprodução a um período particular do ano, pode ser presumido maximizar a adaptação, mas as razões para isso são difíceis de estabelecer. No ambiente marinho, a produção de larvas pode ser regulada para ocorrer logo antes do aparecimento de uma rica fonte alimentar temporária de uma explosão populacional de fitoplâncton. No domínio terrestre, a diapausa, ou uma troca de crescimento partenogenético para reprodução sexuada e, então, diapausa, pode ser regulada de tal forma que ocorra antes do começo de condições alimentares pobres durante o período de inverno. Os recursos alimentares são então prevenidos de serem um fator limitante (veja Fig. 14.5).

A habilidade de sincronizar a desova traz outras vantagens:

- Desova altamente sincronizada maximiza a taxa de fecundação quando ela é externa.
- A liberação em massa e sincronizada de gametas leva a um 'afogamento' do predador de tal forma que a sobrevivência larval é maior.
- A reprodução sincronizada pode aumentar o valor reprodutivo dos animais adultos, permitindo a efetiva partição de atividades em um ambiente com mudanças sazonais. Mecanismos fotoperiódicos podem predominar no ambiente terrestre e são certamente um componente dos ciclos reprodutivos dos animais marinhos, embora o mar seja um ambiente ritmicamente complexo no qual diversos ciclos geofísicos interagem (veja Tabela 14.8). O mais extremo dos exemplos de reprodução sincronizada reflete isso, e como é explicado na Tabela 14.7, possui componentes de periodicidade anual, lunar, de maré e solar.

14.5 Reprodução e alocação de recursos

A variedade dos ciclos reprodutivos que podem ser encontrados entre os invertebrados os fazem objetos ideais para o estudo da evolução e da seleção de padrões reprodutivos. Através da investigação dos invertebrados será possível aumentar o conhecimento a respeito de algumas questões fundamentais relacionadas com a evolução animal, e descobrir-se o material experimental que permitirá o teste e o ulterior desenvolvimento da teoria sobre ciclo de vida. Esta seção considerará os ciclos de vida dos invertebrados de um ponto de vista teórico, para explicar os padrões para obtenção de recursos entre organismos adultos e suas proles.

Assume-se que, para a maior parte dos organismos, um ou mais recursos sejam limitados; há então uma dicotomia fundamental entre a alocação de recursos limitados para aumentar tanto (a) a sobrevivência e o crescimento do adulto ou (b) a produção e a sobrevivência da prole.

- Quanto dos recursos limitados deveria ser alocado para a reprodução e quando?
- Quanto dos recursos limitados deveria ser alocado para cada nova geração?

Nos últimos anos começou a surgir uma teoria bastante unificada sobre ciclo de vida e que pode ser denominada de teoria 'demo gráfica da evolução do ciclo de vida'. No centro desta está o conceito de que a seleção natural sempre atua para maximizar o valor adaptativo, mas que os genes relacionados com os padrões reprodutivos podem agir de dois modos bastante diferentes (veja Seção 14.5.1):

- Aumentando a sobrevivência
- Aumentando a fecundidade

Os intercâmbios entre estes dois aspectos da ação gênica podem explicar muito da diversidade nos padrões da reprodução e da alocação de recursos exibidos pelos organismos sob diferentes circunstâncias ecológicas. A teoria do ciclo de vida deveria explicar porque diferentes padrões de alocação de recursos são favorecidos em circunstâncias diferentes, e a teoria deveria ser verificada por testes críticos de suas predições.

14.5.1 Uma introdução à demografia

Uma população de organismos que se reproduzem sexuadamente é frequentemente composta por indivíduos com idades diferentes. Os mais jovens nasceram recentemente e os mais velhos já estão próximos da morte. Tal população pode ser descrita não somente pelo número total de indivíduos, mas também em termos de sua distribuição etária. Há, com certeza, uma relação íntima entre a distribuição etária, a sobrevivência e a taxa de natalidade. Tal população estará em equilíbrio quando, em qualquer tempo:

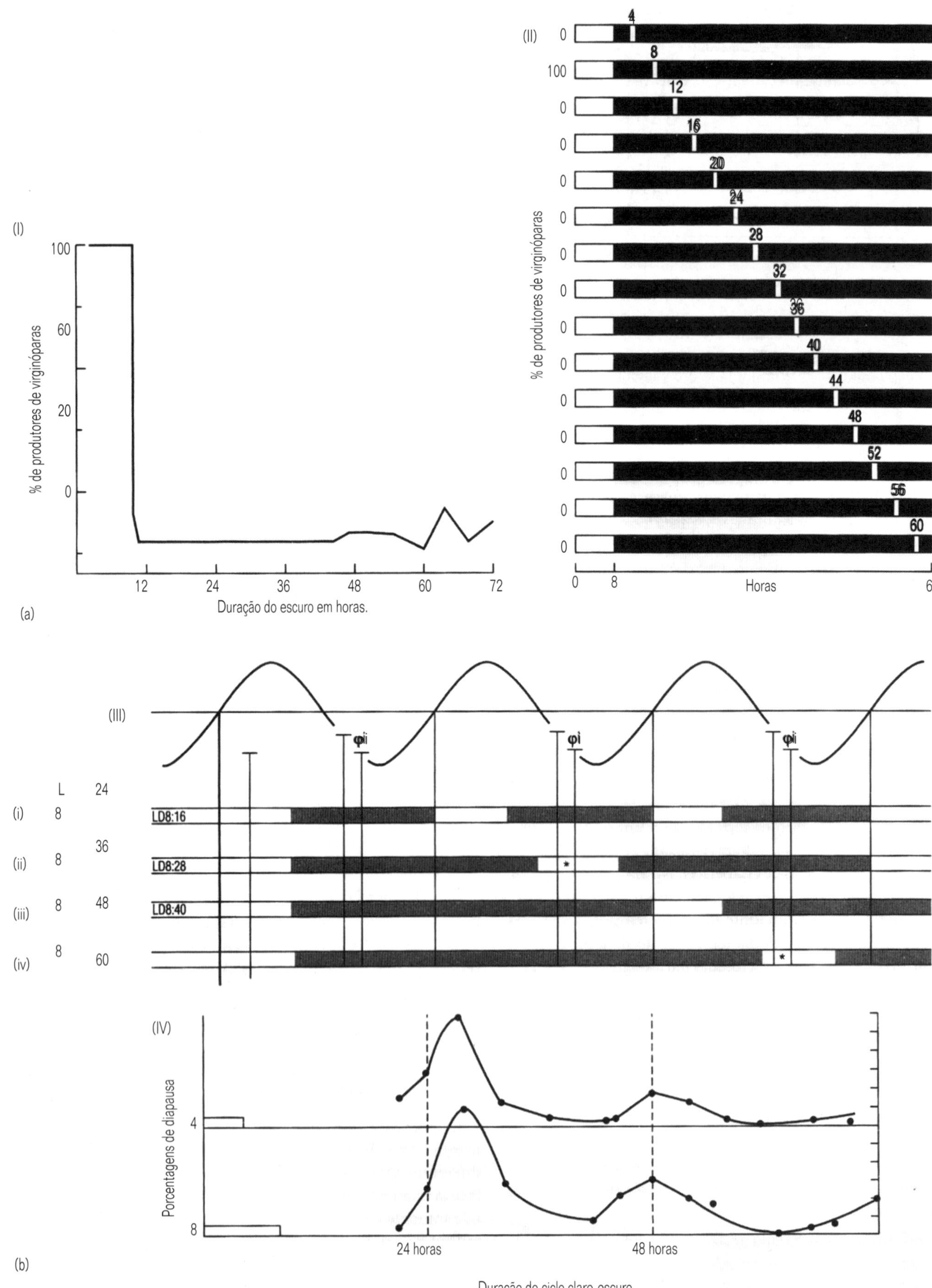
(I)
100
60
20
0
% de produtores de virginóparas
12
24
36
48
60
72
Duração do escuro em horas.
(a)
(II)
% de produtores de virginóparas
Horas
0
8
64
(III)
φi
L
24
36
48
60
(i)
(ii)
(iii)
(iv)
LD8:16
LD8:28
LD8:40
(IV)
Porcentagens de diapausa
24 horas
48 horas
Duração do ciclo claro-escuro
(b)

Número total de nascimentos + imigração = Total de mortes + emigração.

Em um sistema fechado, sem imigração e emigração, a população estará aumentando se a taxa de natalidade exceder a taxa de mortalidade e, contrariamente, estará em declínio se a taxa de mortalidade exceder a natalidade. Nessas circunstâncias, a taxa de mudança na população pode ser descrita pela simples relação:

$$dN/dt = rN \quad \text{ou} \quad N_t = N_0 e^{rt} \qquad (1)$$

onde N é o número de indivíduos em uma população, N_0 é o número de indivíduos em determinado tempo 0,N_t é o número de indivíduos em determinado tempo t posterior. O expoente r é de interesse particular pois ele determina a taxa de aumento populacional com o tempo. Os fatores que determinam o valor de r são cruciais e serão discutidos mais abaixo. Nenhuma população pode crescer exponencialmente para sempre, e a maioria flutuará ao redor de um nível médio que representa o potencial biótico do ambiente. Uma forma de representar isso em termos matemáticos é introduzir um fator K na equação do crescimento, de forma que:

$$dN/dt = rN\frac{(K - N)}{K} \qquad (2)$$

Fig. 14.21 (ao lado) Evidência de funções de marcação de intervalos e relógio circadiano na regulação fotoperiódica da diapausa de insetos. (a) Mecanismos de marcação de intervalos em afídeos. (I) Porcentagem de fêmeas ápteras partenogenéticas (características de meses de verão) como uma função do comprimento da noite (fase escura) quando a duração do dia (fase fótica) é de 8 horas – notar ausência de ressonância cf. (IV). (II) Resposta a uma quebra, período de uma hora de luz, depois de vários períodos de escuro após uma fase fótica de 8 horas. Se o pulso luminoso ocorre após 4 horas ele é interpretado como um novo amanhecer e a longa noite seguinte suprimem a produção de virginóparas. Um período inicial de 8 horas de escuro suprime a produção de virginóparas, isto é, ele é 'interpretado' como uma noite curta, menor que o comprimento de noite crítico e é, então, característico do verão. Todos os outros tratamentos suprimem a produção de virginóparas e estimulam as condições de outono/inverno. (b) Evidência sobre o envolvimento de um relógio circadiano de livre curso na regulação dos fenômenos fotoperiódicos. (III) O desenho da ressonância experimental. Supõe-se que deve haver um oscilador endógeno (representado pela onda seno) no qual existe alguma fase i foto-responsiva. Esse oscilador endógeno representa um relógio molecular com propriedades explicadas como na Figura 14.18. Diferentes ciclos de claro-escuro são representados como as bandas claras e escuras. Nos exemplos (i)-(iv) a fase fótica (luzes estão ativadas) é constante, de 8 horas. O período escuro é variável para dar diferentes ciclos de tempo – como mostrado. Notar que em (i) e (iii) i sempre diminui no escuro, mas em (ii) e (iv) i algumas vezes diminui no claro. Se isso é interpretado pelo relógio circadiano como um dia longo, o efeito de ressonância pode ser esperado. (IV) Demonstração experimental da 'ressonância', indicando o envolvimento de um oscilador circadiano endógeno. O experimento mostra a porcentagem de moscas Sarcophaga que entram na diapausa pupal quando são mantidas em regime fotoperiódico com 4 e 8 horas de luz. Nessas, e em outras fases fóticas não mostradas aqui, é claro o efeito de ressonância.

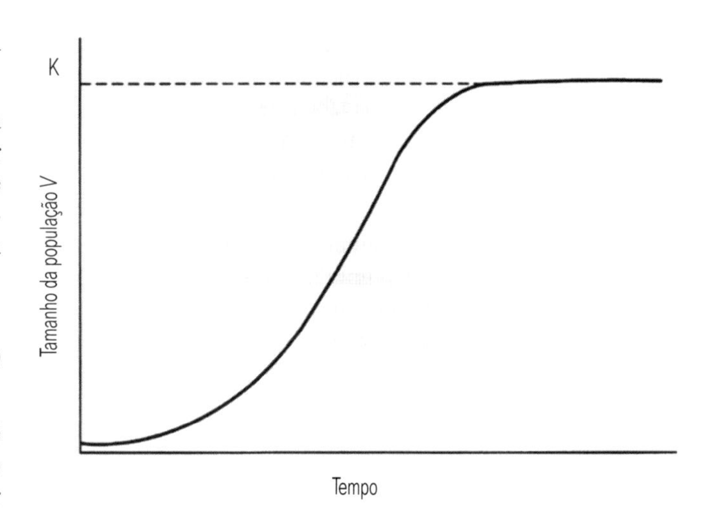

Fig. 14.22 Uma representação gráfica da equação logística dN/dt = rN(K – n)/K na qual os termos r e K podem ser derivados (de Pianka, 1978).

Esta equação é chamada de equação logística. Ela descreve uma população na qual a taxa de crescimento declina à medida que N tende para K (Fig. 14.22). A equação logística é uma equação simples e nenhuma população real de animais a segue exatamente. A maioria das populações parece flutuar ao redor de um nível médio, mas há contrastes marcantes na estabilidade geral. Algumas são caracterizadas por uma grande flutuação em número, sendo muito instáveis e sujeitas a declínios populacionais, mas com elevada taxa de recuperação dado a taxas máximas de crescimento populacional excepcionalmente grandes. Outras são mais estáveis, mas mostram taxas intrínsecas menores de crescimento populacional. Os dois extremos são denominados, algumas vezes, de espécies r-selecionadas e de K-selecionadas, com referência aos termos na equação logística acima.

Esta idéia estava abrigada em uma teoria influente de evolução do ciclo de vida, a assim chamada teoria da seleção-r-K. Nesta teoria se supõe que a seleção natural atua de dois modos fundamentalmente diferentes, maximizando ou r ou K. Mais tarde, em um desenvolvimento da teoria, também se supôs que as espécies poderiam ser classificadas como sendo r- ou K-selecionadas fazendo-se referência ao seu padrão reprodutivo. A teoria, nessa forma simples não é mais inteiramente aceita como sendo a única base para que se compreenda a evolução dos ciclos de vida e os padrões de reprodução sexual, mas foi importante como um exemplo inicial de uma teoria geral a ser testada.

A maior objeção à teoria da seleção-r-K é a compreensão de que a teoria da seleção natural funciona sempre do mesmo modo. Se um novo e raro alelo é incorporado na população, ele deve maximizar a adaptação e isso significa que a taxa de crescimento da população de organismos que herdarão o alelo deve ser maior que aquela da população que não o herdará. Em outras palavras, 'adaptação' é medida nos mesmos termos que r acima, não importando as circunstâncias. Além disso, o conceito de potencial biótico K é um conceito puramente abstrato. Não é possível dizer como um alelo em particular pode afetar K. Por razões como essas, a teoria do ciclo de vida se modificou e a teoria do ciclo de vida contemporânea supõe que, assim como o crescimento característico de uma população, determinado pela média de sobrevivência e média de fecundidade dos indivíduos em uma população (veja tabela de dados de vida abaixo), a forma de adaptação dos indivíduos dentro de uma população também pode ser descrita em termos da sobrevivência e fecundidade de sua prole.

Uma representação matemática da adaptação de um indivíduo que porta um gene dominante raro e que se reproduz sexuadamente é definida por um animal com eventos reprodutivos distintos em cada ano à idade ω, que é a última idade na qual a reprodução ocorre, é:

$$1 = \frac{1}{2}\sum_{t=1}^{t=\omega} s_t n_t e^{-Ft} \qquad (3)$$

ou para um organismo que se reproduz continuadamente

$$1 = \tfrac{1}{2}\int e^{-Ft}\, s_t n_t \,dt \qquad (4)$$

A equação (3) representa a forma e a (4) a forma de reprodução contínua da equação de Euler-Lotka onde t é qualquer idade especificada, s_t é a sobrevivência na idade t, n_t é a fecundidade na idade t, e F é uma estimativa da adaptação.

Do mesmo modo, a adaptação de um indivíduo e a taxa de aumento de uma população são definidas em termos semelhantes – a adaptação de um indivíduo, definido geneticamente, em uma população será a taxa exponencial de aumento de sua prole entre a população de organismos competidores.

Assim sendo, há rotas alternativas para uma adaptação maior. Essas são: sobrevivência maior e maior fecundidade. Essa dicotomia se insere no âmago da teoria demográfica da evolução do ciclo de vida.

Os parâmetros chave da sobrevivência média e da fecundidade durante toda a vida de um organismo não são fáceis de serem estabelecidos, mas essa informação é essencial quando se quer compreender o ciclo de vida em termos dinâmicos. A informação adequada é mais facilmente compreendida quando expressa de maneira formal em uma tabela vital. Uma tabela vital expressa a sobrevivência média e a fecundidade média de cada fêmea em uma população durante todo o período de vida. Tal tabela pode ser construída a partir de observações em uma população, quando (i) se pode assumir estar aproximadamente em equilíbrio e (ü) se as idades dos indivíduos podem ser determinadas. Tal tabela vital é chamada de 'tabela vital estática'. Se não for possível, pode ser melhor registrar a sobrevivência e a fecundidade de um grupo de organismos determinado ou marcado em uma população pelo período total de vida do grupo e fazer suposições de que o grupo marcado é típico da população como um todo. Uma tabela vital construída desta forma é denominada de 'tabela vital de coortes'.

Não é fácil determinar a idade exata dos indivíduos, mas alguns podem apresentar a informação requerida. Acontece que muitos invertebrados apresentam estrias relacionadas à idade nos tecidos esqueletais e linhas de crescimento no esqueleto podem ser utilizadas para estimar a idade dos indivíduos. Nessas circunstâncias, uma tabela vital pode ser geralmente construída. As mais conhecidas linhas de crescimento são as estrias nas conchas de alguns moluscos bivalves, mas outras incluem bandas de crescimento em corais, nas placas calcárias de equinodermos e nas mandíbulas protéicas de alguns poliquetas.

Independente do registro esqueletal utilizado, alguma validação adicional da interpretação da idade é necessária e isso pode ser difícil de conseguir. O mais útil registro esqueletal possui linhas que indicam tanto eventos anuais quanto diários e tais registros podem fornecer importantes informações sobre a história da Terra. O principal problema para a construção de tabelas vitais para organismos com larvas móveis ou pelágicas, como é o caso de muitos invertebrados marinhos, mas que são sésseis quando adultos, é o de definir a população.

Um exemplo está ilustrado na Tabela 14.9; essa mostra uma tabela vital construída para uma craca da América do Norte (Crustacea Cirripedia – veja Seção 8.6.3.8). Esses animais são sésseis quando adultos, e os indivíduos podem ser marcados e observados por muitos anos. A tabela vital mostra a sobrevivência média s^t e a fecundidade média n^t em cada idade t.

A somatória dos produtos da sobrevivência média e da fecundidade média ao longo de todo o período de vida, $s^t n^t$, é a capacidade reprodutiva média durante a vida de uma fêmea nascida naquela população. Frequentemente é denominado de R_0, a 'taxa líquida reprodutiva'. A duração de uma geração pode ser estimada como a idade média de um parental pela média da prole recém nascida. Isso pode ser calculado a partir da tabela vital pela relação:

$$T = \Sigma t s_t n_t \qquad (5)$$

A taxa intrínseca de crescimento populacional r é, como nós vimos acima, um parâmetro chave para o crescimento da população. Ela é formalmente definida pela equação de Euler-Lotka que nós também utilizamos para descrever a adaptação [equações (3) e (4) acima] e que é uma forma distinta de descrever a taxa de crescimento populacional usando a mesma notação da equação (3) como:

$$1 = \frac{1}{2}\sum_{t=1}^{t=\omega} s_t n_t e^{-rt} \qquad (6)$$

Essa equação é difícil de ser resolvida, mas quando uma população está próxima do estado de equilíbrio, R_0, ela não é muito diferente da unidade e nessas circunstâncias r pode ser estimado pela aproximação

$$r \cong \frac{\ln R_0}{T} \qquad (7)$$

Um valor positivo para r, como na Tabela 14.9, sugere que a população está aumentando em tamanho e se r é negativo, a população está diminuindo.

Outro conceito importante para a teoria do ciclo de vida é o de 'valor reprodutivo residual' de um organismo. A qualquer momento, quando a reprodução ocorre, a produção reprodutiva de um organismo pode ser subdividida em dois componentes:

Produção reprodutiva atual + produção reprodutiva futura

Assumindo condições próximas ao estado de equilíbrio, a qualquer idade x, o valor reprodutivo é dado por

$$V_x = \sum_{x}^{\omega} \frac{s_t}{s_x} n_t \qquad (8)$$

e quando a população não está em estado de equilíbrio,

Tabela 14.9 Tabela vital de *Balanus glandula* (de Hines, 1979).

	Idade (t) Em meses	Sobrevivência até a idade s_t	Número médio de ovos na idade (t) n_t	$s_t n_t$	$ts_t n_t$
Mortalidade estimada	0	1,000	0	0	0
antes do assentamento	3	$1{,}17 \times 10^{-4}$	0	0	0
	12	$2{,}04 \times 10^{-5}$	20.504	0,418	5,016
	24	$3{,}84 \times 10^{-6}$	66.814	0,256	6,153
	36	$2{,}05 \times 10^{-6}$	113.125	0,231	8,335
	48	$1{,}28 \times 10^{-6}$	140.742	0,180	8,641
	60	$7{,}33 \times 10^{-7}$	159.435	0,117	7,008
	72	$4{,}18 \times 10^{-7}$	170.892	0,075	5,151
	84	$2{,}44 \times 10^{-7}$	176.922	0,043	3,629
	96	$1{,}42 \times 10^{-7}$	180.540	0,026	2,469

$R_0 = \Sigma s_t n_t = 1{,}346$

Tempo de geração $T = \Sigma t s_t n^t = 46{,}402$ meses

Taxa intrínseca de aumento populacional para tempo em meses

$$r = \frac{\ln R_0}{T} = 0{,}006$$

isto é, a população estaria crescendo mais lentamente se isto se mantivesse.
Neste caso, a sobrevivência foi determinada observando-se o número de sobreviventes para cada 1.000 ovos, a partir da razão entre produção de ovos e número de assentamentos. Isto é uma estimativa.
A sobrevivência subsequente foi observada diretamente. Esses dados dão origem à coluna s_t.
A fecundidade foi estimada pela medida do diâmetro médio basal da craca em cada idade, e medindo-se a relação entre o diâmetro basal e o número de ovos por reprodução.
Finalmente, foi estimado o número de reproduções por ano. O produto dá uma estimativa da fecundidade média em cada idade. Esses dados dão origem à coluna n_t.

$$V_x = \sum_x^{\omega} \frac{s_t}{s_x} n_t e^{-r} \qquad (9)$$

onde t tem todos os valores de t = x até t = ω a última idade de reprodução.

Note que nas equações (8) e (9), notações ligeiramente diferentes foram usadas. Quando t = x, $s_t/s_x = 1$ e, consequentemente, as expansões e as equações (8) e (9) definem fecundidade atual n_x na idade x e fecundidade futura compensada pela probabilidade de sobrevivência da idade x até todas as futuras idades. Quando a população não está em estado de equilíbrio, o valor da prole futura deve também ser ajustado por um fator que leve em consideração a taxa de crescimento populacional (ou declínio) (equação 9). Isso é porque um dado número de descendentes contribuirá relativamente menos ao total da população em algum momento futuro se a população estiver crescendo. A matemática mais complexa da equação (9) é necessária para permitir que os efeitos populacionais mudem, os termos exponenciais ajustem a sobrevivência média de acordo com a expectativa de mudança no número da população. Em um senso intuitivo, o valor de um indivíduo descendente é menor quanto maior for o tamanho da população.

O valor reprodutivo de um indivíduo (equações 8 e 9) muda com a idade. Em muitas populações de invertebrados o valor reprodutivo de um propágulo recém nascido é baixo porque somente um pequeno número da prole recém produzida sobreviverá para se reproduzir. O valor reprodutivo de um indivíduo na idade da primeira reprodução é maior e isso fornece um meio de estimar a adaptação de um indivíduo independentemente da sobrevivência através da fase larval. Se um indivíduo nasce em uma população na qual existe um alto risco de mortalidade antes de se atingir a condição reprodutiva, então o valor reprodutivo de um indivíduo irá aumentar com o tempo, atingindo o pico e então declinando. Note que, na Tabela 14.9, o valor reprodutivo de uma craca com 12 meses de idade em diante é muito mais alto que o equivalente valor de um ovo de craca recém nascido.

14.5.2 Pressupostos de uma teoria geral a respeito da evolução do ciclo de vida

Uma teoria geral sobre a evolução dos ciclos de vida deverá incorporar alguns pressupostos, por exemplo:

- Que a seleção natural atua sobre padrões individuais de ciclos de vida.
- Que a seleção natural tende a maximizar a adaptação dos indivíduos (a adaptação é definida nas equações (1) e (2), mas veja também a Seção 14.5.3).
- Que padrões individuais de ciclo de vida podem evoluir independentemente. Na teoria geral apresentada abaixo também se supõe que:
- Os recursos disponíveis para um organismo são limitados.
- Um aumento do esforço reprodutivo (isto é, alocação de recursos para atividades reprodutivas) resulta tanto no aumento da capacidade reprodutiva como numa redução do investimento somático.

- Aumento do esforço reprodutivo resultará em aumento da fecundidade, aumento da sobrevivência da prole, aumento das taxas de crescimento e de amadurecimento da prole, ou de alguma combinação desses.
- Uma diminuição no investimento somático resultará na redução da sobrevivência do adulto ou no crescimento reduzido e na fecundidade futura e, portanto, terá um valor reprodutivo residual reduzido.

Um aspecto chave desses pressupostos é a possibilidade de intercâmbio entre a capacidade reprodutiva atual e o valor reprodutivo residual, como definido pelas equações (8) e (9). Claramente, há diferentes rotas para o sucesso reprodutivo a longo prazo e, assim, muitos padrões de reprodução diferentes.

14.5.3 A teoria demográfica e os ciclos de vida dos invertebrados

Uma teoria sobre a evolução do ciclo de vida deve, para ser significativa, possibilitar fazer predições, e estas predições devem ser testáveis. Uma forma de testar a teoria é considerar se os padrões observados da reprodução, em diferentes circunstâncias, são explicados pela teoria. Claro que pode haver fatores que modificam as predições da teoria, e estes incluem a influência da história evolutiva de um táxon, o que pode impor limitações sobre os caminhos possíveis para o sucesso reprodutivo.

Supõe-se que as características do ciclo de vida exibidas pelos organismos, como outros aspectos, são determinadas pela seleção natural. As características serão selecionadas se elas aumentam a adaptação de um indivíduo, isto é, a população de organismos com a característica cresce mais rapidamente que a população sem a característica.

Nas equações (3) e (4) acima, a adaptação é definida em termos equivalentes a r, a taxa intrínseca de aumento da população na equação (6). O conceito de que existe alguma medida global de adaptação que pode ser maximizada é, em si mesmo, objeto de discussão. Mais rigorosamente, r é uma medida apropriada da adaptação global somente sob condições ambientais ilimitadamente homogêneas e constantes, isto é, quando fatores dependentes da densidade não influenciam o resultado da seleção. A taxa reprodutiva liquida R_0 também pode ser utilizada como uma medida da adaptação global quando o ambiente é estacionário. Em muitas circunstâncias, nem r ou R_0 podem ser computados com precisão, mas o valor reprodutivo residual para organismos de idade conhecida pode ser calculado, isto é, onde a taxa de sobrevivência larval é desconhecida, mas a taxa de sobrevivência adulta é conhecida. Nesses casos, o valor reprodutivo pode ser fácil de se trabalhar e pode ser assumido que a seleção natural tenderá a maximizar r, maximizando 'o valor reprodutivo relativo ao esforço reprodutivo' em todas as idades. Caso exista variação genética suficiente para permitir que se atinja uma combinação ótima de padrões reprodutivos, podemos esperar que a adaptação global seja maximizada pela seleção de padrões sujeitos a restrições e intercâmbios, os quais limitam o conjunto de possíveis ciclos de vida que podem ser exibidos por qualquer organismo.

Essa dicotomia entre padrões alternativos pode ser interpretada dentro de uma estrutura que considera as relações entre a adaptação global e qualquer dois padrões de ciclo de vida. Podemos considerar, por exemplo, o tamanho e número de ovos. Se algum recurso, por exemplo, energia, é limitante, se segue que o recurso pode ser alocado de três maneiras diferentes: (1) para a reprodução atual; (ii) para a sobrevivência e manutenção; ou (iii) para o crescimento. Também se assume que qualquer alocação de recursos para 'reprodução atual' pode ser feita para fornecer um grande número de descendentes relativamente de custo baixo, ou um menor número de descendentes mais custosos (veja Tabela 14.6).

Em muitas aulas sobre invertebrados marinhos, se encontrou que, em espécies individuais, o tamanho do ovo é um tanto não variável, mas espécies relacionadas exibem tamanhos de ovos muito diferentes. Isso está geralmente associado com o modo de desenvolvimento de tal modo que ovos pequenos se desenvolvem através de uma fase larval pelágica e ovos grandes não. Existem algumas exceções, mas em geral é a menor das duas espécies mais próximas, ou o menor de dois membros coexistentes de táxons similares, que possuem os maiores ovos e têm o maior investimento por ovo. Isso parece paradoxal, mas a espécie maior produz mais ovos com um menor investimento por ovo. Os níveis absolutos de esforço reprodutivo, definido como a proporção relativa p da energia disponível que é investida na reprodução atual pode, no entanto, ser a mesma independente do tamanho de um ovo individual (veja também Quadro 14.4).

Um estudo do esforço reprodutivo em duas espécies de pequenos moluscos gastrópodes litorâneos, mostrou que quase não há diferença na alocação relativa de energia para a reprodução, embora existissem diferenças marcantes nos custos relativos individuais dos ovos. Lacuna vincta tem uma longa fase pelágica larval e ovos relativamente pequenos, enquanto que Lacuna pallidula tem ovos muito maiores e desenvolvimento direto. A proporção de energia total alocada para a produção dos ovos nessas duas espécies, contudo, diferia em menos de 4%. A dicotomia entre padrões alternativos pode ser referida como uma situação de intercâmbio.

O problema para a teoria dos ciclos de vida é a previsão das circunstâncias sob as quais um ou outro intercâmbio otimizado confere a adaptação máxima. O formidável problema que isso representa para os biólogos de invertebrados pode ser visto considerando-se o simples modelo representado na Figura 14.23. Ele representa o ciclo de vida de um animal iteróparo no qual se supõe que exista uma probabilidade finita de sobrevivência até a idade adulta e uma diferente probabilidade finita de sobrevivência de um adulto entre episódios reprodutivos sucessivos (S_a). Um número fixo de descendentes (n) é produzido em cada período de reprodução. Mesmo com esse ciclo de vida simples, não mais que 10 intercâmbios de dois aspectos, independentes, foram identificados (veja Fig. 14.23). Desses intercâmbios, alguns já nos são familiares. O intercâmbio entre o desenvolvimento do número e tamanho de ovos (pelágicos versus não pelágicos) para os invertebrados marinhos, por exemplo, é representado pelo segundo intercâmbio na lista.

Dada a elevada diversidade de ciclos de vida entre os invertebrados, é tentador fazer comparações entre táxons, mas essa abordagem não é muito construtiva. É melhor analisar a variação dentro de cada táxon individual.

O conjunto observado de padrões de ciclos de vida de qualquer indivíduo representa a resposta daquele indivíduo, com o

Quadro 14.8 Reprodução agora ou no futuro?

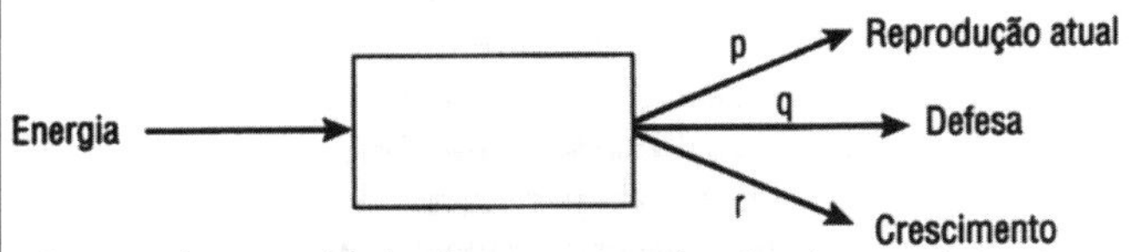

O termo adaptação global pode ser representado pelo valor reprodutivo de um indivíduo na idade 1 (V_1), onde a idade da primeira reprodução é 1. Esse valor reprodutivo pode ser representado como tendo dois componentes, fecundidade atual e expectativa da fecundidade futura. Isso pode ser representado diagramaticamente:

Valor reprodutivo na idade 1 V_1 = Fecundidade atual + Fecundidade futura esperda

Ou matematicamente:
Quando próximo ao estado de equilíbrio

$$V_i = \left[\frac{s_{i[t=1]}}{s_l} m_1\right] + \left[\sum_{2}^{\omega} \frac{s_i}{s_1} m_i\right] \qquad (1)$$

onde i representa a idade na reprodução em cada idade (t) a partir de $t = 1$, a primeira idade de reprodução, até $t = \omega$, a última idade de reprodução. Quando a população é sujeita a crescimento a alguma taxa instantânea r, em uma população não estável, o valor do esforço reprodutivo futuro pode ser compensado por um termo que reflita a taxa de mudança no tamanho da população. Isso é necessário porque, em uma população em expansão, a prole futura é de menor valor que a prole atual. Isso pode ser representado como se segue:

$$V_i = \left[\frac{s_{i[t=1]}}{s_l} m_1\right] + \left[\sum_{2}^{\omega} \frac{s_i}{s_1} m_i\right] e^{-n} \qquad (2)$$

Recursos alocados para a reprodução atual contribuem para o esforço reprodutivo na idade atual. Recursos alocados para a reprodução futura podem ser utilizados para maximizar a sobrevivência, defesa ou crescimento e, assim, o prospecto da prole em algum momento futuro. O intercâmbio entre o esforço reprodutivo atual e a sobrevivência do adulto pode ser representado em um diagrama de adaptação (relembrar Quadro 14.4 i, ii). Quando a relação de intercâmbio é côncava, como no lado esquerdo do diagrama (i), então a adaptação ótima provém do esforço reprodutivo máximo e da sobrevivência mínima do adulto, isto é semelparidade, por outro lado, quando a curva de intercâmbio é convexa (ii), a adaptação máxima é conferida por algum esforço reprodutivo intermediário e pela sobrevivência finita do adulto, isto é iteroparidade (segundo Steams, 1992).

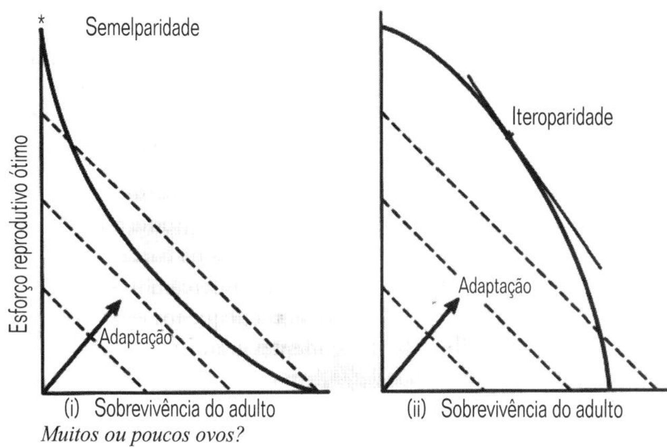

Muitos ou poucos ovos?

- Recursos alocados para a reprodução atual podem ser alocados para um grande número de pequenos ovos ou para um número menor de grandes ovos.
- O número de ovos pode ser limitado tanto pela energia disponível (p) quanto pelo volume disponível para se armazenar os ovos. Então:

$$\text{Número de ovos} \propto \frac{\text{Energia alocada para os ovos}}{\text{Energia por ovo}}$$

$$\text{Número de ovos} \propto \frac{\text{Volume da mãe}}{\text{Volume do ovo}}$$

(veja também Fig. 14.23)

seu próprio (geralmente único) genótipo, ao conjunto específico de condições ambientais experimentadas. O termo 'norma de reação' é utilizado para expressar o 'conjunto completo de fenótipos que um genótipo específico pode expressar em interação com o conjunto completo de ambientes nos quais ele pode sobreviver'.

Alguns padrões de ciclos de vida são relativamente estáticos e fixos. Outros podem ser variáveis de acordo com as condições ambientais. É o conjunto de 'normas de reação' que podem surgir através da seleção natural.

Grandes experimentos de longo prazo estão atualmente em curso, que buscam explorar a rapidez com a qual as 'normas de reação' podem mudar sob seleção direcionada. Isso é importante porque os efeitos a longo prazo da poluição podem ser esperados terem consequências genéticas. Para compreendê-los é necessário ter um amplo conhecimento dos meios pelos quais a seleção natural afeta os processos reprodutivos. Nós vimos que, para entender por que animais individuais se reproduzem de tal modo é necessário entender: (i) as limitações e oportunidades impostas pelos ambientes nos quais eles vivem; e (ii) entender como a história evolutiva de um organismo pode limitar as opções reprodutivas disponíveis. Programas experimentais devem direcionar essas questões principais ao nível abaixo de espécie, de tal forma que a teoria dos ciclos de vida não seja testada somente através de comparações entre espécies e sua própria longa história evolutiva. Os invertebrados são uma assembléia altamente diversa de organismos com diferentes ciclos de vida. Muitos têm tempos de geração curtos e isso favorece o teste de idéias através do experimento.

14.6 Conclusões

A teoria do ciclo vital é um campo em rápida expansão, que procura uma explicação funcional para os conjuntos diversos de padrões reprodutivos que podem ser encontrados entre organismos. Progresso particularmente rápido tem sido realizado no desenvolvimento de uma teoria geral da reprodução sexuada, e as observações sobre os invertebrados têm contribuído muito para os bancos de dados que sustentam as teorias em desenvolvimento. É

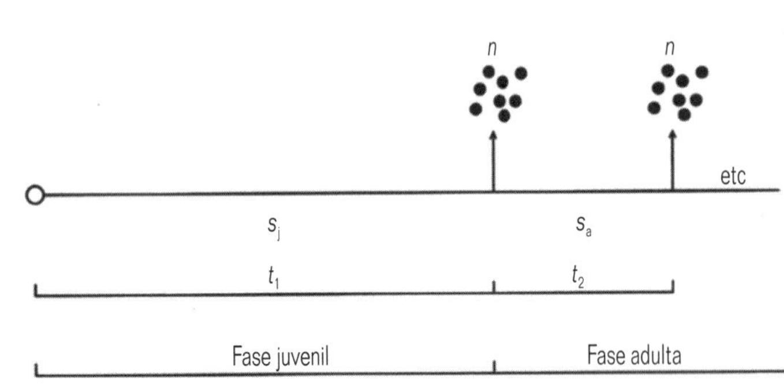

Fig. 14.23 Um modelo de ciclo de vida muito simples para um animal iteróparo com os seguintes parâmetros: sobrevivência através da fase de jovem s_j, o número de gametas produzidos em cada evento reprodutivo n, a sobrevivência entre eventos reprodutivos sucessivos s_a, e os intervalos ê.e tempo t_1 entre a formação do zigoto e o início da reprodução e t_2 entre eventos reprodutivos sucessivos. Esse modelo muito simples define 10 situações de dois parâmetros de intercâmbio. Essas incluem:

- *n versus s_a* — Reprodução é arriscada, s_a é baixo, maximiza n na primeira reprodução.
- *n versus s_j* — Alta fecundidade leva a uma baixa sobrevivência, muitos intercâmbios entre muitos descendentes pequenos versus poucos descendentes grandes.
- *s_j versus s_a* — Os pais defendem ou fornecem recursos para os jovens, aumento da sobrevivência dos parentais diminui sobrevivência da prole.
- *s_a versus t_1* — Aumento do investimento parental aumenta taxa de desenvolvimento.
- *s_j versus t_2* — Alimentação é arriscada para os jovens.
- *S_j versus t_2* — Alimentação é arriscada para os adultos.
- *n versus t_1* — Um pequeno número de descendentes pode ser produzido mais cedo ou um grande número mais tarde.
- *t_2 versus s_j* — Investimento na prole para aumentar a sua sobrevivência aumenta o intervalo entre as reproduções.

(Segundo Sibly, R.M. 1991. The life history approach to physiological ecology. Funct Eco/., 5,184-191).

claro que a reprodução sexuada é o modo dominante de reprodução entre todos os seres vivos, se bem que possa estar combinada com períodos de reprodução assexuada em ciclos de vida complexos, tais como entre muitos cnidários, platelmintos, anelídeos, pequenos crustáceos e alguns insetos.

A ocorrência muito ampla da reprodução sexuada está associada com uma espantosa variedade de estágios reprodutivos e de padrões de alocação para os processos reprodutivos. Essa variedade tem sido examinada sob um ponto de vista taxonômico, ambiental e funcional. É claro que todas as possibilidades de combinações de padrões reprodutivos não são igualmente encontradas em todos os ambientes, nem tão pouco em todos os grupos taxonômicos. A reprodução nos mares está frequentemente associada com a liberação de larvas pelágicas de vida livre, e esse padrão está associado com muitos outros, incluindo a fecundação externa, liberação episódica dos gametas em massa, e produção de um espermatozóide simples e de ovócitos pobres em energia. Sob circunstâncias especiais nos oceanos e, em todos os ambientes terrestres e de água doce, o desenvolvimento larval pelágico é suprimido. Normalmente isso está associado com a fecundação interna, com o armazenamento dos espermatozóides e com a produção de ovos ricos em energia.

Todos os padrões de reprodução que diferem daqueles do acaso são o produto da alocação controlada de recursos para funções reprodutivas especificas. Se há um forte elemento de sincronismo entre os membros da população, deve haver uma participação e transdução neuroendócrina de informação ambiental. Este assunto foi tratado de modo bem superficial neste capítulo, e será discutido mais completamente no Capítulo 16.

Nós examinamos o desenvolvimento recente de teorias relacionadas com a alocação de recursos limitantes, entre as necessidades conflitantes dos pais e da prole, e como é possível classificar os ambientes para que se tornem compreensíveis os padrões de alocação que são observados. Nós esperamos que se aumente a participação de experimentos e de observações ao nível de subespécies para testar e refinar a teoria, com aplicações práticas em relação aos efeitos de longo prazo de mudanças ambientais subletais (poluição, aquecimento global etc.) que podem ser detectadas em características reprodutivas modificadas.

A análise e a descrição dos processos reprodutivos nos invertebrados fornecerão o pano de fundo para estudos mais detalhados de ecologia e de biologia de comunidades, assim como para apresentar uma introdução ao estudo do desenvolvimento dos invertebrados, que se segue (Capítulo 15).

14.7 Leitura adicional

Fundamentação detalhada para a reprodução dos invertebrados pode ser obtida com referência a dois tratados, de muitos volumes, e a uma série contínua de volumes de revisões:

Adiyodi, K-G. & Adiyodi, R.G. (Eds) 1993. Reproductive Biology of Invertebrates. Wiley, New York.
Vol. 1. Oogenesis, Oviposition and Oosorption.
Vol. 2. Spermatogenesis and Sperm Function.
Vol. 3. Accessory Glands.
Vol. 4. Fertilisation, Development and Parental Care.
Vol. 5. Sexual Differentiation and Behaviour.
Vol. 6. Asexual Propagation and Reproductive Strategies. Parts A and B.
Volumes adicionais pendentes.
Giese, A.G. & Pearse, J.S. (Eds). *Reproduction of Marine Invertebrates*. Academic Press, New York.
Vol.1 (1974) General Introduction, Acoelamate and Pseudaeoelomate Metazoans.
Vol. 2 (1975) Entaprocts and Lesser Coelomates.
Vol. 3 (1975) Annelids and Echiurans.
Vol. 4 (1977) Molluses: Gastropods and Cephalopods.
Vol. 5 (1979) Molluscs: Pelecypeds and Lesser Classes.
Vol. 6 (1991) Echinoderms and Lophophorates.
Giese, A.G., Pearse, J.S. & Pearse, V.B. (Eds).
Vol. 9 (1987) General Aspects: Seeking Unity in Diversity.
Advances in Invertebrate Reproduction. Elsevier Scienee, Amsterdam.
Vol. 2. Clark, W. & Adams, T.S. (Eds) 1981.
Vol. 3. Engels, W. (Ed.) 1984.
Vol. 4. Porchet, M. (Ed.) 1986.
Vol. 5. Hashi, M. (Ed.) 1990.

Continuações adicionais dessa série tem continuado como edições especiais da revista Invertebrate Reproduction and Development.

O que se segue são monografias que tratam de diferentes aspectos da reprodução dos invertebrados:

Begon, M., Harper, J.L. & Townsend, C.R. 1986. Ecology: Individuals, Populations and Communities. Blackwell Scientific Publications, Oxford.

Bell, G. 1982. The Masterpiece of Nature: The Evolution and Genetics of Sexuality. University of California Press, Berkeley.

Brady, J. 1979. Biological Clocks (Studies in Biology, 104), Edward Arnold, London.

Calow, P. 1978. Life Cycles. Chapman & Hall, London.

Charnov, E. 1982. The Theory of Sex Allocation. Princeton University Press, Princeton, New Jersey.

Cohen, J. 1977. Reproduction. Butterworth, London.

Grahame, J. & Branch, G.M. 1985. Reproductive patterns of marine invertebrates. Oceanography Marine Biology Annual Review, 23, 373-398.

Greenwood, P.J. & Adams, J. 1987. The Ecology of Sex. Edward Arnold, London.

Hurst, L.D. & Peck, J.R 1996. Recent advances in understanding of the evolution and maintenance of sex. Trends in Evolution and Ecology, 11, 46-52.

Maynard-Smith, J. 1978. The Evolution of Sex. Cambridge University Press, Cambridge.

Pianka, E.R 1978. Evolutionary Ecology. Harper & Row, New York.

Roff, D.A. 1992. The Evolution of Life-Histories: Theory and Analysis. Chapman & Hall, New York, London.

Saunders, D.S. 1977. The Introduction to Biological Rhythms. Blackie, Glasgow.

Sibly, RM. & Calow, P. 1986. Physiological Ecology of Animals. Blackwell Scientific Publications, Oxford.

Stearns, S.C. 1992. The Evolution of Life-Histories. Oxford University Press, Oxford.

CAPÍTULO 15

Desenvolvimento

Felix qui potuit cognoscere causas

Lema: Churchill College Cambridge

O Capítulo 14 descreveu os padrões de reprodução nos animais e, de muitas formas, a história do desenvolvimento animal inicia-se no organismo adulto com a formação dos gametas – oócitos ou espermatozóides (veja a Seção 14.2. Nos organismos que se reproduzem sexualmente, os gametas haplóides fundem-se para formar um novo zigoto diplóide e é desta célula um tanto especializada que deriva o organismo multicelular adulto. A sequência das primeiras divisões celulares é chamada 'clivagem', um processo precisamente organizado de divisões celulares não associadas ao crescimento celular. A clivagem subdivide o citoplasma do zigoto de maneira predeterminada em um número maior de células menores que retêm a organização espacial do ovo fecundado. O citoplasma do ovo é caracterizado pelo armazenamento de substâncias que sustentam o futuro desenvolvimento do embrião. Entre essas substâncias, são armazenadas moléculas de RNA mensageiro (RNAm) e de proteínas (transcritos de RNAm), as quais terão uma profunda influência no desenvolvimento subsequente do embrião. Por este motivo, existem fortes efeitos do citoplasma herdado do ovo sobre o destino do desenvolvimento das células que se formam a partir do ovo. São denominados efeitos maternos. Algum tempo antes da primeira clivagem ocorre um arranjo espacial tridimensional da estrutura citoplasmática do ovo, criado por movimentos citoplasmáticos. Este arranjo espacial estabelece os eixos primários do futuro embrião. Entre invertebrados com um grau de organização mais complexo do que o dos cnidários isto envolverá a definição dos eixos ântero-posterior e dorsoventral. Esta organização espacial pode estabelecer-se durante o desenvolvimento do oócito (como no inseto Drosophila – veja abaixo) ou por movimentos citoplasmáticos no ovo fecundado, iniciados no momento da fecundação. Qualquer que seja o caso, não se pode enfatizar demais a importância desta organização espacial do citoplasma do oócito. Ela cria uma distribuição localizada de produtos de genes maternos, que exercem uma profunda influência na determinação do destino das células produzidas durante o início da clivagem.

O termo 'clivagem' é usado para descrever os padrões altamente conservados de divisão celular no desenvolvimento animal inicial, quando o ovo fecundado primeiro se subdivide num grande número de células pequenas. Nos invertebrados ocorrem relativamente poucos padrões diferentes de clivagem. O padrão da clivagem espiral dos moluscos, anelídeos e dos outros assim chamados filos protostômios, e o padrão radial dos deuterostômios (p. ex., equinodermos) são bem conhecidos. Nos últimos anos, o padrão de clivagem superficial do inseto Drosophila e o padrão do nematódeo Caenorhabditis assumiram maior importância no estudo da genética do desenvolvimento, usando estes animais como modelos, adquirindo um foco maior na pesquisa do desenvolvimento.

O desenvolvimento subsequente do embrião envolve reorganização espacial para originar o plano do corpo do adulto e, em um estágio posterior, a diferenciação de células naquelas encontradas na larva funcional ou no adulto. A sequência do desenvolvimento, portanto, compreende:

1 *Formação de gametas e armazenamento de informações para o desenvolvimento*

2 *Fecundação*

3 *Ativação do metabolismo do zigoto e tradução de moléculas mensageiras maternas (RNAm)*

4 *Clivagem*

5 *Ativação do núcleo do zigoto e transcrição de novas moléculas de informação específica do zigoto (RNAm)*

6 *Organogênese*

7 *Diferenciação*

Frequentemente o desenvolvimento também compreende uma metamorfose quando uma larva diferenciada, adaptada a um conjunto de condições ambientais, modifica-se repentinamente num adulto, com morfologia diferente, adaptado a condições bastante diferentes e que podem ter muitas funções distintas (veja o Capítulo 14). Os invertebrados forneceram modelos particularmente valiosos para a análise dos mecanismos bioquímicos e moleculares envolvidos na diferenciação celular e na organização regional. Esta tendência tem continuado e o inseto Drosophila melanogaster e o nematódeo Caenorhabditis elegans agora estão entre os modelos mais importantes para a pesquisa das bases moleculares da organização regional e da determinação do destino do desenvolvimento. Além do mais, a isolação e a determinação da estrutura de genes que controlam o desenvolvimento inicial em insetos e vertebrados, como em nós humanos, mostram claramente que seu desenvolvimento inicial está baseado em processos regulados pelos mesmos genes altamente conservados.

Os estudos do desenvolvimento sempre têm sido importantes pela luz que lançam sobre os parentescos entre animais e o desenvolvimento de ferramentas moleculares precisas tem revolucionado esta abordagem. Uma nova disciplina científica que poderia ser denominada "evolução do desenvolvimento", baseada em técnicas genômicas, está surgindo atualmente.

Este capítulo examinará o desenvolvimento de invertebrados com particular referência a pesquisas experimentais sobre os processos envolvidos na determinação do destino das células. Sempre que possível, será dada ênfase aos mecanismos genéticos reguladores que fornecem uma explicação funcional para as interações celulares descobertas no início do século passado por biólogos especializados em desenvolvimento, antes da descoberta da base molecular para o controle da diferenciação celular. A revisão inclui uma análise da fecundação, da clivagem, da organização regional e da determinação do destino das células. Será dada ênfase aos estudos experimentais e será mantida uma abordagem histórica ao estudo do desenvolvimento dos animais. Atualmente o progresso é mais rápido do que anteriormente, mas a ciência da biologia do desenvolvimento baseia-se em uma única questão – entender a re-criação de um organismo adulto totalmente diferenciado a partir daquilo que parece ser (mas, na verdade, não é) um ovo sem estrutura.

O capítulo concluirá com uma discussão sobre a regeneração entre os invertebrados. Durante a regeneração, é reconstituído um padrão completo a partir de um fragmento do padrão. Os processos envolvidos, por isso, mimetizam aqueles do desenvolvimento normal.

15.1 Oogênese: O armazenamento de informação para o desenvolvimento

O título desta seção é retirado do título profético de um livro sobre desenvolvimento escrito pelo embriologista Raven. Ele expressa precisamente a importância dos eventos que ocorrem durante a oogênese para o desenvolvimento subsequente de um novo organismo.

15.1.1 A roda do desenvolvimento

No Capítulo 14 aprendemos os diversos processos de reprodução assexuada que podem ser usados para 'reconstruir' um organismo totalmente diferenciado. Alguns deles, como a partenogênese, implicam em diferenciação a partir de uma única célula semelhante a um ovo, enquanto outros, como a fragmentação, o brotamento e a formação de gêmulas, envolvem regeneração de componentes multicelulares. Apesar da grande diversidade dos processos assexuais que podem ser usados para reconstruir um organismo, na grande maioria dos animais os indivíduos adultos (ou a colônia ou o clone) surgiram de uma única célula – o ovo fecundado.

É quase um aspecto universal da vida dos animais que cada linha evolutiva passe periodicamente pelo estado de uma única célula e, subsequentemente, redesenvolva um estado multicelular diferenciado. Vários aspectos comuns deste ciclo de desenvolvimento têm sido reconhecidos e podem ser salientados, como na Figura 15.1, como a 'roda do desenvolvimento'. O processo do desenvolvimento é um único processo contínuo, mas diversos passos comuns podem ser reconhecidos. Deveríamos lembrar, no entanto, que todos os invertebrados não pertencem ao grau de organização de órgãos. A metamorfose é particular-

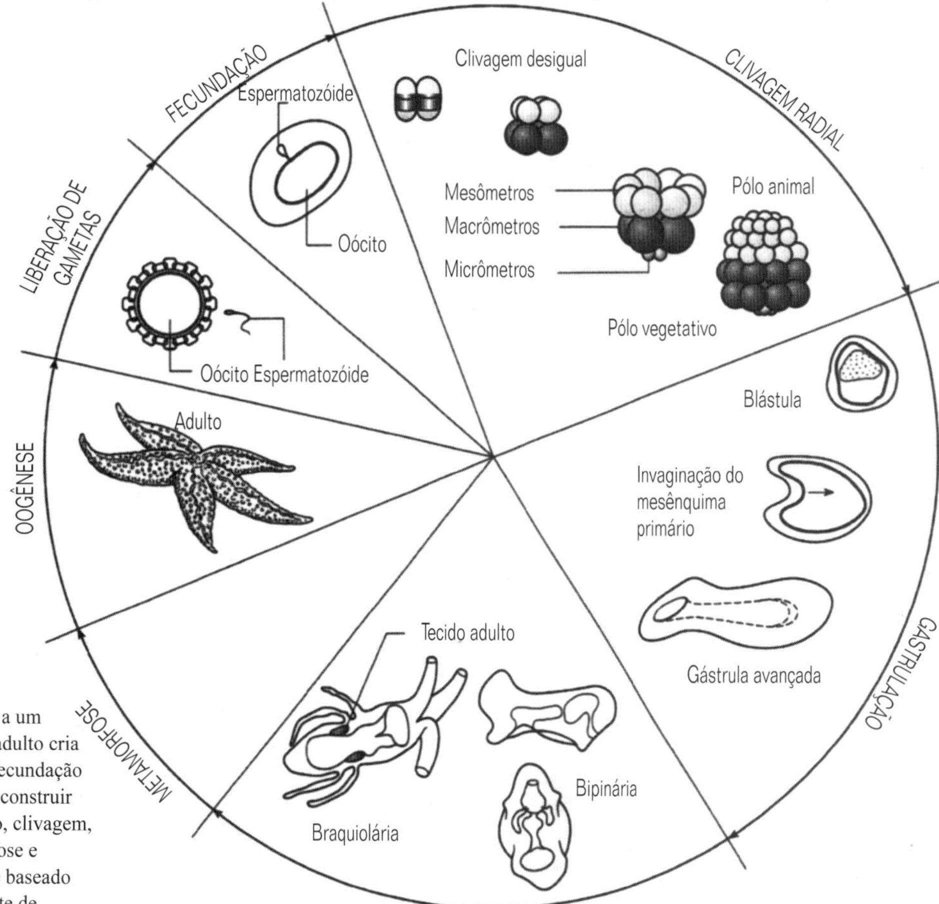

Fig. 15.1 A roda do desenvolvimento. O desenvolvimento animal pode ser assemelhado a um processo cíclico durante o qual um organismo adulto cria células germinativas que se fundem durante a fecundação para formar um zigoto, o qual precisa, então, reconstruir um adulto. Os processos-chave são: fecundação, clivagem, gastrulação, desenvolvimento larval, metamorfose e organogênese. (Este esquema está parcialmente baseado nas observações de Rebecca Platt, uma estudante de segundo ano de zoologia da Universidade de Newcastle.)

mente notável em invertebrados como moluscos, anelídeos, insetos e tunicados.

A formação de um zigoto diplóide é alcançada na fecundação quando duas células gaméticas haplóides se encontram e se fundem (óvulo n + espermatozóide n = zigoto 2n). É possível considerar que o desenvolvimento animal começa assim, mas é instrutivo voltar para trás na roda do desenvolvimento e iniciar nossa discussão sobre o desenvolvimento animal com a formação do óvulo.

15.1.2 Oogênese

Os padrões básicos da formação dos gametas femininos foram descritos no Capítulo 14 (veja a Fig. 14.12 e o Quadro 14.7). Os óvulos totalmente desenvolvidos são células grandes que contêm, em seu citoplasma, todas as substâncias necessárias para o desenvolvimento subsequente de um novo indivíduo, pelo menos até o estágio no qual se inicia o processo de alimentação. Além disso, existem substâncias envolvidas na reação do oócito após o contato com o espermatozóide (veja a Seção 15.2). Estas substâncias (grânulos corticais) localizam-se na região externa, cortical, da célula e, após a reação inicial da fecundação, auxiliam a manter outros espermatozóides fora. O óvulo precisa fundir-se apenas com um espermatozóide!

As substâncias armazenadas no oócito incluem:

- Esferas de vitelo protéico e lipoprotéico (veja o Quadro 14.7), frequentemente contendo uma proteína de elevado peso molecular – a vitelina;
- Gotículas de lipídios;
- Mitocôndrias;
- Ribossomos abundantes (RNAr);
- Estruturas corticais – grânulos e/ou alvéolos;
- Transcritos de genes heterogêneos armazenados (RNAm).

Estas substâncias podem estar dispostas em um padrão radial concêntrico. Se for assim, o padrão concêntrico pode modificar-se no momento da fecundação, antes da primeira divisão celular (clivagem – veja a Fig. 15.8).

Em muitos invertebrados, uma clara polaridade axial estabelece-se durante a oogênese e é possível distinguir um pólo 'animal' relativamente livre de vitelo e um pólo 'vegetativo' com mais vitelo. No inseto Drosophila, a polaridade surge a partir da posição polarizada do oócito em seu folículo (veja o Quadro 14.7 c.ii). Neste caso, a polarização tem um importante papel na definição do futuro eixo ântero-posterior do embrião. O citoplasma do oócito contém produtos gênicos transcritos – RNAm armazenado. Estes transcritos gênicos estão, de alguma forma, 'inativados' e não são imediatamente traduzidos em proteínas funcionais. Sua posição no citoplasma do oócito pode, portanto, ter uma profunda influência sobre as vias do desenvolvimento ulterior, como é explicado no Quadro 15.1.

Quadro 15.1 Localização citoplasmática do RNAm e o estabelecimento do eixo Antero-posterior em Drosophila

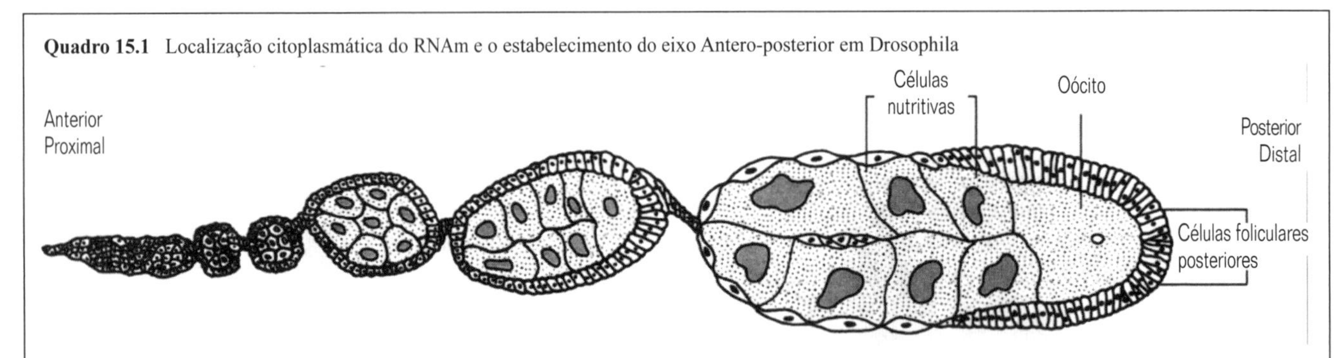

1 A mosca Drosophila melanogaster é um importante modelo para a análise genética do desenvolvimento animal. Ela forneceu o ponto de partida para o estudo da base molecular para a organização regional.

2 Os óvulos de Drosophila desenvolvem-se no interior de ovaríolos semelhantes a cordões, agrupados para formar os ovários, como é mostrado acima.

Cada ovaríolo consiste de um cordão de oócitos/folículos em desenvolvimento. As células germinativas basais estão localizadas na extremidade proximal de cada ovaríolo e este pode ser visto como uma linha de produção, com os oócitos maduros saindo da extremidade distal do cordão, prontos para a fecundação e ovipostura.

4 Uma célula germinativa basal divide-se e produz uma célula-filha que começa a mover-se para baixo ao longo da linha de produção do ovaríolo. Em Drosophila, porém não em todos os insetos), o núcleo de cada célula-filha, ou oócito primário, divide-se novamente quatro vezes, mas a citocinese ou divisão da célula é incompleta de modo a produzir um sincício de 16 células. Neste sincício, as células estão interconectadas por meio de pontes citoplasmáticas (canais circulares) num padrão muito preciso, como é mostrado abaixo.

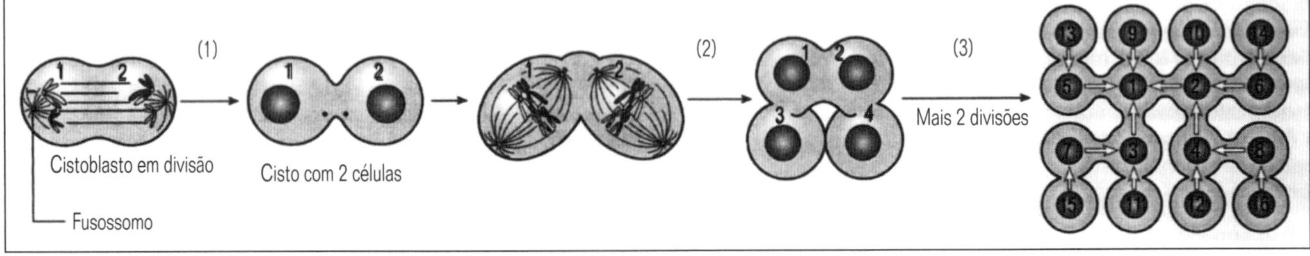

Continua

Quadro 15.1 (*continuação*)

Note que duas das células possuem mais conexões de canais circulares do que as outras e uma destas duas células originará o oócito; as outras 15 células originarão células nutritivas.

4 As células nutritivas formam um tipo de sistema de 'amplificação' para a produção de RNA (RNAm e ribossomos). Quantidades substanciais de RNA são sintetizadas no interior dos núcleos das células nutritivas e transportadas para fora, primeiro para o citoplasma das células nutritivas e depois, passando pelos canais circulares, para o citoplasma do oócito.

Essa figura, publicada por Bier, forneceu uma primeira ilustração dramática da transferência de RNAm das células nutritivas para o oócito.

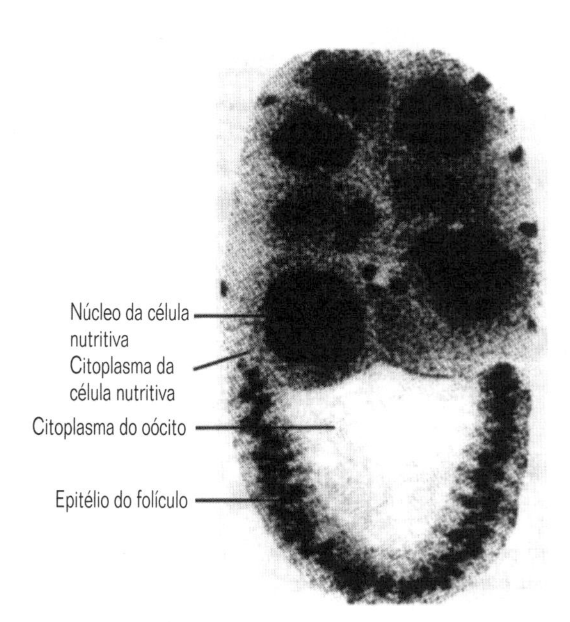

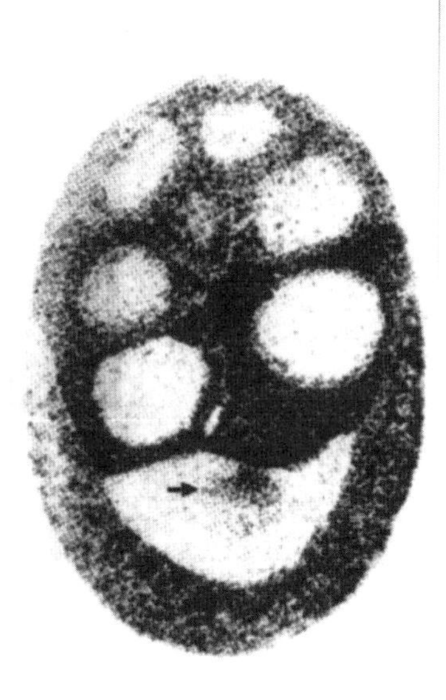

Transporte de RNAm das células nutritivas para oócitos de mosca. (a, b) Auto-radiografias da célula folicular da mosca doméstica, Musca domestica, após incubação com [^{3}H] citidina. (a) Câmara oocitária fixada imediatamente após a introdução do marcador. Os núcleos das células nutritivas estão fortemente marcados, indicando que estão sintetizando novo RNA. O oócito permanece não-marcado. (b) Uma câmara oocitária similar, fixada 5 horas mais tarde. O marcador saiu dos núcleos das células nutritivas e moveu-se para o citoplasma. Além disso, pode-se observar que o RNA radiativo passa para o citoplasma do oócito através do canal entre a célula nutritiva e o oócito (seta).

5 O complexo oócito-célula nutritiva é circundado por células somáticas (foliculares) formando o folículo ovóide do óvulo em maturação.

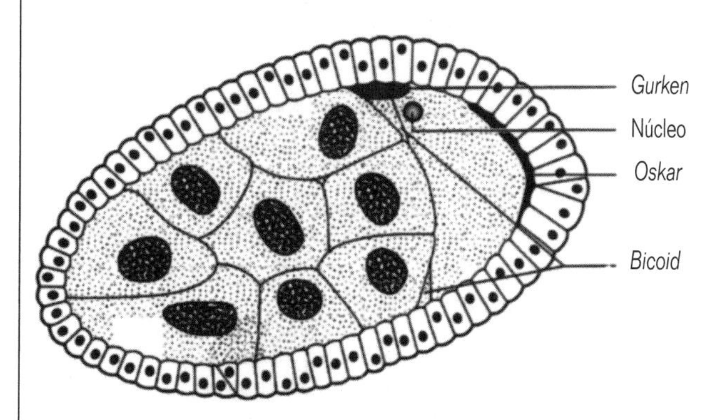

6 Polarização do citoplasma do óvulo. O óvulo está em contato com as células foliculares em um dos pólos e com as células nutritivas no outro. Por isso está numa posição polarizada e este padrão espacial é incorporado como o futuro eixo ântero-posterior do embrião e os passos moleculares envolvidos agora se tornam compreensíveis.

O núcleo do oócito transcreve somente alguns poucos genes, um dos quais é o gene gurken. Este é um gene regulador que exerce efeito sobre as células foliculares adjacentes. Aquelas células foliculares que foram influenciadas pelos produtos do gene gurken são denominadas células foliculares polares posteriores (CFPP). Estas células respondem pela tradução e transcrição de uma variedade de outros produtos gênicos. Estes, por sua vez, influenciam as proteínas dos microtúbulos naquelas partes do córtex do oócito com as quais mantêm contato. Assim, os sinais são emitidos, para trás e para frente, entre o oócito e as células foliculares vizinhas.

7 Sinal de informação regional. À medida que o oócito definitivo cresce, as células foliculares suprajacentes finalmente sofrem colapso, mas o oócito subjacente possui a marca de sua posição e atividade molecular prévias. Então, isto controla a distribuição espacial de dois produtos gênicos muito importantes que se moveram para o citoplasma do oócito a partir das células nutritivas (veja acima). Os identificadores regionais são o RNAm bicoid, o produto do gene bicoid, e o RNAm nanos, o produto do gene nanos. O produto gênico de RNAm nanos torna-se restrito àquelas regiões do citoplasma do oócito que foram influenciadas pelo CFPP. Ao contrário, um segundo produto gênico, RNAm bicoid, é sequestrado na extremidade oposta do oócito, isto é, mais próximo às células nutritivas e mais distante da região cortical do oócito influenciada pelo CFPP. Assim, o oócito está polarizado em termos moleculares.

Subsequentemente, os dois produtos gênicos, RNAm bicoid e nanos, desempenham um importante papel no estabelecimento da sequência apropriada de estruturas axiais – cabeça, tórax e abdome, por meio de regulação da transcrição regional e/ou da tradução de outros produtos gênicos. Os detalhes desta história agora estão surgindo e serão discutidos na Seção 15.4.2 e no Quadro 15.9.

Continua p. 368

Quadro 15.1 (*continuação*)

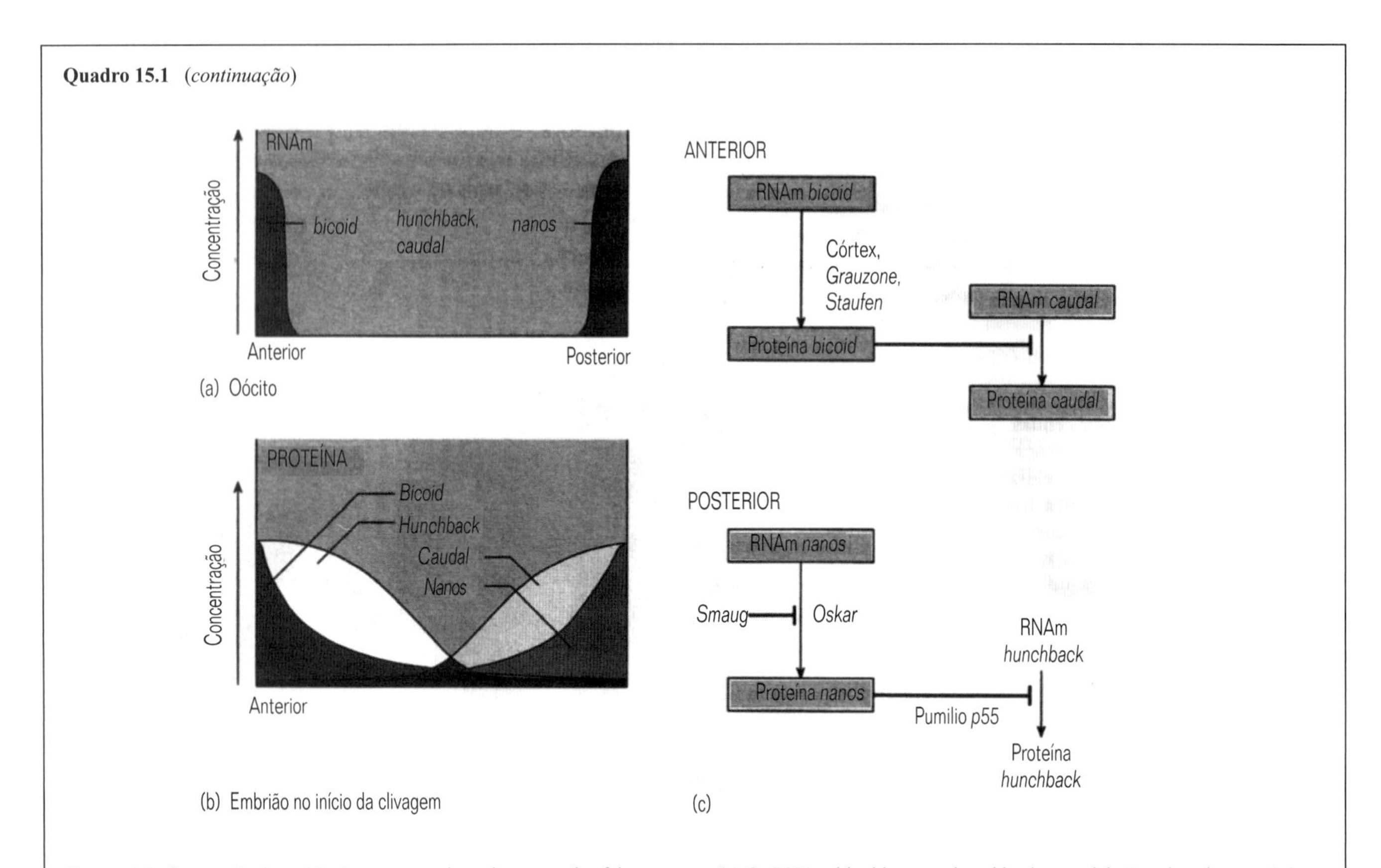

Um modelo da geração do padrão ântero-posterior pelos genes de efeito materno. (a) Os RNAm bicoid, nanos, hunchback e caudal são colocados no oócito pelas células nutritivas ovarianas. A mensagem bicoid é sequestrada na parte anterior. A mensagem nanos é enviada ao pólo posterior. (b) Durante a tradução, o gradiente da proteína bicoid estende-se da parte anterior à posterior e o gradiente da proteína nanos estende-se da parte posterior à anterior. Nanos inibe a tradução da mensagem hunchback (na parte posterior), enquanto que bicoid impede a tradução da mensagem caudal (na parte anterior). Isto resulta em gradientes opostos de caudal e hunchback. O gradiente de hunchback é secundariamente reforçado pela transcrição do gene hunchback a partir dos núcleos anteriores (uma vez que bicoid atua como um fator de transcrição para ativar a transcrição de hunchback). (c) Interações paralelas pelas quais a regulação da tradução gênica estabelece o padrão ântero-posterior do embrião de Drosophila. Na parte anterior do embrião, o RNAm bicoid está ligado ao citoesqueleto anterior e tem sua tradução inibida por apresentar uma pequena cauda de poliadenilato. Na fecundação, a cauda é estendida em uma maneira que depende das proteínas cortex, grauzone e staufen, e o RNAm bicoid é traduzido. A proteína bicoid anula a tradução de RNAm caudal. Na região posterior do embrião, o RNAm nanos é anulado no oócito pela proteína smaug (que se une a seu 3'UTR). Na fecundação, oscar ajuda sua tradução e a proteína nanos atua como um supressor de tradução do RNAm hunchback. (Segundo Gilbert, 1997; Macdonald & Smibert, 1996, Current Opinion Genetics ξ Development 6, 403-407.)

Experimentos com ouriços-do-mar estabeleceram que a morfologia inicial do desenvolvimento é controlada por genes maternos e não somente pelo genoma do zigoto (Fig. 15.2). Isso forneceu uma importante compreensão do papel desempenhado pelo RNAm armazenado no desenvolvimento animal.

15.1.3 Fecundação e o início do desenvolvimento

A fecundação é um processo complexo. Seus principais componentes são:

1 Justaposição física dos gametas.

2 Interação das superfícies das membranas levando à união entre o espermatozóide e o oócito.

3 Uma reação fisiológica na superfície do oócito levando a um bloqueio para a entrada de outros espermatozóides, geralmente chamado de 'bloqueio da polispermia'.

4 Ativação do metabolismo do oócito.

5 Fusão entre os pronúcleos para formar um novo genoma diplóide do zigoto.

6 O início da clivagem.

Invertebrados marinhos com fecundação externa têm sido especialmente importantes para o estabelecimento dos princípios gerais desse processo. A sequência precisa de eventos depende do estado de maturação do 'oócito' quando ocorre a fusão entre os gametas (Tabela 15.1). Em muitos invertebrados marinhos, os oócitos e espermatozóides são liberados na água do mar e é nesse meio que ocorre a fecundação. Os espermatozóides podem ser ativados pela mudança de pH que ocorre quando eles são misturados com a água do mar, podendo exibir movimentos ao acaso, os quais tenderão a aumentar a frequência de contatos com os oócitos se estes também estiverem suspensos na água do mar. Existem muitas evidências de que, em íntima proximidade, as interações químicas podem guiar os espermatozóides em direção à superfície dos oócitos.

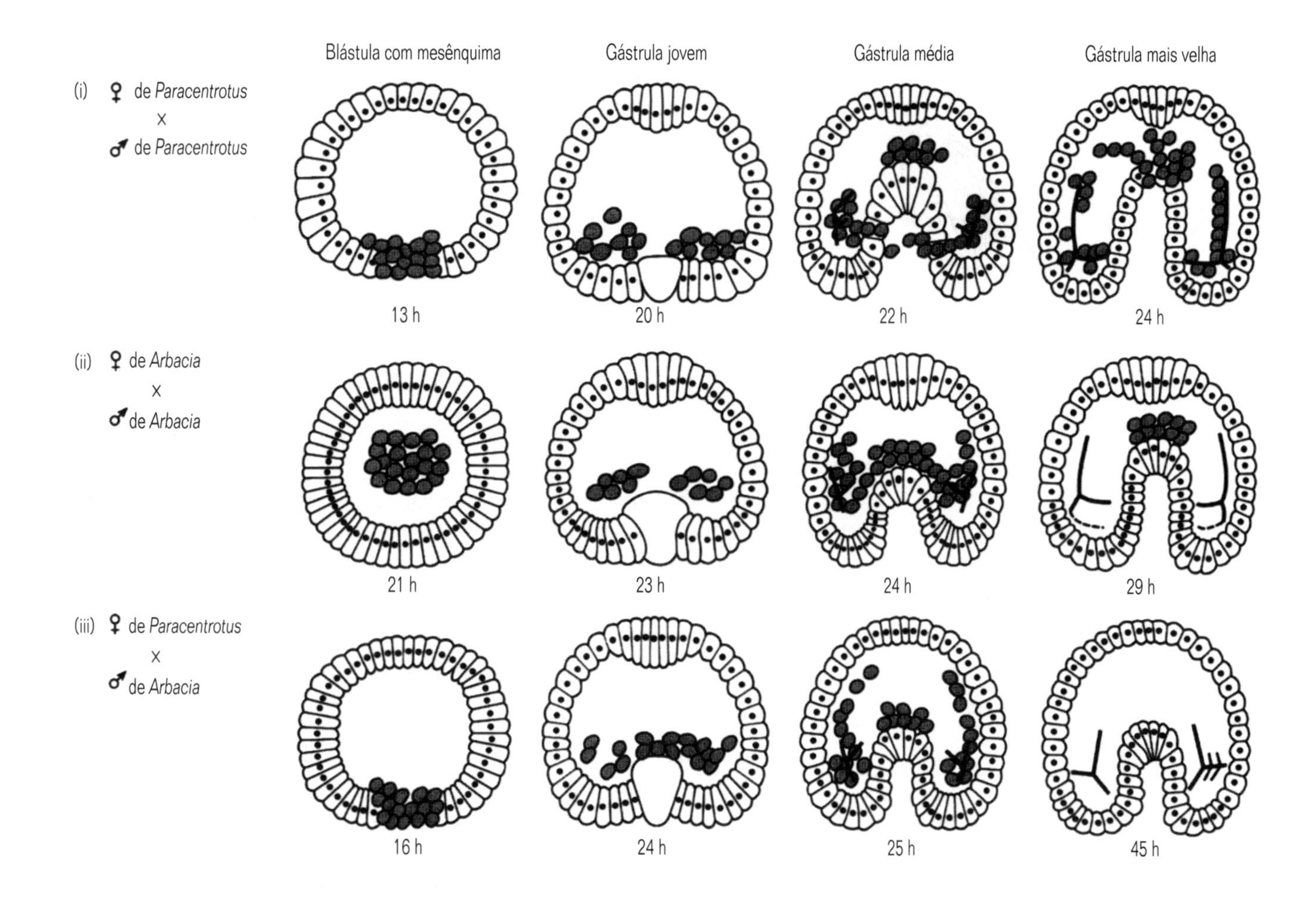

Fig. 15.2 Representação esquemática do desenvolvimento inicial de duas espécies de equinodermos: (i) Paracentrotus lividus e (ii) Arbacia lixula. (iii) Os híbridos formados pela fecundação de oócitos de Paracentrotus por espermatozóides de Arbacia. Os embriões híbridos desenvolvem-se durante aproximadamente 45 horas, mas tomam por modelo as formas maternas. Com base em A. H. Whitley & F. Baltzer (1958). (Segundo Davidson, 1968, Gene Action in Early Development, Academic Press, N.Y.)

Tabela 15.1 Diversidade dos estágios da meiose nos quais a divisão celular pára durante a fecundação. São apresentados exemplos.

Pré-vitelogênese: oócito primário	**Pós-vitelogênese**			
	Prófase I	**Metáfase I**	**Metáfase II**	**Pós-metáfase II**
Planária – Otomesostoma Polychaeta - Dinophilus, Saccocirrus Onychophora – Periopatopsis	Nematoda – Ascaris Mesozoa – Dicyema Porifera – Grantia Polychaeta – Nereis Mollusca – Spisula Echiura – Urechis	Nemertea – Cerebratulus Polychaeta - Chaetopterus, Arenicola, Pectinaria Mollusca – Dentalium Echinodermata Asteroidea - Asterias, Asterina	Chordate – Branchiostoma	Cnidaria Echinodermata Echinoidea - Psammechinus, Echinus, Arbacia
Incomum, associada à sexualidade modificada, veja o Quadro 14.3	A fusão como espermatozóide reativa a meiose. Problema de unir a receptividade ao espermatozóide e a competência desenvolvimental	A sinalização com hormônio une a liberação degametas ao progresso da prófase para a metáfase L Veja o Capítulo 16, Seção 16.11.4. Em estrelas-do-mar, sinais de lMeAd. GVBD e oócitos não fecundados vão para G1 após a metáfase II	Incomum entre os Invertebrados diferentes de Chordata. Padrão compartilhado com a maioria dos vertebrados	Em equinóides, tem sido usado como um modelo conveniente para estudar as consequências bioquímicas da fecundação

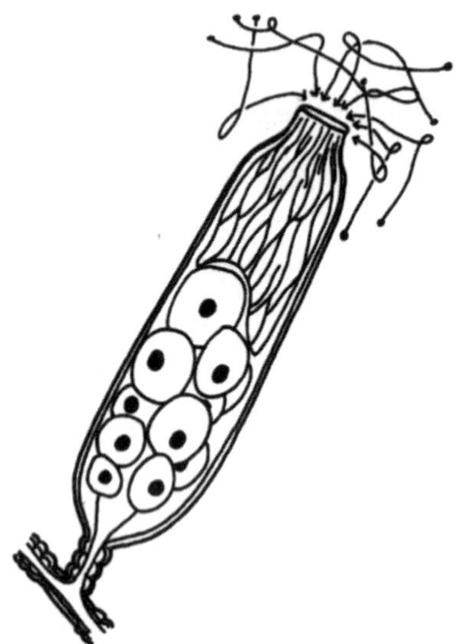

Fig. 15.3 Um gonângio do hidróide Campanularia e os traçados dos rastros dos espermatozóides registrados por cinematografia. Este foi um dos primeiros casos nos quais se conseguiu demonstrar a quimiotaxia entre oócitos e espermatozóides. Certamente não é o único; agora a quimiotaxia entre espermatozóides e oócitos tem sido demonstrada para urocordados, moluscos e anelídeos. Trata-se, provavelmente, de um fenômeno bastante comum. (Segundo Miller, 1966.)

15.1.4 Interação de espermatozóides e oócitos a certa distância

Os gametas do hidróide colonial Campanularia forneceram a primeira evidência experimental clara de quimiotaxia entre espermatozóides e oócitos. Neste gênero, os oócitos não são liberados livremente na água do mar, mas são retidos no gonângio em forma de frasco e os espermatozóides precisam alcançar os oócitos através da estreita abertura desta estrutura. A cinematografia mostrou que os caminhos percorridos pelos espermatozóides individuais não eram ao acaso, mas que eram dirigidos para a abertura do gonângio (Fig. 15.3). Uma substância extraída da abertura do gonângio poderia atrair os espermatozóides.

Acredita-se agora que a atração de espermatozóides por oócitos, a curta distância, não seja incomum e foi observada em espécies nas quais os oócitos são liberados, bem como naquelas nas quais os oócitos são retidos no interior de uma cápsula protetora. Evidências convincentes foram obtidas por oócitos de anelídeos, moluscos, tunicados e equinodermos, bem como de hidróides; a natureza química das substâncias envolvidas está sendo elucidada. Em equinodermos, uma cadeia curta de peptídeos (1,4 kDa), contendo só 14 aminoácidos, foi isolada dos oócitos do ouriço-do-mar Arbacia, que demonstrou propriedades de atração de espermatozóides. Este peptídeo – resact – é encontrado no revestimento gelatinoso do oócito no momento da ovipostura. Os espermatozóides são capazes de mover-se em direção ao centro de concentração de quantidades nanomolares na água do mar. A reação dos espermatozóides de Arbacia em direção às moléculas de resact é espécie-específica, porém isso não é uma propriedade de toda a quimioatração dos espermatozóides. Um peptídeo maior, de 12,5-kDa, com 32 aminoácidos, denominado Startrac (STARfish e TRACtant) foi isolado de oócitos de estrelas-do-mar, mas verificou-se que a reação dos espermatozóides, causada por esta substância, não é tão acuradamente espécie-específica.

A quimiotaxia de espermatozóides provavelmente não é eficaz em distâncias maiores do que o diâmetro de um ou dois oócitos (0,2-0,5 mm).Apesar disso, as substâncias que se difundem a partir dos oócitos ou de suas camadas gelatinosas podem causar um aumento da motilidade dos espermatozóides. O peptídeo resact, por exemplo, é uma das muitas substâncias do revestimento gelatinoso dos oócitos de ouriços-do-mar que estimulam a motilidade de espermatozóides e provocam um aumento em sua taxa de consumo de oxigênio.

No poliqueta Arenicola marina, opera um mecanismo diferente. A liberação de gametas pelo macho é iniciada pelo lançamento de um ácido graxo, o ácido 8.11.14-eicosatrienóico. Durante a maré baixa, são liberadas poças de espermatozóides na superfície da areia na qual vivem estes animais. No momento de sua liberação, os espermatozóides desagregam-se das massas celulares sinciciais no interior das quais se desenvolvem na cavidade do corpo, mas os espermatozóides desagregados permanecem relativamente imóveis nas poças de espermatozóides até que

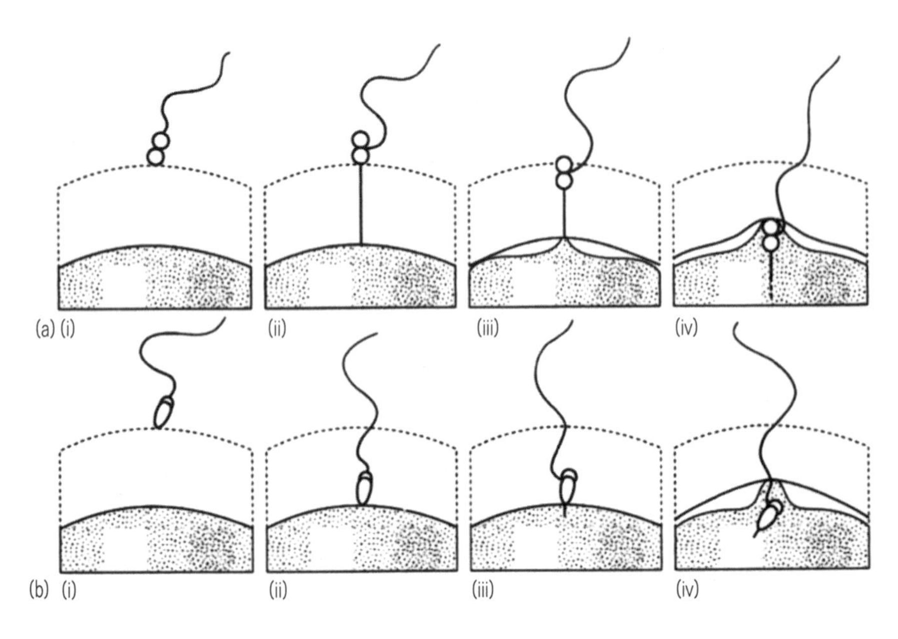

Fig. 15.4 Observações sobre as modificações visíveis ao microscópio óptico durante o processo de fecundação (a) entre um oócito e um espermatozóide de uma estrela-do-mar (Asterias) e (b) de um ouriço-do-mar (Arbacia). (a) Asterias. (i) Aproximação do espermatozóide ao oócito o qual está circundado por um revestimento gelatinoso. (ii) O acrossomo na parte anterior (no sentido do movimento para frente) do espermatozóide. (iii) A resposta de fecundação que ocorre, espalha-se a partir do ponto de contato inicial. (iv) O espermatozóide é engolfado por uma erupção do citoplasma do oócito, semelhante a um cone. (b) Arbacia. (i) aproximação do espermatozóide ao revestimento gelatinoso. (ii) Passagem do espermatozóide através do revestimento gelatinoso. (iii) Contato da cabeça do espermatozóide com a membrana vitelínica. Um filamento acrossômico muito pequeno pode ser visível, como mostrado. (iv) Resposta de fecundação e incorporação do núcleo do espermatozóide. (Segundo Austin, 1965.)

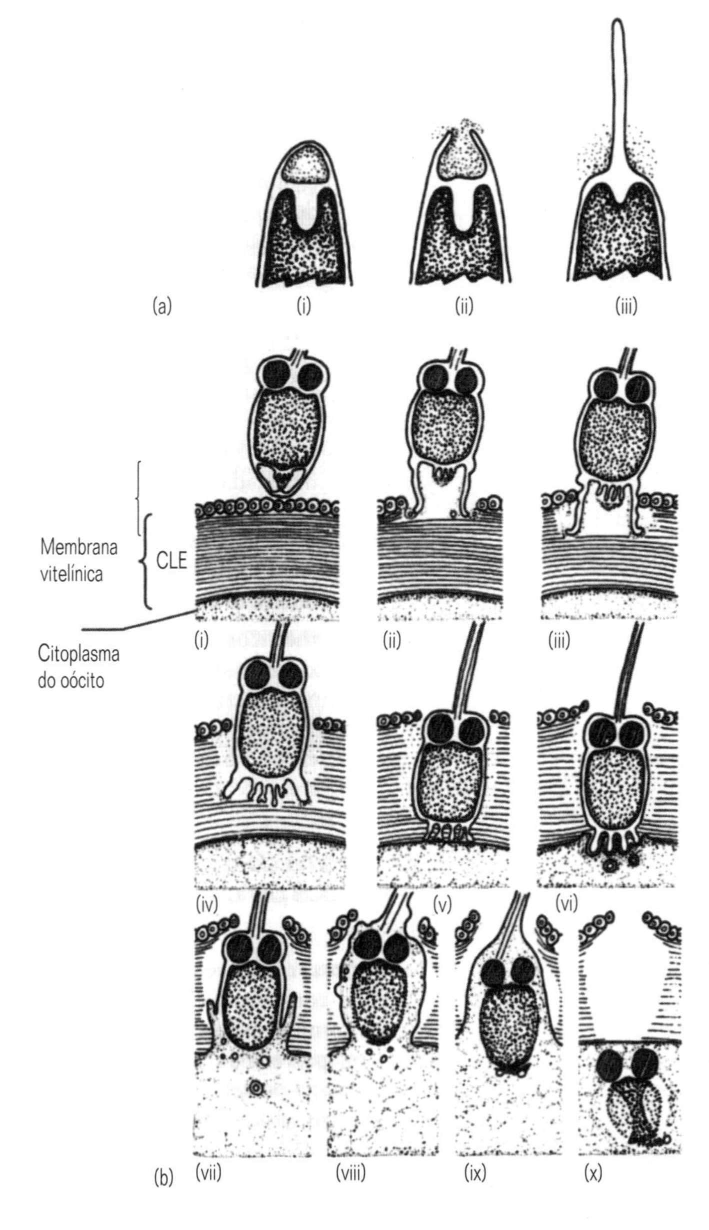

Fig. 15.5 Fecundação vista ao microscópio eletrônico. (a) A reação acrossômica do ouriço-do-mar Arbacia. O filamento acrossômico desta espécie é pequeno demais para ser facilmente visível ao microscópio óptico. (i) A parte anterior da cabeça do espermatozóide, vista ao microscópio eletrônico. (ii) Fusão entre a membrana acrossômica e a membrana do espermatozóide para liberar o conteúdo do acrossomo. (iii) Alongamento do filamento acrossômico. (b) Análise detalhada do processo de fecundação do poliqueta Hydroides, visto ao microscópio eletrônico. (i) Aproximação do espermatozóide à camada limitante externa (CLE) da membrana vitelínica. A CLE é formada pelas extremidades das microvilosidades da superfície do oócito. (ii), (iii) Fusão da membrana da vesícula acrossômica provocando a liberação do conteúdo do acrossomo. Início da penetração na membrana vitelínica. (iv) Continuação da penetração da cabeça do espermatozóide e alongamento de múltiplos túbulos acrossômicos. (v), (vi) Contato e fusão final dos túbulos acrossômicos com a membrana plasmática do oócito. (vii), (viii) Incorporação do espermatozóide à medida que o citoplasma do oócito se move para a união entre as membranas do espermatozóide e do oócito (causada por fusão entre membranas). (ix) Incorporação ulterior. (x) O núcleo e as mitocôndrias do espermatozóide incorporados ao citoplasma do oócito. Note a cavidade deixada na membrana vitelínica. (Redesenhado a partir de micrografias eletrônicas de Colwin & Colwin, 1961.)

a próxima inundação de maré os mistura com a água do mar. A modificação do pH que ocorre então (a água do mar tem um pH de 8,2) é responsável por iniciar mudanças que resultam na ativação e aquisição de movimento para frente pelos espermatozóides.

15.1.5 Contato entre espermatozóide e oócito: a reação acrossômica

Observações das interações entre espermatozóides e oócitos de invertebrados têm sido relevantes para uma compreensão melhor deste importante processo que, de fato, inicia o processo do desenvolvimento animal. No início do século XX, observou-se que substâncias dos oócitos de ouriços-do-mar difundem-se para a água do mar, tendo a propriedade de coagular ou juntar espermatozóides. Agora sabe-se que a substância difundida é uma proteína ligada a oligossacarídeos. A maioria dos oócitos apresenta um coagulante espécie-específico de espermatozóides na superfície, porém somente em alguns casos este se difunde para o meio circundante, como no caso dos oócitos de ouriços-do-mar.

A união de oligossacarídeos ligados a uma proteína com moléculas receptoras espécie-específicas na cabeça dos espermatozóides inicia a primeira de uma série de fusões entre membranas envolvidas na reação de fecundação. A cabeça da maioria dos espermatozóides do tipo' ectaqua' possui uma vesícula mais ou menos complexa na sua extremidade mais anterior, a vesícula acrossômica. Aí ocorrem as primeiras modificações envolvidas na reação de fecundação. É possível ver o que acontece usando-se o microscópio óptico (Fig. 15.4), porém o microscópio eletrônico fornece uma poderosa ferramenta que tornou mais fácil a visualização dessa seqüência de eventos. Quando o espermatozóide se aproxima da superfície do oócito, porém antes do contato direto, existe uma fusão da membrana da vesícula acrossômica e da membrana plasmática do espermatozóide (Fig. 15.5 a,i,ii; b,i,ii). Isso libera o conteúdo enzimático da vesícula acrossômica e a subsequente lise permite que os túbulos acrossômicos em expansão penetrem nas capas do oócito, e o contato com a membrana plasmática do oócito.

O estágio seguinte da fecundação é a fusão da membrana plasmática do espermatozóide com aquela do oócito; isto cria, efetivamente, uma única nova célula híbrida. De novo, os equinodermos forneceram material excelente para as investigações iniciais sobre o que acontece. A reação acrossômica expõe a parte mais distal do espermatozóide, o túbulo acrossômico. Nos equinodermos e no enteropneusto Saccoglossus (Fig. 15.5a), o túbulo acrossômico é um filamento único que se alonga rapidamente. Em alguns anelídeos, existem túbulos múltiplos (Fig. 15.5b), entretanto, o mecanismo é similar.

A fusão entre as membranas do acrossomo e do espermatozóide é sinalizada pelo influxo de íons Ca^{2+} e por um efluxo de H^+ seguindo-se a ligação espécie-específica entre locais receptores do espermatozóide e as substâncias coagulantes de esperma na superfície do oócito ou em sua camada gelatinosa. O sinal iônico inicia os processos de polimerização que fazem com que o túbulo se estenda e ative a ação da ATPase. O aumento de ATPase causa o característico aumento da motilidade dos espermatozóides. O estágio seguinte da fecundação é a fusão entre as membranas do espermatozóide e do oócito.

A reação acrossômica expõe proteínas que se unirão com locais receptores específicos na superfície do oócito. Em ouriços-do-

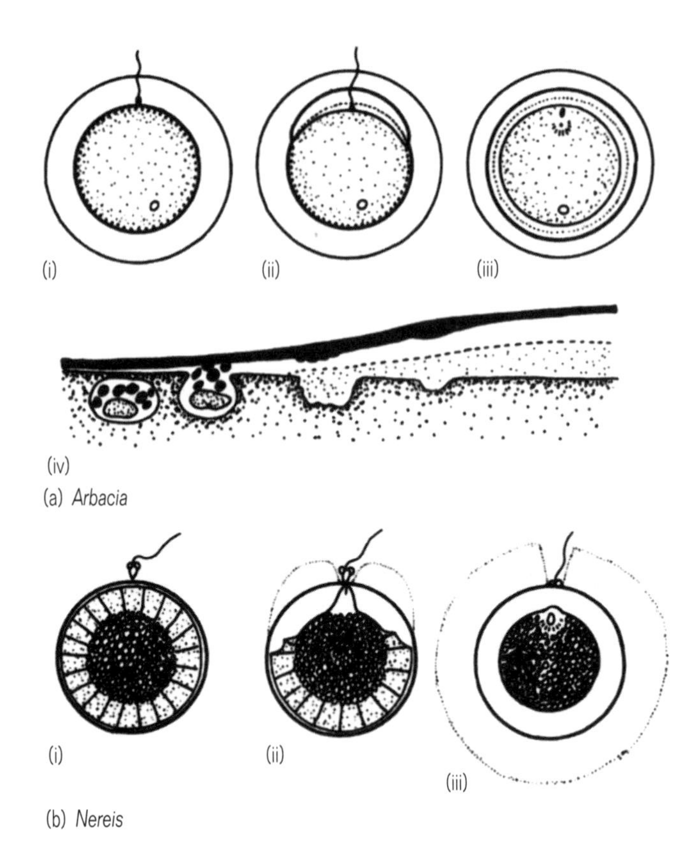

Fig. 15.6 A reação de fecundação: elevação da membrana de fecundação. (a) O ouriço-do-mar Arbacia. (i) O espermatozóide estabelece contato com a membrana plasmática do oócito, os grânulos corticais estão intactos. (ii) Os grânulos corticais desintegram-se e a membrana de fecundação se eleva; a reação afasta-se progressivamente do ponto de contato. (iii) O ovo fecundado. Note que a capa gelatinosa está presente antes da fecundação. (iv) Representação esquemática da cadeia de eventos vista ao microscópio eletrônico. (b) O poliqueta Nereis. (i) O espermatozóide aproxima-se do oócito. Neste estágio, não existe capa gelatinosa. (ii) Propagação progressiva da reação de fecundação a partir do ponto de contato. A parte externa do oócito é composta por grandes alvéolos corticais que se desintegram neste processo. (iii) O ovo fecundado. Na maioria das espécies, o conteúdo dos alvéolos corticais sofre extrusão através da membrana de fecundação (a antiga membrana vitelínica) formando uma nova capa gelatinosa. (Segundo Austin, 1965.)

-mar, a proteína espécie-específica de 30.500 daltos – bindina – é capaz de unir-se à membrana vitelínica de oócitos desprovidos de capa gelatinosa. Em seguida, ocorre união espécie-específica e inicia-se a fusão entre as membranas do oócito e do espermatozóide.

15.1.6 A reação do oócito à fecundação

15.1.6.1 O bloqueio à polispermia

As reações iniciais à reação bindina-antibindina e à fusão entre oócito e espermatozóide às vezes são denominadas 'bloqueio à polispermia'. Existem dois componentes: o primeiro não é visível, mas envolve uma mudança no potencial elétrico da superfície do oócito. Alguns segundos mais tarde, uma reação cortical visível espalha-se radialmente a partir do ponto de contato entre espermatozóide e oócito. Esta reação envolve a fusão das membranas dos grânulos corticais, formados durante o final da oogênese, com a membrana do oócito e liberação de seu conteúdo para o interior do espaço perivitelínico. O resultado é a elevação da membrana de fecundação, como é mostrado na Figura 15.6. Uma reação deste tipo é quase universal; ela pode levar à emissão de uma capa gelatinosa (Fig. 15.6b), sendo que um oócito que alcançou este estágio não pode fundir-se com outros espermatozóides.

Agora os oócitos apresentam profundas modificações metabólicas. O oócito não-fecundado, de alguma forma, permanece num estado de animação suspensa. A reação de união da proteína bindina ao sítio receptor de antibindina da membrana do oócito inicia uma sequência de eventos (resumida na Fig. 15.7). Existe um grande aumento no consumo de oxigênio, com picos no primeiro minuto após a formação da membrana de fecundação, que permanece muito mais elevado do que no estado de oócito não-fecundado. Subsequentemente, existe um aumento na taxa de síntese protéica quando se disponibilizam as moléculas de RNAm inativadas, que estavam armazenadas no citoplasma do oócito durante a oogênese. A primeira clivagem segue-se algum tempo predeterminado após a fecundação, mas modificações importantes na distribuição dos constituintes citoplasmáticos podem ser observadas antes da primeira divisão.

Em animais bilateralmente simétricos, estes movimentos citoplasmáticos estabelecem os eixos primários do futuro embrião, definindo quadrantes anterior, posterior, dorsal e ventral no óvulo não dividido. Tais movimentos foram descritos primeiro para uma ascídia e estes e desenvolvimentos mais recentes são descritos abaixo.

15.1.6.2 Ativação do citoplasma do óvulo e estabelecimento dos principais eixos embrionários

Desenvolvimentos recentes na nossa compreensão da base molecular da organização regional confirmaram a importância destas observações pioneiras. A compreensão da base molecular para o estabelecimento dos principais eixos embrionários através da criação de gradientes ântero-posterior e dorsoventral desenvolveu-se rapidamente com os estudos de Drosophila. Isto é explicado no Quadro 15.l.

Em Drosophila, estes eixos são estabelecidos antes da fecundação, mas na maioria dos outros organismos, os eixos embrionários são estabelecidos ou fixados no momento da fecundação. Eventos casuais, como o local na superfície do oócito, onde ocorre fusão com o espermatozóide, podem ter profundas consequências. Antes da fecundação, um oócito de tunicado é radialmente simétrico e possui um gradiente na distribuição de vitelo ao longo do eixo animal-vegetativo (Fig. 15.8), mas desenvolve uma assimetria que define o eixo dorsoventral logo após a fecundação e antes de completar a primeira clivagem.

Quando o espermatozóide se funde com o citoplasma do oócito, inicia-se um pico de cálcio (aumento líquido de íons livres de Ca^{2+}) que começa no ponto de entrada do espermatozóide. Isto faz com que ocorra contração dos filamentos de actina logo abaixo da superfície, que se espalha a partir do pólo animal e que torna o gradiente dos pólos animal-vegetativo de distribuição de vitelo até mais extremo. No entanto, o ponto de entrada do espermatozóide criou um elemento de assimetria e começa a formar-se o áster do espermatozóide (isto é, a estrutura microtubular que estará envolvida na fusão entre os pronúcleos masculino e

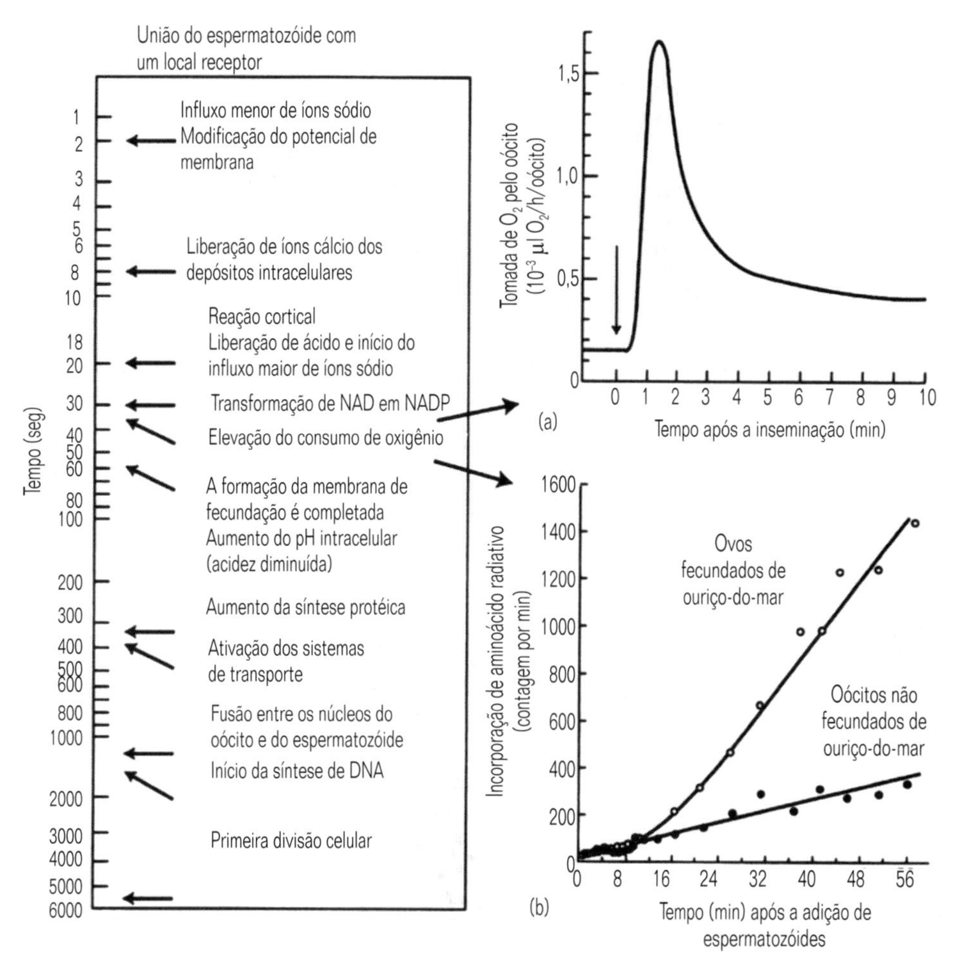

Fig. 15.7 A sequência de eventos que se seguem ao contato entre as membranas do espermatozóide e do oócito durante a fecundação do ouriço-do-mar (segundo Epel, 1977). São incluídos exemplos de dados experimentais que suportam este cenário. (a) Consumo de oxigênio (segundo Ohnishi & Sugiyama, 1963); (b) síntese protéica. (Segundo Epel, 1967.)

feminino). Isto estabelece um segundo eixo, em ângulo reto com o eixo animal-vegetativo, que define a futura organização ântero-posterior do plano do corpo. É interessante notar uma diferença entre o momento da sinalização deste eixo secundário no tunicado e em Drosophila. No caso do tunicado, não existe sinalização do eixo dorsoventral até após a fecundação, enquanto que, em Drosophila, o eixo dorsoventral é estabelecido durante a oogênese (Quadro 15.1). O nematódeo Caenorhabditis fornece um terceiro exemplo no qual o processo de formação do eixo está se tornando compreensível em termos moleculares (Fig. 15.9). Novamente, os eixos são estabelecidos no momento da fecundação.

15.1.6.3 A ativação do RNAm armazenado

Uma ampla variedade de RNAm é armazenada no citoplasma do oócito e esta é traduzida logo após a fecundação. O RNAm inativado inclui uma grande diversidade de transcritos que codificam proteínas que funcionarão cedo durante o desenvolvimento. Estas incluem as proteínas ciclina, que regula o padrão de clivagem, tubulina, envolvida na citocinese ou divisão celular, bem como produtos gênicos de 'efeito materno', tais como os genes bicoid e nanos, cujo papel no estabelecimento do gradiente ântero-posterior em Drosophila foi explicado no Quadro 15.1.

A ativação de RNAm é uma importante consequência da fecundação. Estudos com ouriços-do-mar forneceram uma indicação inicial da importância do RNAm armazenado e algumas evidências foram apresentadas na Figura 15.2 e na Figura 15.7. A fecundação causa um aumento na taxa de tomada e incorporação de aminoácidos radiativos por proteínas (indicando de novo síntese protéica). Existe um atraso característico entre o momento da fecundação e o início do aumento da síntese protéica (cerca de 9 minutos na Fig.15. 7b) e isto levou David Epel a sugerir que, durante este período, ocorreu a ativação do RNAm armazenado no citoplasma do oócito. Agora estão aparecendo os detalhes dos mecanismos moleculares. Os oócitos do molusco Spisula contêm RNAm que codifica a proteína ciclina-A. O RNAm para esta proteína e para outra espécie de RNAm está ligado a uma proteína de 82-kdaltos nos oócitos não fecundados. A fecundação provoca modificações iônicas que levam à ativação de cdc-2 quinase e a fosforilação de cdc-2 libera RNAm para a ciclina-A e isto inicia a tradução de ciclina-A. Outros mecanismos que regulam a tradução de mensagens armazenadas no RNAm têm sido encontrados – cortar/construir caudas de poliadenila, regulação do pH interno, encapar/desencapar as extremidades das sequências de RNAm – e o processo tem claramente grande importância durante os estágios iniciais do desenvolvimento animal.

15.2 Padrões do desenvolvimento inicial

15.2.1 Clivagem

Uma vez que a mitose tenha sido iniciada, os embriões da maioria dos animais seguem um padrão de clivagem precisamente determinado durante o qual o citoplasma do zigoto, relativamente volumoso, é subdividido em unidades celulares menores. Estes padrões de clivagem são tais que qualquer organização espacial dos ovos fecundados é retida no embrião multicelular e a maioria origina uma esfera oca de células chamada 'blástula'.

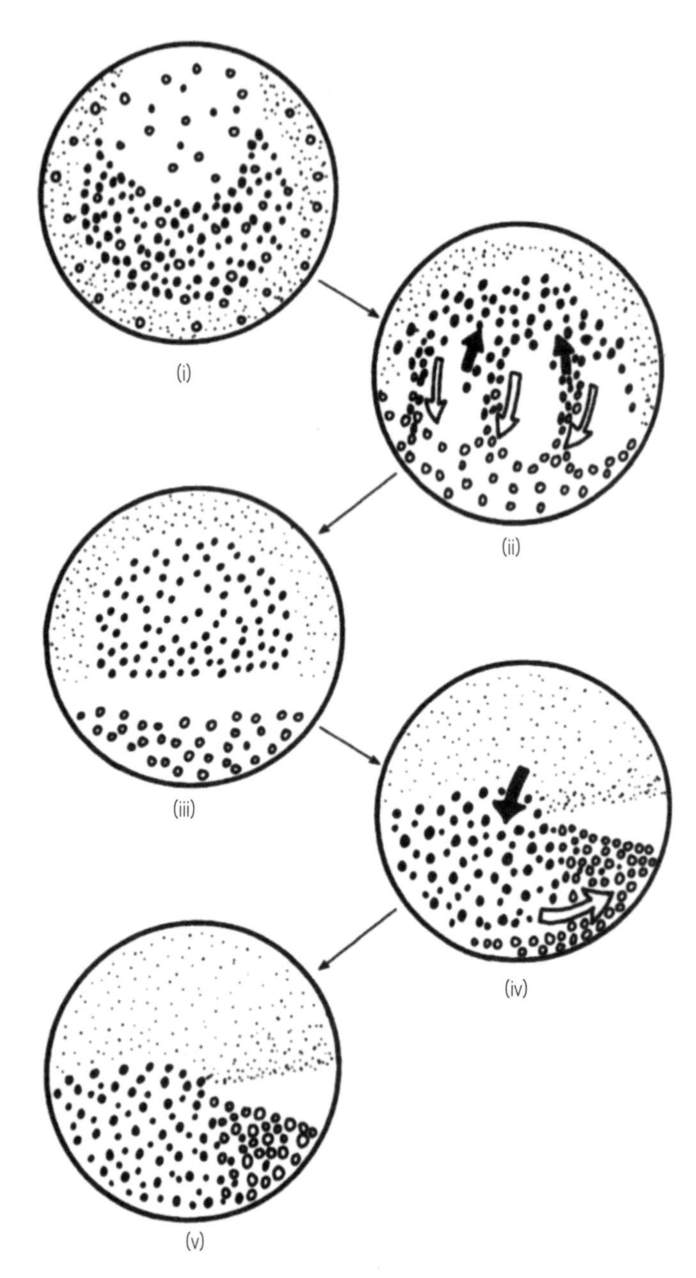

Fig. 15.8 Movimentos dos tipos visivelmente diferentes de citoplasma, descritos no início do século vinte para a ascídia Styela partita. Estas observações foram importantes para demonstrar o significado dos fatores citoplasmáticos que determinam o destino das células. (i) O oócito não fecundado, radialmente simétrico. (ii), (iii) Migração de citoplasma 'amarelo' para o pólo vegetativo e segregação de citoplasma 'cinzento' na massa central da célula. (iv) Segregação e migração de citoplasma amarelo e citoplasma claro para um lado do ovo. O ovo torna-se bilateralmente simétrico. (v) O ovo bilateralmente simétrico, com citoplasma na posição ocupada no momento da primeira clivagem. (Veja também os Quadros 15.4 e 15.5.)

Muitos dos filos protostômios (p. ex., Nemertea, Annelida, Sipuncula, Echiura, Mollusca e, talvez, Pogonophora) exibem a clivagem espiral descrita com alguns detalhes no Quadro 15.2. A clivagem espiral exibida por estes filos às vezes tem sido considerada como indicando uma relação filogenética relativamente próxima entre eles. No entanto, esta tese deve ser interpretada com cautela. A observação de que diversos filos apresentam, em comum, um padrão espiral de clivagem precisa implicar somente que isto tem sido um aspecto conservativo de sua evolução e não pode ser considerado como indicando uma divergência relativamente recente de uma linha comum de descendência. Se o padrão antigo de clivagem dos platelmintos era espiral, então a observação de que algum outro padrão é comum em diversos filos pode sugerir uma divergência evolutiva mais recente. Isto é mostrado, por exemplo, pelos filos deuterostômios. Muitos deles exibem um padrão diferente de clivagem, chamado 'radial', no qual os produtos das primeiras divisões transversais situam-se diretamente uns sobre os outros. Um exemplo relativamente simples, encontrado na holotúria Synapta, está ilustrado na Figura 15.10. Todas as células são virtualmente idênticas em tamanho e o embrião desenvolve-se progressivamente originando um estágio de blástula, o da esfera oca.

Um padrão radial mais complexo é exibido pelos ouriços-do-mar e que foram extensivamente usados em pesquisas de embriologia experimental. Células individuais não podem ser identificadas uma vez que as duas primeiras clivagens são iguais, porém diferentes camadas de células podem ser identificadas em embriões do estágio de 64 células, como é explicado no Quadro 15.3.

Os ovos dos artrópodes, ricos em vitelo, especialmente dos insetos, mostram ainda um outro padrão de clivagem descrito como 'superficial' ou 'endolécito' devido à distribuição do vitelo formando uma massa central. O citoplasma está restrito a uma camada superficial e as primeiras divisões nucleares não são acompanhadas por divisões celulares. Finalmente, os núcleos se movem para as camadas superficiais e os limites celulares se formam em seu redor (Fig. 15.11). O citoplasma do pólo posterior é especializado e aqueles núcleos que entram no plasma polar apresentam propriedades especiais, sendo os únicos que podem originar células germinativas.

O nematódeo Caenorhabditis elegans tornou-se outra espécie-chave para a análise do desenvolvimento animal. É especialmente útil para o estudo da diferenciação celular porque o adulto possui um número muito pequeno de células precisamente determinadas. A polaridade inicial do ovo é estabelecida no momento da fecundação. A primeira divisão separa duas células, uma célula AB, maior e uma célula P, menor. O padrão de clivagem é precisamente controlado e a célula A divide-se antes da célula P, formando um característico estágio de três células (veja a Fig. 15.9). É interessante que a célula contém um RNAm semelhante a nanos e que é a única célula da qual podem ser derivadas células germinativas. Lembre que o RNAm nanos é sequestrado na futura extremidade posterior do ovo dos insetos (Quadro 15.1) e que as células que herdam o plasma polar posterior são as únicas que formarão células germinativas (Fig. 15.11). Agora se conhecem as vias moleculares comuns envolvidas na especificação inicial do destino das células em organismos não considerados intimamente aparentados. A conclusão é que estes mecanismos genéticos estavam presentes nos primeiros ancestrais dos diversos filos animais e que os mecanismos têm sido altamente conservados. Por sua vez, isto está dando origem a uma nova disciplina científica – a evolução dos mecanismos do desenvolvimento.

O padrão subsequente do desenvolvimento de Caenorhabditis depende muito dos arranjos espaciais das células e dos contatos efetuados entre elas, quando se movem no interior de apertado confinamento da rija membrana da casca, típica de vermes nematódeos.

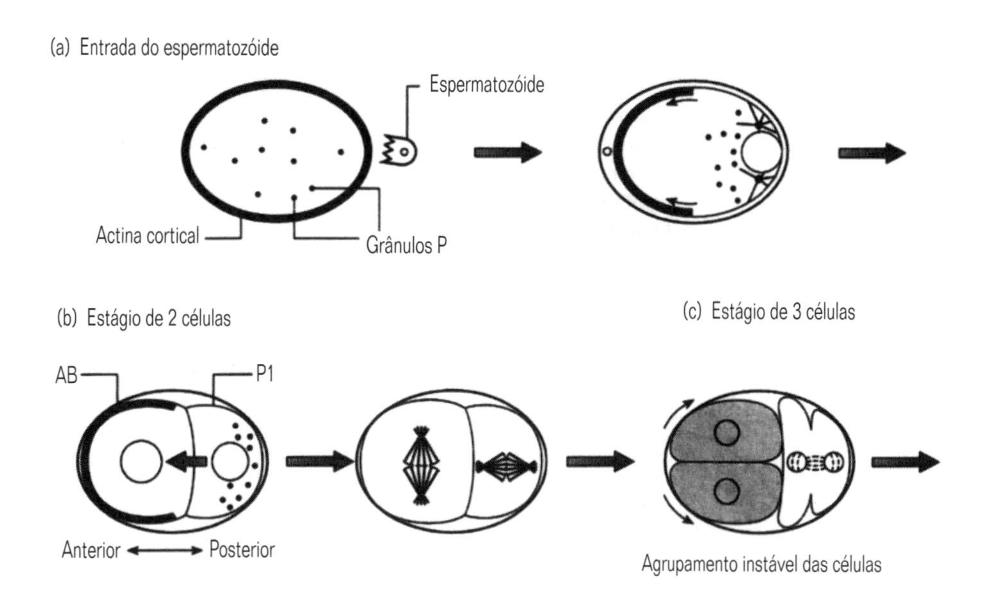

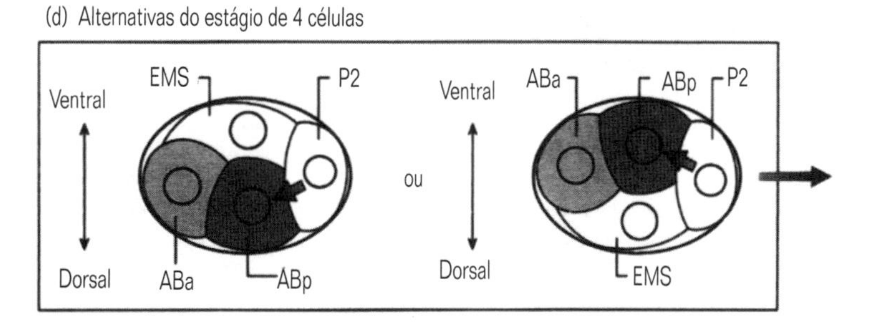

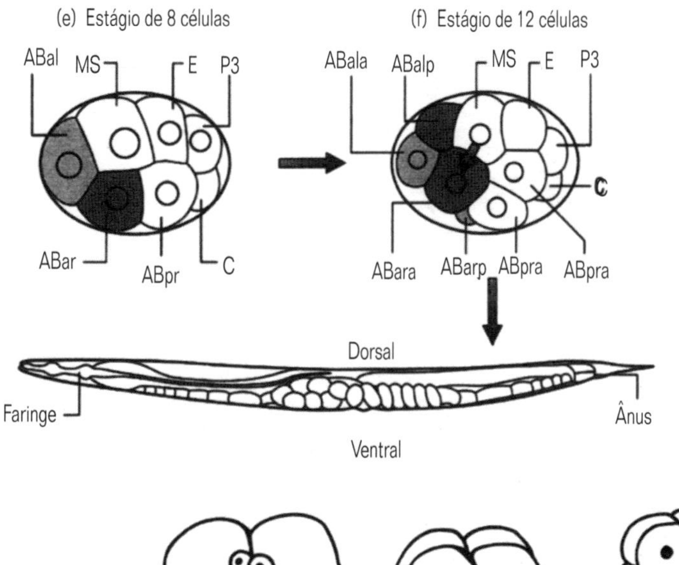

Fig. 15.9 Especificação do eixo ântero-posterior no nematódeo Caenorhabditis elegans. (a) O local da entrada do espermatozóide estabelece uma arquitetura citoplasmática polarizada. (b) A primeira divisão celular cria duas células, AB e P, dispostas ao longo do eixo ântero-posterior. (c) Um estágio de três células forma-se com disposições de agrupamento alternativo, estável no estágio de quatro células. (d) Divisões subsequentes levam aos arranjos de células mostrados em (e) e (f) e o plano do corpo do futuro adulto é estabelecido.

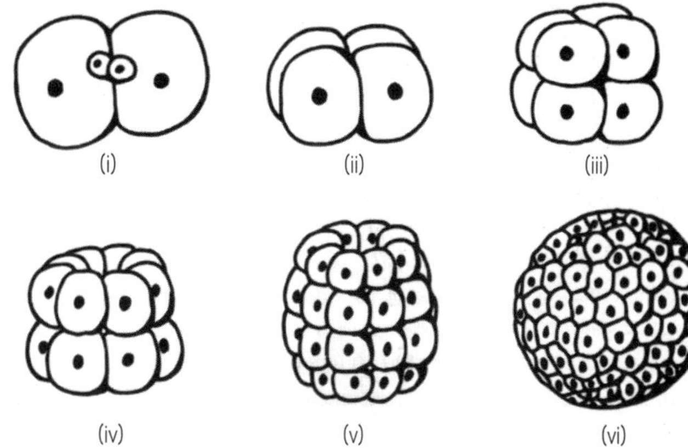

Fig. 15.10 Clivagem no equinodermo Synapta: (i) estágio de duas células; (ii) estágio de quatro células; (iii) estágio de oito células; (iv) estágio de 16 células; (v) clivagem avançada; (vi) estágio de blástula.

Quadro 15.2 Clivagem espiral

Este padrão de clivagem é característico de vários filos protostômios, incluindo os Nemertea, Annelida, Sipuncula, Echiura e Mollusca. É mais facilmente observado em embriões com relativamente pouco vitelo, tais como aqueles dos poliquetas e moluscos marinhos.

1 O oócito não fecundado é radialmente simétrico em torno de um eixo que se estende do pólo animal (com menos vitelo) ao pólo vegetativo (Fig. I). Todos os segmentos de tal oócito, cortados ao longo do eixo animal--vegetativo são equivalentes.

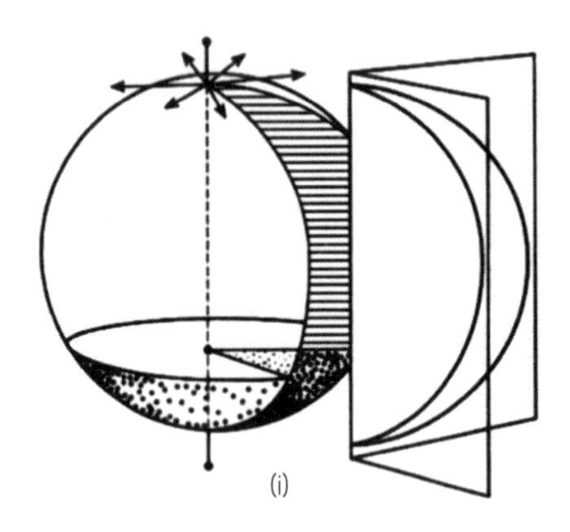

(i)

2 Após a fecundação, o ovo é bilateralmente simétrico. Os principais planos do embrião podem, então, ser reconhecidos (ii-iv).

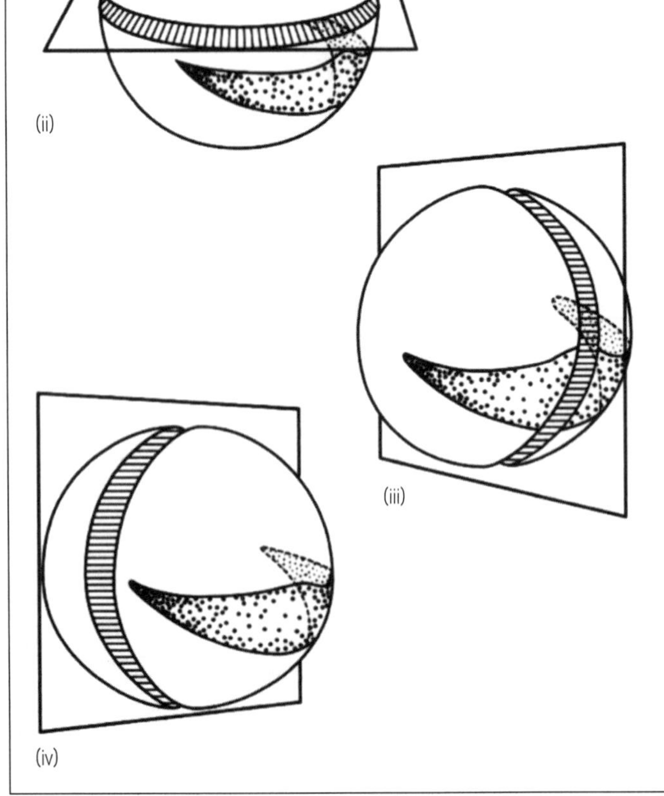

(i) O plano de simetria transversal separa anterior de posterior.
(ii) O plano de simetria sagital separa esquerdo de direito.
(iii) O plano de simetria frontal separa dorsal de ventral.

3 Os primeiros dois planos de clivagem são longitudinais e dividem em dois os ângulos entre frontal e sagital.

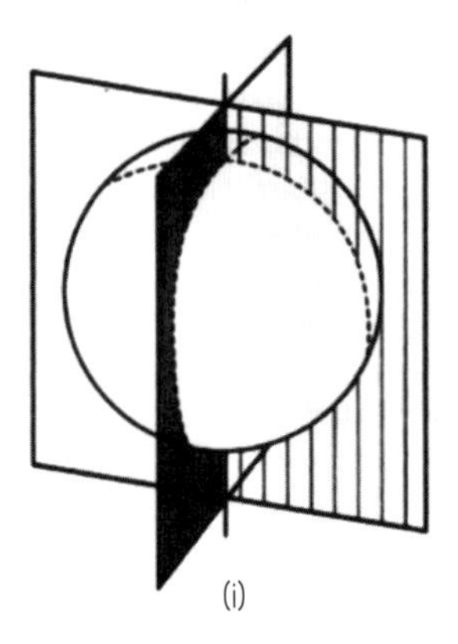

(i)

A célula AB geralmente é maior do que a célula CD. A primeira clivagem separa duas células, AB e CD (ii). A segunda separa quatro células denominadas A, B, C e D (iii).

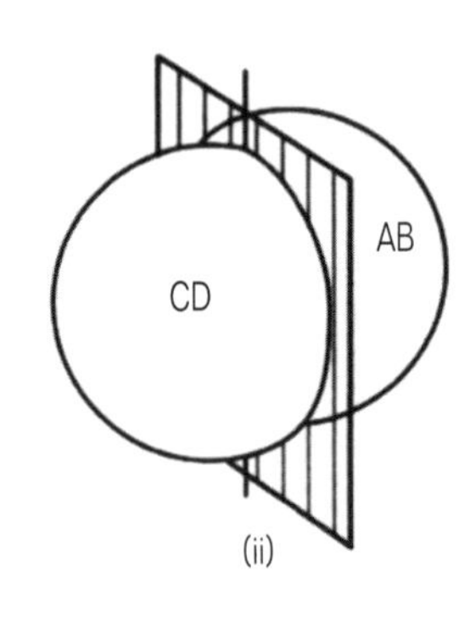

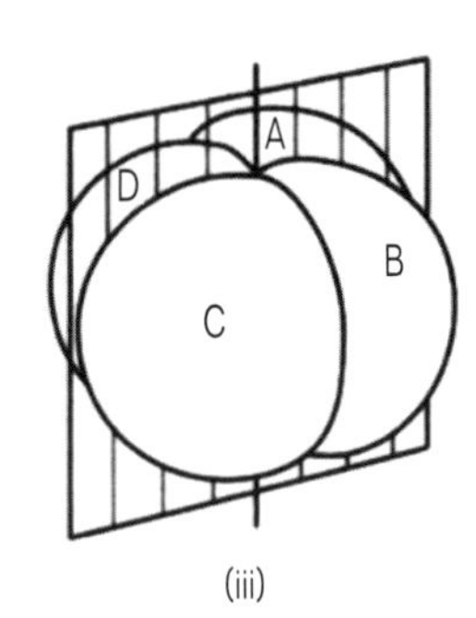

A célula D geralmente é maior do que as outras três e, através de referência a esta célula, todas as células de clivagens subsequentes podem ser identificadas e individualmente denominadas.

4 O terceiro plano de clivagem é transversal e passa acima do equador. Ele separa quatro células menores, no pólo animal, de quatro células maiores, no pólo vegetativo (i).

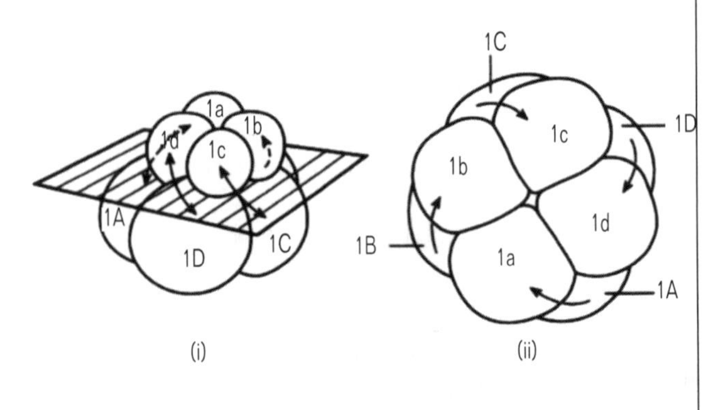

Continua

Quadro 15.2 (*continuação*)

As quatro células menores formam o primeiro quarteto de micrômeros. Como o plano de clivagem é inclinado em relação ao eixo longitudinal do embrião, os micrômeros situam-se sobre os limites intercelulares entre os macrômeros. Quando vistas pelo pólo animal, as células parecem ter rodado em direção horária.

5 As oito células do embrião agora podem ser identificadas como:

1a	1b	1c	1d
1A	1B	1C	1D

Todas as divisões subsequentes são transversais e resultam da subdivisão dos micrômeros existentes e na geração de novos quartetos de micrômeros por meio de clivagem desigual dos macrômeros. A quarta clivagem produz um embrião com 16 células. Neste estágio, elas podem ser individualmente identificadas como:

Subdivisão do 1º quarteto	$1a^1$	$1b^1$	$1c^1$	$1d^1$
	↕	↕	↕	↕
	$1a^2$	$1b^2$	$1c^2$	$1d^2$
2º quarteto	2a	2b	2c	2d
	↕	↕	↕	↕
Macrômeros	2A	2B	2C	2D

Os planos individuais de clivagem são inclinados em relação ao eixo longitudinal, sendo que há alternadamente rotação horária e anti-horária dos micrômeros.

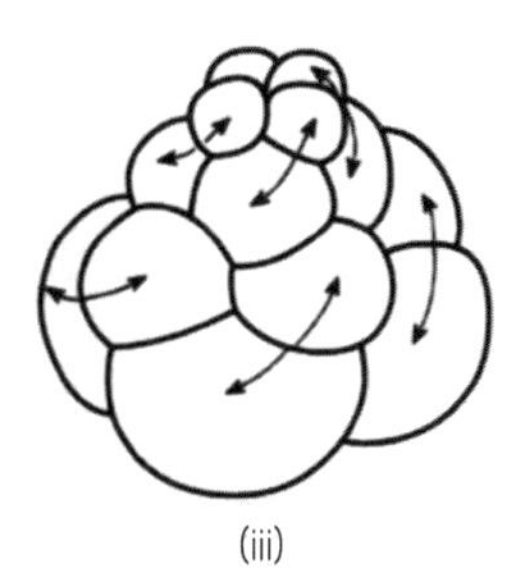

(iii)

6 Um esquema convencional de notação foi desenvolvido e este permite que cada célula, até o estágio de 64 células, possa ser identificada. O esquema formal (completado somente para a importante linhagem da célula D) é apresentado ao lado.

Como será explicado adiante, no texto e nos Quadros 15.3 e 15.4, a linhagem da célula D é particularmente importante.

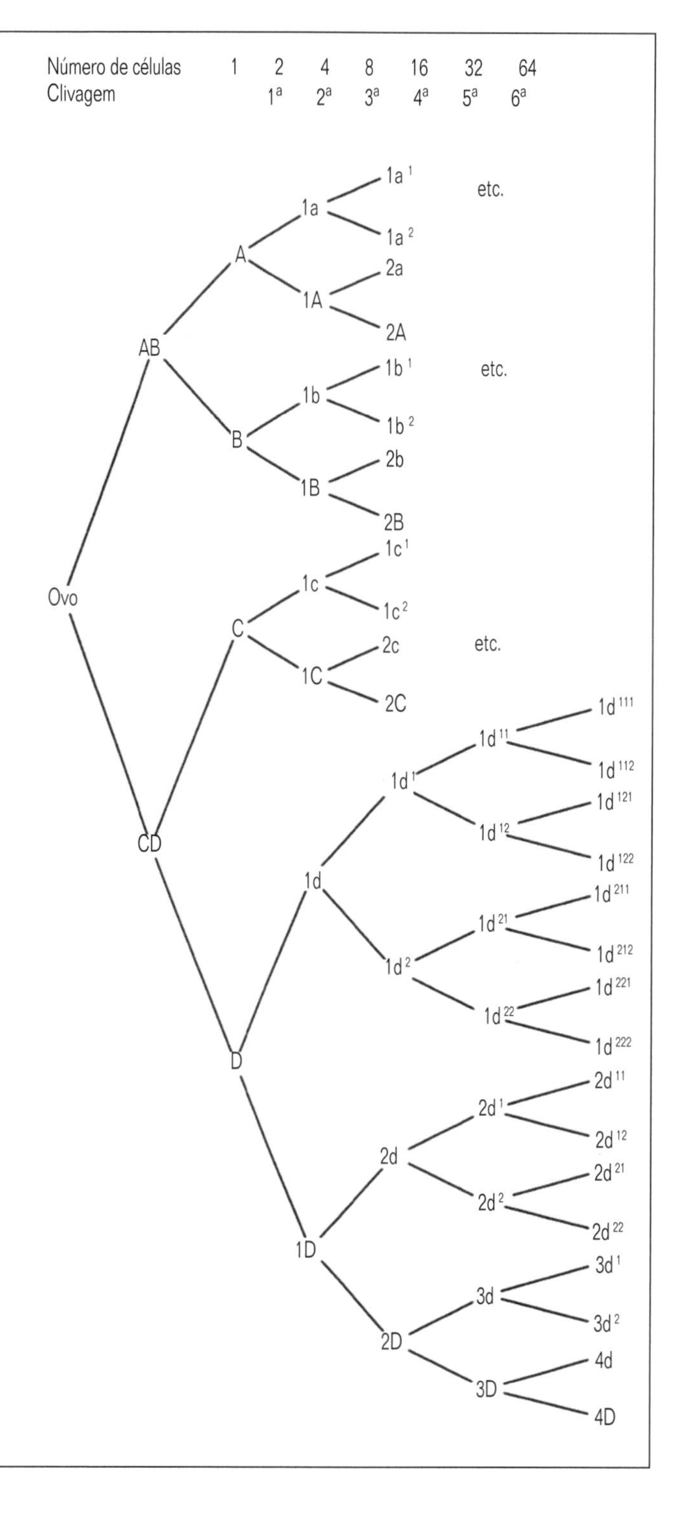

15.2.2 Gastrulação

Com exceção dos Placozoa, Mesozoa, Porifera e dos dois filos de celenterados, os invertebrados são animais triploblásticos, isto é, seus corpos são derivados de três camadas celulares embrionárias distintas, da ectoderme, mesoderme e endoderme (alguns, como por exemplo, os Pogonophora, não têm nenhum traço de endoderme no adulto). O embrião que resulta da clivagem inicial, a blástula, entretanto, somente é formado por uma única camada de células. O processo de gastrulação cria um embrião de três camadas e no qual podem ser reconhecidas as camadas de tecidos da ectoderme, mesoderme e endoderme. Durante a gastrulação, as células não apenas se movem até ocupar novas posições para criar um embrião visível e fisicamente mais complexo, mas as células também tornam-se mais restritas quanto a seu subsequente destino do desenvolvimento. Pode-se dizer que elas se tornaram mais 'determinadas' no seu destino do desenvolvimento. Frequentemente, a gastrulação envolve a invagina-

Quadro 15.3 Clivagem radial

Um padrão de clivagem diferente daquele dos anelídeos e moluscos é visto, por exemplo, nos equinodermos e, em forma modificada, nos cordados. Nos ouriços-do-mar (Echinoidea) é observado um padrão de clivagem muito preciso.

1 *O padrão de clivagem.* O ovo fecundado é bilateralmente simétrico (i). Os primeiros dois planos de clivagem passam ao longo do eixo animal/vegetativo, separando duas, depois quatro, células iguais (ii e iii).

A terceira clivagem é transversal e desigual, passando logo acima do equador (iv). Ela separa quatro 'mesômeros' dos 'macrômeros' ligeiramente maiores.

A quarta clivagem é diferente nas camadas de células superior e inferior. Na metade superior, ela é longitudinal, formando um anel de oito células. Na camada inferior, ela é transversal e muito desigual, originando quatro macrômeros e quatro micrômeros. Neste exemplo, os micrômeros situam-se no pólo vegetativo (v).

As próximas duas divisões são transversais na metade superior e alternadamente longitudinal e transversal na metade inferior, originando um embrião no estágio de 64 células, como visto em (vi).

2 *Identificação das células.* Como as primeiras quatro células são estruturalmente idênticas, é impossível identificar células individuais. Entretanto, as camadas de células podem ser identificadas. Convencionalmente, estas são identificadas como no esquema seguinte do estágio de 64 células:

Primeira camada animal = anl = 16 células superiores.

Segunda camada animal = an2 = 16 células inferiores do hemisfério animal.

Primeira camada vegetativa = vegl = anel de oito macrômeros abaixo do equador.

Segunda camada vegetativa = veg2 = anel inferior de oito macrômeros no hemisfério vegetativo.

Micrômeros = mic = grupo de células muito menores no pólo vegetativo.

3 *Blástula.* A sequência de clivagens produz uma blástula como a ilustrada em (vii): uma bola oca de células ciliadas.

O início da gastrulação é marcado pela invaginação dos micrômeros (viii).

A gastrulação ainda será descrita na Seção 15.2.2 e na Figura 15.9.

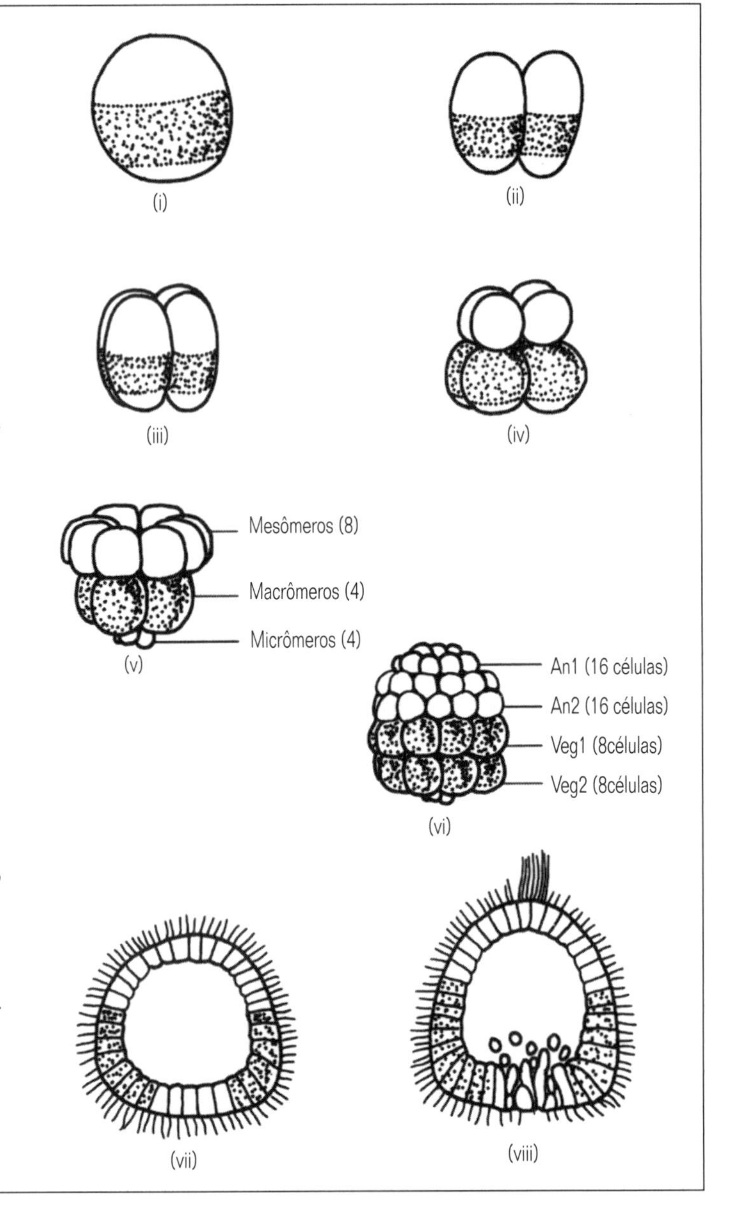

ção de células. Os detalhes precisos variam entre os organismos e, sendo tão diferentes, os invertebrados forneceram um dos modelos melhor conhecidos para a investigação dos processos envolvidos. Três padrões diferentes de gastrulação serão descritos aqui: nos equinodermos; nos protostômios, como anelídeos e moluscos; e nos insetos. No entanto, é importante lembrar que, mesmo nestes grupos, o padrão preciso pode ser modificado, especialmente nos equinodermos e protostômios, quando existe uma grande quantidade de vitelo no zigoto.

A gastrulação é particularmente estudada com facilidade nos embriões transparentes, com relativamente pouco vitelo, de muitos equinodermos, como os ouriços-do-mar (Fig. 15.12). Células mesenquimáticas primárias, derivadas dos micrômeros do embrião com 64 células (veja o Quadro 15.3) invaginam-se em direção à blastocele, mas retêm contato com a parede interna. Os micrômeros primários invasores ocupam uma posição específica na qual formam grupos e secretam as espículas de silicato que sustentam os braços da larva plúteo dos equinóides.

O estágio seguinte da gastrulação envolve o 'encurvamento' de células no pólo vegetativo. Isto pode ser facilmente visto em embriões vivos de ouriços-do-mar e de estrelas-do-mar, 48 horas após a fecundação, e está ilustrado na Figura 15.12 (i-iv). A primeira fase desta invaginação pode ser causada por forças geradas no interior da transparente e clara camada 'hialina' que reveste a superfície externa da blástula. Esta camada é uma estrutura bilaminada e, como todas tais estruturas, sofrerá uma curvatura se houver uma expansão diferencial nas camadas. Pensa-se que a expansão diferencial das camadas seja provocada pela secreção de sulfato-proteoglicano de condroitina pelas células da placa vegetativa. Como essa substância se difunde para o interior da lamela interna da camada hialina, esta absorve água, causa uma expansão localizada e a geração de tensões que são liberadas pela curvatura para o interior da camada iniciando-se, assim, o movimento para dentro das células do pólo vegetativo.

Fases posteriores da gastrulação envolvem migração das células parcialmente invaginadas no pólo vegetativo. Isto re-

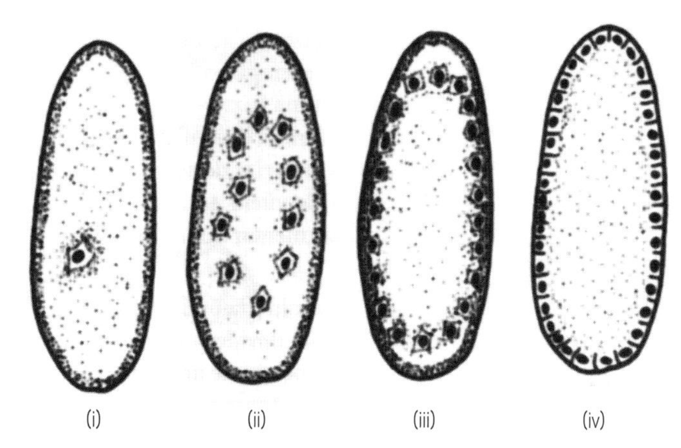

Fig. 15.11 Clivagem superficial do ovo de um artrópode (inseto). (i) O único núcleo situa-se no centro do ovo, cheio de vitelo. (ii) Divisões nucleares resultam no aparecimento de diversos núcleos, porém sem limites intercelulares. (iii) Os núcleos movem-se para fora até o ooplasma periférico relativamente livre de vitelo. (iv) Paredes celulares radiais aparecem entre os núcleos. O número exato de núcleos não está representado. Note a formação de células polares em (iv).

sulta, finalmente, na formação do intestino posterior larval, ou 'arquênteron'. Nos embriões de ouriços-do-mar, este movimento para dentro ainda pode ser auxiliado pelos contatos diretos dos filópodes formados entre as células mesenquimáticas secundárias (veja a Fig. 15.12iv) e a superfície interna da blastocele. No entanto, estes filópodes não são essenciais para a gastrulação e, em embriões de estrelas-do-mar não ocorrem tais contatos.

Uma proteína específica da superfície das células pode ser detectada pela primeira vez no momento preciso quando as células do mesênquima primário começam a deixar a parede da blástula. O contato permanente entre os filópodes do mesênquima secundário e a parede da blástula ocorre com o aparecimento de proteínas específicas em áreas localizadas da parede da blástula.

Ao término da gastrulação, o embrião possui uma camada externa de ectoderme, um tubo interno que se abre na parte posterior e certo número de células mesenquimáticas. Tal embrião é denominado 'gástrula'. Nesse estágio, a mesoderme definitiva do adulto ainda não sofreu delaminação a partir do arquênteron. As células mesenquimáticas não formam a meesoderme do adulto, mas podem contribuir para os elementos esqueléticos e musculares da larva e que são perdidos na metamorfose. A formação da mesoderme será descrita na Seção 15.4.

Nos deuterostômios, o blastóporo origina o ânus da larva funcional. A boca formar-se-á como uma invaginação ectodérmica.

Nos moluscos e anelídeos, a gastrulação é bem diferente. Ela também envolve a internalização da futura endoderme e do pequeno número de células a partir das quais será derivada a mesoderme do adulto. Nas formas cujos ovos apresentam relativamente pouco vitelo, a gastrulação também envolve invaginação como a da Figura 15.13i, mas no caso dos ovos possuírem mais vitelo, os movimentos da gastrulação envolvem migração de células, do tipo amebóide, sobre a endoderme preenchida com vitelo relativamente inerte (Fig. 15.13ii, iii).

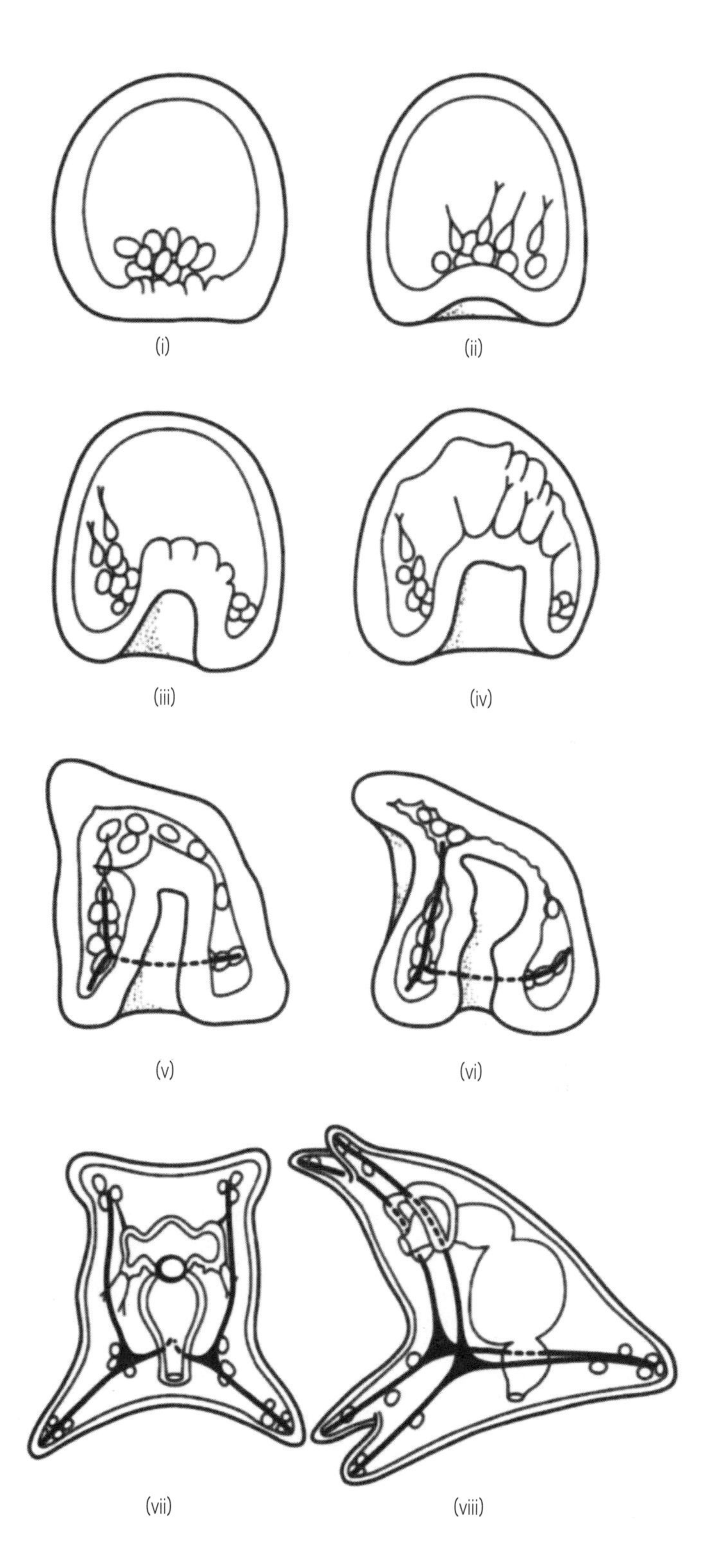

Fig. 15.12 Gastrulação num ouriço-do-mar. (i) Início da gastrulação, invaginação do mesênquima primário. (ii), (iii) Migração do mesênquima e início da invaginação. (iv) Contatos filopodiais pelo mesênquima secundário. (v) Gástrula avançada, aparecimento de espículas esqueléticas secretadas pelo mesênquima primário. (vi) Gástrula completa (estágio embrionário prismático). Início do campo oral. (vii) Plúteo jovem visto pela superfície oral. (viii) Plúteo jovem visto pelo lado. (Segundo Trinkaus, 1969.)

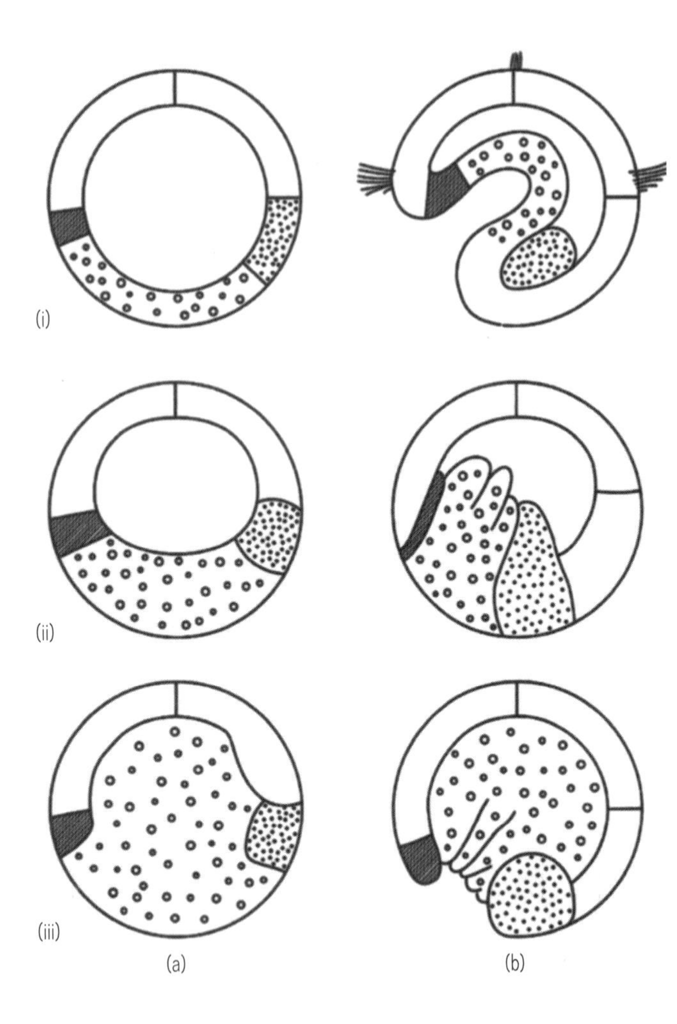

Fig. 15.13 Gastrulação em protostômios (estes exemplos são baseados em estudos de poliquetas com diferentes quantidades de vitelo. (a) A estrutura da blástula e; (b) da gástrula. As células morfologicamente importantes, derivadas de 4d, que formam a mesoderme do adulto, são mostradas com pontos pequenos, as células que formam a boca estão hachuradas e as células que formam o intestino são identificadas por pequenos círculos. (i) Forma contendo relativamente pouco vitelo; (ii) forma com quantidade moderada de vitelo; (iii) forma com muito vitelo e na qual a gastrulação ocorre por epibolia.

O lábio anterior do blastóporo inclui as células que formam a boca da larva, e é este aspecto que foi considerado o fundamental do início do desenvolvimento, permitindo que diversos filos fossem agrupados como protostômios.

O padrão de clivagem é obscurecido em ovos ricos em vitelo e a gastrulação é menos facilmente observada. A blastocele frequentemente é obliterada. As futuras células endodérmicas do pólo vegetativo são internalizadas por meio de um processo pelo qual as células do pólo animal crescem sobre elas. Este processo é denominado 'epibolia'.

Na larva de anelídeos ilustrada na Figura 15.14, todas as estruturas segmentares são derivadas dos produtos das faixas pares mesodérmicas e do anel ectoteloblástico. As estruturas derivadas das outras partes da larva trocófora são o prostômio e o pigídio (veja a Seção 4.14), sendo que estas podem ser consideradas assegmentares.

Um modo bem diferente de gastrulação ocorre nos artrópodes (Fig.15.15). Nos insetos, por exemplo, o 'blastóporo' é um sulco através do qual é invaginada uma faixa ventral das futuras células mesodérmicas destinadas a formar musculatura do corpo, parede do intestino, gônadas etc. O interior deste embrião não é um espaço oco, mas uma massa de vitelo acelular. As células ganglionares do sistema nervoso segmentar dos insetos também se invaginam neste momento.

Nos insetos, a gastrulação assumiu maior importância nos estudos do desenvolvimento animal devido aos grandes progressos feitos na compreensão do processo de determinação das células, que acompanha a gastrulação. Agora é possível definir as camadas primárias de tecidos – ectoderme, mesoderme e endoderme – em termos dos genes expressados durante a gastrulação.

No embrião de Drosophila, as primeiras células a invaginar-se e mover-se em direção ao centro do interior preenchido com vitelo situam-se ao longo do sulco mediano-ventral de gastrulação e estas células formarão o sistema nervoso central (Fig. 15.15iii, iv). Depois, a gastrulação envolve a internalização de células formadoras de mesoderme, encontradas na região mediana do sulco ventral (Fig. 15.15v-vii) e, por fim, ocorre invaginação das futuras células endodérmicas nas duas extremidades do sulco. Os componentes endodérmicos do intestino em invaginação são seguidos pelas células ectodérmicas que formarão o intestino anterior e o intestino posterior do futuro inseto. As células mesodérmicas formam um tubo achatado (Fig. 15.15vi,vii). A estrutura de cortes transversais do embrião de Drosophila torna-se mais complexa pelo dobramento do embrião para trás, sobre si mesmo, sendo que, num corte transversal o principal eixo é seccionado duas vezes.

15.3 Embriologia experimental de invertebrados: a determinação do destino das células

15.3.1 Introdução

Um complexo animal multicelular é derivado de uma única estrutura indiferenciada e totipotente, o ovo fecundado. Durante seu desenvolvimento, ele passa por um estágio no qual é composto por um número maior de células, grupos dos quais apresentam morfologia, composição química e função diferentes. A embriologia experimental é o estudo de como populações de células diferenciadas, com funções específicas, surgem nos embriões em desenvolvimento. Alguns dos sistemas de modelos mais favoráveis para a análise dos processos envolvidos têm sido fornecidos pelos embriões e larvas de invertebrados. Mais recentemente, dois sistemas ganharam uma importância particular. Caenorhabditis elegans, um nematódeo, foi escolhido para um estudo importante, cujo objetivo é identificar e caracterizar cada gene envolvido no desenvolvimento e estabelecer a linhagem de cada célula. Isso é possível devido ao pequeno número fixo de células que compõem o adulto e ao padrão muito determinado do desenvolvimento. Durante quase um século, o inseto Drosophila tem sido o modelo para estudos genéticos dos eucariontes. Conhece-se muito mais sobre a geenética deste animal do que de qualquer outro. Avanços espetaculares estão

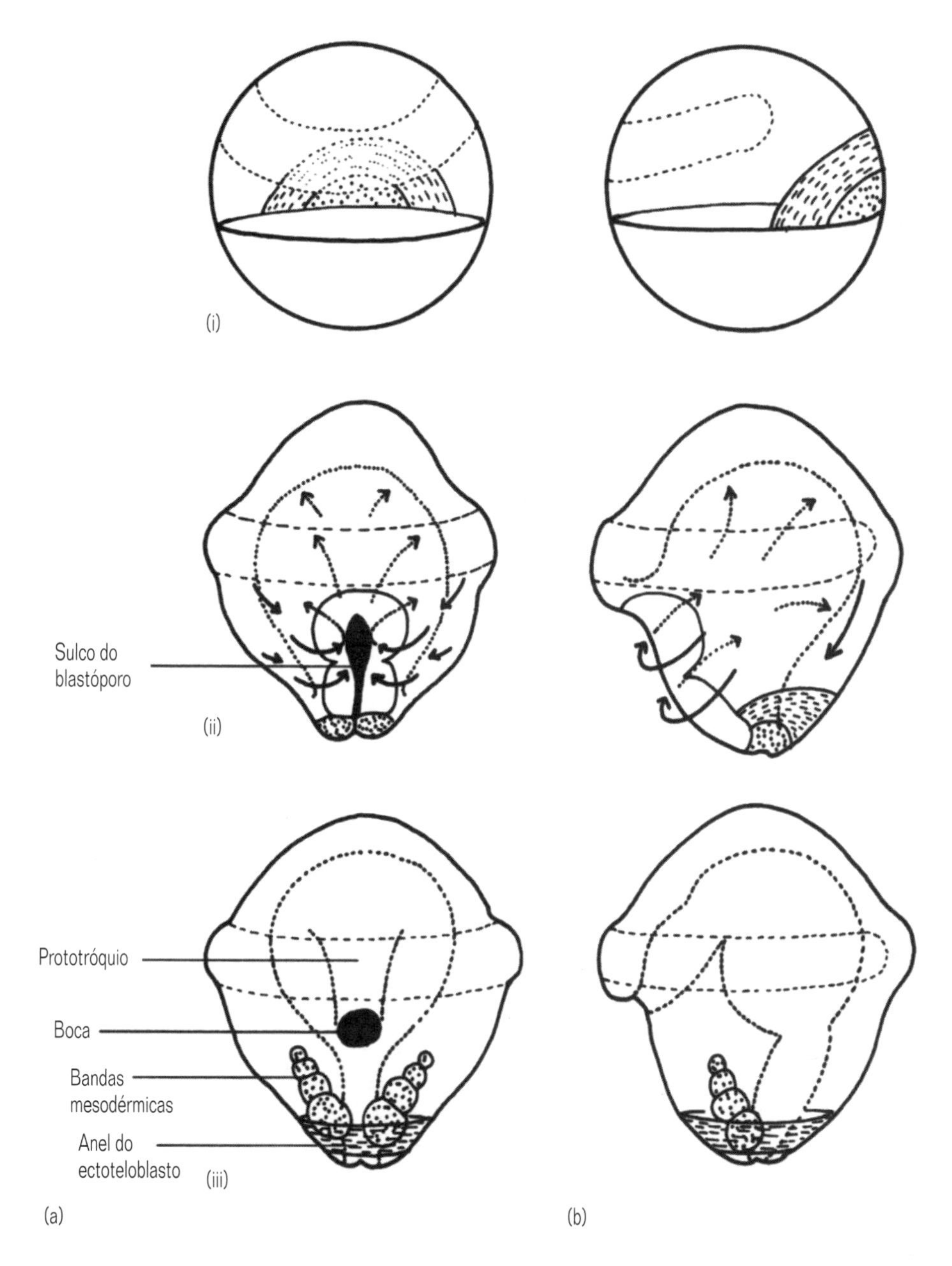

Fig. 15.14 Gastrulação em protostômios, por exemplo, em Polychaeta. (a) Vista ventral. (b) Vista pelo lado esquerdo. (i) Representação esquemática de um simples mapa do destino. (ii) Movimentos de gastrulação: as setas com linhas inteiras mostram o caminho das células para o blastóporo, as setas com linhas pontilhadas mostram a migração de células invaginadas. Note que o estomodeu, ou boca, é criado por invaginação de células através da parte anterior do blastóporo. As faixas de mesoderme são derivadas de células mesentoblásticas pares que migram através da margem posterior do blastóporo. (iii) A larva trocófora definitiva, com faixas mesodérmicas pares e blastema ectoteloblástico, que permanecem na face anterior do pigídio durante toda a vida do adulto. Prostômio, peristômio e pigídio são, portanto, estruturas assegmentares. (Em parte, segundo Anderson, 1964.)

sendo feitos na elucidação do controle genético dos processos do desenvolvimento, especialmente no controle da organização regional, como será explicado brevemente abaixo.

Durante o início do desenvolvimento embrionário, os genes maternos, que haviam sido armazenados no citoplasma do oócito, são usados para sustentar as atividades do embrião em desenvolvimento.

Finalmente, entretanto, o novo genoma do próprio zigoto entra em ação e, como muitos tipos diferentes de células se desenvolvem, é preciso haver um controle das informações contidas no núcleo do zigoto. Os pontos potenciais de controle são muitos e incluem cada um ou diversos dos passos da seguinte sequência:

1 Informação genética no núcleo do zigoto.

2 Alocação de informações para as células-fIlhas.

3 Transcrição da informação genética.

4 População de moléculas de RNAm.

5 Exportação de RNAm do núcleo para o citoplasma.

6 População de moléculas com informações no citoplasma das células-filhas.

7 Tradução da informação das moléculas de RNAm.

8 Formação de proteínas específicas nas células.

9 Função de substâncias específicas.

Na maioria dos organismos, os núcleos das células diferenciadas contêm a mesma informação genética que a do núcleo do ovo fecundado. A evidência é baseada nos resultados de:

- Transplantes experimentais de núcleos de células diferenciadas para o citoplasma de óvulos enucleados.
- Estudos citológicos de cromossomos durante o início da clivagem.
- Comparação entre os padrões de bandas dos cromossomos gigantes durante o início da clivagem.

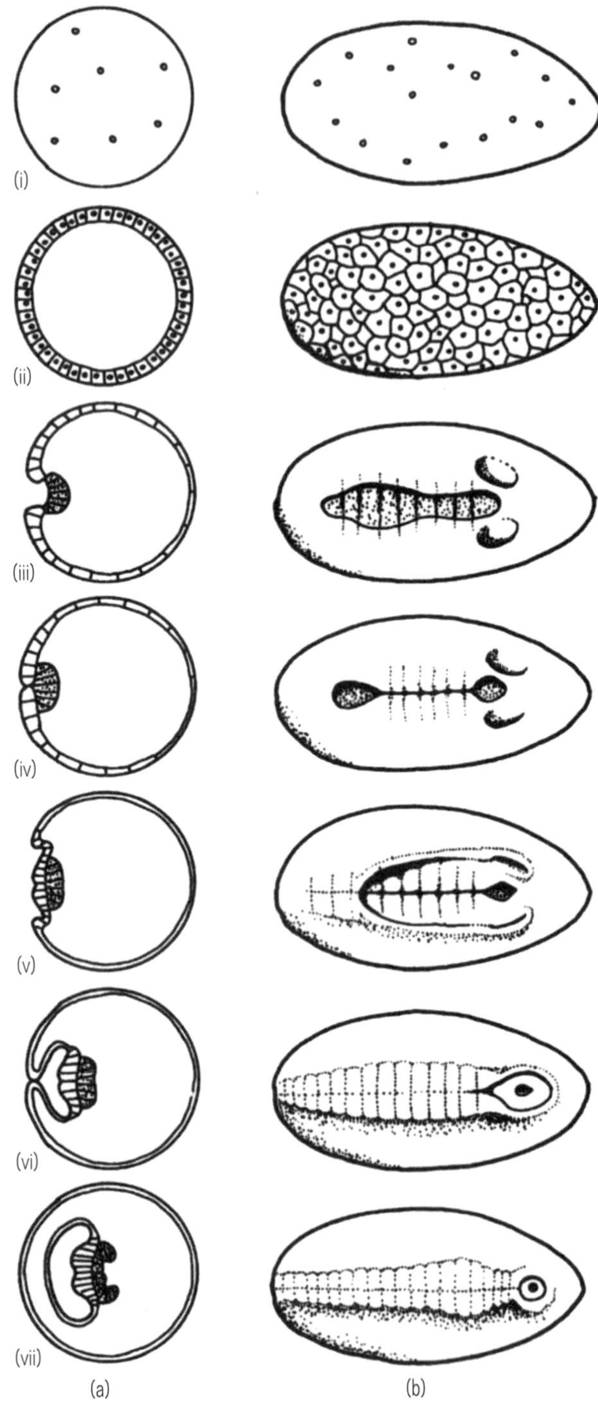

Fig. 15.15 Gastrulação em insetos. (a) Em corte transversal. (b) Vista ventral. (i) Início da proliferação de núcleos; (ii) clivagem superficial; (iii), (iv) invaginação da mesoderme; (v), (vi) segmentação da neurectoderme, formação de membranas extra-embrionárias; (vii) a gástrula completa. (Segundo Slack, 1983.)

- Estudos da diferenciação e desdiferenciação durante a regeneração (veja também a Seção 15.6).
- Análise dos fingerprints do DNA de diferentes tecidos.

Existem, no entanto, exceções desta regra geral. As células germinativas primordiais do nematódeo Ascaris são, por exemplo, as únicas células do embrião que recebem o complemento

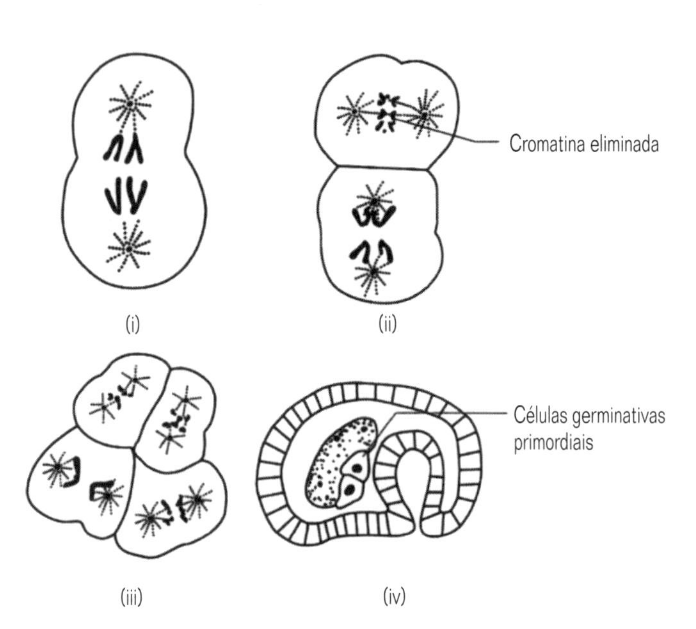

Fig. 15.16 Um exemplo de diminuição cromossômica durante o inicio do desenvolvimento embrionário (Ascaris). (i) Primeira clivagem, sem perda cromossômica. (ii) Eliminação de material cromossômico durante a clivagem de célula anterior. (iii) Eliminação de material cromossômico e rearranjo das células no estágio de quatro células. Somente uma célula retém o conjunto completo de cromossomos e, portanto, é totipotente. (iv) O citoplasma das células germinativas e das células com o conjunto completo de cromossomos podem ser trançado; até as duas células germinativas primordiais da gástrula.

total de cromossomos. Nas células das outras linhagens, partes dos cromossomos são perdidas durante o início da clivagem, como é explicado na Figura 15.16. Todas as células somáticas têm o mesmo complemento genético e, assim, a perda de cromatina não é parte de um mecanismo de diferenciação. Observações similares têm sido feitas em um número muito pequeno de outros animais. Podemos concluir que a eliminação de cromatina não é um mecanismo de controle da diferenciação nos animais.

A especificação de função posterior está associada à expressão do gene nanos (veja o Quadro 15.1), implicando similaridade genética com a especificação regional de outros organismos. Esta conservação aparente dos mecanismos de organização regional será discutida mais abaixo.

Se todos os núcleos do embrião em desenvolvimento têm a mesma constituição genética, então a diferenciação deve ser uma expressão de uma interação entre informações citoplasmáticas na célula e aquela derivada da informação genética no núcleo.

15.3.2 Desenvolvimento em mosaico versus regulativo

No início do século vinte, a embriologia experimental investigava a capacidade de células isoladas de embriões de invertebrados se desenvolverem normalmente. Em alguns casos, como nos ouriços-do-mar, cada um dos blastômeros do estágio de quatro células, quando isolado, origina uma larva plúteo completa e perfeitamente normal [veja o Quadro 15.4(1)].

Quadro 15.4 Desenvolvimento regulativo e em mosaico I

No fim do século dezenove e no início do século vinte, conseguiu-se estudar as capacidades de desenvolvimento de células individuais isoladas em estágios iniciais da clivagem, em embriões de invertebrados marinhos nos estágios de duas ou de quatro células. Os resultados foram drasticamente diferentes.

1 Embriões de equinodermos. Células isoladas no estágio de quatro células podem originar um plúteo normal (porém pequeno). Esses pequenos embriões foram considerados regulativos.

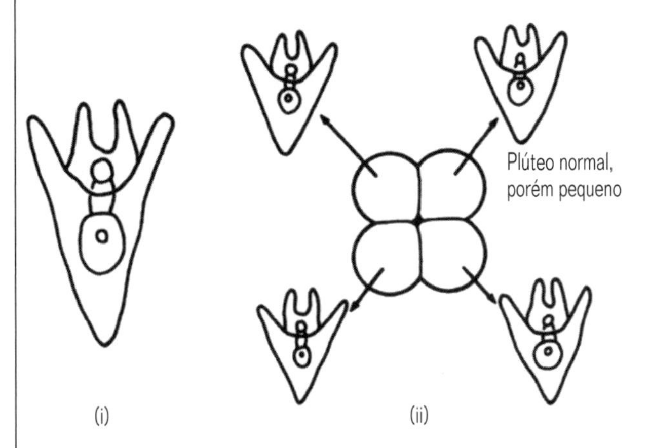

(i) O plúteo normal.
(ii) Os resultados da isolação de células.
Um blastômero isolado no estágio de quatro células divide-se originando dois mesômeros, um macrômero e um micrômero, isto é, ele segue o padrão de clivagem de um embrião típico (veja o Quadro 15.3) e poderia continuar para produzir uma larva normal.

2 Embriões de moluscos. Células isoladas nos estágios de dois e de quatro blastômeros originam embriões não equilibrados ou deficientes. Embriões que se desenvolvem de células D isoladas geralmente originam embriões mais normais do que aqueles derivados de células A, B ou C.

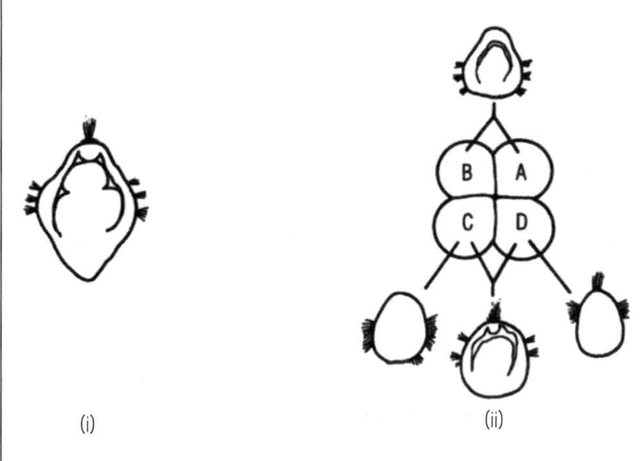

(i) Uma trocófora normal de Patella.
(ii) Trocóforas anormais formadas a partir de células isoladas, como indicado.

3 Embriões de ascídias. Os ovos de ascídias frequentemente apresentam regiões visivelmente diferentes de citoplasma (veja a Fig. 15.6); estas são segregadas para células diferentes.
Embriões que se desenvolvem a partir de células isoladas são bem diferentes e seu desenvolvimento reflete as estruturas que teriam sido originadas em um embrião intacto.

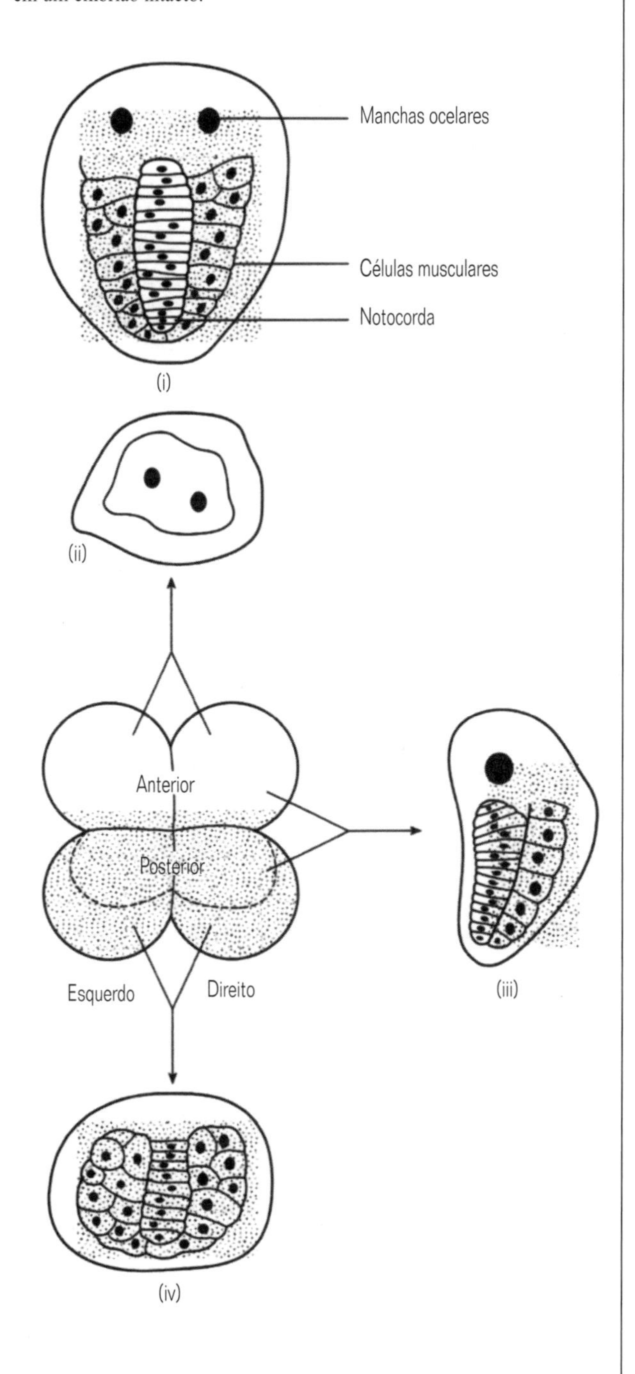

(i) O embrião 'girinóide' normal, com olhos pares, notocorda e blocos musculares pares;
(ii) Células anteriores isoladas;
(iii) Células do lado direito isoladas;
(iv) Células posteriores isoladas.

Quadro 15.5 Destino das células, mapas do destino e localização citoplasmática: embriões de ascídias

1 *Marcadores naturais.* Após a fecundação, alguns embriões apresentam regiões claramente diferentes no citoplasma e possuem simetria bilateral. A figura mostra como as diferentes regiões citoplasmáticas de um ovo de ascídia (i) são segregadas para células do pólo vegetativo, as células anteriores e posteriores do pólo vegetativo distinguem-se ainda pela localização de vitelo diferentemente colorido – o citoplasma amarelo identifica as células do pólo vegetativo que formarão as células musculares da larva girinóide (ii); durante a gastrulação, estas células são invaginadas (iii) e (iv). Após a gastrulação, as células contendo o citoplasma visivelmente diferente terão dado origem a diferentes estruturas embrionárias (v) e (vi). Neste caso, surge a questão 'os marcadores citoplasmáticos determinam o destino das células?'

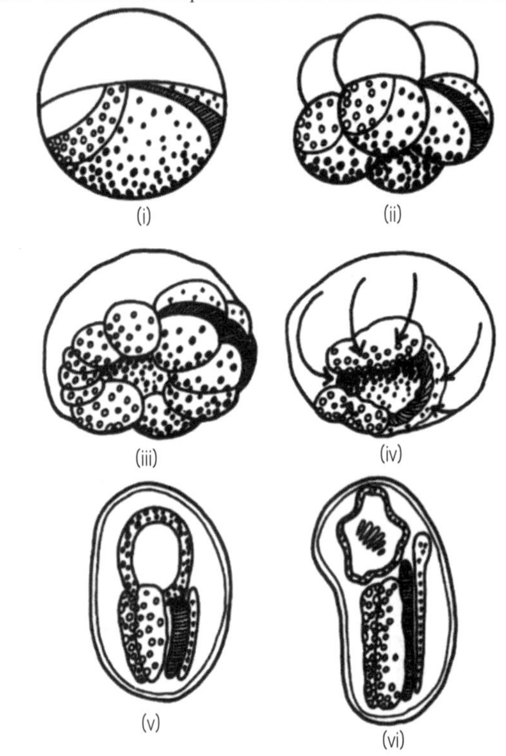

Gastrulação e localização citoplasmática em ascídias.

2 *Na ascídia, fatores citoplasmáticos determinam o destino das células.* Uma região de citoplasma amarelado atua como um marcador natural para as células musculares da larva girinóide [Quadro 15.3 (3)].

3 A enzima acetilcolinesterase é específica para as células musculares em desenvolvimento e ela pode ser corada no citoplasma.

Os seguintes resultados experimentais foram observados:

(a) A enzima aparece normalmente após 8 horas de desenvolvimento;

(b) A enzima aparece no momento apropriado, mesmo se a divisão celular foi iniciada pela aplicação de drogas;

(c) O aparecimento da enzima é inibido pela aplicação de actinomicina D durante 5 horas ou pela aplicação de puromicina durante 7 horas;

(d) Compressão do ovo durante a clivagem pode levar à alocação de citoplasma amarelo para células que, normalmente, não o recebem. Então as células apresentam atividade acetilcolinesterásica. Estes experimentos sugerem que os genes que codificam a enzima acetilcolinesterase são transcritos somente em células que herdam alguns fatores normalmente associados ao citoplasma amarelo.

Os momentos da transcrição e tradução do gene são controlados por um relógio celular que opera independentemente da divisão celular.

4 Quando os núcleos larvais são transplantados para fragmentos enucleados, as células subsequentes apresentam as estruturas típicas do citoplasma, mas não as dos núcleos implantados, confirmando a importância dos determinantes citoplasmáticos na determinação do destino das células. Existe, certamente, uma base genética para a localização dos determinantes citoplasmáticos e isso agora está sendo estudado em larvas de insetos, como é explicado na Seção 15.4.2.

5 O fator materno armazenado no 'citoplasma amarelo' do ovo (veja a Fig. 15.8), que tem uma importante função na determinação das células musculares, agora foi identificado. Este citoplasma contém o RNAm do gene macho-1, que foi sequenciado. O RNAm de macho-1 codifica uma proteína dedo-de-zinco. Diminuição do RNAm resulta na perda de células musculares primárias na larva. No estágio de gástrula avançada, este RNAm está localizado somente em duas células. Este trabalho confirma a existência de um fator determinante de células musculares, postulado há 100 anos.

Considerava-se que tal embrião seria capaz de regulação. Em outros casos, os embriões que se desenvolvem a partir de blastômeros isolados no estágio de quatro células foram muito diferentes [veja o Quadro 15.4(2) e (3)]. Parecia que algumas células herdaram um tipo particular de citoplasma e que este citoplasma determinou seu destino do desenvolvimento. Outras análises destes resultados requerem o conhecimento do destino normal do desenvolvimento das células individuais, como é expresso num mapa de destino do citoplasma não clivado do ovo ou da blástula. Este pode ser meticulosamente construído pela marcação de regiões específicas do citoplasma e seguindo o destino das células marcadas. Um mapa de destino natural da ascídia Styela partita, no entanto, foi estabelecido através de cuidadosa observação do ovo após a fecundação (veja a Fig. 15.8). Após a fecundação, o ovo torna-se visivelmente bilateral simétrico devido aos movimentos do citoplasma. Entre suas regiões, é proeminente um crescente de citoplasma amarelado. Este pode ser seguido através dos estágios iniciais da clivagem até os blocos musculares da larva girinóide. Todas as futuras células musculares herdam parte do citoplasma amarelo (veja o Quadro 15.5).

Os experimentos com ascídias fornecem grandes evidências da importância de substâncias citoplasmáticas localizadas na determinação do destino das células e essas hipóteses antigas agora estão sendo cuidadosamente confirmadas.

Experimentos com células de insetos também mostram que o destino do desenvolvimento dos núcleos pode ser determinado pelo citoplasma para o qual eles se movem. O padrão de clivagem é descrito na Figura 15.11. Frequentemente existe um citoplasma distinto no pólo posterior do ovo – o plasma polar. Somente os núcleos que são incorporados por células com plasma polar têm a capacidade de formar células germinativas (isto é, permanecem totipotentes) e os embriões dos quais o plasma polar foi removido são estéreis. O plasma polar de um estoque geneticamente identificado de Drosophila, quando injetado na parte anterior de um ovo de uma linhagem diferente de moscas, faz com que as células que se formam nesta região anterior também originem células germinativas.

O desenvolvimento, entretanto, não deve ser entendido como sendo apenas o resultado do padrão de distribuição de determinantes citoplasmáticos. Ele também envolve interação entre células. Experimentos detalhados com o caramujo do lodo Nassarius obsoletus (frequentemente citado pelo antigo nome genérico Ilyanassa) revelaram como os determinantes citoplasmáticos interagem durante o desenvolvimento. Eles são brevemente explicados abaixo e, em maior detalhe, no Quadro 15.6. Nassarius obsoletus exibe clivagem espiral (veja o Quadro 15.2) na qual aparece um proeminente lobo polar nas primeira e segunda divisões celulares. Este plasma polar especial é especificamente alocado para a célula D. Embriões dos quais o lobo polar é removido são assimétricos, a duração especial da clivagem da linhagem da célula D é perturbada e os embriões desenvolvem-se em larvas 'sem lobos', muito deficientes (veja o Quadro 15.6). Larvas 'sem lobos' não possuem olhos, estatocistos, pé, véu, concha, coração e o intestino não é organizado.

Entretanto, é possível reconhecer alguns produtos de diferenciação celular. O esquema da linhagem das células do Quadro 15.6 revela o significado destas observações. Muitas das estruturas que dependem do lobo não são derivadas de células que herdam o material do lobo polar. O destino do desenvolvimento das células derivadas de 1a e 1c é o de formar olhos, o de 2d é formar a concha. Esses destinos do desenvolvimento não são apenas determinados por sua herança citoplasmática, mas também por suas interações com outras células da linhagem da célula D durante o período crítico do aparecimento da célula 2d até a formação de 4d. Da mesma forma, as únicas células competentes para originar a glândula da casca são derivadas da única célula 2d, porém assim também o fazem se a célula 2d tiver sido influenciada por contatos com outras células da linhagem D.

Em embriões de ouriços-do-mar, o destino do desenvolvimento das diferentes camadas de células é determinado, até mesmo em grau maior, por sua posição relativa no embrião.

Quadro 15.6 Desenvolvimento regulativo e em mosaico II: o desenvolvimento do caramujo marinho Nassarius obsoletus.

1 A organização da larva véliger de Nassarius. Diferentes regiões das larvas e suas estruturas associadas são derivadas de linhagens específicas de células. A relação geral entre as estruturas larvais e as células derivadas dos quatro quartetos de micrômeros (1a, 1b, 1c e 1d) está ilustrada na Figura (i).

2 A linhagem de células da larva véliger. Estudos de linhagens de células mostram que estruturas larvais específicas desenvolvem-se de produtos de células individuais que podem ser identificadas e nomeadas durante o início da clivagem.

O esquema de linhagem de células mostra uma tentativa de atribuições para estruturas larvais no estágio de 29 células usando a nomenclatura apresentada no Quadro 15.1.

Note que as células 2d e 4d têm papéis particularmente importantes na formação do véliger. A célula 4d é chamada de célula mesentoblástica.

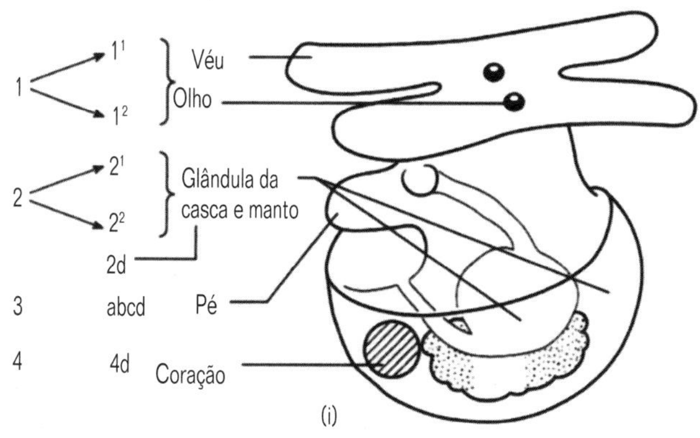

A organização da larva véliger.

3 O papel organizador do plasma polar. Neste caramujo, aparece um proeminente lobo polar de citoplasma especializado um pouco antes das primeira e segunda clivagens [veja (ii) e (iii)]. O citoplassma do plasma polar é herdado pela linhagem da célula D. O lobo polar pode ser removido durante a clivagem inicial por meio de simples microcirurgia. Os resultados são dramáticos.

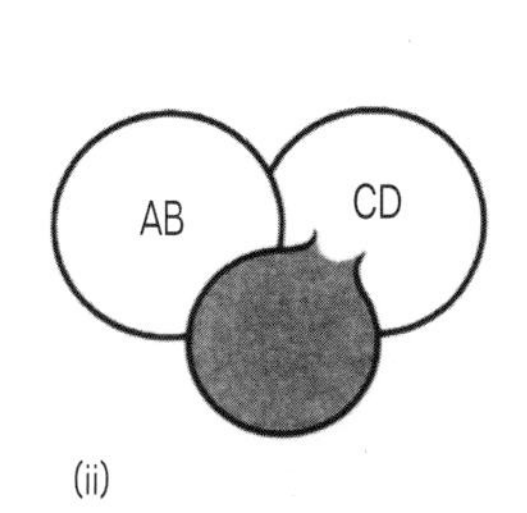

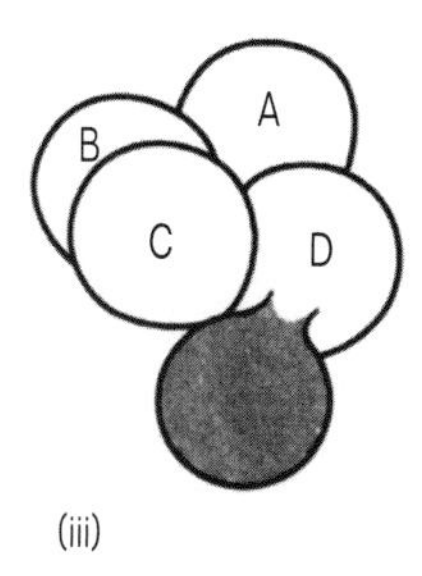

Larvas sem lobos, produzidas desta forma, perdem toda a organização estrutural, mas apresentam alguns sinais de diferenciação celular. Um exemplo está ilustrado abaixo (iv). Compare-o com a larva completamente desenvolvida, ao lado (i).

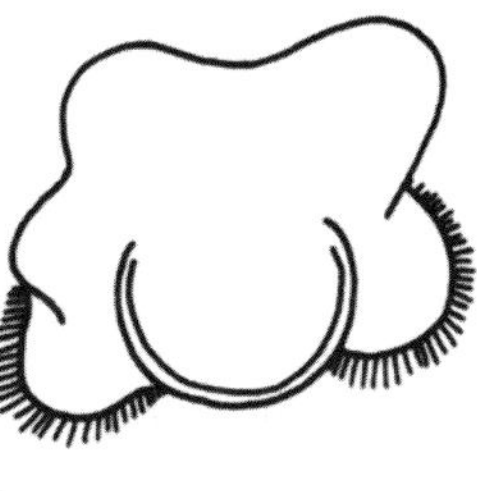

Numa série clássica de experimentos, A.C.Clement testou os efeitos da remoção progressiva da célula D durante o desenvolvimento. Os resultados estão resumidos na Tabela B.1 (na página seguinte).

Continua p. 386

Quadro 15.6 (*continuação*)

Célula destruída	Embrião	Defeitos encontrados
(1) D (veja o Quadro 15.1	ABC	Como nos embriões sem lobos Estão ausentes; intestino, coração, concha, pé, estatocistos, olhos
(2) 1D	ABC + 1d	Como para ABC
(3) 2D	ABC + 1d + 2d	Como para ABC
(4) 3D	ABC + 1d + 2d + 3d	Concha variável, sem intestino e sem coração
(5) 4D	ABC + 1d + 2d + 3d + 4d	Nenhum

Tabela B.l Resumos dos efeitos da ablação progressiva da linhagem da célula D em Nassarius segundo dados de A.C. Clement, 1962).

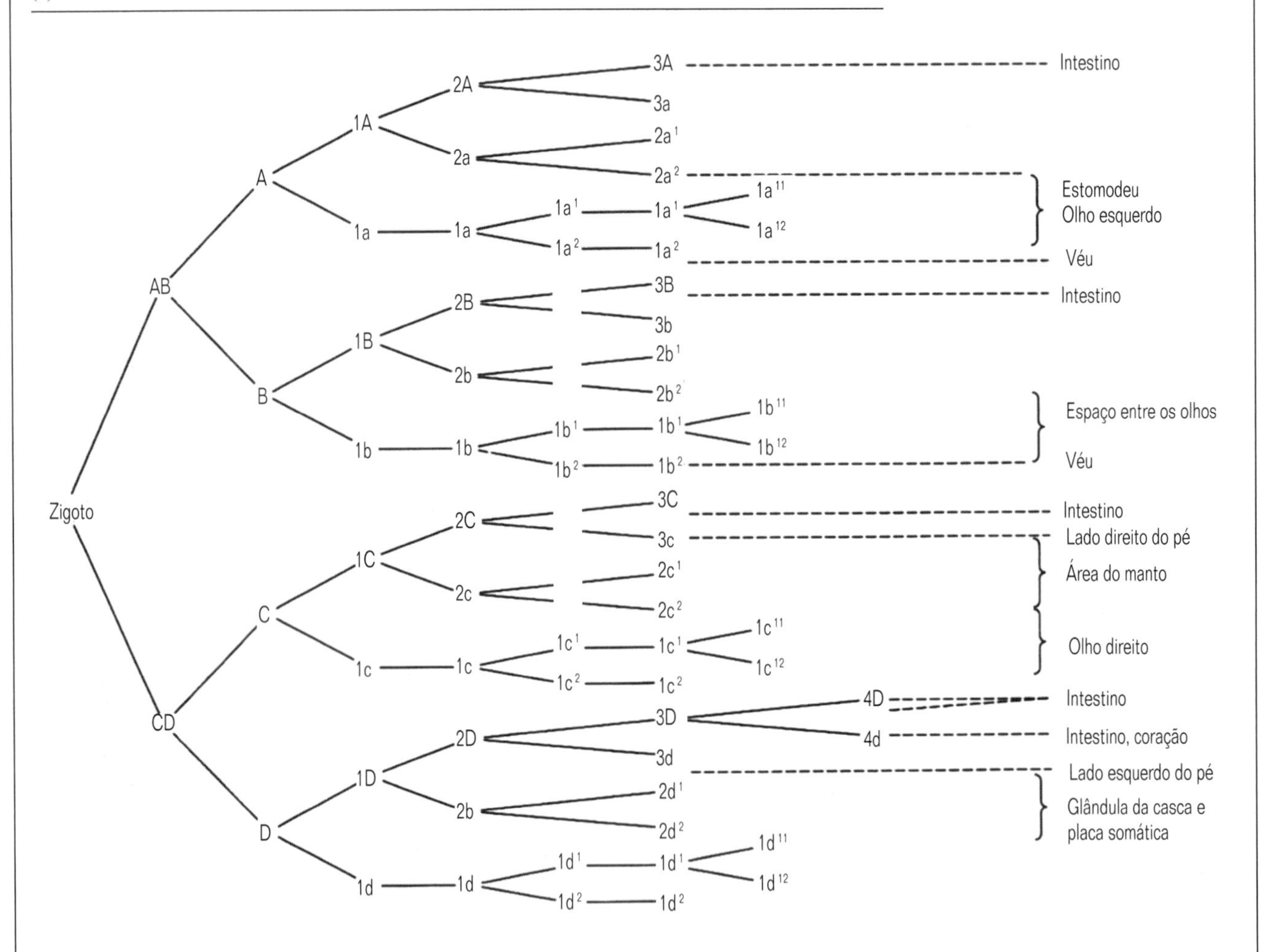

Esquema para mostrar a linhagem das células.

6 Interpretação: evidências de interrelações indutivas. Refere-se ao esquema da linhagem das células e à tabela acima; note que os olhos são formados a partir de derivados das células 1a e 1c e a glândula da casca a partir de derivados da célula 2d. As células 1a e 1c estão presentes em todas as células da série de experimentos mostrados na tabela, mas os olhos formam-se apenas nos experimentos (4) e (5). Por quê?

Resposta: os olhos somente se formam na presença de células da linhagem D, pelo menos até a formação de 3d.

A glândula da casca somente é normal se 2d estiver na presença de células da linhagem D, pelo menos até a formação de 3d.

Evidências do desenvolvimento em mosaico: os olhos formam-se normalmente a partir de 1a e 1c e a destruição de 1a ou de 1c resulta no não desenvolvimento dos olhos.

Conclusão: somente os derivados de 1a e 1c são competentes para formar olhos, mas estas células requerem a influência indutiva da linhagem da célula D para que se tornem determinadas para este destino.

O coração forma-se normalmente a partir da célula 4d e somente a célula 4d é competente para produzir o coração diferenciado (veja o texto para outras discussões).

Seu destino do desenvolvimento não está fixado por sua herança citoplasmática. Os principais componentes da larva de ouriços-do-mar podem ser seguidos até as camadas de células do embrião no estágio tardio de clivagem, de acordo com o seguinte esquema:

células an1	tufo ciliar apical
células an2	campo oral e estomodeu
células veg1	ctoderme
células veg2	arquênteron e bolsas celomáticas
micrômeros	mesênquimas primário e secundário

Estas relações ainda são explicadas no Quadro 15.7. As divisões transversais separam claramente materiais de diferentes potenciais de desenvolvimento, mas o embrião não se desenvolve como um simples mosaico de partes. Cada camada de células desenvolve-se de acordo com sua posição relativa a dois gradientes no embrião, um declinando do pólo animal para o pólo vegetativo e outro declinando do pólo vegetativo para o pólo animal. Alguns dos experimentos cruciais que levaram a esta trama conceitual estão resumidos no Quadro 15.7.

Quadro 15.7 Desenvolvimentos regulativo e em mosaico III: Análise experimental do desenvolvimento do ouriço-do-mar

1 *Camadas de células.* A clivagem do ovo do ouriço-do-mar é descrita no Quadro 15.2.

As principais camadas do embrião de 64 células são:
An1 - 16 células
An2 - 16 células
Veg1 - 8 células
Veg2 - 8 células
Micrômeros

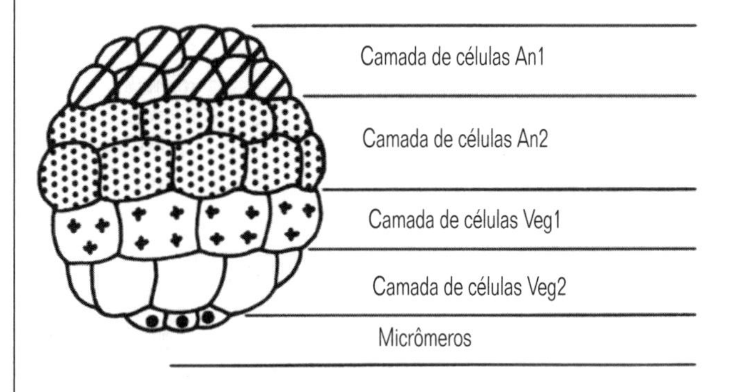

Relações entre as camadas de células com a gástrula e o plúteo jovem.

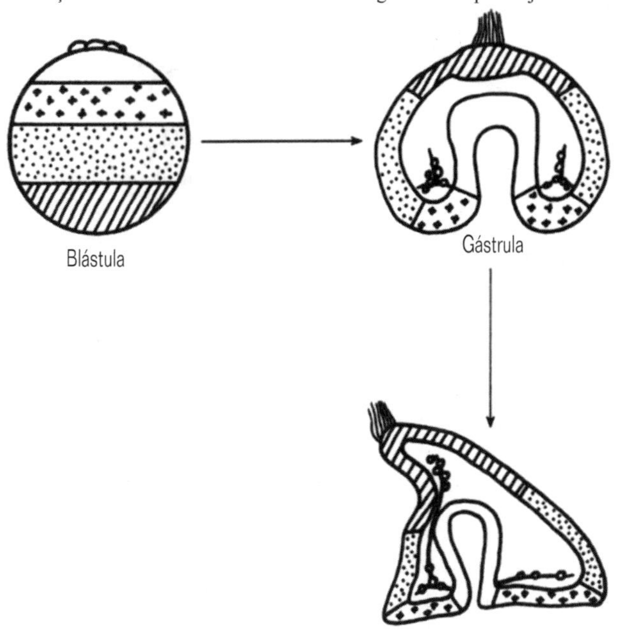

2 *O desenvolvimento de metades isoladas de embriões.* Metades animais isoladas de embriões originam blástulas permanentes com um tufo apical superdesenvolvido. Metades vegetativas isoladas de embriões originam embriões mais ou menos normais com superdesenvolvimento do trato digestivo. São considerados vegetalizados.

Blástula permanente (embrião animalizado)
Embrião - metade animal
Embrião - metade vegetativa
Embrião vegetalizado

3 *Evidências para a teoria do desenvolvimento em gradientes.* Uma metade animal isolada de um embrião desenvolver-se-á em um plúteo normal quando combinada com quatro micrômeros.

(i) Subdivisão do embrião.

(ii) Combinação do hemisfério animal com quatro micrômeros.

(iii) Gastrulação.

(iv) Um plúteo normal.

Continua p. 388

Quadro 15.7 (*continuação*)

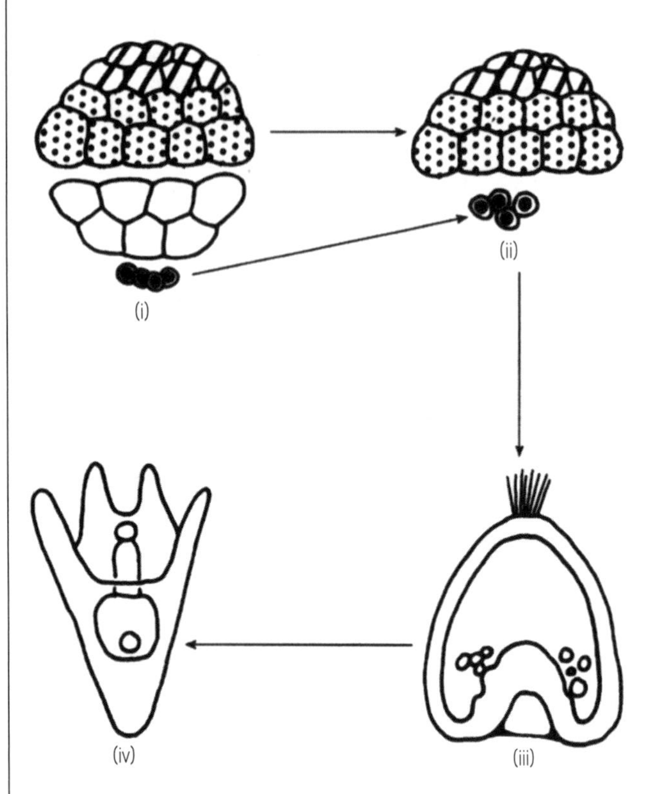

No experimento descrito em 3, os quatro micrômeros poderiam ser considerados como tendo capacidade de 'induzir' a formação do arquênteron nas células da camada an2.

As células da camada an2 são competentes para diferenciar-se em arquênteron, embora normalmente não o façam.

4 Um grande número de experimentos tem sido realizado sobre o desenvolvimento de camadas isoladas de embriões, em isolamento e em combinação.
Os resultados de tal série estão resumidos abaixo. Embriões normais podem ser produzidos através do 'equilíbrio' entre tendências animais e vegetativas.
An1 + 4 micrômeros originam um plúteo normal
an2 + 2 micrômeros originam um plúteo normal
veg1 + 1 micrômero originam um embrião vegetalizado

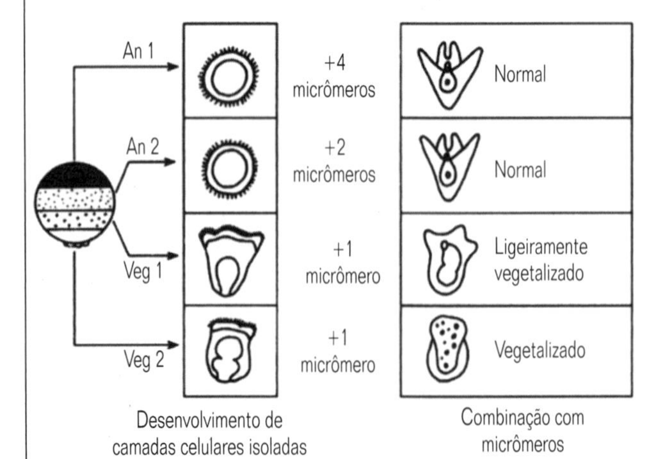

5 Como foi mostrado, estes resultados podem ser interpretados como a expressão de um sistema de dois gradientes. Supõe-se que, no embrião normal, a posição relativa de uma camada de células pode ser identificada em relação à sua posição nos dois gradientes.

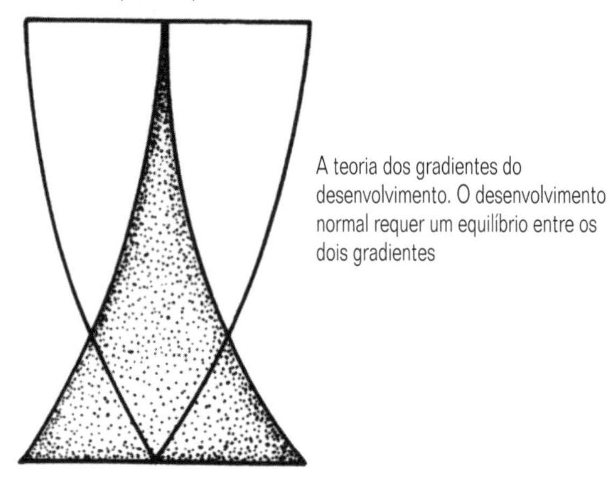

A teoria dos gradientes do desenvolvimento. O desenvolvimento normal requer um equilíbrio entre os dois gradientes

6 Visualização do sistema de gradientes. Agentes animalizantes e vegetalizantes. Algumas substâncias provocam o desenvolvimento de embriões animalizados ou vegetalizados anormais, como aqueles que se desenvolvem a partir de hemisférios animal ou vegetativo isolados.

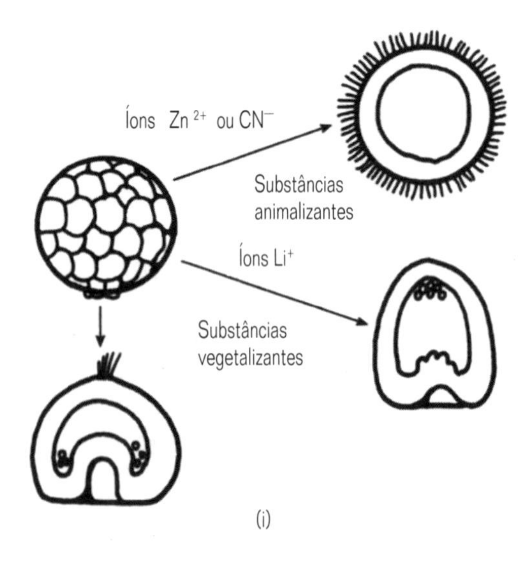

íons Li+ têm um poderoso efeito vegetalizante.
Íons Zn^{2+} e CN^- provocam um efeito animalizante.

Continua

Quadro 15.7 *(continuação)*

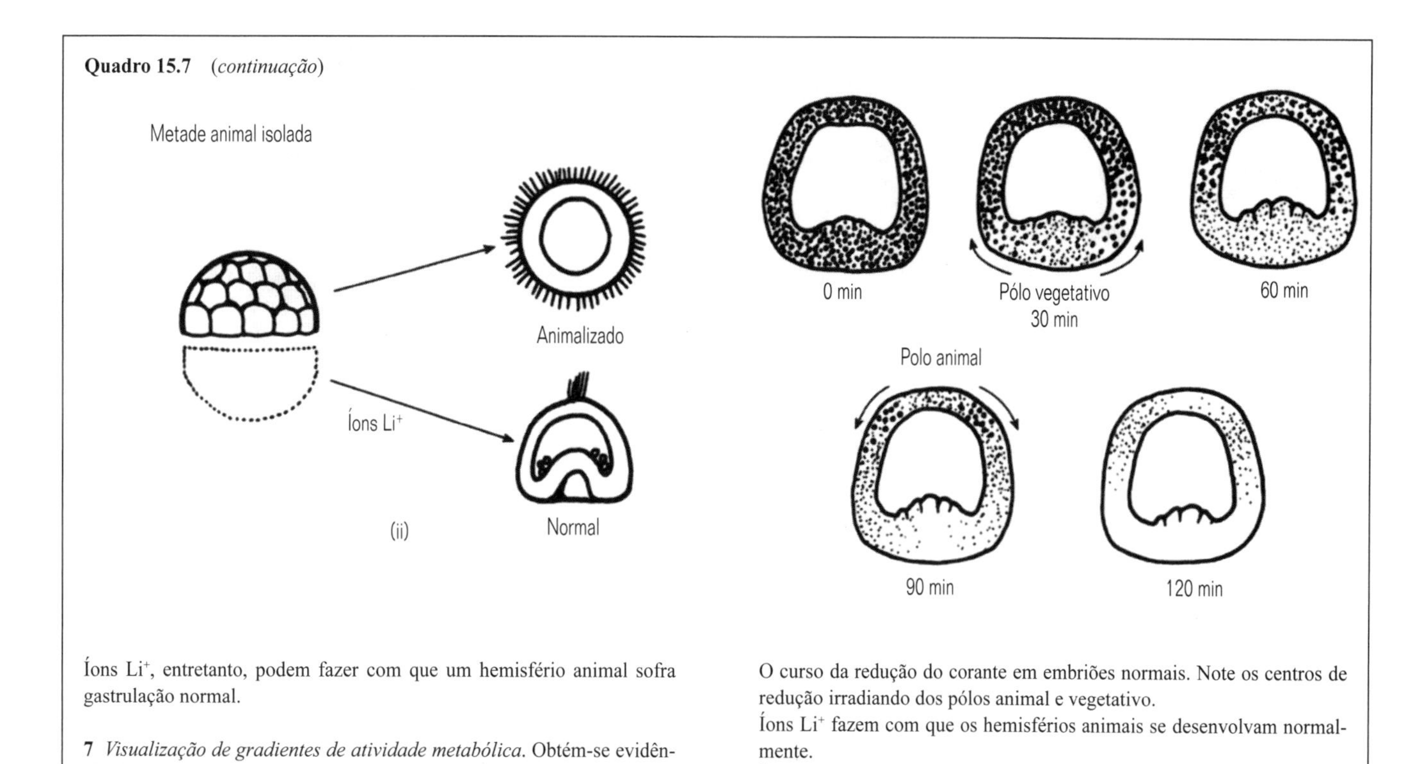

Íons Li+, entretanto, podem fazer com que um hemisfério animal sofra gastrulação normal.

7 *Visualização de gradientes de atividade metabólica.* Obtém-se evidência direta dos gradientes de atividade metabólica nos pólos da gástrula jovem por meio de coloração com o corante vital verde Janus. Esse corante torna-se róseo e, depois, incolor.

O curso da redução do corante em embriões normais. Note os centros de redução irradiando dos pólos animal e vegetativo.

Íons Li+ fazem com que os hemisférios animais se desenvolvam normalmente.

Íons Li+ suprimem a acidificação do verde Janus no centro do pólo animal.

8 O sistema de gradientes reflete a base molecular da organização regional. Embora o sistema dos equinodermos ainda não seja totalmente compreendido, ele compartilha similaridades com outros sistemas e rápidos avanços agora são feitos quanto à análise dos componentes genéticos da diferenciação regional em embriões de insetos. Veja a Seção 15.4 e o Quadro 15.9.

Os mecanismos moleculares que apóiam os conceitos bastante abstratos que surgiram a partir da fase clássica da biologia do desenvolvimento experimental estão sendo espetacularmente revelados pelos estudos com Drosophila.

15.4 A genética do desenvolvimento de Drosophila melanogaster

A mosca-das-frutas Drosophila melanogaster adquiriu um papel muito especial nos estudos contemporâneos do desenvolvimento animal. Os motivos para isso são muitos. Em grande parte, eles surgem da riqueza inigualável da informação genética disponível para este organismo. Também surge da organização estrutural do material genético em cromossomos politênicos gigantes em células larvais e em algumas adultas, e das propriedades peculiares do sistema de discos imaginais.

Nos insetos holometábolos, grupos de células são separados durante o início da embriogênese e somente se diferenciam durante a metamorfose. Neste momento, os grupos de células imaginais, organizados em ninhos bastante difusos ou, mais comumente, em 'discos imaginais' bem organizados, originam toda a ectoderme, as glândulas salivares e os outros órgãos internos. Um plano do sistema de discos imaginais de uma larva de díptero e suas relações com a estrutura do adulto é mostrado na Figura 15.17.

15.4.1 O sistema de discos imaginais: determinação do destino das células e transdeterminação

A clivagem inicial do inseto díptero Drosophila melanogaster origina duas populações distintas de células. Cerca de 10.000 células originam a estrutura da larva; elas possuem cromossomos politênicos nos quais há até 1.000 bandas paralelas de DNA homólogo. Estas células são grandes e funcionais nos estágios de larva e de pupa (veja também a Seção 15.5). As células do futuro adulto, entretanto, em sua maior parte, não possuem cromossomos politênicos e elas não são funcionais na larva. Em vez disso, cerca de 1.000 células são separadas como grupos de células indiferenciadas nos discos imaginais. A diferenciação destas células será iniciada por modificações no meio hormonal durante a pupação. Nesta época, o hormônio 20-hidroxi-ecdisona provoca a degeneração das células larvais e a diferenciação das células dos discos imaginais em estruturas e tecidos adultos (veja a Seção 16.12.4).

Embora indiferenciado, o disco imaginal é uma estrutura altamente determinada, bastante parecida com um embrião em

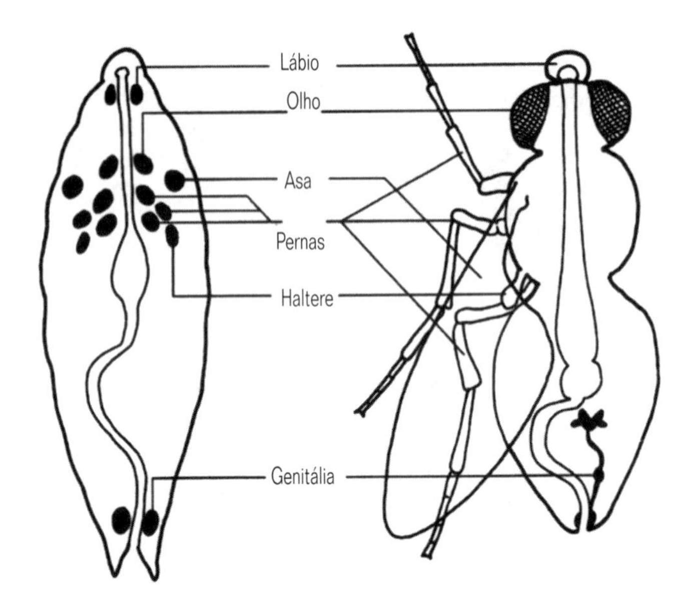

Fig. 15.17 O sistema de discos imaginais de uma mosca díptera (por exemplo, Drosophila). A posição dos discos na larva e as estruturas que originam no adulto são indicadas. Note que o sistema alimentar não é substituído durante a metamorfose.

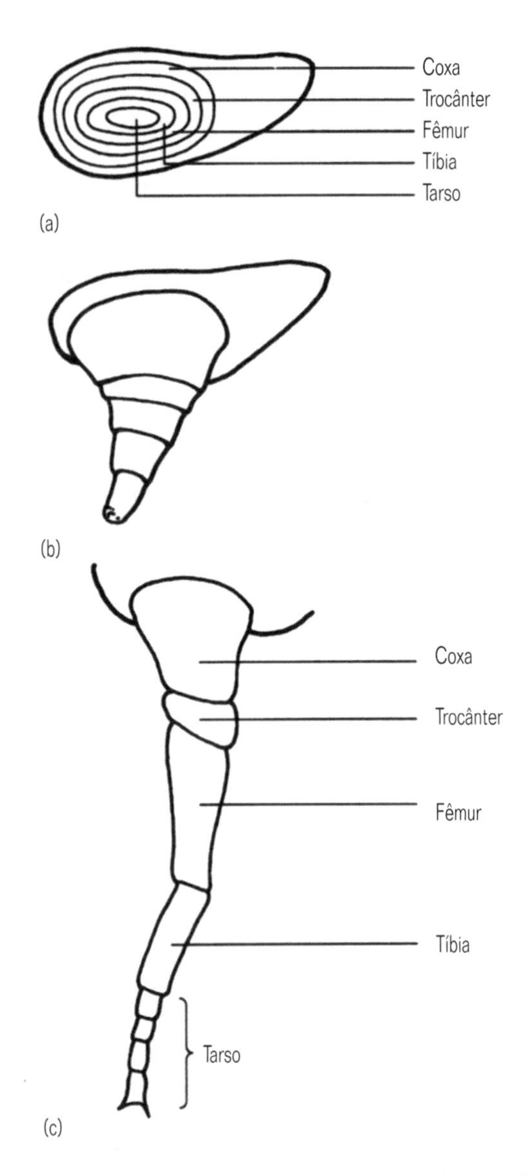

Fig. 15.18 O desenvolvimento da perna de um inseto a partir de seu disco imaginal. (a) Mapa do destino do disco imaginal, determinado por meio de ablação seletiva; (b) desenvolvimento progressivo da perna por crescimento do disco imaginal para fora; (c) a perna completa, com suas partes componentes.

mosaico, e não regulativo quanto a suas propriedades. Existe, no entanto, evidência de um sistema de gradientes ao qual a determinação dos discos está subordinada. Um mapa do destino pode ser construído com base na ablação seletiva de suas partes, seguida de implantação numa larva mais avançada. Na metamorfose, desenvolve-se uma estrutura imaginal incompleta, de acordo com as partes dos discos que foram removidas. O mapa do destino do disco da perna, por exemplo, apresenta um padrão concêntrico (Fig.15.18a). As zonas mais externas originam estruturas proximais da perna, enquanto que as zonas mais internas originam as distais (Fig. 15.18b, c). O disco da perna pode ser retirado por dissecção e implantado numa larva jovem. Então, o primórdio da perna regenera por meio de crescimento diferencial. Alguns fragmentos reconstituem o disco de uma perna inteira, mas outros apresentam deficiências, dependendo da posição no disco da qual o fragmento foi derivado. Isto indica uma hierarquia estrutural no interior do disco.

Frequentemente se diz que uma célula indiferenciada é 'determinada' no seu destino do desenvolvimento, quando os experimentos mostram que o padrão de sua futura diferenciação é fixo e não influenciado pelo meio celular no qual está localizada. As células dos discos imaginais dos insetos têm esta propriedade. Agora está havendo rápido progresso na compreensão da base molecular do destino das células e da identidade das células nos discos imaginais.

Um disco pode ser isolado de um embrião e transplantado para uma região diferente de um embrião hospedeiro (Fig.15.19). Ele continuará (geralmente) a desenvolver-se de acordo com sua identidade regional original. Em outras palavras, se for o disco de uma futura perna, as células continuarão a desenvolver-se formando uma perna. Podem ser reconhecidos dois elementos na determinação:

- A identidade regional total do disco.
- A identidade de células individuais no interior do disco, que permite a diferenciação de uma estrutura organizada e integrada.

As células do disco imaginal são capazes de proliferação (por divisões mitóticas) e o crescimento do disco é uma parte normal do desenvolvimento. O disco também é capaz de apresentar crescimento compensatório e um fragmento de disco pode, como é explicado acima, reconstruir um disco inteiro.

O meio hormonal de um inseto adulto permite a proliferação de células de discos imaginais, mas não permite ou provoca a diferenciação do disco. Isto somente ocorrerá se o disco for localizado no meio hormonal de uma larva de estágio avançado ou de uma pupa. Usando esses fatos, os biólogos experimentais conduziram muitos experimentos intrigantes e cujos resultados frequentemente eram bastante inesperados.

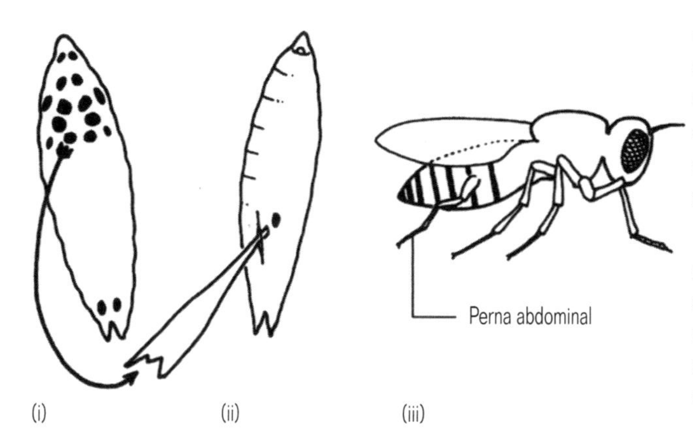

Fig. 15.19 A organização regional de um disco imaginal é fixa (mas veja o Quadro 15.8). O disco da perna de uma larva de díptero é (i) isolado por dissecção e (ii) implantado na região abdominal de um embrião hospedeiro. Finalmente, a larva sofrerá metamorfose completa, (iii) e a mosca resultante possui uma perna adicional no abdome.

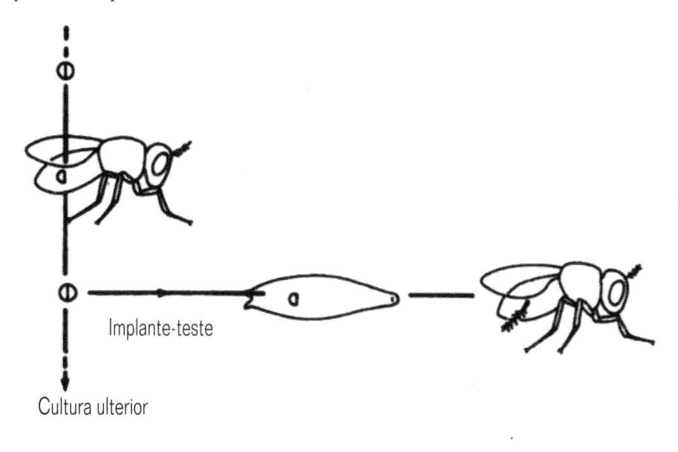

Fig. 15.20 A técnica de transplantes seriais de discos imaginais. Um disco é removido de uma larva doadora, dissecado e colocado numa mosca adulta onde ele proliferará e regenerará. O disco regenerado pode ser recuperado da mosca hospedeira, dissecado novamente e um dos componentes pode ser testado quanto à capacidade de desenvolver-se numa larva avançada, sendo que o outro fragmento é transferido para um adulto hospedeiro para cultura ulterior.

Um disco pode ser mantido em seu estado indiferenciado por muito mais tempo do que no qual teria se metamorfoseado normalmente, por meio de cultura serial em moscas adultas. Os baixos níveis de hormônio da muda (hidroxi-ecdisona) na hemolinfa do adulto não permitem que as células do disco sofram metamorfose, embora consigam proliferar.

Fragmentos de disco podem ser transplantados serialmente através de muitas gerações e seu estado de determinação pode ser avaliado a qualquer momento por meio de transplantação de implantes-testes em larvas avançadas. A técnica está ilustrada na Figura 15.20.

As células dos discos imaginais testados dessa forma normalmente retêm sua identidade regional original e continuarão a sofrer metamorfose naquela estrutura, seja um olho, uma antena ou uma asa etc., de acordo com o destino do desenvolvimento do disco original. A regra da determinação regional fixa, entretanto, não é absoluta; às vezes um fragmento de disco origina uma estrutura apropriada a uma região diferente do embrião (Quadro 15.8). Esse fenômeno é chamado 'transdeterminação'. O que é particularmente notável é que as diversas células do disco ainda se comportam de maneira coordenada e determinada: as células comportam-se agora como se fossem parte de um mapa do destino completo, porém diferente.

Muitas observações foram feitas e certas transdeterminações são mais frequentemente observadas do que outras (veja o Quadro 15.8 para mais detalhes). Quando todas as células do disco mudam repentinamente seu estado de determinação, isto acontece como se houvesse algum sistema-mestre de controle e sua base genética será discutida na seção seguinte.

15.4.2 Controle genético do desenvolvimento regional em *Drosophila*

Os discos imaginais de larvas de Drosophila possuem uma identidade regional e, como vimos, a identidade original pode modificar-se espontaneamente de maneiras previsíveis. Da mesma forma, foram isolados muitos mutantes de Drosophila, que causam anormalidades monstruosas porque modificam a organização regional do embrião. Foram descritas mutações que causaram modificações bizarras na morfologia e que foram chamadas de 'mutantes homeóticos' por Bateson no fim do século dezenove. Em Drosophila, frequentemente têm o efeito de modificar a natureza regional de um apêndice ou de uma estrutura sensorial do adulto. Existem mutações homeóticas, por exemplo, que fazem com que uma antena cresça como uma perna (mutação dominante Antennapedia, Antp) ou que fazem com que um haltere se desenvolva como uma asa (mutação dominante Ultrabithorax, Ubx). Agora se sabe que estes genes homeóticos reguladores fazem parte de um sistema hierárquico de formação de padrões. Este padrão pode ser seguido em Drosophila até a formação de padrões iniciada por genes que controlam a polaridade citoplasmática do ovo (veja o Quadro 15.1).

15.4.2.1 Mutações homeóticas, homeobox e homeodomínio

Entender o controle do desenvolvimento em Drosophila e a elucidação da base molecular para a regulação da transcrição de DNA e da tradução de RNAm caminharam passo a passo. Os mutantes homeóticos de Drosophila têm tais efeitos de longo alcance porque fazem parte de uma classe muito grande de genes que codificam 'fatores de transcrição', isto é, proteínas que regulam a transcrição de outros genes, às vezes trabalhando em série com genes co-reguladores que aumentam sua atividade.

Uma grande classe de genes que codificam fatores de transcrição tem, em comum, uma sequência de DNA conhecida como 'homeobox' incorporando o nome dado por Bateson há mais de um século a essa classe de mutações. O homeobox é uma sequência de DNA de 180 pares de bases e que tem sido altamente conservada. O homeobox codifica uma sequência de 60 aminoácidos, o 'homeodomínio', e aspectos estruturais desta região de proteína reguladora capacitam-no a unir-se ao DNA e, assim, a controlar a transcrição de outros genes. Ligações altamente precisas ocorrem quando dois genes atuam em conjunto, como na ligação precisa do gene Hox Ubx (veja abaixo), tendo

Quadro 15.8 Transplantes seriais de discos imaginais e a descoberta da transdeterminação

1 Usando a técnica de transplantes seriais, o estado de determinação de um fragmento de disco, derivado de um único disco doador, pode ser testado muitas vezes.

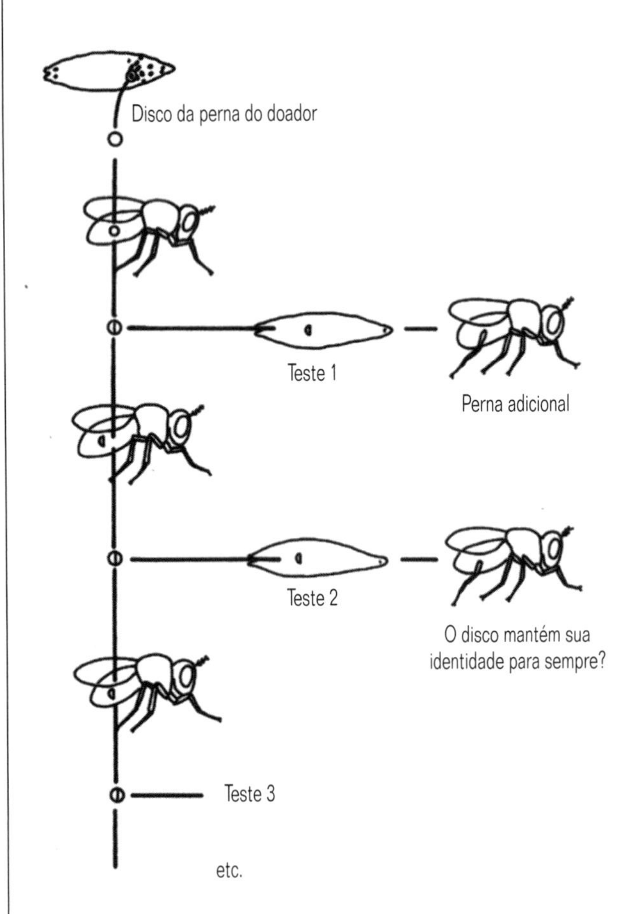

A técnica de transplantes seriais.
Se o estado de determinação do disco original for mantido, cada teste de implante refletirá o caráter do disco original. Geralmente, este é o caso e o estado de determinação é estável.
2 Entretanto, se um grande número de testes de implante for efetuado, podem ser observadas modificações espontâneas no estado de determinação. Nem todas as modificações espontâneas são possíveis. Algumas daquelas observadas em Drosophila são mostradas abaixo.

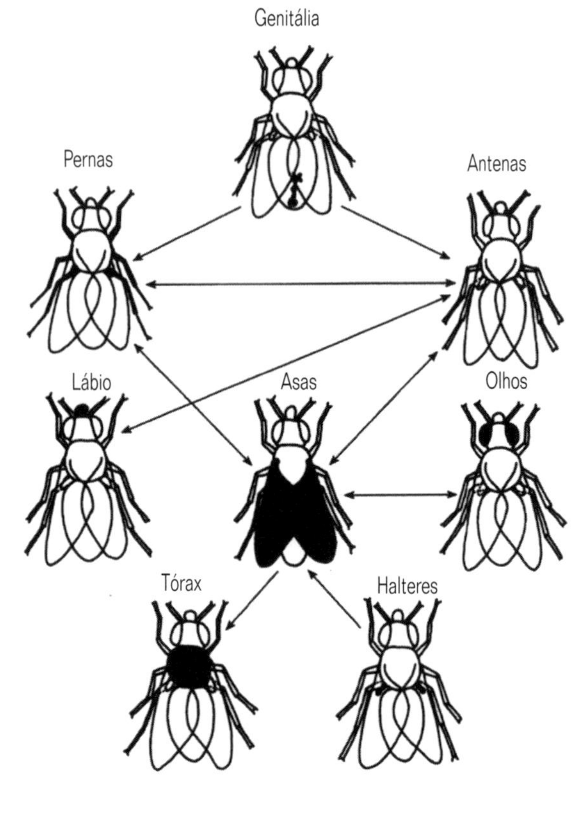

As setas indicam a direção das modificações espontâneas no estado de determinação de estruturas derivadas de discos. Por exemplo, discos de antenas formando pernas, como é mostrado no Quadro 15.10.

Foram observados, por exemplo, discos de pernas modificados para originar asas, antenas ou peças bucais, mas não olhos, halteres ou genitália.

Note que todas as diferentes células do disco precisam sofrer uma modificação espontânea e assumir um novo destino do desenvolvimento, mas elas precisam reter a identidade local uma vez que continuam a originar estruturas que apresentam organização regional. Tal modificação espontânea é referida como transdeterminação.

como alvo o DNA na presença de outra proteína, extradentícula, que é o produto do gene do homeodomínio Exd de Drosophila. Outros detalhes sobre homeobox e a estrutura do homeodomínio são apresentados na Figura 15.21.

15.4.2.2 A hierarquia genética envolvida na organização regional em Drosophila

Cada região do inseto adulto desenvolve-se de uma parte específica da larva e, embora os discos imaginais não sejam diferenciados, sua informação posicional está claramente fixada. As relações segmentares são mostradas na Figura 15.22. Note que cada segmento torácico possui uma estrutura específica. Normalmente, o segmento T2 possui asas e T3 possui asas modificadas – em estruturas sensoriais, os halteres. Também existem subdivisões regionais no interior dos segmentos.

Um modelo claro da determinação da identidade regional da larva agora está sendo esclarecido. Os muitos genes envolvidos podem ser arranjados em grupos hierárquicos.

- *Genes de efeito materno*. Estes genes controlam a formação de gradientes de proteínas morfogênicas. Algumas codificam substâncias morfogenéticas, por exemplo, o gene bicoid que codifica um organizador anterior.

Outros codificam substâncias envolvidas na fixação da proteína bicoid nas regiões anteriores do citoplasma do oócito.

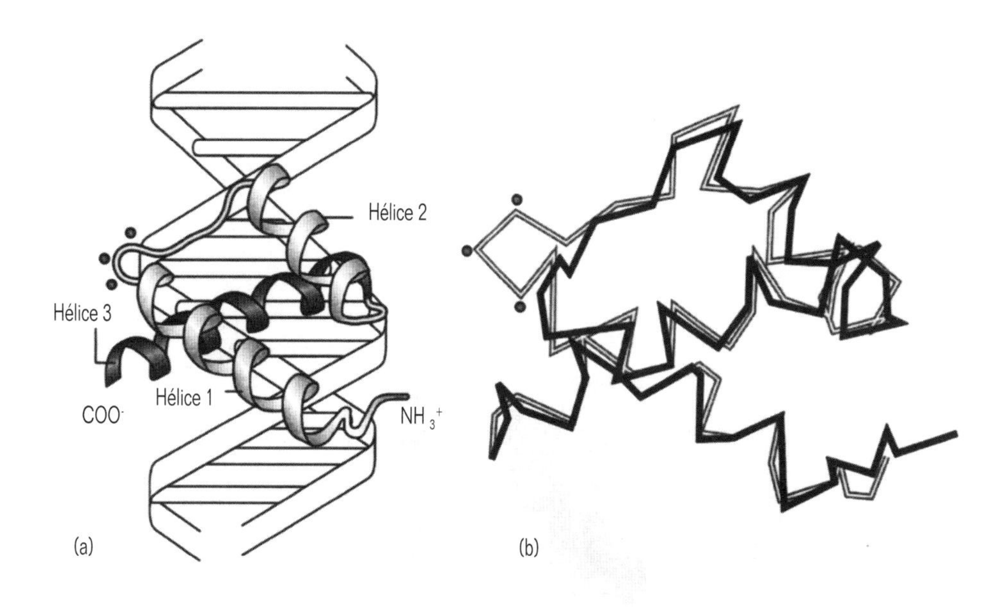

Fig. 15.21 A estrutura genética altamente conservada de um gene Hox é a consequência de sua função como um gene regulador de transcrição de DNA. (a) A região de homeodomínio da proteína tem uma estrutura tridimensional que permite ligar-se à dupla hélice de DNA. Devido a isso, as regiões de homeodomínio dos genes Hox são altamente conservadas. (b) Uma superimposição do suporte principal do homeodomínio engrailed de Drosophila e um produto do gene Hox MATalfa2 de um fermento. Note quão similares são os dois produtos gênicos apesar de bilhões de anos de evolução dos invertebrados. (De Gerhart & Kirschener, 1997).

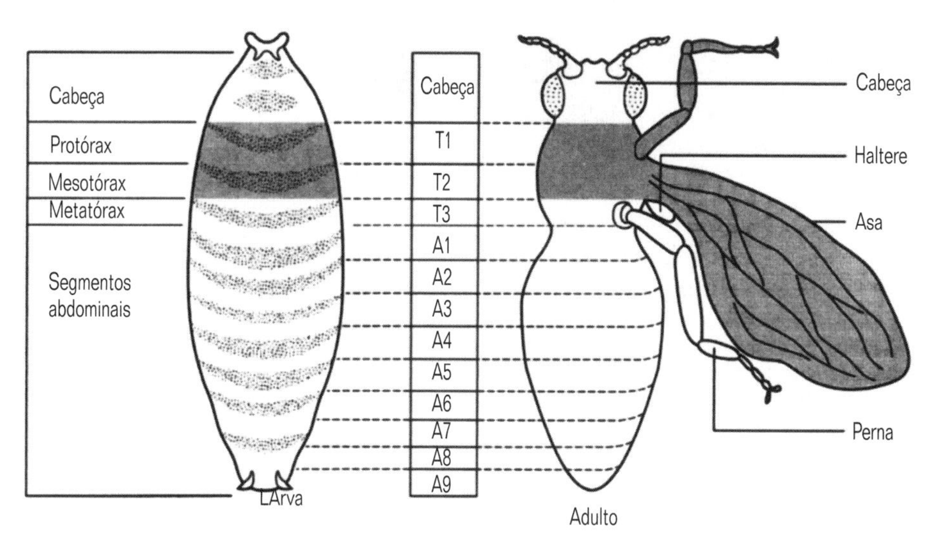

Fig. 15.22 A estrutura segmentar das larvas e adultos de Drosophila. Os três segmentos torácicos podem ser distinguidos pelos diferentes apêndices. Note a faixa de cerdas em cada segmento da larva. As modificações deste padrão de faixas permitem que os efeitos de algumas mutações sejam interpretados em termos de modificações na arquitetura segmentar. (Segundo Gilbert, 1990.)

- *Genes gap.* Estes genes são assim denominados porque, na ausência dos produtos dos genes gap, ocorrem grandes omissões na estrutura regional do embrião. Os genes gap são ativados ou suprimidos pela concentração específica de substâncias morfogenéticas às quais os núcleos são expostos (isto é, uma resposta genética ao sistema de gradientes). Assim, eles são regulados por produtos genéticos de efeito materno.
- *Genes pair rule.* A expressão desses genes é regulada por produtos gênicos dos genes gap. Os genes pair rule dividem o embrião em bandas da largura de dois segmentos primordiais.
- A *polaridade segmentar* e os *genes homeóticos*. Os genes da polaridade segmentar subdividem ainda mais o embrião em regiões segmentares e, juntamente com os genes pair rule, determinam quais dos genes homeóticos estão ativos e, consequentemente, controlam a identidade estrutural e a morfologia de cada região segmentar.

Os modelos de invertebrados, usados pelos embriologistas experimentais, frequentemente têm sido explicados através da suposição de que seriam criados gradientes de substâncias morfogenéticas desconhecidas no embrião jovem. Mostrou-se que o destino do desenvolvimento de células individuais frequentemente era consistente com um modelo baseado num tal sistema de gradientes. Experimentos com embriões de equinodermos, por exemplo, foram explicados dessa maneira (veja o Quadro 15.7).

A base genética para tal sistema agora está sendo elaborada com grandes detalhes usando-se Drosophila. Os resultados desta análise estão tendo uma profunda influência na nossa compreensão da determinação da identidade regional em todo o Reino Animal.

Nos embriões de insetos, tais como Drosophila, cada primórdio de segmento possui uma identidade peculiar muito antes da diferenciação regionalmente específica. A identidade regional é influenciada por genes maternos que estabelecem um pré-padrão de quatro componentes localizados no oócito não fecundado (Fig. 15.23a). O pré-padrão fornecido maternalmente, por sua vez, cria um padrão zigótico consistindo de, pelo menos, sete domínios peculiares, semelhantes a faixas, ao longo do eixo ântero-posterior (Fig. 15.23b) e quatro ao longo do eixo dorsoventral (Fig. 15.23c). A aplicação de modernas técnicas moleculares à expressão e à regulação de genes envolvidos neste sistema está levando

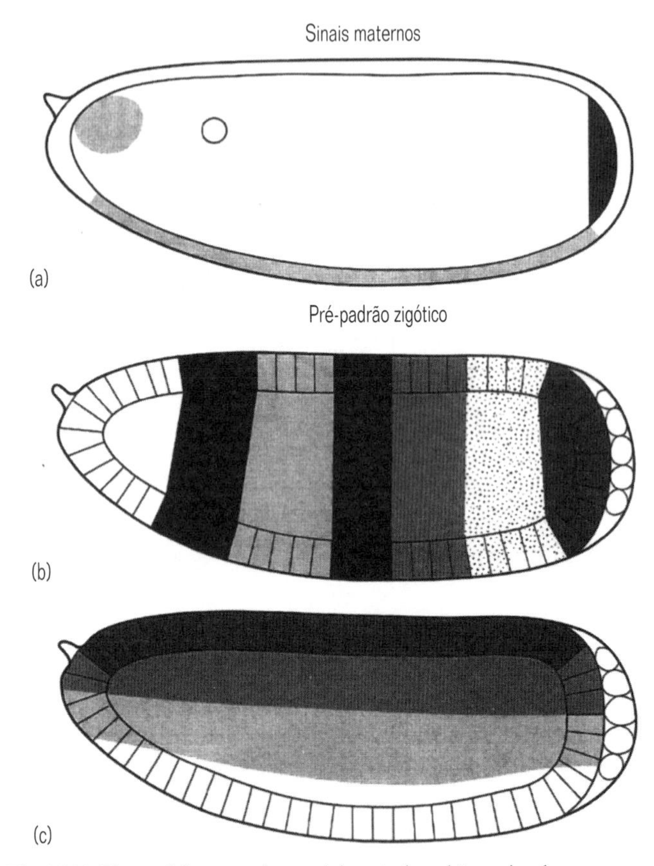

Fig. 15.23 Um modelo para o desenvolvimento do padrão regional em Drosaphila. (a) O pré-padrão criado por genes maternos no óvulo não fecundado possui quatro componentes localizados. (b) A organização ântero-posterior do zigoto compreende pelo menos sete domínios. (c) Organização regional ao longo do eixo ventrodorsal compreende pelo menos quatro domínios. (Segundo Nusslein-Volhard, 1991.)

a um aumento muito rápido no conhecimento e alguns dados estão resumidos com mais detalhes nos Quadros 15.9 e 15.10.

15.4.2.3 Colinearidade de genes e organização regional no Reino Animal

Os genes Hox de Drosophila constituem um conjunto de genes da família de genes homeodomínio/homeóticos, que possuem um papel específico na definição da identidade regional anterior/posterior. Cada um dos oito genes Hox de Drosophila é essencial para a organização regionalmente específica da expressão gênica. Por isso, as mutações de genes Hox fazem com que a identidade regional seja perdida. Consequentemente, segmentos normalmente dissimilares tornam-se mais semelhantes. A expressão fenotípica da perda da identidade regional certamente é bastante notável, como no caso das mutações de Ubx, que fazem com que se desenvolvam asas nos lugares nos quais normalmente ocorreriam halteres – a famosa condição díptera de quatro asas (veja o Quadro 15.10). Estas expressões fenotípicas da malfunção gênica não ocorrem simplesmente ao acaso, mas elas refletem a organização básica do embrião. Cada gene Hox controla a expressão de outros genes em regiões específicas do embrião. Os oito genes Hox de Drosophila são: lab, Labial; pb, Proboscipedia; Dfd, Deformado; Ser, Sex combs reduzidos; Antp, Antennapedia; Ubx, Ultrabithorax; AbdA, Abdômen A; AbdB, Abdômen B. Os genes não ocorrem ao acaso no genoma de Drosophila, mas estão agrupados numa região relativamente curta de um cromossomo. O que é até mesmo mais notável é que eles ocorrem na mesma ordem linear que as regiões que controlam. A descoberta da colinearidade dos genes Hox e as regiões segmentares que eles especificam, foi um grande passo para frente. O significado desta descoberta tornou-se ainda mais notável ao descobrir-se que os genes Hox de Drosophila possuem homólogos (isto é, genes equivalentes que compartilham sequências de bases muito similares fora da região homeobox conservada) em outros organismos, incluindo cordados, vertebrados e o homem. Além disso, os genes homólogos dos cordados também controlam a identidade regional, e também são encontrados, no cromossomo, numa sequência linear igual à das regiões que controlam (para detalhes, veja o Quadro 15.10).

É possível supor que este padrão reflita uma origem evolutiva comum a partir de algum ancestral regionalmente organizado e com uma sequência de genes reguladores controlando a expressão daquela identidade regional. Durante o tempo evolutivo, tem havido alguma divergência e duplicação de genes Hox, mas o padrão permaneceu claro. O invertebrado cordado Amphioxus tem uma sequência de 12 genes Hox e a homologia entre estes e os oito genes Hox de Drosophila foi estabelecida revelando duplicações na sequência linear. A evolução subsequente dos vertebrados a partir de seus ancestrais cordados foi acompanhada por duplicação múltipla de toda a sequência, sendo que agora são encontradas quatro séries de genes Hox homólogos no camundongo.

As filogenias de animais, baseadas em filogenias do RNA ribossômico 18S, sugerem uma árvore com três ramos para animais bilateralmente simétricos, compreendendo três clados, os deuterostômios (incluindo neles os vertebrados) e dois grandes clados de protostômios, os lofotrocozoários e os ecdisozoários. Uma análise da estrutura dos genes Hox de uma variedade de invertebrados reflete estes parentescos supostos, uma vez que os genes Hox posteriores de um braquiópode e de um anelídeo poliqueta são similares, enquanto que um gene Hox posterior distinto é compartilhado por um priapúlido, um nematódeo e um artrópode. Os autores deste estudo sugerem que 'os ancestrais das duas principais linhagens de protostômios tinham um mínimo de 8 a 10 genes Hox' e que o período da duplicação dos genes Hox, após esta diversificação, 'ocorreu antes da radiação de cada um dos três grandes clados dos Bilateria'.

Embora os genes Hox de Drosophila primeiro foram denominados em relação às regiões que controlam, mostrou-se útil adotar uma terminologia comum e, progressivamente, os homólogos de Drosophila são referidos como Hox1, Hox2 etc. de Drosophila.

Os eixos dorsoventrais de invertebrados e vertebrados também são considerados compartilhando um mecanismo genético regulador comum que levou alguns autores a revisar a idéia de que as superfícies dorsal (antineural) e ventral (neural) de cordados e invertebrados protostômios são homólogas. Talvez seja cedo demais incluir esta idéia num livro-texto sobre invertebrado' como sendo um 'fato', mas os leitores deste volume deveriam estar conscientes de que a distinção tradicional feita entre vertebrados e invertebrados somente é uma questão de conveniência e é possível esperar que surjam cada vez mais evidências de vias compartilhadas do desenvolvimento nos próximos anos e que a dicotomia invertebrados-vertebrados, que parece ser sustentada pelo título deste livro, não apresenta qualquer base filogenética.

Quadro 15.9 Controle genético da organização regional em Drosophila. I: Identidade regional

(i)

	ANTERIOR	POSTERIOR	TERMINAL	DORSO-VENTRAL
Genes maternos	*expurentia staufen swallow*	*oskar staufen Tudor valois vasa*	*torso-like*	*nudel pipe windbeutel*
		nanos	*trunk fs*	
			torso	toll
	bicoid	*hunchback*	*gene Y*	*dorsal*
Genes zigóticos	*hunchback gene X*	*knirps*	*huckbein tailless*	*snail dpp twist zen*

Código:
- Genes que codificam um sinal localizado
- Genes que codificam uma molécula ligada a um receptor de membrana
- Genes que codificam o fator de transcrição materno
- Genes-alvo zigóticos considerados como sendo regulados por fatores maternos. Estes genes codificam fatores de transcrição

Hierarquias em cascata (segundo Nusslein-Volhard, 1991).

1 Genes de efeito materno

Os genes de efeito materno são mutações que afetam a diferenciação regional de embriões que se desenvolvem a partir de ovos de moscas afetadas.

Em Drosophila, conhecem-se genes de efeito materno que controlam quatro sistemas de determinação de eixos. Os quatro eixos são:

I. SISTEMA DO EIXO ANTERIOR: controla a organização segmentar da cabeça e do tórax.

II. SISTEMA DO EIXO POSTERIOR: controla a organização segmentar do abdome segmentado.

III. SISTEMA DO EIXO TERMINAL: controla o telson e o ácron não segmentados.

IV. SISTEMA DO EIXO DORSOVENTRAL: controla o padrão ao longo do eixo dorsoventral.

Cada sistema de determinação de eixo é controlado por uma hierarquia de genes interatuantes, semelhante a uma cascata. Em um nível elevado da sequência da cascata, estão genes que codificam um sinal localizado; num nível inferior, estão genes que codificam um fator de transcrição materno que está assimétrica e regionalmente distribuído, e no nível mais inferior, estão genes-alvo do zigoto, que respondem aos efeitos dos genes maternos e codificam fatores de transcrição. Os fatores de transcrição podem interagir com os genes pair rule e com os da polaridade segmentar, como é explicado abaixo, fornecendo mais especificidade regional.

As quatro hierarquias em cascata estão resumidas na Fig. (i); note que, no sistema anterior o gene bicoid codifica tanto o sinal localizado como o fator de transcrição materno. (Para completar, alguns dos genes estão listados, mas não são referidos no texto.) Exemplos de larvas com deficiência regional. Ac = ácron; h = cabeça; th = tórax; te = telson; ab = abdome. (Segundo Gilbert, 1990.)

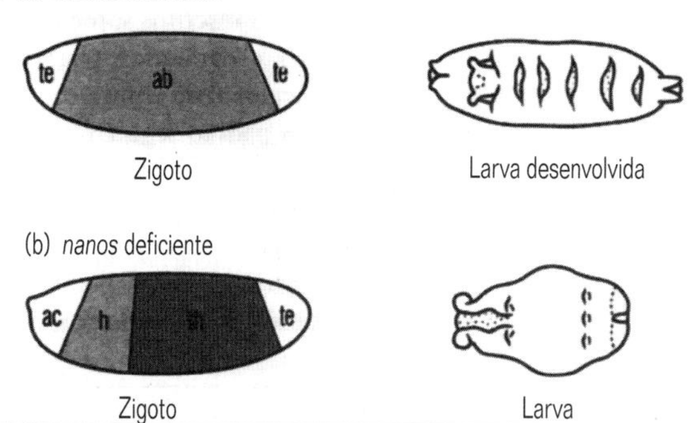

I O sistema de polaridade anterior

A prole de fêmeas homozigóticas bicoid (bcd/bcd) apresenta completa ausência de estruturas cefálicas. Desenvolvem-se como telson I abdome I telson, como é mostrado na Fig. (ii a). O produto gênico do gene bicoid selvagem é um morfógeno anterior; moscas sem este gene produzem ovos anormais (sem estruturas cefálicas). O gene influencia a transcrição de um gene zigótico, um dos assim chamados genes gap hunchback (hb). Mutações nesse loco também são caracterizadas por anormalidades regionais específicas.

II O sistema de polaridade posterior

Foram encontrados diversos genes de efeito materno que, se estiverem ausentes, provocam a formação de larvas com regiões abdominais deficientes. Verificou-se que estes genes maternos de efeito posterior, por sua vez, ativam a transcrição do gene nanos. O gene nanos selvagem transcreve um tipo de RNAm que codifica uma proteína que reprime a tradução de hunchback. O aspecto de embriões deficientes para nanos é mostrado na Fig. (ii) (b). Este esquema é apresentado na Fig. (iii).

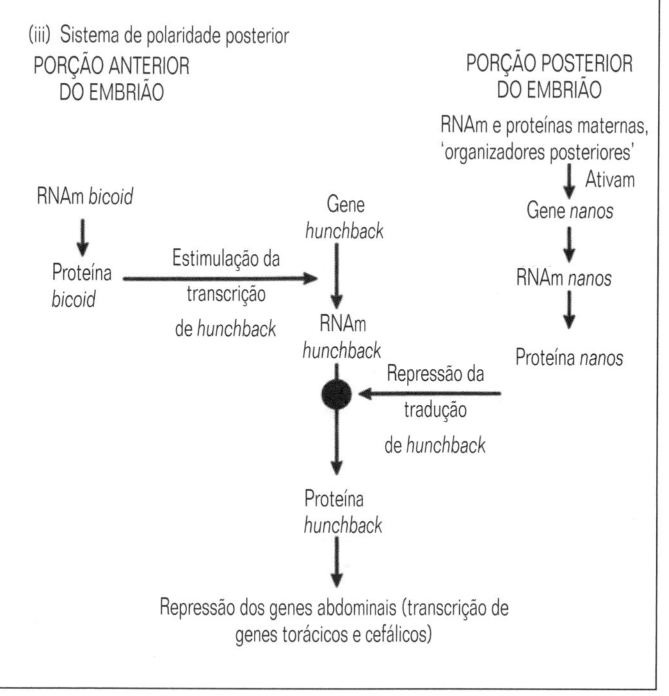

Quadro 15.9 (*continuação*)

(iv)

	Ácron	Max	Max	Lab	T1	T2	T3	A1	A2	A3	A4	A5	A6	A7	A8	Telson
Tipo selvagem (normal)	✓	✓	✓	✓	✓	✓	✓	✓	✓	✓	✓	✓	✓	✓	✓	✓
Krüppel	✓	✓	✓	✓	-	-	-	-	-	-	-	-	✓	✓	✓	✓
Hunchback	?	?	?	-	-	-	-	✓	✓	✓	✓	✓	✓	✓	?	✓
Knirps	✓	✓	✓	✓	✓	✓	✓	-	-	-	-	-	-	-	✓	✓

Max = maxilas I e II
Lab = lábio

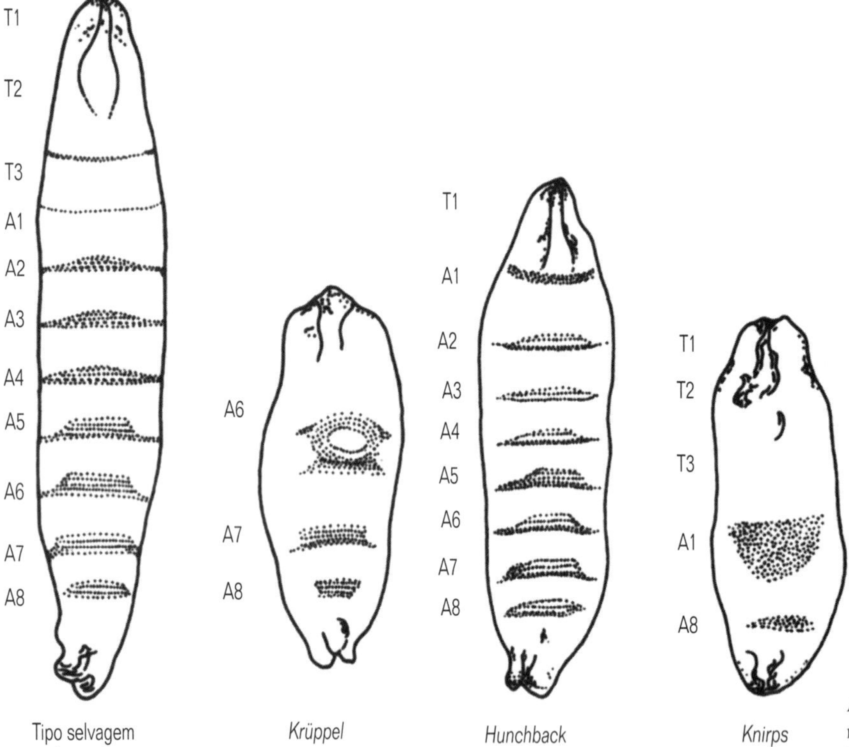

Aspecto de larvas selvagens e de larvas homozigóticas para três dos genes gap, krüppel, hunchback e knirps. [Segundo Gaulo Jacle (1990) e Weigel et al., 1990.]

2 Os genes *gap*

Os genes gap são definidos como uma série de mutações que provocam a falta de regiões específicas nos embriões resultantes. A Figura (iv) mostra alguns dos genes gap e as regiões segmentares ausentes em larvas mutantes homozigóticas.

3 Genes *pair rule* e genes de polaridade segmentar

Genes pair rule têm o efeito de dividir o embrião numa série de faixas ou bandas que correspondem aos 15 limites dos segmentos do animal.

Existem pelo menos oito desses genes atuando no início do desenvolvimento e cuja atividade é controlada pelos genes gap e outros que atuam mais tarde durante o desenvolvimento. Um aspecto importante desses genes é sua sensibilidade a substâncias promotoras e repressoras, que levam a um padrão estabilizado de transcrição.

Os genes de polaridade segmentar são transcritos somente por uma banda de núcleos em cada região segmentar, portanto, refinando ainda mais a especificidade regional no embrião.

Três tipos diferentes de mutações do padrão segmentar estão ilustrados na Fig. (v); em cada caso, as regiões sombreadas representam as áreas nas quais são transcritos os produtos gênicos específicos codificados pelo gene do tipo selvagem. Em formas mutantes homozigóticas, estas regiões são suprimidas, isto é, não ocorre transcrição de produtos gênicos e as regiões específicas estão ausentes.

Continua

Quadro 15.9 (*continuação*)

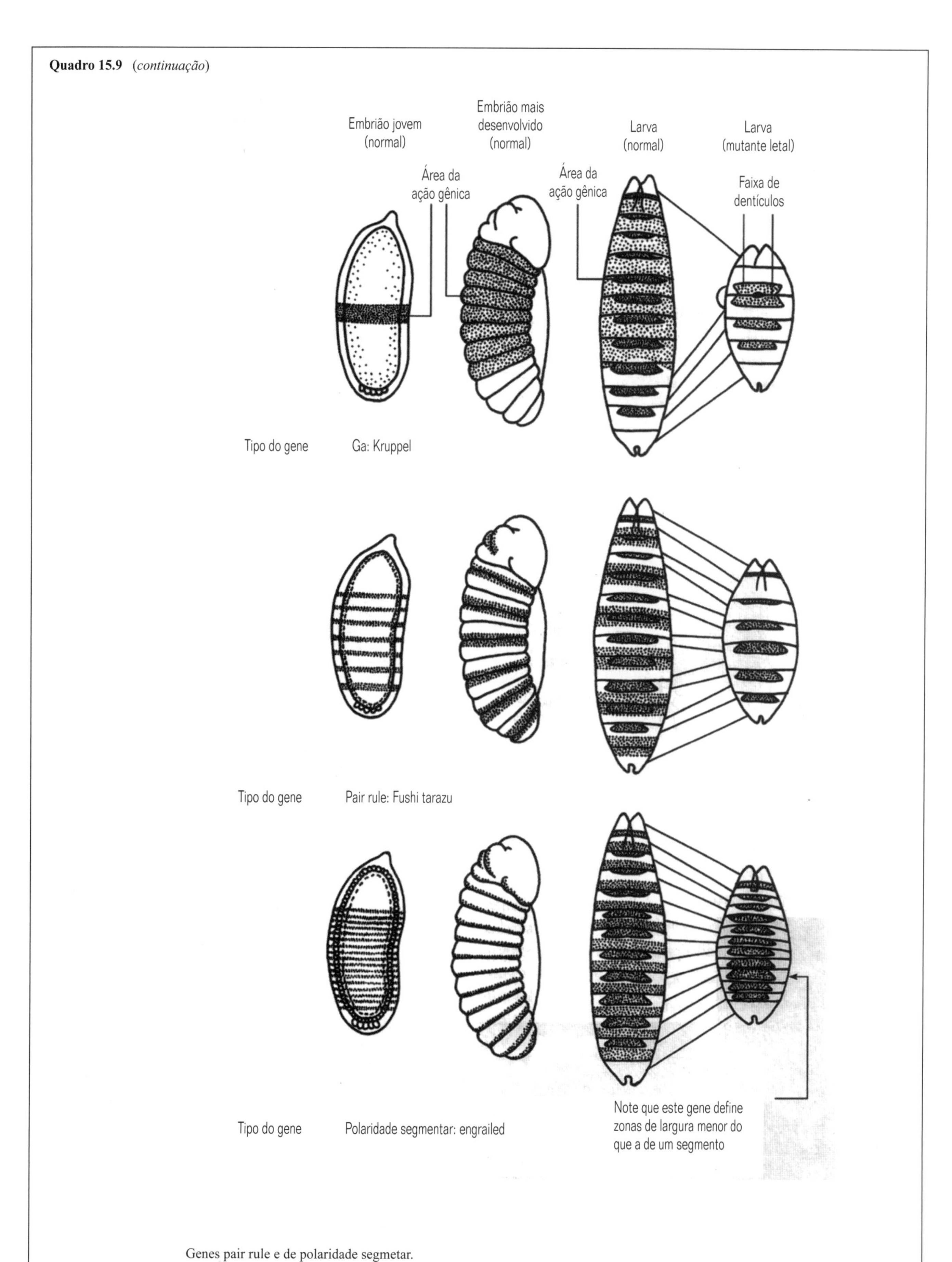

Genes pair rule e de polaridade segmetar.

Quadro 15.10 Genes homeobox (HOX) e o controle da organização regional

1 Segmentação e organização regional em Drosophila

O díptero Drosophila é construído por um número fixo de segmentos. Cada segmento possui uma estrutura definida no adulto, às vezes manifestada pelo desenvolvimento de apêndices segmentares específicos e de outras estruturas ectodérmicas. Os apêndices e outras estruturas ectodérmicas desenvolvem-se a partir de discos imaginais durante a muda imaginal da metamorfose. A identidade regional dos segmentos larvais manifesta-se primariamente nos padrões de cerdas dos limites entre os segmentos.

As regiões do corpo são:
Cabeça incluindo os segmentos cefálicos mandibular, maxilar e labial.
Tórax incluindo:
T1 Perna 1 - sem asa
T2 Perna 2 - Asa
T3 Perna 3 - haltere
Abdome: A1 a A8

Assim, o corpo consiste de uma 'Cabeça' complexa, de três segmentos torácicos e oito segmentos abdominais (i).
Comparação entre os segmentos da larva e do adulto de Drosophila.
É possível distinguir os três segmentos torácicos por seus apêndices:

T1 (protórax) somente possui pernas;
T2 (mesotórax) possui asas e pernas;
T3 (metatórax) possui halteres e pernas.

2 Mutantes homeóticos de Drosophila

Os mutantes da mosca-das-frutas Drosophila foram descobertos por Bateson há muito tempo, em 1894; as mutações tinham o efeito de fazer com que segmentos adjacentes das moscas desenvolvessem uma morfologia similar – daí o termo homeótico cunhado por Bateson. Por exemplo, um desses mutantes homeóticos é Ultrabithorax que condiciona o desenvolvimento de uma asa e não de um haltere no terceiro segmento torácico. Um outro mutante homeótico é Antennapedia, uma mutação associada com a formação de uma perna torácica e não, como esperado, de uma antena na cabeça (ii).

No desenvolvimento normal, as proteínas codificadas por estes genes mantêm as diferenças entre os segmentos e especificam a identidade regional dos segmentos. Mutações, isto é, sequências incorretas de DNA e, portanto, proteínas transcritas por genes defeituosos, criam falhas na especificação regional.

Os dois principais grupos de genes homeóticos ocorrem no cromossomo III de Drosophila:
O complexo Antennapedia
O complexo Bithorax

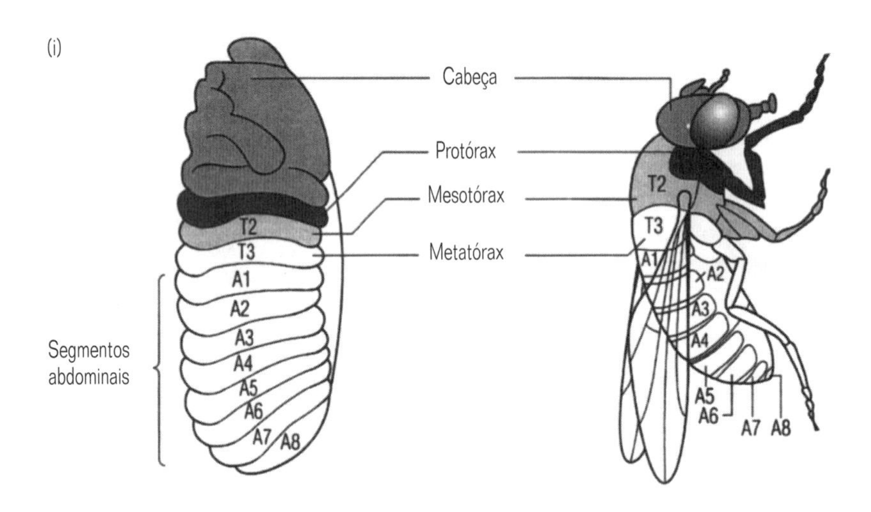

II

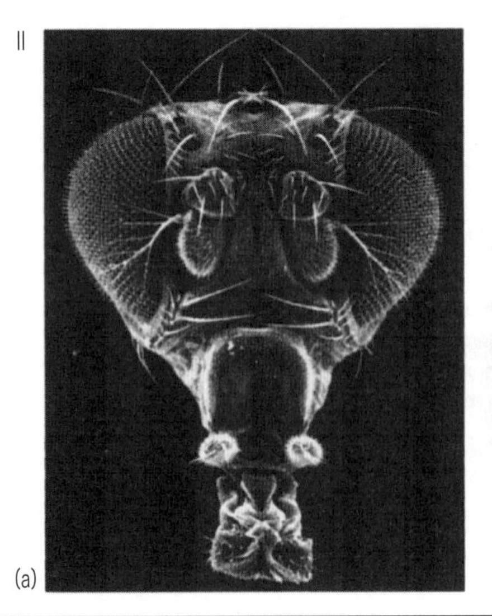

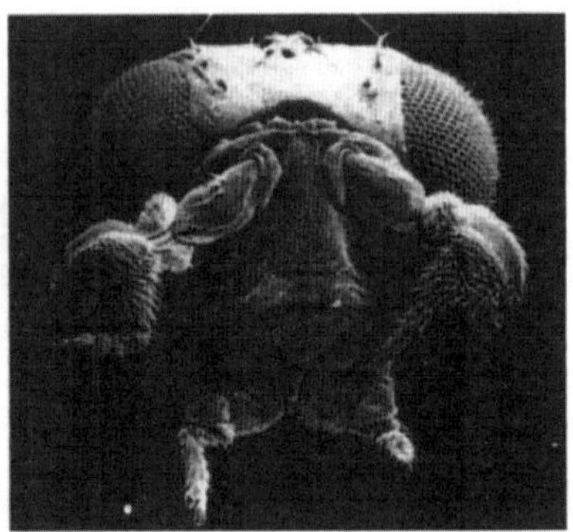

(a) Cabeça de uma mosca do tipo selvagem.
(b) Cabeça de uma mosca contendo a mutação Antennapedia.

Continua

Quadro 15.10 (*continuação*)

Mutações reguladoras no gene Ubx no tipo selvagem produzem uma asa em T2 e um órgão de equilíbrio ou haltere em T3. Nas mutações bithorax o compartimento anterior de T3 é transformado num compartimento anterior de uma asa. A mutação postbithorax transforma T3 posterior em asa, enquanto que Haltere mimic transforma T2 em um haltere extra. Quando bithorax e postbithorax estão combinados, o resultado é uma mosca com quatro asas.

O papel dos genes homeóticos é objeto de intensa pesquisa. As mutações Ultrabithorax Ubx fazem com que todo o terceiro segmento torácico se desenvolva como se fosse um segundo segmento torácico, isto é, forma duas asas. As mutações no complexo bithorax podem provocar uma modificação parcial, por exemplo, as mutações anterobithorax abx e bithorax bx fazem com que a metade anterior do haltere se desenvolva como uma asa, enquanto que a metade posterior permanece semelhante a um haltere e, ao contrário, as mutações postbithorax pbx fazem com que a metade posterior se torne semelhante a uma asa. Antigamente, pensava-se que estes eram

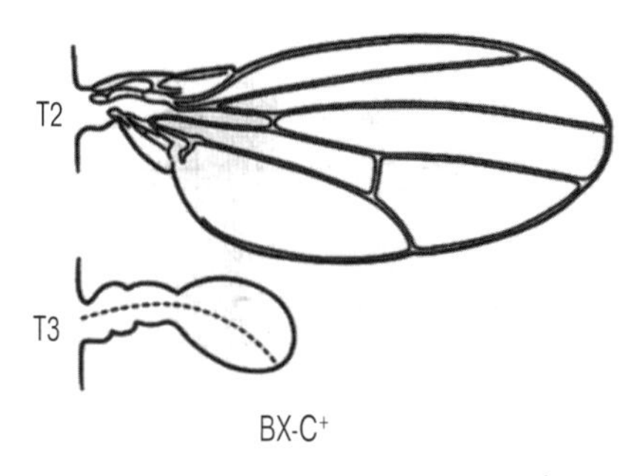

BX-C+

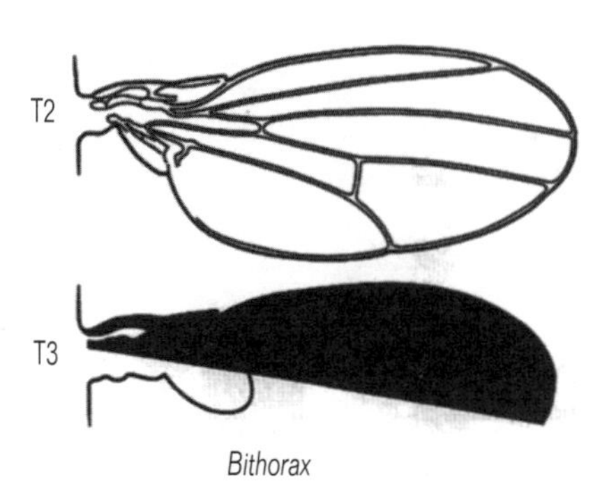

Bithorax

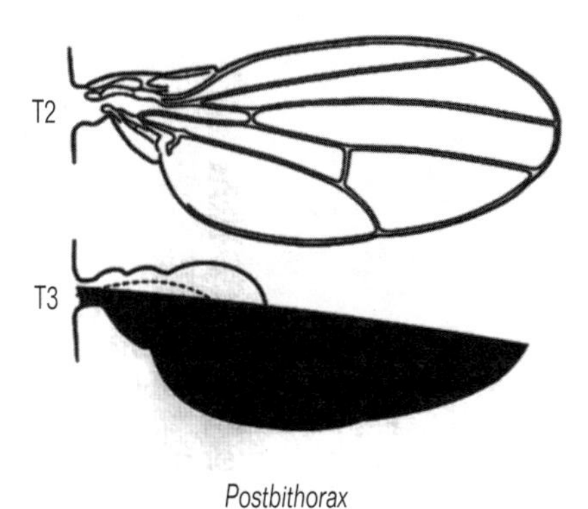

Postbithorax

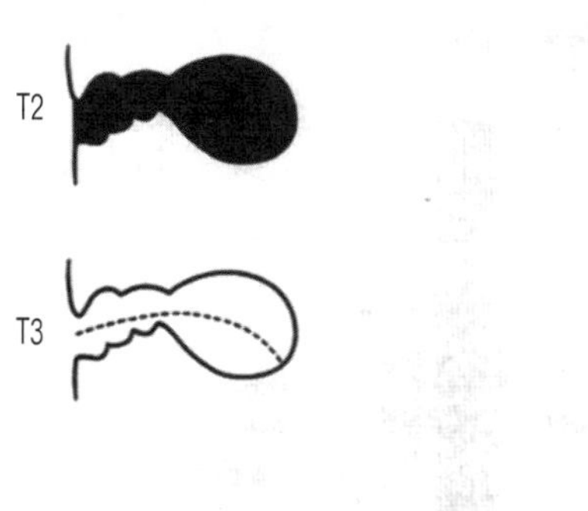

Haltere mimic

locos gênicos distintos, mas agora se sabe que o gene Ubx está sujeito a uma complexa regulação-cis interna que fornece a expressão da posição específica. Assim, pbx, bx e abx são mutações de elementos ampliadores dentro da região Ubx.

3 A natureza altamente conservada dos genes homeóticos

Os genes homeóticos são genes reguladores, isto é, regulam a expressão de outros genes-alvo. São caracterizados por uma sequência de 60 aminoácidos, altamente conservada, o homeodomínio. Este homeodomínio permite que os genes homeóticos sejam reconhecidos como uma classe de genes que codifica um tipo específico de proteína envolvida na regulação de outra expressão gênica.

Genes homólogos a eles são encontrados, virtualmente, em todos os organismos e agora são conhecidos como genes Hox. Os genes homeóticos de Drosophila são reconhecidos como um subconjunto (genes Hox) da classe maior de genes homeobox.

Continua p. 400

Quadro 15.10 *(continuação)*

4 Organização regional, contiguidade gênica e padrão em diversos organismos

A seqüência linear de estruturas do corpo do inseto adulto (veja 1, acima) está refletida na sequência contígua de oito genes homeóticos (Hox) em Drosophila. Como é usual, os genes expressados nas regiões mais anteriores estão à esquerda e os genes expressados nas regiões mais posteriores estão à direita.

Os genes Hox de Drosophila são:

(i) Complexo Antennapedia, isto é, Labial – lab; Proboscipedia – pb; Deformed – Dfd; Sex combs reduced – Scr; Antennapedia – Antp.
(ii) Complexo Bithorax, isto é, Ultrabithorax – Ubx; Abdominal A – Abd-A; Abdominal B –Abd-B; Caudal – cad.

Estes genes ocorrem numa sequência linear no cromossomo III e seus genes homólogos, em outros organismos, estão organizados segundo o mesmo padrão (com alguma duplicação – veja a Figura abaixo).
Nota: o esquema da notação para vertebrados assumiu grandemente nomear os genes em sequência na série HoxA, HoxB, HoxC e HoxD, por exemplo, Hox a1 do camundongo = lab de Drosohila, Hox a2 do camundongo = pb de Drosophila etc.

Estas descobertas são realmente surpreendentes e abrem uma nova era no estudo de processos evolutivos, surgindo uma nova ciência, 'evolução dos processos do desenvolvimento'. Duplicações parecem ter ocorrido quando os vertebrados divergiram dos ancestrais cordados, como Amphioxus, e novamente quando os peixes gnatostomados surgiram a partir de ancestrais agnatos (veja Holland, P.W.H., Garcia-Fernandez, J., Williams, N.A. & Sidow,A. 1994. Gene duplications and the origins of vertebrates. Development (suplemento), 125-133).

5 Gradientes ântero-posteriores e organização regional do ovo – os genes de efeito materno bicoid e nanos

RNAm bicoid na futura extremidade anterior do oócito
RNAm nanos na futura extremidade posterior do oócito

Este padrão de distribuição é influenciado pelos efeitos do oócito sobre as células foliculares suprajacentes. Isto é devido à secreção de uma proteína no oócito, codificada pelo gene gurken, que afetz as células foliculares suprajacentes e faz com que elas se tornem células polarizadas posteriores (CPP). O CPP, por sua vez, produz secreções que afetam a distribuição dos RNAm bicoid e nanos. Genes desse tipo são chamados 'genes de efeito materno'

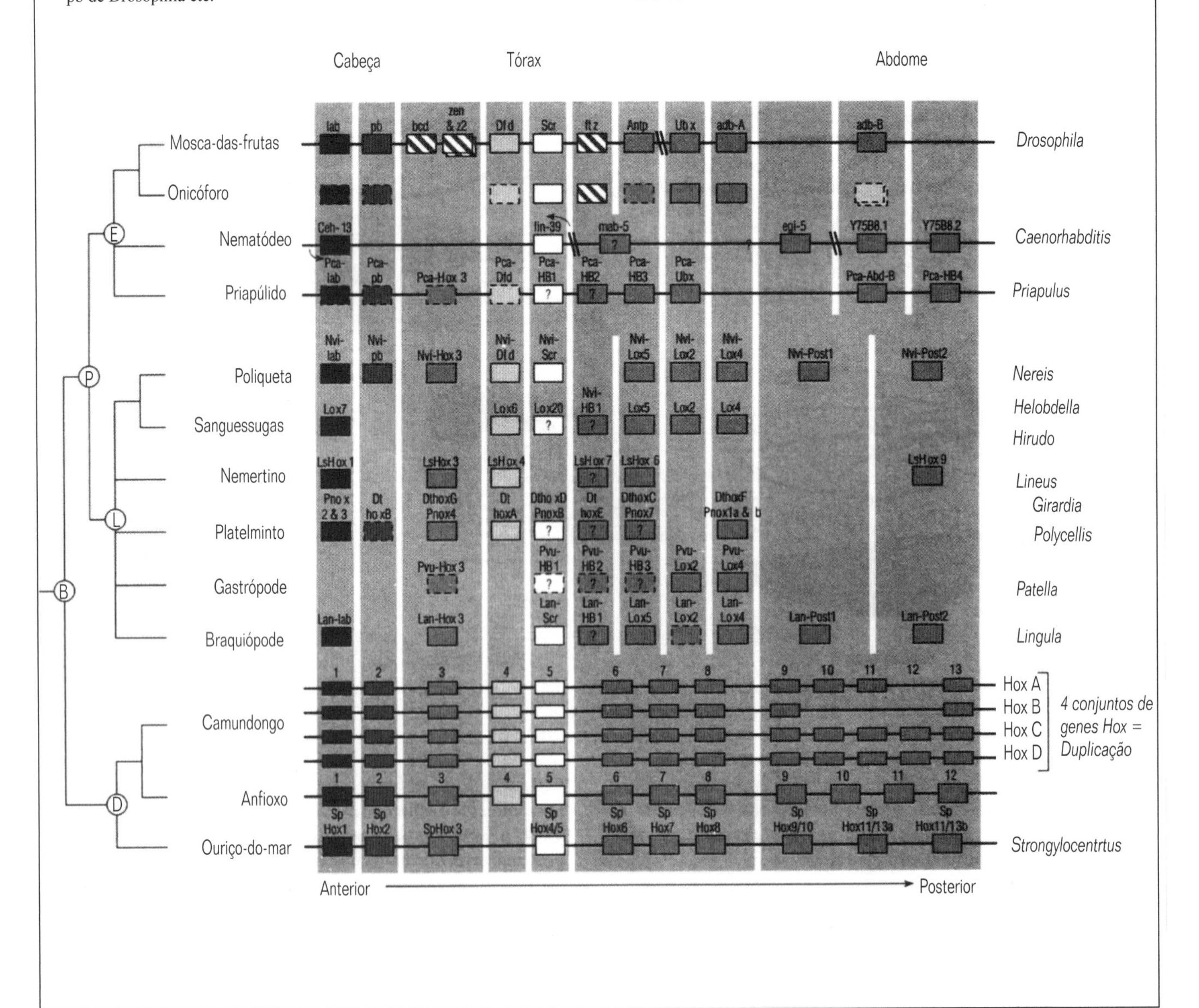

Quadro 15.10 *(continuação)*

Porque os oócitos com deficiências e com o fenótipo mutante não podem ser salvos por meio de fecundação com espermatozóides normais, do tipo selvagem.

• O fator bicoid de transcrição atua ativando e suprimindo as transcrições de outros genes no interior do embrião.

• O fator nanos de transcrição atua unindo-se a certas espécies de RNAm, bloqueando sua tradução.

• O fator nanos de transcrição bloqueia a tradução de hunchback. Hunchback é outro gene de efeito materno cujo RNAm é acumulado no citoplasma do oócito e distribuído mais ou menos uniformemente. Além disso, bicoid estimula ativamente a transcrição de hunchback. Os gradientes do citoplasma do oócito, por sua vez, controlam a atividade de vários outros genes numa cascata hierárquica.

6 Genes gap, genes pair rule e genes de polaridade dos segmentos

A compreensão do controle regional em Drosophila foi estimulada pelo trabalho de J. Nusslein-Volhard que foi a primeira mulher a ser contemplada com o Prêmio Nobel por sua pesquisa. Ela examinou cuidadosamente mutantes letais de Drosophila quanto aos efeitos nas larvas, catalogando todas as mutações dos mutantes de acordo com os efeitos dos genes sobre o padrão de cerdas das larvas. Esse foi um trabalho meticuloso envolvendo a catalogação de milhares de mutantes. Agora essa pesquisa está sendo considerada uma inovação, tendo sido sequenciados mais e mais genes e demonstrado que o padrão de expressão dos genes no embrião é crucial na definição progressiva das regiões do embrião e do futuro adulto. Finalmente, estes genes controlam a expressão dos genes homeóticos.

Os genes podem ser categorizados numa seqüência de atividade definindo uma forma segmentar progressivamente mais complexa. Os genes também mostram que a organização regional das larvas inclui a definição, não apenas dos segmentos, mas também dos compartimentos anterior e posterior no interior dos segmentos.

Os genes gap

Larvas com o genótipo mutante apresentam um fenótipo no qual certas regiões do corpo parecem estar ausentes. Tendo identificado e seqüenciado os genes, é possível mostrar o padrão de expressão. Os oito genes gap são: huckbein – hkb; tailless – til; giant – gt; empty spiracles – ems; orthodenticle – otd; krüppel – kr; knirps; kni. Cada gene é expressado numa banda relativamente estreita, numa localização específica no embrião, em relação aos gradientes dos genes de efeito materno e dos fatores dependentes de transcrição.

(Lembre da hipótese dos gradientes, desenvolvida para explicar o desenvolvimento dos equinodermos. Veja o Quadro 15.7.)

Genes pair rule

Estes genes são assim denominados porque os fenótipos mutantes estão ausentes em segmentos de número par ou de segmentos de número ímpar, porém nunca de ambos.

O padrão transitório e não repetitivo de oito bandas de expressão dos genes gap é suficiente para iniciar um novo padrão de oito genes pair rule. Cada um destes genes é expresso num padrão repetitivo. O padrão inicial envolve três genes pair rule primários: runt; hairy; even-skipped – eve. Embora cada gene seja expresso num padrão repetitivo sétuplo, as bandas de expressão estão ligeiramente deslocadas uma em relação à outra. Assim, por exemplo, runt está em T1 e T2, hairy expressa-se na margem entre T2 e T3. Outros genes expressam-se em relação a este padrão, por exemplo, fushi-tarazu – ftz, japonês, para poucas cerdas!

Genes de polaridade dos segmentos

Uma outra hierarquia espacial é iniciada envolvendo faixas de atividade de um grande número de genes num padrão com uma freqüência maior do que aquela dos 14 segmentos. Entre os melhor conhecidos estão engrailed – en; wingless – wg; hedgehog – hh. O gene en expressa-se no limite posterior de cada uma de 14 faixas.

Ativação e controle dos genes homeóticos (Hox)

A atividade dos genes Hox é controlada pela expressão espacial dos genes gap, combinada com os efeitos dos genes pair rule e de polaridade dos segmentos, os quais organizam a estrutura de cada segmento definido.

A polaridade inicial dos produtos gênicos no ovo – o gradiente ântero-posterior- definiu uma seqüência de segmentos altamente estruturados e, agora, cada segmento possui uma identidade peculiar. Isso leva à expressão de diferentes genes homeóticos (Hox) em células distintas nos discos imaginais destas regiões e, conseqüentemente, cada segmento passa a ter sua própria estrutura característica.

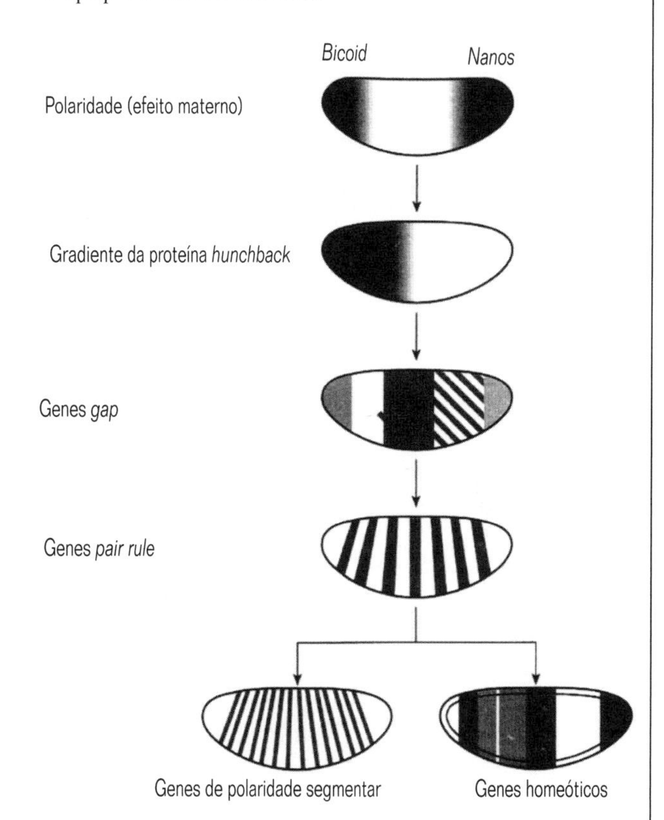

Modelo generalizado da formação de padrão em Drosophila. O padrão é estabelecido por genes de efeito materno, que formam gradientes, e por regiões de proteínas morfogenéticas. Estes determinantes morfogenéticos criam um gradiente de proteína hunchback que ativa diferencialmente os genes gap, que definem largos territórios do embrião. Os genes gap possibilitam a expressão dos genes pair rule, cada um dos quais divide o embrião em regiões com largura de mais ou menos dois primórdios de segmento. Os genes de polaridade dos segmentos, então, dividem o embrião em unidades do tamanho de segmentos ao longo do eixo ântero-posterior.A combinação destes genes define os domínios espaciais dos genes homeóticos que definem a identidade de cada segmento. Dessa maneira, é gerada uma periodicidade a partir de não-periodicidade e a cada segmento é dada uma identidade peculiar.

Continua p. 402

Quadro 15.10 *(continuação)*

7 Especificação das polaridades dorsal e ventral

Discutimos a organização progressiva da identidade regional ao longo do eixo desde a parte anterior até a posterior. De maneira similar, a polaridade dorsoventral pode ser seguida até a polaridade no citoplasma do oócito e o desenvolvimento progressivo da organização regional no embrião levando à especificação da organização dorsoventral e aos processos de gastrulação.

Este padrão de organização também foi estimulado pelo trabalho de Nusslein-Volhard sobre as anomalias embrionárias em mutações letais.

A polaridade pode ser seguida até a expressão do gene dorsal. O transcrito do gene dorsal pode ser encontrado em qualquer lugar, mas ele é incorporado ao núcleo das células blastodérmicas somente na futura região ventral do embrião. A biologia/genética molecular sobre isso é complexa, envolvendo uma série de outros genes, mas pode ser seguida, finalmente, até a posição assimétrica do núcleo do oócito.

Os núcleos que recebem o transcrito do gene dorsal são ventralizados e serão envolvidos nos movimentos de gastrulação. Os alvos dos transcritos do gene dorsal são rhomboid; twist e snail e o transcrito do gene dorsal também bloqueia a transcrição de outros genes como tolloid e decapentaplegic.

Um aspecto-chave dos genes homeóticos (Hox) é a capacidade do gene transcrever proteínas para unir-se ao DNA em locais de reconhecimento específico e, por isso, controlar a transcrição de outros produtos gênicos.

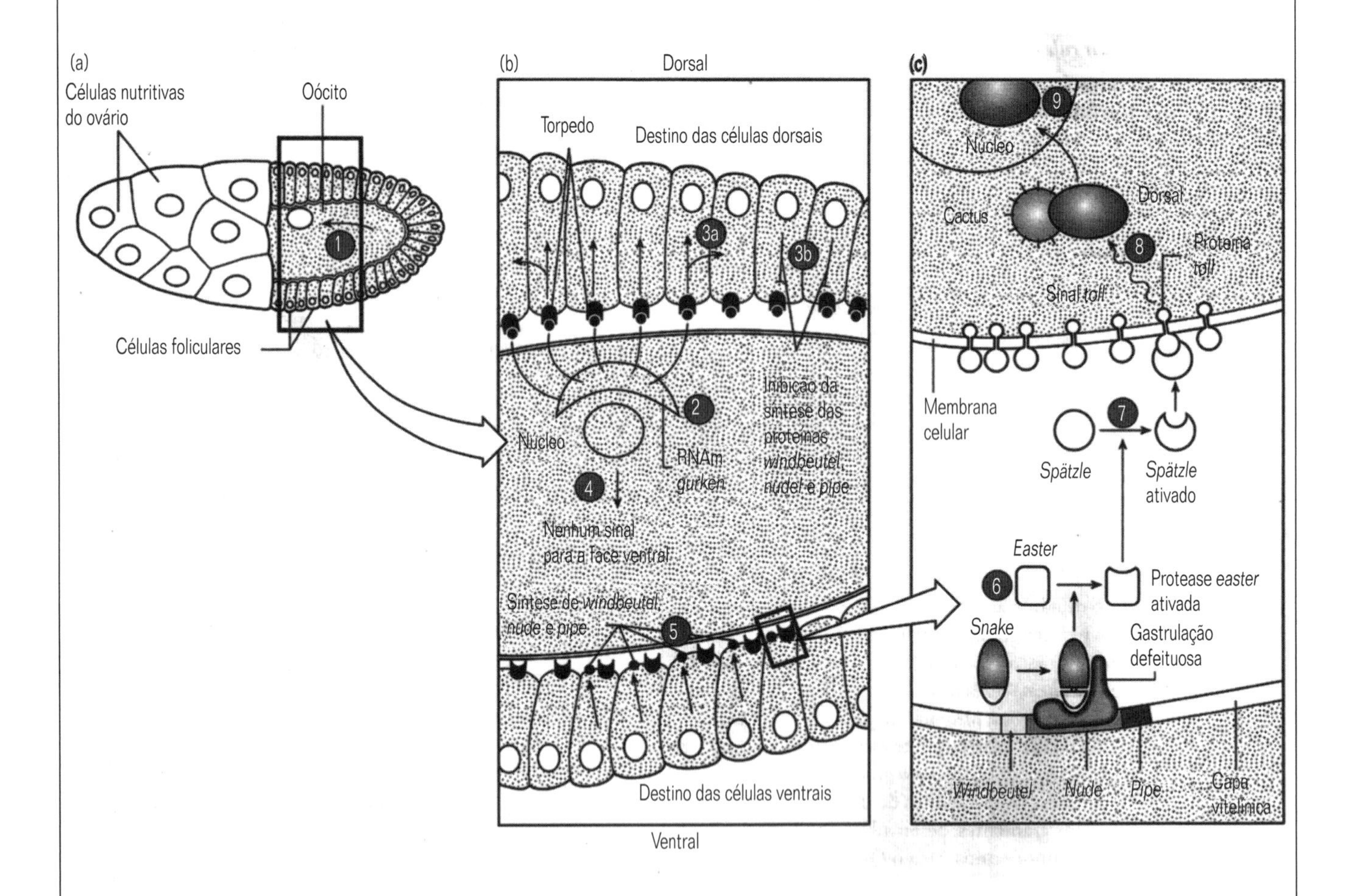

Legenda:

1 O núcleo do oócito se desloca até a face dorsal anterior da célula. Ele recolhe os RNAm cornichon e gurken.

2 As mensagens cornichon e gurken são traduzidas. A proteína gurken é recebida por proteínas torpedo durante a metade da oogênese.

3a O sinal torpedo faz com que as células foliculares se diferenciem numa morfologia dorsal.

3b A síntese das proteínas windbeutel, nudel e pipe é inibida nas células foliculares dorsais.

4 As proteínas cornichon e gurken não se difundem para a face ventral.

5 As células foliculares ventrais sintetizam as proteínas windbeutel, nudel e pipe.

6 As proteínas foliculares ventrais absorvem as proteínas snake e gastrulation-defective para causar a divisão do zimógeno easter, ativando a protease easter somente na face ventral.

7 Easter divide spatzle que se une à proteína receptora toll.

8 O sinal toll provoca fosforilação e degradação da proteína cactus, libertando-a da proteína dorsal.

9 A proteína dorsal entra no núcleo e ventraliza a célula.

15.5 Desenvolvimento larval e metamorfose

As larvas ciliadas dos invertebrados marinhos estão adaptadas a uma vida pelágica e as bandas ciliadas que fornecem sua força locomotora não são adequadas aos adultos maiores (veja o Capítulo 10). Nestes animais, portanto, a metamorfose envolve freqüentemente a perda dessas bandas ciliadas e uma transição para um modo de vida no qual células musculares fornecem as forças locomotoras.

Em gastrópodes, a metamorfose da larva véliger é progressivamente acompanhada por uma redução gradual do véu que, finalmente, se torna incapaz de sustentar o caramujo em desenvolvimento e é substituído pelo pé como o principal órgão locomotor. A metamorfose dos moluscos bivalves freqüentemente é mais rápida, com uma súbita perda do véu.

As demandas conflitantes da locomoção larval e da necessidade de desenvolvimento em direção ao estado adulto também são ilustradas pelos anelídeos poliquetas nos quais segmentos são progressivamente adicionados durante a vida embrionária ou larval (veja a Seção 15.2.2). Os segmentos são derivados de blastemas segmentares pares: faixas ventrais na região posterior da larva. No blastema, as células mesodérmicas são derivadas de mesentoblastos pares, formados a partir da célula 4d durante a típica clivagem espiral (veja a Seção 15.2.2, a Fig. 15.13 e o Quadro 15.2).

O blastema segmentar possui elementos mesodérmicos e ectodérmicos. As duas faixas de células produtoras de mesoderme proliferam uma série de blocos de tecido nos quais é formado o celoma. Diferentemente dos equinodermos descritos abaixo, nestes animais a mesoderme não é derivada da cavidade do arquênteron e é denominada 'esquizocele'. Os segmentos são produzidos por organogênese coordenada dos tecidos mesodérmicos e ectodérmicos e na qual o cordão nervoso ventral desempenha um grande papel indutor e organizador. À medida que cada segmento recém-proliferado se desenvolve na frente do pigídio, aumenta a massa da larva. Na maioria dos casos, cada segmento é provido de dispositivos de locomoção ou de flutuação durante sua fase pelágica.

O desenvolvimento dos Echinodermata envolve uma das mais dramáticas formas de metamorfose do reino animal. Uma larva de equinodermo totalmente desenvolvida é bilateralmente simétrica; a simetria dominante do equinodermo adulto, no entanto, é pentarradial, embora às vezes exista uma simetria bilateral secundária imposta sobre ela (veja a Seção 7.3.2). As bolsas celomáticas dos equinodermos são derivadas de evaginações laterais da extremidade do arquênteron, algum tempo após o final da gastrulação (veja a Fig. 15.12). Sua formação, portanto, é 'enterocélica: Um estudo com equinodermos viventes sugere que, primitivamente, havia três bolsas celomáticas pares: axocele, hidrocele e somatocele. O desenvolvimento desses espaços celomáticos e a subseqüente metamorfose estão ilustrados na Figura 15.24. Na maioria dos equinodermos viventes, a axocele direita e a hidrocele direita são reduzidas ou totalmente suprimidas. A hidrocele esquerda divide-se na hidrocele e numa evaginação que forma o canal pétreo e o hidróporo (Fig. 15.24, i-iv).

Esses primórdios primitivos do celoma estão representados em uma larva plúteo de 9 dias na Figura 15.24 (v). As somatoceles esquerda e direita espalham-se sobre o estômago e formam as cavidades do corpo do adulto. A hidrocele esquerda cria o primórdio pentarradial, preenchido com líquido, do qual se desenvolve o sistema ambulacral do adulto. A boca do futuro adulto forma-se no centro da hidrocele e isto estabelece a superfície oral do ouriço. O eixo oral-aboral do adulto situa-se, portanto, ao longo do eixo esquerdo-direito da larva plúteo (Fig. 15.24 vi). O ouriço-do-mar e a estrela-do-mar em desenvolvimento aparecem como um disco imaginal que é expandido durante a metamorfose, quando o epitélio ectodérmico da larva murcha e é descartado (Fig. 15.24 vii, viii).

Animais com exoesqueleto não podem crescer e desenvolver-se progressivamente, mas precisam passar através de uma série de mudas. A cada muda, o esqueleto velho é descartado e o corpo se expande antes do endurecimento de um novo revestimento externo. Isto é bem ilustrado pelos Crustacea. Seu desenvolvimento freqüentemente envolve uma série de estágios larvais morfologicamente distintos que, finalmente, sofrem uma muda para originar o adulto (veja o Quadro 14.5 e o Capítulo 8). Nos Crustacea, o crescimento freqüentemente continua durante uma seqüência de mudas depois que a morfologia do adulto foi alcançada. Entretanto, nos insetos alados não existe crescimento depois que o estágio adulto foi alcançado.

Nos invertebrados marinhos, as larvas são responsáveis pelo estabelecimento do jovem adulto num ambiente adequado para seu subseqüente desenvolvimento. Este é um importante estágio na história da vida do animal e para organismos que, quando adultos, são sedentários ou sésseis, a escolha de um substrato adequado pode ser crítica.

Às vezes os biólogos marinhos observam nuvens de larvas recém-metamorfoseadas assentando-se, aparentemente ao acaso, sobre substratos nos quais não sobreviverão; porém, este geralmente não é o caso. Existem muitos estudos que revelaram a precisão com a qual larvas pelágicas são capazes de 'escolher' um substrato adequado. Os processos envolvidos incluem:

- Seqüências comportamentais que levam a larva ao contato com um substrato adequado.
- Metamorfose adiada na ausência de substratos adequados.
- Discriminação e seleção de um substrato preferido.
- Comportamento gregário e detecção quimiossensorial de superfícies previamente habitadas por adultos ou larvas de sua própria espécie. As larvas do molusco marinho Mytilus edulis, por exemplo, exibem uma complexa seqüência de modificações comportamentais durante seu desenvolvimento.

As larvas de muitas espécies mostraram ser altamente seletivas em relação aos substratos nos quais se assentarão. O Quadro 15.11 mostra como experimentos de múltipla escolha revelam diferenças na escolha da superfície de assentamento por larvas de espécies próximas de vermes tubícolas do gênero Spirorbis, cujos adultos são caracteristicamente encontrados em substratos diferentes.

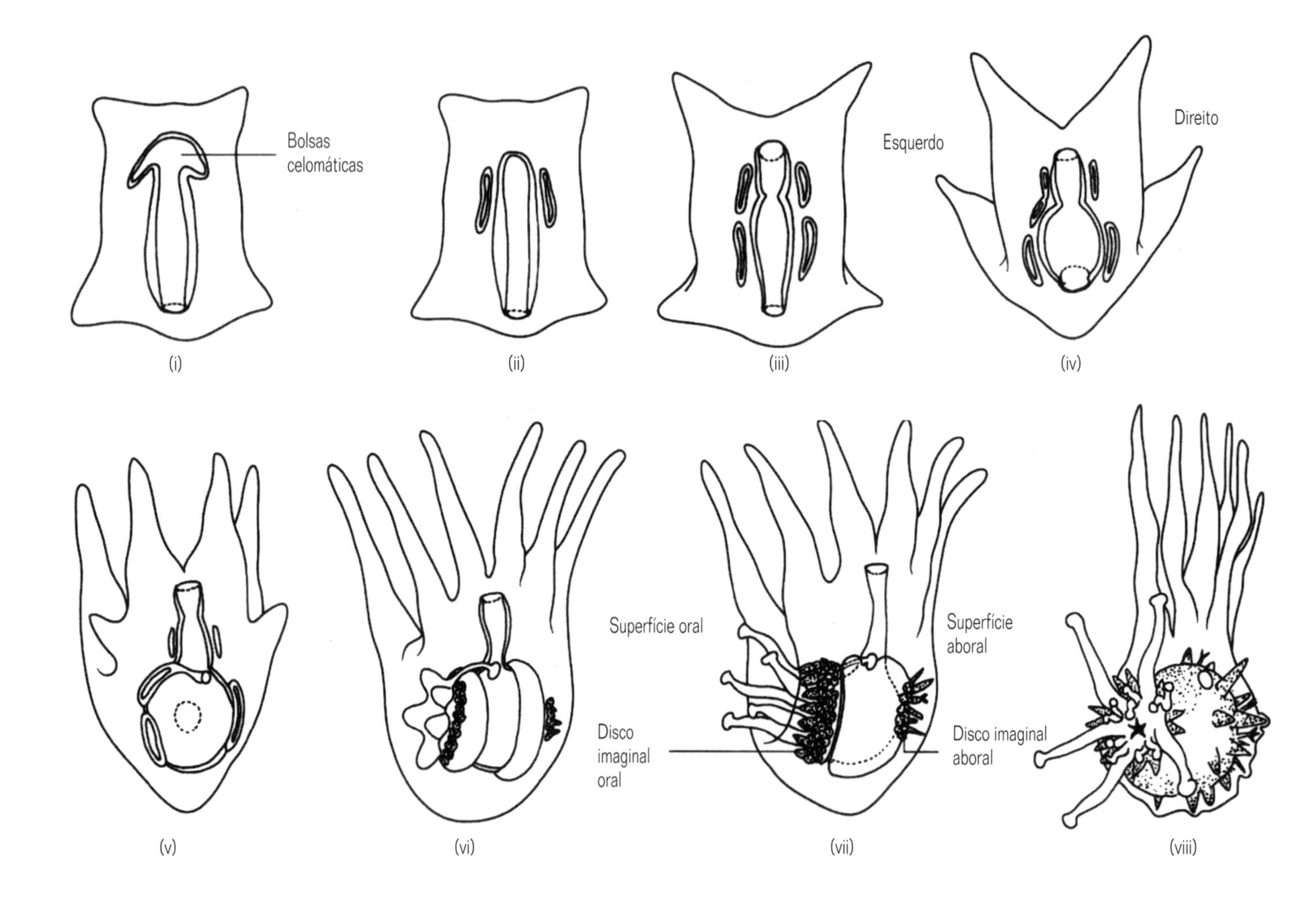

Fig. 15.24 Desenvolvimento do sistema celomático do ouriço-do-mar e metamorfose para a forma adulta. (i) Formação das bolsas celomáticas a partir de evaginações na extremidade do arquênteron após o término da gastrulação. (ii) As bolsas celomáticas pares. (iii), (iv) Subdivisão das bolsas. (v) Diferenciação do segundo celoma esquerdo em hidrocele e no complexo canal pétreo-hidróporo, e expansões das terceiras bolsas celomáticas esquerda e direita. Em Psammechinus, este estágio é alcançado depois de cerca 9 dias de desenvolvimento planctânico. (vi) Organização do anel aqüífero pentarradial definindo a superfície oral do equinodermo em desenvolvimento e o estabelecimento do eixo oral-aboral. (vii) Desenvolvimento progressivo dos discos imaginais oral e aboral, sustentados pela expansão das faixas ciliadas locomotoras do plúteo. (viii) Embrião de Psammechinus antes do término da metamorfose. Os tecidos larvais serão descartados e os primórdios do adulto serão unidos para formar o ouriço-do-mar definitivo.

As larvas cípris de cracas também apresentam um notável e complexo comportamento antes do assentamento, que as capacita a escolher bons locais para a metamorfose. Respondem à textura da superfície (preferem superfícies ásperas ou com pequenas reentrâncias), porém, acima de tudo, respondem à presença de outras cracas, de larvas de cracas ou dos restos de cracas velhas de sua própria espécie. A natureza química destas substâncias é o objeto de pesquisa intensa porque podem fornecer a base para a construção de uma nova geração de substâncias biológicas, 'não tóxicas', que poderiam ser incorporadas a tintas 'anti-fouling'.

15.5.1 O desenvolvimento e a metamorfose de insetos

O filo Uniramia inclui o grande grupo de animais comumente conhecidos como insetos (o subfilo Hexapoda). Dentro desse conjunto, existem animais com três padrões diferentes de desenvolvimento. As classes semelhantes aos miriápodes não possuem asas, isto é, colêmbolos e tisanuros, e estes desenvolvem-se gradualmente por meio de uma série de mudas. Sua morfologia nunca sofre qualquer modificação drástica e é impossível afirmar que apresentam metamorfose (Fig. 15.25a): são ametábolos. Um aspecto primitivo de seu desenvolvimento é a clivagem total dos ovos de muitas espécies, embora algumas apresentem uma característica interessante, ou seja, a clivagem finalmente se assemelha àquela dos insetos alados, porém no início é total.

Os outros insetos apresentam uma metamorfose mais ou menos dramática durante seu desenvolvimento, possuindo um número fixo de estádios larvais antes da forma adulta. O desenvolvimento em insetos mais avançados pode ser categorizado em diversas maneiras. Em alguns, os assim chamados 'insetos de longas bandas germinativas', a seqüência de segmentos adultos é estabelecida num estágio precoce do desenvolvimento do

Quadro 15.11 Metamorfose e escolha do substrato por larvas marinhas

1 Muitos organismos bentônicos são encontrados em substrato específico, característico para cada espécie. Às vezes, espécies muito próximas ocorrem simpatricamente, porém em substratos distintos. A distribuição observada dos adultos é devida à discriminação exercida pelas larvas. Isto tem sido demonstrado experimentalmente para diversos pequenos poliquetas tubícolas do gênero Spirorbis:

(i) Spirorbis borealis em Fucus serratus;
(ii) Spirorbis tridentatus em rochas nuas;
(iii) Spirorbis corallinae em Corallina officinalis.

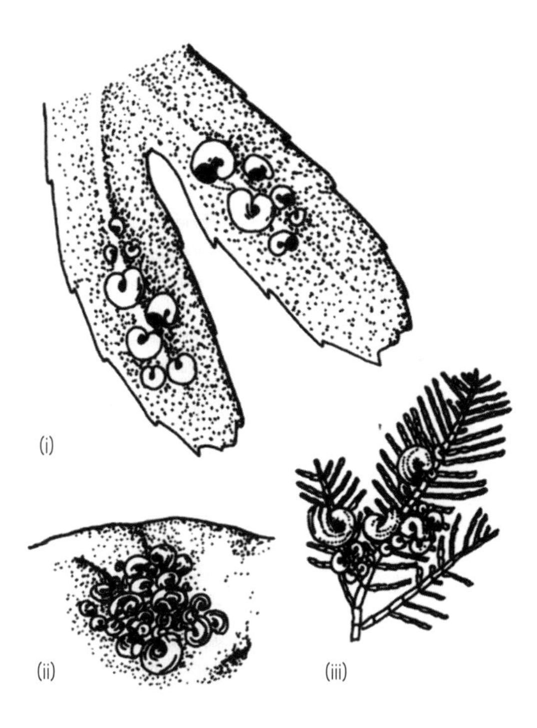

Quando apresentadas a diferentes substratos, em experimentos de dupla escolha, as larvas destas diferentes espécies mostram claras diferenças em suas preferências (veja a Tabela B.2).

Tabela B.2 Experimentos sobre a escolha do substrato de assentamento por larvas de diferentes espécies do poliqueta Spirorbis (segundo dados de De Silva, 1962).

Espécie	Substrato	Número total de larvas
Spirorbis borealis	*Fucus serratus*	1297
	Corallina officinalis	18
	Fucus serratus	457
	Rocha com filme	295
Spirorbis tridentatus	*Fucus serratus*	0
	Rocha com filme	52
	Corallina officinalis	0
	Rocha com filme	55
Spirorbis corallinae	*Corallina officinalis*	63
	Fucus serratus	2

2 A larva cípris de uma craca (veja abaixo) escolhe bastante um local para seu assentamento.

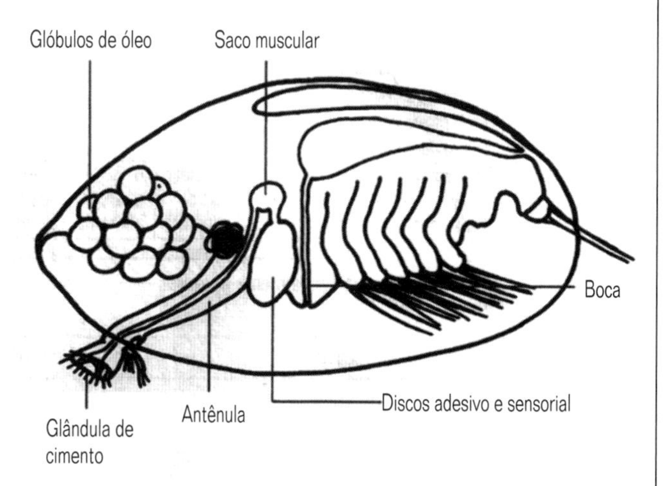

Finalmente, antes de escolher se assentar, a larva move-se em torno a uma superfície potencial mostrando um comportamento exploratório, podendo sair nadando para escolher outro local.

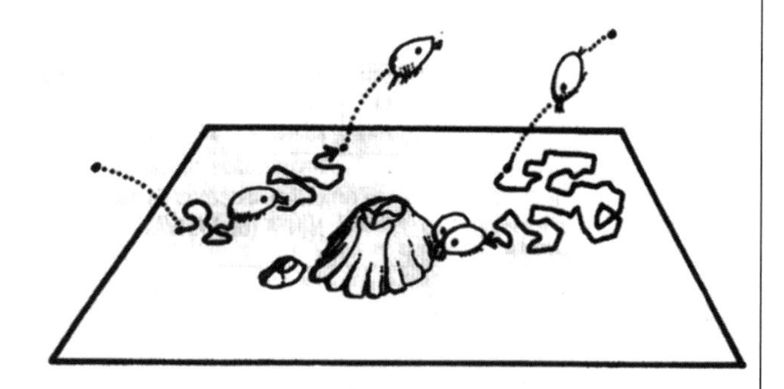

3 Existem muitos fatores que podem aumentar a probabilidade uma larva de craca se fixar em uma superfície particular.

Alguns fatores que estimulam o assentamento e a metamorfose:

(a) Uma superfície áspera;
(b) Uma superfície com pequenas reentrâncias ou sulcos;
(c) Restos do esqueleto de velhas cracas;
(d) A presença de cípris recém-assentadas.

Destes, os mais importantes são aqueles devidos à presença outras cracas. Uma superfície não atrativa pode tornar-se atrativa quando molhada com um extrato de tecidos de cracas. A substância atrativa é uma proteína que pode ser detectada pela larva cípris como uma única camada molecular.

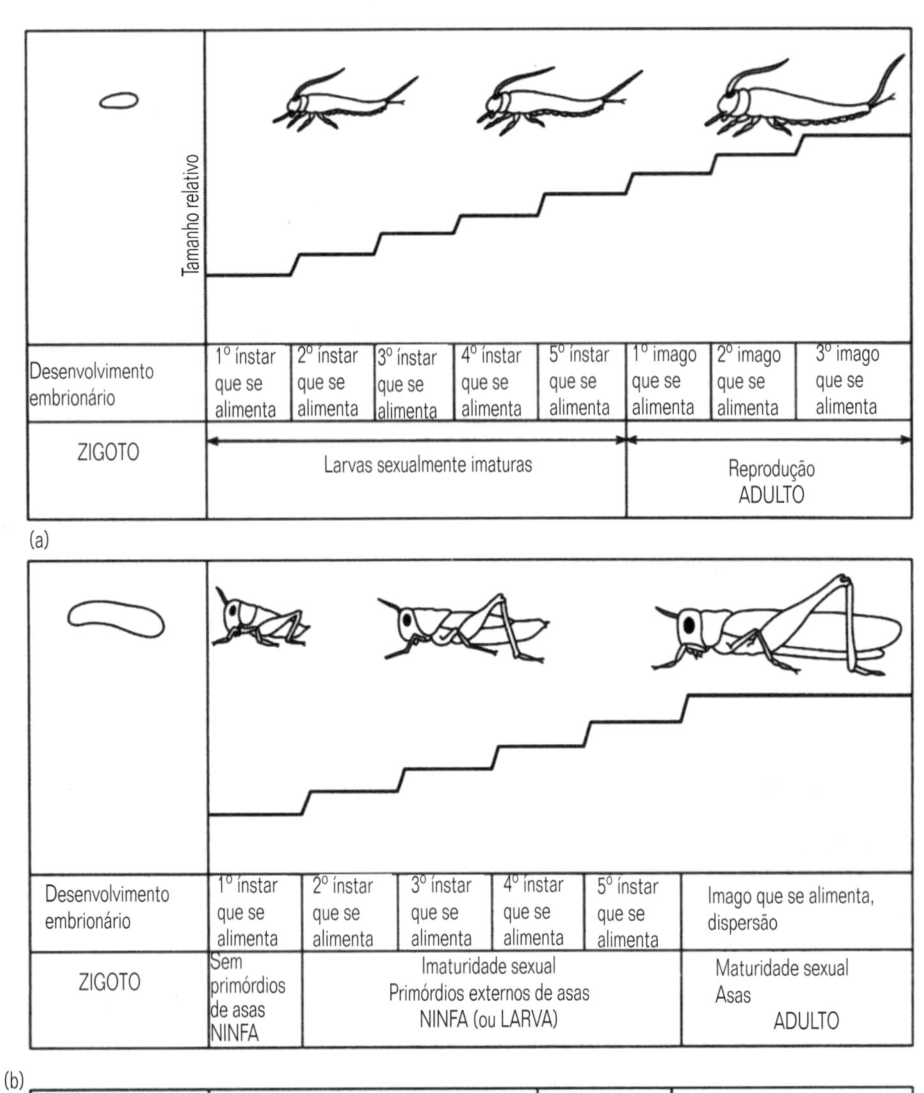

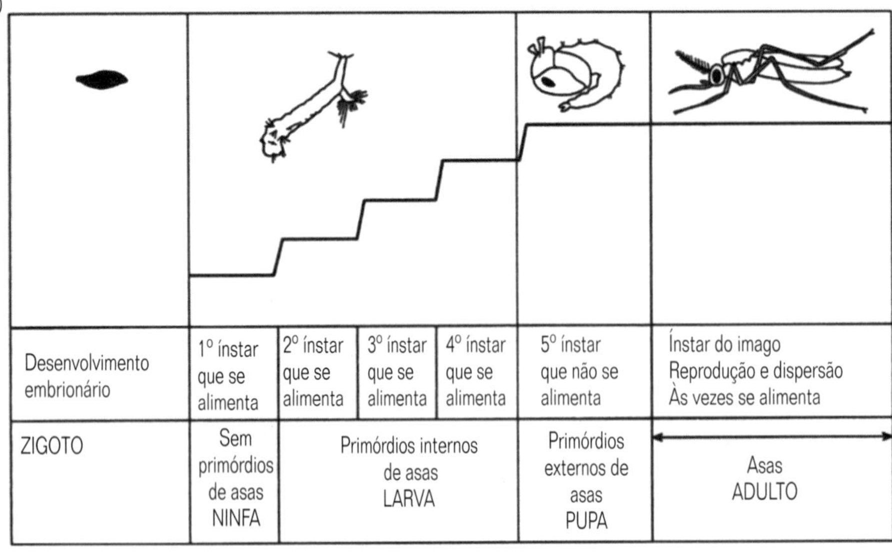

Fig. 15.25 Representação esquemática do crescimento e desenvolvimento em insetos. (a) Ametábolos: sem metamorfose. Neste exemplo, o crescimento continua depois que a condição reprodutiva foi alcançada. (b) Hemimetábolos: metamorfose incompleta ou parcial. Neste exemplo, as asas aparecem como almofadas alares externas desde o segundo estádio. Estão completamente formadas após a quinta e última muda. Um aumento no tamanho ocorre logo após cada muda. (c) Holometábolos: metamorfose completa. Neste exemplo, existem quatro estádios larvais, um estádio larval modificado ou de pupa e uma fase adulta. Note que o crescimento está restrito ao período após cada muda larval.

ovo. Nem todos os insetos exibem tal padrão precoce de formação dos segmentos, e segmentos são progressivamente adicionados de uma maneira mais parecida com a dos poliquetas e cordados. Estes insetos são conhecidos como tendo um 'curto desenvolvimento de bandas germinativas'. Já o padrão de expressão dos genes homeóticos, nestes insetos, está sendo estabelecido para mostrar como os mesmos genes estão envolvidos na formação de segmentos nos dois modelos.

Em diversas ordens de insetos, os pré-adultos chamados 'ninfas' ou, se aquáticos, 'náiades', possuem brotos externos de asas e a metamorfose não é extrema. Estes insetos, que incluem as libélulas e gafanhotos, às vezes são chamados de 'exopterigotos' e seu desenvolvimento é tido como hemimetábolo. No caso dos gafanhotos (ilustrados na Fig. 15.25b), as ninfas ocupam um nicho similar ao dos adultos e não existe uma grande reorganização durante a metamorfose do último estádio larval para o adulto alado. Quando os juvenis são aquáticos, pode haver uma modificação bastante marcante na morfologia associada à diferença de nichos entre adultos e juvenis. No entanto, a metamorfose não é tão dramática como naqueles insetos que possuem brotos internos de asas (os endopterigotos) e cujo desenvolvimento é holometábolo. Nestes, ocorre um estádio pupal transitório entre o estádio larval final e a fase adulta, como é mostrado nas Figuras 15.25c e 8.33. É melhor interpretar a pupa como um estádio larval terminal modificado. As larvas dos insetos holometábolos pertencem a uma série de tipos diferentes, como é ilustrado na Figura 15.26; freqüentemente são chamadas por nomes comuns de lagartas, larvas etc. Como é explicado no Capítulo 14 e na Figura 15.25c, as larvas são estádios alimentadores especializados e não-dispersivos, enquanto que os adultos são especializados para a dispersão e reprodução. A pupa é o estádio durante o qual a locomoção e a alimentação são suspensas, enquanto ocorre grande reorganização da estrutura do corpo.

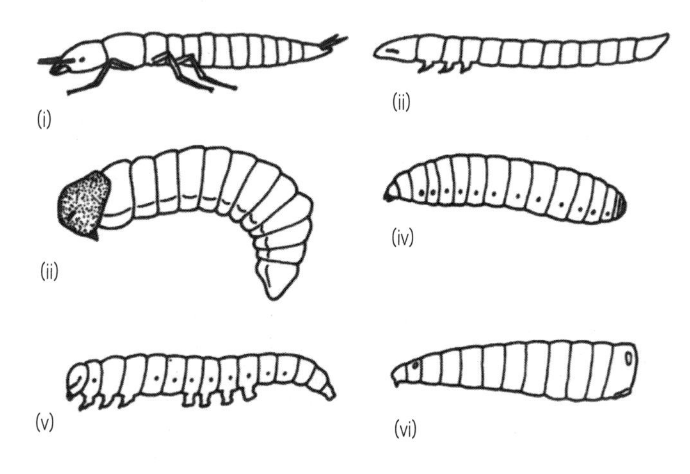

Fig. 15.26 Exemplos de tipos larvais holometábolos. (i) Larva de carabídeo – Coleoptera (besouros); (ii) larva de elaterídeo ou vaga-lume – Coleoptera; (iii) larva de curculionídeo ou gorgulho – Coleoptera; (iv) de abelha – Hymenoptera; (v) lagarta – Lepidoptera (borboleta); (vi) larva de mosca – Diptera. Em cada caso, a morfologia da larva é muito diferente daquela do adulto.

15.6 Regeneração

15.6.1 Introdução

Regeneração pode ser definida como a capacidade de substituir, por meio de crescimento compensatório e diferenciação, partes do corpo que são acidentalmente perdidas ou que são auto-tomizadas. A capacidade de regenerar partes do corpo que faltam, desta forma, é um aspecto proeminente da biologia de muitos invertebrados de corpo mole como, por exemplo, esponjas, cnidários, platelmintos, nemertinos, anelídeos e alguns equinodermos. Tais animais também exibem reprodução assexuada por fissão (veja o Capítulo 14) e os dois processos obviamente estão relacionados. Invertebrados com revestimentos externos duros como os dos grupos dos artrópodes, dos filos asquelmintos e dos moluscos têm pequenos poderes de regeneração e geralmente não se reproduzem assexuadamente por fissão. Nos artrópodes, a regeneração geralmente está restrita aos apêndices, o que ocorre durante o processo da muda.

A regeneração envolve uma série de processos similares àqueles que ocorrem durante o desenvolvimento normal. Incluem:

Proliferação de células indiferenciadas, como na blástula, e a construção de um blastema.

Formação de um padrão e a organização de células numa hierarquia espacial.

Diferenciação e expressão do padrão.

A regeneração, portanto, fornece um modelo conveniente para a investigação dos eventos que ocorrem durante o desenvolvimento. Em alguns animais, a regeneração também envolve desdiferenciação, que não é um aspecto do desenvolvimento normal.

Para que a regeneração ocorra, é essencial que o organismo responda à perda de componentes do corpo e a resposta precisa envolver tanto a proliferação de um blastema de um segmento como o desenvolvimento de um padrão apropriado nas células proliferadas por aquele blastema.

16.6.2 A origem do blastema de regeneração

Quando ocorre crescimento regenerativo, as novas células precisam ser derivadas de uma população-reserva de células totipotentes, previamente indiferenciadas ou que surgem por meio de desdiferenciação de células previamente diferenciadas. Surgiram consideráveis controvérsias a respeito de qual destas duas alternativas está realmente envolvida. Os Cnidaria têm particularmente bons poderes de regeneração e eles possuem um 'pool' de células intersticiais das quais as diferentes células, como os cnidoblastos, normalmente são derivadas e constantemente substituídas (Fig. 15.27).

Em Hydra, as células intersticiais (ou células I) formam um 'pool' de células de reserva móveis que, normalmente, se reúnem na ectoderme antes da reprodução assexuada por brotamento. Uma ferida provoca uma resposta similar e constitui um local competidor de atração para as células I, as quais formam

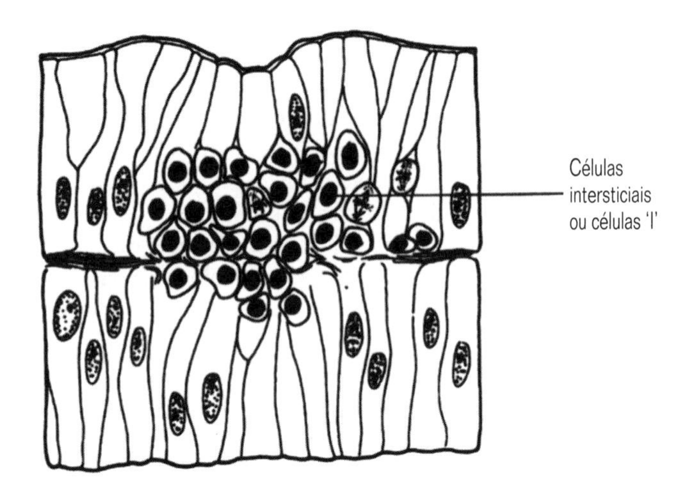

Fig. 15.27 Corte transversal de um cnidário mostrando células intersticiais e sua proliferação antes da regeneração.

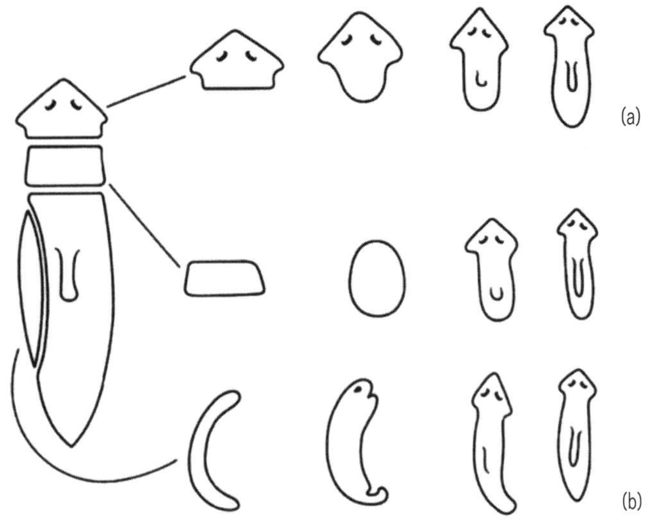

Fig. 15.28 Regeneração em platelmintos. (a) Transecção simples e regeneração subseqüente das partes posterior e anterior que faltam, respectivamente, pelos fragmentos anterior e posterior. (b) Mesmo pequenos fragmentos de fragmentos podem reconstituir um platelminto completo, sendo que o tecido original retém sua identidade regional.

o blastema de regeneração. Em Hydra, embora não em todos os cnidários, as células I continuam a proliferar durante toda a vida e, portanto, existe um suprimento constante dessas células para a regeneração. A idéia de que as células I constituem uma população auto-mantida de células de reserva, essenciais para a regeneração é, no entanto, uma super-simplificação. As células I podem ser destruídas por meios químicos sem a perda da capacidade regenerativa e fragmentos de Hydra, que normalmente não contêm células I são capazes de sofrer regeneração. Além disso, em meios adequados, células diferenciadas em explantes de tecidos de Hydra podem diferenciar-se em células intersticiais, multiplicar-se e depois são capazes de rediferenciar-se em células de um tipo diferente. A rota normal de diferenciação pode ser via população de células de reserva, mas esta não é a única rota.

Células de reserva indiferenciadas, chamadas 'neoblastos', também estão implicadas na fenomenal façanha regenerativa dos platelmintos de vida livre. Estes animais têm sido utilizados durante mais de cem anos como material favorável para o estudo da regeneração. Uma secção transversal de planária leva à reconstrução de dois platelmintos completos (Fig.15.28a) e, de maneira similar, pequenos fragmentos, incluindo aqueles seccionados sagitalmente, reconstituirão um verme completo (Fig. 15.28b). O primeiro estágio da regeneração é a formação de um blastema de cicatrização e sua subseqüente invasão por neoblastos. O papel destas células de reserva tem sido demonstrado por irradiação e por experimentos de transplantes. A irradiação com raios-X de 3000 rad pode impedir a proliferação de neoblastos, mas isso não mata o organismo. Tal animal irradiado não sofrerá regeneração; no entanto, se um fragmento de platelminto, que não foi irradiado, for implantado, a regeneração do hospedeiro pode ocorrer. Além disso, se as células do tecido implantado puderem ser identificadas, por exemplo, por uma coloração diferente, o fragmento regenerado apresenta a cor característica do tecido implantado (Fig. 15.29).

Células de reserva totipotentes não são universalmente envolvidas na regeneração e, de fato, um papel proeminente de tais células, como ocorre nas planárias, pode ser bastante incomum.

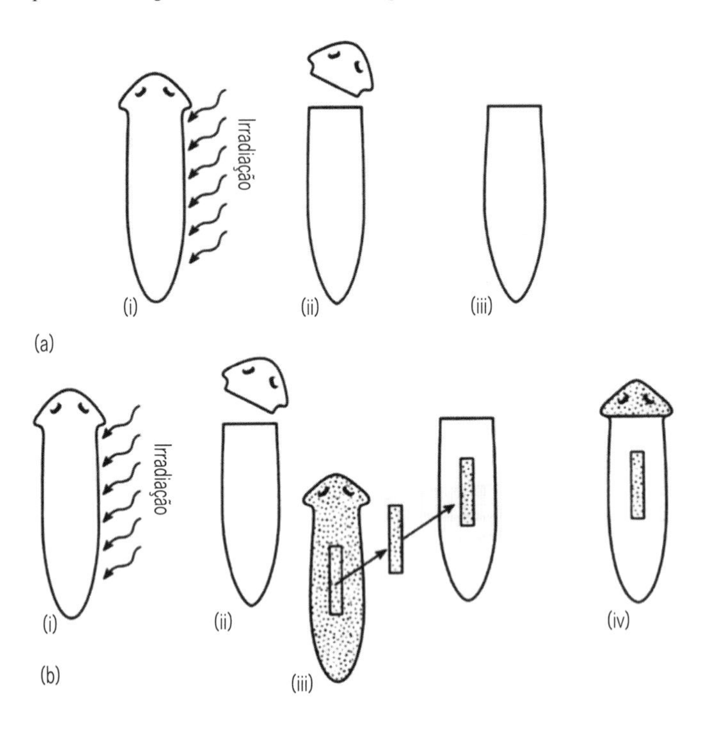

Fig. 15.29 Evidência do papel especial das células 'neoblásticas' na regeneração de planárias. (a) (i) Um espécime é irradiado com raios-X de alta energia; (ii) a parte anterior é removida; (iii) o fragmento posterior não se regenera. (b) (i) (ii) como em (a); (iii) um pequeno fragmento de um espécime geneticamente distinto é implantado na região mediana; (iv) agora a cabeça pode regenerar; ela apresenta o caráter genético do fragmento implantado.

Em anelídeos, a formação do blastema de regeneração não envolve uma população distinta de células de reserva totipotentes, mas, em vez disso, a desdiferenciação e a transferência de células diferenciadas, derivadas das camadas ectodérmica e mesodérmica. A perda de segmentos caudais, por exemplo, é seguida de cicatrização da ferida, envolvendo a migração de celomócitos até a superfície danificada e a reconstituição de zonas de crescimento que aparecem como bandas de células características, com núcleos esféricos e um nucléolo proeminente. Em poliquetas nereidídeos, a diferenciação dos primórdios dos segmentos requer a presença de um hormônio cerebral de crescimento e a formação dos componentes segmentares ectodérmicos (sacos setígeros e parapódios) ocorre próximo ao nervo ventral. É possível que exista uma influência indutiva na formação dos segmentos e um mecanismo para a regulação gênica na vizinhança do cordão nervoso ventral.

15.6.3 Regeneração e organização regional

Muitos invertebrados de corpo mole são capazes de reconstituir uma completa estrutura regionalmente organizada a partir de um fragmento muito pequeno do corpo (veja as Figs. 15.28 e 14.3a, b, que mostram a reprodução assexuada de um poliqueta a partir de fragmentos espontaneamente autotomizados).

O que todos estes exemplos têm em comum é a reconstituição de um padrão completo a partir de uma parte do padrão. Em cada caso, o fragmento retém sua polaridade original e o crescimento compensatório restabelece o fragmento em sua posição original no plano do corpo. Na Figura 15.26, um fragmento de cabeça de uma planária substitui a região caudal ausente e um fragmento caudal substitui a cabeça ausente. Cada área do corpo possui uma identidade regional dentro do todo e esta identidade regional é retida durante a regeneração. Em animais segmentares, a identidade regional é definida mais precisamente e cada segmento possui uma identidade numa hierarquia linear. Em embriões de insetos, existe um número definido de segmentos e, em cada segmento, desenvolver-se-ão estruturas específicas. O controle genético da identidade regional agora está começando a ser esclarecido com grandes detalhes no inseto Drosophila melanogaster e ele é discutido detalhadamente na Seção 15.4 acima. Existem genes que atuam num modo regional e que especificam identidades regionais com uma resolução abaixo daquela do segmento, delineando distintos limites subsegmentares na larva do inseto em desenvolvimento.

Os artrópodes não são capazes de substituir segmentos perdidos, porém muitos dos anelídeos, que também são animais segmentares, são capazes de fazê-lo. Em muitos (talvez em todos) anelídeos, cada segmento é peculiar e também forma parte de um todo integrado e único. Uma maneira pela qual isto é expresso é o número de segmentos que, na maioria dos anelídeos, é fixo. Em poliquetas da família Nereididae, a regeneração caudal requer a presença de um hormônio cerebral, porém isto parece ser uma adaptação secundária relacionada à reprodução estritamente semélpara destes animais (veja as Seções 14.3 e 14.4). Apesar disso, a taxa de proliferação de segmentos ainda está sujeita a um controle posicional (Quadro 15.12). O antigo e bem assentado papel dos genes Hox na organização da identidade regional em animais Bilateria abre o caminho para uma reinterpretação desta informação mais antiga através de um estudo da expressão dos genes Hox nos anelídeoas e em outros grupos. Podemos esperar grandes avanços na nossa compreensão da evolução de formas do corpo através de estudos dos processos do desenvolvimento.

15.6.4 Regeneração, crescimento e reprodução

A regeneração apresenta uma demanda de recursos de um organismo e é possível associar com ela uma maior alocação de recursos para funções somáticas e uma conseqüente redução para processos de reprodução sexuada. Existe, então, um conflito potencial entre regeneração e reprodução sexuada e espera-se que existam mecanismos reguladores que controlam efetivamente este antagonismo entre os dois processos. Particularmente, organismos semélparos empenhados na formação de tecidos reprodutivos não deveriam derivar recursos para o crescimento regenerativo a menos que exista algum aumento compensatório na sobrevivência, na fecundidade, ou na sobrevivência da prole.

Um mecanismo desse tipo é encontrado nos vermes nereidídeos semélparos os quais são, como foi mostrado acima, capazes de apresentar crescimento regenerativo compensatório após a perda de segmentos posteriores. Quando esses vermes se aproximam da maturidade, os recursos estão irrevogavelmente comprometidos com a reprodução e eles não sobreviverão ao único episódio reprodutivo. Nestas circunstâncias, os segmentos regenerados durante os estágios finais da reprodução teriam pouco valor. Um mecanismo endócrino assegura que a regeneração não ocorra durante este estágio do ciclo de vida. Durante a maturação sexual, a secreção do hormônio cerebral é gradualmente reduzida e a diminuição no nível do hormônio circulante permite que os estágios finais da maturação dos gametócitos (veja a Seção 14.4) sejam completados. Ao mesmo tempo, a redução nos níveis do hormônio inicia modificações somáticas associadas à reprodução. O mesmo hormônio é essencial para a regeneração caudal, e vermes nereidídeos sexualmente maduros não são capazes de substituir segmentos caudais perdidos. Os vermes poliquetas que se reproduzem sucessivamente durante vários anos não apresentam este mecanismo endócrino. O crescimento regenerativo ocorre mesmo em espécimes maduros e, de fato, o valor reprodutivo de segmentos regenerados permanece elevado uma vez que pode contribuir para o rendimento reprodutivo em anos subseqüentes.

15.7 Conclusão: desenvolvimento dos invertebrados e o programa genético

O estudo experimental do desenvolvimento de invertebrados pode ser seguido até o fim do século dezenove. Ele desenvolveu-se, portanto, paralelamente ao estudo da genética, à descoberta da base molecular da hereditariedade celular e ao campo da biologia molecular em rápido desenvolvimento. Um desafio extraordinário para o futuro é a unificação destas disciplinas, e os invertebrados fornecem uma riqueza de sistemas de modelos convenientes. Tem sido feito um considerável progresso e grande parte do material apresentado neste capítulo agora pode ser reavaliado do ponto de vista da biologia molecular.

As moléculas mensageiras da célula animal são as seqüências de RNAm decodificadas de seqüências de DNA do núcleo. Nas primeiras seções deste capítulo, aprendemos que as seqüências de DNA do zigoto são, em quase todos os animais, transferidas inteiras às células-filhas durante o início da clivagem.

Quadro 15.12 Informação posicional e regeneração caudal em anelídeos

1 *Número de segmentos*. Os anelídeos são compostos pelas seguintes regiões do corpo (veja também a Fig. 4.51):

(a) Um prostômio.

(b) Um número específico de segmentos.

(c) Um pigídio pós-segmentar.

Em alguns poliquetas e nas sanguessugas, o número de segmentos é bastante pequeno, por exemplo,
Clymenella torquata - 22 segmentos.
Ophryotrocha puerilis - 25 segmentos.
Em outros, o número é muito mais elevado, mas, nem por isso, o número de segmentos pode ser um caráter espécie-específico.

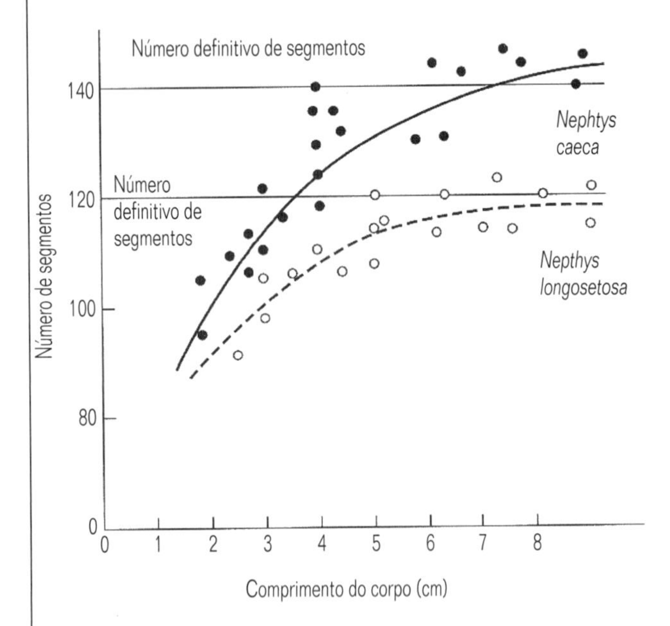

Relações entre o número de segmentos e o comprimento do corpo em duas espécies próximas de Nephtys.

Em animais jovens, a taxa de proliferação de segmentos é alta, porém em animais mais velhos, o crescimento é principalmente devido ao aumento dos segmentos. A elevada taxa de produção de segmentos, característica de vermes jovens é restaurada pela amputação de segmentos caudais. Após a amputação de segmentos e cicatrização da ferida, estabelece-se uma nova zona de proliferação de segmentos. Em Nereis, a taxa de proliferação de segmentos é diretamente proporcional ao número de segmentos removidos (segundo Golding, 1967).

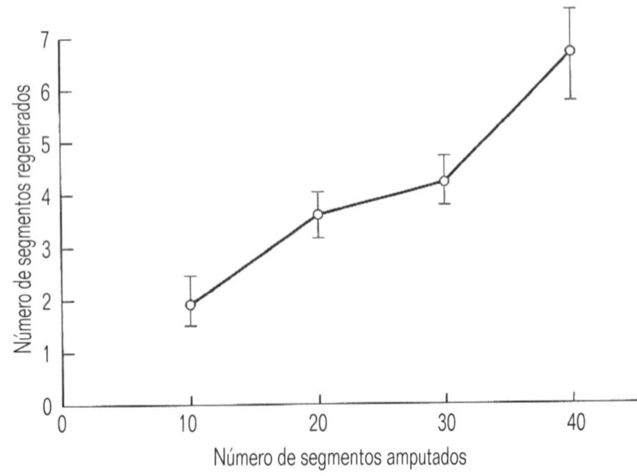

2 *Identidade dos segmentos*. Cada segmento do corpo dos anelídeos comporta-se como se fosse parte do todo integrado. Em todos os anelídeos, cada segmento apresenta sua própria estrutura e identidade particular. Isto é particularmente óbvio no verme tubícola Chaetopterus variopedatus, ilustrado na Fig. 9.4a. Um único segmento deste verme aparentemente complexo é capaz de regenerar segmentos anteriores e posteriores para formar novamente um verme inteiro.

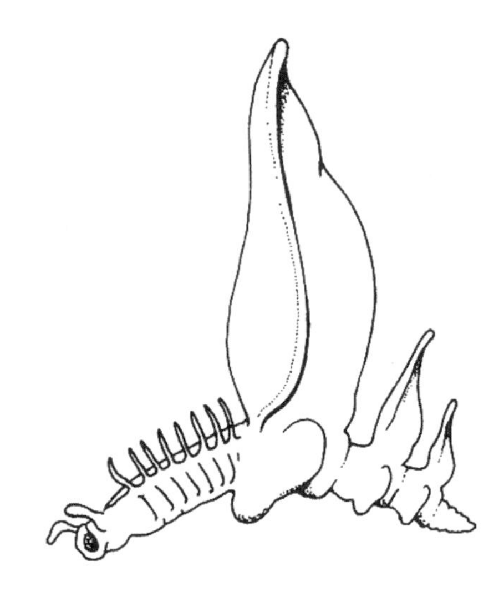

Um estágio na regeneração de um verme completo a partir de um segmento do leque, isolado de Chaetopterus variopedatus.

A identidade regional específica de cada segmento também é evidente durante a regeneração de fragmentos do verme Clymenella torquata que possui exatamente 22 segmentos quando adulto.

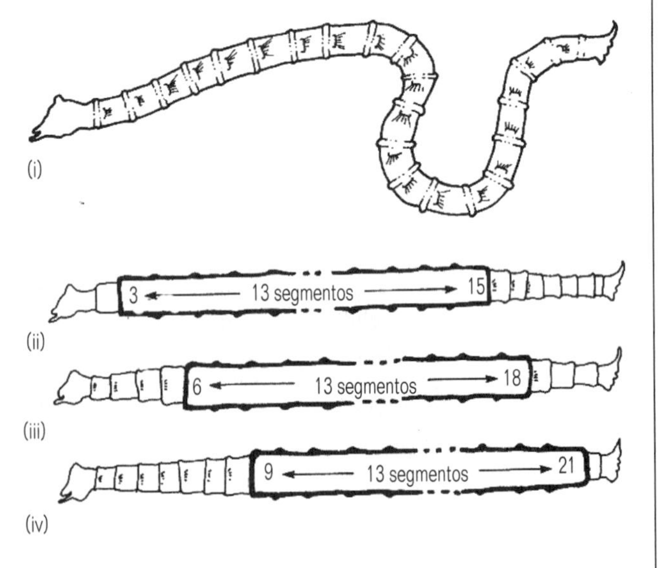

(i) O verme intacto. A regeneração compensatória de fragmentos ne Clymenella, cada um com 13 segmentos, mas retirados de diferentes regiões do corpo.

(ii) Segmentos 3-15.

(iii) Segmentos 6-18.

(iv) Segmentos 9-21.

Note que, em cada caso, os segmentos são restabelecidos em sua posição original na hierarquia.

Quadro 15.12 *(continuação)*

3 *Morfalaxe*. Em alguns poliquetas, a perda de segmentos cefálicos provoca um rearranjo morfológico dos segmentos remanescentes – um processo às vezes chamado de morfalaxe. É como se os segmentos tivessem redefinido sua posição numa hierarquia organizada.

Este fenômeno, observado no verme tubícola, por exemplo, Sabella, está ilustrado abaixo. Os vermes tubícolas podem perder sua coroa de tentáculos usados na alimentação devido à predação por parte de peixes, e estes tentáculos podem ser substituídos.

Sabella possui um prostômio com uma complexa coroa de tentáculos, um peristômio, um número fixo de segmentos torácicos com um arranjo distinto dos parapódios, e um grande número de segmentos abdominais similares (i). Não mais do que três segmentos anteriores são regenerados. Se forem perdidos mais do que três, os segmentos posteriores perdem suas cerdas e são transformados em segmentos torácicos (ii-iv).

(i) Sabella intacta.

(ii) Perda do prostômio, do peristômio e de todos os segmentos torácicos.

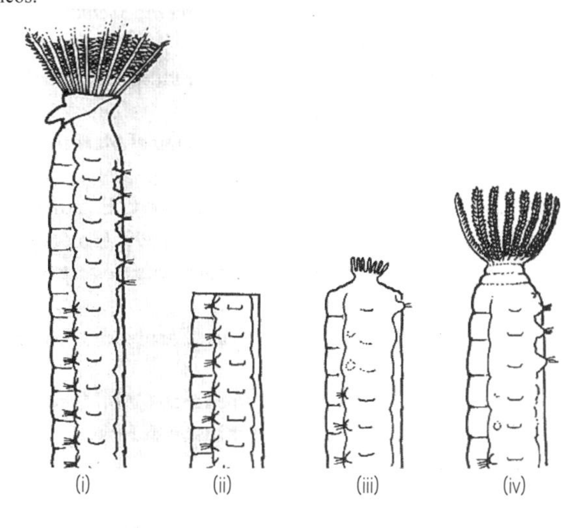

(iii) Estágios iniciais da regeneração e morfalaxe.

(iv) Regeneração mostrando a coroa de tentáculos, o peristômio e um segmento torácico sendo formados. O número apropriado de segmentos abdominais é transformado em segmentos torácicos. Desta maneira, os tentáculos capturadores de alimento são substituídos mais rapidamente, mas também está claro que cada segmento apresenta sua estrutura característica devido à sua posição num gradiente ântero-posterior.

4 *Um modelo de regeneração*. Muitas observações são compatíveis com o seguinte modelo simples:

(A) O prostômio possui valor posicional 0.

(B) O pigídio possui um valor posicional igual a 1+ o número típico de segmentos da espécie.

(C) O blastema segmentar existe na face anterior do pigídio.

(D) A taxa de proliferação de segmentos é uma função da diferença entre o valor do último segmento e daquele do pigídio, sendo igual a zero quando aquele valor é unitário.

(E) A proliferação de segmentos continua até que a diferença entre o valor posicional do segmento mais velho e do pigídio for igual a uma unidade.

(F) A perda de segmentos caudais resulta na re-formação do pigídio com seu valor posicional especificamente alto. Este modelo está ilustrado para o poliqueta Ophryotrocha. Ele é aplicável ao crescimento embrionário normal (a) e ao crescimento regenerativo (b).

O experimento ilustrado em (c) sugere que o cordão nervoso é portador da informação posicional. O desvio do cordão nervoso (digamos, no segmento 9) provoca a formação de um pigídio adicional. Esta cauda supranumerária agora proliferará segmentos de acordo com as regras acima.

Vermes similares, com duas caudas, ocasionalmente são encontrados na natureza e também podem ser produzidos por enxertos de fragmentos de dois vermes. Em cada caso, a taxa de proliferação de cada pigídio segue as regras do crescimento normal e é proporcional à diferença entre o valor posicional do último segmento e daquele do blastema.

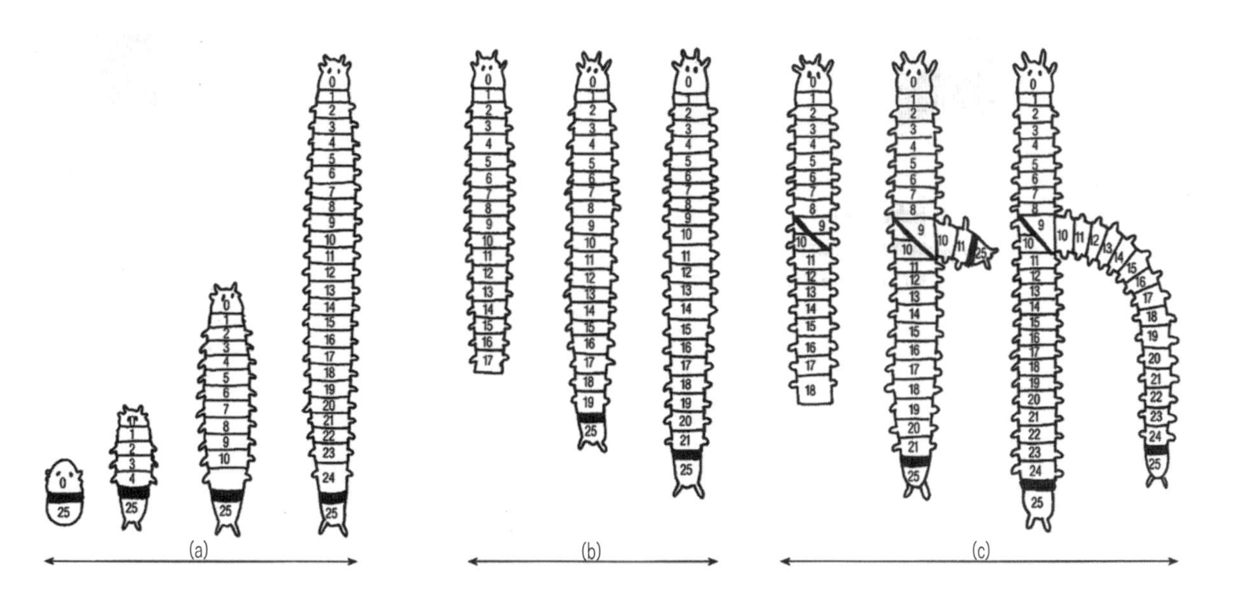

(a) Crescimento normal de Ophryotrocha. O prostômio possui valor 0. O pigídio apresenta valor 25. O crescimento estabelece uma seqüência de segmentos por meio de intercalação. (b) Crescimento regenerativo em Ophryotrocha. Após a ablação caudal, existe uma descontinuidade entre o último segmento e o pigídio reconstruído. (c) Indução de um pigídio supranumerário por meio de interferência cirúrgica no cordão nervoso ventral. (Segundo Pfannenstiel, 1984.)

Estas moléculas de RNAm podem ser investiga das pelas técnicas da moderna biologia molecular. Durante a oogênese (veja o Capítulo 4), as moléculas de RNAm materno são armazenadas no citoplasma do oócito. Estas moléculas de RNAm inativado são liberadas da inibição pela fecundação e elas fornecem o material para o início da síntese protéica. É até mesmo mais importante que isto leva à construção de proteínas reguladoras que, por sua vez, controlam outros processos de transcrição gênica.

Finalmente, o genoma do núcleo do zigoto torna-se a fonte de informação genética. No entanto, o papel crucial do citoplasma do oócito permanece no centro de diferenciação e na criação de ordem. Vimos, em ampla gama de invertebrados, que a função do núcleo de uma célula e as mensagens que são, finalmente, transcritas ou traduzidas, são determinadas por sua história no embrião.

Às vezes, substâncias específicas do citoplasma parecem fazer operar padrões específicos de produção de enzimas (veja o desenvolvimento do tunicado Styela, por exemplo). Em outros exemplos, os contatos entre células parecem trazer à tona respostas funcionais. A evidência destas interações foi apresentada, por exemplo, em experimentos com embriões de moluscos e de ouriços-do-mar. Alguns dos desenvolvimentos mais excitantes ocorreram em estudos de embriões de insetos, especialmente naqueles da mosca-das-frutas Drosophila melanogaster, na qual uma riqueza de informações genéticas pode ser combinada com um modelo experimental conveniente. É certo que os embriões de invertebrados continuarão a fornecer alguns dos melhores materiais para a elucidação das complexidades do desenvolvimento animal.

15.8 Leitura adicional

Berril, N.J. 1971. Developmental Biology, McGraw-Hill, New York.

Brookbank, J.W. 1978. Developmental Biology: Embryos, Plants and Regeneration. Harper & Row, New York.

Browder, L.W. 1984. Developmental Biology, 2nd edn. Saunders, New York.

Carroll, S., Grenier, J. & Weatherbee, S. 2001. From DNA to Diversity. Blackwell Science, Oxford.

Davidson, E.H. 1968. Gene Action in Early Development. Academic Press, New York.

Epel, D. 1977. The program of fertilisation. Sci. Am., 237, 129-138.

Gerhart, J. & Kirschner, M. 1997. Cells, Embryos, and Evolution. Blackwell Science, Oxford.

Gehring, W.J. 1985. The molecular basis of development. Sci. Am., 253, 137-146.

Gilbert F.S. 1990. Developmental Biology, 3rd edn. Sinauer Associates, Massachusetts.

Gilbert F.S. 1997. Developmental Biology, 5th edn. Sinauer Associates, Massachusetts.

Ingham, P.W. 1988. The molecular genetics of embryonic pattern formation in Drosophila. Nature, 335, 25-34.

Nishida, H. & Sawada, K. 2001. Macho-1 encodes a localised mRNA in ascidian eggs that specifies muscle cell fate during embryogenesis. Nature 409, 724-729.

Nusslein-Volhard, C. 1991. Determination of the embryonic axes of Drosophila. Development, Supplement, 1, 1-10.

Oppenheimer, S.B. 1980. Introduction to Embryonic Development. Allyn & Bacon, New York.

Reverberi, G. 1971. Experimental Embryology of Marine and Freshwater Invertebrates. Amsterdam.

Rosa de, R., Grenier, J .K., Andreva, T., Cook, C.E., Adoutte, A., Akami, M., Carrol, S.B. & Balavoine, G. 1999. Hox genes in brachiopods and priapulids and protostome evolution. Nature, 399, 772-776.

Slack, J.M.W. 1983. From Egg to Embryo. Cambridge University Press, Cambridge.

Steams, L.W. 1974. Sea Urchin Development: Cellular and Molecular Aspects. Dowden, Hutchinson & Ross, Pennsylvania.

Whittaker, J.R. 1987. Cell lineages and determination of cell fate in development. Am. Zool., 27, 607-622.

CAPÍTULO 16

Sistemas de Controle

A maioria dos capítulos anteriores, dessa parte do livro, concentrou-se num único sistema funcional – alimentação, locomoção, respiração e similares – embora seja fundamental à nossa tese central que a seleção não age isoladamente nos atributos individuais, mas no organismo como um todo. Todos os genes presentes nos indivíduos podem ter sucesso ou falhar conjuntamente. Neste capítulo, consideraremos os sistemas que são importantes no controle destas diversas funções e que contribuem grandemente para a integridade da vida do organismo.

Os sistemas sensoriais estão adaptados para a obtenção de informações através das quais os animais monitoram as alterações em seus meios interno e externo. O sistema nervoso provê o meio de comunicação no interior do corpo e é responsável pela integração das informações sensoriais e pelo reconhecimento das características significantes. Ele também desempenha as funções mais elevadas de controle – início da atividade espontânea, geração de padrões comportamentais apropriados para uma dada espécie e modificação das respostas à estimulação face à experiência prévia. Finalmente, os sinais neuronais e endócrinos regulam as funções da musculatura e de outros efetores.

A etologia – o estudo científico do comportamento animal – provê um ponto valioso e unificador para a pesquisa neurobiológica, mesmo quando essa está diretamente relacionada a fenômenos celulares ou moleculares. Tal perspectiva atua contra o empobrecimento que resulta quando 'o animal como um todo é tratado essencialmente como se fosse uma preparação neuromuscular' (Pantin). Por outro lado, observações que se restringem ao comportamento do animal como um todo podem ser comparadas ao estudo de uma 'caixa preta; como uma calculadora ou um computador. Na verdade, muito pode ser aptrendido sobre as propriedades do aparato, observando-o em operação e comparando suas entradas e saídas etc. Entretanto, a neurobiologia amplia esse estudo, pois 'abre a caixa' para estudar sua estrutura interna e as propriedades dos diversos componentes, e a ciência da neuroetologia investiga os mecanismos pelos quais estes componentes geram e controlam suas funções.

Devido ao fato de muitos sistemas nervosos dos invertebrados, bem como de seus componentes, serem suscetíveis à investigação, eles têm fornecido valiosos 'modelos' para a pesquisa básica e sua utilização tem levado a muitos dos mais dramáticos avanços da neurobiologia. Dentro desse contexto, sobressai-se o axônio gigante ou a fibra nervosa da lula Loligo, mas os grandes neurônios com corpos celulares de até 1 mm de diâmetro são comuns em moluscos e é praticamente rotineiro aos neurobiologistas inserirem até quatro eletrodos numa única célula com o propósito de registrarem, injetarem corrente etc.

A variação de complexidade apresentada pelos sistemas nervosos (p. ex., aqueles de Hydra e Octopus) é maior do que a de qualquer outra categoria de sistemas com as quais fomos aquinhoados. A descrição exaustiva da estrutura de alguns dos sistemas de modelos mais simples, e das relações funcionais de seus componentes, está tornando-se rapidamente uma realidade, enquanto que, para os vertebrados, tal conhecimento permanece apenas como um sonho distante. Os exemplos incluem todo o sistema nervoso do nematódeo Caenorhabditis elegans e os gânglios periféricos, cardíaco e estomatogástrico, de crustáceos.

Os sistemas nervosos de invertebrados são tipicamente altamente estereotipados quanto à organização. Muitos neurônios individuais podem ser identificados de espécime para espécime e sua estrutura, fisiologia e papel podem ser investigados. Na verdade, seus homólogos podem, em alguns casos, ser reconhecidos ao longo de limites taxonômicos bastante grandes, por exemplo, em gafanhotos, mariposas e moscas. A disponibilidade de neurônios identificados representa um importante atrativo na escolha de preparações de invertebrados em estudos das bases neuronais do comportamento. De fato, o sucesso desse trabalho agora está causando um problema real devido à multiplicidade de células descritas e às diferentes formas pelas quais são classificadas.

A mosca-das-frutas Drosophila é singular quanto à sua contribuição ao estudo da genética, da função neuronal e do comportamento. Tipicamente, os inúmeros mutantes que foram produzidos, foram primeiramente identificados por seus defeitos comportamentais, mas depois forneceram material com o qual as bases morfológica, bioquímica e genética do comportamento podem ser investigadas. Por exemplo, o mutante 'shaker' já é conhecido há mais de 40 anos e o código genético de seus canais de K^+ defeituosos somente foi decifrado recentemente. Caenorhabditis também tem sido intensamente usado para este propósito. Esse gênero tem seis cromossomos (moscas têm quatro) e somente 3000-5000 genes. Mutantes podem ser mantidos em meios nutritivos, mesmo quando são severamente defeituosos (p. ex., paralisados), sendo sua reprodução ainda possível porque um dos sexos é um hermafrodita autofecundável. De acordo com uma contagem feita em 1984, são conhecidos 228 mutantes que afetam 14 genes, levando-se em conta somente aqueles que tornam o animal insensível ao tato. No futuro, os sistemas dos *invertebrados podem, até mesmo, ser de valor como modelos para o estudo de doenças neurológicas – por exemplo, quando a engenharia genética praticada em Drosophila produz a proteína aberrante associada à moléstia de Huntingdon, observa-se uma rápida degeneração das células fotorreceptoras.*

Embora os sistemas de modelos tenham facilitado enormemente o progresso em inúmeras áreas de pesquisa,fornecem apenas um entendimento fragmentário do reino animal e podem ser errôneos se as generalizações baseadas em seus estudos forem aplicadas amplamente demais. Os estudos efetuados com uma grande diversidade de organismos previnem tais perigos e provêem uma abordagem comparativa real com a possibilidade de fornecerem evidências quanto às origens evolutivas dos mecanismos neurais.

16.1 Potenciais

16.1.1 Membranas

De acordo com o modelo do mosaico fluido, a membrana plasmática da célula consiste grandemente de uma bicamada de moléculas de lipídios cujos pólos hidrofílicos se estendem para fora. Geralmente a membrana está separada de sua vizinha por um espaço intercelular elétron-lucente de aproximadamente 20 nm. A bicamada constitui uma importante barreira à difusão de íons etc. Aprofundadas em seu interior estão moléculas de proteína e de glicoproteína, muitas das quais a atravessam completamente. Estas proteínas estão, portanto, bem localizadas para atuarem como 'canais' e 'bombas' pelos quais íons podem atravessar a membrana. Alguns componentes estão ancorados em determinadas posições em regiões especializadas da superfície da célula, as quais são diferenciadas para a recepção de estímulos, transmissão nervosa etc, mas muitas proteínas flutuam livremente na membrana.

As concentrações de íons no interior do citoplasma e do fluido intercelular são afetadas, respectivamente, por movimentos passivos como a difusão e pelo processo de transporte ativo. As membranas das fibras nervosas possuem uma 'bomba de sódio' responsável por uma transferência líquida (efluxo) de íons Na^+ para fora e pela entrada de K^+. Este movimento ocorre contra o gradiente eletroquímico (veja abaixo) e depende de energia metabólica. A bomba consiste de uma enzima conhecida como Na^+ -K^+ -ATPase ativada, assim chamada devido à sua capacidade de catalisar a quebra do ATP e, portanto, controlar a sua energia.

16.1.2 Potenciais

Em primeiro lugar entre a gama de técnicas atualmente usadas no estudo do sistema nervoso estão aquelas que envolvem eletrodos intracelulares e osciloscópios, que permitem o registro de diferenças de potencial elétrico. Um desenvolvimento recente é a técnica de 'patch-clamp', pela qual um diminuto fragmento da membrana da célula pode ser ligado ao orifício de um microeletrodo, permitindo o estudo da função de canais individuais da membrana.

A presença de diferenças de potencial elétrico através da membrana plasmática, uma característica geral de células vivas, decorre da distribuição desigual de íons e da permeabilidade diferencial da membrana. Geralmente, os íons Na^+ e K^+ são os mais importantes. Na maioria das células inativas, a membrana é principalmente permeável aos íons K^+, que estão concentrados no interior da célula. Sua difusão através da membrana levará a um aumento de cargas positivas no exterior da célula e de cargas negativas no interior. Este potencial de repouso através da membrana irá impedir o efluxo subseqüente de K^+ e o sistema entrará num equilíbrio eletroquímico. Este mecanismo pode ser facilmente demonstrado quando se modifica o nível de íons K^+ no meio externo, observando-se o seu efeito. Por outro lado, também foi mostrado ser factível a retirada do citoplasma do axônio da lula (Quadro 16.1) e sua substituição por uma salina-teste. O desequilíbrio natural das concentrações de íons K^+ pode, assim, ser invertido e a preparação perfaz, de acordo com a hipótese, uma reversão de polaridade de seu potencial de repouso!

Durante a atividade nervosa, geralmente é o Na^+, presente principalmente fora da célula, o íon permeante – o interior da membrana torna-se, agora, carregado positivamente no ponto de equilíbrio. Além dos efeitos sobre o potencial de membrana, devido a influências de estímulos externos (veja abaixo), as alterações no potencial de membrana podem ocorrer espontaneamente devido à operação de canais especiais através dos quais íons Ca^{2+} fluem para o interior da célula. Essas simples modificações da permeabilidade da membrana constituem a base da sinalização que ocorre no sistema nervoso.

16.1.3 Transdução

As células sensoriais e os neurônios recebem uma diversidade de sinais que envolvem formas diferentes de energia e que precisam ser transformadas numa 'unidade comum' para que possam interagir. Energia elétrica na forma de alterações nas diferenças de potencial ao longo das membranas celulares constitui essa unidade e o processo de conversão é chamado de 'transdução'.

Até o momento, conhecem-se dois mecanismos principais de transdução, sendo que ambos envolvem moléculas receptoras aprofundadas na membrana plasmática (Fig. 16.1). Os estímulos mecânicos que atingem as células receptor as alteram a permeabilidade dos canais iônicos formados por tais moléculas, levando a modificações no potencial de membrana. Alguns aspectos do sentido da gustação e da ação dos 'rápidos' neurotransmissores (Seção 16.2.3) possuem uma base semelhante.

Por outro lado, alguns estímulos olfativos e gustativos e muitos hormônios ativam moléculas receptoras cujos efeitos sobre o potencial de membrana são mediados por proteínas-G e por segundos mensageiros intracelulares (Fig. 16.1). O segundo estágio neste processo envolve amplificação do sinal, embora o 'ganho' possa ser modesto (no olho de Limulus, cerca de oito moléculas de proteína-G são ativadas por molécula do receptor, a rodopsina, contrastando com as centenas nos bastonetes dos vertebrados). Na maioria das células fotorreceptoras dos invertebrados investigados (Limulus, lula, moscas), a identidade do segundo mensageiro tem sido atribuída ao $InsP_3$ (trifosfato de inositol), embora os detalhes de sua ação permaneçam controvertidos. Os segundos mensageiros AMPc (monofosfato cíclico de adenosina) e o ácido aracdônico estão envolvidos nos mecanismos celulares que fundamentam a aprendizagem em Aplysia (Quadro 16.2). Os processos de transdução mediados por proteínas-G são notavelmente homogêneos através do Reino Animal, como foi mostrado pela capacidade da rodopsina ativada de moluscos desencadear a cascata bioquímica envolvida na visão dos vertebrados.

Quadro 16.1 Sistema de fibras gigantes da lula, Loligo

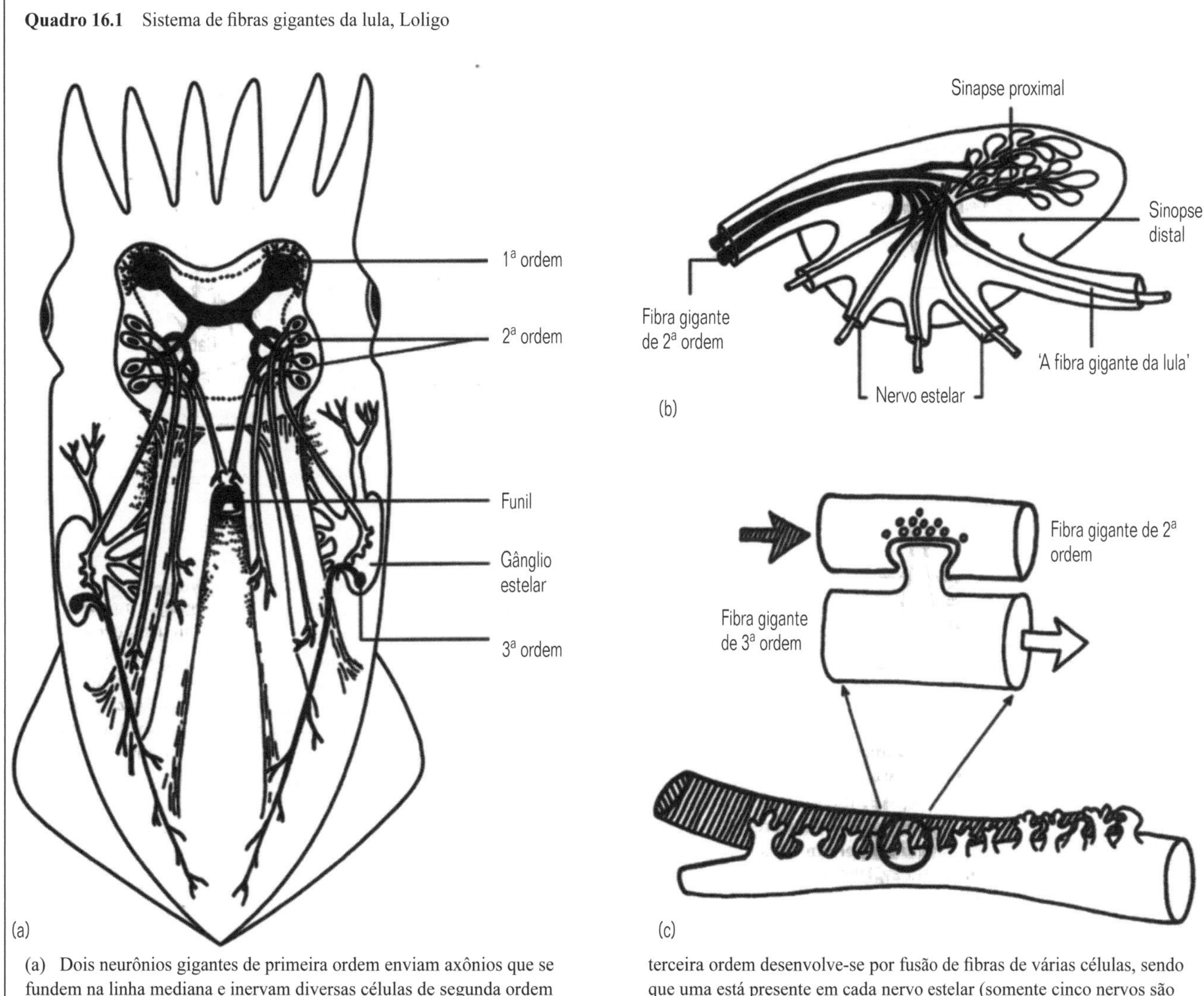

(a) Dois neurônios gigantes de primeira ordem enviam axônios que se fundem na linha mediana e inervam diversas células de segunda ordem situadas na parte posterior do cérebro. A maioria destas células é de motoneurônios que controlam diretamente os músculos da cabeça e do funil, entretanto, dois deles possuem axônios que se estendem até ao gânglio estelar, onde fazem sinapse com fibras gigantes de terceira ordem. (Segundo Young, 1939.)

(b) Gânglio estelar. Cada neurônio gigante de segunda ordem forma sinapses 'distais' com fibras de terceira ordem e outra fibra gigante também forma uma junção 'proximal' com essas últimas. Cada fibra de terceira ordem desenvolve-se por fusão de fibras de várias células, sendo que uma está presente em cada nervo estelar (somente cinco nervos são mostrados). A fibra mais posterior e maior é a fibra gigante explorada com grande sucesso por neurocientistas.

(c) Os contatos sinápticos formados por fibras gigantes de segunda e de terceira ordens. O acoplamento fisiológico entre os dois elementos é mediado por uma multiplicidade de junções, sendo que em cada uma delas o processo pós-sináptico penetra no neurônio pré-sináptico. As setas mostram a direção dos impulsos.

16.1.4 Condução de potenciais graduados

A principal função dos elementos nervosos é sua capacidade de levar informações de um ponto do corpo para outro – uma função alcançada através da condução de alterações do potencial de membrana. Como a fibra nervosa tem as propriedades de um cabo elétrico, as alterações locais de potencial irão se propagar ao longo dela. Tal condução é chamada 'propagação eletrotônica' ou 'passiva' e as alterações de potencial envolvidas são tanto graduadas como decrementais. Sua amplitude depende do nível do potencial inicial e o efeito irá desaparecer gradualmente à medida que a corrente flui através da membrana – é reduzida à metade durante a condução em um axônio de célula fotorreceptora do olho da mosca. Uma analogia seria a do efeito de se arremessar uma pedra num lago. O tamanho das ondas depende do tamanho da pedra e da distância da fonte. Muitas células nervosas – 'neurônios que não produzem potenciais de ação' (veja abaixo) – parecem funcionar inteiramente desta maneira e todos os neurônios possuem regiões que funcionam assim.

16.1.5 Potenciais de ação

Na maioria dos casos, a despolarização parcial de um axônio desencadeia uma rápida alteração que envolve a perda e a reversão da diferença de potencial (Fig. 16.2). Este potencial de ação apresenta um efeito limiar, uma vez que é iniciado somente quan-

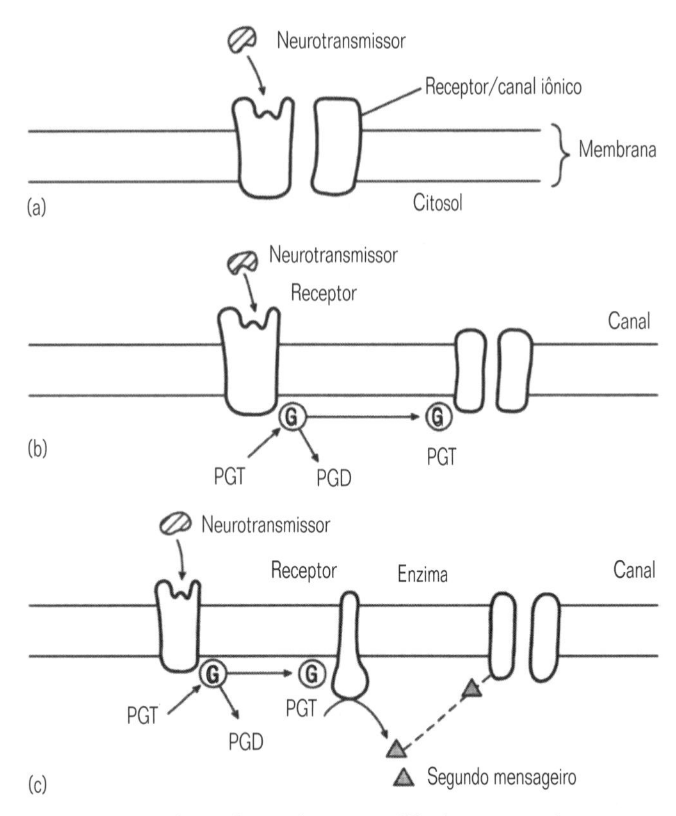

Fig. 16.1 Mecanismos de transdução exemplificados por ações de neurotransmissores: (a) o estímulo que atinge um receptor tem um efeito direto sobre os canais iônicos; (b) o estímulo ativa o receptor que influencia canais iônicos através da mediação de uma proteína-G; (c) a ação da proteína-G, por sua vez, é mediada por um 'segundo mensageiro' intracelular. (Segundo Aidley, 1998.)

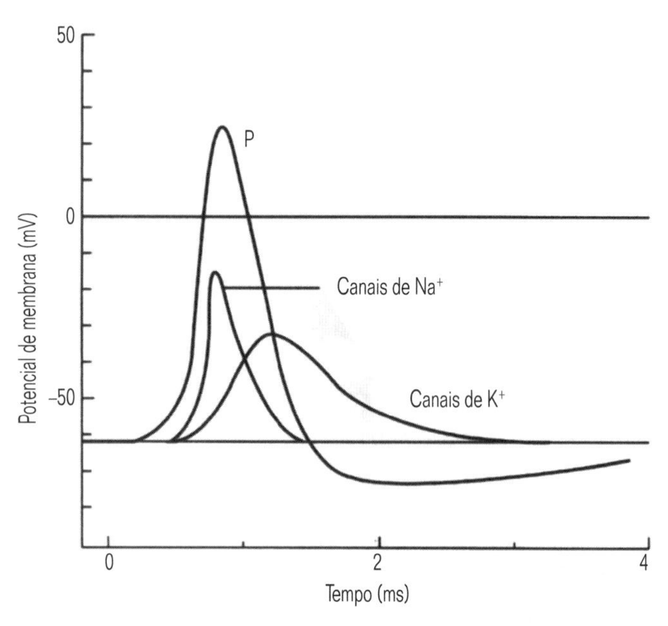

Fig. 16.2 Potencial de ação em axônio de lula. O gráfico mostra alterações no potencial de membrana ocorrendo em qualquer ponto ao longo do tempo e as modificações no número de canais de Na^+ e K^+. Os canais são seletivos a íons e dependentes de voltagem. Os canais de Na^+, presumivelmente, modificam sua forma quando despolarizados, abrindo 'comportas' através das quais íons Na^+ entram no axônio. A abertura dos canais de Na^+ é um fenômeno transitório, seguindo-se rapidamente a sua desativação. Os canais de K^+, dependentes de voltagem, abrem-se depois dos de Na^+ e a difusão de íons K^+ restabelece o potencial de repouso (somente um íon K^+, dos 10^7 presentes, é necessário por impulso). A descoberta das bases do potencial de ação levou ao recebimento do Prêmio Nobel em 1963. (Segundo Hodgkin e Huxley, 1952.)

do o estímulo atinge um certo nível mínimo. É uma resposta tudo-ou-nada, já que um aumento subseqüente da intensidade de estimulação não aumenta a resposta. Na vida, os potenciais de ação são desencadeados por potenciais espontâneos ou por aqueles gerados pela transdução (veja acima) que se propagam passivamente de seus sítios de origem até uma área da membrana capaz de responder ativamente. A despolarização propaga-se, então, para regiões adjacentes da membrana, estimulando-as à ação e assim por diante. Conseqüentemente, um potencial de ação é ativamente propagado ao longo da membrana. Ele não é decremental, mas auto-regenerativo. Uma analogia apropriada é a de uma trilha de pólvora ativada em uma das extremidades por um fósforo.

A velocidade de condução depende grandemente do diâmetro da fibra e, conseqüentemente, muitos invertebrados possuem fibras gigantes para mediar respostas de fuga etc. O anelídeo marinho Myxicola sustenta o recorde, com um axônio com mais de 1 mm de diâmetro, conduzindo a 20 m s^{-1}. Em alguns casos, a velocidade da condução é muito aumentada por meio da insulação, em determinadas regiões da fibra, pelos envoltórios gliais (Seção 16.2.2). Tal condução é saltatória – salta de uma região da membrana não isolada para a seguinte, sendo regenerada em cada uma dessas regiões. Fibras gigantes da minhoca têm dois desses 'pontos quentes' na superfície dorsal de cada segmento; axônios de camarões – os 'medalhistas de ouro' do mundo animal para a velocidade de condução (200 m s^{-1} a 20°C) – os têm nos pontos de ramificação dos axônios.

16.1.6 Neurônios produtores e não produtores de potenciais de ação

Neurônios que não produzem potenciais de ação estão comumente associados com receptores, como os fotorreceptores dos olhos de insetos e com interneurônios que controlam motoneurônios, como na hidromedusa Polyorchis. Nos insetos, os interneurônios que não produzem potenciais de ação tipicamente não possuem os dois principais conjuntos de ramificações principalmente associados à recepção e à transmissão de informações, respectivamente apresentados por células que produzem potenciais de ação. Os únicos motoneurônios conhecidos de não produzirem potenciais de ação são aqueles que inervam os músculos da parede do corpo no nematódeo Ascaris.

Não sabemos 'por que' alguns neurônios utilizam potenciais graduados, enquanto que outros empregam potenciais de ação. Células fotorreceptoras de ambos os tipos estão presentes nos olhos do bivalve gigante Tridacna; todos os interneurônios que controlam o vôo nos gafanhotos produzem potenciais de ação, enquanto que muitos dos que influenciam os movimentos das pernas não o fazem. Este fato não pode ser simplesmente explicado com base no comprimento das fibras nervosas envolvidas. Potenciais propagados são indubitavelmente indispensáveis para as fibras que se estendem até as extremidades dos apêndices em grandes invertebrados. No entanto, sinais graduados são empregados por fotorreceptores de cracas, com fibras de até 1cm de comprimento, enquanto que muitos neurônios

Quadro 16.2 Biologia celular da aprendizagem

Os mesmos tipos de aprendizagem podem ser observados em todo o Reino Animal, mas apenas recentemente seus mecanismos têm sido investigados por Kandel e outros, em termos de biologia celular.

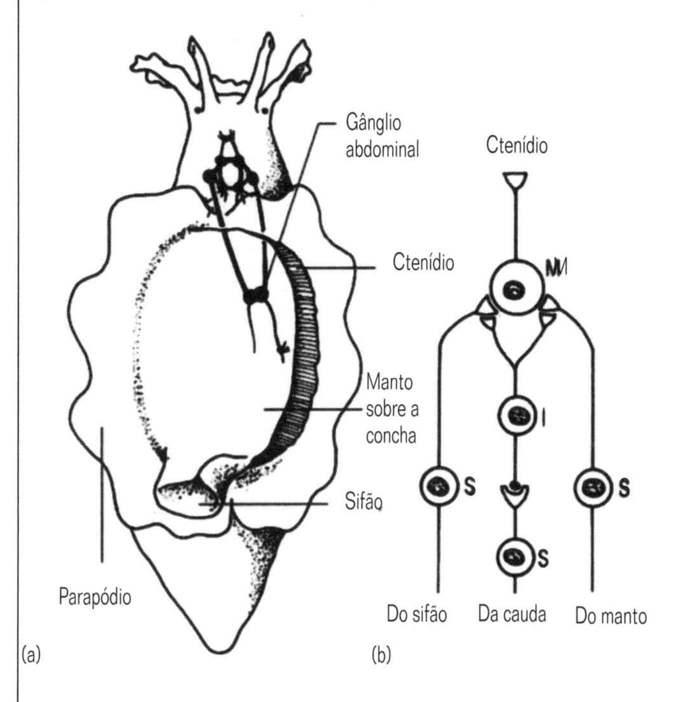

(a) Sistema nervoso e câmara respiratória de Aplysia, vistos de cima. (b) Conexões sinápticas efetuadas por neurônios no interior do gânglio abdominal. S, neurônios sensoriais; I, interneurônio; M, motoneurônio. (Segundo Kandel & Schwartz, 1982.)

A cavidade do manto do molusco Aplysia é protegida pelo manto e pelo sifão. Um toque suave ativa uma via sensorial a partir de cada uma dessas partes e os neurônios envolvidos fazem sinapse diretamente com os motoneurônios que controlam uma contração defensiva do ctenídio (um arco reflexo monossináptico – veja a Seção 16.8.3). Os neurônios sensoriais que inervam a cauda estimulam interneurônios que fazem sinapses nos terminais sensoriais.

Os terminais pré-sinápticos dos neurônios sensoriais são os sítios de alterações responsáveis por modificações comportamentais – isto é, pela aprendizagem. A estimulação freqüente das estruturas respiratórias, causando a invasão repetida dos terminais por potenciais de ação, leva a uma inativação gradual dos canais de Ca^{2+} (Seção 16.2.3), a uma redução na quantidade de neurotransmissor liberado por estímulo e a uma diminuição da resposta comportamental – a forma mais simples de aprendizagem, chamada 'habituação'.

Se um estímulo intenso e nocivo for aplicado à cauda, a resposta a uma ampla gama de outros estímulos, incluindo um toque suave nas estruturas respiratórias, é aumentada. Esta forma de aprendizagem não-associativa, conhecida como sensitização, é mediada pela liberação do neurotransmissor 5-HT (5-hidroxitriptamina) e peptídeos pelos interneurônios, iniciando uma cascata de efeitos metabólicos no interior dos terminais sensoriais.

5-HT → Síntese de AMPc → Ativação de uma proteína quinase (uma enzima) → Fosforilação dos canais de K^+ ↘

Inativação dos canais de K^+ → Potenciais de ação de longa duração → Maior influxo de Ca^{2+} → Aumento da liberação de neurotransmissor

Aumento da liberação de neurotransmissor	→	Maior influxo de Ca^{2+}	→	Potenciais de ação de longa duração	→	Inativação dos canais de K^+

O condicionamento é uma forma de aprendizagem associativa (lembra-se dos cães de Pavlov?). Assim, se uma série de estímulos brandos aplicados ao manto sobre as brânquias, em cada caso, for imediatamente seguida por uma estimulação nociva da cauda, o animal começará a responder bem mais vigorosamente à estimulação do manto do que, por exemplo, à estimulação do sifão. Tal pareamento de estímulos, como descrito, leva à liberação de 5-HT pelos interneurônios e à síntese de AMPc em todos os terminais sensoriais, ao mesmo tempo que o nível de Ca^{2+} aumenta apenas no interior dos terminais dos neurônios sensoriais estimulados do manto, pela chegada de potenciais de ação. Acredita-se que o Ca^{2+} ative o AMPc, o qual então tem a potência de elevar a liberação de neurotransmissores além daquela observada durante a sensitização. É notável que o mutante dunce de Drosophila (que tem uma deficiência na aprendizagem) tem um metabolismo anormal de AMPc.

O mecanismo mediado pelo AMPc é somente um daqueles considerados de atuar no condicionamento em Aplysia. As formas de aprendizagem descritas acima são de curto-prazo – sua memória perdura somente por alguns minutos ou, no máximo, por horas. No entanto, podem ser desenvolvidos programas de treinamento que resultam no desenvolvimento de memória de longo-prazo (mais do que três semanas em Aplysia). Isto não depende dos efeitos metabólicos transitórios, mas de alterações estruturais. O número e o tamanho dos sítios sinápticos, o número de vesículas sinápticas, são significativamente aumentados pela sensitização a longo-prazo e reduzidos pela habituação.

com fibras bem mais curtas, incluindo algumas células amácrinas (Seção 16.2.1), produzem potenciais de ação, assim como o fazem diminutos oócitos, células glandulares etc.

Muitas células que usam potenciais graduados apresentam liberação quase que contínua de neurotransmissor, e pequenas modificações no potencial de membrana (tão pequenas como 0,3 mV, relativas às células fotorreceptoras da mosca) podem alterar isto em qualquer direção. Mesmo quando presentes nos pequenos números típicos dos sistemas dos invertebrados, essas células podem prover um delicado controle gradual apropriado, por exemplo, ao controle das variadas atividades posturais dos apêndices, enquanto que um grande número de células que produzem potenciais de ação, com somação de sinais, é supostamente necessário para a produção desses mesmos efeitos. Com os potenciais de ação a mensagem é aparentemente 'um pouco mais complexa do que uma sucessão de pontos do código Morse' (Adrian, 1932). Entretanto; a combinação da freqüência, do padrão e da duração da atividade provavelmente provê um sistema altamente sofisticado de código. Intermediários entre os dois sistemas são comuns. As células podem disparar potenciais de ação sob estimulação aguda, mas funcionam como neurônios que não produzem potenciais de ação em outras ocasiões. Elas podem apresentar uma pequena região da membrana capaz de produzir potenciais de ação, porém estes são conduzidos a outros terminais de forma decremental; canais de Ca^{2+}, dependentes de voltagem, ao longo do axônio, podem manter um potencial de ação o qual, no entanto, permanece graduado; canais similares na membrana dos terminais podem ampliar um sinal graduado, quando este chega.

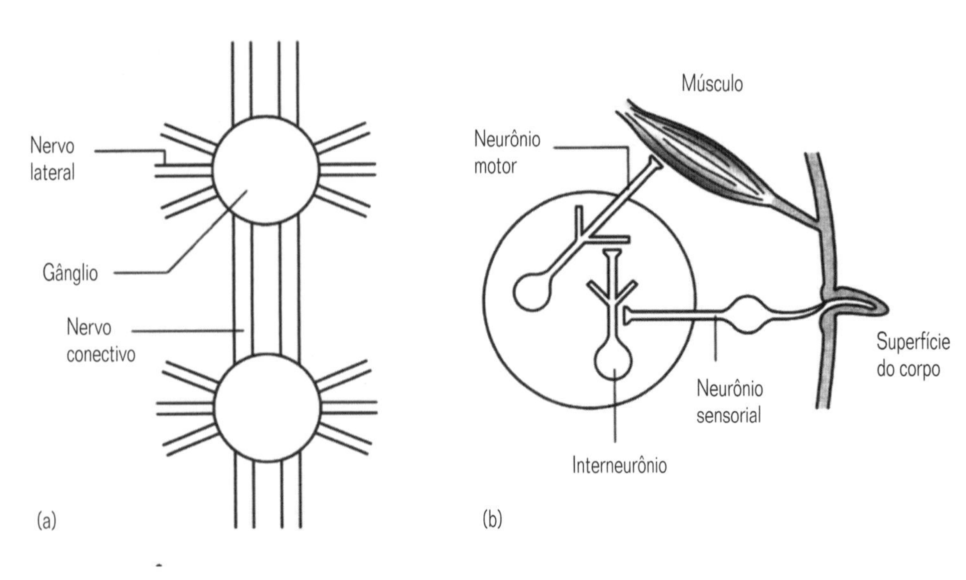

Fig. 16.3 Organização básica do sistema nervoso, como nos artrópodes: (a) dois gânglios segmentares com nervos laterais e conectivos; (b) os três tipos diferentes de neurônios. (Segundo Simmons &Young, 1999.)

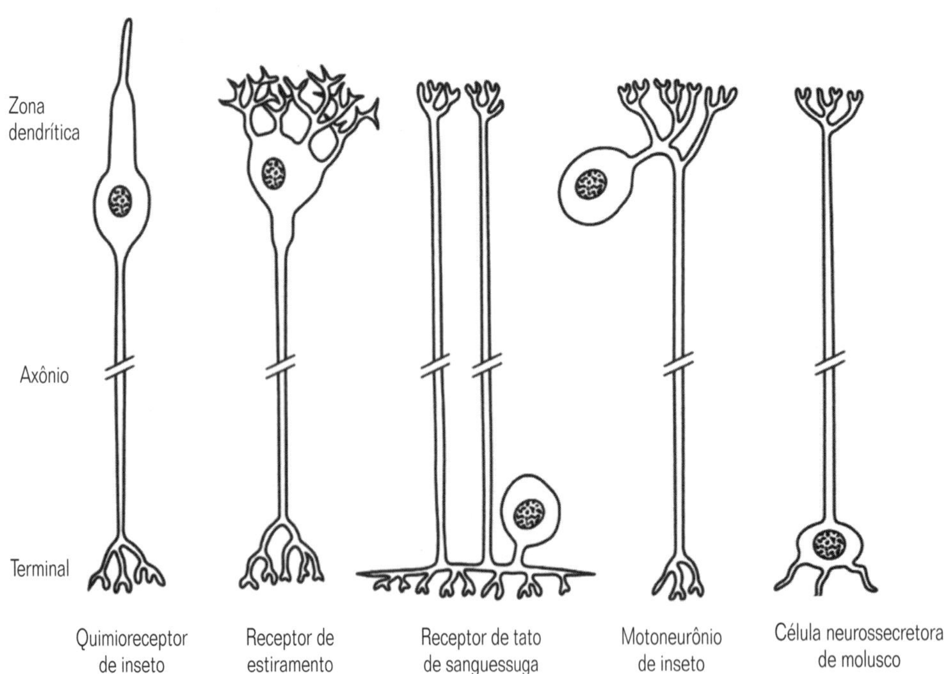

Fig. 16.4 Polaridade dinâmica é apresentada por neurônios com diferentes morfologias e funções; a posição do corpo celular é irrelevante para o padrão de organização funcional. Alguns neurônios são monopolares, possuindo um único processo saindo do corpo celular; outros são bi- ou multipolares.

16.2 Neurônios e suas conexões

16.2.1 Neurônios

A estrutura dos neurônios (isto é, das células nervosas) é estudada através de microscopias óptica ou eletrônica e, freqüentemente, estas são combinadas com técnicas que permitam que corantes (p. ex., amarelo de Procion) ou substâncias densas (p. ex., íons cobalto – veja o Quadro 16.6) sejam injetados no citoplasma, revelando a distribuição dos processos neuronais e os contatos feitos com outras células.

Os neurônios são caracterizados pela posse de alongados processos e pela capacidade de conduzir potenciais elétricos. Tradicionalmente, são classificados como neurônios sensoriais (aferentes) que levam informações para o sistema nervoso central; neurônios motores (eferentes) que levam mensagens do centro aos efetores (músculos, glândulas etc.); e interneurônios que ligam os dois tipos acima mencionados (Fig. 16.3) (interneurônios locais freqüentemente são distingüidos de células relés que possuem processos mais longos). Podemos acrescentar células neurossecretoras que liberam hormônios para o fluxo sangüíneo. Entretanto, também foram descritas células com características tanto sensoriais como de motoneurônios, além de outras combinações.

As células nervosas muitas vezes são descritas em termos de um padrão comum de morfologia funcional (Fig. 16.4). A zona de entrada (ou dendrítica) é a região receptora sensitiva dos neurônios sensoriais e a região sináptica de outras células. Os potenciais receptores graduados ou sinápticos aparecem nesta região e se propagam ao longo da membrana. Os neurônios que produzem potenciais de ação possuem uma zona geradora de impulsos, onde os potenciais graduados que atingem o limiar, desencadeiam a geração de potenciais de ação. O axônio conduz potenciais aos terminais nervosos dos quais ocorre transmissão sináptica (isto é, comunicação com outras células).

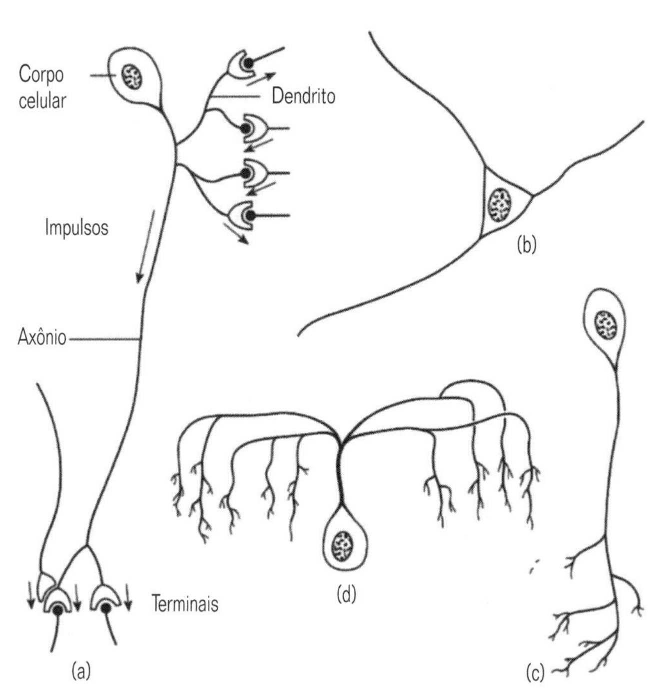

Fig. 16.5 Neurônios que não apresentam um padrão simples de polaridade dinâmica. (a) Em neurônios motores do gânglio estomatogástrico de crustáceos e de muitos outros invertebrados os dendritos tanto recebem como transmitem informações. De modo similar, os terminais de saída também podem ser pós-sinápticos a outras fibras. Entretanto, o tráfico de impulsos ao longo do axônio ocorre naturalmente somente em uma direção. (b) Neurônio isopolar de Cnidaria. (c) Neurônio dos corpos pedunculados de poliquetas. Em neurônios como estes, a polaridade dinâmica aparentemente está ausente. (d) Células amácrinas, por exemplo, do lobo óptico de insetos, não apresentam um processo principal que possa ser identificado como axônio.

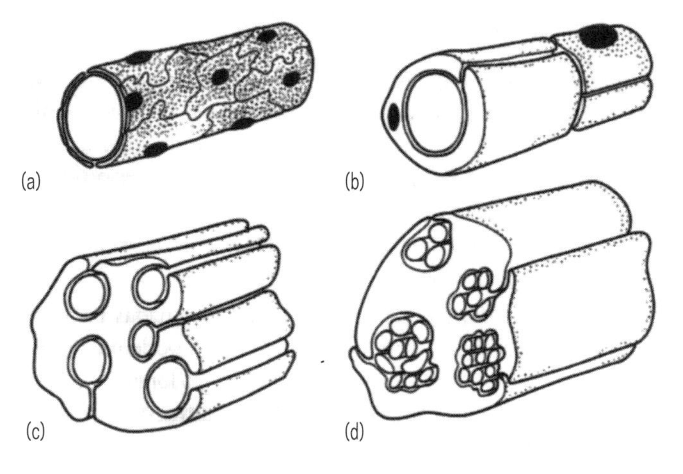

Fig. 16.6 Quatro tipos de envoltórios de axônios por células gliais no nervo estelar da lula. (De Abbott et al., 1995; segundo Villegas & Villegas,1968.)

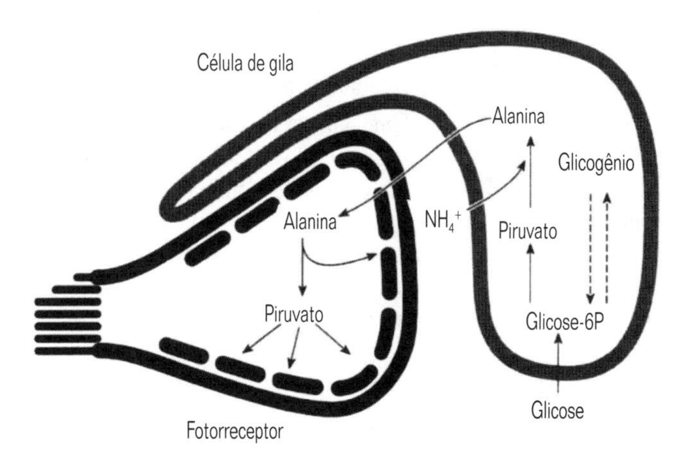

Fig. 16.7 Interações metabólicas entre um fotorreceptor e uma célula glial vizinha na retina da abelha. (Segundo Tsacopoulos et al., 1994.)

Este conceito de polaridade dinâmica dos neurônios requer modificação, já que muitos dendritos são sítios de transmissão de informações, assim como de recepção, e os terminais pré-sinápticos podem receber e transmitir informações (Fig. 16.5). Além disso, algumas células nervosas possuem axônios que provavelmente conduzem impulsos em ambas as direções e outras (células amácrinas) não apresentam um processo reconhecível como axônio e possuem ramificações que, provavelmente, são capazes de apresentar atividade independente.

16.2.2 Células gliais

A segunda categoria de células, que ocorre no sistema nervoso, é chamada 'neuroglia' (Fig. 16.6). Estas células têm um papel mecânico – de suporte, de separação e de envoltório dos elementos nervosos; um papel elétrico – insulação de fibras nervosas e aumento da taxa de condução nervosa; e um papel metabólico – controle do ambiente iônico no interior do sistema nervoso e degradação de neurotransmissores após sua liberação pelos neurônios.

Um exemplo notável da cooperação entre neurônio e glia é fornecido pelo olho composto da abelha (Fig.16.7). Para sustentar sua atividade quando expostos à luz, os fotorreceptores (isto é, os neurônios sensoriais) metabolizam piruvato que é produzido a partir do aminoácido alanina por uma reação que gera íons amônio. Estes íons são liberados pelos receptores, estimulando a tomada de glicose pelas células gliais adjacentes e sua conversão em alanina – esta última, então, é transferida aos receptores para suportar seu metabolismo.

Embora as células gliais não possam produzir potenciais de ação, elas são, em casos excepcionais, participantes bem mais ativos em funções neurais características do que se pensava. Aquelas associadas aos axônios gigantes da lula têm receptores para piruvato, o neurotransmissor (veja abaixo) liberado pelos axônios durante a atividade elétrica. A ativação destes receptores provoca a liberação de acetilcolina pelas células gliais e as células respondem a seu próprio transmissor aumentando sua permeabilidade ao K^+, elevando seu potencial de repouso e, com isso, talvez facilitando a tomada de íons K^+ liberados para o espaço intercelular durante a atividade neural.

Como foi mencionado acima (Seção 16.1.5), a velocidade da condução dos potenciais de ação é aumentada por meio de envoltórios gliais. Envoltórios de mielina, formados por células gliais, do tipo encontrado nos vertebrados, somente estão raramente presentes nos invertebrados – como em copépodes oceânicos. Sua presença acelera a iniciação de respostas de fuga de 6 a 2 ms e isto pode ser um fator significativo de seu domínio em comunidades de mar aberto.

16.2.3 Sinapses químicas

A maioria dos neurônios transmite informações por meio da secreção de substâncias químicas denominadas 'neurotransmissores', porém enquanto as células glandulares convencionais disseminam amplamente e por grandes distâncias os seus produtos de secreção, os neurônios geralmente conduzem-nos de uma forma altamente localizada e seletiva em junções especializadas com outras células, chamadas 'sinapses'.

Sinapses químicas feqüentemente são formadas pelas regiões terminais de fibras nervosas. Os contatos podem envolver botões sinápticos ('varicosidades') formados ao longo das fibras nervosas. Muitas sinapses apresentam uma ultraestrutura (Fig. 16.8) altamente característica. A existência de contatos funcionais geralmente é presumida meramente com base em observações ao microscópio eletrônico, embora esta correlação seja um assunto de debate. Também é digno de nota que um 'contato sináptico' funcional entre duas células pode, de fato, ser mediado por milhares de junções (25.000 no gânglio estomatogástrico da lagosta) visíveis ao microscópio eletrônico.

Os mecanismos fundamentais da função sináptica têm sido investigados usando-se as sinapses do sistema de fibras gigantes da lula (Quadro 16.1c), uma vez que os terminais pré-sinápticos e pós-sinápticos são suficientemente grandes para serem empalados com microeletrodos. Llinas e outros demonstraram que a chegada de um potencial de ação leva à abertura dos canais de Ca^{2+}, dependentes de voltagem, na membrana pré-sináptica e que é este nível elevado de Ca^{2+} no interior dos terminais a principal causa da liberação do transmissor e não a despolarização em si.

Após a liberação, os transmissores difundem-se através da fenda sináptica e ligam-se a moléculas de proteínas receptoras presentes na membrana pós-sináptica ou podem atingir alvos mais distantes. Os 'transmissores rápidos' ativam receptores (p. ex., muitos receptores de acetilcolina) que funcionam como canais iônicos seletivos, levando a uma modificação no potencial de membrana. Tais efeitos são extremamente rápidos, envolvendo um atraso sináptico tão breve como 0,4 ms, durando apenas alguns milissegundos. Por outro lado, um receptor para 'transmissores lentos' (p. ex., octopamina, neuropeptídeos) podem introduzir um atraso bem maior, possuindo efeitos de duração maior nos canais iônicos através da mediação de um segundo mensageiro (Seção 16.1.3).

Uma única célula geralmente receberá uma multiplicidade de informações sinápticas, envolvendo diferentes transmissores, induzindo a geração de potenciais pós-sinápticos excitatórios (que despolarizam) e inibitórios (que hiperpolarizam). Os compostos usados como neurotransmissores também podem atuar como neuromoduladores – assim chamados porque apresentam efeitos menos bem definidos. Por exemplo, um modulador pode, por si só, não apresentar um efeito aparente sobre uma célula, mas pode sensibilizar a célula para um outro estímulo (veja a Seção 16.9.4). As ações dos transmissores e dos moduladores são rapidamente interrompidas por degradação enzimática (acetilcolina, peptídeos) ou recaptadas para o interior dos terminais pré-sinápticos (aminas, aminoácidos).

Uma vantagem das sinapses químicas é que elas podem amplificar um sinal. Por exemplo, um transmissor (provavelmente uma histamina) liberado por neurônios fotorreceptores da mosca, em resposta a uma despolarização, induz uma hiperpolarização nos neurônios pós-sinápticos: a alteração no potencial pós-sináptico é 7-14 vezes maior do que aquele das membranas pré-sinápticas. Uma outra característica das sinapses químicas, crucial para o funcionamento do sistema nervoso, é sua grande flexibilidade – de fato, existem evidências de que esta é a base para diversos tipos de aprendizagem (Quadro 16.2).

16.2.4 Neurotransmissores

Nos últimos anos, com a aplicação de técnicas de bioquímica e de biologia molecular surgiu uma explosão de informações. Neurotransmissores, hormônios, receptores etc. podem ser identificados quimicamente, os genes podem ser seqüenciados e podem ser produzidos anticorpos para as moléculas envolvidas.

Os neurotransmissores podem pertencer a três classes principais, com base em seu padrão de síntese, armazenagem e liberação. Ao primeiro grupo pertence a acetilcolina – que também é bem conhecida para os vertebrados – e a octopamina a qual (um transmissor importante) parece ser uma especialidade dos invertebrados. Estes compostos são grandemente produzidos em terminais de fibras nervosas, por meio de vias sintéticas simples, com o auxílio de enzimas apropriadas. São armazenados principalmente no interior de vesículas sinápticas que geralmente têm um diâmetro de 30-50 nm (Fig. 16.8). Em geral pensa-se que a liberação do transmissor ocorra pela fusão da membrana da vesícula a sítios especializados, marcados por espessamentos ou barras pré-sinápticos, havendo a liberação subseqüente do conteúdo da vesícula para a fenda sináptica – isto é, por exocitose. Aparentemente, a liberação ocorre em níveis baixos, mesmo nos terminais de repouso, mas a chegada de um potencial de ação provoca a exocitose simultânea de grande número de vesículas.

A segunda classe de transmissores é composta por neuropeptídeos. O primeiro neuropeptídeo identificado nos invertebrados foi a proctolina, um composto com cinco resíduos de aminoácidos (Arg-Tyr-Leu-Pro-Thr), que foi isolado da barata por Staratt e Brown em 1975. Peptídeos freqUentemente estão presentes em espécies individuais como famílias de peptideos (Tabela 16.1) cujos membros estão proximamente relacionados quanto à composição química e atividade biológica. Extensões às famílias são detectadas quando outros animais são investigados. Outros membros (análogos) ainda podem ser artificialmente sintetizados. Nos últimos anos, tem-se presenciado uma explosão do conhecimento sobre neuropeptídeos – entre 1984 e 1989, o número identificado apenas nos insetos cresceu de quatro até mais de quarenta. Na última data mencionada foi isolado o primeiro peptídeo em nematódeos e, durante os dez anos seguintes, foram firmemente identificados cerca de 50, todos membros da família FMRFamida (Tabela 16.1). As pesquisas nesta área foram grandemente aceleradas pelo progresso e pelo término do projeto de seqüenciamento do genoma de Caenorhabditis.

Os peptídeos são sintetizados nos corpos celulares dos neurônios pelo retículo endoplasmático rugoso, sendo empacotados em grânulos secretores geralmente com um diâmetro de 70-200 nm, pelo complexo golgiense. O produto inicial é um grande pre-

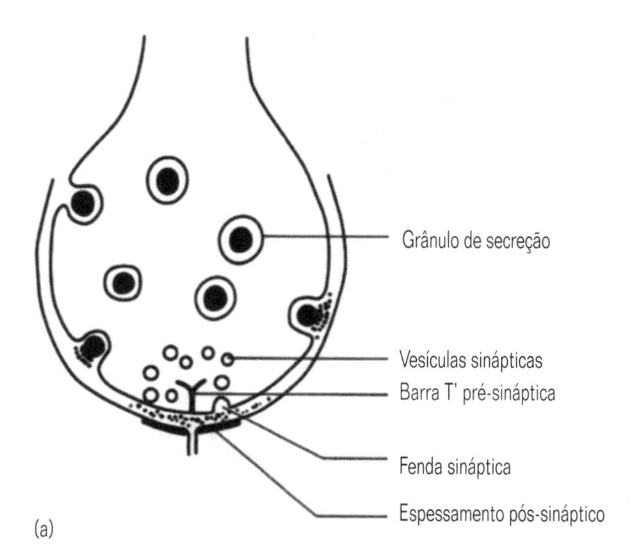

Fig. 16.8 Ultraestrutura de sinapses químicas. (a) Figura de uma sinapse de artrópode, mostrando o padrão de liberação da secreção. (Segundo Golding, 1988.) Muitas sinapses não apresentam um ou mais dos aspectos mostrados. (b) Micrografia eletrônica de uma sinapse no gânglio cerebral da minhoca Lumbricus. Um espessamento pré-sináptico difuso está presente (seta). G, grânulos de secreção; v. vesículas sinápticas; barra, 100 nm. (Segundo Golding & May, 1982.) (c) Diversidade de tipos de grânulos de secreção em terminais de fibras nervosas da neurópila da minhoca Lumbricus. A seta indica a exocitose de um grânulo; barra, 200 nm. (Segundo Golding & Pow, 1988.)

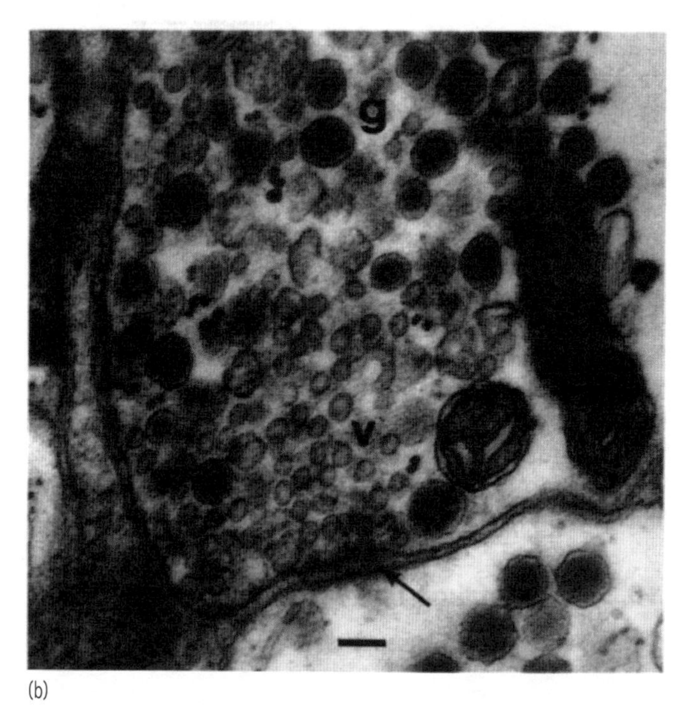

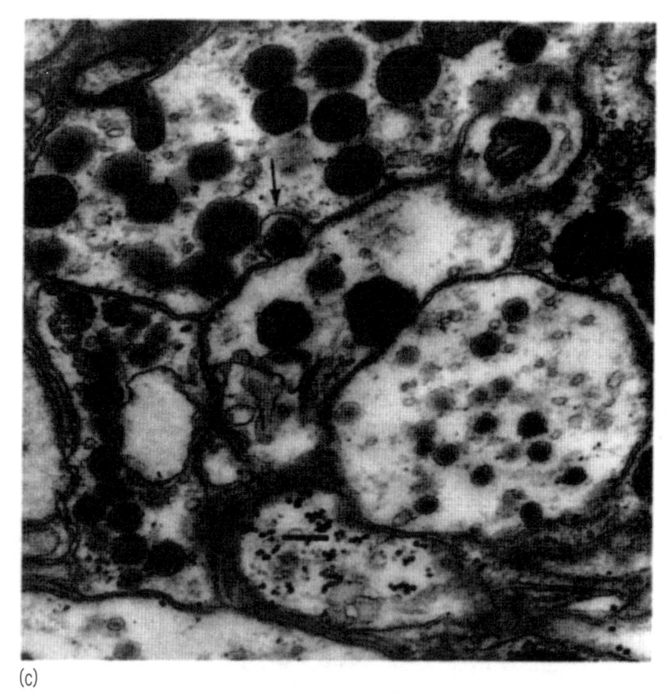

cursor, ou pró-peptídeo, que pode conter muitas cópias (até 28 no caso da FMRFamida) de um único peptídeo e/ou de uma variedade de diferentes peptídeos. As moléculas de peptídeos são 'clivadas' do pró-peptídeo pela ação de enzimas. Dessa forma, um único neurônio ou um grupo de neurônios pode produzir (além dos transmissores convencionais) um 'coquetel' de peptídeos para coordenar uma diversidade de eventos no sistema nervoso e em outros órgãos (Seção 16.11.3). Os grânulos de secreção também são liberados por exocitose (Fig. 16.8), mas isso se dá principalmente de forma não-sináptica e ocorre amplamente ao longo da superfície, em sítios morfologicamente não especializados.

Muitos neurônios de invertebrados distinguem-se por uma afinidade imunológica de seus produtos de secreção peptídicos com os peptídeos de vertebrados (tais compostos e seus receptores até mesmo estão presentes em protistas e esponjas). Um dos exemplos mais notáveis de conservação filética é fornecido por um peptídeo – o ativador da cabeça – identificado pela primeira vez no sistema nervoso de cnidários. O mesmo peptídeo está presente no encéfalo de mamíferos, regulando a mitose em células precursoras de neurônios, como em Hydra.

A terceira classe de neurotransmissores é constituída por gases, mais notavelmente o óxido nítrico (ON). Não podem ser armazenados em vesículas ou em grânulos, sendo produzidos por ação enzimática quando as células da origem são ativadas. Difundindo-se livremente para as células adjacentes, o ON atua estimulando a síntese do GMP cíclico. Os fotorreceptores e as células monopolares (de segunda ordem) da retina dos insetos fornecem um interessante exemplo de transmissão sináptica bidirecional (Fig. 16.9). Os fotorreceptores sinalizam para as células monopolares liberando o transmissor histamina; quando estimuladas, as células monopolares produzem ON que, aparentemente, atua como um transmissor retrógrado, sinalizando de volta para os receptores.

Tabela 16.1 FMRFamida*, primeiro identificada em moluscos, e algumas de sua família de peptídeos identificadas no nematódeo Caenorhabditis elegans. (Segundo Brownlee & Fairwether, 1999.) As seqüências de aminoácidos estão mostradas, juntamente com seus equivalentes fonéticos.

F M R F amida
Phe-Met-Arg-Phe-NH_2
P N F L R F amida
Pro-Asn-Phe-Leu-Arg-Phe-NH_2
K P S F V R F amida
Lys-Pro-Ser-Phe-Val-Arg-Phe-NH_2
S P R E P I R F amida
Ser-Pro-Arg-Glu-Pro-Ile-Arg-Phe-NH_2
S D P N F L R F amida
Ser-Asp-Pro-Asn-Phe-Leu-Arg-Phe-NH_2
E A E E P L G T M R F amida
Glu-Ala-Glu-Glu-Pro-Leu-Gly-Thr-Met-Arg-phe-NH_2

* Comumente chamada de 'Fer-merf-fa-mida'.

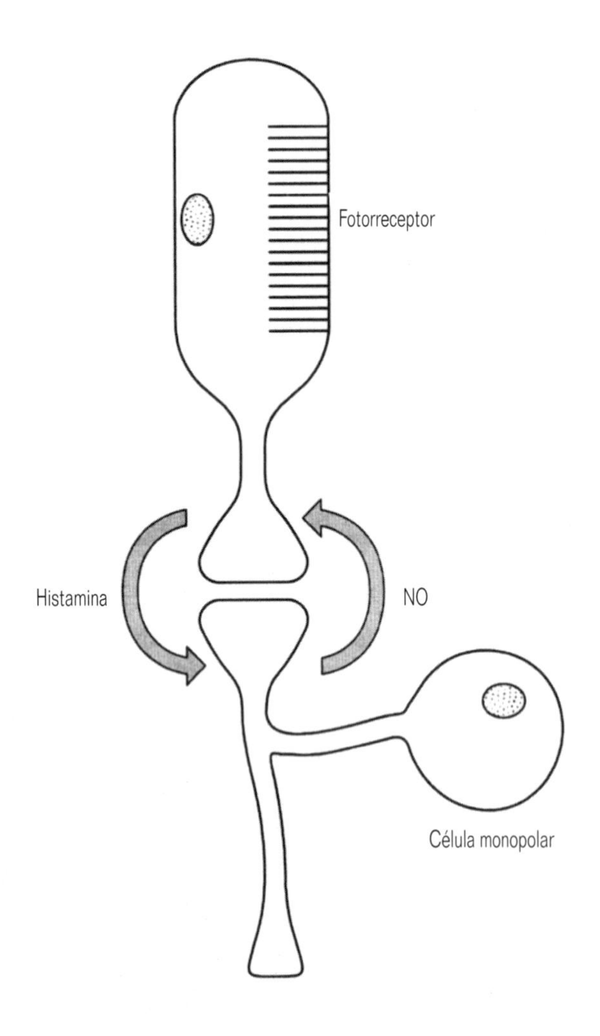

Fig. 16.9 Resposta neuronal no olho composto dos insetos. Os fotorreceptores provêm entrada sináptica nas células monopolares liberando o clássico transmissor histamina. Supõe-se que as células monopolares forneçam uma retroalimentação aos receptores liberando ON. (Segundo Bicker, 1998.)

16.2.5 Sinapses elétricas

Uma das grandes controvérsias na história da biologia está relacionada ao mecanismo da transmissão sináptica. É irônico o fato de que, quando a polêmica aparentemente havia sido resolvida em favor da hipótese química, principalmente como resultado de pesquisas com junções periféricas de vertebrados as sinapses elétricas foram descobertas no lagostim (veja o Quadro 16.8) por Furshpan e Potter em 1959. As sinapses elétricas possibilitam que uma célula estimule diretamente uma outra, sem a intervenção de transmissores e de seus receptores. A transmissão depende da presença de junções comunicantes* nas quais moléculas de proteínas (chamadas 'conexões'), formando cilindros ocos através dos quais a corrente flui, atravessam o espaço intercelular permitindo que a despolarização de uma célula se propague diretamente à outra. A transmissão é rápida, envolvendo uma fração do retardo sináptico das sinapses químicas. Em muitos casos, a transmissão pode ocorrer em ambas as direções. Em outros, as sinapses são retificadoras – são sensíveis à direção do potencial trans-sináptico, provendo uma via de baixa resistência em uma direção, mas fechando-se quando o potencial é invertido.

Em alguns casos, as sinapses elétricas são a forma pela qual certo número de células é integrado numa única unidade funcional. O efeito pode ser o de sincronizar os sinais de saída de um grupo de células – os exemplos incluem células receptoras no interior das unidades ('omatídios') do olho do gafanhoto e células neurossecretoras que secretam um hormônio de oviposição em moluscos (também muitas células glandulares e musculares). Os neurônios com fibras gigantes geralmente estão unidos por sinapses elétricas, fornecendo ao sistema uma rapidez de funcionamento que se aproxima daquela de uma única célula gigante.

Os neurônios embrionários estão extensivamente acoplados por junções comunicantes, muitas das quais são perdidas quando se desenvolvem os canais iônicos e as sinapses químicas.

16.3 Organização de sistemas nervosos

16.3.1 Sistemas 'neuróides'

Nas esponjas não se forma um sistema nervoso verdadeiro. Entretanto, estes organismos apresentam capacidade contrátil, tanto do corpo inteiro como somente dos ósculos exalantes. Algumas delas realizam um 'contra-fluxo' para limpar seus canais e outras ejetam suas larvas por meio de vigorosas contrações, aparentemente coordenadas. Muitas respostas à estimulação provavelmente são devidas apenas à propagação de efeitos mecânicos – contração de miócitos, estirando células adjacentes e assim por diante. No entanto, na esponja hexactinélida Rhabdocalyptus, Mackie e colaboradores mostraram que impulsos elétricos são conduzidos por toda a esponja de uma forma tudo-ou-nada a 0,26 cm s^{-1} pelo tecido trabecular sincicial. Os impulsos são propagados diretamente até os coanócitos onde ocasionam a paralisação do bombeamento.

* As junções comunicantes não devem ser confundidas com 'junções aderentes' nas quais ocorre fusão das dobras externas das membranas. As junções aderentes impedem a difusão através do espaço intercelular e constituem a base estrutural das barreiras hemato-cerebrais, pelas quais o meio químico do sistema nervoso é regulado nos insetos e cefalópodes (assim como nos vertebrados).

A condução epitelial com uma velocidade de 3-35 cm s^{-1} é importante em hidromedusas e urocordados. Em alguns casos, ela permite que o epitélio seja usado como um único órgão receptor com uma enorme superfície, como na hidromedusa Sarsia, onde a estimulação mecânica, aplicada em qualquer parte da superfície externa da umbrela, desencadeia um potencial de ação que se propaga, via junções comunicantes entre as células, através de todo o epitélio. Tipicamente, a condução epitelial provê informações para o sistema nervoso (p. ex., via sinapses elétricas entre neurônios sensoriais no urocordado Oikopleura). Esse tipo de condução também é empregado no controle motor, para propagar a excitação através de uma camada de fibras musculares ou através de um epitélio ciliado (p. ex., do cesto branquial dos urocordados).

16.3.2 Redes nervosas

Uma rede nervosa é um plexo difuso, bidimensional de neurônios bi- ou multipolares (Fig. 16.10) e tais sistemas constituem o grau característico de organização do sistema nervoso dos cnidários. Seus elementos estão localizados entre as bases das células do epitélio, acima da mesogléia. Podem estar presentes em qualquer uma, ou em ambas as camadas de células e, no último caso, podem comunicar-se através da mesogléia. As redes nervosas têm uma velocidade de condução de 10-100 cm s^{-1}.

Um aspecto característico é a forma de propagação da atividade em todas as direções a partir do ponto de estimulação. Investigadores pioneiros recortaram pedaços com padrões tortuosos da parede do corpo de cnidários e demonstraram que a atividade podia se propagar através deles. Algumas redes são de condução direta, enquanto em outras, a condução é decremental – ela diminui com o aumento da distância do ponto de desencadeamento (Seção 16.8.3).

Uma rede nervosa pode apresentar diferenciação regional. Por exemplo, os mesentérios de anêmonas-do-mar têm muitos neurônios bipolares grandes, com orientação vertical, os quais fornecem uma rápida via de condução direta. Em Hydra, grupos de neurônios de cada rede distinguem-se pela produção de diferentes peptídeos (Seção 16.2.4) (uma célula pode expressar primeiro um peptídeo, depois outro). Além disso, duas redes nervosas distintas podem ocorrer no mesmo epitélio. As medusas de Scyphozoa (p. ex., Aurelia) possuem certo número de gânglios distribuídos em torno da margem da umbrela. Os gânglios recebem informações sensoriais da 'rede nervosa difusa', mas fornecem informações motoras aos músculos da natação através da 'rede nervosa de fibras gigantes', que conduz mais rapidamente – esta foi a primeira rede descrita por Schafer em 1879. As duas redes ocorrem praticamente na mesma área da superfície inferior da umbrela, mas não se comunicam diretamente.

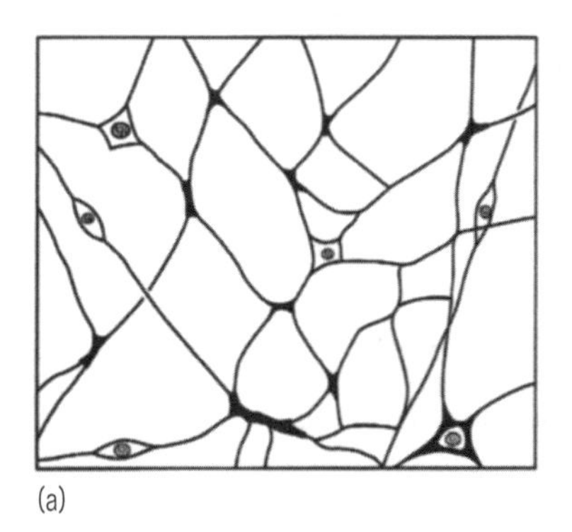

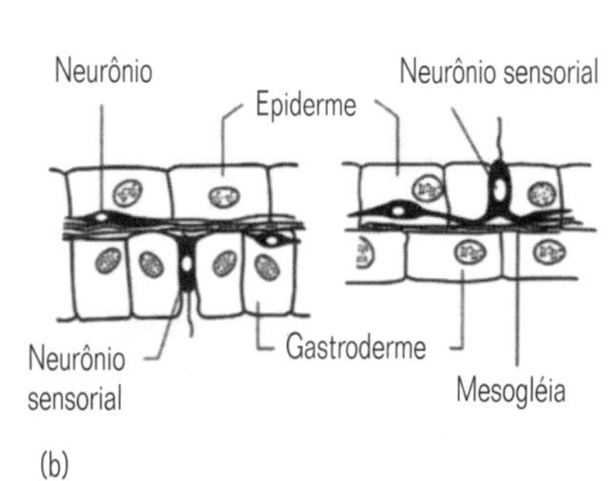

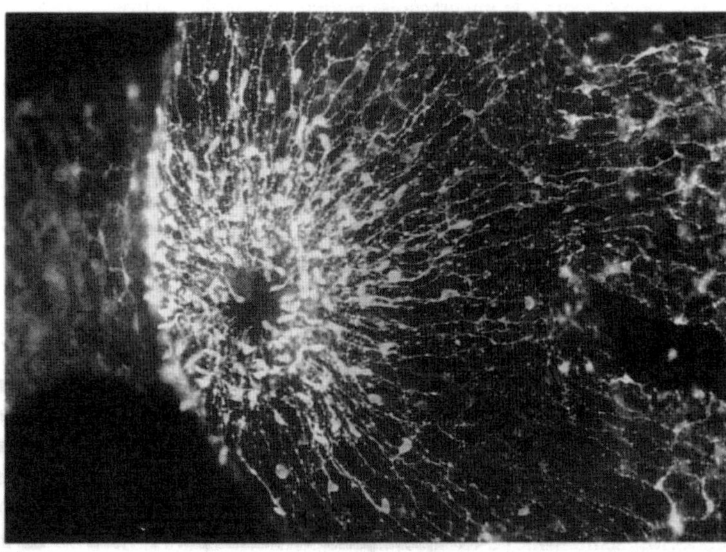

Fig. 16.10 Redes nervosas em cnidários. (a) Vista superficial de uma rede nervosa de cnidário, formada principalmente por neurônios iso- e bipolares (os detalhes das sinapses não foram mostrados). (b) Parede do corpo de Hydra mostrando redes nervosas tanto na epiderme como na gastroderme. Os neurônios sensoriais estão restritos à gastroderme na coluna (à esquerda) e à epiderme nos tentáculos (à direita). (Segundo Bode et al., 1989.) (c) Coloração por imunofluorescência de um fragmento de neuropeptídeo (arg-phe-amida – veja a Tabela 16.1), mostrando parte da rede nervosa de Hydra. Note a concentração ao redor da boca. (De Grimmelikhuijzen, 1985.)

As redes nervosas de Anthozoa e Scyphozoa diferem notavelmente daquelas dos Hydrozoa. Nos primeiros, os neurônios de uma determinada rede comunicam-se por meio de sinapses químicas, principalmente simétricas (isto é, nas duas direções); não existem sinapses elétricas nem condução epitelial. Nos Hydrozoa, o acoplamento elétrico entre as células que constituem uma rede (e a condução epitelial) é bastante comum. Nos três grupos, a transmissão entre as redes ocorre por meio de sinapses químicas, principalmente polarizadas.

A transmissão química rápida encontrada (p. ex., através de sinapses simétricas nos Scyphozoa, com um retardo sináptico de 1 ms) sugere que transmissores 'clássicos' estão envolvidos (Seções 16.2.3 e 4); além disso, recentemente Westfall e colaboradores forneceram evidências da presença das aminas dopamina e 5-hidroxitriptamina. Em contraste, bem mais de uma dúzia de neuropeptídeos (Fig.16.10c) foi isolada somente da anêmona-do-mar Anthopleura elegantissima.

Os padrões de comportamento apresentados por cnidários como as anêmonas incluem alimentação, natação, subir em conchas de gastrópodes ocupadas por crustáceos eremitas, agressão intraespecífica, 'andar' com os tentáculos, mover o disco pedal e o ato de se enterrar. A complexidade dos padrões e sua integração são surpreendentes em vista do baixo nível de organização do sistema nervoso, mas evidentemente as adaptações neurais, nesses e noutros cnidários, são notavelmente elegantes e eficazes.

Nos platelmintos ocorre certo número de redes nervosas associadas a diferentes camadas de tecidos e com as mesmas características funcionais daquelas descritas acima. As redes possuem conexões com os cordões nervosos situados em regiões mais profundas. Provavelmente as redes nervosas também são importantes em outros grupos – por exemplo, nos equinodermos, no pé dos moluscos e na inervação do intestino (até mesmo em vertebrados).

16.3.3 Sistemas nervosos central e periférico

Uma importante diferença é aquela entre o sistema nervoso central, que consiste em cordões nervosos e gânglios, e o sistema nervoso periférico, que consiste em nervos e receptores. O sistema nervoso central atua como destino para as informações sensoriais, como centro de integração sináptica e fonte de controle motor, enquanto que os nervos periféricos atuam principalmente como vias condutoras (as redes nervosas combinam ambos os papéis). Os gânglios periféricos diminutos são intermediários porque, em vida, sempre estão conectados ao sistema nervoso central, sendo influenciados por ele, mas são capazes de um grande grau de atividade independente. Os exemplos incluem os gânglios dos pequenos órgãos de defesa (pedicelárias) de alguns equinodermos, os gânglios cardíacos de crustáceos e os gânglios parapodiais dos anelídeos poliquetas.

Costumava-se pensar que praticamente todos os neurônios sensoriais dos invertebrados tivessem seus corpos celulares na periferia, porém agora está claro que, em muitos grupos, situam-se no sistema nervoso central. Um aspecto curioso nos nematódeos e em alguns platelmintos e equinodermos é que, ao invés das fibras nervosas se dirigirem dos motoneurônios para os blocos musculares, as células musculares apresentam longos processos, semelhantes a axônios, que se estendem para formar terminais pós-sinápticos na superfície do cordão nervoso.

Em hidromedusas existem dois cordões nervosos circulares próximo à margem da umbrela. O mais interno tem caráter medular, contendo corpos celulares de neurônios (principalmente bipolares) uniformemente distribuídos, cujas fibras se estendem paralelamente umas às outras. Os cordões medulares de platelmintos podem estar dispostos de acordo com o padrão ortogonal (Fig. 16.11a), considerado o plano básico para os invertebrados protostômios. As regiões anteriores dos cordões nervosos podem ser apenas mais espessadas, mas nos platelmintos mais avançados e nos nemertinos, forma-se um gânglio cerebral (ou 'cérebro') bem diferenciado.

Na maioria dos anelídeos, pares de rudimentos ganglionares ectodérmicos, em cada segmento, unem-se por meio de conectivos, formando tipicamente um único cordão nervoso ventral ao longo do comprimento do corpo (Fig. 16.11b). Em cada segmento, estendem-se pares de nervos até a periferia. Na parte anterior, desenvolve-se um gânglio supraesofágico e muitos poliquetas possuem tentáculos sensoriais bem desenvolvidos, olhos e órgãos olfatórios que fornecem informações para diferentes partes do cérebro. Os artrópodes também possuem cordões nervosos segmentares, mas em muitos grupos há uma tendência mais acentuada de incorporação de rudimentos segmentares pelos gânglios compostos (Fig. 16.11c). Geralmente forma-se um cérebro bem desenvolvido e dividido em regiões que compreendem o proto-, o deuto- e o tritocérebro. Nos moluscos, o sistema nervoso consiste de uma série de gânglios unidos por comissuras e conectivos, dos quais se estendem nervos para a periferia. Aspectos interessantes incluem a disposição em oito dos conectivos (Fig. 16.11.d) – uma conseqüência do processo de torção (veja a Seção 5.1.3.5) – em gastrópodes primitivos. Em muitos grupos os gânglios tendem a concentrar-se para formar um anel circum-esofágico.

Os nematódeos possuem diversos cordões nervosos medulares longitudinais (dois principais e quatro menores em Ascaris) unidos por um anel nervoso em torno do esôfago. Nos equinodermos, exemplificados por estrelas-do-mar, o sistema ectoneural retém uma posição epidérmica primitiva (Fig. 16.11.e) e combina papéis sensoriais e motores. Um nervo radial estende-se ao longo da superfície inferior de cada braço e existe um anel circum-oral. Um sistema mais profundo, exclusivamente motor, está presente e, nos crinóides, um sistema aboral, apical é de grande importância. As ascídias, entre os tunicados, possuem um único gânglio cerebral situado à meia distância entre os dois sifões, sendo que os nervos saem dele e se dirigem até a periferia. Na 'larva girinóide', um tubo neural oco, presumivelmente homólogo ao dos vertebrados, estende-se para trás desde o gânglio até a extremidade da cauda.

16.3.4 Fazendo as conexões corretas

Mesmo que sua complexidade final seja grande, os sistemas nervosos desenvolvem-se a partir de simples epitélios. As fibras que se estendem para fora das células embrionárias possuem extremidades que formam cones de crescimento amebóides, completos e com pseudópodes etc. A formação das conexões 'corretas' é crucial para a futura função do sistema nervoso (Seção 16.9 e os mecanismos envolvidos têm sido investigados em insetos como gafanhotos uma vez que seus gânglios embrionários são

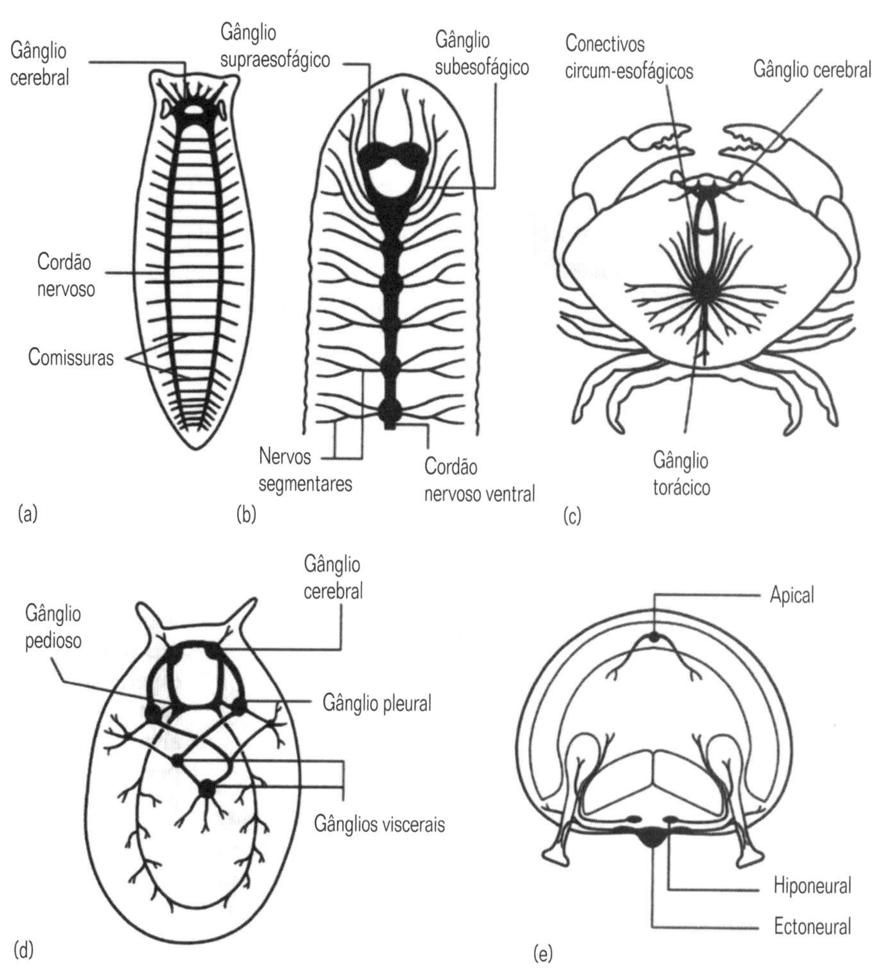

Fig. 16.11 Diversidade de sistemas nervosos de invertebrados. (a) Padrão ortogonal de cordões nervosos pares, com comissuras serialmente arranjadas em um platelminto. (b) O cordão nervoso ventral segmentar em sanguessugas é formado por gânglios bem diferenciados, contendo os corpos celulares e conectivos compostos por fibras nervosas. O gânglio subesofágico é derivado de uma série de gânglios segmentares. (c) Sistema nervoso altamente condensado em um crustáceo decápode. (d) O molusco Patella apresentando os principais gânglios e a torção dos conectivos viscerais. Os moluscos mais primitivos têm sistemas nervosos pouco mais desenvolvidos do que os dos platelmintos, enquanto que alguns cefalópodes têm um cérebro e um comportamento tão complexo como aqueles dos peixes. (e) Braço de estrela-do-mar visto em corte transversal. As fibras nervosas do sistema ectoneural terminam na superfície do sistema hiponeural, mas existe pouco ou nenhum contato direto entre os dois sistemas.

bastante transparentes e contêm um número limitado de células. A linhagem das células individuais pode ser seguida a partir dos 61 neuroblastos (células neurais embrionárias) presentes em cada um dos gânglios ventrais e seus axônios em crescimento podem ser confiavelmente reconhecidos.

Em embriões de gafanhoto, o crescimento de fibras para fora, a partir de diferentes células nos gânglios, ocorre numa seqüência distinta e as primeiras que completam esse processo são chamadas 'fibras pioneiras'. Crescendo de um gânglio ao seguinte ou estendendo-se a partir de células sensoriais epidérmicas para o interior do sistema nervoso central, as fibras pioneiras seguem vias estereotipadas. Na periferia é importante que as conexões sejam estabelecidas antes do desenvolvimento de obstáculos, como a diferenciação dos limites entre apêndices e segmentos nos artrópodes.

Os cones de crescimento parecem ser guiados por uma variedade de 'informações' fornecidas por suas cercanias, mas parecem seguir particularmente as membranas basais e as células gliais. São influenciados por pelo menos quatro tipos de sinais químicos: atrativos e repelentes que se difundem a partir de distantes locais de origem e que estabelecem um gradiente de concentração; e atrativos e repelentes que atuam sob contato (Fig. 16.12). Um padrão comumente encontrado é o crescimento de axônios em direção à linha mediana do gânglio, marcada por um grupo especial de células gliais. As fibras cruzam a linha mediana (para formar comissuras) e depois dirigem-se longitudinalmente, nunca cruzando-a novamente, ou virando-se longitudinalmente sem

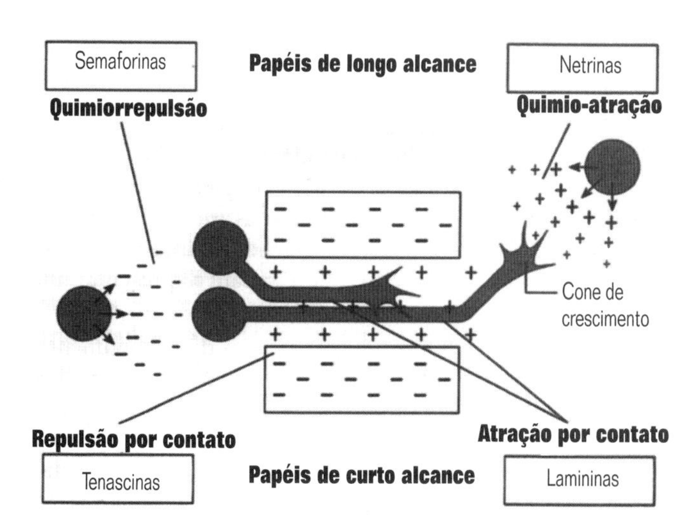

Fig. 16.12 Os quatro tipos de guias fornecidos aos cones de crescimento de axônios, com exemplos de alguns dos compostos envolvidos. (Segundo Tessier-Lavigne & Goodman, 1996.)

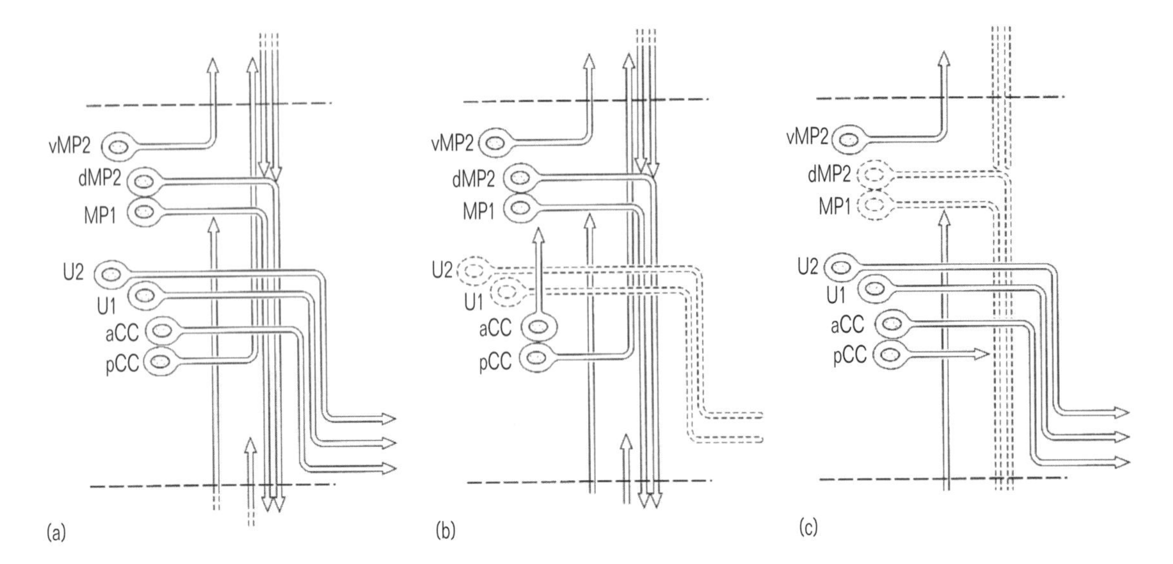

Fig. 16.13 (a) Desenvolvimento de vias neuronais no gânglio segmentar do gafanhoto no sétimo dos 20 dias de desenvolvimento. (b) Seguindo a remoção dos neurônios pioneiros U1 e U2; aCC perde-se. (c) Remoção dos neurônios pioneiros MP1 e dMP2 deste e de gânglios adjacentes – pCC perde-se. (Segundo Bastiani et al., 1985.)

cruzá-la. São guiadas por atrativos difusíveis (p. ex., netrinas) e por compostos repulsivos (p. ex., a proteína roundabout (robo), produzida pela linha mediana). Por isso, alguns axônios são defletidos da linha mediana, enquanto as fibras comissurais, que presumivelmente têm baixos níveis de receptores para rabo, a cruzam. Fazendo isso, elas são estimuladas a produzir receptores para que possam cruzar somente uma vez. Em mutantes rabo de Drosophila, os axônios passam livremente através da linha mediana, voltando novamente depois.

As fibras que crescem para fora mais tarde seguem as pioneiras, já que, na ausência destas, em experimentos nos quais células embrionárias individuais são removidas por meio de microcirurgia com raios-laser, elas se perdem bastante (Fig. 16.13). Se o desenvolvimento de uma célula é atrasado experimentalmente, seu axônio ainda seguirá a rota correta mesmo que muitos aspectos adicionais tenham aparecido durante este tempo. Embora um determinado neurônio identificado possa apresentar diferenças significantes nos padrões completados pelos dendritos do neurônio seguinte, ele forma as mesmas conexões sinápticas em praticamente cada caso. Tendo alcançado seu propósito, as fibras pioneiras morrem ou passam a apresentar um papel mais convencional.

A influência de órgãos periféricos no desenvolvimento neural varia consideravelmente. Embora os diversos gânglios do cordão nervoso do embrião dos insetos possuam o mesmo número de células, algumas células dos gânglios abdominais perdem-se, enquanto que essas mesmas células no tórax se desenvolvem para controlar os apêndices. Este desenvolvimento independe de estruturas periféricas e ocorre até mesmo se os apêndices forem removidos. Ao contrário, na sanguessuga Hirudo, certos neurônios proliferam nos gânglios de segmentos sexuais em resposta à influência do aparelho genital (embora somente estes segmentos tenham a capacidade de responder dessa maneira). Algumas células, cujos homólogos em outros segmentos suprem a parede do corpo, inervam os órgãos genitais nos segmentos sexuais e recebem informações sinápticas especiais para esse papel. Se estes órgãos forem removidos durante o desenvolvimento embrionário, as células desenvolvem alvos e fontes de controle 'convencionais' – neste caso, os órgãos periféricos não atraem somente axônios motores, mas também precisam 'especificar' as conexões a serem efetuadas pelos dendritos das unidades motoras no sistema nervoso central.

Da mesma forma, as células olfatórias das antenas dos machos de mariposas, sensíveis aos feromônios sexuais produzidos pelas fêmeas (Seção 16.10.5), emitem fibras para o lobo antenal do cérebro onde induzem a formação de um proeminente complexo sináptico, específico para o sexo. Schneiderman e colaboradores demonstraram que a substituição de um rudimento antenal da fêmea por aquele de um macho resulta tanto no desenvolvimento de tal complexo no cérebro da fêmea, como no comportamento específico do macho – um vôo ascendente – em resposta ao feromônio.

Processos similares de reconhecimento provavelmente estão envolvidos durante o reparo e a regeneração de sistemas nervosos. Axônios cortados às vezes podem ser novamente fundidos com suas partes danificadas; fibras motoras em regeneração inicialmente podem formar sinapses em músculos não apropriados, mas tais conexões são eliminadas e as 'corretas' são restauradas; fibras que crescem para fora do cérebro do platelminto Notoplana podem encontrar seus alvos corretos (e exercer controle do comportamento – veja a Seção 16.3.8) mesmo se o cérebro for transplantado para a cauda!

Cada estágio da vida dos insetos endopterigotos apresenta seu próprio repertório do comportamento característico e a metamorfose envolve profundas modificações nos circuitos neurais relevantes. O hormônio ecdisona (Seção 16.11.5) une-se seletivamente aos núcleos de neurônios redundantes induzindo sua morte; as árvores dendríticas de muitas outras células, e de suas conexões sinápticas, são extensivamente remodeladas (veja o Quadro 16.3).

16.3.5 Diferenciação da neurópila

Pelo menos três padrões de organização histológica dos cordões nervosos podem ser distinguidos (Fig. 16.14). Regiões de neu-

Quadro 16.3 Remodelando o sistema nervoso

Durante a fase embrionária, algumas células desenvolvem-se, enquanto outras são redundantes e são eliminadas. No nematódeo Caenorhabditis, vermes hermafroditas têm 302 neurônios, enquanto que os machos retêm 79 extras em conexão com funções reprodutivas. Este processo de morte programada de células é geneticamente determinado. As células que morrem têm o mesmo 'programa' de desenvolvimento em seu conjunto genético como seus parentes, porém neste caso, é desencadeado um 'programa suicida' integrante delas. Um dos mutantes mais interessantes de Caenorhabditis (do gene ced-3) é deficiente quanto a este aspecto. As células que morrem normalmente sobrevivem e formam conexões funcionais – aparentemente o animal nem mesmo o nota!

Alguns neurônios motores de Caenorhabditis apresentam uma completa reversão na direção do fluxo de informações durante o desenvolvimento larval, enquanto que sua morfologia virtualmente não se modifica. Na larva de primeiro estágio, recebem informações sinápticas dorsalmente e os impulsos dirigem-se para os músculos ventrais; em estágios mais avançados e no adulto, a situação é invertida.

Em insetos endopterigotos (por exemplo, Lepidoptera), quase todas as células que perfazem o corpo da larva são destruídas durante a metamorfose e os tecidos adultos desenvolvem-se de novo a partir de discos imaginais. Em contraste, a maioria dos neurônios presentes no sistema nervoso central do adulto é derivada de células presentes no sistema nervoso da larva. No entanto, durante a metamorfose, o sistema nervoso é extensivamente remodelado, tanto na morfologia geral (Fig. a) como na estrutura das células, para uma vida radicalmente diferente quanto ao ambiente, à estrutura do corpo, à capacidade sensorial, à locomoção e ao comportamento do animal. Grande parte desta remodelação é desencadeada por mudanças no regime endócrino que governa a metamorfose (Seção 16.11.5).

A proliferação e a diferenciação da maioria dos neurônios motores nos Lepidoptera são completadas durante a embriogênese e estas células são funcionais na larva. Variam amplamente quanto a seu destino (Fig. b). Alguns, com uma função específica na larva, são eliminados na pupa. Outros, com um papel no controle do comportamento associado à emergência do adulto, são programados para morrer logo depois. Ainda outros são extensivamente remodelados em seus padrões de ramificação e nas conexões para servirem a uma função no adulto. O transmissor clássico tipicamente produzido durante a vida larval é retido no adulto, enquanto que os neuropeptídeos podem mudar.

Ao contrário, muitos neuroblastos destinados a originar neurônios sensoriais e interneurônios entram num estado de desenvolvimento sustado e somente completam a proliferação na larva. Não sendo funcionais neste estágio (Fig. c) e possuindo apenas uma diferenciação rudimentar, não se desenvolvem totalmente até o momento da metamorfose.

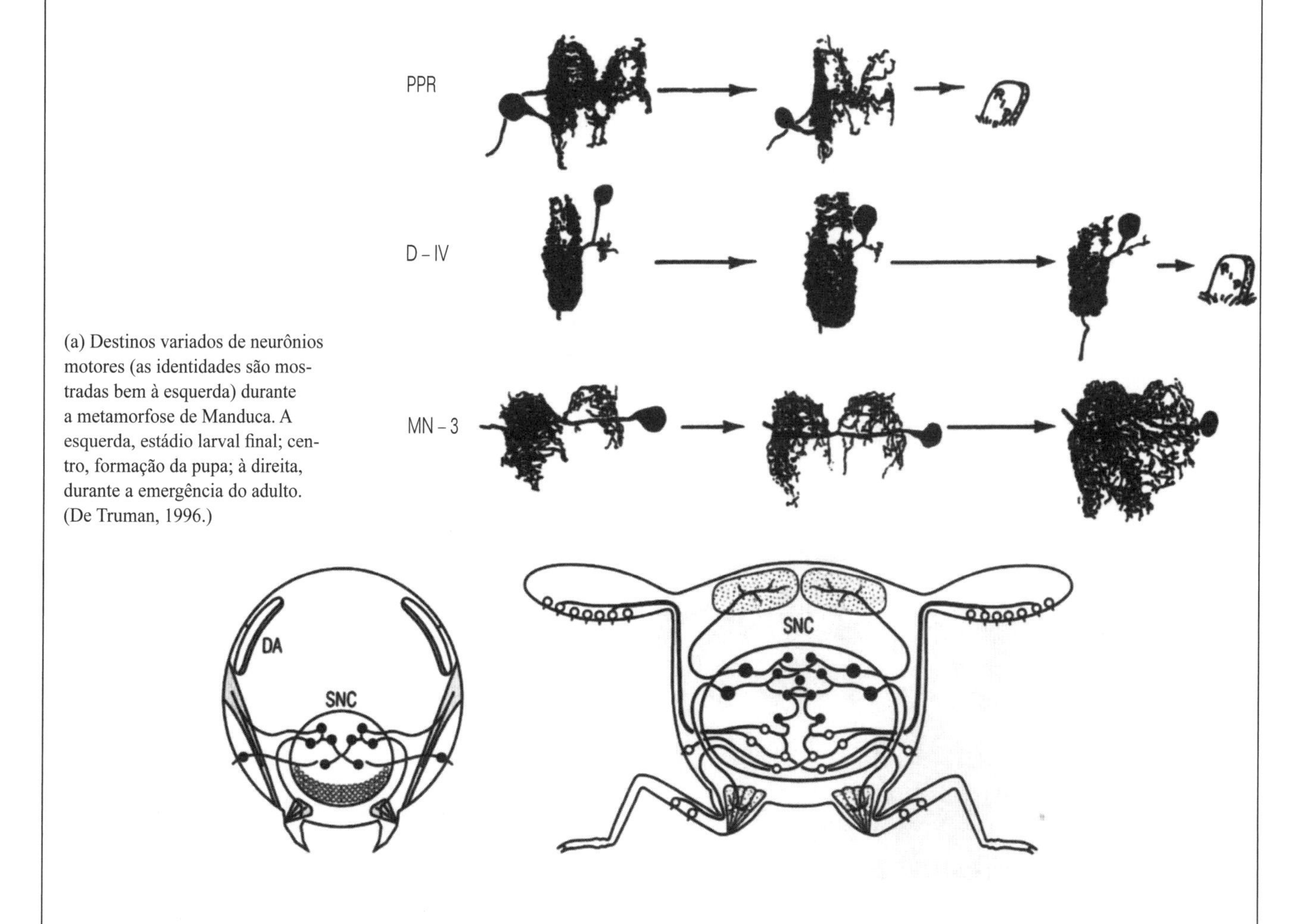

(a) Destinos variados de neurônios motores (as identidades são mostradas bem à esquerda) durante a metamorfose de Manduca. A esquerda, estádio larval final; centro, formação da pupa; à direita, durante a emergência do adulto. (De Truman, 1996.)

(b) Padrões contrastantes do desenvolvimento de neurônios motores típicos (círculos preenchidos) e neurônios sensoriais (círculos não preenchidos), respectivamente, em insetos endopterigotos, mostrando a larva (à esquerda) e o adulto (à direita). (De Truman, 1996.)

rópila diferenciada estão presentes mais comumente. Os corpos celulares dos neurônios, freqüentemente envolvidos por células gliais, são segregados no interior da região periférica ou córtex. Seus processos ramificados contribuem para a complexa trama de fibras nervosas que formam o cerne ou a neurópila onde é feita a grande maioria de contatos sinápticos, embora alguns sejam formados nas células (p. ex., em moluscos).

Um arranjo paralelo de neurônios é observado nos cordões nervosos de nematódeos e no anel nervoso interno de hidromedusas. Os corpos celulares não estão histologicamente segregados e os contatos sinápticos são efetuados entre fibras adjacentes. Em nematódeos, cada neurônio possui tipicamente um único processo (não ramificado em Caenorhabditis; com dois pontos de ramificação, no máximo, em Ascaris) e os possíveis parceiros sinápticos de uma determinada fibra estão restritos àquelas adjacentes a ela (estas constituem a 'vizinhança' da fibra).

Por último, um padrão avançado de organização em ilhota está presente no cérebro de Octopus. Os corpos celulares não estão presentes somente no córtex, mas também ocorrem difusamente dispersos no interior da neurópila – um padrão comparável àquele da substância cinzenta dos vertebrados.

16.3.6 Arranjos segmentares

Muitos animais alongados (p. ex., anelídeos), cujos padrões locomotores envolvem a produção de ondas de contração que se deslocam para frente ou para trás ao longo do corpo, organizam seus músculos como uma série de blocos ou somitos que podem ser ativados em seqüência. No interior do sistema nervoso, cada segmento está equipado com um 'conjunto padrão' de componentes neurais os quais, assim, apresentam uma repetição serial ao longo do comprimento do corpo (em verdade, segmentos diferentes também podem apresentar seus próprios aspectos característicos – veja a Seção 16.3.4). As unidades relevantes e suas interconexões foram identificadas em alguns invertebrados e aqui é apresentado um 'diagrama de fiação' do sistema que controla a natação na sanguessuga (Fig. 16.15).

O conjunto geralmente inclui motoneurônios com axônios até os músculos, interneurônios locais para gerar um padrão de atividade apropriado (Seção 16.9.2) e interneurônios relés coordenando a atividade em segmentos adjacentes – na sanguessuga, por fibras inibidoras. Na Figura não são mostradas as células sensoriais que geram uma retroalimentação proprioceptiva a partir dos músculos e outras cuja ativação inibe a natação.

A repetição serial não está restrita aos animais segmentados. Os nervos radiais de equinodermos e os cordões axiais nos braços de cefalópodes apresentam este efeito que envolve grupos de células, áreas da neurópila e nervos bilaterais que se estendem até a periferia. No nematódeo Ascaris existem cinco conjuntos de motoneurônios, cada um com onze células, serialmente dispostos ao longo do corpo.

16.3.7 Linhas quentes

Quando uma minhoca, com sua extremidade anterior estendida para fora de sua galeria, encontra o proverbial 'pássaro matuti-

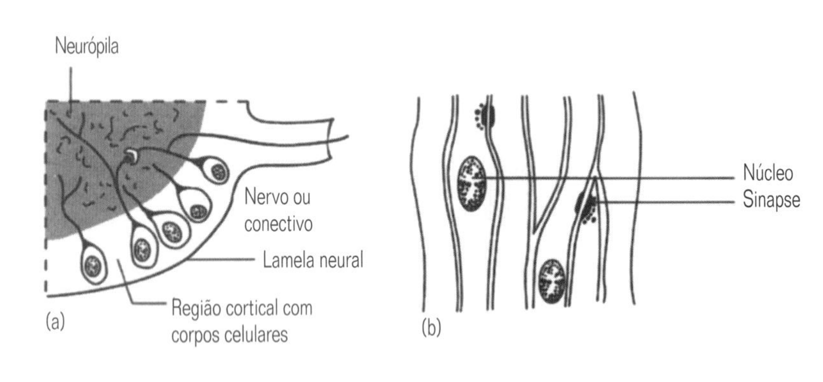

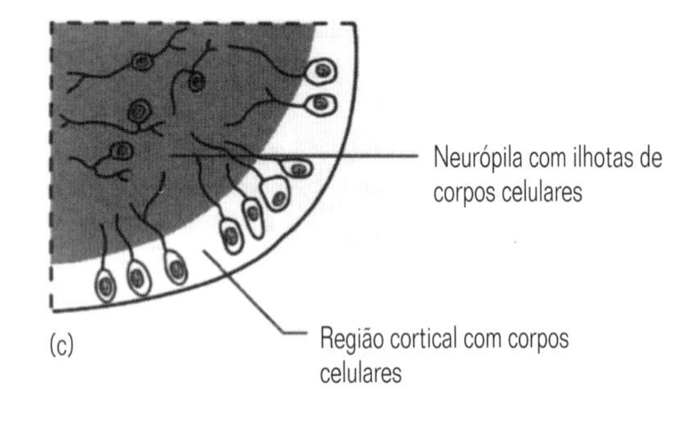

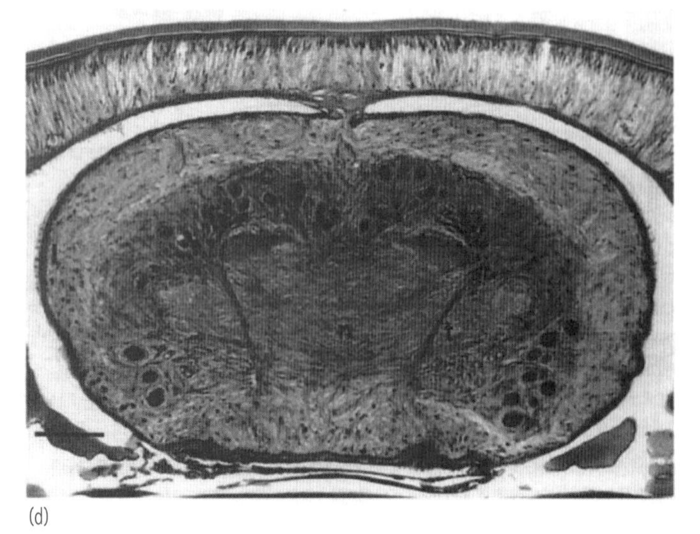

Fig. 16.14 Padrões de diferenciação da neurópila. (a) Neurópila diferenciada. (b) Arranjo paralelo. (c) Ilhotas. (d) Corte transversal do gânglio cerebral do anelídeo poliqueta Nereis. c, corpos celulares de neurônios; l, lamela neural ou cápsula cerebral; n, trato de axônios neurossecretores estendendo-se até a área neuro-hemal no assoalho do cérebro (cf. Fig. 16.43); barra, 100 μm. (De Golding & Whittle, 1974.)

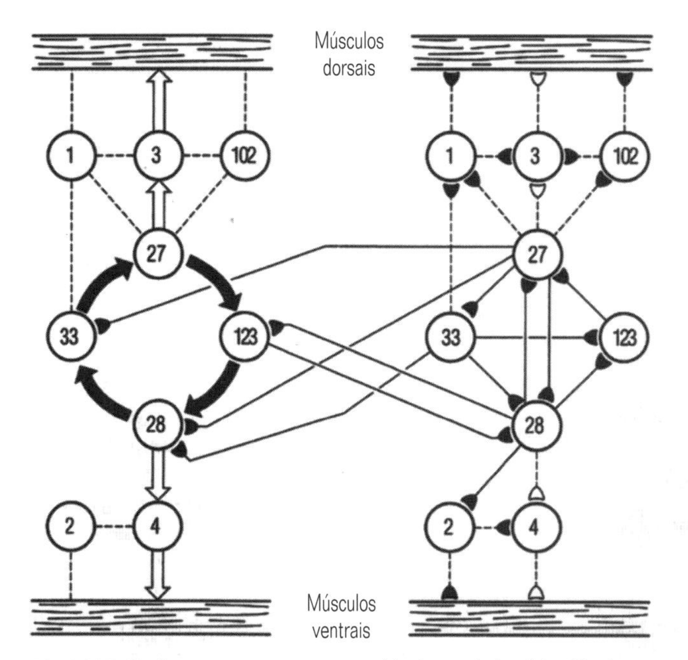

Fig. 16.15 Conjunto segmentarmente repetido de neurônios (identificados por números) que controla a natação na sanguessuga. O gânglio anterior (à esquerda) apresenta o padrão oscilatório de atividade nervosa no quarteto de interneurônios, o que assegura que os motoneurônios 3 e 4, os quais induzem a contração dos músculos dorsais e ventrais, respectivamente, sejam ativados alternadamente. O gânglio posterior apresenta as conexões sinápticas em seu interior e entre os gânglios. Bulbos claros, excitatórios; bulbos preenchidos, sinapses químicas inibitórias; uma sinapse elétrica retificadora também é formada entre as células 33 e 28. (Segundo Friesen et al., 1976.)

no', os relés intersegmentares descritos acima, conduzindo a uma velocidade de 3 cm s^{-1}, são pouco adaptados para provocar uma rápida resposta de fuga – uma via de condução direta é necessária. Tais vias freqüentemente consistem de 'axônios gigantes' (Seção 16.1.5) que se originam, por exemplo em minhocas, a partir de uma série de células (uma por gânglio), algumas das quais se fundiram longitudinalmente para formar sincícios multicelulares, outras se conectaram por meio de sinapses elétricas. A contração máxima de todos os segmentos da cauda do oligoqueta de água doce Branchiura pode ocorrer em 7 ms, tida como a resposta de fuga mais rápida conhecida para os invertebrados.

Em hidromedusas, um feixe de fibras gigantes, acopladas por junções elétricas, permite a propagação muito rápida da excitação para todas as partes do anel nervoso interno e, em conseqüência, a contração simétrica da umbrela necessária para a natação. Em Amphigona, um anel de axônios gigantes faz sinapses com oito fibras motoras que se estendem sobre os músculos na superfície inferior da umbrela. Baixos níveis de estimulação sináptica das fibras motoras originam potenciais de ação de condução lenta (Seção 16.1.5), de baixa amplitude, que dependem de canais de Ca^{2+} e que geram as lentas pulsações da umbrela usadas na alimentação. Quando se origina a resposta de fuga, a estimulação sináptica aguda das fibras motoras gera potenciais de condução rápida, dependentes de Na^{+}, de elevada amplitude, que causam contrações vigorosas da umbrela, cada uma das quais impele o animal cinco vezes mais longe do que em uma pulsação de alimentação. As propriedades dos neurônios asseguram que os potenciais de Ca^{2+} e de Na^{+} não interajam. Este trabalho de Mackie e colaboradores forneceu a primeira demonstração da capacidade de células isoladas gerarem dois tipos de potenciais de ação, além de ter apresentado um exemplo notável de parcimônia nos cnidários.

Em outros animais, as vias de condução direta exercem influências estimuladoras ou inibidoras gerais sobre sistemas segmentares cujos padrões de atividade são detalhadamente controlados por relés intersegmentares (veja a Fig. 16.33). Certamente, muitas fibras no interior de cordões nervosos são intermediárias entre os dois extremos descritos acima, estendendo-se através de alguns segmentos.

16.3.8 A força do cérebro

Particularmente em invertebrados mais avançados os gânglios anteriores são especialmente bem desenvolvidos e complexos. Esta tendência é parte do processo mais geral de cefalização ou desenvolvimento da cabeça.

Primeiro não podem existir dúvidas de que este fenômeno está amplamente relacionado à inevitável concentração de órgãos dos sentidos na extremidade anterior de animais móveis, bilateralmente simétricos. O papel do cérebro no processamento e na integração de informações sensoriais, e de responder a elas, está bem ilustrado nos insetos. O protocérebro com seus grandes lobos ópticos recebe informações dos olhos, o deutocérebro das antenas com seus bem desenvolvidos quimiorreceptores, e o tritocérebro da região anterior do canal alimentar. Um aspecto proeminente do protocérebro de muitos artrópodes, como dos gânglios cerebrais de poliquetas mais evoluídos e até mesmo de platelmintos, é a presença dos corpora pedunculata ou 'corpos fungiformes'. Consistem em grande número de diminutos neurônios (com menos de 3 μm de diâmetro em insetos) cujos axônios, reunidos em forma de feixe, formam os 'pedúnculos'. Acredita-se que estejam envolvidos na integração de informações sensoriais fornecidas pelos diferentes órgãos dos sentidos cefálicos, juntamente com aquelas provindas de outras partes do corpo, além de atuarem na aprendizagem associativa.

Um segundo exemplo de 'tarefas da extremidade anterior' refere-se à presença da maquinaria neural que controla o comportamento alimentar, o qual, por exemplo, é abolido pela remoção dos gânglios supra- e/ou subesofágicos de anelídeos. A fisiologia da alimentação da mosca varejeira tem sido descrita com grandes detalhes por Dethier (1976) em seu livro The Hungry Fly. A detecção de substâncias alimentares por quimiorreceptores nos segmentos tarsais (distais) das pernas e, depois, por aqueles da extremidade da probóscide, resulta na passagem de impulsos nervosos para o gânglio subesofágico onde interneurônios e, em seguida, motoneurônios são ativados induzindo eversão da probóscide e movimentos de sucção pela bomba faríngea.

Terceiro, os gânglios anteriores atuam como centros mais elevados no controle geral de atos reflexos e de atividades espontâneas de níveis 'mais inferiores'. Durante a locomoção do platelminto Notopiana, o alimento entra diretamente na boca, enquanto que, no animal estacionário, ele passa primeiro por uma inspeção pela extremidade anterior. Um espécime descerebrado não apresenta esta última modificação comportamental, e sua alimentação não é inibida quando o trato digestivo está repleto. No lagostim, as fibras nervosas do cérebro podem bloquear respostas a sobressaltos (veja o Quadro 16.8) e influenciam o desenvolvimento da habituação por ações nas junções sinápticas

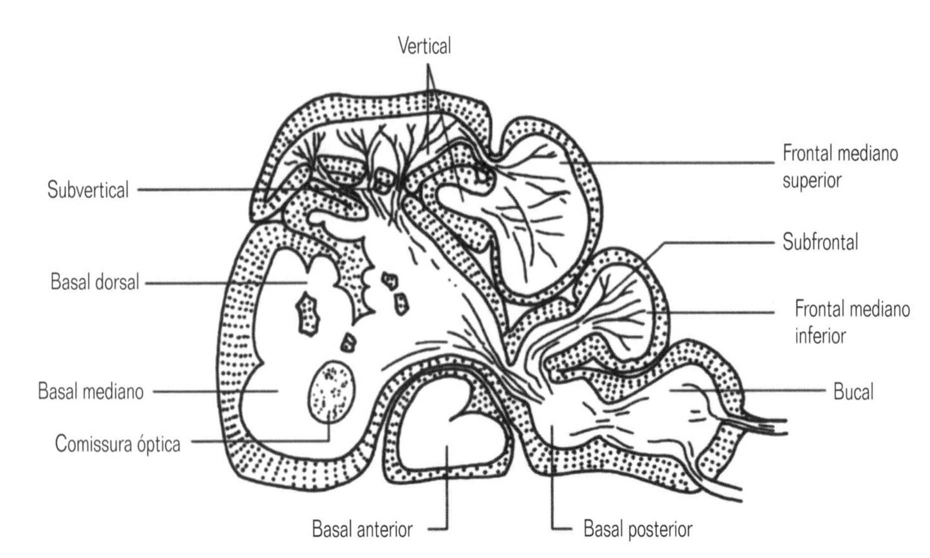

Fig. 16.16 Região supraesofágica do cérebro de Octopus, vista em corte longitudinal, mostrando alguns dos 25 lobos funcionalmente peculiares. (Segundo Young, 1963.)

segmentares. Estes dados mostram que o cérebro recebe informações de uma série de órgãos sensoriais e que toma 'decisões estratégicas' que controlam as ações reflexas dos centros inferiores, embora estes últimos sejam aqueles que possuem uma maquinaria para organizar a atividade em seus detalhes. Numa ampla variedade de invertebrados, os animais descerebrados geralmente se caracterizam por hiperatividade.

Quarto, os centros superiores têm um papel no controle dos estados de 'vigília' ou de 'temperamento' dos animais, os quais exercem efeitos amplos no sistema nervoso. Por exemplo, os neurônios no olho do gafanhoto podem ter sua sensibilidade aos estímulos grandemente aumentada pelo estado de vigília devido a sinais neurais do cérebro; os centros motores são simultaneamente estimulados.

Finalmente, o cérebro desempenha um papel-chave nas funções nervosas superiores e nas formas avançadas do comportamento. As abelhas podem ser treinadas a visitar até nove diferentes fontes de alimento e a lembrar da hora apropriada do dia para cada uma. Complexos 'traços de memória' deste tipo são armazenados nos corpora pedunculata – isto é, não na principal via sensório-motora, como pode ser o caso com formas simples de aprendizagem (veja o Quadro 16.2), mas em um centro superior. Uma abelha pode aprender a associar um odor a uma recompensa de açúcar após uma única experiência e poderá reter essa memória durante diversos dias. Injeções de diminutas quantidades (tão pequenas quanto 5 nl) de neurotransmissores nos corpora pedunculata indicam que a formação da memória é um processo distinto daquele da evocação da memória. Por exemplo, a administração de dopamina em diferentes momentos do treino e dos testes não tem efeito sobre o primeiro processo, além de prejudicar o segundo.

Em Octopus (Fig.16.16), as pesquisas de Young mostraram que diferentes partes do cérebro estão envolvidas no processo de aprendizagem em relação a diferentes tipos de informação sensorial. As vias visuais vão dos lobos ópticos aos frontais superiores, depois aos verticais, enquanto que a aprendizagem táctil envolve os lobos frontais inferiores, os subfrontais e os verticais. Em cada uma destas vias, as informações passam por relés em uma série de centros – por exemplo, quatro centros para informações visuais foram identificados no interior dos lobos verticais. Também existem fibras que se dirigem para trás a partir dos lobos verticais até os lobos ópticos. Traços de memória estão presentes em mais de um nível em qualquer sistema. Assim, a remoção dos lobos verticais prejudica substancialmente a memória de um processo visual, mas algumas impressões deste último ainda permanecem nos outros lobos. Além disso, em um lado do cérebro a memória de uma lição aprendida pela apresentação unilateral de estímulos é compartilhada durante um período de algumas horas, com o outro lado.

Ao contrário do que pode ser inferido dos comentários acima sobre a aprendizagem (Quadro 16.2), as funções nervosas superiores aparentemente requerem um número enorme de unidades neurais. Por exemplo, os centros 'mais elevados' em Octopus, os lobos verticais, contêm 25 milhões de 'microneurônios', muitos sem axônios. Os lobos facilitam os processos de aprendizagem e isto pode ser realizado pela formação de uma representação codificada de uma situação, constituindo a base das habilidades notáveis do animal para generalizar um assunto com outro similar.

16.4 Receptores

16.4.1 Uma característica fundamental

A sensibilidade a influências ambientais é uma característica geral das células vivas e ocorre até mesmo na ausência de diferenciação estrutural óbvia. Um dos fotorreceptores extra-oculares melhor conhecido consiste de um par de neurônios que se originam no gânglio abdominal terminal do lagostim, descoberto por Prosser em 1934. As células são responsáveis por um comportamento fotonegativo, mas também recebem informações dos mecanorreceptores da cauda.

Além dessa sensibilidade generalizada, a maioria dos animais desenvolve uma variedade de células receptoras especializadas, as quais freqüentemente formam partes de órgãos multicelulares dos sentidos (veja o Quadro 16.4). Na grande maioria dos receptores, a parte sensível da célula é estruturalmente diferenciada pela presença de cílios ou de microvilos (veja a Fig. 16.17) e, em alguns casos, pela presença de ambos. Em muitos casos, os cílios sensoriais têm sua estrutura modificada, embora isso pareça possuir pouca relação com a modalidade sensorial envolvida. O significado destas organelas provavelmente está

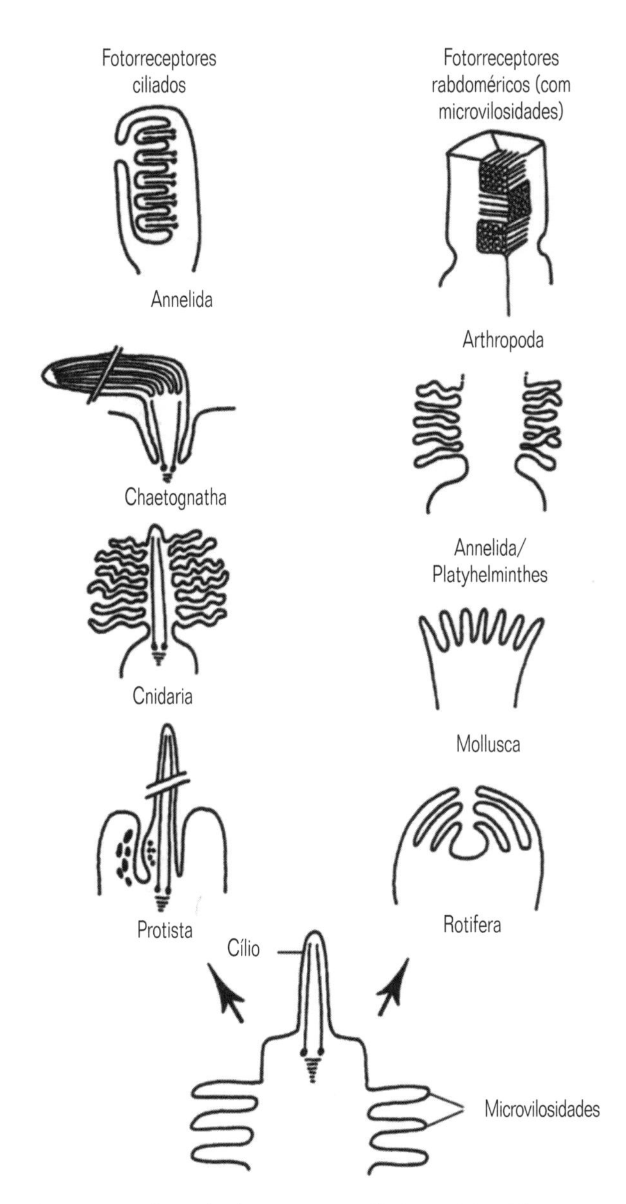

Fig. 16.17 Radiação dos fotorreceptores ciliados e rabdoméricos (grandemente, segundo Eakin, 1968).

relacionado à área superficial maior que fornecem. Em alguns casos (p. ex., no olho do lagostim), partículas intra-membranosas, visíveis ao microscópio eletrônico e que, presumivelmente, consistem de pigmento visual, estão concentradas no interior de membranas microvilares, implicando que estas últimas constituem o sítio da sensibilidade. Em outros (p. ex., em Drosophila), o complemento de partículas no interior dos microvilos assemelha-se àquele das áreas circundantes da membrana plasmática, sugerindo uma sensibilidade mais difusa.

16.4.2 Classificação dos receptores

Aristóteles reconheceu aquilo que denominamos de 'cinco sentidos' e a estes foram juntados outros, alguns bastante exóticos (p. ex., abelhas apresentam uma sensibilidade apurada para campos magnéticos). Os tipos de sentidos são chamados 'modalidades sensoriais'. As classificações contemporâneas são ba- seadas no

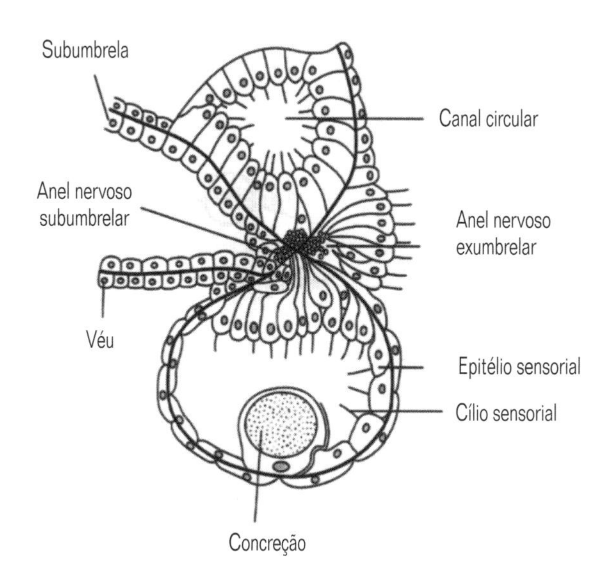

Fig. 16.18 Estatocisto de uma hidromedusa (segundo Barnes, 1980).

caráter físico do estímulo em questão (p. ex., luminoso, mecânico, químico etc.). Entretanto, nós também podemos distinguir entre exteroceptores, sensíveis a influências externas, interoceptores que respondem a fatores internos, e proprioceptores que sinalizam movimentos e posições de músculos, articulações etc.; ou entre receptores fásicos que respondem a modificações ambientais, e tônicos cuja atividade está relacionada com o nível absoluto da estimulação – muitos receptores são uma combinação dos dois.

A sensibilidade a uma das modalidades pode ser explorada para a obtenção de informações sobre a outra. Por exemplo, receptores sensíveis à gravidade, chamados estatocistos, são mecanorreceptores especializados (Fig. 16.18). São comuns em invertebrados, por exemplo, sendo associados às margens da umbrela de medusas (veja a Fig. 3.17) e estão presentes em Octopus. O órgão consiste de um ou mais corpos densos, os estatólitos. Quando o estatólito se move sob a influência da gravidade, ele toca ou destorce cílios sensoriais e ativa células receptoras. No urocordado Oikopleura, o estatólito é substituído por uma gotícula de melanina a qual, sendo mais leve que a água, flutua para cima, indicando, assim, a direção da gravidade.

O papel dos estatocistos foi demonstrado no camarão por Kreidl em 1893. Durante a muda, estes animais eliminam e substituem os grãos de areia que formam seus estatólitos. Fornecendo limalha de ferro em vez de areia, Kreidl foi capaz, com o uso de um ímã, fazer com que o camarão nadasse de dorso para baixo, ou de lado etc. quando o campo magnético simulava aquele da gravidade. Os estatocistos podem detectar aceleração, mas sistemas tubulares nos quais o movimento do fluido ativa receptores, comparáveis aos canais semicirculares dos vertebrados, também estão presentes em alguns invertebrados (p. ex., em Octopus).

16.4.3 Especialistas e generalistas

Os receptores para uma determinada modalidade sensorial compartilham de uma sensibilidade muito elevada pela forma da energia envolvida, como foi mostrado por seu baixo limiar e resposta mais intensa à estimulação. No entanto, enquanto al-

Quadro 16.4 Sensila de insetos

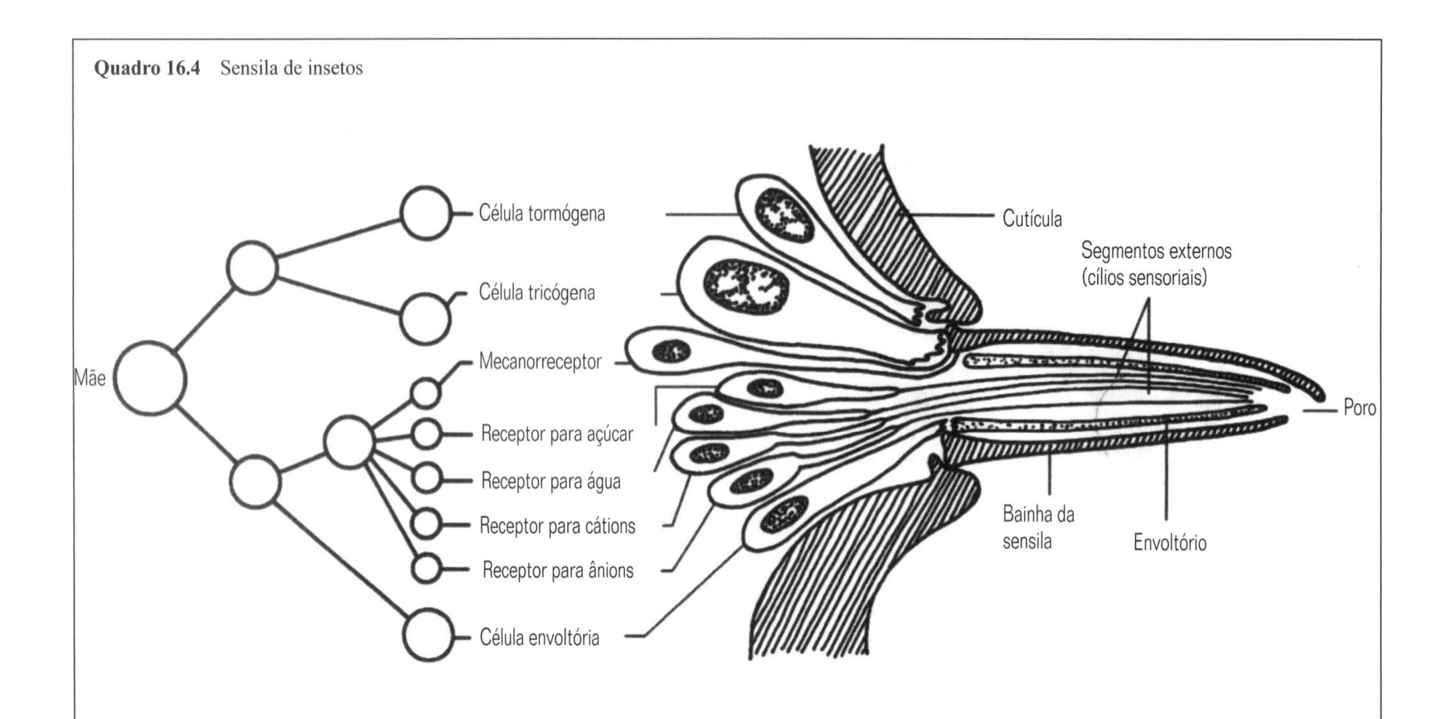

(a) Desenvolvimento e estrutura de uma sensila de inseto. A célula tormógena secreta o tubo, a célula tricógena secreta a bainha (ambas contribuem para a linfa); as células da bainha formam-na em torno dos cílios. Note que uma sensila individual pode incorporar células receptoras para uma diversidade de sentidos. Não são mostradas as fibras nervosas que se estendem dos receptores em direção ao sistema nervoso central. (Segundo Dethier, 1976; e Hansen, 1978.)

Os insetos possuem neurônios receptores combinados a cerdas cuticulares, placas, depressões etc. para produzir uma quantidade espantosa de órgãos sensoriais chamados sensilas – o corpo parece eriçado com tais 'antenas'. Todas as células que compõem uma sensila são produzidas por meio de divisão de uma célula-mãe.

Os quimiorreceptores, tanto gustativos como olfatórios, apresentam similaridades próximas àquelas de outros animais. O dendrito (ou 'segmento interno') de cada neurônio bipolar receptor estende-se até a base do órgão, onde origina um ou mais cílios (o 'segmento externo'). Um ou muitos poros (até 15.000 por cerda) provêm o acesso pelo qual as substâncias químicas conseguem atingir os cílios via fluido especial, ou 'linfa', com a qual as organelas são banhadas. Os odores utilizados para sinalização co-específica em mariposas (isto é, feromônios – Seção 16.10.5), cujos neurônios receptores estão localizados nas antenas, são rapidamente desativados pela ligação a uma proteína especial na linfa, sendo depois degradados por enzimas.

Os mecanorreceptores são bem desenvolvidos e são ciliados, como na grande maioria dos outros animais. O movimento da cerda destorce o cílio e estimula a célula receptora. As sensilas campaniformes, cada uma consistindo de um único neurônio associado a uma capa cuticular sulcada, detectam o estiramento no interior da cutícula. As sensilas cordotonais provêm informações sobre a posição e o movimento das articulações. Também fornecem os componentes sensoriais dos órgãos timpânicos – órgãos auditivos que podem estar associados a partes bem separadas do corpo dos insetos. Tais órgãos consistem de partes modificadas do sistema traqueal, possuindo sacos aéreos com membranas timpânicas, cujas vibrações em resposta ao som estimulam os receptores associados a eles. Um único ouvido ('ciclópico') está presente na parede mediano-ventral torácica do louva-a-deus. Ele é sensível a freqüências ultrassônicas e pode fornecer um meio de proteção contra morcegos insetívoros.

Aparentemente, os insetos não possuem órgãos sensoriais especializados para a gravidade e a aceleração, dependendo dos muitos órgãos dos sentidos associados às articulações etc. para conseguir uma informação relevante. No entanto, as moscas possuem halteres (Fig. b) que são homólogos ao segundo par de asas (moscas somente possuem um par) e funcionam como giroscópios sinalizando rotação no espaço durante o vôo. Em forma de um haltere, oscilam para cima e para baixo, auxiliados por uma articulação em sua base. Funcionam através de homólogos dos músculos de força das asas e são ajustados por 11 diminutos músculos (que recebem informações dos olhos) que correspondem àqueles que ajustam o batimento das asas durante a orientação do vôo. Trezentos e trinta e cinco receptores de estiramento estão presentes em sua base e outras sensilas localizam-se na cabeça.

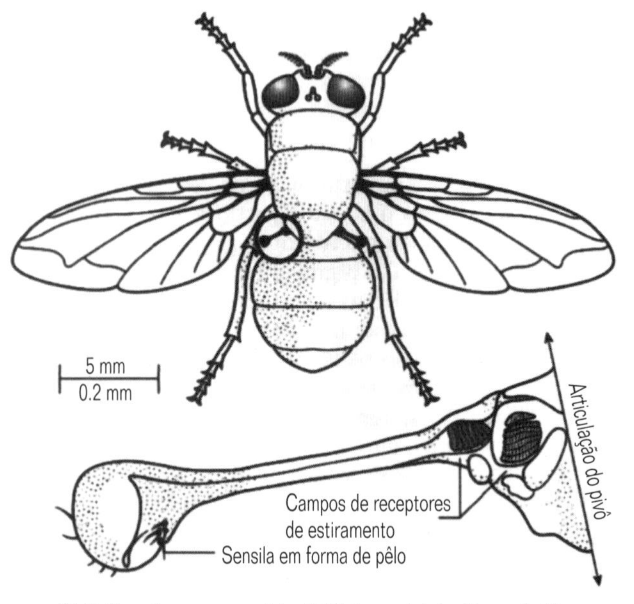

(b) Haltere da mosca varejeira Calliphora vicinia. (Segundo Hengstenberg, 1998.)

guns são especialistas, outros são generalistas. Os especialistas olfatórios apresentam um espectro altamente restrito de respostas a odores tendo, por exemplo, uma sensibilidade aguda somente para um único composto, um feromônio (Seção 16.10.5) secretado como sinal químico por outro membro da espécie, ou apenas para odores associados com alimento. Por exemplo, em Drosophila estão presentes 50 tipos de células em cada uma das quais somente um ou um número pequeno de genes olfatórios são expressos. Os generalistas olfatórios respondem a uma variedade maior de estímulos da modalidade, como em Caenorhabditis, que possui somente 15 tipos de células, cada uma com muitas e diferentes moléculas receptoras. Entretanto, cada generalista pode apresentar seu próprio padrão de sensibilidade, capacitando o animal a reconhecer qualquer substância através da combinação peculiar de receptores ativados.

16.4.4 Codificação da intensidade

A informação fornecida pelos receptores geralmente não é apenas do tipo 'sim' ou 'não', mas também do 'quanto' e em neurônios que disparam potenciais de ação isto é codificado na freqüência de impulsos gerados nas fibras nervosas, a qual é proporcional ao log da intensidade do estímulo ou a alguma função similar. A amplitude de intensidade da estimulação à qual o organismo é sensível é ampliada pelo controle da sensibilidade receptora exercida por fibras centrífugas (o tráfego de impulsos é dirigido para a periferia) como as que inervam o estatocisto de cefalópodes (Fig. 16.19). Este aspecto está particularmente bem desenvolvido em invertebrados. Por último, diferentes células podem operar através de diferentes partes de uma amplitude maior. Num estudo clássico, Nicholls e outros mostraram que os mecanorreceptores da parede do corpo da sanguessuga, com corpos celulares identificados em cada gânglio do cordão ventral, pertencem a tipos diferentes. Células de 'Tato' (T) são sensíveis até mesmo a correntes de água no meio. Receptores de 'Pressão' (P) começam a responder quando uma pressão de cerca 7g é aplicada por meio de uma sonda. Finalmente, as unidades 'nociceptivas' (N) são ativadas somente em resposta a estímulos fortemente danosos.

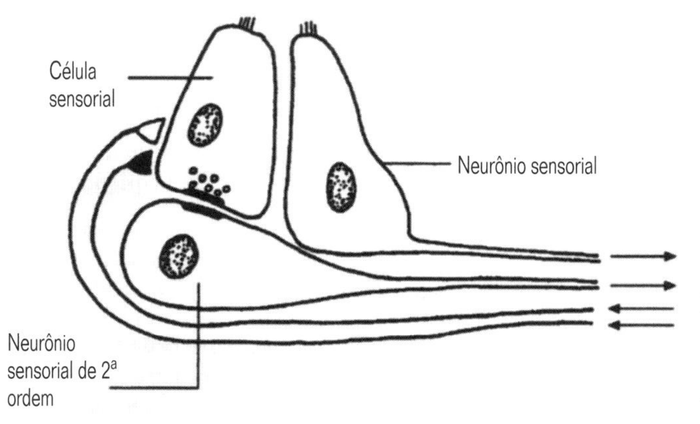

Fig. 16.19 Receptor detector de aceleração no estatocisto de cefalópode. O órgão contém tanto neurônios sensoriais como células sensoriais, as últimas comunicando-se com o sistema nervoso central pela formação de sinapses químicas com neurônios sensoriais de segunda ordem. Cada um dos diferentes tipos de componentes recebe tanto sinapses eferentes excitatórias (bulbo claro) como inibitórias (bulbo escuro) (veja a Seção 16.6.6), como é mostrado para as células sensoriais. (Segundo Williamson, 1989.)

16.4.5 Células sensoriais e neurônios sensoriais

Muitos órgãos dos sentidos dos vertebrados compõem-se de células sensoriais sem fibras nervosas, que transmitem a informação por meio de sinapses químicas aos terminais de neurônios sensoriais cujos axônios se estendem até o sistema nervoso central [apesar da direção do fluxo de informações, os neurônios freqüentemente são (erroneamente) considerados como 'primários e as células periféricas como 'secundárias']. Em outros casos, a própria célula receptora é um neurônio e isto é característico da grande maioria dos sistemas sensoriais de invertebrados. As exceções incluem o receptor de Langerhans do urocordado Oikopleura e os fotorreceptores do cnidário Tamoya. O sistema de detecção de aceleração do estatocisto de cefalópodes incorpora tanto células sensoriais como neurônios sensoriais (Fig. 16.19).

16.5 Visão

16.5.1 Pigmentos visuais

A visão é uma modalidade sensorial que nos fornece a maior parte das informações sobre o mundo e o mesmo se aplica aos invertebrados mais evoluídos, como é mostrado pelo refinamento de seus olhos.

A sensibilidade à luz, uma pequena faixa do espectro eletromagnético, é conferida pela posse de moléculas fotorreceptoras – isto é, pigmentos visuais – que absorvem energia radiante, com liberação de energia livre. A rodopsina é um composto do carotenóide retinal, um derivado da vitamina A e da proteína opsina. Ela é quase universal, sendo encontrada em organismos tão diversos como a alga Volvox e o homem. A exposição à luz converte o retinal de sua forma isométrica 11-cis na configuração 11-trans levando ao branqueamento do pigmento devido à dissociação do retinal e da opsina. Esta modificação afeta os canais iônicos na membrana das célelas fotorreceptoras, através da mediação de um segundo mensageiro (veja a Seção 16.1.3). A rodopsina é regenerada por síntese enzimática.

A rodopsina existe numa variedade de formas, dependendo tanto do tipo de retinal como daquele da opsina. Os vagalumes, ativos ao escurecer, emitem luz amarela como sinais para outros membros da mesma espécie, enquanto que aqueles ativos após o anoitecer produzem luz verde – e as sensibilidades máximas dos pigmentos retinianos nas diferentes espécies são precisamente ajustadas.

A visão a cores é importante para muitos crustáceos, insetos e aracnídeos (surpreendentemente, Oetopus é cego a cores) e está baseada na posse de vários tipos de receptores com pigmentos sensíveis a diferentes partes do espectro. Por exemplo, abelhas têm neurônios receptores sensíveis à luz amarelo-verde (540 nm), azul (440 nm) e ultravioleta (340 nm), respectivamente. Borboletas também são sensíveis à luz vermelha. Em moscas, a maioria dos receptores exibe uma curiosa sensibilidade dupla (azul-verde e ultravioleta) devido à presença tanto da rodopsina como de outro pigmento. Os outros receptores apresentam uma gama de sensibilidades ao espectro, parcialmente devido à presença de pigmentos protetores que separam certos comprimentos de onda, sendo que os receptores apenas respondem aos outros. A retina do estomatópode Pseudosquilla tem pelo menos dez tipos espectrais de células receptoras (nós temos três!)

A orientação da luz polarizada também pode ser detectada por alguns olhos. Em moscas, as unidades das margens dos olhos compostos são especializadas para esta função. O padrão de polarização do céu capacita as abelhas a navegar usando como referência a posição do sol, mesmo quando este é obscurecido por nuvens. Octopus pode usar esta habilidade para 'ver através' da camuflagem prateada dos peixes.

16.5.2 Olhos ciliares e rabdoméricos

A grande maioria dos fotorreceptores pertence a um de dois tipos, como foi demonstrado por Eakin (Fig. 16.17). Em uma classe, as prováveis organelas sensoriais são cílios ou derivados de membranas ciliares (como nos vertebrados). No segundo tipo, as organelas são microvilos cujos padrões ordenados são chamados rabdomas. É digno de nota que os dendritos que apresentam microvilos freqüentemente possuem um cílio ou um rudimento ciliar no ápice, sugerindo que o complexo ciliar pode ter um papel no desenvolvimento do rabdoma. Além disso, os receptores com organelas definitivamente ciliares e rabdoméricas em diferentes níveis da mesma célula foram registrados em anelídeos poliquetas serpulídeos; no cnidário Polyorchis, os microvilos estão misturados com elementos derivados da membrana ciliar; e alguns outros parecem ser mistos.

Muitas membranas fotorreceptoras de ambos os tipos apresentam grandes decomposições e renovações diárias. Na aranha noturna Dinopus, o rabdoma ocupa somente 15% do volume da célula receptora durante o dia, porém uma hora após o pôr do sol, este aumentou até 90%, aumentando a captura de fótons de 6 para 74%. O excesso de membrana é destruído dentro de duas horas após o nascer do sol.

A maioria das unidades ciliares é de receptores que se ativam no escuro. O escuro leva à abertura dos canais de Na^+ (geralmente), à despolarização e à liberação de transmissores pelos terminais. Em contraste, os receptores rabdoméricos apresentam, tipicamente, respostas de ativação no claro – os efeitos acima resultam da exposição à iluminação. Tal distinção é ilustrada no bivalve Pecten, cujos olhos possuem uma camada superior de receptores ciliares (de resposta ao escuro) e uma camada inferior de células rabdoméricas (de resposta ao claro). Exceções à regra incluem a resposta ao escuro de receptores rabdoméricos no molusco gastrópode Onchidium e daqueles tanto com tipo rabdomérico como ciliar de salpas (urocordados). Será interessante aprender como os tipos mistos funcionam. Receptores ciliares como aqueles de vermes sabelídeos e de Pecten parecem ser bem adaptados a mediar 'reflexos de sombra' – reações defensivas a uma rápida diminuição da iluminação. No entanto, os receptores rabdoméricos de resposta ao claro estão envolvidos num tal reflexo nas cracas. A diminuição da iluminação hiperpolariza os receptores, bloqueando a liberação de seu transmissor inibitório e, assim, permitindo a ativação dos neurônios inervados no cérebro.

Durante muito tempo, os dois tipos de fotorreceptores foram considerados como tendo um significado filogenético – os receptores ciliares sendo representativos de cnidários e deuterostômios; os receptores rabdoméricos, dos protostômios. Entretanto, muitas exceções agora são conhecidas: as estrelas-do-mar têm receptores rabdoméricos; os olhos de Pecten incluem ambos; o ocelo larval direito do platelminto Pseudoceros consiste de diversos receptores rabdoméricos, enquanto que o esquerdo possui três receptores rabdoméricos mais uma célula ciliar.

Muitos flagelados têm parte de seu flagelo (um grande cílio) especializada para uma função receptora e o estigma (mancha pigmentar) confere sensibilidade direcional. O mais extraordinário de tudo é que alguns dinoflagelados possuem ocelóides – isto é, partes da única célula assemelham-se a um olho simples com córnea, lente e uma camada cristalina semelhante a uma retina, com uma porção posterior sendo um cálice pigmentar, tidos como sendo capazes de formar imagens!

16.5.3 Ocelos e olhos

Os órgãos fotorreceptores de invertebrados têm um grande espectro de gradação e padrões de organização (Figs 16.29 e 16.21). Os órgãos mais simples são denominados ocelos e somente fornecem informações quanto à intensidade e direção da luz.

Os olhos que formam imagens bem focalizadas são denominados 'olhos em câmara'. Dependem primeiro da presença de uma camada expandida de receptores que constituem a retina [que pode ser direta (evertida) ou invertida (Fig. 16.21)] e, segundo, da presença de um dispositivo para focalizar a luz, embora a formação de imagem deva ser pobre quando a lente é adjacente à superfície da retina e esta última é espessa. Visão de alta performance tem importância crítica para predadores como as aranhas saltadoras que precisam ser capazes de avaliar a velocidade de um objeto (todos os olhos de aranhas são do tipo de cálice pigmentar mais lente).

O olho em câmara atinge seu clímax em Octopus e em seus parentes (Fig. 5.25b). Ele é completo, com pálpebras, uma pupila ajustável, uma lente móvel e músculos extrínsecos pelos quais, com a contribuição de informações pelo estatocisto, a visão pode ser fixada em um objeto de interesse, independentemente dos movimentos do corpo. Os cefalópodes mantêm o recorde dos maiores olhos. Aqueles de Architeuthis, a lula gigante, podem medir 40 cm de diâmetro e sua retina poderia conter até 10^{10} receptores (cf. 10^8 no homem). O olho de Nautilus é um quebra-cabeças, não possuindo lente nem córnea. Ele funciona como uma câmara com abertura pequena, mas a resolução e a sensibilidade são pequenas.

16.5.4 Lentes e espelhos

A córnea convexa é responsável por grande parte da refração da luz em espécies terrestres (p. ex., aranhas). Em animais aquáticos, as lentes precisam realizar todo o trabalho e, sendo esféricas, poder-se-ia esperar que apresentassem o defeito da aberração esférica. Matthiessen (1886) sugeriu que as lentes possuem um elevado índice de refração em seus centros, decaindo para valores menores na periferia e, de fato, tais lentes são encontradas em cefalópodes, alguns moluscos gastrópodes e em alguns crustáceos copépodes e poliquetas alciopídeos – bem como em peixes. Obviamente, 'existe apenas uma única forma de fabricar uma lente decente, utilizando-se material biológico'! (Land, 1984).

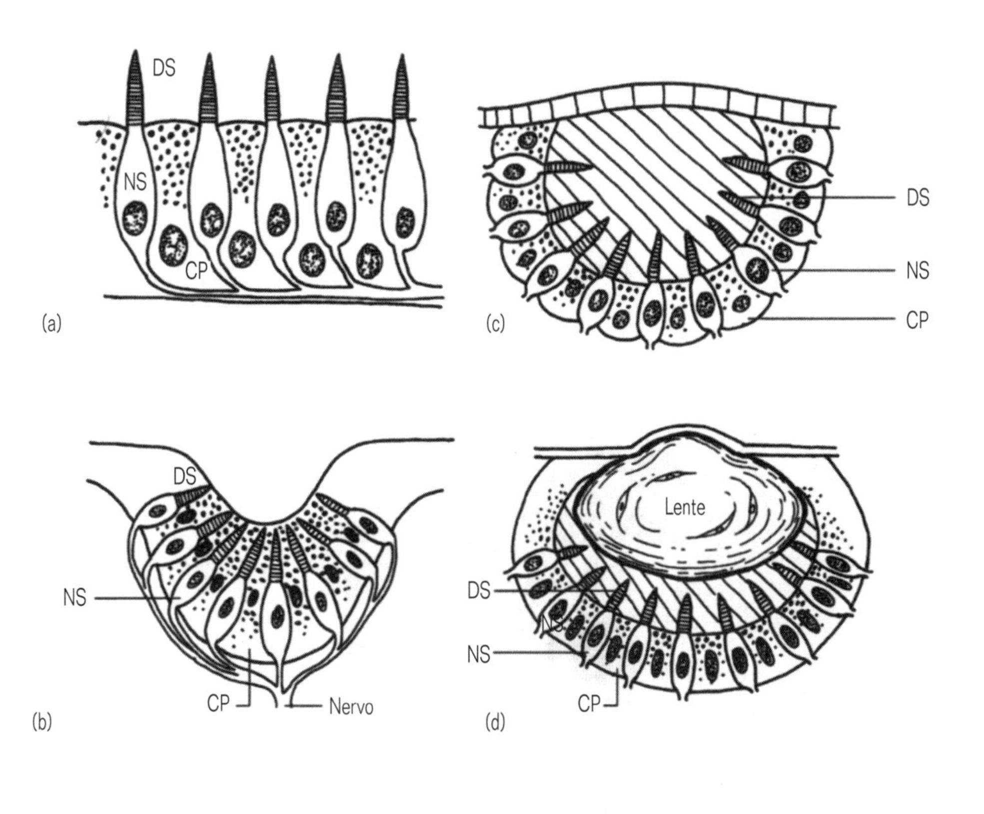

Fig. 16.20 Graus de organização com complexidade crescente mostrados por ocelos do tipo cálice de pigmento e por olhos. Tais seqüências podem ser baseadas em exemplos de cada um dos muitos filos – tantas quanto '40-65 linhas filéticas de complexidade' (Salvini-Plawen & Mayr, 1977) têm sido identificadas. Exemplos ao nível dos cnidários, vão desde áreas de epitélio pigmentado em Leukartiara (a), através de ocelos rudimentares em Bougainvillia (c), até olhos com lentes em Tamoya (d). Em moluscos, os olhos variam desde simples cálices oculares abertos (b, Patella) ou ocelos com cinco células de alguns nudibrânquios, através de intermediários, em Nerita (c) e Valvata (d) até os olhos de cefalópodes com 20 milhões de receptores, comparáveis aos nossos. CP, célula pigmentar; DS, dendrito sensorial, NS, neurônio sensorial. Os dendritos possuem cílios ou microvilos.

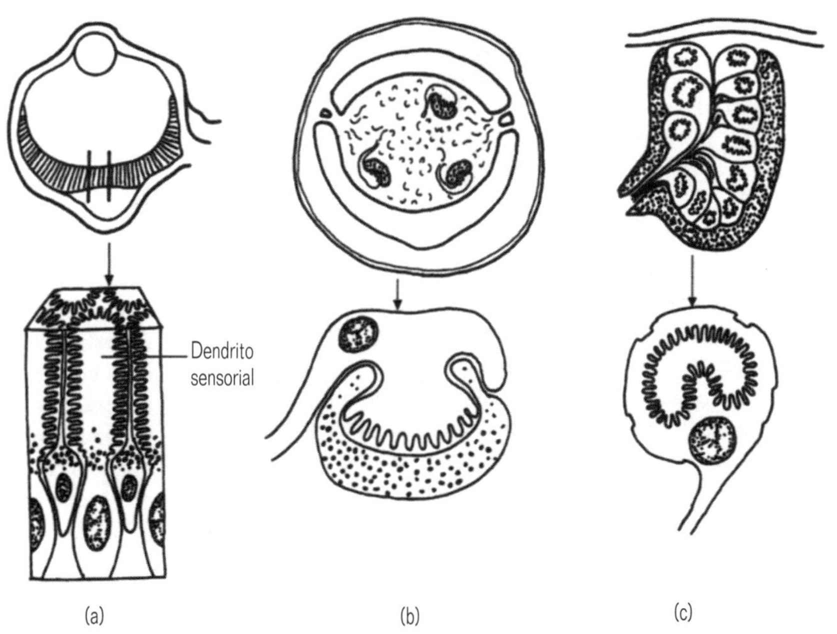

Fig. 16.21 Fotorreceptores diretos e invertidos em anelídeos. (a) Direto – cálice ocelar do poliqueta Vanadis (segundo Hermans & Eakin, 1974), com os pólos receptores dirigidos para a luz. (b) Invertido – cálices ocelares no cérebro do poliqueta Armandia, cada um com um único neurônio sensorial e um cálice pigmentar unicelular (segundo Hermans & Cloney, 1966); os pólos receptores não dirigidos para a luz. (c) Cálice ocelar com neurônios sensoriais, cada um com um 'faossomo' semelhante a um vacúolo, na sanguessuga Hirudo não corresponde a nenhuma dessas categorias. (Segundo Hess, 1897.) Os faossomos podem ser formados tanto por fotorreceptores ciliares como rabdoméricos.

Os espelhos são importantes para a focalização da luz em muitos tipos de olhos, tanto por si sós como pela combinação com lentes. O espelho pode redirecionar a luz de volta através dos receptores, dobrando virtualmente a iluminação efetiva (algumas aranhas); ou uma camada de receptores recebe a luz focalizada pela lente, e uma segunda camada depois que ela foi refocalizada pelo espelho (alguns crustáceos).

16.5.5 Olhos compostos

Os olhos compostos são órgãos que consistem de uma série de unidades virtualmente idênticas, os omatídios geometricamente ordenados. Às vezes são denominados de olhos em mosaico porque a imagem é formada por meio da contribuição de todos os omatídios, cada um dos quais fornece apenas uma pequena parte da imagem. Acredita-se que são bem adaptados para detectar movimento, mas seu poder de resolução (exceto nas moscas) é de apenas 1° no melhor dos casos, quando comparado com vertebrados e Octopus. Enquanto as retinas dos olhos em cálices pigmentares são côncavas e formam imagens invertidas, os olhos compostos e suas retinas sempre são convexos e as imagens são diretas (Fig. 16.22). Olhos compostos definitivos são encontrados em muitos artrópodes, porém não estão presentes em aranhas, milípedes etc. Olhos desse tipo também estão presentes nos tentáculos de vermes sabelídeos, no molusco Arca e formam as 'almofadas ópticas' situadas nas extremidades dos braços de estrelas-do-mar.

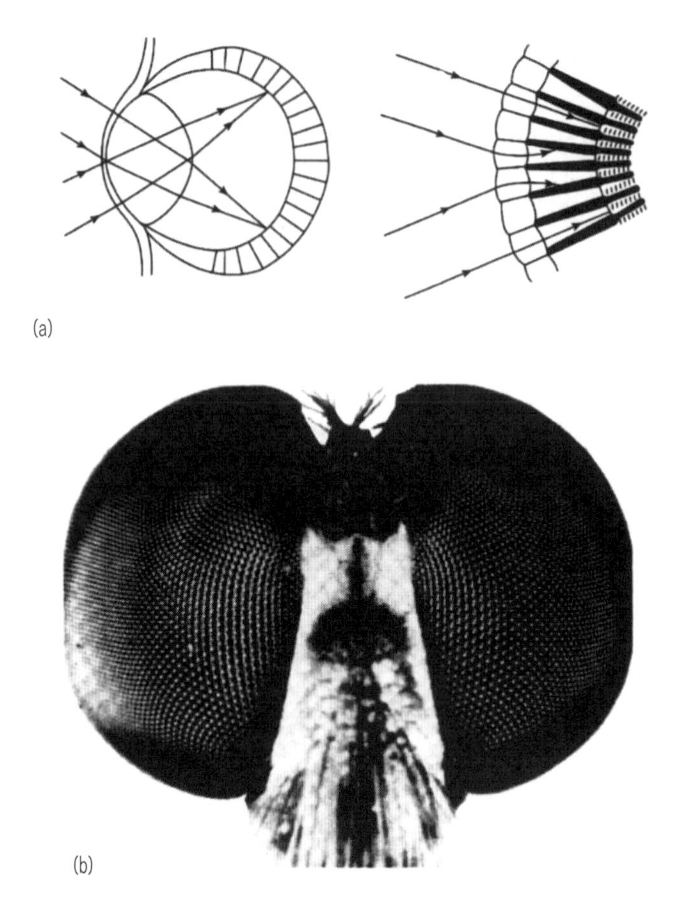

Fig. 16.22 (a) Padrões contrastantes da organização de um cálice ocular (à esquerda) e de um olho composto (à direita). (b) Cabeça de uma mosca. As grandes facetas anteriores dos olhos compostos têm aproximadamente 60 μm de diâmetro. (Cortesia do Professor M. Land, University of Sussex.)

A acuidade dos olhos compostos depende da separação angular dos omatídios. Enquanto os olhos de Daphnia possuem 22 omatídios, cada um com uma separação angular de seus vizinhos de 38°, o caranguejo Leptograpsus tem milhares, com uma separação de 1,5°, e as libélulas possuem quase 30.000. O poder de resolução destes últimos poderia ser bem maior, como um mosaico com pequenos componentes é superior àquele que é formado por grandes componentes, mas isto está correlacionado com uma perda de sensibilidade. Assim como os olhos dos vertebrados têm uma fóvea, os olhos de alguns caranguejos possuem bandas com granulações finas, compostas por omatídios com uma pequena separação angular. A relação entre a resolução e a sensibilidade sempre depende da organização dos olhos.

Em artrópodes, cada omatídio é uma unidade alongada que consiste, tipicamente, de uma lente córnea, um cone cristalino, certo número de células receptoras (retinulares) (quatro em Daphhnia, oito em caranguejos e moscas, e dez a quinze em Limulus) e células pigmentares associadas (Fig. 16.23a). As células retinulares estão arranjadas como os gomos de uma laranja. Microvilos regularmente dispostos projetam-se ao longo das superfícies internas de cada célula e constituem um rabdômero. Os rabdômeros de um omatídio individual formam, em conjunto, o seu rabdoma. Muitos olhos compostos apresentam alguma sobreposição entre os campos visuais de omatídios adjacentes, mas no crustáceo Phronima, cada omatídio dos olhos mediais pode aceitar luz de um campo a 4°, enquanto que o ângulo de separação dos omatídios é de apenas 0,5°.

Entretanto, talvez os olhos compostos mais extraordinários sejam aqueles dos crustáceos estomatópodes. Enquanto nós formamos duas imagens de um objeto, estes animais formam seis, uma vez que cada olho possui três bandas de omatídios voltados na mesma direção! Estes últimos dois exemplos tornam claro que nenhuma análise das capacidades dos olhos compostos é adequada se não se levar em conta a notável capacidade 'computadora' do cérebro na análise e interpretação da informação fornecida pelos receptores (veja a Seção 16.6).

Os tipos de olhos compostos dos artrópodes diferem quanto ao grau e a natureza do isolamento funcional dos omatídios. Os olhos de aposição (Fig. 16.23a) de abelhas, por exemplo, estão adaptados para altas intensidades luminosas. As células pigmentares impedem que toda a luz, que não aquela via lente do omatídio, atinja aquele omatídio particular.

Os olhos de superposição (Fig. 16.23b), como aqueles de camarões e mariposas, têm uma ampla 'zona clara' interposta entre o cone cristalino e o rabdoma, sendo este último mais curto. Funcionam como olhos de aposição em condições de alta iluminação, maximizando a resolução do olho. No entanto, em luz fraca, a extensão das células pigmentares ou a migração do pigmento no interior das células que permanecem em posição fixa expõe os rabdomas à luz que entra via omatídios circundantes. Os raios luminosos de certa fonte, que incidem em diferentes omatídios são redirecionados para amplificar o sinal para um único rabdoma – um arranjo que maximiza a sensibilidade do olho em luz fraca, embora às expensas da resolução. Os movimentos do pigmento são controlados por transmissores antagonistas e/ou por hormônios.

Nos olhos descritos acima, não há possibilidade de manter separadas as informações recebidas por diferentes células retinulares dentro de um único omatídio uma vez que o rabdoma está 'fechado' – os microvilos se interdigitam. Além disso, cada célula estabelece sinapse com cada um dos neurônios de um pequeno grupo (chamado 'cartucho') situado imediatamente abaixo do omatídio. Uma situação diferente é encontrada nos olhos de moscas cujo mecanismo de superposição neural representa o ápice do desenvolvimento da óptica dos artrópodes (Quadro 16.5).

16.6 Processamento sensorial

16.6.1 Dando sentido ao mundo

As informações relacionadas com os ambientes externo e interno não devem apenas ser acumuladas e codificadas como modificações no potencial de membrana nos receptores, mas precisam ser processadas – modificadas e transformadas numa forma adaptativa ao animal em questão. Por exemplo, no gafanhoto, os ocelos simples do topo da cabeça produzem uma imagem pobremente focalizada e com grande convergência – as informações de cerca 1.000 receptores de cada ocelo são 'afuniladas' para um número relativamente pequeno (25) de neurônios de segunda ordem. Durante o vôo, os ocelos fornecem uma rápida avaliação total sobre a posição do horizonte, enquanto, como

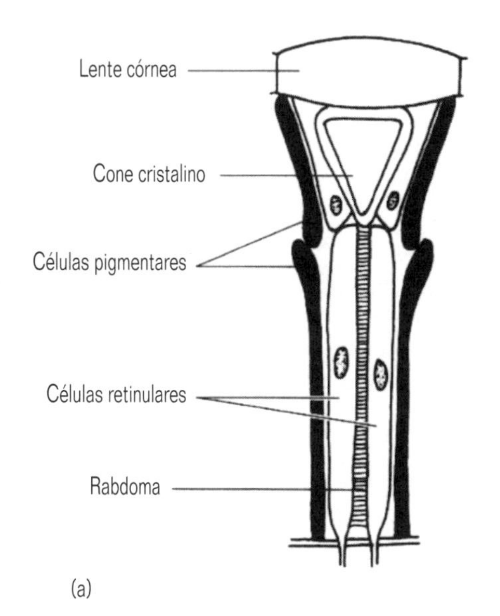

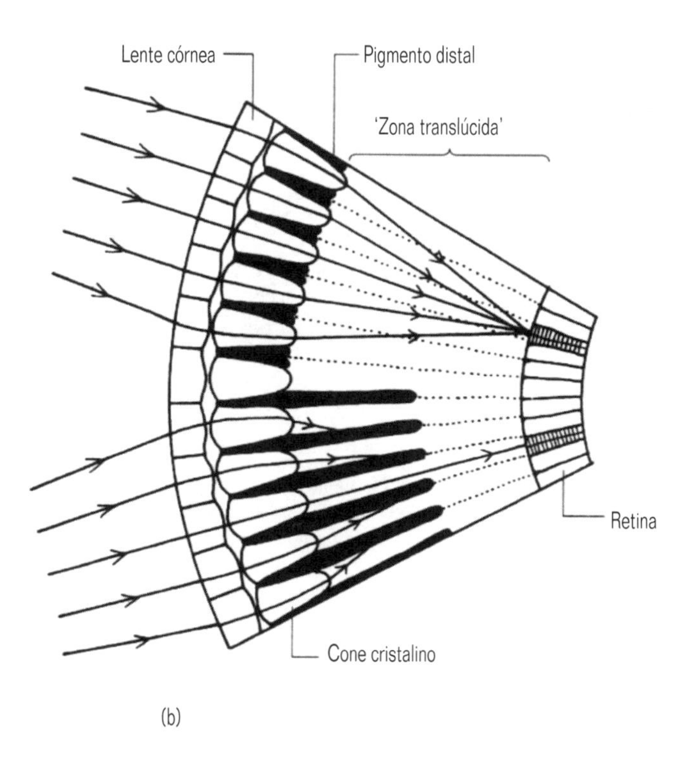

Fig. 16.23 (a) Secção longitudinal de um omatídio de um olho composto de aposição. (Segundo Wigglesworth, 1970.) (b) Caminho dos raios luminosos no interior de um olho de superposição quando adaptado à luz (inferior) e ao escuro (superior).

Quadro 16.5 Olhos de superposição neural

Olhos com óptica de superposição neural apresentam poder de resolução até 100 vezes maior do que aquele de outros olhos compostos. Dentro de um determinado omatídio, o rabdoma está 'aberto', permanecendo os rabdômeros separados. Cada rabdômero reecebe luz vinda de um ângulo diferente e o axônio de sua célula estende-se até o 'cartucho' não compartilhado com outros dentro do mesmo omatídio, mas compartilhado com aqueles de omatídios adjacentes que possuem o mesmo eixo óptico. Conseqüentemente, os raios luminosos de uma única fonte incidem em seis células retinulares, diferentemente localizadas em omatídios adjacentes. As fibras nervosas destas células seguem uma via espiral e todas fazem sinapse no mesmo 'cartucho' do gânglio óptico.

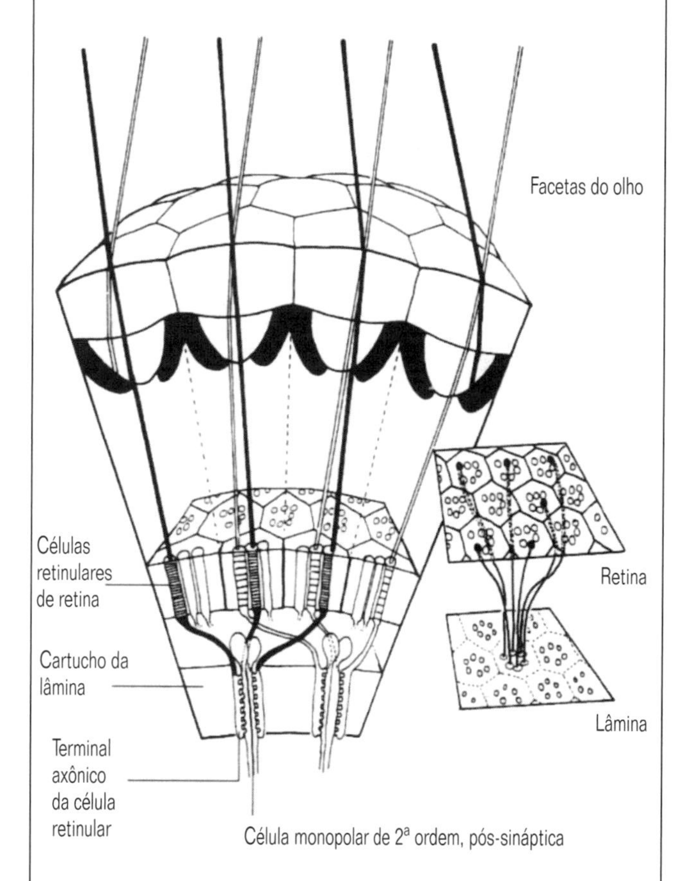

As vias dos raios luminosos de dois pontos do campo visual (linhas pretas e brancas, respectivamente), sua projeção nas células retinulares em omatídios adjacentes e a convergência das fibras dos receptores que ativam nos 'cartuchos' ópticos da lâmina. À direita, raios luminosos de um único ponto incidem em diferentes células retinulares em omatídios vizinhos, mas os axônios destas últimas convergem para um único 'cartucho'. Somente 1 a 6 das oito células retinulares presentes em cada omatídio contribuem geralmente para a superposição neural. (Segundo Strausfeld & Nassel, 1981.)

veremos, os olhos laterais compostos conseguem distinguir detalhes mais acurados.

A sofisticação das maquinarias sensorial e neural dos artrópodes está evidente no reconhecimento de características particulares ou da combinação de características dentro de uma multitude de alternativas similares. 'Uma formiga saindo de uma fonte de alimento recentemente descoberta na base de um ponto de referência... vira-se periodicamente para trás para estar de frente para esse ponto de referência... toma diversas "fotos instantâneas" de diferentes locais vantajosos' (Judd & Collett, 1998), usando-as para encontrar subsequentemente seu caminho até a fonte de alimento. Abelhas e vespas têm um comportamento similar. Algumas abelhas de orquídeas da América do Sul visitam diariamente uma sucessão das mesmas flores, precisando lembrar a posição de cada uma delas e percorrendo uma rota estereotipada de mais de 20 km.

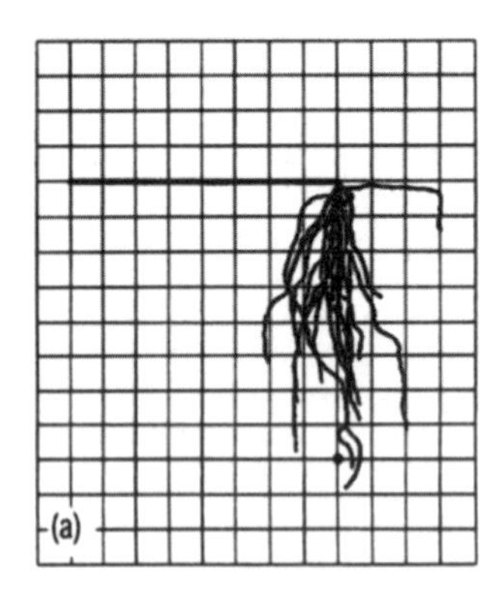

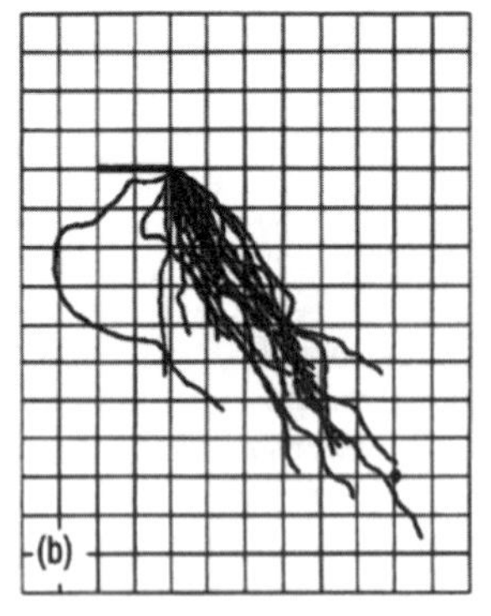

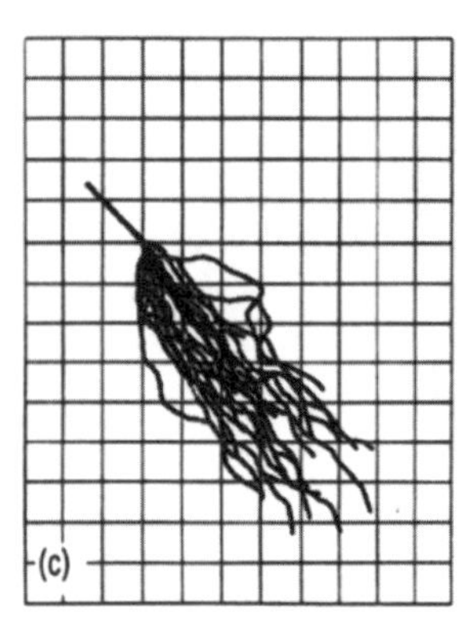

Fig. 16.24 Integração de vias: formigas foram treinadas a deixar o ninho (ponto preto) e visitar uma fonte de alimento (bem à esquerda, no topo) via chão aberto e via um canal. (a) Elas são capazes de recordar seus passos; (b) se o canal for encurtado, elas (pelo menos em parte) ajustarão o ângulo com o qual saem do canal; (c) também, se o canal for girado. (De Collett et al., 1998.)

Na ausência de pontos de referência visual, as formigas encontram seu caminho para o ninho por meio de 'integração de vias' (Fig. 16.24). Aparentemente, elas podem seguir um curso com base em uma recordação interna das direções nas quais caminharam e da distância de cada via. O vetor apropriado precisa ser atualizado continuamente com o movimento sobre o chão.

Um dos exemplos mais notáveis de processamento sensorial é o das abelhas que deduzem a direção e a distância de uma fonte de alimento com base não somente pela 'dança do balanço' (em figuras de um oito) executada por outras operárias na entrada da colmeia (como foi mostrado por von Frisch em 1950), mas também por seu 'canto' – os sons emitidos pela vibração das asas. Abelhas com a mutação chamada 'asas diminutivas' são incapazes de recrutar outras operárias dessa forma.

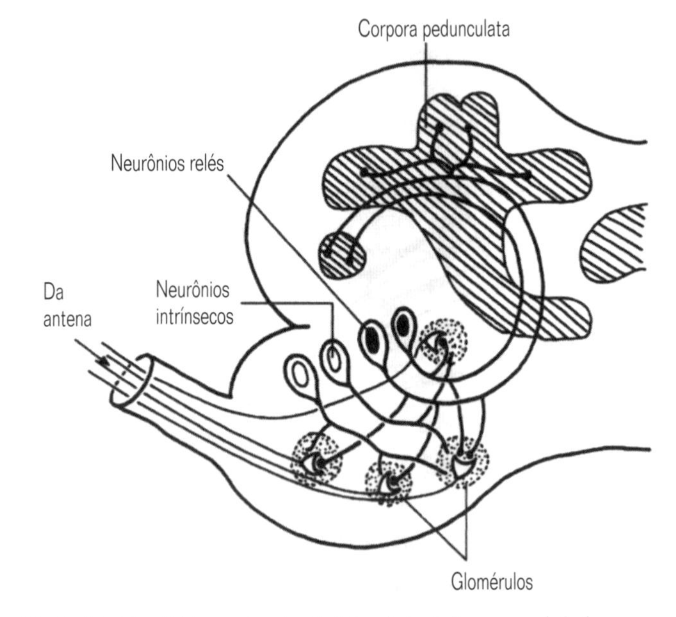

Fig. 16.25 Via olfatória na barata. Os 'glomérulos' são centros sinápticos que consistem em tríades, envolvendo terminais, neurônios intrínsecos e neurônios relés que convergem a informação processada para centros superiores. (Segundo Boeckh et al., 1975.)

16.6.2 Sistemas sensoriais

As informações fluem para o sistema nervoso central através de vias sensoriais, sendo modificadas nesse caminho em uma série de centros de interação sináptica (Fig. 16.25). Uma série de módulos – centros sinápticos virtualmente idênticos – está presente num determinado nível. Freqüentemente são conectados por interneurônios locais e, assim, são capazes de influenciar uns aos outros. A melhor conhecida dessas interações resulta em inibição lateral, descrita primeiro por Hartline no trabalho clássico sobre Limulus. As respostas de um único omatídio, quando somente ele é exposto a um determinado nível de iluminação é maior do que quando toda a área está iluminada, porque aí a célula está sujeita à influência inibitória de suas vizinhas. Os sistemas sensoriais também apresentam uma hierarquia de organização – a informação passa a centros progressivamente mais superiores.

Nos insetos, a via óptica envolve três regiões distintas do cérebro – as regiões laminar, medular e lobular do lobo óptico (Fig. 16.26) – além do protocérebro. Cada omatídio do olho possui um módulo ou 'cartucho' de neurônios secundários na região laminar, depois uma coluna de células de terceira ordem na região medular. Este princípio de retinotopia significa que um padrão de iluminação que recai sobre os olhos é repetidamente refletido em padrões de atividade morfologicamente ordenados em quatro níveis diferentes do sistema visual. 'A complexidade da retina dos insetos (isto é, os lobos ópticos) é fantástica, desconcertante e sem precedentes em outros animais. Quando se considera o 'matagal' emaranhado de olhos compostos ou facetados; quando se penetra no labirinto de neurônios e fibras integradoras dos três grandes segmentos da retina... fica-se completamente assoberbado.' (Ramon y Cajal, 1937.)

16.6.3 Convergência e divergência

A convergência que caracteriza os ocelos dos insetos é típica de muitos sistemas sensoriais. Uma idéia relacionada é aquela do campo sensorial – o grupo de receptores que fornecem informações sensoriais para uma célula ou para um centro numa via nervosa. Por exemplo, a fibra gigante medial de uma minhoca possui um campo sensorial anterior – seu principal sinal é o vindo de receptores situados na parte anterior – enquanto que o par de fibras gigantes laterais possui principalmente campos posteriores. Os dois campos se sobrepõem na região do meio do corpo.

As vias sensoriais também são caracterizadas por divergência, já que a informação de um único receptor ou de um grupo de receptores é levada ao sistema nervoso central por meio de vias múltiplas ou paralelas. Tais vias podem ser usadas para extrair e

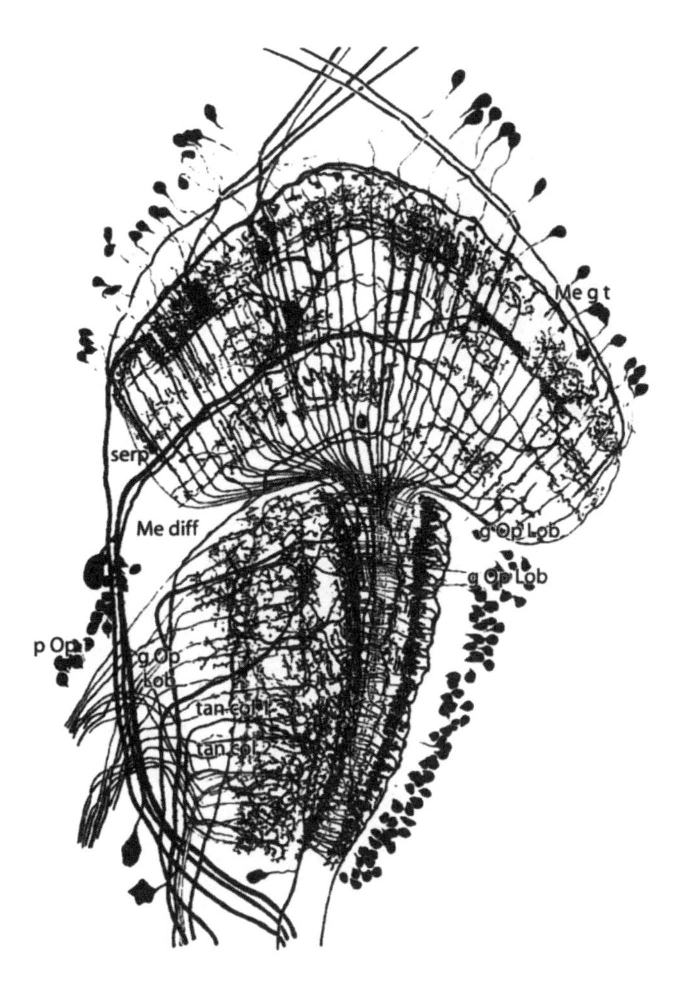

Fig. 16.26 O lobo óptico da mosca Musca domestica. Na lâmina (não mostrados), todos os tipos de células e a maioria das conexões que efetuam agora foram identificados e a maioria foi estudada eletrofisiologicamente. Um grande progresso também foi feito no estudo da medula (parte superior da figura) e dos lóbulos (parte inferior). (De Strausfeld & Nassel, 1981.)

segregar diferentes tipos de informação. A divergência também é característica de sistemas sensoriais, pois, embora o sistema geralmente seja responsável por uma única modalidade sensorial, provê informações para certo número de centros motores e, assim, influencia diversos tipos diferentes de comportamento.

16.6.4 Linhas marcadas

Ao contrário de sinais geralmente diferenciados pela diversidade química dos transmissores envolvidos, muitos itens diferentes de informação, transmitidos pelo sistema nervoso, envolvem padrões aparentemente idênticos de modificações elétricas e os mesmos mediadores químicos. O significado da mensagem depende dos elementos neurais envolvidos que são, portanto, tidos como 'marcados'.

Este princípio pode ser observado em funcionamento nas respostas de fuga, na sensibilidade direcional em relação à informação auditiva do grilo, na fotorrecepção da sanguessuga, que depende da estimulação de um interneurônio ipsilateral e da inibição de um contralateral.

O ataque de um sapo, um predador natural de baratas e grilos, por meio de projeção da língua, cria uma corrente de ar que é detectada por cerdas sensoriais dos cercos anais do inseto (a remoção dos cercos reduz as probabilidades de fuga). As cerdas estão dispostas numa série de colunas, sensíveis ao vento proveniente de diferentes direções. As diferentes colunas formam combinações distintas de conexões com interneurônios gigantes que se estendem até o tórax, e os diversos neurônios gigantes estimulam indiretamente diferentes motoneurônios. Por exemplo, a fibra gigante 5 somente é ativada por lufadas de ar do quadrante posterior do mesmo lado do corpo, excitando os motoneurônios (e músculos) depressores lentos daquele lado para induzir um movimento para longe da fonte de ar. Quando os cercos são experimentalmente girados, o animal é 'enganado' e reage como se as lufadas estivessem vindo de uma direção diferente.

Na sanguessuga, a sensibilidade direcional ao toque depende de uma combinação de linhas marcadas e freqüência de impulsos. Os quatro neurônios de cada segmento são maximalmente sensíveis ao toque nas posições em ângulo reto de uns em relação aos outros. O toque em qualquer ponto entre duas células provoca uma resposta de cada uma, com uma relação matemática precisa com o ângulo entre a célula e o ponto de contato. As respostas dos dois combinam-se para especificar o ponto de contato – criando um efeito vetorial que resulta numa curvatura do corpo para longe do ponto de contato.

16.6.5 Extração de características

Um único fóton é adequado para produzir um 'choque' mensurável no potencial de membrana de uma célula fotorreceptora e uma única molécula pode apresentar um efeito similar sobre um quimiorreceptor. Sabendo-se que um indivíduo pode possuir milhões de receptores, está claro que o animal precisa filtrar, de suas informações sensoriais, aquelas características significativas, ou que se salientam, e considerar o resto como redundante. A detecção de movimentos sensitivos direcionais é um exemplo de extração de características cuja base neural tem sido objeto de intenso estudo (veja o Quadro 16.6).

Os artrópodes apresentam padrões característicos de comportamento, como os acenos com a quela, um comportamento sexual de caranguejos chama-maré, os quais freqüentemente são notáveis e estereotipados. Atuam como 'estímulo sinalizador' ou 'liberador', induzindo respostas comportamentais particulares, mas que nada significam para os membros de outras espécies. Aparentemente, os sistemas sensorial e nervoso estão organizados para detectar, conduzir e amplificar tais sinais, enquanto que outros são ignorados.

16.6.6 Controle centrífugo

O fluxo de informações numa via sensorial não é unidirecional – as fibras nervosas podem ser dirigidas de volta, a partir de qualquer nível, para centros mais periféricos (isto é, centrifugamente – veja a Fig. 16.19) mediando, por exemplo, efeitos de retroalimentação negativa. No gafanhoto, os neurônios detectores de movimento são influenciados tanto por fibras centrífugas inibitórias como excitatórias vindas do cérebro.

Quadro 16.6 Detecção sensorial de movimento direcional

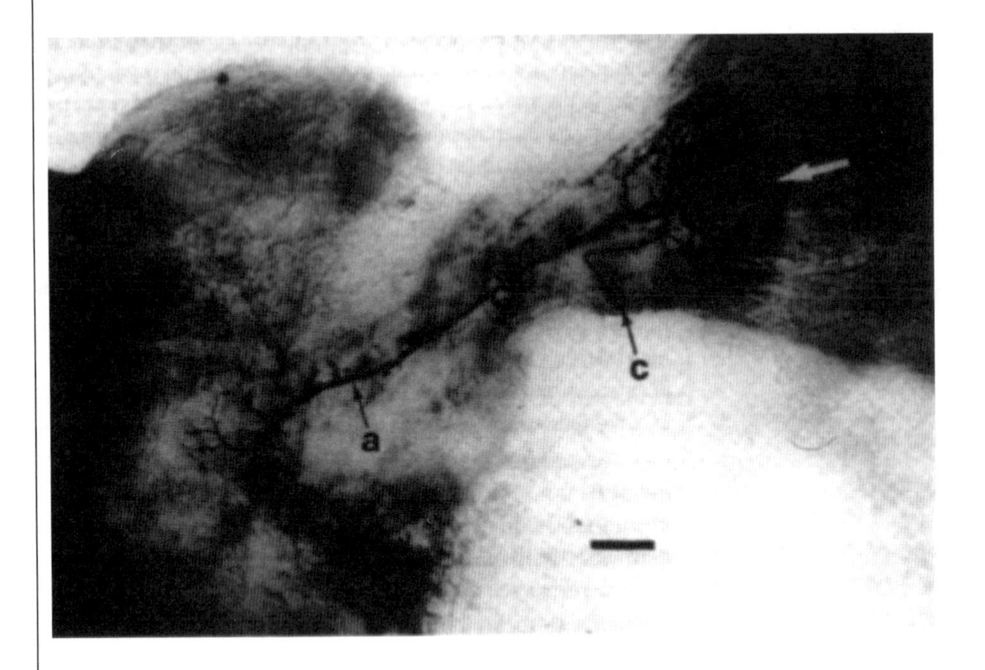

(a) Neurônio GLDM no lobo óptico do gafanhoto, injetado com solução de cloreto de cobalto. Seta, árvore dendrítica no lobo óptico; c, corpo celular; a, axônio estendendo-se até o cérebro (à esquerda); barra, 100 μm. (Cortesia da Dra Claire Rind, University of Newcastle upon Tyne.)

Como foi descrito acima, (Seção 16.6.2), uma série completa de projeções retinotópicas estende-se até o lobo óptico nos insetos. Em moscas, o neurônio H1 é um 'detector sensitivo de movimento direcional' – ele somente é ativado por objetos que se movem para frente no campo visual. Isto depende da estimulação seqüencial de receptores (células retinulares) 1 e 6 de omatídios individuais (veja o Quadro 16.5) – naquela ordem, não ao contrário.

No gafanhoto, as vias neurais alimentam o neurônio 'gigante lobular detector de movimento' (GLDM) (Fig. a), o qual possui uma vasta área dendrítica de forma que pode receber estímulos de unidades que cobrem qualquer parte do campo visual. O trabalho de E.C. Rind incluiu registros de atividade neural feitos enquanto se mostrava ao gafanhoto um vídeo sobre um bem conhecido filme espacial. O neurônio GLDM somente é estimulado se um objeto do campo visual estiver se movimentando. As unidades pré-sinápticas do neurônio GLDM são fásicas – cada uma dispara e depois fica quiescente. Conseqüentemente, somente um objeto em movimento, que excita uma série completa de unidades, proverá uma sucessão de estímulos para o neurônio GLDM, induzindo sua ativação. Além disso, o neurônio apresenta níveis de atividade vigorosos e crescentes somente em resposta a objetos que se aproximam (Fig. b), quando a imagem do objeto na retina se expande com o aumento da velocidade. O sistema está claramente sintonizado para a detecção de objetos que se aproximam em curso de colisão, uma vez que até mesmo desvios mínimos (2-3°) de tal curso reduzem grandemente a resposta.

Pensa-se que o efeito depende de informações múltiplas da região medular que estimulam o GLDM, mas que inibem umas às outras (Fig. c). Uma rede de computador foi modelada de acordo com este padrão, tendo um desempenho bom.

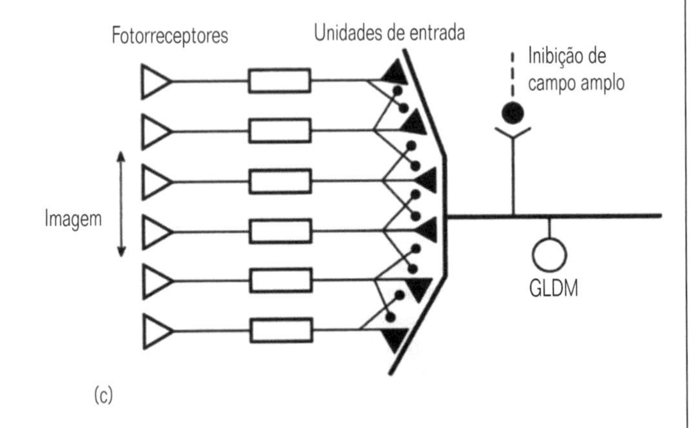

(c) Esquema dos circuitos neurais supostos de fundamentar a detecção de movimento pelo neurônio GLDM. As unidades de informação (cones pretos) estimulam o GLDM, mas inibem (círculos pretos) uns aos outros. (De Simmons & Young, 1999.)

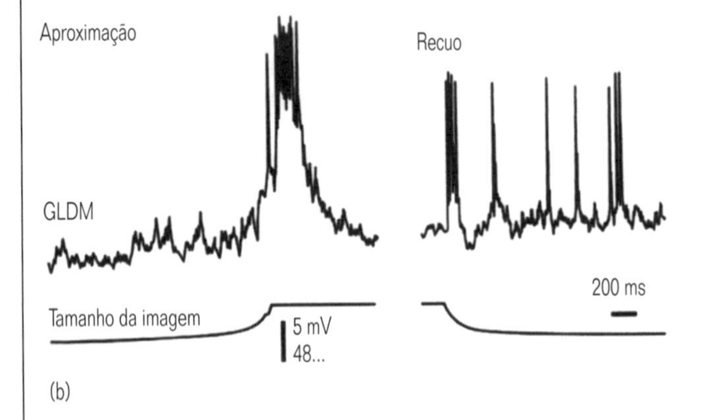

(b) Registro intracelular (acima) da detecção de movimento sensitivo direcional pelo neurônio GLDM do gafanhoto em resposta a um objeto em aproximação e depois em afastamento, a 3,5 m s^{-1}. (De Rind, 1996.)

Quando o gafanhoto move rapidamente sua cabeça, os 'neurônios detectores de movimentos contralaterais descendentes' (DMCD), os quais são controlados pelas células GLDM (veja o Quadro 16.6), são inibidos pois, de outra forma, qualquer objeto pequeno estacionário poderia mover-se através do campo visual e ativar o sistema. Por outro lado, o sistema pode tornar-se mais sensível à estimulação visual quando o organismo entra num elevado estado de vigília.

16.7 Espontaneidade

16.7.1 ativação neural

Um efeito colateral infeliz da maior contribuição feita à neurobiologia pelos estudos de arcos reflexos tem sido a tendência de considerar o sistema nervoso como sendo dependente de estimulação externa para sua atividade como se fosse um computador desligado. Nada poderia ser mais distante da verdade, como até mesmo a observação mais superficial do comportamento dos animais – de Hydra a Octopus – poderá revelar. A capacidade do sistema nervoso de ter atividade espontânea – seu papel no desencadeamento de eventos – é tão crucial como sua capacidade de responder a mudanças ambientais.

O desencadeamento endógeno de atividade pode aparecer à medida que o sistema nervoso se completa. No entanto, grande parte da atividade espontânea é rítmica e, quando ocorre em curtos intervalos de tempo, pode ser devida à geração espontânea de potenciais de ação (Seção 16.1.2). Surtos sincronizados e rítmicos de atividade ('ondas cerebrais'), envolvendo um grande número de neurônios, são bem conhecidos em vertebrados e no homem. Também ocorrem amplamente em invertebrados (Fig. 16.27) e geralmente apresentam uma alta freqüência (acima de 50 Hz), exceto em Octopus, no qual os surtos são curiosamente semelhantes aos dos vertebrados (abaixo de 25 Hz). Outros ritmos possuem períodos bem mais longos e uma base diferente na biologia celular (Quadro 16.7).

16.7.2 Movimento

Em Hydra, ocorrem séries de contrações espontâneas da epiderme, cada série resultando na retração do corpo para formar uma pequena bola. São causadas por uma série de 'pulsos de contração' – impulsos elétricos que podem ser registrados na superfície do corpo. Os pulsos iniciam-se na rede nervosa epidérmica da região sub-hipostomial, pois um animal submetido duas vezes à colchicina, que é seletivamente tóxica para as células nervosas, torna-se inteiramente quiescente. Uma vez iniciados, os pulsos propagam-se por condução direta, provavelmente tanto na rede nervosa como no epitélio epidérmico.

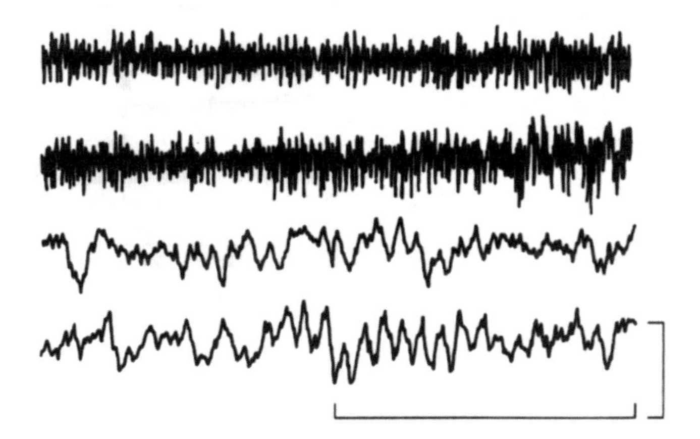

Fig. 16.27 'Ondas cerebrais' contrastantes detectadas por microeletrodos posicionados na superfície do cérebro de um lagostim (dois traços superiores) e de uma rã (traços inferiores). Barras, 1 se 50 μV. (De Bullock & Basar, 1988.)

A atividade espontânea na parte dos gânglios marginais de medusas cifozoárias gera as contrações rítmicas da umbrela, envolvidas na natação. Um dos gânglios toma a liderança durante certo tempo, depois outro assumirá a liderança. O líder gera potenciais de ação em intervalos de 2 s para um animal com 2 cm de diâmetro ou de 20 s para um espécime de 20 cm. Esses potenciais propagam-se através de toda a subumbrela pela 'rede nervosa de fibras gigantes' (Seção 16.3.2). Estimulam os músculos da natação e também reajustam os outros gânglios para que estes não disparem e venham a interferir no ritmo.

Após a atividade, não há necessidade de repouso, mesmo para 'abelhas ocupadas'. As abelhas entram num estado de repouso profundo durante a noite, com notáveis semelhanças com o fenômeno do sono. Movimento, tônus muscular, temperatura do corpo, sensibilidade aos estímulos – tudo é reduzido. Ao contrário do padrão dos mamíferos, uma condição comparável ao 'sono profundo' é mais pronunciada no final da fase do sono.

16.7.3 Funções autônomas

O anelídeo Arenicola vive numa galeria na areia (Fig. 9.30) que é ventilada para auxiliar a respiração (Seção 11.4.5). O animal apresenta movimentos periódicos de bombeamento, em intervalos de cerca 40 min, que provocam uma corrente de água ou de bolhas de ar sobre suas brânquias. Isto envolve uma complexa seqüência de movimentos – em primeiro lugar, locomoção até a extremidade caudal da galeria; depois, em posição voltada para a outra extremidade, ondas de contração peristáltica da parede do corpo, associadas a algum movimento para frente; por último, a direção da ventilação é brevemente revertida. Esta atividade não é uma resposta reflexa à ausência de O_2 (embora seja modulada por ela), mas é gerada por meio de múltiplos marca-passos coordenados e presentes no cordão nervoso ventral. De maneira semelhante, movimentos alimentares espontâneos, com um intervalo de tempo menor (cerca de 7 min) surgem a partir de elementos nervosos no esôfago.

Juntamente com movimentos respiratórios, o batimento cardíaco é uma das funções rítmicas mais óbvias dos animais. Nas ascídias, a atividade é miogênica e tem sua fonte primária nas células musculares – o coração é peculiar por não apresentar inervação. Nos insetos, o batimento cardíaco é miogênico, mas é modulado tanto por influências nervosas locais como por hormônios liberados pelo cordão nervoso ventral (p. ex., durante o vôo); em sanguessugas, um peptídeo neuromodulador (Seção 16.2.3) auxilia a manter a capacidade dos corações múltiplos apresentarem atividade espontânea, e transmissores excitatórios e inibitórios regulam a freqüência do batimento. Em contraste, o batimento cardíaco de crustáceos é neurogênico e possui sua fonte na atividade do gânglio cardíaco. Este pequeno conjun-

Quadro 16.7 Biologia molecular da função de 'relógio'

As primeiras investigações sobre as bases da função de relógio em Aplysia envolveram a administração de anisomicina que bloqueia a síntese protéica no interior das células por combinar-se com uma subunidade dos ribossomos. A introdução de breves pulsos da substância (porém somente durante a fase escura do ciclo) pára temporariamente o relógio, de forma que ele 'anda devagar'. Jacklet (1981) concluiu que a 'síntese diária de proteínas é uma necessidade geral dos relógios circadianos'.

Investigações dos ritmos circadianos em Drosophila levaram à descoberta do gene periódico por R. J. Konopka & S. Benzer, em 1971, e diversos outros 'genes de relógio' foram identificados desde então. Agora sabemos que a base molecular da função de relógio é essencialmente a mesma em organismos tão diferentes como Neurospora e mamíferos e que envolve oscilação intracelular – aparentemente nunca depende de comunicação de célula para célula (ao contrário de oscilações mais rápidas na atividade neural – por exemplo, veja a Fig. 16.34). Um elemento positivo que estimula a atividade gênica (e também evita que diminua gradualmente) está acoplado a um elemento que provê retroalimentação negativa.

Um modelo para a função de relógio circadiano em Drosophila inclui os seguintes aspectos (Fig. A). A atividade dos genes clock e cycle conduz à síntese de elementos positivos, as proteínas CLK e CYC. Estas formam heterodímeros (formados por uma molécula de CLK e outra de CLC) que ativam genes cujos produtos são realmente responsáveis pelo comportamento e metabolismo rítmicos.

Os heterodímeros de CLK e CYC também ativam os genes period e timeless. Uma vez que seus produtos, PER (uma proteína constituída aproximadamente por 1.200 resíduos de aminoácidos) e TIM estejam presentes em quantidades suficientes, eles também formam heterodímeros e, assim, tornam-se capazes de entrar no núcleo onde bloqueiam as ações de CLK/CYC (e, portanto, inibem sua própria produção) (Fig. B).

Por que o efeito da retroalimentação negativa de PER/TIM agora não estabiliza o sistema? Provavelmente o motivo se relaciona com o atraso envolvido na acumulação e formação de dímeros de PER e TIM. Isto causará um efeito além dos limites, parando as ações de CLK/CYC. Uma vez cessada a ação de PER/TIM – e este processo também introduz um atraso – um novo ciclo pode começar. O ajuste ao ritmo resulta da ação da luz acelerando a decomposição de TIM.

Vários mutantes do gene period têm sido identificados – por exemplo, com ritmos de 19 horas (per^s), 29 horas (per^l) ou sem ritmo (per^0) – e, curiosamente, todos eles também apresentam modificações do ritmo, com duração de 55 segundos, do canto de corte. O gene foi seqüenciado e os mutantes foram restaurados para uma ritmicidade normal por meio da engenharia genética!

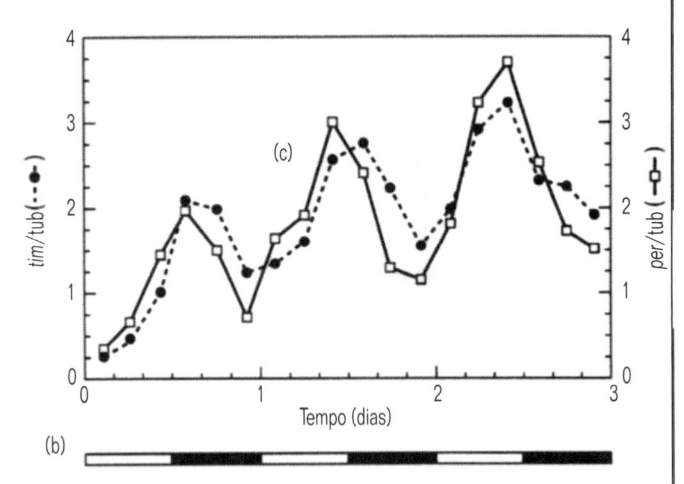

(b) Produção rítmica de RNA tim (círculos pretos) e RNA per (quadrados brancos) sob condições livres (escuridão constante); o padrão normal de iluminação está mostrado abaixo. Note a expressão coordenada de tim e per. (De Sehgal et al., 1995.)

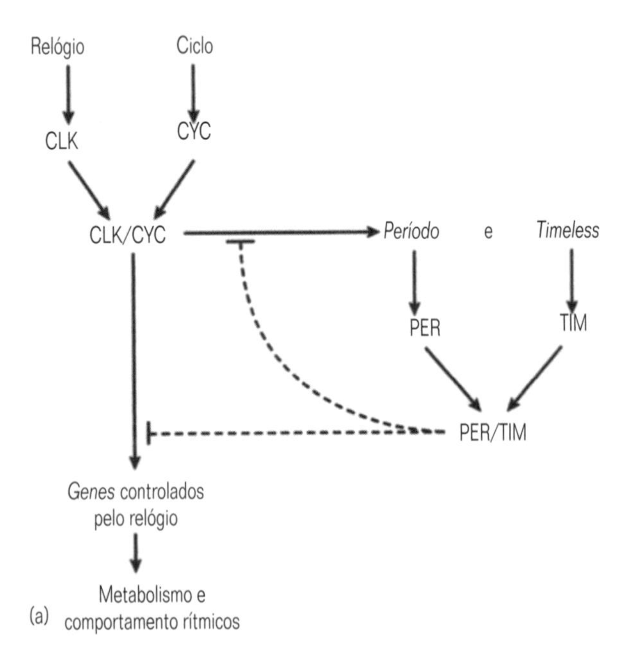

(a) Modelo da função de relógio circadiano em Drosophila. As linhas interrompidas e as barras inidicam retroalimentação inibitória. (Segundo Dunlap, 1999.)

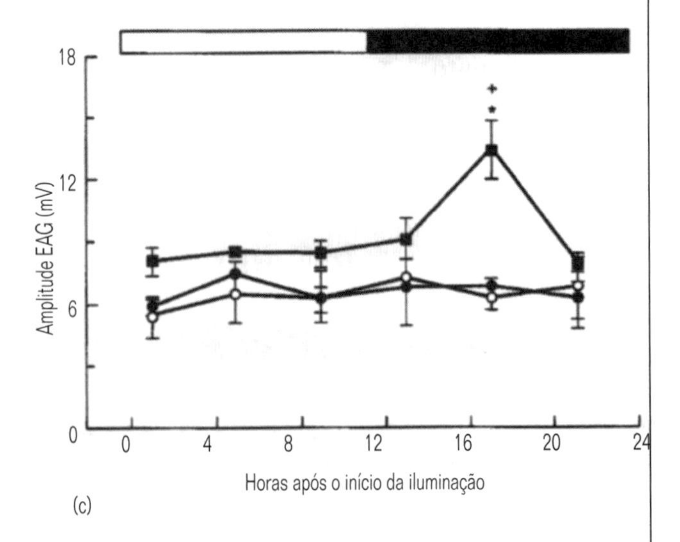

(c) Ritmo circadiano de respostas olfatórias de Drosophila normal (quadrados pretos) mantida em luz constante durante o primeiro dia; os círculos brancos e pretos mostram a ausência do mecanismo de relógio em moscas com genes mutantes per e tim, respectivamente. A barra indica o padrão normal de iluminação. (De Krishnan et al., 1999.)

to de neurônios representa o sistema nervoso no microcosmo. Todas as células apresentam atividade espontânea, embora em vida elas também sejam coordenadas por uma delas que atua como marca-passo. O gânglio está sujeito à influência de centros mais elevados (isto é, por entrada sináptica do sistema nervoso central), aos efeitos da retroalimentação de neurônios sensoriais associados ao coração, e a influências endócrinas.

19.4.7 Relógios biológicos

Alguns fenômenos periódicos implicam no fato de que um mecanismo de 'relógio' está operando para manter a trilha da hora do dia ou da passagem do tempo. Um estudo clássico foi o de Pittendrigh sobre o ritmo circadiano (circa dies – cerca de um dia) da emergência do adulto em Drosophila pseudoobscura.

Os relógios são indispensáveis a animais como abelhas e formigas que se orientam pelo sol. Tais animais conseguem manter um curso apropriado durante períodos de tempo, fazendo ajustes para compensar o movimento aparente do sol. Muitos organismos têm a capacidade de responder a modificações do comprimento do dia, por exemplo, pela modificação de seu padrão de desenvolvimento ou da reprodução com a aproximação do outono (p. ex., veja a Seção 14.4.4). Isto envolve a capacidade de 'medir' o comprimento do dia e/ou da noite e um aspecto notável de tais mecanismos é que eles são compensados pela temperatura (isto é, independentemente), importante em invertebrados ectotérmicos, já que grandes erros na medida do tempo poderiam resultar de outra forma.

Os ritmos circadianos são produzidos pelo ciclo diário de iluminação, estando sincronizados com este último. Entretanto, se o animal for mantido sob condições constantes, estes ritmos persistem por vários dias com apenas pequenas alterações no comprimento de cada ciclo. O comprimento deste ritmo de 'curso-livre' na barata Leucophaea é afetado pelo comprimento dos ciclos 'diários' aos quais o animal está exposto durante o desenvolvimento e não pode ser ajustado mais tarde. Os mecanismos de relógio freqüentemente são 'mascarados' até que condições favoráveis permitam a expressão da oscilação vigente.

No molusco Aplysia, a atividade rítmica está amplamente difundida no sistema nervoso central, continuando por várias semanas mesmo se os gânglios forem removidos do corpo e mantidos em meio de cultura. Diferentes neurônios têm seus próprios ritmos, mas em vida estes são sincronizados por um 'relógio mestre' localizado no interior das 'células D' do olho (não os fotorreceptores, mas células que recebem sinais sinápticos diretamente deles). Um ritmo de atividade circadiano pode ser detectado no interior do olho isolado e as células não exercem sua influência por um hormônio, como se pensava, mas via axônios que se estendem através de quase todo o sistema nervoso. Em contraste, relógios autônomos estão presentes em toda a Drosophila. As oscilações de um conjunto de neurônios no lobo óptico governam o bem conhecido ritmo locomotor, enquanto que a função de relógio pelas células quimiossensoriais das antenas é independente e controla um ritmo na função olfatória (veja o Quadro 16.7) (similarmente, um relógio no cérebro de Limulus modula a sensibilidade dos olhos compostos).

16.8 Bases neurais do comportamento

16.8.1 Efetores independentes

Algumas ações são desempenhadas por células como respostas adaptativas à estimulação que elas recebem – são efetores independentes. Algumas células glandulares e musculares caem nessa categoria; em muitos organismos, os cromatóforos respondem diretamente à luz em virtude da presença de moléculas semelhantes à rodopsina; e a coordenação do batimento de cílios é feita por interações mecânicas entre organelas adjacentes.

Os protistas são necessariamente efetores independentes, embora apresentem mecanismos de controle idênticos àqueles que operam na função nervosa. O encontro da região anterior do Paramecium induz a despolarização da membrana, um exemplo pouco comum de potencial de ação graduado (Seção 16.1.5) mediado por canais de Ca^{2+} localizados nas membranas ciliares, causando uma breve interrupção na natação. Com uma estimulação mais intensa, o influxo de Ca^{2+} ativa os canais de Na^+ e a reversão do batimento ciliar. A estimulação na parte posterior eleva a permeabilidade ao K^+, eleva o potencial de repouso e acelera o batimento. O mutante 'dancer' tem canais de Ca^{2+} hiper-sensíveis.

Sabe-se que as fibras nervosas formam junções sinápticas com os cnidócitos (células urticantes dos cnidários – veja a Fig. 3.14) e que, indubitavelmente, mediam a influência do estado nutricional do organismo sobre a função dos cnidócitos. Provavelmente também são responsáveis pela propagação da descarga através de um campo de células, como é observado em anêmonas. No entanto, os cnidócitos também podem atuar independentemente: há combinação de quimio- e mecanorreceptores da célula, quando esta é estimulada, para gerar um potencial receptor; o Ca^{2+} entra via canais de voltagem regulada na membrana plasmática e a exocitose do cisto resulta na descarga deste último.

16.8.2 Unidades do comportamento

A maioria dos efetores não é independente. Tipicamente, o comportamento deve sua origem à atividade gerada espontaneamente no interior do sistema nervoso ou representa uma resposta à estimulação. Algumas unidades do comportamento chamadas reflexos são estereotipadas, ações motoras relativamente simples, cada uma evocada por um estímulo específico; a ação varia em magnitude e/ou em extensão, dependendo da intensidade do estímulo.

Outras seqüências comportamentais são denominadas 'padrões de ação fixa' ou, mais comumente, 'padrões motores'. Tais padrões são característicos das espécies, ações estereotipadas, freqüentemente de complexidade considerável, e não variam com a intensidade do estímulo. Podem ser espontâneos, mas se evocados por estimulação, esta atua somente como gatilho. Em conseqüência, estímulos bastante diferentes podem evocar o mesmo padrão – por exemplo, o lagostim adota uma característica postura defensiva em resposta a uma ampla variedade de estímulos ameaçadores. Os padrões motores são geneticamente determinados e da expressão de um 'programa' preciso existente na 'rede' do sistema nervoso. Influências de retroalimentação não desempenham um papel no controle do padrão como tal.

Podemos concluir que os dois conceitos diferem principalmente quanto ao papel atribuído aos estímulos. Os estímulos têm um papel nos reflexos, comparável àquele dos movimentos dos dedos de uma pessoa tocando piano, enquanto que, nos padrões motores, eles correspondem, no máximo, à ação de ligar um aparelho de som.

16.8.3 Ações reflexas

Muitos cnidários respondem a leves toques por meio de uma contração local cuja extensão depende da intensidade, do número e da freqüência dos estímulos. A explicação clássica, desenvolvida por Pantin, considera que isso depende do processo de facilitação sináptica no interior da rede nervosa e por meio da qual um segundo ou um subseqüente impulso, que chega à sinapse, desencadeia uma resposta que o primeiro estímulo foi incapaz de evocar. Entretanto, diferentes mecanismos devem ser responsáveis pelo mesmo fenômeno no hidrozoário Cordylophora, no qual ele é mediado por condução epitelial (Seção 16.3.1), e no coral Porites (Fig. 16.28).

Como o reflexo patelar do homem, o reflexo que envolve o receptor do estiramento do lagostim é monossináptico, sendo a conexão entre o receptor e o neurônio motor uma única sinapse química (Fig. 16.29). Contribui para a manutenção da postura; uma vez que seu músculo associado for estirado, a atividade no receptor e, depois no neurônio motor que ele comanda, irá induzir a contração muscular, contrapondo-a ao efeito do estiramento. O circuito também tem um papel na implementação de instruções do sistema nervoso central para a musculatura.

Vimos que muitas respostas de fuga ou de sobressalto envolvem neurônios gigantes (Seção 16.1.5). Tais elementos não estão presentes em sanguessugas, porém uma via rápida de condução direta, que medeia a rápida contração de todo o corpo, está presente no cordão nervoso. Esta consiste de uma série de 'células S', uma por segmento, cujos axônios direcionados longitudinalmente estão acoplados àqueles de segmentos adjacentes por meio de sinapses elétricas (Fig. 16.30). O sistema ilustra a importância de sinapses elétricas (e, portanto, rápidas) (Seção 16.2.5) em circuitos envolvidos em respostas de fuga. Os diversos tipos de mecanorreceptores no interior do corpo também formam arcos reflexos monossinápticos com motoneurônios do mesmo segmento.

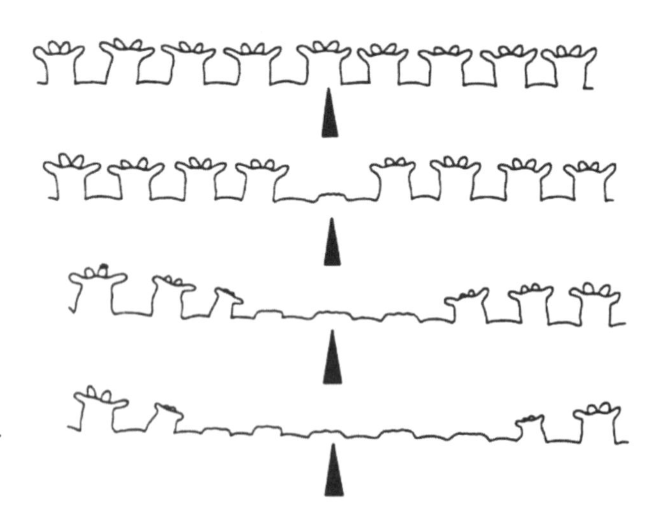

Fig. 16.28 O coral Porites apresenta uma resposta facilitada (os termos 'decremental' e 'incremental' também são usados) a sucessivos estímulos elétricos, apesar da propagação de potenciais através da rede nervosa da colônia a cada estímulo. (Segundo Shelton, 1975.)

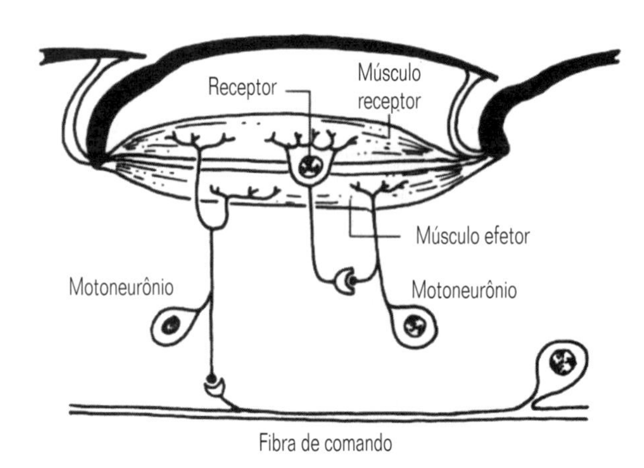

Fig. 16.29 Circuitos neuronais envolvendo o receptor de estiramento do lagostim. Se a contração dos músculos 'efetor' e receptor, devido à ativação do motoneurônio for impedida por fatores externos, o receptor é ativado, levando a mais estimulações do músculo. O receptor também medeia o reflexo de estiramento monossináptico. (A inervação inibitória da célula receptora por fibras centrífugas não está representada.) (Segundo Kennedy, 1976.)

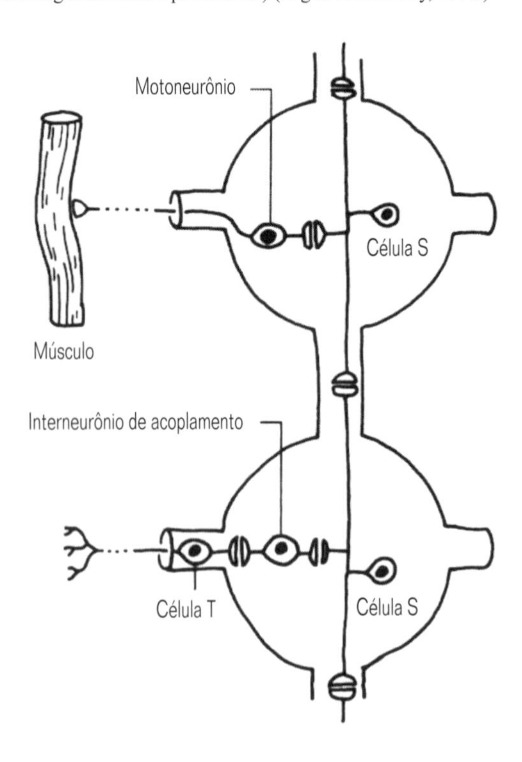

Fig. 16.30 Circuitos neuronais envolvidos na resposta de sobressalto da sanguessuga. A transmissão a partir de uma célula sensorial T, através de interneurônios acoplados, de uma série de células S, aos motoneurônios é feita exclusivamente por meio de sinapses elétricas – somente as junções neuromusculares são de transmissão química. Somente um dos lados de dois gânglios adjacentes é mostrado. Note o padrão clássico de um reflexo no envolvimento de neurônios sensoriais, interneurônios e neurônios motores.

Quadro 16.8 Batidas de cauda do lagostim

As batidas de cauda do lagostim têm sido consideradas como típicos padrões motores (de ação fixa). Estímulos ameaçadores repentinos, suficientemente intensos para evocar um único impulso nas fibras gigantes, iniciam uma rápida resposta de fuga, altamente estereotipada – uma 'batida de cauda' – causada pela contração simultânea dos músculos flexores dos segmentos abdominais. A ação é completada rapidamente demais para que permita sua modificação por meio de retroalimentação.

A atividade nas fibras gigantes inibe os motoneurônios para os músculos extensores (antagonistas dos flexores), os próprios músculos extensores e os receptores de estiramento dos extensores, assim impedindo com segurança a contração dos extensores, e sua interferência com a batida da cauda até que seja exercida a máxima força pelos flexores. As fibras gigantes atuam, portanto, como neurônios de comando (Seção 16.9.1) cujos impulsos desencadeiam os vários componentes da ação.

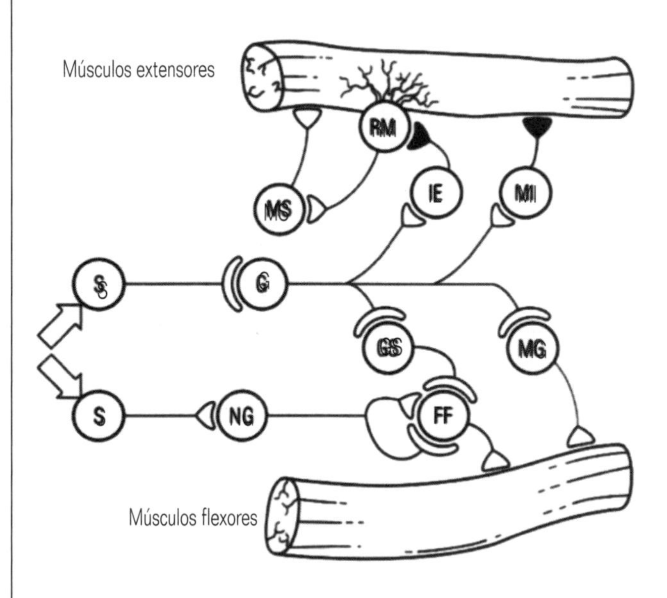

(a)

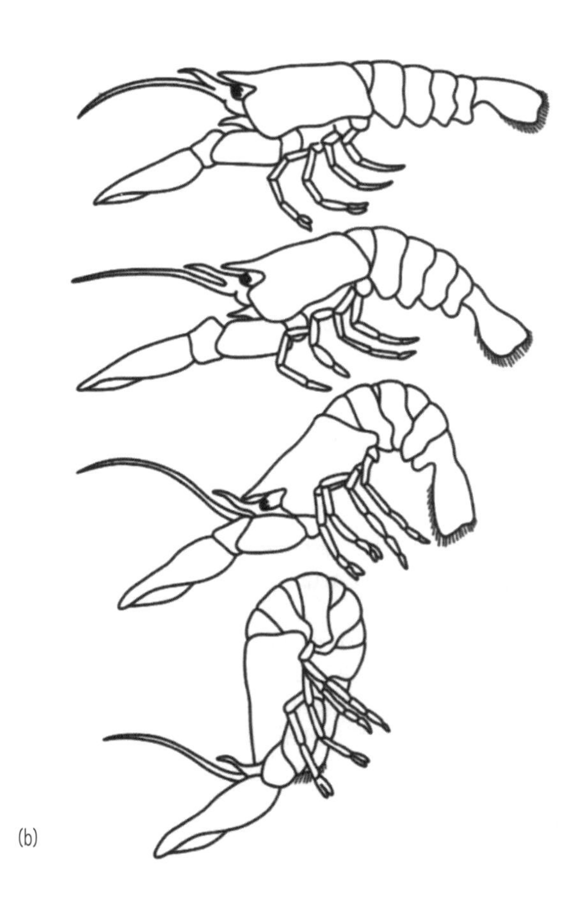

(b)

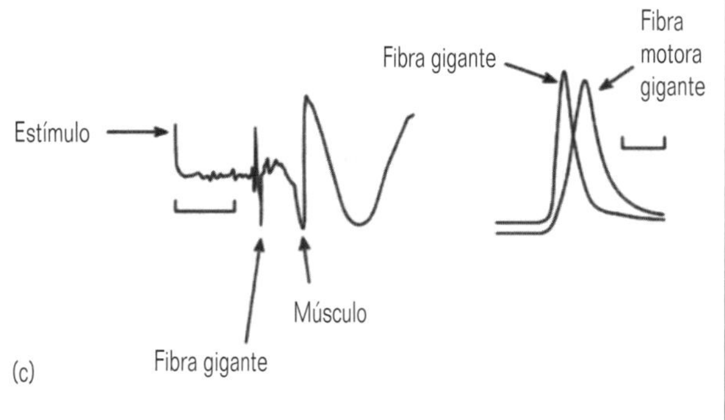

(c)

(a) Circuitos neuronais simplificados, envolvendo tanto neurônios gigantes como vias de neurônios não-gigantes, presentes no interior de cada segmento abdominal, que controlam as batidas de cauda do lagostim. As sinapses químicas estão representadas por terminais bulbosos, as sinapses elétricas por terminais achatados. Os sistemas são ativados por estímulos ambientais (setas). FF, motoneurônio flexor rápido; G, neurônio gigante de comando; MI, motoneurônio inibitório; IE, sinal inibitório do receptor de estiramento; MG, neurônio motor gigante; RM, receptor muscular de estiramento; NG, via neural não-gigante; S, neurônios sensoriais; GS, neurônio gigante segmentar; MS, neurônio motor estimulador. As sinapses entre a fiibra gigante e os motoneurônios gigantes foram as primeiras sinapses elétricas a serem descobertas (veja a Seção 16.2.5). (b) Batida de cauda do lagostim. (Segundo Wine & Krasne, 1982.) (c) À esquerda: atividade elétrica no neurônio gigante de comando, cerca de 7 ms após a aplicação de um estímulo ao animal, é seguida por atividade nos músculos flexores aproximadamente depois de 10 ms. Esta curta latência é típica de respostas de fuga. Barra, 5 ms. À direita: A atividade no neurônio gigante é seguida por atividade no neurônio motor gigante, com um atraso negligível (cerca 0,1 ms), por conta do acoplamento com uma sinapse elétrica. Barra, 1 ms. (De Simmons & Young, 1999.)

No entanto, depois que o abdome estiver flexionado, ocorre uma rápida re-extensão do corpo pela contração dos músculos extensores. Este 'golpe de recuperação', uma parte invariável da seqüência natural, não é gerada centralmente, mas é um efeito da cadeia de reflexos. Os receptores musculares, uma vez libertados de sua inibição, são estimulados por serem estirados e ativam os extensores por meio de um arco reflexo (Seção 16.8.3). Além disso, as batidas executadas após a primeira não são controladas pela fibra gigante, mas por uma fibra paralela, uma via não-gigante. A última recebe os mesmos sinais sensoriais, mas tem componentes de condução lenta, incorporando informações direcionais que afastam o animal da fonte de ameaça.

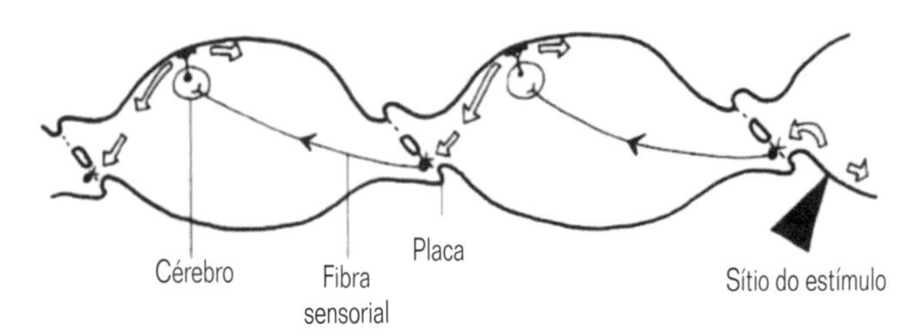

Fig. 16.31 Arcos reflexos no interior de cada uma das séries de zoóides de Salpa. Os zoóides adjacentes estão conectados por placas epidérmicas. As células da parte da saída do sinal possuem uma ultraestrutura que lembra aquela dos terminais pré-sinápticos. Próximo a elas há 6 a 12 neurônios receptores ciliados. A condução desses pulsos por toda a cadeia pode induzir sua dissociação. (Segundo Anderson & Bone, 1980.)

Talvez o reflexo mais curioso já descrito seja aquele apresentado por algumas salpas (urocordados) que formam longas cadeias de até 20 'zoóides' interconectados por placas epidérmicas (Fig. 16.31). A excitação é mediada por uma via sensorial da placa ao cérebro, pela inervação motora da epiderme, por condução epitelial até a placa seguinte e assim por diante.

16.8.4 Padrões motores

A capacidade inerente ao sistema nervoso central de gerar e coordenar padrões integrados de ações motoras tem sido demonstrada em muitos grupos de animais. 'A retração do manto e o fechamento das valvas de um bivalve, Mya,...os movimentos copulatórios,...o ritmo do vôo, do andar,...os movimentos respiratórios,...os batimentos cardíacos,...e a pulsação natatória das medusas foram todos vistos com graus variáveis de rigor [sic] como sendo centralmente controlados' (Bullock, 1977).

O molusco marinho Tritonia reage ao toque de uma estrela-do-mar predadora com um surto natatório que dura cerca de 30 s. Isto envolve contrações alternadas dos músculos dorsais e ventrais e poderia, concebivelmente, envolver um padrão centralmente gerado ou uma cadeia de reflexos – o estímulo inicial, evocando a contração dos músculos dorsais, os quais, por retroalimentação sensorial, estimulam os músculos ventrais por meio de arcos reflexos, e assim por diante. As investigações mostraram que a seqüência normal e característica da atividade nervosa nos motoneurônios pode ser provocada, em cérebros mantidos in vitro, por meio de um estímulo inicial aplicado aos nervos sensoriais seccionados. Claramente, nesse caso, mesmo se a retroalimentação sensorial seja provida pelos músculos, ela não é essencial para a geração do padrão (veja o Quadro 16.9).

16.8.5 Variações sobre dois temas

Muitas unidades do comportamento compartilham pelo menos algumas das características tanto de ações reflexas como de padrões motores (Quadro 16.8). No gafanhoto, um único receptor de estiramento, associado à articulação de cada asa, é ativado ao final de cada golpe da asa para cima. Aqui existe pelo menos um sistema que esperaríamos que funcionasse por meio de uma série de arcos reflexos, mas este não é o caso, como é mostrado pelo trabalho clássico de D.M. Wilson. Até mesmo gânglios torácicos isolados, impedidos de receber sinais sensoriais, podem apresentar o padrão de atividade associada ao vôo (como as larvas antes do desenvolvimento das asas). Em vez disso, os receptores estão restritos à modulação da freqüência da atividade dos motoneurônios no ciclo usual e também podem restabelecer o ritmo.

Os neurônios GLDM do gafanhoto (veja o Quadro 16.6) provêm sinais sinápticos seguros para o par de células NDMC as quais descem até o terceiro gânglio torácico, onde inervam dois outros neurônios identificados ('C' e 'M') (Fig.16.32). Cada neurônio C faz sinapse com os motoneurônios de dois músculos antagonistas encontrados nas 'coxas' das grandes pernas – estes são os músculos extensor e flexor da tíbia (a parte inferior da perna).

Primeiro, a célula C induz tanto o 'engatilhamento' da perna, prendendo a tíbia embaixo do inseto, como a 'co-contração' dos dois músculos antagonistas destorcendo a cutícula elástica do fêmur. Segundo, uma influência de retroalimentação positiva dos receptores de estiramento cuticulares atua sobre os motoneurônios para reforçar a contração extensora. Por último, a atividade retroalimentadora em outro conjunto de receptores, evocada pela co-contração, estimula a célula M. Se isto coincidir com as contínuas informações vindas de GLDM etc., a célula M é ativada, inibindo os motoneurônios flexores e engatilhando o salto quando a energia armazenada na cutícula destorcida é liberada. Claramente, a retroalimentação sensorial é uma parte integrante do mecanismo pelo qual o salto é controlado e assegura que estímulos externos não possam evocar o salto a menos que o mecanismo esteja totalmente preparado (veja a Seção 10.6.2.4).

Concluindo, precisamos notar a irreverência da Natureza em relação às nossas categorias. O sistema nervoso possui claramente a capacidade inerente de gerar programas motores integrados. Entretanto, alguns padrões de ação fixa são 'mais fixos do que outros, – por exemplo, algumas respostas de retração rápida em anelídeos, mediadas por fibras gigantes, são graduadas, enquanto outras são tudo-ou-nada – e os efeitos da retroa-alimentação freqüentemente constituem uma das principais maneiras pelas quais os padrões comportamentais alcançam os alvos aos quais parecem ser direcionados.

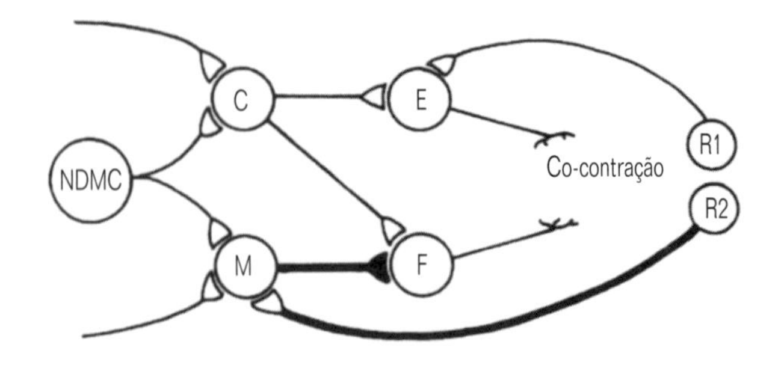

Fig. 16.32 Circuitos neuronais que controlam o salto do gafanhoto. NDMC, neurônio detector de movimento; C, neurônio C; M, neurônio M; E, F, motoneurônios que inervam os músculos extensor e flexor, respectivamente; R1, R2, neurônios sensoriais mediando os efeitos da retroalimentação da co-contração. Linhas mais grossas, vias nervosas que levam à inibição dos flexores. (Segundo Pearson, 1983.)

16.9 Organização da informação motora

16.9.1 Neurônios de comando

Os sistemas de neurônios que controlam os sinais motores, assim como os sistemas sensoriais, apresentam freqüentemente uma hierarquia de organização e isto é bem ilustrado pelos circuitos que controlam os apêndices abdominais (pleópodes) do lagostim (Fig. 16.33). Os neurônios de comando foram descobertos em crustáceos por Wiersma que observou que a ativação de células isoladas, particulares, ativa padrões coordenados do comportamento. Um neurônio de comendo é um tomador de decisões. Assim como as vias sensoriais apresentam divergência e provêm informações para uma multiplicidade de centros motores (Seção 16.6.3), as células de comando no interior dos sistemas motores constituem os focos de convergência e integração das informações provenientes de uma diversidade de órgãos sensoriais. A atividade resultante da célula, ou sua perda, determina se a ação motora é iniciada ou não. Tal atividade, portanto, é necessária e suficiente para gerar a ação; geralmente não gera o ritmo motor, mas provê estimulação tônica dos neurônios geradores do padrão, situados no nível seguinte da hierarquia.

Numa descrição virtualmente completa das vias neurais, desde a recepção sensorial até os sinais motores padronizados, responsáveis pelo controle da natação da sanguessuga, foram identificados neurônios que representam dois níveis de função de comando. Um par de 'células desencadeadoras' no cérebro (gânglio subesofágico) recebe sinais diretamente de 150 células mecanorreceptoras epidérmicas situadas ao longo de todo o corpo e controla um grupo de 'células de comporta' presentes em cada gânglio segmentar. Uma vez estimuladas, as células de comporta podem apresentar atividade sustentada sem o auxílio das células desencadeadoras. Em contraste, as células de comporta evocam atividade nas células geradoras de padrão (que constituem o nível seguinte na hierarquia) somente enquanto elas próprias permanecerem ativas.

Em muitos sistemas motores, nenhuma célula isolada, ou grupo de células, parece corresponder a uma unidade de comando (p. ex., Fig. 16.32). Além disso, embora as células de Mauthner de teleósteos e de anfíbios aquáticos sejam neurônios de comando, o conceito possui pouca relevância para os vertebrados.

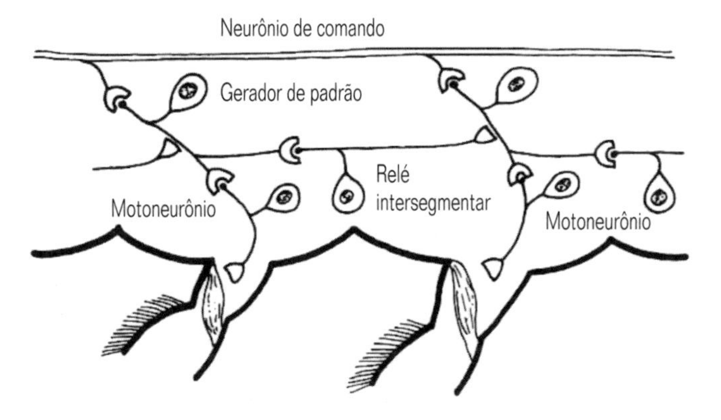

Fig. 16.33 Hierarquia nos circuitos neuronais que controlam as informações motoras para os pleópodes do lagostim (são mostradas células em gânglios de dois segmentos adjacentes). Podem ser distingüidos três níveis, isto é, neurônios de comando, interneurônios geradores de padrão e motoneurônios. Geralmente existe mais do que um neurônio de cada tipo, incluindo tanto células estimuladoras como inibidoras. (Segundo Stein, 1971.)

16.9.2 Geradores centrais de padrões

Quando presentes, as células de comando determinam se um sistema está ativo ou não, mas a geração de padrões motores não é seu papel, nem o é dos motoneurônios, mas, sim, dos interneurônios interpostos entre eles (Fig.16.33). No lagostim, um interneurônio de cada segmento, que não produz potenciais de ação, apresenta oscilações regulares e espontâneas no potencial de membrana. A despolarização e a liberação de neurotransmissor estimulam os neurônios motores dos músculos responsáveis pelo golpe de força dos pleópodes, mas inibem os motoneurônios responsáveis pelo golpe de recuperação. O papel do interneurônio na geração de um padrão pode ser demonstrado experimentalmente por meio de aceleração ou retardamento da oscilação, quando o ritmo está restabelecido; ele não reassume um padrão temporal igual ao anterior. Outros interneurônios medeiam a coordenação intersegmentar responsável pelo ritmo metacrônico do batimento dos pleópodes.

Esta hierarquia nem sempre está tão bem definida. Por exemplo, as células CV1 podem, razoavelmente, ser consideradas como neurônios de comando para o gerador central de comando (GCP) de atividade alimentar do molusco Lymnaea. No entanto, a atividade retroalimentadora do GCP sobre CV1 modifica a atividade da última, modulando o caráter de seus efeitos sobre o GCP. Neste caso, os neurônios de comando também participam do gerador de padrão.

A geração de um padrão por uma rede nervosa requer uma fonte de atividade, que pode ser provida por sinais de comando ou pode surgir espontaneamente (Seção 16.1.2) de uma ou mais unidades que constituem a rede. Excluindo as influências externas, o caráter do sinal de saída do GCP depende tanto das propriedades dos neurônios individuais (p. ex., de suas taxas de atividade intrínseca) como da natureza das interações sinápticas entre eles (veja o Quadro 16.9).

Estes princípios são mostrados pelo sistema que controla o batimento cardíaco na sanguessuga. O GCP, um dos tipos mais simples e mais comuns encontrado nos invertebrados, é um oscilador que consiste essencialmente de dois neurônios que apresentam atividade alternada (Fig. 16.34). As duas unidades são espontaneamente ativas e reciprocamente inibitórias. Qualquer tendência para que uma delas estabeleça uma dominância estável sobre a outra é impedida por duas maneiras principais. Primeiro, o sinal sináptico de saída de uma célula ativa declina com o tempo, diminuindo sua influência sobre sua parceira; e, segundo, um efeito automático de restabelecimento na célula inibida – pelo qual, por exemplo, uma hiperpolarização resulta na ativação tardia de certos canais iônicos que despolarizam a célula – capacitando-a de retomar sua atividade.

A modulação de um GCP pelas ações dos neurotransmissores sobre as propriedades dos neurônios e de suas interações sinápticas permite que seja gerada a diversidade de padrões

Quadro 16.9 Versatilidade da geração central de padrões

O padrão gerado por uma rede nervosa e a atividade de suas partes componentes pode ser modulado por influências sinápticas e endócrinas.

A modulação intrínseca é uma característica do gerador central de padrão (GCC) na natação em Tritonia (Fig. a). A estimulação sensorial ativa um único neurônio de comando, o interneurônio da rampa dorsal (IRD), em cada lado do cérebro. O IRD não gera o padrão da natação, mas estimula seis outros interneurônios para fazê-lo. Nenhum deles pode gerar individualmente a atividade rítmica; o padrão é gerado por suas interações mútuas. 5-HT liberado durante a atividade pelos interneurônios dorsais da natação, tem múltiplos efeitos, reconfigurando a rede para possibilitar que os interneurônios gerem um padrão natatório em vez de outros para os quais são responsáveis. O fenômeno é chamado modulação intrínseca porque os agentes fazem parte do sistema neural envolvido.

Na lagosta, as redes neurais do gânglio estomatogástrico formam três distintos GCPs controlando músculos nas diferentes partes do estômago. Por exemplo, o padrão das contrações musculares na região pilórica é gerado por um interneurônio e 13 motoneurônios (a predominância de células do último tipo num GCP não é usual). Pelo menos nove neurotransmissores diferentes, liberados por fibras nervosas que se originam em outros gânglios, influenciam a saída de impulsos desse gânglio (Fig. b), capacitando o estômago a lidar com diferentes alimentos em vários estágios da digestão. Outras redes geram os padrões esofágicos e da moela gástrica, cada um controlando contrações musculares em diferentes partes do tubo digestivo. Quando um par de neurônios pilóricos supressores, que provê a entrada sináptica para o gânglio, é ativado, os geradores de padrão são reconfigurados para produzir um único ritmo integrado que induz os movimentos de deglutição (Fig. c). Tal modulação extrínseca envolve a influência de componentes situados fora do sistema neural em questão.

Manduca apresenta um padrão característico de comportamento da larva e da pupa, por meio do qual a cutícula velha é eliminada. O adulto apresenta um padrão diferente, usado para sair da câmara pupal subterrânea, mas reverte para o padrão larval/pupal se os conectivos entre os gânglios torácico e abdominal forem lesados. Está claro que o circuito neural subjacente da larva é retido no adulto, mas este é modulado para produzir uma seqüência nova, mais apropriada, do comportamento*. Estas observações mostram que as redes neurais que formam GCPs não são necessariamente 'hardware' – o sinal de saída pode depender do 'programa'.

*Em muitos casos semelhantes, o circuito é fisicamente remodelado (veja o Quadro 16.3).

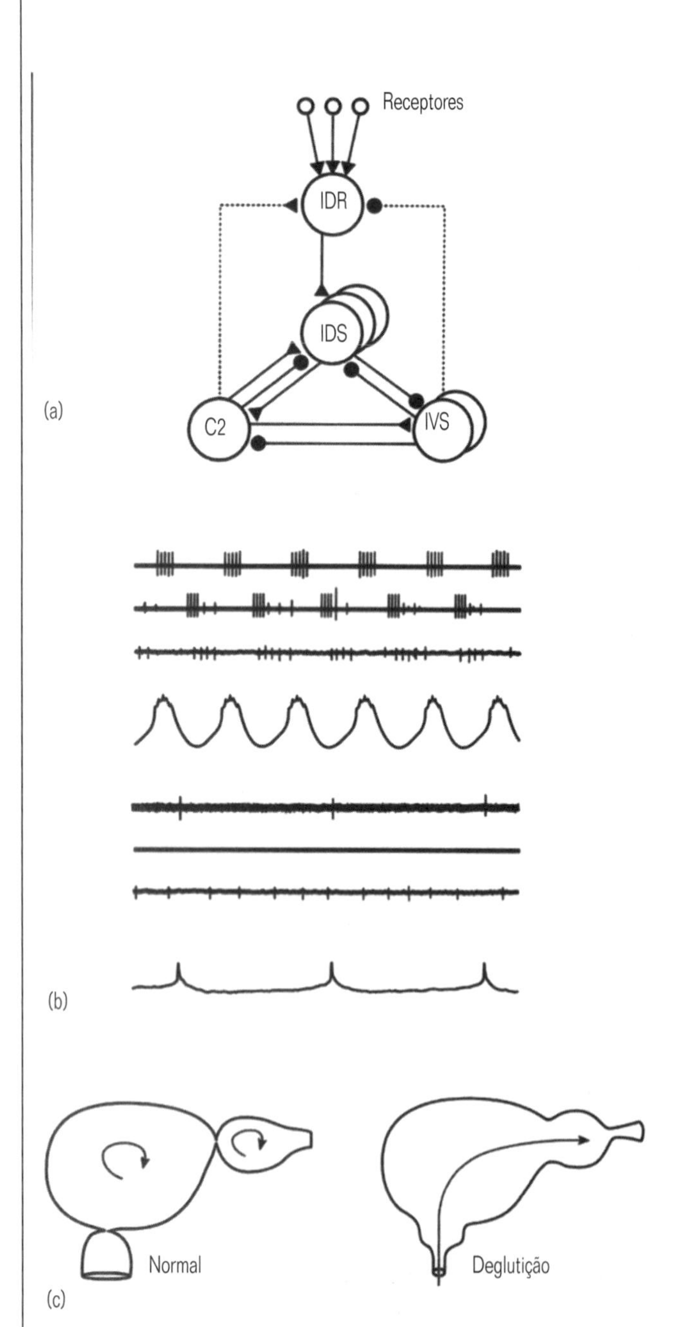

(a) Gerador de padrão motor para a natação de fuga no molusco Tritonia. O interneurônio da rampa dorsal (IRD) provê estimulação tônica; o padrão da natação é gerado por três interneurônios dorsais da natação (IDN), dois interneurônios ventrais da natação (IVN) e um interneurônio C2. O 5-HT produzido pelos IDNs modula as características funcionais do sistema. (De Simmons & Young, 1999; segundo Frost & Katz, 1996.) (b) Efeito do sinal de entrada sináptica dos gânglios comissurais e esofágicos sobre o padrão da atividade elétrica gerado pelo GCP pilórico do gânglio estomatogástrico da lagosta: traços superiores, padrão normal (três registros extracelulares de diferentes neurônios motores; um registro intracelular do interneurônio); traços inferiores, atividade quando privado de sinais sinápticos normais. (De Harris-Warrick & Flamm, 1986.) (c) Reconfiguração do gânglio estomatogástrico pela modulação extrínseca: as redes para os ritmos do esôfago, piloro e moela gástrica podem operar independentemente ou podem ser reconfigurados para gerar um ritmo integrado que medeia a ação da deglutição. (De Simmons & Young, 1999; segundo Meyrand et al., 1994.)

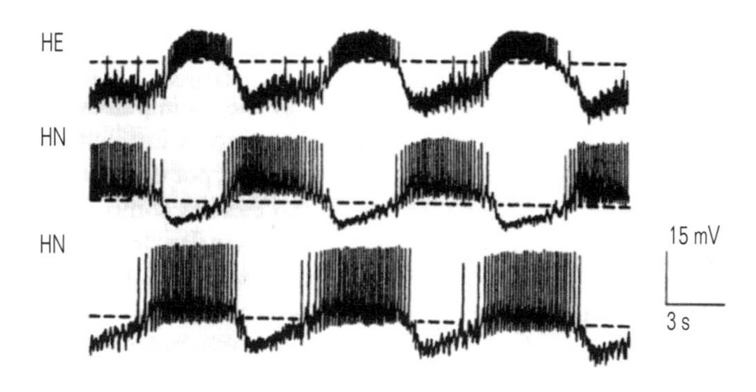

Fig. 16.34 Geração do padrão que controla o batimento cardíaco na sanguessuga. Registros intercelulares simultâneos da atividade rítmica de dois interneurônios mutualmente inibitórios (HN) e de um motoneurônio (HE) sujeito ao controle inibitório do interneurônio superior. (De Arbas & Calabrese, 1987.)

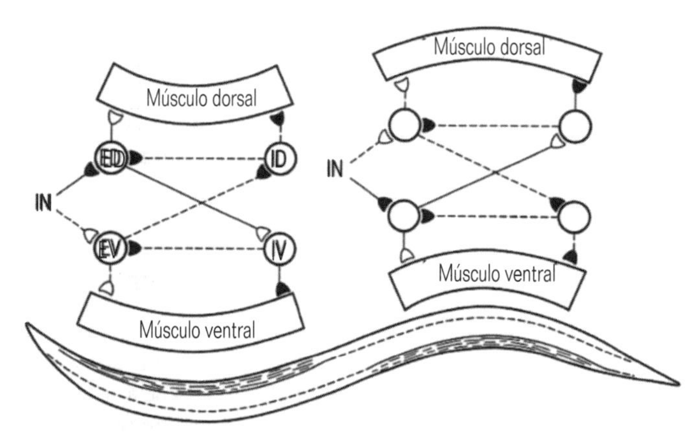

Fig. 16.35 Circuito neuronal controlador da natação de Ascaris, que envolve a contração alternada de músculos dorsais (esquerda) e ventrais (direita). IN, interneurônios, DE, VE, DI e VI, motoneurônios excitatórios e inibitórios dorsais e ventrais, respectivamente. Bulbos claros, sinapses excitatórias; bulbos escuros, sinapses inibitórias. (Seglmdo Stretton et al., 1985.)

(Quadro 16.9). De maneira semelhante, os padrões podem ser modificados pela variação da identidade das células envolvidas em sua geração. Assim, Burrows verificou que um único moto-neurônio que supre um músculo da perna do gafanhoto está sujeito à influência de pelo menos 12 interneurônios que podem estar envolvidos em diferentes combinações. A presença de interneurônios capazes de gerar uma variedade de padrões de atividade permite que motoneurônios individuais sejam utilizados de diferentes maneiras e evita duplicação desnecessária de fibras que compreendem inervação neuromuscular.

16.9.3 Motoneurônios

Embora a geração de padrões motores freqüentemente decorra dos interneurônios, muitos motoneurônios apresentam interações mútuas e, assim, também estão envolvidos nesse processo. No nematódeo Ascaris, cinco grandes interneurônios percorrem a extensão do corpo e provêm estimulação tônica para a natação. Os motoneurânios excitatórios que suprem o músculo dorsal em cada 'segmento' do corpo estimulam os neurônios inibitórios do músculo ventral e, através destes, inibem os neurônios excitatórios ventrais (Fig. 16.35). A ativação das células excitatórias ventrais tem efeito semelhante sobre os neurônios dorsais. A atividade oscila entre os neurônios dorsais e ventrais com uma freqüência e intensidade dependentes do grau de estimulação feita pelos interneurônios, evocando, alternadamente, contrações de seus músculos. Outras células formam relés entre regiões adjacentes do corpo e coordenam sua atividade.

A previsão de que a geração de padrão por unidades motoras poderia requerer duplicação dessas últimas parece ter se originado no caso de Ascaris, uma vez que diferentes tipos de motoneurônios podem controlar a natação para frente e para trás. Provavelmente, isso importa pouco para o animal devido ao seu repertório limitado de ações e isto pode aplicar-se a muitos sistemas motores dos invertebrados.

A regra de que o mesmo conjunto de motoneurônios é usado para diferentes propósitos, dependendo dos sinais que recebem, geralmente não é seguida por unidades envolvidas em reações de fuga. Na lula, as fibras gigantes medeiam a reação de susto de 'propulsão a jato', enquanto que fibras menores controlam as contrações musculares envolvidas nos movimentos respiratórios. Na medusa Aglantha, a reação de fuga consiste de uma a três violentas contrações da umbrela, mediadas por oito fibras motoras gigantes que se estendem para cima, por baixo da superfície subumbrelar e por motoneurônios laterais de menor diâmetro. As contrações da natação normal envolvem justamente estes últimos. De maneira semelhante, as fibras laterais gigantes do lagostim excitam (via um par de fibras centrais gigantes) os cinco a nove motoneurônios dos 'flexores rápidos' usados em respostas de fuga flexíveis, mas também um par de neurônios motores gigantes em cada segmento, os quais estão reservados exclusivamente para as batidas da cauda (Quadro 16.8).

16.9.4 Inervação neuromuscular

O controle da atividade muscular por neurônios motores é mediado pela descarga de neurotransmissores químicos nas sinapses (junções neuromusculares) (Seção 16.2.3) formadas entre terminais nervosos e fibras musculares. Os padrões de inervação dos músculos apresentam amplas variações. A presença ou ausência de potenciais de ação propagados no interior de fibras musculares individuais e/ou sua transmissão via junções comunicantes entre fibras, também tem grande importância.

Ao contrário dos músculos somáticos dos vertebrados, os músculos dos invertebrados possuem, tipicamente, uma complexa inervação polineuronal e a 'tomada de decisões' freqüentemente é delegada à periferia onde colidem influências conflitantes no interior da estrutura inervada. Em caranguejos, fibras inibitórias descarregam ácido g-aminobutírico (GABA) tanto em sinapses com terminais excitatórios (inibição pré-sináptica), bloqueando a liberação do transmissor excitatório glutamato, como em sinapses nas fibras musculares (inibição pós-sináptica) para diminuir qualquer excitação que chegue aí (Fig. 16.36).

O músculo extensor da tíbia do gafanhoto é controlado por quatro fibras nervosas. Fibras excitatórias e uma fibra inibitória liberam os transmissores glutamato e GABA, respectivamente.

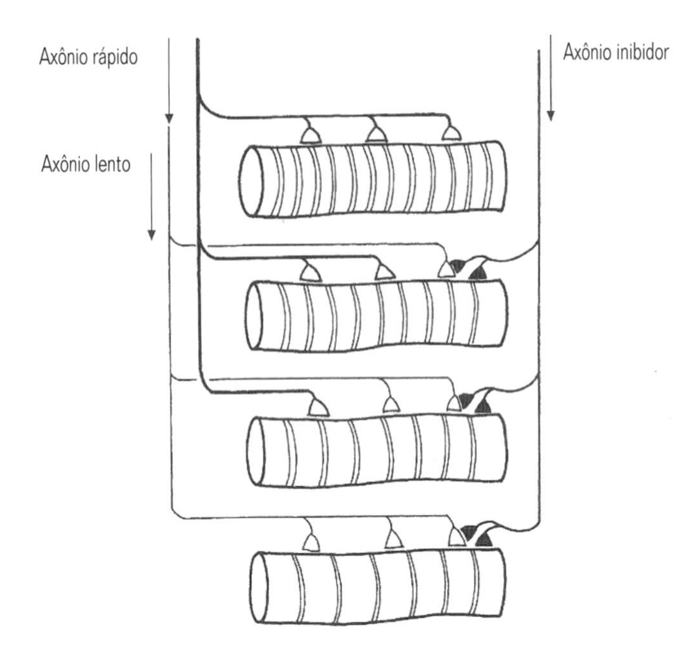

Fig. 16.36 Controle da contração muscular em Crustacea. Nos caranguejos, músculos individuais são compostos por fibras com diferentes características estruturais e funcionais. Algumas fibras geram prontamente potenciais de ação e apresentam um rápido desenvolvimento de tensão, enquanto que outras usam principalmente potenciais graduados contraindo-se mais lentamente. Um único axônio de condução rápida emite ramificações principalmente às várias fibras musculares rápidas; suas sinapses tornam-se rapidamente fatigadas com a estimulação repetida. Uma fibra de diâmetro pequeno direciona seus terminais para as fibras musculares mais lentas e, sob estimulação repetitiva, apresenta facilitação. Assim, o grau de contração é controlado, não pelo recrutamento de unidades motoras extras, como nos vertebrados, mas por um controle gradual das fibras musculares.

Além disso, a octopamina liberada por terminais de um neurônio DMN (dorsal mediano não pareado), tem ação modulatória. Por si só parece ter pouco efeito e seu papel primário é o de conferir ao músculo o qual, de outro modo, gera a tensão mais prolongada e necessária para a manutenção da postura, a capacidade de responder à excitação motora por meio de contração mais intensa e rápido relaxamento, apropriados para a locomoção. Glutamato e o peptídeo proctolina (Seção 16.2.4) atuam como co-transmissores em alguns músculos de insetos. O glutamato, por si só, é liberado em níveis baixos de atividade neural, mas ambos são liberados durante estimulação repetitiva. Enquanto o glutamato causa despolarização e contrações musculares do tipo fásico, a proctolina induz o alicerce para a contração sustentada sem afetar o potencial de membrana.

Os músculos adutores dos moluscos bivalves apresentam grande tenacidade e podem manter as valvas fechadas durante horas ou, até mesmo, dias – uma defesa valiosa contra a predação. A contração é induzida pela ativação de motoneurônios excitatórios que liberam acetilcolina, porém uma vez que se tenha desenvolvido a tensão, o músculo entra num estado de 'catch' (durante o qual o consumo de O_2 é baixo) cuja manutenção independe de mais estimulações. O relaxamento ocorre pela ativação de fibras inibitórias cujo transmissor aparentemente é a 5-hidroxitriptamina, embora o peptídeo relaxador do catch (CARP) também pode estar envolvido no controle de tais músculos.

Em insetos com músculos diretos do vôo, os impulsos nas fibras nervosas 'marcam o tempo' para as contrações. Em contraste, os músculos indiretos do vôo, especializados, por exemplo, de moscas, apresentam uma freqüência tão elevada como 1.000 batimentos s^{-1}, enquanto que o número de potenciais de ação nas fibras nervosas e no músculo varia somente de cinco a dez. A influência neural tem apenas um efeito tônico, colocando o músculo num 'estado ativo'. A contração e o relaxamento são 'ações reflexas' internas das fibras musculares, desencadeados por estiramento (Veja a Seção 10.6.2.2). Os sistemas sinápticos neuromusculares de insetos podem operar com até mais de 500 ciclos s^{-1}, mas os sistemas assincrônicos têm a vantagem da economia da estrutura e da função.

Em ofiúros, as células nervosas 'justaligamentares' inervam tecidos conjuntivos, aparentemente controlando sua rigidez. Substâncias semelhantes a transmissores modificam as propriedades da substância de base e permitem que as fibras colágenas se desloquem ou permaneçam rígidas. Presumivelmente, o mecanismo é uma adaptação para lidar com os pesados ossículos calcários presentes nos equinodermos. Um notável sistema motor!

16.10 Comunicação química

16.10.1 Espectro da comunicação química

Os neurotransmissores são produtos de secreção de neurônios, tipicamente liberados em íntima proximidade com outras células cuja atividade influenciam. Em conseqüência, a ação neural é altamente específica, tanto no espaço como no tempo. Em contraste, os hormônios são mensageiros químicos que influenciam outras células distantes, para as quais são transportados pelo fluxo sangüíneo ou por outros fluidos do corpo. Muitos hormônios são produzidos por neurônios – células neurossecretoras (Quadro 16.10) – enquanto que outros são secretados por células não-neurais, freqüentemente agregadas formando glândulas. As glândulas que secretam hormônios são denominadas glândulas endócrinas porque secretam internamente seus produtos para a circulação, enquanto que as glândulas exócrinas, como aquelas que produzem muco ou enzimas, liberam externamente seus produtos, freqüentemente para dutos.

Enquanto a função de um neurônio típico pode ser comparada ao uso de um telefone, a função endócrina parece o uso de um megafone. Freqüentemente os hormônios têm efeitos de amplo espectro no corpo, mas isso não significa que não possam ter uma grande especificidade de ação. Para seus efeitos, dependem da posse de moléculas receptoras específicas nas células-alvo. Por exemplo, diferentes categorias de cromatóforos, mesmo aqueles que possuem o mesmo pigmento, podem ser sensíveis a diferentes hormônios.

Outras substâncias, chamadas 'feromônios'*, são secretadas para o ambiente e têm efeitos de significado biológico sobre

* Terminologia: substâncias semioquímicas medeiam interações entre organismos; estas substâncias são conhecidas como feromônios quando as interações ocorrem entre membros da mesma espécie, e como substâncias aleloquímicas quando ocorrem entre espécies diferentes.

Quadro 16.10 Neurossecreção

Ernst Scharrer postulou que algumas células nervosas – células neurossecretoras – combinam as propriedades de neurônios e células glandulares endócrinas. Esta idéia foi investigada em invertebrados por Berta Scharrer, Hanstrom e outros, demonstrando que tais células têm ampla distribuição nesses animais. Particularmente os estudos em insetos levaram ao fornecimento de evidências conclusivas para essa teoria.

Os corpos celulares neurossecretores estão tipicamente agrupados no interior do sistema nervoso central, formando um núcleo ganglionar. Axônios estendem-se dos corpos celulares formando terminais intumescidos em íntima associação com espaços sangüíneos. Os terminais podem agregar-se para formar uma estrutura distinta, um órgão neuro-hemal, ou espalhar-se através de uma área neuro-hemal na superfície de um gânglio ou de um nervo. A substância neurossecretora é produzida nos corpos celulares, transportada ao longo dos axônios e armazenada nos terminais. Visto ao microscópio eletrônico, a substância consiste em diminutos grânulos de secreção presentes em outros neurônios (Seção 16.2.4).

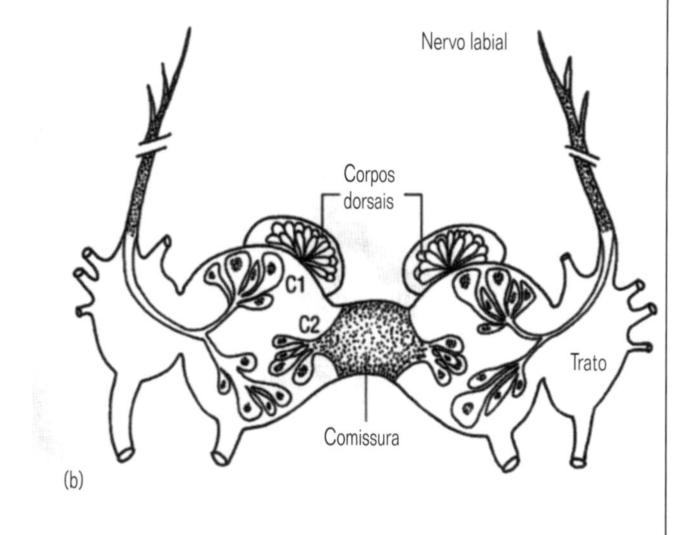

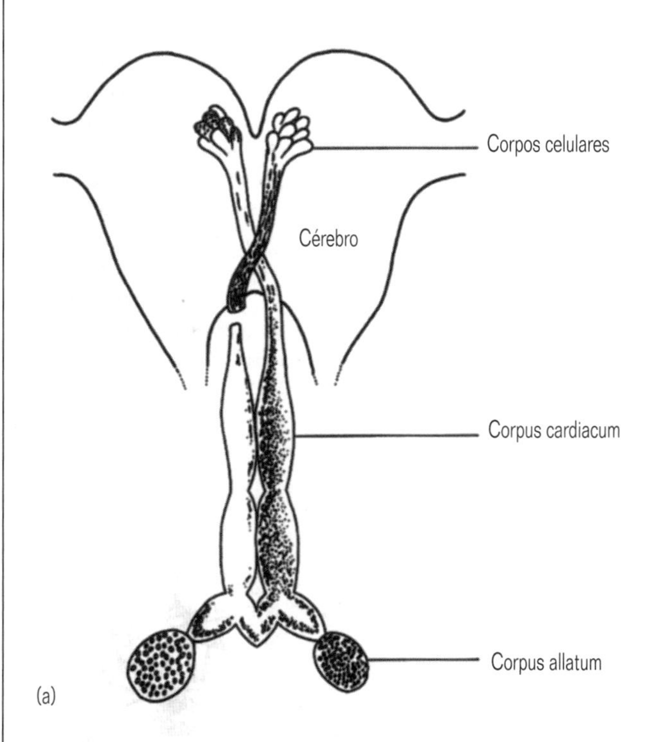

(a) Um estudo clássico de neurossecreção em invertebrados. A secção dos axônios que transportam o material secretor dos corpos celulares situados no cérebro da barata Leucophaea causa um acúmulo de material acima do nível do corte e sua depleção abaixo dele. O corpus cardiacum e o corpus allatum são órgãos neuromais para as células neurossecretoras cerebrais, contendo também suas próprias ('intrínsecas') células glandulares. (De Scharrer, 1952.)

(b) Gânglios cerebrais do molusco Lymnaea, mostrando os tratos de fibras que se dirigem de dois tipos de células neurossecretoras para áreas neuro-hemais situados na superfície da comissura e dos nervos labiais, respectivamente. C1, 'células verde-claro', controlando o crescimento; C2, 'células caudo-dorsais', controlando a liberação de gametas; os 'corpos dorsais' são glândulas endócrinas não nervosas que secretam um hormônio gonadotrófico. (Segundo Joosse e Geraerts, 1983.)

A atividade no interior das células neurossecretoras pode surgir espontaneamente ou via excitação sináptica. Essa leva à passagem de potenciais de ação pelos axônios, ao influxo de íons Ca^{2+} para dentro dos terminais e à liberação de hormônio para o interior da corrente sangüínea. A liberação da neurossecreção ocorre por um processo de exocitose, sendo que isso foi, pela primeira vez, estabelecido pelos estudos em invertebrados, particularmente naqueles com a mosca varejeira, Calliphora, feitos por Normann em 1965.

Achados mais recentes obscureceram a distinção entre células neurossecretoras e neurônios 'comuns'. Neurônios semelhantes a células neurossecretoras foram descritos em cnidários e platelminntos, os quais não apresentam um sistema vascular. Em invertebrados mais evoluídos, alguns neurônios agora descritos compartilham a função de células neurossecretoras clássicas (isto é, secretam hormônios), mas não apresentam as características citológicas destas últimas. Por outro lado, outros neurônios apresentam as características citológicas, porém não a função das células neurossecretoras típicas – não liberam seus produtos na circulação, mas estendem-se para estabelecer contato direto com as células-alvo. Neurônios individuais podem liberar um transmissor de terminais sinápticos no sistema nervoso central e liberar a mesma substância de terminais neuro-hemais para o sangue onde atua como um hormônio. Um exemplo é o papel da octopamina no controle da postura dominante/submissa na lagosta.

A similaridade essencial de neurônios neurossecretores e outros foi evidenciada pelo fato de que a secreção de peptídeos, originalmente considerada como sendo restrita às células neurossecretoras do sistema nervoso, agora é conhecida como uma característica de muitos e talvez todos os neurônios, incluindo aqueles que produzem transmissores convencionais.

Continua p. 452

Quadro 16.10 (*continuação*)

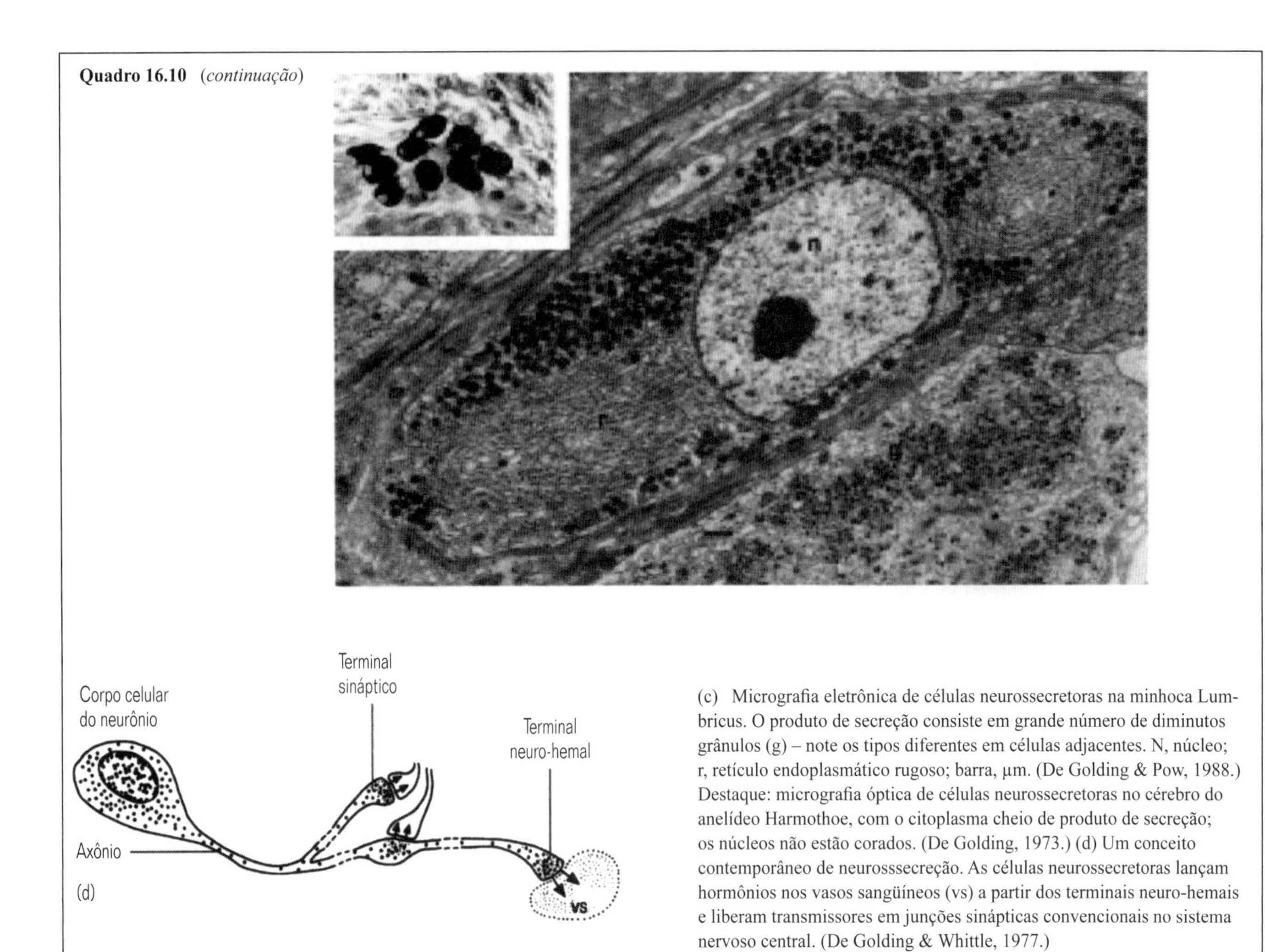

(c) Micrografia eletrônica de células neurossecretoras na minhoca Lumbricus. O produto de secreção consiste em grande número de diminutos grânulos (g) – note os tipos diferentes em células adjacentes. N, núcleo; r, retículo endoplasmático rugoso; barra, µm. (De Golding & Pow, 1988.) Destaque: micrografia óptica de células neurossecretoras no cérebro do anelídeo Harmothoe, com o citoplasma cheio de produto de secreção; os núcleos não estão corados. (De Golding, 1973.) (d) Um conceito contemporâneo de neurosssecreção. As células neurossecretoras lançam hormônios nos vasos sangüíneos (vs) a partir dos terminais neuro-hemais e liberam transmissores em junções sinápticas convencionais no sistema nervoso central. (De Golding & Whittle, 1977.)

outros indivíduos da mesma espécie. O fenômeno é encontrado desde o nível dos protistas, mediando agregação de indivíduos, dos mixomicetos até insetos sociais – 'baterias ambulantes de glândulas exócrinas' (Wilson, 1975).

16.10.2 Qualidade e quantidade

Certo número de critérios deve ser atendido para estabelecer o status endócrino de um órgão. Em resumo, a remoção cirúrgica do órgão, porém não de outros órgãos (estes constituem o controle para o experimento), precisa abolir o efeito que seu hormônio supostamente evoca. A terapia de transplante deve ser bem sucedida – isto é, a reimplantação do órgão (mas não dos outros órgãos) ou a injeção de extratos deveriam restabelecer o efeito. Essa condição também pode ser alcançada pela parabiose ou técnica de enxerto (Fig. 16.37). Alternativamente, células ou órgãos podem ser mantidos in vitro. A introdução da glândula ou de seus extratos na cultura pode, então, ser usada para avaliar sua ação. Por último, a substância envolvida deveria ser extraída e purificada a partir de homogeneizados e sua estrutura química determinada.

Para determinar a quantidade de hormônio presente em uma glândula, em extratos de tecidos ou no sangue, precisam ser de-

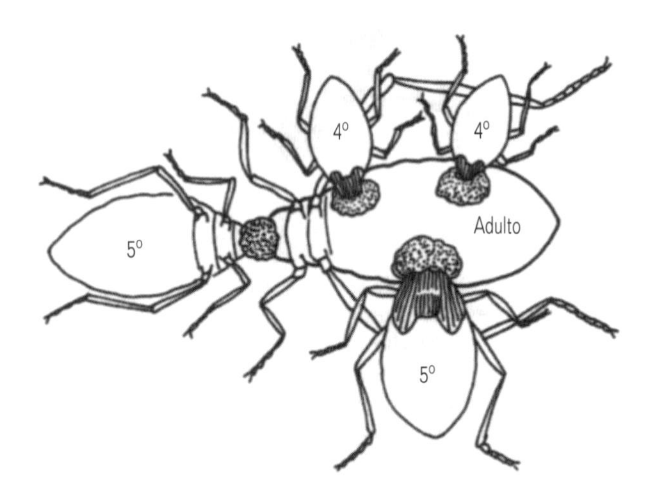

Fig. 16.37 Duas larvas de quinto estágio e duas de quarto estágio unidas por meio de cera, em parabiose e compartilhando a circulação com um adulto de Rhodnius. As larvas fornecem hormônios juvenil e da muda, induzindo o adulto a sofrer uma nova muda, apresentando regressão a uma forma mais juvenil. (Segundo Wigglesworth, 1940.)

senvolvidos testes sensíveis. No caso da ecdisona (Seção 16.11.5), o teste de Calliphora, usado por Karlson, depende da capacidade do hormônio induzir a transformação em pupa em preparações de larvas ligadas. Radioimuno-ensaios têm sido extensivamente usados mais recentemente. Anticorpos para um complexo ecdisona--proteína ligar-se-ão à ecdisona radioativa. A extensão com a qual esses se ligam dependerá da quantidade de ecdisona não-marcada presente (uma vez que essa irá competir pelos sítios de ligação) fornecendo, assim, uma medida dessa última.

16.10.3 Sistemas neuroendócrinos.

Sistemas nervoso e endócrino não existem funcionalmente isolados um do outro no corpo, mas formam complexos sistemas neuroendócrinos integrados. As células neurossecretoras são importantes quanto a esse aspecto (Quadro 16.10). Numa via reflexa que consiste de recepção sensorial, que é processada e integrada por interneurônios e que possui controle dos efetores, o último passo pode ser mediado por hormônios. Nos invertebrados superiores, os sistemas endócrinos podem apresentar uma hierarquia de organização, sendo que os produtos das células endócrinas de 'primeira ordem' controlam a atividade secretora dos elementos de 'segunda ordem', e assim por diante. Podem ser formadas alças de retroalimentação em diversos níveis para regular a atividade do sistema (Fig. 16.38). O sistema nervoso também pode controlar as glândulas endócrinas não-neurais via contatos sinápticos (Seção 16.2.3).

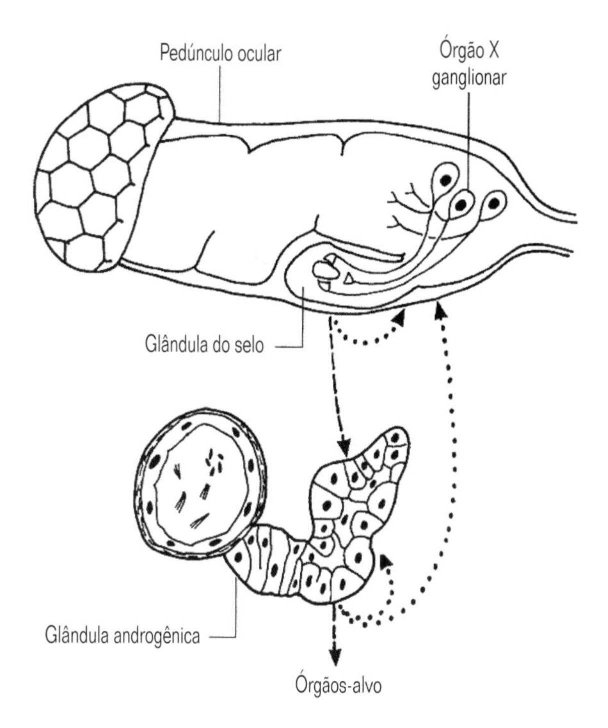

Fig. 16.38 Sistema neuroendócrino em crustáceos. Sob a influência de estímulos ambientais e internos, certo número de hormônios é produzido por células neurossecretoras (formando o órgão-X ganglionar) no pedúnculo ocular. São transportados por axônios até um órgão neuro-hemal (a glândula do seio) e liberados para o sangue. Um hormônio exerce uma influência inibitória sobre as glândulas androgênicas que estão ligadas ao vaso deferente. O hormônio da glândula androgênica estimula a espermatogênese e o desenvolvimento de caracteres sexuais secundários (por exemplo, quelas grandes). Também são conhecidos os efeitos potenciais das alças curta e longa da retroalimentação do hormônio.

16.10.4 Mecanismos de ação hormonal

As ações de hormônios peptídicos (p. ex., HPTT – Seção 16.11.5) são mediadas por moléculas receptoras situadas na membrana plasmática de células dos órgãos-alvo. A ativação dos receptores leva a mudanças na concentração de um segundo mensageiro (Seção 16.1.3) e, tipicamente, à ativação de vias metabólicas no interior das células. Em contraste, os esteróides penetram no interior das células parcialmente por difusão e, em parte, por um mecanismo especial de transporte. No caso da ecdisona, o hormônio da muda dos artrópodes, o receptor funcional está localizado no núcleo e consiste de um heterodímero do que é nominalmente a molécula receptora (REc) e a proteína ultraespiráculo (PUE) [por si mesmas, as duas proteínas ligam--se muito pouco (REc) à ecdisona ou não o fazem (PUE)]. Os receptores ativados estimulam, então, a maquinaria genética.

Moscas fornecem material valioso para a investigação dos mecanismos de ação esteróide porque suas glândulas salivares contêm cromossomos 'gigantes', dez vezes mais longos e uma centena de vezes mais espessos do que o normal. Durante o desenvolvimento, várias bandas dos cromossomos tornam-se muito espessadas e tais 'pufes' são sítios de atividade gênica envolvendo uma intensa síntese de RNA (Fig.16.39). Foi demonstrado experimentalmente que a ecdisona induz o aparecimento de uma seqüência específica de pufes primários e tardios, idênticos àqueles normalmente observados antes da muda. Analisados por Ashburner e colegas, os pufes primários aparecem dentro do período de 5 minutos de exposição à ecdisona e são causados somente pelo hormônio. Os pufes tardios são devidos às ações de produtos protéicos dos genes associados aos pufes primários. Um único ou pequenos grupos de bandas dos cromossomos podem ser dissecados e as seqüências de nucleotídeos dos genes responsivos à ecdisona podem ser identificadas.

16.10.5 Feromônios

O primeiro feromônio a ser identificado foi o bombicol (Fig. 16.40), uma substância secretada pelas fêmeas do bicho-da--seda, Bombyx mori, o ápice do trabalho de Butenandt e colaboradores, envolvendo a extração de meio milhão de glândulas abdominais. Surpreendentemente, uma única molécula parece ter um efeito detectável sobre um receptor olfatório da antena do macho, sendo 200 moléculas suficientes para evocar uma resposta comportamental. O macho da mariposa levanta vôo com um padrão típico de zig-zag (Fig. 16.41). Agora já foram identificadas centenas de feromônios somente nos insetos e isso está sendo acelerado com a introdução de CG (cromatografia de gás) acoplada – um sistema de eletroantenograma (Fig. 16.42). A fim de identificar, entre a enorme gama de compostos voláteis presentes, por exemplo, no corpo de mariposas fêmeas, aquele que possui um papel de feromônio, passa-se uma amostra pela coluna de CG para separar os compostos; depois de separados, são apresentados simultaneamente ao detector de

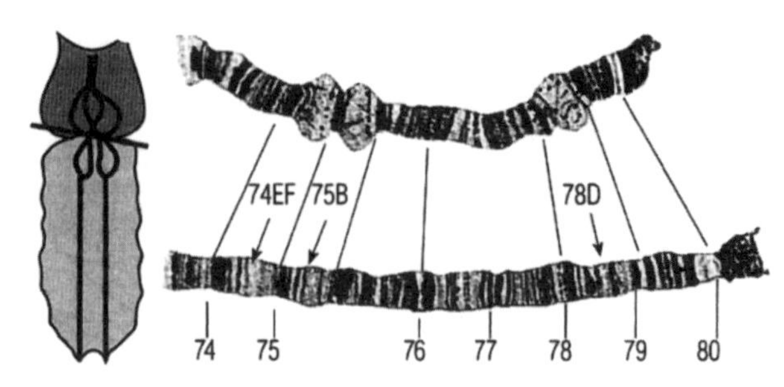

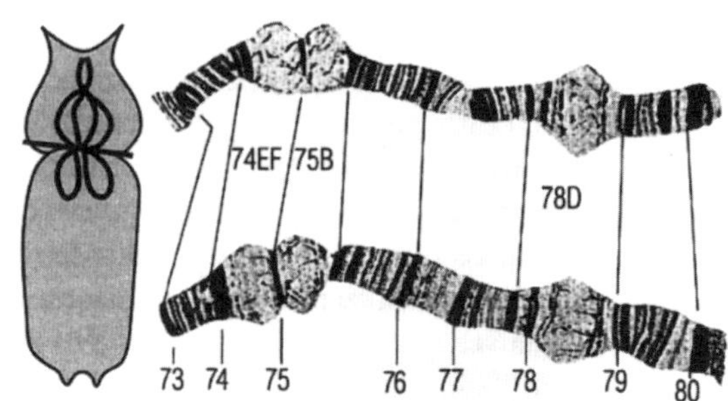

Fig. 16.39 Ligação primária no último estágio larval (antes que a ecdisona seja lançada na circulação) resulta em um padrão normal de pufes (cromossomo superior, à esquerda) anteriores à ligadura, mas não posteriores a ela (embaixo, à esquerda). A ligação mais tarde nesse estágio falha em impedir o aparecimento de pufes (cromossomos à direita). (De Becker, 1962.)

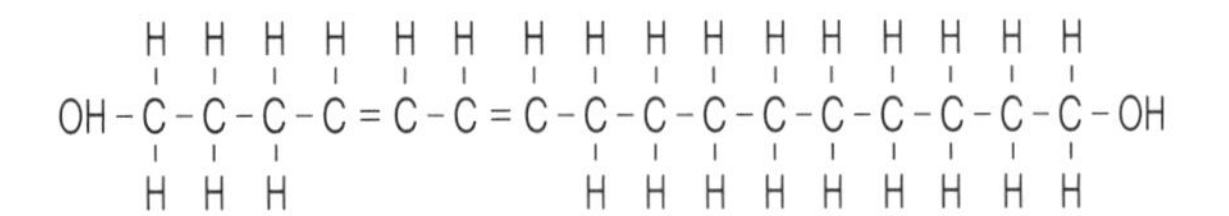

Fig. 16.40 Estrutura molecular do feromônio bombicol.

CG e a uma antena (ou a uma célula receptora olfatória) conectada a eletrodos de registro. A comparação entre os sinais de saída permite que o feromônio possa ser localizado com precisão e que seja, subseqüentemente, identificado por espectroscopia de massa. Sensores portáteis de eletroantenogramas agora estão disponíveis para monitorar os níveis dos feromônios – utilizados em controles de pragas (veja a Seção 16.12) – em estufas!

Pesquisas recentes estabeleceram a importância da mistura de compostos. Uma combinação de substâncias químicas pode ser necessária para fazer surgir o efeito inicial – por exemplo, como um atrativo sexual. Alternativamente, um composto pode apresentar uma ação primária, de longo alcance (p. ex., como um atrativo) e outro, secundário, de efeito a curta distância (p. ex., um liberador da cópula). Por exemplo, o bombicol é secretado em combinação com outro composto relacionado – o bombical – que possui efeitos inibitórios sobre o vôo. A curta distância, os machos de algumas mariposas são por eles próprios estimulados para secretar feromônios sexuais que evocam respostas das fêmeas.

Os feromônios são de grande importância na regulação da estrutura das castas em insetos sociais. O exemplo bem conhecido é a secreção da substância da rainha pelas glândulas mandibulares das rainhas da abelha melífera. Seus dois componentes – ácido 9-oxidecanóico e ácido 9-hidroxidecanóico – têm atividades 'primordiais', inibindo tanto o desenvolvimento gonadal entre as operárias como a construção de células especiais nas quais as larvas poderiam desenvolver-se como rainhas. Quando a rainha é removida da colméia, essas inibições deixam de existir e fêmeas sexualmente ativas são produzidas para substituí-la. A mesma substância também tem atividades 'liberadoras', sendo importante como atrativo sexual durante o enxameamento e durante a fase de assentamento.

A relação entre muitos organismos simbióticos é estabelecida pelo uso de substâncias aleloquímicas. Além disso, nos insetos, uma substância atuando como feromônio para membros da mesma espécie pode atuar como substância aleloquímica para os de outra espécie, por exemplo, atraindo parasitas. Da mesma maneira, os parasitas podem explorar os sinais endócrinos de seus hospedeiros. Os 'conformadores' adaptam-se a estes sinais para sincronizar seu desenvolvimento com aquele do hospedeiro. Os 'reguladores' manipulam o regime endócrino do hospedeiro em prol de sua própria vantagem. Por exemplo, parasitas podem secretar hormônio juvenil (Seção 16.11.5) para a circulação do hospedeiro, prolongando o estágio larval do hospedeiro e perpetuando ótimas condições nutricionais para si próprios. Outras relações entre mediadores químicos incluem o peptídeo neurossecretor que ativa a síntese de feromônios sexuais em mariposas, e o uso de diversos compostos, como neurotransmissores (ou hormônios) ou feromônios.

16.11 Papéis dos sistemas endócrinos

Nos invertebrados, os hormônios estão envolvidos no controle de uma ampla variedade de processos – uma seleção pequena e diversificada está descrita abaixo.

16.11.1 Controle da reprodução e da senescência em Nereis

O padrão do controle endócrino em nereidídeos é comparativamente simples e padrões similares ocorrem em nemertinos

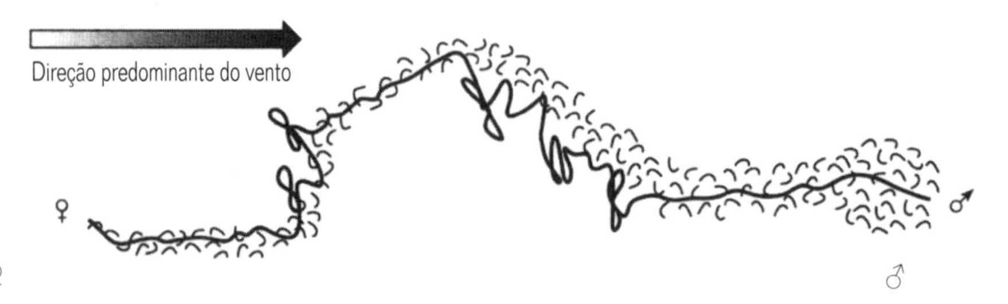

Fig. 16.41 Vôo de uma mariposa macho (linha contínua) seguindo a pluma de feromônio emitido por uma fêmea. (De Baker, 1990; segundo Doving, 1990.)

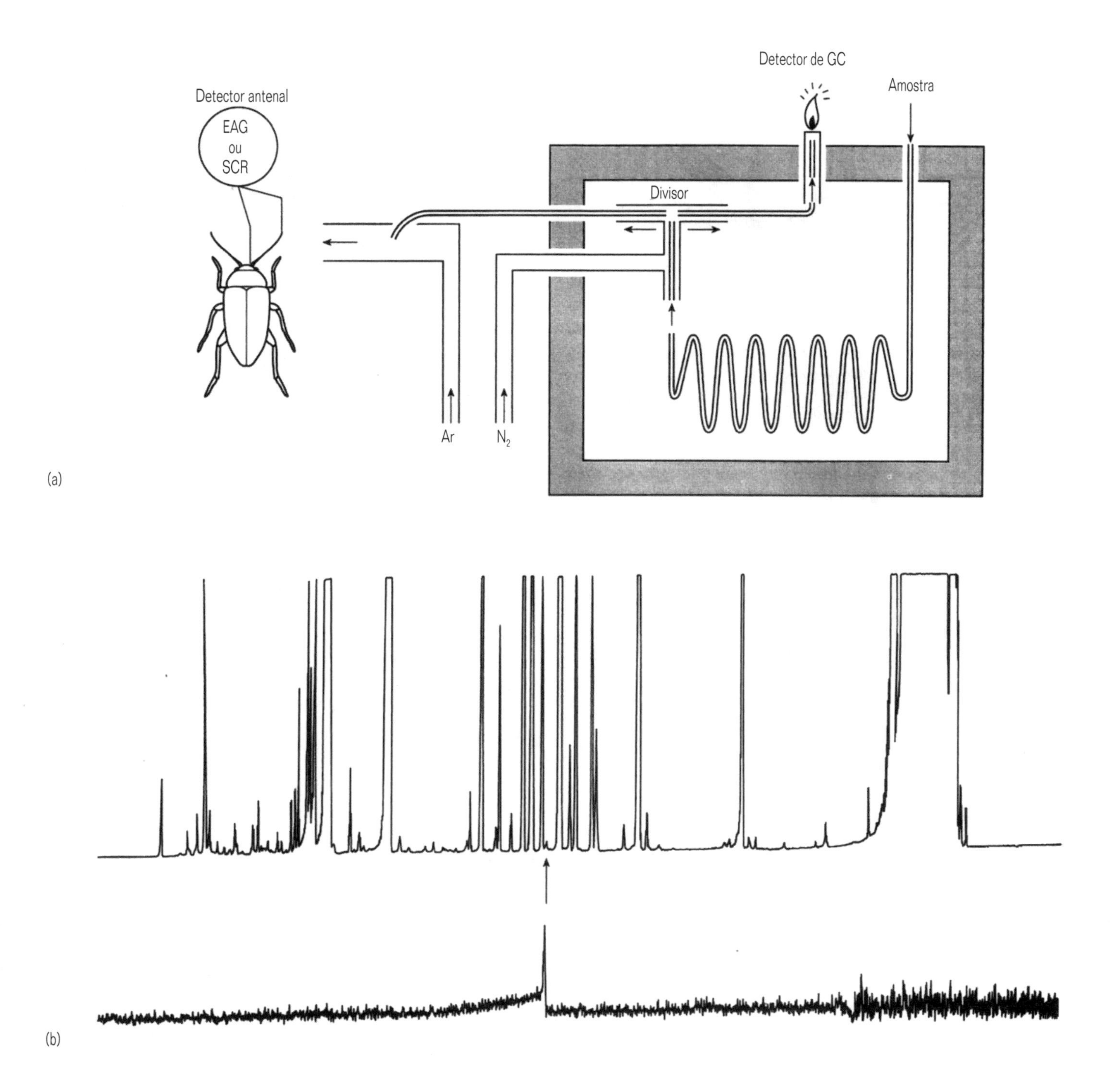

Fig. 16.42 (a) Sistema acoplado de eletroantenografia-GC. (De Angelopoulos et al., 1999.) (b) Registros acoplados de GC (acima) de substâncias voláteis da erva-doce e das respostas (abaixo) de células olfatórias do besouro-da-framboesa. (Cortesia da Dra Christine M. Woodcock, IACR-Rothamsted.)

e alguns outros invertebrados (porém não pela maioria dos outros anelídeos). Como foi primeiro demonstrado por Durchon, a remoção do cérebro (Fig. 16.43) resulta em maturação sexual precoce. Na maioria das espécies, o estágio final do ciclo de vida forma-se por metamorfose do corpo na forma de heteronereis (Fig. 4.57), adaptada para enxamear e liberar gametas na superfície dá água do mar. Este processo também é inibido pelo hormônio cerebral. Por outro lado, o hormônio é indispensável para a proliferação de segmentos do corpo (veja as Seções 15.6.3 e 15.6.4).

A descerebração nos estágios precoces da vida leva à degeneração dos oócitos e à metamorfose incompleta. Isto sugere que o hormônio tem função dupla, incorporando um efeito trófico que sustenta o crescimento somático e os primeiros estágios da gametogênese, e um efeito inibitório sobre processos apropriados aos estágios finais do desenvolvimento. Um declínio na taxa de secreção permite o início da metamorfose e da maturação dos gametas.

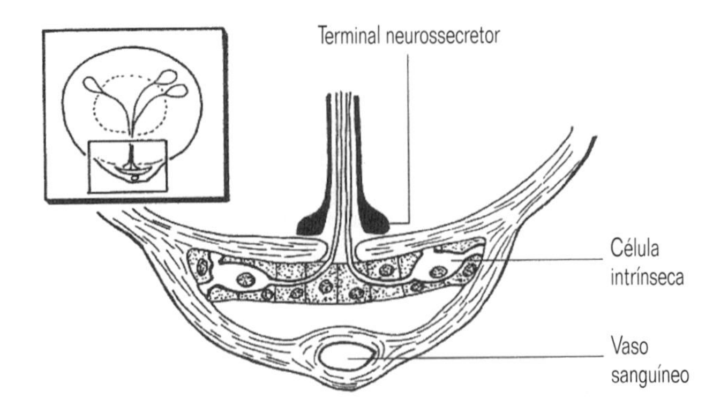

Fig. 16.43 Cérebro (destaque) e glândula infracerebral no anelídeo Nereis. As células neurossecretoras do cérebro possuem axônios que terminam no assoalho do cérebro; outras (células intrínsecas) localizam-se na glândula. (Segundo Golding, 1992.)

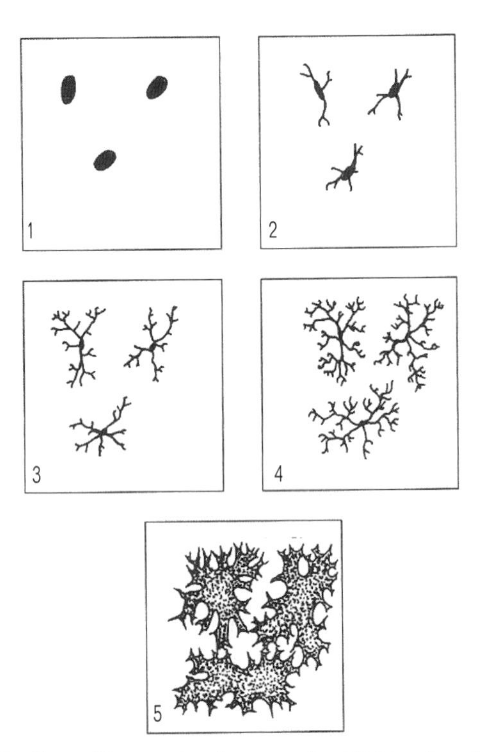

Fig. 16.44 Cromatóforos mostrando uma escala arbitrária pela qual a extensão da dispersão do pigmento é realizada.

Uma substância produzida pelos gametas em maturação reduz a atividade endócrina do cérebro, o que acelera o desenvolvimento dos gametas, e assim por diante, provendo um efeito de retroalimentação positiva.

A maturidade sexual é acompanhada por senescência somática, como é mostrado pelo abandono da alimentação e pela perda da capacidade de regenerar segmentos posteriores. A liberação de gametas é rapidamente seguida pela morte. A elevação experimental do nível do hormônio cerebral, por meio de implantação regular de cérebros retirados de animais jovens, bloqueia a liberação de gametas, restaura a alimentação e a regeneração, e perpetua indefinidamente a vida.

16.11.2 Regulação da mudança da coloração em crustáceos

Algumas funções não são controladas pela secreção de um único hormônio, mas por um balanço entre fatores antagonistas. O metabolismo do açúcar e o equilíbrio de água e sais freqüentemente são regulados dessa forma, o que possibilita a rápida reversão de um efeito endócrino.

Em crustáceos, a mudança da coloração tem caráter fisiológico uma vez que não envolve qualquer modificação na quantidade de pigmento, mas é mediada pelo movimento (ou 'migração') de grânulos de pigmento no interior de células denominadas 'cromatóforos' (Fig.16.44).As células permanecem em posição e forma fixas. Os hormônios que controlam os cromatóforos são tipicamente liberados (alguns pela glândula do seio no pedúnculo ocular – Fig. 16.38) em resposta a estímulos ambientais (iluminação do fundo etc.), mas alguns apresentam ritmos circadianos ou tidais. Dois hormônios antagonistas geralmente estão envolvidos, um induzindo a dispersão de pigmentos e o outro a concentração de pigmentos. Entretanto, em alguns casos, uma multiplicidade de fatores afeta os cromatóforos de uma única cor, e diferentes padrões de coloração do corpo podem ser produzidos. Os hormônios também influenciam a migração de pigmentos retinianos que medeiam modificações na fisiologia da visão no olho composto (Fig. 16.22b).

16.11.3 Integração do comportamento com a liberação de gametas em moluscos

A secreção de um peptídeo pelas células neurossecretoras geralmente envolve a descarga, não de uma única substância, mas de um 'coquetel' de compostos que estão bem adaptados a exercer uma influência coordenada sobre as redes nervosas geradoras de comportamento e sobre a função de outros sistemas de órgãos. Em Aplysia, o hormônio da oviposição é descarregado na corrente sangüínea pelas células bag, induzindo a liberação de gametas pelas gônadas. Também estimula os gânglios cerebrais para iniciar o comportamento de liberação de gametas. Outro produto da célula bag, o peptídeo da célula a-bag, estimula os terminais nervosos no interior do complexo neuro-hemal, assegurando sua participação máxima. Diversos estimulam neurônios particulares (Fig. 16.45) no gânglio abdominal, cuja atividade influencia a função do coração, das brânquias e do trato reprodutivo.

16.11.4 Iniciação de uma cascata endócrina em estrelas-do-mar

A liberação de gametas pode ser induzida em estrelas-do-mar maduras através da injeção de extratos de nervos radiais na cavidade do corpo. Curiosamente, o hormônio peptídico envolvido (substância gônado-estimulante ou SGE) está presente ao longo dos nervos radiais e do anel nervoso. Os sítios de síntese – provavelmente as células de suporte dos nervos, logo abaixo de sua superfície – e de liberação, se o fluido celômico é usado para transportá-lo aos tecidos, permanecem objetos de discussão.

A SGE induz a maturação dos gametas em ovários ou em fragmentos de ovário in vitro e isso parecia indicar que seu efeito deve ser direto. De fato, a SGE estimula a produção e descarga

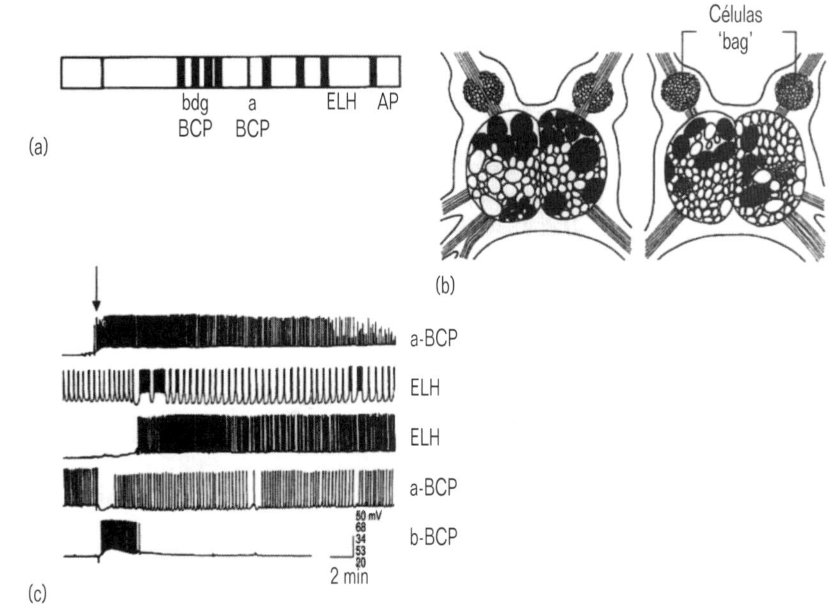

Fig. 16.45 Células bag, seus peptídeos e seus efeitos no gânglio abdominal de Aplysia californica. (a) Propeptídeo e os produtos secretores conhecidos (veja a Seção 16.2.4): a-, b-, g- e d-peptídeos de células bag; hormônio da oviposição; e um peptídeo ácido. Note que outras seqüências também podem ser produzidas.(b) Localização dos grupos de células bag e de neurônios identificados (células escuras) que respondem a seus produtos secretores. A esquerda, dorsal; à direita, ventral. (c) Efeitos na atividade elétrica de neurônios particulares dos vários peptídeos das células bag administrados no momento indicado pela seta. (De Geraerts et al., 1988; segundo Mayeri & Rothman 1985.)

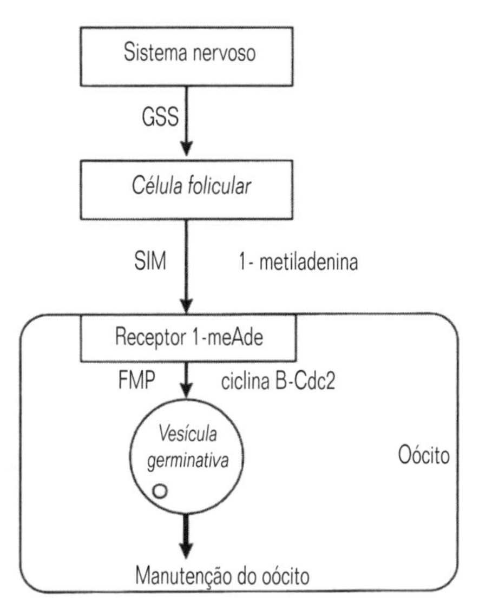

Fig. 16.46 Cascata endócrina controlando a maturação de oócitos em estrelas-do-mar, mostrando os mediadores dos complexos protéicos primário (SGE), secundário (SIM, 1-metil adenina) e terciário (FPM, ciclina B-cdc2). (De Kishimoto, 1999.)

de uma segunda substância pelas células foliculares da gônada (Fig. 16.46). Esta substância indutora de meiose (SIM) foi demonstrada por Kanatani como sendo um composto bastante simples, a 1-metil adenina.

A SIM possui uma curiosa combinação de papéis endócrinos e para-endócrinos. Difunde-se através do espaço intercelular, une-se a moléculas receptoras na membrana do oócito e estimula a produção de um terceiro composto, fator promotor de maturação (FPM). O FPM induz a maturação de oócitos e o rompimento do envoltório folicular, permitindo a expulsão dos gametas. A SIM também difunde-se para o líquido celômico onde estimula contrações musculares que auxiliam a liberação dos gametas e, em algumas espécies, evoca o comportamento de incubação. A SIM induz a ativação dos espermatozóides e sua liberação nos machos.

O que começou como endocrinologia da reprodução de estrelas-do-mar continuou como uma significante contribuição aos fundamentos do conhecimento sobre a divisão celular. O FPM agora é o 'fator que promove a fase M'. Consiste de um complexo de ciclina B e da proteína cdc2 e controla a divisão celular em todas as células eucarióticas. No oócito imaturo, a forma inativa de FPM predomina. A ativação pela 1-metil adenina de um receptor ligado à proteína-G ativa o FPM através de duas vias distintas: estimula um ativador de FPM e suprime um inativador desse composto. Uma retroalimentação positiva secundária do FPM ativado sobre seus ativadores e inativadores aumenta o efeito, existindo uma ação terciária similar nos conteúdos da vesícula germinativa.

16.11.5 A orquestra endócrina de insetos

A importância do cérebro foi demonstrada primeiro por S. Koopec entre 1917 e 1923. A larva da mariposa Lymantria dispar somente se transformará em pupa se for exposta à influência do cérebro durante certo período de tempo, o principal período crítico. O hormônio envolvido, o hormônio protoracicotrófico (HPTT, Quadro 16.11) é indispensável para a muda em cada um dos estágios do ciclo de vida. No percevejo Rhodnius (Fig. 16.37), o estiramento do abdômen por ingestão de uma refeição de sangue provê o gatilho para a liberação de HPTT (o animal pode ser 'enganado' preenchendo-o com ar). Na mariposa Manduca sexta, um peso crítico precisa ser atingido e a liberação é mediada por um 'gatilho circadiano' – um mecanismo de relógio (Seção 16.7.4) no cérebro permite a liberação somente durante a noite.

Em Rhodnius, o HPTT continua sendo secretado depois do período crítico principal durante o desenvolvimento larval e, novamente no adulto, indicando que possui papéis ainda desconhecidos.

O papel das glândulas protorácicas foi demonstrado em experiências com pupas de uma espécie norteamericana de bicho-da-seda. Abdômens isolados não sofrem muda quando recebem implantes de cérebros ativos, enquanto forem utilizados tanto

Quadro 16.11 O Santo Graal da endocrinologia de invertebrados – o hormônio cerebral dos insetos

Passaram-se aproximadamente 70 anos – e milhões de cérebros de insetos foram usados – entre o trabalho clássico de Kopec (Seção 16.11.5), que estabeleceu que a muda e o desenvolvimento em insetos depende da atividade endócrina do cérebro, e a elucidação da estrutura química do hormônio (agora conhecido como HPIT) envolvido.

A estrutura do HPIT (Fig. a), de seu propeptídeo e de seu gene foi determinada em Bombyx por H. Ishizaki e colaboradores em 1990. Consiste de um homeodímero de duas cadeias peptídicas idênticas, cada uma com 109 resíduos, unidas por ligações dissulfídicas (peso molecular de aproximadamente 30 kDa). Como em Manduca (Fig. b), é produzido por duas células situadas lateralmente a cada lado do cérebro e liberado pelos corpora allata. É notável que, enquanto diversas décadas foram utilizadas para pesquisa dedicada a identificar o hormônio, somente alguns poucos meses foram suficientes para desenvolver uma cultura de E. coli produzida por engenharia genética, sendo que 400 ml dessa produzem a mesma quantidade de peptídeo presente em 10.000 cérebros de pupas. Em Manduca podem estar presentes tanto um HPTT grande como um HPTT pequeno (22-28 kDa e 4-7 kDa, respectivamente).

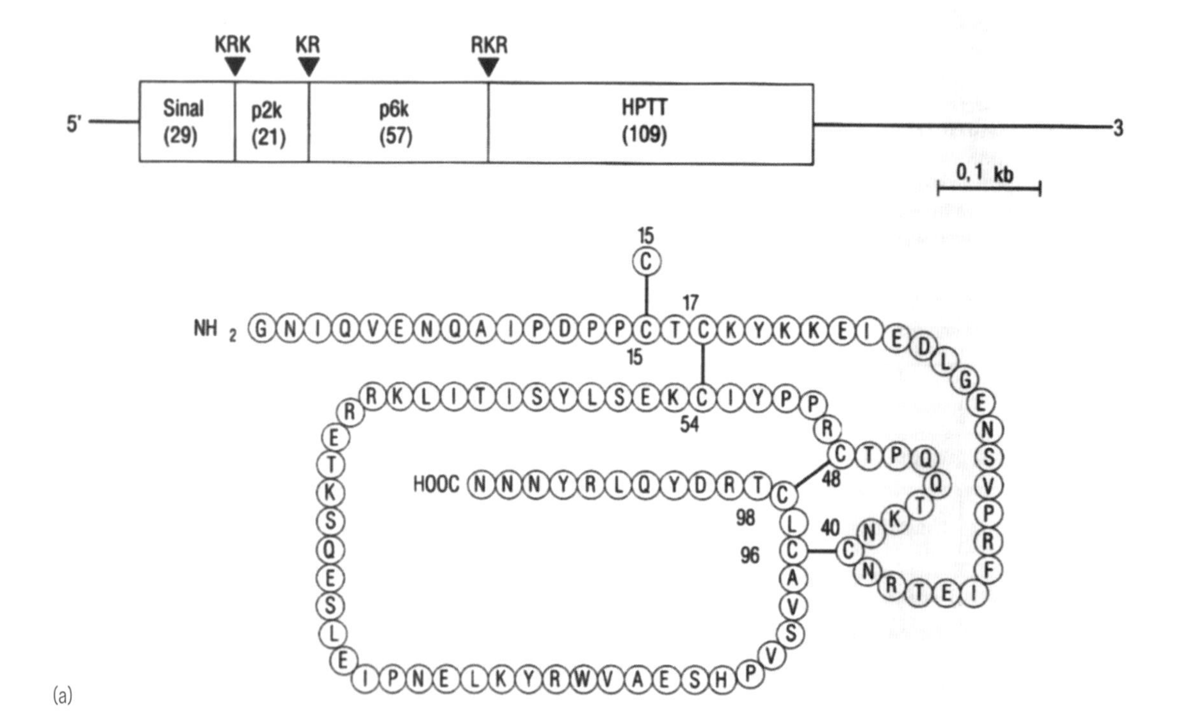

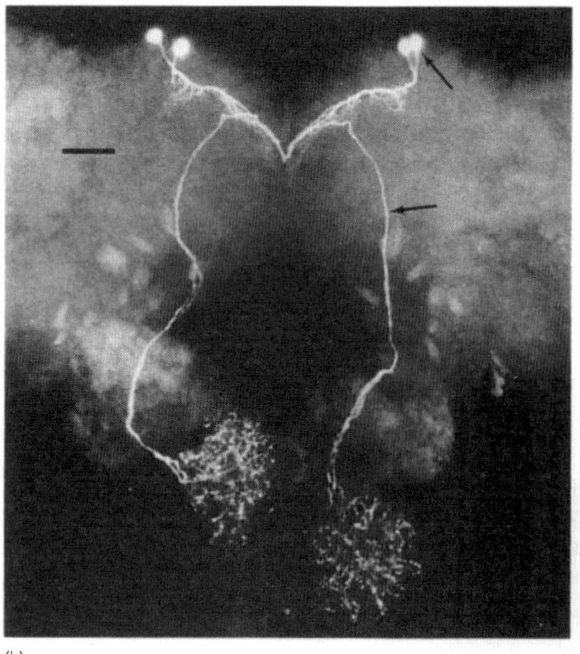

(a) Acima, pré-propeptídeo (o precursor do de grande peso molecular) de HPTT em Bombyx mori, mostrando os sítios de clivagem. (De Kawakami et al., 1990.) Abaixo, seqüência de aminoácidos da subunidade do HPTT. O hormônio funcional consiste de um homeodímero, isto é, de duas subunidades unidas (na posição 15) por uma ligação dissulfídica. (De Ishibashi et al., 1994.) (b) Coloração por imunofluorescência das células que secretam o 'grande HPTT' na pupa de Manduca. Os corpos celulares dos neurônios do cérebro e de seus axônios são indicados por setas; os últimos formam terminais ramificados nos corpora allata pares (embaixo). Barra, 100 μm. (De Watson et al., 1989.)

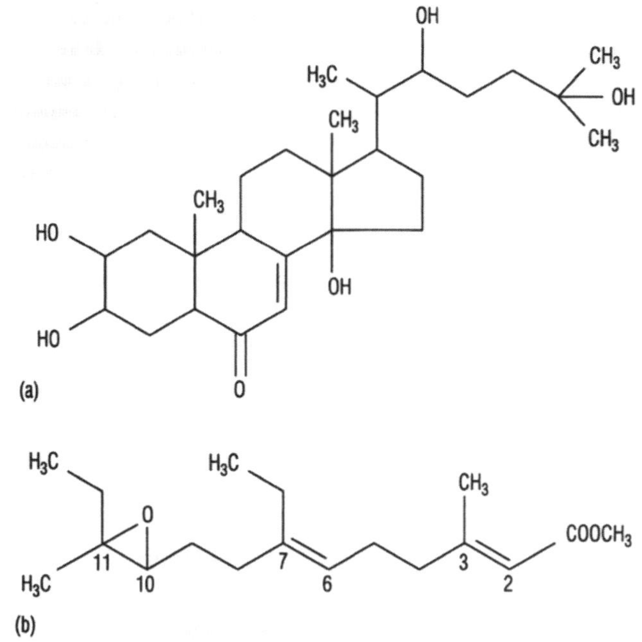

Fig. 16.47 Estrutura molecular da (a) ecdisona e do (b) hormônio juvenil I.

cérebros ativos como glândulas protorácicas inativas, o desenvolvimento continua. Isto indica que o HPTT atua estimulando as glândulas protorácicas ou seus homólogos a secretarem um segundo hormônio – o esteróide ecdisona ou um dos outros membros da família de compostos conhecidos como ecdiesteróides (Fig. 16.47). Karlson e colaboradores usaram 500 kg de pupas do bicho-da-seda para obter 200 mg da substância pura que, em 1965, tornou-se o primeiro hormônio dos invertebrados a ser quimicamente identificado.

O HPTI atua induzindo o influxo de Ca^{2+} para as células da glândula protorácica, uma elevação no AMPc e, assim, a síntese de ecdisona a partir de colesterol. Como resultado, os níveis de ecdisona elevam-se rapidamente no sangue. O pico de ecdisona inibe a síntese, pela epiderme, de proteínas para a camada interna (endocuticular) da velha cutícula e estimula a apólise (separação de epiderme e cutícula), a mitose na epiderme e a formação de uma nova epicutícula. O declínio subseqüente no nível de ecdisona é necessário para permitir que ocorram estágios ulteriores da muda, como a digestão parcial da cutícula velha e a deposição das camadas internas de uma nova. A liberação de HE (veja abaixo) agora também está desbloqueada, seguindo-se rapidamente a ecdise.

Um terceiro hormônio, o hormônio juvenil (HJ) (Fig. 16.47), do qual existem três formas principais, é secretado pelas células glandulares do corpus allatum. Seu papel é mais claramente indicado por experimentos nos quais o corpus allatum é removido ou transplantado entre indivíduos de diferentes estágios do desenvolvimento (Fig. 16.48) e por parabiose (Fig. 16.37). O HJ é o hormônio do status quo – sua presença assegura que, quando a muda é engatilhada pela ecdisona, resultará um estádio do mesmo tipo do precedente.

Nos exopterigotos, como o gafanhoto, quando a ecdisona é secretada na ausência de HJ, inicia-se o desenvolvimento do adulto. A situação é inevitavelmente mais complexa nos endopterigotos e, em geral, pensa-se que a muda larva-para-pupa em Manduca (Fig. 16.49) requer dois picos de ecdisona. O pequeno pico nos dias 3-4 do quinto estádio larval é iniciado por três ondas de HPTT durante um período de cerca 20 horas. Na ausência de HJ, a ecdisona reprograma os tecidos para que muitos genes larvais sejam permanentemente reprimidos. Durante os dias 7-9, um 'pico pré-pupal' maior de ecdisona (novamente estimulado pelo HPTT), porém agora na presença de HJ, resulta em muda para formar uma pupa. Durante o estágio de pupa, altas concentrações de ecdisona na ausência virtual de HJ estimulam a muda para formar o adulto – se o HJ for administrado experimentalmente, resulta um segundo estágio de pupa.

Tanto a ecdisona como o HJ tem uma variedade de funções além daquelas mencionadas aqui, por exemplo, no desenvolvimento embrionário, na gametogênese e na regulação das castas em insetos sociais.

O hormônio da eclosão (HE) tem sido estudado por Truman e colaboradores. Em Manduca, ele é secretado inicialmente pelos gânglios ventrais, mas durante a muda de pupa-para-adulto é secretado pelo complexo cérebro/corpus cardiacum/corpus allatum. Juntamente com o hormônio desencadeador da ecdise, secretado por células Inka situadas próximo aos espiráculos, o

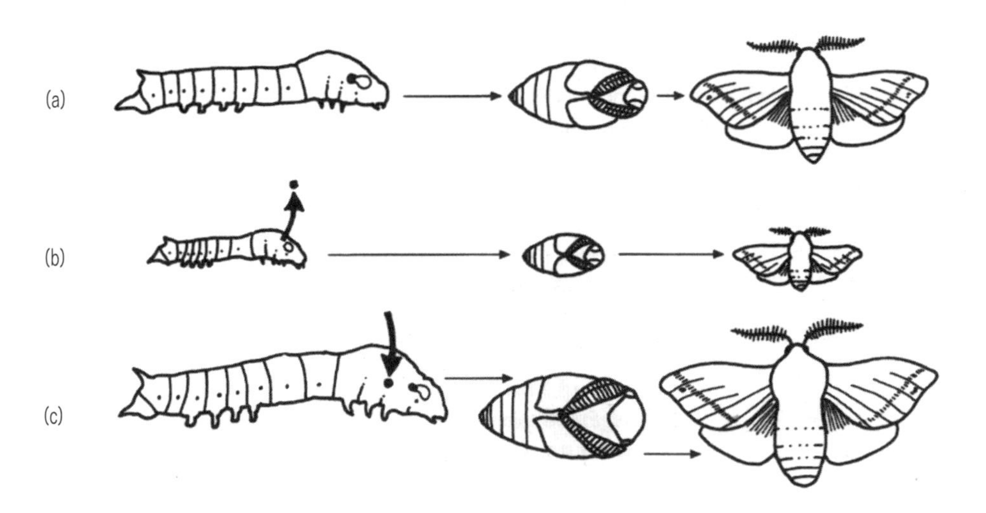

Fig. 16.48 Experimentos para mostrar o papel do corpus allatum em Bombyx mori. (a) Desenvolvimento normal com uma larva de quinto estágio, pupa e adulto; (b) desenvolvimento acelerado após a remoção do corpus allatum de uma larva de terceiro estágio; (c) larva de sexto estágio, gigante, produzida pelo implante de um corpus allatum ativo numa larva de quinto estágio, desenvolve-se em uma pupa gigante e num adulto gigante. (Segundo Turner, 1966.)

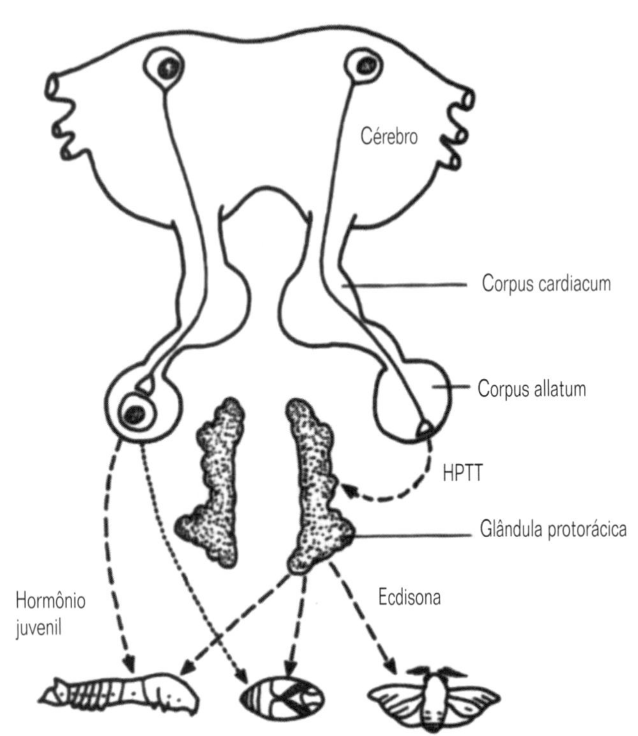

Fig. 16.49 Controle neuroendócrino do desenvolvimento no inseto endopterigoto Manduca. Células neurossecretoras no cérebro (uma mostrada à direita), com terminais no corpus allatum, secretam o hormônio HPTT que controla as glândulas protorácicas. Outros neurônios (um mostrado à esquerda) controlam as células glandulares do corpus allatum, pelo menos em parte pela ação local de seus produtos secretores. A progressão larva-pupa-adulto é controlada pela ecdisona e pelo hormônio juvenil.

HE engatilha a complexa seqüência de ações envolvidas na ecdise – a eliminação da cutícula velha. Por exemplo, próximo ao estágio de pupa, a mariposa elimina sua cutícula velha, rasteja para cima e para fora do solo e, alcançando a superfície, encontra um lugar alto e começa o comportamento de expansão das asas. A libertação do confinamento no solo estimula os gânglios ventrais (já preparados pela exposição ao HE) a secretarem peptídeos cardioaceleradores para auxiliar a expansão das asas e bursicon para influenciar o comportamento de expansão e, depois, para promover o escurecimento da cutícula.

Os crustáceos possuem o mesmo hormônio da muda, a 20-hidroxiecdisona que, como nos insetos, é secretada por glândulas endócrinas não-nervosas, os órgãos Y. A produção do hormônio é controlada por células neurossecretoras nos pedúnculos oculares (Fig. 16.38). Enquanto o HPTT tem uma ação estimuladora nos insetos, o peptídeo dos pedúnculos oculares inibe os órgãos Y, de tal forma que a remoção dos pedúnculos oculares acelera a muda ou até mesmo resulta numa série de rápidas mudas. No entanto, o AMPc é usado como segundo mensageiro em cada caso (Seção 16.10.4). Finalmente, novas pesquisas efetuadas por Laufer e colaboradores mostraram que, em crustáceos, um composto semelhante ao HJ é secretado pelas glândulas antenais, com papéis semelhantes àqueles do HJ nos insetos.

6.12 Aplicações

Em vista da importância dos mecanismos de controle na vida dos animais, não é surpreendente que os sistemas nervoso e endócrino sejam os principais alvos dos agentes desenhados para alterar a fisiologia de invertebrados que constituem pragas e de venenos produzidos por seus predadores naturais (p. ex., aranhas). Podem existir poucas dúvidas de que, em anos futuros, veremos uma dramática expansão nas aplicações do conhecimento sobre os sistemas de controle de problemas de importância econômica.

16.12.1 Idade áurea – idade das trevas

Compostos isolados de plantas foram os primeiros a ter um grande impacto como inseticidas. A nicotina atua como um neurotransmissor mimético, ativando receptores de acetilcolina e rompendo a atividade nervosa. Foi substituída por análogos sintéticos (p. ex., imidacloprida). O piretro continua sendo amplamente usado – os piretróides têm como alvo os canais de Na^+ dependentes de voltagem em fibras nervosas (Fig. 16.2). A azadiractina, um produto de determinada árvore, atraiu muita atenção durante a década de 1990.

Müller descobriu a atividade inseticida do composto sintético DDT, um hidrocarboneto clorado, em 1939, tendo recebido, por isso, o Prêmio Nobel de Fisiologia ou Medicina em 1948. Esta substância também estimula os canais de Na^+. Sua eficácia foi espantosa, levando até mesmo a previsões de que, por exemplo, 'as doenças transmitidas por mosquitos deveriam desaparecer' (Fig. 16.50) e, durante os quarenta anos seguintes, quase quatro bilhões de quilogramas de hidrocarbonetos clorados foram usados no mundo todo!

As preocupações com a segurança e os danos ambientais (DDT é altamente persistente) começaram nas décadas de 1950 e 1960. Mais notável foi a publicação do livro de Rachel Carson, Silent Spring, em 1962, no qual afirmou que 'é nosso infortúnio alarmante que uma ciência tão primitiva tenha se armado com as armas mais modernas e terríveis e... as voltado contra a Terra'. Os anos de 1940 a 1960, quando os pesticidas foram introduzidos, estão muito longe de poderem ser considerados como 'idade áurea', em verdade são considerados como a 'idade das trevas do controle de pragas' (Newsom, 1980). No início dos anos 1970 foram introduzidas severas restrições ou proibições para o uso de muitos pesticidas.

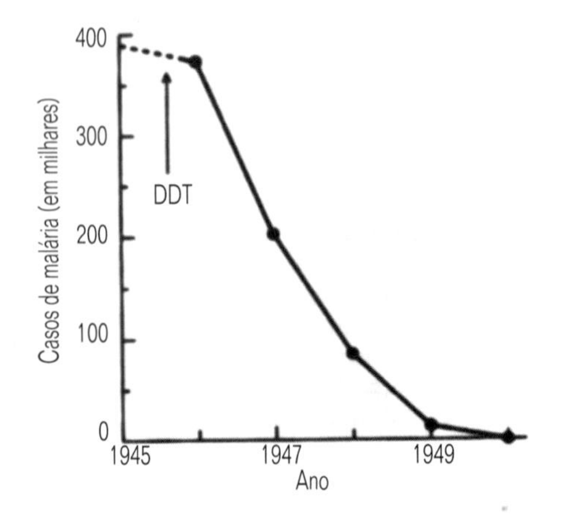

Fig. 16.50 Declínio na incidência de malária na Itália como resultado da aplicação de DDT. (De Casida & Quistad, 1998; segundo Müller,1959.)

Quadro 16.12 Armas químicas antigas e modernas: mecanismos de ação dos principais inseticidas

- DDT e piretróides: ativação de canais de Na^+ dependentes de voltagem.
- Outros hidrocarbonetos clorados (por exemplo, endossulfoano, lindano): ação bloqueadora do transmissor inibidor GABA sobre os canais de Cl^-, induzindo hiper-excitação.
- Nicotina (e análogos sintéticos): ativam receptores de acetilcolina.
- Compostos organofosforados e metilcarbamatos: inibem a acetilcolinesterase e induzem hiper-excitação.
- Avermectinas (isoladas do fungo Streptomyces): moléculas complexas (estrutura não mostrada) que ativam canais de Cl^- (GABA-, dependentes de glutamato e voltagem), causando paralisia; ivermectina é um importante anti-helmíntico e bloqueia o bombeamento faríngeo em nematódeos por essa ação.
- Bisacil-hidrazinas: agonistas não-esteróides (isto é, mímicos) da ecdisona, desenvolvidos particularmente por cientistas da Rohm and Haas Company; induzem uma condição equivalente ao excesso de ecdisona ('hiper-ecdisonismo') causando a iniciação prematura e letal da muda. RH-5992 (MIMIC[R] etc.) é altamente tóxico para larvas de lepidópteros, porém não para insetos 'amigos'.
- Análogos do hormônio juvenil: uma classe de reguladores do crescimento/desenvolvimento dos insetos, usados para controlar pulgas domésticas, impedindo o desenvolvimento do adulto; a atividade inseticida persiste durante meses ou anos em carpetes etc.

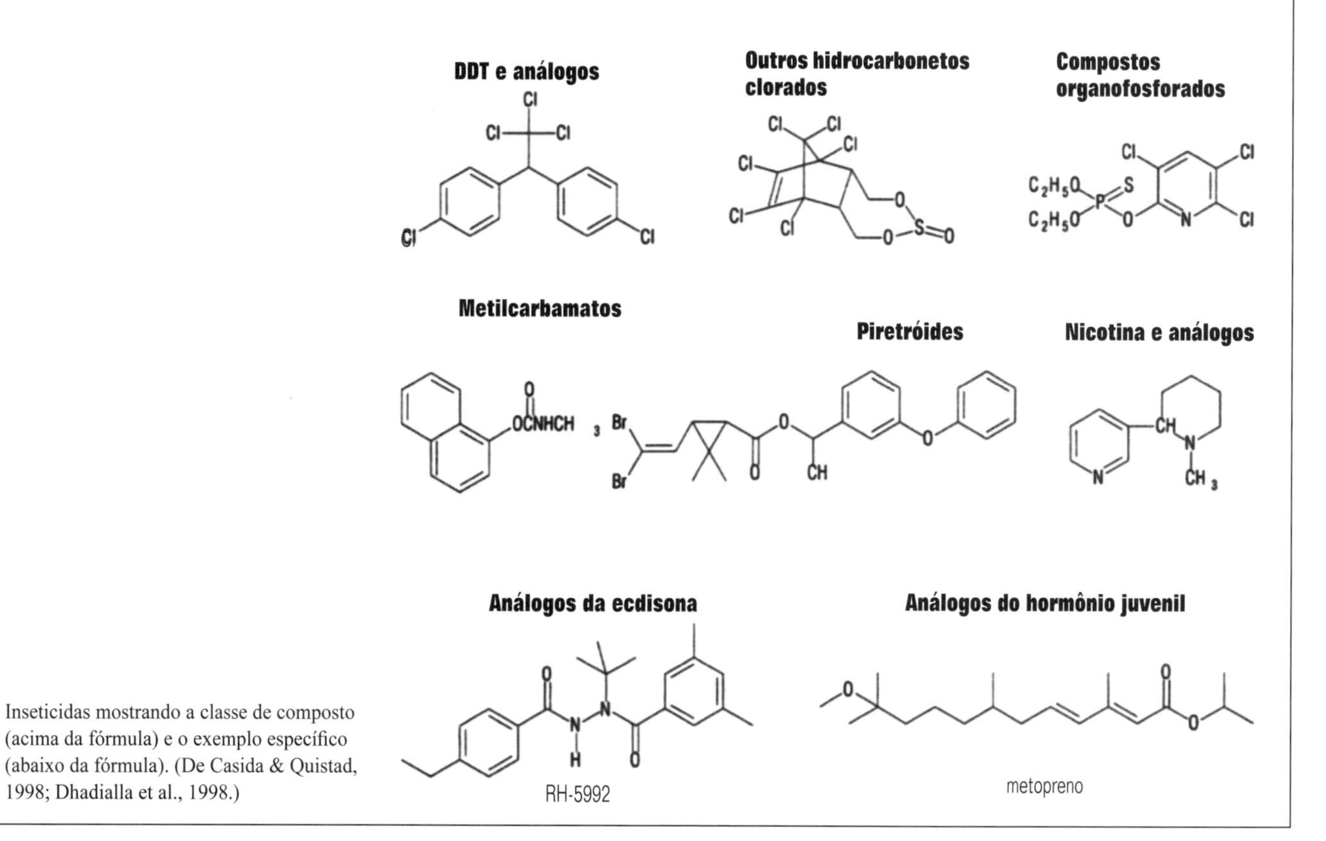

Inseticidas mostrando a classe de composto (acima da fórmula) e o exemplo específico (abaixo da fórmula). (De Casida & Quistad, 1998; Dhadialla et al., 1998.)

A procura por inseticidas químicos alternativos foi um foco importante do esforço científico na última parte do século vinte (Quadro 16.12). Isso foi motivado não apenas por questões de segurança, mas também pela facilidade com a qual os insetos (com seus curtos ciclos de vida) desenvolvem resistência. Por exemplo, a substituição de somente um único aminoácido – alanina – por serina ou glicina na posição 302 na molécula receptora de GABA confere resistência ao dieldrin.

Tipicamente, os compostos mais úteis são análogos de compostos que ocorrem naturalmente – isto é, suas ações mimetizam aquelas dos últimos. Os análogos podem ou não ser quimicamente relacionados aos compostos naturais; podem ser agonistas e ativam as relevantes moléculas receptoras, ou antagonistas, bloqueando-as. Diversos análogos do HJ (Seção 16.11.5) (p. ex., metopreno) já são usados para controlar insetos-praga e, recentemente, foi descoberta uma variação de análogos da ecdisona (ecdisona e HJ também foram usados durante muito tempo para aumentar a produção de seda por Bombyx mori).

16.12.2 Controle bio-racional de pragas

O controle de pragas pela exploração das propriedades de suas próprias moléculas potencialmente é o método de controle mais ambientalmente aceitável. Tais compostos freqüentemente são específicos, por exemplo, para insetos, sendo não-tóxicos para vertebrados e biodegradáveis. Ecdisona (Seção 16.11.5) é produzida por muitas plantas em quantidades bem maiores do que aquelas encontradas nos artrópodes – existem poucas dúvidas de que isto representa uma estratégia natural do 'manejo de pragas', embora alguns insetos tenham respondido desenvolvendo procedimentos de destoxificação. A introdução de genes relevantes em plantas cultivadas tem um valor potencial (porém altamente controvertido). A aplicação de neuropeptídeos no controle de pragas enfrenta um grande problema no seu uso uma vez que eles não penetram na cutícula dos insetos e não são degradados em seu trato digestivo. Análogos mais estáveis do que os compostos nativos poderiam resistir à digestão. Outra possibilidade envolve a introdução de genes peptídicos em baculovírus de lepidópteros por meio da engenharia genética (veja abaixo).

Somente uma firma comercializa feromônios (Seção 16.10.5) de mais de 70 espécies de insetos de importância econômica. Um uso óbvio e dramático envolve a aspersão do campo por um atrativo sexual para que os machos não consigam encontrar parceiros, por exemplo, a aplicação de glossiplura para o controle da lagarta que ataca o algodoeiro. Entretanto, os feromônios são usados com mais eficácia como parte de um programa de manejo integrado de pragas MIP). Por exemplo, eles podem ser utilizados em armadilhas para monitorar o desenvolvimento e o grau de uma infestação, sendo que os pesticidas somente são usados quando realmente necessário. No entanto, se um pesticida ou um fungo causador de doença for combinado com um feromônio em armadilhas, os insetos podem ser mortos sem a aplicação de substâncias químicas à plantação.

A combinação de substâncias semioquímicas pode ser aplicada de acordo com o que chamamos de 'estratégias diversivas de estímulo-inibição' ou 'empurrar-puxar'. Por exemplo, um feromônio é usado para atrair à plantação os predadores ou os parasitóides da espécie-praga e, além disso, pode ser introduzida nas cercanias uma 'plantação-armadilha' que produz aleloquímicos que atraem a espécie-praga.

Sem dúvida, a maneira mais aceitável de usar hormônios no controle de pragas é a de usar os préstimos de seus inimigos naturais. Algumas vespas parasitóides põem ovos sobre ou no interior do corpo de seus insetos hospedeiros, porém antes de fazê-lo, injetam um veneno não-letal que suprime a elevação dos níveis de ecdisona bloqueando, assim, a muda (Fig. 16.51).

16.12.3 Vírus geneticamente modificados

Os baculovírus estão atraindo cada vez mais atenção para o controle de insetos-praga porque não poluem e não são tóxicos para vertebrados – de fato, são tipicamente gênero- ou espécie-específicos. Sua principal desvantagem é sua pequena velocidade para matar. Isto está sendo endereçado pela engenharia genética para que o vírus provoque a secreção ininterrupta de, digamos, HPTT ou HE (Seção 16.11.5) pelo inseto. Os resultados iniciais referentes a tais peptídeos hormonais são desapontadores, mas vírus tratados por engenharia genética para induzir a produção de toxinas de escorpiões – que ativam os canais neuronais de Na^+ – pelo hospedeiro são mais efetivos, particularmente quando usados em combinação com baixas doses de piretro.

Em alguns casos, os vírus prolongam a vida dos estágios larvais (que se alimentam) de seus hospedeiros e, curiosamente, a engenharia genética para remover o gene relevante melhora o tempo de matar. Embora a liberação de organismos recombinantes (isto é, GM) no ambiente seja altamente controvertida, a eliminação de um gene geralmente é considerada com menos cuidados do que a inserção de um gene e provavelmente fornecerá os primeiros baculovírus GM a serem aprovados pelas autoridades reguladoras para uso comercial.

16.12.4 Tecnologia do olho composto

Surpreendentemente, diferentes exemplos de biologia aplicada estão baseados no conhecimento sobre os olhos compostos dos artrópodes. A luz que entra no rabdoma (o bastonete sensível à luz e composto por microvilos – veja a Seção 16.5.5) com um ângulo muito pequeno é repetidamente refletida por suas paredes devido ao seu maior índice de refração, isto é, o rabdoma atua como guia para a luz (Fig. 16.52). Este princípio fundamenta o desenvolvimento dos sistemas de transmissão de fibras ópticas, difundido por todo o globo. A organização dos olhos compostos

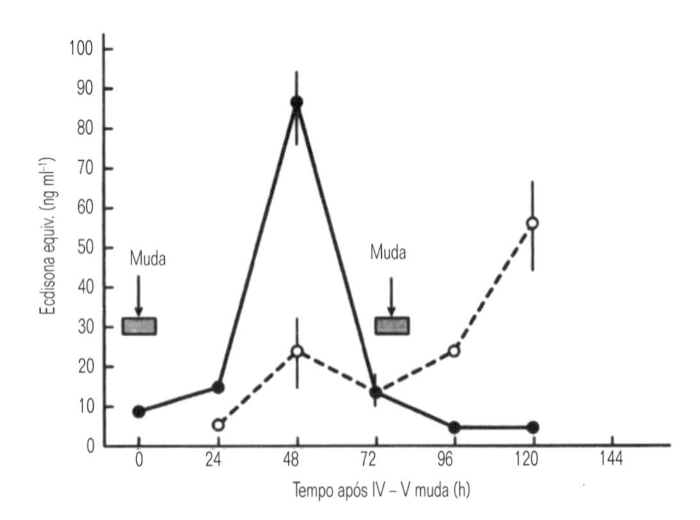

Fig. 16.51 Níveis de ecdisteróide na hemolinfa de larvas da mariposa do tomate, Lacanobia oleracea; círculos pretos, não parasitadas; círculos brancos, infestadas pela vespa ectoparasita Eulophus pennicornis. A muda foi bloqueada nos espécimes parasitad0s. (De Weaver et al., 1997.)

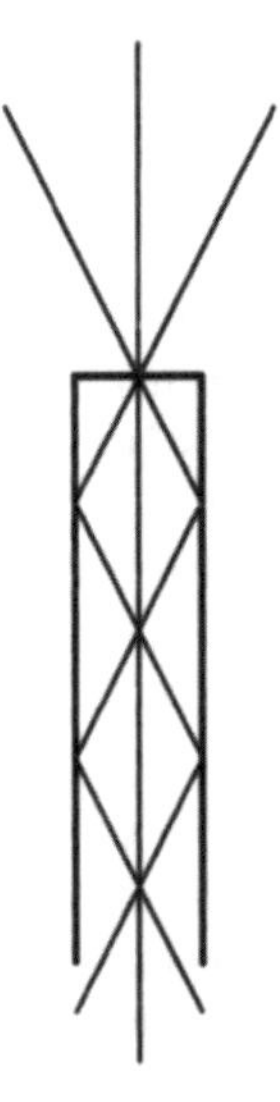

Fig. 16.52 Rabdomas de omatídeos nos olhos compostos atuam como guias de ondas, refletindo internamente os raios luminosos bastante alinhados ao eixo do rabdoma. (Segundo Van Hateren, 1989.)

e dos circuitos neuronais associados também inspirou o design dos olhos e dos sistemas de direção para pequenos robôs capazes de navegar em torno de obstáculos para alcançar um alvo.

16.13 Conclusão

Concluiremos nossa revisão dos sistemas de controle dos invertebrados com dois casos que exemplificam o progresso alcançado nos últimos anos para explicar o comportamento e a fisiologia em termos de mecanismos neurais.

O nematódeo do solo, Caenorhabditis elegans, tem sido estudado com grandes detalhes por Brenner e colaboradores em Cambridge. O verme é quase transparente, tem só 1 mm de comprimento e, quando cultivado em laboratório, tem um ciclo de vida de 3,5 dias a 20°C. A estrutura do sistema nervoso tem sido inteiramente reconstruída a partir de micrografias de curtes seriados obtidas ao microscópio eletrônico.

O hermafrodita possui exatamente 302 neurônios, cada um numa posição e com uma forma previsíveis. Além disso, o 'diagrama das conexões' do sistema agora está completo – são conhecidos todos os contatos sinápticos efetuados por cada uma das células. São formadas cerca de 600 junções comunicautes, 5.000 sinapses químicas e 2.000 junções neuromusculares, embora seu número e posição possam variar.

A linhagem das células embrionárias de cada neurônio (e de todas as outras células) tem sido seguida, os estágios nos quais neurônios particulares se diferenciam durante o desenvolvimento são conhecidos, assim como as modificações nas conexões sinápticas.

O estudo do molusco marinho Pleurobranchia californica, efetuado por Davis e outros em Santa Cruz, Califórnia, tem sido bem sucedido para desvendar os mecanismos neurais dos princípios do comportamento que pode ser observado praticamente em qualquer animal.

Diferentes aspectos do comportamento são organizados como uma hierarquia. Assim, as resposta de fuga tem precedência sobre a de alimentação – e os estímulos para esta última ativam sinapses inibidoras no único neurônio 'de comando' que controla a alimentação. A motivação para a alimentação mostra a dependência usual do consumo recente e as vias sensoriais ativadas por esta inibem o neurônio de comando da alimentação. Estímulos competidores evocam respostas variáveis dependendo de suas forças relativas e o animal deve ter a capacidade de tomar decisões, uma vez que geralmente faz uma única coisa por vez. Isso está baseado na integração dos sinais sensoriais no interior do sistema nervoso. Por exemplo, se um estímulo para a alimentação for acompanhado por um para a retração do véu oral, o primeiro prevalece, uma vez que dois neurônios tornam-se ativos e bloqueiam os sinais motores responsáveis pela retração. Ao contrário, se o estímulo para a alimentação for fraco, ou se o animal se alimentou, diferentes circuitos são ativados e a resposta de retração prevalece. O sistema endócrino também está envolvido, uma vez que o hormônio para a liberação de gametas exerce uma influência nos neurônios do gânglio bucal, inibindo a alimentação. O comportamento é tanto comandante como adaptativo e nisto ele contrasta com a variedade de influências competitivas que impingem sobre os animais.

Os resultados da neuro-ciência de invertebrados desvendaram muitos dos padrões da organização neural subjacentes às características comportamentais e fisiológicas dos animais. Apesar disso, permanece muito a ser feito, com é indicado (para citar justo um exemplo) pelas evidências fornecidas pela finalização do projeto sobre o genoma de Caenorhabditis de que tantos quantos 50 membros da família de receptores nucleares (dos quais a ecdisona é um deles – veja a Seção 16.10.4) são funcionais neste animal.

16.14 Leitura adicional

Aidley, D.J. 1998. The Physiology of Excitable Cells, 4th edn. Cambridge University Press, Cambridge.

Bullock, T.H. & Horridge, G.A. 1965. Structure and Function in the Nervous Systems of Invertebrates. Freeman, San Francisco.

Breidbach, O. & Kutsch W. (Eds) 1995. The Nervous Systems of Invertebrates: An Evalutionary and Comparative Approach. Birkhauser, Basel.

Eaton, R.C. (Ed.) 1984. Neural Mechanisms of Startle Behaviour. Plenum Press, New York.

International Society for Neuroethology web site: www.neurobio.arizona.edu/isn/

Laufer, H. & Downer, R.G.H. 1988. Endocrinology of Selected Invertebrate Types. Alan Liss, New York.

Manning, A. & Dawkins, M.S. 1998. An Introduction to Animal Behaviour, 5th edn. Cambridge University Press, Cambridge.

Simmons, P.J. & Young, D. 1999. Nerve Cells and Animal Behaviour, 2nd edn. Cambridge University Press, Cambridge.

CAPÍTULO 17

Princípios Básicos Revisitados

17.1 Aspectos fisiológicos básicos dos fenótipos

Os animais requerem suprimentos na forma de elementos fundamentais para produzirem novos tecidos (somáticos e reprodutivos) e para repor tecidos somáticos exauridos, e também como combustíveis para acionar esses processos. Diferentemente dos organismos autotróficos, que podem elaborar requisitos orgânicos a partir de constituintes inorgânicos mais uma fonte de energia como a luz solar, os animais precisam se alimentar de outros organismos (considerados no Capítulo 9). Com o advento dessa heterotrofia, evoluiu uma necessidade de serem capazes de se movimentarem para encontrar e capturar suprimentos e para evitar serem comidos por outros animais. Uma vez evoluída a locomoção (veja Capítulo 10), teriam ocorrido pressões co-evolutivas sobre os predadores e suas presas para se movimentarem mais eficientemente. A locomoção também requer energia (Capítulo 11). Do mesmo modo, há uma necessidade de investir recursos em vários processos e estruturas que provém uma defesa contra a exploração por outros organismos (tratado no Capítulo 13).

Macromoléculas adquiridas com o alimento são degradadas em suas subunidades, através de um processo intermediado por enzimas conhecido como digestão, antes de sua absorção pelos tecidos tanto para (a) utilização na ressíntese das macromoléculas (processos anabólicos) ou (b) quebra para liberação de energia para alimentar estes processos (processos catabólicos). Suprimentos em excesso sobre os requisitos, particularmente os aminoácidos e proteínas teciduais 'gastas', são também catabolizados e excretados (veja Capítulo 12).

O principal combustível para o metabolismo (= anabolismo + catabolismo) dos organismos é o carboidrato, usualmente um monossacarídeo, mas ele pode ser armazenado antes do uso como um polissacarídeo (freqüentemente glicogênio) e/ou como gordura. Energia é liberada deste combustível pela oxidação catabólica. Entretanto, após a origem da vida, mas antes da origem da fotossíntese, quando a atmosfera terrestre estava destituída de O_2 (Capítulos 1 e 2), isto deve ter ocorrido sem O_2 através da transferência de elétrons para os componentes orgânicos, os quais se acumulavam de forma reduzida como subprodutos. Com o advento de uma atmosfera oxigenada, uma oxidação mais completa se tornou possível e processos mais eficientes evoluíram; isto necessitou do suprimento de O_2 do mundo exterior e a remoção do CO_2 que se forma como um subproduto no processo. A respiração aeróbica é atualmente muito difundida no reino animal, mas a respiração anaeróbica ainda é encontrada como o principal processo de catabolismo em algumas espécies. Um composto universal, importante no armazenamento, a curto prazo, e na transferência da energia liberada nesses processos catabólicos, é a forma fosforilada da adenina (um nucleotídeo). O trifosfato de adenina (ATP) é gerado a partir da forma difosfato, ADP, pelas reações associadas com a respiração. Ele volta a esse estado após liberar sua energia e é reciclado. Os processos respiratórios foram considerados no Capítulo 11.

Estes aspectos fundamentais da fisiologia são resumidos na Figura 17.1. Note que a entrada de suprimentos para o organismo é limitada pelos processos de obtenção de recursos e pelas estruturas de alimentação. Assim sendo, mesmo quando a disponibilidade de alimento no ambiente é ilimitada, a quantidade que pode ser tornada disponível para o metabolismo é finita e limitante. Quanto mais é investido em uma demanda metabólica, tanto menos se torna disponível para outras. As taxas e rotas de utilização são controladas por enzimas e, portanto, em essência, especificadas por genes. O modo pelo qual recursos limitados são alocados influencia de maneira crucial a biologia dos organismos em diferentes níveis: alocações entre anabolis-

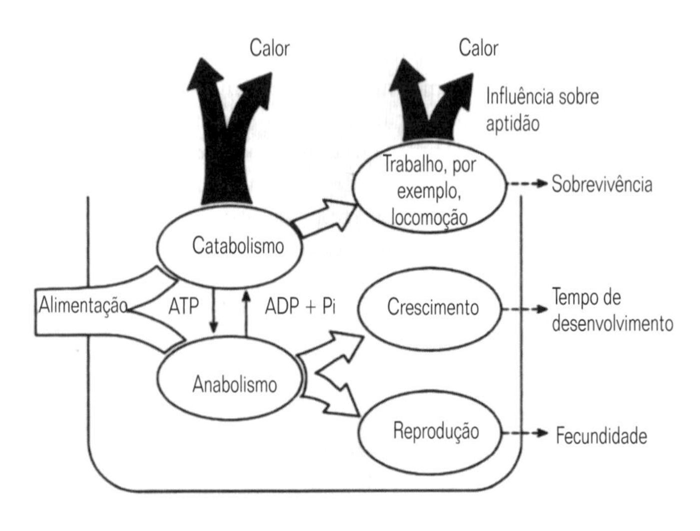

Fig. 17.1 Alocação dos recursos (derivados dos alimentos) entre processos anabólicos e catabólicos é a base da fisiologia animal (segundo Calow, 1986).

mo e catabolismo influem na fisiologia do organismo; alocações entre demandas de diferentes atividades influem sobre o comportamento do organismo; alocações de produtos limitados do anabolismo entre diferentes estruturas influem sobre a forma do animal; e entre estruturas somáticas e reprodutivas sobre a biologia reprodutiva e ciclo de vida do organismo. Além disso, a extensão com a qual estes diferentes requisitos são supridos influenciará de maneira importante a sobrevivência e fecundidade e, assim, a adaptação. Portanto, de acordo com os princípios darwinistas, aqueles padrões determinados por genes de alocação de recursos e de utilização (freqüentemente denominados de estratégias) que maximizam a transmissão dos genes que os codificam serão seletivamente favorecidos. Assim, apesar das fisiologias de todos os organismos estarem baseadas em uma organização comum, elas serão 'ajustadas' (pelo menos em algum grau) pela seleção natural de acordo com as circunstâncias ecológicas nas quais operam – e isto é o que significa adaptação.

Ficará claro por esta descrição dos organismos que, funcionalmente, eles operam como um todo integrado. Existem trocas nos investimentos metabólicos que podem levar a trocas entre os componentes de adaptação; um investimento crescente na locomoção pode aumentar a sobrevivência, mas significar que menos recursos estão disponíveis para a reprodução. O princípio da integração ao nível do organismo é importante também para as estruturas morfológicas, uma vez que o desenvolvimento de uma estrutura deve ser compatível com outras. Existem duas conseqüências desse fato. Primeiro, deve haver controles próximos (imediatos) sobre o desenvolvimento da forma, da expressão do comportamento e da função fisiológica. Os sistemas de controle (veja Capítulo 16) envolvem sinais químicos e elétricos. Segundo, há uma seleção final para a integração; um padrão determinado por genes deve ser compatível com o ambiente do organismo no qual se expressa, assim como acarretar ganhos na sobrevivência e reprodução através de interações com o meio externo. Logo, os genes e os padrões que eles especificam são selecionados dentro do contexto do organismo. Esta orientação organísmica ou holística, que difere de alguma forma da 'filosofia do pool gênico', que encara os organismos como coleções de genes 'egoístas', dissociáveis, é a que utilizamos nos capítulos precedentes.

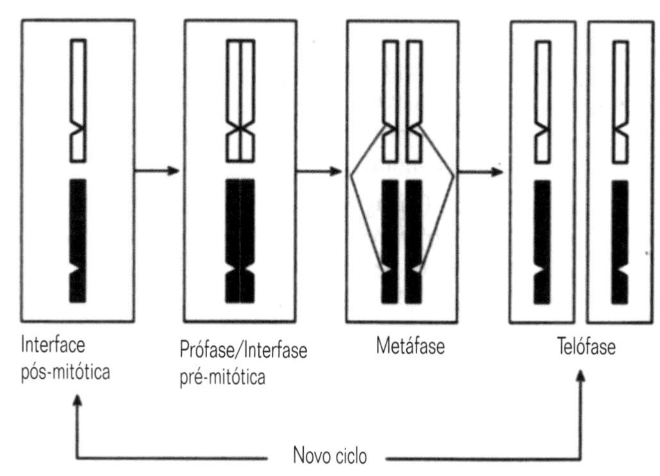

Fig. 17.2 O comportamento de um par de cromossomos na mitose. (segundo Paul, 1967).

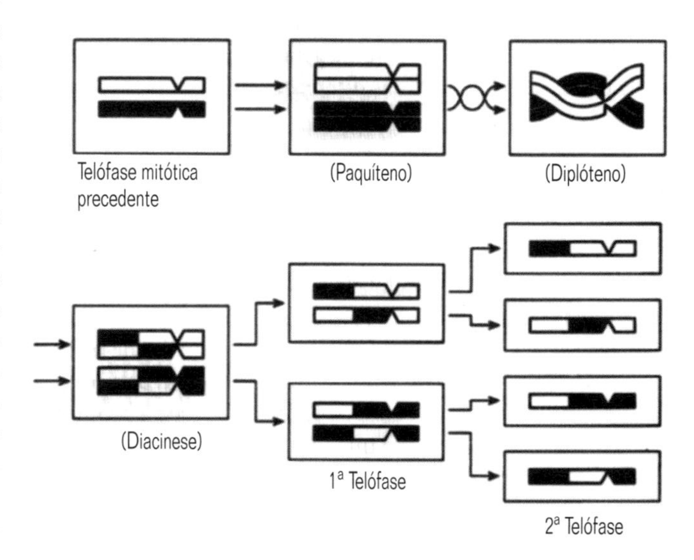

Fig. 17.3 O comportamento de um par de cromossomos na meiose. Notar que o processo de 'crossing-over' significa que os cromossomos da prole não contêm genes no mesmo arranjo como os parentais (segundo Paul, 1967).

17.2 A primazia da replicação e reprodução

Um investimento de recursos muito importante, talvez o mais importante, pelos organismos se dá na reprodução. Estes são utilizados para formar os propágulos que são os veículos da transmissão genética.

Algumas vezes, como observado anteriormente (Seção 14.2), uma célula ou grupo de células se separa do seu parental com uma réplica perfeita do seu genoma. No cerne deste processo, reprodução assexuada, está a divisão celular por mitose (Fig. 17.2). A célula ou células no propágulo é/são formadas por mitose e estas, por sua vez, reproduzem uma réplica do organismo por mitose. Alternativamente, são produzidas células germinativas únicas (gametas), geralmente em órgãos especializados (as gônadas) no interior dos organismos. Estas usualmente devem se fundir com outras células germinativas antes que um novo organismo seja reproduzido. As células germinativas são formadas por um processo de divisão celular que resulta em células que têm somente a metade do DNA e do número de cromossomos das células somáticas comuns. Isto é a meiose (Fig. 17.3). O complemento cromossômico completo é restabelecido pela fusão das células germinativas (singamia, fecundação) e, uma vez que estas são freqüentemente derivadas de pais diferentes, a prole contém uma mistura de dois programas genéticos. Isto é conhecido como reprodução sexuada. Os processos de reprodução foram considerados em detalhe no Capítulo 14.

17.3 Ontogenia

Por definição, os produtos da reprodução são menores e mais simples do que seus parentais. Os produtos da reprodução sexuada são unicelulares, ao passo que os pais possuem muitas células funcionalmente diferenciadas. Logo, o desenvolvimento, ou a ontogenia, deve envolver divisão celular para que se atinja o aumento de tamanho (crescimento) e especialização celular (diferenciação). Uma vez que células específicas ocorrem em locais específicos em um organismo, tem que haver arranjo e, uma vez que os adultos apresentam formas complexas, mesmo que os produtos da reprodução sejam usualmente mais ou menos esféricos, deve ocorrer algum tipo de modelagem (morfogênese).

A divisão celular (clivagem do ovo fecundado) ocorre pelo processo de mitose. Através desse, o genoma original é replicado fielmente, o que foi descrito acima. Alguns dos primeiros embriologistas (principalmente August Weismann, 1834-1914) pensavam que a diferenciação envolvia o progressivo descarte das partes indesejáveis do material hereditário em linhagens celulares específicas. Mas o entendimento da mitose, e a compreensão de que alguns invertebrados podem ser inteiramente regenerados a partir de pequenas porções de tecidos somáticos, sugerem que cada célula somática contém uma cópia mais ou menos completa do genoma original. Portanto, a diferenciação deve envolver um mecanismo, seja ligando ou desligando, partes específicas do programa em diferentes células. Deste modo, mesmo contendo o mesmo programa genético, diferentes células acabam por produzir proteínas diferentes e, assim, funcionam de maneiras diferentes.

As razões para, e mecanismos de suporte, o controle da expressão gênica em invertebrados (organismos eucariotos) são bastante diferentes daqueles que se observam operando em bactérias (organismos procariotos). O controle gênico bacteriano age ajustando as atividades celulares ao ambiente prevalecente em qualquer momento. Para fazer isso, as bactérias ligam ou desligam a expressão gênica, através de ativadores, fazendo uso de repressores. Todos os mecanismos gênicos funcionam tanto pelo bloqueio como pelo aumento da ligação de RNA polimerase a promotores específicos (um promotor é um sítio no qual a RNA polimerase se liga para iniciar a transcrição). Em invertebrados (e em todos os outros eucariotos) o controle da expressão gênica em uma célula tem menos a ver com a resposta daquela célula ao ambiente imediato e mais a ver com a ação de regulação do corpo como um todo. Por isso, mudanças na expressão gênica eucariótica (1) agem para manter a homeostase (manutenção de um ambiente interno constante) no corpo e, (2) mediarem as decisões que produzem o corpo. No caso da última, isso significa ter certeza de que os genes apropriados são expressos, em uma ordem firmemente pré-estabelecida, nas células apropriadas no momento correto do desenvolvimento. Isso mostra que muitos genes são ativados apenas uma vez. Suas ações não incomuns produzem efeitos irreversíveis. Esta expressão gênica 'uma vez e para sempre' que determina o programa de desenvolvimento em eucariotos é radicalmente diferente das respostas reversíveis mediadas pelo ambiente, encontradas em bactérias. Além disso, existe um limite de quão complexo o esquema regulatório bacteriano pode se tornar. Apenas um número limitado de mecanismos pode se encaixar ou ficar próximo de um sítio promotor. Conseqüentemente, nos eucariotos esta limitação física é superada pelo 'controle a certa distância'. Muitas seqüências reguladoras espalhadas ao redor dos cromossomos são capazes de influenciar a transcrição de genes particulares. Esse mecanismo incorpora duas novas características não encontradas nas bactérias: (1) um grupo de proteínas cuja função é ajudar a ligação da RNA polimerase ao promotor; (2) dois 'grupos' de proteínas modulares reguladoras que se ligam a sítios distantes. Enquanto a maioria da regulação gênica em eucariotos ocorre no início da transcrição, existe também uma quantidade de processos de controle pós-transcrição.

Nossa compreensão do padrão de formação em invertebrados avançou drasticamente durante os últimos anos. Isso se deve aos esforços concentrados em desvendar a regulação do desenvolvimento em dois animais que possuem quase que a mesma quantidade de DNA, um animal representativamente complexo, a mosca-das-frutas Drosophila e um animal representativamente simples, o nematódeo Caenorhabditis. O que é notável é quanto existe em comum, mesmo se incluirmos no estudo o representante dos mamíferos, o rato.

A principal característica do padrão de formação é a indução. Esta habilidade das células influenciarem e alterarem as trajetórias do desenvolvimento de células adjacentes através da produção de compostos químicos denominados morfógenos. Exatamente onde uma célula particular terminará envolve a adição a tal célula de um 'rótulo'. Por exemplo, em Drosophila, fixar rótulos de posição que determinem a segmentação se dá por meio de gradientes químicos organizados dentro do ovo, baseados nas instruções dos genes maternos. As posições relativas de estruturas dentro de segmentos são determinadas por uma assembléia de genes, referidos como genes homeóticos. Agora se sabe que os genes homeóticos, contendo um domínio homeobox, não estão restritos apenas a Drosophila, mas agora se sabe que ocorrem em todos os animais.

A morfogênese envolve a combinação de movimento celular e crescimento diferenciado. O primeiro processo foi bem descrito para os estágios iniciais do desenvolvimento de ouriços-do-mar (Fig. 17.4a e veja o Capítulo 15) – principalmente por razão da transparência do embrião, que permite observar as células internas e ainda registrar cinematograficamente o período de tempo. Em um estágio inicial o embrião consiste de uma esfera oca de células – a blástula. Após esse estágio, algumas células têm de se mover para dentro para formar os órgãos internos, como o tubo digestivo. Este processo é conhecido como gastrulação e ocorre em dois estágios. Primeiro, ocorre uma movimentação de células individuais para dentro e, então, a invaginação indiscriminada. A migração começa quando as células perdem contato umas com as outras, se movem para a blastocele (cavidade interna da blástula) e passam a migrar pela superfície interna por extensões, filópodes, que as puxam. A invaginação ocorre em dois estágios: uma fase vagarosa de dobramento interno seguida, após um atraso, por rápida invaginação. A primeira fase provavelmente ocorre por mudanças na adesividade das células; elas aderem menos umas as outras, mas permanecem presas à membrana basal. Isso faz com que elas se tornem piriformes, podendo causar um dobramento interno, como visto na Figura 17.4b. A fase rápida provavelmente ocorre pelas células nesta região de bainha formando filópodes que se contraem após fazerem contato com o assoalho da blastocele. Esses processos, envolvendo interações de membrana célula a célula e migração ativa por filopódios são provavelmente razoavelmente típicos de modificações morfogenéticas em geral. Uma questão importante, que permanece não resolvida, no entanto, é como tais processos são controlados para resultarem em um indivíduo completamente organizado.

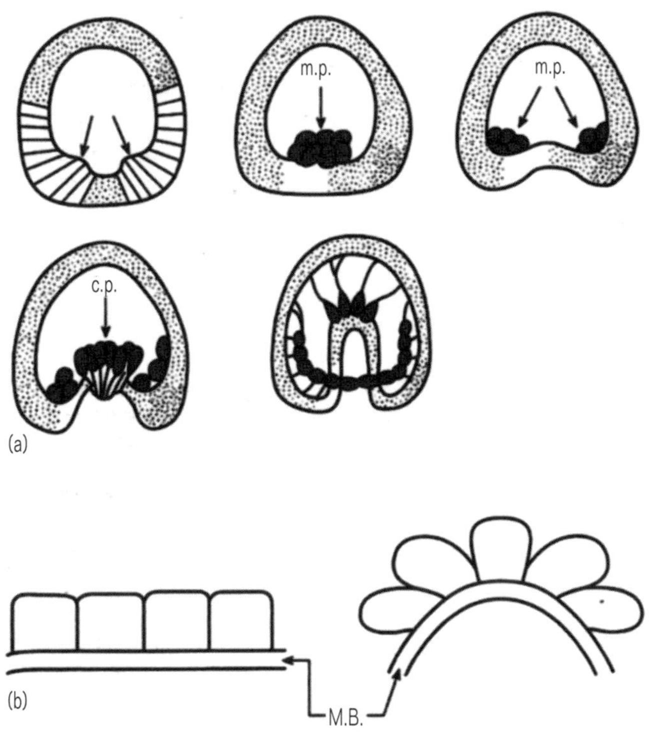

Fig. 17.4 (a) Desenvolvimento inicial do ouriço-do-mar. m.p. = células do mesênquima primário – estas migram para 'os cantos' do embrião empregando filópodes; c.p. = células piriformes. (Segundo Gustafson & Wolpert, 1967). (b) Mudança de forma das células no local de invaginação. M.B. = membrana basal.

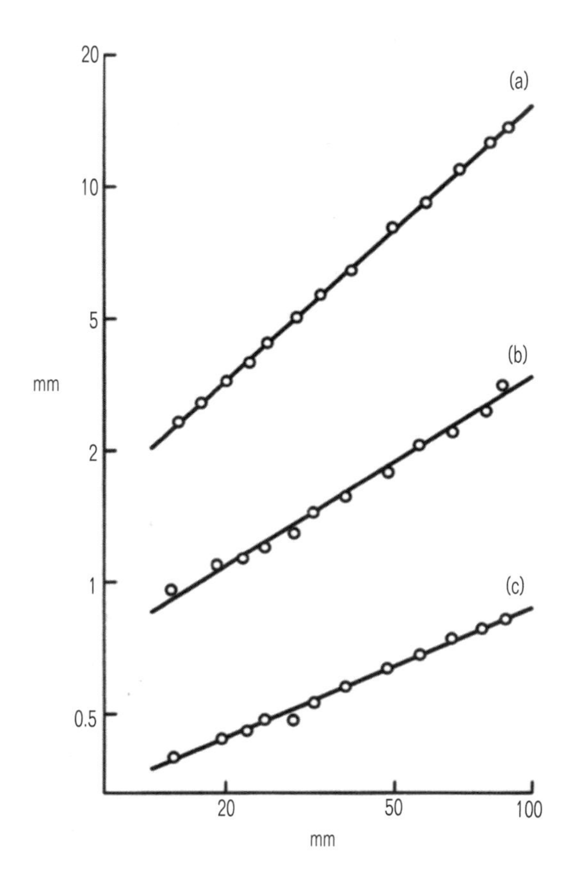

Fig. 17.5 Exemplo de crescimento alométrico no inseto Carausius morosus. Comprimento da parte posterior do protórax (a), largura da cabeça (b), e diâmetro do olho (c) plotados graficamente contra o comprimento total do corpo. As coordenadas são logarítmicas. (Segundo Wigglesworth, 1972).

Finalmente, o crescimento diferenciado de órgãos, externos e internos, pode determinar a morfologia. Julian Huxley (em seu Problems of Relative Growth, 1932) descobriu que se plotasse o logaritmo do tamanho de uma parte de um organismo contra o logaritmo do tamanho de outra parte (ou o tamanho total do organismo) os pontos geralmente formariam linhas retas (Fig. 17.5).

Intervalos iguais em uma escala logarítmica representam fatores de multiplicação iguais e estas linhas retas sugerem que um órgão se multiplica (cresce) a alguma taxa específica relativa a outro. Claramente, relações alométricas terão um efeito profundo na determinação da forma de um organismo.

Aqui, nós resumimos os processos básicos do desenvolvimento – diferenciação, padrão e morfogênese – e fizemos alguns comentários sobre como eles podem ser controlados. No Capítulo 15 nós discutimos os detalhes destes processos e sua aplicação aos invertebrados.

17.4 Ontogenia e filogenia

Uma vez que a ontogenia e a filogenia são aparentemente progressivas é tentador assumir que a última ocorre por adições sobre a primeira. Então a ontogenia recapitula a filogenia – um ponto de vista expresso por Ernst Haeckel (final do século XIX). A ontogenia das formas 'superiores' é tida, de acordo com essa opinião, como repetindo as formas adultas ao longo da escala de organização. Von Baer, um contemporâneo de Haeckel, ao contrário, argumentou que nenhum animal superior repete qualquer estágio adulto de animais inferiores, mas porque o de- senvolvimento sempre progride de um estágio indiferenciado para diferenciado, as fases iniciais do desenvolvimento devem ser conservadas nos diferentes filos. Logo, são estas formas embrionárias, ao contrário das fases adultas, que são repetidas em diferentes linhagens filéticas, e isto certamente é consistente com os princípios de desenvolvimento enunciados na última seção.

A adição terminal coincide muito bem com a teoria de Lamarck dos caracteres adquiridos, uma vez que estes são usualmente adquiridos mais tarde durante a vida e acrescentados sobre estruturas existentes. A genética mendeliana, por outro lado, abala essa opinião, pois uma mutação pode acarretar uma mudança em qualquer estágio do desenvolvimento. Na verdade, hoje se sabe que genes controlam as taxas de desenvolvimento e mudanças nestas podem causar alterações profundas, tanto parando o desenvolvimento (removendo o 'velho' adulto) ou fazendo com que prossiga além do ponto normal. Walter Garstang (1868-1949) foi um dos primeiros zoólogos a reconhecer a importância da genética para o desenvolvimento e as possibilidades para mudanças evolutivas permitidas por estes tipos de alteração na taxa de desenvolvimento.

A Figura 17.6 classifica o espectro completo de mudanças evolutivas que podem surgir desse modo. Cada quadrado contém uma trajetória de desenvolvimento, isto é, o índice de forma contra tamanho ou idade. As linhas sólidas mostram a trajetória ancestral e as linhas interrompidas a descendente. Início = início

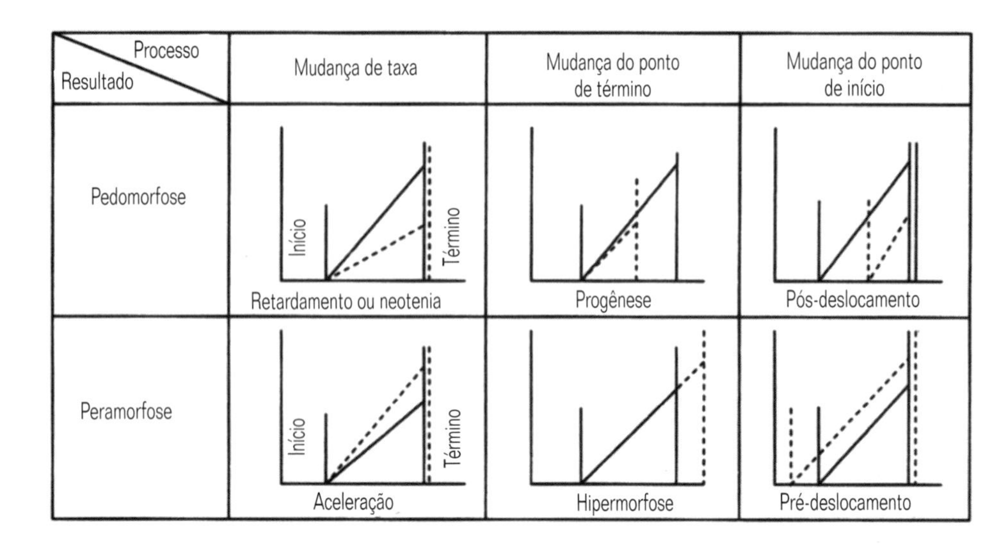

Fig. 17.6 Classificação das possíveis mudanças evolutivas no desenvolvimento. Abscissas = tempo ou tamanho do desenvolvimento; ordenadas = mudanças morfológicas (segundo Calow, 1983).

do desenvolvimento; término = interrupção do desenvolvimento. Na linha superior o desenvolvimento é desacelerado ou truncado, e as mudanças são tidas como pedomorfose. Tanto por taxas reduzidas de desenvolvimento (neotenia) ou truncamento (progênese), aspectos embrionários, larvais ou juvenis aparecem nos adultos. A linha inferior apresenta o contrário e é denominada como peramorfose.

Walter Garstang estava particularmente interessado nas formas larvais e pensou que a pedomorfose tivesse um efeito dominante sobre a evolução. E, na verdade, a pedomorfose pode ter sido importante em um número de casos (Capítulo 2). Por exemplo, entre espécies atuais, a maturidade sexual é atingida em tamanho pequeno entre alguns Echiura machos, crustáceos (e peixes) que se fixam 'parasitariamente' nas fêmeas bem maiores (algumas vezes por muitas ordens de magnitude). A evolução dos insetos com seis pernas a partir de ancestrais com muitas pernas pode também ter ocorrido por pedomorfose (Fig. 17.7). Finalmente, uma teoria amplamente aceita da evolução dos vertebrados sugere que eles são derivados a partir de algum estoque larval que se assemelha à larva livre natante 'girinóide' dos tunicados atuais (veja Fig. 7.30).

Contudo, mudanças através da aceleração são, também, uma possibilidade. Considere os padrões evolutivos nos arranjos das suturas encontrados nas conchas dos amonites, que estão representados na Figura 17.8. Aqui as inclinações das retas dos descendentes são mais acentuadas do que aquelas dos ancestrais, de tal modo que houve aceleração. Também, o crescimento das suturas dos descendentes vai além daquele dos ancestrais, o que sugere hipermorfose (Fig. 17.6). Em terceiro lugar, as trajetórias dos descendentes são 'mais elevadas' do que aquelas dos ancestrais, de tal modo que os descendentes começam com uma espécie de ponto de partida e isto sugere pré-deslocamento (Fig. 17.6).

Então, resumindo: a ontogenia não recapitula a filogenia. O desenvolvimento tem que fazer certas coisas em comum, independentemente dos táxons. Ele tem que fazê-las com base nos processos comuns para toda a vida animal – mitose, expressão

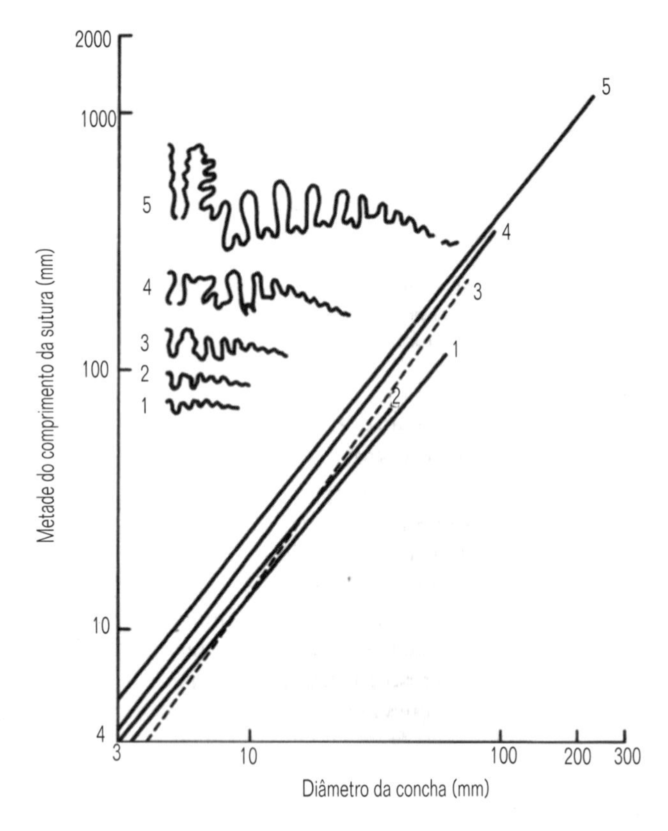

Fig. 17.8 Mistura de mudanças no desenvolvimento dos amonites. 1 = Ancestral; 2-5 = descendentes. As partes mais antigas do estágio estão à direita. (Segundo Newell, 1949; veja também Calow, 1983).

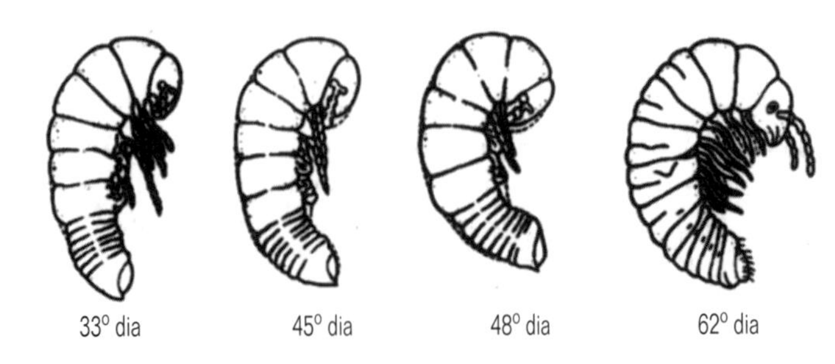

Fig. 17.7 Estágios do desenvolvimento em miriápodes. O estágio de seis pernas, 33° dia, é algumas vezes utilizado como evidência para uma origem dos insetos por pedomorfose (veja também Gould, 1977).

diferencial de um genoma, movimento celular, crescimento diferencial. Todos esses pontos relacionados com o fato de que, como von Baer suspeitava, existe alguma coisa em comum no desenvolvimento inicial. Mesmo assim, pequenas modificações nas taxas e duração desses processos, as quais em princípio podem ser determinadas por pequenas mudanças genéticas, têm possibilidades de ocasionarem efeitos profundos na filogênese. Tais mudanças podem, indiretamente, terem sido instrumentais para causar saltos quânticos entre os níveis de organização referidos acima (Capítulos 1 e 2), um ponto de vista que foi certamente defendido por Walter Garstang.

17.5 Tamanho e proporcionalidade da forma

Tamanho e forma do corpo estão relacionados pela geometria. Estas relações são denominadas como relações de proporções. Uma abordagem do estudo das proporções é definir regras geométricas subjacentes às relações, para que se compreenda tanto a ontogenia como a filogenia sob esta visão. Isto foi iniciado muito cedo neste século por um famoso zoólogo e acadêmico chamado D'Arcy Thompson em seu livro On Growth and Form (1917). Outra abordagem é considerar as implicações das relações de proporcionalidade com o modo pelo qual os organismos funcionam. Isto pode ilustrar como a forma pode limitar a função e como estes limites podem ser superados por mudanças na forma do tipo descrito nas seções anteriores. Nós ilustramos cada abordagem com um exemplo nas seções que se seguem.

17.5.1 A espira equiangular

Um exemplo bem conhecido da abordagem de D'Arcy Thompson envolve as conchas de caracóis e propriedades geométricas da assim chamada espira equiangular.

Se você considerar um caracol com uma concha planoespiral, tal como Planorbis (semelhante em forma aos Stylomatophora na Figura 5.16), desenhe um raio a partir do seu centro até a sua margem e construa tangentes com a margem de cada volta ao longo do raio, então estas tangentes permanecem paralelas – o que também significa que o ângulo entre elas e o raio permanece constante. Na verdade, o ângulo entre qualquer tangente ao redor da margem da concha e um raio permanece constante. Isto é o que significa uma espira equiangular. Equiangularidade significa que a forma da concha permanece constante à medida que a concha cresce.

Esta constância de forma à medida que o tamanho aumenta é possível somente para uma gama limitada de formas. Esta geometria foi explorada por D'Arcy Thompson. A linha externa da concha do planorbídeo descreve uma espiral. Movimentando um ângulo e ao redor da espiral nós verificamos que o raio r é expresso por:

$$r = r_0 W^{\theta}$$

onde W é uma constante. O que isto significa é que r aumenta por um fator constante para cada volta completa; assim, se estimarmos o valor de r para cada volta ao longo de um único raio (isto é, uma volta completa) em uma escala logarítmica, contra o número de voltas, nós deveríamos obter uma relação expressa por uma reta. Por isso a espiral equiangular é freqüentemente também chamada de espira logarítmica.

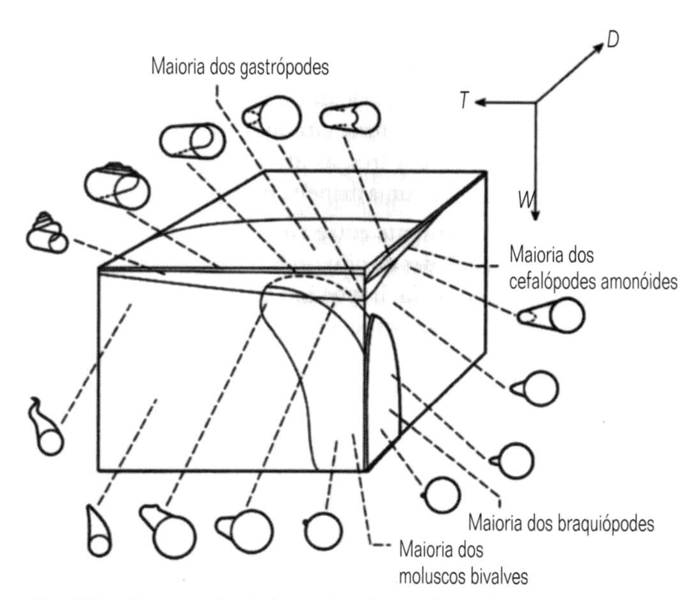

Fig. 17.9 Como a variação de possíveis formas da concha está relacionada com os valores de T, D e W – veja o texto para explicações adicionais (Segundo Raup, 1966).

Agora, se a espiral não estiver em um único plano, mas se elevar de maneira helicoidal, como Helix, à medida que percorremos a espiral em um ângulo y descobrimos que a espira se eleva até uma certa distância y ao longo de seu eixo. Se o crescimento não deve modificar a forma da concha, então:

$$y = T(r - r_0)$$

onde T é outra constante – que indica o quanto a concha se eleva na espira.

Agora considere o raio no interior de cada volta; onde o raio da concha é r e o raio no interior de cada volta é r'. Novamente, para manter a forma da concha constante, r' deve crescer em proporção a r, de tal maneira que

$$r' = r(1 - D)/(1 + D)$$

onde D é outra constante – na verdade, mostrando o quão distante a margem interna da concha está do eixo da espira.

Segundo uma extensão importante, os valores relativos de W, T, e D definem a amplitude de formas que podem derivar da espira equiangular. A Figura 17.9 de D.M. Raup mostra as amplitudes atualmente observadas em vários animais. A maioria dos gastrópodes apresenta valores reduzidos de W, mas Te D variam bastante. Os bivalves têm Ws elevados, mas Ts e Ds bastante reduzidos. Os nautilóides e a maioria dos amonóides extintos têm espirais planas nas quais T = 0 e Ws são baixos.

17.5.2 Forma e função

A relação de proporcionalidade que nós encontramos mais freqüentemente nas páginas precedentes é aquela que relaciona superfície com volume. Isto é fundamental ao funcionamento dos invertebrados, porque eles interagem com o seu ambiente através de superfícies – tomada de nutrientes e de O_2 e, até certo ponto, na locomoção – ainda que o metabolismo tome parte no volume da biomassa. A relação entre superfície e volume e os limites que ela impõe, por exemplo, a relação entre a taxa de tomada de alimento e de O_2 foram tratados anteriormente (Seção 11.6.1). O argumento é que, uma vez que a área cresce em duas dimensões enquanto que a biomassa cresce em três, as atividades da última serão limitadas pela primeira de uma maneira previsível pela geometria.

Esta relação conflitante entre volume e superfície, juntamente com as dificuldades de difusão dos nutrientes e dos gases através da biomassa sólida, impõe limites ao tamanho que poderá ser atingido por um corpo globular (sendo uma das pressões evolutivas para a multicelularidade; Seção 3.1) e sólido (sendo outra pressão evolutiva para a evolução das complexas superfícies do corpo [Seção 11.4.4], cavidades do corpo [Seção 2.3.1] e sistemas sangüíneos [Seção 11.4.2]).

Há outras relações de proporcionalidade deste tipo; por exemplo, aquela que relaciona com as forças dos exoesqueletos, a sustentação que os apêndices devem oferecer aos corpos, a relação entre o tamanho do aparelho reprodutivo da fêmea e o tamanho dos propágulos. Essas são tratadas em mais detalhes em muitos bons livros sobre proporcionalidade na Seção 17.6.

17.6 Leitura adicional

Bennett, AF. 1997. Adaptation and the evolution of physiological characters. In: Dantzler, W.H. (Ed.) Handbook of Physiology. Section 13. Comparative Physiology, Vol. I, Chapter 1, pp. 3-16. Oxford University Press, Oxford.

Calder, W.A III 1995. Size, Function and Life History. Dover, New York.

Gould, S.J. 1977. Ontogeny and Phylogeny. Harvard University Press, Cambridge, Massachusetts.

Hoffman, AA & Parsons, P.A 1997. Extreme Environmental Change and Evolution. Cambridge University Press, Cambridge.

Huxley, J.S. 1932. Problems of Relative Growth. Methuen, London.

Kozlowski, J. & Weiner, J. 1997. Interspecific allometries are by-products of body size optimisation. Amer. Nat., 149,352-380.

Lewin, B. 1998. Genes VI. Oxford University Press, Oxford.

McGowan, C. 1994. Diatoms to Dinosaurs. The Size and Seale of Living Things. Island Press, New York.

McKinney, M.L. & McNamara, KJ. 1991. Heterochrony: The Evolution of Ontogeny. Plenum Press, New York.

McNamara, KJ. 1988. Patterns of heterochrony in the fossil record. Trends Ecol. Evol., 3, 176-180.

McNamara, KJ. (Ed.) 1995. Evolutionary Change and Heterochrony. Wiley, Chichester.

McNeill Alexander, R 1999. Energy for Animal Life. Oxford University Press, Oxford.

McMahon, T.A & Bonner, J.T. 1983. On Size and Life: W.H. Freeman & Co., New York.

Maynard Smith, J. 1986. The Problems of Biology. Oxford University Press, Oxford.

Peters, RH. 1983. The Ecological Implications of Body Size. Cambridge University Press, Cambridge.

Raff, RA. 1996. The Shape of Life. University of Chicago Press, Chicago.

Raup, D.M. 1966. Geometrical analysis of shell coiling: general problems. J. Palaeontol., 40,1178-1190.

Schmidt-Nielsen, K 1984. Scaling: Why is Animal Size so Important? Cambridge University Press, Cambridge.

Thomson, KS. 1988. Morphogenesis and Evolution. Oxford University Press, New York.

Weibel, E.R., Taylor, C.R & Bolis, L. (Eds) 1998. Principles of Animal Design. The Optimisation and Symmorphosis Debate. Cambridge University Press, Cambridge.

West, G.B., Brown, J.H. & Enquist, B.J. 1997. A general model for the origin of alometric scaling laws in biology. Science, 276, 122-126.

Glossário

abdome termo aplicado à zona posterior de qualquer corpo dividido em três regiões e das quais a anterior é a cabeça (cf. tórax)

aboral superfície do corpo oposta àquela que contém a boca, isto é, em animais com a boca no centro da superfície superior ou inferior

acelomado sem cavidade do corpo, além daquelas da luz do trato digestivo e do interior dos sistemas de órgãos

aclimatização modificações fisiológicas como resultado da exposição de um organismo a um ambiente modificado

ácron região anterior, não segmentada, de um artrópode

acrossomo tubo (s) filamentoso (s) na extremidade anterior do espermatozóide (q.v.),* que contacta e se funde com a membrana celular do óvulo (q.v.) durante a fecundação (q.v.)

adenosina trifosfato (ATP) a principal molécula dotada de energia nos organismos vivos

alimentação de depósitos consumo de materiais detríticos (q.v.) e/ou de organismos associados sobre ou no interior do substrato

alimentação de suspensões captura e consumo de materiais em suspensão na água; a captura geralmente é efetuada por alguma forma de filtro

amebócito célula capaz de realizar movimento amebóide

anabiótico veja criptobiótico

anaeróbico sem ar; freqüentemente usado para descrever aqueles processos metabólicos (q.v.) que produzem energia sem oxigênio

anelado descritivo de organismos, órgãos etc., cilíndricos e dos quais a superfície externa está dividida por meio de sulcos em uma cadeia de anéis ou 'ânulos', produzindo o aspecto de segmentos

anóxico sem oxigênio livre

antenas apêndices quimiossensoriais filiformes e freqüentemente alongados na cabeça de alguns artrópodes e poliquetas, onicóforos etc.

apódema processo do exoesqueleto de um artrópode, dirigido para o interior do corpo

apomixia veja reprodução assexuada

apterigoto sem asas

arrenotoquia forma de partenogênese (q.v.) na qual os óvulos não fecundados originam machos (haplóides) enquanto que os ovos fecundados se desenvolvem em fêmeas (diplóides) [= haplodiploidia]

artículo uma das unidades que formam um apêndice articulado, isto é, a porção rígida entre duas articulações adjacentes

autotomia amputação auto-induzida de um apêndice ou de uma região do corpo como, por exemplo, um meio de escapar de um predador ou durante o brotamento (q.v.) ou a fissão (q.v.)

bentônico pertencente ao fundo ou ao substrato de sistemas aquáticos (cf. pelágico)

bioturbação distúrbio de sedimentos bentônicos (q.v.) por atividade animal

bipectinado o estado do ctenídio (q.v.) de um molusco, que retém a condição primitiva de possuir filamentos branquiais a cada lado do eixo central (cf. monopectinado)

birradial estado no qual cada um dos quatro quadrantes de um organismo esférico ou de um estágio embrionário é igual ao quadrante oposto, mas difere dos adjacentes

birreme com dois ramos (cf. unirreme); usado para um apêndice de artrópode blastema grupo de células indiferenciadas em divisão, do qual podem ser derivadas células diferenciadas (veja diferenciação)

blastocele cavidade no interior da blástula (q.v.)

blastóporo abertura através da qual o intestino embrionário de uma gástrula (q.v.) se comunica com o ambiente externo

blástula esfera oca de células formada a partir de um zigoto (q.v.) por meio de clivagem (q.v.) durante a embriogênese

bolsa copulatória saco que recebe espermatozóides (q.v.) durante o ato da cópula (q.v.)

brotamento forma de multiplicação assexuada (q.v.) na qual um novo indivíduo começa sua vida como uma protuberância no corpo parental; depois pode separar-se para adquirir uma existência independente ou permanecer conectado ou associado para formar um organismo colonial (q.v.)

carapaça escudo exoesquelético protetor que recobre todas ou parte das superfícies dorsal e laterais de um artrópode

catabolismo veja metabolismo

cavidade do manto região do ambiente encerrada pelo confinamento da concha de moluscos e braquiópodes, no interior da qual estão localizados os órgãos respiratórios e de tomada de alimento, respectivamente

cavidade pericárdica cavidade na qual se situa um coração

cavidade pré-oral espaço na frente da boca, no qual as peças bucais funcionam ou onde ocorre pré-digestão externa

cefálico pertencente à cabeça

cefalização desenvolvimento de uma cabeça durante a filogenia (q.v.) ou ontogenia (q.v.)

cefalotórax região do corpo de alguns crustáceos, formada pela fusão entre cabeça e tórax (q.v.)

celoma cavidade preenchida por líquido no interior de tecidos de origem mesodérmica (q.v.) e encerrada por uma membrana mesodérmica (cf. pseudoceloma e hemocele); varia desde grandes cavidades hidrostáticas do corpo, limitadas por um peritônio (q.v.) (veja esquizocele e enterocele) até, por definição, os espaços revestidos por epitélio (q.v.) no interior de órgãos mesodérmicos

celomócito célula em suspensão no líquido celomático (q.v.)

celomoduto (a) glândula osmorreguladora/excretora e duto em fundo cego, de origem mesodérmica (q.v.) (cf. nefrídio) ou (b) dutos mesodérmicos abertos que se dirigem de cavidades celomáticas (q.v.) do corpo até o exterior, usados para eliminar gametas ou líquido celomático

células-flama células ciliadas na extremidade proximal de protonefrídios (q.v.)

---

* q.v. – abreviação de *quad vide* (latim) = veja.

célula neurossecretora neurônio (q.v.) com função glandular, geralmente produzindo hormônios

cercos um par de apêndices, de forma variável, no último segmento abdominal de muitos insetos

cerda pequena projeção rígida, quitinosa (q.v.) de anelídeos, pogonóforos e equiúros (cf. seta)

cílios organelas propulsoras que batem em um único plano por meio de um rígido golpe propulsor e um frouxo golpe de recuperação, em geral relativamente curtos e ocorrendo desde alguns até muitos por célula; formas não móveis são especializadas para recepção sensorial, encontradas apenas em eucariontes (q.v.) (cf. flagelos)

cirro órgão copulatório eversível (q.v.) (cf. pênis e gonopódio)

cisto estágio encapsulado, resistente à dessecação, durante o ciclo de vida

citocromos enzimas respiratórias, localizadas nas mitocôndrias, de estrutura semelhante à da hemoglobina

clado grupo de organismos, todos os quais compartilham a mesma forma ancestral (cf. grado)

cleidóico descritivo de um ovo (q.v.) encerrado no interior de um revestimento protetor impermeável

clitelo epitélio secretor que forma um casulo, especialmente em anelídeos clitelados

clivagem divisões celulares mitóticas subdividindo um zigoto (q.v.) em um embrião (q.v.) multicelular, mas indiferenciado; não ocorre crescimento celular durante esse processo

clivagem espiral tipo de divisão celular no qual o plano de clivagem é oblíquo ao eixo polar da blástula, existindo rotações horária e anti-horária alternadas sobre o eixo polar durante a seqüência de divisões transversais após o estágio de 4 células (cf. clivagem radial)

clivagem radial tipo de divisão celular no qual o plano de clivagem é paralelo ouperpendicular ao eixo polar da blástula (q.v.) (cf. clivagem espiral)

clivagem superficial padrão de clivagem (q.v.) no qual o zigoto (q.v.) origina um sincício (q.v.); os núcleos do sincício movem-se em direção à superfície; depois organizam-se os limites das células em torno dos núcleos

cloaca região terminal dilatada do intestino, que recebe os dutos de alguns outros sistemas de órgãos

cloroplasto organela eucarionte ocorrendo em diversos protistas e na maioria das plantas que realizam fotossíntese

cnidócito célula dos cnidários contendo nematocistos (q.v.)

coanócitos células flageladas características dos poríferos

colágeno proteína fibrosa geralmente associada ao tecido conjuntivo ou a treliças cuticulares

colonial descritivo de organismos produzidos assexualmente e que permanecem associados entre si; em muitos animais retêm contato entre os tecidos com outros pólipos (q.v.) ou zoóides (q.v.) como resultado de brotamento incompleto (veja também modular); também usado para descrever aqueles indivíduos produzidos sexualmente e que formam agregações semi-permanentes no espaço

coloração de advertência esquema distintivo, brilhante, contrastante (por exemplo, preto e amarelo, preto e vermelho) freqüentemente associado com nocividade ou toxicidade para espécies-presas em potencial.

comensal descritivo para um organismo que vive em grande proximidade com outro de um diferente tipo, por exemplo, em sua galeria, tanto quanto se sabe, sem afetá-lo.

comissura conexão transversal entre cordões nervosos ou entre gânglios (q.v.) [= conectivo]

coorte grupo de indivíduos de uma população, todos nascidos aproximadamente ao mesmo tempo

cópula ato de transferência de espermatozóides por um órgão de um indivíduo para o corpo ou para um duto/saco de outro; um precursor comum, porém não o único, da fecundação interna

corona aparelho locomotor de rotíferos, constituído de anéis de cílios (q.v.) críptico "escondido"; por exemplo, por força de semelhança com a área circundante criptobiótico capaz de entrar em um estado de resistência de animação suspensa durante períodos de adversidade ambiental (geralmente falta de água) e por isso capaz de habitar ambientes aquáticos temporários; também chamado anabiótico

cromatóforo uma célula contendo pigmento

cromossomo estrutura filamentosa no núcleo da célula, que contém informação genética

ctenídios brânquias de um tipo confinado aos moluscos, compreendendo (primitivamente) fileiras de filamentos em cada lado de um eixo central

cutícula revestimento não celular e resistente do corpo, secretado pela epiderme (q.v.) e mudada periodicamente; freqüentemente ornamentada e/ou espessada localmente formando placas

decrescimento murchamento de um animal não alimentado

derme camada não muscular da parede do corpo, de origem mesodérmica (q.v.), localizada abaixo da epiderme (q.v.)

desenvolvimento determinado veja desenvolvimento em mosaico

desenvolvimento direto desenvolvimento sem um estágio larval (q.v.) (cf. desenvolvimento indireto)

desenvolvimento em mosaico (= determinado) desenvolvimento no qual as células do embrião (q.v.) têm seu destino desenvolvimental fixado em um estágio embrionário inicial (por herança do citoplasma materno) sendo que o embrião precoce compreende um padrão fixo no qual há pouca possibilidade de substituição dos elementos que faltam (cf. desenvolvimento regulativo)

desenvolvimento indeterminado veja desenvolvimento regulativo desenvolvimento indireto desenvolvimento através de um estágio larval (q.v.) (cf. desenvolvimento direto)

desenvolvimento regulativo (= indeterminado) desenvolvimento no qual o embrião (q.v.) é capaz de compensar células que faltam e ainda produzir uma larva ou adulto normal porque o destino desenvolvimental de suas células é fixado apenas em um estágio tardio (cf. desenvolvimento em mosaico)

despolarizar diminuir a diferença de potencial elétrico (geralmente) através da membrana celular (cf. hiperpolarização)

detrito substância orgânica particulada, decomposta ou em decomposição, associada com água ou com o substrato, juntamente com aqueles organismos microbianos que o colonizam

deuterostômio estado no qual o blastóporo (q.v.) não forma a boca, embora possa formar o ânus (cf. protostômio); também usado para descrever os animais que apresentam esse estado

diapausa fase de repouso no ciclo de vida, no qual a atividade metabólica é baixa e podem ser toleradas condições adversas

diferenciação processo pelo qual células embrionárias totipotentes tornamse especializadas para desempenhar diferentes funções

dimórfico ocorrendo em duas formas (geralmente morfológicas) distintas (cf. monomórfico e polimórfico)

diplóide possuindo dois de cada cromossomo em cada célula somática (q.v.) (cf. haplóide e poliplóide)

disco imaginal grupo de células indiferenciadas em uma larva (q.v.), do qual desenvolver-se-á um sistema de órgãos particular

eclosão emergência de um inseto, particularmente daquele do adulto a partir da pupa (q.v.); saída de uma larva (q.v.) ou de um jovem da casca do ovo

ectoderme camada germinativa externa, isto é, a que reveste a gástrula (q.v.) (cf. endoderme e mesoderme)

ectotérmico um organismo que deriva seu calor do ambiente em vez do próprio metabolismo

embrião estágio precoce do desenvolvimento, eclodindo ou retido no interior do ovo (q.v.) e incapaz de ter vida independente

endoderme folheto germinativo interno, isto é, aquele que forma o intestino embrionário da gástrula (q.v.) (cf. ectoderme e mesoderme)

endopodito o ramo interno de um apêndice birreme (q.v.) de um artrópode (cf. epipodito e exopodito)

enterocele celoma (q.v.) formado pela evaginação de bolsas a partir do intestino embrionário (cf. esquizocele)

envelhecimento modificações irreversíveis e deteriorativas em indivíduos, com o tempo, provocando vulnerabilidade crescente e vitalidade reduzida (= senescência)

epibolia migração de células móveis, sem vitelo, sobre células com vitelo durante a gastrulação (q.v.)

epiderme revestimento celular externo do corpo, derivado da ectoderme (q.v.)

epifaunal descritivo de animais bentônicos (q.v.) associados à superfície do substrato (cf. infaunal)

epipodito processo que se origina do(s) artículo(s) basal(is) (q.v.) de um apêndice de artrópode; os estilos (q.v.) provavelmente são epipoditos (cf. endopodito e exopodito)

epitélio camada ou tubo de tecido (q.v.) revestindo uma superfície livre, por exemplo, formando o revestimento de uma cavidade

epitélio escamoso epitélio (q.v.) composto por células achatadas

escálides projeções cuticulares ou epidérmicas, de forma variável (incluindo espiniforme, claviforme, em forma de pena e semelhante a uma escama), dispostas em voltas em torno do introverte (q.v.) dos quinorrincos, loricíferos, priapúlidos e nematomorfos larvais; com funções sensorial, locomotora, de captura de alimento ou penetrante

esclerito uma placa compreendendo uma parte de um exoesqueleto

esclerotizado endurecimento químico (e escurecimento) de áreas da cutícula (q.v.); resulta de um processo de tanificação

espermateca saco no qual um animal receptor armazena espermatozóides (q.v.) antes da liberação de seus oócitos e da fecundação (q.v.) subsequente

espermatóforo um pacote de espermatozóides (q.v.) encerrados no interior de um revestimento protetor

espermatozóide gameta (q.v.) masculino, geralmente capaz de locomoção ativa

espiráculo abertura na superfície de parte de um sistema traqueal (q.v.)

esqueleto sistema para a transmissão de forças musculares e/ou para fornecer sustentação para o corpo

esquizocele celoma (q.v.) formado no interior de blocos de tecido mesodérmico (q.v.) por meio de cavitação (cf. enterocele)

estatoblasto propágulo (q.v.) assexual multicelular de alguns briozoários,

contido no interior de um revestimento protetor

estatocisto órgão sensível à gravidade e/ou à aceleração

esternito elemento ventral do exoesqueleto segmentado dos artrópodes

estilete estrutura dura e afilada, semelhante a um dardo, usado para a penetração em células ou tecidos

estilos diminutos processos pares, não articulados, semelhantes a apêndices, associados às bases das pernas em alguns miriápodes; presentes em uma posição equivalente em alguns segmentos abdominais e raramente também naqueles do tórax, da maioria dos insetos apterigotos

estolões estruturas semelhantes a um caule ou a uma raiz, pelas quais animais podem se conectar entre si ou com o substrato, ou das quais podem ser liberados brotos assexuais

eucarionte apresentando núcleo com uma membrana interna e organelas no interior da célula (cf. procarionte); todos os organismos, exceto bactérias, são eucariontes

eutelia estado no qual as células do adulto não se dividem; estes, portanto, têm um número fixo (e geralmente pequeno) de células e o crescimento ocorre apenas por meio de aumento das próprias células

eversível capaz de ser protraído virando o interior para fora; a extensão geralmente é conseguida hidraulicamente (q.v.) e a retração por ação muscular

evolução origem e modificações subsequentes durante o tempo

exalante descritivo da corrente respiratória ou alimentar para fora (cf. inalante)

exopodito ramo externo de um apêndice birreme (q.v.) dos artrópodes (cf. endopodito e epipodito)

fagocitose processo pelo qual pseudópodes (q.v.) de uma célula amebóide circundam uma partícula para englobá-la no interior de um vacúolo

faringe região do intestino anterior (q.v.), localizada atrás da cavidade bucal e na frente do esôfago

fecundação processo de fusão de gametas (q.v.) para criar um zigoto (q.v.)

fenda faríngea orifício na parede da faringe (q.v.) que se estende para fora do corpo, abrindo-se em sua superfície; é usada para permitir a saída de água que foi introduzida através da boca

fermentação decomposição de compostos orgânicos, mediada por enzimas, gerando ATP sob condições anóxicas (q.v.)

filogenia o curso da descendência e dos parentescos evolutivos

filópodes projeções filamentosas do citoplasma da célula

fissão forma de multiplicação assexuada (q.v.) envolvendo a divisão do corpo em duas ou mais partes, cada uma das quais pode crescer e formar um novo indivíduo

flagelos organelas propulsoras projetadas que batem de maneira rotativa ou em saca-rolha; em geral relativamente longos e ocorrendo um ou dois por célula; encontrados apenas nos eucariontes (q.v.) [os flagelos das bactérias têm forma fundamentalmente diferente] (cf. cílios)

flósculos diminutos órgãos sensoriais projetados, terminando em uma série de papilas, encontrados no tronco de alguns priapúlidos, loricíferos, quinorrincos e rotíferos

fonte hidrotermal região da crosta terrestre pela qual saem água aquecida e substâncias reduzidas

força vital força não-física, misteriosa, antigamente tida como dando "vida" a organismos e ao desenvolvimento direto e à evolução

fotoperiodismo capacidade de exibir respostas fisiológicas em conseqüência a modificações no comprimento relativo do dia

fotorreceptor uma célula sensível à luz

fotossíntese síntese de compostos orgânicos utilizando a energia da luz solar, através da molécula da clorofila, de acordo com a reação geral

$$CO_2 + 2H_2X \rightarrow (CH_2O) + H_2O + 2X$$

Na fotossíntese de algumas bactérias e em todos os eucariontes fotossintetizantes, X = oxigênio; na anoxifotossíntese de algumas outras bactérias, X nunca é oxigênio – frequentemente, mas não sempre, é enxofre, H_2X sendo, então, igual a H_2S

furca processos pares, de forma variável, ligados ao telson (q.v.) de crustáceos

gameta célula germinativa, capaz de fundir-se com uma célula germinativa do sexo oposto para formar um zigoto (q.v.) (veja espermatozóide e óvulo)

gânglio pequeno corpo de tecido nervoso contendo neurônios (q.v.)

gástrula estado embrionário após a blástula (q.v.) no qual a única camada de células é transformada em um estado de duas camadas por meio de migração de células, de invaginação etc. e no qual proliferam células mesodérmicas (q.v.)

gastrulação processo pelo qual uma gástrula (q.v.) é derivada de uma blástula (q.v.)

gêmula propágulo (q.v.) assexuado multicelular de alguns poríferos, contido no interior de um revestimento protetor geração espontânea noção de que organismos vivos poderiam surgir diretamente ou espontaneamente a partir de substâncias não vivas (por exemplo, de lodo)

glia células acessórias associadas a neurônios (q.v.) [= neuróglia]

gonocorístico com sexos separados [= dióico] (cf. hermafrodita)

gonopódio perna modificada, usada como órgão copulador (cf. cirro e pênis)

gonóporo orifício através do qual são liberados os gametas

grado grupo de animais que compartilham do mesmo tipo de organização do corpo, mas sem que o tenham herdado de uma forma ancestral comum (cf. clado)

haplodiploidia veja arrenotoquia

haplóide que possui somente um de cada cromossomo em cada célula somática (q.v.) ou sexual (cf. diplóide e poliplóide)

hemocele cavidade do corpo formada por seios sangüíneos, freqüentemente derivada da blastocele (q.v.) (cf. celoma e pseudoceloma)

hermafrodita capaz de produzir tanto óvulos (q.v.) como espermatozóides (q.v.), ao mesmo tempo ou seqüencialmente (cf. gonocorístico)

heterótrofo modo de nutrição que requer a tomada de compostos orgânicos pré- formados

hidráulico operado por pressão de água

hidrostático descritivo de sistemas esqueléticos nos quais as forças musculares são transmitidas pela água no interior de cavidades ou de tecidos do corpo

hiperpolarizar aumentar a diferença de potencial elétrico (geralmente) através da membrana celular (cf. despolarizar)

hipostômio elevação de tecido, contendo a boca, nos cnidários

hipóxia condições de baixa disponibilidade de oxigênio

histólise decomposição de tecidos

homeotermo um organismo cuja temperatura do corpo é mantida a um nível mais ou menos constante (cf. poiquilotermo) [= homoiotermo]

hospedeiro definitivo hospedeiro no qual um parasita (q.v.) reproduz-se sexualmente (q.v.)

hospedeiro intermediário veja hospedeiro secundário

hospedeiro primário veja hospedeiro definitivo

hospedeiro secundário hospedeiro no qual um parasita (q.v.) reproduz-se apenas assexuadamente (q.v.) ou não se reproduz

inalante descritivo de uma corrente respiratória ou alimentar para o interior (cf. exalante)

infaunal descritivo de animais bentônicos (q.v.) que vivem enterrados ou em cavidades no interior do substrato (cf. epifaunal)

instar um dos diversos estágios larvais (q. v.), separado de outros tais estágios por meio de uma muda

intersticial (a) pertencente aos espaços (interstícios) no interior de sedimentos ou, quando usado para células de cnidários (b) células epidérmicas totipotentes

intestino anterior porção anterior do tubo digestivo, de origem e revestimento ectodérmicos (q.v.) (cf. intestino médio e intestino posterior)

intestino médio região do tubo digestivo de origem e revestimento endodérmicos (q.v.) (cf. intestino anterior e intestino posterior)

intestino posterior porção posterior do tubo digestivo, de origem e revestimento ectodérmicos (q.v.) (cf. intestino anterior e intestino médio)

introverte região anterior do corpo, eversível (q.v.) e retrátil

iteróparo que se reproduz várias vezes durante a vida (cf. semélparo)

larva uma fase juvenil que difere marcadamente em morfologia e ecologia do adulto

lecitotrófico desenvolvimento às custas de recursos internos (isto é, vitelo) fornecidos pelo organismo materno; usado especialmente para larvas marinhas (cf. planctotrófico)

lemniscos sacos tubulares associados à probóscide de acantocéfalos e, pelo menos, de alguns rotíferos bdelóides; essencialmente, são evaginações da epiderme e que provavelmente funcionam como reservatórios hidráulicos

litoral intermareal

lofóforo um sistema de tentáculos ciliados, captadores de alimento, operado hidraulicamente; formado como evaginações da parede do corpo e que circundam a boca, mas não o ânus

lórica revestimento protetor em forma de vaso, formado por espessamento da cutícula

macroevolução gênese de variedade taxonômica, isto é, modificações evolutivas ao nível de espécie ou acima de espécie (cf. microevolução)

macrófago que se alimenta de partículas relativamente grandes de alimento (cf. micrófago)

macrômeros células grandes, cheias de vitelo, no embrião (q.v.) precoce (cf. micrômeros)

mandíbulas estruturas duras, frequentemente protráteis; localizadas na parte anterior do intestino anterior ou, em artrópodes, ao longo da cavidade pré-oral (q.v.) que obtêm e/ou maceram partículas alimentares; ocorrem com freqüência como um par esquerdo/direito, mas podem ser dorsa-ventral ou em número de 3, 4,5 ou mais, às vezes usadas defensivamente; par mais anterior das peças bucais de muitos artrópodes: geralmente estruturas curtas, fortes, não articuladas, que formam superfícies mordedoras ou mastigadoras; também usado para os elementos mandibulares de alguns poliquetas

mapa de destino descrição formal da distribuição espacial de células ou de regiões em um zigoto (q.v.), embrião (q.v.) ou disco imaginal (q.v.), que normalmente dariam origem às diferentes partes de um organismo

maxila peça bucal primária de um artrópode, adicional e posterior à mandíbula

medusa uma das duas formas do corpo dos cnidários; pulsátil, geralmente pelágica (q.v.), em forma de disco, sino ou guarda-chuva e frequentemente gelatinosa (cf. pólipo)

membrana basal camada amorfa situada sob um epitélio (q.v.), composta por um tipo de colágeno (q.v.) e de um carboidrato

mesênquima células conjuntivas difusas em uma matriz gelatinosa

mesoderme folheto germinativo elaborado entre a ectoderme (q.v.) e a endoderme (q.v.)

mesogléia camada espessa ou fina, celular ou acelular, de material gelatinoso, situada entre as camadas externa e interna de celenterados

mesossoma segunda região do corpo de animais oligoméricos (q.v.) tripartidos; sua cavidade do corpo, a mesocele, pode sustentar um lofóforo (q.v.) (cf. prossoma e metassoma)

metabolismo processos químicos que ocorrem nos organismos para decompor estruturas e substâncias (catabolismo) e para construí-las (anabolismo)

metamérico com um corpo compreendendo uma série linear de alguns a muitos segmentos (q.v.) (cf. monomérico e oligomérico)

metamorfose modificação drástica na forma do corpo e necessária para transformar uma larva (q.v.) no adulto

metanefrídio nefrídio (q.v.) aberto, com um duto extracelular (cf. protonefrídio) metassoma terceira região do corpo de animais oligoméricos (q.v.) tripartidos; seu celoma (q.v.), a metacele, forma a principal cavidade do corpo (cf. prossoma e mesossoma)

microevolução modificações na freqüência gênica observadas dentro de uma única população durante certo tempo (cf. macroevolução)

micrófago que se alimenta de partículas alimentares pequenas ou diminutas (cf. macrófago)

micrômeros pequenas células, sem vitelo, no embrião (q.v.) precoce (cf. maacrômeros)

microtríquios veja microvilosidades

microvilosidades numerosas pequenas projeções digitiformes na superfície livre de células responsáveis pela absorção e, em forma especializada, para recepção sensorial; nos cestódeos são chamadas microtríquios

mimetismo semelhança com um objeto ou com outro organismo resultando potencialmente em 'desaparecer' em virtude de 'identidade falsa'

mixonefrídio veja nefromixio

modular descritivo de um animal colonial que consiste de unidades (ou "indivíduos) repetidas e unidas, produzidas assexuadamente (veja pólipo, zoóide e colonial)

moela região muscular do trato digestivo na qual o alimento pode ser triturado

monomérico com um corpo não dividido internamente em segmentos (q.v.) (cf. oligomérico e metamérico)

monomórfico com apenas uma única forma do corpo (cf. dimórfico e polimórfico)

monopectinado descritivo do ctenídio (q.v.) de um molusco evoluído, com filamentos branquiais apenas em um lado do eixo central (cf. bipectinado)

muco mistura de mucoproteínas (mucopolissacarídeo unido a uma proteína) secretadas por células mucosas

músculo adutor músculo que fecha as valvas de uma concha ou que as mantém fechadas

náiade ninfa (q.v.) aquática de certos insetos, diferindo um pouco mais da forma adulta como resultado de adaptações especificas para a vida aquática; por exemplo, para a captura de uma presa aquática ou para a tomada de gases respiratórios dissolvidos

nanoplâncton plâncton (q.v.) de 2-20 μm de tamanho em suas maiores dimensões

nécton animais pelágicos (q.v.) capazes de progredirem contra o fluxo natural da água (cf. plâncton)

nefrídio órgão osmorregulador/excretor de origem ectodérmica (q.v.) (cf. celomoduto)

nefromixio órgão semelhante a um metanefrídio (q.v.), com regiões de origem tanto ectodérmica (q.v.) como mesodérmica (q.v.) [= mixonefrídio]

nematocisto organela intracelular dos cnidários, com um tubo enrolado eversível (q.v.), usado para a captura de presas etc.; contido no interior de cnidócitos (q.v.)

neotenia veja pedomorfose

neurônio célula especializada para a condução de sinais elétricos e para a transmissão de informações [= célula nervosa]

neurópila região do sistema nervoso na qual fibras nervosas e seus terminais formam sinapses (q.v.)

ninfa inseto juvenil que difere pouco do adulto, exceto no tamanho e no desenvolvimento de sistemas de órgãos encontrados apenas no adulto (por exemplo, asas e gônadas); os primórdios de suas asas desenvolvem-se de forma característica externamente (diferentemente de larvas de insetos)

notocorda bastonete esquelético dorsal, elástico, derivado de células altamente vacuolizadas, unidas por uma bainha comum, caracterizando os cordados

ocelo órgão fotorreceptor simples (cf. olho composto)

olho composto um único olho formado por poucas a muitas unidades ópticas, os omatidios, cada um com sua própria lente, campo de visão, células receptoras etc. (cr. ocelo)

oligomérico com um corpo formado por poucos (dois ou três) segmentos (q.v.) (cf. monomérico e metamérico)

ontogenia o curso do desenvolvimento de um organismo individual a partir do zigoto (q.v.) até o adulto

opistossomo região posterior do corpo daqueles quelicerados nos quais o corpo é visivelmente dividido em duas seções distintas (ef. prossomo); às vezes usado de forma comparativa para outros tipos de animais com duas regiões do corpo

oral pertencente à boca

órgão um ou mais tecidos (q.v.) formando uma unidade estrutural e funcional

osfrádio tecido ou órgão quimiorreceptor na cavidade do manto (q.v.) dos moluscos

óstios poros; por exemplo, através dos quais a água entra no corpo (em poríferos) ou através dos quais o sangue entra no coração (em animais com sistema sanguíneo aberto)

ovíparo que põe ovos

ovipositor órgão tubular de alguns insetos, usado para colocar ovos em micro-hábitats específicos

ovo termo geral para o estágio inicial do desenvolvimento animal-zigoto (q.v.) ou um complexo de células do embrião em desenvolvimento, reservas nutritivas etc., contido no interior de uma casca ou cápsula comum

óvulo gameta (q.v.) feminino

parasita um organismo que vive no interior ou preso (permanentemente ou temporariamente) a outro causando-lhe danos

parênquima tecido (q.v.) difuso de células vacuolizadas que, frequentemente, preenchem o espaço entre a epiderme e o trato digestivo de animais acelomados (q.v.)

partenogênese forma de multiplicação assexuada (q.v.) na qual o óvulo (q.v.) se desenvolve em um novo individuo sem fecundação (q.v.)

pedicelárias espinhos compostos, articulados, que funcionam como pinças em certos equinodermos

pedomorfose processo de rejuvenescimento no qual o adulto retém aspectos juvenis ('neotenia') ou o organismo torna-se reprodutivamente maduro enquanto ainda é juvenil na forma e na idade ('progênese')

pelágico pertencente à massa de água de um sistema aquático (cr. bentônico)

pênis órgão copulador erétil (não eversível - q.v.) (cf. cirro e gonopódio)

pentes órgãos sensoriais do opistossomo (q.v.) dos escorpiões, semelhantes a pentes

perióstraco revestimento protéico da concha de um molusco ou de um braquiópode

peristalse ondas de contração de músculos circulares e longitudinais passando ao longo de um órgão ou organismo tubular, tendo um efeito propulsor

peritônio membrana mesodérmica que limita uma cavidade celomática (q.v.) do corpo

pigídio região posterior, não segmentada, de um anelídeo

pigmento respiratório molécula que se combina reversivelmente com o oxigênio e funciona, assim, como transportador ou armazenador

pinocitose ingestão de pequenas gotículas de líquido por uma célula

pínula um pequeno ramo lateral de um órgão tentaculado

plâncton organismos pelágicos (q.v.) que estão efetivamente suspensos na água e que não conseguem progredir contra seu movimento (cf. nécton)

planctotrófico alimentando-se, pelo menos em parte, de materiais capturados do plâncton (q.v.); usado especialmente para larvas marinhas (cf. lecitotrófico)

plasmódio massa amebóide multinucleada, limitada por uma única membrana celular

pleópodes os apêndices abdominais (q.v.) de muitos crustáceos, frequentemente usados na natação

plexo rede

poiquilotermo um organismo cuja temperatura do corpo varia de acordo com aquela do seu ambiente (cf. homeotermo)

polifilético grupo de organismos, derivado de mais de uma forma ancestral polimórfico ocorrendo em mais do que duas formas distintas do corpo (cf. monomórfico e dimórfico)

poliplóide com mais do que duas cópias de cada cromossomo em cada célula somática (q.v.) (cf. haplóide e diplóide)

pólipo uma das duas formas do corpo dos cnidários; um cilindro sedentário (q.v.) preso aboralmente (q.v.) e com um anel de tentáculos em torno da boca; frequentemente forma sistemas coloniais (q.v.); às vezes usado no lugar de zoóide (q.v.)

probóscide termo geral para qualquer processo semelhante a um tronco na cabeça ou na parte anterior do corpo, associado à alimentação

procarionte sem organelas internas limitadas por membrana e sem membrana nuclear no interior da célula (ef. eucarionte); bactérias são procariontes

proglótide unidade do corpo de um cestódeo, serialmente repetida

propágulo corpo reprodutivo que se separa do organismo parental; pode ser multicelular (vegetativo) ou celular (gamético); se celular, pode ser produzido por meiose (sexual) ou por mitose, ou por formas aberrantes da meiose, não levando a uma redução genética (assexual)

prossoma região anterior do corpo (que inclui a cabeça) daqueles quelicerados nos quais o corpo é visivelmente dividido em duas seções distintas (cf. opistossoma); às vezes usado de forma comparativa para outros tipos de animais com duas regiões do corpo; primeira região do corpo de animais oligoméricos (q.v.) tripartidos – sua cavidade do corpo é a protocele (cf. mesossoma e metassoma); e também é o termo usado para o prossoma de copépodes

prostômio região anterior, não segmentada, de um anelídeo

protoeucarionte a célula hospedeira hipotética, provavelmente fagocítica (q.v.) que, juntamente com vários procariontes (q.v.) endossimbiontes, formam a primeira célula eucarionte (q.v.)

protonefrídio nefrídio (q.v.) em fundo cego e com um duto intracelular (cf. metanefrídio)

protostômio o estado no qual o blastóporo (q.v.) forma a boca (cf. deuterostômio); também usado para descrever animais que apresentam esse estado

pseudoceloma qualquer cavidade do corpo que não é um celoma (q.v.)

pseudocópula associação íntima durante a liberação de gametas (q.v.) por pares reprodutivos de animais com fecundação externa; os óvulos (q.v.) são, portanto, fecundados (q.v.) imediatamente ao sair do(s) gonóporo(s) (q.v.) feminino(s)

pseudofezes bolotas semelhantes a fezes, de material retirado de suspensões na água por filtradores, mas subseqüentemente rejeitado (isto é, partículas coletadas, mas não ingeridas)

pseudópode protração lobular temporária de protoplasma, formada durante o movimento; a fagocitose (q.v.) etc., de células amebóides

pupa estádio transitório não móvel no desenvolvimento de alguns insetos e ocorrendo entre os estádios larvais e o adulto

quelado estado de um apêndice de artrópode, que termina em um par de pinças

quimioautotrofia modo de nutrição das bactérias, no qual o organismo pode sintetizar todos os seus suprimentos alimentares por meio de quimiossíntese (q.v.)

quimiossíntese síntese de compostos orgânicos de acordo com a equação geral

$$CO_2 + 2H_2X \rightarrow (CH_2O) + H_2O + 2X$$

usando a energia (e freqüentemente o poder de redução) liberada pela oxidação de substâncias inorgânicas como $Fe^{2}+$, CH_4, NH_3, $NO_2^{-}H+$, Sete. [= quimiolitotrofia] ou de substâncias orgânicas pré-existentes (acetato, formato etc.); desempenhada apenas por bactérias em condições anaeróbicas (cf. fotossíntese)

quitina um polissacarídeo contendo nitrogênio

rabditos veja rabdóides

rabdocelo termo geral para grupos de platelmintos turbelários que possuem um intestino simples, sem ramificações ou divertículos laterais

rabdóides estruturas semelhantes a bastonetes, de função incerta, na epiderme (q.v.) de platelmintos e animais semelhantes a eles; alguns surgem a partir de células glandulares e são denominados "rabditos"

rabdoma conjunto ordenado de microvilosidades (q.v.) fotorreceptoras; por exemplo, em um olho composto (q.v.)

ramo uma ramificação (por exemplo, de um apêndice)

regeneração substituição, por meio de crescimento e diferenciação (q.v.) compensadores, de partes perdidas de um organismo

rejuvenescer tornar-se novamente jovem

reprodução assexuada forma de multiplicação que não envolve divisão de redução meiótica e fusão de gametas (q.v.) (d. reprodução sexuada) [= apomixia]

reprodução sexuada forma de multiplicação na qual ocorrem trocas de material cromossômico durante a meiose, e no qual gametas (q.v.) se combinam no processo da fecundação (q.v.) (cf. reprodução assexuada)

ritmo metacrônico padrão de movimento sincronizado de cílios (q.v.) ou de múltiplos apêndices nos quais o movimento de cada elemento mantém uma relação fixa de fase com os outros

rostro termo geral para qualquer projeção mediana anterior do corpo

sacos coxais vesículas eversíveis (q.v.) de parede fina, associadas às bases das pernas de alguns Uniramia e usadas para a tomada de água do ambiente; vesículas similares também ocorrem em Onychophora

sedentário tendendo a não se mover para longe

segmento uma unidade serialmente repetida do corpo, semi-independente; a segmentação pode afetar apenas a parede do corpo e estruturas associadas ou quase todo o corpo

seleção natural mecanismo evolutivo proposto por C.R. Darwin, com base em sobrevivência diferencial e sucesso reprodutivo em ambientes com recursos limitados

semélparo reproduzindo-se apenas uma vez e depois morrendo

septo membrana que separa uma região do corpo de outra

séssil permanentemente preso a um substrato; incapaz de locomover-se

seta projeção da cutícula (q.v.), semelhante a uma cerda, com ou sem material celular (cf. cerda)

simbiose associação íntima entre dois organismos diferentes e que interagem; geralmente um depende do outro

simetria bilateral simetria na qual o corpo pode ser dividido em duas, e apenas em duas, metades especularmente iguais

simetria radial simetria na qual nenhum plano de simetria passa perpendicularmente ao eixo oral/aboral

sinapse junção através da qual é transferida uma informação entre duas células das quais pelo menos uma é um neurônio (q.v.); a célula transmissora é 'pré-sináptica', a receptora é 'pós-sináptica'

sincício estrutura multicelular na qual as membranas celulares estão parcial ou completamente ausentes, variando desde massas citoplasmáticas contendo muitos núcleos sem qualquer separação aparente em componentes celulares, até redes de células quase completas e que estão em continuidade citoplasmática através de pontes intercelulares

somático pertencente ao corpo e diferindo das células sexuais

subquelado descritivo de um apêndice de artrópode no qual o artículo terminal é dobrado para trás sobre o penúltimo artículo formando um órgão agarrador articulado distalmente

subumbrela a superfície inferior, geralmente côncava, de uma medusa (q.v.)

tecido células associadas, do mesmo tipo (ou de alguns); desempenhando a mesma função; geralmente unidas por material intercelular (cf. órgão)

tegumento camadas não musculares da parede do corpo; epitélio externo, sincicial (q.v.) de platelmintos parasitas

teleológico propositado ou dirigido para um fim

telson região posterior, não segmentada, de um artrópode

tentáculo qualquer estrutura projetada, delgada, flexível; freqüentemente sensorial, às vezes usada para captura de alimento

tergito elemento dorsal do exoesqueleto segmentado dos artrópodes

testa revestimento externo, ou quase externo, protetor do corpo, geralmente composto por uma série de elementos

tônico sustentado

tórax termo aplicado à zona do meio de qualquer corpo dividido em três regiões distintas, das quais a anterior é a cabeça (cf. abdome)

totipotente células de um organismo multicelular, capazes de diferenciar-se (q.v.) em qualquer célula especializada

transporte ativo movimento de solutos contra o gradiente de concentração por um processo que utiliza energia

traquéia tubo que leva diretamente ar do ambiente externo até os tecidos

traquéolas ramificações terminais de uma traquéia (q.v.), semelhantes a capilares

triploblástico condição embrionária na qual três folhetos de tecidos – ectoderme (q.v.), mesoderme (q.v.) e endoderme (q.v.) – podem ser reconhecidos

trocófora estágio larval precoce de muitos animais marinhos, caracterizado por uma dupla e completa faixa pré-oral de cílios

tubícola habitante de um tubo

túbulo de Malpighi divertículo excretor do intestino, tubular e em fundo cego

ultrafiltração passagem de liquido sob pressão através de uma membrana semi-permeável

umbrela a superfície superior, geralmente convexa, de uma medusa (q.v.)

unirreme com um único ramo (cf. birreme); usado para os apêndices dos artrópodes

urópodes o último par de apêndices abdominais (q.v.) de crustáceos decápodes, que, juntamente com o telson, (q.v.), formam o leque caudal

urossoma termo aplicado ao opistossomo (q.v.) de copépodes

vacúolo contrátil vacúolo intracelular, limitado por membrana, relacionado com osmorregulação, que se enche com liquido e, repentinamente, se contrai expelindo o liquido para o exterior

viviparidade desenvolvimento de um embrião (q.v.) no interior do corpo parental usando, em parte, recursos que passam diretamente do corpo parental para o embrião

zigoto única célula produzida pela união de um espermatozóide (q.v.) com um óvulo (q.v.) durante a fecundação

zooclorelas nome geral dado a algas clorofíceas simbiontes encontradas no interior dos tecidos de diversos invertebrados, principalmente de água doce

zoóide um indivíduo modular em um sistema colonial (q.v.) produzido por brotamento (q.v.) incompleto e repetido; aplicado a todos os animais diferentes de cnidários

zooxantelas nome geral dado a algas dinoflageladas simbiontes encontradas no interior de tecidos de diversos invertebrados, principalmente marinhos

Referência das Ilustrações

Abbott, N.J., Williamson, R & Maddock, L. 1995. Cephalopod Neurobiology. Oxford University Press.

Agelopoulos, N., Birkett, M.A., Hick, A.J., Hooper, A.M., Pickett, J.A., Pow, E.M., Smart, L.E., Smiley, D.W.M., Wadhams, L.J. & Woodcock, C.M. 1999. Pesticide Science, 55, 225-235.

Aidley, D.J. 1998. The Physiology of Excitable Cells. (4th ed.), Cambridge University Press.

Alexander, R McN. 1979. The Invertebrates. Cambridge University Press, Cambridge.

Alldredge, A. 1976. Sci, Am., 235 (1), 94-102.

Anderson, D.T. 1964. Embryology and Phylogeny in Annelidis and Arthropods. Pergamon Press, New York.

Anderson, P.A.V. & Bone, Q. 1980. Proc. R. Soc. Lond(B), 210, 559-574.

Arbas, E.A. & Calabrese, R.L. 1987. J. Neurosci., 7, 3945-3952.

Atkirts, D. 1933. J. Mar. Biol. Assoc., UK, 19, 233-252.

Atwood, H.L. 1973. Am. J. Zool., 13, 357-378.

Austin, C.R 1965. Fertilisation. Prentice Hall Inc., New Jersey.

Baehr, J.C. Porcheron, P. & Dray, F. 1978. C.R. Acad. Sci. (Paris), 287D, 523-525.

Baer, J & Joyeux, C. 1961. Classe des Trématodes, In: Grassé, P.-P. (Ed.) Traité de Zoologie, 4, Platyhelminthes, Mésozoaires, Acanthocéphales, Némertiens, pp. 561-692. Masson, Paris.

Baker, A.N., Rowe, F.W.E. & Clark, B.E.S. 1986. Nature, Lond., 321, 862-864.

Baker, T.C. 1990. In Døving, K.B. (Ed). Proceedings of the 10th International Symposium on Olfaction and Taste, pp. 18-25.

Barnes, R.D. 1980. Invertebrate Zoology, 4th edn. Saunders, Philadelphia.

Barnes, R.S.K. & Hughes, R.N. 1982. An Introduction to Marine Ecology. Blackwell Scientific Publications, Oxford.

Bastiani, M.J. Doe, C.Q., Helfand, S.L. & Goodman, C.S. 1985. Trends Neurosci., 8, 257-266.

Bayne, B.L., Thompson, R.J. & Widdows, J. 1976. In: B.L. Bayne (Ed.) Marine Mussels: Their Physiology and Ecology. Cambridge University Press, Cambridge,

Becker, G.1937. Z. Morph. Ökol. Tiere, 33, 72-127.

Becker, H.J. 1962. Chromosoma, 13, 341-384.

Belk, D. 1982. In: Parker, S.P. (Ed.) Synopsis and Classification of Living Organisms, 2, 174-180. McGraw-Hill, New York.

Bergquist, P.R. 1978, Sponges. Hutchinson, London.

Berrill, N.J. 1950. The Tunicata. Ray Society, London.

Bicker, G. 1998. Trends in Neuroscience, 11, 349-355.

Biscardi, H.M. & Webster, G.C. 1977. Exp. Gerontol., 11, 201-205.

Blower, J.G. 1985. Millipedes. Brill, Leiden.

Bode, H.R., Heimfeld, S., Koizumi, O., Littlefield, C. L. & Yaross, M.S. 1989. Am. Zool., 28, 1053-1063.

Boeckh, J., Ernst, K-D., Sass, H. & Waldow, U. 1975. In: Denton, D. (Ed.) Olfaction and Taste, V, 239-245. Academic Press, New York.

Boss, K.J. 1982: In: Parker, S.P. (Ed.) Synopsis and Classification of Living Organisms, 1, 945-1166. McGraw-Hill, New York.

Boxshall, G.A. & Lincoln, R.J. 1987. Phil. Trans. Roy. Soc. Lond. (B), 315, 267-303.

Brill, B. 1973. Z. Zellforsch., 144, 231-245.

Brownlee, D.J.A & Fairweather, I. 1999. Trends in Neuroscience, 22, 16-24.

Buchsbaum, R. 1951. Animals Without Backbones, Vol. 1. Pelican, Harmondsworth.

Bullock, T.H. & Basar, E. 1988. Brain Res. Rev., 13, 57-76.

Bullough, W.S.1958. Practical Invertebrate Anatomy, 2nd edn. Macmillan, London.

Cain, A.J. & Sheppard, P.M. 1954. Genetics, 39, 89-116.

Calkins, G.N. 1926; The Biology of the Protozoa. Baillière Tindall & Cox, London.

Calow, P. 1985. Causes de la mort i costos d'autoproteccio. In: Biologia Avui. Fundacio Caixa de Pensions, Barcelona.

Calow, P. 1986. In: Peberdy, R & Gardner, P. (Eds) The Collins Encyclopedia of Animal Evolution, pp. 90-91. Equinox, Oxford.

Calow, P. & Read, D.A, 1986. In: Tyler, S, (Ed.) Advances in the Biology of Turbellarians and Related Platyhelminthes, pp. 263-272. D. W. Junk, Dordrecht.

Campbell, R.D. 1967. Tissue dynamics of steady-state growth in: Hydra Littoralis. Il. Patterns of tissue movement. J. Morphol., 121, 19-28.

Carpenter, W.B.1866. Phil. Trans. Roy. Soc. Lond., 156, 671-756.

Casida, J.E. & Quistad, G.B. 1998. Annual Review of Entomology, 43, 1-16.

Cauilery, M, & Mesnil, F. 1901. Arch. Anat. Microsc. 4, 381-470.

Clark, A.H. 1915. US Natn. Mus. Bull, 82, Vol. 1(1), 1-406.

Clark, R.B. 1964. Dynamics in Metazoan Evolution. Clarendon Press, Oxford.

Clarke, K.U. 1973. The Biology of the Arthropoda. Arnold, London.

Clarkson, E.N.K. 1986. Invertebrate Palaeontology and Evolution, 2nd edn. Allen & Unwin, London.

Clement, A.C. 1962. J. Exp. Zool., 149, 193-215.

Cloudsley-Thompson, J. 1958. Spiders, Scorpions, Cenfipedes and Mites. Pergamon Press, London.

Cohen, A.C. 1982. In: Parker, S.P. (Ed.) Synopsis and Classification of Living Organisms, 2; 181-202. McGraw-Hill, New York.

Collett, M., Collett, T.S., Bisch, S. & Wehner, R. 1998. Nature, 394, 269-272.

Colwin, L.H. & Colwin, A.L. 1961, J. Biophys. Biochem. Cytol., 10:231-254.

Conway Morris, S. 1979. Ann. Rev. Ecol. Syst., 10, 327-349.

Conway Morris, S. 1985. Phil. Trans; Roy. Soc. Lond. (B), 307, 507-582.

Conway Morris, S. 1995. A new phylum from the lobster's lips. Nature, Lond., 378, 661-662.

Corliss, J.O. 1979. The Ciliated Protozoa, 2nd edn. Pergamon Press; Oxford.

Cottrett, G.A 1989. Comp. Biochem. Physiol. (A) 93, 41-45.

Cuénot, L. 1949. In: Grassé, P-P. (Ed.) Traité de Zoologie, VI, 3-75. Masson, Paris,

Danielsson, D. 1892. Norw. N-Atlanfic Exped. (1876-1878) Rep. Zool., 21, 1-28.

Davies, I. 1983. Ageing. Edward. Arnold, London.

Dehorne, A. 1933. Bull. Biol. Fr. Belgique, 67, 298-326.

Dethier, V.E. 1976.The Hungry Fly. Harvard Universtiy Press, Cambridge, Mass.

Dhadialla, T.S., Carson, G.R. & Le, D.P. 1998. Annual Review of Entomology, 43, 545-569.

Dixon, A.F.G. 1973, Biology of Aphids. Studies in Biology No. 44. Edward Arnold, London.

Dunlap, J.C. 1999. Cell, 96, 271-290.

Durchon, M. 1967. L'endocrinologie chez le Vers et les Molluscs. Masson, Paris.

Eakin, R.M. 1968. Evol. Biol., 2, 194-242.

Elner, R.W. & Hughes, R.N. 1978. J. Anim. Ecol., 47, 103-116.

Epel, D, 1977. Sci. Am., 237 (5), 129-138.

Fewkes, J. 1883. Bull. Mus. Comp. Zool., Harvard, 11, 167-208.

Fingermari, M. 1976. Animal Diversity, 2nd edn. Holt, Rinehart & Winston, New York.

Fox, H.M., Wingfield, C.A. & Simmonds, B.G. 1937. J. Exp. Biol., 14, 210-218.

Fraset, J.H. 1982. British Pelagic Tunicates. Cambridge University Press, Cambridge.

Fretter, V. & Graham, A. 1976. A Funcional Anatomy of Invertebrates. Academic Press, London and New York.

Friesen, W.Q., Poon, W. & Stent, G.S. 1976. Proc, Nat. Acad. Sci, (USA), 73, 3734-3738.

Frost, W.N. & Katz, P.S. 1996, Proceedings of the National Academy of Sciences USA, 93, 422-426.

Funch, P. & Kristensen, R.M. 1995. Cydiophora as a new phylum with affinities to Entoprocta and Ectoprocta. Nature, London, 378, 711-714.

Gage, J.D. & Tyler, P.A. 1991. Deep-sea Biology. Cambridge University Press, Cambridge.

Geraects, W.P.M., Ter Maat, A. &: Vreugdenhil, E. 1988. In: Laufer, H. & Downer, R.G.H. (Eds) Endocrinology of Selected Invertebrate Types, pp.141-231. Liss, New York.

George, J.D. &: Southward, E.C. 1973. J. Mar. Biol. Assoc. UK, 53, 403-424.

Gibson, P.H. & Clark, R.B. 1976. J. Mar. Biol. Assoc. UK, 56, 649-674.

Gibson, R. 1982. In: Parker, S.P. (Ed.) Synopsis and Classification of Living Organisms, pp. 823-846. McGraw-Hill, New York.

Gilbert, S.C.1990. Developmental Biology, 3rd edn. Sinauer Associates, Massachusetts.

Gilbert, L.E. 1982. Sci. Am., 247(2), 101-107B.

Gilbert, L.I. 1989. In: Koolman, J. (Ed.) Ecdysone: From Chemistry to Mode of Action, pp. 448-471. Thieme, Stuttgart.

Glaessner, M.F. & Wade, M. 1966. Palaeontology, 9, 599-628.

Gnaiger, E. 1983. J. Exp. Zool., 228, 471-490.

Golding, D.W. 1967. J. Embryol. Exp. Morph., 18, 79-80.

Golding, D.W. 1973. Acta Zool. (Stockh.), 54, 101-120.

Golding, D.W. 1988. New Scientist, 119, 52-55.

Golding, D. W. 1992. In: Harrison, F.W. & Gardiner, S. (Eds) Microscopic Anatony of Invertebrates, 7, 153-179. Liss, New York.

Golding, D.W. & May, B.A. 1982. Acta Zool. (Stockh.), 63, 229-238.

Golding, D.W. & Pow, D.V. 1988. In Thorndyke M.C. & Goldsworthy G.J. (Eds) Neurohormones in Invertebrates. Cambridge University Press, pp.7-18.

Golding, D.W. & Whittle, A.C. 1974. Tissue & Cell, 6, 599-611.

Golding, D.W. & Whittle, A.C. 1977. Int. Rev. Cytol. Suppl., 5, 189-302.

Goodrich, E.S. 1945. Q.J. Microsc. Sci., 86, 113-393.

Gordon, D.P. 1975. Cah. Biol. Mar., 16, 367-382.

Grassé, P.-P. (Ed.). 1948. Traité de Zoologie, XI. Masson, Paris.

Grassé, P.-P. 1961. Classe des Dicyémides. In: Grassé, P.-P. (Ed.) Traité de Zoologie, 4, Platyhelminthes, Mésozoaires, Acanthocéphales, Némertiens, pp. 707-729. Masson, Paris.

Grassé, P.-P. (Ed.). 1965. Traité de Zoologie; IV. Masson, Paris.

Green, J. 1961. A Biology of Crustacea. Witherby, London.

Grimmelikhuijzen, C.J.P. 1985. Cell & Tissue Research, 241, 171-182.

Gupta, B.L. & Berridge, M.J. 1966. J. Morphol., 120, 23-82.

Gustafson, T. & Wolpert, L. 1967. Biol. Rev., 42, 442-498.

Hackman, RH. 1971. In: Florkin, M. & Scheer., B.T. (Eds) Chemical Zoology, 6, 1-62. Academic Press, New York.

Hansen, K. 1978. In: Hazelbauer, G.I. (Ed,) Taxis and Behaviour Receptors and Recognition, 58, 231-292. Chapman & Hall, London.

Hardy, A.C. 1956. The Open Sea. The World of Plankton. Collins, London.

Harris-Warwick, R.M. & Flamm, R.E. 1986. Trends in Neurosciences, 9, 432-437.

Hedgpeth, J.W. 1982. In: Parker, S.P. (Ed.) Synopsis and Classification of Living Organisms, 2, 169-173. McCraw-Hill, New York.

Hengstenberg, R. 1998. Nature, 392, 757-758.

Hermans, C.O. & Cloney, R.A. 1966. Z. Zellforsch., 72, 583-596.

Hermans, C.O. & Eakin, R.M. 1974. Z. Morph. Tiere, 79, 245-267.

Hescheler, K. 1900. In: Lang, A. (Ed.) Lehrbuch der Vergleichenden Anatomie der Wirbellosen Thiere, 3td edn. Fischer, Jena.

Hess, R 1887. Z. Wiss. Zool., 62, 247-283.

Higgins, R.P. 1983. Smithsonian Contrib. Mar. Sci., 18, 1-131.

Hines, A.H. 1979. In: Stancyk, S.E. (Ed.) Reprodutive Ecology of Marine Invertebrates, pp. 213-234. University of South Carolina Press; Columbia SC.

Hodgkin, A.L. & Huxley, A.F. 1952. J. Physiol., 117, 500-544.

Holland, N.D., Grimmer, T.C. & Kubota, H. 1975. Biol. Bull., 148, 219-242.

Holt, C.S. & Waters, T.F. 1967. Ecology, 48, 225-234.

Hughes, T.E. 1959. Mites or the Acari. Athlone, London.

Hummon, W.D. 1982. In: Parker, S.P. (Ed,) Synopsis and Classification of Living Organisms, 1, 857-863. McGraw-Hill, New York.

Hyman, L.H. 1940. The Invertebrates, Vol. I: Protozaa through Ctenophora. McGraw-Hill, New York.

Hyman, L.H. 1951. The Invertebrates, Vol. II: Platyhelminthes & Rhynchocoela. McGraw-Hill, New York.

Imns, A.D. 1964. A Generat Textbook of Entomology, 9th edn, revised reprint. Methuen, London.

Ishibashi, J., Kataoka, H., Isogai, A, Kawakami, A. Saegusa, H., Yagi, Y., Mizoguchi, A., Ishizaki, H. & Suzuki, A. 1994. Biochemistry, 33, 5912-5919.

Ito, Y. 1980. Comparative Ecology. Cambridge University Press, Cambridge.

Jägersten, G. 1973. The Evolution of the Metazoan Life Cycle. Academic Press, New York.

Jeannel, R. 1960. Introduction to Entomology. Hutchinson, London.

Joose, J. & Geraerts, W.P.M. 1983: In Saleudin, A.S.M. & Wilbur, K.M. (Eds) The Mollusca, Vol. 5. Academic Press, New York.

Jouin, C. 1971. Smithsonian Contributions in Zoology, 76, 47-56.

Jones, A.M. & Baxter, J.M. 1987. Molluscs: Caudofoveata, Solenogastres, Polylacophora and Scaphopoda. Brill, Leiden.

Jones, J.D. 1955. J. Exp. Biol., 32, 110-125.

Jones, M.L. 1985. In: Conway Morris, S. et al. (Eds) The Origin and Relationships of Lower Invertebrates, pp. 327-342. Clarendon Press, Oxford.

Joosse, J. & Geraerts, W.P.M. 1983. In: Saleudin, A.S.M. & Wilbur, K.M. (Eds) The Mollusca, Vol. 5. Academic Press, New York.

Joyeux, C. & Baer, J-G. 1961. Classe des Cestodes. In: Grassé, P.-P. (Ed.) Traité de Zoologie, 4, Platyhelminthes, Mésozoaires, Acanthocéphales, Némertiens, pp, 347-560. Masson, Paris.

Kandel, E.R & Schwartz, J.H. 1982. Science, 218, 433-443.

Kawakami, A., Katoaka, H., Oka, T., Mizoguchi, A., Kimura-Kawakami, M., Adachi, T., Iwami, M., Nagasawa, H, Suzuki, A & Ishizaki, H. 1990. Science, 247, 1333-1335.

Kennedy, D. 1976. In: Fentress, J.C. (Ed.) Simpler Networks and Behaviour, Sinauer, Sunderland, Massachusetts.

Kershaw, D.R. 1983. Animal Diversity. University Tutorial Press, Slough.

Kishimoto, T. 1999. Encyclopedia of Reproduction, Vol. 3, pp. 481-488.

Koolman, J. 1990. Zool. Sci., 7, 563-580.

Kozloff, E.N. 1990. Invertebrates: Saunders, Philadelphia.

Krebs, J.R., Erichsen, J.T., Webber, M.I. & Charnov, E.I. 1977. Anim. Behav., 25, 30-38.

Krishnan, B., Dryer, S.E. & Hardin, P.E. 1999. Nature, 400, 375-378.

Kudo, R.R. 1946. Protozoology, 3rd edn. Thomas, Springfield, Illinois.

Lacaze-Duthiers, F.J.H. de. 1861. Ann. Sci. Nat. (Zool.), 15, 259-330.

Lamb, M.J. 1977. Biology of Ageing, Blackie, Glasgow.

Lemche, H. & Wingfield, K.G. 1959. Galathea Rep., 3, 9-71.

Lester, S.M. 1985. Mar. Biol., 85, 263-268.

Lewis, J.G.E. 1981. The Biology of Centipedes. Cambridge University Press, Cambridge.

Lewis, J.G.E. 1987. In Stearns, S.C. (Ed.) The Evolution of Sex and its Consequences. Birkhauser Verlag, Basel.

McArthur, V.E. 1996. The Ecology of East Anglian Coastal Lagoons. PhD Thesis, university of Cambridge.

McFarland, W.N., Pough, F.N., Cade, T.J & Heiser, J.B. 1979: Vertebrate Life. Macmillan, New York.

MacKinnon, D.L. & Haws, R.S.J. 1961. An Introduction to the Study or Protozoa. Clarendon Press, Oxford.

McLaughlin, P.A. 1980. Comparative Morphology of Recent Crustacea. Freeman, San Francisco.

Manton, S.M. 1952. J. Linn, soc. (Zool.), 42, 93-117.

Manton, S.M. 1965. J. Linn. Soc; (Zool), 45, 251-483.

Marcus, E. 1929. Klassen und Ordnungen des Tierreichs, 5, 1-608.

Margulis, L. & Schwartz, K.V. 1982. Five Kingdoms. Freeman, San Francisco.

Marion, M.A.-F. 1886. Arch. Zool. Exp. Gén. (2), 4, 304-326.

Marshall, A.J. & Williams, W.D. (Eds) 1972. Textbook of Zoology, Invertebrates. Madnillan, London.

Mayeri, E. & Rothman, B.S. 1985. In: Selverston, A.I. (Ed.) Model Networks and Behavior, pp. 285-301. Plenum, New York.

Meglitsch, P.A. 1972. Invertebrate Zoology, 2nd edn. Oxford University Press, Oxford.

Meyrand, P., Simmers, A.J. &. Moulins, M. 1994, Nature, 351, 60-63.

Millar, R.H. 1970. British Ascidians. Academic Press, London.

Miller, R.L.1966. J. Exp. Zool., 162, 23-44.

Miyan, J.A. & Ewing, AW. 1986. J. Exp. Biol., 116, 313-322.

Moore, R.C (Ed.). 1957. Treatise on Inverlebrate Paleontology, Part L. Mollusca, 4. University of Kansas Press, Lawrence.

Moore, R.C. (Ed.). 1965. Treatise on Invertebrate Paleontology; Part H. Brachiopoda. University of Kansas Press, Lawrence.

Morgan, C.I. 1982. In: Parker, S.P. (Ed.) Synopsis and Classification of Living Organisms, 2, 731-739. McGraw-Hill, New York.

Morgan, C.I. & King, P.E. 1976. British Tardigrades. Academic Press, London.

Mortensen, T. 1928-51. A Monograph of the Echinoidea. 5 vols. Reitsel, Copenhagen.

Müller, P. 1959. The Insecticide Dichlorodiphenyltrichoroethane and its Significance. Vol. 2. Berkhaüser, Basel. 570pp:

Muscatine, L. et al., 1975. Symp. Soc. Exp. Biol. 29, 175-203.

Newell, N.D. 1949. Evolution, 3, 103-240.

Nichols, D. 1962. Echinoderms, 3td edn. Hutchinson, London.

Nichols, D. 1969. Echinoderms, 4th edn. Hutchinson, London.

Noble, E.R. &: Noble, G.A. 1976. Parasitology. Lea &: Febiger, Philadelphia.

Nusslein-Volhard, C. 1991. Development. Suppl. 1, 1-10.

Ohnishi, T. & Sugiyama, M. 1963. Embryologia, 8, 79-88.

Olive, P.J.W. 1980. In: Rhoads, D.C. &: Lutz, R.A. (Eds), Skeletal Growth in Aquatic Organisms. Plenum Press, New York.

Olive, P.J.W. 1985a. Symp. Soc. Exp. Biol., 39, 261-300.

Olive, P.J.W. 1985b. In: Syst Association, series 28, 42-59. Oxford University Press, Oxford.

Oschman, J.L. & Berridge, M.J. 1971. Federation Proceedings, Federation of American Societies for Experimental Biology, 30, 49-56.

Pashley, H.E. 1985. The foraging behavior of Nereis diersicolor (Polychaeta). PhD thesis, University of Cambridge,

Pearson, K.G. 1983. J. Physiol. (Paris), 78, 765-771.

Pennak, RW. 1978. Fresh-water Invertebrates of the United States, 2nd edn. Wiley, New York.

Pfannestiel, H.D. 1984. Wilhem Roux's Arch. Dev. Biol., 194, 32-36.

Phillipson, J. 1981. In: Townsend, C.R. & Calow, P. (Eds) physiological Ecology, pp. 20-45. Blackwell Scientific Publications, Oxford, Pierrot-Bults, A.C. & Chidgey, K.C., 1987. Chaetognatha, Brill, Leiden.

Pringle, J.W.S. 1975. Insect Flight. Oxford University Press, Oxford.

Rice, M.1985. In: Conway Morris, S., George, J.D., Gibson, R. & Phitt, H.M. (Eds) Origins and Relationships of Lower Invertebrates. Clarendon Press, Oxford.

Rind, E.C. 1996. Journal of Neurophysiology, 75, 986-995.

Ritter-Zahony, R. von. 1911. Das Tierreich; 29, 1-35.

Robbins, T.E. & Shick, J.M. 1980. In: Nutrition in the Lower Metazoa, Pergamon Press, Oxford.
Ruppert, E.E. & Barnes, R.D. 1994. Invertebrate Zoology, 6th edn. Saunders, Fort Worth.
Russell-Hunter, W.D. 1979, A Life of Invertebrates, Macmillan, New York.
Sanders, D.S. 1982. Insect Clocks, 2nd edn. Pergamon Press, Oxford.
Sanders, H.L.1957. Syst. Zool., 6, 112-128.
Satterlie, R.A. & Spencer, A.N. 1987. In: Ali, M. A. (Ed.) Nervous Systems in Invertebrates, pp: 213-264. Plenum, New York
Savory, T-H. 1935. The Arachnida. Edward Arnold, London.
Scharrer, B. 1952. Biol. Bull. (Woods Hole), 102, 261-272.
Schepotieff, A. 1909. Zool. Jb. Syst., 28, 429-448.
Schmidt-Nielsen K. 1984. Scaling: Why is animal size so important? Cambridge University Press, Cambridge.
Sebens, K.P. & De Riemer, K. 1977. Mar. Biol., 43, 247-256.
Sedgwick, A. 1888. Q.J. Microsc, Sci., 28, 431-493.
Sehgal, A., Rothenfluh-Hilfiker H., Hunter-Ensor, M., Chen, Y., Myers, M.P. & Young, M.W. 1995. Science, 270, 808-810.
Shelton; G.A.B. 1975. Proc. R. Soc. Lond: B., 190, 239-256.
Sheppard, P.M. 1958. Natural Selection and Heredity. Hutchinson, London.
Shick, P.M. & Dykens, J.A. 1985. Oecologia, 66, 33-41.
Sibly, R.M. & Calbw, P. 1986. Physiological Ecology of Animals: an Evolutionary Approach. Blackwell Scientific Publications, Oxford.
Silva, P.H.D.H. de. 1962. J. Exp. Biol., 39, 483-490.
Simmons, P.J. & Young, D. 1999. Nerve Cells and Animal Behiviour, 2nd edn. Cambridge University Press.
Sleigh, M.A., Dodge, J.D. & Patterson, D.J. 1984. In: Barnes, R.S.K (Ed.) A Synoptic Classification of living Organisms, pp. 25-88. Blackwell Scientific Publications, Oxford.
Smart, P, 1976. The Illustrated Encyclopedia of the Butterfly World. Hamlyn, London.
Smyth, J.D. 1962. Introduction to Animal Parasitology. English Universities Press, London.
Smyth, J.D. & Halton, D.W. 1983. The Physiology of Trematodes. Cambridge University Press, Cambridge.
Snodgrass, R.E. 1935. Principles of Insect Morphology. McGraw-Hill, New York.
Snow, K.R. 1970. The Arachnids: An Introduction. Routledge & Kegan Paul, London.
Southward, E.C. 1980. Zool. Jb. Anal. Ontog., 103, 264-275.
Southward, E.C. 1982. J. Mar. Biol. Assoc., UK, 62, 889-906.
Spengel, J.W. 1932. Sci. Res. Michael Sars N. Atlantic Deep Sea Exped., 5(5), 1-27.
Stein, P.S.G. 1971. J. Neurophysiol., 34; 310-318.
Sterrer, W.E. 1982. In: Parker, S.P. (Ed.) Synopsis and Classification of Living Organisms, 1, 847-851. McGraw-Hill, New York.
Stiasny, G. 1914. Z. Wiss. Zool., 110, 36-75.
Strausfeld, N.J. & Nassel, D.R 1981. In: Autrum, H. (Ed.) Handbook of Sensory Physiology, Vol. VII/6B. Springer-Verlag, Berlin.
Stretton, A.O.W., Davis, RE., Angstadt, J.D. Donmoyer, J.E. & Johnson, C.D. 1985. Trends Neurosci., 8, 294-299.
Strumwasser, E. 1974, Neurosciences Third Study Program; 459-478.
Tessier-Lavigne, M. & Goodman, C.S. 1996. Science, 274, 1123-1233.
Treherne, J.E. & Foster, W.A. 1980. Anim. Behav., 28, 1119-1122.
Trench, R.K. 1975. Symp. Soc. Exp, Biol., 29, 229-265.
Trinkaus, J.P. 1969. Cells into Organs. Prentice-Hall, New Jersey.
Trueman, E.R & Foster-Smith, R. 1976. J. Zool., Lond., 179, 373-386.
Truman, J.W. 1988. Adv. Ins. Physiol., 21, 1-34.
Truman, J.W. 1996. In Gilbert, L.L., Tata, J.R. & Atkinson, B.G. (Eds) Metamorphosis: Postembryonic Reprogramming of Gene Expression in Amphibian and Insect Cells, pp. 283-320. Academic Press, San Diego.
Tsacopoulos, M. 1994. Journal of Neuroscience, 14, 1339-1351.
Turner, C.D. 1966. General Endocrinology. Saunders, Philadelphia.
Valentine, J.W. & Moores, E.M. 1974; Sci. Am., 230 (4), 80-89.
Van Hateren, J.H. 1989. In Stavenga, D.G. & Hardie, R.C. (Eds) Facets of Vision, pp. 74-89. Springer, Berlin,
Villegas, G.M. & Villegas, R. 1968. Journal of General Physiology, 51, 44-60.
Wallaee, M.M.H. & Mackerras, L.M. 1970. In: C.S.I.R.O., The Insects of Australia, pp. 205-216. Melbourne University Press, Melbourne.
Warner, G.F. 1977. The Biology of Crabs. Elek, London.
Waterman, T.H. 1960. The Physiology of Crustacea. Academic Press, New York.
Watson, R.D., Spaziani, E. & Bollenbacher, W.E. 1989. In: Koolman, J (Ed.) Ecdysone: From Chemistry to Mode of Action, pp.188-203. Thieme, Stuttgart.
Weaver, R.J., Marris, O.C., Olieff, S., Mosson, J.H. & Edwards, J.P. 1997. Archives of Insect Biochemistry and Physiology, 35, 169-178.
Weeks, J.C., Jacobs, G.A. & Miles, C.L. 1989. Am. Zool., 29, 1331-1344.
Welsch, U. & Storch, V. 1976. Comparative Animal Cytology. Sidgwick & Jackson, London.
Wenyon, C.M. 1926. Protozoology. Baillière, Tindall & Cox, London.
Whittington, H.B. 1979. In: House, M.R. (Ed.) The Origin of Major Invertebrate Groups, pp. 253-268. Academic Press, London.
Widdows, J. & Bayne, B.L. 1971. J. Mar. Biol. Assoc., UK, 51, 827-843.
Wigglesworth, V.B. 1940. J. Exp. Biol., 17, 201-222.
Wigglesworth, V.B. 1972. Principles of Insect. Physiology, 7th edn. Chapman & Hall, London.
Williamson, R. 1989. J. Comp. Physiol. (A), 165, 847-860.
Wine, J.J. & Krasne, F.B. 1982. In: Sandeman, D.C & Atwood, H.L. (Eds) The Biology of Crustacea, Vol. 4, 241-292, Academic Press, New York.
Wright, A.D. 1979. In: House, M.R. (Ed.) The Origin of Major Invertebrate Groups, pp. 235-252. Academic Press, London.
Wrona, F.J. & Davies, R.W. 1984. Can. J. Fish. Aquatic Sci., 41, 380-385.
Yager, J. & Schram, F.R. 1986. Proc. Biol. Soc. Wash., 99 (1); 65-70.
Young, J.Z. 1939. Phil. Trans. Roy. Soc. Lond. B., 229, 465-503.
Young, J.Z. 1962. The Life of Vertebrates, 2nd edn. Clarendon Press, Oxford.
Young, J.Z. 1963. Nature (Lond), 198, 636-640.
Zullo, V.Z. 1982. In: Parker, S.P. (Ed.) Synopsis and Classification of Living Organisms, 2, 220-228. McGraw-Hill, New York.

Índice

Nota: Os números de páginas em itálico referem-se a figuras; aqueles em negrito referem-se a tabelas.